海洋大百科

OCEAN THE DEFINITIVE VISUAL GUIDE TO THE MYSTERIOUS OCEAN

神秘海洋世界的权威视觉典籍

英国DK出版公司

— 编著 —

邹卫宁　陈学恩　李玉良　潘心仪

— 译 —

南方日报出版社
NANFANG DAILY PRESS
中国·广州

DK

海洋大百科

OCEAN

THE DEFINITIVE VISUAL GUIDE TO THE MYSTERIOUS OCEAN

神秘海洋世界的权威视觉典籍

英国DK出版公司

—编著—

邹卫宁　陈学恩　李玉良　潘心仪

—译—

图书在版编目(CIP)数据

海洋大百科／英国DK出版公司编著；邹卫宁等译. —广州：南方日报出版社，2019.3
ISBN 978-7-5491-1886-1

Ⅰ. ①海… Ⅱ. ①英… ②邹… Ⅲ. ①海洋—普及读物 Ⅳ. ①P7-49

中国版本图书馆CIP数据核字（2018）第201026号

A Dorling Kindersley Book
www.dk.com
Original Title: Ocean

海洋大百科
HAIYANG DA BAIKE

作　　者：英国DK出版公司
译　　者：邹卫宁　陈学恩　李玉良　潘心仪
责任编辑：阮清钰
特约编辑：巫光明　李幼萍
装帧设计：唐　薇
技术编辑：邹胜利

出版发行：南方日报出版社（地址：广州市广州大道中289号）
经　　销：全国新华书店
制　　作：广州公元传播有限公司
印　　刷：鹤山雅图仕印刷有限公司
规　　格：760mm×1030mm　1/8　64印张
版　　次：2019年3月第1版第1次印刷
书　　号：ISBN 978-7-5491-1886-1
定　　价：399.00元

目录

关于本书

本书分为4章。“绪论”概述海洋的物理及化学特点；“海洋环境”一章探究海洋中的主要区域；“海洋生物”一章研究海洋中所存在的生命形式；“海洋地貌示意图集”一章则呈现各种有关海洋详细信息的地理示意图。大部分章目都有进一步细分的内容小节。

绪论

本章为全书之始，分为4节。“海水”一节主要介绍海水本身的性质；“海洋地质学”一节介绍海底物质及其随时间的迁移而变化的方式；“环流与气候”一节探讨海洋、大气以及大尺度水循环之间的关系；“波浪与潮汐”一节介绍海水的小尺度运动和搅动。

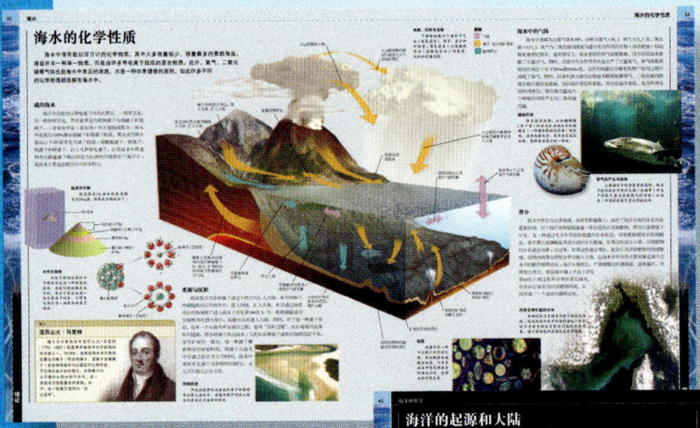

海水

本节介绍水分子的性质，海水的化学特性，以及温度、压强和光的传播等特性随海水深度的不同而产生的变化。

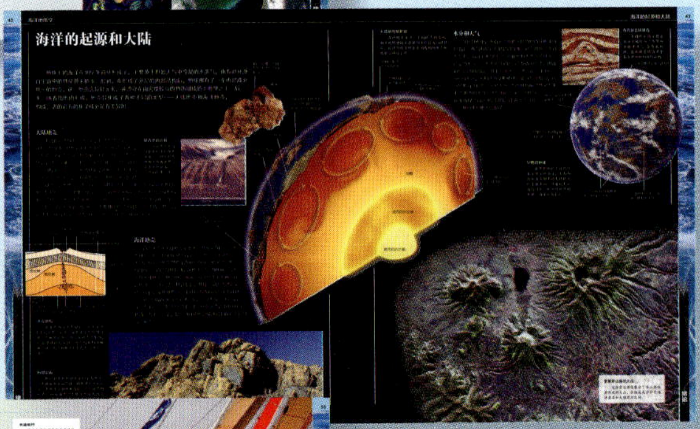

海洋地质学

本节描述洋底构成和洋底构造过程，追溯海洋的起源，以及探索随着地质时期的推移，海洋面积和形状发生的变化。

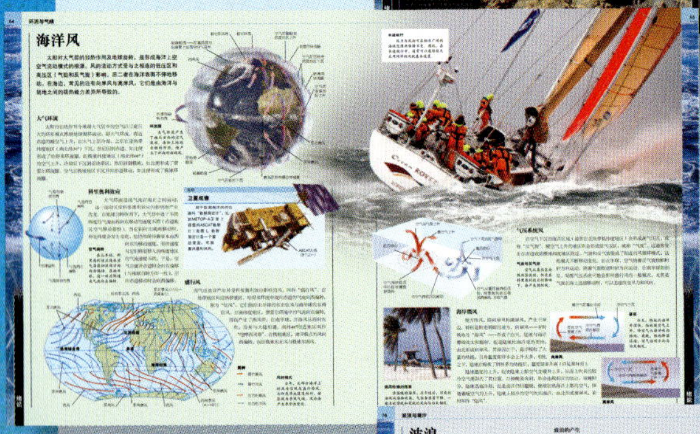

环流与气候

本节介绍大尺度大洋环流，包含深层环流和表层环流。同时也述及海洋气候，以及海洋与大气的相互影响。

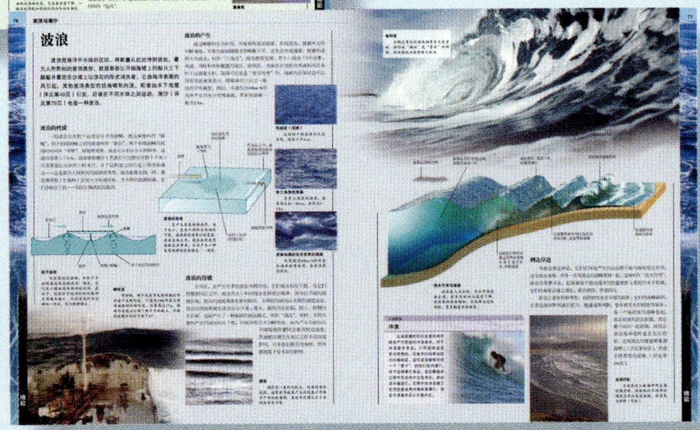

波浪与潮汐

本节介绍潮汐的规律运动，以及水流以波浪形式在海面扩散的方式。

海洋环境

本章分数节介绍海洋的不同海域的具体内容。首先介绍“海岸及海滨”，之后是“浅海”“开阔海域和洋底”，最后一节“极地海洋”则介绍南北两极附近的冰冷海域。每一节中均先给出详细的解释性内容，整体描述该区域的代表性特点及其形成过程；其后结合具体特征实例阐述内容。叙述时以海洋的地理位置为序，首先是北冰洋，其后依次是大西洋、太平洋、印度洋和围绕南极洲的海洋。

解释性内容

其描述的是环境的总体类型。上面的例子选自“浅海”一节。

海洋生物

本章包含2节。“海洋生物简介”介绍有关海洋生物生态学、海洋生物史以及海洋生物分类等内容；“海洋生物界”的内容则更丰富。它按不同的域和界对各种海洋生物进行分类介绍，其中植物界和动物界则有更详细的分类。每一大类生物的介绍均先给出群体简介，概述该群体的有机生物群的特征，其后的物种简介部分则选出个别物种进行具体介绍。本节的探讨从生命的最小形式，即细菌和古生菌开始，至动物界结束。

域	真核生物
界	动物界
门	软体动物
纲	8
种	73,683

色块上注明了按照等级分类的组别位置（用白色的轮廓线标出）。

群体简介

这些内容描述每一大类有机生物群的总体特征。首先是展示此有机生物群最具代表性的体态特征，其后通常是描述有关其行为、栖息地和分类等方面的内容。

显示海上位置的罗盘方位

信息综合表（不同部分的内容会有变化）

所有地理图都配有关于位置的文字说明。

特色事物介绍

在大部分情况下，解释性内容之后会有特色事物介绍。例如，这里显示的特色事物介绍页面描述的是世界各地的珊瑚礁。大部分介绍都有彩色图片加以说明。

海洋地貌示意图集

本书的最后一章是世界海洋地貌示意图集。每幅大洋地貌示意图后面是该海域详细的局部地貌示意图。所有这些地貌示意图皆根据各种卫星和船载仪器收集起来的数据绘制而成。在这些地貌示意图中，读者可以找到各海域的名称、水下特色（例如大洋中脊、海沟和海山等）及海岸特征。这些地貌示意图同时还标明了海洋深度以及不同构造板块之间的分界线。

注：本书中关于地理位置、地质、气候、水文、自然演变、生物分布等呈现的图像均为示意图，不作为相关国家、地区的边界划分或权属争议依据。

区域地貌图

与其他地貌示意图一样，海洋区域地貌示意图也包括区域性海域或其水下特征的简介。以下例子选自太平洋部分。

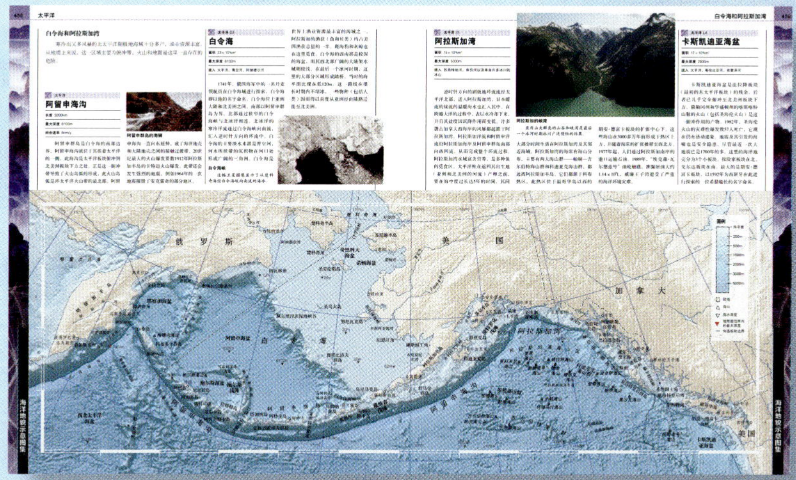

物种简介

所有物种简介都有文字描述，并在大部分情况下配有彩色图片和分布地理示意图。

物种所属群体类别名

此物种的常见中文名下是拉丁学名

信息综合表（内容视具体情况变化）

所有分布图均附有物种分布范围的文字总结。

编撰顾问

约翰·斯帕克斯美国自然历史博物馆鱼类学馆长、首席研究员、理查德·吉尔德研究生院及哥伦比亚大学教授。

马克·西多尔美国自然历史博物馆无脊椎动物学馆长、萨克勒研究所首席研究员、理查德·吉尔德研究生院教授。

编纂

大卫·伯尼是伦敦动物学会的研究员。作品包括DK的《动物大百科》等140余种；曾赢得“皇家学会安内特奖”“安内特科学图书奖”等诸多教育及科学奖项。

菲利普·伊尔斯是伦敦大学学院海洋地质学家。他撰著了大量关于地球和行星的作品。

弗朗西斯·迪普博士致力于研究海洋生物，是BBC纪录片“蓝色星球”配套图书的作者，撰写的童书*Guide to the Oceans*荣获“皇家学会安万特青少年科学书籍奖”。

理查德·比蒂是一位专攻科学和自然历史书籍的作家和编辑，在编辑百科全书及科普书籍方面有丰富经验。

罗伯特·丁威迪是专注于地球科学和天文学教育类插图书籍的科学作家，作品包括DK的《地球大百科》等50余种。

迈克尔·斯科特曾任苏格兰自然遗产署副主席、植物保护国际组织顾问委员会成员，2005年获大英帝国OBE勋章。

蒙蒂·豪斯海洋生物学家、博物学家、探险家和作家，BBC著名纪录片Great Escapes主持人。

苏·斯科特是一位杰出的海洋生物学家，她在世界各地岛屿周围水域中进行了长达10年的多次潜水研究。

金·布莱恩是知名童书出版作家。

前言

比起“地球”这一名字，我们所生活的这个星球似乎更应被称为“海球”。无边无际、一片漆黑的太空中的这颗渺小行星，在冰冷的浩瀚宇宙中绽放着生命的光芒。克服了重重困难之后，她成了我们所知道的所有生命的摇篮。

没有水，我们的星球将会与其他数以亿计漂浮在漆黑宇宙中的毫无生机的石头并无两样。富有生命的星球存在的概率是极低的，统计学家甚至都惊讶于渺小的人类竟然还有机会在这里生存下来。然而，尽管面临着如此多的不可能，人类还是成功地走到了今天。早在古希腊诗人荷马写下他那篇在海洋中历险的史诗《奥德赛》之前，人类便已经不能抑制对海洋的向往。正是这种向往，引领着我们投入这片未知的领域中去寻找答案。然而，大海一直都不愿意轻易让人类看到它的真面目。即使探索者、科学家和海洋学家们已经取得里程碑般的成就，但人类对海洋的了解仍十分有限，就连全球海洋的表面都未曾了解得十分透彻。

据估计，地球上90%以上的生物多样性形成于海洋中。从水母那如心跳般的律动，到章鱼与虾蛄的生死之战，这样的秘密在每一个角落等待着我们去探索。一个谜底打开，又会出现更多的未解之谜。随着人类下潜到地球的“最后防线”，必定有更多令人激动的时刻出现。前人对海洋的探索范围，仅占海洋整体的2%。如今在新技术的支持下，我们可以在更广阔的范围内探寻。然而，即便是有了这些现代技术，要像了解陆地一样地了解海洋，仍然需要几代人付诸努力。

不管离海洋有多远，我们每天生活的一举一动，都影响着地球上的水循环，并最终反过来影响我们自己。所有降水，无论是落在最高的山峰上还是最平坦的平原上，最终大多会汇入海洋。尽管这一过程已经持续了数百万年的时间，但人类于20世纪不断扩大的生活圈子还是极为深刻地影响了这一循环。内陆地区过量使用化肥导致数千千米之外藻华爆发，夺去了水中生物的氧气；我们日常使用的塑料制品被冲刷到地球最偏远的地区——这样的行为影响了人类唯一的生命维持系统的健康。

这并非耸人听闻，但更需要说明的是，通过加深对海洋系统及栖息在海洋中生命的了解，我们可以带着更大的热情投入到拯救地球、保护大自然的健康的行动中去。通过采取简单的措施，例如留心日常生活中的一举一动，我们每个人都可以对我们星球的未来和我们的孩子将要生存的世界产生重要而积极的影响。简单地说，更健康的方式是我们去顺应自然，而不是去改变自然。

法比安·库斯托

群体移动

大片鱼群全速、协调前进的景象是海洋中最令人叹为观止的。在所罗门群岛周边的水域中，这群黑鳍魣在水中呈旋转状运动。这样的鱼群通常相隔数月甚至数年便会在同样的地方出现。

黄金水母

受到光的吸引，这些水母在帕劳水母湖的半咸的湖水中追随着光线游动。其身体组织内的海藻使这些水母呈现出金黄色。水母将身上的这些光合作用合成者带到光线最好的地带，作为回报，这些海藻则为它们合成食物。由于这个湖与海洋不连通，这些水母成了此处特有的品种。

欧洲北部峭壁

世界上有些地方的海岸线是不适合居住的，比如欧洲北部海岸线的峭壁。普通海鸠却喜欢成群筑巢于这些岩石峭壁上。上图中这些普通海鸠栖居在苏格兰海岸的岩石上，风暴来袭时，它们中的许多都被从岩石上吹落，一些鸟蛋也坠入大海。

保护年轻一代

火龙虾主要生活在澳大利亚和新西兰的大陆架上。右图中的这只雌性龙虾将卵放置于腹部下方。通过这种方式，雌性火龙虾每次可以存储200万枚卵。尽管每次产卵的数量庞大，但这些龙虾正面临着被过度捕捞的威胁。目前对它的捕捞已经受到限制。

羽毛状滤斗进食

许多海洋动物固着生活在海床上，它们并不四处移动以寻找食物，而是收集那些随海流漂来的食物。图中这些样子像羽毛的漏斗实际上是一种虫子身体的一部分。这种虫子通过一些细小的像发丝一般的结构蠕动，从而形成向漏斗内部流动的水流，然后捕获这些水流中挟带的食物。

新海岸线

海岸线的形状取决于各种力量之间的平衡。坐落在太平洋东部的科隆群岛是火山爆发形成的岛屿，其海岸线的形成相对较晚。上图所示的岩浆凝固于约100年前，但是近期，一些年轻的岛屿上出现了新的火山喷发现象。

“使徒”的消失

在南澳大利亚海岸，海水是侵蚀海岸的最主要的力量。一条由石灰岩悬崖组成的海岸线受到海水侵蚀后，正在慢慢地退向陆地，只留下孤立的零星石块——这些石块被称为“十二使徒”。它被命名的时候只剩9块石块，而今只剩8块了。

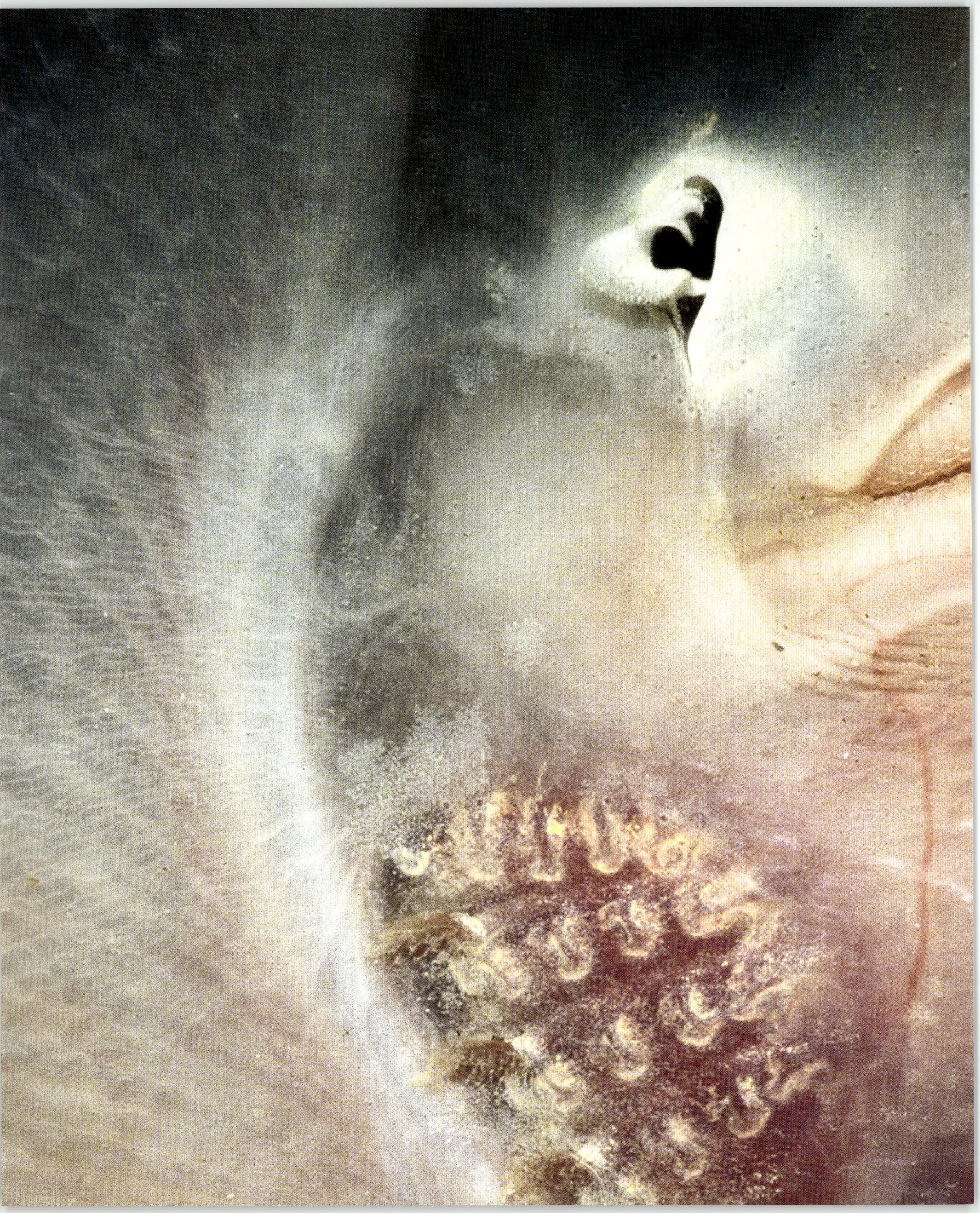

生活在海底

魟鱼扁平的身体是为了适应海底生活而形成的。大部分魟鱼都以海床上的动物为食，因此它们的嘴长在身体的底面，用扁平的牙齿进食。图中看起来像眼睛的部分，事实上是它们的鼻孔。

避免被叮伤

小丑鱼与一些种类的海葵关系亲密，它们通常在海葵中进食、休息。海葵的毒刺会驱散其他鱼类，但是小丑鱼却不会触碰到它，因为小丑鱼游动时呈波浪状，且能够分泌化学物质来缓解海葵释放的毒素。

学习游泳

游泳是北极熊拥有的一项十分有用的技能。一年中的大部分时间里，北极熊都在北冰洋浮动的海冰间跟踪猎物，有时候它们的身影出现在远离陆地数千米的地方。在水下，北极熊睁着眼睛，关闭鼻孔，可以停留2分钟之久。

裸鳃类

在印度尼西亚科莫多国家公园水下世界，图中这种通体艳丽的裸鳃类动物（又被称为“海蛞蝓”）正攀爬在鲜艳的红色海扇上，十分抢眼。它的学名叫作“丘凸叶海牛”，这个名字源于它背上像水泡一样的一个个突起。这些黄色的“指示灯”警告鱼类它体内有毒，不能捕食。

格陵兰岛海岸

这幅卫星图像显示的是夏季融冰时格陵兰岛东海岸的景象。棕色的区域是岩石陆地，其中贯穿着许多狭长的峡湾，一些峡湾中还布满了冰川以及巨大的扁平冰山。冰架崩解后形成众多大小各异的冰山，它们漂浮在近海区域。

绪论

海水

地球上的海洋有$134 \times 10^7 km^3$的海水，这些海水中含有约$48 \times 10^8 kg$盐、气体和其他物质。其中最基本的物质——水，具有许多特殊的性质，例如较强的表面张力和高热容。正是得益于这些性质，海洋才能支撑其他生命的存在，稳定全球气候，传送波浪。海水的易变性也是其十分重要的特征：大海并不是一成不变的，其许多因素（如温度、压力、溶解氧含量以及光照的水平和质量）会随空间及季节的变化而改变，而这些因素在很多重要方面都起到举足轻重的作用。

席卷而来的波浪

图中这种“滚筒式”的波浪正冲击着夏威夷瓦胡岛的北部海岸。正因为水具有一些特殊的性质，如此壮观的景象才得以形成。

水的性质

当然，海洋的主要组成部分是水。长久以来，大量液态水在地球表面的存在得益于多种因素的共同作用。例如，相较于其他由大小相似的分子组成的物质，水具有异常高的冰点和沸点，以及相对的化学稳定性。水还具有其他许多显著的性质，这些性质都深刻地影响了海洋的特点——从海洋供养生命的能力，到其对气候的影响。水的这些特殊性质的形成，则要归结于水分子的结构。

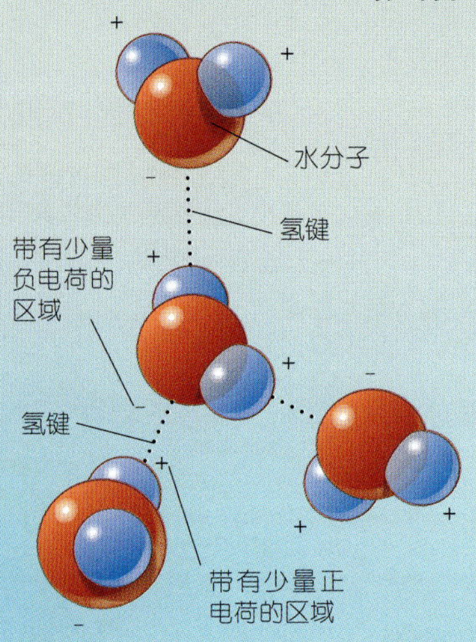

氢键

氢键是一种相互吸引的静电力量，存在于相邻水分子带有微量正负电荷的区域之间。左图标示了多条氢键。

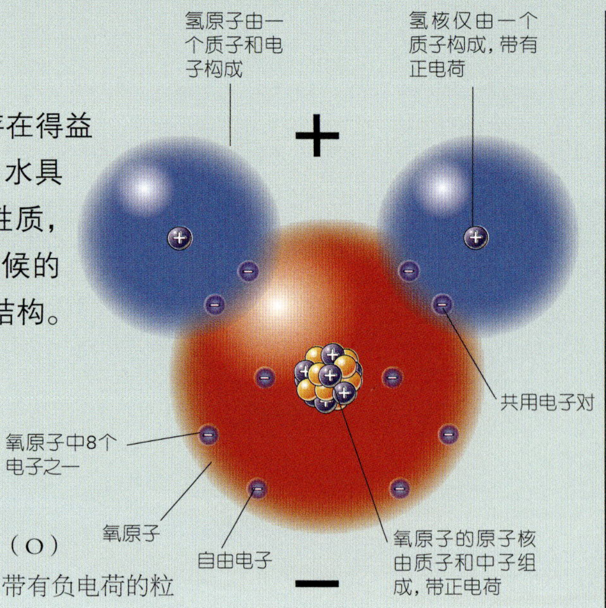

电荷不平衡

水分子中负电荷（电子）以及正电荷的分布导致每个水分子一端带微弱正电荷，另一端带微弱负电荷。

水分子

1个水分子（H_2O）由2个氢原子（H）和1个氧原子（O）构成。氢氧原子之所以能成功结合，关键在于4个微小的带有负电荷的粒子，我们称之为“电子”，其为氢氧原子所共有。另外，在氧原子外层还有6个电子在不同区域移动。这种电子的排列方式使水分子具有化学稳定性，并拥有不同寻常的形状。同时，这也使分子内部的电荷分布略微失衡，而这一特性又带来了很重要的结果，即相邻的水分子因受“氢键”作用而彼此结合。

表面张力

水分子间存在的吸引力使液态水具有一种独特的性质，即具有较大的表面张力。水分子聚集时，表层分子在力的作用下彼此聚集，并向聚合体中央收缩，从而在表面形成一层类似于“皮肤”的形态，足以抵抗破坏力。表面张力可以看作是打破这层“皮肤”所需要克服的力量。水所具有的这种较强张力产生了很多重要影响，其中最重要的一点莫过于其对生物体内的某些运作起到关键作用，例如，许多植物体内的水循环和动物体内的血液循环都离不开表面张力的作用。表面张力还令海黾这类体形较小的昆虫能够在海面行走和捕食。表面张力甚至对海浪的形成也有一定作用（详见第76页）。

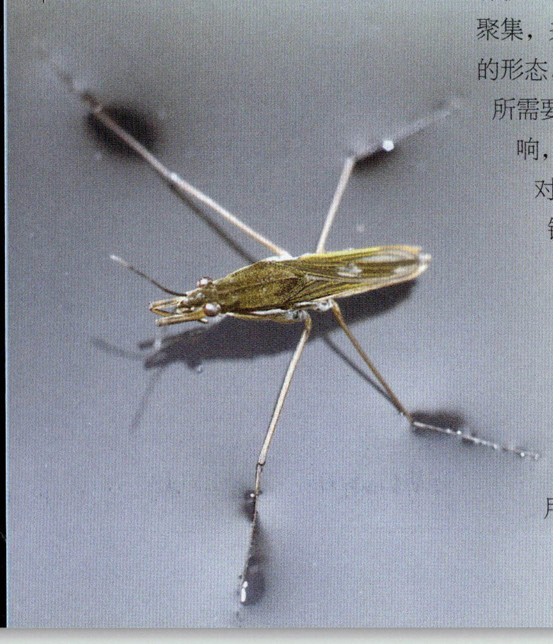

水上行走

海黾、水黾（见下图）等昆虫利用水的表面张力，可在海、湖和池塘水面上行走、进食、交配。

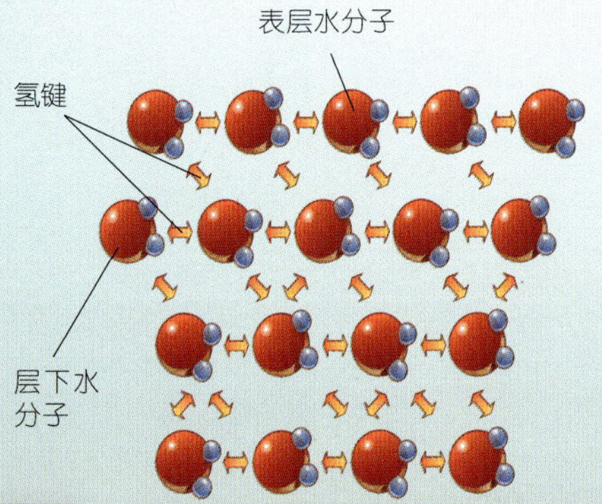

表面张力的成因

在一滴水中，层下水分子受到相邻水分子的氢键作用而被向各个方向拉张，然而表层水分子则只受到向内的拉力以及相邻的其他表层水分子的引力。

水滴

表面张力造就了图中水滴的形状。原因在于使表层水分子聚集到一起的力大于使其变扁平的重力。

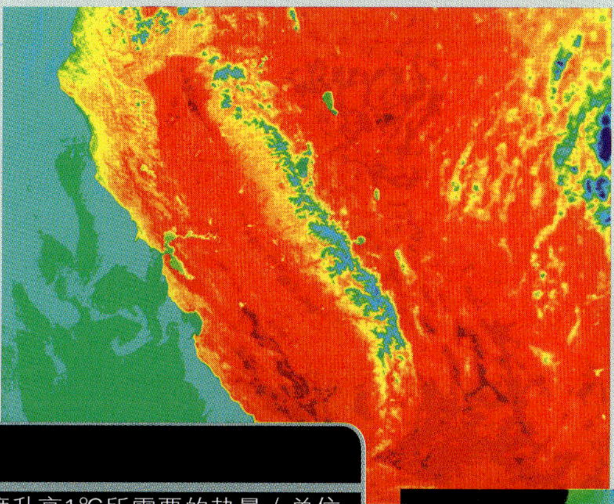

陆地与海洋

水的高热容意味着在相同日照条件下，海洋升温速度要比陆地慢。

从右边这幅南加州气温卫星图像可知，热浪来袭时，大部分陆地地区（红色区域）温度达50℃，而海水区域（左侧）温度只有10℃。

热容

液态水所具有的第二个重要性质——不寻常的高热容也与水分子间的氢键有直接关系。水的热容几乎高于所有其他已知液体（见左侧表格）。原因在于，水吸收热量后，绝大部分热能作用于氢键，以打破水分子间的连接，而只有很少一部分热能作用于水分子本身，增加其震动频率，引起水温升高。这也就意味着一片海域可吸收和释放巨大的热能，而海水温度变化微乎其微。这同样意味着海水的流动（洋流）在全球范围内传输着大量热能，因此洋流对于调节全球气候有着重要作用（详见第66页）。

比热容

1g重量的某种物质温度升高1℃所需要的热量（单位焦耳）叫作这种物质的比热容。下表列出了13种液体的比热容，没有列明温度的都是在室温下测量的。

物质名称	比热容 J/（g·℃）
-40℃液氨	4.7
淡水	4.19
2℃海水	3.93
甘油	2.43
乙醇（酒精）	2.4
丙酮	2.15
煤油	2.01
橄榄油	1.97
苯	1.8
松脂	1.72
-40℃氟利昂-12制冷剂	0.88
溴	0.47
汞	0.14

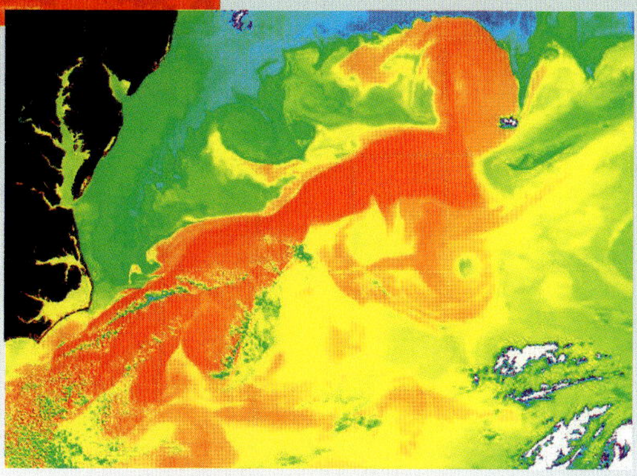

热量的传输

这幅图显示了大西洋西北部的温度分布情况，表层海水温度从蓝色的5℃到红色的25℃不等。图中红色的部分是墨西哥湾暖流。

水的扭曲

表面张力使流动的液态水（水面、水柱、水流）能形成或聚集成某种令人惊叹的形状，比如图中的螺旋状水柱。

水的三态

水在固、液、气三态之间相互转化。转化时的温度临界点，即冰的熔点（由冰变为液态水）和水的沸点（由液态水变为水蒸气）均高于其他与水分子大小相似的分子所组成的物质。要想让冰融化，让水蒸发，都需要大量的热能来打破水分子间的氢键。水的另一个独特之处在于，固态水的密度稍小于液态水，因此冰可以漂浮在水面上。究其原因，在固态情况下，水分子形成结构有空隙的晶体；在液态情况下，其排列呈簇状，相对紧密。可不要小看冰漂在水面上这一现象，正是水的这种特性使得大面积极地冰川的存在成为可能（详见第198—199页）。这些都影响了海洋与大气间的热量交换，有助于稳定海洋温度和全球气候。

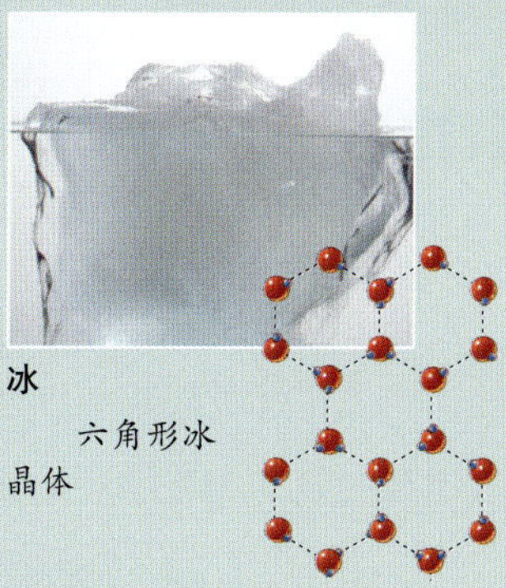

冰

六角形冰晶体

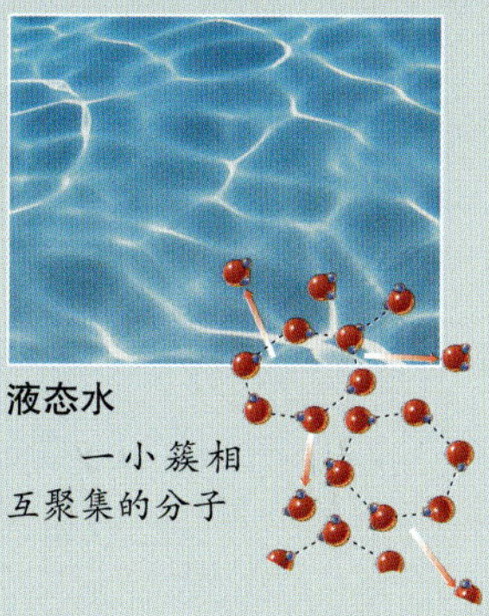

液态水

一小簇相互聚集的分子

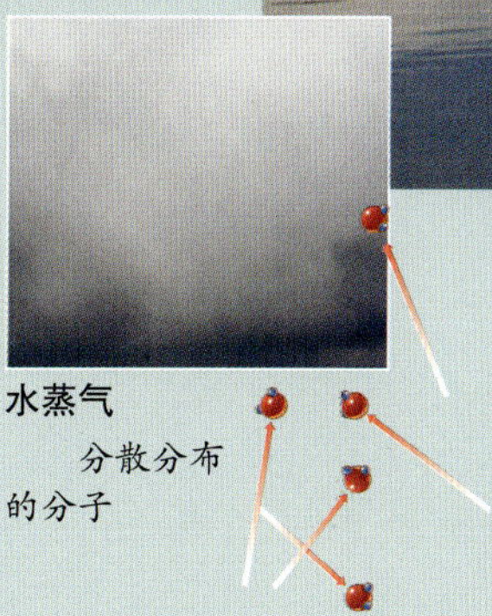

水蒸气

分散分布的分子

固态、液态和气态

凝冰状态下，氢键将水分子联结在一起形成一个稳固的结构；在液态水中，水分子在氢键连接下呈移动的簇状；在水蒸气中，水分子间没有氢键连接。

三态并存

水是地球表面唯一一种三态并存的天然物质。有的时候，人们可以同时看到水的这3种形态，比如在靠近北极的斯匹次卑尔根岛峡湾（上图）。

海水的化学性质

海水中溶有数以百万计的化学物质，其中大多容量极少，容量最多的要数海盐。海盐并非一种单一物质，而是由许多带电离子组成的混合物质。此外，氧气、二氧化碳等气体也是海水中常见的溶质。水是一种非常理想的溶剂，因此许多不同的化学物质都溶解在海水中。

咸的海水

海洋中的盐分以带电离子的形式存在，一些带正电，另一些则带负电。其中最常见的两种离子为钠离子和氯离子，二者是食用盐（氯化钠）的主要组成部分。海水中盐成分的85%都由钠离子和氯离子构成，其余成分则主要由以下4种最常见的离子组成：硫酸根离子、镁离子、钙离子和钾离子。以上几种常见离子，以及海水中其他种类的微量离子都以固定的比例均匀地存在于海洋中；而海水中其他溶质的分布则不均匀。

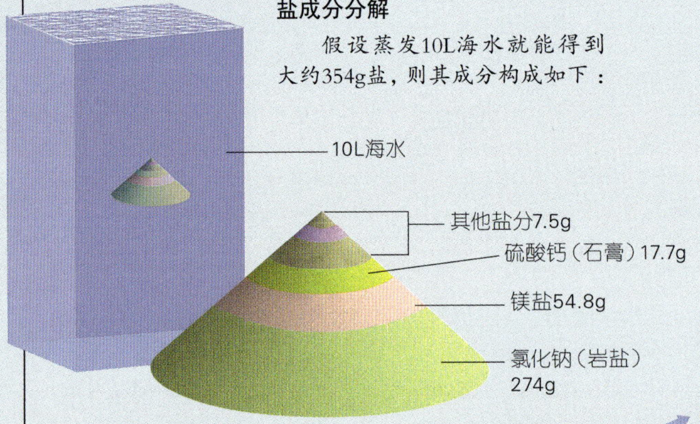

盐成分分解

假设蒸发10L海水就能得到大约354g盐，则其成分构成如下：

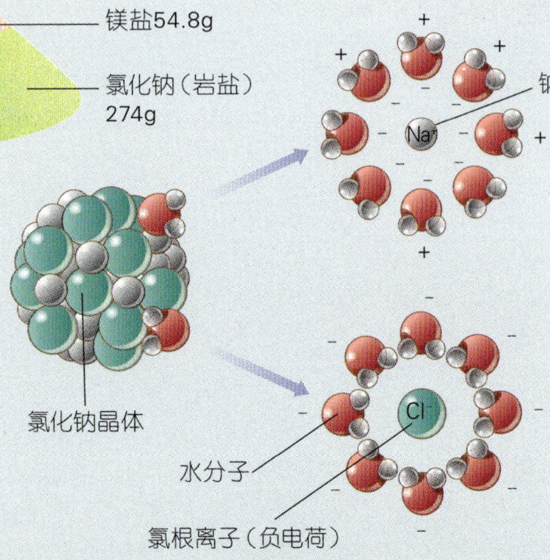

水作为溶剂

水分子两端电荷的不平衡令水成为一种理想的溶剂。当氯化钠溶解在水中时，水分子带正电荷一端与氯离子结合，而带负电荷的另一端则与钠离子结合。

名人

亚历山大·马克特

瑞士化学家及医生亚历山大·马克特（1770—1822）是最早开展海洋化学研究的科学家之一。1819年，他发现海水中所有的主要化学离子（例如钠离子、氯离子及镁离子）在全球海域中均以固定的比例存在，不论海水盐分如何变化，各种离子均以不变的比例分布于水中。这一发现成为他最著名的成就。如今，这一现象又被称为“定比定律”。

来源与沉积

构成盐分的各种离子通过不同方式汇入大海。有的溶解于冲刷陆地岩石的雨水中，进入河流，汇入大海。有的通过海底火山的热液喷口进入海水（详见第188页），另一些则随陆地的尘埃被风吹到大海中，或随火山灰进入大海。同时，对于每一种离子来说，还有一个从海水中分离的过程，也叫“沉积过程”。比如海面的盐雾吹向陆地，将各种离子带出海水；又比如各种离子逐渐在海底沉淀下来，变为矿床的一部分。每一种离子都有特定的停留时间，即离子从海水中分离之前在水中的时间。海水中那些常见离子的停留时间较长，从几百年到几亿年不等。

河流径流

河流径流将构成海盐的离子和各种养分带入海水中。右图为努萨河流入澳大利亚昆士兰海岸的情形。

来源、沉积与交换

下图详细展示了海水中气体（粉色箭头）、离子、盐分和矿物质（黄色箭头）以及植物养分（蓝绿色箭头）的来源、沉积和交换过程。

图例

- 气体
- 离子、盐分和矿物质
- 植物养分

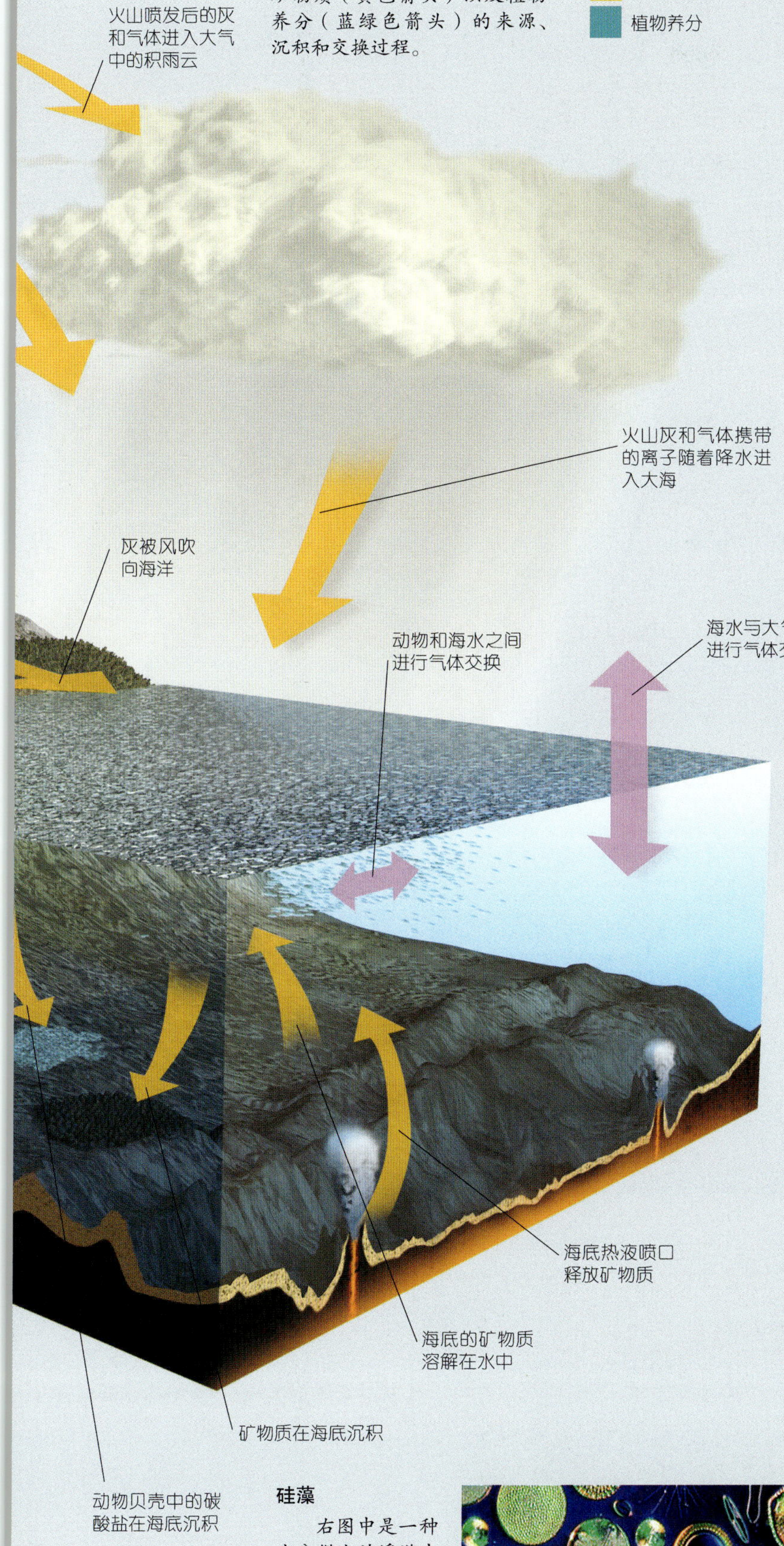

海水中的气体

海水中溶解的主要气体有3种，分别为氮气（N_2）、氧气（O_2）及二氧化碳（CO_2）。氧气与二氧化碳的浓度与进行光合作用的生物（浮游植物）和动物有着密切联系。通常情况下，海水表面的氧气浓度最高，因为表层海水溶解了大量空气，同时，此处的光合作用系统也生产了大量氧气。氧气浓度最低的区域位于水下200m到1000m处，这里的细菌在分解有机物尸体的过程中消耗了氧气，同时，以有机物为食的生物也不断消耗着氧气。二氧化碳的浓度在海洋最深处最高，而在海洋表层则最低，因为在海洋表层，光合作用系统所消耗的二氧化碳的量远大于呼吸作用所产生的二氧化碳的量。

碳的沉积

许多海洋生物，比如鹦鹉螺（见下图）的贝壳是由海水中的碳酸盐（一种碳和氧的化合物）构成的。这些生物死后，其贝壳变成沉积物，最终成为岩石的一部分。

氧气的产生与消耗

上层海水中的含氧量的高低，取决于进行光合作用的生物（如海带）所生产的氧气量与消耗氧气的动物（如鱼类）所消耗的氧气量之间的比率。

养分

海水中存在的众多物质，尽管其数量微小，却对于海洋生物的生长具有重要作用。位于海洋食物链最基础一环的是海洋浮游植物。其仅在显微镜下可见，是一种通过光合作用获取能量的生命形态。浮游植物需要获取硝酸盐、铁元素以及磷酸盐等成分进行生长繁殖。如果这些成分不够，浮游植物的生长就会停滞；反过来，如果这些成分增加，就会引发浮游植物的快速繁殖。虽然河流等会将部分养分输入大海，但海水中养分的主要来源是海洋自身不间断的循环系统：海洋生物死后，尸体慢慢沉积到海底，逐渐腐烂，并释放出养分。底层海水随上升流（详见第60页）将这些养分带给表层海水，供生活在那里的浮游植物消耗，从而形成了一个连续的循环系统。

浮游生物引起的水华

右面这张卫星图显示斯卡格拉克海峡（连接北海与波罗的海的海峡）地区由于浮游生物过度繁殖引起的水华现象。图中蓝绿色的范围就是水华区域。

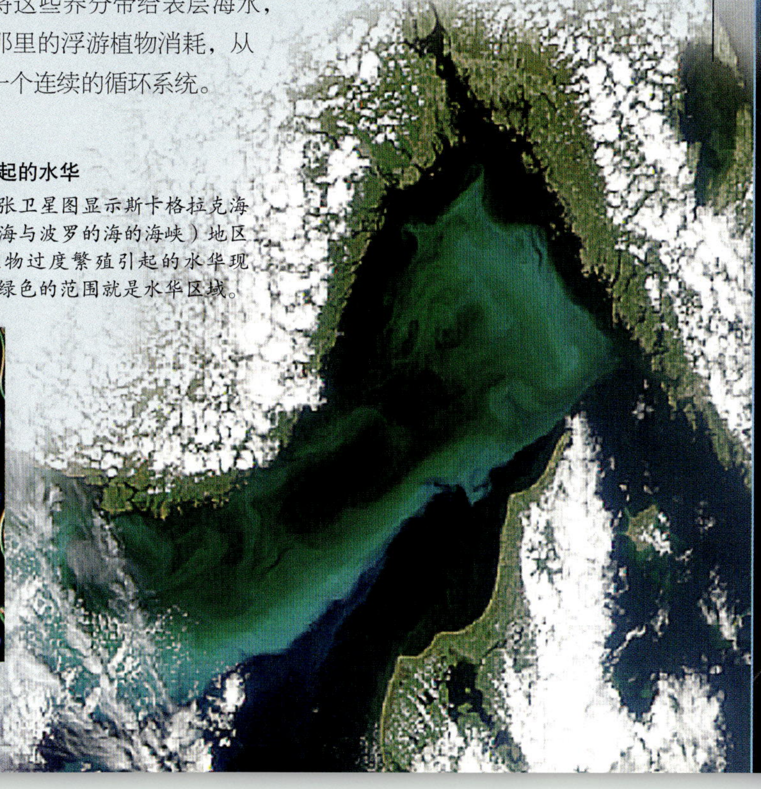

硅藻

右图中是一种十分微小的浮游生物，其细胞壁由硅酸盐构成。只有当海水中有足够数量的硅成分时，这种生物才能生长。

绪论

温度及盐度

海水并非一成不变，其温度、盐度、压强及密度等物理属性是不断变化的。这种变化既有纵向的（使海水在深度上分为不同的层），也有横向的（比如热带和温带海水的变化），同时还有季节性的。其中，温度和盐度是两种基本变量，它们的差异导致了海水密度的不同，从而驱动深海环流。

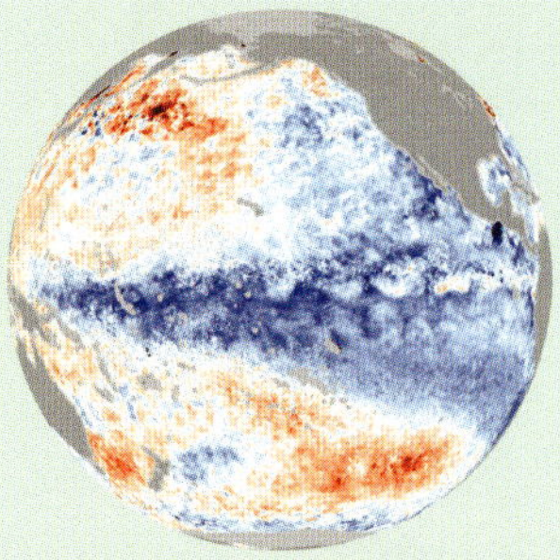

拉尼娜现象导致太平洋海域温度异常

受到厄尔尼诺现象和拉尼娜现象的影响，太平洋海域表层海水温度分布出现长周期波动。上面这幅根据卫星数据生成的图显示的是2010年受到强拉尼娜现象影响的表面温度分布，蓝色条带示意东太平洋海域表层海水温度低于常年温度。

温度

上层海水温度变化较大。在热带及亚热带区域，强烈的光照使表层海水全年处于温暖状态。在表层海水之下，温度急剧下降；在水深1000m处，温度骤降至8—10℃。这一水温急剧下降的水层叫作“温跃层”。温跃层下更深的海域内，温度变化趋缓，海底水温接近冰点，仅为2℃左右，几乎整个深海区域的水温都维持在这一水平。在中纬度海域，表层海水的季节性变化显著；在高纬度及极地海域，海水终年寒冷，有时温度降至0℃以下。

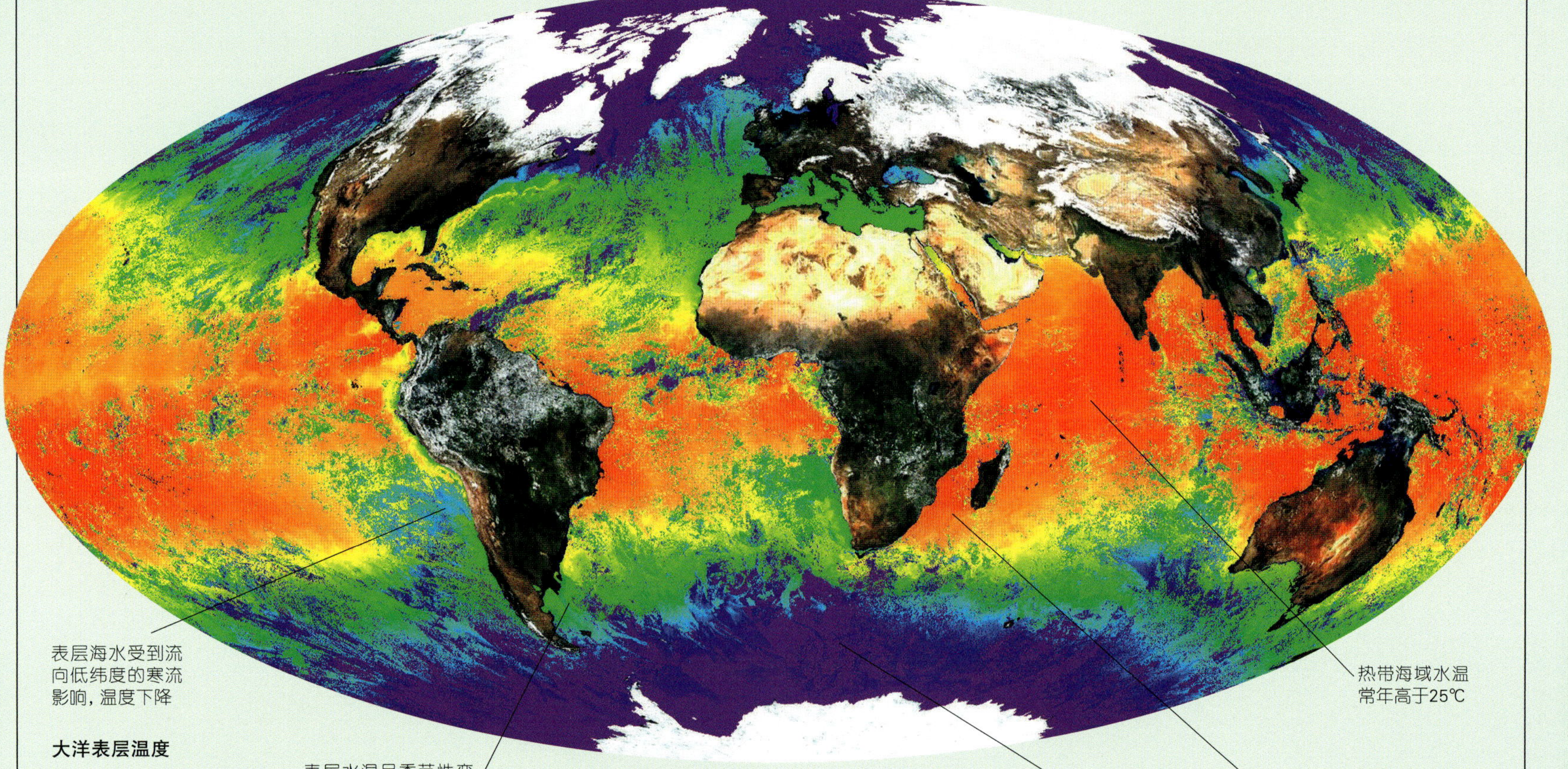

大洋表层温度

上图展示了3月表层海水平均温度。距离赤道的远近是决定表层水温的主要因素，但洋流也对表层海水温度有一定影响。

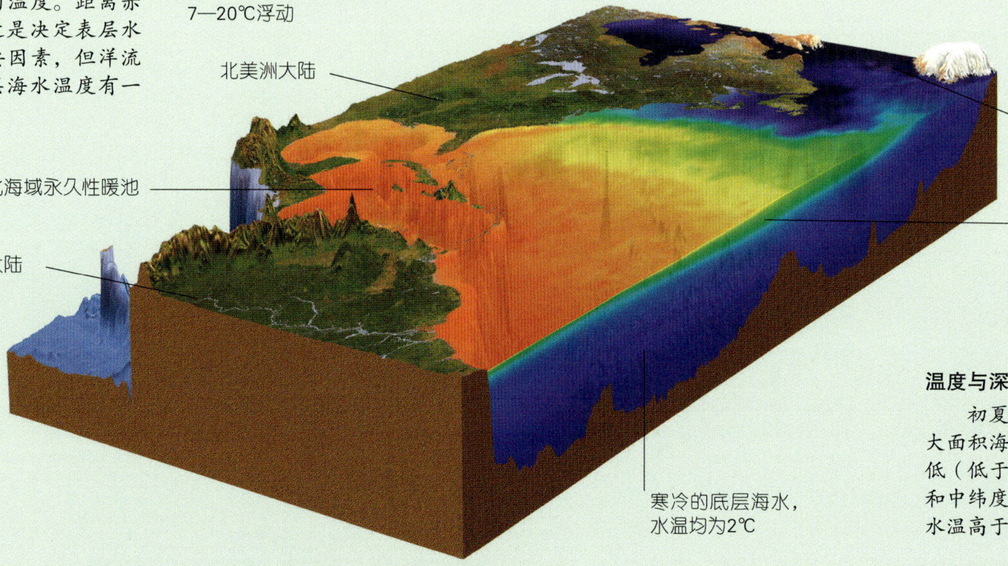

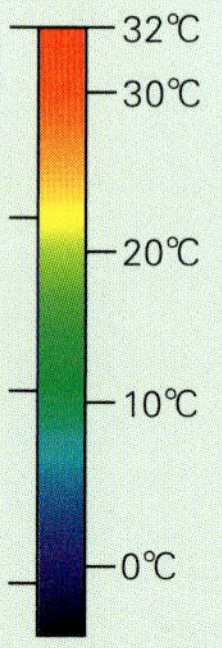

温度与深度

初夏，北大西洋的这片大面积海域（左图）水温较低（低于5℃）。只有在热带和中纬度之间的海域的表层水温高于这一温度。

盐度

盐度指一定质量的海水中的含盐量。一般通过测试海水样本的导电率来测量海水盐度，平均1kg海水约含盐35g。表层海水的盐度差异较大，特定海域盐度值的高低取决于该区域内任何可能引起水量增加或减少的过程或因素的作用。水量增加，则盐度下降。大量的降水、河流汇入以及海上冰体的融化都会引起水量增加，盐度下降。反之，大量水分蒸发，海水结冰都会导致水量减少，盐度上升。在大洋深处，海水盐度较为稳定。位于表层海水和深水之间的盐跃层，其盐度随着深度的变化而缓慢变化。盐度会对海水的冰点产生影响——盐度越高，冰点越低。

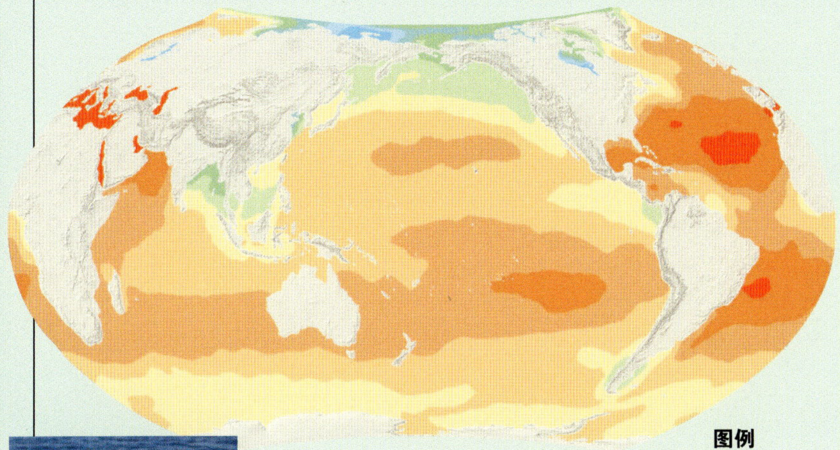

易于漂浮

在一些封闭海域，水分大量蒸发，而且降水和入海河流较少，导致海水盐分高，密度大，如此，水上漂浮便很容易做到。左图中的死海海域便是其中一个例子。

全球海域盐度分布

表层海水盐度最高值位于亚热带地区（这里海水蒸发量很大）或封闭及半封闭的海盆（如地中海）；盐度最低值则位于较寒冷地区或有大量河水流入的地区。

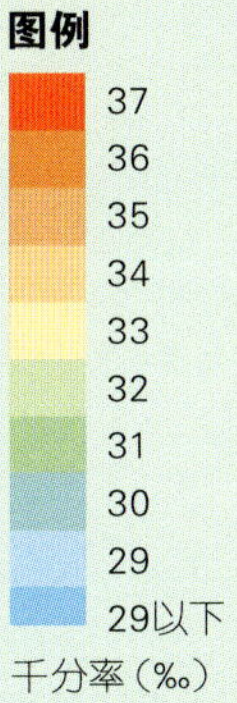

密度

任意小部分海水的密度主要取决于水温和盐度。温度下降或盐度上升都会导致海水密度增加。然而也有例外情况，在温度降至4℃以下时，海水密度反而会小幅下降。地球上任意一处海域的海水密度都会随着水深的增加而增加，这是因为，密度大的水遇到密度相对小的水时会下沉。

密度的变化会引起海水上升或下沉，从而引起表层海水和深层海水之间大规模的环流（详见第60页）。最显著的是流向南极洲和北冰洋边缘的海水；随着温度下降，外加海冰的形成令盐度上升，这些海水的密度会上升。在这些区域，大量寒冷、密度和盐度都较高的海水不断形成，并下沉至大洋底部。

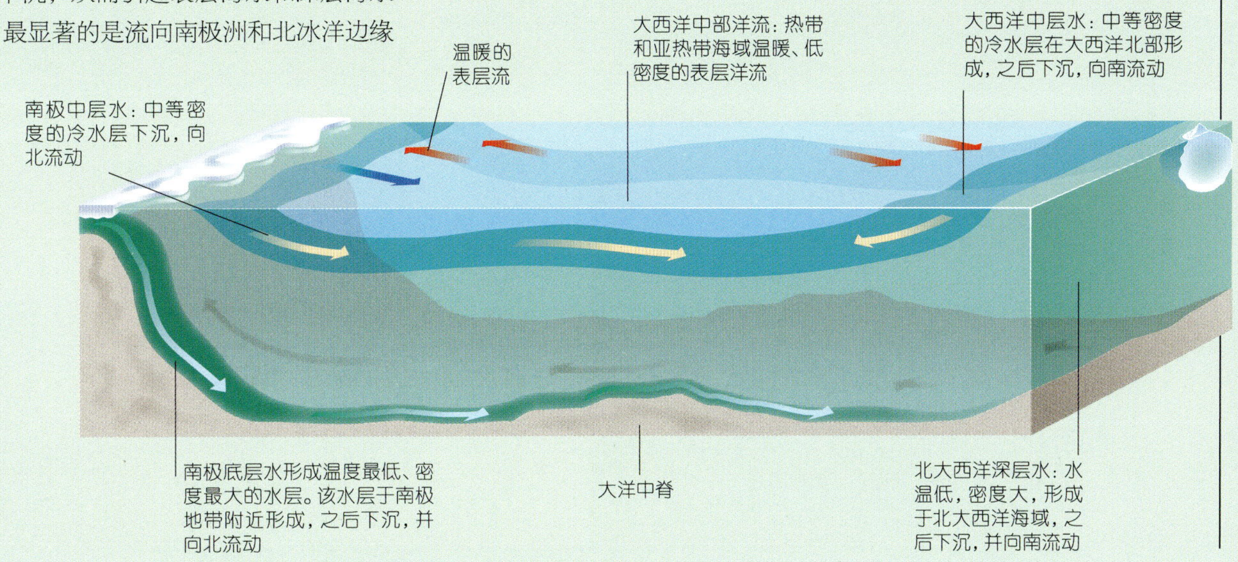

大西洋海域密度层

每片海域内都有所谓的水团，其密度从浅到深呈递增趋势。密度大、水温低的水团下沉，缓慢向赤道地区流动。全球海域内80%的海水是由这种低温的高密度底层海水构成。

压强

科学家将衡量压强大小的单位称为“巴（bar）”。在海平面，大气的压强约为1bar。在水下，由于上覆水体自身具有重量，深度每增加10m，压强上升1bar。这也就意味着，在70m深的水下，压强为8bar，是海平面压强的8倍。水下压强的增加为人类探索海底世界带来了巨大的挑战。为了保持肺部压强，潜水员需要在水下呼吸压缩空气或其他混合气体，但这样做又会令过多气体溶解在人体内部组织中，导致其他问题的产生。这一难题限制了人类可到达的海底深度。

减压停留

为预防“潜涵病”（从高压环境骤然进入低压环境而引起的疾病）发生，潜水员在返回水面之前，会在中途停留一到两次，以将体内多余的气体排出。

适应自然环境

海象可以下潜至1550m深处，其已进化出多种适应高压环境的身体构造，如可收缩的胸腔。

发现

减压

专业的潜水员每次要在水下连续工作数小时，他们会定期在特定的压力舱内进行有控制的减压。压力舱还可用于治疗因压强改变而引起的潜水疾病，或为潜水生理学研究提供帮助。

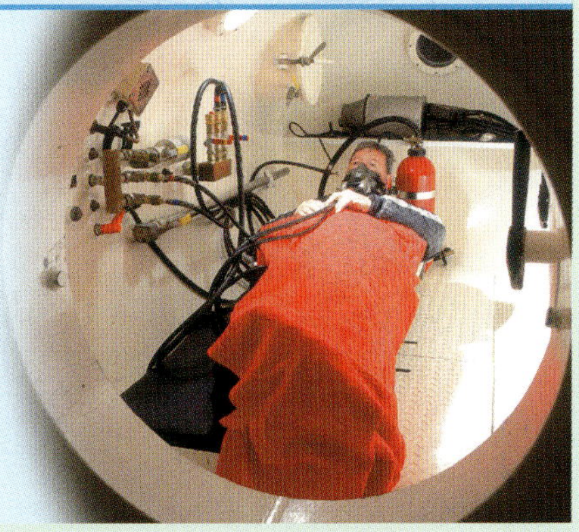

压力舱

随着周围压力逐渐下降，人体需要吸入一种特殊的混合气体。

光与声

光与声在水中的传播与在空气中的传播有着显著差别。光一旦进入水中，大部分波长迅速被水吸收，这也解释了为什么平静的海水呈现蓝色，以及为什么多数海洋生物都聚集在表层海域——几乎整个海洋食物链都要依靠促进植物生长的光能。相反，声音在水中的传播速度比在空气中快。很多动物，如海豚，都利用声波来活动。

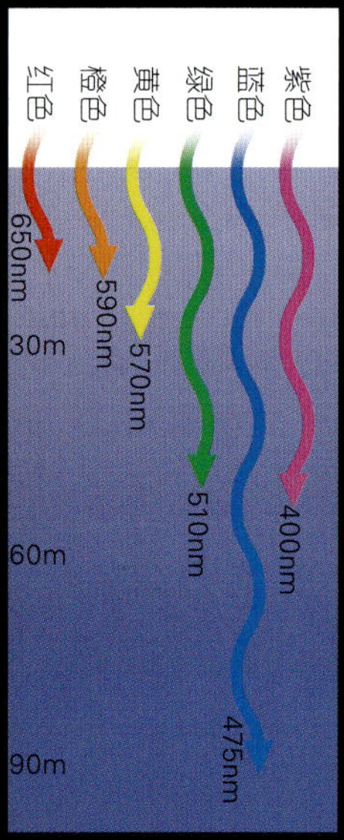

光的穿透力

太阳光中，红光和橙光在水下15m处被吸收。再往下40m，大多数其他颜色的光均被吸收。衡量光的波长的单位为纳米（nm）。

光在海水中的传播

白光，如太阳光，由各种不同波长的光组成，其波长由长（红光）到短（紫光）不等。海水对于红光、橙光和黄光具有很强的吸收能力，因此阳光中只有一些蓝光以及少量绿光和紫光能够穿透至水下40m处。在水下90m处，即使是最具穿透力的蓝光也会被水吸收殆尽。而在水下200m深处，唯一的光源是自身具有发光能力的生物（详见第224页）。浮游植物依赖光进行光合作用，因此它们只能集中在大洋上层海域，而这反过来也影响了其他海洋生物的分布。有趣的是，很多呈鲜红色的海洋动物都居住在红光无法到达的海域：它们的红色外表成了很好的伪装，因为在那里它们看起来是黑色的。

真实体色

水下20m处，多数动植物在环境光源（上图）条件下呈现蓝绿色。如果用闪光灯或手电筒照射，我们就能看清海洋生物真正的颜色（下图）。

萤火鱿

萤火鱿身体分布着许多光斑（身体发光器）。当有天敌在它下方游动时，这些发亮的光斑可以为萤火鱿提供保护，因为捕食者会误以为上方只是月光下的水体。

鱼的视觉

鱼有发达的视觉，可以帮助它们寻找食物并躲避天敌。许多鱼甚至拥有彩色视觉。鱼眼部的晶状体几乎呈球面形状，由高反射率的物质构成。鱼可以通过前后移动晶状体，将光线聚焦到视网膜上。

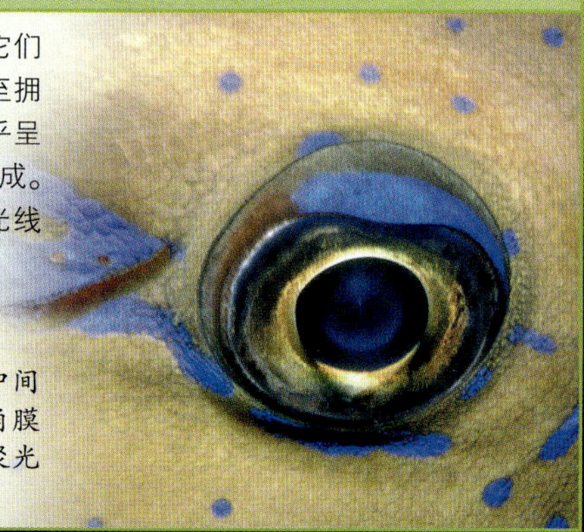

鱼眼

鱼眼晶状体通过虹膜（黑色中间部分）向外突出，虹膜几乎碰触角膜（外面部分）。这可以最大限度地聚光并获得更为广阔的视野。

仰望海面

从水下向海面仰视，会看到只有一小部分海面是亮的，其余部分则是一片黑暗。这是由于光从空气进入水中后会产生弯曲（折射）所致。

海的颜色

海水本身并没有颜色。一小杯海水看上去是透明的。但天朗气清的时候，大海看上去通常呈蓝色或蓝绿色。这部分是由海面反射蓝天造成的，但主要原因还是光线在穿过海水后，会被水中物质或海床向海面反射，在这过程中，大多数颜色的光被海水吸收，只有蓝光和绿光被反射回来，呈现出我们所看到的海的颜色。其他因素也可改变海面的颜色。大风天气，海面会呈现出白色斑点，这是由于水中的大量气泡反射光线造成的。雨水会对海面的光反射造成影响，故在阴雨天时，海水会呈现深绿色或灰绿色。生物体偶尔也能改变海水颜色，比如过度繁殖的浮游生物会将一片海域染成鲜亮的颜色。

藻华造成水体变绿

热带海水呈现蓝绿色

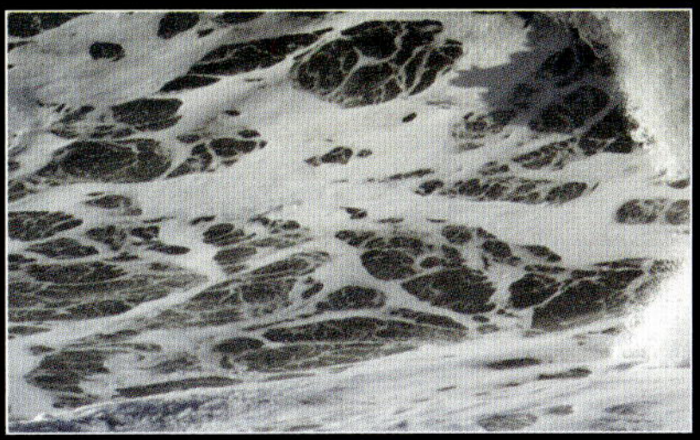

夹带有泡沫的灰色温带海水

海洋色调

有时海藻会使海面呈绿色（顶图）。在清澈的热带海域，海水通常呈现蓝绿色，而夹带白色泡沫的灰色海水一般在大风、阴天时才会出现。

名人

沃尔特·芒克

美籍奥地利科学家沃尔特·芒克（1917年生）是将声波运用到海洋学研究的先驱。他曾在美国加利福尼亚圣地亚哥的斯克里普斯海洋研究所担任教授。他证实了通过研究声音在水下传播的速度和特点，就可以获得有关大规模海底盆地结构等信息。

水下声音

海洋比我们想象的要热闹，这里有轮船、潜艇的机械声，有海底地震和滑坡的声音以及冰山从冰川和冰架断落的声音。此外，还有鲸鱼和海豚通过声波的反弹（回声定位）为自己导航、捕食或与同类交流。声波在水下的传播速度和距离快于和大于其在空气中传播。声音在水中的传播速度为1500m/s；压力增加（即水深度增加），传播速度加快；水温下降，传播速度减缓。将这两个影响声音在水中传播速度的因素相结合，在多数海域，水下1000m深处为声音传播最慢的区域，这层水域也叫作“深海声道”（SOFAR）。这层水域的物理特性为人们使用水下监听设备提供条件，其理论也在鲸鱼、海豚等海洋动物身上得到了证实。

座头鲸的歌声

这幅声谱图中的波峰和波谷显示出座头鲸在几秒内重复发出的叫声的声音频率变化。

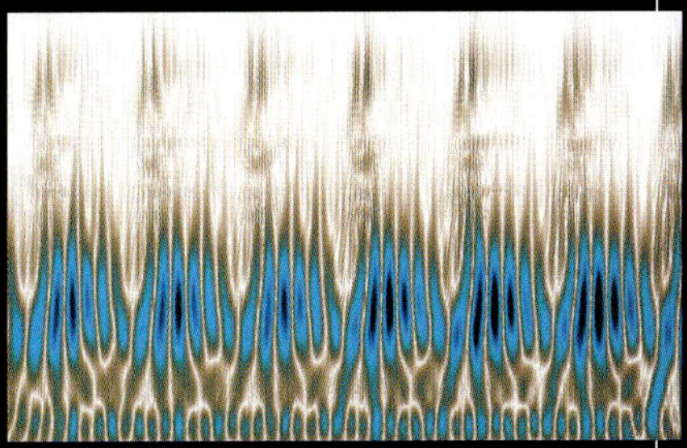

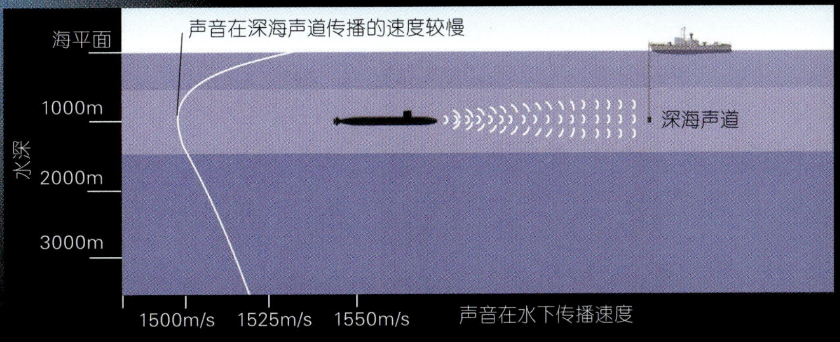

深海声道

在深海声道中，低频率声音会由声道边缘向内折射，使得声音像是被“圈闭”在声道里一样。因此声音在这层水域内可以传播很长的距离。

海洋几乎与地球一样年代久远。40亿年前，沉积物就很有可能已经在水下积聚了，人们所知道的地球上最古老的岩石，也在这一时期成型。但是，洋底还很年轻。人类对洋底生成和快速更新过程的探索造就了现代的板块构造学说。这些生成和更新过程使地球拥有一个与相邻行星不同的星球表面，那就是深邃的海洋盆地和高耸的陆地。由于受到地球内部热流的驱动，海洋和陆地的位置并不是一成不变的。知晓海洋地质学，有助于人们理解地球内部构造，同时，也为人们提供了深入了解全球气候和地球生命的进化的机会。

海洋地质学

海洋熔岩

基拉韦厄火山的熔岩流入夏威夷南岸的太平洋时，蒸汽和海浪混合在一起。诸如此类的玄武质熔岩构成了地壳的海洋部分。

地球的形成

早在45亿年前，地球开始形成于围绕早期的太阳旋转的一个星盘中，该星盘由气体、尘埃和冰块构成。人们所知的这个原行星盘，因为受到年轻恒星的万有引力场作用而在特定的轨道运行。星盘内尘埃粒子受万有引力的影响形成小的岩石，碰撞又使这些岩石聚集，形成几个环。最密集的环继续进化，形成后来的太阳系。

早期太阳系

早期太阳系是一个由尘埃、冰块和气体构成的星盘，这些尘埃、冰和气形成了岩石质的内行星和气质的外行星。

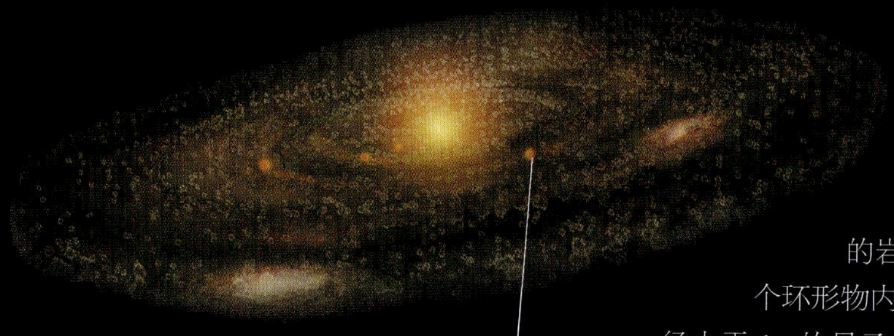

星子开始在围绕太阳的原行星盘中形成

在万有引力作用下，小块的岩石和冰块聚到一起

地球的诞生

起初，因为相互之间的引力作用，同一环形物内的岩石会聚到一起，人们将这一过程称作“冷吸积”。每个环形物内最大的部分会吸引最多的物质，并继续增大，形成直径大于1km的星子。星子由岩石和冰块松散地组成，结构均匀。随着单个星子质量的增加，其所具有的引力增大。这样，其内部结合更加紧密，对附近岩石的吸引力也增大。星子之间的摩擦令它们分离或聚到一起。在内太阳系，每个轨道环内的星子聚到一起，组成更大的星体，称作“原行星”，这些原行星后来又相互碰撞而形成岩态行星。在大约45.6亿年前，地球就这样形成了。

1. 冷吸积

在重力作用下，岩石和冰块积聚到一起。太阳周围同一轨道内的物质聚集到一起形成星子。

2. 原行星

通过吸引更多的岩石和冰块，加上多次碰撞，星子组成原行星。随着这些行星体积不断增大，重力作用使其表面变得圆滑。

3. 剧烈碰撞

通过更有力、更高速的撞击，每一个体积正在增大的原行星都吸引了更多的星子。最终，原行星在经历一系列的撞击后形成岩态行星，这其中就包括地球。

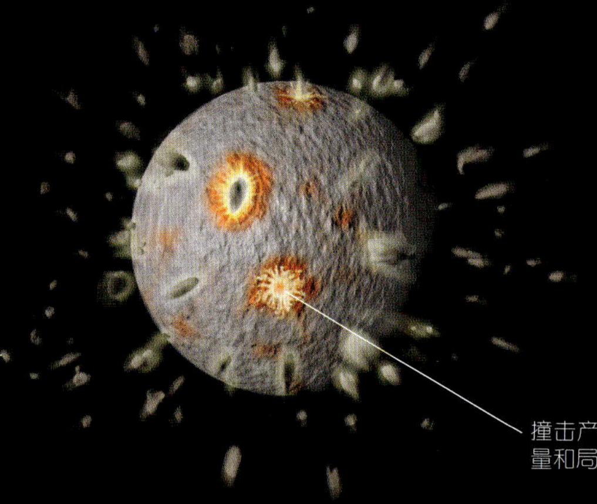

岩石加速撞向原始地球

撞击产生了表层热量和局部熔融

内热

虽然早期的地球很热，表面有一部分是熔化状态，但大部分还是固体状，且内部成分完全统一。如今的地球则有很多不同成分的层，其中包括一个部分为液体的、由铁和镍组成的高密度地核。这一转变可能起源于几个不同的能量源。当岩石撞击原始地球时，动能转化为热能，这很可能会令地球发生局部的表面熔化。更大的热源可能来源于内部岩石中放射性元素的衰变，以及地球因自身重力作用而坍缩时所释放的热量——这一过程导致铁心灾变的发生（见下图）。与相当大的物体撞击所释放的热量，可能足以熔化地球的内部，而且这种情况可能已经发生了不止一次。

月球的形成

人们认为，地球在其早期历史上曾受到一颗原行星的撞击，这一事件带来的影响是：月球诞生，地轴变得倾斜，地球的运行轨道也成了偏心圆。

受火星般大小的物体撞击，导致全面熔融的发生

碰撞时喷射而出的物质稍后冷却下来，聚集形成月球

铁心灾变

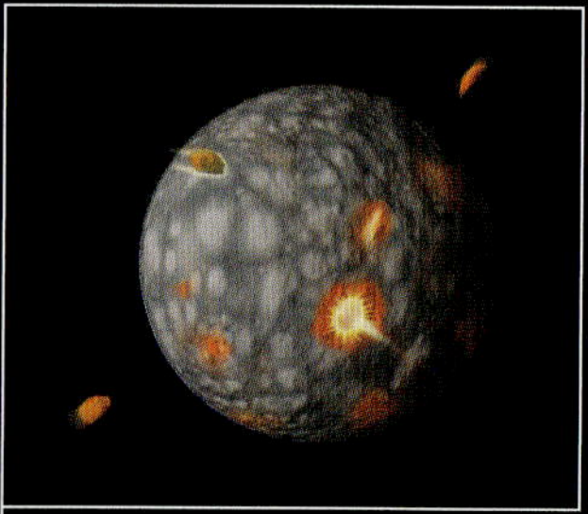

① 随着地球逐渐增大，其重力场的力量随之增加，这样就反过来吸引了更多的物质。

② 最终，重力场变得足够强，致使地球坍缩，从而将重力势能转化成了热能。

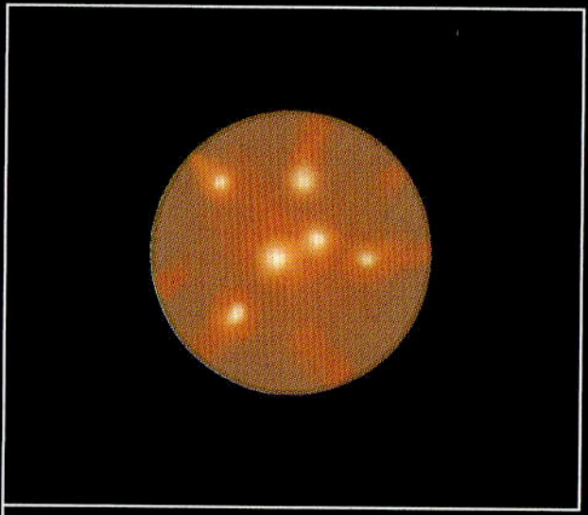

③ 足够的热能释放出来，熔化了地球上岩石中的铁，令其流到地球的核心。

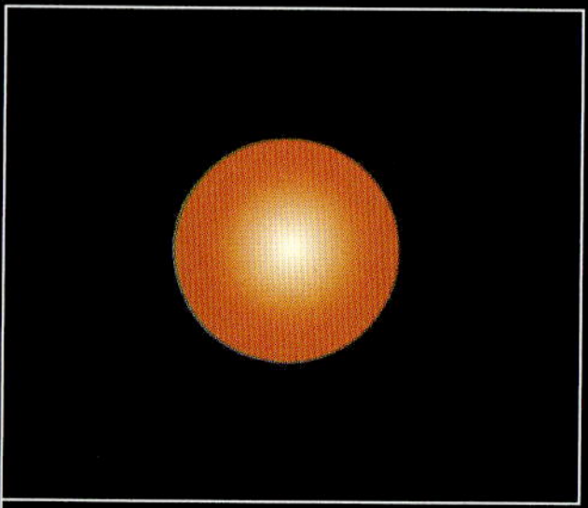

④ 大量的铁下沉，释放了更多的热量。这些热量足以熔化地球的整个内部，这就是所谓的“铁心灾变”。

对流和分化

地球内部熔化后，其最重的组成部分就沉降到核心，轻一些的成分则向表面上升。地球1/3的质量聚集到核心，形成了一个高密度的内核，这一内核主要由铁组成，因为铁是组成地球的常见元素中质量最重的。地核成了地球上最热的部分，温度高达6500℃，同时也成了覆盖于其上的熔化岩石的一个热源。大多数物质受热时会膨胀，变得不再密集，且更具漂浮力。这是对流的基础，它为从地球内部向表面运送热能和物质提供了一个机制。有力的对流环将漂浮的热物质向上搬运，到达地表附近时，这些物质因热传导作用而失去热量，再次下沉。而铝等较轻的物质则会留在表面，形成一层薄的外壳。这样，地球就分化成由不同化学物质组成的圈层：一个金属的地核，一层岩态的地幔，还有一个漂浮着的地壳。这一切发生在45亿年以前。

一个分层的地球

早期的地球有统一的组成成分，但熔化使得化学物质"分区"得以发展。

大气和海洋

在地球早期的历史上，所有的物质中质量最轻的气体和水分被从内部排出，形成了外部的大气层和海洋层。

今日的地球

现在地球的内部已经分化成3个化学性质不同的圈层；深度变化造成的温度和压力变化，又使这些层拥有了不同的物理性质，因此这三层还可以进一步分层。地心包括铁镍合金，其中含有一些杂质，温度为4000—6500℃。地核内层的铁在巨大的压力下成为固态，但地核外层的铁仍是自由流动的液体。包裹着地核的硅酸盐岩石地幔也是凝固了的，但由于固态蠕变机制的作用，地幔底部的一些物质每年都会向上移动几厘米。位于地下约410km处的上地幔是一个较易变形的"可塑"区域。漂浮在其上的是一层含较轻元素的地壳，其平均厚度介于海洋下8km到陆地下45km之间。

地球内部

地球有一个分层的内部结构，主要的层包括地核、地幔和地壳。随着深度的增加，每层的密度和温度也相应增加。来自地核的热量穿过地幔，最终到达温度较低的地壳，得以挥发。

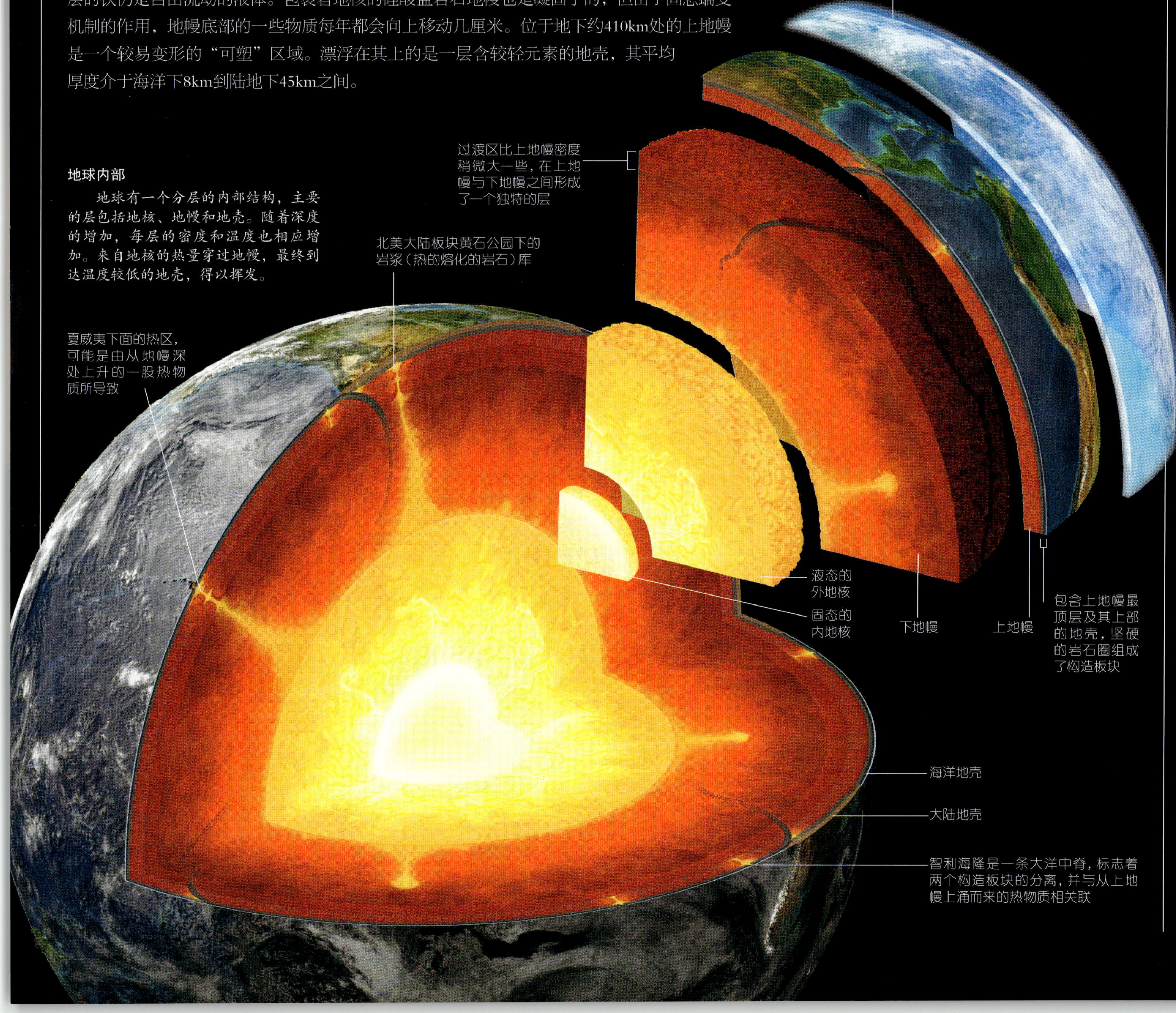

海洋的起源和大陆

地球上的海洋在40亿年前就形成了，主要源于原始大气中冷凝的水蒸气，也有部分源自宇宙中的彗星带来的水。起初，在形成了分层的内部结构后，地球拥有了一个内部成分统一的地壳，这一地壳含较轻元素，并漂浮在由密度较高的物质组成的上地幔之上。后来，随着陆地的形成，地壳异化成了两种不同的类型——大陆地壳和海洋地壳，构成二者的岩石的化学成分是有差异的。

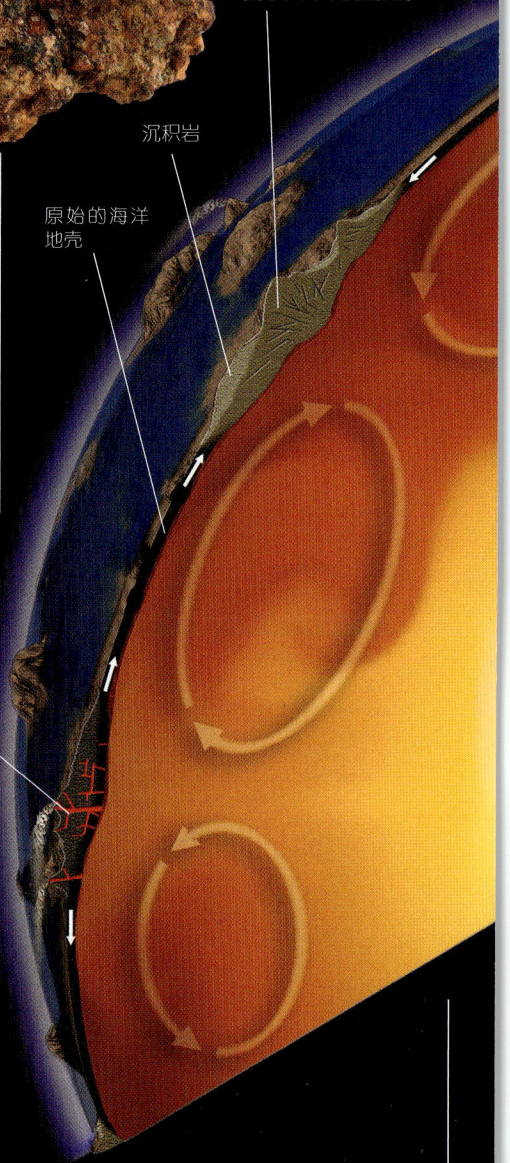

大陆地壳

大陆存在多种类型的岩石，包括花岗质岩浆岩、沉积岩以及由这两种岩石转化而成的变质岩。它们富含石英，而石英在海洋地壳中是不存在的。最早的大陆岩石是海洋地壳经过反复的“熔化—冷却—再混合”过程而形成的。这些循环都是由地幔对流环上部的火山活动驱使的，与现在相比，那时候这些对流环的数量更多，也更为活跃。每一次循环都使更多较重的成分留在上地幔，更多较轻的成分则聚集到地壳中。随着地壳中较轻的碎片相互碰撞和熔化，最早的那些微大陆就形成了。地壳加厚使地壳底层发生熔化，并与花岗质岩浆岩发生底侵作用。风化作用加快了大陆岩石的形成，其可溶物被水流挟带入海的同时，保留了像石英这样的耐腐蚀成分。

最古老的岩石

这些巴芬岛的沉积岩位于加拿大地盾上。稳定的大陆上有着世界上最古老的岩石——约有40亿年之久。

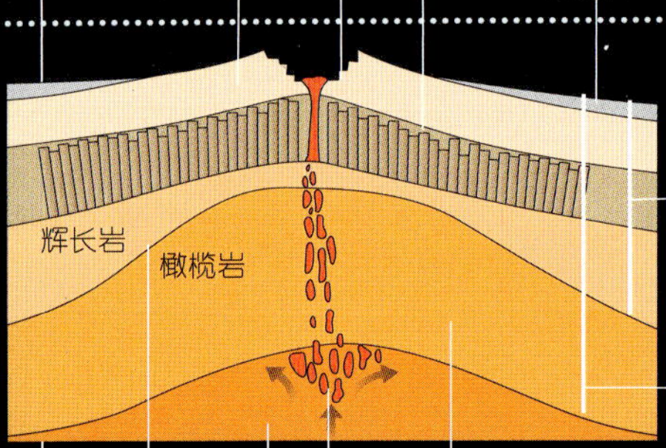

洋底结构

莫霍界面将地壳中的三层玄武岩（玄武岩浆、岩脉、辉长岩）与地幔隔离。上地幔最顶一层熔入地壳的基部，形成坚硬的岩石圈，进而构成构造板块。这些构造板块在较软的软流圈上方滑移。

海洋地壳

海洋地壳比大陆地壳密度大，因此浮力较小。这两种地壳都可以看作是漂浮在“可塑”的上地幔之上的，而海洋地壳因其浮力稍小而处于稍深的位置。相对而言，海洋厚度较薄，深度不会超过11km，而大多数大陆地壳厚度为25—70km。海洋地壳主要由玄武岩构成。玄武岩是一种岩浆岩，其硅含量比大陆岩石低，而钙含量比地幔高。上地幔的热物质在压力降低后，就可以熔化并成为液状岩浆，于是形成玄武岩熔岩。降压发生在海洋地壳的裂缝之下，比如在大洋中脊就有这种情况发生。于是，熔岩通过这些裂缝涌到表面形成新的海洋地壳。

地幔岩石

橄榄岩是地幔中主要的岩石种类。这种硅酸盐岩石含镁、铁和其他金属成分。有时部分海床升高后，它会被带到地表，如右图所示（摄于加拿大纽芬兰）。又或者作为火山活动的碎片落到地表。

大陆地壳的形成

在地幔上升流之上的地壳的变化，由于地幔中的玄武岩的不断侵入而被延迟，最终形成了现在我们看到的各个地盾中心的绿岩带。

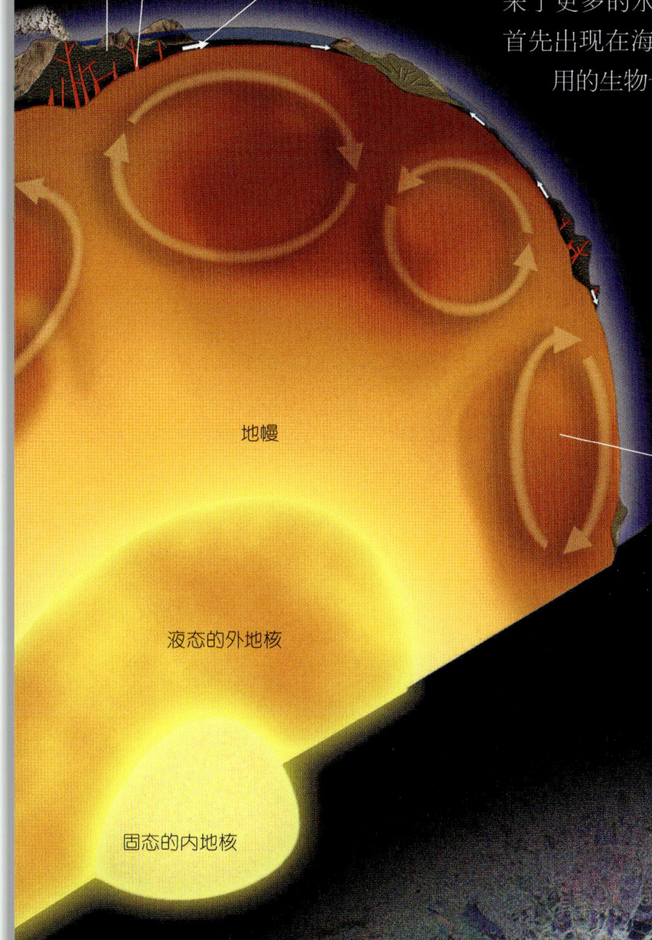

水分和大气

分化过程中，火山活动将挥发性的物质从地球内部带出。像氢和氦这些最轻的气体，就会迅速逃逸到太空中，而留下来的氮、二氧化碳和水蒸气则组成了稳定的大气。一些水蒸气可能会冷凝成液态水，因此40亿年以前的海洋似乎非常大。一些陨石含有15%—20%的水分，人们认为早期地球的成分与此相同，这为早期海洋提供了充足水源。与地球相撞的彗星则带来了更多的水分。大约35亿年前，游离氧首先出现在海洋中，同时，能进行光合作用的生物也开始出现。

条带状含铁建造

左图所示的分层岩石通常被称为“条带状含铁建造”，含有氧化铁，氧化铁是随海洋中氧含量的增加而形成的。

早期的地球

在早期地球上就已经有了很深的海洋，火山和面积逐渐增大的大陆地壳位于其表面。随着地表岩石的风化，矿物质被带到水里，海洋逐渐变咸。

安第斯山脉的火山

这张雷达图像展示了安山岩熔岩形成的火山，其组成成分介于海洋岩石和大陆岩石之间。

海洋的演化

自从南美洲和非洲的大西洋海岸线可以被精确地描绘后，人们发现，这两块板块的边缘就像拼图玩具那样相互匹配。现在我们知道了大陆会移动，而它们曾经是一体的。陆地分离以后，现在的海洋洋面就上升。海洋逐渐演化，改变了全球气候，海平面也随气候变化和地质因素上下波动。

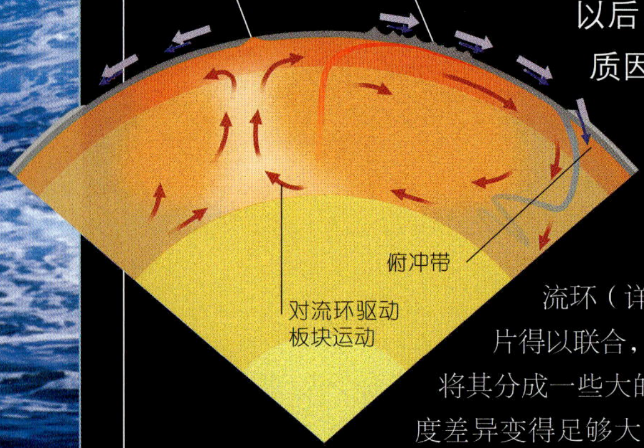

板块运动

地壳板块在对流环的作用下运动，这些对流环有可能深达外核和地幔的交界处。

板块构造

随着地幔的冷却，产生第一批大陆地壳碎片的大量对流环（详见第41页）数量逐渐变少，规模却越来越大。大陆碎片得以联合，面积增大。海洋地壳最薄的地方出现的裂缝，将其分成一些大的板块。海洋板块和大陆板块的密度差异变得足够大以后，海洋地壳开始下沉，俯冲到更具浮力的大陆地壳之下，进而生成俯冲带。在这之后，板块构造（详见第48—49页）就主宰了海洋和大陆的演化。板块在移动时，带着陆地一起移动，海洋随之生成或消失。

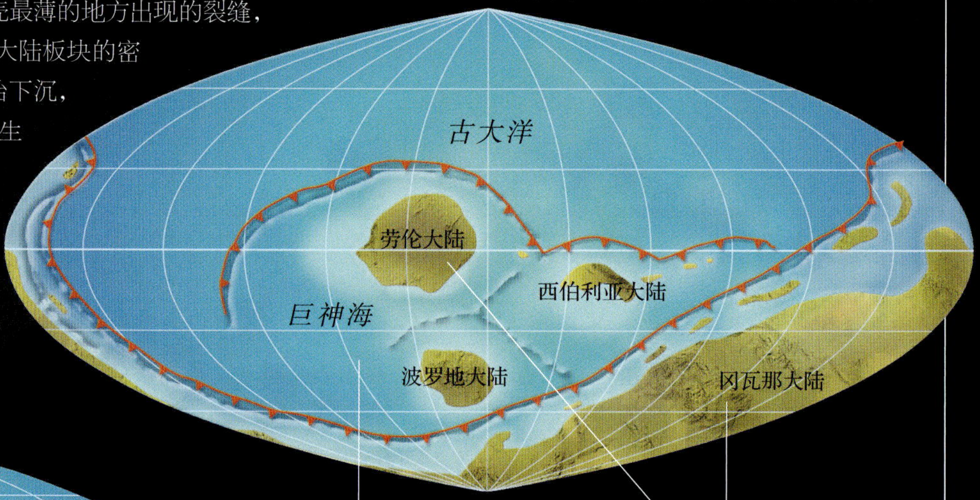

1. 寒武纪（5亿年前）

第一块超级大陆罗迪尼亚超大陆分散开来之后，其中最大的冈瓦那大陆位于南部。巨神海将劳伦大陆（今北美）与波罗地大陆（今北欧）分离开来。古大洋占据着北半球的大部分。

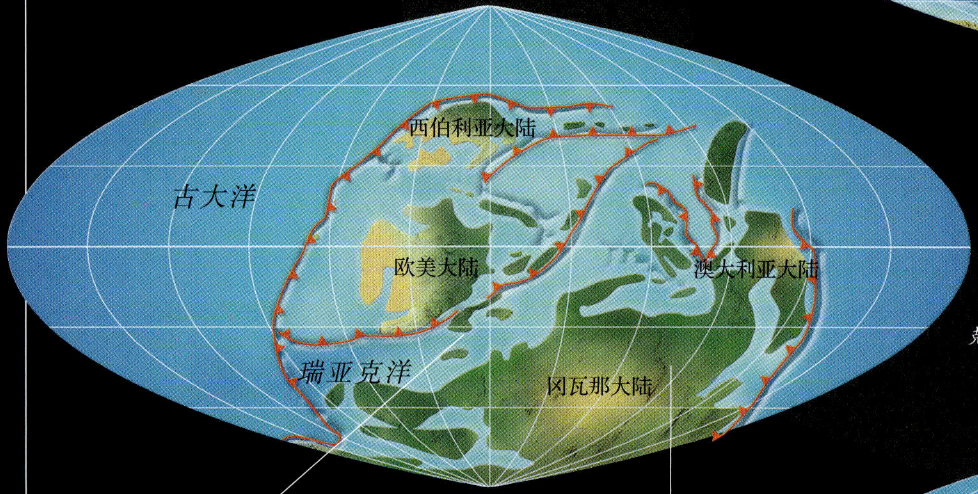

2. 泥盆纪（4亿年前）

将要组成欧洲大陆西部和南部的一系列岛屿脱离冈瓦那大陆，并向欧美大陆移动，使瑞亚克洋得以形成，巨神海随之闭合。

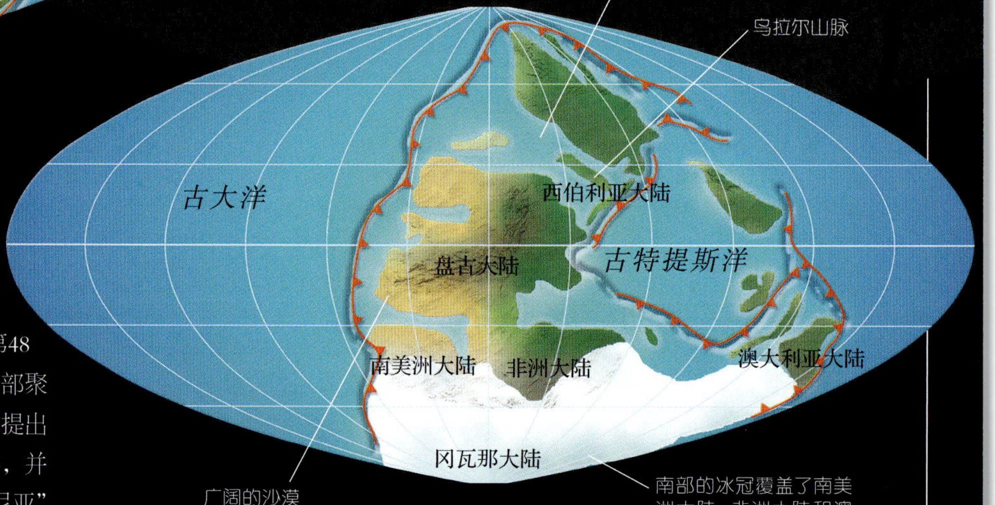

3.石炭纪（3亿年前）

随着盘古大陆的聚集，大陆陆地从一极延展到另一极，几乎包围了其东边的古特提斯洋。现在的煤层深埋于赤道陆架海海岸的沼泽森林里。随着冈瓦那大陆向南极漂移，一片巨大的冰冠便形成了。

图例

俯冲带

扩张脊

现代陆地的轮廓

贯穿历史的演化

地球板块在海洋地壳的扩张脊和俯冲带的迅速循环（详见第48页）作用下运动，导致大陆的聚合与分离——有一阶段它们全部聚合在一起，形成“超级大陆”。德国科学家阿尔弗雷德·魏格纳提出在2.5亿年前有一块名为“盘古大陆”的超大陆，以赤道为中心，并且被一大片海洋围绕着。在10亿年前似乎有另一块名为“罗迪尼亚”的大陆，而这可能是比“盘古大陆”更早的超大陆。每次大陆聚合后，它们最终都会随着内部深裂痕的出现而分离。这种情形如今在红海和东非大裂谷仍在发生。借助计算机建模，人们依据地壳碎片以及扩张脊和俯冲带的地点信息，可以相当可靠地复原远至5亿年前的地理状况。

名人

阿尔弗雷德·魏格纳

阿尔弗雷德·魏格纳（1880—1930）是一位研究天文学、气象学和地质学的德国科学家。1915年，他提出了大陆漂移学说，用以解释大西洋相对的两岸有相同的岩石，以及北极圈有热带植物化石等现象。直到人们发现了海底扩张的现象，为他的学说提供了证据，其学说才被接受。

陆缘海

过去的大多数时候，海平面比现在高。这就促进了浅的、无潮的水体的产生。这些水体被称为陆缘海，覆盖了大陆内部的大部分，与我们现在熟悉的深深的洋盆和陆架海截然不同。由于被陆缘海淹没，干燥陆地的面积有时缩减为如今的一半。陆缘海的海水往往非常咸，含氧量低，其中没有生命存在。它们可能使大陆的一部分被隔离，从而令生活于其上的生物种群独立进化。陆缘海也影响气候：它们盐度高，造成密度大的水沉降（详见第60页）到相邻的赤道海洋，这与今天支配深海洋流的极地沉降流形成对比。

浅海

1亿年以前，北美洲西部内陆海道岸边的情形可能与现在巴哈马群岛（右图）的浅潟湖相似。

4. 侏罗纪（1.5亿年前）

随着未来形成中亚的陆地从冈瓦那大陆脱离并向北移动，古特提斯洋闭合，特提斯洋则在该部分陆地移至北方后出现。中部大西洋出现，将盘古大陆分成南北两部分。

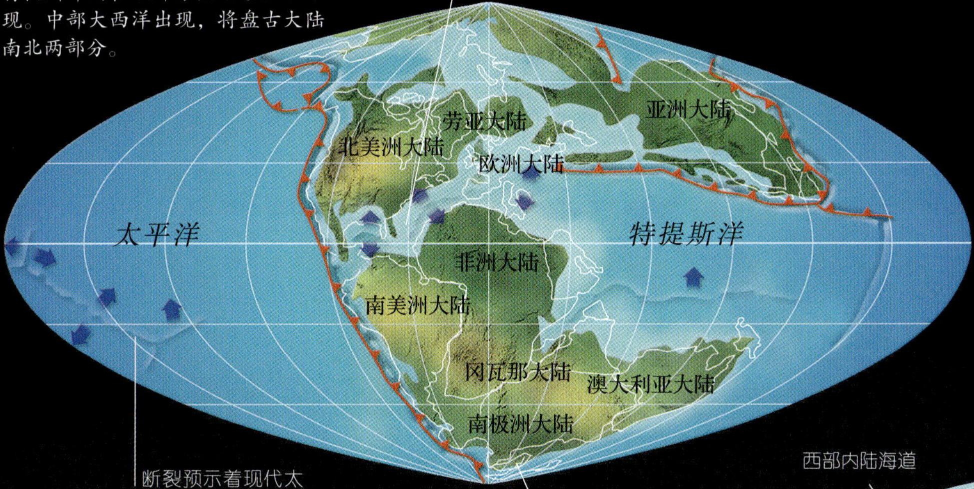

5. 白垩纪（1亿年前）

冈瓦那大陆的分解始于印度次大陆、非洲大陆和南极洲大陆的分离。这也使特提斯洋开始闭合。随后是南大西洋的出现，欧洲大陆从北美洲大陆分离出来，之后北冰洋在北极开始形成。

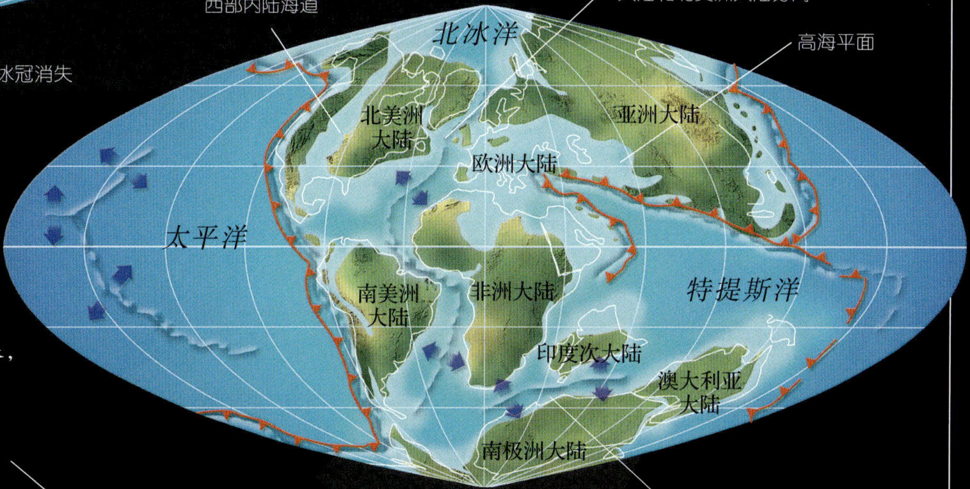

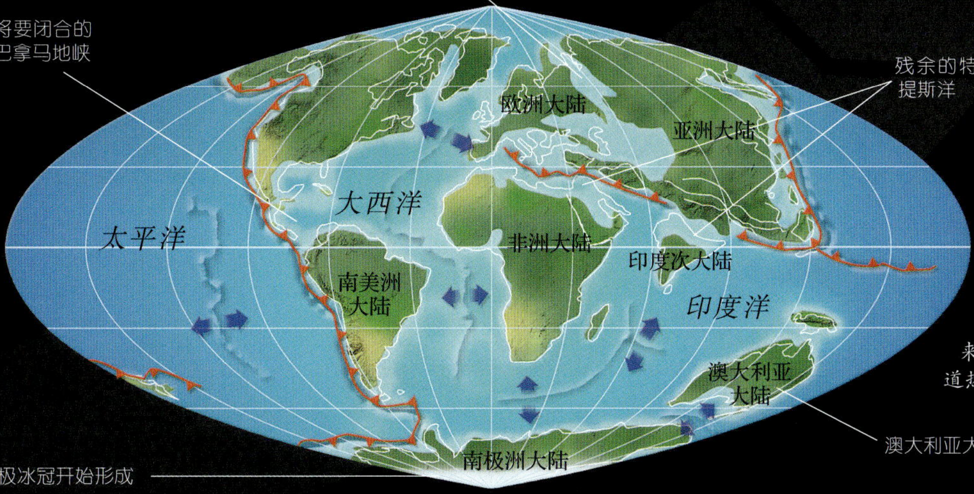

6. 始新世（5000万年前）

印度次大陆继续迅速北移，撞击亚洲大陆，最后造成喜马拉雅山隆起。非洲大陆与欧洲大陆会集，使西部特提斯洋闭合。澳大利亚大陆和南美洲大陆都从南极洲大陆分离出来，这使南极绕极流得以形成，并将赤道热流隔离于南极洲之外。

洋流、大陆和气候

海洋和大气是地球重新分配热量的途径。来自太阳的能量大多在赤道附近以热量形式被吸收，然后这些热量被重新分配到温度低的地区。从赤道到达两极的热量大约40%是通过洋流传输的，因此海洋中的环流模式对于地球气候有巨大的影响（详见第66—67页）。大陆、海洋和洋流随地质年代而变更，重要的气候变化也随之发生。反过来，某段历史时期中较为温暖或较为寒冷的气候也影响海平面和海洋的范围。甚至有人推测，在7.75亿年到6.35亿年前，在一系列雪球事件发生时，2000m深处的海水被冻结。雪球事件发生的时间可能更早，每次持续达1500万年之久。

雪球地球

在雪球事件发生期间，全球在冰川作用下只剩最高的山峰顶部没有被冰雪覆盖，就像现在南极洲的情况一样。

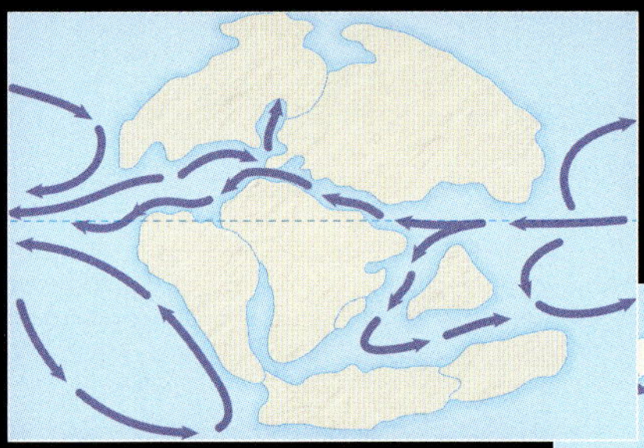

中生代洋流

1亿年以前，洋流沿绵延不断的海道从东部的特提斯洋经过现在的地中海、南北美洲之间的大西洋中部，最后到达西部的太平洋。

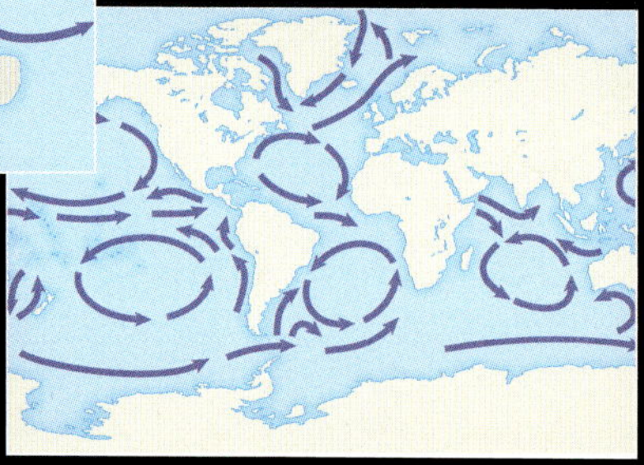

现在的环流

现在，赤道洋流被大陆阻挡，南极绕极流是最强的洋流，它阻挡了流向南极的热流。因此极地地区温度较低。

从温室到冰室

中生代（2.52亿年—6500万年前）期间，气候比现在要温暖得多，当时气温分布比较均匀，也没有极地冰冠。洋流在赤道附近自由流动，在此流动过程中吸收能量，并将热量带到高纬度地区。从这种"温室"气候到今天凉爽的"冰室"气候的转变，是洋流在冈瓦那大陆分解后发生改变而造成的。当其他大陆北移后，南极就被绕极流所包围，阻挡了从赤道而来的热流。500万年到300万年间，当巴拿马地峡闭合时，流通各大洋的赤道洋流就停止了。南极洲大陆现在位于南极点上，这使雪得以聚集并形成厚厚的冰冠。冰冠反射热能，不吸收热能。

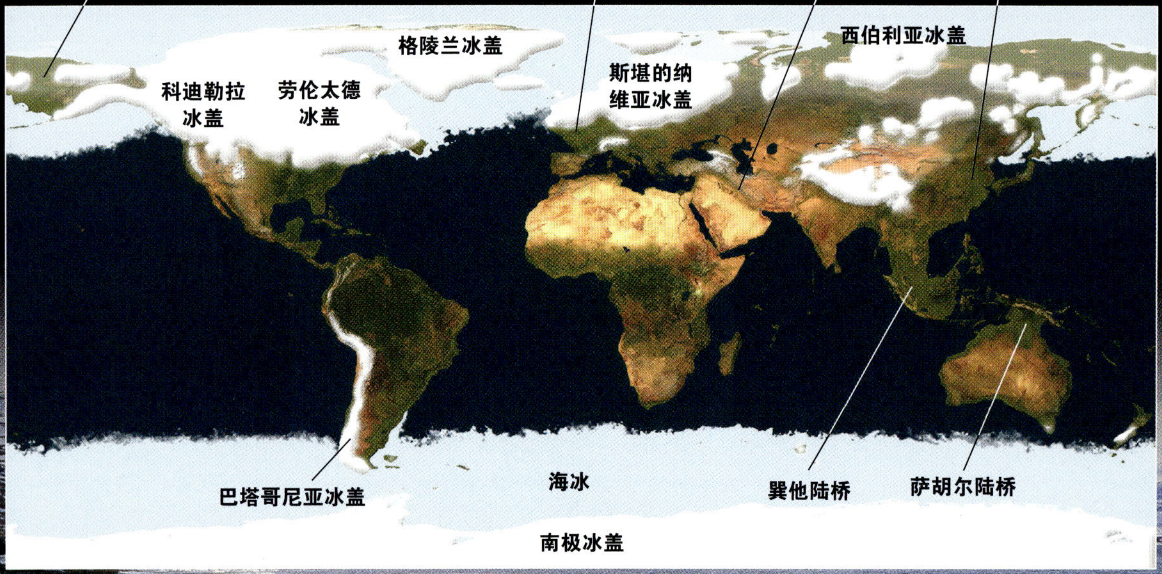

最后一个冰期（21,500年前）

地球的气候经历了冰河时代和较温暖时期之间的循环交替，这种循环持续了10万年，或者更久。在冰河时代，稍冷的时期被称为"冰期"，稍暖的时期则被称为"间冰期"。在冰期（最后一次于21,500年前达到顶峰），世界上的冰盖扩张，全球海平面下降，陆桥露出。

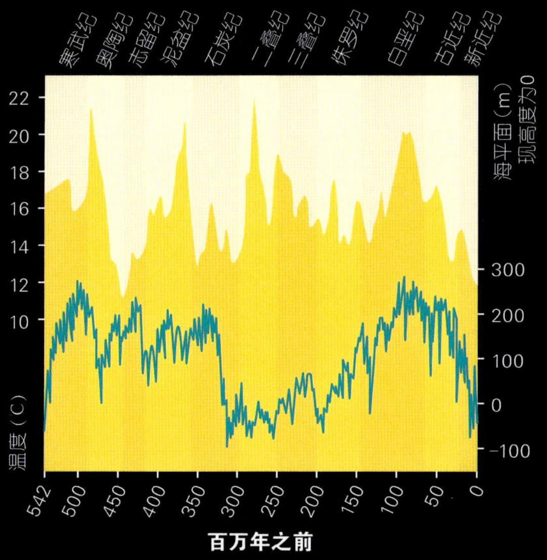

温度和海平面高度

在过去的1亿年里，气候主导了海平面高度的变化。随着气候变冷（上图中黄色部分为温度），海平面高度（上图中蓝色部分）也相应降低。在其他时候，海平面降低是因为海底扩张的速率减缓。

海平面高度变化

自古至今，海平面高度一直都处于变化之中，过去的海平面比现在的要高出400m。影响海平面高度的因素之一就是全球气候。由于受到海水热膨胀的影响，温度每上升1℃，海平面就会上升7.5cm。在冰期与间冰期交替的数万年间，冰冠与大洋之间的水交换对全球海平面高度的影响为100—200m。海底扩张也是影响海平面高度的因素之一，其影响力有时大于气候因素。随着更热、更年轻的地壳升高，海脊快速扩张，使海盆的容积减小，导致海平面升高（详见第88页）。地壳运动也会引起局地变化。

地中海盆地的历史

1 500万年前，直布罗陀海峡闭合，导致地中海与大西洋分离，水分逐渐蒸发后形成一片盐漠。

2 21,000年前，海平面高度与今天相比要低120m，这是由于在最末一次冰期的顶峰时期，大量的水被封锁在冰冠中。

3 10万年前，融冰产生的水开始浸漫冰期时裸露在外的大陆架，形成了现今我们所熟悉的海岸线。

沉积盆地

世界上大部分的沉积岩都存在于大陆架上方的海水中或内陆海中。大陆的移动与海平面高度的改变，决定了沉积岩形成的位置与时间。许多先前的海底沉积盆地，现在都在内陆纵深地带。

海底沉积岩中蕴含石油和天然气，这是动植物的遗体和残骸经过分解、掩埋和挤压后出现的结果。世界上约30%的石油和天然气来自于近海油田，更多的近海盆地仍有待开发。

盆地与油田

沉积盆地常见于陆架及与其邻近的洋底，在一度被水覆盖过的内陆地区也有发现。

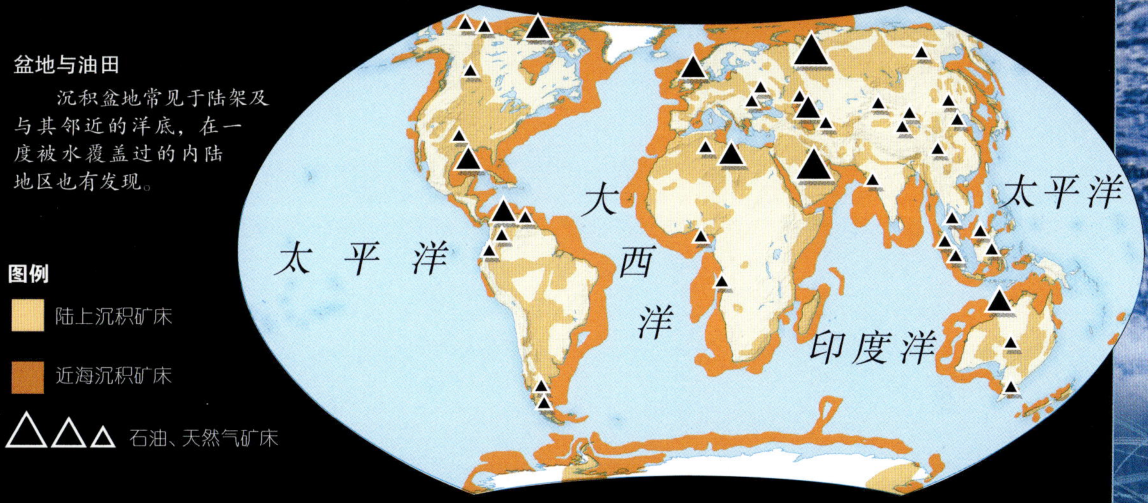

冰碛海岸

在冰期，海冰形成区域的纬度比今天要低。这可能是21,000年前西欧海岸的典型状况。

构造地质学和洋底

在过去半个世纪，板块构造理论使地质学迎来了一场革命，很多地球地质特征得以解释。构造板块是地球岩石圈中的巨大碎片。岩石圈由上地幔顶部和地壳构成。它们在一层更易变形的地幔，即软流层上移动。板块运动形成了山脊，但是板块构造过程的印记在洋底最为清晰，因为大部分板块边界都在洋底。

玄武岩

洋底大部分都是玄武岩，一种源于上地幔的细颗粒岩浆岩。由于其中铁与镁的含量比较高，玄武岩的质地密实。

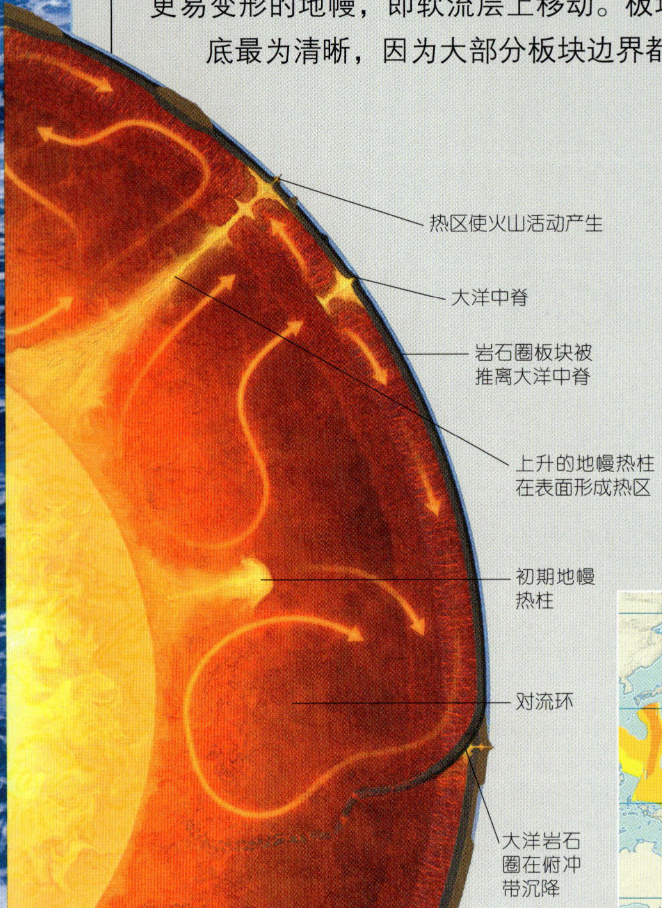

地幔对流

地球地幔的对流环是板块构造的推动力。这些热物质上升、冷却、扩张并沉降，这一循环过程来回地推拉着其周边的岩石圈板块。

洋壳循环

洋底最古老的岩石已有1.8亿年的历史，而最古老的大陆岩石则有380亿年的历史，与之相比，洋底岩石要年轻得多。自地球诞生以来，大陆地壳一直逐渐稳定积累，而海洋地壳的形成和毁灭则要频繁得多。海洋地壳起先产生于大洋中脊处上涌的地幔热物质，之后从大洋中脊处扩展开来，最后在俯冲带沉降，进入地幔重新循环。相较于海洋地壳，大陆地壳密度较小，浮力更大，所以二者相遇时，海洋地壳会俯冲到大陆地壳底下，沉降到地幔中。

洋底的年龄

洋底的年龄随着其与新地壳形成处，即扩张脊的距离的增加而增加。从下面的地理示意图可以看出东太平洋隆是扩张最迅速的洋脊，因为其两侧有面积最宽广的新岩石（红色和橙色部分）。

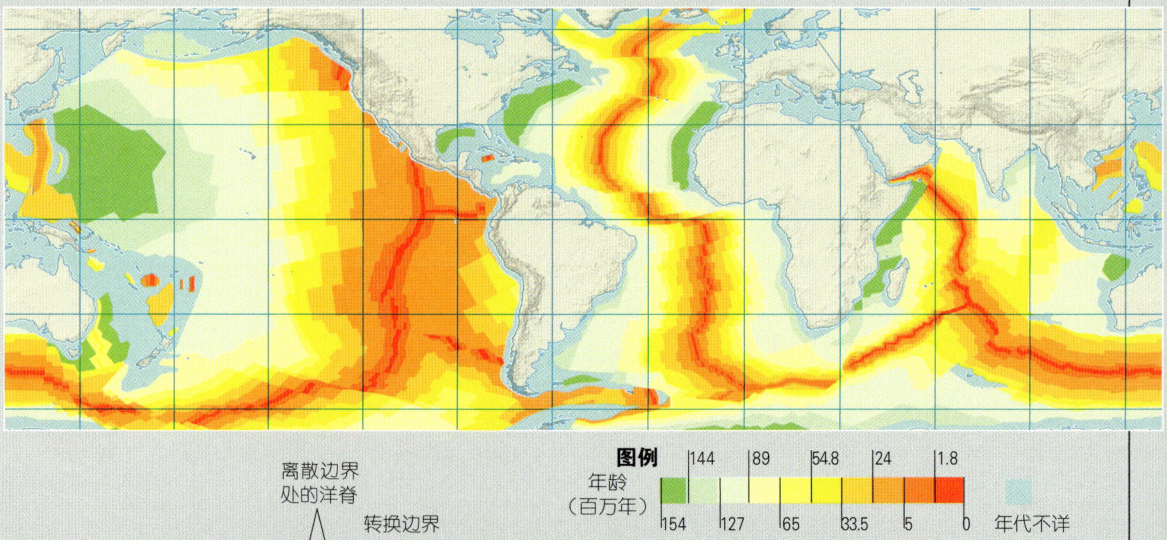

板块边界

板块的边界可能为离散型、汇聚型或转换型。在离散边界，地壳会在涌起的地幔热物质作用下延伸、变薄并断裂。地壳隆起处成为大洋中脊，熔岩从中部裂谷喷出，形成新的海洋地壳。海底火山也可能因此而产生（详见第174页）。

在汇聚边界，板块发生碰撞。大洋岩石圈与大陆岩石圈相遇时，大陆的地壳会受到挤压并变厚，从而导致造山运动发生。大洋岩石圈下沉到与之相比更轻的大陆岩石圈之下，形成海沟（详见第183页），而火山活动则发生在沉降板块之上。在大洋岩石圈板块汇聚的地方，最古老的、最密实的部分会向下俯冲，从而形成与海沟并列的火山岛弧。板块移动并彼此擦身而过时会形成转换边界，此时既不会产生新板块，也不会摧毁已有板块。如果离散边界的不同部分可以互相抵消，也会形成转换边界，并产生大面积的断裂带。

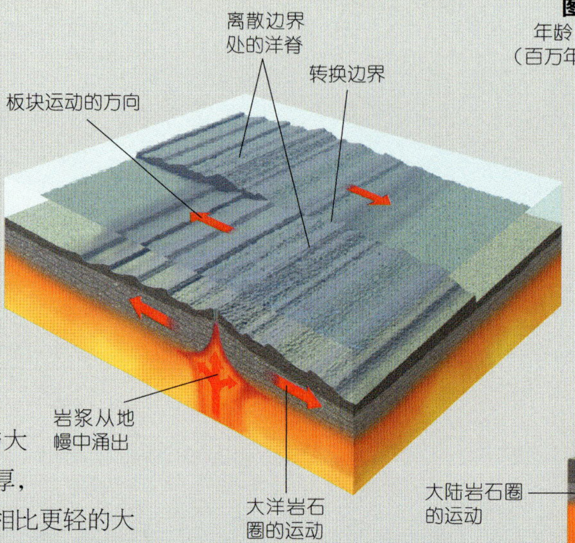

离散边界和转换边界

在离散边界，洋底从洋脊的一侧延展，会形成并排的山脊。如洋脊的部分可以相互抵消，转换边界就会形成。

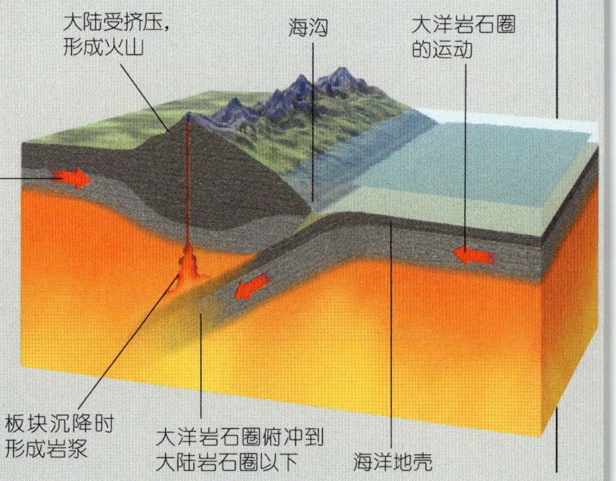

汇聚边界

汇聚边界的大洋岩石圈受到俯冲作用而被摧毁。俯冲的板块与海水一起移动，造成了周围地幔的熔化，促使爆裂式火山在板块上方形成。

地震与海啸

地震虽然与每种类型的板块边界都相关，但是在汇聚边界尤为频发，比如在俯冲带。地壳断层处的压力不断累积，当压力超过岩石承受能力后，断层就会移动。断层移动会在短时间内释放出巨大的能量。如引发2011年日本东北部海啸的地震所产生的能量就超过了广岛原子弹爆炸的6亿倍。

假如地震引发了部分海床的隆起或沉陷，便可能引发海啸。该海床上方的海水会骤然上升或下降，然后流动以重新达到平衡状态。表面波以500—800km/h的速度辐射扩散，可以迅速穿过整个海盆。

发现

海啸警报

海啸有时极具毁灭性，所以人们建立了相应体系以监测其明显的征兆，并作预警。这些体系利用地震台网探测地震，并利用配备了海底压力感应器的自动深海浮标来确定是否有海啸引发。右图所示的浮标用于格林纳达的加勒比海域的地震监测。

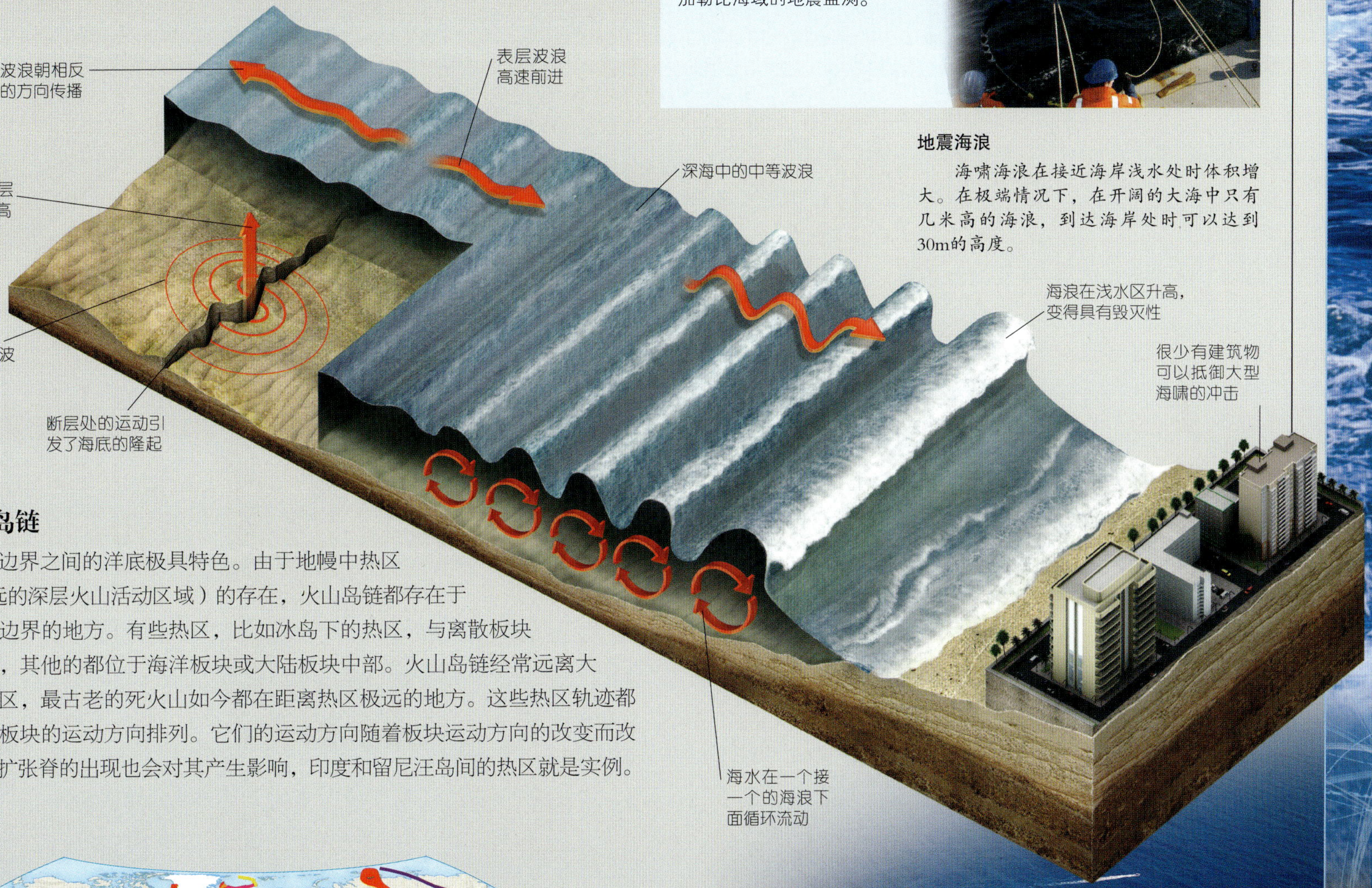

地震海浪

海啸海浪在接近海岸浅水处时体积增大。在极端情况下，在开阔的大海中只有几米高的海浪，到达海岸处时可以达到30m的高度。

热区及岛链

板块边界之间的洋底极具特色。由于地幔中热区（时间久远的深层火山活动区域）的存在，火山岛链都存在于远离板块边界的地方。有些热区，比如冰岛下的热区，与离散板块边界有关，其他的都位于海洋板块或大陆板块中部。火山岛链经常远离大洋中部热区，最古老的死火山如今都在距离热区极远的地方。这些热区轨迹都沿着上层板块的运动方向排列。它们的运动方向随着板块运动方向的改变而改变，新的扩张脊的出现也会对其产生影响，印度和留尼汪岛间的热区就是实例。

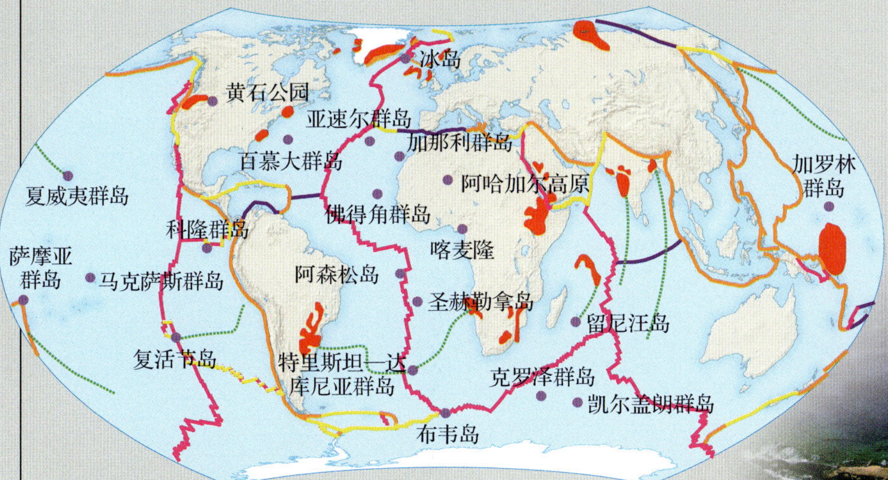

热区

某些热区轨迹与大面积的玄武岩连接，这些玄武岩是很久之前由热区涌出到地面表层形成的。特里斯坦—达库尼亚群岛的热区与南大西洋两面的溢流玄武岩连接。

图例
- 溢流玄武岩
- 热区轨迹
- 热区

板块边界
- 汇聚型
- 转换型
- 离散型
- 不确定

火山岛

茂宜岛位于一个死火山口的边缘，是横穿北太平洋的夏威夷—天皇海山岛链的一部分。

海底火山喷发

世界上许多火山活动都发生在海洋表面之下。有时，海底火山经过千年的上升会接近海面并剧烈喷发，例如图中于2009年3月发生在西南太平洋汤加王国洪阿哈阿帕伊岛附近的火山喷发。

环流与气候

海水处于不断运动当中，海浪并非其唯一的运动形式。在大洋中，海水不间断环流，既有表面环流，也有深海处较慢的环流。几个互相关联的因素引发并维持着洋流运动，包括太阳对大气层的加热作用、盛行风、地球自转作用和影响表层海水温度与盐度的一些进程。不同的表层环流有寒、暖流之分，对世界上许多地方的气候都产生深远的影响。海洋的这些运动进程对于周期性的气候异常——厄尔尼诺现象和拉尼娜现象也有一定影响，并会引发诸如飓风和台风这样的极端天气现象。

气旋风暴

在这张2006年拍摄的北大西洋局部卫星图上，我们可以观察到两个气旋，即伴有云层的低压旋涡区。它们正向东移动，靠近冰岛南部（图中顶端中央）。

海洋风

太阳对大气层的加热作用及地球自转，是形成海洋上空空气流动模式的根源。风的流动方式受与之相连的低压区和高压区（气旋和反气旋）影响，后二者在海洋表面不停地移动。在海边，常见的还有向岸风与离岸风。它们是由海洋与陆地之间的吸热能力差异所导致的。

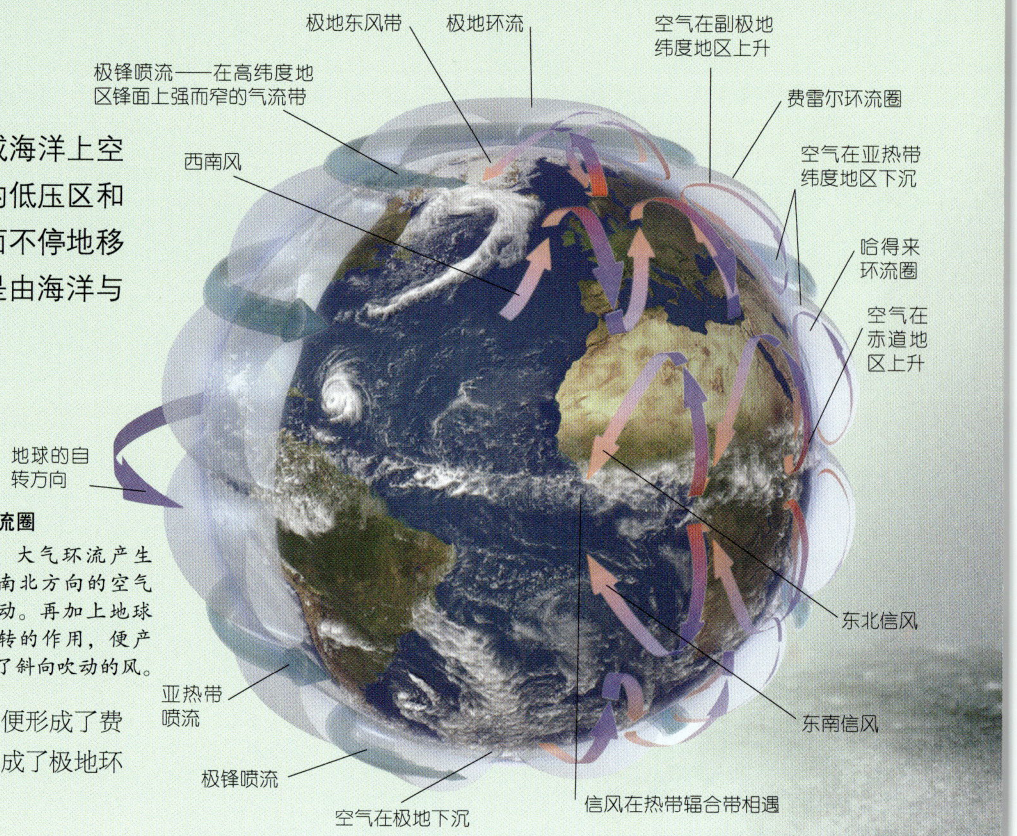

环流圈

大气环流产生了南北方向的空气流动。再加上地球自转的作用，便产生了斜向吹动的风。

大气环流

太阳的加热作用令地球大气层中的空气以三套巨大的环形模式围绕地球循环运动，即大气环流。靠近赤道的暖空气上升，在大气上层冷却，之后在亚热带纬度地区（南北纬30°）下沉，然后回到赤道，如此便形成了哈得来环流圈。副极地纬度地区（南北纬60°）的空气上升，冷却后下沉到亚热带区，然后回到极地，如此便形成了费雷尔环流圈。空气在极地地区下沉并向赤道移动，如此便形成了极地环流圈。

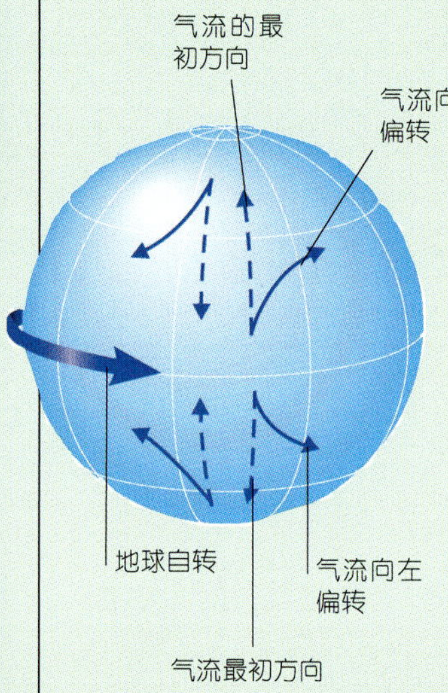

科里奥利效应

大气环流造成气流在南北之间运动，这一运动又受科里奥利效应的影响而产生改变。在地球自转作用下，大气层中处于不同纬度的气流由西向东移动的速度不同（赤道地区空气移动最快）。当它们向北或南移动时，所处纬度会发生变化，但仍然保持着原本由西向东的移动速度，而该速度与它们将要移入的纬度地区的气流速度不同，于是，空气在离开赤道时会向东偏移（与地球自转方向一致），在向赤道移动时会向西偏移。

空气偏转

在北半球，科里奥利效应造成空气沿最初流动方向向右偏转。在南半球，这一效应则造成气流向左偏转。

发现

卫星成像

用于监测海洋风的仪器叫"散射测定计"，比如METOP-A卫星上搭载的ASCAT散射计（右图）。散射测定计是一个雷达装置，可测量风速和风向。

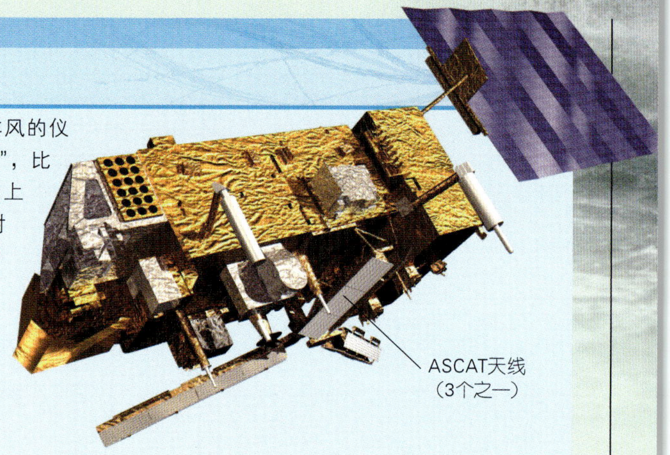

盛行风

因气压差异产生并受科里奥利效应影响的风，叫作"盛行风"。在热带地区和亚热带地区，哈得来环流中流向赤道的气流向西偏转，称为"信风"。它们包括北半球的东北信风与南半球的东南信风。在高纬度地区，费雷尔环流中的气流向东偏转，因而产生了西风带。在南半球，洋面风从西向东吹，没有与大陆相遇。南纬40°附近地区叫作"咆哮西风带"。在极地地区，离开极点的风向西偏转，包括极地东北风与极地东南风。

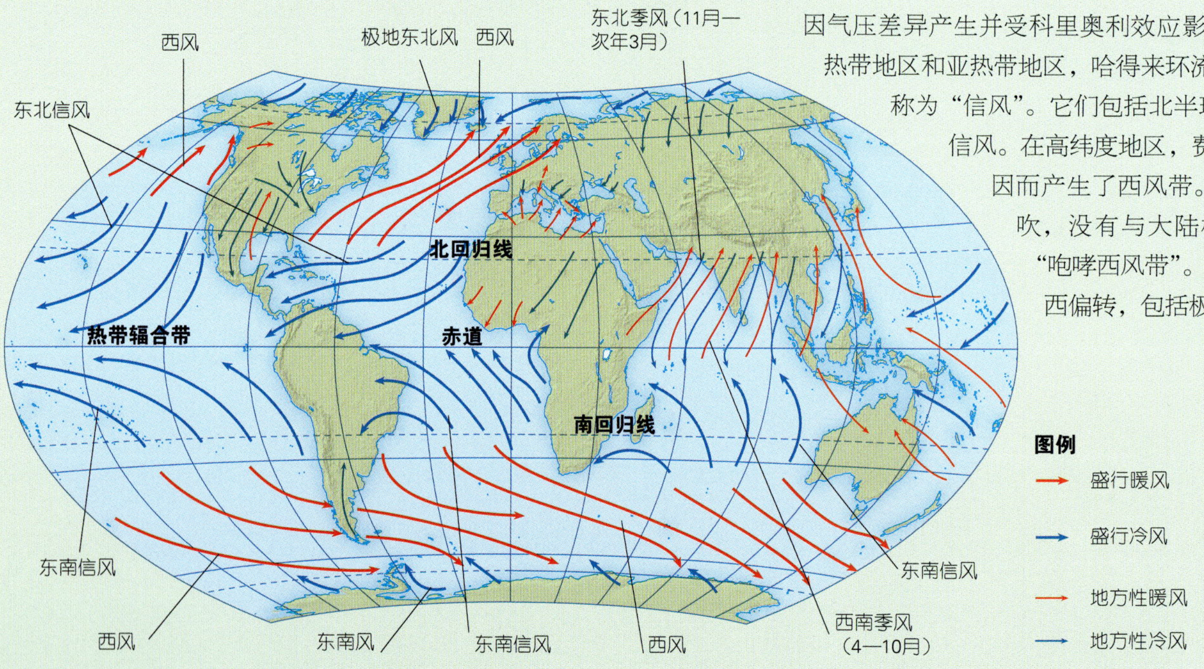

风的模式

全年，大部分海洋上的风为信风或盛行西风。北印度洋地区是例外，该区域为季风气候，风向会产生季节性变化。

长途航行

风力与风向可在相当广阔的海域范围内保持不变。因此，在长途航行中，通常可以连续数天采用同样的风帆基本设置。

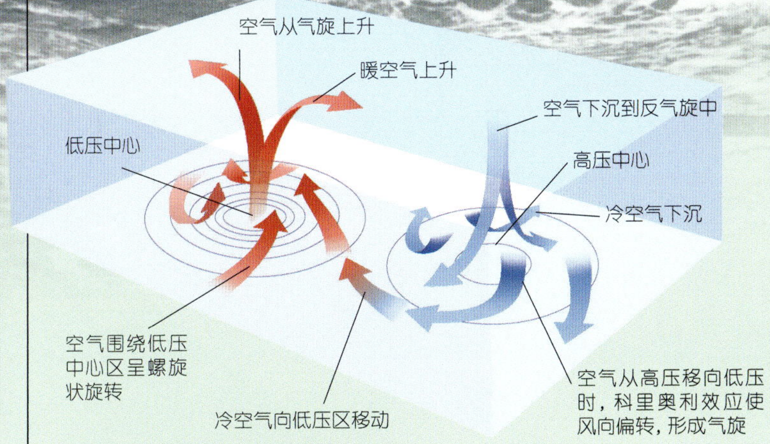

气压系统风

在空气下沉的海洋区域（通常在亚热带低纬度地区）会形成高气压区，或称“反气旋”。暖空气上升的地区则会形成低气压区，或称“气旋”。这通常发生在赤道或副极地纬度地区附近。气旋和反气旋促成了相连的风循环模式，这些模式不断移动变化。在北半球，空气绕着反气旋按顺时针方向运动，绕着气旋按逆时针方向运动。在南半球则相反。局部气压系统可能会影响盛行风的一般模式。尤其是气旋在海上迅速移动时，可以迅速改变风力和风向。

气旋与反气旋

空气从高压区向低压区流动，但是在科里奥利效应的影响下，会产生循环风。

微风吹拂的海岸

在温暖的海岸，正午过后，凉爽的海风从海面吹来，气温会显著下降。一般来说傍晚和夜晚的风向与白天相反。

海岸微风

地方性风，即向岸风和离岸风，产生于岸边，特别是阳光明媚的地方。向岸风——有时被称为“海风”——形成于白天。陆地与海洋都吸收太阳辐射，但是陆地比海洋受热更快，由此形成向岸风。其原因在于，海洋吸收了大量的热能，自身温度却并不会上升太多，相比之下，陆地在吸收了同样多的热能后，温度显著升高（详见第31页）。

陆地温度的上升，促使陆地上部空气变暖并上升，从海上吹来的较冷空气便取代了其位置。在傍晚及夜间，则会出现相反的效应。夜晚时分，陆地迅速冷却，但是海洋仍旧温暖，继续加热海洋上部的空气，伴随着暖空气的上升，陆地上较冷的空气吹向海洋，由此形成离岸风，有时叫作“陆风”。

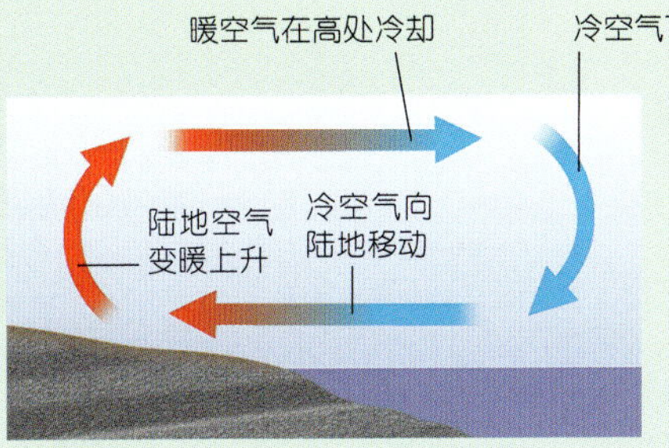

向岸风

昼夜

白天，陆地比海洋升温快。陆地暖空气上升，冷空气从海洋吹向陆地。夜晚，陆地降温迅速，空气运动方向与白天相反。

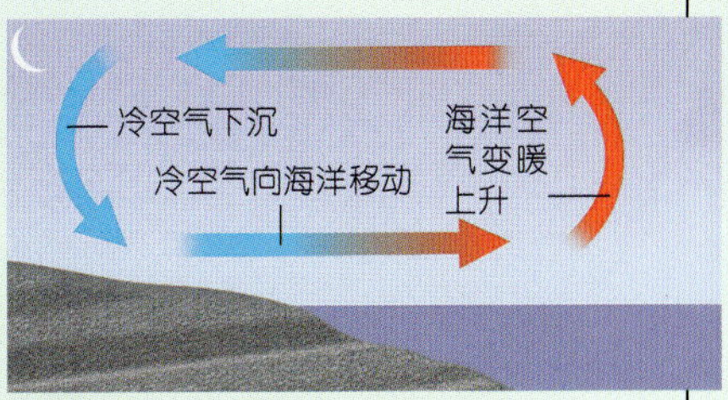

离岸风

调整风帆

悉尼—霍巴特帆船赛上，一队船员扬帆起航。比赛路线穿过澳大利亚大陆与塔斯马尼亚岛之间的巴斯海峡，该区域风暴频发。

海洋帆船赛

海洋帆船赛为竞技性航海运动，是在开阔水域进行的长距离比赛，既有只持续数天但强度高的短距离赛，如著名的英格兰西南海域的法斯特耐特帆船赛和一年一度的悉尼—霍巴特帆船赛，也有分阶段的环球长距离帆船赛（可能在海上历时半年）。其中一些是多人赛事（有时一艘船的船员数达20或以上），其余的是单人赛事。参赛选手一般具有非常丰富的航海经验。在多人赛事中，一人为船长/决策者，一人为导航员，其余船员负责执行换帆、调帆等任务。单人帆船赛的选手则凡事独力完成。克利伯环球帆船赛与众不同之处是选手中有业余爱好者，其中有些缺乏航海经验，他们需要付款以取得在专业的船长带领下参赛的资格。

为了使竞赛尽可能公平，各比赛用船通常完全相同，或采用差别记分制来调整不同级别的船的计时。计算机技术在现代比赛中发挥着重要作用。电子技术被用于辅助导航，计算机也被用于监控和优化船只性能。在赛程中，参赛者可通过互联网下载大量的天气数据。选手所需具备的一项重要技能便是解读这些数据，比如从中获知前方哪里风力最大。若想在比赛中出色发挥，主要靠战略技术和航海技能，例如知道遇到强风和弱风时，如何以最佳方式操控船只，或者会判断何时抢风转向。

环球航行赛

最有名的三项海洋帆船赛都是环球航行赛，都在南极洲沿岸沿“右行路线”（从西到东，与盛行风和洋流方向一致）前进。三年一度的沃尔沃环球帆船赛是团体赛，中途有停靠点。威卢克斯单人帆船环球大赛和旺迪单人不靠岸航海赛都是每四年举行一次，前者分赛段进行，后者不间断。

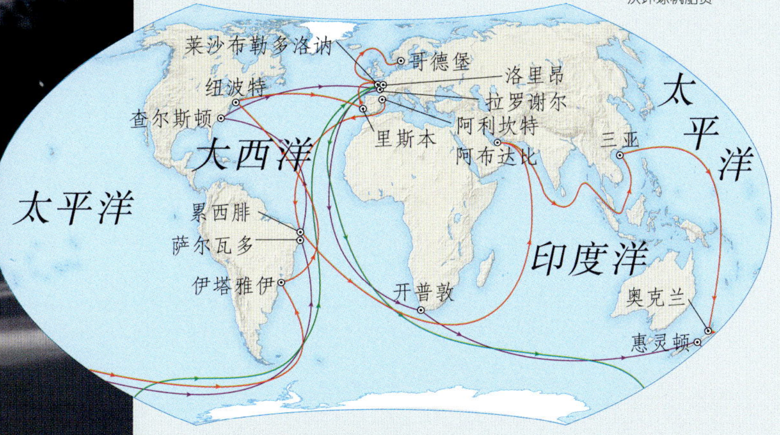

全副武装，向胜利迈进

多体船竞赛

三体船　大部分的海上帆船赛都是单体船竞赛，但也有部分是接受多体船的（双体船和三体船），还有一些比赛只面向多体船。多体船比单体船速度快，尽管更易倾覆，但是在遭到严重损坏的情况下，仍能保持漂浮状态。上图是2005年在法国诺曼底的费康大奖赛上，三体船“丰西亚号”只靠3个船体中的一个向前航行。

帆船全体船员

全体船员各就各位　一些竞赛的船员人数庞大——克利伯环球帆船赛无论何时都有18名船员就位。在这项赛事中，船员都是接受培训不久的业余人士，他们负责船上的一切事务，包括调节船帆、导航、掌舵、烹饪等。

高科技辅助

控制中心　科技在现代竞赛中至关重要，其中包括电子海图和全球定位系统的应用。右图是法国人马克蒂在他的帆船“普方姆号”的主控室内为2005—2006年度旺迪单人不靠岸航海赛做准备。

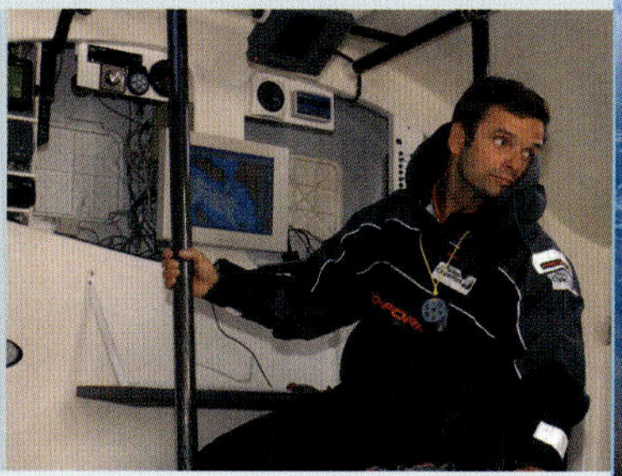

翻船　1997年，孤身一人的英国帆船手托尼·布利莫尔在围绕南极洲的海洋上翻船。他被困在倾覆的船内整整5天才等来救援。

冒险的事业

坚持　“阿斯特拉号”帆船（如下图所示）的船员面临着被卷到海里的危险，这是船员可能遭遇的最大灾难。为了能在这种情况下逃离险境，船员往往都配有无线电导航台。除了在风平浪静的白天，船员通常都会通过安全背带将自己与船体相连。

表层洋流

表层海水大规模流动，形成多种风海流。大量的风海流在主要的大洋盆地表面汇聚，使海水形成大规模循环流动，称为“环流”。表层环流虽然仅仅影响10%的海水，但是对世界气候影响甚大（详见第66页），因为它们将大量的热能从热带地区传送到寒冷地区。全球海运和渔业也受其影响。

海风

风吹过海面时带动上层海水流动，由此产生环流。但是，海水流动的方向和风向并不一致，而是沿某一角度偏移——在北半球向右流动，在南半球向左流动。1902年，瑞典海洋学家沃恩·华费特·埃克曼首次利用风对水流造成影响的模型解释了这一现象，此模型现在被称为“埃克曼螺旋”。该模型假设海洋表层的每一层海水的流动都是来自上层的拖曳力（在顶层则为来自风的拖曳力）和科里奥利效应（详见第54页）共同作用的结果。该模型预测，总体上水体的输送方向与风向呈直角，这就是“埃克曼输送”。

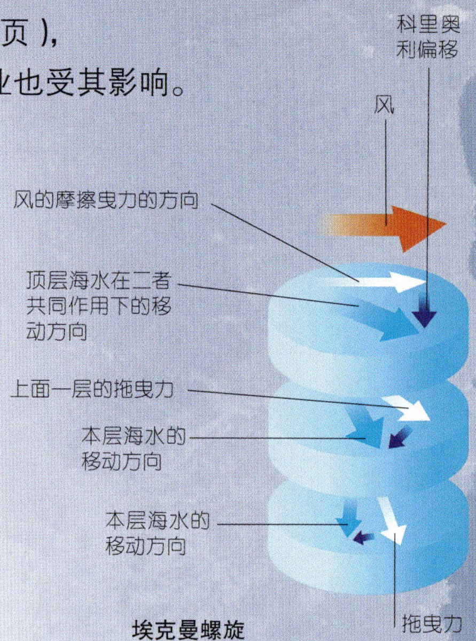

埃克曼螺旋

每一层海水移动的方向都受上一层的拖曳力和科里奥利效应引起的偏转的共同影响。上图显示的是北半球的埃克曼螺旋。在南半球，海水向风向的左边偏转。

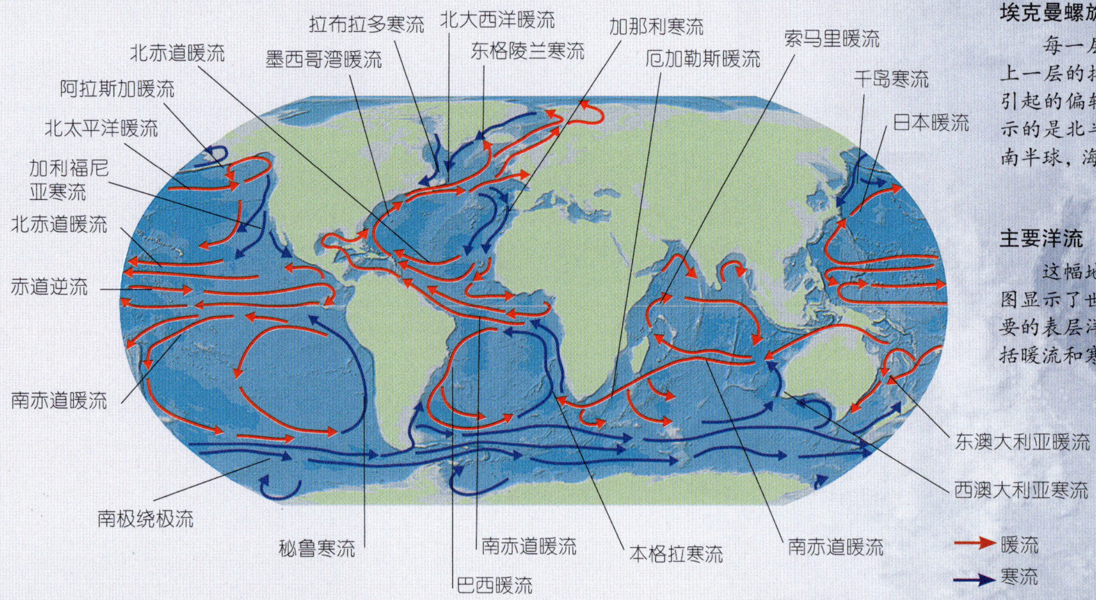

主要洋流

这幅地理示意图显示了世界上主要的表层洋流，包括暖流和寒流。

大洋环流

盛行风（详见第54页）和埃克曼输送共同促进了大规模洋流循环系统的形成，这些系统被称为“环流”。全球共有5个大洋环流——大西洋和太平洋各有2个，印度洋有1个。每个环流都有一些著名的洋流。比如，北太平洋环流是由西部的日本暖流、东部的加利福尼亚寒流和其他两个相连的洋流组成的。海水在这些环流中心聚集，在海洋上形成“浅丘”。

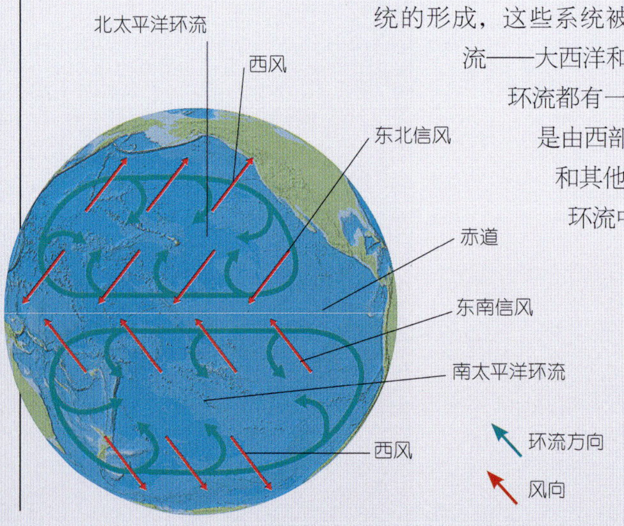

环流的形成

在北太平洋，西风和信风总是推动海水向右流动（通过埃克曼输送）形成顺时针方向的环流。在南太平洋，风则推动海水向左流动，从而形成逆时针方向的环流。

名人

本杰明·富兰克林

本杰明·富兰克林（1706—1790），美国政治家、发明家。他是最早研究大洋环流的人之一，发表了墨西哥湾暖流移动过程地图。一次，英国邮政部门问他为什么美国的邮轮横跨大西洋航行的时候比英国的快，这个问题引起了他的兴趣。他得出的结论是，美国的邮轮利用了墨西哥湾暖流向东的延伸流。

边界流

在环流边缘的洋流称为“边界流”。环流西侧的边界流强度大、流幅窄、较为温暖——它们带走赤道的热能，比如在大西洋西南部的墨西哥湾暖流和巴西暖流就是如此。环流东侧的边界流比较弱、流幅宽、水温较低，朝着热带地区移动，比如非洲西南部的本格拉寒流和加利福尼亚寒流。在赤道附近的边界流是温暖的、向西流动的赤道洋流。其他洋流则注入主要环流或从中流出，比如北大西洋暖流（墨西哥湾暖流的分支，将温暖的海水带到欧洲西北部）以及从北极而来的寒流，如千岛寒流和东格陵兰寒流。

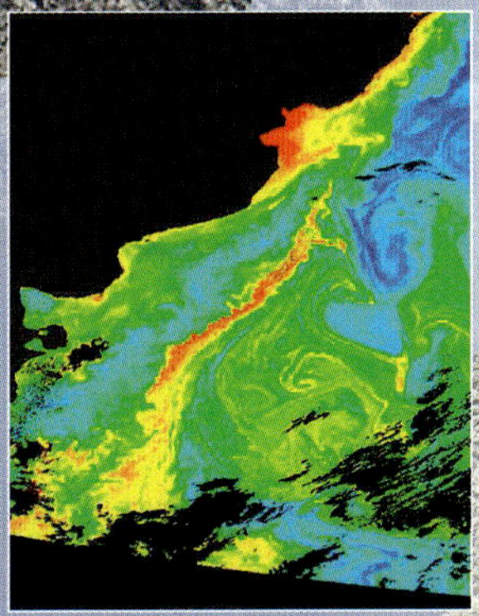

暖流

卫星设备可以探测到海水中浮游植物的含量，该含量和海水温度有关。上图的黄色和红色分别表示大量的浮游植物和巴西暖流。

寒流

在此卫星图中，可以看到海冰正随千岛寒流流过堪察加半岛；洋流中的漩涡在海冰中形成了螺旋形。

寒暖流交汇

在一些区域，寒暖流交汇并相互作用，比如墨西哥湾暖流与拉布拉多寒流在美国和加拿大东海岸交汇，千岛寒流与日本暖流在日本北部相交汇。在这些交汇处，密度大的寒流海水下沉到暖流的下方，通常导致湍流。这将导致海床处营养丰富的海水形成上升流，从而促进浮游生物的生长，为鱼类、海鸟和哺乳动物提供丰富的饵料。

反向洋流

左边的巴西暖流和右边的马尔维纳斯（福克兰）寒流各自所挟带的浮游生物呈现不同颜色。

海雾

海豚在陡浪中跳跃。水蒸气和寒暖流交汇处的冷空气混合就形成海雾。

水下循环

组成地球海洋的水在表层下循环流动。次表层流比较复杂。其中有些是垂直移动的海流，即表层下的水向上移动至表层，表层的水则垂直下降，这分别被称为“上升流”和“沉降流”。表层流和次表层流在全球深水循环中相互关联。

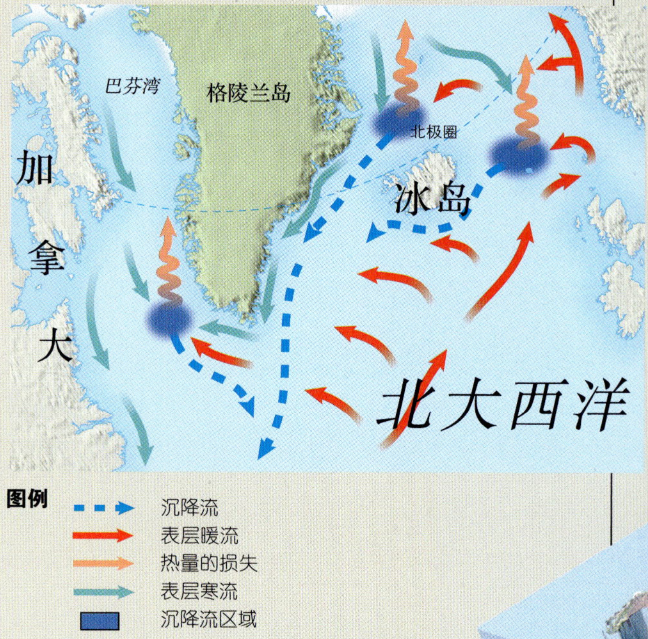

北大西洋沉降流区域

在右图所示这处重要的沉降流区域，较暖的表层水流遇到较冷的北冰洋海水，开始降温、密度增高，最后下沉。

沉降流

热盐过程是形成沉降流最重要的原因，它会改变海水的温度或盐度。比如，由表层流带来的温暖、盐度高的海水流入北冰洋，遇到较冷、盐度低的极地海水时迅速降温，而后密度增加，开始沉降。沉降流也会出现在一些海岸。比如，在大洋西侧吹向赤道的风会通过埃克曼输送（详见第58页）将海水推向陆地。当海水到达海岸时，就被迫下沉从而形成沉降流。最后，沉降流还会出现在反气旋（详见第55页）和大洋环流（详见第58页）中央积聚的水体下方。

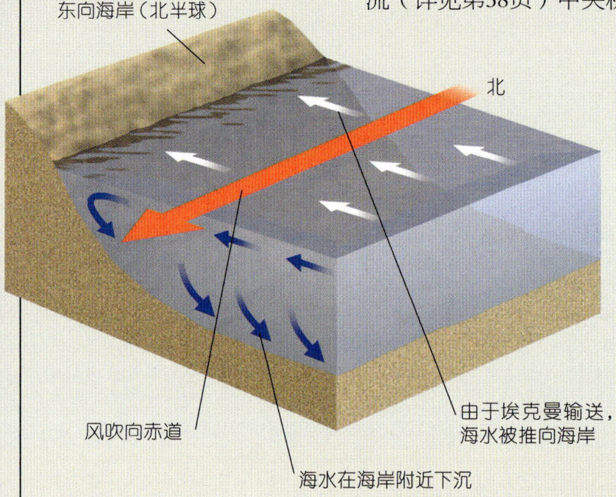

沿海沉降流

在大洋西侧吹向赤道的风（左图）推动海水向海岸移动，海水到达海岸时下沉。

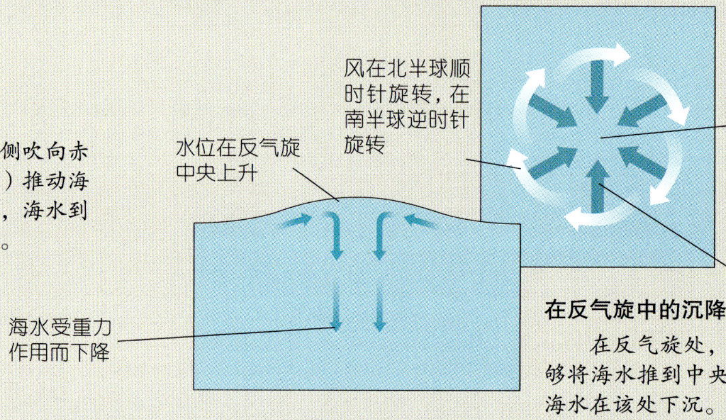

在反气旋中的沉降流

在反气旋处，风的循环系统能够将海水推到中央形成矮丘，之后海水在该处下沉。

上升流

很多情况下都会出现上升流，其中一些形成条件与形成沉降流的相反。比如，在大洋东侧吹向赤道的风通过埃克曼输送推动海水远离陆地，因此，深层海水必定会在海岸附近上涌以取代表层海水。在气旋（反气旋的对立面，详见第55页）中央，海水上升到表层。在环流的边界流处，海水会被推离，从而导致上升流的出现。上升流还会出现在密度较高的海水下沉处，比如在南极洲，上升流取代了正在形成的海冰下方高密度、低温、高盐度的下沉海水。

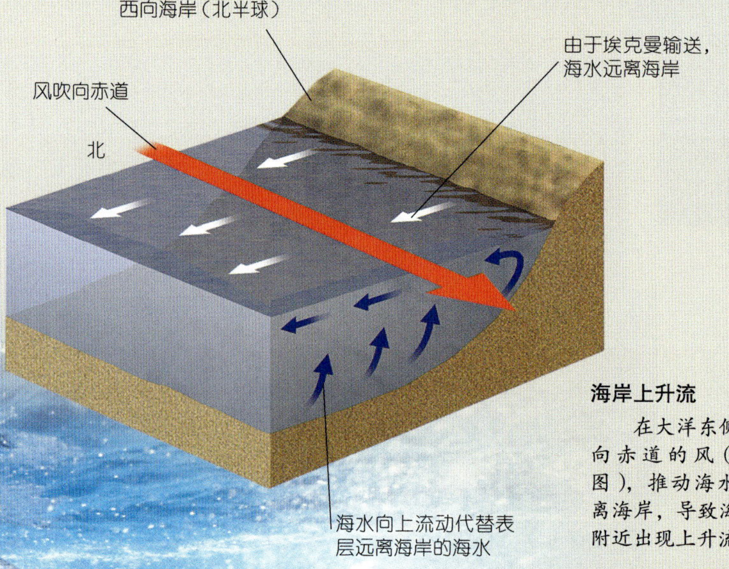

海岸上升流

在大洋东侧吹向赤道的风（左图），推动海水远离海岸，导致海岸附近出现上升流。

浮游生物滋生

在上升流出现的地方，洋底的大量营养物质被带到表层，促进了浮游生物的滋生，从而为图中的蝠鲼和其他小型鱼类、鲸鱼以及其他海洋生物提供丰富的饵料。

深层海水环流

受主要沉降流区域（如北大西洋）下沉的水流驱动，海水在海洋深处进行较缓慢的循环运动。特定质量的深水会于某一时候在这些区域下沉。一旦海水下沉，其特性（如盐度）就会长时间保持稳定，因此每一个深水团都会携带其下沉前的特性。通过分析海洋不同深度海水的取样，就有可能拼凑出深层海水流动的一般模式。结果显示，海水的大规模循环涉及所有大洋，被称为“全球海洋传送带”。特定质量的海水要经过大约1000年才能完成一次循环。

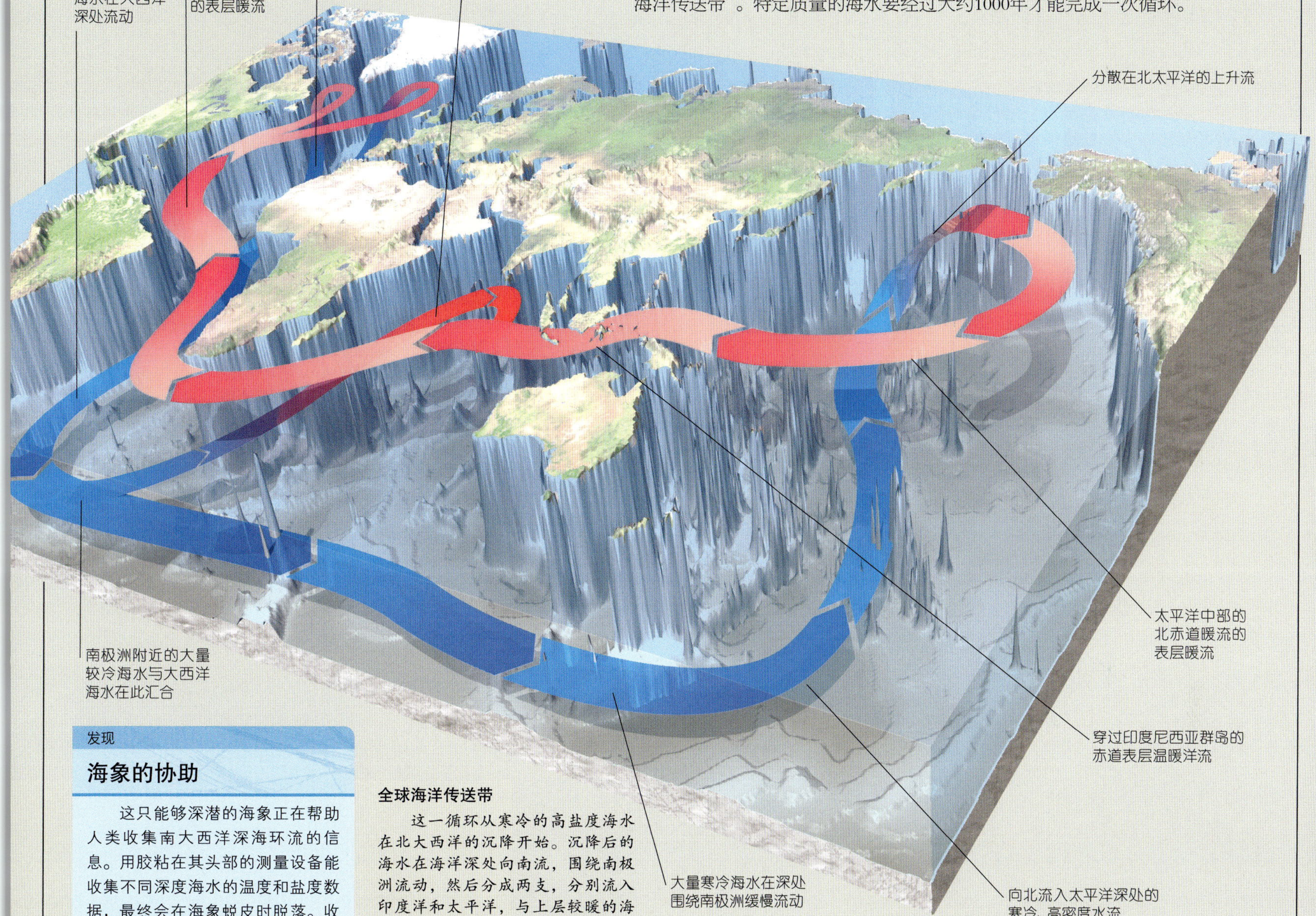

全球海洋传送带

这一循环从寒冷的高盐度海水在北大西洋的沉降开始。沉降后的海水在海洋深处向南流，围绕南极洲流动，然后分成两支，分别流入印度洋和太平洋，与上层较暖的海水混合，重新流入表层流中。最后，较暖的表层洋流流返大西洋。

发现

海象的协助

这只能够深潜的海象正在帮助人类收集南大西洋深海环流的信息。用胶粘在其头部的测量设备能收集不同深度海水的温度和盐度数据，最终会在海象蜕皮时脱落。收集的信息还有助于保护海象群。

环流圈

朗缪尔环流是一种影响范围只达海洋表层20m深度的环流，却比任何一种简单的水平水流运动或垂直水流运动都要复杂。该环流受风力驱使，由一排排长的柱状水流圈组成，这些水流圈的排列方向与风向一致，彼此相邻的两个水流圈运行方向相反——交替着呈顺时针或逆时针旋转。每个水流圈宽10—50m，长度可达几百米。在海洋表面，相邻水流圈的交汇区因其产生长长的白色泡沫带或者海草聚集带而很容易辨认，称为“风积丘”。美国化学家欧文·朗缪尔在乘坐远洋客轮跨越大西洋之后，于1938年首次解释了这一环流模式。为了纪念他，人们以其名字命名该环流。

朗缪尔环流的风积丘

海洋表面长长的泡沫带就是朗缪尔环流的风积丘。风积丘界线之间的距离随风速的增加而扩大。

推动大西洋传送带

大西洋和北极圈边界的海冰形成有助于推动大西洋传送带，因为只有淡水会凝结成冰，而密度和盐度都较高的海水会下沉到大洋底部。

大西洋传送带的停止

已有迹象表明，全球变暖可能会具有出乎意料的长远影响——导致欧洲地区气温下降。这种情况若发生，根源在于大西洋传送带的停止。当前，该传送带是使西欧保持温暖的洋流系统。作为全球洋流的一部分，大西洋传送带有两个主要组成部分：一个是温暖的表层水在大西洋东北部流入北大西洋暖流；另一个是北方偏远地区寒冷的高盐度海水下沉，之后随深海洋流流返赤道。

一旦全球变暖引起海冰融化和淡水流量增多，导致北冰洋淡水泛滥，大西洋传送带就会停止。因为淡水比海水密度小，这些区域内的表层水将不太可能下沉，这样就有中断传送带的风险。若此情况发生，欧洲的平均气温将会下降。

这种情况发生的可能性有多大？计算机模型显示，当前北极地区淡水的增长不足以使传送带停止，而且淡水流量在一个世纪内都不会达到这么高的水平。尽管该传送带到中期可能会弱化，但模型显示，当前的整体趋势是欧洲会变暖而不是变冷。

大西洋传送带的变化

目前，来自赤道并向北流动的温暖的表层海水，替代了在北大西洋下沉的冷水。吹过温暖洋面的海风，吸收热量并将其运送到欧洲西部。遥远的大西洋北部淡水的增加，意味着该处的冷水不再下沉，循环系统将被关闭，令欧洲变冷。

大西洋传送带停止的因与果

北极海冰

北极冰覆盖量的变化　卫星调查为我们提供了充足的证据，证明北冰洋夏季海冰面积正以每10年减少14%的惊人速度消失。如果大西洋传送带停止，这个趋势将被逆转，离大西洋很近的北冰洋海域（例如格陵兰海和巴伦支海）将终年被冰雪覆盖。

海底的生命保障

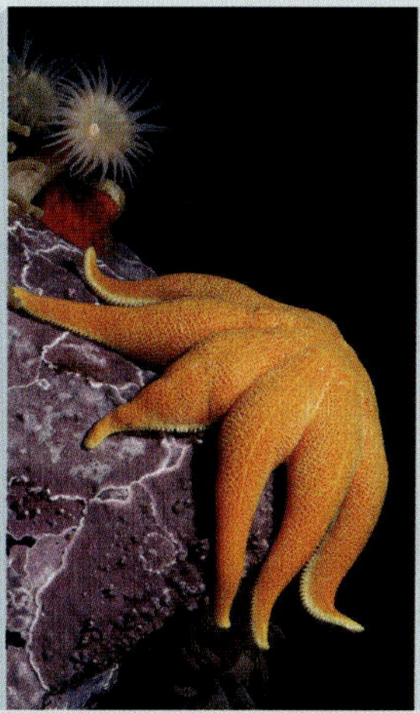

北冰洋的海洋生命　北大西洋暖流的停止，对临近北大西洋的北冰洋海域的生物有很大的影响。洋流的变化会干扰浮游生物的生长，进而影响整个食物链。可能发生的降温则会令一些鱼类和无脊椎动物无法生存，例如螃蟹、海星和海胆。

淡水汇入

马更些河三角洲　冰川和永久冻土层的融化，引起包括马更些河在内的北极地区的河流流量增加，大量淡水流入北冰洋，这可能会导致大西洋传送带停止。

北大西洋暖流

锡利群岛　距离英国西南部50km的锡利群岛就处于北大西洋暖流移动的路线上。因此，该地区为亚热带气候，植物种类丰富。如果大西洋传送带停止了，类似的植物繁茂的地区将变得荒凉，因为这些地区的平均温度会下降至约5℃。

全球水循环

地球上的各大洋之间并非是封闭的，它们之间通过蒸发、云的形成、降水、风的输送以及河流径流，与大气和陆块持续进行水循环运动。这个相互关联的复杂过程，归根结底是受太阳的热量驱动，称为“全球水循环”或“水文循环”。该循环由许多小循环组成，例如海冰的形成与融化。

全球水流动

不同海域海水的蒸发以及植物的蒸腾作用是水进入大气的主要途径。水蒸气的密度不断加大形成了云，最终以雨和雪的形式降落。在陆地上，水汇入河流和冰川中，向海拔低的地方流动。其中一些渗入土壤和岩石中，有些则被储存在湖泊和湿地里。

水循环的参与者

海洋、冰、山脉以及云团都参与了全球水循环。图中为南极洲洛克罗伊港附近的沿海景象。

地球的水储藏

地球上的水不超过$14\times10^{9}km^{3}$。其中97%都以海水的形式储藏在海洋中，其余的则是淡水。超过2/3的淡水以冰的形式存在，它们组成了覆盖南极洲和格陵兰岛大部的巨大冰盖，还有一些以冰山和海冰的形式存在。剩下的淡水大部分是地下水，存在于地下岩层中，仅有少量（小于1/2000）是大气中的水蒸气。存在于湖泊、湿地、河流中的地表液态淡水仅占了全部淡水资源的0.31%。地球上不同储藏形式的水的相对体积并非一直与现今的一样。例如，在冰河时代，更多的水以冰的形式存在，海洋中的液态水相对少些。

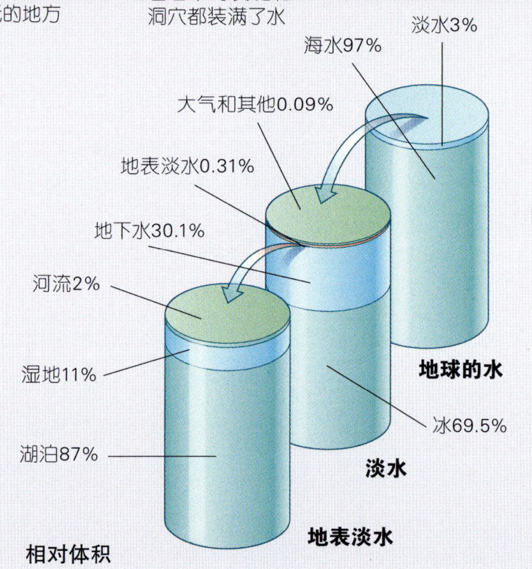

相对体积

地球上的海水（上图后方的柱状图示）储量极大地超过了淡水的储量，而且地表淡水的相对比例很小。

海洋蒸发与降水

每年海水的蒸发量为$434 \times 10^3 km^3$。其中的$398 \times 10^3 km^3$随着降水（雨、雪、雨夹雪和冰雹）又返回到海洋中。剩余的部分以云团和水汽的形式被带到了陆地。蒸发和降水在海洋表面并非平均分布。热带地区的蒸发速率最快，极地地区的蒸发速率最慢。赤道附近地区、南北纬45°—70°地区的降水较多，南北纬15°—40°地区的海洋东岸降水较少。

赤道暴风雨

在赤道附近的一些地区，比如图中的太平洋热带地区，年降雨量超过300cm，而在海洋最干旱的地区，年降雨量不足10cm。

名人

小塞内卡

罗马政治家、戏剧家、哲学家小塞内卡（前4—65），在他的著作《天问》中思考了这样一个问题：海平面高度如何在河流和雨水不断补给的情况下保持稳定。他认为，海洋中的水肯定通过某种机制重新回到陆地与大气中，并提出了早期的水文循环猜想来解释这一现象。

淡水汇入

每年，有$36,000km^3$的水通过蒸发和输送从海洋到达陆地，等量的水又以径流形式返回海洋，从而达到平衡。全球20条河流（包括亚马孙河和西伯利亚地区的一些大型河流）流入海洋的水量占海洋总补给水量的比例就超过了40%。受人类活动以及气候变化的影响，不同水系的径流入海量会发生变化。例如，全球变暖致使冻原上的冰融化，使西伯利亚地区河流流入北冰洋的水量增加。这些水流的汇入，降低了北冰洋海水的盐度，这可能会影响全球海洋循环的模式（详见第63页）。

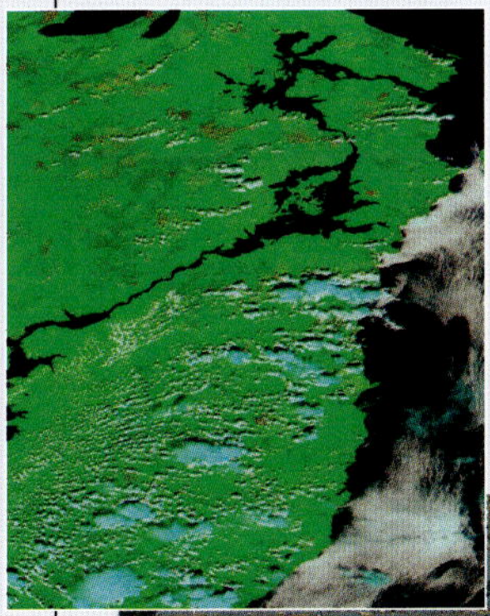

黑龙江（阿穆尔河）泛滥

气候变化被认为是导致亚洲东北部的黑龙江（阿穆尔河）近年泛滥成灾（见下图）的罪魁祸首。左图的卫星假彩色影像的黑色部分，显示了河水上涨的河流；绿色区域所显示的则是植被覆盖的陆地。

海冰循环

除了全球水循环，还有因海冰而引发的局部季节性循环。在极地海域，海冰面积在冬季增加，在夏季减少。这一现象对气候有很大的影响，因为海冰形成时向大气中释放热量，融化时则吸收大气中的热量；而且海冰的存在与否，会影响海洋和大气之间的热量交换。在冬季，海冰使相对温暖的极地海域与较冷的空气隔绝，因此减少了热量损失。然而，在积雪覆盖时，海冰具有很高的反射率，因而减少了海洋表面对太阳辐射的吸收。总体来看，海冰循环有助于使极地海域的空气与海水温度保持稳定。而且，由于海冰会影响海水表层的盐度，其形成有助于推动世界不同海域之间海水的大规模循环（详见第61页）。

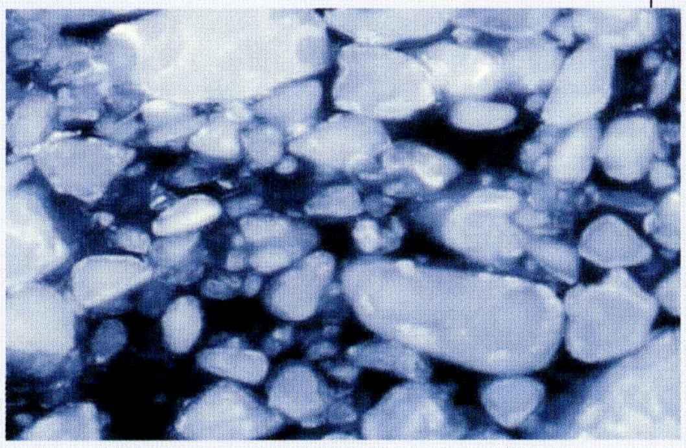

海冰的形成

海冰在形成过程中会向大气中释放热量，并通过析出盐分，增加其周围海域的盐度。这些过程会影响气候和海水循环。

海洋和气候

海洋对世界的气候具有深刻影响，最显著的表现是其吸收太阳能，随后通过表层暖流，将热量在全球重新分配。寒流也会产生局部性气候效应。洋流变化与气候波动有关，如厄尔尼诺现象（详见第68页）。由于海洋是主要温室气体二氧化碳的重要储存处，未来海洋的变化对于气候变化至关重要。

太阳供热

海洋的表层吸收了地球接收的太阳能的一半。洋流以几十亿兆瓦的功率，将这部分热量从赤道运送至极地地区。

暖流

全球有五六个主要的表层洋流（详见第58页）将热带和亚热带地区的热量运送至极地地区，这使一些温带地区的气候得以呈现为现在较为暖和的状态。墨西哥湾暖流以及由它延伸出来的北大西洋暖流对欧洲所产生的影响便是一个典型的例子。北大西洋暖流将在加勒比海和墨西哥湾吸收的热量带到大西洋对岸的法国、英国、爱尔兰、挪威、冰岛以及欧洲西北部的其他地方，释放到近岸的大气中。由于盛行西风将温暖的空气吹向陆地，与位于大西洋西岸同纬度甚至更低纬度的地区相比，这些国家拥有更加温和的气候。例如，冰岛首都雷克雅未克的冬季温度就比纽约的高。同理，在太平洋西北部，日本暖流使日本南部更温暖；在太平洋最西南部，东澳大利亚暖流为塔斯马尼亚带来了相对温和的气候。

宜人的海滨

英格兰西南部的彭赞斯气候温和，适合亚热带植物生长。北大西洋暖流使该地区温度上升了约5℃。

寒流

一些情况下，寒流所起到的作用仅仅是让气候变得更加凉爽。例如，美国的西海岸受加利福尼亚寒流的影响，夏季气候凉爽。寒流也会影响降雨的分布和雾的形成。

通常情况下，大洋东部流向赤道的寒流和这些地区寒冷的上升流一起作用，使空气降温，减少海水蒸发损失，并造成大气层高处干燥空气的倒灌。尽管在这些区域，海洋上常常会形成云、雾（较少的水蒸气在冷海水之上凝结），一旦空气到达陆地，它们很快就会消散。因此，寒流促进了大洋东岸陆地上沙漠的形成，比如非洲西南部的纳米布沙漠。

智利北部海岸

秘鲁寒流流经智利北部海岸，促使海上云和雾的形成（可以从上面的卫星图像左方看到），同时也加剧了海岸地带（左图）的极端干旱状况。

向北迁徙

大多数企鹅生活在南极洲，但令人意外的是，赤道的科隆群岛也生活着栖息地纬度最靠北的企鹅。由于秘鲁寒流流经南美洲西海岸，这里的气候凉爽，海面温度常年比热带地区的一般气温低5℃。

海洋中的碳

海洋中储存着地球上最多的二氧化碳——导致全球变暖的主要温室气体。海洋中存在大量的碳，一些是以二氧化碳及易于转化为二氧化碳的物质的形式存在，另一些则存在于生物体内。海洋中的二氧化碳含量与大气中的平衡。多年来，海洋一直呈碱性，是存储人类活动释放的过量二氧化碳的重要仓库。生物、化学作用将其中一些二氧化碳转化为生物体的碳酸钙外壳和骨骼，以及其他的有机物和碳酸盐沉积物。然而，不断升高的二氧化碳浓度开始将海洋酸化，因为酸会分解碳酸盐，所以就对海洋生物外壳和骨架的形成构成了威胁。此外，一些科学家担心海洋吸收二氧化碳的速率即将减缓，从而进一步加剧全球气候变暖的趋势。

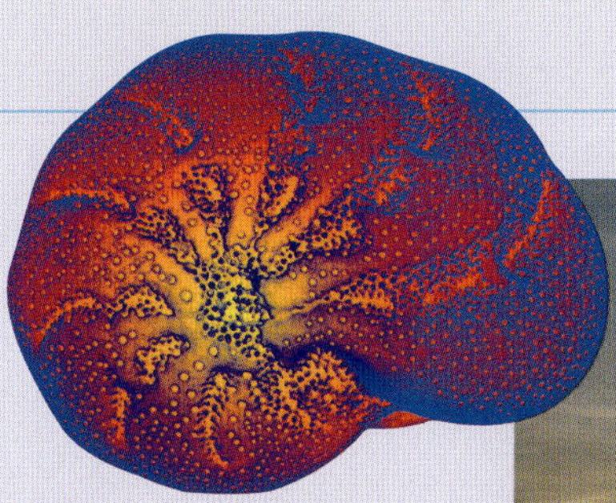

有孔虫外壳

碳转化

化石燃料燃烧（右图）所释放的二氧化碳经过海洋吸收，最后能以碳酸盐的形式存在于海洋生物的壳内。

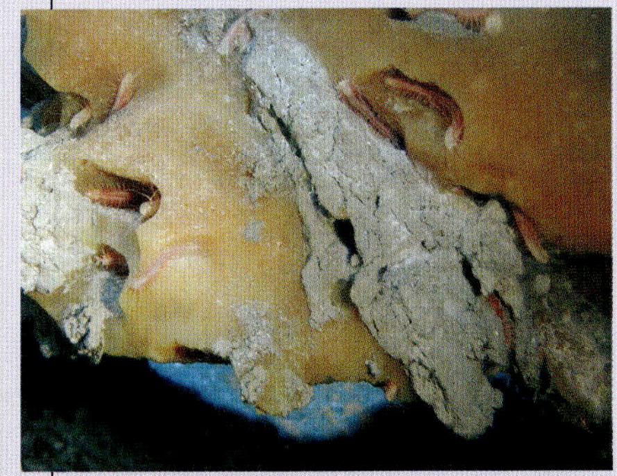

甲烷水合物沉积物

这种物质在海底的某些区域以固体形式存在。甲烷能比二氧化碳保存更多的热量，因此有人担心，海洋变暖会令这种物质以甲烷的形式释放，进入大气，令情况恶化。

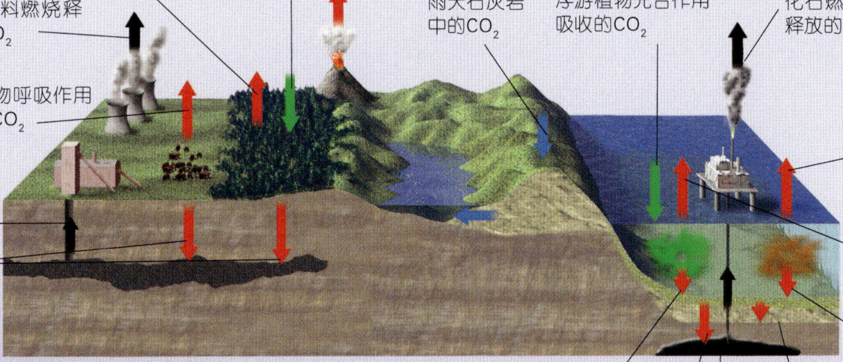

碳的来源和存储

如今，大气中增加的二氧化碳（CO_2）数量远多于其消减的数量。过量的CO_2中一部分被海洋吸收，其中一些被溶解，还有一些成为生物体和沉积物的组成部分。

金门雾

美国加利福尼亚海岸附近的上升流使海水异常冰冷，影响了圣弗朗西斯科的气候。潮湿的空气伴随西风拂过这些冷水，就会产生雾。

厄尔尼诺现象和拉尼娜现象

厄尔尼诺现象和拉尼娜现象是大规模的气候异常现象，由海洋表面温度、洋流和气压系统的异常导致，发生于太平洋热带地区，对太平洋及全世界的气候有重要影响。大多数科学家将厄尔尼诺现象和拉尼娜现象视为一种全球复杂天气现象——厄尔尼诺－南方涛动现象（英文缩写为“ENSO”）的极端状态。

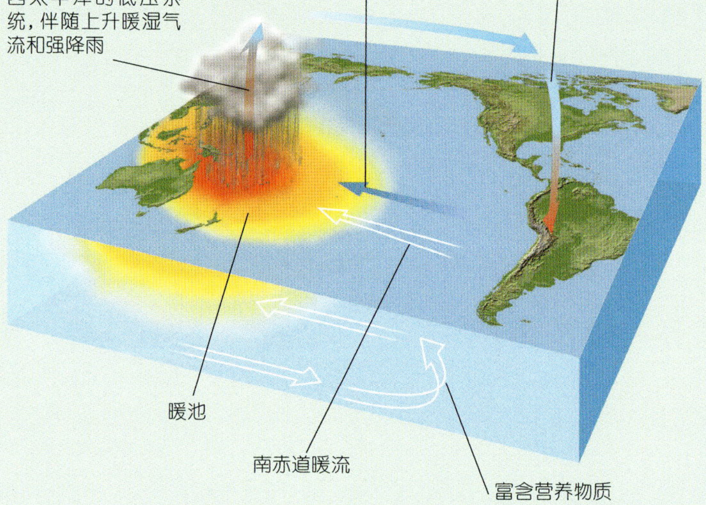

常规模式

西太平洋海域形成的低压系统吸引了来自对面南美洲的高压系统的东南信风。该信风驱使南赤道暖流形成，从而使西太平洋表层海水保持温暖。

厄尔尼诺现象

“厄尔尼诺”在西班牙语中的意思是“圣婴”或“上帝之子”。它起初是指圣诞节期间一股偶尔在秘鲁周围海域出现的暖流。后来，它仅限指东太平洋水域水温的异常大幅上升，这一升温通常伴随着该水域富含营养物质的上升流的减少。如今，它指具有全球影响的海洋和大气状况的大幅度变化。厄尔尼诺现象一般持续12—18个月，尽管很难准确预测，但具有周期性。平均来说，厄尔尼诺现象每100年发生30次，间隔可以短至3年，也可以长达10年。导致其发生的根本原因尚不清楚。

温度分布模式

通过以下两幅太平洋卫星成像图，我们可以比较一下这两种海面的温度场。红色、白色代表温暖海水，绿色、蓝色代表低温海水。

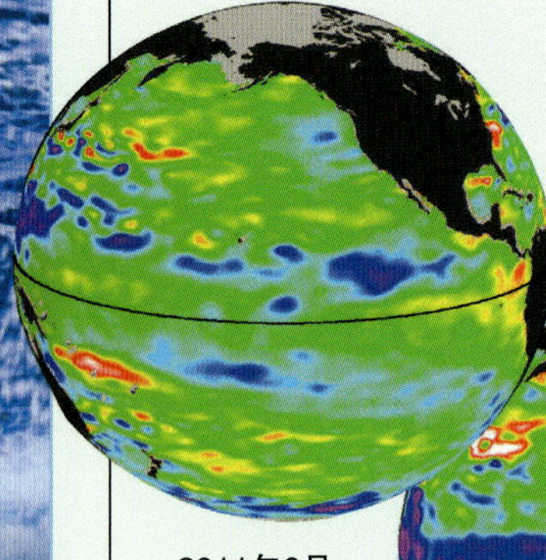

2011年6月（正常）

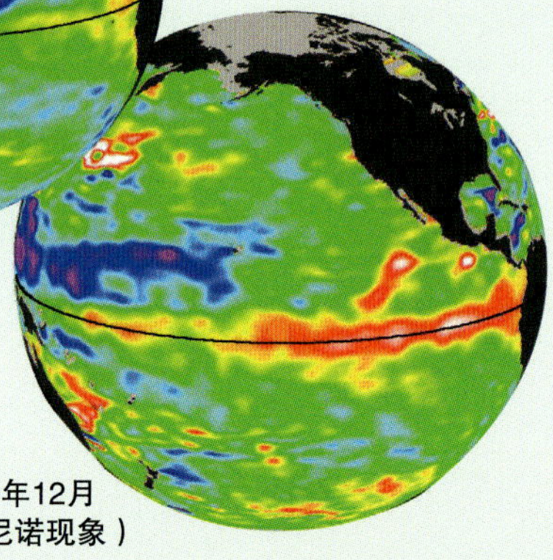

2009年12月（厄尔尼诺现象）

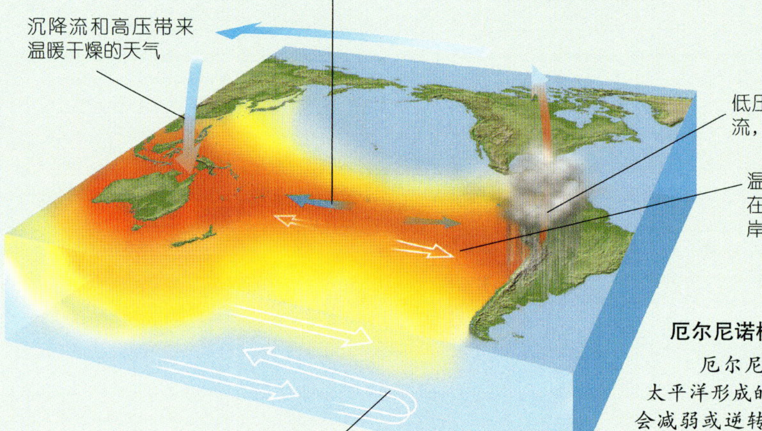

厄尔尼诺模式

厄尔尼诺现象发生时，通常在太平洋形成的气压系统以及东南信风会减弱或逆转。海洋表面温暖水域从西太平洋一直延伸到太平洋中、东部。

厄尔尼诺现象的影响

厄尔尼诺现象会导致南美洲西部的国家，尤其是厄瓜多尔、秘鲁和玻利维亚的气候比正常状况湿润，甚至引发洪水。美国东南部也可能受其波及。对于世界其他地方来说，气候会因此更加干燥。这会使西太平洋周边地区发生干旱和森林大火的概率增加，特别是印度尼西亚和澳大利亚部分地区，甚至东非和巴西北部也会这样。东太平洋水温上升，会导致秘鲁寒流的减弱以及南美海岸附近上升流的减少。海水的营养程度因此下降，对鱼群产生不良影响。其他的影响包括：大西洋飓风季变得更为平静，南极洲附近海冰范围增大。日本、加拿大西部和美国西部会遭遇比正常情况更多的风暴，并出现更加温暖的天气。

巨浪

在发生厄尔尼诺现象时，中太平洋的风暴会更加频繁，更加猛烈。这些风暴会在夏威夷海域掀起高达10m的巨浪，左图为出现在瓦胡岛的巨浪。

年轮的宽度与树木增长量直接相关

受1746—1747年厄尔尼诺现象影响的年轮

历史上发生厄尔尼诺现象的证据

我们可以将树木的加速生长与厄尔尼诺现象发生时出现的强降雨联系起来。左图所示的年轮环中，有一处与1746—1747年发生的厄尔尼诺现象相关。

珊瑚白化

右图中这片较小的圆形珊瑚礁正遭受严重白化。珊瑚白化现象可以与厄尔尼诺现象联系起来，前者由表层海水不寻常的较高温度导致。

绪论

发现

监测

人们定期监测热带太平洋的温度变化。主要的监测方式是利用卫星，通过海洋表面的轻微变化和气象浮标的仪表显示来间接测量海洋温度。

配有仪表的浮标

下图这种浮标被成串放置，贯穿赤道太平洋，用于不同深度水温的定期测量。

拉尼娜现象

“拉尼娜”在西班牙语中的意思是“小女孩”“圣女”。拉尼娜现象与厄尔尼诺现象相反。拉尼娜现象的典型特征是赤道太平洋东部和中部海水异常变冷，澳大利亚北部海域变得更为温暖，产生更加强劲的风。拉尼娜现象经常紧随厄尔尼诺现象发生，但并非总是如此。和厄尔尼诺现象一样，拉尼娜现象会造成世界上某些地区雨量增加，某些地区干旱少雨。印度、东南亚和澳大利亚东部会遭受暴雨侵袭，而美国西南部通常会温度升高并且降水量减少。与此同时，美国西北部的几个州会迎来比往常更冷、降雪量更多的冬季。拉尼娜现象的发生通常还伴随着大西洋飓风活动的增加。总而言之，拉尼娜现象产生的影响在北半球的冬季达到最大。

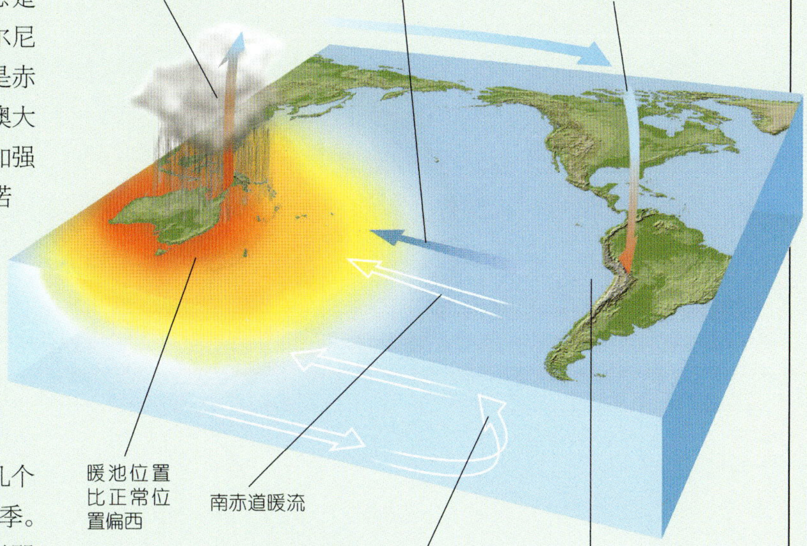

拉尼娜模式

拉尼娜现象发生时，西太平洋的低压区位置比正常情况偏西，海洋表面温暖水域也向西移。随着秘鲁寒流在南美海域加强，东太平洋表层海水温度会变得异常低。

干旱情况

2011年，拉尼娜现象导致美国西南部地区出现严重干旱。右图为当年德克萨斯州一水库完全干涸的情形。

秘鲁洪水

1998年，厄尔尼诺现象引起的强降雨导致秘鲁发生洪灾。图为当时青年人组成团队，在一条高速公路上引导行人。这次厄尔尼诺现象对秘鲁造成了严重破坏，25万人流离失所。

飓风和台风

飓风和台风这两个名称用于指在世界不同地区出现的非常相似的天气现象。这些现象的共同特征是在海洋上形成以环形模式移动的强风，并伴有密集的云层和降雨。这些天气现象在大西洋被称为“飓风”，在西太平洋被称为“台风”。其他地区类似的现象则被称为“强风暴”或“旋风”。它们发源于南北纬5°—20°的热带温暖海域之上的低压系统（低气压），主要在夏末出现。

分布

强热带旋风起初是热带温暖海洋上的低气压。它们用几天的时间横跨海面并在登陆后造成巨大破坏。下图为强热带旋风移动路线图。

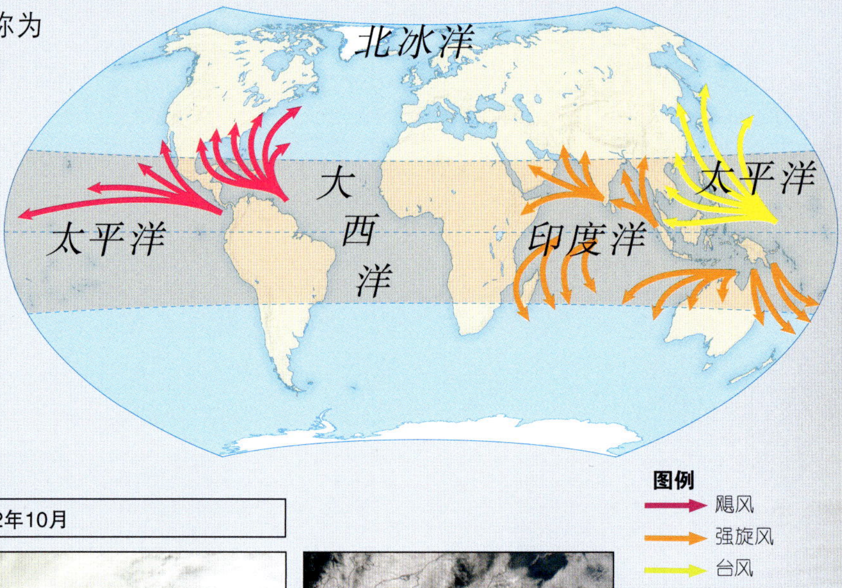

发展形成

所有热带旋风都因太阳照射而产生：太阳照射令大面积海面及其上方的空气温度升高，引起大量暖湿气流上升，在海面上形成低压区域和密集云层。低压吸入更多气流，沿中心旋转，形成环形风系统。该系统不断加强并发展成为热带风暴，然后在信风作用下向西推进。在大西洋，凡是风速超过119km/h的风暴就可归为飓风。最后，大多数这样的剧烈风暴都会远离赤道，即在北半球向北移动。这些风暴一旦登陆，因其不再受海洋热量提供动力，其强度就会减弱。

3个发展阶段：飓风“桑迪”，2012年10月

❶ 10月23日，一股旋转的暖湿气团在热带海域上升，凝结成云。

❷ 10月26日，旋风发展为螺旋形状，具有密实的中心云核。

❸ 10月28日，旋风已紧缩，完全转化为飓风，中心处形成了清晰的风眼。

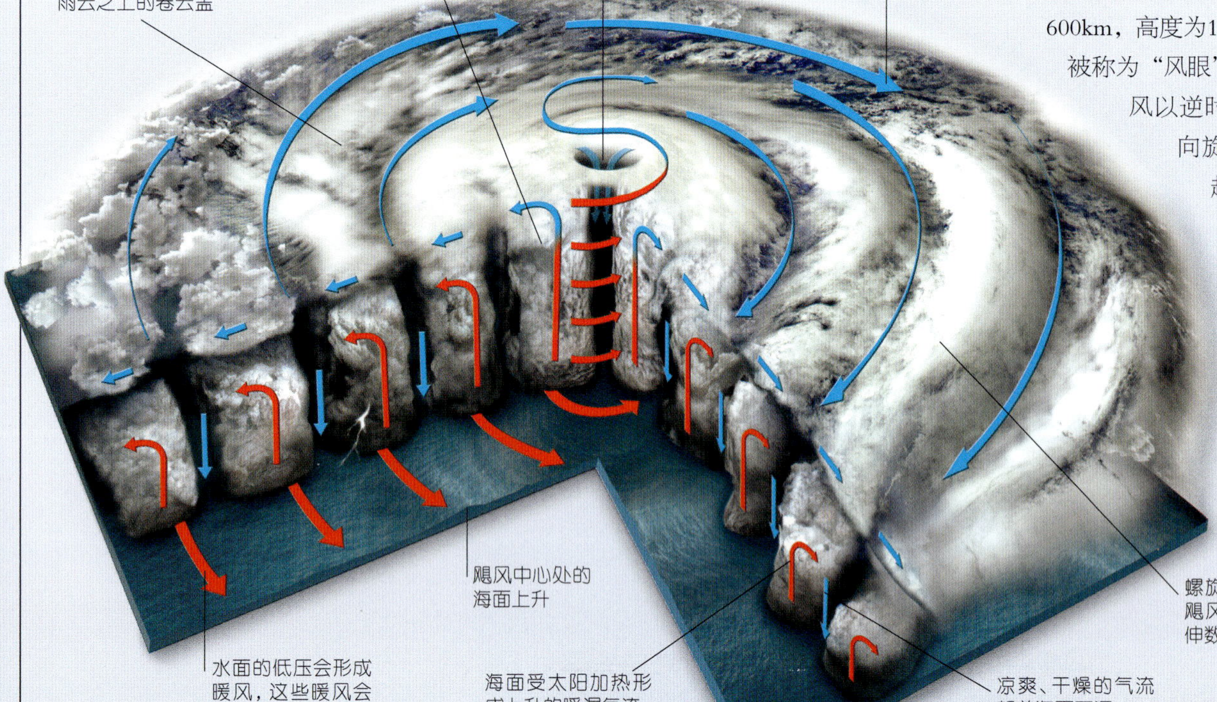

结构

完全成形的台风或飓风的直径一般为300—600km，高度为10—15km。其中心是平静的低气压区，被称为“风眼”。在旋风内部的其余部分，在北半球风以逆时针方向旋转，在南半球以顺时针方向旋转（这一差异是由科里奥利效应引起的，详见第54页）。围绕风眼的区域被称为“眼壁”，在该区域，空气向上旋转，形成浓密的云层。风眼之所以能保持平静，是因为朝着风眼旋转的风永远无法到达中心。从风眼和眼壁向外辐射延伸的是彼此分隔清晰的云带，被称为“雨带”。

飓风结构

一个飓风包含一个直径8—200km的中心风眼，眼壁（柱状密云、雨和螺旋上升的风）及雨带。

风暴潮

2004年9月，飓风“弗朗西斯”袭击了佛罗里达的朱诺沙滩。“弗朗西斯”登陆时被列为2级飓风。在海边它掀起了2m高的风暴潮，摧毁了高速公路，淹没了许多民宅和商铺。

萨菲尔-辛普森飓风等级

萨菲尔-辛普森飓风等级（一个等级系统）将飓风划分为5个级别。人们用它来估算飓风给海岸造成危害的程度以及其所引发的洪水的规模。风速是等级划分的决定性因素。

级别	风速	风暴潮高度
热带风暴	63—118km/h	低于1m
一级飓风	119—153km/h	1—1.5m
二级飓风	154—177km/h	2—2.4m
三级飓风	178—208km/h	2.7—3.7m
四级飓风	209—251km/h	4—5.5m
五级飓风	超过 251km/h	超过5.8m

发现

追风者

美国国家海洋和大气管理局利用配有特殊装备的飞机来监测大西洋飓风。这些飞机飞进飓风之中，投下设备包，设备就会通过无线电传返数据。

洛克希德WP-3D猎户座飞机

这种涡轮螺旋桨飞机配备大量复杂设备，是用于飓风研究的机种之一。

海岸效应

随着热带旋风在海上移动，其低压风眼将海水吸起，形成水柱。2级飓风可以形成比海平面高3.5m的水柱，而5级飓风则可形成比海平面高7.5m的水柱。旋风登陆后，水柱中的水便以风暴潮的形式涌上岸。风暴潮能淹没房屋，把船只冲向内陆，毁坏道路和桥梁，严重冲毁150km的海岸线。这些影响令强风所造成的危害加剧，后者可以掀翻不太稳固的建筑物，将树木连根拔起，毁坏海岸上的红树林，并吹倒电线。人类在强气旋中遇难的例子并不少见，所以，受到强气旋威胁的海岸区域往往需要提前疏散人群。在海岸，与风暴潮相关联的海水运动能够摧毁珊瑚礁。在加勒比海，以麋角珊瑚为代表的分枝类珊瑚生长在海水表层区域，极易受到攻击。健康的珊瑚是可以从这样的破坏中恢复的，尽管可能需要10—50年的时间，具体恢复时间取决于破坏程度。

对珊瑚礁的危害

1988年，墨西哥加勒比海岸的这个麋角珊瑚群被飓风“吉尔伯特”所摧毁。

海龙卷

海龙卷是海上的龙卷风（狭长、旋转的气团）。它们通常形成于热带气旋的边缘。

沦为碎片

菲律宾莱特岛上的塔克洛班被台风“海燕”及伴随的风暴潮破坏之后，幸存者站在废墟中。

台风“海燕”

在菲律宾，台风“海燕”被称为“尤兰达”（Yolanda），是一个威力极强的热带气旋，于2013年11月4日至11日肆虐于菲律宾和东南亚其他地区。它是菲律宾有历史记载以来造成死亡人数最多的一次台风，仅在当地就造成6000人死亡。“海燕”也是登陆的最强台风之一，就最高持续风速而言，其威力排名第四。

大多数毁灭性的灾难发生在菲律宾的中部岛群，米沙鄢群岛。尽管“海燕”的风速极高，但是造成灾害和死亡的主要原因是风暴潮，其中以对东海岸的萨马岛和莱特岛的影响最为严重。超过22万人口的塔克洛班几乎被摧毁。11月10日和11日，“海燕”经过越南和中国南方地区，此时它已经减弱为热带风暴，而后进一步减弱为低气压。尽管如此，它在某些地区仍引发了大面积洪水，成千上万的房屋被毁，约有50人死亡。

一些气候科学家相信，全球变暖会增加像“海燕”这样的高强度热带气旋出现的频率。若果真如此，受影响的国家的政府需要为未来做准备，以应对更加频繁、规模类似的灾难。

台风路径

下面的地理示意图显示了“海燕”在11月5日到11日的路径，5日时它相当于4级飓风，当它11日登陆中国时，已经减弱为热带低气压。11月8日，它达到最危险的阶段，成为超强台风，相当于5级飓风，横扫菲律宾。

右边这些卫星图像显示的是11月8日星期五“海燕”的中心位于菲律宾时的形状（上），以及它在11月11日星期一登陆中国南方地区时的形状（下）。

毁灭之路

形成

风眼　“海燕”于11月2日作为西太平洋某区域的低气压生成。在接下来的三四天，它发展为超强台风，且在中心形成了明显的风眼。

登陆菲律宾

风暴潮　到了11月7日，“海燕”的持续风速达到270km/h。11月8日，它在菲律宾登陆，风暴潮肆虐海岸区域。

疏散　相关部门发出台风侵袭警告，组织疏散或呼吁民众进入安全的避难所。图为一个菲律宾儿童被带上一架军用飞机。出动军用飞机运送民众是疏散计划的一部分。

破坏的踪迹

被摧毁的社区　“海燕”经过菲律宾中部部分地区，造成了毁灭性的灾难。这幅航拍照片显示了东萨马省吉万镇的受灾情形。

基础设施损毁　城区受到严重破坏，如电线、天线杆倒落，道路受阻，救援工作受到干扰。

被夷为平地　台风对农村地区的影响同样严重。这张鸟瞰图显示了莱特岛上被破坏的椰子种植园和村庄。

救援行动

食物投放　估计有1900万菲律宾人因这场灾难流离失所，缺少饮用水和食物。左图为菲律宾空军在投放装有食品的袋子。

医疗援助　为了预防传染性疾病的传播，成千上万的人需要相关医疗援助和应急措施。图为医务人员在给一个孩子接种麻疹疫苗。

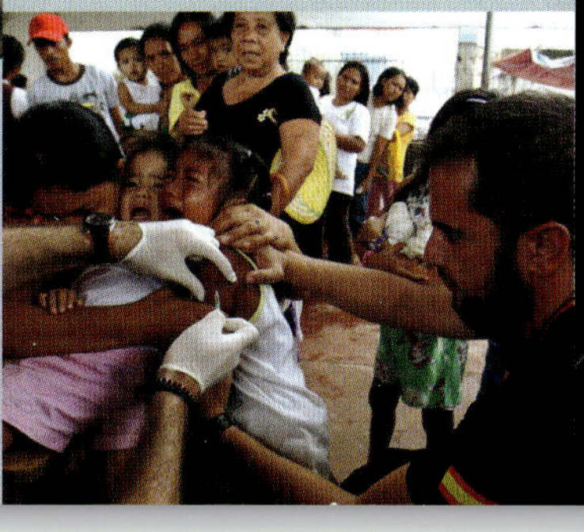

波浪与潮汐

波浪和潮汐是两种重要的物理现象，影响着整个海域，但其更为显著且主要的影响产生于海岸或近海岸区域。海浪大多是由风引起的，种类多样，小到海岸涟漪、大到开阔海域翻滚起伏的大浪甚至世界著名冲浪沙滩上的巨浪都涵括其中。所有海浪都输送能量——当它遇上陆地时，这种能量便会消散，要么起到破坏性作用，如侵蚀海岸线，要么起到建设性作用，如形成海滩。潮汐主要是月球和地球之间的相互作用引起的。除了导致海平面规律性的起伏，潮汐还会在海岸附近造成强大的海流，甚至在某些地方形成漩涡及涡流等壮观景象。

拍岸而来的海浪

在位于太平洋夏威夷岛的东南海岸的奇帕胡鲁附近，拍打着海岸的浪撞上落潮时从布满岩石的海岸流经的水流。

波浪

波浪是海洋中水体的扰动，将能量从此处传到彼处。最为人所熟知的波浪类型，就是那些让开阔海域上的船只上下颠簸并最后在沙滩上以浪花的形式消失者，它由海洋表面的风引起。其他波浪类型包括海啸和内波，前者由水下地震（详见第49页）引发，后者在不同水体之间运动。潮汐（详见第78页）也是一种波浪。

波浪的性质

一组波浪包含数个由波谷分开的波峰。波浪高度叫作“振幅”，两个相邻波峰之间的距离叫作“波长”，两个相邻波峰的间隔时间叫作“周期”。根据其周期，波浪可以划分为不同种类。涟漪的周期小于0.5s，而海啸和潮汐（其波长可达数百至数千千米）的周期要以分钟和小时来计。介于这两者之间的是三角浪和涌浪——这是最为人所熟知的海面波类型。海浪就像光线一样，遇到障碍物（如岛屿）会发生反射或折射。当不同的波群相遇，它们会相互干扰——相互加强或相互抵消。

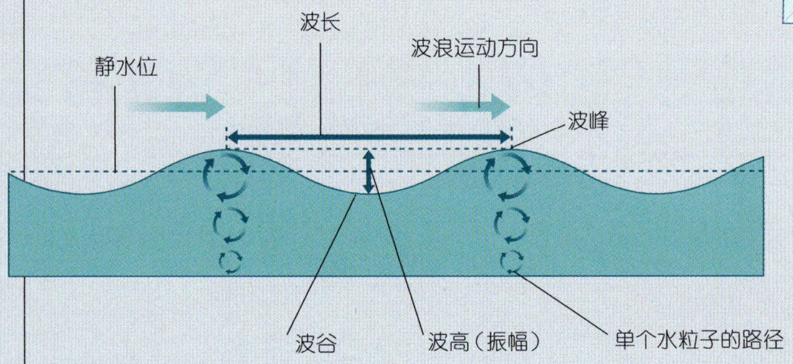

粒子运动

当波浪经过海面，水粒子不会随着波浪向前运动。相反，它们呈小圈状或环状回旋运动。在水下，这些粒子运动的环形路径变得越来越小。而在深度约为波峰的一半处，它们保持静止。

畸形波

有时候，两个或更多大浪的相互作用会产生畸形波。下图为1986年在大西洋拍摄到的畸形波，估算高达17m。该畸形波随后打到了照片中的船上，令船的前桅杆向后弯曲了20°。

波浪的产生

通过摩擦和压力作用，风能被传送至海面，形成波浪。随着风力的不断增强，平滑的海面慢慢变得崎岖不平。首先会形成涟漪，接着形成稍大的波浪，叫作“三角浪”。波浪继续发展，其大小取决于3个因素：风速、风时和风所覆盖的海区，即风区。当海浪在当前的风速和风区条件下达到最大时，海面可以说是“充分发育”的。海面的总体状态可以用有效波高来表示，即最高的三分之一海浪的平均高度。例如，风速约为40km/h的风所产生的充分发展海面，其有效波高一般为2.5m。

毛细波（涟漪）

这些细小的波浪仅几毫米高，波长小于4cm。

有三角浪的海面

在有三角浪的海面，海浪高达10—50cm，波长为3—12m。

波涛汹涌的充分发育的海面

风速超过60km/h的风会令海面波涛汹涌，其波浪高达数米。

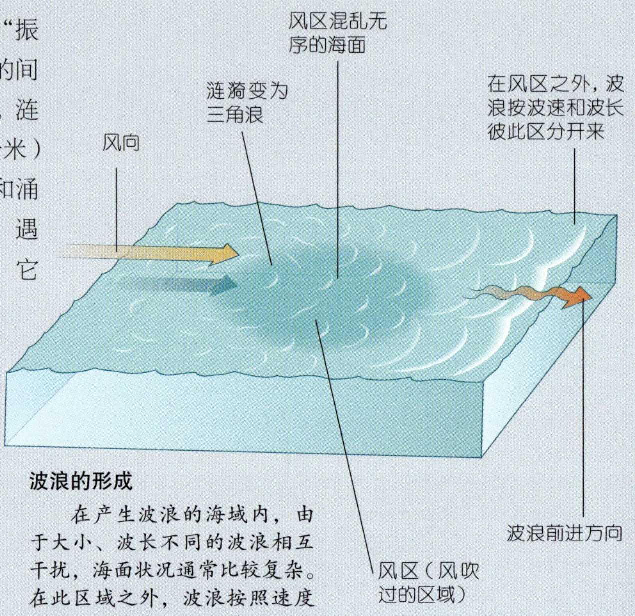

波浪的形成

在产生波浪的海域内，由于大小、波长不同的波浪相互干扰，海面状况通常比较复杂。在此区域之外，波浪按照速度彼此区分开来，从而产生一种更有规律的波浪模式——涌浪。

波浪的传播

在风区，会产生许多组波长不同的浪，它们彼此相互干扰。当它们传播到风区之外，波浪的大小和间隔会变得更加规律。因为在开阔的海面区域，波浪的速度跟波长密切相关。不同组的波浪以不同的速度运动，因此自然按照波长彼此区分开来：最大、最快的在前面，较小、较慢的在后面。这就产生了一种规律的波浪模式，叫作“涌浪”。有时，不同风暴所产生的波浪相互干扰，形成异常巨大的畸形波。由风产生的波浪在开阔海面传播时会保持恒定速度，其速度在到达浅水区之前不受深度影响。只有波长极长的海啸，其传播速度才受水深的影响。

涌浪

涌浪是一系列比较大、距离均等的波浪，通常在导致其产生的风暴以外数百千米处能看到。其波长范围从几十米到数百米不等。

卷碎波

当到达岸边的海浪拥有巨大能量时，会形成“桶状”或“管状”的碎浪。此处海床必然坚硬又陡峭。

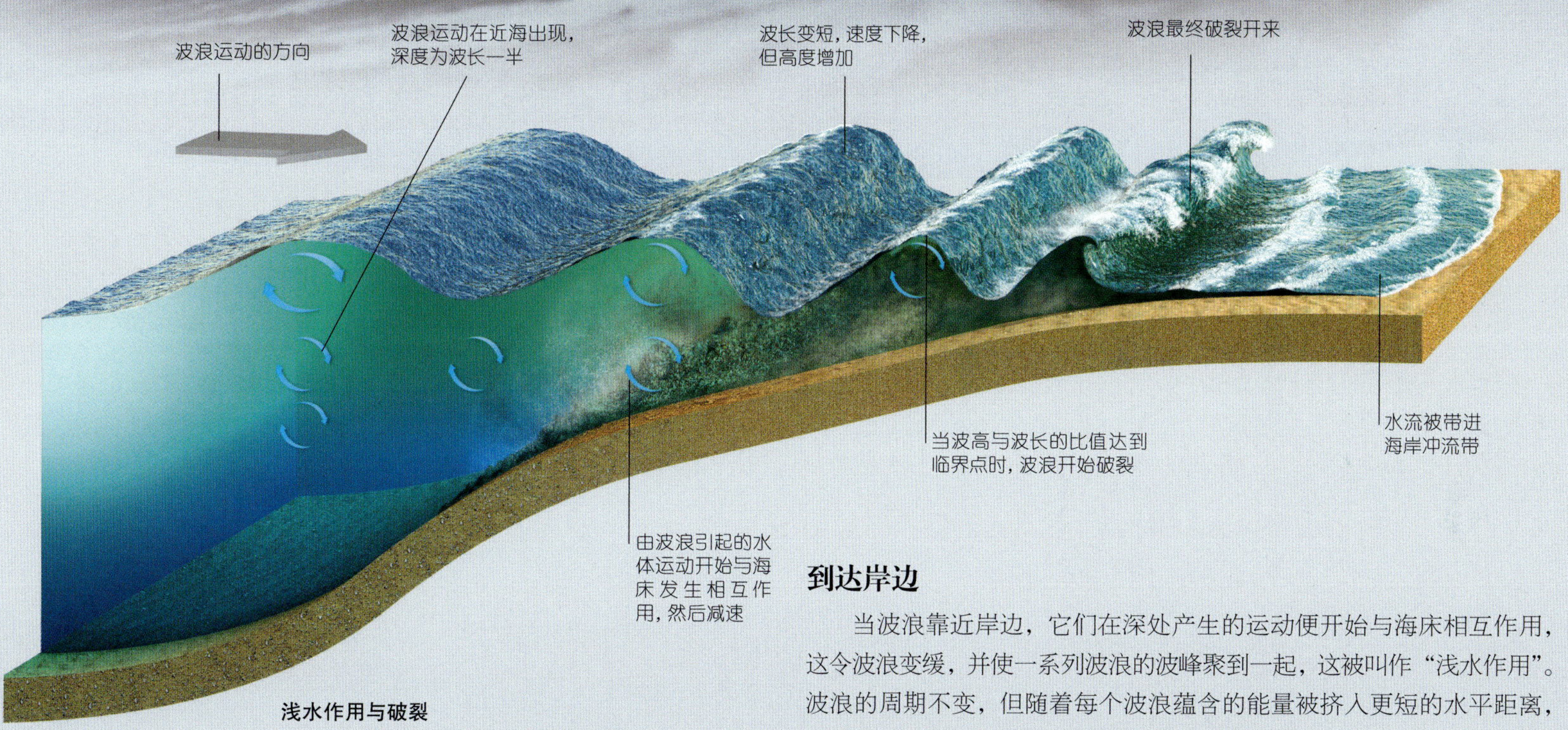

浅水作用与破裂

波浪进入浅水时，浅水作用就会出现，波长变短而且速度下降，但波浪的高度增加。当波峰太过陡峭时，发生翻卷然后破裂。

到达岸边

当波浪靠近岸边，它们在深处产生的运动便开始与海床相互作用，这令波浪变缓，并使一系列波浪的波峰聚到一起，这被叫作“浅水作用”。波浪的周期不变，但随着每个波浪蕴含的能量被挤入更短的水平距离，它们的高度会随之增加，最后破碎，形成碎浪。

碎浪主要有两种类型。崩碎波发生在平缓的海岸：它们的波峰破碎，在靠近海岸时堆叠在前方，能量逐渐消散。卷碎波发生在较陡的海岸：每一个卷碎波的波峰卷起，落在前进的波浪前端，然后整个波浪一起崩塌。波浪在到达海岸线时也会发生折射，这使波浪的能量聚集到海岬上（详见第93页），形成不同类型的海滩。（详见第106页）。

人类影响

冲浪

当涌浪遇到形状合适的海岸就会产生绝佳的冲浪条件。对于冲浪新手来说，小型崩碎波是非常理想的，而高手们则寻找较大的卷碎波，这些波浪能够形成一个“管子”，供他们在内滑行。对于这种滑行来说，浪在翻卷的过程中无论向左还是向右，都必须平缓进行。右图中的冲浪者正在借助夏威夷的卷碎波滑行，浪在冲浪者身后从左卷向右。

波浪折射

当波浪进入被海岬所包围的海湾时，浪前端的不同部分遇到浅水后速度减缓，波浪发生折射（弯曲）。

潮汐

潮汐是海平面有规律的起落，伴有水平方向水流的流动，由月球、太阳和地球的引力相互作用引起。全世界的海洋都存在这一现象，不过在近岸处尤为明显。每日高低潮的基础模式是由月球对地球的影响引起的。高低潮的月周期变化幅度是太阳和月球共同作用的结果。

高低潮

虽然月球通常被看作是绕地球运转的，但事实上两个天体都在环绕一个共同质心——一个位于地球内部的点运行。由于地球和月球都绕这一点运行，于是就在地球表面生成了两种力：一种是引向月球的万有引力，另一种是远离月球的惯性力。在这些力的共同作用下，地球的海平面在离月球最近处及最远处均受到与地球对此处的万有引力方向相反的合力的作用，从而引致水位上升。随着地球围绕地轴自转，这种合力扫过地球整个表面，从而产生高潮和低潮。因为在每个高低潮周期里，月球都在其自身轨道中移过一点点，所以每个周期的时间是24小时50分钟（一个太阴日），而非24小时（一个太阳日）。

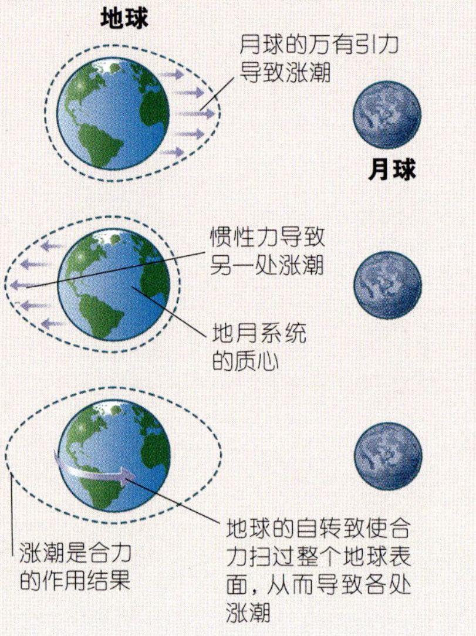

每日潮汐

左图显示了由地球和月球的引力相互作用导致的地球两端海平面的水位上升（图示用了夸张手法以作说明）。

潮汐类型

如果陆地不存在，并且月球绕地球的赤道平面运转，那么每天合力的作用扫过整个地球表面，便会在各地产生两次相等的高潮及两次相等的低潮（半日潮）。而实际上，陆地板块作用于潮涨运动，且月球的轨道与赤道平面之间有夹角。

因此，世界上很多地区的潮汐类型并非都是半日潮。一些地区一天内仅有一次高潮和低潮（合称“全日潮”），也有很多地区一天内出现大小不等的高低潮（合称“混合潮”）。此外，潮差，即高潮和低潮的海平面水位差，在全球范围内存在很大的差异。

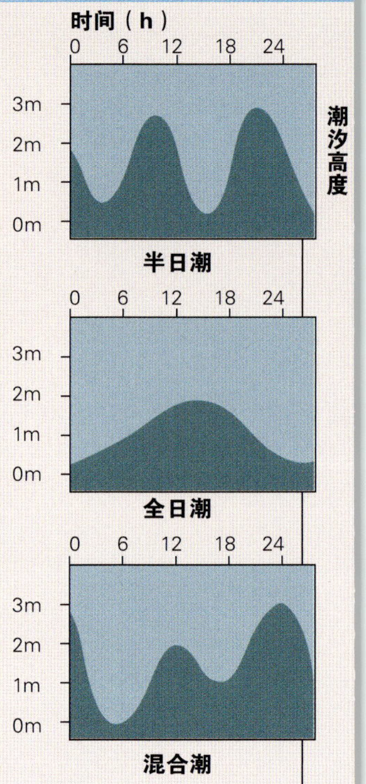

图例

- 全日潮
- 混合潮
- 半日潮
- 较小潮差
- 中等潮差
- 较大潮差

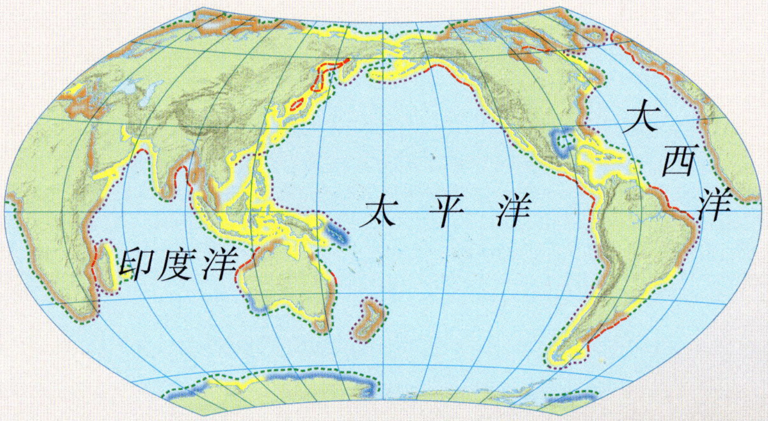

全球潮汐类型

此图展示了全球的潮汐类型（半日潮、全日潮、混合潮）以及潮差大小（高低水位的平均差）。

潮间带的生命

与常年生活在水下的动植物相比，生活在潮间带的生物需要面对许多额外的压力。它们需要适应诸如潮汐退去时变得干燥（脱水）等问题。它们还要经受严寒结霜的冬夜，以及面临被陆上动物捕食的危险。比如贻贝在高潮间隙需要等待几个小时才能觅食。在低潮时，它们的贝壳紧紧闭合以保持水分，同时也保护自己免遭捕食。

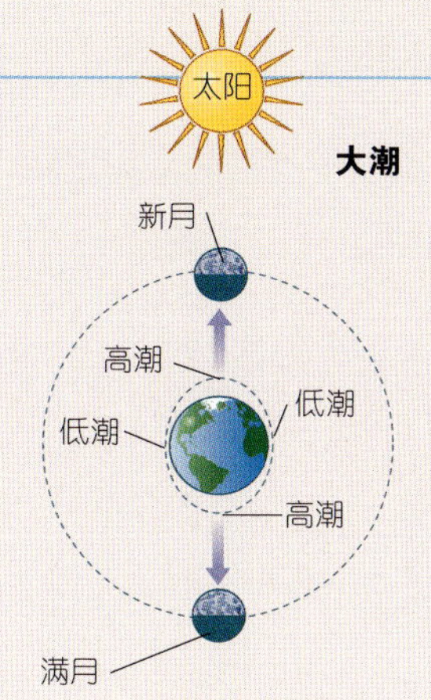

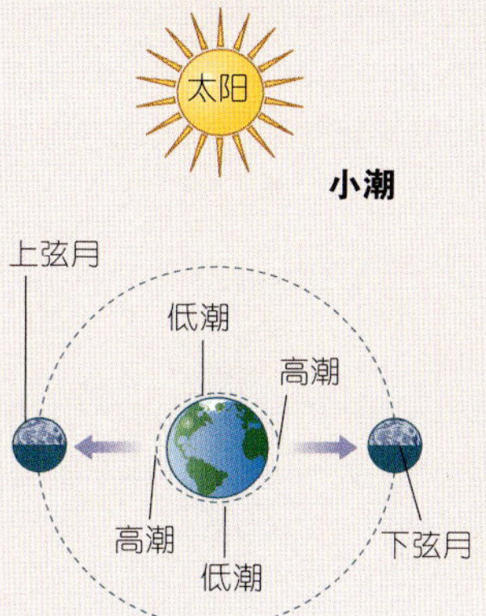

月周期

高低潮除了有日周期外，还有一个月周期。该周期由太阳和月球合力形成。与地球和月球的相互作用一样，地球和太阳的相互作用也导致涨潮，不过其影响力不如前者。每月有两次，即新月和满月时，太阳、月球和地球排成一列，两个涨潮作用互相加强，引发大潮（高潮尤其高，低潮尤其低）。相反，在上弦月和下弦月时，太阳和月球的作用部分地相互抵消，导致潮差较小，被称为“小潮”。

更替的大潮和小潮

每月两次（左上），太阳、月球和地球排成一条直线，引发大潮。当地球与太阳、月球的连线成直角时（左），则引发小潮。大小潮的更替情况见下方的28天潮汐图。

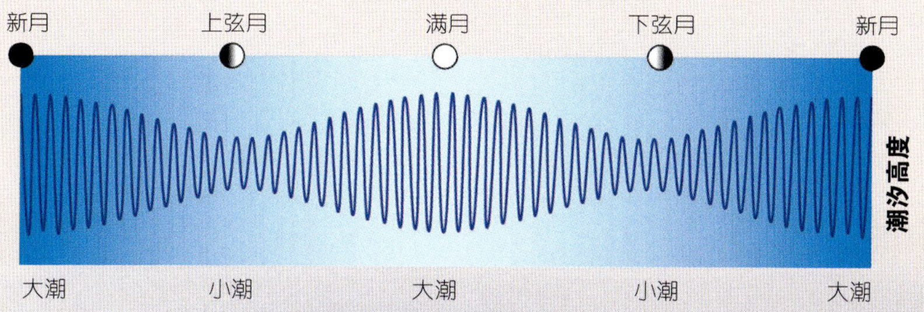

潮汐流

海平面本身因潮汐所产生的局部纵向变化仅通过水平方向水流发生，这种水流被称作“潮汐流”。在每个日周期，潮汐流一般（并不是不变的）在高低潮之间一半时流动速度最快，在周期一半时则减速（“静水”），然后反向流动。

海岸的形状会对潮汐流强度产生巨大影响。瓶颈状水道，比如狭窄的航道和海角通常会出现非常强的潮汐流，即急潮流，这种潮汐流每天形成2—4次。当水流遇到水下障碍时可能会出现漩涡（漏斗形的螺旋扰动）、涡流（更大、更平缓的环流）和驻波。其他与潮汐相关的现象还包括激潮（由汇聚的潮汐流引起的湍流）和溢流（一种与风向相反的潮汐流）。

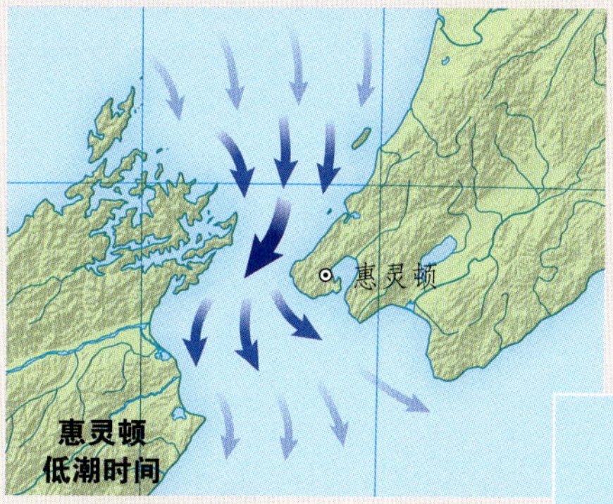

库克海峡潮汐流

这两幅示意图显示了新西兰北岛和南岛之间的库克海峡的强潮汐流模式。该潮汐流以一日两次的频率出现，中间仅间隔6小时。水流必须通过库克海峡的狭窄水道。

班堡海滩的低潮

全球许多海岸在涨潮时被海水淹没，退潮时露出水面。图中英格兰诺森伯兰郡的沙质潮间带的平均潮差约为4m。

小漩涡

这种小漩涡大约6m宽，50cm深，被有经验的“老母猪”漩涡观察者称为“小猪”。有时会出现一些这样的小漩涡而不是一个单独的大漩涡。

人类影响

碰上“老母猪”漩涡而幸免于难

在过去的200年里，“老母猪”漩涡已经导致约12起溺亡事件。其中大部分起因是水手驾驶的小艇或帆船过于靠近漩涡。

在当代，当发动机抛锚后，一些乘坐动力船的人会忐忑不安。有经验的水手们建议，如果被困在漩涡中，首先要控制船只，使其平稳，避免淹没。大多数以平稳状态漂浮的物体，最终会被旋出来。

大西洋 西北部

“老母猪”漩涡

特点
急潮流，小漩涡，偶尔有大漩涡

时间
每天4次

位置 加拿大新不伦瑞克省，鹿岛南端近海海面

“老母猪”漩涡位于美国和加拿大边界的帕塞马克第湾南端，是目前发现的美洲最大的漩涡，也是世界上最大的漩涡之一。帕塞马克第湾位于芬迪湾的下端，此处的强潮汐很出名。

“老母猪”漩涡出现的地点正是流经不同岛屿间峡湾的不同潮汐流在退潮时汇聚或在涨潮时分流之处。这些水流在流动时会遇到水下障碍物，比如暗礁和小型海山，于是当它们达到最大流速——28km/h，这一区域的整个海面便变得波涛汹涌。所出现的典型扰动包括驻波、海槽（表面长时间低洼）以及“沸腾”（平静的圆形区域，水从底部上涌）。“老母猪”漩涡有时候会出现，具有不可预测性。它会形成一个涡流，可以达到30m宽，3m深。更多情况下，一个或多个较小的涡流（当地人称作“小猪”）会出现。与所有的潮汐扰动相同，这些现象在满月或新月后一两天的大潮期间更为强烈。

海岸背景

“老母猪”漩涡形成于鹿岛（顶部）和美国缅因州的麋鹿岛（近景）之间。

大西洋 东北部

罗弗敦大漩涡

特点
急潮流和大的较弱涡流

时间
每天4次

位置 在罗弗敦群岛的罗弗敦角和莫斯肯岛之间，挪威西北近海海面

罗弗敦大漩涡也被称作“莫斯肯斯特罗门大漩涡”，是一种复杂的海水表层扰动模式。罗弗敦群岛中的两个岛屿之间的水域有大片水下岩石架，潮汐流流经该处时，便会产生该现象。而在挪威海和罗弗敦群岛东侧的弗斯特峡湾之间，每天会形成4次大的海平面高度差，从而导致潮水的形成。

“大漩涡”一词起源于这一区域中的潮汐现象，来自北欧词汇“male”，其意思是“磨碎”。在挪威神话中，挪威海底有台巨大的磨盐石磨，它转动时就会将海水吸入其中央的孔洞，从而形成大漩涡。这一现象最初是由希腊探险家皮提亚斯在公元前3世纪描述的。罗弗敦大漩涡作为一个庞大可怕的漩涡，被标记到了许多历史海图上。1997年，在莫斯肯岛附近进行的一项深入的潮汐流研究发现，事实并非如此。虽然对一些较强的潮汐流进行了测量，但没有监测到明显的带有涡流的大漩涡。相反，研究者们发现了一个弱涡流，直径约6km，位于莫斯肯岛北侧。这个涡流每天在涨潮期间形成2次，以顺时针方向运动，并在退潮期间形成2次，以逆时针方向稍向北移动。

名人

儒勒·凡尔纳

法国小说家儒勒·凡尔纳（1828—1905）在他的水下探险故事《海底两万里》中提到了罗弗敦大漩涡。

在该小说的结尾，尼摩船长和他的“鹦鹉螺号”潜水艇遭遇了漩涡，“其吸引力巨大，能将12英里远的东西都吸过去”，生死未卜。

潮汐扰动

几个世纪以来，罗弗敦大漩涡一直被看作是世界上最强的潮汐现象之一。

大西洋 东北部

萨尔特流

特点
急潮流和小漩涡

时间
每天4次

位置 在萨尔登峡湾和希尔斯塔峡湾之间，挪威西北海岸

萨尔特流出现在挪威的西北海岸，通常被认为是世界上最强、最极端的潮汐流。它在挪威海入口处的萨尔登峡湾及邻近的希尔斯塔峡湾之间的瓶颈处形成；它的推动力来自两个水体间每天4次的、高达3m的海平面高度落差。

位于瓶颈中心处的萨尔特流所流经的水道是一条3km长的海峡，其宽度只有150m，深度为20—100m。每天两次，约4×10^{11}L的水在涨潮时从这条海峡奔流而过，最大速度达到40km/h，潮汐力推动水流流入50km长的希尔斯塔峡湾。每天两次，这些水流又经由同一条水道从峡湾中流出。

水流及其相关漩涡的威力在退潮期间和涨潮时同样巨大。尽管萨尔特流很凶猛，但该水道通常仍用于航运。潮汐流每天都会在一些短时间段内减速至几近静止，大型船只可以在此期间安全进出希尔斯塔峡湾。由于水下仍有暗流，所以较小船只在“静水”期间航行时仍然处于危险之中，不过很多有经验的水手仍能化险为夷。

萨尔特流为潜水和钓鱼活动（见下）提供了难得机会。经由海峡流入的潮汐流带来了大量的浮游生物，吸引大小各异的鱼尾随而来。

危险水域

当急潮流流动时，所形成的漩涡直径能达到10m，其威力能将物体卷到海峡中布满岩石的底部。

发现

漩涡下的生命

潜入萨尔特流进行探索是可行的，尽管人们只能在潮汐流最小时才能安全地付诸行动。潜水员已经在海峡底部发现了一个丰富且色彩艳丽的海洋生物世界，其主要组成成员为长长的巨藻，各种各样的无脊椎动物以及鱼类，如圆鳍鱼、绿青鳕和狼鱼。

组合的生物

在海峡底部的无脊椎动物包括颜色各异的海绵和海葵。

大西洋 东北部

克里夫雷肯漩涡

特点
急潮流、驻波和漩涡

时间
每天2次

位置 英国苏格兰西海岸，侏罗岛与斯卡巴岛之间

不列颠群岛最著名的潮汐现象出现在克里夫雷肯湾，每天两次。在涨潮时，强大的大西洋洋流和不寻常的水下地势共同造就了强劲的急潮流。当潮汐流进入克里夫雷肯湾狭窄的瓶颈时，最大流速可达22km/h。

这些水流在海床上会遇到各种各样的不规则构造体，包括一处被称作“尖礁石”的圆锥形障碍物。“尖礁石”从海床隆起至离水面30m处，当水流撞上其陡峭的东侧面后，被迫上涌，从而产生漩涡及高达4m的驻波，急流的咆哮声能传到5km远的地方。多年来，克里夫雷肯漩涡已经引发了多次突发事件，其中，1947年，作家乔治·奥威尔差点淹死在那里。

海水的扰动

从照片中，可见侏罗岛以北的水道中正在产生一大片海水的扰动。照片后方为斯卡巴岛。

旋出涡流

在漩涡区域，大量上推的水突然涌现，从而产生随潮汐流旋转流走的涡流。

大西洋 东北部

斯劳纳摩急潮流

特点
伴有涡流和驻波的急潮流

时间
每天4次

位置 英国北爱尔兰安特里姆郡的拉斯林岛和巴里卡斯尔湾之间

斯劳纳摩急潮流的成因是：具有数十亿升海水体量的潮汐流流经大西洋和爱尔兰海之间的一段狭窄海峡；在大潮期间，潮汐流速度可以达到13km/h，当它经过拉斯林岛时，便形成了一股伴有涡流和驻波的急流。与之相反，在潮汐周期的其他阶段，这片海域通常较为平静。在1915年，斯劳纳摩急潮流的威力迫使爱尔兰蒸汽贸易船“格伦多号”在爱尔兰海岸搁浅，之后船体破裂。

大西洋 东北部

尼德尔斯溢流

特点
急潮流和溢流

时间
每天4次

位置 英国英格兰怀特岛西北海岸尼德尔斯海峡

尼德尔斯海峡是一条长7km的水道，其一侧是白垩海蚀柱（尼德尔斯），另一侧是水下暗礁。这片水域在潮水退到最低点或涨到最高峰时受到短的碎波（溢流）影响。当风向与潮汐流流向相反时，这些溢流就会大大加强，产生惊涛骇浪。

大西洋 东部

加罗法洛漩涡

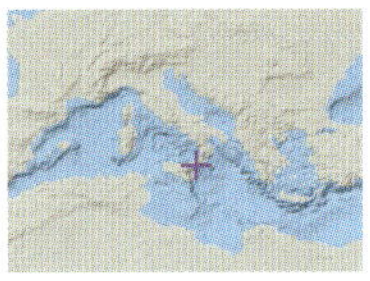

特点
急潮流、小漩涡和溢流

时间
每天4次

位置 西西里岛东北海岸和意大利大陆卡拉布利亚之间的墨西拿海峡

墨西拿海峡将意大利的“脚趾”与西西里岛隔开。这处海峡宽3km到16km。这里有多个复杂潮流和小漩涡，它们随潮汐周期的变化而变化，且会阻碍船只的航行。在意大利，这里所形成的小漩涡被称为“加罗法利”，但在英语国家，整个潮流扰动系统被称作“加罗法洛漩涡”。

太平洋 东北部

黄崖激潮

特点
激潮、驻波和涡流

时间
每天4次

位置 美国加利福尼亚州圣弗朗西斯科湾

激潮是潮汐流与其他水流汇聚或流经其他水流时所产生的汹涌的湍流。因此它与急潮流不同，后者产生在潮汐流加速通过海岸的狭小通道之处。激潮的一个显著例子出现在圣弗朗西斯科湾一个叫“黄崖”的地方，这里离海湾的入口——著名的金门大桥不远。威力巨大的海水每天4次流经金门大桥——在两次涨潮时流入海湾，在两次退潮时流出海湾。在大潮时，这些水流的最大速度可达到8km/h。在海湾内，水流的模式变得更为复杂，因为它们在海湾的不同地方时而分离（涨潮时），时而汇聚（退潮时）。同时，水流还会因海岸线周边不同深度的水体、海岸线形状以及水下障碍物的影响而有所改变。在黄崖，当潮汐流在退潮期间汇聚时，海面的扰动最为显著，伴有汹涌的湍流、驻波和涡流等现象发生。

这一水域很受极限皮艇爱好者喜爱，他们利用强大的水流挑战自己，在驻波上冲浪。

太平洋 东北部

斯库克姆查克海峡急潮流

特点
急潮流、小漩涡以及在涨潮时的驻波

时间
每天4次；每天2次涨潮

位置 加拿大不列颠哥伦比亚省斯库克姆查克海峡

世界上其中一个著名的急潮流，出现在不列颠哥伦比亚省阳光海岸的斯库克姆查克海峡，距离温哥华不远。强烈的潮汐水流每天4次从这段300m宽的海峡通过，后者将两个水湾——色秋湾及杰维斯湾与海岸连接起来。高低潮之间海平面3m的落差，致使76×10^{10}L海水快速通过这一峡谷时，产生扰动和一些小漩涡。

当涨潮的水流入色秋湾时，潮流经过海峡中一块露出的基岩，从而形成一个巨大的驻波——一大片碎浪在表层某个位置停留（但退潮的水流出时并不会如此）。在高峰时，潮汐流流量约为18×10^6L/s，流速可达32km/h。

斯库克姆查克海峡是极限皮艇冲浪爱好者施展身手的理想之地。这里的驻波高可达2.5m，宽7m，它是公认的世界激流皮划艇冲浪佳地。在进行皮艇冲浪时，冲浪者要在波浪上待尽可能长的时间，这需要力量和技巧。

强而有力的急流

在图中，水从右向左流，从色秋湾流到杰维斯湾。6小时后，水以相反的方向回流。

波涛汹涌的水流

在横跨鸣门海峡的大鸣门桥的下层通道，桥底的大漩涡一览无遗。

太平洋 西北部

鸣门漩涡

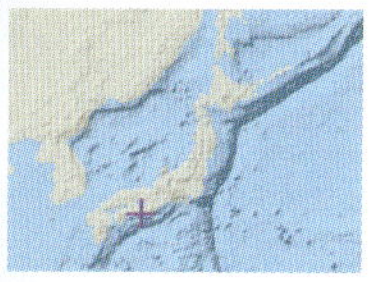

特点
急潮流和漩涡

时间
每天4次

位置 日本四国岛和淡路岛之间的鸣门海峡

鸣门漩涡是一个壮观的漩涡体系，它产生于一条将四国岛（日本主要岛屿之一）与淡路岛（一个毗邻四国岛东北海岸的小岛）分隔开来的狭窄海峡中。这一海峡被称作“鸣门海峡”，是连接大西洋与濑户内海的海峡之一，位于四国岛和日本最大岛本州岛之间。每天4次，数十亿升水的巨大水体通过这个海峡流入及流出濑户内海，其推动力则是濑户内海和太平洋之间海平面的潮汐差（最高可达1.5m）。

在大潮时（每月两次，在满月或新月期间），潮汐流速度可达15km/h。当遇到海岭时，可以产生直径达20m的涡流，这些涡流并不是静止的，它们会随着水流移动，在消失前持续至少30秒。要想观看这些漩涡，可以登上淡路岛，也可以乘坐定时经过这些急流的观光船，或者开车上横跨鸣门海峡的1.3km长的大桥。

人类影响

艺术灵感

鸣门漩涡自古就已存在。日本的诗歌曾多次提到它。它或许是唯一在著名艺术作品中被加以描绘的潮汐现象，该作品即19世纪日本画家歌川广重所作的《阿波之鸣门》（下图为局部）。

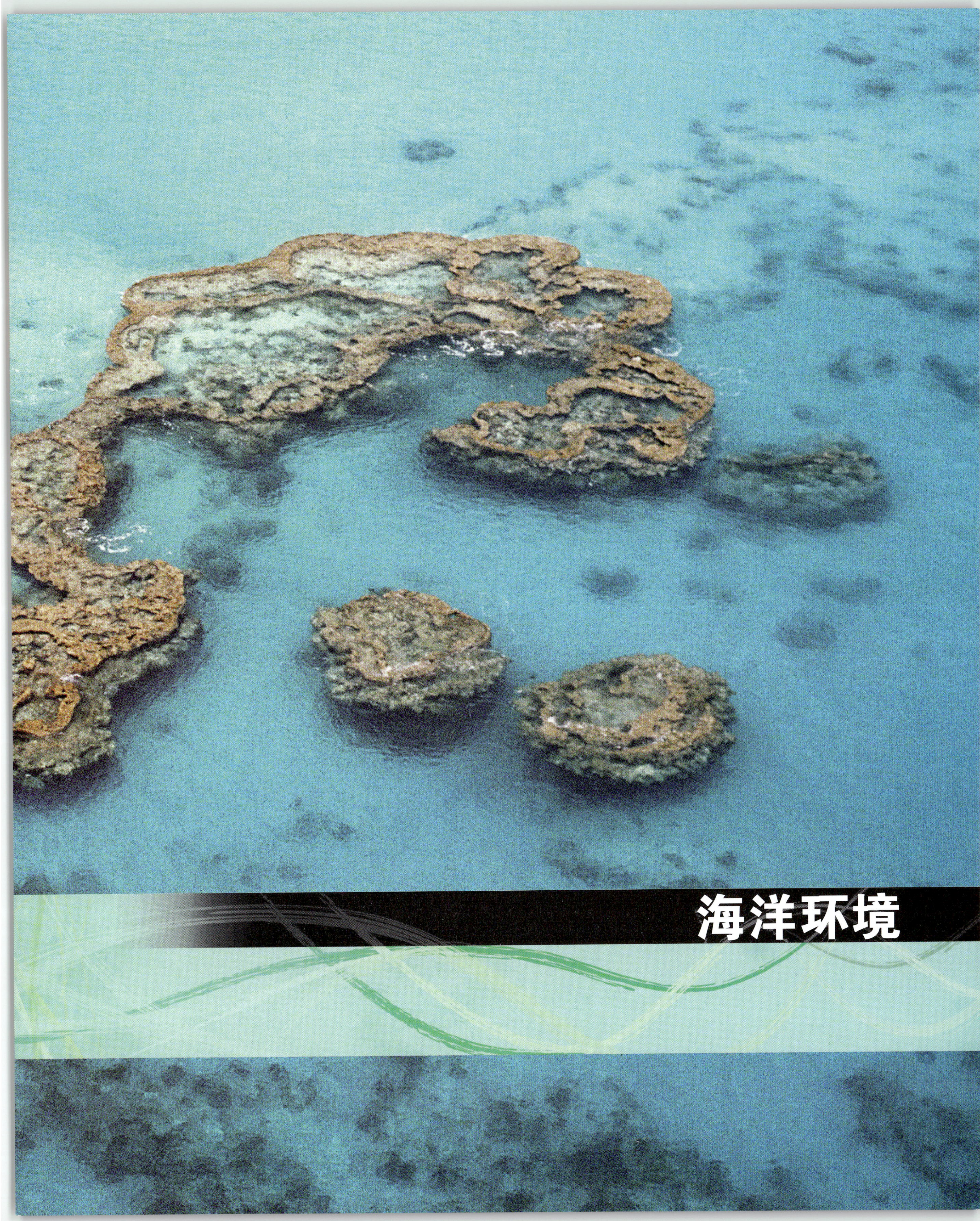

海洋环境

海岸囊括了地球上一些景观最美丽，但同时地貌变化也最频繁的地方。从由石灰岩、岩浆岩等各种物质组成的悬崖，到海滩、岬角和堰洲岛，再到河流三角洲、河口和潮滩，海岸有着各种各样的形态。

每处海岸都有其独特的形成历史，其形成原因包括陆地升降、海平面变化、冰川及火山活动、海水侵蚀及沉积等。在潮流、碎波、河流沉积物排放以及各种生物过程及人为过程的综合作用下，这些海岸及其周边区域形成了各种类型的栖息地，包括海岸沙丘、盐沼、海岸潟湖以及在热带地区出现的红树林沼泽。

海岸及海滨

砂岩海岸

这一壮观的澳大利亚海岸线是砂岩层受蔚蓝的大海侵蚀而形成的。

海岸及海平面变化

海岸是指陆地与海洋相接的区域，即从海水与陆地的分界线向内陆的海滩线一直延伸到第一个明显的地表变化处的整片区域。海岸线会受海平面变化、陆基变化过程、海浪作用及潮汐的影响而经常发生变化。海岸可以划分成许多类型，其中一些类型甚至彼此反差巨大。例如，沉溺岸和上升岸就是两种完全相反却又都与海平面变化相关联的类型。海平面变化本身可能是全球性的（例如由海水体积变化导致的海平面变化），或者仅为区域性的（由局部陆地上升或沉降导致的海平面变化）。

上升阶地

在较近的地质历史中，新西兰的这一海岸区域出现了局部海平面下降的现象，造成这一现象的原因是陆地受到地震的影响显著抬升。之前是海滩的地方，如今已成了平坦的悬崖顶部。

全球海平面变化

全球海平面变化最重要的原因就是世界冰盖和冰川范围的增减。这与地球的气候息息相关。当地球气候变冷时，更多的水会以冰的形式被封锁，海洋里的水会减少。如果地球温度升高（全球变暖），冰会融化，海洋中的水量会增加。全球海平面变化的另一个原因同样与气候有关，那就是海洋温度的升降。温度变暖会使水的密度降低，因此如果海洋的表层温度升高，这些上层水就会膨胀，并增加海洋的总体积。任何海洋盆地面积的变化，同样会在全球范围内影响海平面的变化，因为海洋盆地就像是海洋的容器。举例来说，大洋中脊活动的变化就会产生这样的效果，并可能对长期的海平面变化产生重要影响。

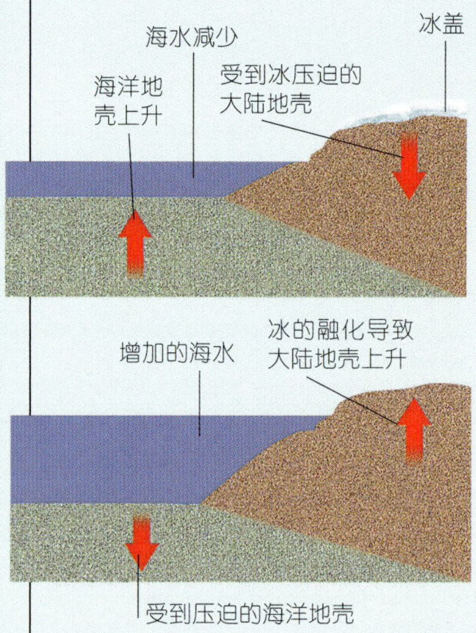

冰川周期

在冰川时期（如左图上部所示），由于水以冰的形式被封锁在冰盖中，海水体积较小。当冰融化时（如左图下部所示），海洋扩张，造成全球海平面上升。

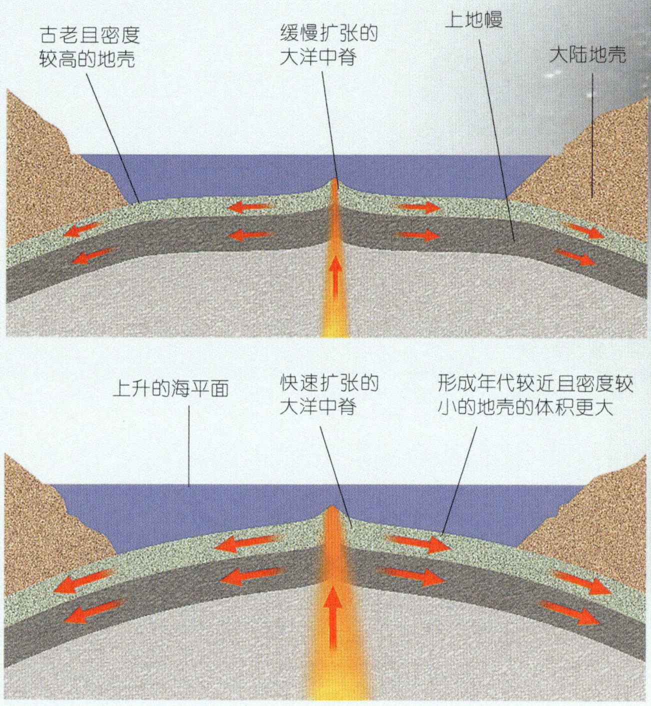

海洋盆地变化

当在快速扩张的大洋中脊处形成新的地壳时，便会出现全球性海平面的缓慢上升。新地壳的温度相对较高且浮力较大，因而它会膨胀，将海水向上推送。

局部海平面变化

下沉的岛屿

这两个太平洋上的火山岛——赖阿特阿岛（图中上部者）和波拉波拉岛正在下沉。局部来看，如今全球性的海平面上升因此而稍微加剧。

相对于总体的海平面，当某一特定区域的陆地出现相对上升或下降时，便会出现局部的海平面变化。其中一个主要的原因是陆地板块的上升，这一现象出现在海洋板块俯冲到大陆板块之下的区域（这一过程通常与地震活动相关）。另一个原因就是冰期后地壳反弹，也就是使某一大陆区域负重下沉的冰盖融化后，该区域陆地逐渐抬升。在最后一个冰川时期，北美洲和斯堪的纳维亚的大部分地区都为冰盖所覆盖。冰盖融化后，这些区域的陆地逐渐抬升，并以每年几厘米的速度一直延续至今。相反，其他一些海岸地区则正在缓慢下沉。通常来讲，在发生这一现象的区域，沉重的海岸沉积物会将底部基岩向下推。例如，美国东海岸正在发生缓慢的沉降现象。许多火山岛同样也在其形成后迅速发生沉降。这是因为其构成物质冷却，聚合，最后收缩，此时，其下的海底也向下沉降。

沉溺岸

沉溺岸（或沉降岸）可能由全球性或局部性海平面上升所导致，分为两种类型——里亚式海岸和峡湾海岸。在里亚式海岸，海平面的上升淹没了海边河谷区域，形成了一系列宽广的河口，通常被狭长的半岛隔开。在峡湾海岸，海平面上升淹没了一个或多个较深的、由冰川侵蚀形成的峡谷。这两种类型通常都呈现为典型的不规则锯齿状。在过去的18,000年里，由于全球海平面显著上升，沉溺岸在世界各地都十分常见。里亚式海岸在欧洲西北部、美国东部和澳大利亚尤其常见。而挪威、智利、加拿大和新西兰的海岸则分布有众多的峡湾海岸。

里亚式海岸

位于澳大利亚塔斯马尼亚霍巴特附近的海岸线，是由海平面上升淹没一系列河谷而形成的。下图中的霍巴特大桥就横跨一个这样的被淹没了的河谷。

上升岸

最后一个冰河时期结束后，在一些地区，陆地抬升的速度大于海洋上升的速度，形成上升岸。其原因无非是构造板块边缘活动或冰期后地壳反弹。在上升岸，之前是海底的区域可能会暴露在海岸线之上，而之前是海滩的区域则通常移到了海岸线之后，甚至成了悬崖顶部。有时，在抬升作用和海浪逐渐侵蚀悬崖底部平坦平台（海蚀平台）的综合作用下，会形成一系列被称作“海成阶地”的类阶梯结构。上升岸通常岩石密布，但有的也会有较平滑的岸线。在美国西海岸地区、苏格兰、斯堪的纳维亚、新西兰以及巴布亚新几内亚，人们都可以找到这种上升岸。

上升的海滩

左图为位于苏格兰赫布里底群岛的一处海湾，海滩后方的绿色植被区域曾经也是海滩，因受到自最后一个冰河时期以来的冰期后地壳反弹作用而被抬升。

抬升的悬崖

右图这些位于希腊克里特岛的海岸悬崖受到构造板块活动的作用被抬升，之后经受侵蚀并最终在构造板块活动影响下变得倾斜。

历史变化

科学家通过考察海岸线附近的岩石及化石来研究历史上海平面的变化，同时通过分析海洋沉积物来计算过去海洋的温度及气候特点。在过去的5亿年间，全球海平面高度变化波动值超过300m。在约12万年前，海平面高度比如今的高几米，而在约2万年前，则比如今的低约120m。自那时起，大部分海平面的上升都发生在6000年前。从约3000年前到19世纪末，海平面每年上升0.1—0.2mm。到20世纪末，海平面上升的速度增长到平均每年1.7mm。

猛犸象牙齿化石

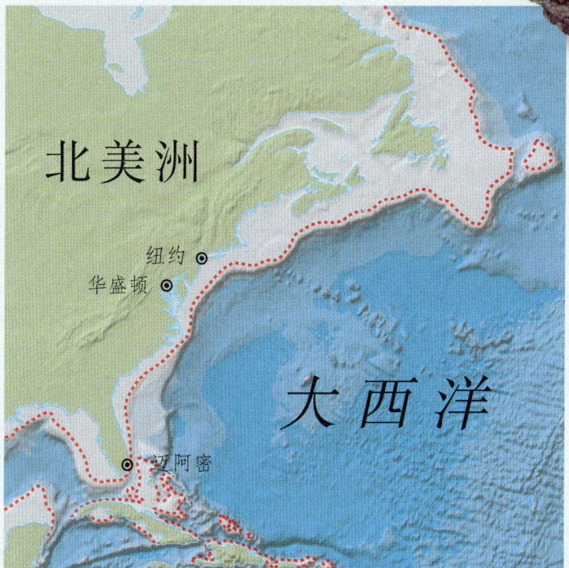

过去及如今

这幅示意图上的红色虚线表示15,000年前北美洲东海岸所在的位置。那时，猛犸象在如今已是大陆架的地方自由驰骋。在这些地方，渔船拖网经常会捞上一些猛犸象牙齿化石（如上图所示）。

四面环水

意大利城市威尼斯目前每年发生多达200次洪涝灾害，并受到未来海平面上升带来的严峻威胁。

全球变暖与海平面上升

测量全球海平面的变化是一项复杂的操作，并且直到1992年卫星技术手段出现之后，这些测量的精确度才有所提升。在20世纪80年代，人们普遍认为，自1900年起，海平面每年上升1—3mm，而新的卫星技术则显示，近年来，海平面每年平均上升3mm。从1900年起，地球大气层和海洋的温度也上升了大约0.8℃（全球变暖）。有两种机制似乎可将温度升高与海平面上升联系到一起：①冰川和冰盖的融化令海洋中的水量增加；②海水受热后膨胀。由于目前没有其他令人信服的理由来说明究竟是什么导致了海平面的上升，大部分科学家都认为全球变暖是最好的解释。

大部分科学家认为全球变暖与人类活动相关，借助全球变暖未来趋势的不同预测模式，人们能对未来海平面的变化做出多种判断。例如，联合国政府间气候变化专门委员会预测，到21世纪末，海平面将进一步上升0.28—0.98m。这一变化将使数以千万计的居住在低洼海岸区域的人们无家可归，并对一些小型岛国产生毁灭性的影响。持续的全球变暖将最终使格陵兰冰盖融化，从而使全球海平面上升7m，淹没世界上大部分的沿海城市。

美国东南部的海平面上升

下方的3幅图分别显示了海平面上升1m、2m、6m时对美国本土东南部的影响情况。1m的上升幅度略高于21世纪预测值的上限，届时佛罗里达州的部分地区以及路易斯安那州南部将会被淹没，现在的海岸线将向内陆推进30km。如上升6m（若格陵兰冰盖完全融化，上升幅度将超过6m），佛罗里达州的大部分地区将被淹没，而路易斯安那州的海岸线将向内陆推进80km。这种情况在21世纪可能还不会出现，但如果全球气候持续变暖，几百年后它便会成为事实。

上升1m

被淹没区域

上升2m

上升6m

全球变暖的影响

冰川缩减

秘鲁安第斯山脉　全球变暖对全球冰川有着深刻影响。自1975年以来，大部分的冰川都有所萎缩，因为其融化速度要快于新冰体形成的速度。上面这两张从同一个角度拍摄的照片显示了秘鲁布兰卡山脉的冰川在1980年（左）和2002年（右）的不同规模。

岛屿被淹没

富纳富提环礁　这一环礁是太平洋岛国图瓦卢的一部分，该国由一系列小型低洼岛屿组成，其未来的存留延续受到海平面上升的严重威胁。

高潮　在特大潮发生期间，富纳富提环礁上的民居不时被潟湖的水淹没。

人口受到威胁

被水淹没的城市　孟加拉国约3/4国土（包括首都达卡）的海拔都没有达到海平面以上8m处。若格陵兰冰盖融化，该国大部分地区将被淹没。若海平面上升65cm，孟加拉国南部地区将失去约40%的耕地。如今，该国约2000万沿海居民已受到饮用水盐度过高的影响。

动物处境危险

饿死　北极熊是受全球变暖影响最大的动物物种之一。它们将北冰洋的海冰作为其夏季的捕猎场，随着海冰范围减小，它们捕猎和进食的机会也将减少。

海岸景观

在世界各地的海岸线上分布着多种多样的景观。海岸的形成受海平面变化、海水侵蚀以及陆基变化过程的影响，后者包括风化、河流冲蚀沉积、冰川进退、火山岩浆流动、构造板块断层作用等。一些海岸特征则是在有机生物体的作用下形成的，例如珊瑚虫形成的珊瑚礁，以及人类建造的海港、海岸防护设施和人工岛。

裙礁

这一被珊瑚礁环绕的海岸位于太平洋南部的波拉波拉岛，属于次生海岸，因为其受到有机生物体，主要是珊瑚虫作用的影响。

海岸的分类

海岸可被分为原生海岸及次生海岸两种。原生海岸是陆基变化过程的产物，陆基变化过程包括河流沉积（形成三角洲）、陆地侵蚀、火山活动、地壳断裂及断层作用等。由于近期海平面变化而形成的海岸，包括沉溺岸和上升岸（详见第88—89页）也是原生海岸。此外，主要由风积沙石、冰川冰碛或冰川靠海末端部分构成的海岸线，同样被认为是原生海岸。如果海岸受到海水侵蚀或沉积作用的影响显著，或受到有机生物体（如珊瑚虫、红树林，甚至人类）活动的巨大影响，它们便会被归结为次生海岸。有一些海岸，例如受海水侵蚀作用显著的上升岸，同时具有原生海岸和次生海岸的特点，被视为一种过渡类型的海岸。

火山岸

图中这一经受了土壤侵蚀的火山锥位于科隆群岛。该群岛的整个海岸均由火山活动而形成，因而属于原生海岸。

人工海岸

位于东南亚的新加坡港是一处受到人类活动影响显著的海岸。在人类干预前，这里曾是红树林环绕的河口湾。

海蚀拱桥

这一位于英格兰南部的壮观的海蚀拱桥即为著名的“杜德尔门”。它是先前大得多的海岬遗留下来的一部分，是海蚀海岸的典型特征。

海浪侵蚀海岸

在各式各样的海岸景观中，人们最熟悉的也许就是由于海浪侵蚀而形成的悬崖海岸，这是一种次生海岸。这些海岸所经受的海浪侵蚀主要通过两种机制发挥作用：①海浪卷起海滩上的各种物质猛击悬崖，造成岩石磨损；②海浪压缩岩石裂缝内的空气，这些空气重新膨胀时会冲击岩石，使其碎裂。当海浪与海岬相遇时，波峰的折射作用（弯曲）会将波浪的侵蚀能量集中到海岬上。于是，在这些海岬处，一些显著的特征会依次出现：首先在海岬两侧的悬崖底部会形成较深的凹口，这些凹口之后会进一步成为海洞。海浪作用会使这些海洞逐渐变深变宽，直到其被蚀穿贯通，形成海蚀拱桥。然后，海蚀拱桥的顶部坍塌，只留下与海岸分隔开的岩体，被称为“海蚀柱”。最后，海蚀柱受侵蚀成为残桩。

波浪能的集中

当波峰到达由海湾及海岬构成的海岸时，其发生折射的方式会使波浪的能量聚集于海岬处。

被削蚀的悬崖

海浪作用侵蚀加勒比海的这处悬崖底部，使其形成一个凹口及与之相连的平台。

海洞

侵蚀作用已令葡萄牙阿尔加维的这处悬崖出现深深的缺口，形成海洞。

海蚀柱

“老哈里岩”是白垩岩海蚀柱，位于英格兰南部的斯沃尼奇镇附近。

沉积质海岸

沉积质海岸是由沉积物形成的，这些沉积物或由河流带到海岸，或由海岬受侵蚀而形成，又或由海浪从近海处挟带而来。沉积质海岸的形成过程中一个很重要的机制就是沉积物的沿岸漂流。当海浪斜击海岸时，浪花（激流）将海水和沉积物以一定角度带上岸，然后海浪的逆流又成直角将它们带向海中。随着时间的推移，海水和沉积物就这样一直沿着海岸运动。当海水到达能量较低之处时，这些沉积物便沉下来并逐渐堆积，从而形成各式各样的沉积特征，例如岬角、湾口沙洲和堰洲岛（狭长的与海岸平行的岛屿）。

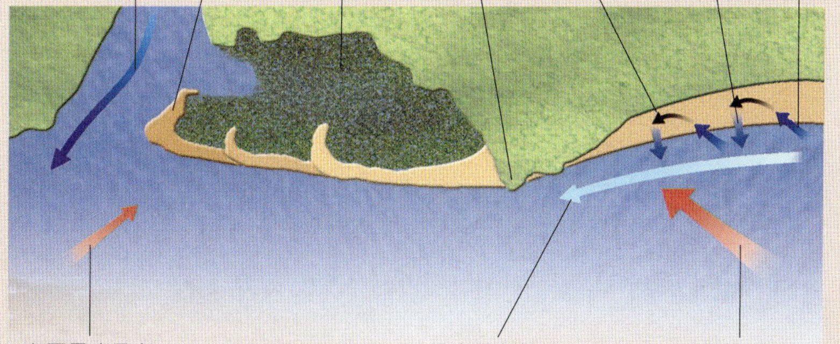

岬角的形成

在这条海岸线上，沙石和海水受到沿岸漂流的影响被搬运过海岬，但到了河口处，海浪受到从河流入海的缓慢水流的反方向作用力，于是沙石便在河口处沉积下来，逐渐在该处堆积形成岬角——一个一端连接陆地的沙质半岛。

湾口沙洲

当岬角大部分或全部横跨湾口或河口时，就会形成湾口沙洲。在上图中，一个沙洲越过一个较老的岬角，横贯苏格兰的一处河口，形成了一片由沙坪及盐沼组成的海岸区域。

克雷特斯普岬角

这幅航拍图展示了壮观的克雷特斯普岬角。该岬角位于美国俄勒冈州哥伦比亚河的河口，横跨河口近4km并仍处在不断延伸的过程中。

芒特迪瑟特岛

芒特迪瑟特岛朝南的海岸由一系列断层花岗岩石阶构成，这些石阶是在大约10万年前的冰川作用下形成的。

大西洋 西北部

格陵兰岛冰岸

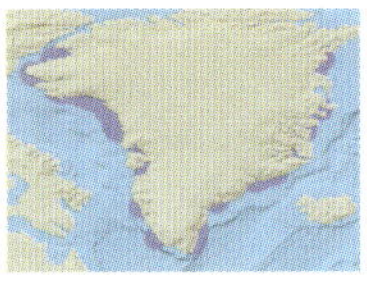

类型 原生海岸

形成 冰盖延伸至冰川出海口

长度 约1000km

位置 格陵兰岛西岸及东岸部分地区

当冰川延伸至海中，令冰墙与海水直接接触时，便会形成冰岸。这是格陵兰岛锯齿状边缘处常见的情形，大多出现在长峡湾靠近陆地的一端。在海浪与冰川的共同作用下，这些冰墙会形成受到侵蚀的冰岸，并成为大量冰山的来源，这些冰山中有许多会脱离峡湾最终到达大西洋。冰岸只沿整个格陵兰岛一小部分的海岸线延伸，而整个格陵兰岛的海岸线长度惊人，达44,000km。

约克角附近的冰岸

大西洋 西北部

阿卡迪亚海岸线

类型 原生海岸

形成 冰川作用，之后被上升的海平面淹没

长度 66km

位置 美国东北部缅因州，班戈东南部

缅因州的阿卡迪亚海岸线是美国东北部最壮丽的景观之一。如今，这里已建成阿卡迪亚国家公园，公园的大部分范围位于名为“芒特迪瑟特岛”的一座较大岛屿及其周边若干小岛上。自最后一个冰河世纪以来，海平面的上升使这些岛屿彼此间相互被隔离，并与大陆分开。组成该海岸线基础的山群，源于5亿年前海底的沉积物。岩浆（融化的岩石）从地球内部上溢，侵入并销蚀了这些沉积岩，形成了巨大的花岗岩。之后，花岗岩经受长期侵蚀，形成山脊。200万—300万年前，巨大的冰盖开始覆盖整个区域，将陆地下压并塑造出一系列被U型山谷分隔的山群。冰盖退缩后，陆地逐渐反弹抬升。然而，全球海平面上升导致大西洋的海平面以每世纪增加5cm的速率上升，这一速度超越了陆地抬升的速度。如今，海浪和潮汐流是阿卡迪亚景貌变化的主要成因。它们不断地侵蚀悬崖，并使混合着贝壳碎片的岩石颗粒沉积在海岸线上的小海湾处。

通往海洋的“阶梯”

堆叠的石柱顶部形成一条梯级状的石路。这条石路发端于海岸悬崖底部，向海延伸至一高堆处，然后下行，逐渐没入水下。

海洋环境

大西洋 西北部

哈特拉斯岛

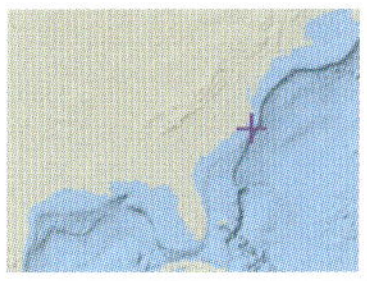

类型 次生海岸

形成 海浪及洋流挟带的沉积物在此沉积

长度 112km

位置 美国东北部北卡罗来纳海岸边

哈特拉斯岛是典型的沙质沉积堰洲岛。它与大陆平行，呈狭长状，平均宽度为450m，是由经洋流和波浪而生效的复杂沉积过程塑造而成。它是由一系列堰洲岛组成的外滩群岛的一部分，有狭长的哈特拉斯角。这里危险的湍流在过去几个世纪里造成了数以百计的沉船事故。

哈特拉斯海岸线

哈特拉斯岛是一个典型的堰洲岛，地势低洼，并在波浪作用下形成了较为笔直的海岸线。

人类影响

哈特拉斯角灯塔

侵蚀和沉积作用经常导致海岸线的变迁。1999年，哈特拉斯角灯塔被移走，因为海水开始击打其底部，对其安全构成威胁。

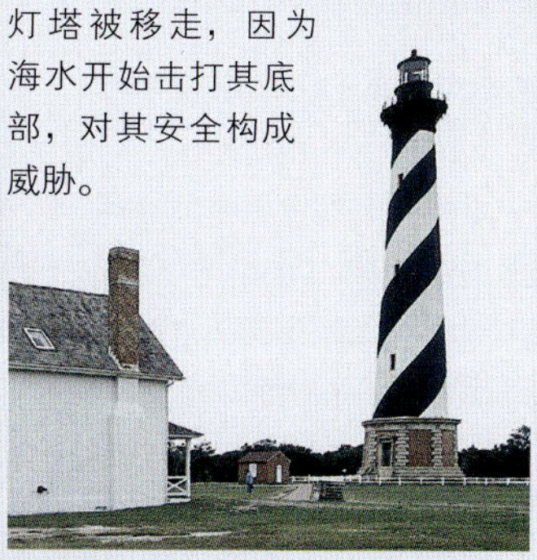

新位置

该灯塔现坐落在距离海岸线450m处。

大西洋 西部

皮通山

类型 原生海岸

形成 熔岩弯丘形成后，火山崩塌，其后经受侵蚀作用

长度 7km

位置 东加勒比海小安的列斯群岛，圣卢西亚西南岸

加勒比海岛圣卢西亚的西南海岸岩石密布，海岸线十分曲折，山峰陡峭。此处的一个地标景观是皮通山——两座陡峭的锥形山，每座的高度超过740m。它们是两座熔岩穹丘（大型岩浆群）的残骸受侵蚀后的产物，那两座熔岩穹丘在大约25万年前形成于一座巨型火山的一侧。后来，巨型火山崩塌，在此留下山峰等火山特征。除皮通山最陡峭的部分外，此处海岸的火山岩都被浓密的植被所覆盖。此区域的水下零星分布着一些珊瑚礁，已设立一系列海洋保护区。2004年，此区域被列为世界自然遗产。

双生峰

这张照片中近处的一座山峰是小皮通山，远处的一座则是大皮通山，后者比前者更高、更宽大。

大西洋 东北部

巨人堤道

类型 原生海岸

形成 古代火山爆发喷出的玄武质熔岩流冷却

长度 1km

位置 英国北爱尔兰安特里姆郡最北端

巨人堤道密集分布着约4万根玄武岩（黑色的火山岩）石柱，位于北爱尔兰北岸隆起达90m高的海岸悬崖脚下。在传说中，巨人堤道是由一位名为芬·麦库尔的巨人建造的，而事实上，它是约6000万年前一次火山爆发的产物，此次火山爆发是促成北大西洋形成的一系列火山运动之一。火山爆发喷射出大量的玄武质熔岩，熔岩冷却后形成了巨人堤道的石柱。这些石柱中最高的可达13m，主要呈六角形，也有一些为四角形、五角形、七角形及八角形石柱。

大西洋 东北部

格林亚德湾

类型 原生海岸

形成 冰盖退缩及冰期后地壳反弹

长度 13km

位置 英国苏格兰西北部，阿勒浦以西

冰期后地壳反弹指陆地在末次冰期受到冰盖巨大重量的压力而下沉，在冰期后再次隆起。在一些地区，例如苏格兰和斯堪的纳维亚，这种向上的反弹速度超过了由冰盖融化造成的海平面上升的速度。在苏格兰格林亚德湾，冰期后地壳反弹现象可从抬升的海滩看出，如今的海滩后方那些覆盖着绿草的平坦区域就是抬升了的从前的海滩。在过去的11,000年里，相对海平面而言，该部分一直在抬升，其上升速度达每世纪10cm。

抬升的海滩

越过如今海滩的位置，高潮位线后方那片为绿草所覆盖的区域就是古代的海滩。

大西洋 东北部

德文里亚式海岸

类型 原生海岸

形成 原先的河谷因海平面上升而被淹没

长度 约100km

位置 英国英格兰西南海岸，普利茅斯和托贝之间

英国德文郡南岸大部分是由达特河、雅芳河、伊姆河、厄姆河等河流淹没的河谷以及索尔科姆—金斯布里奇河口构成的。这些水湾也被称为“溺湾”，彼此之间被崎岖的悬崖及海岬分隔。末次冰期后，全球海平面不断上升，曾有小河流淌于其间的河谷被部分淹没，形成了这片美丽的海岸。事实上，自上个冰河世纪以来，不列颠群岛的南部以每世纪最高可达7cm的速度不断向下倾斜，这加重了海平面上升的程度。

索尔科姆—金斯布里奇河口

景色优美的索尔科姆河口是德文郡南岸5个溺湾中最大的一处。其受保护的水域为帆船运动提供了理想的条件。

大西洋 东北部

多佛白崖

类型 次生海岸

形成 大片古代白垩岩受海洋侵蚀

长度 17km

位置 英国英格兰东南部海岸，多佛以东及以西

英格兰最著名的自然景观之一——多佛白崖，绵延于英吉利海峡最窄部分多佛海峡的西北侧。与其相对的是位于海峡法国一侧的相似悬崖——白鼻海岬。构成多佛白崖的白垩岩形成于1亿至7000万年前，当时，如今西北欧的大部分还在水下。那个时候，生活在这些海域的小型浮游生物的躯壳在海底逐渐堆积，受压形成一层数百米厚的白垩岩。海平面在随后的几个冰河世纪中持续下降，这层白垩岩于是露出水面，并在如今的英国和法国之间形成陆桥。然而，约8500年前，在今天的北海南部区域，一个巨大的湖泊形成，在陆桥上形成缺口。侵蚀作用进展迅猛，从而造成此区域海水泛滥，最终形成如今的英吉利海峡。

如今，多佛的悬崖继续以每年平均几厘米的速度受到侵蚀，偶尔会有大块岩石从悬崖边缘脱落。人们在悬崖处发现了许多海洋生物的化石，包括海绵、珊瑚、鲨鱼齿等。

高耸的白垩岩悬崖

这些悬崖有的高达上百米，其壮丽的外观要归功于构成悬崖的几近纯净的白垩岩。

大西洋 东北部

克雷乌斯角

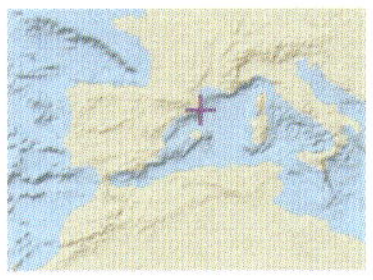

类型 原生海岸

形成 受到侵蚀的岩石密布的海岸线，由片岩及其他变质岩、岩浆岩构成

长度 10km

位置 西班牙加泰罗尼亚东北部，赫罗纳东北部

克雷乌斯角向东的一端

克雷乌斯角是比利牛斯山脉与地中海相遇之处。这里有整个地中海地区最崎岖的海岸线之一——在极为粗糙的岩石构成的悬崖峭壁之间，夹着一些小海湾。1998年，克雷乌斯角被设立为自然公园，这里有各种各样的海洋生物，无脊椎动物物种极为丰富，包括海绵、海葵、缨鳃蚕和红珊瑚等。得益于此，这里成了潜水胜地。据说，西班牙超现实主义者萨尔瓦多·达利（1904—1989）深受这里的景观启发，将之画入其许多画作（包括《记忆的永恒》）中。

悬立的海蚀柱

在卡武埃鲁附近的海军海滩处，海风和海浪共同塑造了风格独特的岩石，例如图中悬立于海岸线上的海蚀柱。

大西洋 东北部

西阿尔加维

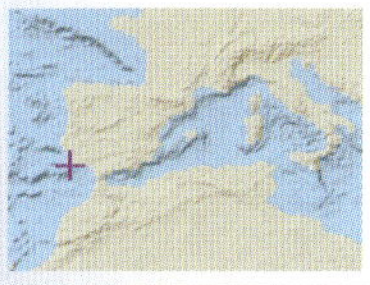

类型 次生海岸

形成 海浪对古代岩石层的侵蚀作用

长度 135km

位置 葡萄牙南岸及西南岸

西阿尔加维海岸从葡萄牙南部的法罗市一直延至伊比利亚半岛西南端的圣文森特角，并继续向北延伸50km。这一海岸线沐浴在墨西哥湾暖流之中，以其如画风景闻名于世：蜜色的石灰岩悬崖、小海湾、沙质细腻的海滩、翡翠般的海水。这一海岸的许多部分都表现出典型的海洋侵蚀特征，包括悬崖脚下的山洞、岩穴、吹蚀穴、由海岬形成的海蚀拱桥及海蚀柱（与海岬分开独立竖在海上的岩石柱）。尽管石灰岩是构成这里景观的主要成分，但包括砂岩和页岩在内的其他岩石也构成了沿着海岸零星分布的一些悬崖。由于景色美不胜收，这一海岸成了度假胜地。

大西洋 东部

阿马尔菲海岸

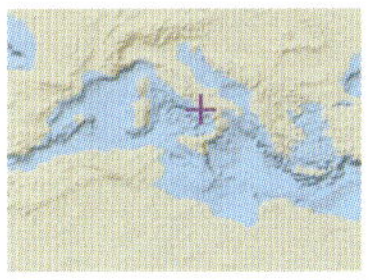

类型 次生海岸

形成 褶皱及倾斜的石灰岩层经海水侵蚀

长度 69km

位置 意大利那不勒斯南部，索伦托半岛南侧

阿马尔菲海岸一直沿着那不勒斯南端的索伦托半岛南侧延伸，以其布满山洞、岩穴的陡峭悬崖以及风景如画的海边城镇而闻名于世，有些海边小镇甚至就镶嵌在这些悬崖上。形成这些悬崖的倾斜的石灰岩层位于拉塔利山脚下，形成于1亿至7000万年前。

阿马尔菲海岸波西塔诺的悬崖

大西洋 东部

尼罗河三角洲

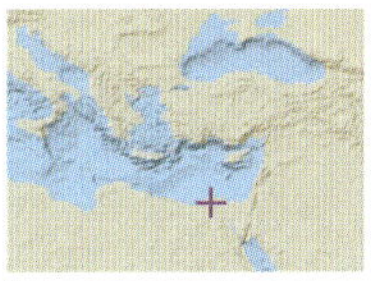

类型 原生海岸

形成 尼罗河河口沉积物的沉积

长度 240km

位置 埃及北部，开罗以北

尼罗河三角洲是世界上最大的河流三角洲之一。与所有三角洲一样，这里的海岸也被归类为原生海岸，因其形成于河流的沉积作用（一种陆基变化过程）。形成三角洲并使其繁盛的河水，因受上埃及阿斯旺大坝及地方用水的影响而急剧减少。三角洲靠海一侧的沙脊带能起到防洪的作用，但如今它正处于被侵蚀的状态，而预计未来海平面的上升也会对这里的农业、淡水潟湖、野生动物和淡水储存造成严重威胁。

保护带

从这幅卫星图像中，可清晰地看到位于尼罗河三角洲前段的沙脊带。这一沙脊带的两处突出部分正是尼罗河两大支流的河口。

大西洋 东南部

骷髅海岸

类型 次生海岸

形成 风力作用形成的沙丘

长度 500km

位置 从纳米比亚海岸的斯瓦科普蒙德市向西北延伸

纳米布沙漠的北部在这里与南大西洋相遇。这一海岸的其中一些部分是延伸至海洋的沙丘，其他则是地势较低的砾石平原。本格拉寒流对这一较为平直的海岸线产生显著的影响，前者是沿海岸向北流动的表层洋流，从南极洲方向带来温度较低的海水。盛行的西南风从大西洋吹向海岸，当它经过近海温度较低的海水时，空气中的水分便凝结，从而导致几乎永久性的雾堤的出现。这使一些奇异的沙漠植物得以生长，其中就有千岁兰这种已存活了数百年的物种。这一海岸还是弗里亚角北端的大型海豹群的栖息地，并且分布有许多盐田。

人类影响

海难

恰如其名，骷髅海岸经常出现的雾堤、向岸风和巨浪令这里成为水手们的梦魇之地。海岸的后方就是陡峭的悬崖，因此在过去没有救援队的日子里，船只一旦在此失事，幸存船员所要面对的将是一条沿着海岸穿过贫瘠沙漠的漫长逃生路线。

木质骷髅

这具木质沉船是在这充满危险的海岸处找到的众多沉船残骸之一。

高大的沙丘及巨浪

海岸上高大的沙丘受到强劲的西南风的吹袭，这令海岸线的轮廓也一直处于变化之中。在沙丘脚下是不断冲击海滩的海浪。

印度洋 西北部

红海海岸

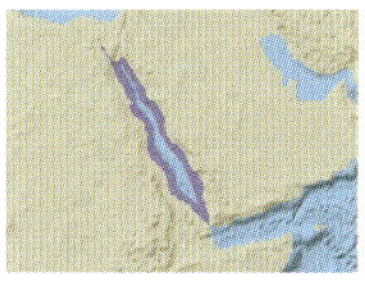

类型 原生海岸

形成 陆地断裂及下沉

长度 1900km

位置 埃及、苏丹、厄立特里亚以及沙特阿拉伯四国在红海边的海岸，从苏伊士湾和亚喀巴到吉布提

在过去的2500万年中，断裂作用使非洲逐渐与阿拉伯半岛分离，红海便是这一过程中的产物。断裂作用是指地壳的一个区域分裂成两个部分，然后二者继续远离彼此，形成新的构造板块边界。这一过程始于地球内部上升热流延伸至大陆地壳，使其变薄，并最终出现断层或断裂。地壳的一些部分可能因此而下沉，如果断裂区域的任意一端与海洋相连，便会出现泛溢现象，形成新的海岸。在红海的两岸都有陡峭的悬崖（成列的山体），这些便是此处地壳局部出现下沉的证据。而红海海岸本身的许多地方都十分陡峻。从靠近陆地的一端来看，红海海岸植被稀疏，这主要是由这一区域高温干燥的气候所造成的，但水下却分布有种类丰富而壮观的珊瑚礁。

海洋与沙漠相遇

右图为西奈半岛红海海岸景观，可以见到远处绵延于海岸的陡峭的沙拉瓦特山崖。

卫星景象

在过去的3000年里，该三角洲近海端向海推进了近250km。

印度洋 西北部

两河流域三角洲

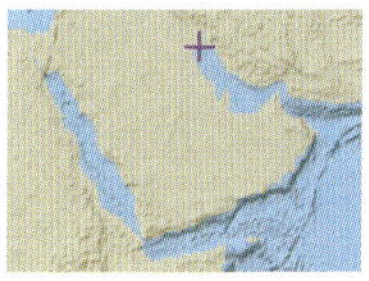

类型 原生海岸

形成 来自底格里斯河、幼发拉底河以及卡鲁恩河的河流沉积

长度 150km

位置 伊拉克东南部部分地区、科威特东北部以及伊朗西南部

位于波斯湾北部的两河流域三角洲由沼泽和冲积平原组成，形成于三大河流的沉积作用，是重要的野生生物繁衍地。然而，20世纪70年代至2003年间，这里修建的各种水利工程对生态环境造成了极大破坏，许多动物物种的生存因而受到威胁。自2003年起，此处开始出现生态恢复的迹象。

印度洋 东南部

十二使徒岩

类型 次生海岸

形成 受到海浪侵蚀的悬崖形成了大型海蚀柱

长度 3km

位置 澳大利亚东南部，维多利亚州墨尔本西南部坎贝尔港附近

澳大利亚最负盛名的地质景观之一是被称为“十二使徒岩”的一组大型海蚀柱，尽管一开始就仅有9墩而已。这些海蚀柱因石灰岩悬崖在过去2000万年中受到海水侵蚀而形成，最高可达70m。2005年，其中1墩倒塌，只留下8墩。类似的倒塌现象十分常见，是整个侵蚀过程的一部分。

持续侵蚀

在十二使徒岩的底部，人们可以清楚地看到海浪侵蚀的影响。

印度洋 东北部

甲米海岸

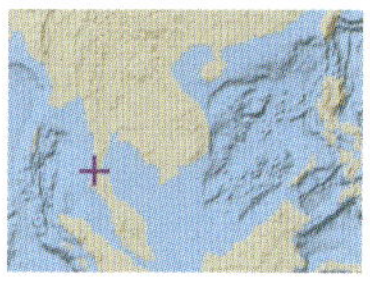

类型 原生海岸

形成 石灰岩受到化学侵蚀之后被淹没

长度 160km

位置 泰国西南部的安达曼海海岸

泰国南部西海岸甲米的附近区域以其令人叹为观止的部分溶解的石灰岩地质而闻名，这一地质被称为“岩溶地貌”。这里的石灰岩层最初形成于约2.6亿年前。那时，如今的南亚被一片浅海覆盖，并逐渐堆积起贝壳及珊瑚的沉积物，随后被从陆地冲刷入海的沉积物掩埋，由此形成了数层石灰岩。这些岩层后来抬升，并在大约5000万年前印度与亚洲大陆发生初始碰撞时，以一定角度倾斜。在甲米及其北部的攀牙湾周围，这些岩层受到雨水的化学侵蚀，再加上后来海平面的上升，便形成了数以千计的岩溶山丘及岛屿，包括许多独立的圆锥体和圆柱体岩溶残丘，其中最高的拔起海平面210m，以及许多坐落在大片石灰岩层上的塔状峰体。这些岩溶地貌中许多沿着东北—西南方向延伸，呈现出一条中轴线（或者说走向线），原先的石灰岩层便是沿这一中轴线发生倾斜的。

阁泰普岛

甲米海岸沿线分布的一些岩溶岩石因侵蚀作用而形成了奇特的形状。图中位于甲米北部攀牙湾的阁泰普岛便是其中一个例子。

维多利亚港

这幅照片展示了维多利亚港的景色，香港岛在左侧，九龙半岛在右侧。它是世界上最繁忙的港口之一，每年到访的船只超过20万艘。

太平洋 西部

香港港

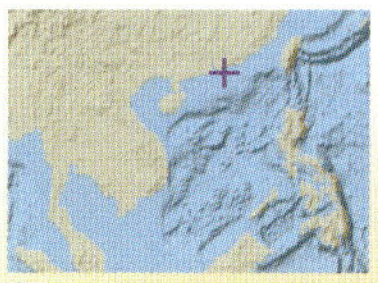

类型 次生海岸

形成 在天然港口及其邻近岛屿上建造人工海岸

长度 40km

位置 中国东南部南海海岸，广州的东南方向

香港岛是中国香港最为人熟知的地方，这一岛屿被许多天然港口环绕，其中维多利亚港是不易受恶劣天气影响的最大天然深水良港，位于香港岛和九龙半岛之间，占地面积超过42km^2，其他一些稍小的港口包括将香港岛与名为“鸭脷洲”的卫星岛分割开来的阿伯丁港等。所有这些港口区域的边缘都经过人工改造，建有混凝土墩、防波堤、码头等。由于这一海岸受到了生物活动（此处为人类活动）的改造，它可被归类为次生海岸。在整个香港地区，有超过100km的海岸线是人工建造或经过人工改造的。

骷髅海岸

在非洲荒凉的骷髅海岸，纳米布沙漠巨大而陡峭的沙丘与南大西洋的冰冷海水相遇。在这片海岸，人们可以在近岸处看到古代沉船的残骸。从大西洋向海岸吹来的西南风中带着冷凝的水分，在海岸上方形成雾堤。

大西洋 西部

下龙湾

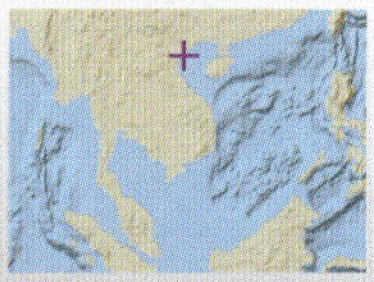

类型 原生海岸

形成 石灰岩受到化学溶蚀并被淹没

长度 120km

位置 越南东北部河内以东，北部湾内

下龙湾是越南海岸北部湾内一片特征显著的水域。这片水域中有近2000座具有岩溶地貌（石灰岩部分经雨水溶解）特征的岛屿。整片区域占地面积超过1500km²，是因海平面上升和岩溶塔状峰体密集区域被淹没而形成的。其中一些岛屿是中空的，并具有巨大的岩穴，有些还因其独特的形状而被赋予极富特色的名字，例如斗鸡岛、人头岛和香炉岛。这些岛屿大部分不适合人类居住。从生物学角度来讲，下龙湾的浅海区生产能力极高，其中鱼类、软体动物、甲壳纲动物和其他无脊椎动物，包括珊瑚等物种的种类数以百计。1998年，下龙湾被认定为联合国世界遗产，而如今红树林被破坏以及城市发展及附近采矿活动导致污染等问题，使其面临威胁。另外，游客从游船上抛弃到湾内的大量塑料垃圾也使问题进一步加剧。

塔状石灰岩

几个大型的岩溶岛屿，每一个都覆盖着茂密的热带植被，隆起在下龙湾的中心地带。这些岛屿的高度可以超过海平面200m。

太平洋 西部

休恩半岛

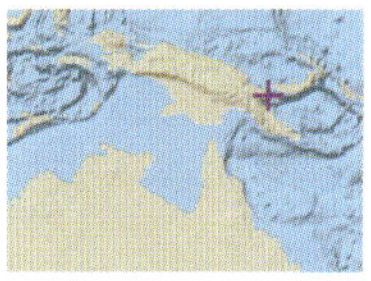

类型 原生海岸

形成 珊瑚礁化石由于构造板块运动而抬升

长度 80km

位置 巴布亚新几内亚东部，莫尔兹比港以北

数千年来，休恩半岛受到构造板块边界地壳运动的影响，以每世纪约25cm的速度抬升。这一活动将珊瑚礁推上岸边，在陆地上形成了一系列的珊瑚礁阶地，其中最早形成的阶地距离海岸有数百米的距离。通过研究这些阶地，科学家可以更准确地了解过去的25万年间海平面和气候的变化情况。

半岛鸟瞰图

太平洋 东北部

普吉特海湾

类型 原生海岸

形成 由冰川切割塑造而成的海岸海峡和海湾

长度 150km

位置 美国西北部华盛顿州西雅图北部和南部

普吉特海湾有着众多的海峡和分支，主要由冰川作用形成。大约2万年前，一处冰川从现在加拿大的所在处延展至此，将此区覆盖在厚厚的冰层之下。在随后的7000年间，冰川多次进退。在冰川最终撤退后，这里留下了许多经过深度侵蚀的海峡和经由冰雪融水沉积下来的厚厚的泥层、沙层和砾石层。之后，海浪和天气重新对沉积物起作用，塑造了海岸线，形成海滩、陡岸、岬角等沉积地貌。

良好的沉积状况

普吉特海湾大部分海岸线如今已成型。从下面这张照片中能看到坐落在这里的城市——塔科马，远处的是瑞尼尔山。

名人

乔治·温哥华

1792年，英国船长乔治·温哥华（1757—1798）成为第一个探索我们今天所知的普吉特海湾的欧洲人，他是当时“发现号”的指挥官。他命名了这一区域内的75处岛屿、山川和航道，后来，华盛顿州的温哥华市也以他的名字命名。他用带领第一批队员上岸探索这一区域南部的普吉特中尉的名字，命名了这个海湾。

太平洋 东北部

大苏尔

类型 过渡类型海岸

形成 板块隆起与强烈的海浪侵蚀相结合

长度 145km

位置 美国加利福尼亚海岸，圣弗朗西斯科东南方

崎岖的圣卢西亚山在加利福尼亚州中部的大苏尔海岸上陡降，没入太平洋。这里是美国最为壮观的景色之一。像北美洲西岸大部分地区一样，大苏尔是上升岸，也就是说自最后一个冰川时代结束后，这一海岸抬升的速度要快于海平面上升的速度。这一抬升是其附近太平洋构造板块和北美洲构造板块边界活动的结果。该地区交错分布着复杂的地壳断层系统，地震频发。在大苏尔，板块抬升作用与无休止的海浪侵蚀作用共同塑造了陡峭的悬崖，并在一定程度上促进了海成阶地的形成（悬崖底部被海浪切割出平台，然后发生抬升）。海浪作用、悬崖在断裂作用和断层作用下的不稳定性、夏季大火对植被的破坏以及冬季较大的降水量，使这一海岸极易发生山崩。

抬升的阶地

从这幅大苏尔的局部照片中，可以看到如今的悬崖上那被绿草覆盖的海成阶地（绿色区域），其后方是隆起的古老悬崖。

太平洋 中部

夏威夷岩浆海岸

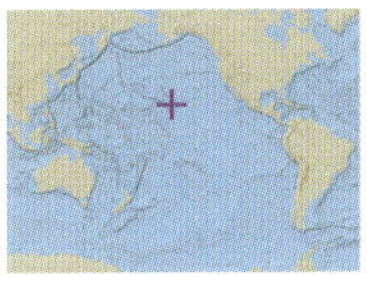

类型 原生海岸

形成 岩浆从活火山处涌流进海

长度 20km

位置 美国夏威夷岛东南岸

岩浆入海是最迅速地改变海岸形状的方式之一。在夏威夷岛东南部，自1969年起，岩浆从基拉韦厄火山的巨大环形火山口流下，逐渐形成新海岸。例如，从普乌欧欧火山口流出的岩浆在流淌大约15km后入海，其间冷却并变硬，形成陆地。这种海岸景观最初是黑色的海滩和由坚硬、断裂的岩浆形成的暗色悬崖。在其形成数月后，植被便开始覆盖这些新海岸。

缕缕蒸汽

红色的炽热岩浆流入海洋时会升腾起缕缕蒸汽，发生固化。新形成的海岸线有时会崩塌，露出裂开的熔岩管道。

太平洋 东南部

智利峡湾

类型 原生海岸

形成 受到严重冰川切割的河谷因海平面上升而被淹没

长度 1500km

位置 智利南部从蒙特港到蓬塔阿雷纳斯的太平洋海岸

智利峡湾由一系列峡湾、岛屿、水湾、海峡以及蜿蜒的半岛组成，位于南安第斯山被冰雪覆盖的山峰以西。峡湾沿着智利南部的大部分区域延伸，其南端远至火地岛，总面积约为55,000km^2。

这里在大约1万年前为冰川所覆盖，但这些冰川已大部分退缩至智利—阿根廷边界被冰雪覆盖的山区，即北巴塔哥尼亚冰原和南巴塔哥尼亚冰原，并在此留下了狭长、幽深、呈网状分布的山谷，其间汇满了冰川融水，之后又被海水淹没，形成了今天的峡湾。太平洋海域上空富含水分的空气爬升越过安第斯山脉时，冷却形成降雨云层，使得这里降水量大，少有晴天。在峡湾边缘，瀑布沿着陡峭的花岗岩山体倾泻下来，数百种鸟类在这些总是水雾环绕的海岸和岛屿上筑巢和觅食。此外，这一海岸上还栖息着若干种哺乳动物，包括海狮、海象、海獭等。

塞满冰块的峡湾

在一些峡湾的近陆端，由冰川末端断裂入海的冰山塞满海面。

海水击打

荷兰的东斯海尔德风暴潮挡潮闸是世界上最大的海防工事。62扇钢铁滑动门安装在混凝土墩之间。

海岸防护

海岸防护指的是为保护海岸免受海洋破坏而采用的各种形式的工程技术。海洋产生的威胁主要来自两个方面：①在发生强烈的风暴时，海水会淹没地势较低的海岸地区；②一些海岸持续遭受海水侵蚀。海岸防护方法多种多样。为防止低洼地区发生洪涝，一种解决方法是建立较大规模的大坝和防波堤体系，另一种方法是鼓励海岸附近自然堤岸（如盐沼）的发展，并保护此类已有区域。第三种可能的方法则是实行策略性撤退。人们不必试图抑制海水的前移，相反，任由一些海岸区域被海水淹没。这种做法的理念是，随着时间的推移，这些洪涝区域会逐渐变成沼泽，从而提供天然的防护。

为减缓海岸侵蚀，人们使用了各式“硬性”工程技术，例如建造防波堤、防浪堤或丁坝。这些方法在一段时间内（这些设施通常需要在几十年后重建）有效，但造价高并且会因干预沿岸沉积运动，从而加剧邻近区域海岸受侵蚀的程度。相比之下，“软性”工程技术则对环境更友善。这些技术包括滩淤作用（见右，这项暂时性措施需要每几年重复进行）以及沙丘稳定化。

濒临破碎的海岸

2000年，美国联邦紧急事务管理署预计，到2060年，美国有多达87,000座房屋面临着坠入海中的危险，其中包括下图中这些坐落在马里兰州切萨皮克湾畔受侵蚀的悬崖上“已被判处死刑”的房屋。在加利福尼亚州，大约86%的海岸正遭受侵蚀。同样，英格兰东岸的延伸带正以每年1.8m的速度遭受侵蚀，这也是欧洲受侵蚀速度最快的地区。海岸防护可以暂时减缓海岸侵蚀，但从长期来看，对这些设施的维护花费会异常昂贵。到最后，海洋还是会取胜。

海岸防护种类

硬性工程

防波堤　防波堤是用来反射海浪能量的设施。现代的防波堤顶部为弧形，可以防止海水在风暴发生时越过堤岸。防波堤可以保护其身后的土地多年之久，但通常会加重其前方海滩受侵蚀的程度。

岩石丁坝　这是由从岸边伸向海的巨石堆构成的。其目的是通过区域内沙石的积累减缓侵蚀，但却会增加邻近地区的受侵蚀程度。

软性工程

沙丘稳定化　海岸沙丘如果能得到稳固并避免移位，就可以起到较好的防侵蚀作用。这通常是通过种草实现的。

海滩滩淤作用　这一作用的实施主要是在海滩上增加大量的沙，随后海浪和潮汐作用使这些物质沿着海岸分布，暂时性地建立起天然防护。

现代化的解决措施

土工管袋　土工管袋是长条圆柱状的容器，直径超过2.3m，材料为耐用织物或塑料，内部填充由泥、沙、水混合而成的泥浆。在海滩顶部或沙丘内部，甚至近岸地区可以使用不同类型的土工管袋，这样可以减缓海岸侵蚀并保护靠海端的海滩。图中的土工管袋是美国马里兰州荒岛潮汐湿地项目的组成部分。

大规模保护

大坝及风暴潮屏障　荷兰投资了一系列巨大的工程，以保护国家大部分地区将来免受海水洪涝的威胁。这个项目被称为“三角洲工程”，包括建造许多大坝和可移动式的风暴潮屏障。这项工程始于1953年，那时荷兰刚刚遭受了一系列严重的风暴和洪涝灾害，共有1835人在这些灾害中丧生。

海滩及沙丘

海滩是各种沉积物（从细沙到岩石）的聚集地，通常出现在低潮线以上的海岸区。海滩物质包括由河流带到海岸的沉积物、悬崖或洋底受侵蚀而形成的沉积物以及贝壳等生物物质。这些物质不断随海浪和潮汐在海与岸之间往返，并在海岸边移动。风也可以影响海滩的塑造，而且是形成海岸沙丘的基本因素。

耗散型海滩及沙丘

耗散型海滩通常由细沙构成，其坡度不超过5°。

海滩形态结构

典型的海滩可以被分成若干区块。前滨是位于平均高低潮线之间的区域。挨着前滨向海一端的是近滨，而挨着前滨向岸一端的是后滨，后滨只有在特大高潮时才会被淹没，并且通常包括后滨阶地，即顶端平坦的海滩物质聚集处。后滨阶地向海的倾斜区构成了前滩的大部分，被称为“滩面”。在滩面的顶部有时会有一系列新月状的槽，称为“滩角”。冲流带是滩面的一部分，海浪到来时被掩盖，随后又显现。挨着冲流带向海一端延伸至海浪破碎处的是碎浪带。随着时间推移，波浪能会发生改变，海滩的形状也经常随之而变化。

上冲流

上冲流是指当海浪到达海岸时，海水和沉积物沿海滩向上流动。如果海浪以一定的角度到达海滩，在上冲流和回流的共同作用下沉积物会沿着海滩运动。

海滩的类型

海浪能的大小，海浪涌来的方向，以及海岸的地质构造都可以影响海滩的类型。耗散型海滩坡度低缓，可在较大范围内吸收波浪能，而反射型海滩则更为陡峭，长度较短，并含有较为粗糙的沉积物。如果陡崖岸混有易受侵蚀和不易受侵蚀的岩石，就更有可能形成海岬，并在海湾内形成新月形海滩（内湾海滩）或较小的袋状滩。这两种海滩多与上冲流方向一致，上冲流是平行地涌向岸的海浪，并不会沿海滩搬运沉积物。许多狭长平直的海滩则与沿岸物质流方向一致——海浪以一定角度抵达海岸，沉积物随沿岸物质流沿岸移动。

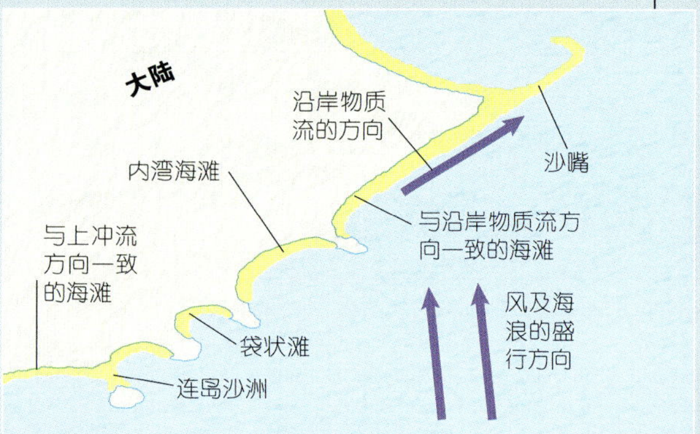

海滩范围

这幅虚构的海岸示意图（右）显示了几种海滩类型，从连岛沙洲（大陆与岛屿之间的沙洲）到与沿岸物质流方向一致的海滩都有。

海滩部分及分区

左侧照片显示了海滩的主区域及后滨阶地、滩面、滩角的位置。拍摄时正接近低潮期。

颗粒大小

大部分海滩是由淤泥、沙子以及砾石构成的。这些物质会在海浪的作用下被分拣开来，因为不同大小的物质会在海滩的不同位置沉积。

海滩的构成

任何具体地点的海滩构成成分都取决于那里存在的物质以及抵岸海浪的能量。大部分海滩是由岩石受侵蚀后形成的沙子、砾石或卵石构成。沙子由石英颗粒和其他矿物（例如长石和橄榄石）颗粒组成，通常产生于花岗岩和玄武岩等岩浆岩。其他常见的形成海滩的物质，尤其见于热带地区的，包括海洋生物外壳碎片和遗骸。总的来说，砾石或卵石等较粗糙的海滩物质（而非细沙）与较高的海浪能相关。巨砾偶尔也会出现在海滩上，通常它们是从当地的悬崖处滚落至岸边的，但有些巨砾则是由于冰川搬运甚至海啸回流作用而抵达海滩的。

卵石及贝壳

左图中的海滩拥有高海浪能，海滩上有许多大块卵石。下图中的海滩上则有许多软体动物外壳，这表明此处为软体动物提供了丰富的食物来源。

滨草

这种草在雏形沙丘上十分常见。它能长出深根，从而汲取地下深处蓄积的水。它的根把沙固定在一起，而草本身又固定了更多被吹到它那里的沙子，这就促进了沿岸沙丘的形成。

海岸沙丘

风将海滩干燥区域的沙子吹离，从而形成海岸沙丘。沙丘形成于后滨后面的地带，这一区域与上滩面一道成为沙子的来源地。要形成沙丘，这些沙子需要通过海浪作用不断在沙滩上进行更换补充。沙丘的形成是通过被称为“泥沙跃移”的过程实现的，即泥沙颗粒的运动方式为沿着地面跳跃和弹跳。一些海岸区域有多排与海岸线平行的有植被覆盖的沙丘。最接近海岸的沙丘被称为“沿岸沙丘”，其后方依次为原生沙丘脊和次生沙丘脊。这些有植被覆盖的固定沙丘十分重要，因为它们可以保护海岸免遭侵蚀。在一些海岸上，没有植被覆盖的移动沙丘也会出现。这些沙丘随着盛行风移动，通常可以通过种草的方式将其固定。

反射型海滩

此处位于塞舌尔群岛的海滩就是反射型海滩，其海滩坡度较陡。这一海滩有十分明显的后滨阶地和后滨阶地脊部。

大西洋 西部

粉色沙滩

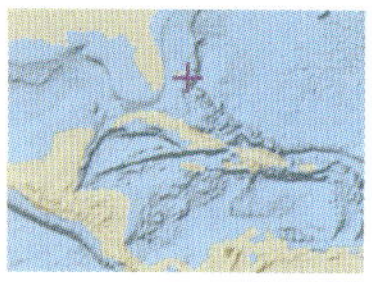

类型 耗散型海滩，受礁脉保护

构成 沙石与破碎的贝壳与遗骸混合

长度 4km

位置 巴哈马北部拿骚东北端伊柳塞拉外，哈勃岛

巴哈马粉色沙滩是一个坡度平缓的海滩，东面朝向大西洋。其外围的礁脉保护这里免受海流的影响。沙子的淡粉色来自一类小型单细胞有机体，为有孔虫类，其中以一种俗称为“海草莓”的有孔虫（*Homotrema rubrum*）最为常见。这些有机体的躯壳由于含有一种铁盐而呈亮红色或粉色。在巴哈马的一些地方，这种生活在礁脉下的生物很常见。它们死后沉入海底，其躯壳在海浪作用下破碎，与其他碎片（如蜗牛及海胆的白壳、矿物颗粒）混合在一起。这种混合物随后在海浪作用下，被磨成细粉并被冲上海岸，使沙子显现为粉色。

坡度平缓

粉色沙滩是耗散型海滩，海浪在距岸边还有一定距离时便破碎，然后慢慢滚上岸，其能量在经过一大片开阔的破浪带时耗散。

大西洋 西南部

科帕卡巴纳海滩

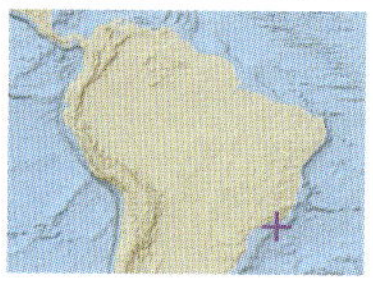

类型 内湾海滩、耗散型海滩

构成 白沙

长度 4km

位置 巴西东南部里约热内卢

科帕卡巴纳海滩是世界上最著名的海滩之一，是一片位于两处海岬间的略微弯曲的宽广沙滩。在此处海滩后就是里约热内卢，其腹地有着葱绿的山脉。这一海滩一年四季都十分拥挤，以其沙滩运动及元旦夜晚的烟火表演而举世闻名。由于受强大洋流的影响，海滩外的水域并不总是适合游泳。

从科帕卡巴纳向北看

大西洋 东北部

圣弥安岛沙洲

类型 连岛沙洲

构成 黄沙和白沙

长度 700m

位置 英国苏格兰外设德兰群岛主岛，大陆南部西岸

连岛沙洲也叫“沙颈岬”，即由沉积物构成的短小岬角，连接岛屿与其附近的一大片陆地或大陆。它形成于绕海岛背面流动的海浪的作用，这些海浪将沉积物带到与岛屿相对的邻近陆地上，随着时间的推移，逐渐积累的沉积物形成连岛沙洲。这些连岛沙洲通常以一定角度面向海岸，两边均为海滩。圣弥安岛沙洲是一个典型的连岛沙洲，已至少存在了1000年，其悠久的历史可能得益于其沙子底部的鹅卵石基底。在风暴期间，由于毁灭性的海浪作用，其会变得更低洼、更狭窄，但在较平稳的天气下，海浪又会将沙子从岸边或近岸冲到此处，令其抬升。形成连岛沙洲的沉积物可能来自大陆、岛屿、海底或几者兼有。科学家推论，当岛屿与岸边的距离小于其与海岸平行部分长度的2/3时，易形成连岛沙洲（圣弥安岛距离海岸的长度仅为其自身长度的1/3）。如果这一比例超过1 ∶ 5，便可能形成一个突出段，即向岛屿延伸但不与岛屿连接的沙质岬角。

狭长的连接

一个长长的连岛沙洲从照片前景处的设得兰群岛主岛延伸至圣弥安岛。

海洋环境

大西洋 东北部

北日德兰沙丘

类型 海岸沙丘

构成 黄沙、滨草

长度 250km

位置 丹麦日德兰海岸北部及西北部

丹麦日德兰半岛海岸线北部大部分是由沙丘构成的，它们覆盖了海岸数千平方千米的区域。这些沙丘是“活动”的，它们在风力（流沙）和海浪作用下具有沿海岸移动的自然趋势。在一些区域，人们尝试限制这些沙丘的移动，以防止海边的夏日度假屋被其覆盖。较早前实行的一些措施并未见成效。例如，第二次世界大战期间，人们在沙丘中建了沙滩围栏，但之后这些沙丘越过了围栏，将围栏留在海滩上。近年来，人们在许多沙丘区域通过种植草和针叶树的方式达到了更好的固沙效果。

漂移的沙子

半岛的很多沙丘上都生长着滨草，这些草可以帮助限制沙丘的运动。

大西洋 东北部

波思利文海滩

类型 袋状滩

构成 黄白沙，主要由贝壳碎片构成

长度 150m

位置 英国英格兰西南部，康沃尔郡彭赞斯西南部

波思利文是一处典型的袋状滩，位于英格兰最西南端的兰兹角附近。像所有的袋状滩一样，该海滩依托两处海岬，使其沙质海湾免遭冬季风暴和强大洋流的侵蚀。在由不同种岩石构成的悬崖受到强烈海浪作用影响之处，袋状滩十分常见——非常坚硬并能抵御侵蚀的岩石构成海岬，而其间那些较脆弱的岩石则逐渐遭受侵蚀，形成袋状滩。与其他海滩不同，袋状滩很少或几乎不与邻近海岸线交换沙子或其他沉积物，因为海岬阻挡了沿岸物质流。波思利文海滩处水域呈现独特的青绿色，这可能是由沙子的反射性造成的，这里的沙主要由贝壳碎片构成。

花岗岩海岬

海滩两侧的海岬是由已有3亿年历史的花岗岩构成的。

大西洋 东北部

切希尔海滩

类型 连岛沙洲上的风暴海滩

构成 由燧石和黑硅石组成的滩砾

长度 29km

位置 英格兰南部多塞特郡，韦斯西南部

切希尔浅滩

浅滩宽约170m，高约15m。海滩（左侧）在其靠海一端。

切希尔海滩构成了切希尔浅滩靠海的一端，是一处极长而狭窄的由沉积物构成的海岸，连接南英格兰的多塞特海岸和波特兰岛。岸后是福利特潮汐潟湖。与海岸平行分布的切希尔浅滩看上去很像一座堰洲岛，但是，因为它连接的是大陆和岛屿，它仍然属于连岛沙洲。人们对切希尔浅滩及其海滩最初形成的原因意见不一，广受认可的观点认为其最初形成于近海区，然后逐渐在海浪和潮汐作用下移到了如今的位置。该处海滩被归类为风暴海滩，因其西南面向大西洋，受到强大洋流影响，同时还受到盛行风的影响。像许多风暴海滩一样，这里的海滩较陡，坡度达45°，且由滩砾构成。

探索发现

卵石分级

切希尔海滩卵石大小逐渐变化，海滩一端卵石有土豆一般大，另一端却只有豌豆一般大。这揭示了其沿岸海浪能的差异——在一端，强烈的海浪将较小的卵石冲离海岸，而在另一端，不那么强烈的海浪则将较小的石头冲上岸。

大西洋 东北部

费雷角

类型 岬角处海岸沙丘

构成 沙子、草和森林

长度 12km

位置 法国西南部的波尔多西南方，阿基坦海岸

费雷角位于法国西部一处狭长沙质岬角的南端，将阿尔卡雄潟湖与大西洋分隔开来。它属于壮观的阿基坦海岸的一部分，后者长达230km，是欧洲最长的沙质海岸。这一区域的特点是：一系列平直的沙质海滩后方是纵向分布的沙丘。这些沙丘是欧洲最高的沙丘，其中包括欧洲最高的单个沙丘——比拉沙丘，其高度高于海平面115m。

在主沙丘区后方是一片森林，林木最初种植于18世纪，用以防止沙丘移动。但是，这一海岸一直遭受严重的侵蚀，在一些地方，侵蚀速度超过了每年10m，这主要是因为城市的过度发展使得植被覆盖面积减少。

沙质山丘

费雷角的北部至南部沿岸都有起伏的淡色小型沙质山丘，它们后方是大片的植被。

大西洋 东部

阿尔金岩石礁

类型 海岸沙丘及潮滩

构成 黄沙

长度 160km

位置 西非毛里塔尼亚西北岸努瓦克肖特和努瓦迪布之间

阿尔金岩石礁国家公园是一片由沙丘、岛屿和浅潮滩组成的广袤区域，位于毛里塔尼亚海岸，占地超过12,000km^2。这些沙丘主要由来自撒哈拉沙漠的风成沙构成，集中分布在国家公园的南部区域。阿尔金岩石礁国家公园拥有丰富的植物物种，是许多候鸟的繁殖和越冬地，这些鸟类包括火烈鸟、鹈鹕以及燕鸥。该公园于1987年被列为联合国世界遗产。

阿尔金岩石礁的沙岸

印度洋 西南部

杰弗里斯湾

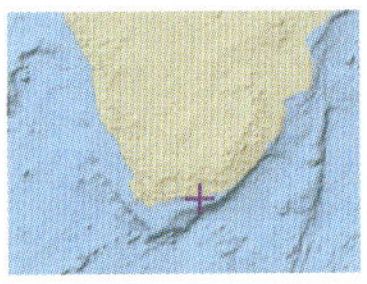

类型 一系列小坡度的耗散型海滩

构成 沙子

长度 15km

位置 南非东开普省伊丽莎白港以西

杰弗里斯湾举世闻名，既因其是冲浪胜地，也因其岸边有大量被冲上沙滩的美丽贝壳。它由一系列宽广的海滩组成，分布在南非东南沿岸。

作为一个冲浪胜地，杰弗里斯湾常常被那些寻找“完美海浪”的弄潮儿评为世界排名前五的海滩。这里最具盛名的冲浪地点或“破浪处”就是斯普图布斯（其英文名直译意为“超级管”——编者注）。在此处海岸线形状、海底地形和波浪传播方向的共同作用下所塑造的海浪，常常会在破碎时形成像巨大玻璃空心管一般的“管道”。其附近另一些杰弗里斯湾破浪处都被赋予了有趣多彩的名字——“埋骨之地”“巨管”“厨房之窗”等。其中的一些海浪能助技巧娴熟的冲浪者单次沿岸滑行数百米远。这些对冲浪者来说极具吸引力的海浪还将多种多样的贝壳大量冲上海滩。贝类学家已经在此辨别出其中400余种海洋动物的外壳，包括各种腹足纲、多板纲和双壳纲软体动物，这令此处成为南非生物多样性最为丰富的天然海岸。这里还能见到海豚、鲸和海豹。

前往斯普图布斯

斯普图布斯的海浪可达3m高。从海岸上看，这里的浪总是按照从右到左的方向破碎。

人类影响

潜在危机

包括杰弗里斯湾在内的所有冲浪点都存在危险，那些将要进行冲浪的人需要预先加以了解。其中最重要的一点就是离岸流。被海浪带上岸的大量海水易在海滩上的某处积聚，然后从狭窄的开口处以湍流的形式流返海中。这些海水急速离开海滩，直穿过冲浪区，游泳者一不小心就会被其卷入大海，此时他们需游向与海岸平行的方向以摆脱离岸流。在杰弗里斯湾，还发生过几起鲨鱼袭击冲浪者的事件，发动攻击的鲨鱼通常是沙虎鲨（又名“戟齿砂鲛”）。

印度洋 北部

安朱纳海滩

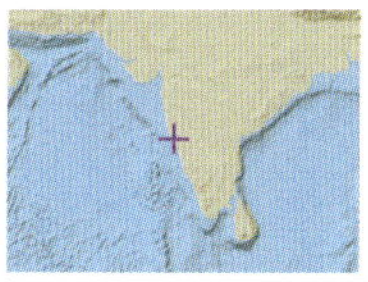

类型 一系列内湾海滩

构成 黄沙

长度 1.5km

位置 印度西南部帕纳吉西北方，阿拉伯海海岸上

安朱纳海滩是印度果阿邦海岸一系列著名海滩中最美丽和最负盛名的一处。该海滩地貌高低起伏，由几处伸入海中的露头岩石分割成不同的部分。通过减少离岸流和交叉水流，这些露头岩石使安朱纳海滩成为果阿海岸最安全的海水浴场。在季风期，也就是6月到9月，强大的海浪作用将海滩上许多沙子冲走并带离海岸，但季风期过后，平静的海洋又会使沙子重新沉积到海岸上。

如画的风景

宁静的大海、新月形的沙丘与随风摇曳的棕榈树和低矮多岩的山丘相互映衬——如此美景令安朱纳海滩自20世纪60年代起便成为度假胜地。

印度洋 北部

科克斯巴扎尔海滩

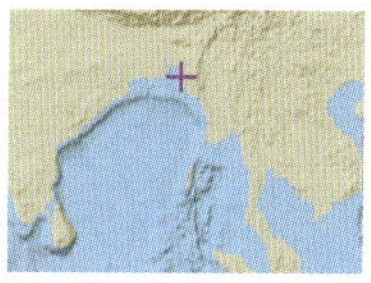

类型 耗散型平原海岸

构成 黄沙

长度 120km

位置 孟加拉国东南部吉大港以南

科克斯巴扎尔海滩位于孟加拉湾东北部延伸处，是世界上仅次于澳大利亚九十哩海滩（详见第112页）的第二长且不间断的天然海滩。科克斯巴扎尔海滩面对一大片沙丘，其南端是一处陆地岬角。这里的沙丘、岬角和海滩已存在了数百年，是孟加拉湾的海浪作用和沉积作用的共同产物。这是一处缓坡海滩，提供了安全的游泳和冲浪场所，也受到贝壳收集爱好者的青睐。

海滩（右下部）卫星图

印度洋 东南部

贝壳海滩

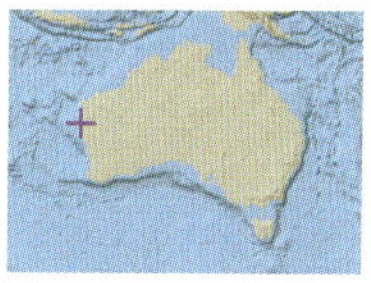

类型 内湾海滩

构成 鸟蛤类贝壳

长度 60km

位置 澳大利亚西澳大利亚州，珀斯西北方

贝壳海滩位于西澳大利亚的鲨鱼湾，拥有独特的构成成分，大部分是由一种鸟蛤（*Fragum erugatum*，属于双壳纲软体动物）的白色贝壳构成。这一海滩位于鲨鱼湾内一个部分闭合的区域——哈里登湾。这种鸟蛤之所以能在这里大量繁衍，是因为其猎食者无法适应此处高盐度的海水。在贝壳海滩的前滨，贝壳层的厚度可达8—9m。贝壳还成了洋底的构成物质，从海岸线向海中延伸数百米。在后滨离开水线处，许多贝壳彼此黏合，在一些地方甚至形成坚固的大型团块。以前，人们挖掘这些团块，用作装饰性的墙壁砌块。

贝壳岸

贝壳海滩处的贝壳每个宽约1cm。在过去的4000多年里，这些贝壳在此不断堆积，形成了沿海岸线的长海岸。

太平洋 西南部

九十哩海滩

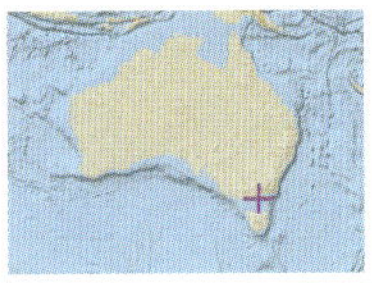

类型 耗散型平原海滩

构成 黄沙

长度 145km

位置 澳大利亚东南部维多利亚州，墨尔本东南方

澳大利亚的九十哩海滩坐落在维多利亚州，号称是世界上最长的不间断的天然海滩。海滩沿着西南—东北方向延伸，面朝一系列沙丘。通常来说，这里的海浪破碎处离海岸太近，不适合冲浪；而对于游泳者而言，这里强大的离岸流十分危险。在其东北部有一些大型湖泊和较浅的潟湖，称为“吉普斯兰湖区”，位于沙丘之后。水下则有向四处延伸的沙质平原，是多种小型无脊椎动物（包括甲壳纲动物、蠕虫和穴居软体动物）的栖息地。

空中俯瞰

九十哩海滩面向巴斯海峡，在冬季受到巨浪的影响。

巨砾

这些巨砾直径可达2.2m，有些重达数吨。其中有的巨砾埋进沙里近半。

太平洋 西南部

摩拉基海滩

类型 内湾海滩

构成 深色沙和巨砾

长度 3km

位置 新西兰东南部，但尼丁东北方

新西兰南岛摩拉基北面的海滩上散布着一系列类球形巨砾。科学家们认为，这些巨砾是在过去几百万年间形成于有6000万年历史的泥岩中的矿物凝结物，而那些泥岩就是构成洋底的数层较厚的沉积岩。后来，泥岩被抬升，形成了如今海滩后方的悬崖。在日积月累的侵蚀作用下，巨砾暴露于悬崖表面，并最终滚落到海滩上。

太平洋 中部

普纳鲁吾海滩

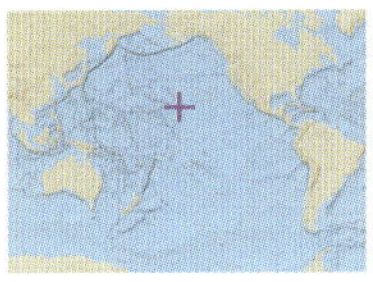

类型 袋状滩

构成 黑沙

长度 500m

位置 美国夏威夷岛，纳阿莱胡东北方

普纳鲁吾海滩位于夏威夷岛上，是一处陡峭倾斜的袋状滩，以其独特的黑沙闻名于世。这里的黑沙是由火山玄武岩颗粒构成的，产生于海浪对当地黑色玄武质熔岩的侵蚀。与近半夏威夷陆地区一样，普纳鲁吾位于冒纳罗亚火山的侧翼，该火山是世界上最大的火山，其产生的岩浆对当地景观的塑造起到决定性作用，尽管该火山及附近基拉韦厄活火山所产生的岩浆在几百年间并未到达普纳鲁吾。

这里是游泳和潜水胜地，但水下喷泉会将冷水喷进近岸的海水中，这可能会令人感到不适。普纳鲁吾海滩还十分受绿海龟的青睐，它们来到这里觅食海滩边界处岩石上的海藻，并在温暖、吸热的沙子上晒太阳。

黑与蓝

海滩上漂亮的黑沙与深蓝色的太平洋海水形成鲜明对比。此处禁止采沙。

太平洋 东北部

哥伦比亚湾

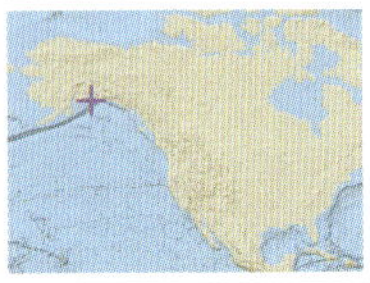

类型 一系列内湾海滩

构成 砾石和岩石

长度 50km

位置 美国阿拉斯加州南部，瓦尔迪兹西南方

位于阿拉斯加州南部的很多海滩和位于北半球高纬度的其他海滩一样，主要由砾石、小岩石和卵石构成。这些构成材料来自粗冰碛物——黏土、淤泥、沙子、砾石和岩石的混合物。它们由古冰川带到某处，并在冰川融化后留在原地。海浪作用随后对它们产生影响，淘去轻质材料（包括黏土、淤泥和沙子），并使稍重的砾石和岩石依据大小不同分布在沿岸不同区域。位于阿拉斯加州威廉王子湾的哥伦比亚湾的情况亦是如此。在这一地区的很多海滩上，位于如今的潮线之上的古代潮线清晰可见，这是1964年大地震的结果，该次地震将地面抬升了2.4m。

海滩和海湾

这幅照片中覆盖着植被的后滨地带在1964年地震发生前是前滨地带。

海洋环境

太平洋 东北部

俄勒冈沙丘国家休闲区

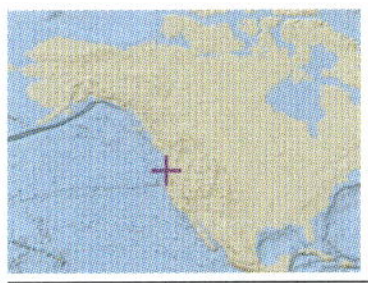

类型 海岸沙丘

构成 黄沙、滨草及针叶树

长度 64km

位置 美国西北部俄勒冈州，波特兰西南方

俄勒冈沙丘国家休闲区是北美洲面积最大的海岸沙丘区，在斯斯劳河与库斯河间的区域沿着俄勒冈州海岸延伸。这些沙丘诞生于数百万年来海岸侵蚀和风力搬运的共同作用，向内陆延伸4km，其高度高于海平面150m。整个沙丘区处于连续性的干湿交替状态。离海岸较近处是低矮的沿岸沙丘，由沙子和浮木构成，被滨草固定。这些沙丘背后是沙子聚集在植被周围的草皮小丘。海水季节性地聚集到这些小丘周围，使其看起来像漂浮的岛屿。小丘后方是更具特色的区域——从冬季时变得像沼泽的植被密集区到完全荒芜、受风力塑造而成的高大沙丘区。俄勒冈沙丘国家休闲区是十分受欢迎的娱乐地点，人们可以在这里享受驾驶全地形车和沙滩车的乐趣。

人类影响

沙丘流动化

沙滩车和全地形车的使用，尤其是进行大规模竞赛时，会毁坏沙丘上的草，使其更易被风吹走。这反过来会导致沙丘脊部扩散。为了保护沙丘，全地形车的使用受到限制。

沙丘之海

风将沙丘上的沙子吹成了海浪的形状，浪锋线垂直于风的方向。

太平洋 东北部

邓杰内斯岬

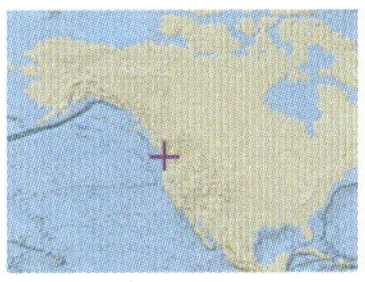

类型 沙质岬角

构成 沙子

长度 9km

位置 美国西北部华盛顿州，西雅图西北方

邓杰内斯岬是世界上最长的天然沙质岬角之一，从美国华盛顿州的奥林匹克半岛伸入海中。此岬角是邓杰内斯国家野生动物保护区的一部分，在某些地方只有30m宽。除了令人惊讶的长度，此岬角的形状也十分复杂，这是风和海浪的方向随季节变化的结果。在一年中某段时间，风和海浪将沙质沉积物从西北部带来，其他时候则从东北部带来。在由此导致的沉积模式的作用下，这里形成了一大片受到庇护的海岸区域，为太平洋斑海豹和许多滨鸟、水鸟提供了栖息地，这些鸟儿在这沿岸筑巢。这里的潮滩滋养了许多贝类，其内湾也是多种鲑鱼的重要栖息地。

延展的岬角

岬角以每年约4.5m的速度向外扩展，为大片内湾和潮滩区提供了庇护。

海岸景况

在这幅照片中，塔玛琳多海滩的主体位于背景处，右侧有一处连接河口的入口，蜿蜒于海滩之后。

太平洋 东部

塔玛琳多海滩

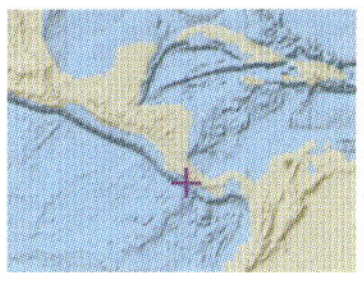

类型 内湾海滩

构成 黄沙

长度 3km

位置 哥斯达黎加西北部，圣何塞西北方

塔玛琳多海滩是一处略微倾斜的新月形沙质海滩，靠近一处长有红树林的河口，后方是建于分散丛林之中的现代住宅。这片海滩直面太平洋，有着面积广阔的风浪区（海浪在此处产生），因而一年四季都有涌浪，这使其成为冲浪胜地。在主海滩北部和南部是两处向更远处延伸的海滩，它们共同组成了拉斯包拉斯国家海洋公园，每年10月到来年3月，这里是棱皮龟的重要栖息地。

河口及潟湖

河口及海岸潟湖均为半封闭的海岸水域。河口通常与远海相连且较为狭窄，一条或多条河流的大量淡水在此处注入海中。这些淡水与咸水混合的程度不尽相同，它取决于河流入海水量和潮汐。许多河口不过是大河向海且受潮汐影响的一端。海岸潟湖通常只通过一条或多条狭窄通道与大海相连，海水通过这些通道进出，有时这些通道仅在涨潮时才打开。

河口的形成

河口的形成主要有4种方式。第一种是海平面上升，淹没海岸平原上已有的某处河谷，美国的切萨皮克湾就是这种情况。第二种是海平面上升，淹没经冰川切割而成的河谷，形成峡湾。这类型的河口比经由其他方式形成的河口更深，但在入海口有较浅的海槛，部分地阻挡了涌入的海水。第三种是海岸处的海浪作用使河口形成。在有河流涌出的海湾开口端，海浪作用令沙质岬角或沙洲以横跨开口的方式形成，从而形成河口（详见第93页）。最后一种是，河口形成于地壳的构造断层（较为脆弱的地层）运动。在断层处，地壳向下滑动，造成地表沉降，如果日后海水涌入，便会形成河口。

刚果河河口

这处河口形成于河谷被淹。按水排放量计算，该河口是世界上第二大河口（仅次于亚马孙河河口）。

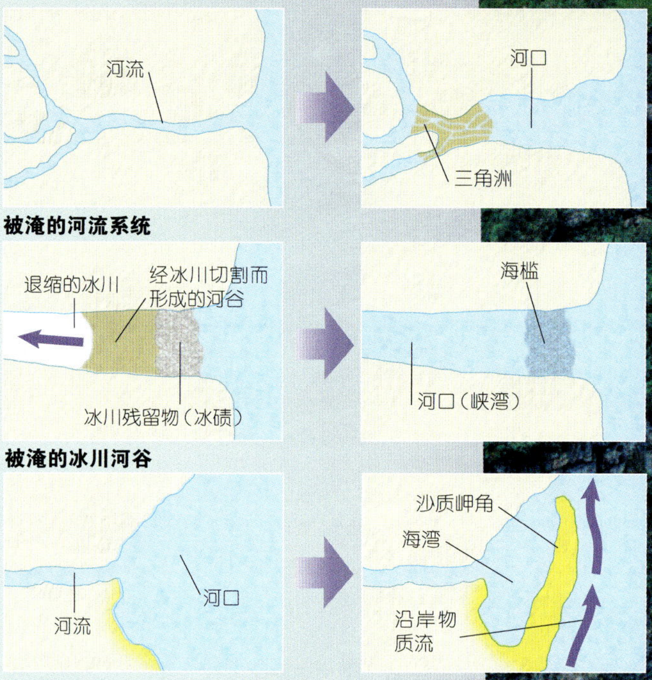

形成过程

海平面上升导致河谷近海一端被淹没（上）或使得经冰川切割而形成的河谷被淹没，继而形成峡湾（中），以及岬角延展至横跨一处海湾（下）时，都可以形成河口。

河口的类型

河口的分类取决于淡水和咸水的混合程度。巨大的河流入海水量通常意味着最低的混合程度——密度较低的淡水流到密度较高的咸水上方，这样就在河口底部形成了楔状的海水侵入，这就是盐楔型（即河流主导型）河口。而在淡水与咸水部分混合或高度混合的（即潮汐主导型）河口，大量的混合产生了湍流，并且令淡水的盐度上升。在后面这两种情况中，都有强烈的受潮汐影响的咸水从海洋流入，这就从近海处带来了沉积物，它们在河口沉积下来。

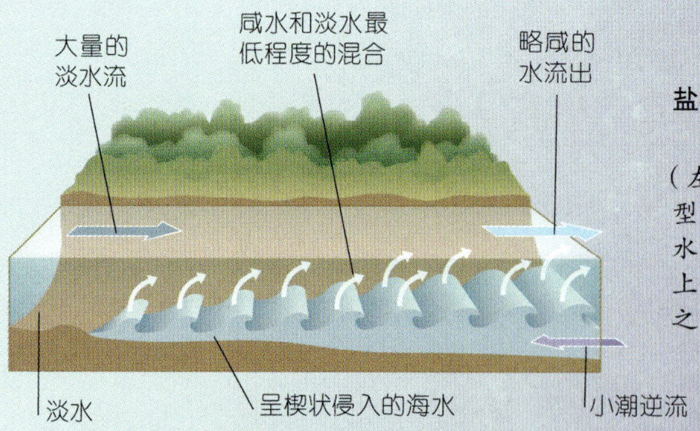

盐楔型河口

在盐楔型河口（左，也称高度分层型河口），强大的淡水流从楔状咸水流上方流过，两层水之间很少有混合。

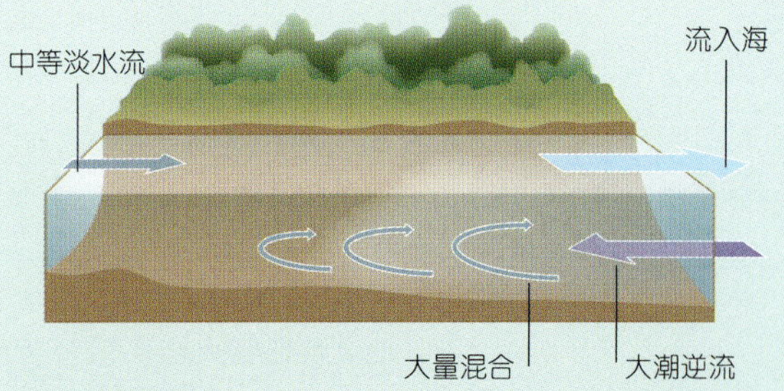

部分混合型河口

此类河口，淡水与咸水大量混合。在河口的低洼部分，水的盐度随深度增加而上升。

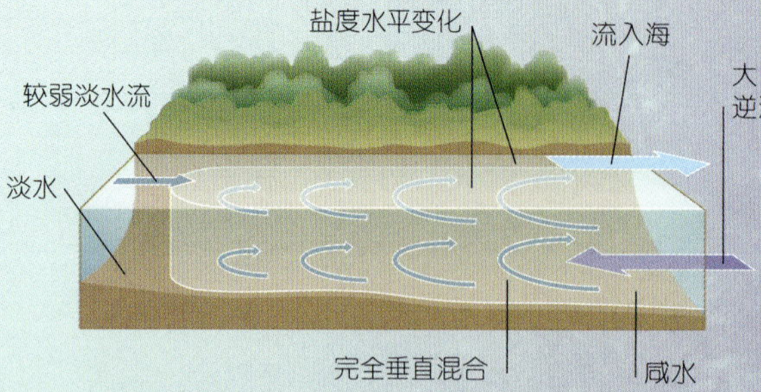

高度混合型河口

在完全混合（或由潮汐主导）的河口，淡水和咸水垂直混合程度高，但盐度仍有些许水平变化。

被冰川切割

海水淹没经冰川切割而形成的深山谷，从而形成峡湾河口。挪威的盖朗厄尔峡湾长达20km，最深处可达200m。

河口环境

河口是独特的海岸环境。河口一般较长且呈漏斗状，在此处，潮汐并非仅仅表现为水位上升，它们会猛烈涌入，形成强大的水流，有时还会形成墙状的海浪，即涌潮。此处较高的沉积率意味着淤泥的积累，从而形成潮汐滩涂和盐沼（详见第124—125页）或热带地区的红树林沼泽（详见第130—131页）。尽管此处受到潮汐和水流的影响，盐度和温度也会发生波动，并且因水体较为浑浊而导致植物光合作用减少，大部分河口仍然是生物大量繁殖的地方。这要归因于营养成分丰富的河水，以及河口的富氧环境。尽管只有蚌类等有限的生物种类能够适应河口的生活，这里的生物数量依然十分庞大。

常见的欧洲牡蛎

丰富的食物资源

河口的泥质沉积物中生活着大量小型动物（如蠕虫和虾），吸引涉禽和其他水鸟前来。图中这些麦鸡和一只白鹭正集聚在英国泰晤士河口觅食。

河口栖息者

许多种类的海星都适合在河口环境中生活，它们可以在这里捕获蚌类、甲壳纲动物和蠕虫作为食物。图中是一只生活在法国布列塔尼一处河口中的红海盘车。

海岸潟湖

海岸潟湖在世界各地都有分布，其与珊瑚环礁中心处的潟湖（详见第152页）有所不同。海岸潟湖通常比河口更浅，水也较河口的更为平静，大部分潟湖都通过潮汐水道与海洋相连。尽管淡水通常不会流入海岸潟湖，但也有一些海岸潟湖确实有大量的河水流入其中。因此，除了咸水潟湖，还有一些潟湖含有部分（甚至大部分）淡水。

在温度较高的气候环境下，由于蒸发损失高，一些潟湖的盐度超高（比海水盐度还高）。尽管一些海岸潟湖被严重污染，但在那些较为干净的海岸潟湖中，鱼类、甲壳动物和其他海洋生物常常大量聚集，吸引大量的滨鸟前来觅食。还有一些海岸潟湖则为海龟和鲸类提供了繁衍生息和猎食的场所。

潟湖及水道

马塔哥达湾是美国德克萨斯州海岸的一处潟湖，一个狭长的半岛将之与墨西哥湾相隔。这一潟湖的西南角附近有两条水道与墨西哥湾相连。

大西洋 西北部

圣劳伦斯河河口

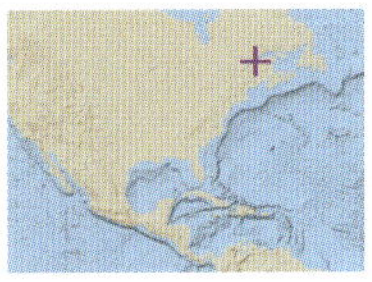

类型 盐楔型（河流主导型）河口

面积 约25,000km^2

位置 加拿大东部魁北克

圣劳伦斯河河口是世界上最大的河口之一，长约800km，每秒向圣劳伦斯湾排入水量约12×10^6L。此河口拥有丰富的海洋生物。在其中部和较低洼的入海口部分，拉布拉多寒流在水下300m处向着与河口主流相反的方向流入。在邻近峡湾（河口分支）开口的一处，拉布拉多寒流那富含营养物质的水流急剧上升并与上层较暖的水流混合。这些上涌的营养物质促进了浮游生物的生长，而浮游生物则成为此处食物链的基础，此食物链涉及多种鱼类和鸟类以及一小群白鲸。

冬景

在冬季，圣劳伦斯河河口大部分被冰所覆盖。从这幅照片中可见，此河口的一段在日出不久后的低潮期显露出来。

大西洋 西北部

切萨皮克湾

类型 部分混合型河口

面积 8200km^2

位置 被美国马里兰州和弗吉尼亚州东部部分区域环绕

切萨皮克湾是美国最大的河口湾。其主河道有来自萨斯奎哈纳河的河水流入，长度超过300km。此湾有众多次级河口，有150余条河流及溪水汇入。在过去的15,000年间，海平面上升，海水淹没了萨斯奎哈纳河谷及其支流，从而形成切萨皮克湾。这里曾以其丰富的海产闻名，如牡蛎、蛤蜊、螃蟹等，但如今该海湾已大不如前，尽管它现在仍是美国众河口中鱼类和贝类产量最高的。工业和农业废物被排放入湾，诱使水华频发，阻挡了阳光，使之不能到达部分河床，导致浮游植物数量减少，造成一些区域氧气缺乏，严重威胁着水生动物的生存。牡蛎可起到天然净水作用，但其逐渐消失，这对湾内水体质量产生了尤为消极的影响。

海湾大桥

海湾上部的这座主要桥梁连接起马里兰州的东岸农业区和西岸城镇区。

发现

陨石坑

20世纪90年代，人们在切萨皮克湾底钻探时，发现了一处陨石坑。该陨石坑位于海湾南部，宽85km，形成于3500万年前，造就了今天的河口。

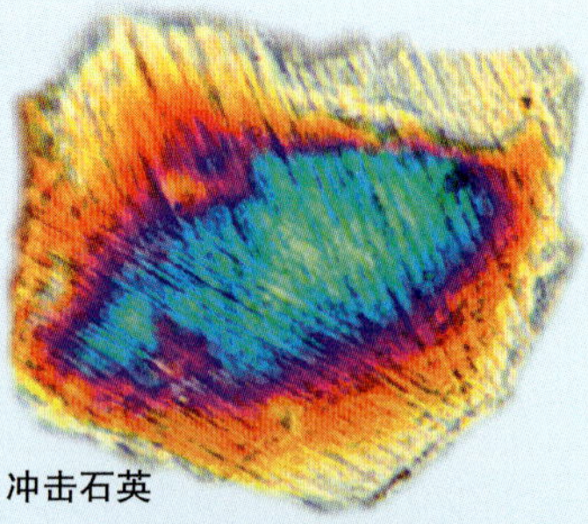

冲击石英

有一系列证据证明陨石坑的存在，其中包括已发现的冲击石英颗粒。冲击石英在极高压下形成，其晶体结构因而发生改变。

流过三角洲的主要水道

大西洋 西部

密西西比河河口

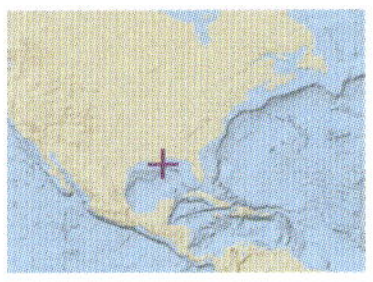

类型 盐楔型（河流主导型）河口

面积 60km^2

位置 美国路易斯安那州东南部，密西西比河三角洲东南部

密西西比河河口约50km长，位于密西西比河入海一端，河流在此流经其三角洲。此河口包含一条主要水道和几条次级水道，这些水道平均每秒共向墨西哥湾排放水18×10^6L。主水道是典型的盐楔型河口，其表层水含有很少的盐分，在楔形侵入的咸水之上流过，咸水则在河床深处自河口向上游方向挺进数千米。

大西洋 西部

马德雷湖

类型 盐度超高的海岸潟湖

面积 3660km²

位置 墨西哥东北部和美国德克萨斯州南部的墨西哥湾沿岸

马德雷湖是一处浅潟湖，由两个明显分隔了的部分组成，沿着墨西哥湾的海岸延伸456km。其位于德克萨斯州的北部，被一个细长的堰洲岛，即帕德雷岛，将其与墨西哥湾分离。其位于墨西哥的南部，也以相似的方式被堰洲岛群分隔开来。整个潟湖只通过少数几处狭窄的水道与墨西哥湾相连，且其大部分区域水深不及1m。这里的水比海水盐度还高，因为这里没有河水注入，且位于炎热、干旱的区域，蒸发率高。海草场以及一些甲壳纲动物和鱼类在潟湖中长势良好，这为许多越冬的滨鸟和水鸟提供了生存支持。威胁潟湖生态健康的因素包括疏浚、过度捕捞以及水华爆发。

采用飞蝇钓方式钓红鲑鱼

在马德雷湖采用飞蝇钓方式钓鳟鱼和鲑鱼，需要先购买许可，所收款项被用于保护这里的水质和野生动物。

大西洋 西南部

帕托斯湖

类型 潮汐型海岸潟湖

面积 10,000km²

位置 巴西南部，阿雷格里港市以南

帕托斯湖（"鸭之潟湖"）是世界上最大的海岸潟湖。据说，这名字是16世纪时居住在这里的耶稣会会士所起，他们那时在潟湖岸边喂养水鸟。此潟湖是一处较浅的潮汐型水体，长250km，最宽处达56km。一处沙洲将其与大西洋分隔，整个潟湖只在南端有短窄水道与大西洋相连，并通过该水道将大量沉积物倾入大西洋。海洋动物也利用该水道进入潟湖；春季和夏季可以在潟湖里看到海龟。

在帕托斯湖北端，来自瓜伊巴河口的淡水涌入潟湖，这一河口由雅库伊河与其他3条较小河流汇合而来。沿着其内部边缘，有一系列独特的波浪形的"脊"，是沉积物在潮汐和风力作用下积累并受侵蚀而成。潟湖的盐度变化不定，在降水量较高的时期，湖水主要由淡水构成，但在干旱时期，潟湖南段会有大量的咸水注入。帕托斯湖是巴西最负盛名的钓鱼地之一。然而，稻田和牧场的流失、工业废弃物的排放以及人口膨胀，日益对潟湖的生态环境构成威胁。

两处潟湖

这张鸟瞰图中位于中央的颜色较淡区域就是帕托斯湖。在其下方的较暗区域是密林湖，它一直延伸至巴西和乌拉圭的边界处。

大西洋 西南部

亚马孙河河口

类型 盐楔型（河流主导型）河口

面积 约20,000km²

位置 巴西北部

亚马孙河河口是亚马孙河的一段，从河口处向内陆延伸至马卡帕西南方一片区域，长度超过300km，宽度为25—300km，部分区域由地势低洼并覆盖有森林的岛屿组成。

亚马孙河河口巨大的水排放量是目前世界上任何河口都无法匹敌的，它平均每秒向大西洋排放水量2×10^8L。与其他河口不同，如此巨大的水量意味着这里极少有咸水侵入。相反，排放的河水与咸水的混合几乎全都发生在河口外的大陆架区域。尽管相对缺乏咸水侵入，整个河口仍每天两次受到潮汐的显著影响，河口内大部分岛屿在受影响期间会被河水淹没。

马拉若岛

亚马孙河河口广袤无垠，它那些覆盖有森林的岛屿中最大的一个——马拉若岛甚至有自身的一套河流系统。

人类影响

河口高潮冲浪

涌潮，当地人称之为“河口高潮”，通常在大潮期间出现于巴西北部的一些河口处。有些涌潮的浪高达3m，可供冲浪者滑行数千米。然而，这项运动其实非常危险，因为出现河口高潮的水域里生活着对冲浪者构成威胁的蛇类、鱼类和鳄鱼。

大西洋 西南部

拉普拉塔河

类型 盐楔型（河流主导型）河口

面积 35,000km²

位置 位于布宜诺斯艾利斯以东，蒙得维的亚西南方，阿根廷—乌拉圭边界处

拉普拉塔河并不是条河流，而是一处大型的漏斗状河口，由乌拉圭河与巴拉那河汇合而成。这些河流及其支流流经南美洲1/5的地域。拉普拉塔河河口处长达290km，宽220km，每秒向大西洋排入水量25×10^6L。除了输送如此大量的水以外，河口每年还接纳水流挟带而来的$57\times10^6m^3$淤泥。这些淤泥积聚成泥滩，致使河口大部分区域的水深不足3m。为了维持位于其上游端的布宜诺斯艾利斯港以及位于其开口端的蒙得维的亚港的深水航道的畅通，人们就需要进行频繁的疏浚工作。整个河口的表层盐度变化一致，从其上游端的近乎为零过渡至其开口端的低于海水平均盐度值的盐度。在深水处，咸水成楔型穿透河口溯游而上。从生物学方面看，拉普拉塔河物种丰富，每年都产出大量的浮游生物，支撑着大量鱼类和蛤蜊类的生存。这里也是一种濒危的长喙河豚——拉普拉塔河豚的栖息地。

卫星图

此图中，在河口沉积物之上流淌的主河道清晰可见，还能看到左上部的巴拉那河和中上部的乌拉圭河。

海洋环境

大西洋 东北部

库尔斯潟湖

类型 淡水海岸潟湖

面积 1580km²

位置 立陶宛以及加里宁格勒州（俄罗斯飞地）的波罗的海沿岸

库尔斯潟湖是一个非潮汐型潟湖，位于波罗的海东南边缘，平均深度只有3.8m。尼曼河流入潟湖的北部区域（立陶宛境内），通过一条狭窄的海峡，即克莱比达海峡，汇入波罗的海。潟湖中的水大部分为淡水，但偶尔也会有海水随着风暴通过克莱比达海峡进入其北部区域。过去，潟湖饱受污水和工业废水排放带来的严重污染，但现在人们已经着手采取措施应对这一问题。

狭窄、弯曲的库尔斯沙嘴将潟湖与波罗的海分隔开来。库尔斯沙嘴长98km，其显著的特点是拥有成熟的松林和移动的新月形沙丘，有些沙丘高达60m，并可沿着沙嘴延伸31km。沙嘴上的沙质海滩以及由潟湖、树林和移动的沙丘组成的美丽景色，使这里成为旅游胜地，并于2000年被列入联合国教科文组织世界遗产名录。

沙丘及潟湖

在潟湖北部的此处安静角落后方是库尔斯沙嘴的高大沙丘。潟湖和附近的尼曼三角洲是重要的候鸟休憩地。

大西洋 东北部

哈当厄尔峡湾

类型 高度分层型河口、峡湾

面积 约750km²

位置 挪威西南部，卑尔根东南方

像所有峡湾一样，挪威的哈当厄尔峡湾比典型的海岸平原河口要深得多，最深处约达800m。其河口附近是一处150m深的海槛。峡湾长183km，其长度排世界第三。这里较深的U型河谷形成于大型冰川的切割作用，而大约1万年前，占据此河谷的冰川开始融化退缩，海水在那时涌进河谷并形成峡湾。如今，峡湾持续接纳来自冰川融化的大量淡水。几乎整条峡湾的水体都分为两层：底层为咸水，在涨潮时涌进峡湾；上层为淡水，在落潮时流入海。

峡湾上端

峡湾狭窄的上端有许多壮观的瀑布，例如飞流直下182m的沃尔令斯大瀑布。

雷兹岛

此处地势较低的岛屿位于河口的上端，是反嘴鹬及其他珍稀鸟类的栖息地，并被列为自然保护区。图中是顺流而下的方向。

大西洋 东北部

亨伯河口

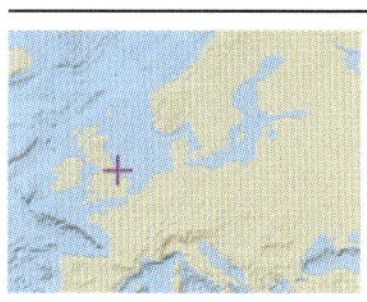

类型 高度混合型（潮汐主导型）河口

面积 约200km²

位置 英国英格兰东部，赫尔河畔金斯顿市以西及东南方

这处位于大不列颠东海岸的大型河口由奥斯河与特伦特河汇合而成，每秒向北海排入水量25×10^4L，是所有注入北海的英国河流中水排放量最大的。最后一次冰河世纪结束后，海平面比现在要低得多，那时的亨伯河要越过今天的海岸线50km才能够入海。

每年有大约1×10^5m³的沉积物在河口处沉积。它们大多是在潮汐作用下被从近海带到此处，其所形成的浮动浅滩会阻碍航运。河口的潮间带是个资源丰富的生态系统，多种软体动物、蠕虫、甲壳纲动物和其他无脊椎动物在此繁衍，它们又成为鸟类（尤其是涉禽）的主要食物来源。河口也是灰海豹的栖息地，每年都有许多七鳃鳗游经此处。

大西洋 东北部

东斯海尔德河口

类型 先前为河口，如今为海湾

面积 365km²

位置 荷兰西南部，鹿特丹西南方

东斯海尔德河口是一处长40km，盐度与海水相似的潮汐水体。自20世纪80年代末起，由于受到大坝的阻挡，它无法获得来自斯海尔德河的淡水，因此被重新归类为海湾，而非河口。

由于此处修建了一道风暴潮挡潮闸（见第104页），河口便可以抵御海水洪涝的危害。人们原本在此修建一处固定的大坝，以彻底防止海水流入，但有人担心修建此类大坝会使河口的水体逐渐丧失其盐度，从而对此处的动物群和植物群造成不良影响。也有人担心这会终结该区域大规模的贻贝和牡蛎养殖业，并破坏潮滩和盐沼，而后两者是鸟类的重要栖息场所。荷兰政府于是下令修建了这处可移动的堤岸，这一工程于1986年竣工。

风暴潮挡潮闸

这些钢铁滑动门通常是打开的，潮汐能够穿过门进出东斯海尔德河口。每年这些门大约会在风暴潮期间关闭两次。

大西洋 东北部

吉伦特河河口

类型 高度混合型（潮汐主导型）河口

面积 约$500km^2$

位置 法国西部，波尔多以北

吉伦特河河口形成于加龙河与多尔多涅河的汇合处，是欧洲最大的河口，长80km，宽11km。河口平均每秒向大西洋排入水量1×10^6L。其潮差较大，在涨潮期可达5m。这里强烈的潮汐流以及众多沙岸妨碍了船只航行。吉伦特河河口最让人惊异的就是涌潮，即位于来袭的潮汐最前端的像墙面一样的巨浪，当地人称之为“怒潮”。怒潮在涨潮期（即每两周连续几天，每天两次）伴随着潮汐一起出现，从吉伦特河上游涌进其更为狭窄的支流。在加龙河，怒潮有时会形成桶状的波浪，可达1.5m高，往往破碎后又重新形成。

吉伦特河河口对波尔多葡萄酒产区而言是一处重要的生命线。这里拥有丰富的鳗鱼资源和各种各样的贝类，这些水产经常出现在当地的餐馆菜单上。野生鲟鱼（鱼子酱中鱼子的来源）也一度在此大量繁殖，尽管其数量由于过度捕捞有所下降，但这里仍有小规模的养殖。

怒潮

怒潮，也叫“吉伦特涌潮”。当其到达多尔多涅河，便转化成一系列海浪，可逆流而上30km。

大西洋 东部

威尼斯潟湖

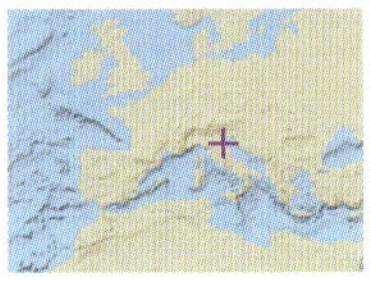

类型 咸水海岸潟湖

面积 $550km^2$

位置 意大利东北部亚得里亚海海岸

威尼斯潟湖是一处很浅的新月形海岸潟湖，位于亚得里亚海北部。它是意大利最大的湿地，也是地中海海岸主要的生态系统。

除了坐落在中心小岛上的威尼斯，此潟湖还包含许多其他岛屿，这些岛屿中的大部分曾经布满沼泽，但如今已被排干。潟湖的平均深度仅为70cm，因此大部分经过潟湖的船舶只能通过已经疏浚的水道航行。潟湖有4/5的区域是由盐沼和泥滩覆盖的。潟湖既接纳河流淡水，也接纳海水，其潮汐最高可达1m。在大潮期，威尼斯会定期受淹（见第90页）。陆地沉降和海平面的上升也给城市和这里的艺术瑰宝带来严重威胁。潟湖内的海洋生物包括许多种类的鱼（从鳀鱼到鳗鱼、乌鱼和鲈鱼）和无脊椎动物。海鸟、水鸟和涉禽在潟湖内许多无人居住的岛屿上繁衍生息。人们现在正采取措施减少工业和农业污染，包括在潟湖沿岸种植灌木以吸附污染物。

水做的“宝石”

在这幅从国际空间站上拍摄的照片中，位于中央处的是鱼状的威尼斯主岛，其下方是3个堰洲岛之一，对潟湖起到保护作用。

昆塔·金特岛

大西洋 东部

冈比亚河河口

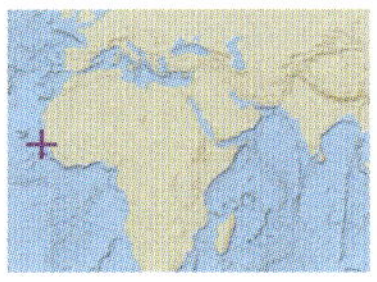

类型 盐楔型（河流主导型）河口

面积 约$1000km^2$

位置 西非，冈比亚，班珠尔以东

冈比亚河河口是冈比亚河的西半段，冈比亚河长达1130km，流经西非地区。河口常年有潮汐，雨季时每秒向大西洋排入水量2×10^6L，但在旱季，水排放量只有2000L。河水中有丰富的鱼类和贝类，包括鲇鱼、梭子鱼和虾。昆塔·金特岛，以前叫“詹姆斯岛”，距离河口开端约30km，曾是奴隶转运点，如今被列入了联合国教科文组织世界遗产名录。

大西洋 东部

埃布里耶潟湖

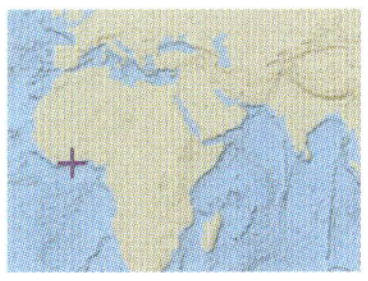

类型 盐度有变化的海岸潟湖

面积 520km²

位置 西非象牙海岸，阿比让以西

埃布里耶潟湖是西非象牙海岸沿岸地区三处狭长的潟湖之一。它的长度为120km，平均宽度为4km，是西非地区最大的潟湖。潟湖的平均深度为5m，在靠近其东端的地方，通过一处狭窄的人工水道与大西洋相连，此水道名为“弗里迪运河”，于1951年开放。阿比让是象牙海岸最大的城市，由潟湖东部几处会聚的半岛和岛屿组成。其他位于潟湖区的社群包括达布镇和蒂亚巴村（见下图）。科莫埃河是此地主要的淡水来源。到了冬季，潟湖盐度变高，不过到了夏天的雨季时，盐度就会下降，恢复为淡水。近几年，由于附近城区向潟湖排放废物和未经处理的工业废水，此处受污染程度较为严重。

蒂亚巴村

蒂亚巴村位于埃布里耶潟湖区内一处小岛的边缘，这里的建筑均用木桩抬高。

凡巴南湖

凡巴南湖是喀拉拉邦的海岸潟湖中最大的一处，被列为《拉姆萨尔公约》所确定的国际重要湿地。

印度洋 北部

喀拉拉邦回水

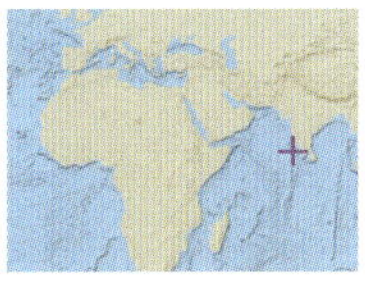

类型 海岸咸水潟湖链

面积 约1000km²

位置 印度西南部，喀拉拉邦，科钦以北及以南

印度南部的喀拉拉邦回水是一系列错综复杂的潟湖和小湖泊，由总长达1500km的多条运河相连。潟湖被地势低洼的堰洲岛和岬角将其与海洋隔开，这些堰洲岛和岬角横跨那些从周边群山流下的河流的河口处。在夏天雨季时，潟湖水位上涨，湖水外溢，将沉积物排入海，但在雨期即将结束时，海水会涌入潟湖，改变其盐度。回水中的水生生物，包括螃蟹、青蛙、水獭、乌龟等，已经很好地适应了这里的季节性变化。

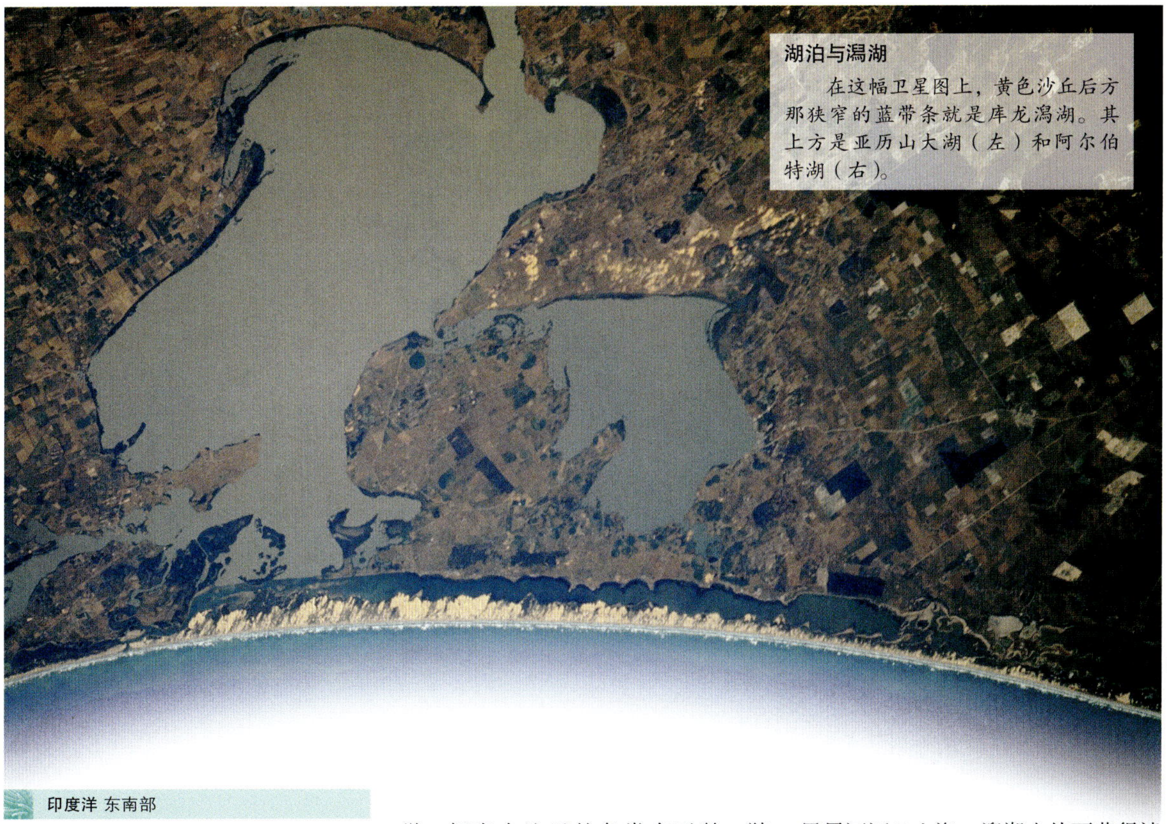

湖泊与潟湖

在这幅卫星图上，黄色沙丘后方那狭窄的蓝带条就是库龙潟湖。其上方是亚历山大湖（左）和阿尔伯特湖（右）。

数量下降的鹈鹕

库龙潟湖是澳大利亚鹈鹕的大型栖息地。它们在潟湖中心的一系列岛屿上繁衍生息。然而，自20世纪80年代以来，鹈鹕的数量明显下降，其原因是墨累河流入潟湖的淡水量减少，潟湖水域盐度升高，导致其中一种水草的生长受到抑制，而此水草是当地食物链中的重要一环。

澳大利亚鹈鹕

遍布澳大利亚的这种鹈鹕，是世界上7种鹈鹕之一。它们广泛分布于澳大利亚的淡水湿地、半咸水湿地和咸水湿地中。

印度洋 东南部

库龙潟湖

类型 咸水海岸潟湖

面积 200km²

位置 澳大利亚南澳大利亚州东南海岸，阿德莱德东南方

库龙潟湖是靠近南澳大利亚州海岸的一处湿地，有“鸟类天堂”之誉。栖息在这里的鸟类有天鹅、鹈鹕、野鸭、鹤、朱鹮、燕鸥、鹅，以及矶鹬和长脚鹬等涉禽。扬哈斯本半岛将库龙潟湖与大澳大利亚湾（被视为印度洋的一部分）分隔，这个半岛是由沙丘和低矮植被覆盖的狭窄岬角。潟湖长约150km，宽从100m到5000m不等。澳大利亚第一大河墨累河穿过亚历山大湖之后，在库龙潟湖西北端与之汇合，汇合处被称为“墨累河河口”。库龙潟湖和墨累河都在墨累河河口入海，潟湖也从而获得淡水及咸水。

库龙潟湖曾与亚历山大湖直接相连，并从中得到大量淡水。1940年，为了防止海水流入亚历山大湖和墨累河下游，人们在两湖之间修建了堰坝。水分蒸发导致潟湖水域的盐度随着与海洋距离的增加而上升。而修筑堰坝加上抽水灌溉则导致来自墨累河的水量减少，从而造成整个潟湖的盐度进一步上升。有充分的证据表明，这对潟湖的生态系统产生了不良影响，尤其是好几种植物的数量都在减少，甚至绝迹，多种鱼类和候鸟的数量也在下降。此外，来自墨累河的水量减少可能会导致连接潟湖和海洋的水道最终封闭，从而令鱼类和其他动物无法来往于两者之间。

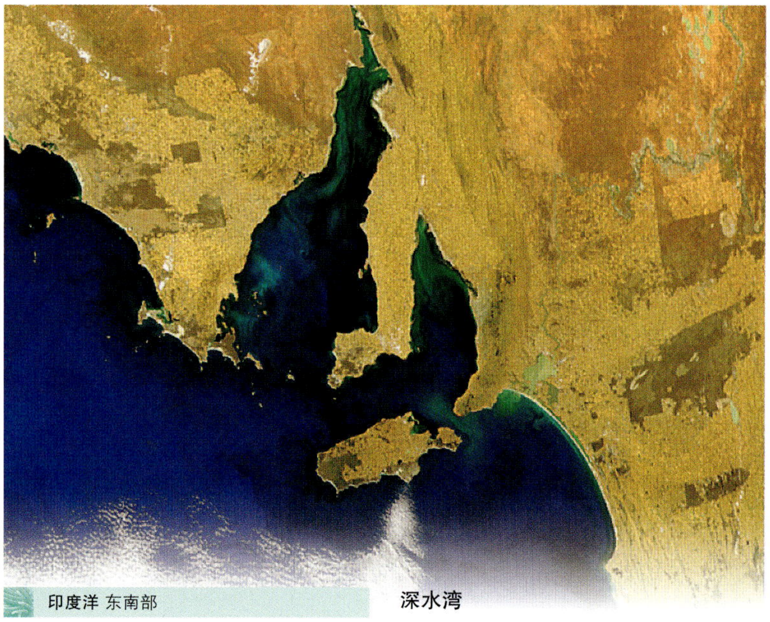

深水湾

此卫星图像中较大的楔形海岸凹口就是斯宾塞湾。包围其上游端的沙漠导致该河口的环流模式不同寻常。

印度洋 东南部

斯宾塞湾北部河口

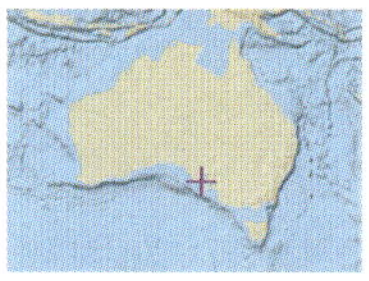

类型 逆向河口

面积 约5000km^2

位置 澳大利亚南澳大利亚州，阿德莱德西北方

由于盐度分布和环流的模式不同寻常，斯宾塞湾北部河口被归类为逆向河口。与通常的模式相反，此河口的水体盐度从河口端向上游端逐渐上升。这是由于其上游端被炙热的沙漠所围绕，蒸发的水量比从河流得到补充的水量大。其上游端的盐度高，这意味着从河口端引入河口的海水盐度比典型河口所引入的低。斯宾塞湾北部河口被大面积的潮滩、海草岸和红树林所围绕。

太平洋 西部

珠江口

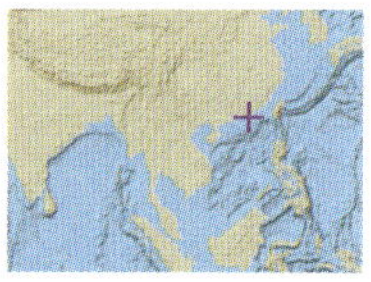

类型 盐楔型（河流主导型）河口

面积 1200km^2

位置 中国东南部广东省，香港西北方

珠江是中国南部广东省内复杂河流系统的通称。大部分珠江水都汇入呈钟形的珠江口中。珠江口长约60km，其宽度从“钟顶”的20km增至“钟口”的50km。河口的北部和西部是三角洲，由西江和珠江的其他支流交汇形成。所有这些河流平均每秒向南海排入水量1×10^7L。珠江口大部分水域深度小于9m，但也拥有一些更深的已经疏浚的航道，潮差为1—2m。它所排出的水来自世界上最密集的城市化地区之一，每年有数十亿吨生活污水和工业废水流入其中，因而河口受到严重污染。这导致的后果之一是水华爆发频率增加，从而影响了当地的渔业。生活在河口的中华白海豚（不足1000只）也因受到污染的威胁，数量不断下降。自2008年起，人们开始增设污水处理厂，努力减少污染。

广州

繁忙的大型港口城市，位于珠江口北部外延。

上海长江大桥

上海长江大桥横跨长江口，距离河口端很近，长达10km，于2009年建成通车。

太平洋 西部

长江口

类型 局部混合河口

面积 2500km^2

位置 中国东部，上海西北方

长江口位于长江下游，受潮汐影响。长江是亚洲第一长河，也是世界第三长河，全长6300km，其中河口的长度为700km。在河口附近，长江口分成3条支流和众多细流，贯穿长江三角洲。淤泥在此不断沉积，形成新的陆地，可用于农业生产。

河口每秒向东海排入水量达3×10^7L，平均深度为7m，河口端的平均潮差为2.7m。大量的鱼和鸟类在这里生存，但由于过度捕捞和污染，鱼群数量在过去20年里大量减少。曾经生活在河口的白鳍豚，又称“扬子江豚”，已被认定为功能性灭绝。

冬季，海水会侵入长江较长一段距离，导致江水无法饮用或用于灌溉。近年来，长江上游的三峡大坝工程使江水的流量进一步减少，从而令海水侵入更加频繁。江水流量的减少，使位于河口南岸的上海的严峻缺水形势进一步恶化，也影响了河口附近污染物的疏散和稀释。三角洲的淤泥沉积也可能减少，从而减缓新陆地形成的速度。

太平洋 西南部

神奇湾

类型 高度分层型河口、峡湾

面积 70km²

位置 新西兰，南岛西南方，达尼丁以西

神奇湾是15,000年前形成于新西兰南岛一片风景优美的区域的14个大峡湾之一。它长约40km，朝向塔斯曼海，被陡峭的山峰所围绕，雨季期间，数以百计的小瀑布从这些山峰上飞流而下。1770年，英国探险家詹姆斯·库克船长（1728—1779）首次航行至新西兰，他将这里命名为“神奇湾”，因为他不确定驶入这个峡湾后是否还能驶出。神奇湾是新西兰众多峡湾中长度第二、深度最深的峡湾，最深处达421m。其淡水来源是峡湾顶的一座水电站以及每年6000mm的庞大降水量。与其他峡湾一样，神奇湾的上层几米深处是淡水，下层则是密度较大、温度较低、盐度较大的水，两者之间少有混合。神奇湾是宽吻海豚、新西兰海狗和多种鱼类、海星、海绵以及海葵的栖息地。

峡湾景色

神奇湾上游端景色。这幅照片的角度面朝海洋，拍摄于新西兰南岛中南部的山上。

奥克兰海湾大桥

浓雾笼罩着圣弗朗西斯科—奥克兰海湾大桥的下半部分。这座桥是这个海湾的5座大桥之一。

太平洋 东北部

圣弗朗西斯科湾

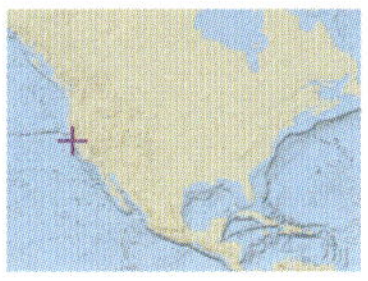

类型 部分混合型构造河口

面积 1200km²

位置 美国西部，加利福尼亚中部

圣弗朗西斯科湾是北美西海岸最大的河口，由4个相互连通的小海湾构成。其中，苏森湾积聚了来自加利福尼亚40%地区的淡水。这些淡水流入圣巴勃罗湾后进入中湾，与通过金门海峡从太平洋进入峡湾深层的海水混合。中湾很少有淡水流入圣弗朗西斯科湾最大的水体——南湾，但其表层有一些半咸水流入太平洋。圣弗朗西斯科湾属于构造河口，因地壳的构造断层（薄弱层）的运动而形成。这个地区有好几处此类断层，其中最为人所熟悉的是圣安德烈亚斯断层。

在过去的150年里，人类活动已导致圣弗朗西斯科湾周围90%的沼泽湿地消失，海湾淡水流量剧减（引流用于农业生产），海湾受到废水污染。尽管如此，这一地区仍然是重要的生态栖息地。这里的水体是许多具有经济价值的海洋生物的家园，如邓杰内斯蟹、北美牙鲆，以及数以百万计的野鹅与野鸭，这些鸟儿每年都会到这里来，把海湾当作庇护地。

太平洋 东部

圣伊格纳西奥湖

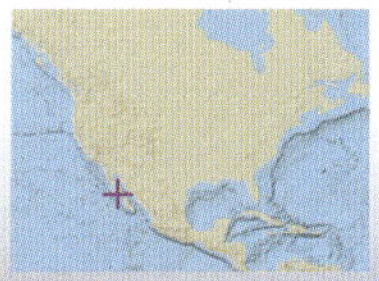

类型 超盐度的海岸潟湖

面积 360km²

位置 下加利福尼亚半岛的太平洋海岸，墨西哥墨西卡利东南方

圣伊格纳西奥湖是位于墨西哥西北部的海岸潟湖，以太平洋灰鲸的禁猎区和繁殖地而闻名。作为拉美最大的野生动物禁猎区，它也是濒临灭绝的4种海龟的觅食地。这个湖长40km，平均宽9km，偶尔会有淡水流入，蒸发量很大，因此其远离海洋的一端的盐度要比其入海端的盐度高得多。除了观赏鲸鱼之外，这个地区主要的人类活动就是小规模的渔业经营及牡蛎养殖。1993年，圣伊格纳西奥湖被列入世界遗产名录。

潟湖海滩

海浪拍打着由稀疏的沙漠灌丛环绕的圣伊格纳西奥湖海岸。

人类影响

观赏鲸鱼

圣伊格纳西奥湖是非常受欢迎的鲸鱼观赏点。在1月到3月之间，大批灰鲸会在这里出现。它们会靠近船只，在潟湖的上部产子，在下部求偶；雌性鲸鱼与它们的幼鲸则在潟湖的中部游弋。

海洋环境

盐沼和潮滩

盐沼是海滨植被区，涨潮时局部被海水淹没，在最高的大潮到来时完全被淹没。许多盐沼区都与潮滩毗邻。这些交界处都是广阔的泥沼和沙滩带，一般没有植被覆盖，在低潮时出露，涨潮后就会被淹没。盐沼和潮滩贮存着大量的有机物，来源于腐烂的动植物。这些有机物构成了庞大的食物链的基础。

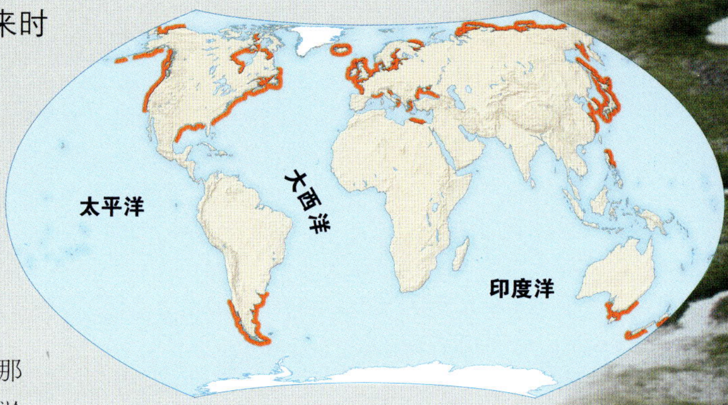

分布

盐沼和潮滩仅分布在北纬23°以北和南纬38°以南的地区。在靠近赤道的地区，取而代之的是红树林沼泽。

形成及特征

潮滩出现在低能量的隐蔽海岸，如河口和封闭的港湾，水流所挟带的沉积物在那里沉淀堆积。在潮差较大的地方，就会产生大面积的潮滩。潮滩由沙砾（沙坪）或淤泥（泥滩）组成，又或是由二者混合而成。与沙坪相比，泥滩含有更多死亡生物体的腐烂遗体，是形成盐沼的初始阶段，这种发展通常发生在泥滩靠陆地的一端。随后，各种耐盐植物在其上生长，它们的根聚集沉积物并固定土壤。随着植被滩涂的形成，不同种类的植物也开始在这里生长，最终形成了盐沼。盐沼由平坦的、覆盖有矮生植物的大块泥滩构成，这些泥滩之间被蜿蜒的水道隔开。

芬迪湾

图中为加拿大芬迪湾的一片面积较小的支流河口地区，后方可见盐沼，前方则是一片由淤泥和沙砾组成的较广阔的潮间带。

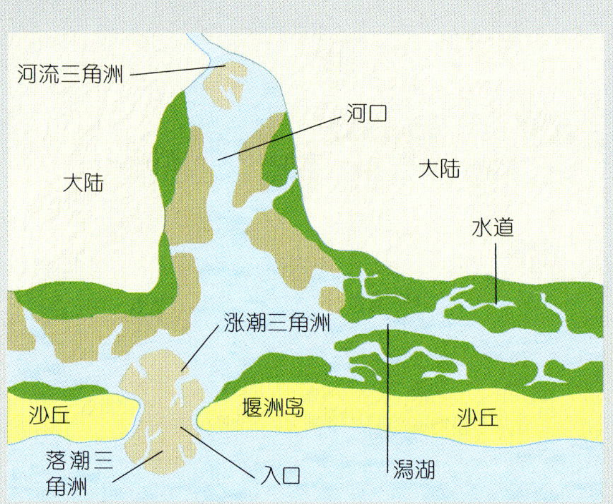

沿海环境

盐沼通常形成于海岸潟湖或河口地区中，这些地方被岬角或堰洲岛与海隔开。水流通过水道将咸水、浮游生物、养分、沉积物及植物碎屑带入或带出盐沼。

区域和演化

盐沼有两个主要的区域。每次涨潮时都会被淹没的部分称为“低位沼泽”，而那些偶尔才被淹没的部分则称为“高位沼泽”。这两个区域都生长着独特的耐盐植物，其中的每个物种都进化出了在高盐度环境中生存的独特机制，例如，有些拥有排盐腺体，有些则拥有储存盐分的系统，能在获取足够水分以将盐分稀释之前先将其储存起来。盐沼及其毗邻的滩涂通常会随着时间的流逝而逐渐演化。随着沉积物的堆积，盐沼、其毗邻的滩涂以及海湾或河口的泥土表面会整体上升。在这一过程中，低位沼泽变成高位沼泽，滩涂则被植物覆盖，变成低位沼泽。

补血草

补血草是常见的高位沼泽植物。夏季开花，花朵为紫色或淡紫色。

盐沼米草

盐沼米草也被称为“互花米草”。这个物种是整个北美大西洋海岸低位沼泽的主要植物，可生长至2m高。

盐沼区域

低位沼泽每天会在涨潮时被淹没一到两次；高位沼泽则是高于平均高潮线的区域，偶尔会被最高的大潮淹没。每个盐沼区域都有独特的植被。

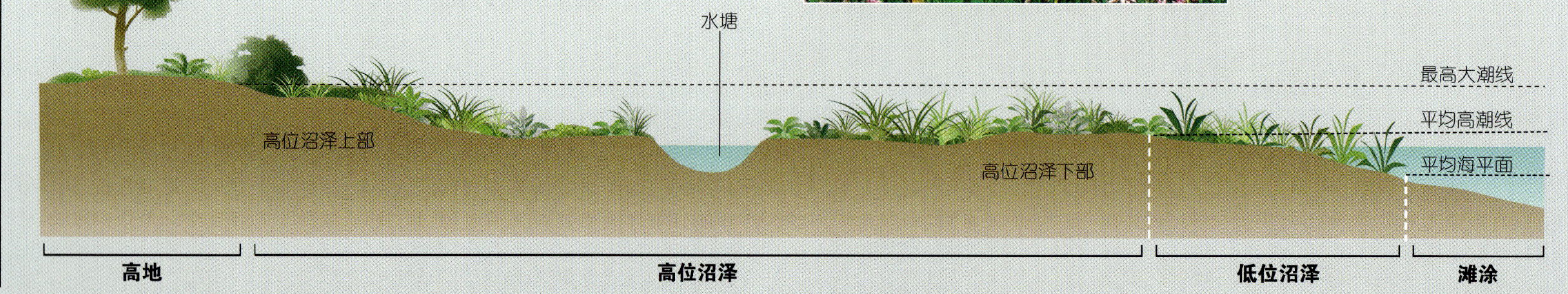

海藻覆盖的滩涂

有些滩涂，例如位于阿拉斯加的这些滩涂，被厚厚的绿藻所覆盖。这些海藻常常也是小小的海蜗牛大量聚集之处。

人类影响

保护盐沼

全球的盐沼都受到了威胁，有的被上盖建筑，有的被转换成耕地，甚至被用作垃圾填埋区。例如在美国，超过半数的原生盐沼已被破坏。这是很令人惋惜的，因为盐沼是珍贵的野生动物栖息地，也是生物多样性的中心。

盐沼区住房开发

位于美国南卡罗来纳州的默特尔海滩的沿海开发是在一片被抽干的盐沼上展开的。不过，与之相邻的盐沼则得到了很好的保护。

动物生命

盐沼是特别多产的栖息地。其中很多有机物来源于腐烂的植物。植物死后，有一部分会被细菌和真菌分解，所产生的碎屑会被蠕虫、贝类、蜗牛、蟹、虾、生活在沼泽中的端足类和生活在咸水中的浮游动物等吃掉。反过来，这些动物又为更大的动物提供了食物。盐沼为许多种类的鱼提供了育苗区，为鸟类，如白鹭、苍鹭、鹬和燕鸥，提供了觅食和筑巢场所。潮滩是很多甲壳类动物、蠕虫和软体动物的栖息地，它们在潮滩表面觅食或者在内里筑巢，这就为许多涉禽提供了食物。

黄条背蟾蜍

这种蟾蜍分布在西欧和北欧部分地区，栖息在盐沼的上部环境（仅在高位沼泽之下），在浅水塘中繁殖。

大白鹭

大白鹭和其近亲——东方大白鹭常见于美国和东亚部分地区的盐沼中。它们觅食小鱼、无脊椎动物和小老鼠。

沙蠋排泄物

沙蠋生活在20—40cm深的潮滩洞里，进食沙或泥，消化其中所含的有机物，并将消化不了的排出体外。

低潮期的湿地

一片片的盐沼环绕着米纳斯湾。低潮时，这里的潮滩从岸边向海延伸，可达5km远。

大西洋 西北部

米纳斯湾

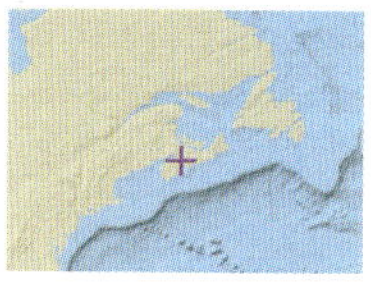

类型 潮滩（沙坪、泥滩）和盐沼

面积 1250km²

位置 加拿大新斯科舍省，芬迪湾东部

米纳斯湾是芬迪湾一处半封闭水湾，由一片三角形的滩涂（沙坪、泥滩）构成，四周围绕着一片片盐沼，这些盐沼大部分都筑有堤坝并被排干以发展农业。每天两次，海水涌入米纳斯湾又退出，落差可达12m，这是世界上最大的潮差。没有其他沿海区域在低潮时有如此大面积出露。这里的沉积物随海潮而来，有粗砂、细沙粒和泥土。在由这些沉积物组成的潮滩上，密集地生活着芬迪湾泥虾，为大量迁徙的滨鸟提供了食物，如矶鹬和鸻科鸟。这些鸟的数量在7月到10月间达到顶峰，一些物种在此处的数量甚至超过了地球上该物种数量的1/100。

半蹼滨鹬

每年有50万只半蹼滨鹬从北美洲的北极地区迁徙到南美洲，它们途中会在米纳斯湾停留。

赛点沙滩

鳕鱼角最北端赛点沙滩的沙丘后有一片典型盐沼。

大西洋 西北部

鳕鱼角盐沼

类型 盐沼

面积 80km²

位置 美国马萨诸塞州东部，鳕鱼角

盐沼是鳕鱼角四周海岸湿地的主要类型，尽管此区域在过去的100年里有近1/3的沼泽已消失或严重退化。这些盐沼形成于沿岸沙滩或岬角之后，属于河口系统，在过去的3000年里，因海平面上升而形成。它们主要为高位盐沼和分散的潮间带低位盐沼，这两处的优势植物分别是盐泽大米草和互花米草。低位盐沼每天被淹没两次，而高位盐沼则每月两次在大潮高峰时被淹。此处最大的独立沼泽是巴恩斯特布尔以西的大盐沼。由于有深水航道贯穿其中，这里成了十分受欢迎的皮艇探险胜地。

鳕鱼角周围的盐沼是多种半咸水动物和淡水动物繁衍觅食的栖息地，其中包括两种稀有保护鸟类——白尾鹞和姬燕鸥，以及两种濒危爬行动物——钻纹龟和卡罗莱纳箱龟。许多地区性和国家性环保组织都将恢复鳕鱼角退化的盐沼视为首要任务。恢复盐沼将令这些湿地恢复其功能——作为屏障保护海岸线，使之免受风暴潮破坏；作为天然海绵，过滤此区域径流中的污染物和过剩的营养物。

大西洋 西北部

美国南卡罗来纳州低地

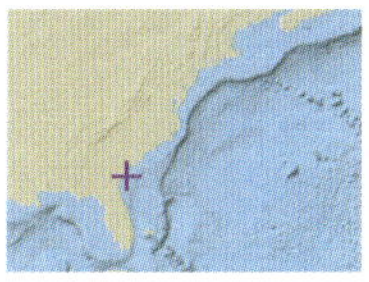

类型 盐沼和滩涂

面积 1600km²

位置 美国南卡罗来纳海岸，查尔斯顿西南方和东北方

南卡罗来纳州低地包括美国最广泛的盐沼和滩涂系统之一，其广阔面积是美国东部沿海开阔、平缓的沙质海岸及1.5—2m的较高潮差共同作用下的结果。每天两次，涨潮时海水淹没面积广阔的海岸地带，维持着这里的水道河网。受淡水和海水的影响，此地形成了多样化的生态群体。这里的低位沼泽在潮汐作用下保持潮湿和泥泞的状态，其优势植物是互花米草。从晚春到秋天，此处还会出现一种叫作“针状叶灯芯草”的干巴巴的深色草。到了地势较高之处，这两种草便被海上牛眼菊和与其相似但更高的黄叶柳取代。

在低位沼泽和边缘滩涂，泥螺、螃蟹、虾、蠕虫和其他微小动物钻入泥中，棱纹贻贝和沼泽玉黍螺则附着在草茎上。生活在这里的淤泥质潮流中的鱼包括石首鱼、鲱鱼、鲻鱼等。在此生活的鸟包括沼泽鹪鹩、长嘴秧鸡等。

互花米草草甸

潮汐水道蜿蜒于互花米草草丛中。互花米草是低位沼泽区域的优势植物。

盐沼马赛克

瓦登海的边缘是如马赛克般的片片盐沼，这些盐沼被浅浅的潮汐水道分割成一块块。

大西洋 东北部

瓦登海

类型 潮滩（泥滩、沙坪）、盐沼和岛屿

面积 10,000km²

位置 北海海岸，从丹麦埃斯比约沿德国北部一直到丹麦登海尔德

瓦登海并不是传统意义上的海，而是欧洲西北部包括浅水、附近滩涂、盐沼和低洼岛屿的广泛水体。其形成源于风暴潮和海平面上升淹没部分海岸，以及河流细泥的沉积。这里是鲽和鳎鱼等北海鱼类的重要育苗场，其大面积的泥滩生活着许多软体动物和蠕虫。此处盐沼是1500多种昆虫的栖息地，同时也是许多鸟类重要的繁衍生息之地。不幸的是，这些盐沼受到集约化养殖、工业发展以及气候变化的威胁。在2009年，部分区域被列入联合国教科文组织世界遗产名录。

大西洋 东北部

莫克姆湾

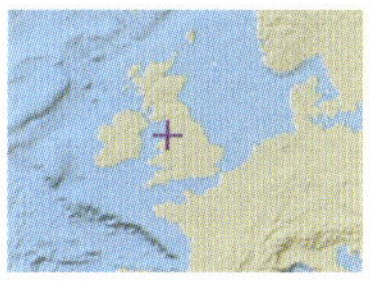

类型 潮滩（泥滩、沙坪）和盐沼

面积 310km²

位置 英国英格兰西北部

莫克姆湾是英国最大的连续滩涂，形成于肯特河、科尔河、利文河、伦河和怀尔河5条河的河口合流处。莫克姆湾面积大，水位浅，呈漏斗形，潮差高达10.5m。大潮期间退潮时，海水可以从高水位线后退12km。涨潮时，潮水涌入莫克姆湾的速度比人奔跑的速度快，并且莫克姆湾的部分区域还受到流沙的影响，这都给不了解此地环境的人带来危险。

莫克姆湾广阔的泥滩孕育了丰富多样的无脊椎动物，包括鸟蛤、贻贝、蜗牛、虾、沙蠋等，并且这里的滨鸟数量在英国排名第一。莫克姆湾通常所容纳的越冬涉禽数量多达17万只，且蛎鹬、麻鹬、黑腹滨鹬及红腹滨鹬等物种的数量即便放到国际范围内加以衡量仍是庞大的。这里的潮滩被广阔的盐沼围绕，后者约占英国盐沼总面积的5%，且生长有一些稀有植物。该盐沼的大部分区域已用于放牧牛羊。

莫克姆湾还是商业捕鱼的一个重要地点；这里最常见的鱼类品种包括鲈鱼、鳕鱼、银鱼和鲽鱼。然而，与欧洲西北部许多沿海地区一样，莫克姆湾并没能逃脱常见的污染问题。石油、化学制品和塑料为该生态系统常见的污染物。

莫克姆湾的泥滩

退潮时，可看到莫克姆湾近半区域都是波浪形的广阔沙泥滩涂、蜿蜒的水道和潮水坑。

人类影响

挖鸟蛤

莫克姆湾有许多区域盛产鸟蛤。挖鸟蛤的人使用像耙一样的木板制作的工具将沙子翻松，从而将沙里的鸟蛤翻到滩面上。由于此处潮水流动迅速，挖鸟蛤者必须注意安全。2004年2月，23名中国劳工在此处挖鸟蛤时不幸被潮汐截断退路而遇难。

大西洋 东北部

沃什湾

类型 盐沼和潮滩（沙坪、泥滩）

面积 250km²

位置 英国英格兰彼得伯勒东北方

位于英格兰东部沿海的沃什湾，是一个大面积的方口浅河口，其周围是广阔的沙坪、泥滩和盐沼。汇入其中的主要是大乌兹河、尼恩河、威兰运河和威瑟姆河这4条河流。沃什湾沙坪的构成，既有大面积的细沙，也有干燥的粗砂岸滩，是大量双壳类软体动物、甲壳类动物和多毛纲蠕虫的栖息地。在英国，这片广阔的盐沼区是同类栖息地中单片面积最大的，并且仍在扩展。占据这些盐沼的主要植物是大米草和欧洲海蓬子，它们的数量大致相当，当地农民通常在这些盐沼上放牧。

沃什湾是英国最重要的野生鸟类栖息地之一，其潮滩是野鹅、野鸭、涉禽等候鸟的巨大觅食地。这些候鸟每年成群迁徙至此越冬，平均总数约为30万只，最远的来自格陵兰岛和西伯利亚。此外，沃什湾是普通燕鸥的重要繁殖区，也是沼泽鹞的觅食区。欧盟已经宣布其为法定的特别保护区。

2000年，人们拆除了沃什湾西部地区的部分人工海岸防护工程，以令盐沼面积得以扩大。这减轻了周围其他海岸防护工程的压力，因为新的盐沼区可以吸收波能，起到天然防护的作用。这是海岸管理方面相对新颖的方法，即采用“软工程”技术来抵抗海洋的侵蚀力。此外，这种做法还提供了额外的野生动物栖息地，从而增添了环境优势。

特灵顿沼泽

靠近尼恩河河口的沼泽是沃什湾国家自然保护区的一部分。

盐沼边缘

在未开发的盐沼区，例如盐沼北部的拉蒂尔巴尔，优势植物是碱蓬草、米草和海蓬子。

大西洋 东北部

盖朗德盐沼

类型 盐沼、人工盐田和潮滩（泥滩）

面积 20km²

位置 法国大西洋沿岸，圣纳泽尔西北方

这一盐沼区位于中世纪小镇盖朗德附近，以盐业最为闻名。其实这里也是著名的生态区，是大量鸟类的重要觅食区和栖息地。地质、气候和人工干预等因素的综合作用造就了如今的盖朗德盐沼。数千年来，在盖朗德的海岸边，岬角和海岸沙丘系统得以发展，阻断了一片浅水区域，此区域受潮汐影响——海水可以通过沙丘带上的两个开口处流入。在过去的几个世纪里，这一区域中的盐沼和潮滩不断演变。在过去的大约1000年里，这些地方已被人为改造成由黏土堤隔开的片片盐田，尽管仍有一些地区未被开发。涨潮期间，海水通过水道流入盐田，在蒸发率较高的夏季，盐农便可以从盐田表面铲取海盐。

盐田周围的盐沼上生长着各种耐盐植物。有超过70种不同的鸟类在此筑巢并繁殖，并有大量的多种鸟类在此过冬。多年来，盐农和法国鸟类学会已在盖朗德盐沼联合举办过多次展览活动和观光活动，主题为盐业经济、盐沼生态及其保护。

人类影响

采盐

盖朗德地区的盐田已有1000多年的历史。这里是法国少有的仍采用传统的人工方式产盐的地方之一，现今约有300名盐农在此工作。这里的盐平均年产量约为10,000t，这种富含矿物质的天然海盐在出售前未加提炼，没有添加任何物质，也没有剔除任何杂质。这种盐呈现浅灰色，这是因为其中含有盐田里的细黏土。

太平洋 西北部

新万金湿地

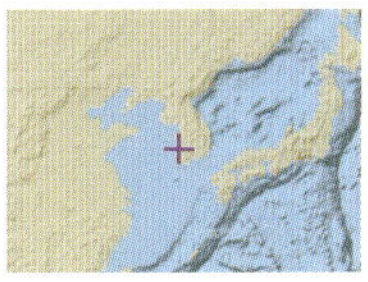

类型 泥滩、沙坪和盐沼

面积 400km²

位置 韩国西海岸，首尔以南

新万金湿地位于韩国的黄海沿岸，有两条河流在此汇合，是滨鸟的重要栖息地。这里的潮滩和浅滩哺育了很多鸟类，其中一些还被认为是全球濒危物种。2010年，人们在两条河流的汇合处修建了全长33km的海堤，对湿地的状况以及数以千计的依赖此湿地觅食的候鸟构成威胁，因为人们意图将这里的湿地改造成干燥的工农业用地和淡水水库，而海堤正是这一项目的组成部分。尽管保护组织担心此项目将会导致不可逆的环境破坏，但其仍在进行。

勺嘴鹬

这种极其罕见的鸟是受填海工程威胁最严重的滨鸟之一。

低潮时的河口

河口附近区域是由潮滩和分散的盐沼组成的，这些盐沼彼此之间被水道分隔，涨潮时这些水道便会灌满水。

太平洋 西北部

谷津干潟潮滩

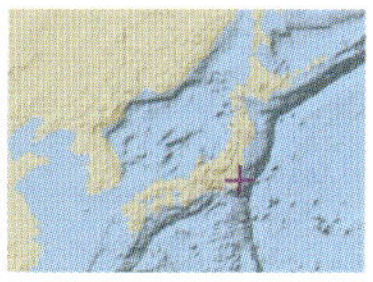

类型 潮滩（泥滩）

面积 0.4km²

位置 日本东京湾北岸，习志野

谷津干潟是东京湾北端的一片小型矩形泥滩。之所以认为它不寻常，是因为其几乎完全被人口密集的市区包围。谷津干潟潮滩曾位于海岸线上，如今则位于距离海岸线1km的内陆处。每天两次，东京湾的潮水通过沟渠流入和流出谷津干潟潮滩。涨潮时，泥滩上的潮水水位高约1m。退潮时，各种各样的留鸟和候鸟聚集于此，捕食生活在海水淘剩的细淤泥中的沙蠋、螃蟹和其他海洋动物。这里是候鸟从西伯利亚飞往澳大利亚和东南亚的迁徙途中重要的停留点。

太平洋 东北部

阿拉斯加泥滩

类型 潮滩（泥滩）

面积 10,000km²

位置 美国阿拉斯加南部和西部入海口

阿拉斯加南部和西部海岸的很多边缘地带在低潮时会有泥滩出露，在一些地方，构成这些泥滩的细淤泥可深达几百米。数千年来，阿拉斯加的冰川运动使周围山体经受摩擦，从而产生了这些淤泥。冰川融化后，这些淤泥随着冰川融水到达海岸，并在入海口沉积下来。由于阿拉斯加的潮差较大，退潮时，大面积的泥滩便暴露出来。这些泥滩是迁徙的滨鸟的重要停留地，泥滩上的各种穴居蠕虫和双壳类软体动物是其重要的食物来源，也为在此越冬的其他水鸟提供了食物。港湾海豹也将这里的泥滩作为休憩地。不过，这些泥滩对游客来说是很危险的，因为在有些地方它们就像流沙一样。即便是那些起初似乎足够坚硬，可以支撑起一个人重量的泥滩，事实上也不见得可靠：有些人就是被困在这样的泥中动弹不得，甚至被淹没。

干燥泥滩

这些干燥泥滩位于阿拉斯加西南沿岸的三角洲边缘，这个三角洲由育空河和库斯科昆姆河孕育而成。

挖蛏子

棕熊偶尔会到阿拉斯加泥滩挖食埋在泥里的太平洋蛏子。棕熊也许是通过蛏子在泥面留下的小洞找到它们的，但要把它们翻上来则不那么容易，因为蛏子遇到打扰就会继续向泥土深处移动。

阿拉斯加棕熊

这头成年棕熊在位于阿拉斯加半岛东端的卡特迈国家公园沿岸挖食。

红树林沼泽

红树林沼泽中生长着耐盐常绿树木，它们在热带或亚热带的潮间带环境里茁壮成长。全球海岸线的1/8分布有红树林沼泽。红树林沼泽可过滤掉河川径流所挟带的污染物，有助于防止其邻近的海洋生物栖息地发生淤积，还能保护海岸线，使其免受侵蚀，并为鱼类、无脊椎动物和其他许多动物提供栖息地。

气生根

很多种红树植物都有气生根。气生根支撑起整棵树，并吸取氧气，而大多数红树植物生长的土壤中都比较缺氧。

形成

红树林沼泽形成于没有直接遭受波浪作用的海岸区域，这些区域往往是河口和海岸潟湖（详见第114页）。大部分的红树林都在此种环境下形成的细泥或沙质沉积物中生长。红树林根部的较低部分扎根于沉积物中，而其上部的气生根则形成一片缠绕的网络。河流和潮水将淤泥和其他物质带到红树林的根部，逐渐形成土地，然后被其他类型的植被占据。

分布

红树林沼泽仅分布于北纬32°和南纬38°之间区域，在其他区域，取而代之的是盐沼和潮滩（详见第124页）。

植物

有54种乔木和灌木被归为真红树，这些树木仅出现于红树林生境中。它们中的每一种都演化出能适应其生长环境（如咸水）的特性。例如，一些红树植物可以通过叶子排出盐分。大多数的红树林海岸线都分为两三个区域，其中每个区域的主要红树植物品种都不同。在美洲，红树植物仅有4个主要品种：最靠海的区域以正红树为主；稍向陆的区域以萌芽白骨壤为主，和其他一些物种一样，它生长出铅笔似的呼吸管，称为"呼吸根"；拉关木和锥果木则生长在最靠近陆地的区域。其余的热带海岸红树林沼泽中的红树植物物种则更为丰富。

呼吸根

作为水平方向生长的根的延展，这些垂直的根从沙或泥中长出，一旦接触到空气，便开始吸取氧气。

正红树

这种红树植物可以凭借其众多的红色支柱根生长在深水处，并有极高的耐盐性。

动物生命

红树林沼泽是生物多样性较为丰富的地方。红树植物产生大量凋落物（叶片、枝条、树皮）。这些凋落物进入水中后，有些立刻被螃蟹等动物取食，而大多数则被细菌和真菌加以分解，然后才成为鱼虾的食物。鱼虾的排泄物连同一些更小的红树植物凋落物一起成为软体动物、端足类、海生蠕虫、小型甲壳纲动物和蛇尾类的食物。其中一些动物被更大型的鱼类捕食，而各种鱼类又成为更大型的其他动物的食物。

放眼世界，红树林沼泽为数量众多的各种鸟类以及数种濒临灭绝的鳄鱼提供了栖息地。其他大量生活在红树林沼泽中的动物有蛙、蛇、昆虫以及小到沼泽鼠大到老虎等哺乳动物，其种类繁多。

带状喷水鱼

这种小型鱼类栖息于印度洋和太平洋的红树林沼泽中。它被称为“喷水鱼”，因为它主要以飞行的昆虫为食，靠从口中喷出水柱将昆虫击落水中取食。

红树林海蛇尾

这种食腐动物是在红树林沼泽中发现的为数不多的棘皮动物物种之一。其运动能力很强，能用其细长的腕将自身牵拉移动。

贾比鲁鹳

这种大鹳栖息在美洲热带的红树林沼泽和其他湿地中，其捕食的猎物种类较多，其中包括蛇。

躲避捕食者的攻击

躲藏在巴布亚新几内亚一片红树林沼泽里的这些天竺鲷，是利用红树林的根部来躲避捕食者的多种小型热带鱼之一。

人类影响

养虾

自1980年以来，全球约1/4的红树林沼泽被毁——人们在其上兴建或将其改建成养虾场等，以作商业用途（其中就包括图中这一处位于越南的养虾场）。不幸的是，集约化的养虾方式往往会破坏环境。从虾塘里流出的污水会污染附近的水域，对更多的红树林和沿海珊瑚礁造成破坏。

红树林水道

这是大沼泽地国家公园的南部，一排排的红树在佛罗里达湾的这处较浅的分支水道两旁延伸开去。

大西洋 西部

大沼泽地

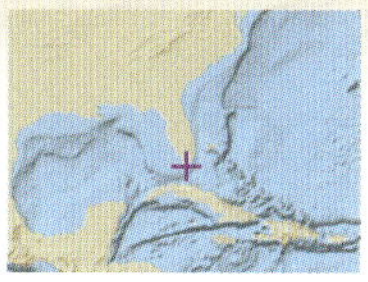

主要物种 正红树、萌芽白骨壤和拉关木

面积 仅红树林便占1500km²

位置 美国佛罗里达州西南部

佛罗里达州南部的西南端有一大片大致呈三角形的红树林区域，沿岸迷宫式的岛屿由一条条相互交错的红树林水道分隔。在这片北美洲面积最大的红树林沼泽中，墨西哥湾和佛罗里达湾的咸水与从佛罗里达中部奥基乔比湖流过来的淡水汇合。正红树是这里的海岸和众多水道中的主要物种，甚至连水道中的水也常被其叶中所含的单宁酸染成棕色。正红树除了能以其庞大的支柱根加固海岸线外，对大沼泽地的生态系统也起着至关重要的作用——是多种鱼类、虾、贻贝、海绵动物、螃蟹和其他无脊椎动物的繁殖地。大沼泽地中其他主要的红树植物物种有萌芽白骨壤和拉关木。这两种红树植物的生长区域都比正红树更靠岸，因此它们只在高潮时才接触到海水。这里的沼泽

蛇鹈

这种潜鸟在大沼泽地的红树林中捕食鱼、蛙和短吻鳄幼鳄。

大西洋 西部

阿尔瓦拉多红树林海岸

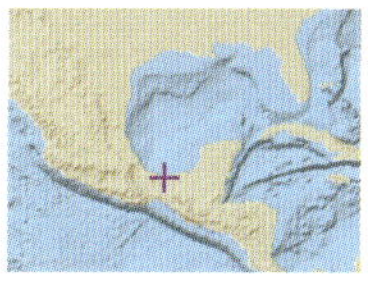

主要物种 正红树、萌芽白骨壤和拉关木

面积 500km²

位置 墨西哥韦拉克鲁斯东南方，墨西哥湾西南部海岸

阿尔瓦拉多红树林生态区位于墨西哥南部，面积广阔，与其他栖息地（如芦苇河床、棕榈林）交织在一起。红树林生长在平坦的沿海陆地上，半咸水潟湖（几条小河汇入其中）点缀其间。红树林沼泽中生机勃勃，魟鱼从平静的水面划过，螺在红树林根部爬行，这些根形成错综复杂的网络，可使许多鱼类和无脊椎动物免遭天敌袭击。沼泽及其周边栖息着彩虹巨嘴鸟、棕颈鹭、林鹳以及几种鹭和翠鸟，此处的哺乳动物则包括蜘蛛猴和北美海牛。这里一些较大面积的红树林遭到了破坏，剩下的红树林仍面临来自伐木、农业扩张、石油开采以及频繁发生的石油泄漏的威胁。

大西洋 西部

圣卡安生物圈保护区

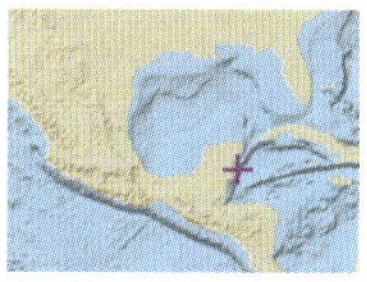

主要物种 正红树、萌芽白骨壤、拉关木和锥果木

面积 1000km²

位置 墨西哥东部尤卡坦半岛东部海岸，坎昆以南150km

圣卡安生物圈保护区沿着墨西哥的加勒比海岸延伸120km，内有红树林沼泽、潟湖和淡水沼泽。这个保护区于1987年被联合国教科文组织列入世界遗产名录。这里的红树林受到沿海岸生长的堡礁的保护，从而免受加勒比海能量的冲击。然而，此保护区陆地面积的20%—75%处于被淹没状态，被淹没面积大小取决于季节因素的影响。圣卡安的红树林系统是世界上生物生产力极高的地区之一，其健康状况对西加勒比海地区很多物种的生存而言是至关重要的。牡蛎、海绵、海鞘、海葵、水螅虫和甲壳纲动物躲在数量众多的红树植物根部生活。栖息在这里的鸟类有玫瑰琵鹭、鹈鹕、大火烈鸟、贾比鲁鹳和15种鹭。这里的沼泽还是北美海牛和2种濒危的鳄鱼，即美洲鳄和危地马拉鳄的栖息地。保护区附近的度假胜地坎昆的旅游业十分兴旺，这对此地区造成了威胁。无序的发展加重了污染程度，并改变了圣卡安水资源的分配和使用，损害了红树林的健康。

乘船观光旅游

由于圣卡安的很大一部分地区大多数时间都被水淹没，很少有道路可以通往这里，因此很多地方只能乘船前往探索。

为多种哺乳动物，如沼泽鼠，以及许多鸟类，如苍鹭、白鹭、秧鸡、蛇鹈和褐鹈鹕，提供了捕食和栖息的场所。尽管此区域中的大部分地方都有大量短吻鳄，但这里的沼泽地也是美国唯一有珍稀濒危美洲鳄的地方。在红树林水道中，偶尔还会发现北美海牛。

佛罗里达红树林有时会受到飓风的破坏，2005年的飓风“卡特里娜”和“威尔玛”便是例子。飓风通过两种方式对红树林造成破坏：①强风使红树植物落叶；②风暴潮将大量淤泥堆积到红树植物的根部。幸运的是，红树林是具有自我恢复能力的生态系统，它们通常在几年内便可从飓风造成的破坏中完全恢复。

墨西哥丽体鱼的入侵

自1983年以来，来自中美洲的外来鱼种——墨西哥丽体鱼已在大沼泽地的红树林沼泽和其他湿地中迅速繁殖。没有人知道这会对这一地区的生态系统造成什么影响。有人担心，这一外来鱼种可能会取代本地鱼种，或者会占领一个没有其他鱼类的新生境。

大火烈鸟

大火烈鸟羽毛鲜艳。它们大量地栖息在萨帕塔沼泽，以活在浅水水底淤泥中的海藻、虾、软体动物和昆虫幼体为食。

大西洋 西部

萨帕塔沼泽

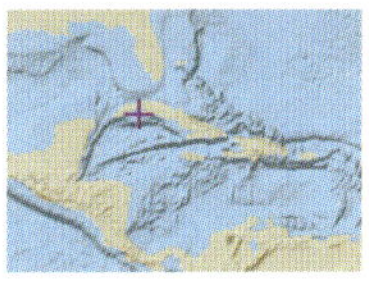

主要物种 正红树、萌芽白骨壤、拉关木和锥果木

面积 4000km²

位置 古巴西部，哈瓦那东南方120km

萨帕塔沼泽由片片红树林沼泽、淡水沼泽和咸水沼泽组成，是加勒比地区面积最大、保存最完好的湿地。1999年，萨帕塔沼泽被指定为生物圈保护区，并成为古巴野生动植物的重要保护区，还是有商业价值鱼类的产卵区，以及数以百万计的来自北美的候鸟的重要越冬地。这里已发现900多种植物，并且古巴特有的25种鸟中有22种在这里繁衍生息。这里已发现约170种鸟，包括黑隼、大火烈鸟及世界上最小的鸟——吸蜜蜂鸟。这里还有仅剩的几千条古巴鳄。栖息在此的哺乳动物包括古巴硬毛鼠（一种囊地鼠似的啮齿动物）和北美海牛。沼泽中还有此处特有的古巴雀鳝。在毗邻这片沼泽的猪湾，数以百万计的陆地蟹每年春天都在那里产卵。

大西洋 西部

伯利兹海岸红树林

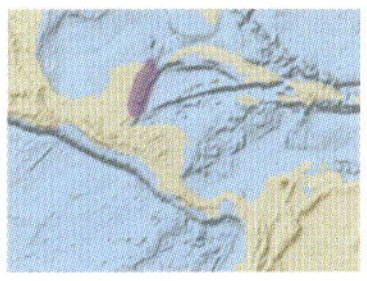

主要物种 正红树、萌芽白骨壤、拉关木和锥果木

面积 1500km²

位置 伯利兹东部，加勒比海西缘

这里的红树林沼泽是很多鱼类的育苗场，这些鱼类与大型的伯利兹堡礁有关。红树植物过滤河流带来的水源，拦截沉积物，使沿岸水域保持清澈，从而使珊瑚礁得以生存。沿海众多的沙礁（主要由珊瑚或沙子构成的小岛）上都长有红树林，为鸟类提供了栖息地。250多种鸟、北美海牛以及包括蟒蛇、美洲鳄和鬣蜥在内的多种爬行动物，共同生活在这片沼泽里。

红树植物的根

在整片海岸的水下，红树植物的根纵横交错，成了各种幼鱼的庇护所。

印度洋 西部

马达加斯加红树林

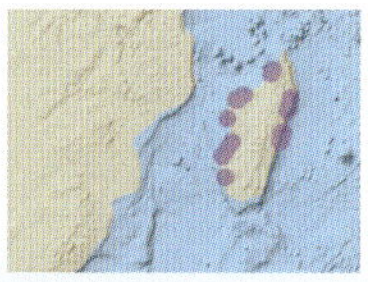

主要物种 白骨壤、澳洲角果木、红海榄和木榄

面积 3300km²

位置 沿马达加斯加海岸零散分布，非洲东部海岸地区

红树林在马达加斯加多种环境条件下都能生长，这里的高潮差、广阔而低洼的海岸区域以及来自河流的持续的淡水补充（由此导致较高的浑浊度）给红树林的生长提供了有利条件。这些红树林在马达加斯加岛的海岸线上绵延近1000km，通常与珊瑚礁相关联，后者可以使前者免受涌浪的破坏。反过来，这些红树林也拦截了河流沉积物，使之不能对珊瑚礁和海草床构成威胁。马达加斯加迄今已发现9种不同的红树植物，虽然其中只有6种在此分布较为广泛。几种马达加斯加当地的鸟类，包括马达加斯加鹭、马达加斯加水鸭、马达加斯加鱼鹰，都以红树林及其附属湿地为栖息地。儒艮（海牛的近亲）在水中滑行，以海草为食，大量的无脊椎动物和鱼类则自由地穿梭于手指状的红树植物根部。这些动物为尼罗鳄、鲨鱼、水鸟和涉禽，如苍鹭、琵鹭和白鹭等提供了丰富的食物。这里的许多鱼类和鸟类是世界上绝无仅有的。遗憾的是，城市发展、过度捕捞、围海造田以及养虾产业使这里的红树林受到了威胁。

红树林迷宫

这一带的海岸红树林位于马达加斯加东北海岸的安布迪博纳拉河河口，被无数的水道贯穿。

印度洋 北部

皮恰瓦兰红树林湿地

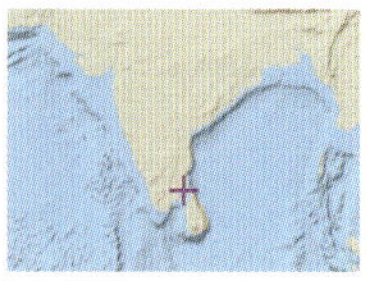

主要物种 白骨壤、海漆、红海榄、柱果木榄和澳洲角果木

面积 12km²

位置 印度东南部泰米尔纳德邦，金奈以南150km

皮恰瓦兰红树林湿地位于印度东南部的维勒河河口与科勒伦河河口之间的一个三角洲上。这里布满众多覆盖有红树林的小岛，水道溪涧纵横交错。湿地周围都是渔村、农田和养殖池塘。据说，这片面积不大、保护良好的湿地曾在2004年印度洋海啸中挽救了许多生命。海啸来袭之时，红树林阻挡了海浪，6座村庄得以免遭破坏，而那些未受保护的村落则彻底遭到毁坏。湿地通过摩擦效应拖缓了海浪的前进速度，并将海水接纳到其众多水道溪涧之中，这些都在一定程度上削弱了海啸的冲击力。

印度洋 北部

孙德尔本斯红树林

主要物种 银叶树、海漆、澳洲角果木、印度木果楝和柯拉树

面积 8000km²

位置 孟加拉国西南部，印度东北部，加尔各答与吉大港之间

1997年，这片红树林被列入世界遗产名录。它是世界上最大的连续性的红树林生态系统。恒河、布拉马普特拉河和梅克纳河的沉积物形成了一个巨大的三角洲，这片红树林就是三角洲的一部分。这一区域由数以千计的密布红树林的岛屿组成，岛屿间水道纵横。孟加拉虎在此活动，捕食梅花鹿和野猪。这里还有渔猫、恒河猴、水巨蜥、寄生蟹、恒河豚、各类鲨鱼和魟鱼。但由于过半的本地红树植物遭到砍伐，对此处的生物构成威胁。

恒河鳄

恒河鳄是栖息于孟加拉国的湿地和河流中的濒临灭绝物种。它们在孙德尔本斯曾经极为常见，但由于渔网意外性捕获及其他因素，其数量已经急剧减少。恒河鳄正面临地区性灭绝的危险，尽管印度和尼泊尔为挽救这一物种而实施了一些捕获性繁殖计划。

卫星图像

这张卫星图像展示了恒河—布拉马普特拉河—梅克纳河三角洲的部分区域，图中深红色的部分即孙德尔本斯红树林。右侧为孟加拉湾。

太平洋 西部

基纳巴塘岸河红树林

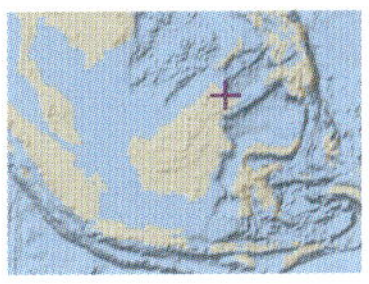

主要物种 红海榄、白骨壤和水椰

面积 1000km²

位置 马来西亚沙巴州东部，山打根东南方

这片红树林沼泽位于加里曼丹岛北部的沙巴州东部，在基纳巴塘岸河三角洲的海岸区域内。它与其他类型的低地森林（包括棕榈林）以及开阔的芦苇沼泽错综交织。这里生活着几十种咸水鱼以及虾、蟹等无脊椎动物、水獭和大约200种鸟，包括不同种类的鱼鹰、鹭、翠鸟等。有时，在这片区域也能看到伊洛瓦底江豚。其他在此栖息的动物包括加里曼丹岛本地的长鼻猴和湾鳄（世界上最大的鳄鱼品种），后者曾因捕猎而濒临灭绝，如今其数量正在恢复。过去30年来，为了木材、木炭生产的需要，基纳巴塘岸河三角洲的红树林遭到大范围的砍伐。红树林要么为油棕榈所替代，要么为养虾场所取代，这里的野生动物的生存也不可避免地受到影响。如今，沙巴州的政府部门正开展大规模的红树林再植运动。

红树林里的猴子

一只既能游泳又能直立行走的雌性长鼻猴，正带着一只幼猴越过基纳巴塘岸河红树林中的一条水道。它那长长的尾巴，有助于它在空中保持平衡。

低潮下的气生根

红树植物通过密集的根部深植于软泥中，这些根为许多动物提供了栖息之所。

太平洋 西部

新几内亚红树林

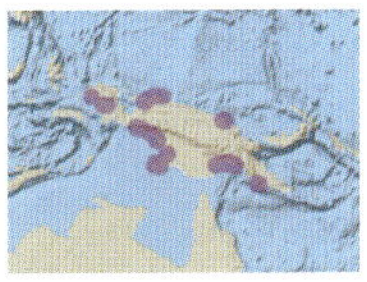

主要物种 白骨壤、红海榄、正红树和木果楝

面积 10,000km²

位置 零散分布于西太平洋的新几内亚岛

红树林沼泽广泛分布于新几内亚岛海岸线地带，其中最长的和面积最宽的都位于本岛的南部，在迪谷尔河、福莱河以及基科里河等大河的河口周围。这里的红树植物品种最多——人们曾在一处红树林沼泽发现30个不同的品种；这里的红树群落为生活在水边的多种动物提供了重要的栖息地。这里的水下生活着200多种鱼，有枢机主教鱼、银纹笛鲷、鲻鱼等，成年鱼和幼鱼均能见到。弹涂鱼（能够离开水面并爬树的鱼）、螺和螃蟹在红树植物的根部攀爬，湾鳄则在红树林间的水道游弋。尽管这些沼泽中的鱼类和红树植物品种丰富，这里的陆栖动物多样性却相对较低，只发现了2种特有的蝙蝠和1种巨蜥。

这里有10种地方性鸟类，包括新几内亚秧鸡、吸蜜小鹦鹉、巴布亚金丝燕、红胸天堂翠鸟和红喙灌丛火鸡等。尽管这里的红树林大部分都得到了良好的保护，然而近年来随着油气产业的快速发展，新几内亚岛西部的红树林区受到了污染的威胁。

海马

这只小海马正在变色，最终将变为红树植物落叶的黄色。

太平洋 东部

达连湾红树林

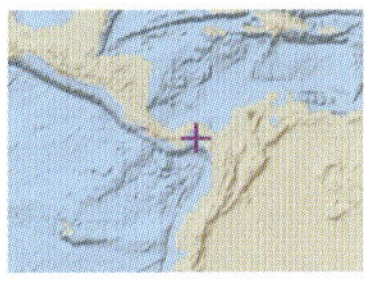

主要物种 正红树、萌芽白骨壤、锥果木、拉关木和假红树

面积 900km²

位置 巴拿马东部太平洋海岸，巴拿马城东南方

达连湾红树林沼泽位于达连国家公园内，巴拿马东部地区的河口周围，毗邻巴拿马湾。这里的红树植物的根部成为软体动物、甲壳类动物和诸多鱼类的庇护所。这里虾的数量尤其庞大；幼虾在近岸孵化，然后转移到红树林庇护所待上几个月，待成年后才返回海洋。此处的一些红树林沼泽被改造为对虾养殖池或农田，城市化和污染也带来了威胁。

萌芽白骨壤

这些树生长在一个非营利性环保团体所拥有的私人保护区——蓬塔帕蒂诺自然保护区内。

新几内亚红树林

这条年轻的湾鳄正在红树植物的根部觅食。这种鳄鱼成年后的体形是所有鳄鱼品种中最大的，可长至7m长。尽管又被叫作“咸水鳄”，但它们更喜欢淡水。成年湾鳄经常凶猛地争夺沼泽中的主要水道，迫使幼鳄进入支流或外海。

浅海

浅海覆盖着环绕陆地的大陆架，孕育了丰富多样的生命。来自太阳的能量和源于陆地与海洋的养分，为植物生长提供了良好的条件，而植物是所有海洋生物赖以生存的基础。月亮所产生的影响也至关重要。月球引力产生潮汐，从而令海岸每天都露出水面，而潮汐流则将植物养分进行分配，将食物带给等待觅食的动物。海床的不同区域为适应该处条件的海洋生物提供了独特的栖息地。浅海是人们最熟悉的海洋组成部分，然而，我们对浅海生物的复杂性以及浅海之于地球整体健康的重要性的了解，才刚刚起步。

珊瑚礁

从极地海洋到热带海洋，波光粼粼的海面下，隐藏着由陌生生命形态组成的王国。在图中这片热带海域中，动物的外表类似植物，而植物则隐藏在珊瑚虫体内。

大陆架

大陆架实际上是最后一个冰河时代之后海平面上升，被海水淹没的大陆边缘。如今，陆架海床位于水下约200m处，其宽度不一，有的地方可达数百千米。陆架海床及其水质受各种陆地进程影响。河流带来淡水和养分，使大陆架水域拥有极高的生物生产力，而河流挟带的物质则在海床处沉积下来。大陆架的生物和栖息地都极具多样性，但这里也是海洋中受污染最严重的区域。

发现

峡湾

峡湾是受冰川切割后被海水淹没的具有遮蔽性的深海湾，通常向陆地延伸数千米，由深海盆地组成，被浅海槛将其与外海分隔开来。

这种海盆—海槛相结合的结构，对海洋生物影响较大。在这种具有遮蔽性的环境中，多泥沙的淡水之下是较为平静的深色咸水，这便模仿了大陆架之外的海洋环境。一些通常只生活在深水中的动物，如冷水珊瑚，可以在峡湾较浅的水中栖息，潜水员因而得以对它们进行探索。

浅海海藻

海藻在光照充足的浅水岩石上生长得最为茂盛。它们在强烈的海水运动中蓬勃生长，为许多小动物提供食物和庇护。

富饶的海岸边缘

在海洋中，海岸边缘的生物多样性程度最高。从混浊的海盆到清澈的热带水域，这里的光的穿透力差异度很大。在很多地方，充足的阳光可以到达浅海海床，为光合生物提供良好的生长环境。海藻、海草和浮游植物依靠太阳能、源自陆地的养分以及风和洋流搅起的沉积物在这里蓬勃生长。海岸边缘比远海更丰富多产，加上多种多样的栖息地，复杂的海洋群落由此产生，为深水动物提供了丰富的繁衍生息地。在高纬度地区，太阳照射强度的季节性变化引起浮游生物和海藻生长的年周期变化。而在热带地区，季节性变化不明显，海草和海藻可全年生长。

多产的沉积平原

大部分大陆架为厚厚的沉积物所覆盖。沙子、砾石和卵石在浅水中沉积，而细泥则被带到离岸更远的深水域。大陆架沉积物的一个重要组成部分是源于生物的（由生物体的遗骸构成），例如由珊瑚骨骼和微型浮游生物产生的碳酸盐（含碳化合物）构成。

沉积平原乍一看很荒芜，然而，许多种动物都隐藏在其表面之下生活。它们或永远藏匿其中，或于觅食和繁衍时从藏身的洞穴和隧道中出来。流动的沙子和砾石并非易于生存之处，但更稳定的沉积物都分布在更深的海床上。沉积物不同的颗粒大小较适合动物于其中构建洞穴和隧道，也能够容纳大量的动物，为其提供丰富的食物来源。这些动物群落以大陆架表层水域中落下的浮游生物以及海藻和海草的分解产物为食。

沉积层捕食者

鱼和海星位于沉积层食物链的顶端，捕食多种生活在沉积层表面或藏匿在其底部的动物。鱼捕食各种各样的生物，而海星则捕捉那些行动较为迟缓的生物。

大陆架渔业

大陆架的水域和海床支撑着世界上大多数主要渔业。沿海水域中有鱼苗可食用的浮游生物以及幼鱼的藏身之处，这里也是世界上90%海洋捕捞渔获的产地。鳕鱼和黑线鳕等底栖鱼类（生活在海床表面或上方）以生活在海床上的生物为食。沙丁鱼和鲱鱼等远洋（开阔水域）鱼群以浮游动物为食，也是鲭鱼和鲨鱼等较大型鱼类以及鲸类和海鸟的重要食物。对虾等具有重要商业价值的无脊椎动物，也可在大陆架水域捕捞到。从全世界范围来看，沿海社区都因小规模的近海渔业（捕捞各种各样的海洋生物）而得以维持。

女王扇贝

扇贝以滤食海水为生，可以通过潜水捕捞或养殖的手段来得到，不会对海洋环境造成危害。

幼鱼庇护所

这些鳕鱼的幼鱼在马贻贝海床觅食。它们长为成鱼后便会游离海岸。

大陆架的沉积物

密西西比河经由网状水道流入大海。其满含淤泥的河水进入大海后，沉积物便沿着大陆架下沉。

大陆架的地质

有些大陆架的沉积物极厚。例如，北美东部大陆架的沉积物经历数百万年的积累和压实，其厚度可达15km。此处的某一横截面显示，除了由河流和冰川带来的沉积物，还有一些较为古老的沉积物，包括碳酸盐、蒸发岩和火山物质。碳酸盐大多源于热带浅海的生物。蒸发岩是浅海海盆或干旱的海岸线的海水蒸发后所产生的盐岩。蒸发沉积物在上覆沉积岩中形成月面拱形结构，封住石油和天然气。

挖出来的财富

通过挖掘大陆架，人们从中提取建筑业所需的金、锡、稀土等金属和骨料。

人类影响

海岸带污染

多年来，近海一直是人类便利的垃圾场。即使是最偏远的海岸，现在也充斥着塑料垃圾。而更隐蔽的当属无形污染：污水中的养分和病原体，工农业废水中的重金属、有机卤素污染物和其他毒素，发电站的放射性废物，以及源自废水、泄漏的原油和其他物质的碳氢化合物。

岩石海床

从温暖的热带海洋到寒冷的极地海洋，许多独特的海洋生物群落在浅海岩石海床上繁衍。水下岩石为海藻和海洋动物提供了附着点，因而其表面往往布满生物。海藻在阳光充足的浅海区蓬勃生长，为动物群落提供了藏身处。紧紧附着在岩石上的动物伸出肢体或触角，捕捉水流中的浮游生物，或将水泵送至体内，从而滤食水中的养分。自由活动的动物则取食海藻，或者捕食附着在岩石上的动物或其他自由活动的动物。礁石上生物的生存受诸多环境因素影响。

岩石斜坡　加拿大不列颠哥伦比亚省的这些水下岩石上布满了海洋生物。一只向日葵海星和一只皮韧海星在粉红色的软珊瑚和海绵之间搜寻猎物，海胆则在下方觅食。

海藻区

海藻依靠阳光生长，只在最浅水处的岩石上才大量生长。其生活的水深取决于水体透明度，在混浊的海洋中只有几米，而在最清澈的水域则超过100m。在寒冷水域，茂盛的大型海藻林和其他大型褐藻占据了浅海区，更深的水域中则生活着较小型的海藻。而热带海域的岩石上则往往缺乏大型海藻，这里的太阳能量多被珊瑚组织内微小的单细胞藻类所利用。海藻中藏匿着许多与之相关的动物。一些动物终生生活在海藻区，而其他一些动物则将之作为繁殖地或育苗场，其幼体随后会进入深水区生活。

食物来源　海藻获取太阳能，而动物取食海藻，从而实现了能量的转移。左图为苏格兰奥克尼群岛的岩石海床，其上长满了绿藻。

贝氏隆头鱼　夏季，成年贝氏隆头鱼在被岩缝保护着的海藻搭成的巢穴中产卵。其幼鱼身上的花纹通常起到伪装的作用。

岩石上的觅食者

海胆是进化非常成功的海洋无脊椎动物，长有尖刺保护自身。它们在海床上觅食，除了硬壳动物和钙化海藻等较硬的藻体外，几乎无所不食，对生活在海床上的群落产生巨大影响。如果海胆数量过多，便会令海底生物的多样性严重减少，留下海胆“荒原”；相反，如果海胆数量稀少，则可为新物种清理出生存空间，从而增加生物多样性。

动物主宰的深海

在较深的水域，对于大多数海藻来说，光照强度太低，不适宜生长，但一些藻体较坚硬的钙化红藻对光照的要求较低，可以适应那里的环境。在深水中，大多数看上去像植物般生长的实际上是固着动物，它们在有强大潮汐流的地方最为常见。对于生活在这里的可自由活动的动物来说，海床相当于雷区，布满了由固着动物所释放的危险物质，固着动物这样做是为了阻止其天敌发起袭击。在海平面以下50m处，由波浪引起的水流运动较弱，因此海绵和海扇等脆弱动物的体形可以长得较大。在此处及水流运动影响更弱的地方，细淤泥不断沉积，严密地铺满岩石表面，只有那些能够在岩石表面附着，或能够移除淤泥的生物才能在这些地方生存。在那些淤泥层最厚的岩石上，动物则只能在垂直或悬垂的岩石表面生存。

岩底捕食者　石鱼的皮肤有疣状块，形状不规则，因而难以被发现。其巨大的嘴便于吞噬猎物，而其背刺则含有毒液，足以致命。

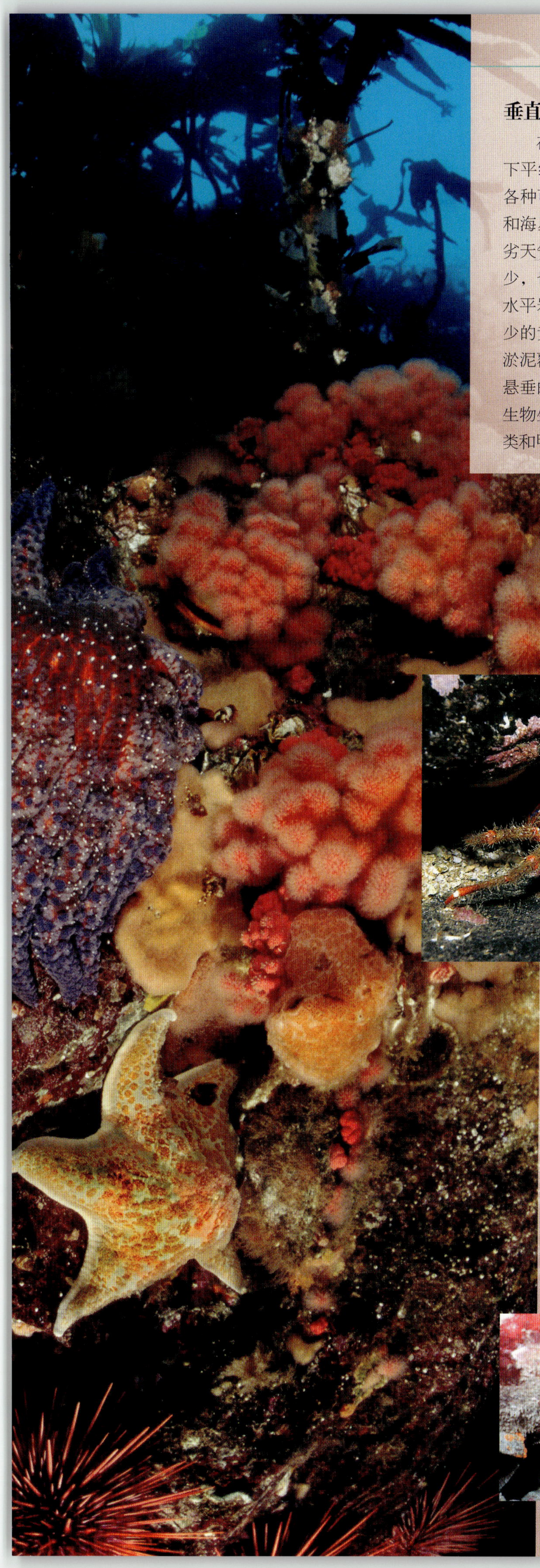

垂直岩石

在水下悬崖上生活的无脊椎动物，往往比水下平缓岩石上的多。在有强大潮汐流的浅水区，各种可自由活动的海底动物，尤其是猎食的海胆和海星，很难抓紧垂直或悬垂的表面，因此在恶劣天气中会被波浪冲走。而垂直岩壁接收的阳光少，也不适宜海藻孢子生长，所以这里的海藻比水平岩石上的要少，无脊椎动物因而可以面临更少的竞争。在隐蔽的地方，面朝上的岩石常常被淤泥覆盖，生活在其上的动物较少，但垂直的和悬垂的岩石则相反，不仅没有淤泥，还有丰富的生物生活在那里。水下悬崖的岩架和岩缝，为鱼类和甲壳类动物提供了安全的庇护所。

宝石海葵

五颜六色的宝石海葵铺满了暴露在波浪中的垂直岩石，它们伸出触角在水流中捕食。

岩缝和洞穴

不同特性的水下岩石为海洋生物提供了额外的栖息地。岩缝和小洞穴是夜行性鱼类的栖身之处，它们白天隐藏，夜间活动。细长的鱼很适合生活在岩缝里。白天活跃的鱼需要洞穴，这样它们在夜间及捕食者接近时才好藏身。深长的、尽头封闭的洞穴提供了一系列的栖息地，从阳光充足、有强大波浪的入口，到黑暗的较深入的静水水域，再到有遮蔽的沉积物堆积处。对虾和铠甲虾占据洞穴的岩架，而通过将水泵送至体内，从而滤食水中的养分的动物，则生活在洞穴内的静水中，布满穴壁。白天，藏在洞穴中的闪光鱼，借助其眼下方器官中的细菌发光，在彼此之间传递信号。细小的岩缝为小动物躲避海胆提供了避难所，因而十分重要。

避难

这只多刺铠甲虾身体扁平，在受到威胁时，可以藏入狭窄的岩缝深处，它的刺能助它挤进狭小的空间。

风暴和冲刷

浅水岩礁在风暴期间会承受海浪的全部力量，但生活在开阔裸露海岸岩石上的动物和海藻可紧紧附着在岩石上，一般已很好地适应了这一环境，能有效地应对大浪冲击。较大的海藻和动物会被从较浅水域的岩石上冲掉，从而为新生命腾出空间，而许多海藻和集居动物都可以从固着器或基底部位重新生长。然而，很少有动植物能在滚动的巨砾或被附近的沙子或卵石冲刷的岩床上生存。在岩石和沙子交会的地方，往往有裸露的喷砂岩，其上生活着龙骨螨虫等硬壳动物以及一片片钙化红藻。在这些钙化红藻上，海绵和藤壶等生长快速的群居动物趁着风暴的间隔期大量生长。

龙骨螨虫

龙骨螨虫有坚硬的钙质外壳，能保护其身体免受沙子的冲刷。

珊瑚藻

钙化珊瑚藻就像是覆盖了一层硬质粉色涂料一样，能承受附近沙子和卵石的猛烈冲刷。

沙质海床

大部分大陆架上覆盖着厚厚的沉积物，这是陆地和海岸历经千年侵蚀后积累的结果。海洋生物的钙质遗骸也不断加入到沉积物中。与深海沉积物（详见第180—181页）不同，大陆架沉积物在风暴中会被波浪搅起，使其中的营养物质再次悬浮，这极大地影响了海洋生物的生活和生产力。由于海草和海藻只在有限的浅水区生长，沉积层便成为动物的领地。在沙质海床表面下，大量的动物隐藏其中，它们或为了躲避天敌，或为了等待猎物。

砾石和沙子

海岸侵蚀和陆地侵蚀所产生的最粗糙的沉积物，通常在随河流和冰川进入大海时在近岸海域沉积下来。这些干净、粗糙的砾石和沙子，常常被波浪和潮汐搬动，并非良好的栖息地。栖息于此的典型动物包括硬壳软体动物、海参、穴居海胆和螃蟹。而更多的一系列生物则生活在更稳定的沙砾中，那里有铺满海床的紫粉色的藻团粒。这种非固着的钙化海藻由珊瑚状结节构成。活着的藻团粒的嫩枝的开放式结构，是刚从浮游生物上下沉至此的微小动物的理想栖身之处，而穴居动物则生存在底下铺满死去的藻团粒的砾石中。海草床和绿藻床在浅水沙子中茁壮成长，孕育了大量的生物。而嵌入沙中的贝壳和石头则为各种海藻提供了附着点。许多鱼类已经适应了沙质海床处的生活，其中最为人所熟悉的是比目鱼。浅水琵琶鱼挥舞着自身充当诱饵的饵状物，引诱猎物进入其大嘴的攻击范围内。花园鳗终生生活在沙质洞穴中，仅露出部分身体来捕食浮游生物。沙鳗和劈刀濑鱼则会钻进沙中来躲避天敌。

沙质栖息地

海毛虫是一种海洋分段蠕虫，生活在泥泞的沙子中。

探索沙质海床

魟是隐藏在海床的沙子中的诸多动物之一。这条美洲魟这样做既可以逃避敌害，也可以伏击猎物。

砾石中的居民

这只火焰贝生活在由砾石、卵石和贝壳构成的巢穴中。它将海水泵入巢穴中，用其黏性触角摄取食物。

软泥

在封闭海湾、河口和峡湾的隐蔽水域，以及大陆架较深的水域中，最微小的沉积物颗粒沉淀为松软的海床泥。这些微小颗粒很容易被搅动起来，堵塞鱼鳃并使初来至此的幼虫窒息。软泥表面以下缺氧，因此藏匿其中的动物必须想方设法从海水中获取氧分。尽管存在这些挑战，软泥海床仍然可以成为生物生产力较高的地方。泥面往往生活有大量的细菌和硅藻，为蠕虫等吸食动物提供了食物。在软泥中建造稳定的洞穴也比在沙子或砾石中来得容易。海笔和穴居海葵等动物将自己固定在泥中，竖起黏性水螅体和触角，以捕捉下沉的浮游生物，或诱捕经过的鱼或甲壳类动物。

扎根在泥中

图中海笔的触手上布满了以浮游生物为食的小小的水螅体。

混合沉积物

大陆架沉积物大多是粗细物质的混合物。其中一个重要的组成部分，是硬壳动物产生的钙质碎片。与沙子或泥相比，混合沉积物为构筑管道和洞穴提供了更为多样的材料，也更容易穿过，所以有更多种类的动物在这里生活。海藻和水螅覆盖海床，附着于贝壳和卵石上。肉眼可见的生物有管虫、海蛇尾和穴居海葵，其中大部分会在受到威胁时藏入沉积物中。隐藏在沉积物表面之下的动物，包括双壳类动物和甲壳类动物，为海星、螃蟹、魟等具有挖掘能力的动物提供了丰富的食物来源。

沉积物中的生物

这只嘴边围满触手的海参（左）将其身体的一半埋于沉积物中，与旁边的一只寄居蟹一起栖居在这个混合沉积物的环境中。

起到稳定海床作用的动物

在这片海床上，水螅、软珊瑚和海蛇尾等动物大量繁衍，而这有赖于藏匿于这片海床表面下的许多火焰贝和马贻贝。这些软体动物用坚韧的足丝固定移动的沉积物，创造出稳定而复杂的表面，成为许多其他动物的栖身之处。火焰贝的巢穴连在一起，形成广阔的礁石，并有换水的孔洞，于是许多其他生物便在其巢穴之内或之下生活。

定居习惯

这只挪威龙虾生活在两端开口的U形洞穴中，主要在夜间活动。

表面之下

沙子和砾石被波浪搅动，由此创造了一个变动的富氧环境。生活在这里的动物，如甲壳类动物、棘皮动物等，在流动的沙子中活动，并不构筑永久性的巢穴。以这种方式扰乱沉积物的动物，或通过滤食沉积物将其扰乱的动物，被称为“生物扰动者”，是重要的养分循环者。较少被扰动的沉积物中则栖息着“沉积物固定者”。这些动物大多生活在永久性洞穴或管道中，能够适应缺氧和被掩埋的生存条件。其中一些会用黏液等物质对其洞穴内壁进行加固，并吸入海水来获得食物和氧分。另一些则把自身的虹吸管延伸至表面，以过滤海水或吸入沉积物。微生物（小型底栖动物）则生活在沙粒之间。

发现

海底沉船

如图中所示的佛罗里达州附近海底的“老鹰号”一样，沉船复杂的形状和坚固的表面会吸引无脊椎动物和鱼类栖息其中。新沉船可能需要一段时间才会被生物所覆盖，这取决于其材质。小水螅虫、藤壶和龙骨蠕虫往往首先入驻沉船，为其他动物和海藻的繁衍创造条件，使它们可以生长在其硬壳上。滤食性动物在沉船复杂结构的强大水流中茁壮成长，而沉船的内部空间则为鱼类和章鱼提供了隐蔽之处。

海草床和褐藻林

海草床和海藻林是迥然不同的栖息地，但都具有较高的生物生产力，为近岸海域的总初级生产量做出了显著的贡献。海草是唯一完全生活在海洋中的开花植物，主要在浅海海域阳光充足的隐蔽沙质海床上蓬勃生长，喜温水。海藻林的海藻主要是指大型褐藻，以茂密成林的形式生长在沿海较深水域和潮下带的岩石上，喜冷水。海草床和海藻林这两种生态系统均具有复杂的结构，为一系列相关的动物和海藻提供了庇护，其中有些生物仅生存于此。

冷水褐藻

褐藻是大型的褐色海藻，主要生活在潮下带浅水水域。

人类影响

濒危食草动物

海草是绿海龟的主要食物，也是海牛和儒艮的唯一食物。在全球范围内，因为遭受觅食地被破坏的威胁，这些动物正濒临灭绝，或处于十分脆弱的境况。海草床所处的沿海地区往往容易受到污染。陆地富含营养物和沉积物的径流会影响此处水体的透明度，这对全球范围内的海草床都可能构成最大的威胁。

海底草原

海草形成的海底草原有助于保护浅海沙质海床免受侵蚀。

海草床

海草是唯一完全生活在海洋中的开花植物（被子植物），在浅水沙质潟湖或封闭的海湾中生长最为茂盛，因为这些地方的水体较为清澈。它们可适应不同的盐度。和海藻不同，海草有根，用来从沉积物中吸收营养，从而令养分得以循环，否则养分将被锁定在海床表面之下。海草交织的根状茎与根有助于固定沙子，保护海床，使之免受侵蚀，并促使沉积物积聚。海草较高的生产力和复杂的形态结构，吸引了数量相当可观的相关物种，其中一些仅在海草床中才有发现。各种海藻和固着动物在海草的叶子上生长，包括水螅虫、苔藓虫和海鞘。海草还是海牛、儒艮、绿海龟等动物以及许多水鸟极为重要的食物。

自然的伪装

这条尖海龙瘦长的身躯和浅褐的体色令它在海草丛中不易被发现。

褐藻林

褐藻通常指海带目下的各种大型褐色海藻。褐藻林在寒冷水域水流运动频繁的浅水岩石上长势最佳。一些褐藻海床的顶部边缘，在潮汐退至最低位时可以被看见。褐藻在岩质斜坡上生长密集，深度可达水下10—20m，这取决于水体的清澈度。在更深的水域，由于光线较少，光合作用受限，褐藻生长得较为稀疏；在大多数近海水域，褐藻生长的深度不超过水下25m。不过，在格外清澈的水中，褐藻生长的深度可达水下50m。许多褐藻品种都有气囊，能令藻体保持向上漂浮的状态，以便接收阳光并远离海床上的食草动物。在褐藻林内，波浪被削弱，于是许多生物便生活在其庇护下。虽然褐藻栖息地生存着丰富的海洋生物群落，但只有10%左右的褐藻被动物直接食用，其余则以碎屑或溶解性有机物的形式参与到食物链中。

分布图

海草床在热带水域中蓬勃生长，而褐藻林则在养分丰富的寒冷水域中茂盛生长，延伸至极地地区。

褐藻林

海草床

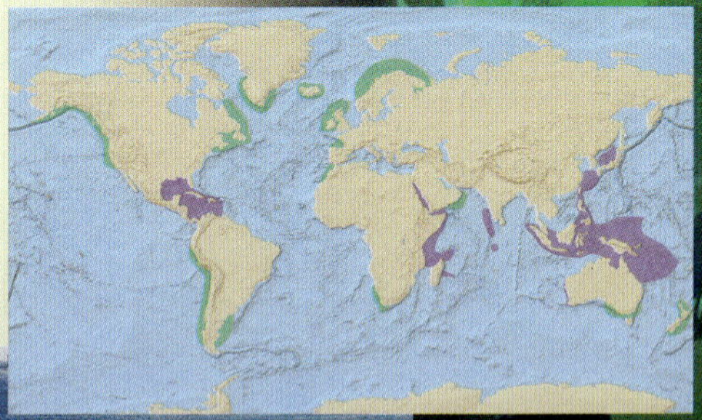

海岸防护

巨藻带能吸收波能，在剧烈的风暴中保护海岸。

褐藻群落

许多褐藻呈树状，拥有可用于附着的分叉固着器和长长的主干（柄），有些带有气囊，支撑着手掌般的藻体。这造就了褐藻林的多层环境，不同的生物生活在不同的层中。固着器中的狭小空间令数以百计的小动物得以躲避天敌。一些褐藻坚硬的叶柄上覆盖有红色海藻，在平静的天气里，或在较深的水域中，海胆和帽贝会取食这些红色海藻。生长迅速的褐藻藻体会渗出黏液，以阻止大多数动物附着于其上，但在生长期末期，藻体生长放缓，便可能被一些动物覆盖，尤其是苔藓虫、水螅和管虫。这些动物的附着令到达藻体的阳光减少，一些褐藻会脱落部分藻体，以摆脱多余的寄居动物，之后再长出新藻体。褐藻底下的海床，可能覆盖有海洋生物，也可能在海胆大肆觅食后变得相对荒芜。

褐藻上的海葵

图中这只大型海葵正在不同寻常地移动。它爬上或漂上褐藻藻体，以捕捉漂浮的猎物。

青线笠螺

在藻体生长期快要结束时，这些青线笠螺会向下移动到褐藻的固着器中，以免随着旧藻体被抛弃。

苗圃和避难所

海草床和褐藻林是幼鱼发育成熟前躲避天敌的重要避难所。许多种鱼在成年后并不在海草或褐藻中生活（例如圆鳍鱼和绒毛鲨），但它们会来这些栖息地产卵，以使幼鱼获得更大的存活率。小鱼需要小的猎物，它们在海草间、底下的沉积物中或褐藻林的林下植物中能找到丰富的食物，包括微小的蠕虫、甲壳类动物和软体动物。这些幼鱼和成鱼不同，通常以绿色和褐色的海藻作为掩护，以避免被发现。周围珊瑚礁里的一些草食性鱼类则只在夜间才进入海草床。海草床还是虾和墨鱼等一些具有商业价值的无脊椎动物的重要生长地。

圆鳍鱼

图中的圆鳍鱼幼鱼十分脆弱。然而，它善于用吸盘吸附在褐藻藻体上伪装起来。

茂密的褐藻林

巨藻是世界上最大的海藻。其叶柄可长达30多米，生长速度可达每天50cm。

大西洋 西部

特尔米诺斯潟湖

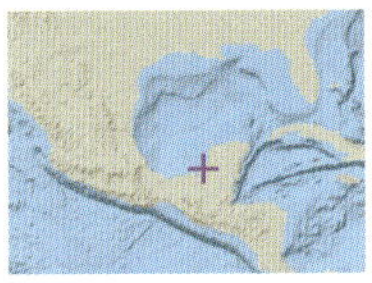

海岸类型 浅水潟湖

水型 热带

初生植被 海草、海藻及红树林

位置 墨西哥，坎佩切州，尤卡坦半岛西南部

在这幅卫星图像中，潟湖位于顶部。

此潟湖内充满沉积物，通过两条水道与墨西哥湾相连。三条河流为其注入淡水，因此其盐度变化非常显著。泰来藻、丝状针叶藻和莱氏二药藻这3种海草覆盖了潟湖面积的29%。这里有448个动物物种被记录在册，是墨西哥四大潟湖中物种最丰富的。

大西洋 东北部

巴拉岛海峡

海岸类型 夹杂海峡的列岛

水型 寒冷

初生植被 海草、藻团粒及褐藻

位置 英国，苏格兰，外赫布里底群岛的南尤伊斯特岛、埃里斯凯岛和巴拉岛之间

巴拉岛海峡有强大的潮汐流通过，这里清澈的浅水和沙质海底为鳗草提供了理想的生长环境。鳗草床和藻团粒床是多种小动物的栖息地。生活在苏格兰此处流水中的丰茂群落却受到横跨海峡的人造石堤的威胁，因为石堤切断了挟带着养分的水流，而这些养分对生物的健康成长必不可少。鳗草和川蔓藻也生长在附近的半咸水潟湖中，川蔓藻被一些科学家视为一种海草。海峡边缘的岩石上长有极北海带林，为大量海鞘和海绵提供了栖身之所。

鳗草丛

健康的鳗草丛在海峡的流水中蓬勃生长。20世纪30年代，西欧近90%的鳗草在一种消耗性疾病中灭亡了。

大西洋 东北部

法尔茅斯湾

海岸类型 岩质海湾

水型 寒冷

初生植被 极北海带、鳗草

位置 英国英格兰，康沃尔郡西南部

法尔茅斯湾的海岸线包括两个已被淹没的河谷（溺湾）——法尔河河谷和赫尔福德河河谷，它们如今已成为狭长的避风海湾。由于这两处海湾中有丰富的海洋生物资源，它们与法尔茅斯湾的其他一些部分一起被指定为欧洲海洋特别保护区。在海湾中，鳗草和藻团粒铺满海床，其中栖息着各种各样的动物，包括稀有的虾虎鱼。

在受波浪冲击的岩石海岸上，极北海带茂密成林，许多相关的海藻和动物生活其间。极北海带有坚硬的柄，藻体可直立于海床上，从而令海带林垂直生长。在其下方的岩石上，海葵、海绵和更小的海藻彼此争夺生存空间，而其他动物则躲藏在其固着器中。其叶柄表面粗糙，便于红藻、苔藓虫、软珊瑚和其他有壳动物附着。细小的青线笠螺在藻体上觅食，而五颜六色的海蛞蝓则捕食小水螅虫和花边苔藓虫。

楔基海带生长在此处的更深水域中，这里接近其在欧洲生长的最北界。其类似于极北海带，但叶柄平滑，鲜有生物能生长于其上。这里还有另两种海带：拥有皱纹藻体的糖海带（糖昆布）以及裙褶海带（裙带菜），后者有较大的空心固着器，短短一个季度就能长至4m长。

康沃尔郡海带林

在这片极北海带林中，不同动植物大量生活在海带及其下方的岩石上。

南大西洋的褐藻林

在南非的西海岸，大王藻是当地最大型的褐藻，可长至15m长。

大西洋 东南部

萨尔达尼亚湾

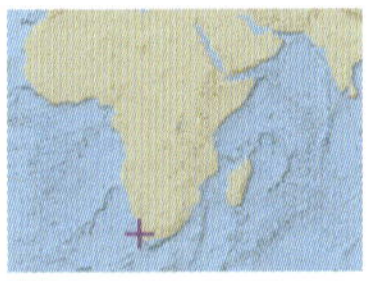

海岸类型 带有潟湖的岩石和沙质海湾

水型 寒冷洋流

初生植被 褐藻、鳗草

位置 南非，西开普省

本格拉寒流沿着南非的西海岸向北流动，带来了富含养分的水，非常适合褐藻生长，萨尔达尼亚湾的海竹藻（大王藻）因而长得十分繁茂。较小的扇海带在较深的水中更为普遍。南非以多种多样的帽贝而闻名，而褐藻帽贝只在大王藻上才有。它的外壳可以巧妙地嵌在叶柄周围，便于其在叶柄上觅食。高度濒危的菊花螺帽贝则只能在萨尔达尼亚湾的朗厄班潟湖里找到，这种帽贝在当地植物——好望角大叶藻上觅食。

印度洋 西部

加齐湾

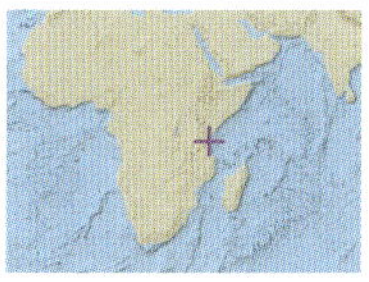

海岸类型 浅水湾、裙礁

水型 热带

初生植被 海草、红树林

位置 肯尼亚，蒙巴萨以南50km

加齐湾的浅水区潮下带泥沙滩被裙礁所掩蔽。泥滩上长有12种海草，面积为$15km^2$的海湾近一半都被这些海草床所覆盖，流入海湾的河溪两岸红树林成荫。这种红树林、海草和珊瑚礁系统三者异常接近的状况，引起科学家的关注，他们着手研究三者之间的相互作用。海草床能网罗随河溪冲进海湾的颗粒物质，这至关重要。大多数颗粒物质在红树林绵延2km的范围内被拦截。海草床直接为对虾幼体、浮游动物、虾和牡蛎提供食物，也是海湾中所有鱼类的主要觅食地，因而对当地渔业的健康发展具有重要意义。

红树林和海草

和许多两岸红树林成荫的河溪不同，这里的水很清澈，海草丛能够在通往加齐湾的水道中蓬勃生长。

印度洋 东部

龙目岛

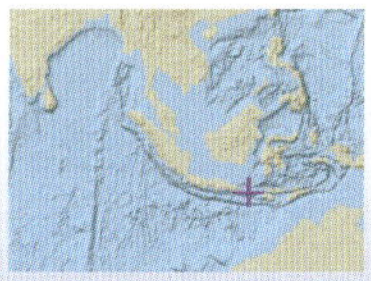

海岸类型 岩石海岸上的半遮蔽海湾

水型 热带

初生植被 海草

位置 印度尼西亚，小巽他群岛

印度尼西亚周围的海床至少有$30,000km^2$的面积覆盖着海草。在温暖的浅水潟湖和海湾中，12种海草蓬勃生长。龙目岛南部的格鲁普克湾中长有其中的11种印尼海草，海菖蒲和全楔草更是形成了密集的海草丛。对生活在龙目岛海域海草中鱼类的肠内物质的分析表明，甲壳类动物是其主要的食物来源。然而，这里有一种船形虾，其细长的绿色身体上有白色小斑点，这在海草叶片上是完美的伪装，可以避免引起天敌的注意。当地人会在退潮时用锋利的铁标枪采掘潮间带生物，而这会损害海草的叶片和根，从而对海草床造成威胁。

人类影响

旅游业带来的威胁

东南亚海岛的海域是世界上海草种类最多的地方，但人类活动在很多地方对海草造成了威胁。旅游业是东南亚多地迅速提振经济的有效手段，为了顺应旅游业的发展，人们在之前还未受破坏的地区建造酒店和其他旅游设施。

酒店发展

这个地区未来旅游业的发展可能带来污染，并导致栖息地的丧失（用于建设游船码头等海滩设施），这便会对龙目岛的海草床造成威胁。

富饶的海湾

当地居民从龙目岛海湾的海草床中获取海藻、海胆、海参、贝类、章鱼和虱目鱼。

太平洋 西部

日本海

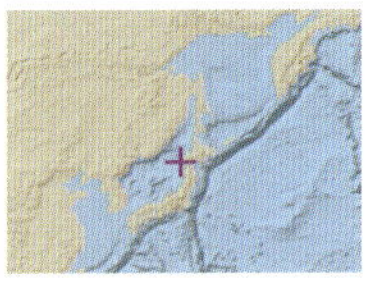

海岸类型 岩石为主

水型 温暖到寒冷

初生植被 褐藻、海草

位置 日本北部，北海道岛西海岸

这片海域因受到来自南部的对马暖流和来自北部的利曼寒流的影响，其海水温度在海岸的不同区域会发生变化，因此这里的海洋植物群是温水物种和冷水物种的丰富集合。寒暖流的交汇也给植物生长提供了大量的养分。这里的海草种类数目适中，但鳗草足足有7种之多，其中好几种都是这里所特有的。褐藻的种类也很多，其中裙带菜属、昆布属和孔叶藻属的品种在这片海域北部的冷水里长势茂盛。褐藻营养价值很高，而北海道是传统的褐藻打捞中心。

褐藻入侵

自1981年起，裙带菜从其原生地日本、中国、韩国向四大洲扩散。

褐藻林中的雌性红普提鱼

太平洋 西南部

普尔奈茨群岛

海岸类型 沿海岛屿

水型 温和

初生植被 巨藻及其他褐色海藻

位置 新西兰北岛，北地大区东海岸

1981年，人们在普尔奈茨群岛周围建立起海洋保护区，沿海岸向外海延伸800m。这一水域的洞穴和褐藻林深受潜水者喜爱。在开阔的水域，巨藻是优势物种，而在更为隐蔽的水域，则生长着大量的边花昆布和大型褐藻。有些区域被大量的海胆所占据。

印度洋 东部

鲨鱼湾

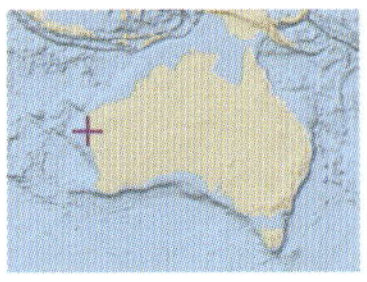

海岸类型 较浅的半封闭海湾

水型 热带、高盐度

初生植被 海草

位置 澳大利亚西澳大利亚州，珀斯以北，印度洋海湾

鲨鱼湾已被列入联合国教科文组织世界遗产名录，它拥有世界上最大、最多样的海草床。这里有12种海草，包括南极根枝草和聚伞藻，其占据了潮下带深至水下12m的区域。广阔的海草床为世界上最大的儒艮（详见第419页）群体之一提供了食物，而儒艮则常被鲨鱼猎食。相邻的哈美林池盐度太高，不适合海草生长，但因出产叠层石（详见第232页）而闻名。

海草岸

鲨鱼湾有全球最大的海草床，其面积约为4000km²。

聚伞藻

太平洋 东北部

伊泽姆贝克潟湖

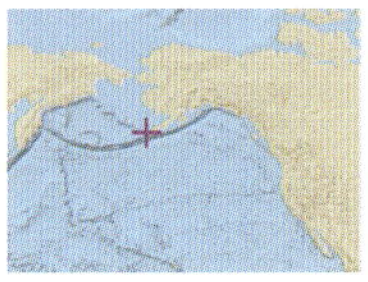

海岸类型 岩石海岸及潟湖

水型 寒冷、低盐度

初生植被 鳗草、褐藻

位置 美国阿拉斯加州，阿拉斯加半岛北部

伊泽姆贝克潟湖面积为388km²，是伊泽姆贝克国家野生动物保护区的一部分，拥有世界上最大的鳗草床之一。这里的鳗草（大叶藻）在潮下带和潮间带的滩地上茂盛地生长，低潮时，涉禽便会来采食。在迁徙时节，50多万只鹅、鸭和滨鸟在此停留，取食鳗草以补充能量。在潟湖外开阔的岩石海岸，褐藻林在冷水中蓬勃生长。在这里的褐藻林中，最常见的品种是大型棕藻，可以长至40m长。这种藻为一年生植物，这就意味着它在一年内就会成熟。它生长速度快，每天可长13cm。它巨大的藻体上有许多长长的带状叶片，藻体由直径可达15cm的充气囊状物（气囊）提供支撑。

捕食区

在更远的北方育雏后，成千上万的布伦特鹅在秋季来到伊泽姆贝克潟湖取食鳗草，为向南飞往墨西哥下加利福尼亚半岛做准备。

太平洋 东部

蒙特利湾褐藻林

海岸类型 多岩多沙

水型 寒冷至温暖

初生植被 褐藻

位置 美国加利福尼亚州，圣弗朗西斯科以南

加利福尼亚海岸因其巨藻床而闻名。巨藻是世界上最大型的海藻（详见第238页），它在海岸形成茂密的褐藻林。而在蒙特利湾，它与大型棕藻在很多地方争夺阳光，并胜之一筹，但是在一些更为开阔的区域，后者则占据着主导地位。在近海岸的水域，其他一些小型的海藻生长茂盛。褐藻林提供了独一无二的栖息地。生活在褐藻林中并以海胆为生的海獭（详见第402页），被认为是控制海胆数量至关重要的因素，而海胆以褐藻为食。在蒙特利湾还能发现虾海藻属的海草。不同于一般海草，它们可以攀附在岩石上，在碎浪带或岩石海岸的潮间带水坑中生长。每年，人们在加利福尼亚海岸采集超过14×10^4t的巨藻，提取海藻酸盐，用于纺织业、食品业及医药工业。

阳光照射下的褐藻林

在一些特别的环境中，巨藻可生长至80m长。褐藻林在夏末时长势最繁茂，在日照不充足的冬季月份，其生长密度会降低。

珊瑚礁

珊瑚礁是一种由小型海洋生物（主要是一种被称为“石珊瑚”的集落形成动物）残骸形成的坚硬结构，覆盖了全球浅海区约 $28\times10^4km^2$的区域。石珊瑚等海洋生物在珊瑚礁表面繁衍生息，其死后的石灰质骨骼不断沉积在珊瑚礁的礁体上，礁体体积因而逐渐变大。珊瑚礁是最复杂、色彩最艳丽的地球生态系统之一，也是多种海洋生物赖以生存的家园，还有很高的经济价值和利用价值。如今，其生存面临巨大威胁。

珊瑚礁的生物多样性
这是斐济岛附近的海中景象。一群群海金鱼在形形色色的珊瑚、海绵及其他礁石生物上方游过。

珊瑚礁的类型

珊瑚礁主要有3种类型：裙礁、堡礁和环礁。裙礁最为常见，出现在靠近陆地的地方，与海岸之间稍有分隔，或直接相连，随着大陆架上造礁珊瑚的向上生长而扩大。堡礁则更为宽广，由一片被称为“潟湖”的水域将其与陆地隔开，潟湖宽度可达数千米，深度可达数十米。

环礁是大的环状珊瑚礁，其中心是一个封闭的潟湖。大部分环礁都位于远离大块陆地的地方，例如在南太平洋上。环礁与堡礁的部分珊瑚礁结构常常高出海平面，形成地势低洼的珊瑚岛，这些岛是珊瑚礁上断落的珊瑚碎片在波浪作用下沉积而成的。

此外，珊瑚礁的类型还有：点礁（一种出现在其他珊瑚礁类型的潟湖当中的小型结构）和滩礁（由多种珊瑚礁结构构成，与海岸线分离）。

裙礁
裙礁直接与岛屿的岸线或大块陆地接界，没有深的潟湖。

堡礁
堡礁由潟湖将其与海岸分隔。在这张鸟瞰图中，浅蓝色的区域为堡礁，远处的深蓝色区域为潟湖。

环礁
环礁为环状珊瑚礁或珊瑚岛，其中心是一个封闭的潟湖。环礁的形状可能是椭圆的或不规则的。

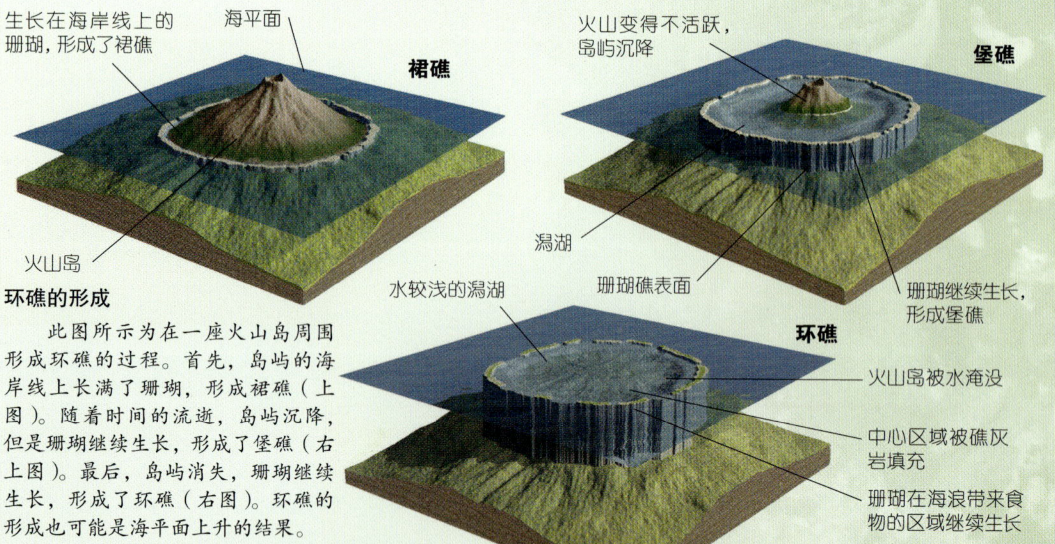

环礁的形成
此图所示为在一座火山岛周围形成环礁的过程。首先，岛屿的海岸线上长满了珊瑚，形成裙礁（上图）。随着时间的流逝，岛屿沉降，但是珊瑚继续生长，形成了堡礁（右上图）。最后，岛屿消失，珊瑚继续生长，形成了环礁（右图）。环礁的形成也可能是海平面上升的结果。

珊瑚礁的形成

构成珊瑚的动物个体被称为“珊瑚虫”。珊瑚虫是构成造礁珊瑚和石珊瑚的主要群体，它们分泌石灰质，在其下方的基底上不断加以构建。它们还会形成群落，从而产生不同形状的群落骨骼。它们体内生活着微小的生物体——虫黄藻，后者提供了前者生长所需的大部分养分，是这些珊瑚生命的重要贡献者。其他将自身遗骸累积到珊瑚礁上的生物还包括软体动物和棘皮动物。食草生物和钻孔生物也做出了贡献——它们将珊瑚骨骼磨成沙，这些沙填补了不断构建中的珊瑚礁的缝隙。藻类及其他包壳生物则将沙粒与珊瑚碎屑结合在一起。大多数珊瑚礁的体积不会持续不断地增加，通常生长井喷期会夹杂有蛰伏期，后者有时与经历风暴洗劫后的恢复有关。

张开的珊瑚虫

在每个珊瑚虫的中央都有一个开口，与体内的肠道相通。肠道周围的组织能分泌石灰质，即构成珊瑚礁的物质。

石珊瑚

在印度尼西亚东海岸水域中，这簇带有分枝的石珊瑚正在水下约5m处生长。石珊瑚个体一年可以长几厘米。

珊瑚礁的分布

石珊瑚只能在清澈、有阳光照射并且温度不低于18℃的浅水区中生长。最适宜其生长的条件是：温度为25—29℃，平均盐度为36‰，波浪活动较少或河流带来的沉积物少。这些条件仅在一些热带或亚热带地区出现。最密集的珊瑚礁出现在印度洋—太平洋海域，从红海一直延伸至太平洋中部。在加勒比海附近有个密集程度稍低一点的珊瑚礁。除暖水珊瑚礁外，其他一些不依赖阳光的深海冷水珊瑚礁也引起了人们越来越多的关注，它们中有些生长在非热带地区（见第178页）。

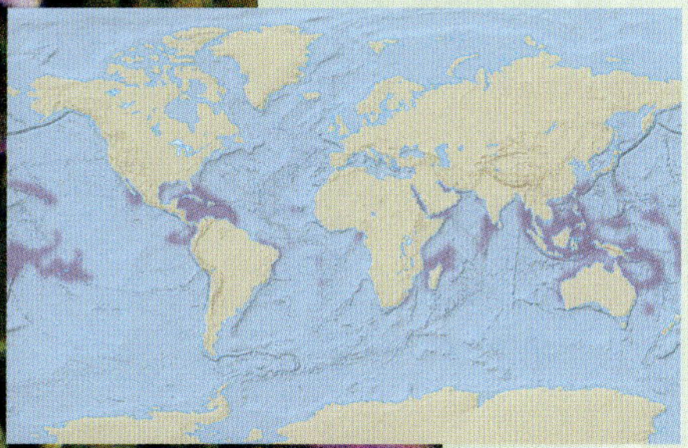

暖水礁区

暖水珊瑚礁所需的生长条件只有印度洋、太平洋和大西洋这三大洋的热带海域才能满足。这类珊瑚礁主要生长在上述海洋的西部海域，那里的水温比东部海域的高。

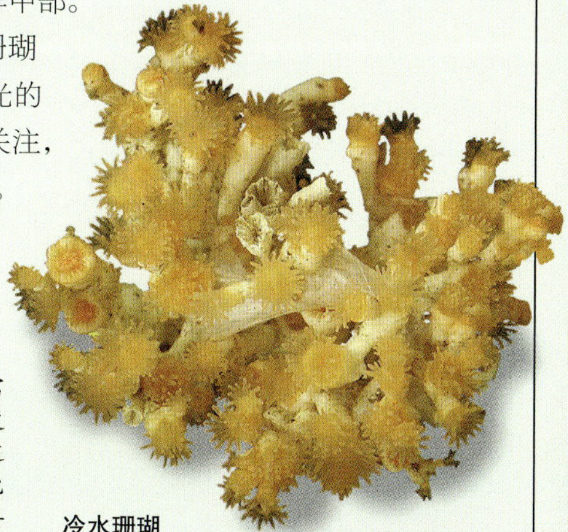

冷水珊瑚

图中这种石珊瑚是为数不多的生活在冷水中的造礁珊瑚，可在水下500m处生存。

人类影响

珊瑚白化

白化指的是造礁珊瑚脱色的现象。当为珊瑚提供颜色、被称为“虫黄藻”的小生物体脱离珊瑚虫或者失去色素时，就会出现这种现象。在极端情况下，这甚至会导致珊瑚的死亡。各种各样的因素都会导致白化，包括污染、海洋温度上升以及海洋酸化（详见第67页）。近几十年来，发生过一些在大面积范围内影响珊瑚礁的白化事件。

珊瑚礁的各个部分

珊瑚礁内存在着不同分区，它们的光强度、波浪作用及其他一些参数都各不相同。每个区域自身的特征决定了该处的生物形态。礁坡或前礁，是面向大海的部分。礁坡的上部为分枝状珊瑚群，中层深度上则是较大型的珊瑚，这里是珊瑚礁中物种最多样化的区域。

礁坡的顶部为礁顶。这里承受波浪作用的冲击，光强度最高。朝向陆地的礁顶为礁坪，是由石灰石、沙子和珊瑚碎片组成的相对平坦的浅水开阔区域，即便在高潮时仍有露出。越近海岸，珊瑚的数量越少。堡礁及环礁则都有一最终区域，即潟湖区。

礁顶

在礁顶的前端（礁石最高处，面向海的那部分），生长的珊瑚有时会形成伸入海中的尖坡，这些尖坡彼此之间被沟槽分隔。

物种多样性

除了造礁珊瑚外，珊瑚礁所处的阳光充足的温暖水域中还有许多其他动物和海藻。最丰富、最健康的珊瑚礁，是成千上万种鱼类和其他海洋脊椎动物（如海龟）的家园，而无脊椎动物的主要群落也全都能在此找到，包括海绵、蠕虫、海葵、非造礁珊瑚（如海扇）、甲壳类动物、软体动物（包括蜗牛、蛤蜊和章鱼）以及棘皮动物（海胆及其近缘物种）等都在这里生活。珊瑚礁的所有角落和裂缝都能被动物用作藏身之处。珊瑚礁中的所有生物体都是一张复杂的关系网中的一部分。许多生物体还与其他生物体存在着共生关系，二者互惠共赢。

珊瑚礁的不同区域

图中所示为典型的裙礁结构（包括前礁、礁顶和礁坪）以及一些栖息于其中的海洋生物。前礁可分为3个区域，分别由不同形态的珊瑚——分枝状珊瑚、大型珊瑚和扁平状珊瑚主导。图中的珊瑚个体并未按实际比例显示。

扁平状珊瑚区

为获得最大光照面积，生长在前礁这一阴暗的深水区域的珊瑚沿水平方向延展，因此形成碟状的群落。

额斑刺蝶鱼

这是在加勒比海珊瑚礁中发现的几百种鱼中的一种。图为额斑刺蝶鱼的幼鱼，以小型甲壳类动物及藻类为食。

管海绵

在珊瑚礁的许多地方，包括岩洞、凹处和开阔的礁坡，都可以看到不同品种的海绵。

海洋环境

海胆

海胆以藻类为食，对于防止藻类在珊瑚礁上过度生长起到重要作用。

珊瑚礁的重要性

珊瑚礁是无价之宝，原因如下：第一，它们在岛屿及海岸的边缘起到屏障的作用，没有它们，岛屿及海岸将会被侵蚀。第二，珊瑚礁的生物生产力极高，其所制造的生物量当属海洋生态系统之最，为沿海的人们提供了重要的食物来源。第三，与其他海洋环境相比，珊瑚礁每平方单位面积所供养的物种数量最多。除了已知的珊瑚礁物种外，科学家估计有几百万种未知物种生活在珊瑚礁中或其周围。生物多样性对于21世纪发明新药至关重要——许多珊瑚礁生物体中含有强有力的生化物质，科学家正在研究将这些成分应用于治疗关节炎、癌症和其他一些疾病的可能性。第四，珊瑚礁绚丽夺目，吸引了大量游客，特别是潜水爱好者（见第474页），从而带动了地方经济的发展。

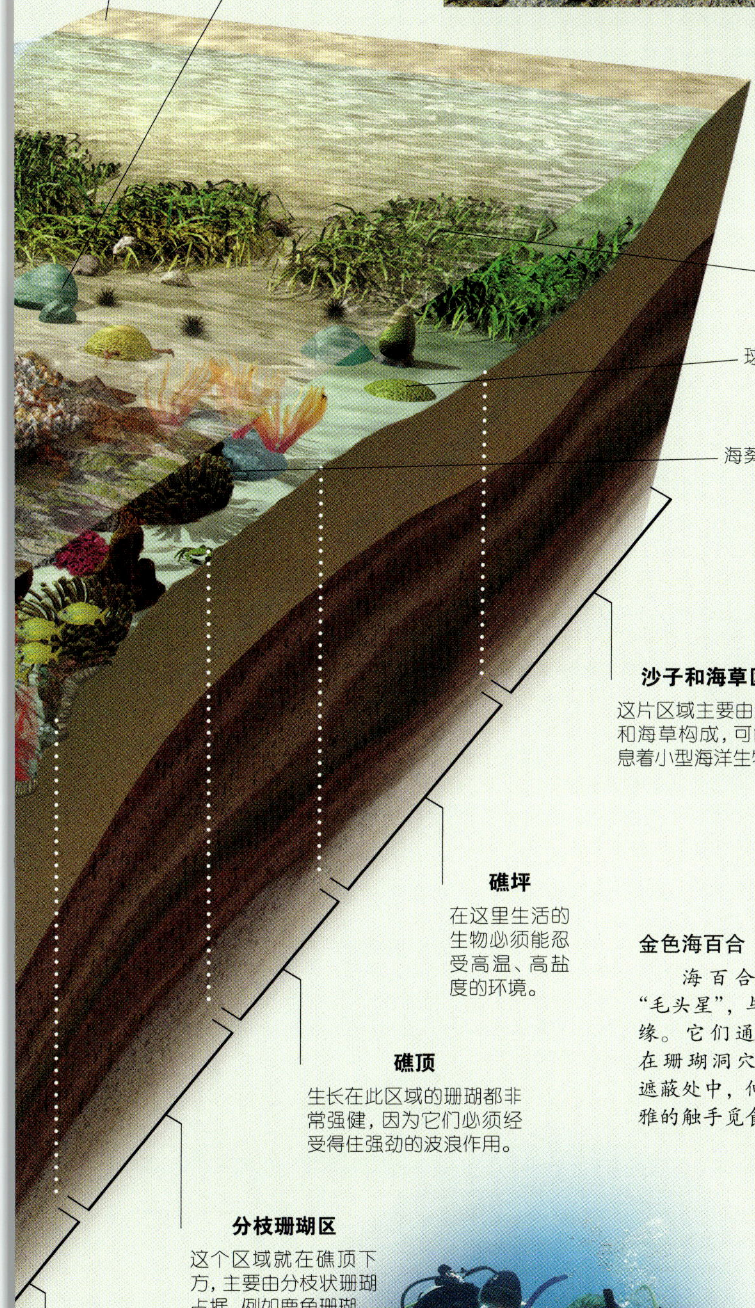

沙子和海草区

这片区域主要由沙子和海草构成，可能栖息着小型海洋生物。

礁坪

在这里生活的生物必须能忍受高温、高盐度的环境。

礁顶

生长在此区域的珊瑚都非常强健，因为它们必须经受得住强劲的波浪作用。

分枝珊瑚区

这个区域就在礁顶下方，主要由分枝状珊瑚占据，例如鹿角珊瑚。

大型珊瑚区

前礁的这一中心区域通常由大型珊瑚（圆形的珊瑚群落）所占据。

在珊瑚礁区域捕鱼

在印度洋和太平洋地区，用网兜捕鱼的小规模捕捞活动盛行。人们通常会用独木舟将渔获运送到合适的地点。图中所示为印度尼西亚东部潘塔尔岛附近海域上的此类捕捞活动。

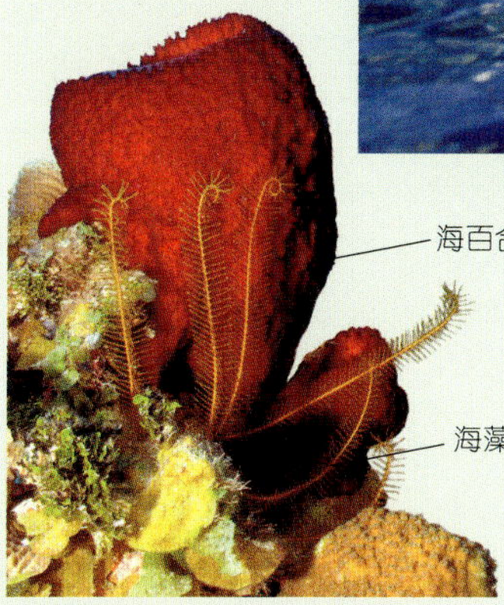

金色海百合

海百合，又称"毛头星"，与海星近缘。它们通常栖息在珊瑚洞穴或其他遮蔽处中，伸展其优雅的触手觅食。

海底研究

借助照相机、指示礁体范围的框架和水下书写工具，研究人员正在记录夏威夷群岛水域中一块珊瑚礁上海藻物种的生长频率。

脆弱的珊瑚礁

许多外力都可以摧毁珊瑚礁。如今，这样的破坏正在大规模地发生，其中许多都是人类活动导致的，包括海岸污染的影响，无节制的海岸开发及潜水旅游业。其他一些问题则包括：采集珊瑚及珊瑚礁生物用于水族贸易和珠宝交易，无节制地开采礁体提取建筑材料，以及一些破坏性的捕捞行为。自然干扰有：热带风暴、有助于保持礁体健康的动物的群体死亡。而与海洋升温有关的珊瑚白化现象（详见第153页）尤其令人担忧。珊瑚礁具有从周期性的自然灾害中恢复的能力，但如果长期面临多重外来压力，它们就会死亡。根据最新估计，在不久的将来，世界上2/3的暖水珊瑚礁面临着消失的危险。

人类的影响

珊瑚中毒

用毒药捕捞热带鱼以用于水族贸易，是最具破坏性的捕捞行为之一，会导致珊瑚大面积死亡。在东南亚的部分地区，如菲律宾，人们常采用这种手段。下图中的男孩在水下约20m深处捕鱼，拿着袋子、渔网及装有氰化钠溶液的喷水瓶。将氰化物喷向选中的珊瑚礁上的鱼，鱼儿便会被麻醉，难以动弹，更容易被捕捉，但所有接触了药物的珊瑚虫都会死亡，这对珊瑚礁的健康无疑是灾难性的打击。

大西洋 西部

百慕大地台

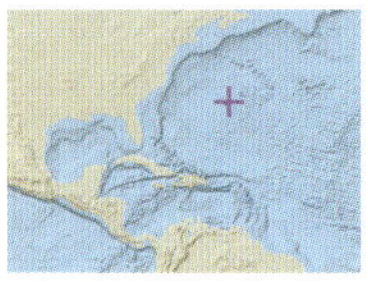

类型 有裙礁及点礁的环礁

面积 370km²

现状 据报告，有些珊瑚白化

位置 西北大西洋，向百慕大群岛的西部和北部延伸

百慕大地台是西北大西洋上一座巨型海底火山（海山）的扁平的椭圆形山顶。其表面位于海平面下4—18m处，被一层厚厚的石灰岩所覆盖。这层石灰岩是几百万年以来，地台上生长的珊瑚及其他生物体的遗骸所形成的。石灰质沙沿着地台的南部和东部边界渐渐堆积，形成百慕大群岛。珊瑚礁出现在地台的其他边界，形成一个环礁，而点礁则在其表面的中心位置生长。与加勒比海的珊瑚动植物群多样性相比，这里的动植物种类显得不那么丰富。不过，据记载，这里拥有21种石珊瑚、17种软体珊瑚（非造礁珊瑚，包括许多惊艳夺目的紫海扇）以及120种鱼。

壶礁

这种接近海洋表面的小型珊瑚礁被称为“壶礁”，因为波浪打在礁体上破碎后看起来就像烧开冒泡的水一样。

大西洋 西部

灯塔礁

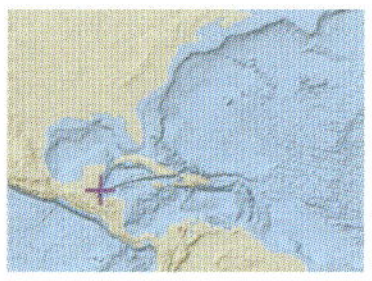

类型 有点礁的环礁

面积 300km²

现状 总体健康

位置 西加勒比海，伯利兹中心以东80km

灯塔礁是一处环礁，位于巨大的伯利兹堡礁东部，伯利兹中心的海岸附近。它大致上呈椭圆形，长约38km，平均宽度为8km。与其他所有

大西洋 西部

佛罗里达礁带

类型 堡礁、点礁

面积 1000km²

现状 发生退化，有些最近已恢复

位置 美国佛罗里达州，从士兵礁岛东部、比斯坎湾到马贵斯礁岛群南部

这个珊瑚礁系统长260km，向佛罗里达礁岛群的东部和南部弯曲。有的地质学家将其划分为堡礁，有的则认为它是类似堡礁的滩礁的集合。它是美国最大的珊瑚礁区，生物多样性极高，拥有40多种石珊瑚，500种鱼类和上百种软体动物。在过去的35年里，因人为影响，珊瑚礁的健康状况下降。活珊瑚覆盖面积缩小，珊瑚疾病波及范围广，过去非常普遍的栖息物种（如大凤螺）消失了，珊瑚礁的地盘被藻类侵占的状况进一步加剧。造成退化的原因有：过度捕捞、佛罗里达州南部使用的化肥流入、海洋温度上升、海平面上升、船舶带来污水污染。其他一些因素则包括飓风破坏，以海藻为食的海胆数量的减少，以及潜水船只下锚和船舶搁浅所带来的直接破坏。人们已采取了一些措施以扭转这一态势，并取得了一定的成效。

凯里斯堡礁

凯里斯堡礁，是佛罗里达礁带的一部分，靠近拉戈礁岛，是许多古代海难事发地。

大西洋 西部

巴哈马浅滩

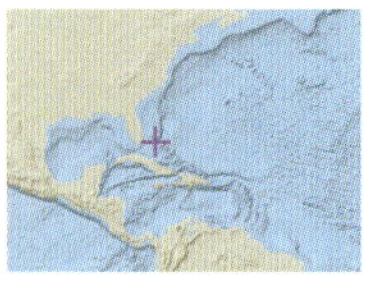

类型 裙礁、点礁、堡礁

面积 3150km²

现状 局部区域被破坏

位置 巴哈马群岛，美国佛罗里达州东南部，古巴东北部

巴哈马群岛是西印度群岛中的一片群岛，由700多个岛屿组成，这些岛屿散落在两块石灰岩地台——小巴哈马浅滩和大巴哈马浅滩上。这两块地台都经过至少7000万年的堆积而成，其中大巴哈马浅滩的厚度超过4500m，尽管两块地台的表面都仍在海平面之下10—25m处。这里的岛屿中许多都有裙礁，巴哈马浅滩上也有许多点礁，而安德罗斯岛附近还有堡礁。这些礁体是一系列品种的珊瑚虫和礁栖动物的家园，这些动物在西太平洋热带海域极具代表性。尽管当地珊瑚覆盖面积缩小，珊瑚疾病偶有暴发，但这里的珊瑚礁总体上还是比较健康的。人们曾担心藻类的过度生长，但目前，以藻类为食的隆头鱼在这里繁殖增长，从而令藻类的增长受到约束。

硬珊瑚与软珊瑚

图中这片品种多样的珊瑚群摄于新普罗维登斯岛附近海域，其中有一棵较大的紫海扇。

环礁一样，它有一个环形的珊瑚丛外部结构，这些珊瑚中有许多露出水面。环礁中央是一个位于一大片石灰岩上的潟湖。潟湖相对较深，包含很多点礁以及6个低洼的沙质小岛，或者说是沙洲（其中一个还包括一个潜水中心）。在其中心是灯塔礁最显著的特征——位于石灰岩上的一个几乎为圆形的大石灰岩洞，即大蓝洞。大蓝洞深约125m，形成于最后一个冰河时期，即大约18,000年前，当时灯塔礁的大部分都在海平面以上，淡水的侵蚀作用令石灰岩中形成了一系列充满空气的洞穴与坑道。在某处，其中一个洞穴的顶部坍塌，形成了如今大蓝洞的入口。后来，随着海平面的上升，洞穴结构被淹没，只有借助水肺，爱冒险的潜水者才能近观其真容。

在其他地方，环礁拥有大面积的健康的礁体，尽管有些在2010年受到了珊瑚白化的影响。与环礁内的点礁一样，环礁边缘部分的许多珊瑚壁一直下降至水下几百米深。灯塔礁展示了这一区域显著的生物多样性：这里有200多种鱼类和60种石珊瑚。

人类影响

在大蓝洞里潜水

大蓝洞是世界上最令人振奋的潜水点之一。它并不适合胆小的潜水者（因为此处经常有鲨鱼出没）与初级潜水员（因为在此处潜水需要有良好的浮力控制技巧）。在水下38m处，可以看到一排壮观的古钟乳石挂在洞穴倾斜的岩壁上，而通向一系列洞穴与坑道的入口则在其下方几米深处。

大蓝洞

这一石灰岩洞中的水深达125m，从而产生了深蓝色，这就是“大蓝洞”这个名字的由来。

印度洋 西北部

红海珊瑚礁

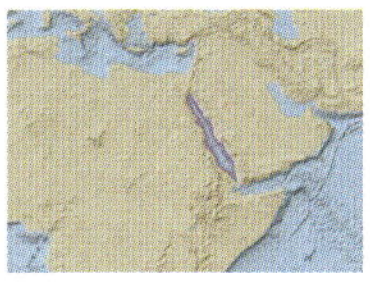

类型 裙礁、点礁、堡礁、环礁

面积 16,500km²

现状 局部受到严重破坏

位置 埃及、以色列、约旦、沙特阿拉伯、苏丹、厄立特里亚和也门这七国的红海海岸

可以说，红海是东南亚以外拥有最丰富、最具生物多样性、最美丽的珊瑚礁的地方。这一海域中北部和南部的珊瑚礁差别巨大。在大部分北部地区，海岸倾斜幅度很大，几乎没有沿海岛屿。这里的珊瑚礁基本都是窄小的裙礁，礁坪仅几米宽，斜坡陡峭地插进海床。而其南部，即厄立特里亚海岸和沙特阿拉伯西南部沿海，是一片较为宽广的浅海大陆架区域。在这一区域里，许多珊瑚礁都是环绕着沿海岛屿的，少有险峻的陡坡。红海南部有来自亚丁湾的水源源不断地注入，这些水流带有丰富的养分和浮游生物，令水体较为混浊，限制了珊瑚礁的生长。覆盖红海珊瑚礁的珊瑚虫活体数量极多，占60%—70%，石珊瑚、软珊瑚、鱼类（包括著名的红海狮子鱼）及其他珊瑚礁生物的数量也很丰富。在红海中部，已经确认的石珊瑚种类达260多种。

尽管许多礁区相对健康，但其他一些礁区已被高强度的潜水旅游活动和未处理的污水所破坏。在2010年，一次大规模珊瑚白化事件影响了红海中部区域，此事件与海水温度上升有关。此外，棘冠海星对珊瑚虫的掠食也是一大问题。

亚喀巴湾珊瑚礁

一群红色的花鮨属小鱼围着石珊瑚上部（或群落）游来游去，这是红海珊瑚礁中常见的景象。

印度洋 西北部

阿尔达布拉环礁

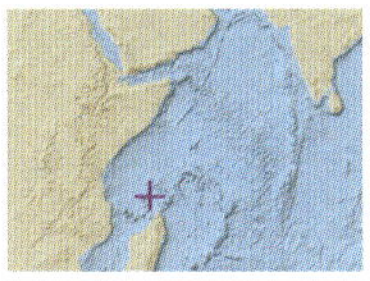

类型 环礁

面积 155km²

现状 极好，尽管经受了一些珊瑚白化事件

位置 塞舌尔群岛的最西端，马达加斯加岛西北方

阿尔达布拉环礁长34km，宽14.5km，是世界上最大的隆起环礁。“隆起”所指的是构成其边缘的源于珊瑚礁的石灰岩结构形成了4个高出海平面8m的岛屿。位于古火山顶峰的这些岛屿环绕着一个浅潟湖，此湖部分湖底每天都会两度随潮汐涨退而被淹没和出露。因位置偏远，又是特殊自然保护区和联合国教科文组织世界遗产地（自1982年起），阿尔达布拉环礁避过了人类对其他珊瑚礁所施加的最大压力。尽管与印度洋许多地方一样，环礁在1997—1998年那次严重的珊瑚白化事件中受到影响，但其外部礁体仍处于近乎原始的状态。这里海洋生物丰富，拥有一大群珊瑚礁鱼类、绿海龟、玳瑁、石斑鱼、双髻鲨、梭鱼以及一丛丛黄色、粉色、紫色的海扇。环礁内部的潟湖中有很多状态健康的点礁，这些点礁被红树林沼泽所围绕，是海龟、隆头鱼和鹰魟的栖息地。

阿尔达布拉的陆地上有闻名于世的巨型陆龟、珍稀鸟类（如新几内亚秧鸡）和巨大的椰子蟹，这种蟹的大钳子可以夹碎椰子壳。

蘑菇石

强大的海水潮汐流反复涌入和涌出阿尔达布拉环礁的潟湖，将很多隆起的古老礁体塑造成了蘑菇状的小岛，人们称之为“香蕈”。

印度洋 西部

巴扎鲁托群岛

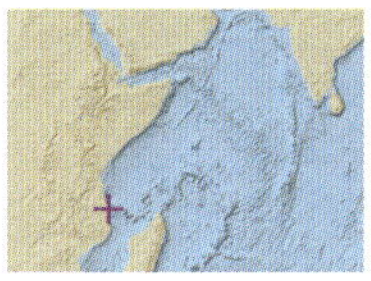

类型 裙礁、点礁

面积 150km²

现状 总体良好，个别受损

位置 莫桑比克东南海岸，马普托东北方

巴扎鲁托群岛是莫桑比克海岸上的一串岛屿，人烟稀少。成千上万年来，林波波河挟带而来的泥沙在此处沉积，形成这处群岛。2001年，一个国家海洋公园在此建立，覆盖了群岛的大部，从而为这里美丽的裙礁和多姿多彩的海洋生命提供了保护。这里有2000多种鱼、100多种石珊瑚、27种炫丽的软珊瑚（包括不同寻常的“绿树”珊瑚）、鹰魟、蝠鲼以及5种海龟。这一群岛还是儒艮（见第423页）在印度洋西部区域的庇护地。

珊瑚礁旅游

乘坐单桅帆船是游览巴扎鲁托珊瑚礁周围这些透明清澈的浅水的一种温和的方式，这也是珊瑚礁旅游的一部分。

环礁之内的环礁

在此鸟瞰图中的众多环形结构是小礁圈，即在一个更大的马尔代夫环礁内的迷你环礁。

印度洋 中部

迪戈加西亚岛环礁

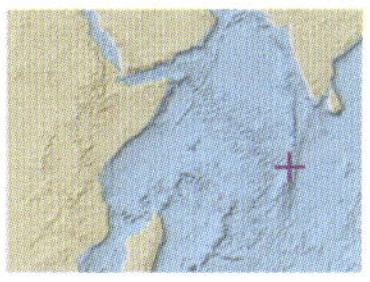

类型 环礁

面积 44km²

现状 大致良好；从1998年珊瑚白化事件中恢复过来

位置 斯里兰卡西南方，印度洋中部，查戈斯群岛

这一环礁以作为美军基地而闻名，也是世界上最大的海鸟繁殖区之一。围绕在环礁边缘的珊瑚礁以及环礁中央潟湖的珊瑚礁上共长有220种石珊瑚。2010年，查戈斯群岛（迪戈加西亚岛是它的一部分）被宣布为“禁捕”海洋保护区，这使其成为世界上最大的海洋保护区。

迪戈加西亚岛的西部

印度洋 中部

马尔代夫

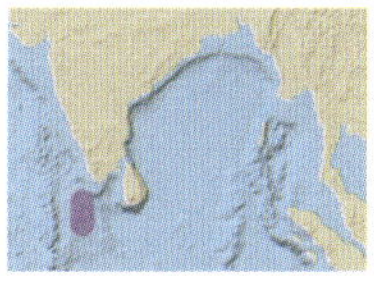

类型 环礁、裙礁

面积 9000km²

现状 正从珊瑚白化事件中恢复

位置 印度洋上，斯里兰卡西南方，印度南部以外海域

马尔代夫处于印度洋中，由26个环礁组成，其中许多环礁非常巨大，绝大多数环礁是由许多独立的珊瑚礁和小珊瑚岛组成（共约1200座）的环状结构。环礁的潟湖深18—55m，大多数有点礁和被称为“小礁圈”的结构，这在马尔代夫以外很罕见。这些看起来像迷你环礁的结构由大致呈椭圆形的珊瑚礁及其中央潟湖组成。

大多数的马尔代夫环礁都呈大型椭圆环形，长约800km，宽约100km。马尔代夫的环礁、小珊瑚岛和小礁圈边缘的珊瑚礁上共有200多种色彩鲜艳的石珊瑚以及1000多种鱼类，其他海洋生物品种也很丰富。石斑鱼、鲷鱼和鲨鱼经常出现在这里。

1998年，这里发生了严重的珊瑚白化事件，一些区域中近90%的珊瑚死亡，对潜水旅游业造成了强烈的负面影响。之后，尽管2010年还发生了一起严重的白化事件，但这里的珊瑚的健康状况还是逐渐得到了恢复。

人类影响

环礁城市

马尔代夫的首都马累覆盖了一座珊瑚岛的整个表面。这座珊瑚岛是环礁边缘的组成部分。人们开采珊瑚礁以获取扩建岛屿的建筑材料。由于珊瑚礁已被部分拆毁，岛屿难以抵御风暴袭击，于是人们在其周围筑起了海堤，从而避免了在2004年的印度洋海啸中蒙受重大损失。

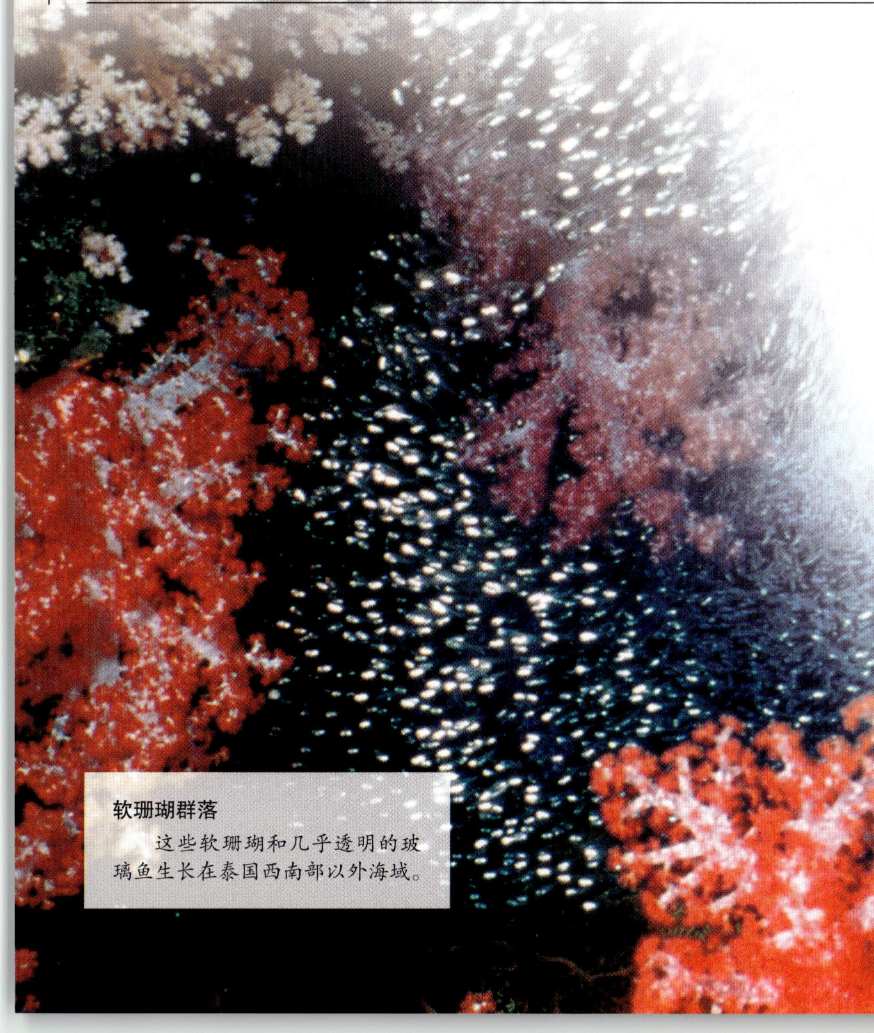

印度洋 东北部

安达曼海珊瑚礁

类型 裙礁

面积 5000km²

现状 珊瑚白化和潜水活动令一些区域的健康状况受损

位置 安达曼海海岸：泰国、缅甸、安达曼—尼科巴群岛、马来西亚、苏门答腊岛

大部分安达曼海珊瑚礁是裙礁，它们环绕在泰国和缅甸海岸外的岛屿周围，而在西北方，其则位于安达曼—尼科巴群岛东部海岸以外海域上。安达曼—尼科巴群岛是南亚最大的珊瑚礁连续区域。据记录，这里大约有200种珊瑚和500多种鱼类。珊瑚礁和岛屿也是濒临灭绝的海龟的重要觅食地和繁殖地。1998年的珊瑚白化事件严重破坏了这里的珊瑚礁，而在2010年，另一起严重的大范围白化事件则影响了泰国沿岸的珊瑚礁。2004年的印度洋海啸对这里造成的损失相对较小。这里的珊瑚礁所面临的其他威胁有：为水族贸易捕捞海洋生物；采用具破坏性的捕鱼技术；一些岛屿上的森林遭到过度砍伐从而造成沙泥淤积；潜水船锚造成的伤害。

软珊瑚群落

这些软珊瑚和几乎透明的玻璃鱼生长在泰国西南部以外海域。

太平洋 西部

希拉霍珊瑚礁

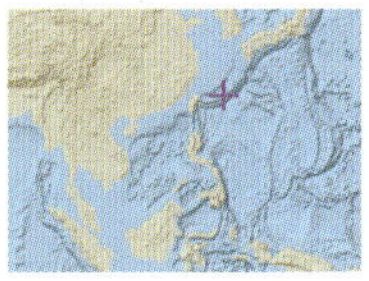

类型 裙礁

面积 10km^2

现状 情况正常，在1998年和2007年的白化事件中部分受损

位置 日本群岛西南端，石垣岛的东南沿海

希拉霍珊瑚礁位于石垣岛以外海域，是日本群岛的一部分，在20世纪80年代作为生物多样性的一个杰出范例引起关注，在这10km^2的区域内就有120种珊瑚和300种鱼类。这里还有世界上最大的罕见的苍珊瑚群落。几十年来，环保人士力抗在此建设新的石垣机场，以拯救珊瑚礁。虽然该提议最终没有通过，但这里仍受关注，因为机场被转而建在陆地上，挖掘出来的余泥则被倾泻到珊瑚礁上，这可能会给珊瑚礁造成不利影响。

苍珊瑚

与其名字不符，苍珊瑚的颜色从紫色到蓝色、蓝绿色、绿色、黄褐色都有。其垂直的分支板页可形成庞大群落。

太平洋 西部

图巴塔哈群礁

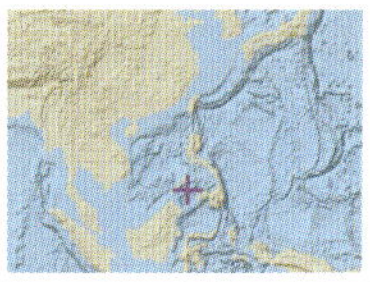

类型 环礁

面积 330km^2

现状 良好，正从2010年的珊瑚白化事件中复原

位置 苏禄海中部，在菲律宾和加里曼丹岛北部之间

图巴塔哈群礁位于苏禄海中央的两个裙礁周围，并以吸引众多大型深海动物（如鲨鱼、蝠鲼、海龟和梭子鱼）而闻名。这里陡峭的珊瑚礁还是许多小生命的生长地，其中包括多种甲壳类动物、色彩鲜艳的裸鳃类动物（海蛞蝓）以及350多种石珊瑚和软珊瑚。

20世纪90年代早期，图巴塔哈群礁被潜水员评为世界十大潜水胜地之一。然而，20世纪80年代，破坏性的捕鱼行为和海藻养殖场的建立曾对其造成相当大的破坏。在1988年，菲律宾政府进行干预，宣布此区域成为国家海洋公园。自1993年起，这里还被列入联合国教科文组织世界遗产名录。由于禁止捕鱼和禁止在珊瑚礁水域抛锚（来访的船只必须使用系泊浮标）等执法措施的施行，这里的状况有了很大改善。2013年1月，这里遭受了一次破坏：当时一艘美国海军扫雷舰在珊瑚礁上搁浅，损坏了超过2000m^2的珊瑚礁。

珊瑚礁坡

在照片中这处陡峭的珊瑚礁上，可以看见几种软珊瑚和一群马夫鱼。

太平洋 西部

努沙登加拉群岛

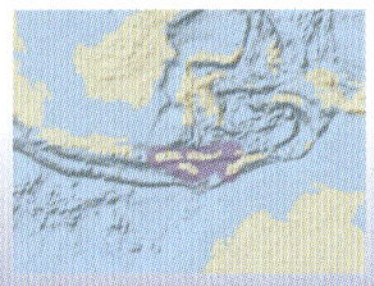

类型 裙礁、堡礁

面积 5000km^2

现状 因渔猎行为遭到破坏

位置 印度尼西亚南部，从西部的龙目岛到东部的帝汶岛

努沙登加拉群岛由印度尼西亚南部约500个被珊瑚围绕的岛屿组成。北部的岛屿原本是火山，而南部的岛屿则主要由隆起的珊瑚石灰岩构成。这里的许多珊瑚礁都未经开发。调查显示，此区域具有极高的生物多样性。例如，一块单独的大型珊瑚礁可以包含超过1200种鱼类（超过欧洲所有海洋中的集合）和500种造礁珊瑚。这里常见的动物有鹰魟、蝠鲼、隆头鹦嘴鱼、各种章鱼及裸鳃类动物（海蛞蝓）。这里的珊瑚礁所遭受的主要威胁包括陆源污染、捕捞鱼类用于水族贸易、用炸药捕鱼造成礁体破坏。2010年的珊瑚白化事件影响了这里的部分珊瑚礁。

潘塔尔岛外的礁坪

图中这片拥有多种石珊瑚和一只海星的浅水礁区位于努沙登加拉群岛东部。

海洋环境

太平洋 西南部

大堡礁

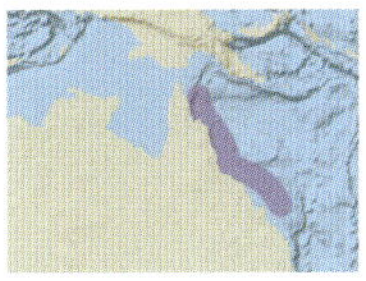

类型 堡礁

面积 37,000km²

现状 被热带风暴、污染、不平衡的生态系统所破坏

位置 澳大利亚东北部，与昆士兰海岸平行

澳大利亚的大堡礁绵延2010km，是世界上最大的珊瑚礁系统。它通常被认为是史上最大的由生物体组成的结构，而实际上则包含大约3000个独立珊瑚礁和小珊瑚岛。其外缘距离大陆30—250km。大堡礁拥有丰富的生物多样性。这里有大约350种石珊瑚和许多软珊瑚。在这里生活的1500种鱼当中包括45种蝴蝶鱼和数种鲨鱼（如白边真鲨、双髻鲨、鲸鲨）。珊瑚礁也是500种藻类、20种海蛇以及4000种软体动物的生长地。然而，2012年发布的一篇研究报告指出，自1985年以来，大堡礁上所覆盖的珊瑚已消失过半。导致这一损失的因素有：污染，热带气旋，水温升高所导致的大量珊瑚白化，棘冠海星数量的过度增长，过度捕捞以及运输事故。

珊瑚礁水道

在图中珊瑚礁的中心区域，一条蜿蜒的深水道隔开了两块礁坪。此区域的高潮差驱使强大的水流流经这样的水道。

世界上最小的脊椎动物？

大型婴儿鱼是大堡礁体形最小的“居民”之一，从吻部到尾巴只有7—8mm长。人们在2004年发现这种鱼，并宣称它是世界上最小的脊椎动物。这一称号此前属于一种略小的物种——印尼鲤鱼，最近则属于一种被发现于巴布亚新几内亚的小青蛙，其长约7mm。

太平洋 西南部

马绍尔群岛

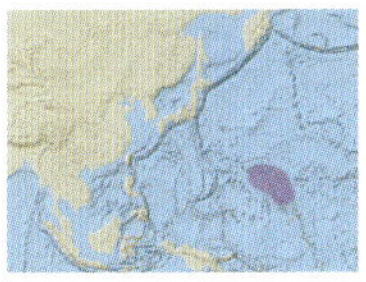

类型 环礁

面积 6200km²

现状 大体良好，曾发生过一些珊瑚白化事件

位置 西太平洋，夏威夷西南方，密克罗尼西亚

马绍尔群岛包括西太平洋上的29处环礁和5座小岛。这些环礁位于古代火山峰顶，科学家认为这些火山是5000万—6000万年前从海底爆发而成。这些环礁中包括太平洋最大的环礁——夸贾林环礁（2500km²）以及比基尼环礁和埃内韦塔克环礁（美国于1946—1962年间在这两处进行核武测试）。在过去的50年里，人类活动对这两处偏远环礁影响最小，如今其周围的海洋生物丰富，据记录，比基尼环礁有250种珊瑚和1000种鱼类。

马朱罗环礁

和许多太平洋环礁一样，马朱罗环礁的边缘由浅水暗礁和低洼的小岛构成。

太平洋 西南部

社会群岛

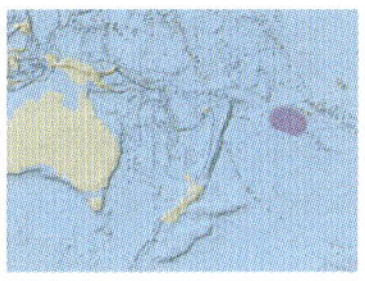

类型 裙礁、堡礁、环礁

面积 1500km²

现状 良好，但局部损伤严重

位置 太平洋中南部，新西兰东北方，法属波利尼西亚

社会群岛由南太平洋一系列火山岛和珊瑚岛组成，包括带有堡礁的岛（如赖阿特阿岛），带有裙礁和堡礁的岛（如塔希提岛）以及环礁或近环礁（如莫皮哈环礁和莫皮蒂岛）。与东南亚的珊瑚礁相比，这里的珊瑚礁的生物多样性不算太丰富，尽管这里有超过160种珊瑚、800种鱼类、1000种软体动物和30种棘皮动物。珊瑚礁的健康状况大致良好，但是在热闹的度假胜地——塔希提岛、莫雷阿岛和波拉波拉岛周边的珊瑚礁则受到施工、污水、径流泥沙的严重影响。

莫雷阿岛

一处较宽的裙礁几乎完全围绕着多山的莫雷阿岛的海岸线，此图为其中的一部分。

太平洋 中部

夏威夷群岛

类型 裙礁、环礁、暗礁

面积 1180km²

现状 曾有珊瑚疾病暴发的报道

位置 太平洋中北部

夏威夷群岛由一条巨大的海底山脉露出水面的山峰构成。这些山峰形成于数千万年前，在太平洋板块向西北移动经过地幔的一处热区时形成。位于岛链东南端的较年轻的岛屿（如欧胡岛、莫洛凯岛）的海岸区域有裙礁。而在西北端，较古老的、已沉没的岛屿上则有一些近环礁（如法国护卫舰浅滩）和环礁（如中途岛环礁）。这些珊瑚礁高度独立于世界上其他珊瑚礁，虽然其整体生物多样性相对较贫乏，但有许多新物种在此进化。那些更偏远的珊瑚礁健康状况良好，但2013年有报道称，一种严重的珊瑚疾病影响了欧胡岛和考艾岛的珊瑚礁。

法国护卫舰浅滩

珊瑚礁鱼类，包括马夫鱼、粟点蝴蝶鱼以及四线笛鲷在桌面珊瑚周围游弋。

大堡礁

珊瑚礁区域中温暖、清澈的海水孕育了令人惊讶的丰富生命。图中可看到成群拟花鲈在彩色的软珊瑚上方游动。珊瑚礁鱼类明亮的体色可以起到几种作用，包括帮助同一物种的个体彼此辨认以及对捕食者发出警示。

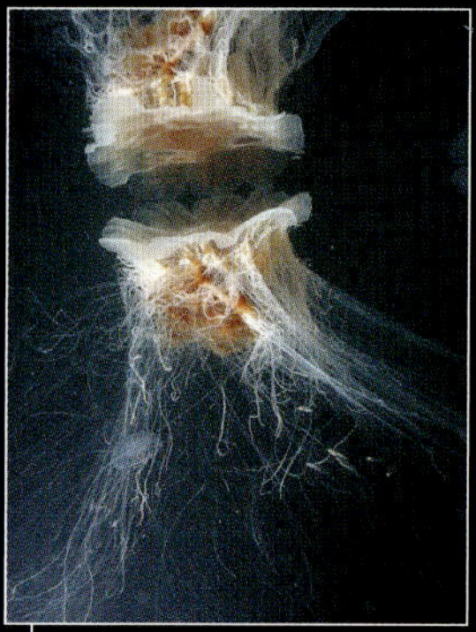

狮鬃水母

这种令人生畏的巨型浮游生物可以长到2m宽，其触手可长达60m。

浮游带

浮游带指的是位于大陆架上方的水体（也指开阔海域的水体）。这是一个广阔的环境，温度和盐度的变化促使不同的水团形成。它们彼此间由锋面分割，以不同的浮游生物为其自身特征。沿海和大陆架水域比外海更为多产。风平浪静时，海水会分层，阻断表层的浮游生物摄取下层的必需营养素。而风暴则导致水层混合，从而刺激浮游植物大量繁殖。在高纬度地区，浮游生物有季节性生长周期；在较为温暖的水域中，季节性上升流将深水中丰富的养分带到上层，刺激浮游植物的生长。

微观生产力

世界上的海和洋的大部分初级生产力都产生于大陆架上方的水体中。微型浮游植物漂浮在海水表层，利用太阳能通过光合作用制造活细胞。科学家认为，一些最微小的藻类（超微型浮游生物）供应了大量的初级生产量。除了光照，浮游植物的生长还需要养分和微量金属。这些物质通常在外海较为稀缺。而陆架海域得益于源源不断注入其中的河水，波浪的混合作用以及一些海岸地区富含养分的水体的上涌，养分和微量金属含量较多。

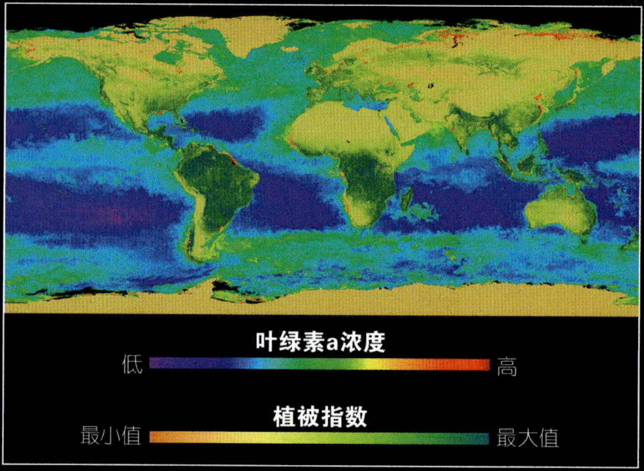

初级生产量

这幅卫星图显示了海洋中叶绿素a的浓度和陆地植被的量，从而展现了初级生产量的变化。

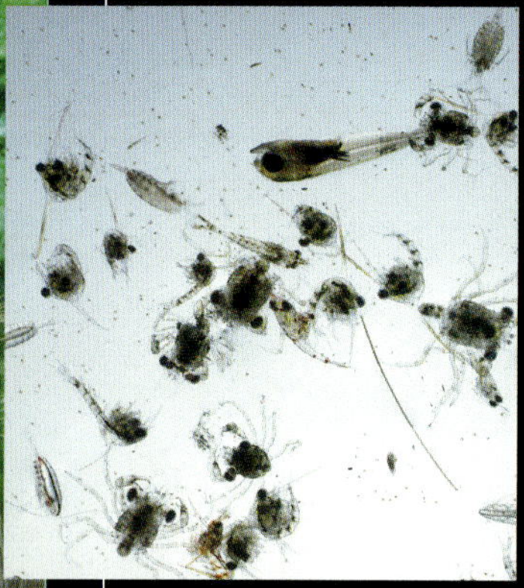

漂浮的浮游动物

陆架海域的浮游动物中包含许多底栖动物的幼体，这些幼体随后会漂往新的地区。

浮游生物周期

在温带和极地海洋，浮游植物生长的最佳季节是春季和夏季。在冬季，风暴使水体混合并使海底的养分再度悬浮，而后这里的浮游植物便可受益于较长的白昼及较高的营养水平。较为人所熟知的春季水华能够使清澈的海水迅速转化为“豌豆汤”，或者因其所含的有机体不同而呈现其他颜色。通常情况下，一系列浮游植物会短暂地大量繁殖。随着食物变得充足以及温度上升，小型浮游动物开始取食浮游植物，并进行繁殖。沿岸底栖生物会先在这“营养浓汤”中释放大量幼体，然后才开始其在海床的生活。产卵鱼也会在此产下大量的卵。最后，浮游植物因被掠食而减少，养分耗尽，生产力便会下降，一个年度循环从而终结，等待第二年再启动。

随波漂浮

从微小的藻类到巨大的水母，浮游生物中无论动物抑或植物要么被动地漂浮着，要么力气微弱地游动。这主要是为了使其保持在有阳光照射的表层水体中，那里是生产量最大的地方；它们必须随波逐流。在大多数陆架海域，余流有特定的方向，尽管大多数浮游生物所生活的表面水流在风的推动下可以在短时间内朝任何方向流动。一些动物经历漫长的迁徙后产卵，依靠余流把幼体带回到适合其成长的地方，例如，康吉鳗幼体约需花2年时间才能从远离大陆架的产卵地漂返。大多数沿海动物的幼体，包括藤壶、贻贝、水螅虫和棘皮动物的幼体所花的漂返时间要短很多，仅够它们分散到海岸的新区域而已。然而，浮游带是一处危险的地方，这里到处是饥饿的嘴和触手，尽管数以百万计的卵和幼体在此产出，绝大多数以浮游生物为生的动物仍将死去，只有少数幸运儿能找到合适的栖息处并成长。

人类影响

赤潮

海洋藻类数量快速增长的现象被称为“水华”。图中发生在苏格兰海岸的这种水华，被称为“赤潮”，由夜光藻导致。有时水华会毒害海洋生物。通常，数量巨大的藻类会堵塞鱼鳃，使鱼窒息。水华会自然发生，但人为污染使养分入海，会令水华爆发更为频繁和严重。

被占据的绳索

在一年的时间内，这根绳索被海鞘、海羽星、扇虫和海葵占领，它们在幼体时随洋流漂到此。

迁徙的鱼群

像图中的鲭鱼这样的远洋鱼类，依据温度的变化而在海里移动。它们是浮游带体形较大的掠食者。

积极游动

浮游生物，尤其是诸如桡足类和磷虾等小型甲壳动物，会被一些小型鱼群吃掉，例如鲱鱼、玉筋鱼、沙丁鱼和鳀鱼。这些鱼大多数在中层水域长期生活，只利用海床产卵或躲避捕食者。它们是强大的游泳者（自游生物），依靠速度来捕获猎物和躲避掠食者。它们可以逆着余流长途迁徙并到达其产卵地。小型鱼群反过来成为体形更大的捕食者的食物，如鱿鱼、金枪鱼、鲸鱼和鲨鱼。鲸鲨、姥鲨和须鲸都是体形巨大的海洋动物，但它们直接以浮游生物为食，摄食量巨大。

具有自游能力的无脊椎动物

鱿鱼是唯一一种拥有强大游泳能力，从而可被归类为自游生物的无脊椎动物。它们捕食多种动物，包括鱼类和浮游甲壳动物。

远洋渔业

陆架海域以其丰富的浮游生物供养着大量的远洋鱼类。最重要的渔获包括鲱鱼、沙丁鱼、鳀鱼、鲭鱼、毛鳞鱼和狗鱼。商业渔获也包括鱿鱼。由于渔船吨位增大，渔网面积增加，定位鱼群的技术也日益精进，许多鱼群面临严重的压力。人们用从水面下垂约10m的流网来捕捉远洋鱼类和鱿鱼。在北太平洋，用于主要捕鱼业的流网长约17×10^4km，不幸的是，这些渔网同时也捕到鲸类、海龟和潜鸟。用于钓金枪鱼和剑鱼的延绳钓的长钓线，同时也捕获幼鱼、鲨鱼、海龟和海鸟。中层拖网则捕捉大量的鱼群，如鲱鱼、鲭鱼和沙丁鱼。开展以其他远洋物种为目标的小规模渔业，对于维持全球地区性沿海生物群落具有重要意义。

食物链受到威胁

玉筋鱼是海鸟（如图中的北极燕鸥）、海豹、鲸类和较大型鱼类的食物。尽管它们是许多食物链的重要基础，仍大量被捕获用于喂养牲畜和养殖鱼类，或被焚烧作为燃油。

开阔海域铁青色的波浪下隐藏着一道非凡的景观——陆地向下冲往一片广袤且起伏不定的泥泞平原。在这里，海洋水体维持着一层又一层的生命，从由太阳提供能量的表层水域到压力巨大的最黑暗的海底深处皆如是。在某些地方，深海平原被海底火山或足以与喜马拉雅山比高的海底山脉所隔断。从这些山坡涌出的高温热液，支撑了不同于地球上任何其他地方的生物群落的生存。在一些地方，巨大的地壳板块相互碰撞，撕裂海底，形成深沟，引起强烈地震。然而，与太空探索相比，较少人对这些神秘的深海进行过探索。

开阔海域和洋底

海浪之下

大洋的最深处可以藏得下一座珠穆朗玛峰，还有剩余的空间可以再加上一座哈利法塔（目前世界上最高的建筑）。我们对深海海床的了解有限，甚至不如对月球地形的了解精准。

开阔海域

海洋的环境随着深度的增加而发生巨大的变化。光照和温度的变化十分剧烈，而压强则渐进递增。尽管很多变化都具有连续性，我们仍能将海洋划分为一系列不同的深度区域，每一个深度区域都为生物提供了迥然不同的生活环境。

表层

海洋表层1m深以内的水层是养分最丰富的地方。这一层有时被称为“漂浮生物层”，有许多漂浮生物生活在这里，如某些种类的水母。动植物排出的氨基酸、脂肪酸和蛋白质以及动物尸体分解所产生的油脂全都漂浮到这层，给浮游植物提供了大量的营养物质。

表层的海水是海洋与大气之间发生气体交换的界面。这对地球上所有的生物都是至关重要的，因为动物生存所需要的氧气有一半来自海洋。毋庸置疑，在白昼，浮游植物会聚集在表层，以它们为食的动物也是一样。可悲的是，这片区域极易遭受化学污染物和漂浮垃圾的污染，这会对海洋生物产生致命的影响。

昼夜分布

只有一小部分海洋生物栖息在深水区域，大部分都生活在1000m以上的区域。日照区对动物来说十分危险——许多动物白天都待在分界区，晚上才往上移动。日照区在白昼会更为空旷些。

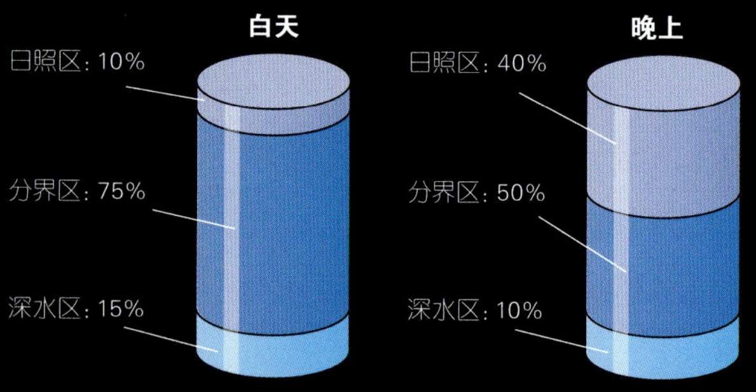

人类影响

自由潜水

潜水者在水下吸入压缩空气，从而令过量的氮溶解在他们的血液中，如果返回水面过快，他们将面临患上减压病的风险。自由潜水者通过在水下屏气的方式来避免这一问题。尽管水压会令他们的肺受到压迫，但肺部周围的血管会膨胀而起到保护作用，且血液中的氮含量也会维持在安全的水平。经过培训的自由潜水者可以屏息下潜到水下200m处，并使用设备来帮助自己下沉或上浮。

海洋不同深度区域

日照区 0—200m

海水迅速吸收阳光，只有1/100的阳光可达水下200m处。浮游植物利用阳光进行光合作用，形成食物链的基础。这一区域维持着所有的海洋生命。

分界区 200—1000m

这片区域的光线对于光合作用来说太暗了，但还足以狩猎，许多动物在夜间会从这里移到日照区。

黑暗区 1000—4000m

几乎没有光线能穿透1000m以下的海域。从这里到洋底是一片黑暗，因此没有植物可以生长，而且事实上这里唯一的食物资源便是从上层水域落下来的残渣碎屑。这里普遍较为寒冷，温度为2—4℃，并且压强较大，只有适应能力极强的动物才可存活。

黑暗区被定义为延续至深海平原（4000m以下）的水域。从技术上讲，所有1000m以下的水域都是黑暗区，这里的唯一光源是发光生物所发出的光（详见第224页）。然而，为方便指代，黑暗区以下的水域还可进一步细分。

深渊区 4000—6000m

在大陆坡之下，海床变得平缓。在许多区域，它在4000m以下的深处形成广袤的平原。在一些区域，海床在更深的6000m处起伏。共约30%的海床处于这两个深度之间。生活在这里的动物在这较为狭窄的水域内上下移动，这一水域被称作“深渊区”。

超深渊带 6000—11,000m

海床仅在几处深海沟才下陷至6000m以下。这一超深渊带占据整个海底区域不到2%。而造访过这一水域的人数不到10人（见第183页），且因为压强太大，只有少数潜水器能在此运行。

到目前为止，人们对这里的海洋生命知之甚少，尽管科学家在水下8221m处观察到海葵和水母，并曾在8370m处捕获一条鱼。科学家还在海洋的最深处——马里亚纳海沟的底部发现了生活在那里的端足类动物、变形虫和其他各种微生物。

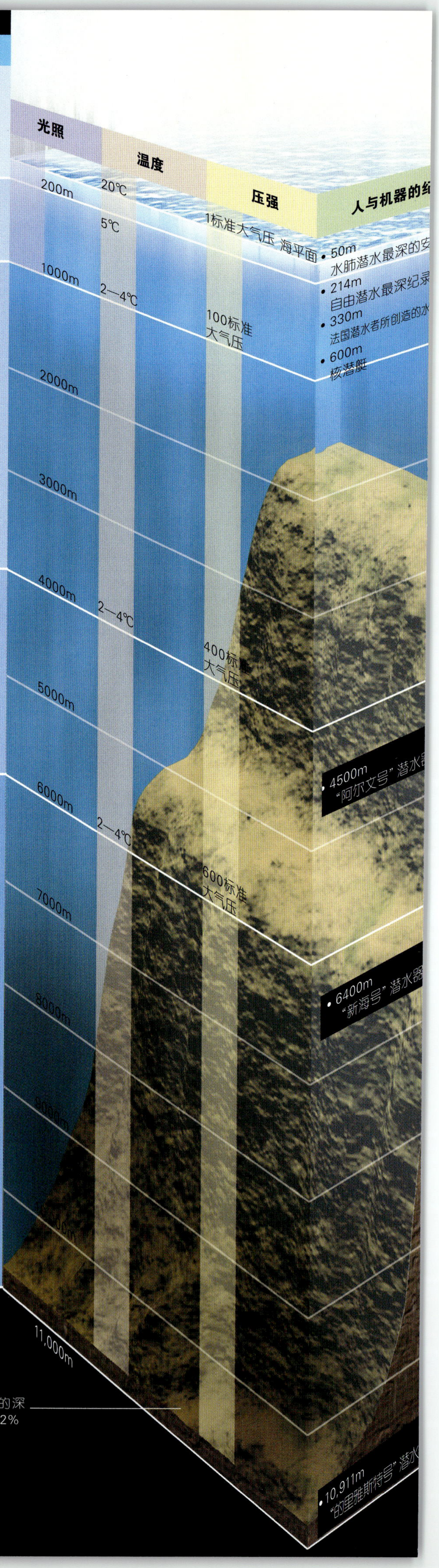

海洋最深处

下面的柱状图显示了全球各大洋以及一些海洋各自的平均深度（黄色标线）和最大深度（红色标线）。

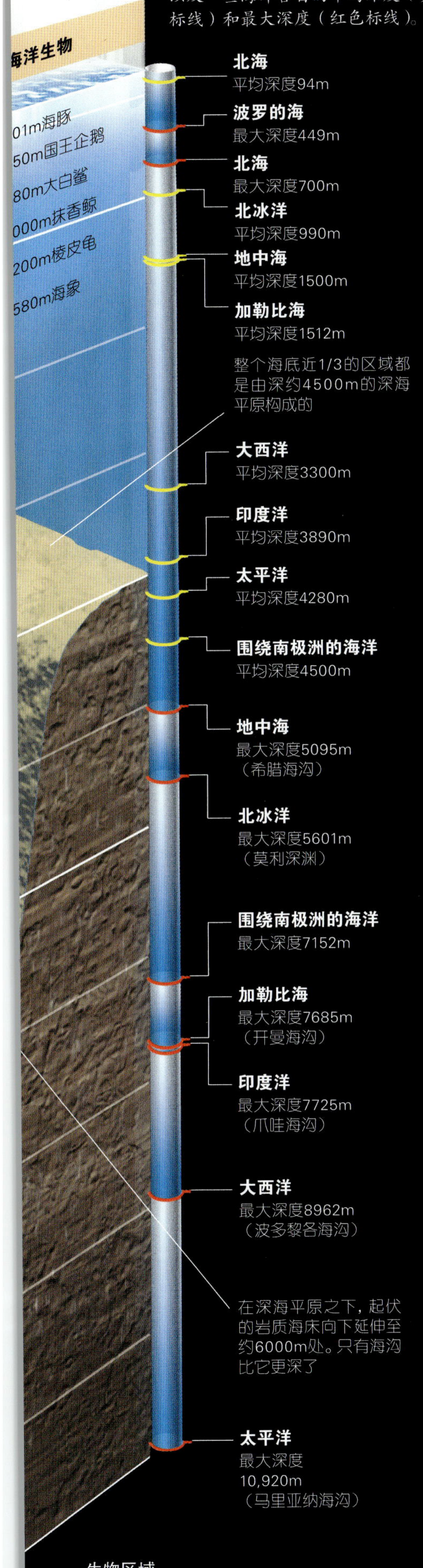

生物区域

这里显示了深海中不同的生物区域以及人类和一些海洋生物所能到达的最深处。大部分生物集中在1000m以上有一些光照的地方。

清澈的水域

水晶般清澈的热带水体看起来很舒服，但这种透明度也表明水中所含养分很少，因此生活在其中的浮游植物数量也不多。如此一来，动物的食物也就非常匮乏。

日照区

日照区是有足够的阳光来进行光合作用的水域。海洋对阳光中不同波长的吸收程度不同（详见第36页）。几乎所有的红光都在10m以内的深度被吸收了，所以红色的动物在这个深度以下，看起来是黑色的。绿光在干净的水中穿透力要深得多，可至约100m深处，而蓝光的穿透力则是绿光的2倍。由于叶绿素的存在，浮游植物会优先吸收光谱中的红色部分和蓝色部分（为了进行光合作用）并反射绿光。在清澈的水中，它们能在深达200m的地方进行光合作用。

在混浊的水中，日照区更浅，因为光被更快地吸收了。大量积累的浮游植物和浮游动物在富含营养物质的水中吸收阳光，减少了日照区的深度。浮游植物必须待在白昼时阳光能照射到的水层中，以便进行光合作用。浮游动物跟随它们以获取食物，而以浮游动物为食的动物也紧随其后。这片区域是危险的，因为阳光令动物在其捕食者面前变得十分显眼。

在日照区觅食

在日照区，浮游动物以浮游植物为食。较大的动物，如图中这些虾，又以浮游动物为食。浮游植物位于大多数海洋食物链的最底端。

在日照区生活

浮游植物如果要获取足够的阳光进行光合作用，就必须待在日照区。这片区域最温暖，且有最丰富的生长所需的养分。如果要耗费很多能量才能待在这一区域，则是事与愿违的，因此浮游植物发展出了多种机制来助其毫不费力地漂浮在这一区域。一些物种通过有浮力的气泡、油滴或大量的轻脂存储来保持漂浮状态。其他浮游植物则长有刺，这令其表面积增加，助其漂浮。一些浮游植物会形成群落，从而在水中产生更多的阻力，以减缓其下沉的速度。有一种浮游植物叫“鞭毛藻”，长有线状的鞭毛，可以微弱地“游动”。在这片高产的区域中，浮游植物制造了大气中一半的氧气。在温带，浮游植物在夏季大量繁殖，有时会引起水华频发。

硅藻

硅藻是一种非常多产的浮游植物。有的会长成群落，呈链状或片状附在岩石上。每年有6×10^9t浮游植物在全世界各地的海洋中生长。

浮游动物

图中这些浮游动物样本从一张渔网中收集而得，包括1只棘皮动物（左下角）、1只放射虫、1只螃蟹幼虫（中央）和1颗鱼卵（右下角）。

浮游生物和自游生物

春天到来，水华开始形成，浮游动物随之开始繁殖，跟随浮游植物来到日照区觅食。它们中的大多数是草食性的，以浮游植物为食；有些是肉食性的，以其他浮游动物为食。其中很多被归类为阶段性浮游生物——一些动物（如蟹、龙虾、藤壶和某些鱼）在其幼体阶段营浮游生活，利用水流来聚散。它们可以享用夏季的浮游植物盛宴，从而避免与成年的同类抢夺食物。当浮游生物随波而流时，许多可自由游动的动物（统称为“自游生物”）便聚集过来以它们为食，如鱼类、鱿鱼、海洋哺乳动物和海龟。这些生物反过来又成为掠食性鱼类和海鸟的食物。一些大型动物，如姥鲨，也以浮游动物和自游生物为食。

裸躄鱼

图中有两条裸躄鱼躲藏在马尾藻中。

桡足动物

桡足动物为草食性动物，占浮游动物总数的70%，在$1m^3$的水体内其数量便达数千。

分界区

分界区中的光线仅足以让动物看清周围，但也会令其自身被看见。这样一来，捕食者和猎物便一直处于博弈之中。许多物种几乎通体透明，以免投射出些许影子。其他动物则会反射光线，以此来掩饰自己，以免受来自上方的光的映照，或以极薄的身躯减弱自身所形成的投影。为了能在弱光中生活，此区域中的许多动物都进化出了大大的眼睛。

分界区中的主要食物来源是腐质。因此，许多动物在夜间向上迁移到食物充足的日照区觅食，并在太阳升起之时又回到分界区。数百万吨动物，约占海洋总生物量的30%，每天都会进行这样一番艰苦跋涉，这也构成了地球上迄今为止生命物种最大规模的迁徙。旅程的距离与生物体自身的大小成比例关系。体长小于1mm的小型浮游动物，一天可能只移动20m，而一些较大的虾，一天可单程移动600m。

大型滤食性动物

如图所示，体长11m多的姥鲨吸入成群的浮游生物，之后通过其颚部白色的鳃耙，将它们从水中过滤出来。

黑暗区和深渊区

分界区之下的水域黑暗、寒冷、压强大，并且食物匮乏。对于那些适应了这种深海环境的动物来说，压强大并不是问题：它们那些充满液体的躯体几乎不可压缩，不像生活在海洋表面的鸟类和哺乳动物充满气体的躯体那般易被压缩并受到压强的影响。大多数鱼类利用鱼鳔中的气体来保持浮力，从而易受压强变化的影响。因此，许多深海鱼类都没有功能性鱼鳔。

对于大多数深海物种而言，缺乏食物是其面临的最大问题：海面上植物所产生的能量，只有约5%转移到这些深水区域中。深海动物通常移动和生长的速度都很缓慢，并有较长的寿命。它们等着食物自己送上门来，以逸待劳，以便保存能量。因此，很多动物的嘴很大，且牙齿有力。其他动物则通过施行一些伎俩来捕获猎物，如鮟鱇用自身悬晃的饵状物来诱捕猎物，有的物种甚至通过贮藏发光细菌或以化学过程来使这些诱饵和其他身体结构发光。

开阔海域中的鱿鱼

鱿鱼生活在海洋中的几个区域内，从日照区（左图中的大鳍暗礁鱿鱼就是在那里发现的）到深水区域都有。深海鱿鱼很难拍摄到，拍到的通常是其尸体样本。

幽灵鱼

人们在深达1000m的海域发现了褐嘴幽灵鱼。它生活在黑暗区的边缘地带，其骨骼薄得几乎透明，一双大眼睛可向上观察，以便发现从其上方进攻的捕食者。它主要以桡足动物为食，直接分娩幼体，幼体随浮游生物漂浮。

发现

“挑战者号”

许多海洋学方面的发现都是由英国皇家海军舰艇“挑战者号”完成的。这艘被改造过的英国军舰在1872—1876年间完成了长达1109×10^2km的大洋航程，并沿途测深。1875年3月，它在关岛附近放下了一条测深索，测到8184m的深度，并以其采集到的黏土来证明其已触及海床。幸运的是，它当时正好停在马里亚纳海沟上方，接近海洋的最深处，如今此处被恰如其分地称作“挑战者深渊”。

耐热蠕虫

这种多毛蠕虫（一种环节蠕虫）于1979年由“阿尔文号”发现，并被命名为“庞贝蠕虫”（*Alvinella pompejana*）以纪念“阿尔文号”。它是地球上最耐热的动物，生活在温度达300℃的热液喷口涌出的海水附近。

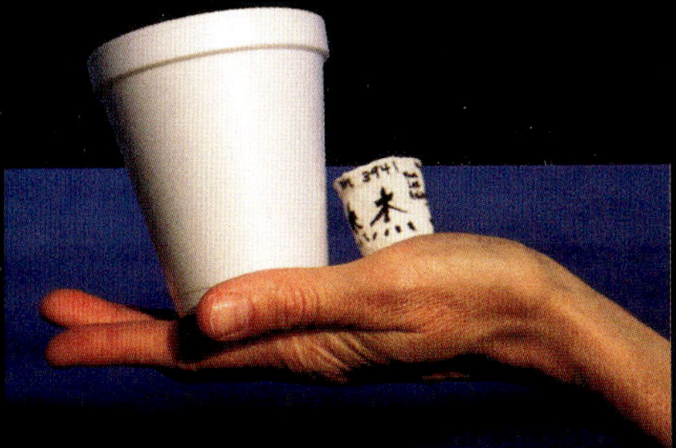

深海挤压

附着于潜水器外部的一只聚苯乙烯杯在重新露出水面后，其大小仅为原体积的一小部分，体现了深海中压强的作用。

“阿尔文号”潜艇

“阿尔文号”可承受深海的极端压强，令科学家在4000多次下潜中获得很多重要发现。

超深渊区

在超深渊区的自然环境中很少能发现深水物种，而拍摄到它们的可能性就更小了。许多物种都是作为被捕捞到的样品而被认知的，并且大多数照片的对象都是已死的标本（包括右图的尖牙鱼）。有时，某些深海动物可以被放入水族箱里进行研究，但许多物种被带到海面后，都不能适应温度和压强的变化而无法存活。

尽管这里的很多动物相互猎食，但食物链仍必须从上层水域提供的食物开始。在海床生活的动物，可以大面积搜寻数周或数月以来累积在海床上的食物，但是生活在中层水域的动物则必须在短时间内抓取正向下沉降并即将越过它们的食物，这就需要更多的捕食技巧。来自上层的腐质在中层水域只有很少一部分可被截获，因此这里的食物总是很匮乏。

在这一区域进行考察的科学家经常能重复观察到同一物种。此区域的环境在全世界都是非常均衡的，很少有物理上或生态上的障碍阻止物种的移动。因此，很多深水物种得以广泛分布，有些物种甚至在各大洋都有分布。如此一来，物种多样性的程度便很低：在已知29,000种鱼中，只有约1000种生活在这一深度的海域中。

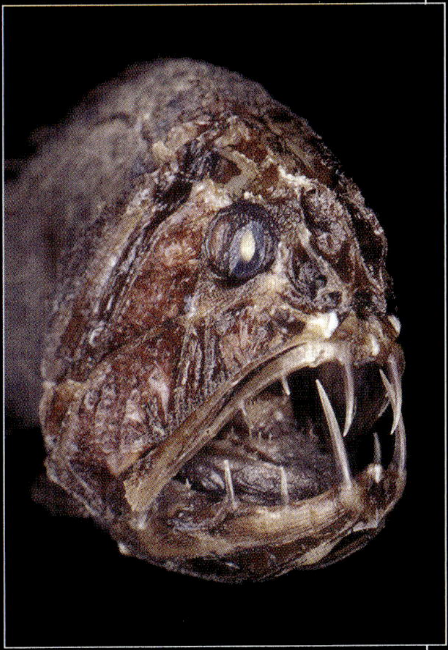

尖牙鱼

尖牙鱼被发现于4992m深的海域。与很多深水鱼一样，它的头和牙齿都很大。它身上的感知器官可助其在黑暗中察觉到猎物的移动。

海洋环境

“环球探索者”

“环球探索者”远程遥控潜水器可下潜至3045m的深度。它通过电缆接受母船的控制，可拍摄海床的景象。

潜水器探索

潜水器是一种水下航行器，比潜艇小，主要用于勘探、海洋科学研究和娱乐消遣。潜水器最先于20世纪60年代被研制成功，帮助人们打开了深海勘探的通道。现代潜水器包括各种载人潜水器和远程遥控潜水器（ROV）。最新的一些设计不再依赖于压舱物和浮力舱来控制降升，转而使用最初为飞行而研发的技术。

“阿尔文号”是一台著名的载人潜水器，由伍兹霍尔海洋研究所（美国）运营。1977年，“阿尔文号”的船员发现了第一个热液喷口（详见第188—189页）。1986年，它曾参与“泰坦尼克号”残骸的发掘工作。2011—2013年，“阿尔文号”被全面改造。它与“新海号”6500（日本）、“蛟龙号”（中国）都属于深潜器（DSV），大多用于科研。其他潜水器则包括遥控潜水器（通常通过系绳连接到水面舰艇）以及主要用于浅水娱乐的潜水器。更复杂的遥控潜水器可在海床上钻芯取样，进行声呐探测以及记录图像。

深海探奇

娱乐型潜水器（如“超级猎鹰”）的下潜深度一般小于200m。大多数深潜器和远程遥控潜水器的最大下潜深度为1000—7000m，但有少数可达海洋最深处，即马里亚纳海沟的挑战者深渊（深达11,000m）。截至2014年初，只有2台深潜器（包括“深海挑战者号”）和2台远程遥控潜水器（日本“陌一号”和美国“海神号”）完成这一壮举。

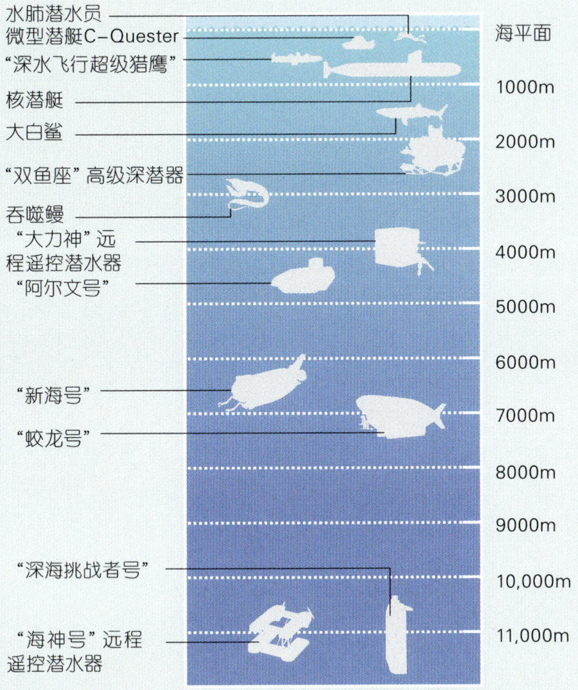

潜水器类型

浅水探测

“深水飞行超级猎鹰” 由美国工程师格雷厄姆·霍克斯设计的众多潜水器中，最新的“超级猎鹰”是一台水下航行器，主要用于私人娱乐式探索。它在水中“飞行”，可搭载2人潜到水下120m处。

C-Quester C-Quester微型潜艇由荷兰沃克斯潜艇公司开发，可搭载1—2人下潜至水下100m处探索。

多人深水研究

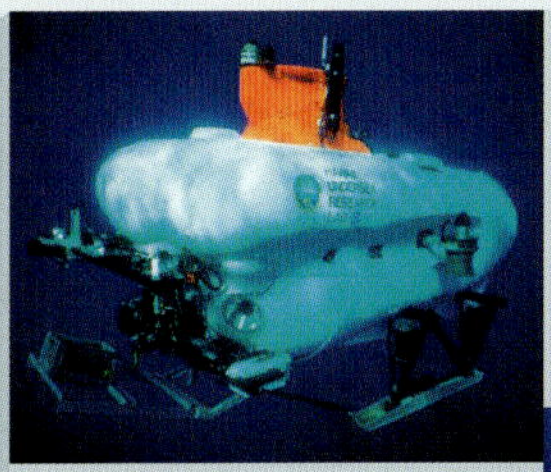

“双鱼座”IV “双鱼座”IV是一台科研用深潜器，由夏威夷水下研究实验室拥有并运行。可搭载3人下潜至2000m深处。

“新海号”6500 “新海号”6500由日本海洋科技中心于1989年推出，是一台深潜器。2013年6月，它在水下5000m处进行了世界上第一次深海现场直播。

远程遥控潜水器

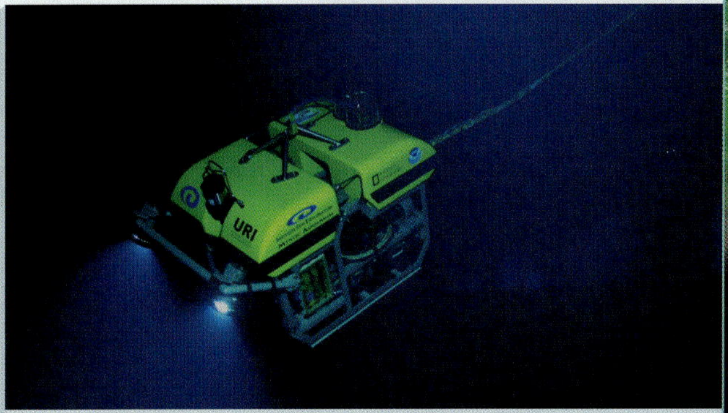

“大力神” “大力神”是非常典型的远程遥控潜水器，可下降到4000m的深度，并拍摄高清图像。它配备有6个推进器，可以朝任何方向“飞”，如同直升机一样。它具有轻微的浮力，当推进器停止转动时，可慢慢浮上水面。

驶入海洋深处

“深海挑战者号” “深海挑战者号”长7.3m，于2012年3月载着电影导演詹姆斯·卡梅隆潜入挑战者深渊。这一壮举被称为“驶入海洋深处”，是世界上首例驾驶单人潜水器潜入海洋最深处的探险。

海山和平顶海山

海底山是完全淹没在海水之下的山脉，从海底上升至少1000m；较小的海山被称为“海丘”。平顶海山是曾上升到海平面以上的海山，其顶部因为侵蚀作用而变平。海山和平顶海山通常在深海中独立存在，为适应较浅水域生活的海洋生物提供了栖息地。受海山阻挡，富含养分的深海洋流被迫上升至近表层水域，并在海山上方形成漩涡。这些漩涡可以聚集营养物质并供养浮游生物，而这反过来又吸引了大量鱼群。

名人

亨利·盖奥特

阿诺德·亨利·盖奥特（1807—1884）是普林斯顿大学首位地质学教授。他建立了一个气象观测站系统，美国气象局的建立即由此发展而来。后来，普林斯顿大学地质学教授哈里·赫斯以盖奥特的名字（Guyot）作为“平顶海山”的英文单词，以此纪念他。第二次世界大战期间，赫斯利用回声测深设备发现了平顶海山。

地质起源

海山最初为海底火山，海床上的裂缝使之得以喷发。很多海山都是从板块运动形成的大洋中脊（详见第185页）的顶部裂缝处升起的。由于这些裂缝通常呈直线，海山的形状便趋于椭圆形或细长形。海山由火山喷发出的玄武岩构成，随着时间的推移，其表面会累积上一层薄薄的海洋沉积物。海山经常以链状或拉长的山群的形式出现，这或是因为沿裂缝有好几处薄弱点有火山喷发，又或是因为一系列的海山群在固定的单一火山热区处先后形成。有时火山在海洋表面爆发形成岛链，并继续向海延伸形成一系列海山。由于新形成的火山岩容易受到侵蚀，随着时间的推移，火山岛露出水面的顶峰便被侵蚀成平顶。然后，随着海洋板块运动，平顶海山被带离火山活动区，沉入水下。

平顶海山的演变

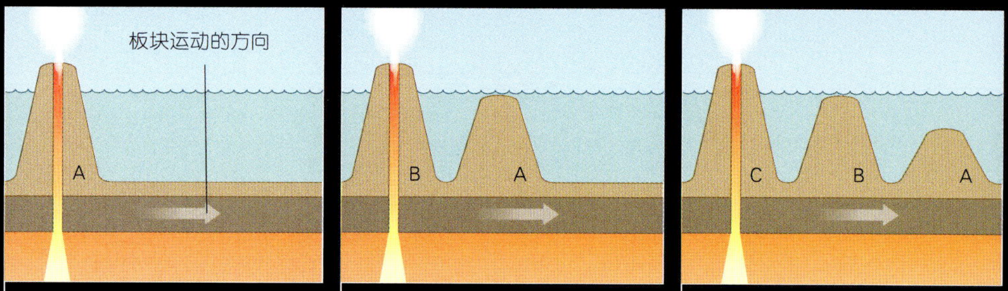

1 当一座火山在一个“热区”上方喷发，形成小型火山岛时，平顶海山（A）便开始形成。

2 在火山岛（A）远离热区的过程中，上千年的侵蚀使其顶部变得与海平面持平。而一个新的岛屿（B）则会形成。

3 随着岛屿继续移动，它会最终沉没并形成平顶海山（A）。新岛屿（B和C）则陆续从热区喷发而成。

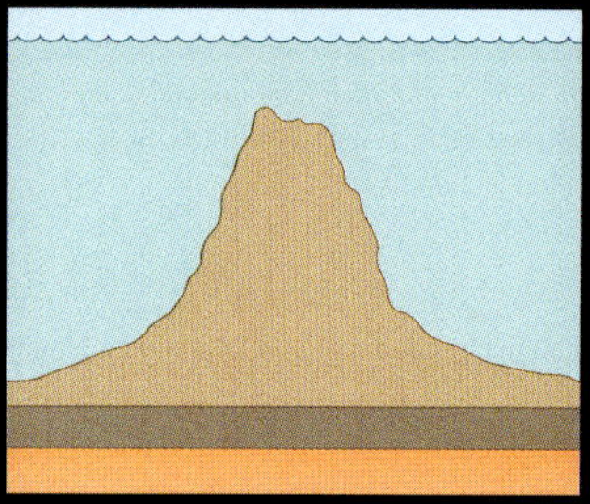

海山的形成

海山形成于水下火山爆发。由于海底的侵蚀比在陆地上的慢，所以海山一直保持圆锥形。

上升流

开阔海域大多缺乏营养物质，因为寒冷且富含养分的洋流主要位于深水区，浮游生物很难触及。而从海床往上突起4000m的海山，阻碍了深海洋流的运动，改变了其运动方向，迫使其形成上升流。这就使营养物质上涌到日照区，浮游植物因此得以蓬勃生长。当这些富含养分的洋流越过海山顶部时，它们会被一分为二，绕着山体横扫而过，于是海山上方的水便会旋转，从而在海山顶部形成一个较深的圆柱形静水区。这种“事实上”的圆柱水体被称为“泰勒柱”。它在海山上方形成回漩和静水区，养分在此区域内不断积累，浮游生物也聚生其中。海山上方所形成的这一区域有着令人难以置信的丰富养分及极高的生产力，成为开阔海域这一营养沙漠中的一处“绿洲”。

世界分布

全世界的海洋中可能有近10万座海山和平顶海山，但是只有少数被标上地图或被加以探索，而这些山的确切总数也仍未知。海山可能单座出现，也可能成群或呈链状出现，其存在是过去的火山活动的体现。太平洋拥有环太平洋火山带，是所有大洋中火山活动最为活跃的，共拥有超过3×10^4座海山和平顶海山。太平洋的海山链通常沿西北方向成形，与板块运动的方向一致，每条海山链上有10—100座海山，有时由海脊相连。相比之下，大西洋和印度洋的海山则主要以单座的形式出现。

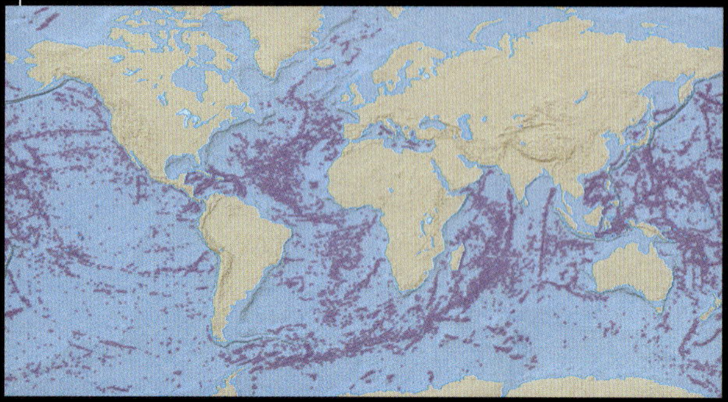

海山分布图

一些海山和平顶海山常以链状形式在火山热区之上升起，另外一些则沿着大洋中脊单座成形。其总数尚未可知。

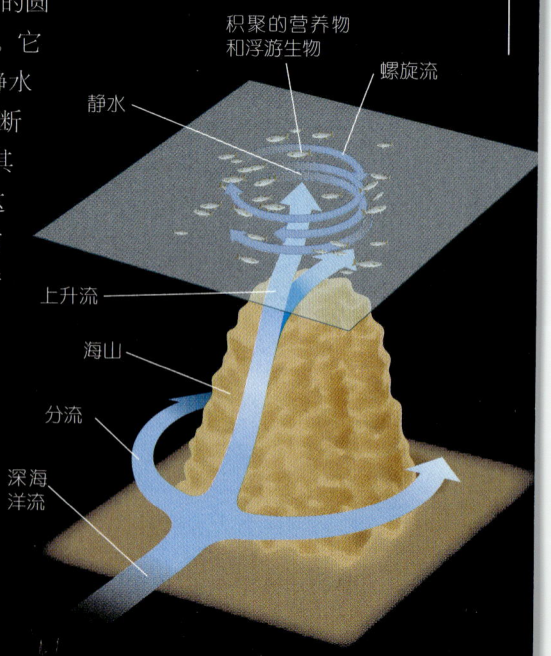

水柱

洋流在海山周围和上部呈螺旋状运动，从而在海山上方形成静水柱，浮游生物靠积聚于此的营养物质繁衍生长。

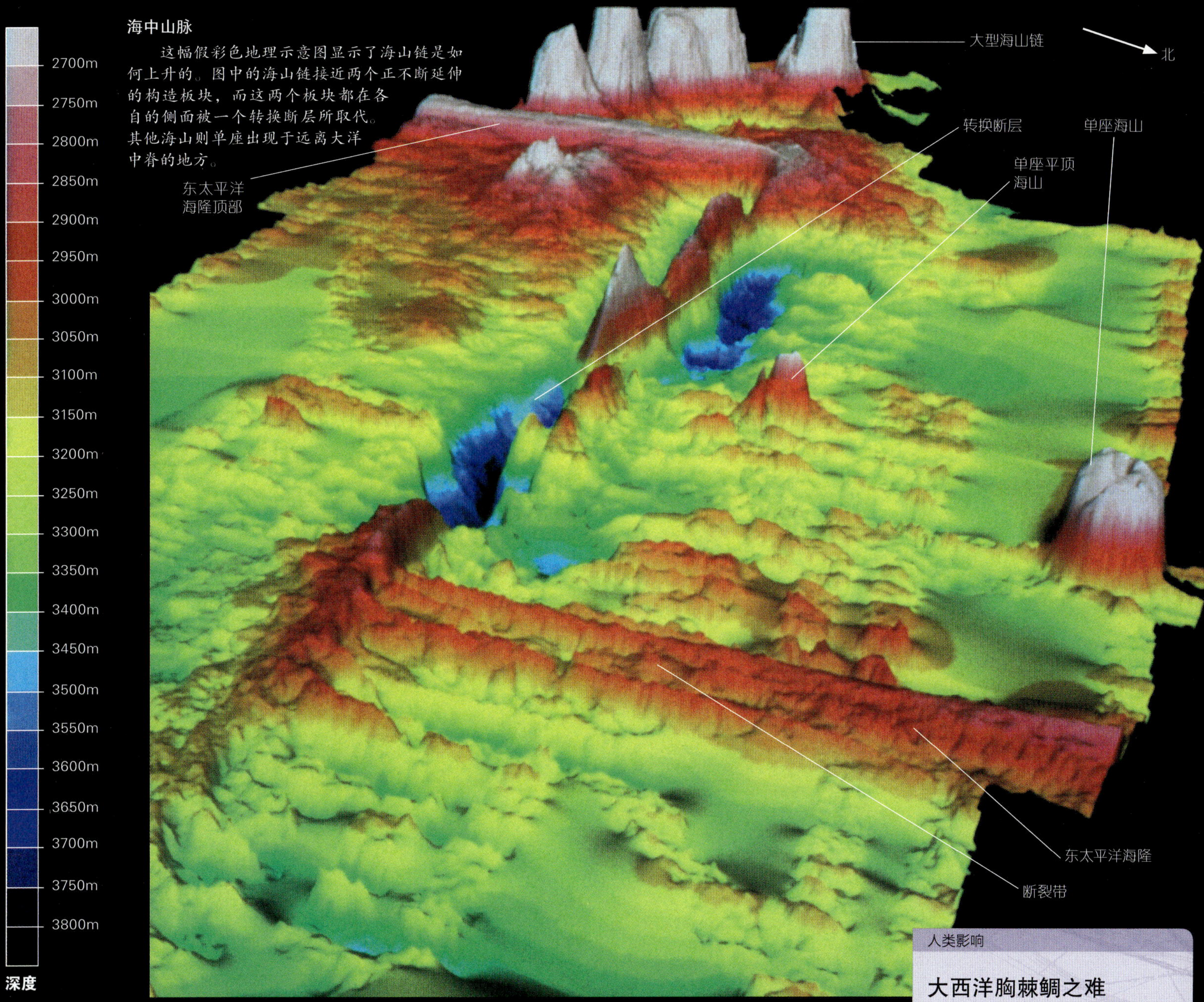

海中山脉

这幅假彩色地理示意图显示了海山链是如何上升的。图中的海山链接近两个正不断延伸的构造板块，而这两个板块都在各自的侧面被一个转换断层所取代。其他海山则单座出现于远离大洋中脊的地方。

海山上的生物

人们对一些海山的发现源于渔民在此区域发现的大量鱼群。海山上方的水域富含营养物质，供养了高密度的浮游植物以及以此为食的浮游动物。自由游动的动物也被这场盛宴所吸引，其中就包括在开阔海域其他区域难得一见的高密度鱼群。鲨鱼和海豹等食肉动物也聚集于此觅食。海山的岩石则由滤食性动物所占领，它们会捕食漂过其身边的浮游生物和腐质。全球的海山中仅1/1000被加以探索。而仅在对塔斯曼海和珊瑚海的25座海山的调研中，就已经有850个物种（其中一些先前被认为已经灭绝）被记录在案。海山是重要的生物多样性热点，在那里发现的物种中，多达1/3生活在单座海山或海山群上。

珊瑚受到的威胁

科学家担心一些丑柳珊瑚科的珊瑚物种会由于水底拖网式捕鱼作业而灭绝，甚至来不及被命名。

海山上的进食者

图中的软珊瑚群落是生活在热带地区的八放珊瑚，其沿着各分枝排布的珊瑚虫从席卷海山的洋流中捕捉食物。

从洋流中捕食

这种铠甲虾是生活在岩石表面的食腐动物，太平洋东北部的鲍伊海山上方涌动的洋流，为其提供了丰富的食物。

人类影响

大西洋胸棘鲷之难

当渔民们在20世纪80年代发现海山之上有大量鱼群生活时，他们认为自己发现了一个宝藏。例如，他们可以在一天之内捕获100t大西洋胸棘鲷（见下图及第353页）。然而，可存活将近150年之久的大西洋胸棘鲷生长非常缓慢，且一直到20—30岁才产卵。故如此大规模的捕捞并不能持久。现在，全球捕鱼量大幅下降，大西洋胸棘鲷也成了濒危物种。

大陆坡和大陆隆

大陆坡和大陆隆都是从大陆架延伸至深海平原的海底倾斜区域。在越过大陆架上被称为“陆架坡折”的区域后，海床开始急剧下降，这便是大陆坡，通向开阔海域。它较陆地下降至3000—4500m处，那里是海床变得较为平坦的地方。而在某些地方，大陆坡被海底峡谷隔断。沉积物落入这些峡谷，并以比较和缓的坡度在大陆坡底部积聚，形成了大陆隆。

大陆边缘

这是一幅典型的大陆边缘图，包括了从海岸线经由大陆架、大陆坡和大陆隆到深海平原的过渡。大陆坡约140km宽，大陆隆约100km宽。垂直比例经过夸张处理：大陆坡实际坡度较缓，约为1 ∶ 50（2%），大陆隆的坡度则更缓，约为1 ∶ 100（1%）。

深海平原

这一平原是沉积物在深海积聚形成的，通常位于水下4500m处。

大陆坡

大陆坡的岩石被历经数百万年积累的来自陆地的沉积物所覆盖。甲壳类动物、棘皮动物和许多其他动物栖息在这些沉积物之中或之上。大陆坡被深深的峡谷所隔断，后者被浊流切割而成。浊流是沉积物和水的粗糙混合，以80—100km/h的速度冲下峡谷。一些海底峡谷十分庞大：加勒比海的大巴哈马峡谷的峭壁足有4285m深。许多峡谷是大河入海方向的延伸。在峡谷末端，沉积物堆积成沉积扇，一直延伸至深海平原。

峡谷和沟壑

这张声呐图片显示的是位于南非夸祖鲁—纳塔尔省索德瓦纳湾外大陆坡处的一个深海峡谷。

捕捉裸盖鱼

人们用延绳钓捕裸盖鱼，钓线长达1.2km，向下延伸至大陆坡。

大陆坡上的生命

和大陆架一样，大陆坡也富含由陆地冲刷而来的营养物质，这有助于维持中层（远洋）和底栖（底层）鱼类的繁衍。近几十年来，由于过度捕捞和管理不善，大多数陆架海域的鱼群数量急剧下降，更多渔民于是转而到大陆坡上寻找深海鱼。不幸的是，对渔业而言，尽管深海鱼类寿命长，但它们繁殖缓慢，鱼群需很长的时间才能恢复，因此，许多渔业资源正在锐减。

裸盖鱼

裸盖鱼繁殖缓慢，捕捉过后需要14年才能得到恢复。养殖（右图）可能是一种更好的选择。

海洋环境

恒河三角洲

恒河一年挟带 2×10^{9}t沉积物，其中一些会在这个庞大的三角洲沉积下来，而更多的则被带入海中，并在孟加拉湾形成了一个深海扇。

管状海葵

这些海葵将自己的躯体埋在水下4000m处的沉积物中，用触手来捕食。

发现

声明所有权

在大量石油储备的诱惑下，很多石油企业已开始在水下2300m深的大陆坡上钻探。而这片水域对于渔业而言也越来越重要，因此，很多沿海国家都想划建自己的国有排他性水域。这样，他们就可以独占这些资源。根据现行海洋法，一个沿海国家对某些资源，如石油的占有权范围向外一直延伸至大陆边缘，基本上就是大陆隆和深海平原之间的边界，或者延伸至海岸线外围200海里处，以两者中较远者为准（但从来没有超过海岸线外围350海里处）。

大陆隆

大陆隆是一个由落到大陆坡底部的沉积物堆积起来的厚厚的楔状构造，可隆起至水下15km处。它较为平缓地往深海平原下降。当几处深海扇相遇，并在海底峡谷底部合并时，会形成尤其宽广的大陆隆。大陆地壳和海洋地壳之间的地质界线在这些沉积物的掩盖下变得不甚清晰。大陆隆的沉积物会在边缘处并入深海平原。海蛇尾和多毛蠕虫（一种环节蠕虫）生活在这些沉积物上，以从上层水域落下的腐质为食。大西洋红蟹在海床上觅食，并迁徙到大陆坡上进行繁殖。深海鳕鱼、多佛比目鱼、岩鱼、鮟鱇科和刺头鱼都是生活在大陆坡和大陆隆上的底栖鱼类。拖网捕鱼作业破坏了许多这一类型动物的栖息地，但更深的峡谷中仍保有生物多样性。

沉积物上的进食者

海蛇尾是以大陆隆上的沉积物为食的最常见的动物之一。

狗母鱼栖息地

人们在深海平原和大陆隆发现这种高鳍狗母鱼，它通常生活在深约2000m、温度低于4℃的水域中。

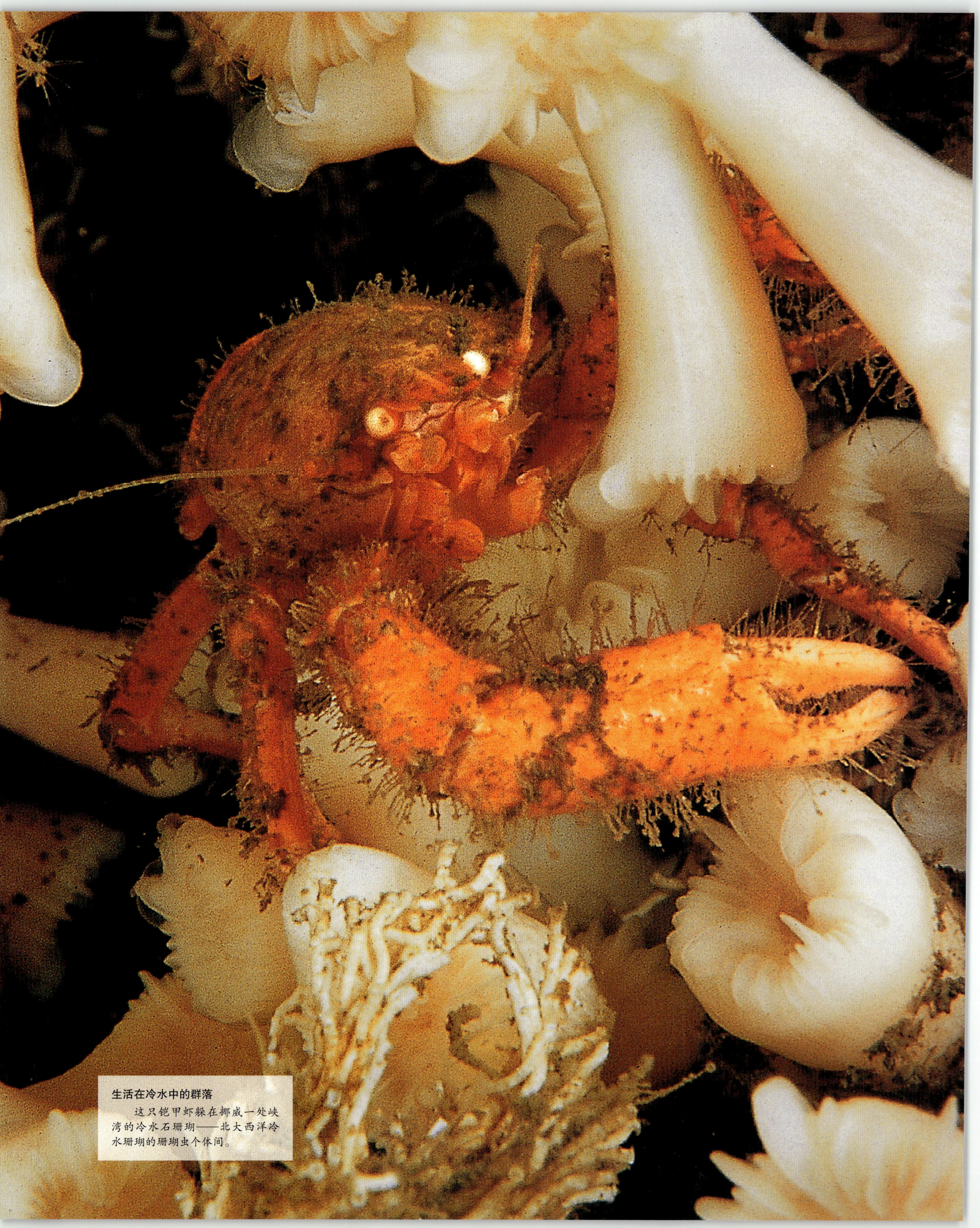

生活在冷水中的群落

这只铠甲虾躲在挪威一处峡湾的冷水石珊瑚——北大西洋冷水珊瑚的珊瑚虫个体间。

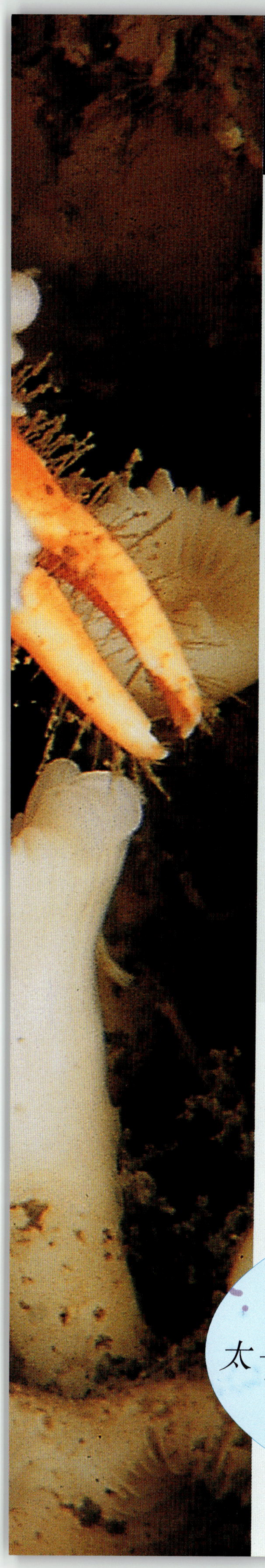

冷水珊瑚礁

深海珊瑚最初于1869年被发现，但在声呐和深海潜水器问世后，人们才弄清楚深海珊瑚礁的大小和丰富程度。虽然人们对冷水珊瑚礁的研究未及对热带珊瑚礁的透彻，但冷水珊瑚礁上的生命无疑同样丰富多彩。形成深海珊瑚礁的石珊瑚在水温为4—13℃的区域中繁殖。与热带珊瑚不同，它们能在完全黑暗的环境中生存，因其不必依赖体内的虫黄藻（详见第153页）进行光合作用来制造营养成分。相反，它们通过过滤海水得到食物。有科学家提出，深海珊瑚礁的存在可能与某些海底物质（如甲烷）的渗流有关。甲烷能为食物链最底层的细菌提供能量，而珊瑚虫则滤食水中的细菌。

1998年，人们在苏格兰西北部的大西洋边缘处进行石油勘探，发现了世界上最大的冷水珊瑚礁区之一。这些在水下1000m处的珊瑚礁面积达$100km^2$，位于达尔文丘，其主要的造礁珊瑚是北大西洋冷水珊瑚（*Lophelia pertusa*）。这种珊瑚礁也出现在大西洋许多类似深度的海山上及挪威峡湾那样的浅层冷水区中。世界上其他地方的冷水珊瑚礁则是另几种珊瑚的杰作。例如，在太平洋塔斯马尼亚岛和新西兰附近的海山及大洋浅滩上，主要的造礁珊瑚是葵珊瑚科中的另两个物种（*Goniocorella dumosa*及*Solenosmilia variabilis*）。有记录表明，深海珊瑚礁上生活着1300多种动物，可能是经济鱼类重要的育苗地。

深海珊瑚礁的地理位置

下方地理示意图显示了冷水珊瑚礁在全球的分布（地图上的圆点所示范围经过夸张处理）。其中一些珊瑚礁较小，而其他一些的覆盖面积达$2000km^2$。北大西洋地区所探测到的珊瑚礁数量尤多，这可能与人们在这里进行勘测（特别是石油勘探）的高强度有关。对其他大洋的更为详细的调查很可能会揭示更多深海珊瑚礁的存在。

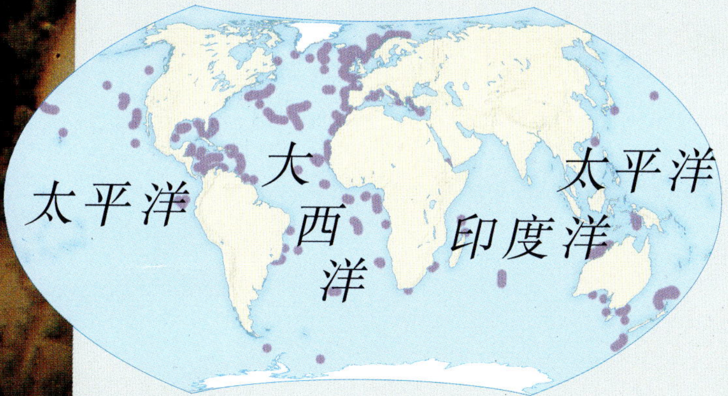

冷水中的生命

深海珊瑚

北大西洋的冷水珊瑚礁 这些北大西洋冷水珊瑚的礁石位于爱尔兰以西的大西洋深层海域，只能通过潜水器进行研究。幸运的是，这种珊瑚礁在挪威一些峡湾的浅水处（39m）也能观察到。

南半球的深海珊瑚丛 这一深海珊瑚丛主要由一种只生活在南半球的珊瑚（*Goniocorella dumosa*）构成，此物种在水下1500m处形成珊瑚礁。

相关的海洋生物

铠甲虾 这只微小的铠甲虾正停在珊瑚虫上。这些石珊瑚分布于西班牙以北的比斯开湾水下390m深处。

蜘蛛蟹 许多动物生活在珊瑚礁中。这些长有长螯的蟹正在大西洋东北部的黑珊瑚上爬行。

深海拖网捕鱼作业的威胁

被损坏的珊瑚礁 捕捞装置缠在了爱尔兰以西海域的这片珊瑚礁上，勾掉了一大块将近8500岁的活珊瑚。在2005年，欧盟颁布法令，禁止在达尔文丘捕鱼。

拖网的痕迹 人们在海床拖网作业，以捕捞底栖鱼类，许多深水珊瑚礁甚至还未及在科学调查中被发现，就已受到拖网的严重损害。图为885m深处伤痕累累的海床。

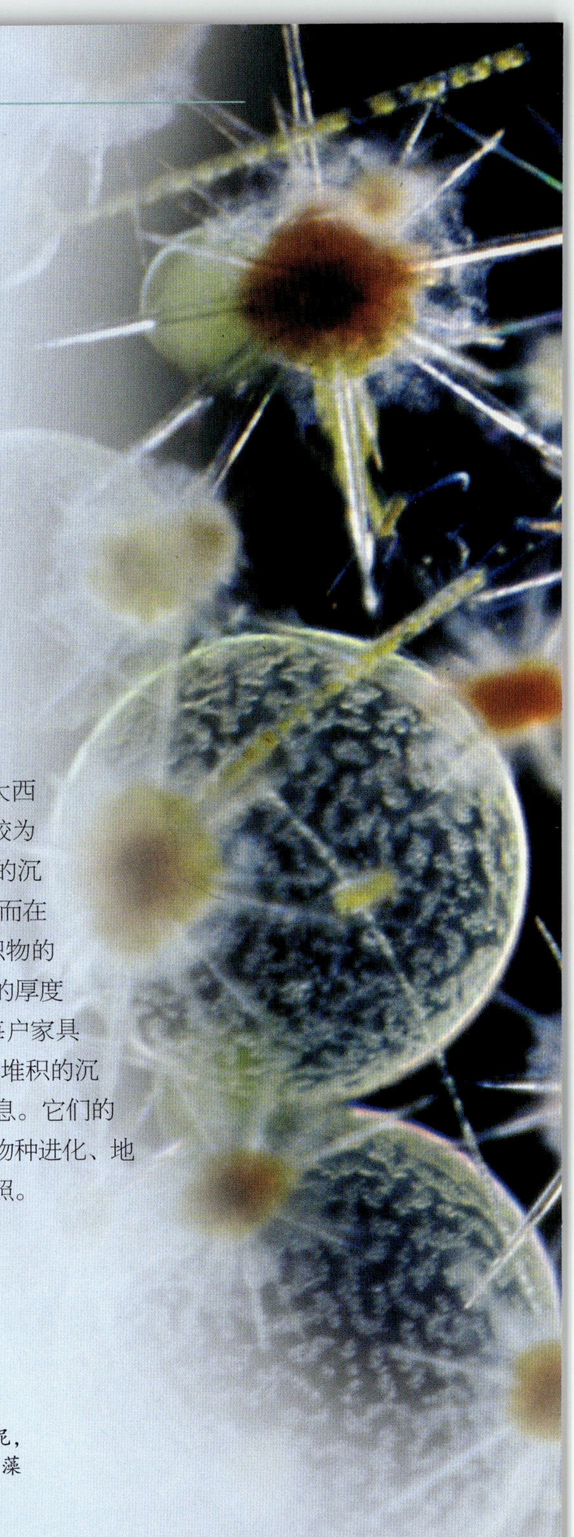

洋底沉积物

在广袤的海床上，厚厚的沉积层掩盖了此处的地形。洋底沉积层由淤泥、泥或者沙组成，在过去的2亿多年中不断堆积，如今某些地方的沉积层已达数千米厚。组成沉积层的沉积物按照来源不同可分为：①陆源沉积物，即来自陆地，主要为被侵蚀的岩石的碎片，这些沉积物沿河入海，被冲下大陆坡，形成大陆隆和更远处的深海平原。②生物成因沉积物，由较硬的动植物残骸形成。③自生沉积物，由海水中沉淀的化学物质形成。④宇宙成因沉积物，为来自外太空的宇宙尘埃和流星颗粒。所有这些沉积物日积月累，形成广阔的深海平原。各种动物在这里觅食，并钻入沉积物中寻求庇护。

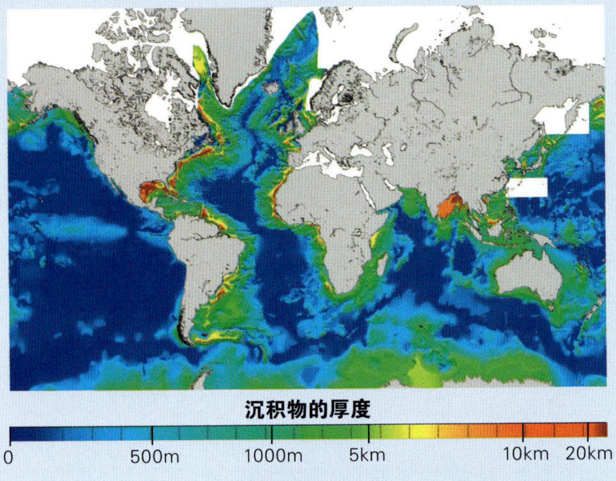

深海沉积物

洋底沉积物平均厚度为450m，但在大西洋及南极洲周围，沉积物可达1km厚。在较为靠近大陆的大陆隆周边，自陆地冲刷而来的沉积物以更快的速度堆积，厚度可达15km。而在远离陆源沉积物生成处的开阔海域，沉积物的堆积速度非常缓慢：在1000年间，沉积层的厚度仅从几毫米增长到几厘米。这可比每家每户家具上尘土堆积的速度还慢。科学家能从这些堆积的沉积物中获知这2亿年来地球历史的大量信息。它们的构造及排列，是关于洋底扩张、海洋生物物种进化、地球磁场变化以及洋流与气候变化的生动写照。

沉积物绘图

海洋沉积物的厚度可通过回声探测的方法来加以测量并绘制图像。有的区域（图上白色部分）尚未经勘测。在靠近大陆处，沉积层最厚。冰川也会将大量沉积物带入海中。

多佛的白色峭壁

这些白垩岩源于海床的生物软泥，由堆积成数百米厚的一层层的颗石藻形成，现在高耸于海平面之上。

翼足类软泥

翼足类是漂浮在中层水域的有翼的软体动物。它们死后，其内部的壳（由碳酸钙构成）沉到海底，成为生物软泥的一部分。深海软泥取样中的翼足类残骸，揭示了千年来海水温度和海平面的变化。

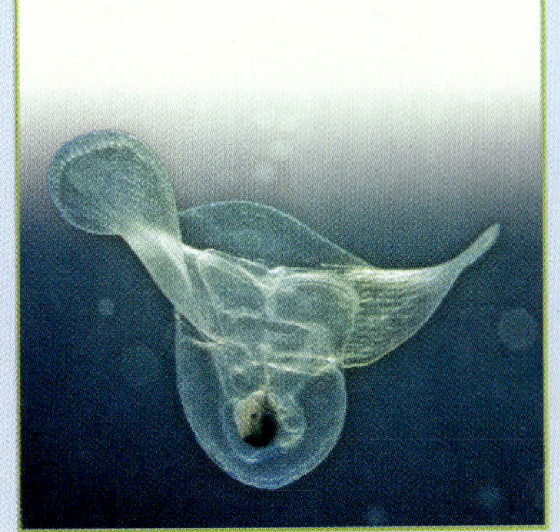

来自陆地的沉积物

大多数陆源沉积物源于陆地岩石的风化，并主要由河流（也由冰川、冰盖及风）带入海洋。海岸侵蚀也会产生沉积物。通常，这些沉积物会被冲下海底峡谷，沉入更深的洋底。有时，沉积物从陆地到达海洋的路线并不那么直接：火山爆发令喷出物进入上层大气，而后才以“雨”的形式落入海洋。

在洋底的最深处（约4000m之下），主要的沉积物是红黏土，由细颗粒的淤泥组成。这些淤泥被从陆地冲刷到海中，并以极缓慢的速度堆积——每1000年堆积约1mm。这些黏土包括30%的细小的生物颗粒，并含有4种主要矿物成分——绿泥石、伊利石、高岭石及蒙脱石。黏土的类型由来源及气候决定。例如，绿泥石主要分布在极地区域，高岭石主要分布在热带区域，蒙脱石形成于火山活动。

沙尘暴生成的淤泥

干旱地区（如右侧卫星图像所显示的北非地区）的风暴会将尘土远远地带入海中，尘土在那里沉积，形成淤泥。

海洋环境

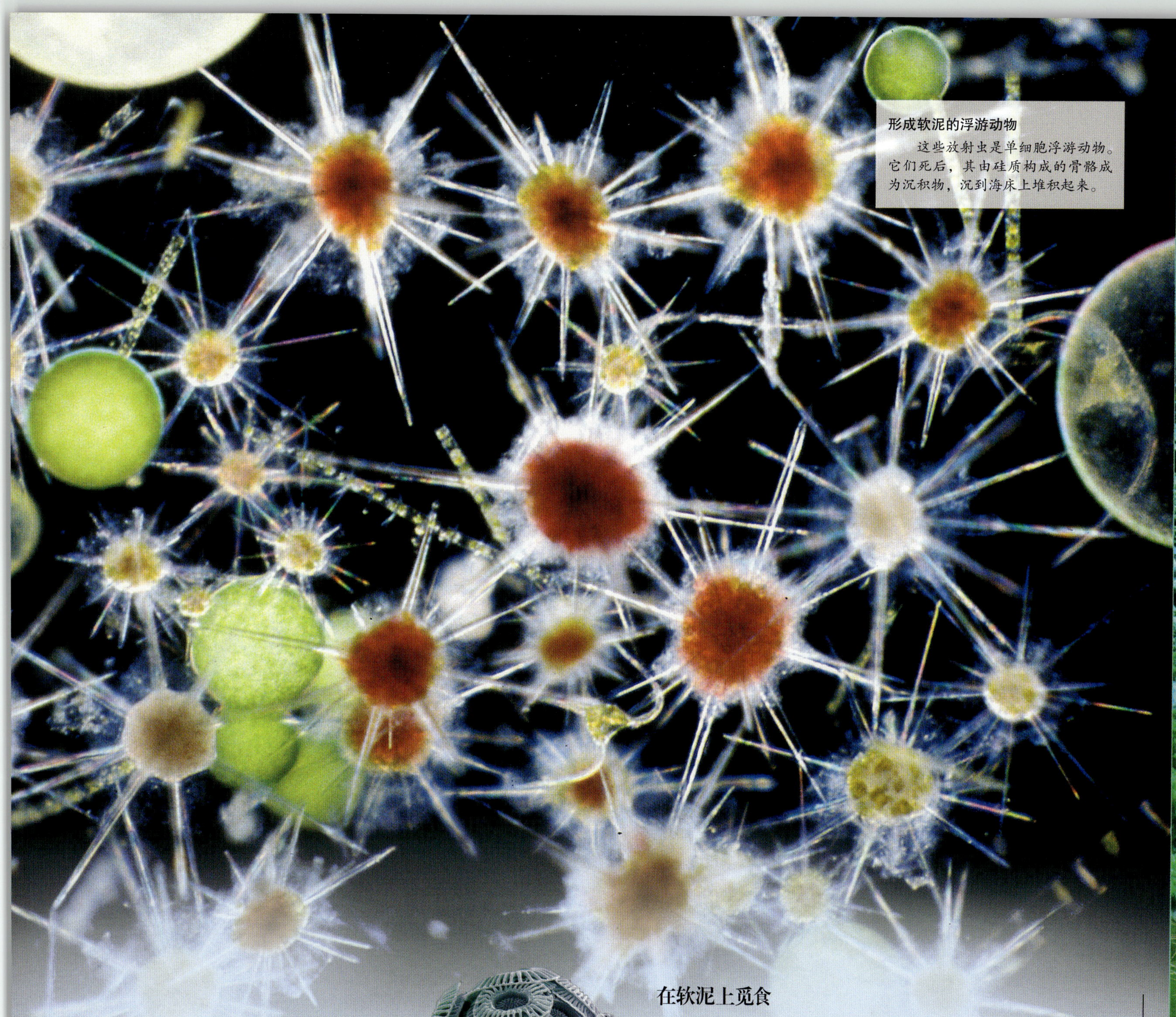

形成软泥的浮游动物

这些放射虫是单细胞浮游动物。它们死后，其由硅质构成的骨骼成为沉积物，沉到海床上堆积起来。

生物软泥

生物成因沉积物主要由沉入海床的死亡微生物的壳或骨骼构成。较大生物体（如软体动物、珊瑚、钙性藻类、海星）的腐烂遗骸也是生物成因沉积物的一部分。由有孔虫、翼足类、颗石藻（微型藻类）的碳酸钙外壳形成的软泥是石灰质软泥；由单细胞的放射虫或硅藻的硅质壳形成的软泥是硅质软泥。由于硅在海水中分解迅速，硅质软泥只在初级生产力最高的区域之下堆积。而钙质外壳与骨骼则会沉至水下约4500m深处，那里的海水酸性更强，而且压强较大，于是钙质残骸在那里分解得更快。因此，石灰质软泥只形成于这一“碳酸钙补偿深度”之上，这一深度之下的海床则主要由陆源红黏土组成。

颗石藻

这种颗石藻死后，其钙质板将堆积为石灰质软泥。

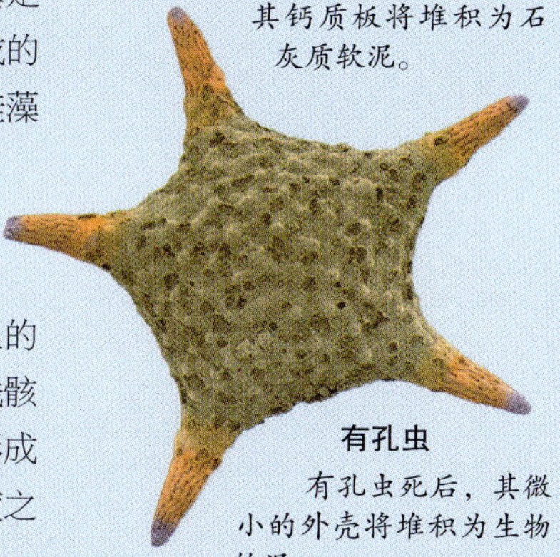

有孔虫

有孔虫死后，其微小的外壳将堆积为生物软泥。

在软泥上觅食

来自上层水域的钙质和硅质残骸碎屑在海床上不断堆积，为生活在沉积物中或其上的动物提供了主要的食物来源。软泥中的细菌可分解有机残余物。反过来，这些细菌及其他有机物质会成为数量众多的细小的有孔虫的食物。线虫、动吻虫、等足类和小的双壳类软体动物都在软泥上生活及觅食。海蛇尾用触手扫拨软泥表层寻找食物；海笔、海百合及玻璃海绵这些固着在海床上的动物则滤食水中的有机微粒。

海参的管足使它能在寻找食物时在沉积物上来回移动

海参觅食

海参在海床上到处移动，摄食沉积物，然后提取其中的有机物质。

深海平原、海沟和大洋中脊

海床之上的广阔区域被平缓的沉积层所覆盖。这里稀少的生物依靠从上层海水沉落的食物来维持生命。在某些地域，深海平原被构造板块的移动阻断。在构造板块彼此分离处，岩浆从裂缝上涌，形成大洋中脊，新的海床就在这里不断形成。而在另一种极端情况下，板块相互碰撞，其中一块板块插到另一块板块之下，从而形成海沟。

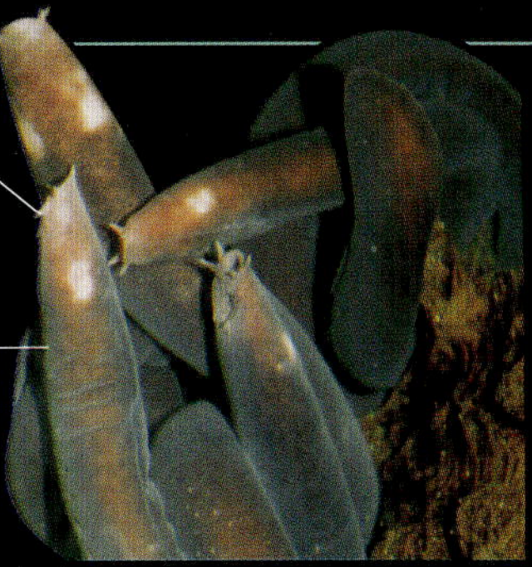

海床食腐动物

盲鳗以沉到深海平原的动物尸体为食。这种原始鱼类看不见东西，并且没有颚，会被食物的气味吸引而至。它们借助角质齿钻入尸体中，并分泌黏液以阻吓其他食腐动物。

深海海床

在北美洲东海岸最近进行的一项研究中，科学家发现一处小型海底沉积物样本中藏有798种物种。

深海平原

在海床之上的广大区域，沉积物的堆积厚达数千米，掩盖了其下的地形，于是通常会在水下4500m处形成广阔平坦或稍有起伏的深海平原。这种深海平原在大西洋最为常见，仅是索姆深海平原就覆盖了超过$9 \times 10^5 km^2$的区域。深海平原处于水下不同深度的地方，彼此间有屏障分隔，这就形成了海底瀑布——水流越过屏障后，以最高达8km/h的速度倾泻至下方的平原上。有时，这里还会爆发深海风暴，而关于其成因，人类并未完全了解，大致是由大气条件所导致的洋面不稳定造成的。起初，人们认为此处是个没有季节之分的世界，但近来的一些研究表明，这里的生物状况与来自海水上层的食物多寡相呼应。例如，在夏季，大量繁殖的浮游生物死亡后会沉到这里。这里的动物大多是食腐动物，其体温与这里的海水温度相近。它们移动缓慢，生长也缓慢，不经常繁殖，与生活在海水表层的近缘类群相比，寿命较长。

锰结核

深海平原的一些地方散布着这种马铃薯般大小的锰结核，它们通常还含有其他贵金属，如镍、铜、钴。

海沟

海沟产生于板块俯冲过程。当海洋板块与大陆板块相撞时，密度较大但厚度较小的海洋板块被迫插入厚度较大且密度较小的大陆板块下方，并俯冲至深处的地幔中。而当两个海洋板块相撞时，较老的板块会俯冲至较年轻的板块下方。在板块撞击点的褶皱处，形成了深深的下陷，即海沟。海沟是海床的最深处，多呈V形，其靠近大陆一侧的坡度较陡。太平洋是活跃俯冲带最多的地方，世界上20条主要海沟中，位于太平洋的就有17条。大西洋有2条主要海沟：波多黎各海沟及南桑威奇海沟。爪哇海沟则是印度洋唯一的主要海沟。地球上最深的海沟，是位于太平洋、靠近马里亚纳群岛的马里亚纳海沟。

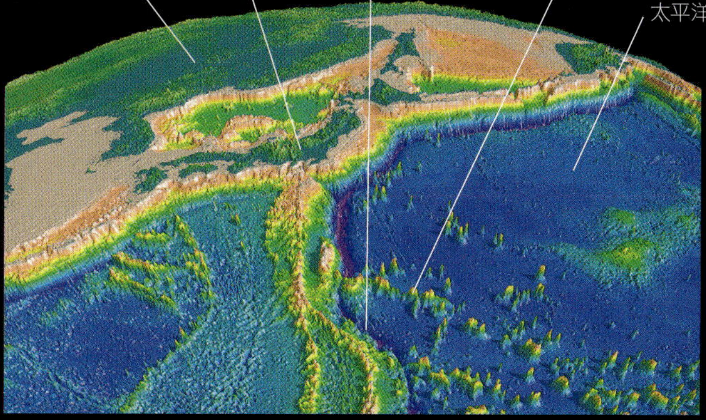

马里亚纳海沟

马里亚纳海沟约2500km长，70km宽。它位于西太平洋，距日本南部及东部约1600km。

一头鲸鱼的死亡

有时，一头鲸鱼死亡，沉到深海平原，为那里的生物提供了一场盛宴。科学家曾在一头鲸的骸骨上找到43种物种，其个体总数多达12,000个。一头蓝鲸尸体上的肉就够这些动物吃11年。之后，细菌会进入蓝鲸骨骼中，将鲸骨分解。这一过程所释放的硫化物又维持了复杂的海底生物群落的生命。

海沟中的生命

科学家曾在极深的海沟中发现海洋动物。栖息得最深的鱼是神女底鼬鳚（*Abyssobrotula galathea*），其于1970年在波多黎各海沟中8370m深处被捕获。1998年，日本无人潜水器“陌一号”在马里亚纳海沟沟底捕获一些较大的端足类动物（像虾一样的甲壳类动物），这些动物被命名为“短脚双眼钩虾”。随后，科学家在其肠中发现了可分解木材的酶，这表明它们可消化木材（落入海中并最终沉入海底的树的碎片）。“陌一号”还搜集了一些沉积物中的生物样本，其中含有432种有孔虫及各种细菌。自2010年起，人们在马里亚纳海沟及别的地方发现了一些体宽超过10cm的没有外壳的单细胞有孔虫。2012年，装有摄像机的“深海挑战者号”潜入马里亚纳海沟底部，除了前述发现的有孔虫外，还发现了海参、水母以及一些端足类动物。

凝胶状的盲鱼

人们在大西洋、太平洋和印度洋的海床上（至少3000m深）捕获一小部分这种奇怪的鱼。与许多深水鱼一样，它们几乎是透明的，并有小小的眼睛。

洋底

洋底位于海面以下约3.7km处。它主要由一层深色岩石构成，此层岩石被称作“海洋地壳”，其上覆盖着泥泞的沉积物。构造板块一般由这层海洋地壳、大陆地壳以及地球深处的部分地幔层组成。火山岛和海山等地貌的形成都源于岩浆从板块之下喷涌而出。

发现

“的里雅斯特号”的探险

1960年，两名海洋学家——唐·沃尔什、雅克·皮卡德乘坐“的里雅斯特号”深海潜水器潜入马里亚纳海沟的挑战者深渊，到达深度为10,911m的海底，迄今这仍是人类所能到达的最深处。他们花了5小时下潜至此，停留了20分钟后返回海面。

环太平洋火山带

太平洋的整个边缘区都是构造板块彼此发生碰撞的地方，这便形成了围绕太平洋的剧烈的火山地震活动带，被称作“环太平洋火山带”。它沿一系列弧线蔓延30,000km，从新西兰开始，经过日本，沿美洲西海岸一直往南延至巴塔哥尼亚。约3/4的太平洋都位于太平洋板块这一单独板块上，这一板块的边缘与北美洲板块、澳大利亚板块及很多小板块相互碰撞。在东太平洋，较小的科科斯板块、纳斯卡板块与加勒比板块、南美洲板块相互碰撞。当太平洋板块、科科斯板块、纳斯卡板块的边缘俯冲至密度较小的较年轻板块边缘底下时，巨大的岩石板块沿断层发生爆炸性的碎裂，从而产生地震。

一系列海沟沿环太平洋火山带呈弧形分布，标示了俯冲板块移至邻近板块之下的界线。通常在与海沟平行并距离海沟150km的上冲板块一侧，分布着高度活跃的火山弧。这些火山弧或以火山群岛的形式存在，或（在太平洋东岸）在陆地上形成火山山脉，例如中美洲的火山群。

避风港

洋中脊群岛附近的上升流为众多海鸟提供了丰富的食物，这些岛因而成为它们的繁殖地。乌燕鸥可以在所有热带海洋地区生活，并在海岛上营巢。阿森松岛曾经成为50,000对乌燕鸥的安全栖息地，直到人类向此岛引入老鼠和猫后，乌燕鸥的数量才减少了一半多。

大洋中脊成陆

大西洋中脊的大部分都隐藏在深海之下。然而，在冰岛，由于欧亚板块和北美洲板块分离，大洋中脊隆起，出露海面成陆。

火山活动热区

这张地理示意图上的红色表示的是太平洋周围火山活动频繁的区域，尤其是环太平洋火山带。随着海洋板块俯冲到大陆板块之下，火山形成。

圣海伦火山

美国华盛顿州圣海伦火山处于环太平洋火山带上。1980年5月的一次喷发摧毁其顶部。2004年，新的熔岩锥（如图）开始形成并冒出蒸气。

大洋中脊

构造板块彼此分离处会产生新的海床。板块移动分开时，形成裂缝。地幔中的岩浆经裂缝喷出，形成火山和海山链，即“大洋中脊”。熔岩遇水冷却，凝固成直立的玄武岩岩墙群或枕状熔岩（详见第42页）。

新的洋底沿大洋中脊生成。大洋中脊和熔岩区显露一段时间后才被沉积物覆盖。有时火山延伸至海平面之上，形成了如冰岛这样的岛屿。有些大洋中脊扩张缓慢，在其中心的下方会形成深裂谷，而那些扩张速度较快的大洋中脊则不会形成裂谷。有时，大洋中脊会被转换断层切割。

随着新形成的海床向外扩张，张力产生，海床出现裂缝。水渗入这些裂缝并以深海热泉的形式再度涌现（详见第188页）。洋脊系统是排在海洋和大陆之后的地球表面第三大地貌。

枕状熔岩

由于深海的压强较大，岩浆从大洋中脊顶部缓慢地渗流而出，并在遇到冷海水时，迅速冷却形成球状结块，这些结块因其形状而被称为“枕状熔岩”。每年约有3.5km²的新洋底沿大洋中脊形成。

阿森松岛

大西洋中脊在大西洋南部海面突出形成了阿森松岛。此岛占地90km²，岛上的格林山最高峰海拔859m。乌燕鸥和海龟在其海岸区域繁衍。

大洋流浪者

麦夸里岛位于麦夸里海岭，为黑眉信天翁提供了筑巢地点。在非繁殖季节，黑眉信天翁生活在围绕南极洲的海域上。

世界海脊

欧亚板块及非洲板块与北美洲板块和南美洲板块的分离，形成了最长的大洋中脊。大西洋中脊从北冰洋沿此边界蔓延16,000km至非洲南端，比洋底高2000—4000m。

一连串的火山沿大西洋中脊分布，其中最著名的在冰岛。1963年，冰岛附近的一次火山喷发形成了一个新的火山岛，即叙尔特塞岛。阿森松岛非常靠近大西洋中脊，亚速尔群岛则跨立其上，而圣赫勒拿岛和特里斯坦—达库尼亚群岛都形成于孤立的火山，它们是从大西洋中脊处移离的。这是全球范围内扩张速度最快的系统，每年扩张13—16cm。一系列的大洋中脊环绕着南极洲，沿南极洲板块及其邻近板块之间的边界分布。卡尔斯伯格海岭则沿着印度洋的中心延伸。

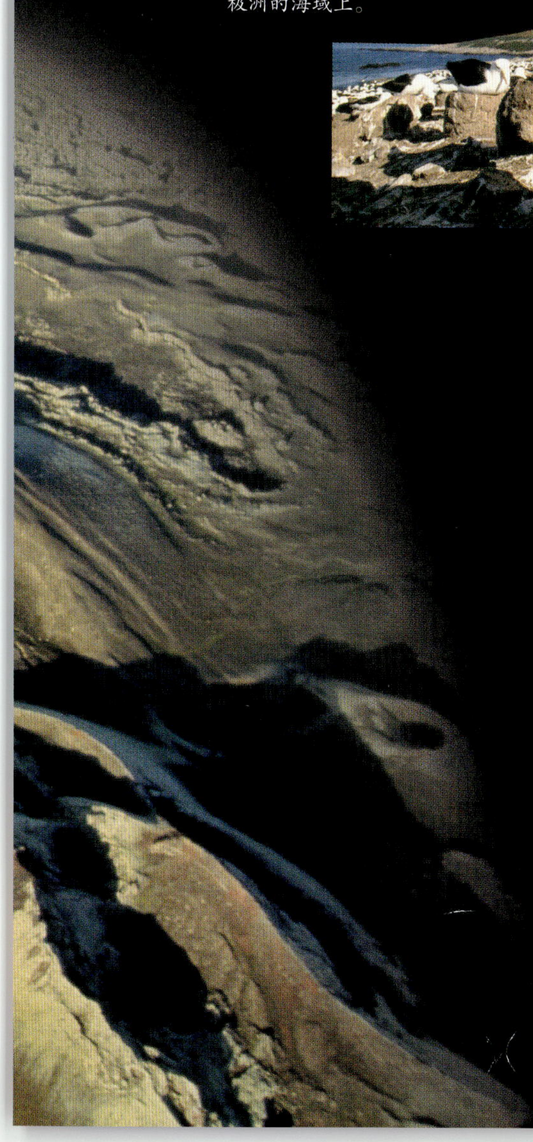

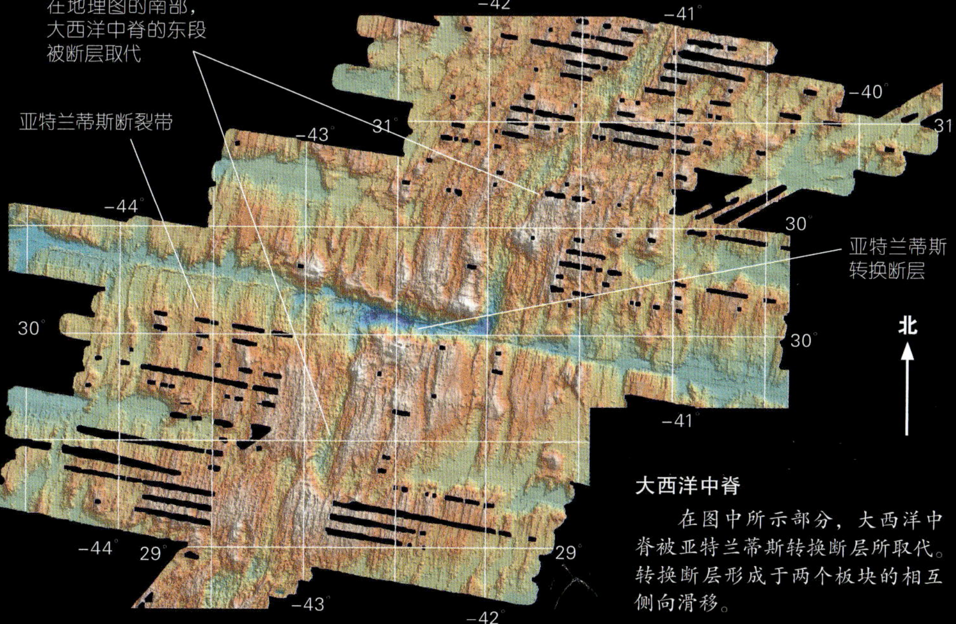

大西洋中脊

在图中所示部分，大西洋中脊被亚特兰蒂斯转换断层所取代。转换断层形成于两个板块的相互侧向滑移。

卫星海洋学

卫星上所装载的传感器利用不同波长来监视地球的表面、大气和海洋，正如这幅印度洋的蒙太奇计算机图像所示。可见光数据、红外辐射数据和微波数据全都在经过处理后被投射到地理图上，以呈现海洋的物理参数。卫星每一周、每一天或每一小时对图像进行更新，从而起到监测海洋动力的作用。

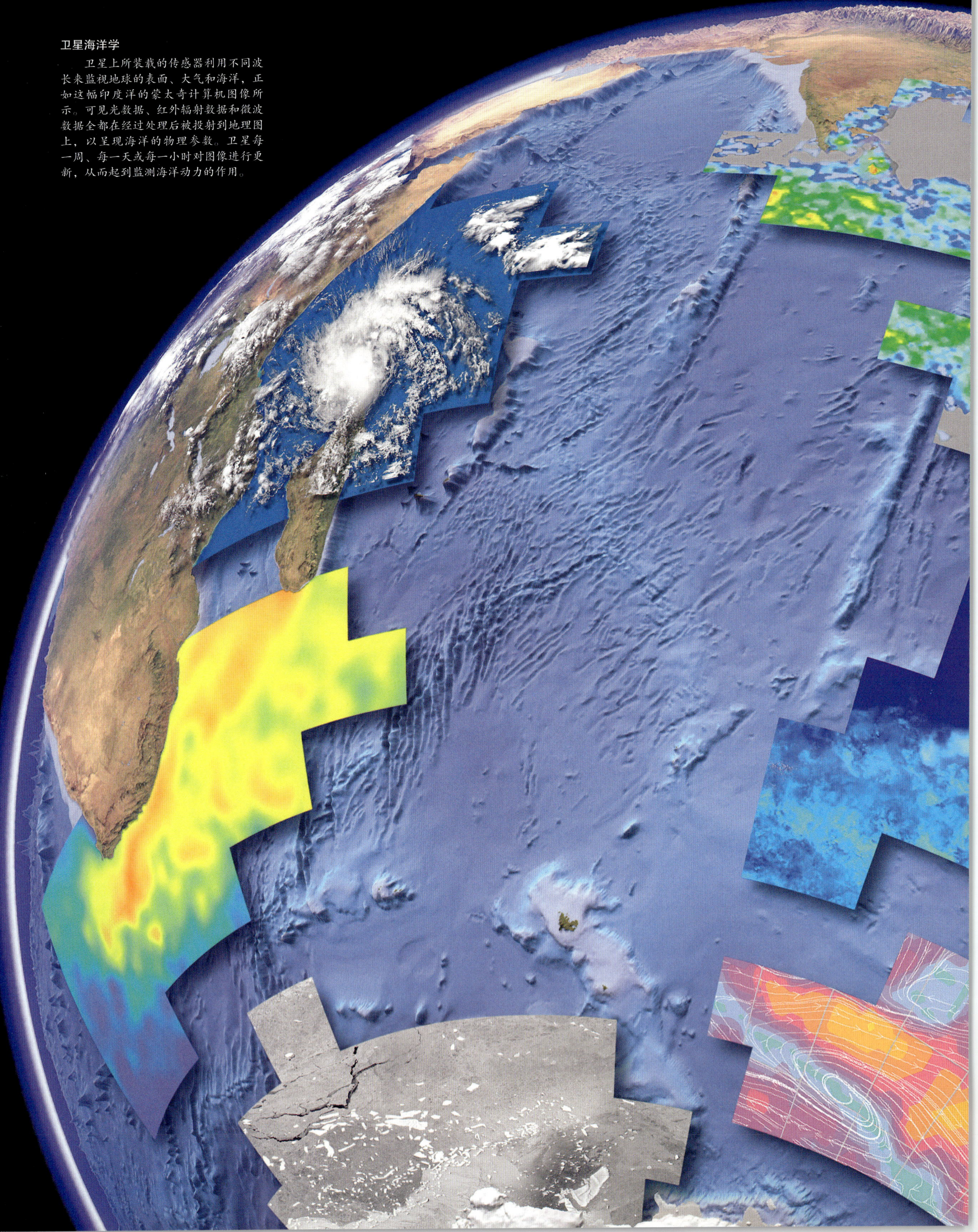

空间海洋学

海洋如此庞大，仅仅依靠船只来对其进行研究是不足够的。即便运用20世纪所有的水深探测数据来测绘地理示意图，所得到的图也只能提供关于洋底的少量信息，还有大片的区域仍是一片空白。20世纪60年代，卫星遥感技术出现，给海洋学带来了一场革命。人类首次成功拍摄到整个海洋盆地。对飓风轨迹的追踪及预警就是从早期气象卫星数据中得到的实惠。最终，大量的各类传感器被进一步开发，用以探测海洋表面及其上方大气的物理属性。

海洋的颜色和温度、海平面高度以及海面粗糙度等参数都可在一定范围之内被加以监控。在诸如天气预报、商业捕鱼、石油勘探和航线设计等实际应用中，采用卫星信息是其中一项重要组成部分。在某些方面，人们已经拥有30年连续观察的记录，这些信息能帮助科学家追踪海洋环境的季节性和长期性变化，从而了解其对全球气候的影响。

从太空测量洋底深度

洋底的深度不能直接经由卫星测量获得，但可以从海面的高度推算而得。大海不是平的。海山等洋底地貌所导致的重力异常会令其上方的海水堆集，由此所产生的海面差异远远大于由潮汐、风和洋流所产生的差异。通过将海面高度与参照高度进行比较，便可以推算洋底的深度。

Jason-2卫星

Jason-2卫星携有雷达测高仪，这与飞机上测量机体相对于地面高度的仪器类似。

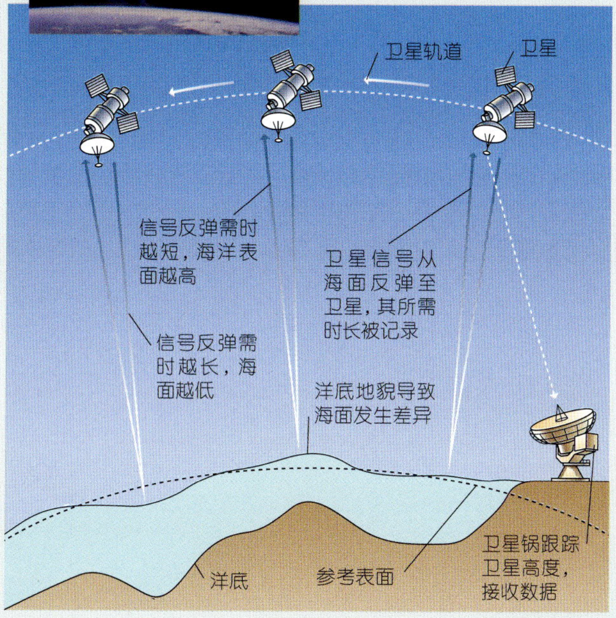

从太空展开的特别研究

天气

云层 云量能通过可见光摄像机加以探测，云顶高度数据则来源于卫星（如气象卫星）上的红外辐射计。这些系统被用于追踪风暴和预测天气。

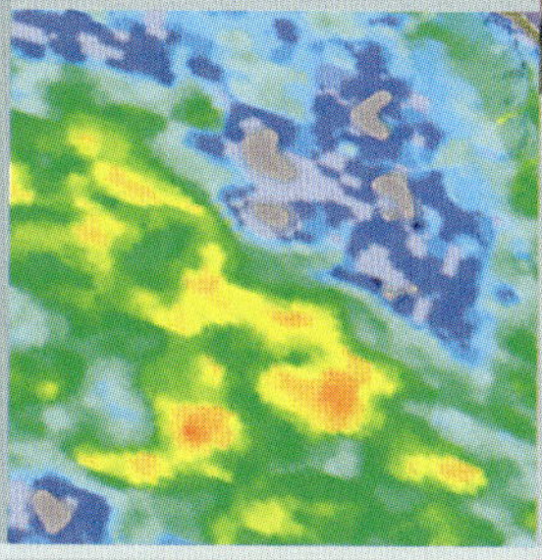

降雨 热带降雨测量任务（TRMM）使用微波辐射仪穿透云层，检测大气中液态水的存在。降水测量被用于气候和海洋的计算机模型中。

植物

叶绿素 海洋彩色摄像机利用可见光的波长来测量存在于浮游植物中的叶绿素的浓度。这一信息可应用于水质评估、寻找鱼类以及海洋生物学的许多方面。

风速

微波散射仪 卫星通过接收从海洋表面反射的无线电波束来测量海面风速和风向。风生波会令返回信号产生变化，这些数据可用于气象和气候研究。

冰层

合成孔径雷达 雷达成像系统（如雷达卫星所携带的那些）能穿透云层，可在漫长的极夜中长年监测冰架、海冰和冰山。

温度

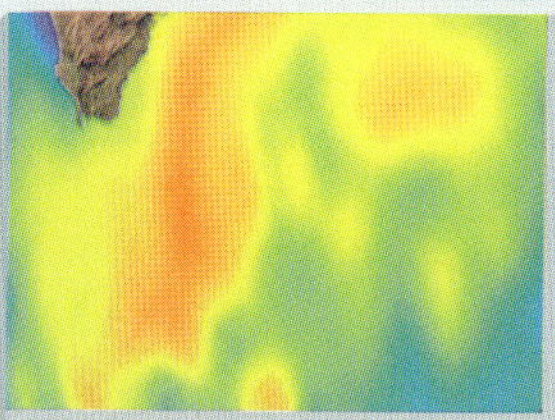

表层水温 红外辐射计可以精确测量海洋表面的温度。对洋流、冷水上升流和海洋锋的变化进行监测，所得信息可用于海洋和气候研究。

温差能水下滑翔机 科学家正在开发新一代海洋仪器平台，以便检测庞大的水下世界。自主水下航行器（或“海洋滑翔机”）能进行长途航行，并每天浮上水面通过卫星通信连接传回监测信息。

深海热泉和冷渗泉

深海热泉类似于陆地上的温泉。它们位于海脊和裂缝附近，平均深度为2100m，喷出富含矿物质、温度极高的海水。有些具有高高的烟囱，这些烟囱由喷出的热水中所溶解的矿物质遇深海冷水后沉淀而成。高温和化学物质的混合滋养着在泉口附近生活的动物群落——这是人们首次发现完全不依赖太阳能而存活的生命。在其他地方，冷渗泉则缓慢地排放出碳氢化合物。

发现

探索海底白烟囱

1977年，科学家通过“阿尔文号”潜水器首次观察到深海热泉，那是一些海底黑烟囱。后来，他们在大洋中脊附近的其他地点进行探索，发现了更多的热泉系统。其中有一些看起来别具一格：它们喷出的液体为白色，温度相比之下没那么高，并且是从较短的烟囱中以较慢的速度喷出的。这些被称为“白烟囱”(见右图)。

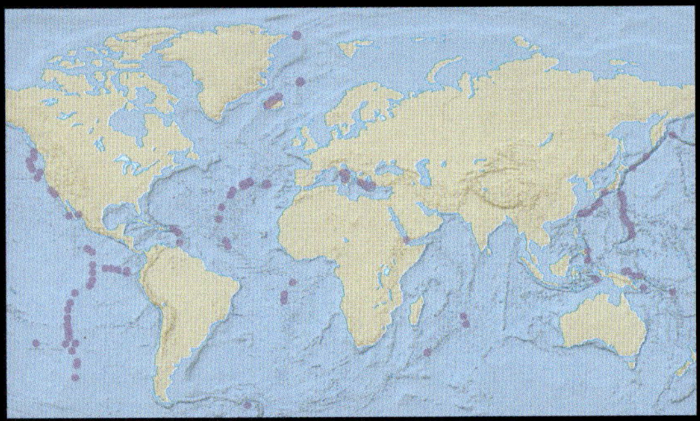

热泉和海脊的分布

自从1977年的首次发现以来，科学家在太平洋、印度洋、中大西洋，甚至北冰洋都发现了深海热泉，它们总是位于接近大洋中脊和裂缝的地方。

深海热泉

深海热泉总是在接近大洋中脊和裂缝（详见第185页）的地方形成，这里也是新的海洋地壳形成并扩张之处，地幔中的岩浆在此处距离表面相对较近。海水渗入洋底扩张所形成的岩石裂缝中，然后穿透数千米进入新形成的地壳，接近下方的岩浆。在那里，海水被加热到350—400℃，然而这里的高压强抑制了水的沸腾，它因而变得过热，溶解了其所流经的岩石中的矿物质，包括形成硫化氢的硫。最后，这些热水通过另一些裂缝上升，连同其所含的矿物质从泉口处喷出，形成蒸气腾腾、烟雾缭绕的景象。

黑烟囱和白烟囱

过热的海水从深海热泉喷出后，遇上海洋深处的冷水，这导致热水中所含的硫化氢与溶解其中的其他金属（包括铁、铜、锌）发生反应，然后以硫化物颗粒的形式从溶液中析出。有时这些析出物会在海床上堆积起来。然而，如果水特别热，在被周围的海水冷却之前，它已经喷得较高，于是金属硫化物便形成烟雾般的黑色粒子团。其中一些矿物质围绕着“烟”柱堆积成一层外壳，呈烟囱状，可达数十米高，这种泉口被称为“黑烟囱”。最近，科学家发现了另一种不一样的泉口。在那些泉口处，黑色的硫化物会以固态的形式从溶液中析出，并沉到洋底，而其他矿物质则随热水喷出。于是，这些泉口便喷出白色的“烟”（含有二氧化硅和一种被称为“硬石膏”的白色矿物），因而被称为“白烟囱”。

烟囱的形成

海水被洋底之下深处的熔岩加热，从而令岩石中的矿物溶解其中。当它从泉口喷出后，便被其周围的深海海水冷却。这导致某些矿物质以白色或黑色烟云的形式喷出，而其他矿物质则沉淀形成烟囱。

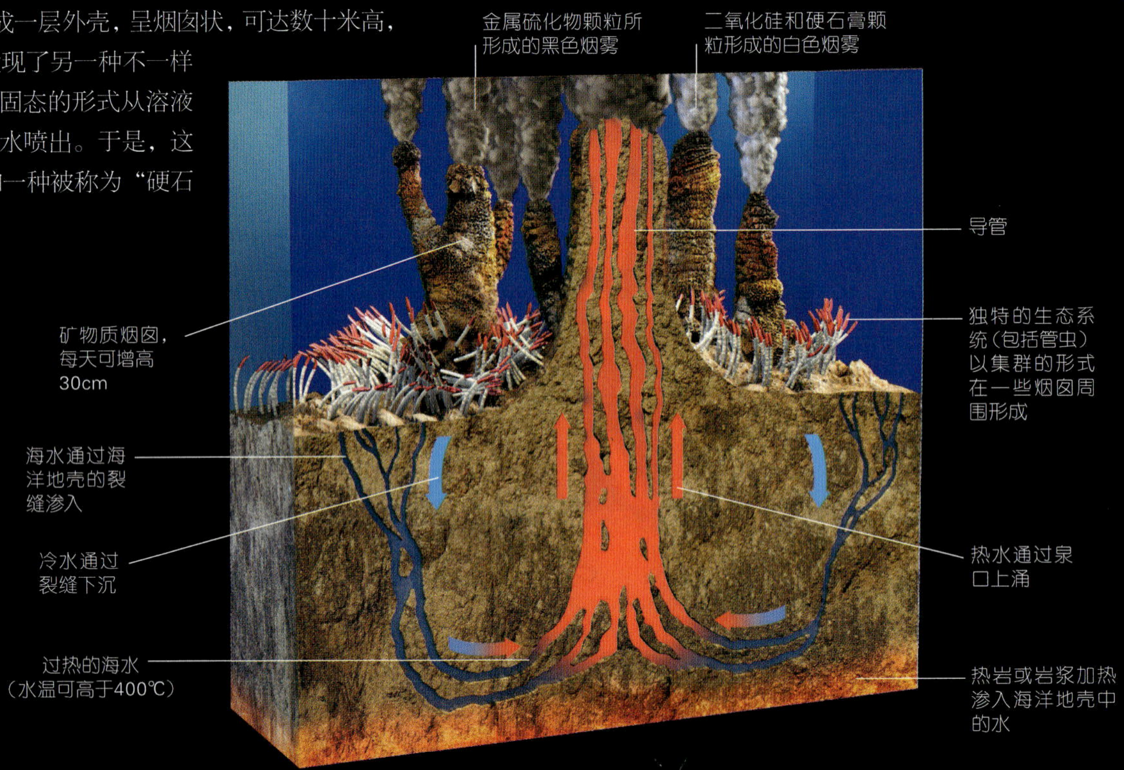

冒烟的烟囱

黑烟囱（如上图）喷出的矿物质每天可令烟囱高度增加30cm，这令人难以置信。然而，这些脆弱的烟囱若堆积得太高，便会倒塌。

没有阳光的生活

探索深海热泉的首批生物学家对于在那里所看到的生命感到惊奇。在泉口附近，除了有异常大的蛤蜊和贻贝之外，还有大量的帽贝、虾、海葵和管虫集群生活。白色的螃蟹和一些鱼类（如绵鳚）混杂其中。并非每个热泉系统的生物都相同：在大西洋，没有管虫、蛤蜊、贻贝，但有大量白色的虾。一些生活在黑暗中的动物依赖于有阳光照射的水域提供食物；而在深海热泉生活的动物则完全不需要依赖太阳能，这使它们尤为引人注目。其中，泉口周围一大片白色的细菌起到关键作用。它们将热水中的硫化物氧化，从而制造了能量，同时它们自身还是在这生活的动物的食物来源。有些动物的体内有细菌共生。

热泉鱼

这种鱼被称为“绵鳚”，以贻贝、虾和螃蟹为食，生活在泉口附近。

幽灵蟹

深海热泉蟹是生活在泉口的众多生物之一。每年，科学家都会发现约35个新品种。

不同的动物群落

不同的热泉系统的动物群落也不尽相同。大西洋中脊上的泉口附近栖息着成群的裂缝虾（见右图），它们以固硫细菌为食，但是这里没有库氏砗磲。

冷渗泉

深海热泉的发现表明，并非所有的深海生命都依赖阳光获取能量。不久，科学家又发现了其他能在黑暗中生存的海底生物群落。在墨西哥湾，不同的动物群生活在靠近石油公司钻探石油处的浅水中。在这里，甲烷和其他碳氢化合物（含有碳和氢的化合物）从海底的岩石渗出。大片的细菌以这些渗出物为食，为包括软珊瑚、管虫、蟹和鱼在内的食物链提供了能量。生活在日本和美国俄勒冈州的海岸附近海沟中的动物群落，则依靠构造板块活动所释放的甲烷生存。虽然往往没有明显的渗流现象，但是冷渗泉群落在水下550m深处可能比原本想象的更为常见，它们可能转而依赖海底山崩或洋流所带来的富含化学物质的沉积物营生。

海底烟囱

这是从“阿尔文号”观察到的海底黑烟囱，与科学家在1977年首次发现的相类似。从中可以看到大量黑色液体正喷涌而出。

冷渗泉上的生命

左图中含有固甲烷细菌的贻贝与管虫、软珊瑚、螃蟹及一条绵鳚共同生活在佛罗里达州附近3000m深的海床的一处冷渗泉上。

无嘴蠕虫

热泉管虫（见下图）可以长到2m长并粗如人臂。它没有明显的进食方式。但是，其体囊内有一个被称为“营养体”的器官，里面充满了葡萄状细菌菌簇。管虫的深红色羽状物可从热泉海水中收集硫化物，供细菌用以生产有机物质，这些有机物质随后被管虫作为食物加以吸收。

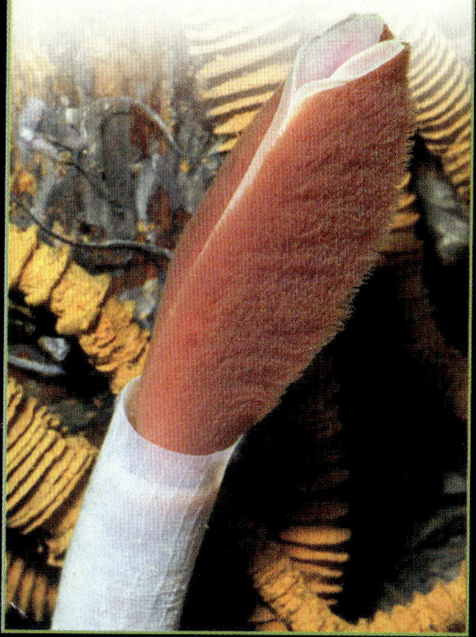

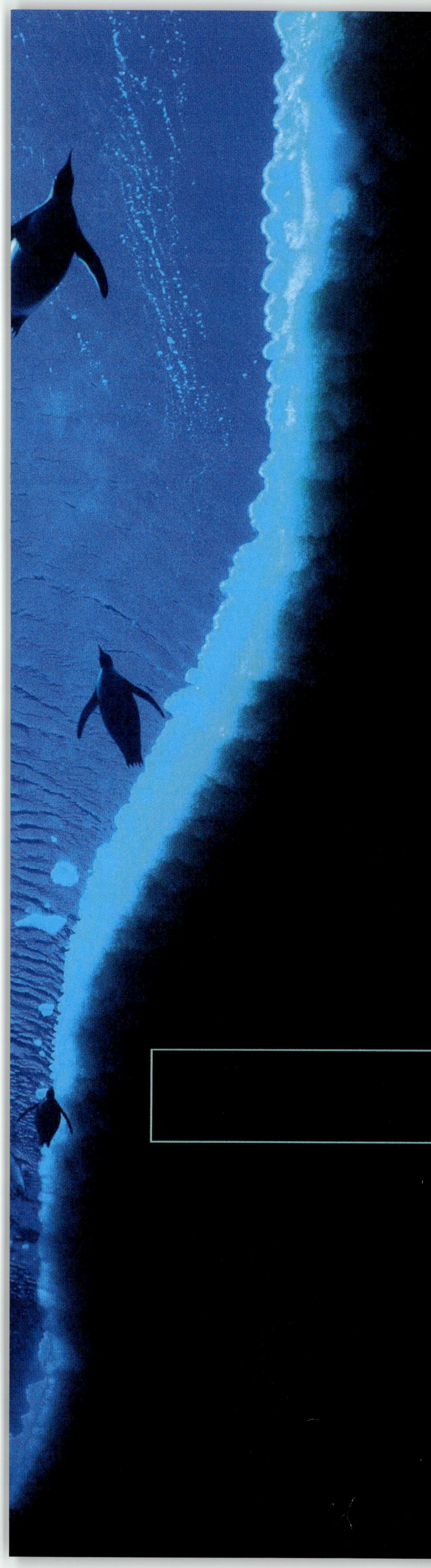

极地海洋包括北半球的北冰洋和南半球围绕南极洲的海洋。除了漂浮于海面的冰的绝对数量，极地海洋还在其他几个方面与其他大洋有所不同，其中包括海冰（实际上是冰冻的海水）、冰山及冰架（实际上是冰冻的淡水）。较之于其他大洋，极地海洋的水温分层较少，海水温度均很低。此外，极地海洋的环流模式也与其他大洋不同，部分由风力驱动，同时也会受到河流入海（在北冰洋）以及海冰形成等因素的影响。海冰边缘是生物生产力较高的区域：夏季，浮游生物在这里大量繁殖，吸引了许多鱼类、鸟类和哺乳动物。

极地海洋

冰面下的企鹅

这些帝企鹅正在南极洲海岸附近的海冰裂缝处游弋。它们能下潜至600m深处，并在水下逗留长达20分钟。

冰架

冰架是指一块巨大的漂浮冰体，形成于单座冰川或冰川群从大陆冰盖延伸至海洋处。冰架向陆的一端与海岸相连，那里不断有冰川或冰流从冰盖流下，将冰带给冰架。冰架前端边缘通常为冰崖，巨大的冰块不时地从冰崖上脱落，从而形成冰山。冰架基本可算是南极洲特有的现象，在北极仅可以看到一些小型冰架。

名人

詹姆斯·克拉克·罗斯爵士

英国海军军官詹姆斯·克拉克·罗斯（1800—1862）在其成年早期一直致力于探索北极。1839年，他启程寻找南磁极，并于1840年1月11日抵达南极，大致上是今天被称为“罗斯海”的西岸。之后，他和船员发现了一处50m高的冰崖。后来此地被命名为“罗斯冰架”。

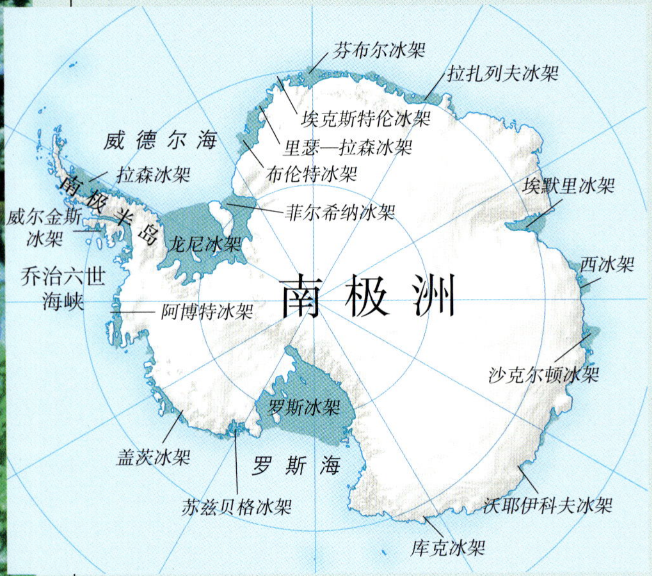

南极冰架

南极洲约44%的海岸线连接着冰架，冰架总面积约达15×10^5km²。其中最大的要数罗斯冰架，也被称作“大冰障”，由詹姆斯·克拉克·罗斯爵士发现（见上）。它与法国大陆一样大，面积约为5×10^5km²，有7条不同的冰流流入。第二大冰架为菲尔希纳—龙尼冰架，所占面积约为43×10^4km²。此外，大约有15座其他冰架散落分布于南极大陆边缘。1995年以来，或许是由于海洋变暖，南极半岛周围的一些小型冰架，包括拉森冰架的一部分，已经崩裂（详见第487页）。

冰架位置

最大的两座冰架——罗斯冰架和菲尔希纳—龙尼冰架，分别位于南极西部两侧。

冰崖

这一座巨大的冰崖拍摄于里瑟—拉森冰架向海端。在其前方，帝企鹅列成一排。它们正要进入威德尔海阿特卡湾的海水中。

结构和动态

每一座冰架都扎根于海床（其终端处被称为“接地线”）。冰架前端部分，通常厚100—1000m，尽管只有1/9的部分突出于海面之上。冰架的后端是固定的，而前端具有浮动性，会随着洋流上下浮动，这便导致裂缝产生。总体上，冰架的冰会逐渐从后端移至前端，而前端则不时崩解为平顶冰山。有时，冰架的冰也会缓慢地向上移动，这是因为在夏季，上层表面的冰会融化，而后蒸发，底部的海水则会结成冰。在这一机制下，甚至冰架下海床上的沉积物也会被带到冰面。

崩解中的冰架

冰架的前端不时崩解，脱落的部分以平顶冰山的形式漂开去。右图中可见的每一块脱落部分的表面面积都达数平方千米。

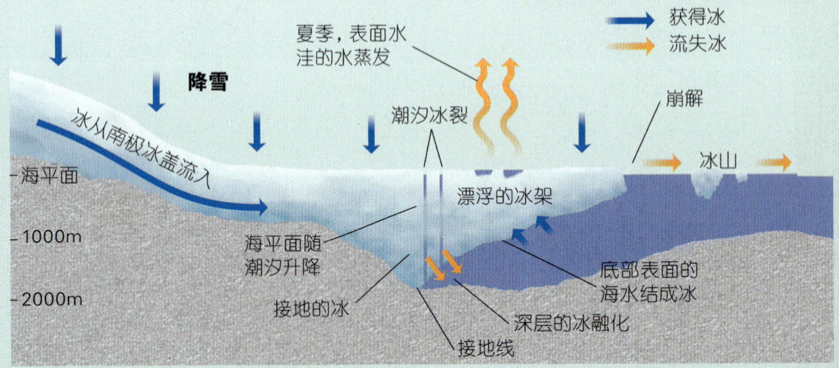

得与失

冰架获得冰的途径有：①冰川的冰移动到冰架的向陆端；②新的降雪形成冰；③冰架底部表面的海水结成冰。冰架流失冰的方式有：①崩解，冰山脱落；②上层表面的冰在夏季融化，而后蒸发；③底部表面的部分冰融化。

表面与内部

南极冰架的表面并不适宜栖息。一年当中大部分时间，被称为“下降风”的寒冷气流从南极冰盖吹来，扫过冰架表面。表面的冰并不平整，风力作用把它们塑造成一系列脊和槽，称为“雪脊”。雪脊上覆盖着毯子般的雪。在一些区域，冰架表面散布着由冰川或冰川群带来的岩石，甚至是由于垂直方向的移动而被从海床带上来的物质。夏季，一些冰架表面会出现一些小型水洼，成为各类微生物的栖息场所。冰架内部通常有一些由潮汐导致的裂缝和缺口。

冰架内部的洞穴

夏季，一些冰融化，冰架内部的裂缝和缺口可能因此而扩大，形成洞穴。

冰架之下

南极冰架之下的广泛水体是人类鲜有探索的地球区域之一。人们认为，这里的海水是持续循环的，部分原因是冰架之下及其周围新冰的形成。随着新冰形成，盐分被析出，周围海水的密度变高，导致海水下沉，从而推动海水的循环。近来，人们尝试借助机器人潜艇来探索这些区域。2005年，当拉森B冰架崩裂（详见第487页）以后，人们在其下方海床发现了海蛤和细菌的群落，尽管如此，人们对生活在这里的生物体仍知之甚少。

冰下的生命

海星和蠕虫等生物生活在南极洲边缘的浅水中，很可能栖息在冰架之下。

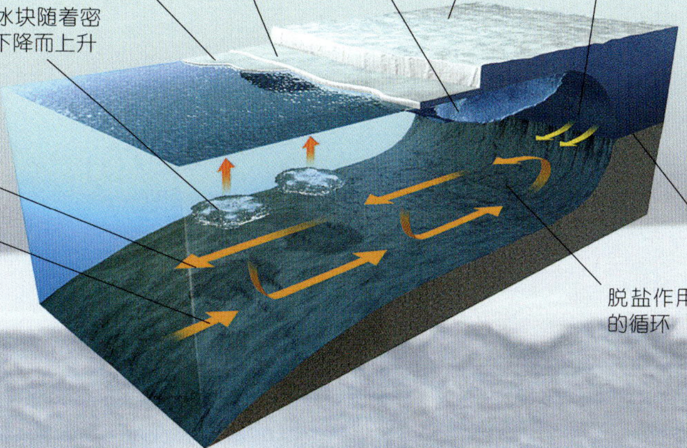

海水循环

人们认为，大型冰架之下有持续进行的海水循环，由冰架底部表面海冰的形成以及深层冰的部分融化导致。

冰山

冰山是指从大型冰川、冰架脱离或者崩解而出的巨大漂浮冰块。其中，体积小的如轿车般大小，而大型板状冰山的面积则比一些国家的面积还大。据估计，每年从格陵兰冰川崩解出去的冰山达40,000—50,000座之多；从南极冰架脱落的巨型冰山的数量则少一些。表层洋流将冰山从其产生处带到开阔海域中，它们在那里漂流并逐渐融化。冰山可以持续多年才消失，对海运构成了相当大的威胁。

冰山比例

由于纯冰的密度相当于海水密度的90%，完全由冰构成的冰山只有10%的体积露出海面。

冰山特性

冰山主要由冰冻的淡水组成，不含盐分。这是由于它们并非起源于海水，而是源自冰川或冰架（漂浮的冰川），而冰川本身则来自被压实的降雪。通常，冰山中心温度为-15℃至-20℃，表面温度为0℃。除了冰以外，一些冰山还含有岩屑。这些岩屑是从周围的山峰落到冰川上的，或者是被冰冻到冰川边缘的物质，并最终成了冰的一部分。冰山的岩石含量影响其自身的浮力。岩石含量高的冰山可能有93%的体积都淹没在海水当中。

大小和颜色

大型冰山由一块块的冰构成，这些冰块面积可达数百平方千米，而小型冰山的体积则为房屋或轿车大小（一般为残碎冰山）。平顶冰山可在海面上耸起60m，并延伸至水下300m深处。大多数的冰山呈白色，这是因为冰中的气泡具有反射光线的特性。而那些由密度较大、无气泡的冰所构成的冰山则吸收除波长最短的蓝光之外的其余所有波长的光，因此呈现动人的淡蓝色。偶尔，冰山上下翻转，将之前被海水淹没的部分暴露出来，从而呈现水绿色，因为冰中有海藻生长。

冰山形状分类

冰山形状多样，包括平顶、穹顶、尖塔状或金字塔状、楔形以及各种不规则形状。

尖塔状

不规则状

平顶

穹顶

海洋环境

北大西洋上的冰山

在北大西洋区域内看到的冰山多数起源于格陵兰岛的降雪。这些降雪最终变成冰，并在数千年间以冰川的形式从格陵兰冰盖滑向海洋。从格陵兰岛西海岸（许多是从东海岸）的冰川上崩解脱落的冰山，会漂入巴芬湾。拉布拉多寒流将这些冰山往东南方向带去，经过纽芬兰，进入北大西洋。到达北大西洋后，大多数冰山快速融化，但有些可远达北纬40°地区——几乎与纽约和里斯本在同一纬度。

起源与分布

北大西洋的多数冰山来自于格陵兰岛西岸冰川（如雅各布港冰川、海斯冰川）的崩解。

人类影响

冰山探测

由于冰山会对海运构成威胁，美国海岸警卫队一直对北大西洋冰山进行监测。将飞机和船舶所获取的冰山目击信息，会连同洋流和风的数据传输到计算机中，人们便可以对冰山的移动方向进行预测，向过往船只发出预警。大西洋中所处位置最南的冰山，离位于北纬32°的百慕大群岛仅250km。

冰岛冰山

这些巨大的冰山从冰岛的布雷达默库尔乔库勒冰川上崩塌，漂流在冰川潟湖之中，形成了一片超现实的景象。

围绕南极洲的海洋上的冰山

围绕南极洲的海洋上的所有冰川，都是从南极洲边缘的冰架（详见第192页）上脱落的。其中大多数一开始都是体积巨大的平顶冰川——卫星对它们漂流轨迹的监测，能提供关于此处洋流的有力信息。这些冰山在崩塌后，便随海岸洋流（东风漂流）围绕南极洲向西漂流。其中一些被南极绕极流带着向东移动。在极端情况下，它们会漂到较远的地方，到达大西洋南纬42°的区域。根据记录，围绕南极洲的海洋上出现过的最大的冰山长295km，宽37km。

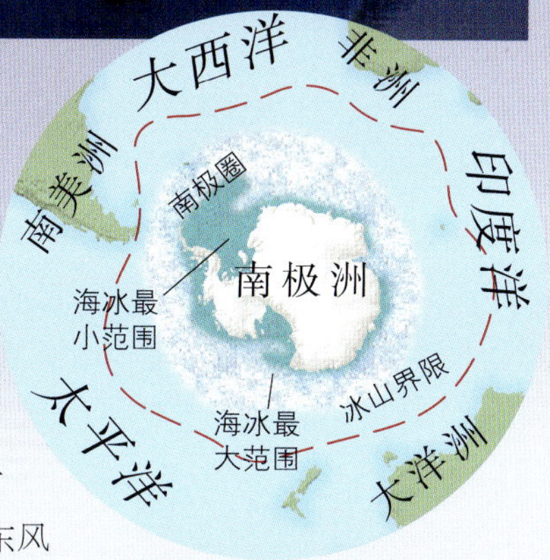

分布

上图中的红色虚线标示了南极洲冰山漂流的大致界线。这里大多数的冰山都处于接近南极洲南纬67°的位置。

冰筏

含有岩屑的冰山会随着自身的融化逐渐释放这些碎片，然后这些碎片便会沉至海床。因此，岩屑会被从格陵兰岛运送到别处，比如，北大西洋的底部。这一过程被称为“冰筏作用”。科学家在检验从海床提取的沉积物样本时，经常能够发现以这种方式被运送的岩石残片。这类研究可以为过去冰山崩塌的模式以及分布提供线索。例如，研究表明，在最后一个冰期，曾有几段被称为“海因里希事件”的短暂寒冷时期。其间，大量的冰山崩塌，从拉布拉多海岸向东穿过大西洋而去。

“脏”冰山

图中冰山较“脏”的外观正说明它含有大量的岩石和尘埃。这类岩石最终将作为冰筏物质沉于海底。

“泰坦尼克号”的残骸

图中可看到“泰坦尼克号”的上层甲板及围栏。此船的船首部分尽管已深深嵌入海床，但大多仍保存完好。

“泰坦尼克号”的灾难

1912年4月15日，远洋客轮“泰坦尼克号”在北大西洋沉没，这是历史上和平时期最糟糕的海事灾难之一。它也有争议地成为有史以来最为著名的沉船事件，其中部分原因是这艘船曾被认为是永远不会沉没的。在这场灾难中，有1500多人死亡，仅700多人生还。

人们一直未能充分解释导致“泰坦尼克号”撞上冰山的差错。据知，在灾难发生前12小时，其他船只曾向“泰坦尼克号”发出通知，称其前方航线上有冰山。然而，这些信息也许并没有到达“泰坦尼克号”的船桥系统中。发生碰撞时，冰山并没有完全撞到“泰坦尼克号”上，而是擦着其右舷侧面而过。然而，这已足以让船体弯曲，使吃水线以下的铆钉脱落，从而令五个船舱进水。尽管当时调用了救生艇，但其数量并不足以接载所有人。此外，一些救生艇还未满员就驶离了。因此，在沉没时，船上大约仍有1500人，其中大多数人因在冰冷的海水中体温过低而死亡。

1985年，一支美法合作的科考队通过装有水下摄像机和照明设备的潜水艇找到了“泰坦尼克号”的残骸。引人注目的是，这次行动发现“泰坦尼克号”在沉没之前便已断为两截，在海底的船首与船尾相隔600m，彼此方向相反。

首航成了最后的航行

1912年4月10日，“泰坦尼克号”从英格兰驶往纽约。此船在法国接上另一批乘客后，于次日在爱尔兰停留。4月14日，船长将船的航向稍微向南调整，可能是收到冰山警告无线电讯号后做出的应对。然而，晚上11：40，瞭望员发现船的正前方有一座冰山。尽管船员随即做了一次匆忙的调整，但船仍于凌晨2：20撞上冰山，随后沉没。

会是这座冰山吗？ 这张照片是灾难发生6天后在事发地附近拍摄的。照片中的冰山与生还者描述的极为吻合。

“泰坦尼克号”的历史

启航

驶离南安普顿 启航之时，“泰坦尼克号”是世界上最大、最豪华的远洋客轮。1912年4月10日，“泰坦尼克号”驶离南安普顿的码头，当时船上搭载了900名船员和1300名乘客，其中不乏当时世界上最富有、最杰出的人物。

灾难

EXTRA The Chicago Daily Tribune. EXTRA
LINER TITANIC SINKS; 1300 DROWNED, 866 SAVED

媒体轰动 “泰坦尼克号”的沉没震惊了世界。这份1912年4月16日的芝加哥报纸对这一灾难进行了报道。

号称永不沉没的船沉没了 4月15日一大早，即“泰坦尼克号”撞上冰山2.5小时后，其船尾在船体下沉后仍悬浮在水面。

发现残骸

鲍勃·巴拉德 美国海洋学家鲍勃·巴拉德和法国科学家让–路易斯·迈克尔带队，于1985年9月1日在水下3800m深处发现了“泰坦尼克号”的残骸。

救生艇绞盘 这件甲板机械装置因表面结垢（含有铁化合物和以锻铁为生的微生物）几乎无法分辨。

人工制品

钞票 残骸中发现的钞票保存得非常完好，包括左图这张在事务长钱包中发现的5美元钞票。

瓷盘 人们在海底发现了一排排瓷盘。此外，还发现了书、手表、无线电报、小天使铜像等数以百计的各类物品。

海冰

海冰是指那些在海洋表面冻结成冰的海水，它们漂浮于液态的海水之上。海冰包括浮冰（不附着于海岸线，随风和洋流漂流的冰块）和坚冰（冻结于海岸）。海冰的形成以及融化影响了海洋中大规模的海水环流，并由于其有助于控制极地海洋与大气之间的热能运动，对全球气候起到重要的稳定作用。海冰能强烈地反射太阳辐射，因此，在夏季，它们减少了极地海洋的吸热，而在冬季，则又起到绝缘作用，从而降低了热量损失。如今，北极海冰减少，可能会对气候和野生生物产生影响，这引起了科学家们的担忧。

对海冰进行测试

饼状冰由小冰块组成，厚度可达10cm。海浪和风推动这些小冰块相互碰撞，它们的边缘因此呈上卷状。

形成

当温度达到-1.8℃（比淡水的冰点略低），海水开始结冰。海冰的形成从海水中出现细小的针状冰晶（片冰）开始。海水中的盐分不会留在冰中，冰晶会排出盐分。处于形成过程中的海冰逐渐变成较厚的黏糊状，之后在典型的海浪作用下，变成马赛克式的小冰块，叫作“饼状冰”。随后，通过成筏过程（冰片破裂，相互堆叠）以及起垄作用（碎冰的边缘在压力作用下隆起），饼状冰冻结成较厚的固体冰层。当起垄作用出现后，在每一条垄的冰底部都会产生相应的结构——一条脊。新形成的结实的片状冰，被称为“一年冰”，其厚度可达30cm，并在冬季继续增厚。存留到下一个冬季的冰，被称为“多年冰”。

冰的形成过程

海冰形成的阶段，会因海面是平静的抑或受到海浪的影响而有所差异。下图所示为受到中等波浪作用的区域内海冰的典型形成过程。

油脂状冰

海水中出现的纤细的针状冰晶（片冰）凝结成黏稠的油脂状冰。

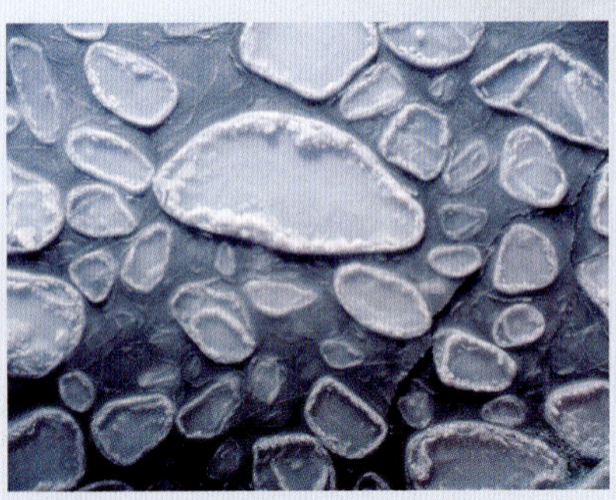

饼状冰

波浪作用使油脂状冰聚集成融雪状的海绵状冰，再进而聚集成圆盘状的饼状冰。

一年冰

饼状冰通过成筏过程、起垄作用等进一步聚集、凝固、增厚，形成连续冰面。

多年冰

一年冰进一步增厚，形成多年冰（表面粗糙，厚度可达数米）。

范围和厚度

在一个年度周期中，极地海洋上海冰的范围会发生变化。在围绕南极洲的海洋上形成的冬季海冰，约85%会在夏季融化，这些冰的平均厚度仅为1—2m。在北极，一些冰可以持续数个季节，这种多年冰可达到更大的厚度——平均为2—3m。冬季，浮冰覆盖了北冰洋的大部分区域；夏季，其面积缩减2/3以上。近年来，这些冰在夏季的消减程度越来越大，人们担心到2050年或者之前，其在夏季会全部消失。

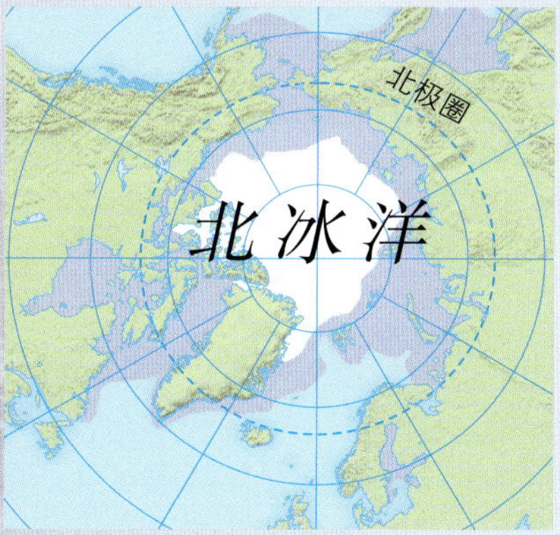

北极海冰覆盖

在冬季，冰的覆盖面积可达15×10^6km²；而在夏季，其覆盖面积可缩减为不到45×10^5km²。

终年冰

冬季海冰

发现

“鹦鹉螺号”核潜艇

1958年，一艘美国核潜艇——“鹦鹉螺号”在海冰下穿越北冰洋，于8月3日经过北极点。此次穿越证明，在北冰洋中并没有大面积的陆块。“鹦鹉螺号”在4天之内从波弗特海潜行至格陵兰海，横跨北极，其下潜深度为水下150m。

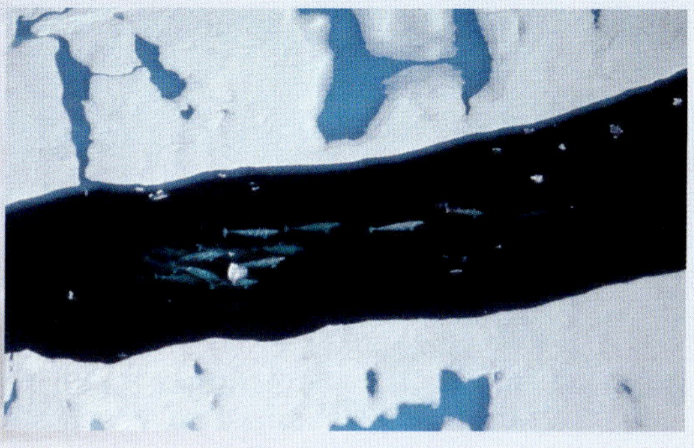

冰沟

冰沟起源于某一区域的海冰裂纹。通常认为，风和洋流的应力是其成因。上图中，一群白鲸正沿着一处冰沟游动。

冰中的间隙

在极地海洋终年被冰覆盖的部分区域，冰中有时也会出现（或者一直存在）间隙或空缺。这些有着不同名称的空缺的体积、范围差异甚大。裂隙指那些极窄的断裂处，再小的船只都无法通过。冰沟是指在海冰中自然形成的长而直的狭窄通道，水面船舶和一些海洋哺乳动物可以从中通过。冰间湖是指海冰中永久性的开阔水域，其面积可达数百平方千米，通常大致呈圆形。它通常形成于有区域性温暖海水上升流之处，或者有风将新形成的海冰吹离海岸的近岸处。

海冰周围的生命

海冰周围生机盎然。其中一个原因是随着冰的形成，盐分被析出到海水中，海水密度因而变高并下沉，从而促使富含养分的海水上升至表面。夏季，养分和光照共同促进了浮游植物的生长，从而形成了丰富的食物来源。这些有机物为鱼类、哺乳动物和鸟类的食物链奠定了基础。在北极，海冰为海狮、海象提供了繁衍生息的场所，也是北极熊、北极狐的捕猎区和繁殖地。在南极，海冰支撑了海豹和企鹅的生存。冰中的空隙对这些野生动物具有至关重要的意义。海豹、企鹅、鲸鱼依靠这些空隙获取氧气，而北极熊则在空隙周围捕猎。北极海冰的减少将极大缩减一些物种的栖息地，使其濒临灭绝。

南极磷虾

这些甲壳类动物大量聚集，是围绕南极洲的海洋中食物链的重要组成部分。

人类影响

破冰船

破冰船是可穿行于被海冰覆盖的海面的船只。破冰船的船体是经过加固的，其船首形状令它得以驶到海冰上，并在前进的过程中将冰压碎。而船体的形状则有利于将残余冰块清扫到船体侧方和下方，使船只平稳前进。最强大的现代破冰船能在厚度为2.8m的海冰上破冰前进。

威德尔海豹

威德尔海豹仅生存于南极，是栖息于极地海洋中的9种海豹之一。它们从不远离海冰。

极地大洋环流

北冰洋和围绕南极洲的海洋都有各自独特的海水流动模式，使之与地球其他地方的海洋环流关联起来。这些海流部分由风驱动，部分由影响表层海水温度和盐度的各种因素造成——包括空气温度及海冰覆盖的季节性变化，以及河流淡水的大量流入。尽管这两地的海水流动模式都由相似的因素驱动，但彼此差异巨大，这主要是因为北冰洋是被陆地所环绕的，而围绕南极洲的海洋却环绕着一座冰冻的大陆。

环流与觅食

围绕南极洲的海洋在南极辐合带遇上较为温暖的海水，为鲸类（包括图中这些座头鲸）提供了生物丰富的觅食区。

勒拿河河口

勒拿河流经西伯利亚，每年向北冰洋注入420km³水。

北极表面环流

北冰洋上层50m深的水域受到洋流的影响，保持持续的运动。这一环流由两个主要部分构成（详见第424—425页）：在阿拉斯加以北的广阔区域中，有一股流速缓慢的海水环流，被称为“波弗特环流”。这股呈顺时针方向移动的环流由风力驱动，每4年完成一次循环。第二个组成部分——北极贯穿流，则由大量的水驱动，这些水源于注入北冰洋的西伯利亚河流。

雾海

南极辐合带周围海域上经常出现雾。左图这艘远洋邮轮正在靠近南极辐合带以南的一条水道。

北极深海环流

在北极的深海中，有一股低温、高密度的缓慢环流。这股环流受北冰洋结构所限制。北冰洋的中央为深盆地（北极盆地），盆地被数条海脊分割，周围大部分被浅大陆架所环绕，只在大西洋一端，北极的深海海水才与南方的深海海水相连。而在其相对一侧，则通过浅而狭窄的白令海峡与太平洋相连。这一环流主要体现为：不同深度的大西洋海水涌入北冰洋，向俄罗斯北部流去，而后在格陵兰岛周围流出北冰洋。

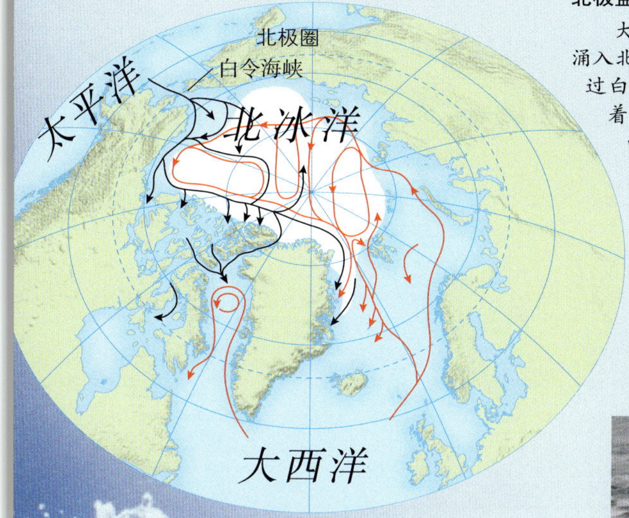

北极盆地环流

大西洋海水在俄罗斯北部涌入北冰洋，太平洋海水则通过白令海峡进入北冰洋。随着海水温度降低，部分大西洋海水密度升高，下沉到海冰覆盖之下的较深水域，并在那里缓慢地回环流动。海水外流的主要出口在格陵兰岛以东海域。

南极辐合带

南极辐合带是围绕南极洲的海洋中的一片区域，大致位于南纬55°（实际位置与此有所偏差）。在这片区域内，从南极洲向北流动的冰冷海水下沉至温度相对较高的北方海水底下。

在南极辐合带，海水的表层温度会突然发生3—5℃的变化，同时其化学构成也起了变化。因此，南极辐合带对动物物种迁移构成了障碍，辐合带两侧的海洋动物种类差异较大。这里是一片湍流区。不同水团的相遇将溶解在水中的养分从海床带到表层，这促进了南半球夏季浮游生物的生长。

浮游植物

夏季，南极辐合带附近的浮游植物生长旺盛，构成了丰富食物链的基础。

信天翁

上图中的黑眉信天翁和灰头信天翁都栖息在生物生产力较高的围绕南极洲的海洋上。

围绕南极洲的海洋的环流

在围绕南极洲的海洋中，表层海水在两股受风力驱动的洋流影响下移动。在南极洲海岸附近，南极沿岸流带动海水自东向西流。而在往北数百千米处，南极绕极流则令海水反方向（自西向东）移动，并将南极洲的海水朝北推动。南极绕极流是连接太平洋、大西洋和印度洋的主要洋流，并将南极洲与北方较温暖的洋流隔开。

在围绕南极洲的海洋深处，还有一种重要的海水运动。在靠近南极洲的海域，由于结冰时会有盐分析出，这里形成了大量高密度、高盐度的海水。这股冰冷的海水下沉，往北流进大西洋南部海域。

名人

弗里乔夫·南森

挪威探险家、科学家弗里乔夫·南森（1861—1930）因其于1893—1895年进行的北极航行而闻名于世。当时他搭乘的是一艘特制木船——“弗拉姆号”。他有意使“弗拉姆号”随波漂流在冰封的北冰洋中，由此证明了如今被称为“穿极洋流”的表层洋流的存在。1895年，在一名同伴的陪伴下，他离开“弗拉姆号”，以徒步和滑雪的方式到达距北极点640km处，这比当时任何人都更接近北极点。

海洋生物

更准确地说，作为目前地球上最大的栖息地，海洋应该被看作是一系列生态环境的集合，其中包括红树林沼泽和深海热泉等彼此迥异的环境。在每种海洋环境里，都有已经适应了这里的条件、能长期生活的生物体，即便是在水下10多千米的最深海沟中亦是如此。在阳光能照射到的表层水域，海洋生物的数量和种类都最多。在这里，微小的植物和类似植物的生物体——浮游植物为丰富的生物群落（沿食物链而上直至顶端的捕食者，如虎鲸）提供了生存基础。生命起源于海洋，海洋是生物进化过程中许多里程碑性阶段的发生地。追溯进化的历史，有利于我们在整个大背景下更好地理解现今海洋生物令人惊讶的多样性。

海洋生物简介

褐藻林群落

海洋生物根据物理环境逐步形成一个个各具特色的群落。在图中这片冰冷的浅水区，褐藻林底下是藻体较坚硬的钙化红藻丛，一只鹰鳐和一些小型鱼类在褐藻的藻体间找到了庇护所。

分类

科学家通过对生物体进行分类，并将它们放入一个国际认可的体系中，创造出了一个能容纳所有形式的生命的大型参考系统。目前，已经有200多万种生物体被收录到这一系统中，其中16%生存在海洋中。海洋物种所占的比重有望继续增长，因为每年仍有许多新物种（特别是深海物种）不断被发现。

什么是物种?

种（物种）是分类的基本单元。关于同种物种，一个为人们所广泛接受的定义就是，一群存在诸多共同特征的生物体，其在自然条件下可以进行杂交，实现基因互换。这个定义不适用于化石物种，同时也不适用于细菌和古生菌，并且也不存在一个通用的定义。此外，地理隔离和脱氧核糖核酸（DNA，见下文）等其他因素，也十分重要。

林奈式等级系统

林奈使用了一个排他性不断增强的等级分类系统。现今的系统已在其基础上加以扩展，包括很多等级，从域一直到种。以下是以短吻真海豚为例的等级分类例子。

域　真核生物

包括所有真核生物，即由真核细胞构成的生物。只有细菌和古生菌不属此域。

界　动物界

包括所有动物，即需进食以获取能量的多细胞真核生物。所有动物（至少在其部分生命阶段）是可运动的。

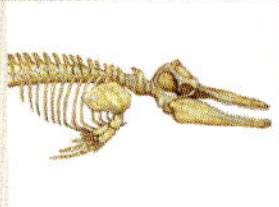

门　脊索动物门

包括所有脊索动物，即拥有脊索的动物。多数情况下，出生前脊索被脊椎取代。

纲　哺乳纲

包括所有哺乳动物，即呼吸空气并用乳汁喂养幼体的脊索动物。其颌由一块完整骨骼构成。

目　鲸目

包括所有鲸目动物（鲸和海豚），即拥有无骨、带水平尾鳍、可助推进的尾巴的海洋哺乳动物。

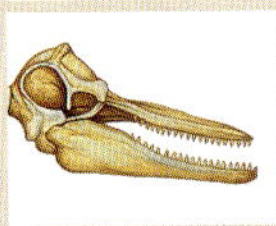

科　海豚科

包括所有具有喙和50—100块椎骨的海豚（齿鲸亚目）。颅骨无冠。

属　真海豚属

包括一些色彩各异的海洋豚类，其颌两侧各有40—50颗齿。常组成大型社群。

种　短吻真海豚

特指其背鳍下有“V”形黑色带，两侧有十字交叉状色斑的海豚物种。

分类原则

根据生物体的共同特征对其进行归类，这样做有助于我们比较清楚地了解自然界。分类令科学家们对生物的多样性有了更为清晰、准确的了解。同时，由于所有人使用的是同一个系统，这些认识便可以在世界范围内被理解。瑞典科学家卡尔·冯·林奈在18世纪建立的等级系统（见左侧），至今仍是生物分类的基础。在这个系统中，每个物种都有一个独一无二的学名（这一学名由两部分组成，即属名和种名），借此被归编到一系列越来越大的分类当中。不过，随着人类知识的增长，我们通常需要对这些分类进行修改，这样做有时会导致门类被进一步细分，例如，节肢动物门之下分出了4个亚门。每年都有许多新物种被发现，不过对它们进行描述和公布是一件费时费力的工作。

详细的解剖

通过对博物馆所收藏的材料进行详细的解剖检查，科学家可以分辨相似的生物体，并根据它们的共同特征对其进行分类。

证据

在过去，科学家只能通过解剖研究、形态观察、功能研究、胚胎发育研究（仅动物）以及化石记录研究，对生物体进行识别和归类。近年来，他们还能通过研究生物体的蛋白质和脱氧核糖核酸（DNA）来进行分类。DNA是一种复杂的分子，其序列结构在每个生物体中都不尽相同。通过比对不同生物体DNA分子间的共性，便能确定生物体之间的关联性。这种分子生物学证据是科学家多次修改生物分类的原因。

支序分类学

到20世纪50年代，虽然大多数人使用的是同一个分类系统，但他们用于判断生物体分类的标准却常常缺乏可测量性和可复制性。于是，科学家们想到采用一个类似于计算机的自动分析过程，对许多特征加以分析，不仅对生物体进行分类，而且追溯它们的进化过程。这一分析过程被称为“支序分类学”，这种技术如今已被广泛应用。支序分析可以检测研究组中生物体广泛的共同特征。它能找出连接生物体的最可能的进化性变化模式，包括最少的里程碑性阶段（进化分支点），然后将生物体列入反映它们之间关系的树形图（进化分支图）中。进化分支图由被称作“分化枝”的嵌套式群落构成。一个分化枝包含群落共同祖先的所有后代。

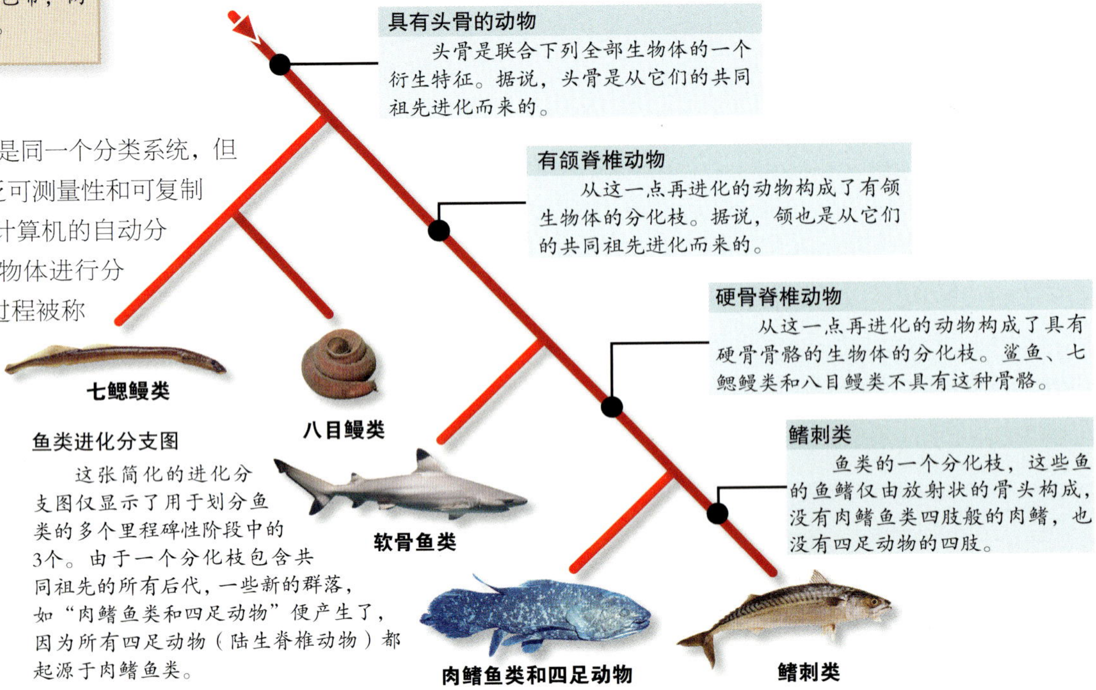

鱼类进化分支图

这张简化的进化分支图仅显示了用于划分鱼类的多个里程碑性阶段中的3个。由于一个分化枝包含共同祖先的所有后代，一些新的群落，如“肉鳍鱼类和四足动物”便产生了，因为所有四足动物（陆生脊椎动物）都起源于肉鳍鱼类。

海洋生物

以下3页所列内容为本书所采用的分类框架。在这一框架中，所有生物被分为3个域。在域的范围内，虽然所引用的目和种的数量包括群落内所有的生物体（无论是否为海洋生物），但只有海洋生物群落才被在此列出。一些群落，比如鱼类，被显示在虚线框中，因为尽管它们是有用的分类类别，却并非真实的分类群。另一些被显示在虚线框中的群落，如底栖生物门和浮游生物门，均为生态群落，无法反映分类学和进化历史。

细菌域
域 细菌　门 约80　种 数以百万计

古生菌域
域 古生菌　门 2　种 可能几百万

真核生物域
域 真核生物　界 至少8　种 200万

真核生物域

此域包括所有由真核细胞构成并具有其他复杂结构的生物，而这些是原核生物（细菌、古生菌）所不具有的。真核生物域由原生生物界、茸鞭生物界、植物界、真菌界和动物界组成。

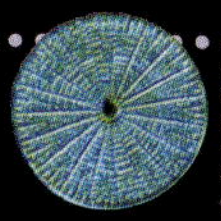

茸鞭生物界

对单细胞生物体的分类，是复杂而困难的，并且一直处于不断变化之中。很多重要的海洋浮游生物群落被集体归类为茸鞭生物，其余的则被归为植物或原生动物。

鞭毛藻类
门 粘孢子总门　亚门 甲藻门　纲 4　种 2436

纤毛虫类
门 纤毛亚门　纲 约10　种 8699

放射虫类
门 放射虫门　纲 3　种 4000

有孔虫类
门 有孔虫门　纲 3—5　种 6616

颗石藻类
门 定鞭藻门　纲 2　种 258

褐藻门
门 褐藻门　纲 20　种 5006

硅藻
纲 硅藻纲　目 12　种 100,000

金黄藻
纲 金黄藻纲　目 4　种 490

褐藻
纲 褐藻纲　目 23　种 2053

+其他几个门

植物界
界 植物界　部 8　种 315,000

植物界由8个部组成，其中只有3个含有真正的海洋物种，并被本书收录。苔藓（苔藓植物门）被额外收录到本书中，因为它们中的一些生长在湖间带。

红藻
部 红藻植物　纲 2或更多　种 6394

绿藻
部 绿藻　纲 大约8　种 5426

微藻
纲 绿枝藻纲　目 3　种 200

绿藻
纲 石莼纲　目 8—9　种 1500

+其他6个纲（主要为微观绿藻）

苔藓
部 苔藓植物　纲 3　种 13,365

维管植物
部 维管植物　纲 8　种 260,684

开花植物
总纲 被子植物　目 30　种 260,000

+7个非海洋的纲

+3个非海洋的部

真菌界
界 真菌界　门 5　种 46,574

动物界
界 动物界　门 约30　种 超过150万

以下的动物门列表是递进呈现的，从具有简单的体平面和系统的生物体，比如海绵，一直到最复杂的门——脊索动物（包括人类）。每个门都代表了一种独特的体平面。

海绵
门 海绵动物门　纲 4　种 约8700

刺胞动物
门 刺胞动物门　纲 5　种 10,908

珊瑚和海葵
纲 珊瑚纲　目 10　种 7095

水母
纲 钵水母纲　目 3　种 186

箱水母
纲 箱水母纲　目 2　种 41

水螅虫
纲 水螅纲　目 7　种 3516

十字水母
纲 十字水母纲　目 1　种 48

浮游生物门

以下3个门的动物是随洋流漂浮的种类，并因此被归类到一起。栉水母动物门和毛颚动物门所包含的物种很少，因而被视为小型门。

栉水母
门 栉水母动物门　纲 2　种 187

箭虫
门 毛颚动物门　纲 1　种 131

轮虫
门 轮虫动物门　纲 2　种 2014

扁形虫

扁形动物		
门 扁形动物门	纲 6	种 20,000
异涡无腔动物		
门 异涡无腔动物门	纲 2	种 430

纽形动物		
门 纽形动物门	纲 2	种 1358
环节蠕虫		
门 环节动物门	纲 2	种 15,000

底栖动物门

以下的门的动物都生活在洋底之中或之上。下面的列表并不全面，以下的门未被包括：内肛动物门、棘头动物门、扁盘动物门和头足动物门。

螠虫		
门 螠虫动物门	纲 1	种 197
腕足动物		
门 腕足动物门	纲 3	种 393
马蹄虫		
门 帚虫动物门	纲 1	种 16
星虫		
门 星虫动物门	纲 2	种 147
环口动物		
门 环口动物门	纲 1	种 2
腹毛动物		
门 腹毛动物门	纲 1	种 847
线形动物		
门 线形动物门	纲 2	种 20,000
鳃曳虫和泥虫		
门 头足动物门	纲 4	种 236
水熊		
门 缓步动物门	纲 3	种 1000
杆壁虫和囊舌虫		
门 半索动物门	纲 3	种 130

软体动物

门 软体动物门 纲 8 种 73,683

尾腔类		
纲 尾腔纲	目 1	种 131
沟腹类		
纲 沟腹纲	目 4	种 273
单板类		
纲 单板纲	目 1	种 30
掘足类		
纲 掘足纲	目 1	种 571
双壳类		
纲 双壳纲	目 17	种 9209
腹足类		
纲 腹足纲	目 16	种 61,682
头足类		
纲 头足纲	目 9	种 816

多板类		
纲 多板纲	目 3	种 970

节肢动物

门 节肢动物门 亚门 4 种 约125万

甲壳类		
亚门 甲壳亚门	纲 6	种 61,710
水蚤及其近缘类群		
纲 鳃足纲	目 3	种 900
藤壶和桡足类		
纲 颚足纲	目 27	种 16,589
介形虫		
纲 介形亚纲	目 5	种 7462
软甲类		
纲 软甲纲	目 15	种 36,759
虾蛄		
目 口足目	科 17	种 480
等足类		
目 等足目	科 94	种 11,515
端足类		
目 端足目	科 119	种 10,158
磷虾		
目 磷虾目	科 2	种 86
龙虾、蟹和对虾		
目 十足目	科 105	种 15,000

+10个其他的小目

螯肢动物		
亚门 螯肢动物亚门	纲 13	种 71,004
蜘蛛、蝎子、扁虱和螨虫		
纲 蛛形纲	目 12	种 70,000
鲎		
纲 肢口纲	目 1	种 4
海蜘蛛		
纲 海蜘蛛纲	目 1	种 1342

六足动物		
亚门 六足亚门	纲 4	种 约111万
昆虫		
纲 昆虫纲	目 29	种 110万

+1个其他的非海洋的亚门，多足类和唇足类（多足纲）

苔藓虫		
门 苔藓虫门	纲 3	种 6085

棘皮动物

门 棘皮动物门 纲 5 种 7278

海百合和海羽星		
纲 海百合纲	目 4	种 638
海星		
纲 海星纲	目 8	种 1851
蛇尾类		
纲 蛇尾纲	目 2	种 2074
海胆		
纲 海胆纲	目 16	种 999
海参		
纲 海参纲	目 6	种 1716

脊索动物

门 脊索动物门　亚门 3　种 64,618

脊椎动物亚门是脊索动物门的主要组成部分。其余的2个亚门比它小很多，因为其物种具有杆状脊索（脊椎动物则在出生前以脊柱取代之），而被与脊椎动物亚门归为同一个门。

被囊动物（海鞘及其近缘类群）

亚门 被囊亚门　纲 4　种 3026

文昌鱼

亚门 头索亚门　纲 1　种 30

脊椎动物

亚门 脊椎动物亚门　纲 10　种 61,562

八目鳗类有时会被排除在脊椎动物之外，因为它们仅仅带有脊柱的痕迹。然而，最近的分子生物学研究证实，它们与其他无颌鱼——七鳃鳗类有关联。爬行动物、鸟类和哺乳动物（以及两栖动物，其中不含海洋物种）被非正式地共同归类为四足动物（四足动物总纲），属于更大一级的类别——有颌脊椎动物（有颌下门），有颌脊椎动物也包括鱼类。

鱼类

“鱼类”是对4个纲的动物的一个非正式总称。同样，“无颌鱼”“软骨鱼”和“硬骨鱼”也是非正式的分类。

无颌鱼（无颌类）

八目鳗类

纲 盲鳗纲　目 1　种 79

七鳃鳗类

纲 头甲鱼纲　目 1　种 46

鲨鱼、魟和银鲛

鲨鱼、鳐和魟

纲 板鳃亚纲　目 13　种 1241

鲨鱼

目 9　科 34　种 523

鳐和魟

目 4　科 17　种 718

银鲛

纲 全头亚纲　目 1　种 49

硬骨鱼

肉鳍类

亚纲 肉鳍亚纲　目 3　种 8

鳍刺类

亚纲 辐鳍亚纲　目 45　种 31,282

类群	目	种
鲟鱼和匙吻鲟	鲟形目	28
大海鲢和海鲢	海鲢目	9
北梭鱼	北梭鱼目	13
鳗鱼	鳗鲡目	908
叉齿鱼和囊咽鱼	囊咽鱼目	28
鲱鱼及其近缘类群	鲱形目	399
虱目鱼	鼠鱚目	37
鲇鱼和长刀鱼	鲇形目	3604
胡瓜鱼及其近缘类群	胡瓜鱼目	321
鲑鱼	鲑形目	219
发光鱼和龙鱼	巨口鱼目	426
仙女鱼	仙女鱼目	263
灯笼鱼及其近缘类群	灯笼鱼目	252
旗月鱼、鞭尾鱼和粗鳍鱼	月鱼目	25
鳕鱼及其近缘类群	鳕形目	610
蟾鱼和鸣鱼	蟾鱼目	83
鮟鱼	鮟形目	531
鮟鱇	鮟鱇目	358
喉盘鱼	喉盘鱼目	162
颌针鱼	颌针鱼目	266
银汉鱼	银汉鱼目	344
金鳞鱼及其近缘类群	金眼鲷目	161
海鲂及其近缘类群	海鲂目	33
刺鱼和海蛾鱼	刺鱼目	29
尖嘴鱼和海马	海龙目	364
鲉和鲬	鲉形目	1649
鲈形鱼	鲈形目	11,061
比目鱼	鲽形目	796
河豚和鲀	鲀形目	437

+16个其他的目

爬行动物

纲 爬行动物纲　目 4　种 7700

类群	目	科	种
龟鳖	龟鳖目	12	300
蛇和蜥蜴	有鳞目	44	7400
鳄鱼	鳄目	3	23

+1个非海洋的目：大蜥蜴（喙头目）

鸟类

纲 鸟纲　目 29　种 9500

在此分类中，鸟类被分为29个目。一些科学家考虑将鸟类划分到爬行动物中。

类群	目	科	种
水禽（鸭、鹅和天鹅）	雁形目	2	177
企鹅	企鹅目	1	18
潜鸟	潜鸟目	1	5
信天翁和海燕	鹱形目	4	142
鸊鷉	鸊鷉目	1	23
鹈鹕及其近缘类群	鹈形目	6	65
鹭及其近缘类群	鹳形目	6	119
猛禽	隼形目	5	333
涉禽、鸥和海雀	鸻形目	18	385
翠鸟及其近缘类群	佛法僧目	9	230

+18个非海洋的目

哺乳动物

纲 哺乳纲　目 27　种 5500

此处所列的3个目的动物部分或完全是海洋动物。鳍足类（海豹、海狮和海象）直到最近才被划分为鳍足目，并未形成一个自然类群，在此被划分到食肉目（猫、狗、熊、水獭及其近缘类群）内。这27个哺乳动物的目包括之前被划分为有袋目的新目。

类群	目	科	种
食肉动物	食肉目	9	249
鲸和海豚	鲸目	12	85
海牛	海牛目	2	4

+23个非海洋的目

红海珊瑚礁

红海是世界上排名前18位的珊瑚热点地区之一。其丰富多彩的珊瑚礁上生活着大量的海洋生物，其中包括有毒的红狮子鱼。

生物多样性热点地区

很多人了解过生物多样性热点地区，特别是从关于海洋生物的文献中。这些地区物种丰富，吸引了大批电影人前往拍摄。但其实这一说法并不太恰当，严格来说，应该称之为“物种多样性的热点地区”，即大量物种聚集于较小区域。确定这类地区有助于自然资源保护者判断在何处建立保护区。不过，那些物种多样性程度较低却有奇妙物种生存的地方（如海沟）也很重要。

然而，科学家对深海知之甚少，难以确定在人类所能潜达的浅层水域之下，哪里才是物种多样性程度最高的区域。不过，他们如今已就珊瑚礁（详见第152页及其后）、海草床（详见第146页）和红树林沼泽（详见第130页）的物种分布和丰富性进行了全球性评估，并已在岛屿、海山和陆架坡折处附近发现了热点地区，那些地区栖息着大量不同种类的海龟、鲨鱼和远洋鱼类。2010年，来自80多个国家的海洋科学家完成的一个大型十年期项目——国际海洋生物普查计划，收集了关于海洋中生物栖息地点的大量新数据。数以千计的新物种被记录，对这些新物种的说明工作仍在进行中；发现了许多新的热点地区，包括一些重要的海山。

珊瑚礁热点地区

热带珊瑚礁色彩绚丽，大多容易到达，因而很受潜水者欢迎。由于许多科学家和休闲潜水员都参与到世界性项目（如“珊瑚礁健康调查”）中收集数据，相比于其他海洋栖息地，我们对珊瑚礁生物了解较多。一项2002年的调查准确定位了18处珊瑚礁热点地区（下图中红色所示）。这些地区只占世界珊瑚礁总面积的35%，却包含了世界上60%的珊瑚礁地方性珍稀物种，因此成为优先保护的对象。

下图绿线范围为“珊瑚礁三角区”，其北部为火山列岛周边海域，西部为菲律宾东南海域，东部为瑙鲁以南海域，有600种造礁珊瑚和2000多种岩礁鱼类。

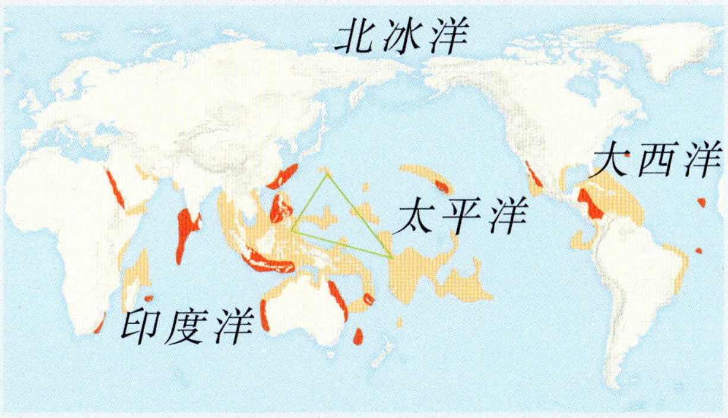

地方性珍稀物种丰富　其他珊瑚礁区　珊瑚礁三角区

热点地区类型

隐藏的热点地区

卡伦湖　苏格兰高地西北部也许景色宜人，但在卡伦湖周围多岩石的严酷环境中，生物多样性程度较低。

湖面之下　不过，卡伦湖中生命之丰富却能媲美任何一处热带珊瑚礁，这里有软珊瑚、大丽花海葵和蛇尾类等。

加勒比宝藏

萨巴浅滩　2006年，一项对荷兰加勒比区环礁（左图）进行的调查发现，这里的物种多样性程度较高。这一区域于2012年被宣布为国家公园。

科学新发现　科学家在萨巴浅滩发现了一种生活在海底的有7根背刺的虾虎鱼。这是一个新物种，可能还是一个新的属。

海山群落

鱼类的天堂　斑点天竺鲷和笛鲷聚集在印度洋的一座海山处。海山周围富含养分的上升洋流，使这里成为海洋中的“绿洲”。

瓜达卢佩海山　孤立的海山上的海藻、其他植物和动物中多达1/3的物种可能都是这座海山所独有（或地方性）的，它们在这里已经进化了上百万年。

被埋藏的财富

沉积物取样　从海底采集的泥芯含有上千种微生物和细菌。深海沉积物曾一度被认为像沙漠一样贫瘠，但这种隐藏的生物多样性表明事实并非如此。

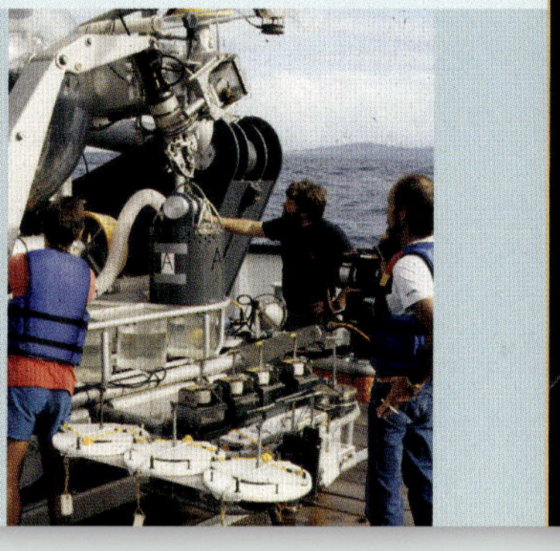

生命周期与能量循环

所有的生命都依赖那些从化学物质或太阳汲取能量，并将之转化为食物的生物体。这些生物体，无论是浮游植物、海藻，还是细菌，都被称作“初级生产者”，构成了食物链的第一环。它仅仅是整个循环中的一个点，这个循环即在生态系统中通过整个生物群落处理化学能量和养分，并与物质环境循环交换。

能量流

由于生态系统中的每个生物体都会被食物链中更高一级的生物体吃掉，于是，食物能量便从被捕食者传递到消费者。初级生产者（如硅藻和细菌等处于食物链开端的生物体）会被初级消费者吃掉，初级消费者又会被次级消费者吃掉，如此类推，直至处于食物链顶端的捕食者，即那些不再被其他动物捕食的动物。在陆地生态系统中，随着食物链等级升高，生物体总量减少，最后剩下非常少的顶端捕食者。然而，在以浮游植物为生产者的海洋生态系统中，初级消费者的总量是最大的。这可能是由于浮游植物生长非常迅速，尽管总量较少，但也可以提供极大的流通量。

食物能量金字塔

在食物链的每一层级，部分能量会作为热量散失，因此到达更高一级消费者的能量便会减少。能量在每一层级的减少可以用金字塔形图（见下图）表示，这也解释了顶端捕食者数量稀少的原因。

生物量金字塔

由于初级生产者的总量较低，带有浮游生物生产者的生物量金字塔形图（见下图）是部分颠倒的。尽管如此，浮游植物的快速繁殖仍令食物链的供给得以维持。

循环

所有生物都需要获取化学养分（如硝酸盐、磷酸盐和硅酸盐）用于生长和繁殖。这些化学养分被初级生产者摄取，然后沿食物链传递。虽然一些养分可以从海水中获得，但大多数归根到底源于海床。一个生物体死后，其未被其他动物吃掉的部分便逐渐沉到海床上，然后被细菌和其他分解体分解。排泄物同样会最终沉到海底，然后被腐生生物或分解体加以处理。最后，养分便以非生命的矿物质形式被释放到环境中。它们可能留在海底，也可能通过洋盆中的循环水流返回到表层水域（见右页“上升流”）。

养分循环

人们在水柱中发现了有机物小颗粒（腐质）。它们可能会被食腐动物吃掉，或者会被水中的细菌进一步分解。然而，它们中大多沉到了海底，并在那被分解，释放出养分。养分的循环通过上升流完成——它们将养分带回到表层水域，在那里，养分被浮游植物汲取。

人类影响

过度捕捞

下图中，这些渔民正在捕获太平洋真鳕。由于过多的鱼在成功繁殖之前就已被人类捕捞，鳕鱼种群已大大减少，并且许多重要的群落已经骤缩。虽然政府强制推行限量捕捞，令一些区域的鳕鱼数量开始回升，但仍未能解决这一问题。

捕鳕鱼

2010年，人类利用拖网和延绳钓等多种方式在大西洋和太平洋捕获了近14×10^5t鳕鱼。

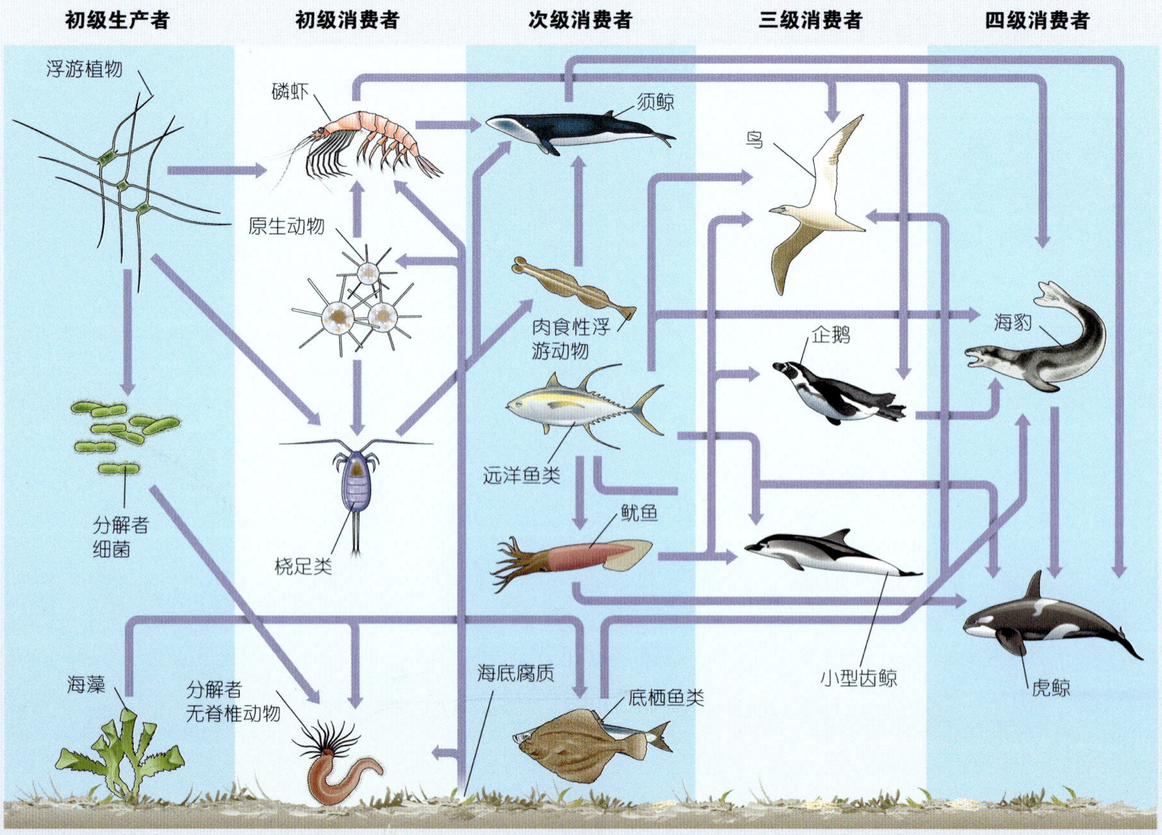

食物网

这张复杂的食物网（左图）由许多食物链组成，从围绕南极洲的海洋生态系统中的初级生产者一直覆盖到四级消费者（顶端捕食者）。每个箭头都显示了食物能量从被捕食者到捕食者、草食动物或分解者的流动。整张图展示了生物体是如何相互依赖得以取食的。一些动物以食物链中不同几个层级的生物体为食，这就增加了食物网的复杂性。食物网自身存在着一种微妙的平衡，而人类的干扰很容易打破这一平衡。

生产力

世界各大洋的海洋生物丰富程度存在巨大差异。某些地方的生产力高于其他地方，同一处某些时段的生产力高于其他时段。光照量是影响生产力的一个主要因素，因纬度、时间的不同而变化。上升流从海床带来的富含养分的海水，以及光合作用所需的光照受到不断变化的水流和昼长的影响，进一步影响浮游生物的生长水平。温度会影响光合作用速率，从而影响生产力。

清澈的热带海洋

热带海域并不会有季节性的海水混合，因此很少有营养物质返回到表面，这令浮游生物难以生长。右图为夏威夷附近的清澈表层水域，只有一只海龟在那孤独地游弋。

富饶、阴暗的温带海洋

在沿海和温带地区，水流的紊动使富含养分的海水循环流动，这些海水维持了许多藻类的生存，包括上图中生长在太平洋的褐藻林。

上升流

开阔海域的表层水域会变得较为贫瘠，因为那里的营养物质不断被浮游植物所吸收，并会随腐质一同下沉到海床上。通过上升流（详见第60页），富含养分的海水可经由垂直洋流大规模地返回到表层水域。

在靠近陆地的区域，沿岸的上升流是由表层洋流引起的，例如南美海岸附近的秘鲁寒流（详见第58页）。在太平洋和大西洋的赤道海域，当水团被信风向北及向南驱动，冰冷、富含养分的海水上升取代它们的位置时，大洋中便会出现上升流。在极地海域，当冬季风暴引起强烈的水流运动时，便会出现上升流。当出现上升流，且光照充足时，浮游生物便迅速繁殖，从而支持了大量生物体的生存，形成世界上生产力最强的海域。

富含养分的海域

在出现上升流的地方，往往会聚集大量以浮游生物为食的小鱼，它们自身又吸引了更大型的捕食者，比如南非沿海这些以沙丁鱼为食的短尾真鲨。

游动与漂流

海洋大部分的生存空间并不在海床上，而是在水体和开阔海域中，即浮游带。富盐海水为许多动植物提供了在水体中生活的环境支持和所需养分，使它们无须游到海床。一些动物生活在海洋和空气的交界处，或者在这两种环境中交替生活，因为这样能获得更充足的能量。水面、水体和海床是相互连通的，许多动物在这些栖息地之间移动。

浮游生物

海洋中得到光照的表层水域是很多微小动植物（浮游生物）的聚居地，这些动植物随水流漂移。浮游植物，包括细菌或类似植物的茸鞭生物（详见第234页），可以进行光合作用，制造食物，自给自足。浮游植物与固着的海藻和海草一起构成了海洋食物网的基础。

浮游动物大多体形很小，并以浮游植物为食，不过水母可以长到很大。许多深海生物具有奇异的外形和柔软纤弱的躯体。一些浮游动物，比如箭虫、栉水母和桡足类，一生都以浮游生物生存、捕猎以及觅食，被称为“终生浮游生物”，而其他的则只在其幼体和分散型幼虫阶段才作为浮游生物生活，成年后的部分或全部时期均在海床上度过，被称为“阶段性浮游生物”，其中包括螃蟹、蠕虫和刺胞动物。

许多浮游生物体都具有助其漂浮的纤刺、长足或羽状附属物。与在温带或极地的同类相比，热带浮游动物通常长有更多此类结构，因为温暖的水体密度更低，黏性较小，所提供的支持也就更少。

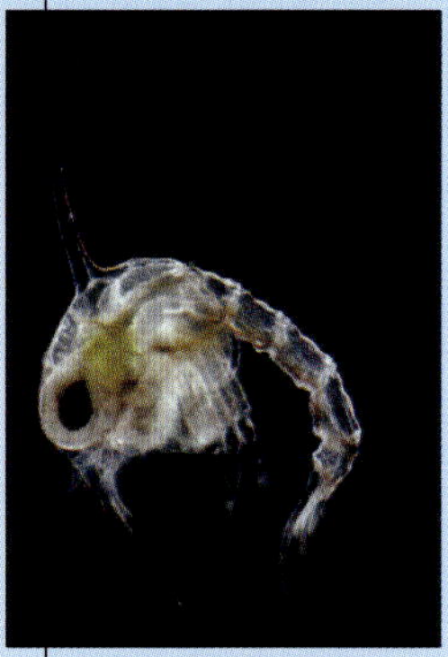

浮游生物的幼体

普通滨蟹的卵孵化出可漂浮的、带刺的蚤状幼体。

阶段性浮游生物

大多数阶段性浮游生物均为动物幼体，成年后栖息于海床。海月水母则相反，其成体为浮游生物（上图），在此之前需经历一个营固着生活的无性幼体阶段（右图）。

典型的自游生物特征

暗黑斑纹海豚是一种典型的自游动物，自游动物大部分为脊椎动物（具有脊椎的动物）。

自游生物

鱼类和其他大多数独立生存的海洋动物都可以在海床上方游泳，即便只是一段较短的距离。然而，一些动物一生都生活在开阔海域，它们被称作“自游生物”。这类动物包括许多鱼类和全部的鲸类、海豚以及其他的海洋哺乳动物、海龟、海蛇和头足类动物。此外，还包括一些其他类群的代表性动物，如梭子蟹和虾。大部分自游动物的身躯均呈流线型，某些海豚和某些远洋自游鱼类（如金枪鱼）在外形上有着显著的相似性。

海洋—空气交界处

一些动物生活在空气和海水的交界处，它们或是漂浮在海水表面，或是在这两个环境中交替生活。诸如信天翁、海燕、塘鹅等海洋鸟类和热带海域鸟类一生都生活在海上。它们在海面上进食、睡眠、梳理羽毛甚至交配。此类海鸟极易受到石油泄漏的危害。其他的潜水海鸟，例如燕鸥，则在海中捕食，在陆上休憩。正如这些鸟会扎入海中捕鱼一样，一些鲨鱼也会跃出海面来捕捉鸟类和海龟。飞鱼会跃入空中以躲避捕食者。一些浮游动物则长期生活在海面，其部分身体露在空气中。帆水母是一种小型的集群刺胞动物，它们身上长有竖立的帆板，能借助风力运动。紫螺则会分泌黏液，从而形成浮囊。甚至还有一些昆虫也生活在海水表面，它们是海黾属的海洋昆虫，在海上漂流。

在海面漂流

僧帽水母（右图）巨大的充满气体的浮囊使其整个群落得以漂浮在水面。

飞行与潜水

有些鸟会从空中扎入水中捕鱼，褐鹈鹕（上图）便是其中之一，其宽大的喙就像铲斗一样。

海洋生物

漂浮的种群

翻车鲀经常在海洋表面漂流。它们会在漂浮的海藻与浮木处寻找食物，比如小鱼和甲壳类。

人类影响

诱捕鱼类

在很多地区，诱鱼设备的使用令捕鱼者更易发现鱼群，从而令捕捞量上升。然而，这对生物生产力毫无贡献，因为这样做仅仅是把鱼聚到一起，很可能导致过度捕捞。而人工鱼礁则不仅能吸引鱼，还能提供安全的繁殖地。

诱鱼设备

即使是简单的诱鱼设备，比如在夏威夷海域的这个浮标，也能吸引鱼类。从照片中可看到，一些狗鱼幼鱼和夏威夷特有的雀鲷正在其下方寻求庇护。

漂浮的家

漂浮的物体对许多远洋鱼类具有吸引力，这些物体为它们提供了躲避捕食者、洋流、（甚至）光照的场所。浮木和海藻还为鱼类提供了聚集地。渔民利用这一倾向，通过使用诱鱼设备（见最右侧）将鱼聚集到一个区域中。这些设备五花八门，从悬挂着棕榈叶的简单筏子到复杂的科技设备都有。

较大的浮木上及其周围通常会发展出迷你的生态系统。海藻和鹅颈藤壶附着在浮木上生长，为螃蟹、蠕虫和鱼类提供了庇护和食物。船蛆钻入木头中，它们所制造的洞穴为其提供了进一步的庇护。偶尔也有爬行动物、昆虫和植物种子在浮木上存活，随水漂流，最后可能会被冲上岸，继而占据新的领地，包括新生的火山岛。

马尾藻“避风港”

漂浮的马尾藻为裸躄鱼提供了安全的“避风港”。据记录，右图这片马尾藻中栖息着50多种动物。

底栖动物

在海床上或其沙泥中生存的动物，无论是会移动的抑或牢牢固着的，都被称为“底栖动物”。在陆地上，植物为动物提供了一个结构化的栖息地。而在海洋中，这种情况很少出现，除了由褐藻、其他海藻或海草占据主导地位的有阳光照射的较浅水域。相反，只要较硬的海床区域可以提供一个较为稳固的基础，底栖动物便会固着在海床上生长，通常看起来像植物一样。而在沉积物不断移动的海床上，固着底栖动物不能生存，取而代之的是掘穴动物群落。

在海藻下方

在北欧海岸附近由海藻所占据的水域下方，海床很深，光线太暗，光合作用难以进行，水手珊瑚、海绵和管虫通常固着在潮下带的岩石上生长。

固着动物

许多底栖动物，例如海绵、海鞘、珊瑚和水螅虫，整个成年时期都固着在海床上，不能移动。在陆地上，无论是食草动物、食肉动物还是食腐动物，都必须四处觅食。而在海洋中，潮流带来了大量的食物，即浮游生物和漂浮的死去的生物。利用这点，固着动物可以通过抓取、诱捕或过滤的方式，直接从海水中获得食物，而自身无须移动。繁殖时，它们将卵子和精子排入水中，让卵子在水中受精，然后成长为浮游幼体。有时，它们会将这些幼体或卵留在体内，待其发育成熟后再排出。潮流会将这些新生体带到新的区域，它们便在那里栖居并成长。

阳光下的海床

海藻可在岩石海岸潮间带以及礁石上固定，比如上图中这些摄于加那利群岛水域的海藻。其是获得光照的温带海床上的群落结构形成的基础。

造礁管虫

在苏格兰的一些峡湾中，含白垩质的管状蠕虫建造了大量的礁石。

可移动的动物

密集生长的海藻或固着动物，为许多可移动的动物提供了庇护和食物。牧食性动物，比如海胆，在下层植物中爬行，采食海藻和固着动物。螃蟹、龙虾和海星则四处爬行、游动，捕猎并食腐。海蛞蝓是专业的食肉动物，每种海蛞蝓都以一种或数种苔藓虫、水螅虫或海绵为食。由于海蛞蝓与其猎物之间有如此密切的关系，它们甚少远离其猎物。褐藻的固着器为体形较小的可移动动物（如蠕虫）提供了安全的栖息地。

伪装的鱼

鲉生活在海床上的海藻和固着动物之间。它们身上复杂的皮瓣令其能完全融入栖息地背景中。

掘穴和钻孔

海床的大部分区域覆有柔软的沉积物，比如沙和泥。在沉积物的表面上生活是既困难又充满危险的，于是，大部分的动物都向下掘穴或构建供自身生活和隐藏的管子。双壳类软体动物和环节蠕虫特别适应这样的栖居条件，它们中的许多品种在世界各地的沉积物中均有分布。安全地躲在沉积物下的双壳类，会将两条长长的虹吸管伸出表面；其通过其中一条吸入富含氧分的水和浮游生物，同时通过另一条排出废物。这样，其永远无须到沉积物表面来觅食或呼吸。海笋和船蛆钻入岩石和木头中，以一种类似的方式使用虹吸管。不过，沉积物并非是完全安全的栖息地——捕猎的月亮螺会向下挖掘，穿过沙子，然后钻穿双壳类的贝壳，吞噬其肉体。沙蚕也是十分活跃的捕猎者，它们会穿过沉积物捕食其他蠕虫和甲壳类。一些蠕虫利用沙粒、自身分泌物或两者的结合物来构建灵活的管子。这些管子从沙子中伸出，然后蠕虫将羽毛状或具有黏性的触手从管中伸出，捕食浮游生物。一旦危险来临，它们可以快速地缩回管中。管海葵和海笔也采取了类似的策略。

更换虹吸管

埋藏起来的双壳类软体动物的虹吸管顶端有时会被比目鱼掐掉，不过其能再生。

钻入岩石

穿孔海绵能分泌化学物质来溶解钙质壳和岩石，从而形成洞穴，为自己创造生存空间。

固着在底部

圣诞树蠕虫会将自身构建的硬管固接在珊瑚礁中，从而固着在底部。它们使用其漂亮的双螺旋触手，滤食水中的浮游生物。

共生

底栖对于海洋生物来说是一种挑战。例如，珊瑚礁中的一条安全裂缝是很有价值的栖息处，但是会被各种生物激烈争夺。通常，获得栖息地的有效途径是和一个与己不同的生物建立一种亲密的关系，这种关系被称为“共生”。当这种关系中仅有一方获益时，这种关系叫作“偏利共生”，通常表现为一个动物为另一个动物提供栖息处。例如，细小的豆蟹生活在贻贝里，得到庇护和食物，而贻贝则容忍它的存在。双方都获益的共生关系则叫作“互利共生”。许多热带的虾虎鱼与盲虾或近乎盲的虾之间就存在着互利共生的关系。虾会在沙中挖出一个洞穴，并对之加以维护，供双方居住，而其目光锐利的伙伴——虾虎鱼则承担着警戒之责。一些海葵会附着在寄居蟹的壳上，随它四处移动，并从蟹那里获得食物残渣。反过来，海葵那些具有刺细胞的触手，为蟹提供了保护。第三种共生关系叫作“寄生”，在这种情况下，宿主是受害的一方。例如，蟹奴（一种甲壳类）会将其菌丝状的分枝吸管穿入其宿主——蟹的体内，吸取养料，不断削弱甚至杀死蟹。

相互关系

条纹珊瑚虾为海鳗清洁牙齿，从而赢得在其防卫严密的裂缝中共同栖息的许可。

清洁服务换来的栖息处

大型的暗礁海葵经常为小丑鱼和细小的清洁虾提供栖息处，而后二者则为海葵提供清洁服务。

海洋生物的环境分区

海洋的各个部分都不缺乏生物，从极地海洋到热带海洋，从海岸、海滨到大洋最深处均是如此。海床及其上方水体维持了各种各样生物的生存。不过，海洋生物的分布在水平方向和垂直方向上都是不均匀的。正如在陆地上一样，气候（主要是温度）和食物在决定生物分布和生物多样性方面起着很大的作用。在极地恶劣的环境中，海岸生物的丰富程度要低于温暖的热带地区，但在表面之下，南极海洋维持着多样化的海洋群落的生存。尽管在海洋每一深度都有生物生存，但大多数的生物仅能在特定区域的特定压力、温度和光照条件下生存。

地理区域

海水的温度比陆地的温度要稳定得多，这是因为水散失和获取热量的速度要比空气慢。不过，海洋沿岸和大陆架的群落分布，仍然遵循着一种全球模式，即可分为独特的极地生态系统、温带生态系统和热带生态系统。温带地区的沿海盐沼在热带地区被红树林取代。褐藻林仅生长在寒冷水域中，但也延伸到热带地区中一些有深层冷水上涌的区域，比如阿拉伯半岛的阿曼沿岸区域。浮游生物以及幼体阶段为浮游生物的底栖动物，可能出现在洋流所至的任何地方。不过，具有不同物理特点的水团之间的界限，可在海洋中形成实质性的屏障，就像陆地上的山所起的作用一样。而在某一深度之下，这样的屏障会较少，于是这些水域的条件较为稳定，在全球范围内都较为相似，因此，深海动物通常分布广泛。

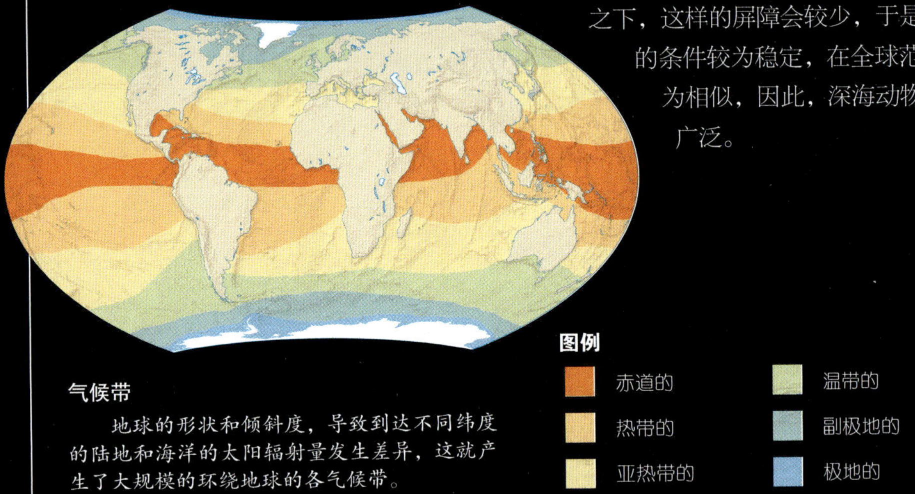

气候带

地球的形状和倾斜度，导致到达不同纬度的陆地和海洋的太阳辐射量发生差异，这就产生了大规模的环绕地球的各气候带。

特有物种

一些海洋生物，特别是远洋物种，在全球分布广泛，因为没有什么阻碍它们的散布。其他的则生活在限定的地理范围内，可被视为某个海域、岛屿或国家所特有的生物。那些最偏远的栖息地，如小海岛，最可能具有其特有物种，这是因为处于散布阶段（如卵子和幼体）的动物可能仅能存活一段较短的时间，无法到达远距离的海岸。红海有很多特有鱼类，因为它仅仅通过一条狭窄的海峡与印度洋相连，实际上处于较为隔绝的状态。特有鱼类通常为无远游能力的物种。例如，小丑鱼会将卵产在与之共生的海葵下方的石上，幼鱼会在同一块礁石上寻找新的共生海葵。不能飞的海鸟，如企鹅，同样会受限于其在占据新地域方面的能力，而只能在有限的区域中生存。

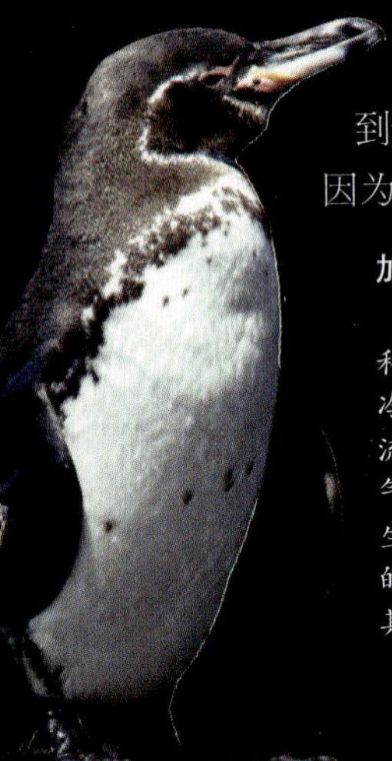

加拉帕戈斯企鹅

这种企鹅只生活在科隆群岛附近。这里寒冷、上涌的克伦威尔洋流，使它们能够在热带气候条件下得到凉爽的生活环境。它们被周边的暖水隔离，无法越出其生活的群岛范围。

马尔代夫小丑鱼

这种特有鱼类并不擅长游泳，其幼体也没有经历浮游阶段，因而它只生活在印度洋的马尔代夫和斯里兰卡。其宿主海葵则分布较广，因为海葵幼体会随洋流漂散。

人类影响

转移区

许多浅海物种的南北分布地理界限是受海水温度影响的。大多数的物种只能在特定的温度区域内繁殖和散布。气候变化使海水温度缓慢上升。在北半球，有记录显示一些暖水物种的生存范围正进一步向北扩张。相似地，一些冷水物种的生存范围可能会进一步向北退缩。

入侵的热带物种

鳞鲀是一种暖水物种，却出现在英国南部海域这样靠北的区域，并已开始在当地繁殖。随着海洋持续变暖，它们也许会成为当地物种。

深度区域

随着深度增加，压强会加大；与此同时，光照量、温度和食物供应量则降低。这些变化限制了在不同深度的海域中生存和繁衍的海洋生物的种类。全世界的大陆架及其上方水域都生活着丰富的物种，因为这里有河流带来的大量营养物质以及被搅动起来的沉积物。群集的鱼类，例如鲱鱼，以浮游生物为食，而浮游生物则依靠营养物质维持生命。大部分的商业渔业都在大陆架上方作业。在大陆架以下，浮游植物和海藻无法生存。深海动物依靠相互吞食或每天游到上层水域觅食存活。岩石较多的区域可以支撑多样的动物群，包括冷水珊瑚礁、海绵珊瑚和深海热泉群落。在大陆坡脚下，广阔、平坦的深海平原上覆盖着颗粒细小的沉积物。虽然这里微生物丰富，但大型动物相对稀少。

日照区的海床

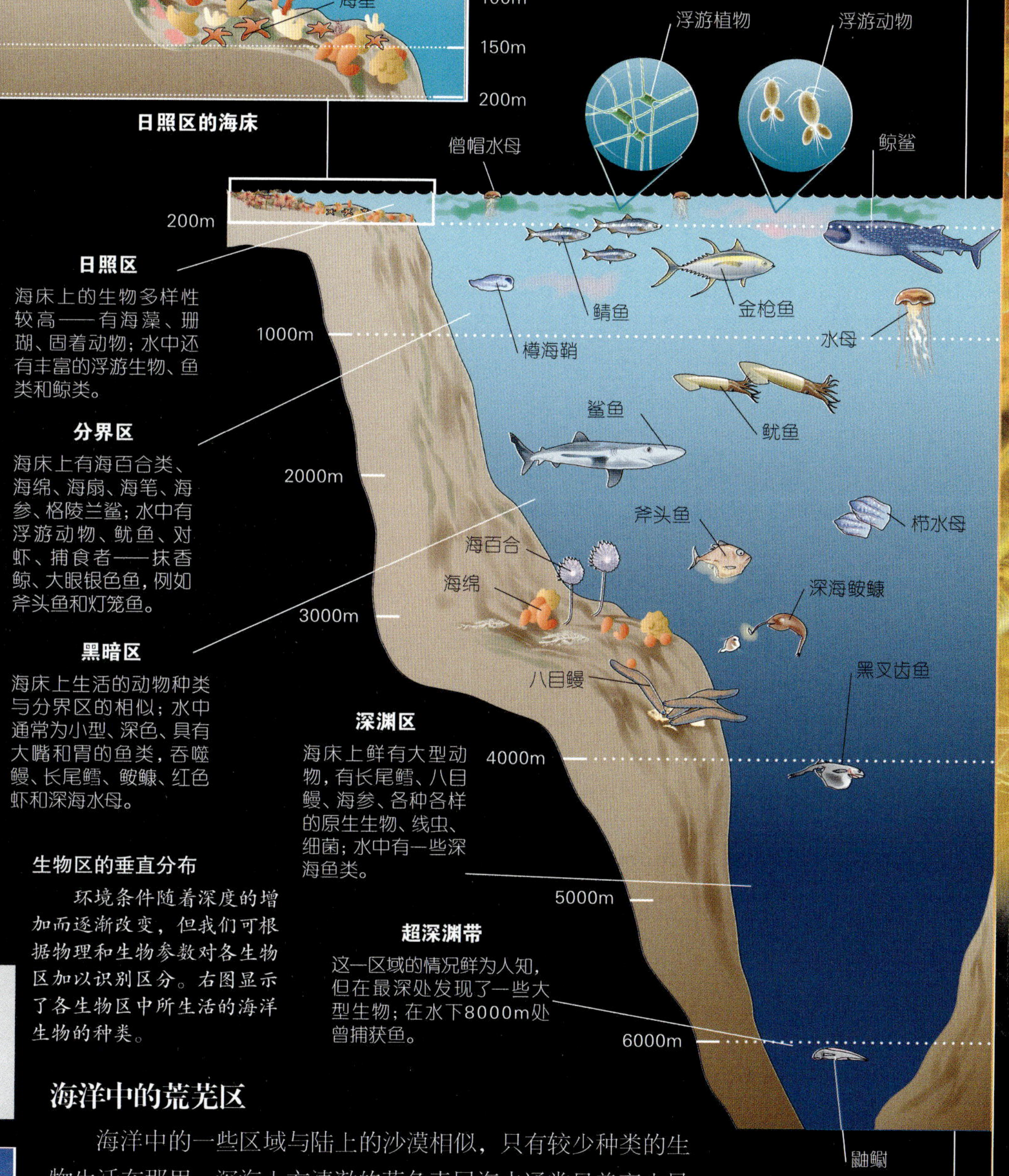

生物区的垂直分布

环境条件随着深度的增加而逐渐改变，但我们可根据物理和生物参数对各生物区加以识别区分。右图显示了各生物区中所生活的海洋生物的种类。

冰面下的绿洲

海冰上的海豹呼吸孔造就了其下方海床上的绿洲，在那里底栖生物可以获得更多的光照和养分。

海洋中的荒芜区

海洋中的一些区域与陆上的沙漠相似，只有较少种类的生物生活在那里。深海上方清澈的蓝色表层海水通常只养育少量的浮游生物，因为在这里，浮游植物生长所需的营养物质和矿物质都较为稀缺。这种情况在那些鲜有风暴发生的地方尤为突出，因为海水不被搅动，深海的营养物质便不能进入表层水域中。其中，铁元素可能是一个限制因素；在某些区域进行的试验表明，添加了铁元素后，此区域的浮游植物大幅度增长。深渊区的海床仅仅能够支撑很少大型生物的生存，曾一度被认为是实质上的沙漠。不过，最近对深海沉积物的研究显示，事实恰好相反。如果算上生活在沉积物颗粒之间的所有细菌和微小动物的话，这类栖息地的生物多样性便像热带雨林的一样丰富了。

贫瘠的极地海岸

由于冬季冰的磨削作用，格陵兰岛此处极地海岸上几乎没有生物生存，尽管在冰下可能有丰富的群落存在。

海洋中的迁徙

捕食和繁殖是动物迁徙的主要目的。这些动物从一个地方迁徙到另一个地方，而且通常是在一天或一年中的同一时间，沿着同一条精心挑选的路线进行。移栖物种包括许多较大的海洋动物，如鲸鱼和海龟，不过，较小的生物，如鱿鱼和浮游生物，也会为了生存和繁衍而进行壮观的迁徙。海洋中的动物迁徙比陆地上的更为复杂，因为动物在水中既可以沿水平方向运动，也可以沿垂直方向运动。

迁徙的类型

任何动物迁徙背后的驱动力都是生存。个体必须觅食以维持生存，一些动物甚至会为寻找食物而进行长途迁徙。这种行程的时间通常与浮游生物的繁殖高峰期以及特定区域（如季节性上升流的发生地）的其他食物来源高峰期重合。而浮游生物及活跃的自游生物（如鱿鱼）则每天都进行更为频繁的、短途的迁移（详见第221页）。

一个物种能否生存取决于其繁殖的成功与否。在一些地方同时聚集并繁殖无疑会优化其后代生存的条件。食物充足、环境优越的繁殖地总是被反复利用，个体通常会回到其出生地进行繁殖。一些生活在海滨的动物也会随着潮水的退落进入海滩觅食，并在涨潮前退出以防被困。

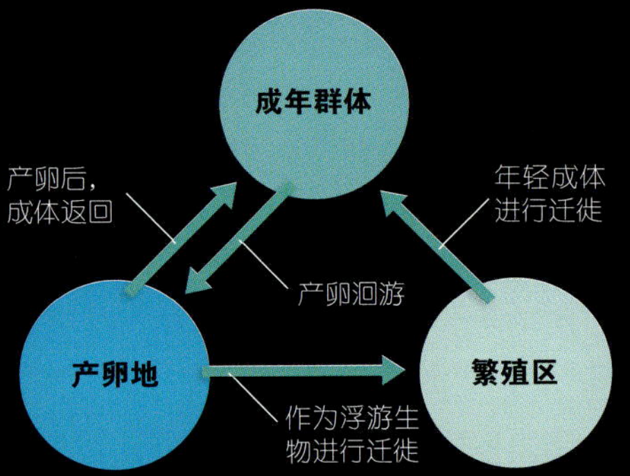

海洋生物的迁徙循环

一些海洋生物会迁徙到一处特定的产卵地产卵。幼体从卵中孵出后，加入浮游生物的群体中，随着洋流漂到另一个育苗地。它们在那里觅食、生长，成年后加入成年群体中。

发现

追踪

由于在陆上使用的追踪设备并不适合在水中使用，人们以前一直对海洋动物（比如下方所示的棱皮龟）所进行的迁徙知之甚少。当卫星追踪设备投入使用以后，这种情况得到了改变。在一只海龟身上安装上追踪设备，并不会对它造成任何妨碍或伤害，但仍会导致一些问题的产生。然而，鉴于海龟在野外的生存正受到威胁，了解雌性海龟产卵后去往何处，对保护工作而言显得尤为重要。

追踪海龟

在美国佛罗里达州的朱诺海滩，研究人员正将追踪设备安装在这只棱皮龟身上。设备挽具的一部分被设计为可自行逐渐解体，以防日后没有机会人工解除设备。

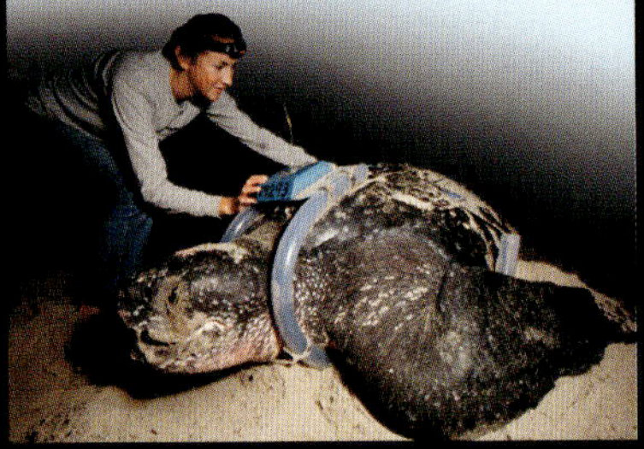

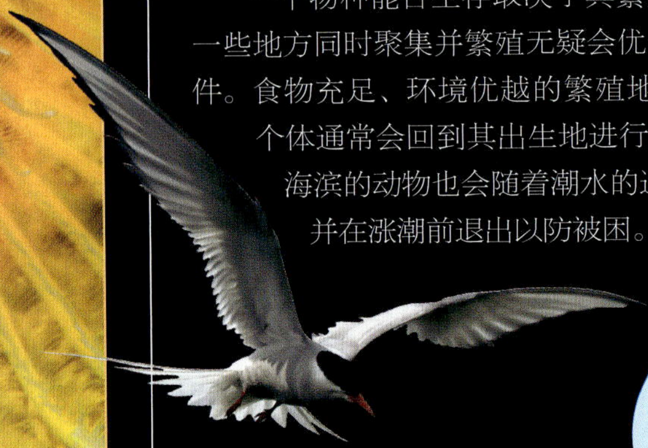

北极燕鸥的迁徙

这种小型鸟从南极地区飞到北极地区繁育，然后返回南极，来回路程将近35,500km。它们每年会在筑巢地停留90天，其余大部分时间都在飞翔。

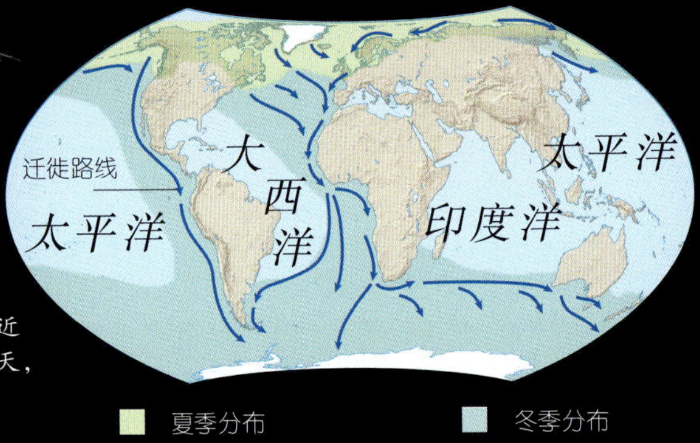

在咸水和淡水间迁徙

虽然一些海洋物种能够适应盐度和温度的大幅度变化，但仅有很少一些能够在其特定生命阶段于淡水和咸水之间进行迁徙。其中一些，比如鲑鱼，在淡水中开始和结束自己的生命，其余时间都在海洋中生活，这样的鱼类被称为“溯河鱼类”。相反，鳗鱼在海水中开始和结束自己的生命，但会在淡水中度过10—14年的成长期，这样的鱼类被称作“降海鱼类”。

在成熟后，这两种鱼都会返回其出生地产卵，然后死去。对于大多数的鱼类来说，在淡水和咸水两种环境之间转换是致命的，但这两种鱼的各种生理性适应，包括它们的肾的运作方式，令它们得以在免于经历任何不良反应的情况下完成过渡。

龙虾的迁徙

冬季，加勒比海的大螯虾正排成一列越过海床进行迁徙，以寻找更温暖的水域。它们会在夏季返回浅海中。

银鲑洄游到淡水产卵地

① 在3—5岁时，银鲑就可以洄游到其出生的河流产卵了。有些鱼甚至在2岁时就发育成熟，能够洄游产卵。

② 在向上游迁徙到达其产卵地的过程中，银鲑可以逆流游3500km，并迎击一些瀑布和湍流。

③ 一旦雌鱼在河床的碎石上产下卵，雄鱼便会马上游过来，在卵上方释放精子，将受精的可能性最大化。

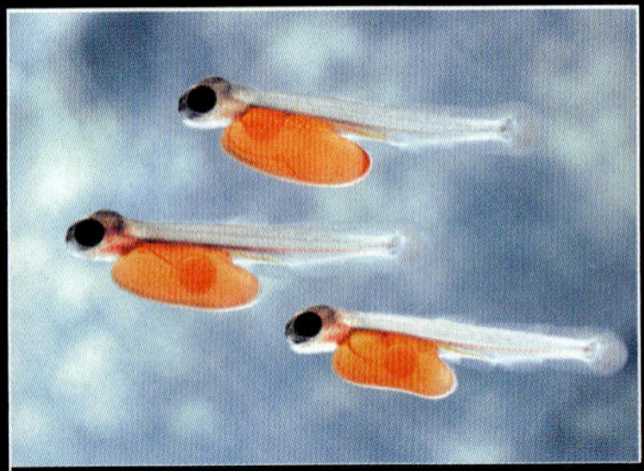

④ 刚孵化出的银鲑生活在碎石中，直到它们吸收了自己的卵黄囊变成鱼苗，然后便开始顺流而下，游向大海。

水平方向和垂直方向的迁移

一些动物既进行水平方向的迁徙，也进行垂直方向的迁移。图中的长鳍鱿鱼在5月迁徙产卵。同时，它们每天还在水层中进行垂直迁移，以寻找食物。

定向

卫星追踪设备向我们提供了迁徙路线的信息，并证实许多个体都沿相同路线进行迁徙。然而，关于动物在长距离迁徙中是如何定向的，我们仍知之甚少。

鲑鱼通过识别水中所含独特化学成分的气味返回其产卵地，但它们首先要靠得足够近，才能嗅到产卵地的这种气味。一些水生生物可以利用水流做向导，而另一些则利用地球磁场来导航。

动物的迁徙无论在方向上抑或时间上都具有惊人的准确性。海鸟、海龟和海洋哺乳动物还可以利用太阳、星星和它们所熟悉的标志物来导航。

白鲸的迁徙

下图为栖息在加拿大兰开斯特海峡的白鲸。这种动物生活在北极和亚北极区，但有些会在夏季迁徙至更温暖的水域。

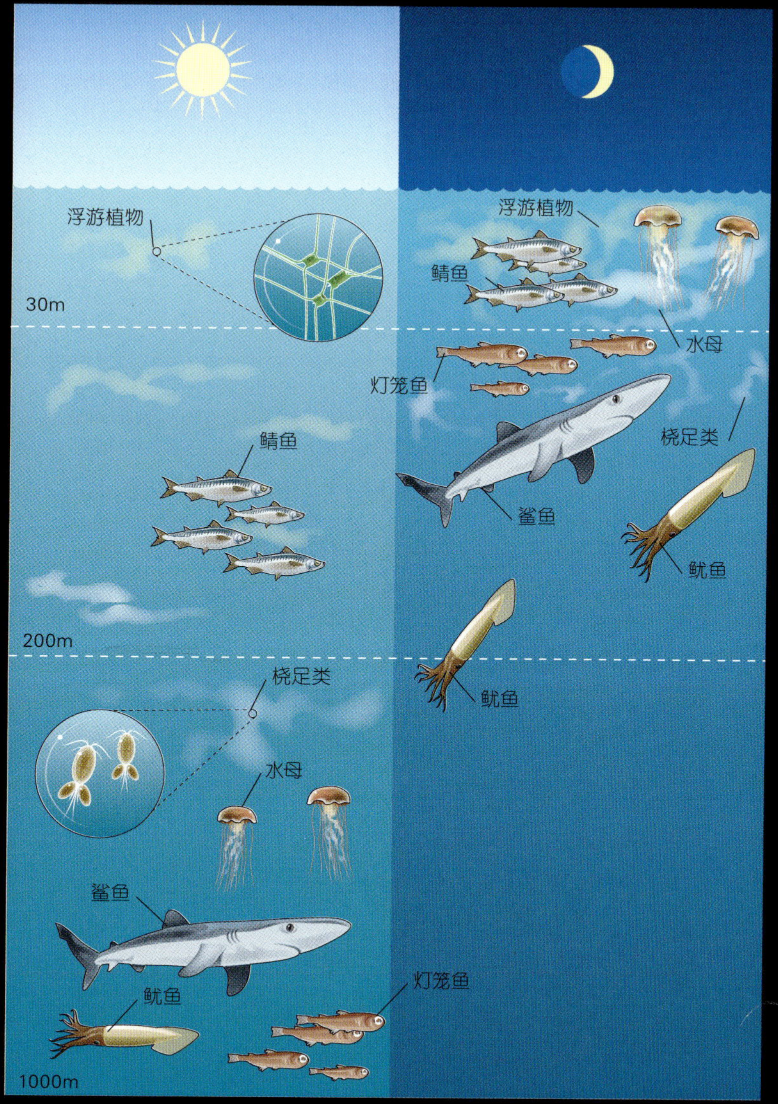

垂直方向的迁移

在温带和热带地区，浮游动物在夜间向上迁移至海洋表层，并在日间数小时内迁返至下层水域。在一天之内，这种垂直方向的移动距离可达400—1000m，具体距离取决于具体动物的大小和种类。在极地区域，极夜会持续几个月，浮游动物的这种垂直方向迁移则以季节为周期，即夏季生活在表层水域中，冬季则返回至深海中。

人们认为，浮游动物向上迁移是为了取食生长在表层水域中的浮游植物，并为躲避天敌而返回至深海，又或者是因为它们在深海冷水中所消耗的能量较少。蟹等动物的浮游幼体则最终会迁徙至海床，营底栖生活。

地球上最大规模的迁徙

在白天，很多动物待在深海中，以免被捕食者发现，而浮游植物则利用太阳能来生产食物。在晚上，表层水域（日照区）生物量的增加可高达30%，因为浮游动物会从下层水域迁移至此取食浮游植物，而其自身又会吸引各种鱼类和其他动物前来捕食。动物在水体中的这种规律性垂直运动，是地球上最大规模的迁徙。

在深海生存

深海环境似乎不宜生存——寒冷、黑暗、食物匮乏。不过，这里的环境非常稳定：温度全年保持在2—4℃，盐度恒定，而永久的黑暗所造成的困难也能借由新奇的沟通方式加以克服（详见第224—225页）。虽然深海压强巨大，但大多数的海洋动物并不受此影响，因为它们体内没有气室，而生活在约1500m深度之下的动物都具有微妙的适应性。随着深度增加，大型动物的种类多样性下降，但在深海沉积物中生活的小型生物则显示出丰富的多样性。

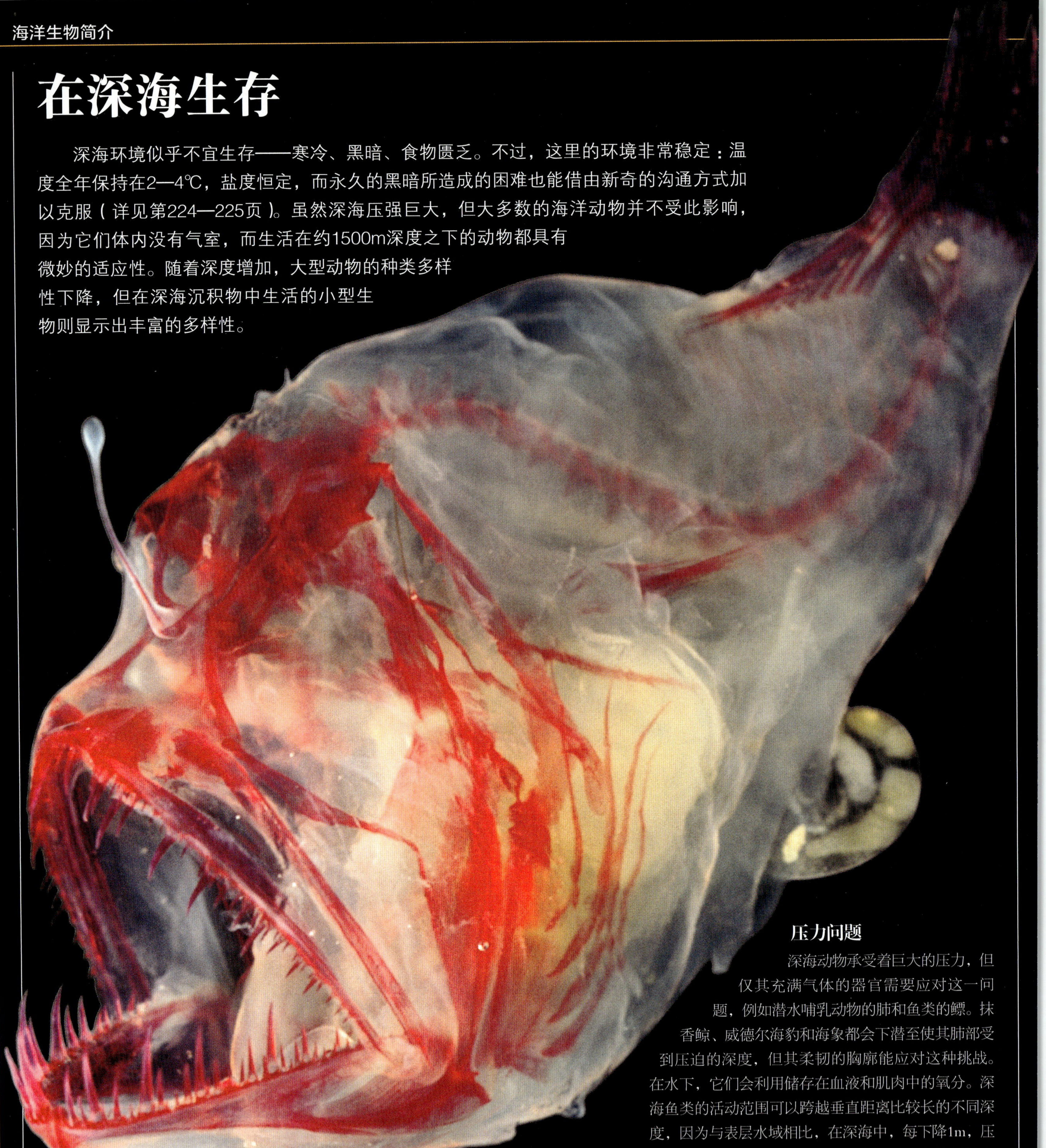

压力问题

深海动物承受着巨大的压力，但仅其充满气体的器官需要应对这一问题，例如潜水哺乳动物的肺和鱼类的鳔。抹香鲸、威德尔海豹和海象都会下潜至使其肺部受到压迫的深度，但其柔韧的胸廓能应对这种挑战。在水下，它们会利用储存在血液和肌肉中的氧分。深海鱼类的活动范围可以跨越垂直距离比较长的不同深度，因为与表层水域相比，在深海中，每下降1m，压力的增加程度会成比例地减弱，所以这些鱼的鳔的内压和大小在升降过程中并不会发生剧烈的改变。在海沟中，压力巨大，以致影响了生物分子（比如蛋白质）的运作。生活在这样的栖息地中的嗜压菌具有特殊的蛋白质，故而它们被带到表层水域后无法生长和繁殖。

深海适应性

鮟鱇有轻盈的骨架和肌肉，以达到中性浮力。图中这具标本的肌肉已经被“清除”，以便显示其骨骼（已被染成红色）。

抹香鲸

抹香鲸可以下潜到至少1000m深处，那里的压力是表层水域的100倍。

寻找食物

在深海生活的主要困难在于寻找到足够的食物。除了那些生活在深海热泉和冷渗泉（详见第188—189页）附近的群落，生活在深海之中及海床上的其他动物都极依赖于数千米之上的日照区的食物生产。深海过于黑暗，浮游植物难以在此生存并为其他生物提供食物。有时，大型哺乳动物或鱼类的尸体会沉到海床上，但大多数到达深海的食物都是细小的食物残渣，自上层水域缓缓沉下来。虽然其中大部分在到达海床之前便被吃掉了，但与此同时也有很多皮肤碎屑会补充到这一食物来源中，这些皮肤碎屑是从海洋中层的甲壳类和樽海鞘身上蜕落的。细菌在这些物质上生长，令其聚集到一起，然后加速沉降。

中层海域的进食者

尖牙鱼生活在500—2000m深的中层海域。这里食物稀少，因此大嘴和尖牙有助于其捕捉所有潜在的猎物。

海床的消费者

海参摄食海床上的有机残余物。春季，在高纬度地区的表层海域中，浮游植物大量繁殖，更多的食物随之降落到海床上，而这可能会促进海参的繁殖。

> 发现
>
> ### 观察深海生命
>
> 在现代科研潜水器面世前，鲜有生物学家有机会见到在自然环境中生活着的深海生物。通过捕捞作业获取的生物样本通常会受到破坏，并且难以体现动物的生活方式。现代潜水器视野极佳，配有精密的摄像机和采集设备，能在海中1000m，甚至是6000m的深度作业。
>
> 
>
> **深海生活的一扇窗**
>
> “深海漫游者”是一个可容纳两人的潜水器，可潜至水下1000m处。它从一个半潜入海水的平台发射，乘客沿途可以透过有机玻璃船舱看到四周景象。

体形较大的食腐动物

很多深海动物的体形都比它们在浅海中的近缘类群要小，这是为应对深海中寻找食物的困难而产生的进化结果。不过，一些食腐动物则长得比其浅海中的近缘类群更大，并因而存活下来。例如，身长仅为1cm左右的端足类和等足类动物，在浅海中十分常见，在那里，它们以腐烂的海藻和其他碎屑为食。而深海中的腐肉非常少，一旦出现则通常为较硬的大块，比如鲸鱼的尸体。于是，一些深海端足类动物长到10—15cm长，比其浅海中的近缘类群大了不止10倍，这样它们便能够处理体积庞大的食物了。在深海的低温条件下，这些动物移动和生长的速度都很缓慢，繁殖频率较低，但其寿命比其浅海中的近缘类群要长。海胆、水螅虫、海笔和其他动物都有其在深海生活的巨型类群。类似的大型动物在冰冷的南极海域中也有发现。

深海大型动物

图中这种食腐端足类动物在深海分布广泛，其身长可达8cm以上。

维持在上方

深海海床的广袤区域都被覆盖在数米厚的柔软沉积物下，即软泥（详见第181页）下。生活在海床的动物需要掌握一些方法，令其自身处于这些沉积物上方，以便能够有效地捕食和呼吸。许多固着的滤食性动物，例如海百合、海笔和一些海绵都有长长的茎柄，这使它们的觅食结构得以维持在沉积物上方。一些海参进化出支柱似的管足，这能帮助它们在沉积物表面移动，而不致陷于其中。与之相似的是，三棘鲀利用鱼鳍尖端将自身支撑起来。有一种海参（*Paelopatides grisea*）具有异常平扁的身材，它可以利用其身体的缓慢起伏，使自身从海床上漂浮起来。

固着在软泥中的海百合

为了获取食物，海百合靠茎柄将自身抬起至沉积物上方的洋流中，其茎柄的长度可达60cm。茎柄的下方则深深扎入沉积物中，起到固定作用。

生物发光

生物光是由活着的生物体发出的一种冷光。在陆地上，只有一些夜行动物，比如萤火虫，才会发光，但在海洋中，发光的物种种类数以千计。深海鱼类和鱿鱼广泛地使用生物光。除此之外，很多其他的物种也能够发光，例如细菌、腰鞭毛虫、海笔、水母、软体动物、甲壳类和棘皮动物。有证据表明，海洋生物利用生物光进行防御（如进行伪装或分散捕猎者的注意力），寻找或诱捕猎物，以及识别潜在配偶并向其发出信号。

利用光进行交流

许多发光的海洋生物利用其发出的光进行交流。这种钻光鱼能利用其独特的发光模式，向同类发出信号。

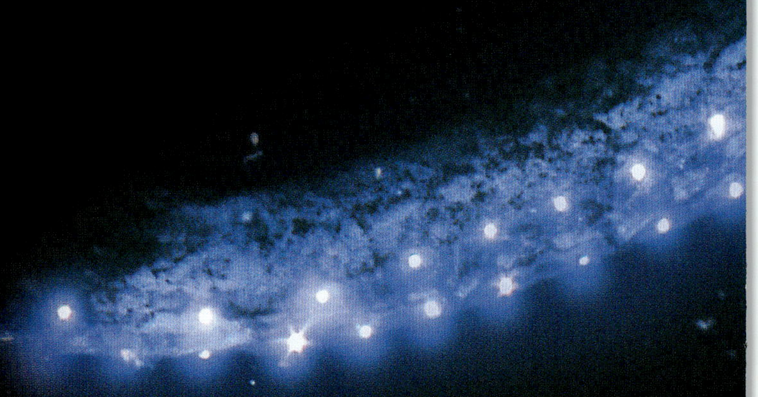

光的产生

生物光是由被称作“发光细胞”的特殊细胞中所起的化学反应产生的，通常包含在发光器官中。荧光素是一种产生光的化合物，它在荧光素酶的作用下氧化，以冷光的形式释放能量。大多数的生物光都是蓝绿色的，但有一些动物能产生绿光、黄光或比较少见的红光。

不同动物的发光结构并不相同。薮枝螅水母属的水螅虫的身体组织中分散地布有单一的发光细胞，而一些鱼类和鱿鱼则具有带晶状体和滤器的复杂的发光器官。其他一些动物，包括闪光鱼和灯眼鱼，一些鮟鱇以及一些鱿鱼，则会采取一种不同的策略。它们在特殊的器官中培养发光的共生细菌。这些细菌产生光，反过来，宿主则为它们提供养分和安全的栖所。

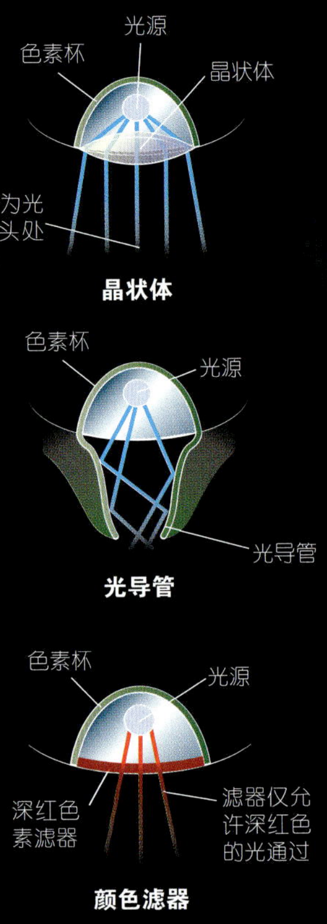

发光器官类型

发光器官通常具有一个色素杯和一个将光导为平行光束的晶状体。发光器官可能藏于动物体内，光能够通过光导管从发光器官处往外输送。位于光源前端的颜色滤器则会对所发出的光的颜色进行微调。

利用“聚光灯”捕食

深海龙鱼从其眼睛下方的发光器官中发出一束红光，以照亮猎物。而大多数深海动物都看不见红光。

利用光进行伪装

动物冒着被其天敌发现的危险，利用生物光吸引猎物，或彼此间传达信号。不过，光也能用于伪装。在斧头鱼所生活的水层深度，还能依稀看见来自表层水域的光。为了防止位于其下方的天敌看到其影子，它们对腹部发光器官所发出的光进行了处理，以模仿从上方照射而来的光的强度和方向。生物光也被用于迷惑潜在的天敌。闪光鱼面颊处发出的光时有时无。一些鱿鱼、虾和蠕虫在逃命时会喷出发光的分泌物，或将发光体脱落作为诱饵。

处理光

斧头鱼垂直的银色两侧会反射下行光，它的发光器官向下发出光，以伪装其自身在下方投下的影子。

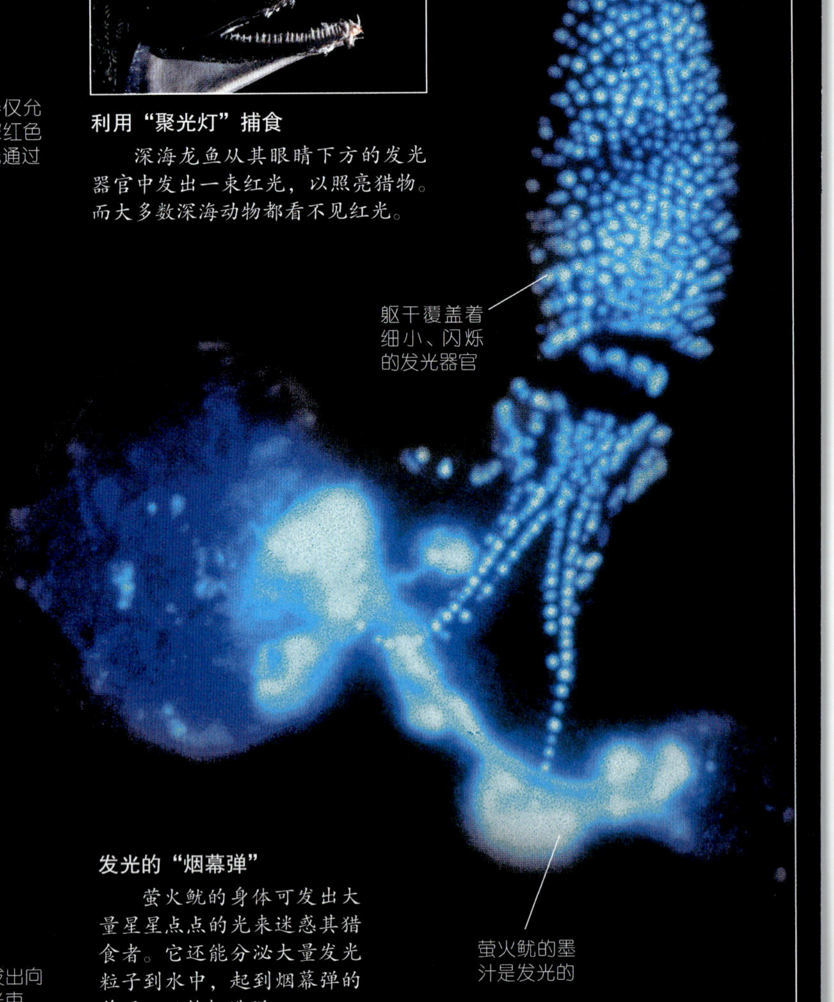

发光的“烟幕弹”

萤火鱿的身体可发出大量星星点点的光来迷惑其猎食者。它还能分泌大量发光粒子到水中，起到烟幕弹的作用，以趁机逃脱。

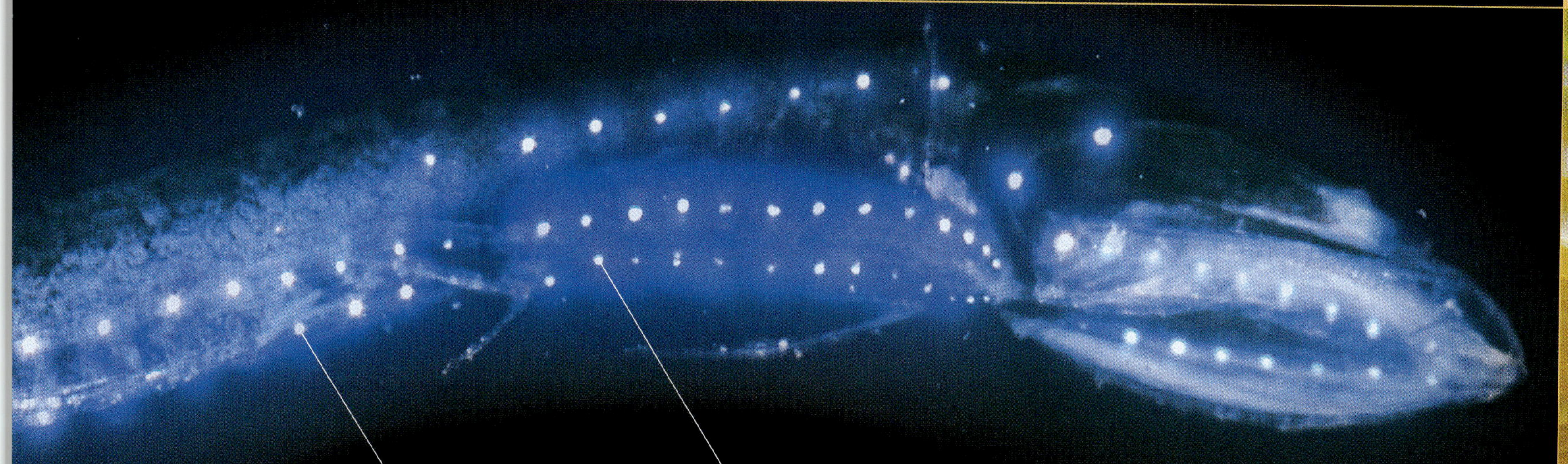

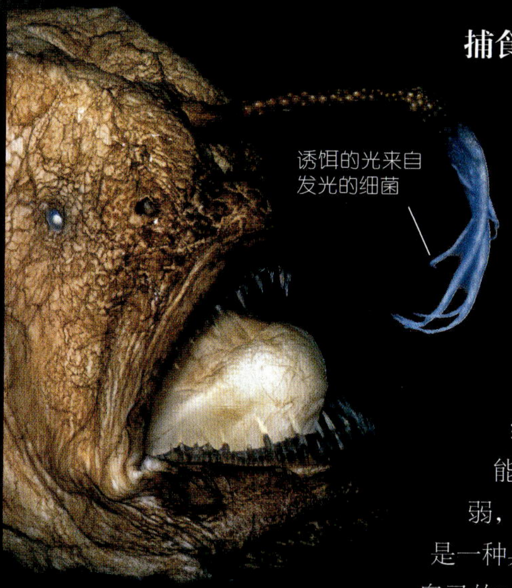

发光的诱饵

鱼会被引诱至深海鮟鱇的发光诱饵处，然后被迅速捕获。大部分鮟鱇是棕色或黑色的，因此自身并不会被照亮。

捕食者

在深海那些阳光照射不到的区域，许多捕食者都竭力引诱猎物，而不是主动去搜寻它们。毕竟，在只有生物光的条件下，通过视觉捕食、追赶猎物是十分困难的。其中一种引诱猎物的常见方式是利用生物光进行诱捕，鮟鱇尤其擅长这一点。树须鱼属中的鮟鱇的头部长有一个诱饵，看上去就像一支钓竿，上面有发光的细菌；它的颌部还长着具有细小发光器官的触须，能够发光。为了增强浮力，中层水域的鱼类的骨骼较薄，肌肉较弱，因此，对它们来说，诱捕猎物是一种节省能量的方式。十字蛸是一种具有发光吸盘的深海章鱼。它会布置一个致命的陷阱来捕猎：将自己的8只触手连成一张网，其经过进化的吸盘已经失去了抓捕的能力，但可以发光。虽然没有人见过这一物种捕捉猎物的情况，但其猎物（主要是桡足类动物）很可能是被吸引到其高举的、发光的触手那里，然后被缠绕，进而被吞食的。

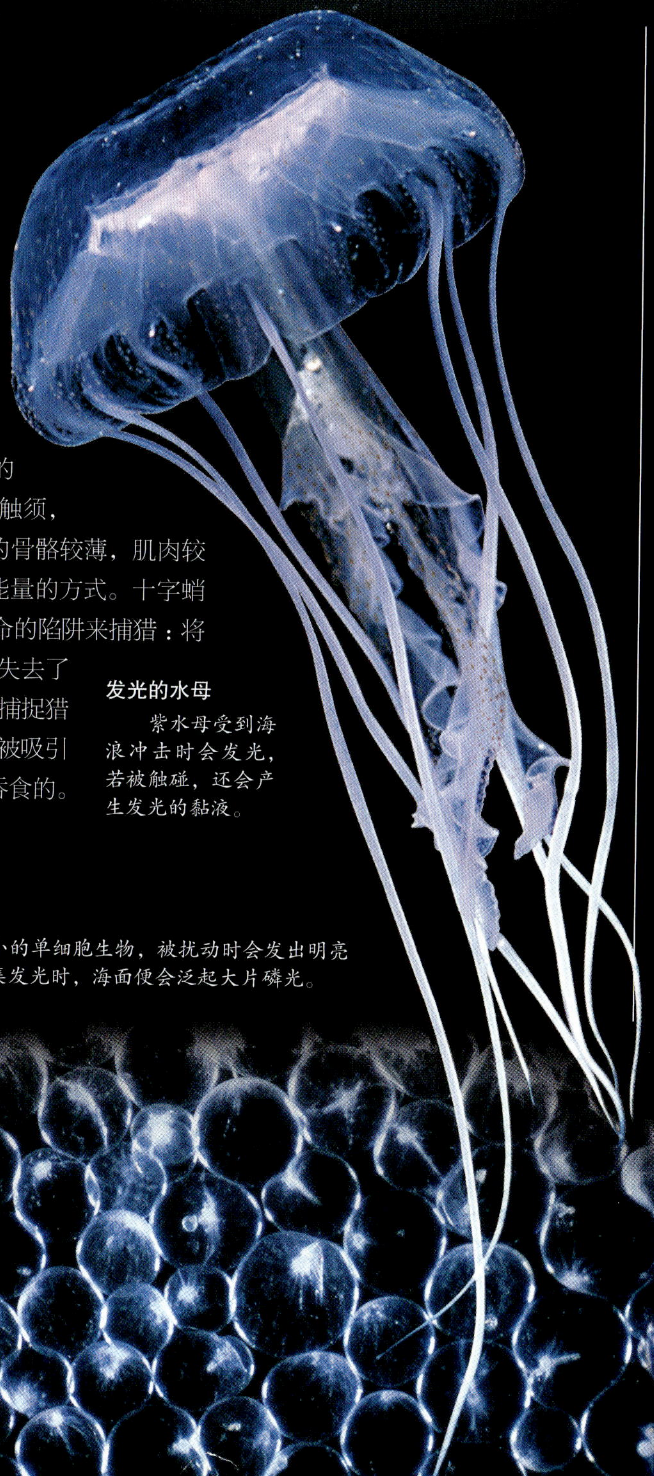

发光的水母

紫水母受到海浪冲击时会发光，若被触碰，还会产生发光的黏液。

磷光

在平静、温暖的夜晚，尤其是在热带地区，移动的船只会划出闪闪发光的水痕，潜水员只要稍微游动便会产生旋转的点点闪光。这种现象是由浮游生物（大多数情况下是鞭毛藻类）的发光引起的。它们往往在被扰动时发出光，这种光只持续数秒就消散，因而俗称“磷光”。

生物磷光被认为是对抗猎食者的一种策略。当鞭毛藻类被浮游生物中的桡足类动物攻击时，它们便发出闪光。这样等同于向附近的虾和鱼通风报信，让它们前来捕食桡足类动物。一些鞭毛藻类，比如多边膝沟藻，仅在夜间发光，这样它们在日间就不必浪费能量来发光了。

深海水母可能运用了相似的对抗猎食者的策略。它们仅在感应到振动时发光，而振动很可能预示着有猎食者正在靠近。通常，它们会在整个身体表面产生一系列不稳定的闪光，而这样的光可能会分散猎食者的注意力。

发光的浮游生物

鞭毛藻类是一些微小的单细胞生物，被扰动时会发出明亮的闪光。当它们大量聚集发光时，海面便会泛起大片磷光。

海洋生命史

早在35亿年前，生物已经在海洋中出现。今天海洋生物物种的多样性仅仅展示了曾经存在的众多生物的冰山一角。早期生物的证据难以发现，但在一些古代沉积岩中可以找到。化石记录尽管缺口很多，却是过去生物形态的唯一记录。幸运的是，许多海洋生物都有贝壳、甲壳或其他较硬的身体部分，比如骨骼和牙齿。它们比全身柔软的生物更容易被保存下来，虽然在一些特殊情况下，这些生物也变成了化石。利用化石以及从保存这些古生物的沉积物中所获取的信息，科学家们便能够重构海洋生物的历史。

名人

亚历山大·伊万诺维奇·奥巴林

1924年，俄罗斯生化学家亚历山大·伊万诺维奇·奥巴林（1894—1980）提出“生物起源于海洋”的理论。他认为，古代海洋中的简单物质利用阳光生成有机化合物（这些有机化合物能在细胞中找到），后者最终进化为活的细胞。

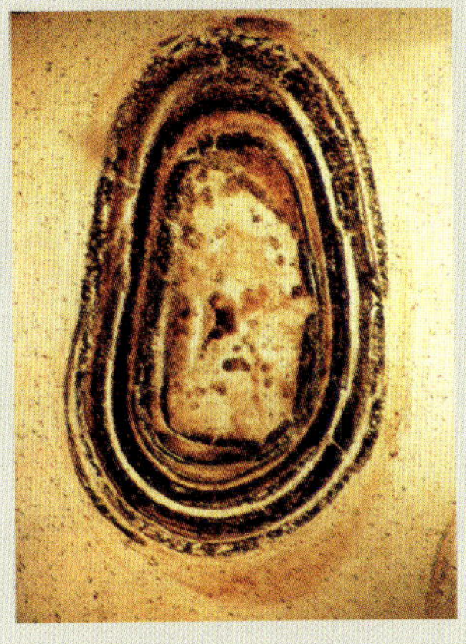

早期的微化石

这张燧石（二氧化硅的一种形式）截面的显微照片显示，这片来自加拿大冈弗林特组燧石层的燧石中含有20亿年前的微化石残骸。这些微化石包含已知的最古老和保存最完好的化石细胞。

38亿—22亿年前 生命的起源

地球刚形成时，其环境完全不适合生物生存。不过，大气后来发生了改变，海洋形成，然后冷却（详见第42—43页），因此至38亿年前，条件已经变得能允许生化反应发生了。据认为，简单、可溶于水的有机化合物——氨基酸在水中累积，最终形成肽链，然后产生蛋白质。这些物质与其他有机化合物（包括自我复制的DNA）结合，形成首批活细胞。

大量的藻类和蓝细菌（叠层石）使地球的大气获得了进一步的发展，这些生物的化石记录可以从现在追溯至35亿年前。叠层石能够进行光合作用，其生长最终令大气中富含氧气。蓝细菌是单细胞生物，具有DNA，但没有细胞核或复杂的细胞器。直到22亿年前，带有成形细胞核和复杂细胞器的细胞（真核细胞）才开始出现。

6.2亿—5.42亿年前 前寒武纪生物

古代生物的身体尽管较为柔软，但在特定的条件下，它们也是能够成为化石的，并向我们提供早期多细胞生物的稀有信息。大约6.2亿年前，躯体柔软的动物群落——埃迪卡拉动物群将其个体的躯体印痕和生命轨迹留在了一片浅海海床上。此海床形成了如今澳大利亚埃迪卡拉山的砂岩，20世纪40年代，人们在这里发现了埃迪卡拉动物群化石。

古代海洋中栖息着奇异的多细胞动物。其中一些类似蠕虫和水母，另一些则是瘦小、扁平的，并不为人所熟悉，很难确认它们是与现存的动物存在亲缘关系，抑或是属于另一条独立的、已经灭绝了的进化线。这些动物是在先于其出现的单细胞生物和其后快速多样化的生物之间的唯一联系。在东欧，以及纳米比亚、瑞典、加拿大和英国，人们也发现了埃迪卡拉动物群化石。

埃迪卡拉动物群化石

这些是以岩石中的动物躯体印模的形式保存下来的埃迪卡拉动物群化石的典型例子。左图所示被认为是一个复杂的动物洞穴；而下图的斯普里格蠕虫则可能是一种节肢动物，或是一种新的生命形式。

5.5亿—5.3亿年前　寒武纪生命大爆发

历经2000万年的进化里程后，大约在寒武纪开始时，许多生物突然涌现。事实上，今天主要的动物类群（门）大部分都突然出现在当时动物的化石记录中。进化中的寒武纪生命大爆发可能是新的生境出现所导致的结果，比如罗迪尼亚超大陆的断裂导致海岸线增加。随着海平面上升，大片的温暖浅海出现，进一步创造了更多生境。寒武纪的海洋由节肢动物主导，主要是三叶虫，不过有孔虫、海绵、珊瑚、双壳类和腕足类也生活在其中。这些动物都较易变成化石，因为它们都有富含矿物质的“骨骼”。

腕足类

腕足类可能类似双壳类软体动物，但这两种生物形态之间其实并无关联，腕足类是在寒武纪最早出现的动物之一。腕足类被加以描述的属超过3000个，仅剩约400种存活至今。

最早的礁石

寒武纪的礁石是由被称作“古杯类”的已灭绝的海绵构成。它们类似管海绵（见上图），具有相似的外形和钙质骨骼。

节肢动物先驱者

三叶虫进化出多种不同的外形，并且在之后的1亿年里一直是一个普遍存在的节肢动物群落。它们在二叠纪灭绝。

4.18亿—3.54亿年前　鱼类的时代

已知最早的脊椎动物化石是无颌鱼的化石，这些已成化石的鱼类生活在约4.68亿年前。有颌鱼则最早出现于志留纪，随着大量珊瑚礁和海绵礁的出现进化而来，后两者为有颌鱼提供了众多栖息地，为其多样化进程提供了条件。现在已经灭绝的棘鱼，其鱼鳍的前端有硬棘，是最早的有颌鱼之一。铰链式的颌使鱼能更有效地咬啮食物，而偶鳍则赋予其捕猎所需的速度和灵活性。在之后的泥盆纪（4.18亿—3.54亿年前），出现了革命性的辐射进化，这一时期堪称“鱼类的时代”。身披骨甲的盾皮鱼主导了泥盆纪的海洋，有些甚至足有6m长。鳍刺鱼、鲨鱼和肉鳍鱼也出现于这一时期，而且存活至今，虽然海洋中的肉鳍鱼仅仅是通过腔棘鱼而为人们所知的。在化石记录中，肉鳍鱼十分重要，因为这一种群促成了早期的四足动物（四肢类有脊椎动物）的出现。

活着的海洋叠层石

叠层石是由地球上最古老的生物种类构成的，它们现在仅能在一些地方被找到，比如下图中的澳大利亚哈美林池的高盐度海水中。

早期的无颌鱼

无颌鱼最早在海洋中进化，后来散布到微咸水和淡水水域中。图中这块头甲鱼化石显示，这种鱼具有骨质头甲和位于背侧的眼，由此可推测它是一种底栖动物。

探究进化的历史

这种肉鳍鱼——提塔利克鱼像其他鱼类一样有鳃和鳞片，但也有四足动物那样的四肢和关节。这一“缺失的环节”有助于揭开动物从海洋向陆地转移的历史真相。

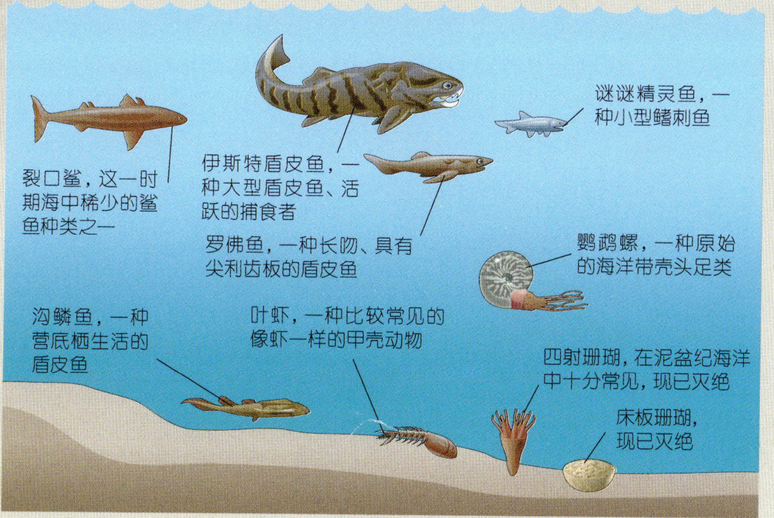

泥盆纪的动物群

澳大利亚戈戈泥盆纪的暗礁动物群（右侧所示），是那一时期的典型代表。整个动物群由各种身披骨甲的盾皮鱼主导，但是也有鳍刺鱼、肉鳍鱼和鲨鱼。

2.52亿—0.65亿年前　巨型海洋爬行动物

在三叠纪、侏罗纪和白垩纪，与恐龙在陆上的进化过程类似，海洋中的爬行动物也在进化。2.52亿—2.27亿年前，出现了3个种群：类龟的楯齿龙、类蜥蜴的幻龙以及类海豚的鱼龙。其中，只有鱼龙存活到了侏罗纪。

侏罗纪时期的海洋中充满生命。现代的鱼类种群、菊石、鱿鱼和其他软体动物、现代的珊瑚都可在其中觅到踪迹。各个品种的鱼龙各自进化，有些巨型的可达9m长，但它们不久便都灭绝，并被现代的鲨鱼所取代。

楯齿龙和幻龙灭绝后，长颈蛇颈龙填补了其中的空白。那些具有短小躯体、短尾和较小头部的物种都生活在浅海中，而那些大型的物种——上龙类则可能生活在深海中。一些会飞的爬行动物——翼龙类，可能生活在海边悬崖上，并靠捕食水面的鱼类生存。在白垩纪，爬行动物仍然是最大的海洋食肉动物（蛇颈龙和沧龙一同存在，后者是巨蜥的远亲），但这些大型食肉动物都没能从6500万年前的生物大灭绝中存活下来。

鱼龙化石

我们可从上图这块鱼龙化石看到明显的类似海豚的特征。其强而有力的尾巴是半月状的，但只有朝下的半边骨骼得以保存。

名人

玛丽・安宁

国多塞特郡的莱姆里杰斯以侏罗纪化石而闻名，玛丽・安宁（1799—1847）正是在那里发现并收藏了其著名的鱼龙和蛇颈龙骨骼。她是最早的专业的化石收藏家之一。

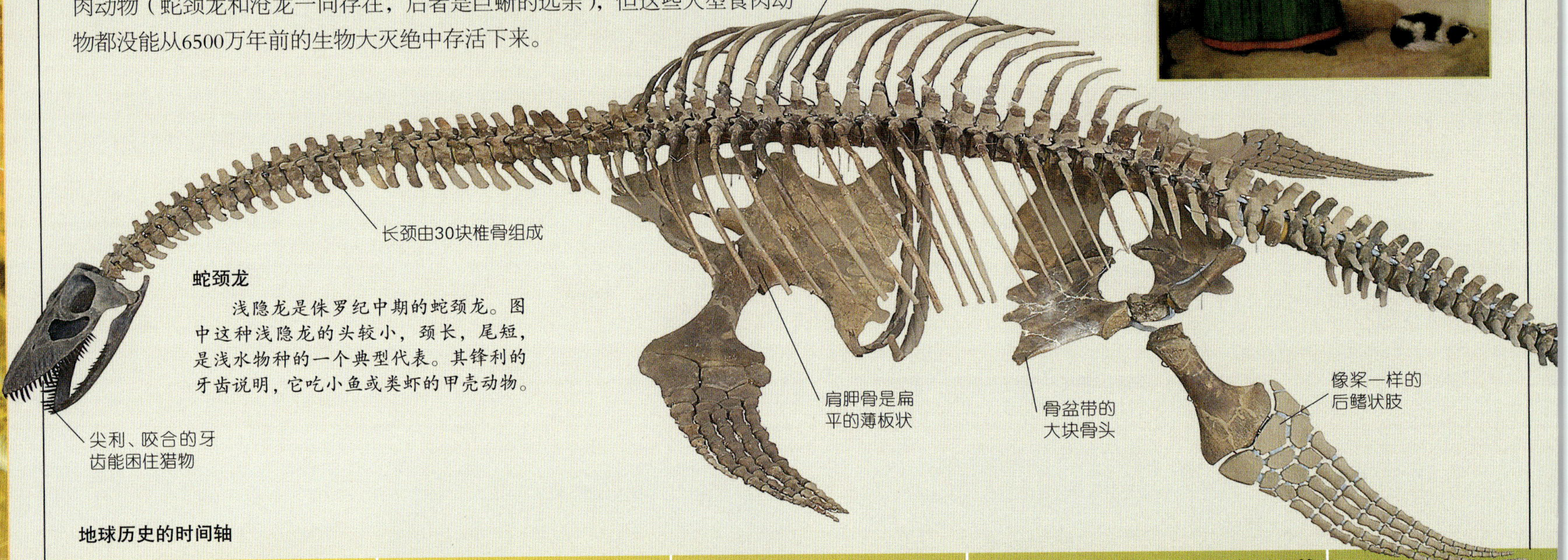

蛇颈龙

浅隐龙是侏罗纪中期的蛇颈龙。图中这种浅隐龙的头较小，颈长，尾短，是浅水物种的一个典型代表。其锋利的牙齿说明，它吃小鱼或类虾的甲壳动物。

地球历史的时间轴

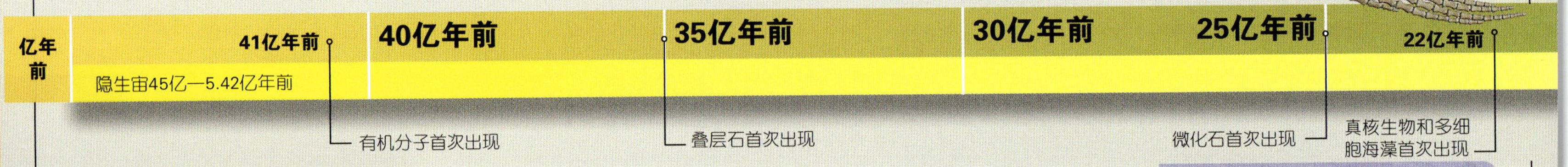

古代鲸的骨骼

这副骨骼（上图）暴露在秘鲁萨科的沙漠中。鲸在过去的5000万年中进化，因此这一区域在此时期的某一时间点上必定是一片古海洋。

带有喷水孔的头骨

原鲨齿鲸的鼻孔位于头顶，形成一个喷水孔。这一特点证明这块头骨化石来自一头原始的鲸。

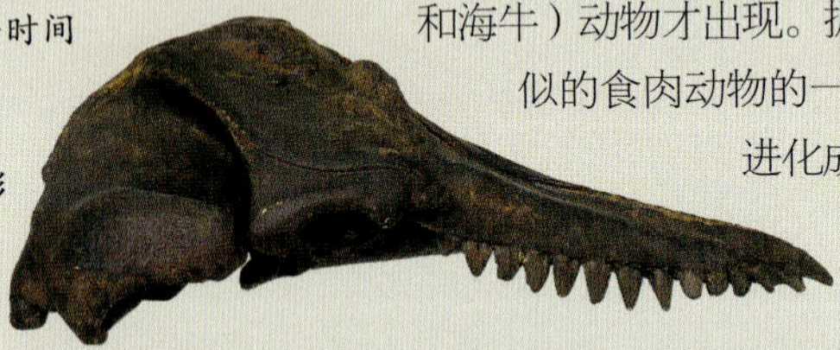

0.5亿—0.14亿年前　返回海洋中

生物大灭绝发生后，海洋爬行动物的主导地位终结，一些在陆上经过进化的哺乳动物开始返回海洋中。大约0.5亿年前，海洋在地理位置和拥有动物群方面都开始接近现代的海洋。不过，鲸的祖先并不像其现代的种类。最早的鲸——巴基鲸可能是有蹄哺乳动物（有蹄类）的近亲，但仅有头骨留存于世。另一种早期的鲸是陆行鲸，意思为"行走的鲸"，它对水中生活具备较少适应性，可能大部分时间仍生活在陆上。

海洋的生产力提高，鲸的种类变得多样化，其他海洋哺乳动物也开始出现。类似于如今齿鲸的鲸首先出现，数百万年后，须鲸类出现。至0.24亿年前，须鲸的体形达到了如今的巨大尺寸，表明当时的浮游生物数量众多，足以支撑其生存。至0.14亿年前，鳍足类和海牛类（儒艮和海牛）动物才出现。据认为，鳍足类动物是从与水獭相似的食肉动物的一个科中进化而来的。如今，它们进化成了海豹、海狮和海象。

人类影响

被运输的生物

长久以来，人类的一些行为，比如制造污染、过度捕捞以及开凿运河以贯通不同大洋，对海洋产生了深远的影响。人们还通过船只在世界范围内运输海洋生物，而并不了解这会带来怎样的长远影响。

如今：现代海洋中的生命

我们对如今的海洋生物有了更多的了解，这是因为我们可以获取完整的生物体进行研究，还能观察其生命周期、运动和行为。每一个大洋都供养了大量而多样的生命。其中一些物种非常特殊，只局限在一个较小的区域内生活，而其他物种则是可以进行迁移或在很多地方生存的，因此分布更广。有时，近缘物种会在不同大洋的相同类型的栖息地中生活，只是被陆地或其他物理障碍隔开了（见右侧）。

通过研究活着的生物体及其生活的水域特点，科学家们还能够更好地了解古代海洋的环境以及生活在其中的生物。人们对深海仍然知之甚少，但那里有一个对我们了解生命而言至关重要的生态系统——黑烟囱和白烟囱（详见第188页）。那里与阳光隔绝，并且其较陡的热梯度将之与周围的海水隔离，有可能正是35亿年前生物最初进化时所处的环境。

灰礁鲨

与其近亲加勒比礁鲨（下图）一样，这种鲨鱼生活在温暖浅海中的珊瑚环礁附近及其邻近的潟湖中。它在印度洋和太平洋都有分布，却被阻挡在大西洋之外。

加勒比礁鲨

与灰礁鲨（上图）一样，这一物种生活在珊瑚礁附近的浅海中。其活动范围被南非附近较深、冰冷的海水阻隔在印度洋—太平洋地区之外，因此只能局限于大西洋的温暖区域，即从加勒比海到乌拉圭的海域。

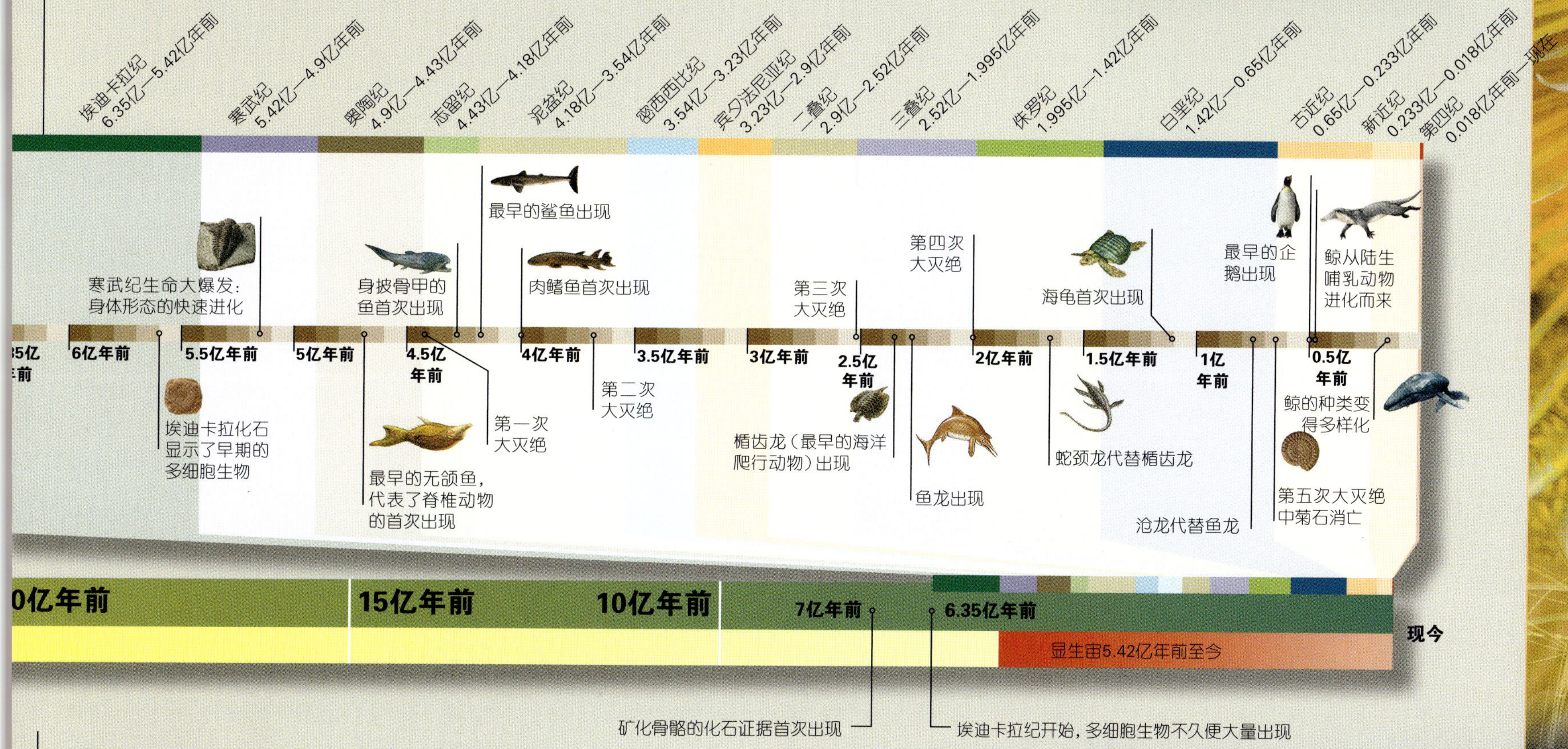

生物大灭绝

生命的历史进程曾五次被生物大灭绝所中断，在这些灾难事件中，许多生物消亡。第一次大灭绝发生在4.43亿年前，当时主要的海洋无脊椎动物就此从化石记录中消失。大约3.68亿年前，全球变冷和浅海中氧气的短缺导致约21%的海洋物种消失，其中包括珊瑚、腕足类、双壳类和古海绵。在二叠纪末期，即2.52亿年前，海洋的冷却和收缩致使过半的海洋生物死亡。另一次大灭绝发生在三叠纪末期，即1.995亿年前，致使头足类，特别是菊石大量死亡。第五次大灭绝发生在0.65亿年前，它导致恐龙及大型海洋爬行动物灭亡。而下一次大灭绝则可能由人类活动导致。

菊石化石

这种菊石是少数从三叠纪晚期的大灭绝中幸存下来的物种之一。

火山带来的末日

印度西高止山脉的火山活动，如今被认为是导致第五次生物大灭绝的一个因素。当时，火山爆发可能造成全球范围内的破坏和气候变化。

海洋生物界

科学家们曾一度将地球上的生物划分为5个大的界——动物界、植物界、真菌界和2个微观“王国”——原生生物界和细菌界。如今，他们对各种生物展开了更为精确的研究，所取得的每一项新发现都扩展了我们对于生物多样性的认识。现在很多专家认为，我们所熟悉的生命形式——植物和动物，只代表了至少30个界中的2个。海洋是生命的发源地，并且至今仍是所有主要动物族群的家园。虽然植物在陆上的多样性更丰富，但它们在海洋中的位置由一系列的海藻和微生物接替了。以下的章节将向你展现海洋生物的方方面面。为使讲述循序渐进、便于理解，在这一章节中，生物被分成不同的界，并进而按科研上所用的更小的单位细分。

水中的成功

甲壳动物种类多样且数量丰富，是动物界在海洋中取得成功的一个范例，图中这种紫斑礁螯虾正是其中一员。甲壳动物包括蟹、虾和浮游动物中一些最常见的成员。

细菌和古生菌

域	细菌域 古生菌域
界	13
种	数百万

世界上最小的生物体是细菌及其近缘类群——古生菌。细菌几乎存在于所有的海洋栖息地，而古生菌则仅仅局限在一些极端的环境中，例如深海热泉。细菌和古生菌在物质循环方面扮演着十分重要的角色。其中许多是海床上死去的生物体的分解者，其他的则能够在完全没有光的条件下从矿物质中获得能量。

解剖结构

细菌和古生菌都是单细胞生物，比其他生物要小得多，甚至比原生生物还要小。它们中的大多数都有细胞壁——由一种叫作“肽聚糖”的物质构成。它们都没有细胞核或更为复杂的生物体（真核生物）所具有的其他细胞结构。一些细菌和古生菌可以通过旋转的纤维——鞭毛移动，其他的则无法产生推进力。

科学家们根据细胞构成方面的化学差异，将古生菌和细菌分组。所有活着的细胞都包含能促进蛋白质生成的微小颗粒（核糖体），但古生菌中的与细菌中的形状并不相同。构成细胞膜的油质物质也不同。另外，古生菌具有与其DNA相联系的特殊分子，可以在其所生活的恶劣环境中提供保护。

如今，科学家们认为，由于两者在化学成分上存在差异，可以将古生菌列为一个独立的生命进化分支。最初被认为是原始生物的古生菌，现在则被认为是比细菌更接近真核生物的祖先。

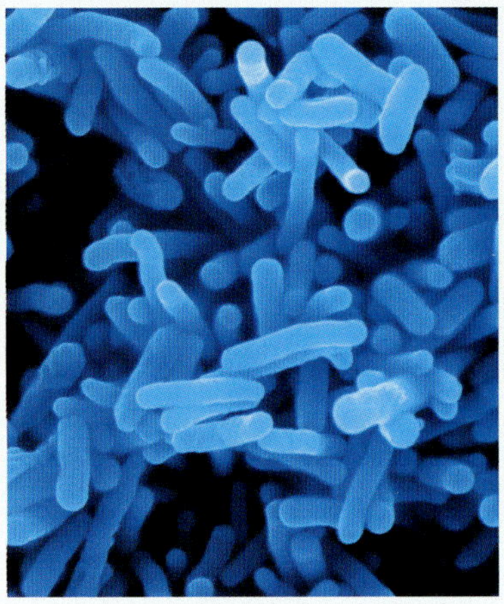

在合适的条件下大量繁殖

亚硝化单胞菌在水中有足够氨和氧的地方形成群落。

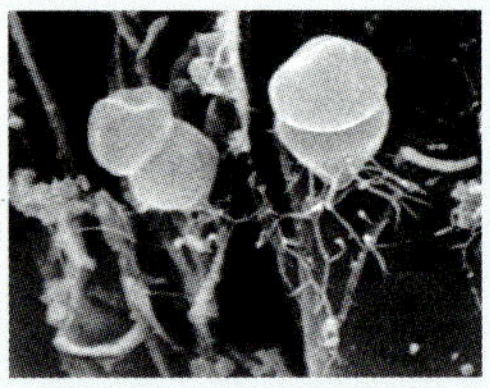

嗜热古生菌

大多数的古生菌能够适应极端条件。图中这种古生菌（GR1）是嗜热菌的一个例子。当海底火山喷发时，这种菌被从海床上喷起来。

生境

在海洋环境中到处都能发现细菌，因为几乎所有的栖息地都能为它们提供获取能量所需的物质。大多数的细菌通过分解有机质获得能量。这些物质大多累积在海床上，为分解者——细菌提供了极好的条件。在水体中也能发现大量的细菌，它们依靠悬浮物生存。

一些种类的细菌，例如蓝细菌，能够发生光合作用，因此生活在更靠近水面、阳光充足的水域。其中一些形成了群落，并在海岸附近构成了大型的结构——层叠石。

许多古生菌和细菌都能在极端的条件下生存，比如高温、高酸度或低氧。例如，有些能生活在深海热泉附近，并从喷口所释放的甲烷和硫化物的化学反应中获得能量。还有一些则生活在盐度非常高的海岸上。

名人

卡尔·沃斯

微生物学家卡尔·沃斯（1928—2012）出生于纽约。正是根据他对核糖体中发现的RNA（一种与DNA有关的化学物质，被称作“核糖核酸”）的研究，生物体被划分为3个域：古生菌域、细菌域和真核生物域。1976年，沃斯提出了他的新分类体系，但直到20世纪80年代，他的提法才被接受。

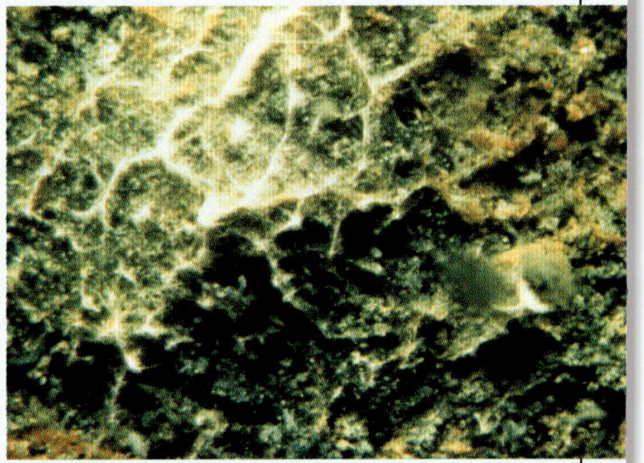

生活在海床上

氧分含量低的海床上会形成细菌床。上图为美国密西西比河河口的贝日阿托氏菌的细菌床。

超盐环境

世界上只有3处地方能找到叠层石，其中一处是西澳大利亚的哈美林池（超咸水）。这里的岩石是由蓝细菌将沉积物颗粒黏合而成。

域 细菌域

威利颤藻

Oscillatoria willei

大小 菌丝长度为0.13mm

分布 热带海域

蓝细菌曾被认为是蓝绿藻，其实际上是能像植物一样进行光合作用的细菌。威利颤藻和其他相关的蓝细菌均呈现为一排排大小相似的细胞，这些细胞构成菌丝（毛状体）。许多蓝细菌的毛状体均包裹在硬鞘中，但有些颤藻属的鞘非常薄，或整个缺失，毛状体得以快速地向前、向后滑行，甚至转动。有些种类的颤藻能固氮，但不同于束毛藻（见下），其可能不具有专门为此目的服务的特化细胞。菌丝片段（藻殖段）有时会断裂，继而滑离并构建新的群落。人接触到这些细菌可能会引起皮肤过敏。

域 细菌域

苔垢藻

Calothrix crustacea

大小 菌丝长度为0.15mm

分布 全球

眉藻属的细菌会形成独立的菌丝或小型的束状，广泛分布于全球各大洋中。不同于颤藻和束毛藻（左侧），眉藻属中的苔垢藻的菌丝底部较宽，顶端较尖并渐变为透明发丝一般。这种菌丝有坚固或胶质的鞘，其鞘通常由无色或黄褐色的同心层构成。不同寻常的是，这种菌丝的生长情况与植物根部极为相似，其生长被限制在尖端后的一个叫作“分生组织”的特定区域中。有时，菌丝的生长区域上方的渐狭尖端会脱落，促使藻体通过从分生组织上分裂出叫作“藻殖段”的菌丝来进行无性繁殖。这些藻殖段能在远离母体的地方形成新的菌丝。这些种类的蓝细菌通常会在沿海的岩礁或海藻上形成黏滑的覆盖层。已知至少有一种眉藻属的物种，会成为一些多岩石海滨地衣（比如矮盾藻衣，详见第255页）的光合作用部分。

域 细菌域

红海束毛藻

Trichodesmium erythraeum

大小 每个群落为1—10mm

分布 全球的热带和亚热带海洋

红海束毛藻是一种蓝细菌，其单独的菌丝群落用裸眼仅仅能看见。水手们习惯将这些细菌称为“海上的锯末”。在温暖的条件下，这种细菌能够以极快的速度进行繁殖，从而爆发大规模水华。由于范围很广，人们甚至可以从太空中看到水华。

这是一种多产的固氮细菌，能够对通过海洋食物链传递的氮的一半左右加以利用。这种细菌形成了群集的长菌丝，其中一些细胞起到固氮的作用，而其他的则专门进行光合作用。这两种作用必须被分开，因为光合作用所产生的副产品——氧气会干扰固氮作用，所以两者无法在同一个细胞中进行。

域 细菌域

费氏弧菌

Vibrio fischeri

大小 细胞长度为0.003mm

分布 全球

许多海洋生物，特别是那些生活在深海中的，会发出生物光。这些生物中许多都依赖细菌（比如杆状的费氏弧菌）来生成光；在这样的情况下，生活在宿主体内的细菌与其宿主形成了互利关系。细菌利用自身细胞中发生的化学反应来制造光。费氏弧菌也可以独立生存——通过鞭毛在水中游动，以死去的有机体为食。在下图的费氏弧菌中可见弧菌属的细菌的特征——独特的逗点状细胞。其他弧菌属的物种（不发光的），则是可能会致命的疾病——霍乱的起因。

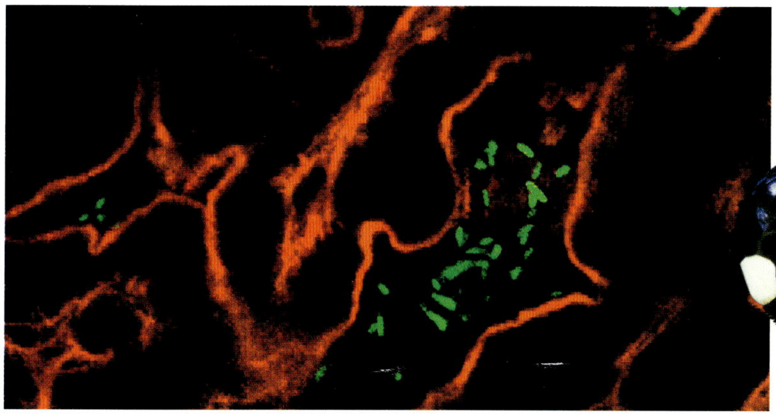

灯眼鱼

灯眼鱼（如下图所示）的每只眼睛下方都有发光器。光是由生活在发光器中的费氏弧菌群落产生的。这种鱼能控制发光器的启闭，从而帮助其在同类之间进行识别和交流。这种发光的能力也在捕食和躲避天敌方面起到了重要的作用。

域 古生菌域

嗜盐杆菌

Halobacterium salinarium

大小 0.001—0.006mm

分布 死海及世界上其他的超盐度区域

已经适应在极高盐度的水域中生活的古生菌，被称作“嗜盐菌”。嗜盐杆菌便是这种类型的生物中的一个例子，它是杆状的，会产生叫作“类胡萝卜素”的粉色色素，并在盐滩上形成面积广阔的粉色浮渣。嗜盐菌的细胞膜含有能使其比其他类型的细胞膜更稳定的物质，以防止其在高盐度环境中破裂。其细胞壁也经过了进化，具有同样的功能。这些古生菌从水中的有机物中获得营养物质。此外，其色素能够吸收一些光能，之后被用于细胞内的营养吸收过程中。

茸鞭生物

域	真核生物域
门	至少11
种	31,200

大多数的茸鞭生物在体形上都是微观的，包括许多能进行光合作用的重要浮游生物群，比如硅藻。不过，可以生长到很大体积的棕色藻，也是一种茸鞭生物，与绿藻不同的是，它并不被看作是真正的植物。像真正的植物一样，茸鞭生物会通过光合作用制造自己的食物，不过它们是利用不同的色素来捕获太阳的能量。

巨型茸鞭生物

最大的茸鞭生物是叫作“巨藻”的棕色藻。在图中这片南美沿岸的清澈浅海中，它们牢固地吸附在礁石上，生长繁盛。

解剖结构

棕色藻以及各种微观茸鞭生物各自的形态和结构截然不同。它们的共同点在细胞层面上。茸鞭生物在进行光合作用时，会利用一种额外的叶绿素（一种色素），而且与真正的植物不同，其制造出的食物并不作为淀粉被加以储存。它们还具有其他色素，这些色素构成了棕色藻的颜色。像绿藻和红藻一样，棕色藻并不需要根部来吸收水分和营养物质，其中一些品种有坚硬的茎秆（叶柄）和充气的囊状物（气囊），可以使其叶状的藻体浮起以接近阳光。一些微观的茸鞭生物，比如硅藻，具有坚硬的外骨架，可以被动地漂浮。其他的茸鞭生物，包括鞭毛藻类，则能够利用叫作“鞭毛”的鞭子样细丝，推动自身前行。

棕色藻

棕色藻的固着器能代替根部起到固定作用。图中的极北海带的固着器为小圆盘状。

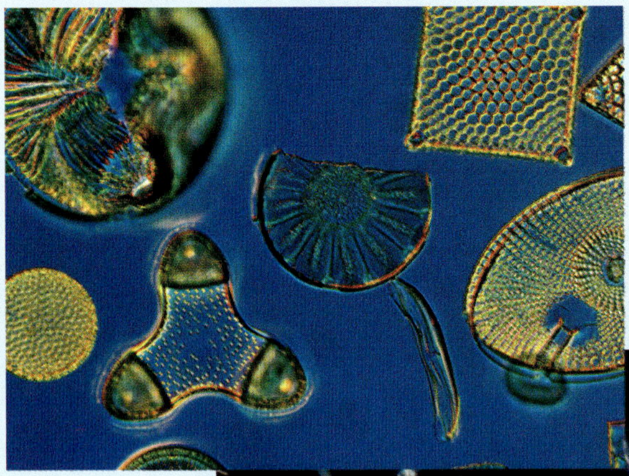

形状各异

硅藻的品种数以千计，每一种都有形状各异的二氧化硅骨架。

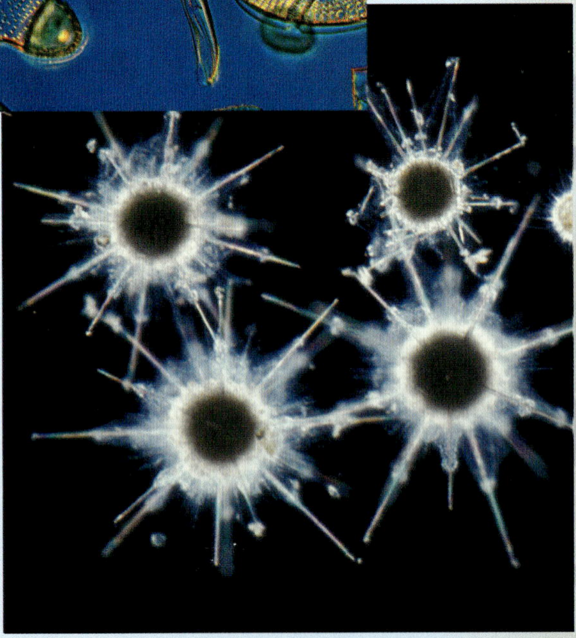

漂流的浮游生物

放射虫利用其纤细的伪足来抓取食物颗粒，并且以之增加浮力以协助自身漂浮。

茸鞭生物抑或原生生物？

科学家们曾经将所有的单细胞真核生物（包括微藻、原生动物和茸鞭生物）归入同一个分类类群——原生生物界。今天，“原生生物”这一术语被非正式地用来指这些多种多样的单细胞生物。但关于本书中所有被归类为茸鞭生物的生物体是否真正属于这一界，目前科学界尚未达成最终一致的结论。

生境

茸鞭生物分布在全球各大洋中。其中，需要利用阳光来进行光合作用的微观生物（大部分为浮游植物）只在阳光充足的表层水域出现。像有孔虫这类的则生活在海床上，那里还有棕色藻，后者通常占据了气候较冷地区的多岩石海岸。大型褐藻林生长在较冷的水域中，但它们和其他大多数的棕色藻通常都不会在20m以下的水域中生长。一些棕色藻无附着地生长在掩蔽的潟湖和峡湾中，还有一些则固着在盐沼的泥中生长。漂浮马尾藻十分独特，因为它漂浮于开阔海域表面，构成了独特的生态系统的基础。

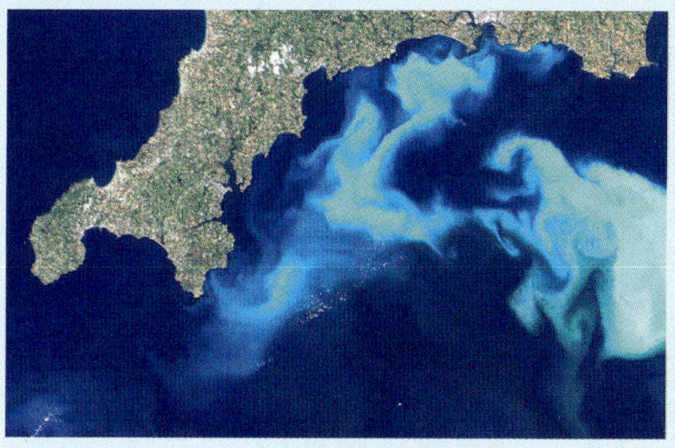

水华

这张摄于英国康沃尔以外海域的卫星图像显示了一大片乳白色的水华。这片水华是由颗石藻的一种——赫氏圆石藻导致的，此藻在合适的生存条件下能快速繁殖。

生存策略

大多数单细胞茸鞭生物都作为浮游植物漂浮在海面。它们通过分裂进行繁殖，其中一些繁殖速度非常快（见上图）。它们也能够进行有性繁殖，产生等量的卵和精子。在春季和夏季，气温较为暖和，白昼变长，这些单细胞茸鞭生物的数量急剧增加。许多海岸的棕色藻会产生湿滑的黏液，这既能防止自身变得干燥，又能抵御食草生物的掠食。一些品种的棕色藻是一年生物种，仅能存活一年，而那些大型的品种则通常是多年生者。

从老藻体上长出的新褐藻

一个黄色的新藻体从图中的褐藻茎秆顶端长出。即将掉落的老藻体被称为“苔藓虫”的白色动物所覆盖，这令重要的光合作用受阻。

药盒状硅藻的上半部

硅藻的分裂

当这种硅藻——格氏圆筛藻分裂时，细胞一分为二，两个子体都各自继承了母体的一半，并进而各自发展为一个新的个体。

人类影响

海水养殖

人们通过捕捞获取野生海藻，但现在人们更多地通过海水养殖得到海藻，特别是在亚洲。海藻可以食用，其提取物可在凝胶剂中用作稳定剂，也可用于化妆品、药物和啤酒酿造，还可以用作肥料。

桑给巴尔的海藻收成

如图所示，许多海藻能在漂浮的养殖浮床上生长。它们在这里可获得强光的照射，并且远离无脊椎动物的掠食，因而生长繁盛，成为沿岸居民重要的收入来源。

亚门 甲藻门

夜光藻

Noctiluca scintillans

直径 可达2mm

生境 表层海域

分布 全球

夜光藻也被称作“海火花”，是一种能发光的甲藻。它依靠自身的油质细胞内含物漂浮在海面之下。它是一种裸甲藻，缺乏保护性外鞘。跟所有甲藻一样，其两条鞭毛中有一条较小。它以其他浮游生物为食，用较大的鞭毛将食物颗粒扫向自身，然后吞食。其他的甲藻也是这样进食，但也有许多品种会进行光合作用。

生物发光

甲藻，特别是夜光藻，在夜间漂浮于海面之下，是开阔海域中的生物光最普遍的源头。通常，数以百万计的夜光藻在波浪中一起闪烁，夜光藻的俗名“海火花”也由此而来。其蓝绿色的光是从细胞中小小的细胞器中发出的，产生于化学反应。与许多发光鱼不同的是，夜光藻并不依靠发光细菌发光。

亚门 甲藻门

美丽裸甲藻

Gymnodinium pulchelum

直径 0.025mm

生境 表层海域

分布 大陆架上方的温带和热带海域，地中海

一些赤潮生物（例如美丽裸甲藻）能产生毒素，影响神经系统和血液的凝血功能，造成鱼类和无脊椎动物的高死亡率。赤潮的成因目前尚不清晰，但一些科学家认为，沿海污染可能为赤潮生物提供了促进其生长的营养物质，使其数量增长不受限制。简单的细胞分裂所带来的快速繁殖导致大量的美丽裸甲藻在水体中出现，使水呈现独特的棕红色，下图中的香港附近海域情况即是如此。与其他许多种甲藻不同的是，这一物种无壳，并且还通过光合作用用产生食物。

亚门 甲藻门

三角新角藻

Neoceratium tripos

长度 0.2—0.35mm

生境 表层海域

分布 全球

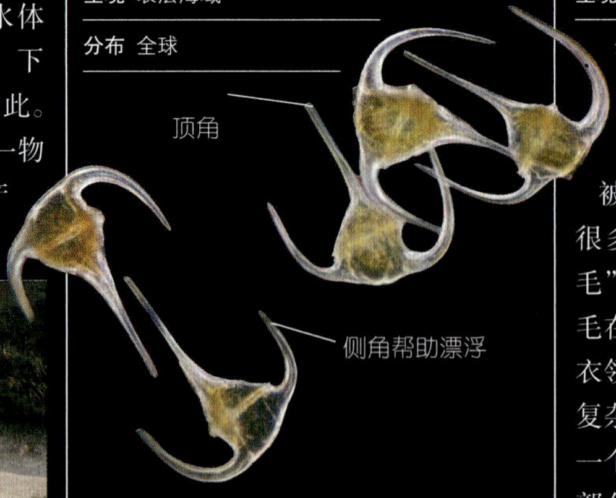

三角新角藻独特的三叉形状使其在浮游植物中易于辨识，而它也是浮游植物中的优势生物。虽然这一物种通常单独生长，但有时也会见到一些个体通过顶角相互附着在一起。当细胞分裂，其子细胞以短链的形式保持联结时，这种现象便会出现。三角新角藻有时会被其他原生生物寄生。

亚门 纤毛亚门

具沟急游虫

Strombidium sulcatum

直径 0.045mm

生境 表层海域

分布 大西洋、太平洋和印度洋

具沟急游虫这种类型的生物被归类为纤毛虫，因为其细胞膜有很多毛发状的突出部分，称作“纤毛”，可协助运动。具沟急游虫的纤毛在其无鞘的球形身躯的一端聚集成衣领状。纤毛虫是所有原生生物中最复杂的，其单个细胞中有两个核，即一个大核和一个小核。具沟急游虫大部分时间都通过分裂进行无性生殖，其两个核及细胞一分为二。不过它也会定期进行有性生殖，称为“接合生殖”。两个个体部分地融合，小核分裂后，它们从对方那里获取其中的一半。之后它们分开，各自形成一个新的大核，然后再各自分裂。纤毛虫和甲藻有一些共同的细胞特征，都属于囊泡虫类。

门 放射虫门

维米那勒枝球虫

Cladococcus viminalis

直径 0.08mm

生境 表层海域

分布 地中海

放射虫会产生极其复杂的带有骨针和气孔的硅质壳，并在壳上构成几何图案。骨针能帮助虫体漂浮。伪足可从气孔伸出，裹住缠在骨针上的食物，将之拉入细胞中央吞食。维米那勒枝球虫是最常见的成了化石的放射虫品种，在白垩和石灰岩中频繁地被发现。

门 定鞭藻门

赫氏圆石藻

Emiliania huxleyi

直径 0.006mm

生境 表层海域

分布 大西洋、太平洋和印度洋

赫氏圆石藻是一种原生生物，属于颗石藻类。其名字来源于颗石藻上具有精细纹路的方解石板，每一个物种的这种图案都不相同。像另一些原生生物一样，赫氏圆石藻能够在适宜的条件下快速繁殖，形成能够覆盖 $1\times10^5 km^2$ 的水华。这些水华在太空是可见的，因为颗石藻像小镜子一样反射太阳光，所以其所在的水体呈现为乳白色。通过反射光和热量，并通过其方解石固碳，颗石藻有助于缓解海洋变暖。人们在世界各地的6500万年前的白垩沉积物中都发现了颗石藻，著名的英国多佛白崖就是主要由颗石藻的方解石板形成的。

门 有孔虫门

易溶有孔虫

Hastigerina pelagica

长度 6mm

生境 暖水海洋中200m深处

分布 北大西洋和西印度洋的亚热带及热带海域

有孔虫是一种单细胞生物，仅生活在海洋中。易溶有孔虫是其中一个体形较大的品种，通常为粉红色，有一个由数个球状腔组成的钙质壳，从那里呈辐射状穿出的方解石骨针则被伪足所覆盖，用于搜集食物。易溶有孔虫的特别之处在于，其外壳被由许多中空小泡构成的凝胶状囊所环绕，这被认为有助于其漂浮。有时，甲藻会生活在这一凝胶状囊的表面，人们曾在一个个体的囊上发现多达79个甲藻，通常则为6—10个。目前，这两种生物之间的关系尚不清晰，易溶有孔虫是食肉动物，但甲藻显然不受其伤害。

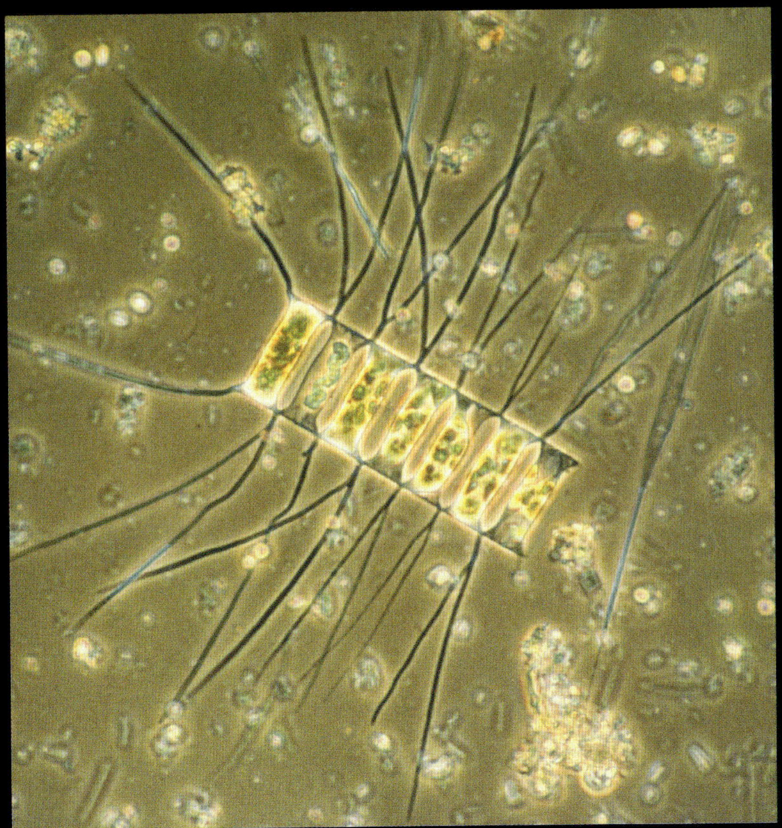

门 褐藻门

丹麦角毛藻

Chaetoceros danicus

长度 0.005—0.02mm

生境 表层海域

分布 全球

角毛藻属最早于1844年被加以描述，是海洋硅藻中最大、最丰富的属之一，有将近200个种。丹麦角毛藻是群落型物种，图中由7个细胞组成的群落也较为常见。它很容易辨识，因为它有别具特色的长而硬的毛（刚毛），从其壳的边缘垂直突出，并且沿着壳的长边长有明显的辅骨针。叶绿体数量较多，在细胞和刚毛中都存在，含有光合作用中需要用到的色素。刚毛容易断裂，当这种藻大量存活在鱼鳃中时，辅骨针会将断了的刚毛附着在敏感的鳃组织上，鱼受到刺激后分泌黏液，最终窒息而亡。

门 褐藻门

大筛盘藻

Ethmodiscus rex

直径 2—3mm

生境 温暖、营养物质贫瘠的海域

分布 全球范围内的开阔海域

大筛盘藻是最大的硅藻，裸眼可见。它是单细胞生物，有坚硬的细胞壁（壳），其壳由二氧化硅构成，规则地布满一排排凹点，由两块紧密闭合的圆盘状的荚组成。由于每种硅藻都有其独特的壳，人们可以从化石中轻易辨认出大筛盘藻。在上新世的岩石中可以找到它，其化石的年代可追溯至500万年前。这种藻需要待在近水面的区域，以利用太阳的能量产生食物，并将光合作用产生的物质转换为油质物，以增加浮力。它能够进行有性生殖，但如果条件合适，便会通过一分为二的分裂方式快速繁殖。在10天的时间里，一个1天分裂3次的个体，理论上会产生超过15亿个后代。

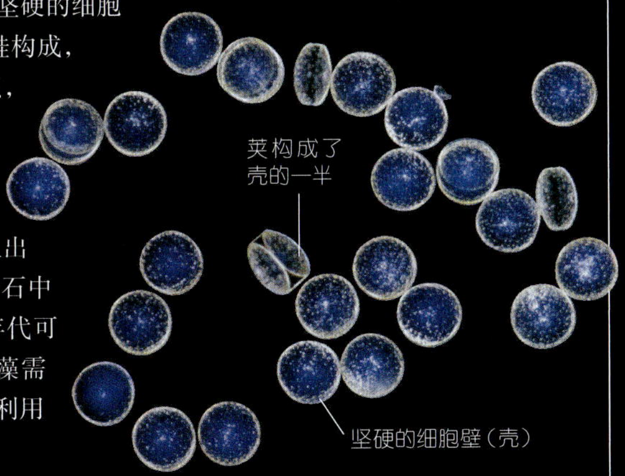

门 褐藻门

小等刺硅鞭藻

Dictyocha fibula

长度 0.045mm

生境 表层海域

分布 大西洋、地中海、波罗的海以及智利海岸以西的东太平洋海域

右图的小等刺硅鞭藻中可见的金黄色素在两类金黄色藻——金黄藻纲和硅鞭藻纲的藻类中是非常典型的。硅鞭藻属的单词“*Dictyocha*”意为“网”，指硅质壳上的大网格。该属现仅存不到20种硅鞭藻。它们都源于500多万年前曾繁盛一时的一群生物，其化石在一些第三纪中新世的沉积物中非常丰富。

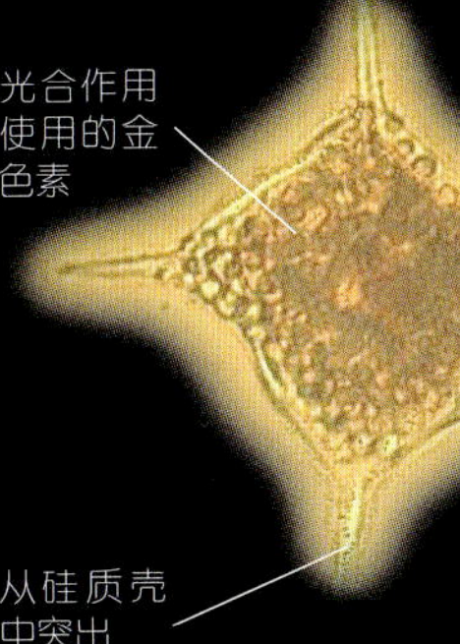

门 褐藻门

大团扇藻

Padina gymnospora

高度 最高可达10cm

生境 海边岩石间的潮水潭以及潮下带岩石间的浅水区域

水温 20—30℃

分布 全球热带和亚热带地区的海岸

团扇藻属的藻是棕色藻中唯一有钙化藻体的类群。具有反射性的白垩在扇形藻体的上表面显示为亮白的同心带。藻体仅有4—9个细胞的厚度，向内卷曲。较老的藻体可能会裂成楔形的小段。这一物种在热带地区分布广泛，通常成群地生长在潮下带浅水区域的岩石、老珊瑚和贝壳上。

门 褐藻门

巨藻

Macrocystis pyrifera

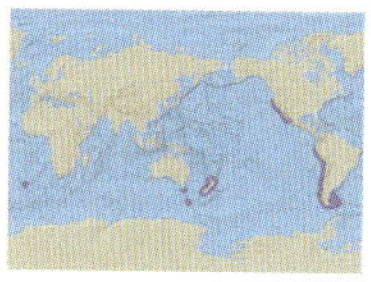

长度 45m

生境 岩质海床，偶见于沙中

水温 5—20℃

分布 南半球和东北太平洋的温带海域

巨藻（见第240—241页）是地球上最大型的海藻。条件理想时，其生长速度可达60cm/d，一年内长至30多米。其一般长在水下10—30m处，但若水体尤其清澈，可长在更深处。其巨大的固着器为数回叉状分枝，牢牢附着在海床上，3年便长至高和宽均约60cm的大小。叶柄从固着器伸出，其上承载着许多带状藻体，每个藻体通过充满气体的气囊漂浮。叶柄和藻体持续朝水面生长，像华盖般漂浮在水中。巨藻的生命周期由2个阶段组成：根基上的藻体（孢子叶）产生孢子，孢子再萌发成小小的配子体；配子体产生卵和精子，二者结合形成合子，再分裂长成孢子体。

门 褐藻门

外来囊藻

Colpomenia peregrina

直径 可达10cm

生境 潮间带和潮下带的岩石和贝壳上

水温 6—28℃

分布 北美洲西海岸、日本沿岸、大洋洲沿岸；在大西洋为引入种

外来囊藻多生长在贝类上，包括商业养殖的牡蛎。藻体最初为结实的球形体，但随着其生长，逐渐呈现出不规则的瓣，变得中空，充满气体。有时，其所产生的浮力能够带起那些并非固着在海床上的牡蛎，然后两者一起随潮汐漂离。这种海藻的壁较薄，只有几层细胞。其外层由较小、有角的细胞构成，这些细胞中含有光合色素，构成了外来囊藻的褐色。

门 褐藻门

刺酸藻

Desmarestia aculeata

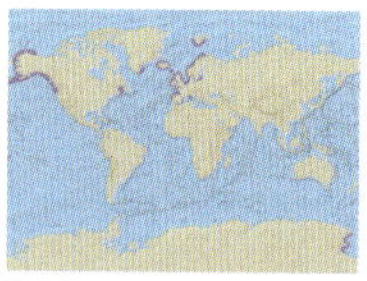

长度 可达1.8m

生境 潮下带的岩石上和褐藻林中

水温 0—18℃

分布 温带、寒带和极地的沿海海域

这种大型海藻的狭窄的褐色藻体上带有许多分枝，形成枝条茂密的形态。其中最小的分枝较短，呈刺状。在夏季，整棵植物都被纤细的枝状纤毛所覆盖。这一物种在巨砾上和被海浪扰动的褐藻林中生长得尤其繁茂。

门 褐藻门

海棕榈藻

Postelsia palmaeformis

长度 可达60cm

生境 多海浪的海岸

水温 8—18℃

分布 北美洲西海岸

海棕榈藻是一种大型褐藻，与巨藻（见上）一样属于海带目。不同于其他褐藻，它在海滨中部那些受到海浪冲击的海岸上茂密生长。它具有分枝状的固着器和中空的粗短茎秆，茎秆在低潮时能竖立。茎秆的顶端分为很多圆柱形的短枝，每一条都承载着一个不长于25cm的藻体，藻体的两面均有齿状边缘和深槽。在低潮时，孢子被释放到藻体的深槽中，从尖端滴落到固着器和附近岩石上，因此这种藻以聚集成群的方式生长。有些海棕榈藻附着在贻贝上，之后在暴风雨中随贻贝被扯落，这便为其他海棕榈藻的生长提供了更多的岩石空间。

“佃农的假发”

在非常隐蔽的海湾和峡湾中，在正常情况下生长的泡叶藻的断离部分能继续生长，并松散地堆在海床上。在藻体被咸水和淡水交替淹没的情况下，它会反复分裂，形成茂密的球状集群，没有气囊或生殖结构。人们将这种非固着形式的泡叶藻形象地称为“佃农的假发”，它与固着形式的泡叶藻形态差异较大，尽管两者在基因上是相同的。

门 褐藻门

泡叶藻

Ascophyllum nodosum

长度 可达3m

生境 隐蔽的海岸

水温 0—18℃

分布 欧洲西北部海岸、北美洲东海岸和大西洋各岛屿北部海岸

泡叶藻是一种较硬的棕色藻，在气候较冷地区的多岩石海岸上为优势种。它通过圆盘状的固着器牢牢地吸附在岩石上，并从固着器处长出许多狭窄的藻体，这些藻体通常长到约1m长，在极为隐蔽的环境下也可长至3m长。沿藻体大致等距分布有单个的椭圆形气囊。藻体大约每年长出一个气囊，因此通过点算气囊的数量便能粗略估计泡叶藻的年龄。气囊能在水中托起藻体，以便藻体最大限度地获得光照，这在泡叶藻所生长的混浊水域中是个优势，并且也使螺类更难在涨潮时攀上藻体。

夏季，深褐色的藻体可能会被漂成近乎黄色。这种藻的生殖结构位于短小的侧枝上，像肿胀的小葡萄干，有时可看到橘色的孢子从中渗出。

门 褐藻门

墨角藻

Hormosira banksii

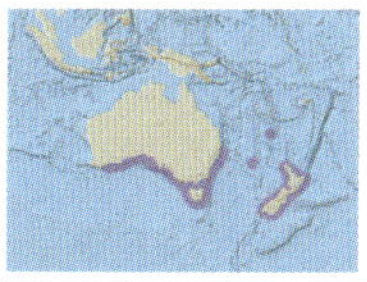

长度 可达30cm

生境 较低的海岸和潮下带的岩石上

水温 10—20℃

分布 澳大利亚南部海岸和东部海岸、新西兰沿岸

墨角藻是新西兰和澳大利亚附近较冷水域中的许多地方性棕色藻品种之一。它独特的藻体看起来像棕色的串珠，是由一连串的卵形中空片段在茎秆上通过收缩串联而成。在每颗“珠子”上都散布着生殖结构。

在海滨岩石上，可以看到茂密生长的成片的墨角藻。藻体通过薄薄的圆盘状固着器附着在岩石上。墨角藻也在红树林根部无附着地生长。其中空片段的形状因生境的不同而有所差异。生长在隐蔽的岩石、潮滩的贻贝床上，或红树林沼泽中的，其中空片段呈球形，直径约为2cm。而生长在适度暴露的海岸的潮下带岩石上的，则具有仅6mm长的较小的中空片段。

门 褐藻门

海黍子

Sargassum muticum

长度 2—10m

生境 潮间带和潮下带的岩石和石头上

水温 5—26℃

分布 日本沿岸，在欧洲西部和北美洲西部为引入种

海黍子是一种全年都能繁殖的马尾藻，在平静的海域中能形成茂密的集群。它原产于日本，偶然被引入北美洲西部和欧洲西部，并在这些地区稳步扩展。其竞争力超过了其他品种的海藻，在这些地区被视为入侵物种。这种茂密的长海藻具有众多分枝，每条分枝上都有许多叶状藻体，这些藻体可长达10cm，承载着单个或成群的充满气体的小气囊。

巨藻

在适宜的条件下，这种巨型海藻能够以每天60cm的速度生长，比如在图中美国加利福尼亚海岸相对寒冷的海域中。藻体借助气囊保持漂浮状态，并持续地朝着水面生长，因为那里有更多的阳光和营养物质。

植物生命

域 真核生物域
界 植物界
种 315,000

所有的植物都利用叶绿素和太阳的能量将空气中的二氧化碳固定到有机分子中，它们构成了生命形态中一个庞大的界。植物界中的大多数生物体都是“较高等”的植物，它们在陆上进化并在陆上生长。其中，开花植物（详见第250页）中几个不相关的科的物种已经回归到海洋中，或者在海岸上生长。在本书中，植物界也包括起初在水中进化的更为原始的生物——微观的绿藻（微藻）以及绿藻和红藻（大型藻）。由于棕色藻的形态与这些生物极为相似，但与真正的植物的关系并不密切，因此本书将其划入假菌界（详见第234页）。

人类影响

海滩植物

海滩植物生长之处也是人类进行娱乐活动之处。人与海滩植物能共存，特别是人利用的是沿岸沙丘区域的路径时。事实上，这有助于维持矮生植物（如苔藓）的生长，否则其会过度生长。不过，脆弱的沙丘易受侵蚀破坏，仅生长于局限地带的植物易受人类发展的威胁。

沙洲番红花

加那利群岛的沙洲番红花，仅在兰萨罗特岛和富埃特文图拉岛的一些沿海地点生长。这种保护植物受到旅游业发展的威胁。

海洋植物多样性

植物在利用叶绿素进行光合作用这点上是共通的。较高等的植物，包括一些主要的陆生类群，比如蕨类和松柏类，由于在陆上进化，它们适应了有空气和淡水的生活环境。这些植物皆具有带有导管，可以在体内输送水和养分。

在较高等的植物中，侵入到海洋生境中的主要是开花植物（最大的类群）。它们和苔藓一起生长在海岸的边缘，只有海草完全成了海洋物种。绿藻和红藻以及微观的绿藻（微藻）缺乏茎和根，没有木质组织或传输导管，并且大部分是水生的。

热带海洋植物

热带泻湖中有丰富的海草，绿藻则包括钙化品种。红树林在河口和溪流的岸边生长，其他的开花植物（包括灌木和树木）则占据了沙质海滩的后端。虽然下图中没有显示，但海藻可能季节性地生长在多岩石的海岸上。

温带海洋植物

温带的海洋中有丰富的浮游植物，包括绿藻。绿藻一般生长在岩石上，而红藻则生长在滩涂中。海草有真的根，生长在潮下带和潮间带的浅水区沉积物中，以及半咸水泻湖中。开花植物、苔藓和地衣则生长在高潮线以上地带、悬崖、沙丘和盐沼中。

海滩芥

海滩芥是生长在欧洲的芸苔科植物中的一员。它能够在单纯是沙的环境下生长，并在高潮线之上将沙固住，形成小型的沿岸沙丘。其蜡状叶能抵挡浪花的冲击，而其粗短的果荚则随潮汐散播。

处于变动中的海岸上生长的植物

婆罗门参具有长长的根和厚厚的蓝绿色叶子。在上图这片北欧砾滩上，它们和雏菊般的海洋小白菊生长在一起，承受着盐雾的影响。

在高潮线之上

在高潮线之上，基本是陆地环境，但其近海的特性令植物难以生长，只有一些特殊的开花植物和地衣能在此生存。在一些地方，海岸被从海滨吹来的沙丘所覆盖。沙丘通常是碱性的，并从海贝和藻团粒（详见第245页）中获得大量碳酸钙。由于营养物质匮乏，只有那些能适应贫瘠、多盐土壤的顽强生物才能在沙丘上生长。酸性沙丘则由几乎不含贝壳的沙子构成，支撑着许多地衣和苔藓（如金色沙丘藓）的生长。滨草的根能快速增长，其根状茎能构成网状，因此能将沙丘固定，从而完成土壤形成的第一步。那些能在根瘤中固氮的植物，如木麻黄，是这里的优势植物。

在岩石峭壁上生长的植物不会受到食草动物的侵害，但必须经受来自盐雾、干燥风和贫瘠土壤的考验。像单花雪轮那样的植物具有很长的根，可以将根扎到岩石裂缝深处汲取从地表流失的水。而具有肉质叶和蜡质层的植物则能够储存水分。

潮水界线之上及之下

海洋植物种类繁多，既有生长在高潮线之上的海岸树木（如椰子树），也有生长在高潮线之下的唯一的完全水生的海洋开花植物——海草。

被淹没的盐沼

耐盐的海石竹生长在温带地区掩蔽海岸上形成的盐沼中。与其他盐沼植物一样，海石竹仅在最高潮到来时被淹没。

潮间带

生长在潮间带的植物得在干湿交替，时而炎热、干燥、盐度高，时而则被寒冷的雨水侵入的环境中生存。这里维持着绿藻、红藻、海草和红树林的生长。许多绿藻能够适应半咸水环境，沿着淡水溪泉流淌的方向呈带状分布于高海岸带。在稍低处，纤弱的红藻旺盛地生长在潮水潭或棕色海藻之下的潮湿地带中。这里许多植物的生命周期都较为短暂，当条件适宜时，它们便快速生长，散播大量孢子。当季风带来湿润的条件时，它们可以迅速覆盖热带海岸，而当旱季重新来临，它们便变干。海草生长在更低处的潮间带滩涂上，那里的沉积物即便在退潮后也一直保持湿润。在热带地区，红树林聚生于潮间带的沉积物上，不过它们只有根部是浸泡在水中的。在气候稍冷的地带，泥滩上生长的则是盐沼植物。

海藻床

英吉利海峡中的绿藻包括松藻属的藻（近景处）和石莼（右侧下方）。与它们共同生长在那里的还有一种棕色藻——齿缘墨角藻。

水生植物

只有微藻、海藻和海草一直生长在海水中。所有的海藻都能通过躯体表面吸收营养物质和气体，因此不需要陆生植物的输送系统，并且其固着器只是让其吸附在海床上。海草具有陆生植物的结构，因此需要额外的结构（如腔隙）助其进行气体交换。生活在海水中的植物只能在数米深的水层中旺盛生长，因为光合作用所需的光无法透到更深处。许多海洋植物都较为坚韧，或者能产生有毒或味道不佳的化学物质，以阻止食草动物掠食。

红藻

域	真核生物域
界	植物界
门	红藻门
纲	2或更多
种	6394

红藻是一种引人注目的海洋植物，在全球的浅海中均有分布。除了叶绿素，它还含有其他色素，并因而呈现为红色。虽然其外观像植物，但在一些细胞细节和新陈代谢方面与植物有所不同。许多科学家将之视为真正的植物，但这并非一致的意见。

解剖结构

红藻的形态和构成极为多样，但一般来说，它们都相对细小纤弱。跟绿藻和棕色藻一样，红藻大多具有固着器、叶柄（茎）和藻体，以吸收水分、营养物质和阳光。珊瑚藻的藻体高度钙化，令大多数的食草动物难以掠食。它们看起来更像粉色的硬壳或小珊瑚，而不像植物。藻团粒会形成非附着的结节，看起来像躺在海床上的枝状珊瑚。一些红藻的生命周期包括两个阶段：一个阶段呈现为细小的、长久生存的硬壳形式；另一阶段则长成一年生的丛状藻体。由于这两个阶段形态差异较大，因此最初被当作两种不同的物种。

多年生物种

这种美丽的红藻叫作“海山毛榉”。它每年都会从其多年生的叶柄处长出新的藻体，并在冬季通过孢子繁殖。

生境与分布

在海边，红藻大都生活在最低处，在那里它们不容易变干。较深的水中仅剩昏暗的蓝光，而红藻所具有的额外色素使其能在那里繁茂生长，因此与棕色藻和绿藻相比，红藻能延伸到更深处。在热带水域，红藻（和棕色藻）生长得不那么茂盛，但珊瑚藻是一个例外，它在黏合珊瑚礁方面扮演着重要的角色。

有刺的移植者

这种红藻的分枝上有刺，因此其脱落的部分能够钩在其他生物体甚至船体表面。它以这种方式散播，并且已经扩散到其原产地以外的地区。

红皮藻

红藻依靠水流带来营养物质和氧气。图中这种红藻——红皮藻的手指状藻体既增加了其表面积，又起到保护作用，使其在恶劣条件下不会被撕裂。

门 红藻门

叶状匍匐石花菜

Gelidium foliaceum

长度	5cm
生境	潮间带岩石
水温	10—20℃

分布 非洲南部海岸和日本南部海岸

石花菜在全球品种众多，较难辨认，这是因为其因生境不同，以及是否被海滨动物（如帽贝）掠食而呈现不同的形态。持续进行的分子测序研究逐步解决了其中一些问题，叶状匍匐石花菜便是最近被重新分类的一个物种。叶状匍匐石花菜的藻体扁平，有浅裂并卷曲，密集成丛地生长在多岩石海滨上。其藻体十分坚韧，为软骨质。这种海藻通过从匍匐茎或匍匐枝大量长出的毛发状细小结构（或被称为“假根”）吸附在岩石上。这种匍匐的习性可能是其扩散的主要方式，但有一些品种的石花菜也进行有性生殖。有一些品种的石花菜是提取琼胶的原料，这种物质可用于烹饪和微生物学研究。

门 红藻门

异株紫菜

Porphyra dioica

长度 可达50cm

生境 潮间带岩石

水温 6—18℃

分布 欧洲东北部和西部海岸，意大利的地中海沿岸

根据繁殖方式的不同，这种红藻最近才被与非常相似的紫红紫菜区分开来。异株紫菜是雌雄异株的（雄性和雌性生殖细胞生长在不同的藻体上），而紫红紫菜则是雌雄同株的（雄性和雌性生殖细胞生长在同一个藻体上）。异株紫菜生长在潮间带的砂质岩上，在春季和初夏最为茂盛。其膜质的藻体只有一个细胞的厚度，呈橄榄绿至紫褐色，或略带黑色。这一物种仅局限生长于西欧的特定区域，但紫菜属的其他物种则在全球广泛分布。紫菜属的所有物种均可食用，在世界范围内经常被人们采食，特别是在日本，当地人将之称为“海苔”并加以种植。在英国，人们捕捞野生紫菜，用之制成威尔士美食——莱佛面包。

门 红藻门

石灰疣石藻

Phymatolithon calcareum

直径 可达7cm

生境 潮下带的海床沉积物

水温 0—25℃

分布 大西洋各岛屿沿岸，北欧和西欧沿岸，地中海以及菲律宾沿岸

“藻团粒”指各种生长在海床上的非附着珊瑚藻。其中，石灰疣石藻形成脆弱的紫粉色分支结构，看上去更像是小珊瑚，而不像海藻。在隐蔽的区域，其形态呈现为球形结节，而在较为暴露的区域，则呈现为枝条状或扁平的奖章状。在受到波浪和潮汐影响，但尚未足以破坏其结节的区域，其能长成大面积的藻床。其本身及其底下的砾石都有大量小动物栖息，因而在某种意义上也成为一个生境。其生长缓慢，其所生长的海床易受拖网捕鱼作业的侵害。

门 红藻门

长心卡帕藻

Kappaphycus alvarezii

长度 50cm

生境 潮间带和潮下带浅海区的岩石

水温 10—30℃

分布 非洲海岸，亚洲南部和东部海岸以及太平洋各岛屿沿岸

它之前被叫作“耳突麒麟菜”，是一种有很多枝杈的圆柱形红藻，在菲律宾被广泛种植，以用于提炼卡拉胶——一种类似琼胶（见左页下方）的胶凝剂。在野外，它吸附在岩石上，或松散地躺在隐蔽的区域。像其他一些红藻一样，其藻体通常为绿色和棕色，而非红色。

门 红藻门

鹿角菜

Mastocarpus stellatus

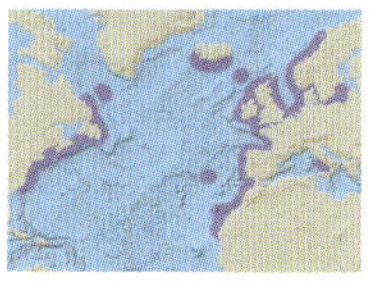

长度 17cm

生境 较低的海岸和潮下带岩石

水温 0—25℃

分布 北美东北部海岸，欧洲西北海岸以及地中海沿岸

这种坚韧的红藻多见于暴露的海岸，通常茂密地覆盖在较低的海岸上。其藻体通过一个圆盘状的固着器附着在岩石上，从固着器长出一条窄叶柄（茎），逐渐扩展为一块分裂的叶片，叶片微卷，形成具有略厚边缘的管槽。繁殖结构位于叶片表面的小结节中，产生一种非常不同的具有厚厚的黑硬壳的海藻（这一阶段的鹿角菜最初被称为“红色石斑藻”，因为人们以为它是一种完全不同的物种）。从这个硬壳中释放出的孢子，重新长成直立的形态，从而经历典型的两个生命阶段。鹿角菜和与之相似的皱波角叉菜都被俗称为“爱尔兰苔藓”或“角叉菜苔藓”，在北大西洋两岸都被以工业规模进行采捞，用于制造卡拉胶。

门 红藻门

珊瑚藻

Corallina officinalis

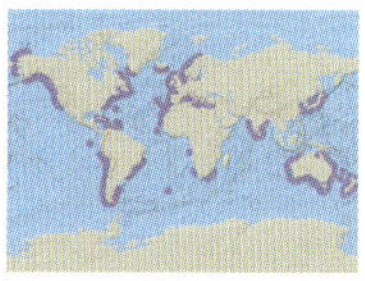

长度 可达12cm

生境 岩池和潮下带浅海区的岩石

水温 0—25℃

分布 除极北区和南极洲外，全球海岸均有分布

珊瑚藻属于红藻的一种，其细胞壁中含有碳酸钙，这令其具有坚硬的结构。其藻体有坚硬的断面，由非钙化的关节分隔。其分枝通常位于一个平面上，形成一个扁平的、羽毛状的藻体，但其形状非常多变。在开阔的海岸，藻体通常较为矮小，并在水道、岩池和受海浪冲击的岩石上形成一片数厘米高的短板，小动物通常会栖息其间，其他小型的红藻也会附着在其硬藻体上。在潮下带，藻体长得较长。在阴暗处生长的珊瑚藻为深粉色，而在阳光充足的地方，则呈淡粉色。当珊瑚藻死后，其白色硬骨骼将成为沙子的一部分。

门 红藻门

美丽拟裂肋叶藻

Drachiella spectabilis

长度 可达6cm

生境 水下2—30m处的潮下带岩石

水温 8—18℃

分布 苏格兰、英国、爱尔兰、法国和西班牙的西海岸邻近海域

除了潜水员，鲜少有人见到这种色彩斑斓的海藻，因为它通常生长在相对深的水中，极少被冲上岸。它也在较浅水域的褐藻林中生长。其扇状的薄藻体分裂成楔形铺开在岩石上，通过细小的根状结构（假根）重新附着。幼株有蓝紫色的晕彩效应，随着年龄增长而消失。它通过无性生殖产生孢子，人们对其有性生殖尚不了解。

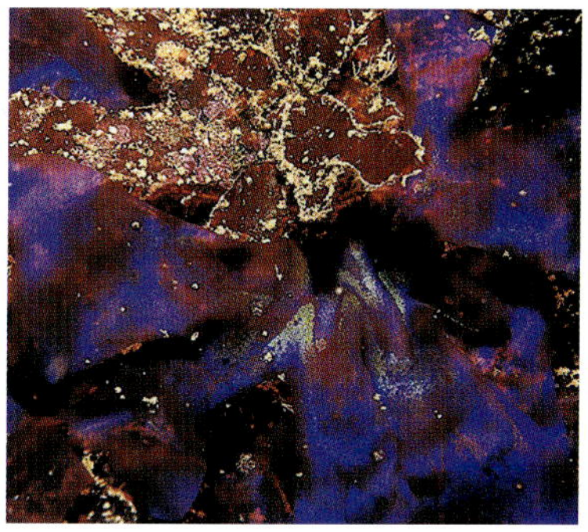

绿藻

域	真核生物域
界	植物界
门	绿藻门
纲	4
种	1500

绿藻中裸眼可见的物种被与微藻（详见第248页）归为同一类。作为海洋中真正的植物，其与更高等的植物有含有色素等共同特点。绿藻在热带潟湖中生长茂盛，而在很多温带海滨，其繁殖则具有季节性。人们将绿藻门的石莼作为食物加以种植。

绿藻的身体部分

绿藻结构简单，具有直立的藻体和圆盘状或纤维状的固着器。上图这种热带的钙扇藻属物种的钙化藻体带有很多分支虹吸管。

脆弱的藻体

纤弱的羽藻具有由多核细胞构成的藻体，这意味着其藻体没有其他绿藻所共有的横隔细胞壁。

生境

绿藻通常附着在多岩石海岸的岩石上，特别是在温带和寒带水域。在受到季节性扰动的潮汐带和潮下带浅海区，绿藻短暂地占据主导地位。石莼属的植物，比如石莼，占据了高水位的潮水潭，或者有淡水渗入的海岸，因其能够承受盐度和温度的变化。较为脆弱的刚毛藻属和羽藻属的物种则生长在潮下带浅海区的潮水潭或红藻、棕色藻之间。绿藻也在热带浅海区的潟湖中茂盛生长，例如蕨藻属、钙扇藻属和仙掌藻属的物种通常在那里大量生长。蕨藻属的物种有匍匐茎，可以在沙中蔓延或攀附在岩石上，而钙扇藻属和仙掌藻属的物种的基部是球根状的纤维块，可以固着在沙中。仙掌藻属的物种因含有大量的碳酸钙而严重钙化，其藻体在植物死亡后断裂，成为潟湖沙粒的组成部分。

解剖结构

绿藻没有茎和根，形态多样，有线状（细丝状）、管状、扁平状和更为复杂的形状。与红藻和棕色藻不同，绿藻由于其所含的叶绿素没被其他色素遮盖而呈现鲜绿色。绿藻的许多特点，包括其叶绿素的类型，都与更高等的植物（藓类、苔类和维管植物）相同，因此，与红藻和棕色藻相比，绿藻与更高等植物之间的关系似乎更密切。

适应性强的海藻

石莼属的物种能够承受盐度和温度的波动。其随上图中的淡水溪流经海岸，途中大量生长。

刺松藻林

这片微型的刺松藻林生长在苏格兰一处掩蔽海湾的浅海区岩石上。其藻体具有浮力，可将植株托举起来，迎向阳光。

纲 石莼纲

软丝藻

Ulothrix flacca

大小 可达10cm

生境 各种类型海岸的潮间带

温度 0—20℃

分布 北大西洋，地中海，南非沿岸水域，太平洋

这种海藻由许多无分枝的绿色细丝构成，细丝自身则由一串串细胞构成。这些细丝组成了附着在潮间带岩石上的柔软的毛状块或扁平的绿色层。每条细丝都通过被称为“基底细胞”的单个细胞附着在岩石上，借助假根获得额外的锚固力。这种海藻通过从一些细胞中释放上百个配子（每个配子有2条鞭毛）进行繁殖。而在其生命周期的另一阶段，这种海藻则呈现为单一的球状细胞。

纲 石莼纲

石莼

Ulva lactuca

大小 可达100cm

生境 潮间带和潮下带浅海区

水温 0—30℃

分布 全球沿岸水域

石莼在全球的海岸和潮下带浅海区十分常见，生长在多种条件和生境中。其藻体为鲜绿色的扁平薄片，通常是裂开的，有波状的边缘。这种植物的形态和大小多种多样，在暴露的海岸上呈现为短小的簇状，而在隐蔽的浅海湾，特别是受到污染的富含营养物质的海港，则呈现为1m多长的片状。石莼通过从一些细胞中释放配子进行繁殖，也可以通过断裂生殖来进行无性繁殖。其躺在海床上的大藻体可能由于食草动物的掠食而布满洞眼。在世界上很多地方，它也是颇受人们欢迎的食物。

纲 绿藻纲

单球法囊藻

Valonia ventricosa

大小 可达4cm

生境 水下30m处的岩石和珊瑚上

水温 10—30℃

分布 大西洋西部，加勒比海，印度洋和太平洋

这种奇特的海藻看起来像深绿色的大理石，由单个大型细胞构成，此细胞通过假根附着在基质（通常为珊瑚碎石）上。较年幼的单球法囊藻有淡蓝色的光泽，而较年长的则被珊瑚藻包裹着并过度生长。这种海藻具有与众不同的无性生殖方式：子细胞在母细胞中形成后，后者退化，并在这一过程中释放幼体。

纲 羽藻纲

仙掌藻

Halimeda opuntia

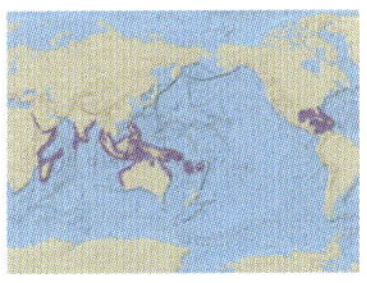

大小 可达25cm

生境 岩石和沙

水温 20—30℃

分布 红海，印度洋和西太平洋

仙掌藻属物种的高度钙化骨骼是热带地区钙化沉积物的重要来源。仙掌藻的植株由一串串扁平的肾形钙化段组成，这些段之间通过非钙化的关节连接。其叶绿体在白昼位于藻体表层，到夜间则转移到植物的骨骼深层中。这点连同霰石尖利的晶体和藻体中所含的有毒物质共同保护着植株，使其在夜间不被食草动物掠食。

纲 羽藻纲

软毛松藻

Codium tomentosum

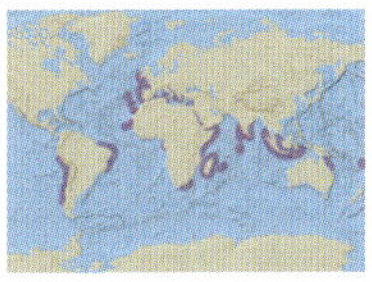

大小 可达20cm

生境 潮间带水塘、潮下带浅水区的岩石

水温 8—30℃

分布 全球的沿海水域

软毛松藻的海绵状藻体由相互交织的管状体构成，像一个刷毛彼此紧紧相挨的洗瓶刷，每个管状体的终端为肿胀的球状物。藻体的表层即由这些挨在一起的球状物构成，通常重复分叉为两个分支。软毛松藻上覆盖着很多短小的细毛，在水中呈现毛茸茸的形态。植株通过海绵状的固着器附着在岩石上。

虽然这种海藻全年都存在，但它在冬季生长最快，并在冬季进行繁殖。与所有的松藻属植物一样，它经常被囊舌目的海蛞蝓掠食。小小的海蛞蝓会吸出海藻的内容物，并让进行光合作用的叶绿体继续存活，以利用其在自身组织中制造糖分。叶绿体使海蛞蝓呈现绿色，这种伪装有助其躲避捕食者。松藻属约有50个物种。

纲 绿藻纲

奇异刚毛藻

Cladophora mirabilis

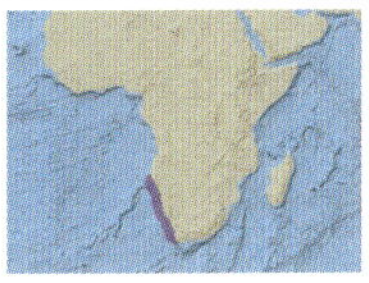

长度 可达100cm

生境 潮下带的岩石上和褐藻间

水温 10—15℃

分布 非洲西南部沿岸的大西洋南部海域

奇异刚毛藻是刚毛藻属的一个巨型品种，可达1m长，为蓝绿色细丝状，有许多蔓延的侧枝。其由一串串细胞构成，而在主轴上的单个细胞可长达12mm。植株通过由扩展的基底细胞交织而成的圆盘状固着器进行附着，其上常长有红藻。其仅在南非有限分布，但刚毛藻属的其他物种在全球十分常见。

纲 羽藻纲

总状蕨藻

Caulerpa racemosa

高度 可达30cm

生境 浅海的沙质海床和岩石上

水温 15—30℃

分布 全球的温暖海域

总状蕨藻具有蔓延的匍匐茎，将其附着在岩石或沙上。匍匐茎上长出直立的覆盖着圆囊（或囊泡）的嫩枝，俗名“海葡萄”即据此而来。单颗植物为一个巨型细胞。年老的植物可呈浓密分枝或缠绕的形态，可蔓延2m。许多品种都俗称“海葡萄”，蕨藻属的物种在全球大约有60种。

杀手海藻

在海洋水族馆中广泛使用的杉叶蕨藻是一种入侵物种。它对于食草动物来说是有毒的，其生长速度快，在海床上形成茂密的地毯状。1984年，它在摩纳哥附近的地中海水域被发现，此后沿海岸快速扩散，改变了当地的海洋群落。

纲 绒枝藻纲

伞藻属蝶状藻

Acetabularia acetabulum

大小 3cm

生境 潮下带浅海区的岩石

水温 10—25℃

分布 非洲北部沿岸的大西洋东部海域、地中海、红海和印度洋

这种奇异的小型绿藻成丛地生长在多岩石海岸隐蔽部分的覆盖着沙子的岩石上。虽然它能长到3cm，却只由单个细胞构成。其钙质藻体因被碳酸钙包裹而呈现白色，末端为小杯状。这个杯状体由融合的射线组织构成，后者能产生孢囊。这些孢囊在植株的其他部分腐烂后被释放，然后在黑暗中休眠一段时期之后才开始萌发。

微藻

域 真核生物域
界 植物界
门 绿藻门
纲 绿枝藻纲
种 200

这些大部分为单细胞生物的微观植物大量生活在海洋表层，是浮游植物（详见第212页）的重要组成部分。它们有时被称为“海洋中的草”，与大多数的植物一样，通过进行光合作用来制造自己所需的食物。裸眼可见的大型绿藻在本书中另有讲述（详见第246页）。在显微镜下才能分辨其形态的微小藻类被称为“微藻”，其经常被划分为原生生物。很多其他种类的原生生物（详见第236页）也被称作“藻”，也像浮游植物一样生存。

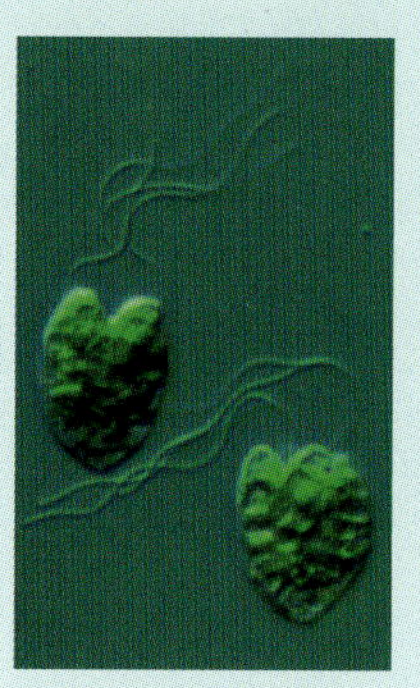

海球藻属的植物

这些绿色的微藻（图片经多倍放大）具有叶绿素以及毛发状的能游动的附属物——鞭毛。

解剖结构

海洋微藻大都属于绿枝藻纲，每个都由单个活细胞构成，其体积通常很小，人类难以用肉眼看到。即使是稍大的物种，比如海球藻属和翅果藻属的成员，其横截面的长度也只有0.1—0.8mm，因此看起来和尘埃差不多大。一些绿藻能够游动，通过拍打其所具有的两个或多个毛发状结构——鞭毛在水中移动。其他没有鞭毛的，则不能借此推进。此类植物中的一些物种的生命历程由两个阶段组成——游动形式阶段和非游动形式阶段。所有的绿藻都含有叶绿体，即包含绿色色素——叶绿素的结构，植物利用叶绿素来进行光合作用。

绿色海滩

一些微藻和蠕虫形成了双方都能获益的共生关系。在海滩生活的蠕虫摄食微藻，因而呈现绿色。在低潮时，它们从沙子底下爬到表面的水塘中，以便其体内的微藻进行光合作用。蠕虫则得以吸收微藻所产生的食物。这类蠕虫的大量聚集令海滩呈现淡绿色。

动物—微藻关系

这些海洋扁形虫在年幼时摄食微藻，后者不断繁殖，最终每条虫体内可能含有25,000个微藻细胞。成虫完全依赖微藻提供营养物质。

生境

除了少数例外，海洋微藻大多成百万计地在海洋的日照区中游动或漂浮，以进行光合作用。它们在富含营养物的水域中数量更多，比如那些受益于沿海径流的地方。在温带的沿海海域，每到春季，营养物质增多，光照水平上升，微藻随即快速繁殖，为浮游动物创造了大量的食物。这样的数量激增使水体透明度在数周内都较低。一些微藻生活在动物（见本页右侧栏）和浮游原生生物体内，比如在放射虫（详见第237页）的附属物内（根足亚纲）和夜光藻（详见第236页）这种甲藻体内。

绿潮

微藻繁殖迅速，是最早对春季丰富的营养物质做出反应的生物。当没有什么掠食者时，它们疯狂繁殖，其密度之高令海水都变绿了。

纲 绿枝藻纲

绿海球藻 *Halosphaera viridis*

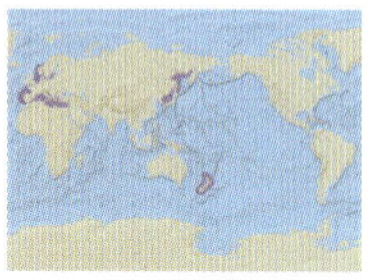

大小 20—30μm（可活动阶段）

分布 大西洋东北部、太平洋东部

每个绿海球藻都是一个梨形小细胞，一端有4条可游动的鞭毛。它以一分为二的方式进行繁殖，从而达到较高的浓度；一些细胞不时地变成小孢囊，孢囊的内质又分裂成小圆盘体。每个圆盘体最终成为一个带有鞭毛的细胞，被释放到海中。每平方米开阔海域可能就有数百个孢囊，其可能是较大的浮游动物的重要食物来源。

纲 绿枝藻纲

皱叶扁藻 *Tetraselmis convolutae*

大小 10μm

分布 英国和法国西部沿岸的大西洋东北部海域

皱叶扁藻尽管能独立生存，但更常生存于虫体内（见上方栏），与虫形成共生关系。虫为其提供隐蔽和稳定的生存环境。虫的向光行为则为皱叶扁藻提供了进行光合作用的理想条件，而后者则为自身和虫制造营养物质和能量。

苔藓

域 真核生物域
界 植物界
门 苔藓植物门
种 13,365

苔藓是在陆上潮湿环境中大量生长的矮生植物，在地面或岩石上形成地毯状。它们不喜富盐的环境，只有部分种类生长在海岸的潮间带，并且主要是在较冷地区。在更为接近陆地，不受盐雾直接影响，但仍处于富含水分的海雾影响范围内的区域，苔藓的种类更为多样。

生境

苔藓一般更喜欢潮湿、阴暗的地方，在较冷、较潮湿的温带地区数量最多。这是因为它们缺乏能使其他植物保持水分的厚角质层。没有这种皮肤似的表层提供保护，它们在干燥的环境中很快枯萎。不过，在经受了长期的干旱后，一旦环境变潮湿，一些苔藓便能以惊人的能力恢复生机。一些种类的苔藓生长在盐沼或多岩石海岸上部的地衣之间，而在几乎不受盐雾侵袭的掩蔽海岸，苔藓仅生长在高潮线之上的地带。沙丘苔藓的生长速度很快，以便跟上沙子聚集的速度，而被吹离的苔藓片段能占据新的沙丘地带。更多其他苔藓物种则生长在远离潮间带的海崖上和潮湿的溪谷中。

山赤藓

这种苔藓生长在海岸沙丘上，干燥时叶子卷曲（图中左侧），但湿润后，在数分钟内便重新展开（图中右侧）。

解剖结构

大多数的苔藓具有可辨识的茎叶结构，并与其他植物一样，通过这些结构进行光合作用。然而，不同于开花植物（详见第250页），苔藓不具有起支撑作用的木质组织，也缺乏输送水和营养物质的输导组织。苔藓有一层非常薄的表层细胞（角质层），通过整个表面来吸收（或释放）水、营养物质和气体。它们的“根”是简单的丝状体，称为“假根”，起到固定作用。它们既可通过风吹送孢子的方式进行有性生殖，也可通过在地上蔓延进行无性生殖。

产生孢子

苔藓的叶子长在低处，但会长出更高的带有球状端的结构——子囊，从其中释放孢子。

纲 藓纲

山赤藓

Syntrichia ruraliformis

大小 1—4cm
形态 黄绿色至橙棕色，垫状或地毯状
生境 移动的沙丘
分布 太平洋东部，大西洋西北部，地中海

这是最先占据移动沙丘的苔藓种类之一。它通常形成覆盖数平方米沙丘的广阔群落，使沙子因而呈现淡金黄色。其叶子被数百个小小的乳头状突起所覆盖，能快速吸收水分。叶子逐渐变尖，最终形成长长的白色毛点。这种苔藓能从随风散播的片段中长出新的植株。

纲 藓纲

黑氏丛藓

Hennediella heimii

大小 3mm
形态 单一的绿色植物
生境 盐沼、其他海岸区域
分布 呈斑块状分布于全球的温带和寒带海域

这种微型的苔藓是耐盐植物，能适应高盐度的生长环境，很少生长在内陆。它是极少数在盐沼中生长的苔藓种类之一，长在盐沼上部那些夹在其他植被之间的空白地块上。它也生长在很多其他海岸生境中，包括溪岸、海堤背面以及小径上。这种植物虽小，但能大量生存，并传播到远处，这要归因于其众多结实的深锈棕色子囊，这些子囊长在不到1cm高的短茎上。短茎上还长着带有长长的尖端的囊盖，囊盖通过中央的茎柄连接在子囊上，但保持敞开以便释放孢子。这种苔藓广泛地分布于较寒冷的地区。

纲 藓纲

溪岸裂齿藓

Schistidium maritimum

大小 2cm
形态 深墨绿色，紧实垫状
生境 坚硬的酸性岩，盐沼
分布 北美洲西海岸和东海岸，欧洲西部沿岸

这种深墨绿色的苔藓呈小型垫状长在坚硬的酸性岩上，与海滨地衣共存于高潮线之上的地带，也出现在盐沼中。它常被盐雾打湿，偶尔被最高潮的潮水淹没。它是真正的耐盐物种，即便被海水浸泡了数天仍能正常生长，且仅长在含盐的环境中；在英国，其生长区域都在距海400m的范围内。干旱时，其叶会卷曲。冬季，其短茎上长出棕色的小子囊。

纲 藓纲

无齿木灵藓

Muelleriella crassifolia

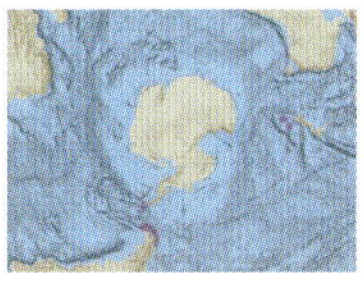

大小 2—13cm
形态 黑色，垫状和席状
生境 岩石
分布 南美洲南端，围绕南极洲的海洋上的各岛屿

这种苔藓是溪岸裂齿藓（见上）的南部版本，生长在通常为地衣所占据的浪溅区的海岸岩石上。当发生暴风雨时，它常被海水淹没。它生长在智利南部和亚南极地区的各岛屿上，并成为优势种。比如，赫德岛的暴露的沿海火山岩上海拔不到5m处生长的耐盐雾植物群落中，无齿木灵藓就占据了主导地位，并且占据了废弃的建筑物。

开花植物

域	真核生物域
界	植物界
门	维管植物门
纲	被子植物纲
种	260,000

植物占领陆地后，陆地开花植物成为地球上最丰富、最具多样性的生命形态之一。不过，相对来说，其中只有很少的种类适应了海岸沙丘和悬崖那受贫瘠土壤、盐雾和干燥风影响的生长环境。其中一些迷人物种仅生存在这种环境中。很少有开花植物返回海洋中：盐沼植物和红树植物在高潮时被浸，但只有海草是完全生长在水下的。

解剖结构

开花植物又被称为"被子植物"，不同于苔藓、海藻和微藻，其独特之处是具有果实和花。它们适应了在空气中生长的环境，通过根吸收淡水。如果它们将咸水吸入到其维管系统中，细胞液中的水分就会被引向盐度更高的溶液，并通过渗透作用析出。这对细胞来说是致命的，但红树植物通过泌盐的方式解决了这一问题，而肉质植物则在其细胞中对盐分进行分隔。海草将自身细胞中的盐度调节成与海水的盐度一致，从而完全适应了环境。大多数海草的形态都相似，其草状的薄叶片能轻易地交换营养物质和气体。红树植物生长在缺氧的泥滩上，通过长出气根来帮助泥里的根进行气体交换。许多被子植物的种子无法在海水中生存，但椰子的种子因为有防水的外壳，所以能够在海洋中存活很长时间。海草是在水下授粉的，为了增加花粉粒沾上雌性柱头的概率，其释放的花粉为黏稠的丝状。

发芽的种子

椰子是果实，而果实是开花植物的一个显著特征。椰子具有浮力和防水的外壳，从而适应了海洋环境。

海水中的植物

海草是单子叶植物（具有狭窄的带状叶子的一类开花植物），但并不是真正的草，也没有单一的进化起源。其共有5科59种，尽管主要生活在半咸水中的川蔓藻科并不总是被认为是海草中的一个科。盐沼植物多数较小型，而且是草本的，早期的优势植物包括泌盐的大米草和小型肉质植物（例如盐角草）。其他耐盐开花植物生长在距离海岸更远的稳定盐沼中，形成浓密的草皮。盐沼（详见第124页）在气候较冷的地区形成，而在热带海域，它则被红树林（具有独特气根的树）取代。红树植物有16科54种。与海草一样，它们并没有单一的起源，因此红树植物的习性是通过数次独立进化而获得的。

没入水中的红树林

当潮汐来临时，没入潮水中的红树林拱状根形成了一个微型丛林，小鱼藏身其中。

鳗草

从阿拉斯加的寒冷水域到热带海洋都有海草分布。图中为长在苏格兰一处峡湾中的鳗草。

海岸植物

更多种类的开花植物生长在高潮线以上的地带。耐盐的草是盐沼高处地带植被的重要组成部分，而在沙丘系统的向海边缘，草类通常最先扎根，固定流沙。在海滨上部的沙地及掩蔽的砾石滩，长有一些深根植物。在离海岸更远一些的沙丘及丘间低地上，长有更多种类的花和一些品种的苔藓。这些植物受盐雾影响，但不会被潮水淹没。这些贫瘠的沙地土壤上生长着大量的固氮菌。在气候较温暖的地区，像沙漠花卉一样，一年生植物在季节性降雨后开花。在悬崖顶部，植物可得益于海鸟粪便的滋养而茂盛生长。

海岸花卉

在晚春时，海石竹漂亮的粉色头状花序使多岩石海岸和盐沼的景观发生改变。海石竹紧密的垫状形态使其能抵御海风和严寒的侵袭。

丘间低地的植物群

在加那利群岛海滩后方这些丘间低地上，一年生植物在雨后短暂开花。它们需要赶在被夏季的太阳晒枯之前，快速开花结籽。

目 茨藻目

大洋洲波喜荡草

Posidonia oceanica

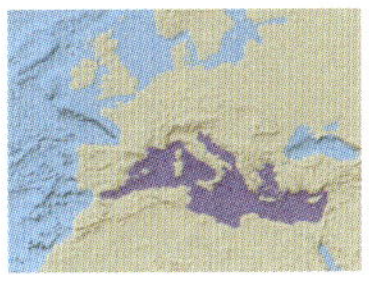

类型 多年生植物

高度 30cm

生境 岩石和沙滩

分布 地中海

大洋洲波喜荡草在从浅海区到（最清澈水域中）水下45m深处的区域内形成草甸。它生长在岩石和沙滩上，具有坚韧的纤维质基部以及宿存的横向、纵向生长的根状茎（茎）。这些构成了一个可达数米高并有数千年寿命的结构。在意大利的伊斯其兰岛周围，与大洋洲波喜荡草形成的海草床有关的物种达到800多种。

目 水鳖目

喜盐草

Halophila ovalis

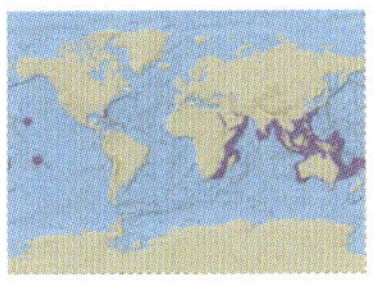

类型 多年生植物

高度 6cm

生境 沙滩

分布 美国佛罗里达州海岸，东非海岸，东南亚海岸，澳大利亚沿岸以及太平洋各岛屿沿岸

喜盐草属的物种的薄叶柄上均长有椭圆形小叶子，形态与其他海草差异很大。正如其学名（“*Halophila*”意为“喜欢盐”）所暗示的那样，其对高盐度有很高的耐受性。其授粉在水下进行，释放的椭圆状小花粉粒呈链状，继而聚集成筏状，若羽毛漂浮。人们认为，这增加了给雌花授粉的概率。喜盐草虽较小，却是儒艮（详见第419页）的重要食物。一头成年儒艮一天能吃喜盐草逾40kg。

目 禾本目

欧洲沙芽草

Ammophila arenaria

类型 多年生植物

高度 0.5—1.2m

生境 海岸沙丘

分布 欧洲西部和地中海地区有天然分布；被引种到其他地方

欧洲沙茅草是一种高而尖的草，在连接海岸沙丘和构成沙丘方面发挥着重要作用。其地下的茎（根状茎）在疏松的沙中蔓延，并沿其长度有规律地长出直立的枝。当其纠缠的枝叶阻挡了向岸风时，风所携带的沙便沉积下来。沙子逐渐堆积，而欧洲沙茅草的茎则在沙中继续生长，最终促成沙丘的形成。当干旱时，其叶卷成管状，于是叶的下层成为外围层，其蜡质的表层能减少水分的散失。这种草被广泛种植以固定被侵蚀的沙丘，为此，其已被引种到北美洲（在那里它被称为“欧洲海滩草”）、智利、南非、澳大利亚和新西兰。

目 石竹目

盐角草

Salicornia europaea

类型 一年生植物

高度 10—30cm

生境 沿海泥滩和盐沼

分布 北美洲西岸和东岸，欧洲西部海岸以及地中海沿岸

盐角草也叫“海蓬子”，是盐沼和泥滩低处的早期优势种，植物在那里每天被潮水淹没两次。它是一种小型的仙人掌状植物，其鲜绿色的茎以后会变成红色，微小的花和鳞片状的叶陷入肉质茎中。其厚厚的蜡质表皮能保护植物，使其免受咸水的侵害，同时防止自身水分流失。它可以把通过根吸收的盐分锁在细胞中的液泡（小腔）里，从而防止其造成危害。它将水分储存在肉质茎中，形成了类似仙人掌的形态。数世纪以来，人们采集盐角草，将其燃烧以获取富含苏打（不纯的碳酸钠）的灰烬，再将这些灰烬烘烤，与沙子融合来制造粗糙的玻璃。盐角草煮后或用醋腌制后，可以食用。它有一种淡淡的盐味，也被称作“穷人的芦笋”。

目 蓝雪目

普通补血草

Limonium vulgare

类型 多年生植物

高度 20—50cm

生境 泥泞的盐沼

分布 欧洲西部海岸，地中海、黑海和红海的沿岸

这种艳丽的植物在夏末开花，通常在盐沼中形成浓密的群落，特别是在泥泞的溪岸上。补血草中几种关系紧密的物种的分布有很明显的地域性。例如，其中两种仅局限于威尔士的两个多岩石半岛上，而其他的则仅见于西西里岛和科西嘉岛。补血草的各个物种常被称作“星辰花”，作为“永不凋谢”的花进行商业种植。这些多彩、纸状的“花”事实上是真正的花凋谢后的残留物。

目 罂粟目

黄花海罂粟

Glaucium flavum

类型 二年生或多年生植物

高度 50—90cm

生境 砾滩，有时在沙滩

分布 欧洲西部海岸，地中海沿岸，黑海沿岸

这种植物也被称作“黄角罂粟”，其叶面覆盖有蜡质层，可保护其免受盐雾的侵害，同时减少水分的流失。其主根深入砾滩底层以汲取水分。在夏季，大部分时间都开花，花朵直径可达9cm。

目 花葱目

假厚藤

Ipomoea imperati

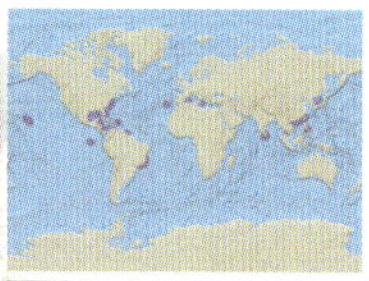

类型 多年生植物

长度 可达5m

生境 海滩和草原

分布 广泛分布于热带或温暖的温带的海岸和岛屿上

这种先锋植物能固定海岸沙粒，有助形成适宜其他物种迁入的生境。其能承受低营养物水平、高土壤温度、飞沙磨蚀和掩埋，还能抵御偶尔的霜冻，但研究表明其无法经受飓风吹袭。其有时也长在内陆受到干扰的地面上，在陆地和孤岛上都有生长。

目 桃金娘目

红海榄

Rhizophora stylosa

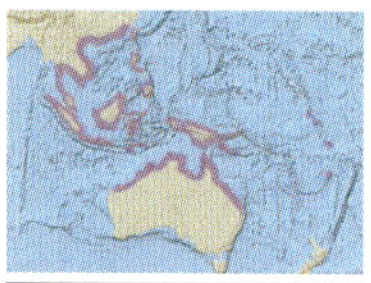

类型 多年生木本植物

高度 一般5—8m，但可达40m

生境 潮间带的泥滩

分布 澳大利亚北部海岸，东南亚沿岸，南太平洋各岛屿沿岸

红海榄的气根从主干上长出，主根呈拱形扎入泥滩，其在泥滩以上的部分还长出次生根，于是形成向各个方向生长、缠结成团的根系。涨潮时，这些根成为很多小鱼的避难所。这种红树植物能够适应多种类型的土壤，不过在河口泥泞的细颗粒沉积物中长势最好。它的根对水分的吸收具有选择性，因此很多具损害性的盐分并没有被吸收，不过，它仍需要通过叶子泌盐。

目 白花菜目

岩芥

Cochlearia officinalis

类型 二年生或多年生植物

高度 10—40cm

生境 沿海岩石和盐沼

分布 欧洲北部海岸，亚洲沿岸，北美洲北部沿岸

这种沿海植物较厚的肉质叶使其能在淡水很快流失的环境中储存水分（生长在山上的岩芥叶子较薄，可能是不同的物种）。其叶富含维生素C。人们曾经食用它，或将之制浆饮用，以预防坏血病——一种因缺乏维生素C而引致的疾病，水手容易患上该病。

目 石竹目

白避霜花

Pisonia grandis

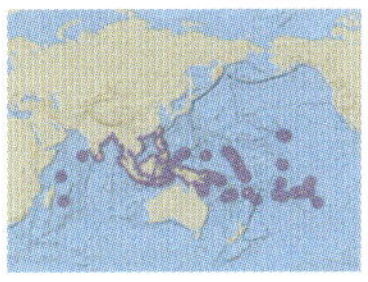

类型 多年生木本植物

高度 14—30m

生境 沿海和岛屿森林

分布 印度洋、东南亚和南太平洋的沿海和岛屿

这种植物常见于热带小型岛屿，分布地与海鸟的栖息地密切相关。它能长到30m，主干的直径可达2m，通常是未受人类影响的沿海丛林中最主要的树种。它为许多种海鸟提供了筑巢和栖息的场所，而这些海鸟的粪便则是孤立的岛屿上的重要肥料。其枝条较易折断，能扎根于土地中。

“杀鸟”树

白避霜花的种子每50—200颗成一簇，并伴有植株所分泌的树脂，特别黏稠。它们会粘到海鸟的羽毛上，随后可能被带到遥远的岛屿。这是一种有效的传播方式，但其种子过于黏稠，一些小鸟常因被缠住致死。

目 木麻黄目

木麻黄

Casuarina equisetifolia

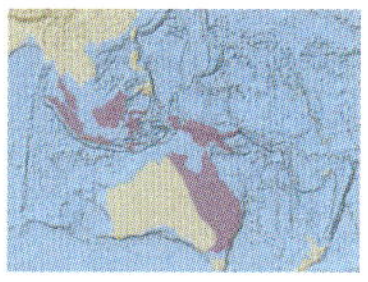

类型 多年生木本植物

高度 20—30m

生境 沿海和岛屿森林

分布 东南亚，东澳大利亚及东南太平洋各岛屿

木麻黄通常长在海岸线上，但在距海800m的内陆也有生长。木麻黄生长快速，能在12年的时间里长到20m高。它耐旱，能够生长在贫瘠的土壤中，因为它能通过根上的结节固氮。它的木质坚硬，被用作建筑材料和木柴。树皮被广泛用于传统医学中。

目 槟榔目

椰子树

Cocos nucifera

类型 多年生木本植物

高度 20—22m

生境 沿海多岩石、多沙及珊瑚质土壤

分布 全球热带和亚热带海岸

椰子树曾经是太平洋各岛屿上的主要生物。它能够提供食物、饮料、燃料、药物、木材、垫子、家庭用品和屋顶建材。如今，它仍是很多太平洋岛屿上的重要口粮作物。其原产地是印度—马来亚区的多沙海岸，但依靠其天然的传播机制和人类的种植，它如今的生长范围变得更宽广。椰子树果实的纤维质外壳可以助其漂浮，种子因而得以借助海浪和洋流到达远方。在热带和亚热带以外的地区，椰子树无法长出果实。

椰子树

椰子树的寿命可长达100年，一棵成熟的椰子树每年能长出50—80个椰子。其叶基每年都会凋落，在树的主干上留下圆圈状的疤痕。

椰子

椰子树的果实重1—2kg。1个椰子包含1颗种子，富含养料，其一部分为固体（果肉），一部分为液体（椰子汁）。

真菌

域	真核生物域
界	真菌界
门	5
种	46,574

真菌是个单细胞及丝状生命形态所构建的巨大王国，成员包括酵母和霉菌。其中一些（比如蘑菇）将其菌丝组织成复杂的产孢结构。真正的海洋真菌极为少见，但一些类菌生物体能够在黏液的包裹中存活，避免与海水接触。真菌在海岸线极为丰富，但仅与某些藻类密切相关。藻类和菌类能以一种共生复合生物——地衣的形态生存。地衣在位于高潮线以上的条件恶劣、被海浪拍打的裸露岩石上繁殖。

被地衣覆盖

在海岸，真菌若与藻类以亲密的共生关系——地衣的形式生长，便能大量繁殖。从下图可见，壳状地衣和叶状地衣覆盖着苏格兰设得兰群岛的砂岩峭壁。

解剖结构

地衣的身体（菌体）主要由真菌菌丝构成，其藻类伙伴的细胞被限制在表层之下的一个薄层中，在那里它们不会变干。地衣的生长形态共有4种：丛状（枝状）、叶状、紧密的簇状（鳞片状）或扁平状（壳状）。

海洋的类菌生物体（比如拟网黏菌和破囊壶菌）是微观的，通常是透明的，并被黏滑丝线构成的网包住。细胞在丝线内上下移动，对食物做出积极反应。不过，它们越来越被认为是原生动物，而不是真菌。

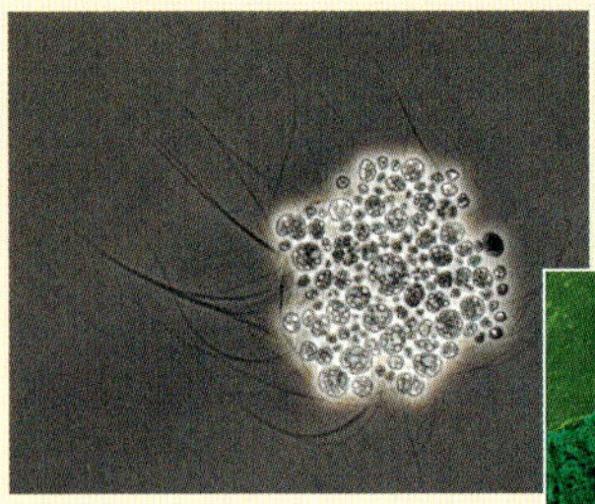

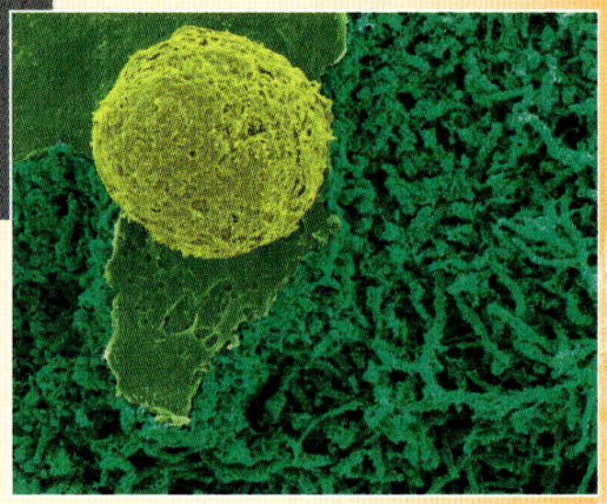

地衣的构成

地衣的假彩色显微图像（下图）显示了左侧菌体的光滑表面和右侧的真菌菌丝。

包裹在黏液中

这种破囊壶菌（上图）是类菌生物体，它像寄生虫一样生活在某些双壳类动物体内。它的黏液网形成了一个完整的外层。

生境

大多数地衣需要交替经历干燥和湿润这两种状态，但海洋地衣能够承受持续性的干燥或潮湿。在大多数的多岩石海岸，黄色和灰色地衣占据了高潮时被海浪拍打的岩石表面（浪溅区）。它们可承受烈日燥风和盐雾的侵袭。在稍低的潮汐带，鲜艳的地衣让位于黑色的壳状地衣（比如黑焦油瓶口衣），后者覆盖在基岩和任何大型、稳定的砾石表面。有一种瓶口衣（*Verrucaria serpuloides*）生活在海岸更低处，是唯一能够永久性浸在海水中的地衣物种。

拟网黏菌之所以能够生活在海洋中而免受咸水引起的脱水作用侵害，归功于其黏液或生活方式（像寄生虫一样生活在海草、绿藻或蛤蚌中）。

在浪溅区以下

一些地衣生长在浪溅区之下，可能会被海藻围绕，右图中壳状的黑色瓶口衣便是如此。

门 子囊菌门

长角树花

Ramalina siliquosa

长度（枝条） 2—10cm

生境 浪溅区以上的坚硬硅质岩

分布 大西洋东北部及西南部，日本沿岸，新西兰沿岸

贫瘠的硅质岩是长角树花等灰色地衣所钟爱的生境。长角树花通常呈灰绿色，为脆弱的丛状（枝状）结构，其籽实体位于枝条末端，呈圆盘状，被称为“子囊盘”。这种地衣不能承受践踏或啃食，因此在岩石的垂直面生长得最好，它通过其基底的单个固定器进行固定。

门 子囊菌门

石黄衣

Xanthoria parietina

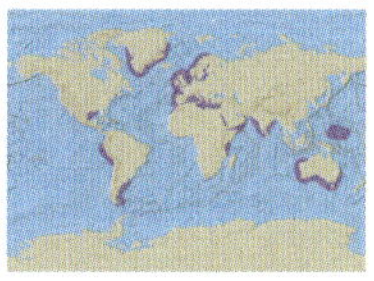

宽度 长达10cm

生境 浪溅区；喜含氮化合物丰富的表面

分布 大西洋温带海域，墨西哥湾，印度洋和太平洋

在大多数岩石海岸，不同种类的地衣依其耐盐性的不同而呈现明显的垂直分布。石黄衣出现在浪溅区，形成一道横跨海岸的亮橙色条带，其之上是灰色地衣，之下是黑色地衣。其形态为叶状，缓慢生长的叶片大致与其附着的岩石平行。颜色通常为亮橙色，若生长在阴凉处则往往偏绿。地衣被广泛用于空气质量监测，因为空气条件一旦恶化，它们就消失。石黄衣对二氧化硫尤为敏感，后者是工业生产和化石燃料燃烧的副产物。

门 子囊菌门

黑盘灰衣

Tephromela atra

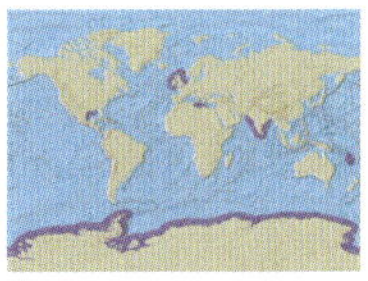

宽度 可达10cm

生境 浪溅区之内以及之上

分布 极地海岸，美国加利福尼亚州海岸，墨西哥湾，地中海，印度洋

黑盘灰衣等壳状地衣通过菌丝将自身牢牢附着在岩石上，很难移除，并在岩石表面形成一层壳。这些菌丝在干燥时收缩，湿润时膨胀，随着时间的推移，岩石会在其作用下发生破裂。黑盘灰衣是厚厚的灰色地衣，其表面粗糙，常有裂纹，从中伸出许多其特有的黑色籽实体。

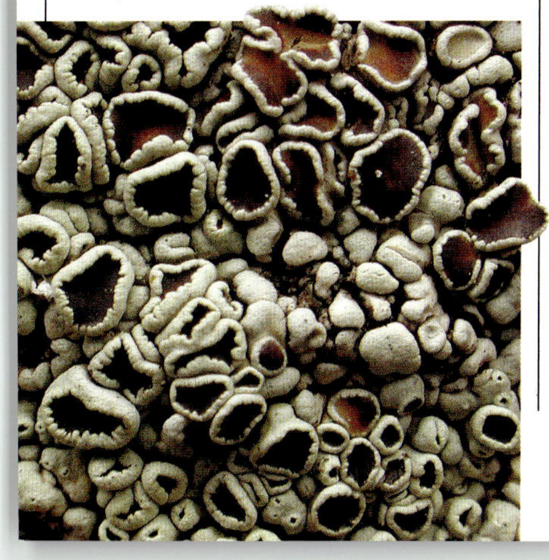

门 子囊菌门

黑焦油瓶口衣

Verrucaria maura

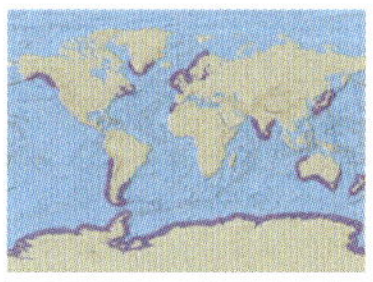

厚度 1mm

生境 潮间带

分布 温带和极地海岸，印度洋，日本

这种光滑的黑色壳状地衣在基岩或稳固的巨砾上形成大面积的薄薄的覆盖层，使之看起来好像布满了暗黑色的油漆。许多种地衣都会在体内积聚重金属，黑焦油瓶口衣也不例外，其铁含量是周围海水的约250万倍。这可能是为阻止腹足类等食草动物对其进行掠食的适应性进化结果。

门 子囊菌门

蓝藻型灰地衣

Pyrenocollema halodytes

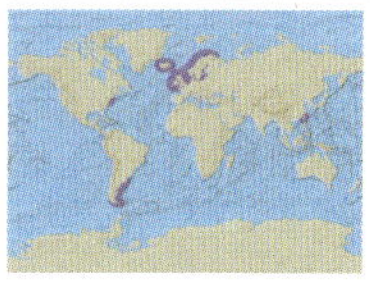

大小 尚无记录

生境 较高海岸的岩石上和一些定栖的无脊椎动物的贝壳上

分布 大西洋东北部和西南部的温带海域

蓝藻型灰地衣在坚硬的钙质岩上形成黑棕色的小斑块，其不同寻常地与3种生物——真菌、蓝细菌和一种海藻形成紧密关系。真菌将它固定在岩石上，蓝细菌和海藻则含有叶绿素，通过光合作用产生食物。蓝细菌还可以对氮加以利用，但这一过程会消耗大量能量，得借助光合作用中产生的糖来提供所需的能量。

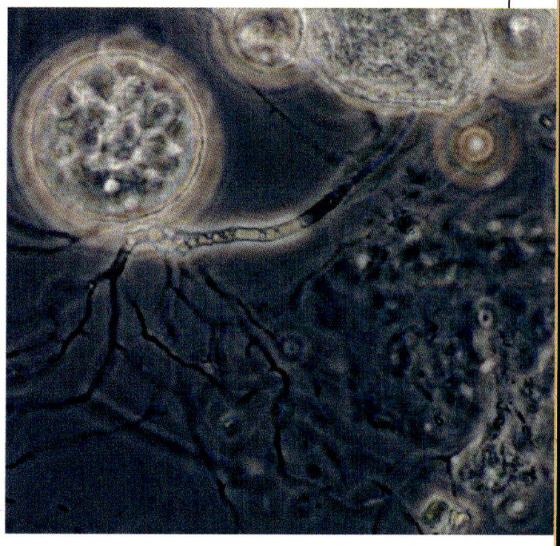

门 子囊菌门

矮盾藻衣

Lichina pygmaea

宽度（叶片） 可达1.5cm

生境 中滩的较低沿岸带，经常为潮汐所淹没

分布 大西洋东北部，从挪威至非洲西北部沿岸

这种地衣通常生长在阳光充足的裸露岩石表面，呈丛状（枝状），具有分叉的棕黑色扁平叶片，看起来像海藻。其小小的、肿胀的籽实体位于枝梢。它经常与藤壶一起生长，但并不能与海藻一起生长。其长势紧凑的坚硬分枝为一些软体动物提供了藏身之处，尤其是具有粉色壳的小型腹足类——红拉沙蛤。盾藻衣属的所有物种都仅生长在沿海地区。

海洋生物

动物生命

域	真核生物域
界	动物界
门	约30
种	超过150万

动物生命于10亿多年前首先在海洋中出现，之后进化出种类繁多的不同物种。海洋动物的大小差异巨大：体形最大的鲸是体形最小的无脊椎动物的50万倍。尽管如此，所有动物都有两个相同的关键特征：首先，它们都是异养生物，从食物中获得能量；其次，它们都是多细胞生物，这是它们与单细胞生命形式的区别。

无脊椎动物

上图的黄色管状海绵生长在伯利兹邻近海域，是典型的固着无脊椎动物。它将水吸入气孔，滤食其中的颗粒，而非移动觅食。

会改变的外形

大多数无脊椎动物的外形会随着其生长而改变。海羽星幼年时在水中漂流，最终会附着在珊瑚或岩石上，成年后则能自由游动。

海洋动物多样性

动物被分为30甚至更多的大类（门），每一门都至少包含一些海洋动物。其中29门由无脊椎动物组成，每一门动物的体平面都与其他门的动物截然不同。只有脊索动物门这一门包含脊椎动物。在海水中，脊椎动物包括鱼类、爬行动物、鸟类和哺乳动物，这些动物经常被视为海洋生命的主要形式。然而，就丰富性和多样性而言，无脊椎动物才当之无愧。

所有的海洋生境中都有无脊椎动物，其数量是海洋脊椎动物的100万倍，包括大量的固着动物，如珊瑚和海绵；也包括大部分的浮游动物，即漂流的微小动物和动物幼体群落。

脊椎动物

活跃的捕食者（比如这条梭鱼），需要敏锐的感官和快速的反应来捕猎。与无脊椎动物不同，它们的神经反应敏捷，大脑发达。

泡沫筏

紫螺通过产生黏液泡沫来维持漂浮状态。这种黏液会逐渐硬化，形成永久性的"筏"。

支撑和浮力

在陆地上，大多数动物都有坚硬的骨骼，以抵消重力的作用。海洋动物则不同，因为水的密度比空气高，水母等软体动物得以漂浮，它们因而可以长得较大。它们利用体内的压强来维持其外形，这和气球的原理相同。身体具有坚硬部分的动物，如鱼和贝类，其密度通常比水高，会自然下沉。为解决这个问题，它们中许多都具有浮力机制。硬骨鱼有充满气体的可调节的鳔，而鱿鱼体内则有白垩质的囊，其中有许多充满气体的空隙。一些生活在水面的动物，如紫螺，有充满气体的浮囊，能防止自身下沉。

群体和个体

海洋动物的物种涵盖从独自生活的物种到永久性群居的物种这整个范围。鲸鲨是典型的独居动物，除繁殖期外，其余时间独自生活。它能这样是因为其体形庞大，天敌很少。较小的鱼往往组成鱼群，从而降低因落单而遭受攻击的概率。从珊瑚到被囊动物，许多无脊椎动物以永久性集群的方式生存，这种群体被称为"群落"。在大多数珊瑚群落中，个员（或称"水螅体"）的解剖结构完全相同，以独立的单位活动，即便它们是相互连接的。其他动物群落，如僧帽水母，则由不同形态的个体组成。每种形态的个体都承担着不同的任务，就像单个动物的各身体部位一样。

移动的群落

一名潜水员在拍摄佛罗里达州邻近海域中的一个火体虫群落。此群落由数以千计的微小的软躯体动物（被囊动物）组成，它们连接在一起形成管状群落。

以数量获取安全

群居的条纹鳗鲇（右图）挤聚成球体，以迷惑天敌。

孤独的庞大生物

鲸鲨（下图）是独居动物，遍布于热带海域，只在繁殖季聚集于某些特定区域。

繁殖

动物的繁殖方式有两种。一种是无性生殖，即单个母体分裂为两个子体，或者长出（母体上长出芽体）之后会分离并独立生活的部分。从扁形虫到海葵，许多海洋动物都以无性生殖的方式进行繁殖。另一种是有性生殖，即雌雄成体的卵子与精子结合。珊瑚和蛤蜊等固着动物通常将卵子和精子排入水中，任其随机结合。一些鱼类、所有的哺乳动物以及鸟类的受精都是在体内进行的，这意味着两性之间需要进行交配。海洋动物的繁殖能力差别很大。大多数鲸每次繁殖只产1头幼崽，而1条翻车鲀1年则可产3亿颗卵。

求偶

科隆群岛上的两只波纹信天翁正在进行求偶仪式。类似的复杂仪式，能确保每只成体找到种类和性别都正确的配偶，且一旦开始繁殖，双方便会建立起牢固的关系。

单一母体

这只海葵正在长出芽体，这些芽体最终将独立生活。无性生殖简单快捷，但基本不产生遗传变异，因而物种较难通过无性生殖获得应对变化的适应性。

海洋交响乐

下图中，一条濑鱼正在红海的珊瑚之间觅食。珊瑚礁的生物多样性是海洋生境中最高的，它也是少有的真正由动物创造的生境之一。

海绵

域	真核生物域
界	动物界
门	多孔动物门
纲	4
种	约8700

这群丰富多样的无脊椎动物通常色彩鲜艳，永久性附着在海床上。自然科学家们曾经认为它们是植物，但如今已知它们是很简单的动物，没有近缘类群。海绵通过小孔（气孔）将水吸入体内，过滤并吸取其中的食物和氧气，再将水排出。其中许多物种生活在珊瑚礁或岩石上，有一些则生活在淡水中。

生境

大多数海绵需要坚硬的表面来附着，但有些可生活在松软的沉积物中，还有一些能够钻入岩石和贝壳中。海绵在不同温度和深度的岩礁、沉船和珊瑚礁上都很常见。在有强潮汐的地方，它们能获得额外的食物，因此数量最多。螃蟹和蠕虫等动物有时会生活在海绵体内，但几乎没有动物能在其表面栖息并生长，因为海绵会分泌化学物质来阻止猎食者掠食。

会发生改变的形态

在不同的生境，许多海绵的形态也不同。这种海绵在汹涌的水流中为手指状（上图），但在遭受波浪冲刷的地方则为壳状（右图）。

解剖结构

海绵的体平面以输水导管系统为基础，此系统内层布有被称为“领细胞”的特殊细胞。领细胞为海绵所特有。每一个领细胞都挥动其长鞭毛，在此作用下，水通过气孔被吸入海绵体内。鞭毛基部环绕着一圈微小的触须，可网罗食物颗粒，而水和废物随后则从较大的孔排出体外。由二氧化硅或碳酸钙构成的骨针形成骨骼，遍布海绵全身，使之具有硬度。

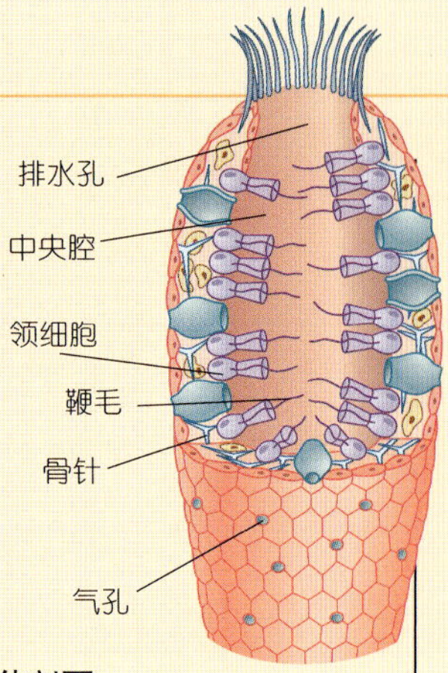

躯体剖面

海绵有特殊的细胞，但没有器官。水通过空心的气孔细胞进入海绵体内，并从较大的排水孔排出。

形状多样

海绵形状多样，有管状、球状和线状。图为棕色管状海绵和形状不规则的深红色海绵。

纲 六放海绵纲

圣杯海绵

Heterochone calyx

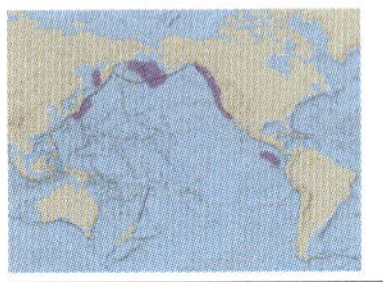

高度	可达1.5m
深度	100—250m
生境	坚硬的深海海床

分布 太平洋北部深海的寒冷水域

圣杯海绵不仅看起来像精巧的玻璃花瓶，连其骨针的质地也和玻璃相同，即硅质。每枚骨针有6个辐，六放海绵纲的名字即由此而来。这类海绵大多非常大，在加拿大不列颠哥伦比亚省的邻近海域，圣杯海绵形成了将近20m高的小丘，绵延数千米。六放海绵纲的其他成员也促进了这些礁的形成，这一进程可能从9000年前就已经开始。与珊瑚礁一样，海绵礁也为许多其他动物提供了栖息地。

纲 寻常海绵纲

桶状海绵

Xestospongia testudinaria

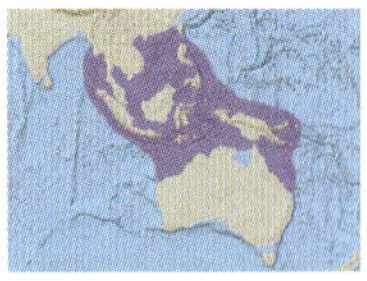

高度	可达2m
深度	2—50m
生境	珊瑚礁

分布 太平洋西部热带水域

这些巨大的海绵内部足以容纳一个人。其坚硬的表层有高隆的脊，但其边缘薄且脆弱。桶状海绵属于寻常海绵纲——海绵中最大的一个纲，囊括了约95%的海绵物种。此类海绵的骨骼由散布的硅质骨针和被称为“海绵硬蛋白”的有机胶原蛋白构成。加勒比海域中有另一种几乎与桶状海绵一模一样的物种——锉海绵。

纲 寻常海绵纲

面包屑软海绵

Halichondria panicea

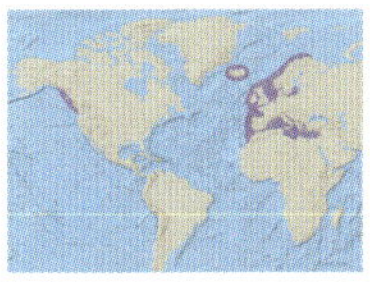

宽度 超过30cm

深度 从海滨到潮下带

生境 坚硬的表面

分布 大西洋东北部和地中海的温带沿海海域

这种壳状软海绵的外观多样，从薄板状到厚壳状，再到大块状都有。在遭受波浪冲刷的海滨，其通常生长在岩架下，呈绿色薄壳状，其排水口位于小丘顶部。其绿色源于海绵组织中共生藻的光合色素。在更为掩蔽的更深水域，其通常呈米黄色。而在水流汹涌的水域，其则覆盖着大面积的岩石区和褐藻茎。

纲 同骨海绵纲

肉质海绵

Oscarella lobularis

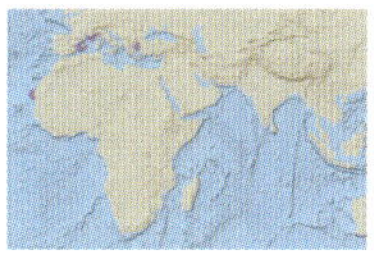

高度 约1cm

生境 潮下带的岩石

分布 地中海，塞内加尔以南海域

这一物种为蓝色，这在海绵中不常见，但其也有绿色、紫色或棕色的。其呈不规则裂片状，因为没有骨针，其观感和触感都光滑而柔软。其也鲜有其他骨骼纤维，因此离水后会坍塌。该属的海绵，连同其他6个属，最近从寻常海绵纲中被划出，各自划为一个纲。在英国周边出现的一种类似的黄色海绵与其名称相同，但两者被认为是不同的物种。

纲 寻常海绵纲

管状海绵

Haliclona fascigera

高度 可达1m

深度 10m以下

生境 珊瑚礁

分布 太平洋西部的热带珊瑚礁水域，很可能比图中所示范围更广

这种漂亮的海绵的那些优雅的管状分枝极易断裂，因此其只出现在波浪作用最小的较深海域的礁坡上。其有时为单管生长，但更常见的是基部相连的簇管状。管的顶端为半透明，并略微内卷。其颜色通常为粉紫色，但也有一些为粉蓝色。这种海绵排出精子时看起来就像是冒烟的烟囱。

这一物种的分类情况及其与同一科中其他物种的关系都尚未完全确定，因此其在不同来源中有不同的名称。这种不确定性在海绵研究中也较常见，这意味着其和许多其他物种的确切分类仍有待确定。

纲 寻常海绵纲

沐浴角骨海绵

Spongia officinalis

宽度 可达35cm

深度 1—50m

生境 岩石

分布 地中海，尤其是东部海域

沐浴角骨海绵，如其名所示，处理后可用作沐浴海绵。其呈圆垫状及丘状，通常外表为暗灰色至黑色，内里为黄白色。其可用作海绵，是因为其没有锋利的骨针，而是由被称为“海绵硬蛋白”的弹性材料构成坚韧的纤维网。其曾一度被大量捕捞，如今较为稀有。

纲 钙质海绵纲

柠檬海绵

Leucetta chagosensis

宽度 可达20cm

深度 浅海

生境 陡峭的珊瑚礁和岩石坡

分布 太平洋西部的热带珊瑚礁水域

这种美丽的柠檬海绵为亮黄色，很容易在水下发现。其形态为囊状，具有不规则的裂片。每个囊都有一个大的开口——排水孔，已用过的水由此排出海绵体外。透过排水孔，能看到贯穿海绵的进水导管的开口。其所属的钙质海绵纲较小，该纲的海绵的矿物骨架完全由碳酸钙骨针构成，这些骨针大多有3—4个辐。紧密分布的骨针令海绵质地坚实。和所有的海绵一样，柠檬海绵是雌雄同体的。其在体内孵化幼体，孵化后的幼体经由排水孔被排出体外。每个幼体都是一个空心细胞团，依靠鞭毛游动。

纲 寻常海绵纲

珊瑚状海绵

Vaceletia ospreyensis

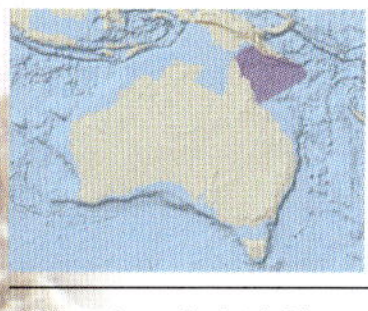

大小 尚无记录

深度 至少20m

生境 黑暗的礁石洞穴

分布 尚不完全清楚，至少包括太平洋西部热带海域

这种海绵是珊瑚状海绵类的一个现存物种，其余大部分物种仅通过化石得以知晓。其巨大骨架由碳酸钙、硅质骨针和有机纤维构成。在现代珊瑚礁的石珊瑚进化之前，珊瑚状海绵是主要的造礁生物。其曾被划为单独的一个纲（硬质海绵纲），如今已被归入寻常海绵纲。

刺胞动物

域	真核生物域
界	动物界
门	刺胞动物门
纲	5
种	10,908

这个古老的水生动物群体，出现于大约6亿年前的前寒武纪。它包括造礁珊瑚、海葵、水母和水螅，其中大部分是海洋动物。刺胞动物的身体呈辐射对称，外形像一个简单的囊，带刺触手环绕着身体上的唯一开口，这一开口既是口也是肛门。刺胞动物有两种身体形态：一是水螅型，以海葵为代表，固着于固体表面，口和触手朝上；二是水母型，以成年水母为代表，能够游动，口和触手朝下。

人类影响

珊瑚饰品

许多珊瑚被人们采集作为纪念品出售，而其中那些最有价值的物种更是遭到了过度采集。某些品种的软珊瑚特别受青睐，因为其钙质支撑柱十分坚固致密，可以承受雕刻、抛光等处理，其中包括贵珊瑚（或称“地中海红珊瑚”，见下图）。尽管一些国家限制贵珊瑚的采集，但到目前为止，尚未有任何国际法规对此物种的贸易加以约束。黑珊瑚（角珊瑚目）的骨骼也很坚硬，可以用于雕刻。

解剖结构

珊瑚和海葵仅以水螅型的形态存在，而其他的刺胞动物在其生命周期的不同阶段可以为水螅型或水母型。水螅体和水母体的体壁均由两种组织构成。外层为表皮，对动物体起到皮肤一样的保护作用。布在体腔上的内部组织层为肠表皮，具有消化功能，并能产生生殖细胞。分隔并连接这两层的是被称为“中胶层”的果冻状物质。触手上有被称为“刺细胞”的带刺细胞，为此门动物所特有，也是其名的由来。它有一个简单的神经系统对触碰、化学物质和温度做出反应。

触手分布

不同种类的珊瑚虫触手数量也不同。所有软珊瑚的珊瑚虫（上图）都有8只触手，其别名“八放珊瑚”即由此而来。六放珊瑚（右图）的触手数目则为6的倍数。

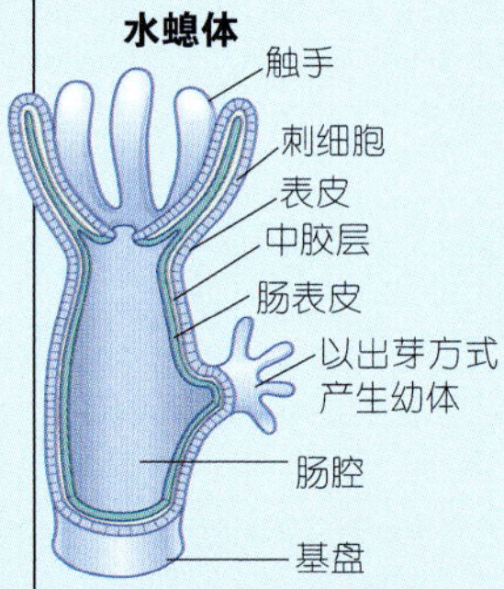

水螅体和水母体

水螅体实质上是一端封闭的管状体，通过基盘固着在坚硬表面上。它们独居或群居。水母体呈钟形，且通常具有较厚的中胶层，有的还具有一圈用于移动的肌肉。

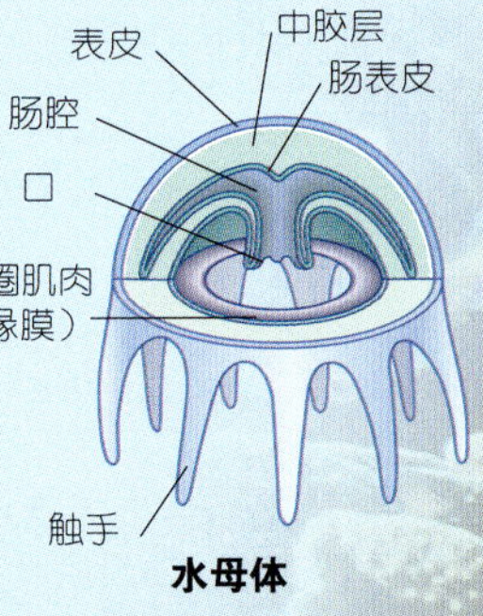

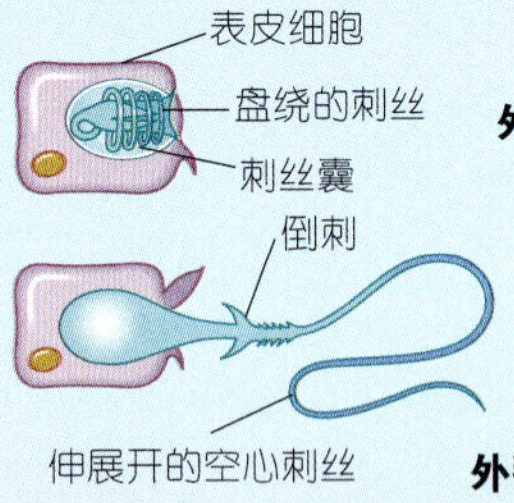

刺细胞

每个刺细胞都有一个灯泡状的结构——刺丝囊，内有一根盘绕的带有倒刺的刺丝。当受到触碰或化学物质刺激时，刺丝便被触发，向外翻出，刺入猎物的皮肤中。之后用触手将猎物拉过来。

骨片

骨片是由碳酸钙构成的小薄片，散布在软珊瑚和海扇的组织中。它们在软珊瑚皮肤下呈现为白色的片（左图）。

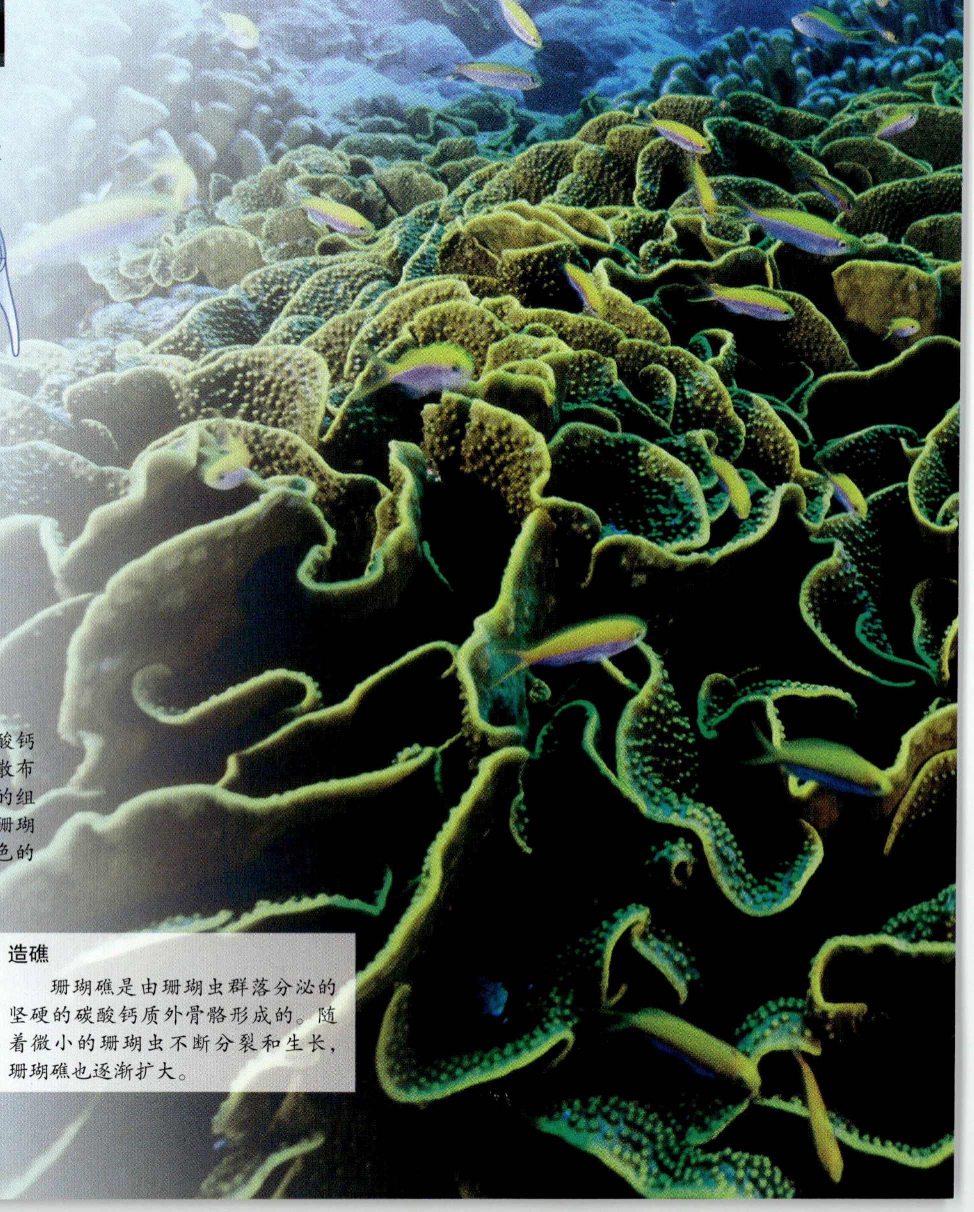

造礁

珊瑚礁是由珊瑚虫群落分泌的坚硬的碳酸钙质外骨骼形成的。随着微小的珊瑚虫不断分裂和生长，珊瑚礁也逐渐扩大。

移动

最常移动的刺胞动物是营自由生活的水母和水母体，它们主要随水流漂浮，但也会通过喷射推进的方式自主游动。大多数群居刺胞动物，如珊瑚和海扇，不能移动。不过，它们可以通过伸展和收缩其水螅体来取食或避险，有些海笔则可以将整个群落收回到其所生活的沉积物表面之下。非附着的蘑菇珊瑚可以缓慢移动，即使翻倒了也能自己翻转过来。海葵可以通过其肌肉发达的基盘在海床上慢慢爬行，少数物种受到攻击时还会游动。

水母游动

水母游动时，通过肌肉收缩其伞状体，迫使水喷出，从而推动其前进。随后肌肉放松，伞状体再次打开。

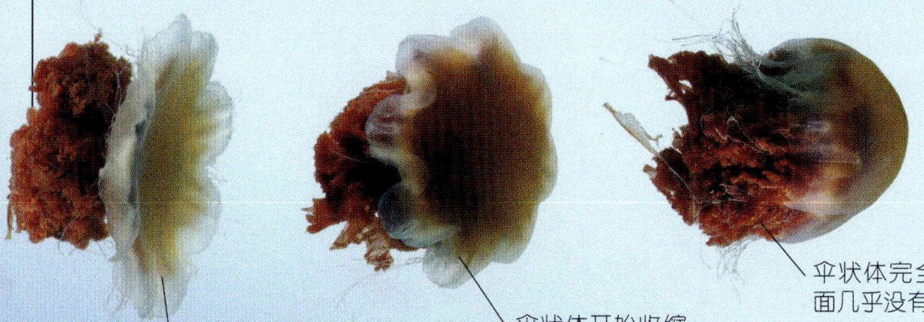

繁殖

珊瑚纲的成员，如珊瑚和海葵，通过出芽的方式进行无性生殖。珊瑚虫的体壁上长出与成体基因相同的复制体，之后幼体脱落或保持附着，以形成群落。珊瑚虫也进行有性生殖，在其水螅体内产生卵子和精子。受精卵再发育成毛茸茸的椭圆形幼虫（浮浪幼虫），它们要么自由游动，要么在体内孵化后被释放出去。水螅的生命周期则分为两个阶段：它们的水螅体在水中释放自由游动的小水母体，这些水母体成熟后排出卵子和精子。由此产生的受精卵再发育成浮浪幼虫，在新的区域营固着生活，成长为水螅体。与此相反，水母的水母体则通常比固着的水螅体大得多，且水螅体进行出芽生殖。

水母的水螅体出芽生殖

水母的水螅体很微小，其唯一的功能便是通过出芽生殖产生水母幼体。

虫黄藻

造礁珊瑚需要能量来分泌大量钙质骨骼。而在清澈的热带海域，珊瑚所能捕捉到的浮游生物的量不足以向它提供这些能量。于是，它们转而依靠微小的共生单细胞海藻——虫黄藻。这些藻在珊瑚的细胞中生活，通过光合作用制造有机物质，其所制造的食物的量超出自身所需，于是多余的食物便为珊瑚所享有。而虫黄藻得到的好处则是获得安全的栖息处，还能从珊瑚体内的含氮废料中得到营养供给。如果受到疾病或高温困扰，珊瑚就会驱逐虫黄藻，即发生珊瑚白化，其后可能因食物不足而死亡。

虫黄藻

这张珊瑚虫图像中的绿色斑点就是生活在珊瑚组织中的虫黄藻。无色的珊瑚虫所显现的是虫黄藻的颜色。

刺胞动物的分类

刺胞动物门分为5个纲，包含许多目和科。其过去被称为“腔肠动物门”，一些权威机构仍在使用这一旧称。许多物种有待进一步研究。

箱水母
立方水母纲

41种

箱水母的伞状体为立方体形，4个侧面较平，顶部为拱形，其4个角各分布有1条或1束触手。大部分具有含剧毒的刺。

水螅
水螅纲

3516种

这些群居刺胞动物大多像植物一样附着在海床上生长。一些有坚硬的骨骼，和珊瑚相似，有的群落则像水母一样漂浮在表层水域。大多数物种都会经历自由游动的水母体阶段。

十字水母
十字水母纲

48种

十字水母只有约1cm高，其钟形伞状体边缘有8簇有结节的短触手。其通过从伞状体顶部延伸出来的柄部附着在海藻上。

珊瑚虫
珊瑚纲

7095种

这些群居或独居的水螅体形态多样，不经历水母体阶段。八放珊瑚（软珊瑚、海扇和海笔）的水螅体有8只羽状触手，六放珊瑚（包括硬珊瑚和海葵）的水螅体的简单触手的数目为6的倍数，钝胶珊瑚的水螅体的触手不分叉。

钵水母
钵水母纲

186种

这些水母大多自由游动，呈钟形或碟状，边缘有带刺触手。位于下方的口的边缘延长，形成拖尾口部触须或口腕。

纲 水螅纲

银币水母

Porpita porpita

直径 2cm

深度 表层海域

生境 表层海域

分布 世界各地的温暖海域

乍一看，我们可能会将银币水母误当作小水母，甚至蓝色塑料片。事实上，其是经过进化而可以自由漂浮的水螅虫群落。我们可以看到这种不寻常的动物大群在表层海域漂浮，有时还会被冲上岸。其通过自身具有浮力的圆盘体保持漂浮，边缘处悬有起到保护作用的带刺水螅体，看上去像有节触手。其正中央下方悬有一个大的进食水螅体，作为整个群落的口。这两种水螅体之间有一圈繁殖水螅体。与近缘的僧帽水母（详见第214页）不同，银币水母没有强有力的刺。

纲 十字水母纲

柏状羽螅

Aglaophenia cupressina

高度 可达40cm

深度 3—30m

生境 珊瑚礁

分布 印度洋和太平洋西南部的热带珊瑚礁

大多数水螅均可触摸，但柏状羽螅有强有力的刺。其群落看起来像点缀在礁石上珊瑚间的一簇簇的羽毛或蕨类。水螅体个体沿着最小分枝的一侧分布，并伸展其带刺触手捕捉微小的浮游动物。若被它刺到，通常不会对人体造成危害，但会引起发痒的皮疹，症状可持续一周。

纲 钵水母纲

紫蓝盖缘水母

Periphylla periphylla

高度 20—35cm

深度 900—7000m

生境 开阔海域

分布 除北冰洋以外的全球深海

这种水母属于冠状水母，其外形像芭蕾舞短裙。伞状体的上部为高高的硬锥体，下部是较宽的柔软的冠状基盘以及扇形的边缘。其12条细触手通常保持直立。这种水母的内部为深红色，这可能是为了掩盖被其吞入体内的猎物所发出的生物光。其可喷出带有生物光的分泌物，以迷惑猎食者。和许多水母不同，其并不经历固着的底栖生长阶段。

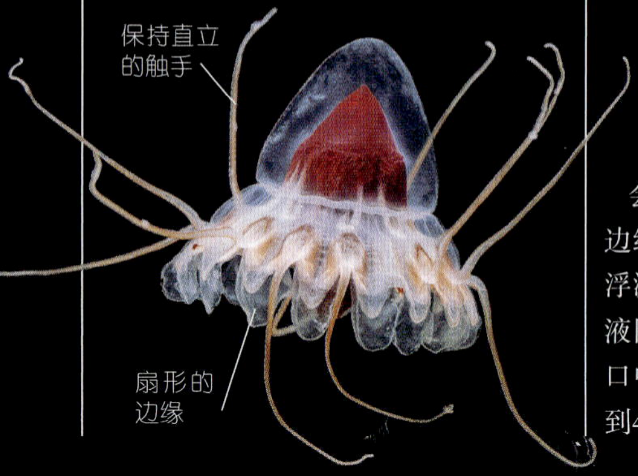

纲 钵水母纲

海月水母

Aurelia aurita

直径 可达30cm

深度 接近海面

生境 开阔海域

分布 全球；极地海洋分布尚未清楚

海月水母可能是分布最广的水母，几乎在任何海域（极寒冷的水域除外）都有发现。其主要分布于沿海水域，由于不擅长游泳且生活在接近海面处，有时会被大量冲上岸。其身体呈碟状，边缘处有细而短的触手，可用于捕捉浮游生物。其还能用伞状体顶端的黏液困住浮游生物，并将之滑入下方的口中。透过半透明的伞状体，可以见到4个不透明的马蹄状性腺。

纲 钵水母纲

耳喇叭水母

Haliclystus auricula

高度 可达5cm

深度 0—15m

生境 海藻或海草上

分布 大西洋北部和太平洋北部的沿岸海域

大多数水母在水中自由漂浮及游动，但这种水母通过柄部附着在植被上。其外形像小漏斗，由8条等距臂状物构成，臂状物之间由一张膜连接。每个臂状物顶端是位于“漏斗”边缘的一簇触手，此类水母中有些品种还在这些触手之间额外长有锚形触手。这种水母不能游动，但能移动：它先将柄部弯曲并倒转，在翻转时用锚形触手暂时将自身固定到海床上，然后重新令其带黏性的圆盘体进行附着。

这种水母附着在潮间带和浅海中的海藻或海草上，用触手捕捉小虾和鱼苗等猎物，递入“漏斗”内的口中。未消化的残骸从口部排出。

纲 钵水母纲

紫纹水母

Pelagia noctiluca

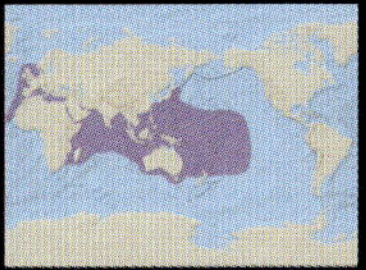

直径 可达13cm

深度 接近海面

生境 开阔海域

分布 大西洋东北部，地中海，印度洋，太平洋西部和中部

这种水母会产生美丽的生物光，因而往往受到过往船只上人们的喜爱，但其厉害的毒刺也很出名。除了具有8条带刺的触手，其体表还遍布呈现为小红点的刺细胞群。被其蜇到会很疼，但并没有生命危险。当其遭到碰撞或被波浪扰动时，其表层细胞便会产生发光的黏液。从其蘑菇形伞状体的底部垂下4条有褶边的长口瓣，有时也被称为“口腕”，其表面也有刺细胞，能够麻痹并缠住小的浮游动物。黏液可粘住猎物，然后猎物被顺着口腕的沟槽向上递送入口中。

和大多数水母不同，紫纹水母的生命周期中没有固着阶段。卵子和精子被排入水中，受精卵继而成长为小的椭圆形浮浪幼虫，表面覆盖有毛发状纤毛。然后，浮浪幼虫直接长成有裂瓣的小的碟状水母体——碟状幼体，随后逐渐长为成年水母。

纲 钵水母纲

朝天水母

Cassiopea xamachana

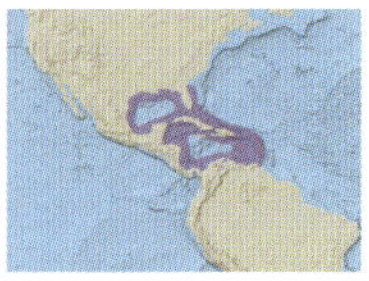

直径 可达30cm

深度 0—10m

生境 沿海红树林

分布 墨西哥湾和加勒比海的热带海域

潜水员发现这种水母倒立在海床上时，往往会认为找到了一个奄奄一息的个体。然而，朝天水母就是这样生活的，其漂浮时伞状体朝下，8条带分叉的大口腕则保持向上。口腕精致的边缘由细小的囊状物构成，囊状物中充满微小的单细胞藻——虫黄藻。虫黄藻需要获取阳光进行光合作用，而朝天水母的倒立行为就像是为了确保虫黄藻能茁壮成长。水母会享用虫黄藻生产的多余的食物，不过它也可以用口腕上的刺细胞来捕捉浮游动物。其伞状体可搏动，以制造水流，从而获取食物和氧气。在移动时，朝天水母会正过来，让伞状体处于上方。安朵仙水母是一种与朝天水母十分相似的水母，发现于印度洋和太平洋的热带海域，实际上可能为同一物种。

纲 立方水母纲

澳大利亚箱水母

Chironex fleckeri

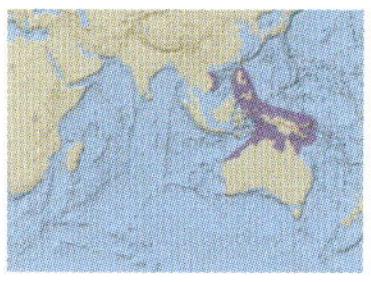

直径 可达25cm

深度 接近海面

生境 开阔海域

分布 太平洋西南部和印度洋东部的热带海域

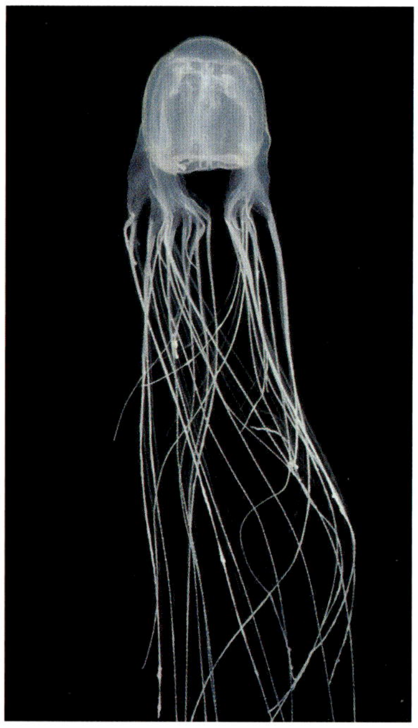

这种小动物被认为是海洋中毒性最强的动物之一，人被其蜇后数分钟内便会丧命。其透明的箱形身体的每个角都有15条触手。其在浅海中捕捉虾和小鱼等猎物时，这些触手会伸展至3m长，游泳者可能连水母都还没看见就被蜇了。位于其每一个平整侧面中间的是一堆感觉器官，包括一些极其复杂的眼。这种水母在澳大利亚以北的印度洋—太平洋区域的确切分布范围尚未可知，但其他更小、没那么危险的箱水母也出现在印度洋和太平洋。有些海龟能够捕食箱水母，而不受其毒刺影响。

人类影响

致命的毒液

箱水母的蜇刺会导致被蜇者发生剧烈疼痛和皮肤损伤，并留下永久性的疤痕。严重的情况下，被蜇者可能会因心力衰竭或丧失意识后溺水而亡。在澳大利亚，人们可以买到针对箱水母的抗毒血清。在这个国家的北部地区，一些海滩在11月至4月期间不对公众开放，因为这时海中的水母数量最多。

纲 珊瑚纲

笙珊瑚

Tubipora musica

直径 可达50cm

深度 5—20m

生境 热带珊瑚礁

分布 印度洋和太平洋西部海域的热带珊瑚礁

笙珊瑚虽有坚硬的骨骼，却非真正的石珊瑚。其属于八放珊瑚（包括软珊瑚和海扇）。笙珊瑚的红色骨骼由平行的细管构成，这些管在横向上有连接。在热带海岸，人们经常发现被冲上岸的笙珊瑚骨骼碎片。每根管的末端有1条珊瑚虫，当它们从管中伸出并张开其8条有分叉的触手捕食时，骨骼便完全被遮蔽。

纲 珊瑚纲

皮革蘑菇珊瑚

Sarcophyton species

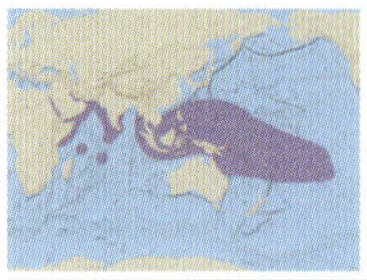

直径 可达1.5m

深度 0—50m

生境 岩石和珊瑚礁

分布 红海、印度洋、太平洋西部和中部的热带海域

这种独特的软珊瑚有显眼的裸露柄部，其顶部是覆盖着珊瑚虫的宽阔的肉质帽状体。当群落被碰触或处于休息状态时，珊瑚虫缩进肉质体中，此时其外观和手感有如皮革。

纲 珊瑚纲

水手珊瑚

Alcyonium digitatum

高度 可达20cm

深度 0—50m

生境 岩石及沉船残骸

分布 大西洋东北部的温水及冷水海域

这种软珊瑚俗称“死者的手指”，这个奇怪的名字源于其被冲上岸后的外观。其呈具粗短指状物的厚块，看起来就如同尸体的手。其活着时附着在浅海的岩石上，通常覆盖面积较大，尤其是在有强大洋流为其带来丰富的浮游生物作为食物之处。随着珊瑚虫不断蔓延，整个群落呈现如同覆有皮毛的柔软外观。大部分水手珊瑚群落为白色，但也有一些为橙色（带有白色的珊瑚虫，如下图所示）。在秋冬季，珊瑚虫收缩进群落中，进入休眠状态。到了春季，群落外表皮脱落，随之一起脱落的还有附着其上的海藻和其他生物体。

纲 珊瑚纲

海鸡冠珊瑚

Dendronephthya species

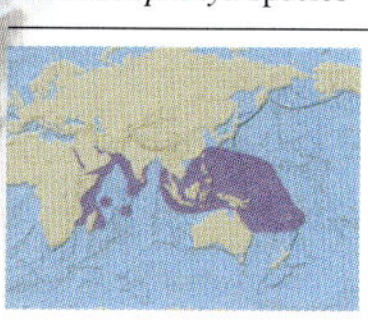

高度 可达30cm

深度 10—50m

生境 珊瑚礁

分布 红海、印度洋和太平洋西部的热带珊瑚礁

海鸡冠珊瑚是色彩最丰富的珊瑚礁动物之一，通常为具有分枝的丛状群落，呈粉色、红色、橙色、黄色和白色的斑块状覆盖在陡峭的礁壁上。喜栖于水流湍急处。水流流动时，它们完全伸展，位于分枝末端的珊瑚虫展开躯体觅食。水流较弱或静止时，它们则往往像松弛的团块一样下垂。其中一些物种（图中即为一例）身体组织中的有色的碳酸钙小裂片（骨片）清晰可见。这些骨片为柔软的分枝提供一定的支撑。海鸡冠珊瑚的各个物种之间难以仅凭肉眼加以区分，许多物种也有待进一步研究。

纲 珊瑚纲

千手珊瑚

Xenia species

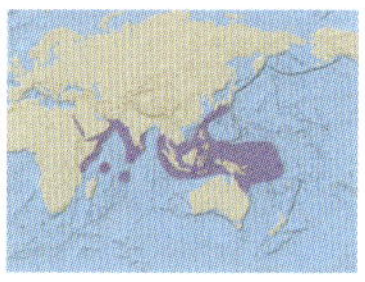

高度 可达5cm

深度 5—50m

生境 珊瑚礁

分布 红海、印度洋和太平洋西部的热带珊瑚礁

这种软珊瑚最显著的特点就是珊瑚虫的羽状触手不间断地迅速开合，因此被其覆盖的礁石看上去似乎一直在动。这种珊瑚群落有粗短的躯干，拱形的顶部覆盖有长长的珊瑚虫。与皮革蘑菇珊瑚（详见第264页）不同，千手珊瑚的珊瑚虫不能缩回并隐藏。珊瑚虫这种有规律的运动或许有助于增加群落获得的氧分，同时也有助于在其触手的捕猎范围觅食。

纲 珊瑚纲

普通海扇

Gorgonia ventalina

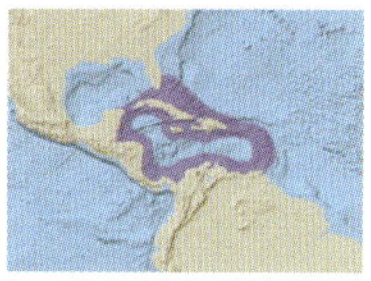

高度 可达2m

深度 5—20m

生境 珊瑚礁

分布 加勒比海

海扇附着在海床上生长，看起来像外来植物。和软珊瑚不同，它们有起着支撑作用的骨骼，为其提供了框架，使其可以长得很大。整个骨骼框架主要由一种柔软的角质物——珊瑚硬蛋白构成，包含一根延伸到除了最小分枝以外的整个身体的中轴。普通海扇的分枝大多在一个平面内，并连接成一张与盛行海流方向垂直的网。这使位于分枝周围的珊瑚虫能在其捕捉范围内最大量地获得浮游生物。拖网作业会毁坏这种海扇，由于其生长缓慢，需要很长时间才能恢复。人们也采集它们，将其干燥后作为纪念品出售。

纲 珊瑚纲

脆灯芯柳珊瑚

Junceella fragilis

高度 可达2m

深度 5—50m

生境 珊瑚礁

分布 太平洋西南部

这类柳珊瑚与海扇结构非常相似，但它们只向上长成单独的高茎状。其中央支撑轴十分坚韧，含有大量钙质材料以及柔软的角质物（珊瑚硬蛋白）。位于茎周围的小珊瑚虫各有8条触手。脆灯芯柳珊瑚常成群生长，因为它们能无性生殖。随着其越长越大，脆弱的尖端会折断掉落在海床上，然后进行附着并生长。

纲 珊瑚纲

地中海红珊瑚

Corallium rubrum

高度 可达50cm

深度 50—200m

生境 阴面岩石和洞穴

分布 地中海，大西洋东部的温暖水域

这种珊瑚常被称为“贵珊瑚”，数百年来，人们采集它并将其骨骼制成珠宝。抛开名字不论，其并非真正的石珊瑚，而是与海扇（详见第265页）同属一类。和海扇一样，其分枝上覆盖着小珊瑚虫，每个珊瑚虫有8条带分叉的触手。不过，其支撑的骨骼主要由深红色或粉色的硬质碳酸钙构成。如今，在采集者容易到达的地方，这种珊瑚已不多见。

纲 珊瑚纲

橙色海笔

Ptilosarcus gurneyi

高度 可达50cm

深度 10—300m

生境 沉积物

分布 太平洋东北部的温带海域

和大部分珊瑚纲的动物不同，海笔生活在泥沙区。它们因外形与老式的羽毛笔相似而得名。橙色海笔由中央主干及其两侧的分枝组成。主干的基部为球根状，用于将群落固定在沉积物中。单排的珊瑚虫从每个叶状分枝处将其8条触手在水中伸展开来，这令海笔的正面呈绒毛状。整个群落面朝盛行海流的方向，以使流经觅食的珊瑚虫的浮游生物量达到最多。水流静止时，整个群落可以向下缩进沉积物中。虽然它们往往停留在一个地方，但必要时群落也可以迁移，重新固着。海笔的天敌包括海蛞蝓和海星。

纲 珊瑚纲

纤细海鳃

Virgularia mirabilis

高度 可达60cm

深度 10—400m

生境 沉积物

分布 大西洋东北部和地中海的温带海域

苏格兰和挪威掩蔽的峡湾的泥泞底部常常密集地铺满纤细海鳃。其与橙色海笔（见左下侧）结构相似，但主干和分枝都更纤细。其主干几乎有一半埋在沉积物中，群落受到干扰时则可以缩进沉积物中。

纲 珊瑚纲

菊花海葵

Condylactis gigantea

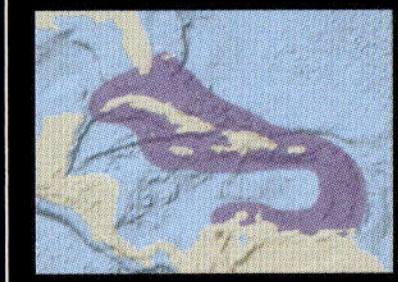

直径 可达30cm

深度 3—50m

生境 珊瑚礁和岩石

分布 加勒比海和大西洋西部的热带海域

这种大海葵的长触手顶端为紫色，给加勒比海的珊瑚礁增添了一抹色彩。其柱状身体通常隐藏在岩石或珊瑚间，只露出带刺的触手。一些小型岩礁鱼类（主要是鲇鱼）能在这些触手间生活而不受其害，它们在那里得到保护，躲避天敌。如果菊花海葵想在礁石上另觅更好的栖身之所，其可以通过自身的基盘缓慢地移动。

纲 珊瑚纲

等指海葵

Actinia equina

直径 可达7cm

深度 0—20m

生境 坚硬的表面

分布 地中海及大西洋东北部和东部的沿岸海域

大多数海葵无法离开水体生存，但等指海葵例外，其只要保持湿润便可。低潮时，可在岩质海岸上找到等指海葵，此时其触手缩回，看起来像一块红色或绿色的果冻。其身体顶部环绕的一圈蓝色珠状体含有大量的刺细胞，海葵用它们来驱赶过于靠近的邻居。其会俯下身，蜇刺任何在其可触及范围内的海葵，被击败者会慢慢移出胜者的领地。等指海葵在体内孵卵育幼，之后从口中将它们喷出。

纲 珊瑚纲

绣球海葵

Metridium senile

高度 可达30cm

深度 0—100m

生境 所有坚硬的表面

分布 大西洋北部和太平洋北部的温带海域

这株高高的海葵就像一座华丽的橙色建筑。它那较长的圆柱体的顶端是波浪形的圆盘体，有一圈衣领状的边以及成千上万条细小的触手。这一物种最常见为白色或橙色，也有棕色、灰色、红色或黄色的。从大海葵基部脱落的裂片能长成新的小海葵。绣球海葵常见于码头桩柱以及有水流的船骸上。

纲 珊瑚纲

疣海葵

Adamsia palliata

直径 5cm

深度 0—200m

生境 寄居蟹的壳上

分布 大西洋东北部和地中海的温带海域

疣海葵将自身宽阔的基盘包在寄居蟹的壳上，其触手则在寄居蟹的头部下方摇曳。这种姿势更利于其触手抓取食物残渣。其圆柱形身体呈米白色，并带有醒目的粉色斑点。疣海葵和寄居蟹彼此相依，否则都无法茁壮成长，尽管幼年的疣海葵也会独自生活在潮间带的岩石和甲壳上以等待合适的寄居蟹。

“装甲车”

图中这种寄居蟹（*Pagurus prideaux*）经常被看到背负着疣海葵。寄居蟹甚至无须随着身体的增大而另觅新壳，因为疣海葵会分泌一种角质物来延展其壳。图中左侧的蟹背上的疣海葵抛出了粉色的刺丝（枪丝），试图击退右侧那只寄居蟹。

纲 珊瑚纲

南极海葵

Urticinopsis antarctica

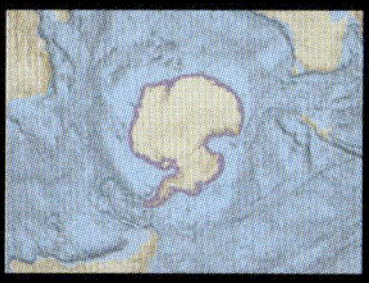

大小 尚无记录

深度 5—225m

生境 多岩石海床

分布 围绕南极洲的海洋以及南设得兰群岛

像许多其他南极海洋动物一样，南极海葵可以长得很大，但生长速度较慢。其长长的触手上有强有力的刺细胞，能觅食比其体形更大的海星、海胆和水母。通常情况下，它们密集地生活在一起，两只或多只海葵便能一起捕获一只大水母。与大多数海葵一样，南极海葵触手上的刺细胞能将带有倒刺的毒丝射进猎物体内，以擒住猎物，将其麻醉或杀死。

纲 珊瑚纲

宝石海葵

Corynactis viridis

直径 1cm

深度 0—80m

生境 陡峭的岩石区

分布 大西洋东北部和地中海的温带海域

宝石海葵通常大面积地覆盖在海底悬崖壁上，形成壮观的景象。其个体多姿多彩，通过一分为二的方式进行繁殖，产生两个完全一样的新个体，这就使不同颜色的海葵密集成片。每个海葵都有一个碟形的小基盘，被半透明的粗短触手所环绕。触手的末端突起，其颜色通常与触手柄、基盘及海葵的圆柱体的颜色形成鲜明对比。右图所展示的颜色组合是最常见的组合之一。宝石海葵并不是真正意义上的海葵，而属于珊瑚纲中的类珊瑚目。它们与硬珊瑚的珊瑚虫相似度极高，但是没有骨骼。类珊瑚目的物种在所有海洋中都有发现，而在热带海域最为常见。

纲 珊瑚纲

风信子鹿角珊瑚

Acropora hyacinthus

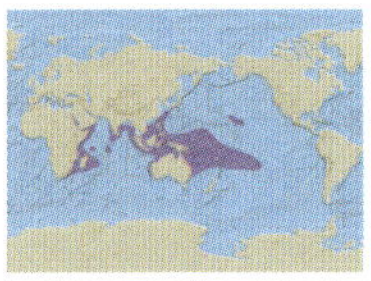

直径 可达3m

深度 0—10m

生境 珊瑚礁

分布 红海、印度洋和太平洋西部及中部的热带海域

风信子鹿角珊瑚呈巨大的扁平盘状，这使其表面能最大限度地暴露在阳光下。与大多数硬珊瑚一样，其细胞中含有虫黄藻，虫黄藻需要阳光进行光合作用，为自身和宿主生产食物。这种珊瑚靠粗壮的短柄支撑，通过延展的基盘附着在海床上。水平横躺的盘状体有许多分枝，其中大部分都从表面向上方突出，所以，盘状体看上去如钉床。每条分枝上排列着延伸成杯状的骨骼（珊瑚座），珊瑚虫多在夜间从中伸出触手捕食。

风信子鹿角珊瑚的颜色通常为较单调的棕色或绿色，但其盘状体下方及旁边栖息着大量岩礁鱼类，令其变得富有生气。然而，其巨大的盘状体所投射的阴影也意味着鲜有其他珊瑚能在其下方生存。还有很多其他珊瑚物种与之相似，其中桌形轴孔珊瑚是分布最广、数量最丰富的物种之一。

名人

查理·贝龙

查理·贝龙，1945年生于澳大利亚悉尼，因终生致力于珊瑚礁研究而被誉为“珊瑚之王”。他正式命名并记述了100多种新的珊瑚物种，其中许多为鹿角珊瑚属的物种。他所著的《世界珊瑚志》（3册/套）是经典之作。

纲 珊瑚纲

团块滨珊瑚

Porites lobata

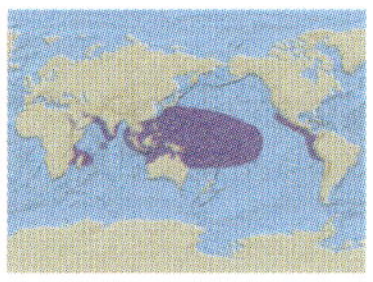

直径 可达6m

深度 0—50m

生境 珊瑚礁

分布 红海、波斯湾、印度洋以及太平洋的温带海域

团块滨珊瑚看起来就像巨大的岩石团块，人们很难看出其实际上是活着的珊瑚群落。通过仔细观察会发现，这种珊瑚的外形是由一系列大裂片组成的穹状。其珊瑚虫很小，触手长仅1mm。白天，珊瑚虫藏在浅浅的杯状骨骼中；夜晚，它们伸出触手觅食，整个群落外观因而显得较为柔软。团块滨珊瑚是重要的造礁物种。

纲 珊瑚纲

管孔珊瑚

Goniopora djiboutiensis

直径 可达1m

深度 5—30m

生境 混浊的礁石水域

分布 印度洋和太平洋西部的热带海域

大多数珊瑚的小珊瑚虫都难以看到，但是管孔珊瑚的珊瑚虫可达数厘米长。每个珊瑚虫的头为圆穹状，口在中央，被约24条触手所环绕，这种排列与雏菊花瓣的排列一样。与大多数珊瑚不同，其珊瑚虫会在白天伸出触角觅食，一旦被碰触便迅速缩回。管孔珊瑚的外形就像是一个圆形团块，但当珊瑚虫伸展开时，其外形难以辨清。大多数珊瑚需在清澈水域中才能生存，但管孔珊瑚通常大范围覆盖在沉积物被搅动的混浊水域中。

纲 珊瑚纲

锯齿蕈珊瑚

Fungia scruposa

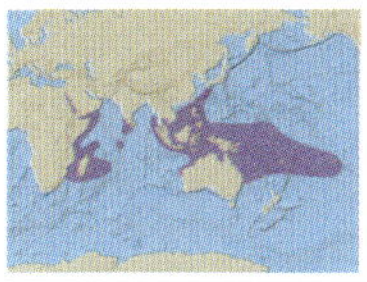

直径 可达2.5cm

深度 0—25m

生境 沉积物和碎石

分布 红海、印度洋及太平洋西部的热带海域

锯齿蕈珊瑚的独特之处在于其是独居物种，而非群居物种。其幼体就像有柄的小圆盘体，附着在死珊瑚或岩石上。待其长到直径约为4cm时，就会变为非附着状态。其在夜晚觅食，白天触手缩回，整个骨骼清晰可见，口在圆盘体中央。其骨骼看上去就像是蘑菇的菌褶。若被海浪打翻，其会用触手将自身翻转回来。

纲 珊瑚纲

巨脑珊瑚

Colpophyllia natans

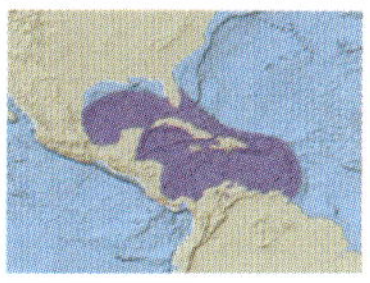

直径 可达5m

深度 1—55m

生境 珊瑚礁向海面

分布 墨西哥湾和加勒比海的热带海域

这种巨型珊瑚长成大穹顶状或宽阔的厚壳状，寿命可达100多年。与其他脑珊瑚一样，其群落表面是一系列迂回绵长的脊和壑，其名字便由此而来。通常，脊与壑的颜色不同，脊的顶部还有明显的凹槽。壑往往为绿色或棕色，脊则为棕色。珊瑚虫的口就藏在壑中，其触手只在晚上才伸出。近年来，托尔图加岛（佛罗里达群岛南部）的巨脑珊瑚受疾病侵袭，有些已死亡。一些岛屿（如多巴哥岛）附近海域中的超大型巨脑珊瑚群落是非常受欢迎的旅游景点。除了潜水者，被吸引而来的还有一些鱼类，有些虾虎鱼一直生活在这种珊瑚上。

纲 珊瑚纲

木珊瑚

Dendrophyllia species

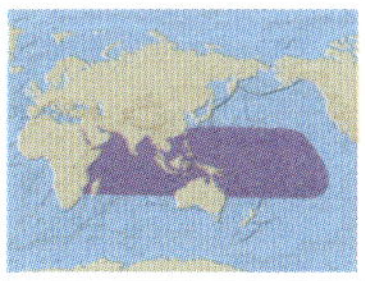

高度 可达5cm

深度 3—50m

生境 陡峭的岩壁

分布 印度洋的热带海域，从太平洋西部至波利尼西亚范围的热带海域

木珊瑚属的物种具有大而艳丽的珊瑚虫，看起来更像是海葵而非珊瑚。它们都属于杯状珊瑚这一类。其群落分支位置较低，每个管状个体都很明显，也不像造礁珊瑚那样形成巨大的骨骼。它们没有虫黄藻，在珊瑚礁的阴暗处生长，如悬空的礁壁下方或（尤其是）峭壁上。白天，珊瑚虫完全收缩，整个珊瑚看起来就像暗红色的团块。夜幕降临后，珊瑚虫伸展其橘色的触手捕食浮游生物，往往形成一大片蔚为壮观的景象。这个属的珊瑚物种彼此之间难以区分，并且容易与管珊瑚属的杯状珊瑚混淆。

纲 珊瑚纲

德文郡杯珊瑚

Caryophyllia smithii

直径 3cm

深度 0—100m

生境 岩石和沉船残骸

分布 大西洋东北部和地中海

大多数珊瑚在热带海域中以群落的形式生存，但德文郡杯珊瑚则独居在温带海域中。其杯状的骨骼附着在岩石或沉船残骸上。其每条尖端变细的透明触手的末端都形成一个小结节，当这种小珊瑚将这些触手伸展开时，看起来就像海葵。这种珊瑚颜色多样，从白色到橙色皆具。

纲 珊瑚纲

北大西洋冷水珊瑚

Lophelia pertusa

直径 至少10m

深度 50—3000m

生境 深海礁石

分布 大西洋、太平洋东部和印度洋西部有发现，其分布情况尚未完全清晰

在挪威海岸已发现长超过13km、高30m的这种珊瑚的礁石。因为生长在黑暗的深海中，这种冷水珊瑚构建其有分支的白色骨骼时得不到虫黄藻的帮助。因此其生长速度很慢，前述这样大体积的礁石需要数百年才能形成。每个珊瑚虫有16只触手，用来捕捉浮游生物等，甚至包括随洋流漂来的磷虾。它们先用刺细胞将猎物麻痹，然后将其送入口中。近年来，因人们拖网作业来捕捉深海鱼类，这种生长缓慢的礁体遭到严重破坏。

纲 珊瑚纲

白色六放珊瑚

Parazoanthus anguicomus

高度 2.5cm

深度 20—400m

生境 阴面岩石、沉船遗骸和贝壳

分布 大西洋东北部的温带海域

大多数六放珊瑚见于热带海域，但这种则常见于大西洋北部。其白色的珊瑚虫从包有外壳的基盘伸出，环绕着口的两圈触手通常一圈向上，另一圈平躺。除了覆盖在岩石与沉船遗骸表面外，其也包裹在虫的栖管及冷水珊瑚礁（详见第179页）表面。

纲 珊瑚纲

鞭珊瑚

Cirrhipathes species

高度 可达1m

深度 3—50m

生境 珊瑚礁

分布 印度洋东部和太平洋西部的热带海域

鞭珊瑚或线珊瑚，属于珊瑚中的角珊瑚目，黑珊瑚（见右侧物种介绍）也属于这一目。鞭珊瑚以单个不分支群落的方式生长，或笔直或盘

绕，如上图所示的物种一样（鞭珊瑚难以辨认，其中许多物种仍有待描述）。与海扇不同，鞭珊瑚和黑珊瑚的摄食珊瑚虫清晰可见，因为它们小而尖的触手不能收缩。虾虎鱼生活在其触手之间，用吸盘状的腹鳍依附在珊瑚上。

纲 珊瑚纲

羽状黑珊瑚

Plumapathes pennacea

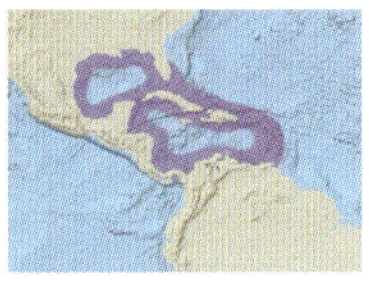

高度 可达1.5m

深度 5—330m

生境 珊瑚礁

分布 墨西哥湾、加勒比海和大西洋西部的热带海域

羽状黑珊瑚的群落像植物般，其分枝的形态则像巨型鸟羽。黑珊瑚有许多不同品种，其名字来源于支撑其分枝的黑色骨骼。该骨骼由坚硬的角质物构成，可承受切割及打磨，因而可用于珠宝制作，具有一定价值，尽管羽状黑珊瑚未被广泛应用于此。

纲 珊瑚纲

千手佛珊瑚

Cerianthus membranaceus

高度 35cm

深度 10—100m

生境 泥质砂层

分布 地中海和大西洋东北部

千手佛珊瑚的灰白色长触手十分壮观，不过一旦受到轻微的刺激，它就会立即缩入管鞘中。它表面看起来像真正的海葵，但实际上与黑珊瑚（见上）才是近亲。它生活在由黏液形成的被沉积物所包裹的管鞘中，管鞘可长达1m，是它体长的3倍。管鞘内部十分光滑，便于它迅速缩入。它除具有约100条纤长的外部触手外，还有一圈非常短的环绕着口的内部触手。尽管其外部触手看起来具有威胁性，但千手佛珊瑚只觅食浮游生物及漂浮的有机碎屑。

扁形虫

域	真核生物域
界	动物界
门	扁形动物门 异无肠动物门
纲	8
种	20,430

扁形虫是最简单的动物之一，身体很薄，有时是透明的。其海洋物种大都属于多肠目，这是一类色彩丰富的叶状动物，常生活在珊瑚礁中。还有些扁形虫生活在淡水中，许多则营寄生生活。在海洋中，吸虫和绦虫在鱼、哺乳动物和鸟的体内极为常见。大多数扁形虫属于扁形动物门，但阿克尔扁形虫（见下）现被归属异无肠动物门（或无腔动物门）。

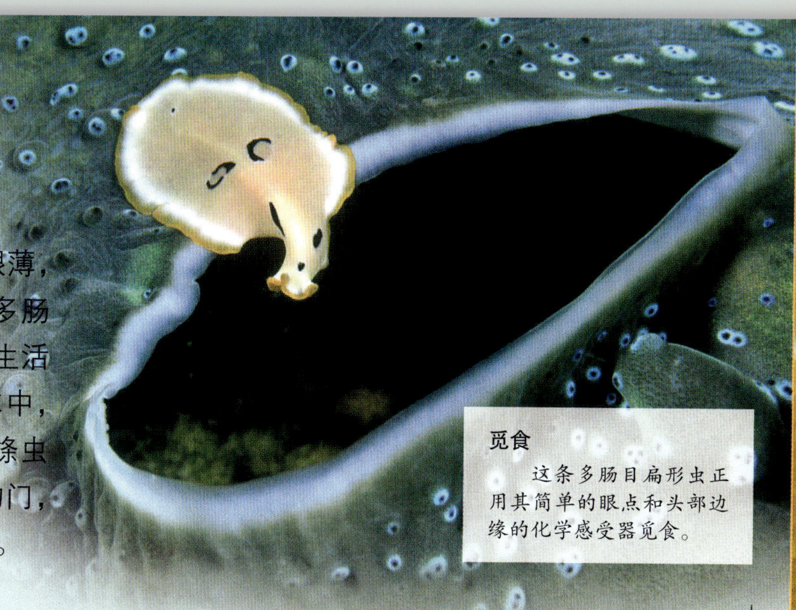

觅食

这条多肠目扁形虫正用其简单的眼点和头部边缘的化学感受器觅食。

解剖结构

扁形虫为简单的实心结构，无体腔。因其身体很薄，水中的氧可渗透到体内。它们没有血液或循环系统。头部有感觉器官，较高级的物种有眼点。肠的一端与外部相通，开口既是口腔也是肛门。多肠目扁形虫的这个开口位于其腹面中央。进食时，它们从口中伸出肌管（咽）抓取食物。其体表覆有纤毛，加上简单的肌肉的协助，它们便几乎可以在任何表面滑行。从解剖结构看，吸虫和绦虫有适应于寄生生活的变化。

身体横剖面图

扁形虫内部器官之间的空隙填满了柔软的结缔组织和纵横交错的肌肉。

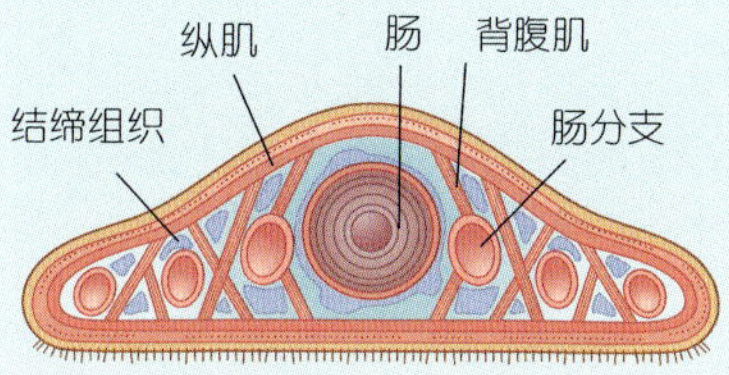

繁殖

大多数扁形虫为雌雄同体，因此每个个体都同时有卵巢与精巢。对于这样原始的动物而言，其生殖系统相对复杂，包括特殊的腔及细管，为成熟的卵子提供受精场所。当两条多肠目扁形虫相遇，它们会在交配前进行简短的仪式——彼此的头部及身体短暂地相互触碰。交配后，它们将卵子排到水中，埋到沙里或附到的岩石上。有些扁形虫的受精卵直接发育成幼虫，而其他的会先发育成具有8个纤毛瓣的浮游幼虫——牟勒氏幼虫。牟勒氏幼虫游动数天后落到海床上，将其身体平展，成为幼小的扁形虫。

复杂器官

有些多肠目扁形虫会进行“阴茎击剑”，试图将阴茎刺入对方体内排出精子。

纲 无肠纲

阿克尔扁形虫

Waminoa species

长度	小于5mm
深度	无记录
生境	气泡珊瑚

分布 印度洋和太平洋的热带海域

这种微小的扁形虫看起来像是其所栖息的气泡珊瑚上的有色斑点。觅食时，其超薄的身体在珊瑚表面滑行，可能是取食被珊瑚黏液粘住的有机碎屑。其没有眼，也没有肠，取而代之的是形成网状的消化细胞。其能够通过分裂进行繁殖，每一部分都会形成新的个体。这个属的物种很难区分，其具体分布也不明确。

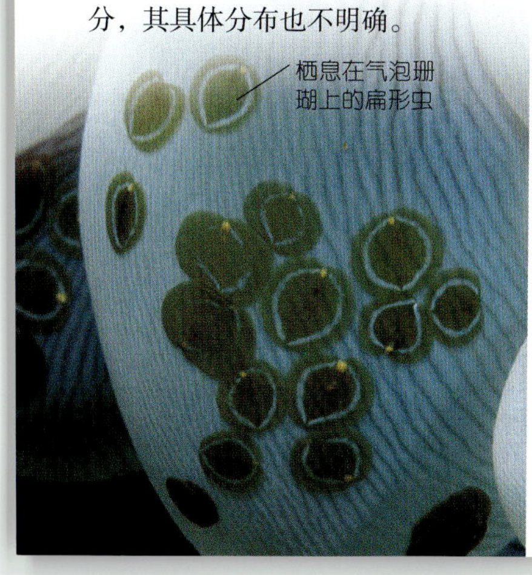

栖息在气泡珊瑚上的扁形虫

纲 无肠纲

绿色阿克尔扁形虫

Convoluta roscoffensis

长度	可达1.5cm
深度	潮间带
生境	掩蔽的沙质海岸

分布 大西洋东北部，实际**分布**可能比此处所显示的更加广泛

尽管这种虫的个体难以看到，但其会成群出现在低潮时沙质海岸的水洼中。其体内有微小的单细胞藻（详见第248页），因而呈鲜绿色。在被阳光照射的水洼中，这些藻类进行光合作用，将生产的一部分食物供给宿主。这些虫对振动非常敏感，一旦感应到有生物靠近，便立刻缩进沙中。

纲 被杆体纲

条纹扁形虫

Prostheceraeus vittatus

长度	可达5cm
深度	0—30m
生境	泥泞的岩石

分布 大西洋东北部和地中海的温带海域

大多数颜色鲜亮的扁形虫都出现在热带珊瑚礁，但条纹扁形虫例外，其踪迹北至挪威。其通常为淡黄色，具有明显的红棕色纵向条纹。扁平的叶状身体的头端有一对明显的触手及一簇眼点。其可将身体的边缘折叠为褶皱，从而实现爬行，也可通过身体的波浪状运动达至游动的效果。常出现在岩石区，但也在沙上活动。

纲 被杆体纲

贝德福德扁形虫

Pseudobiceros bedfordi

长度 可达8cm

深度 无记录

生境 珊瑚礁

分布 印度洋和太平洋西部的热带海域

潜水员经常在珊瑚礁上看到这种美丽的扁形虫。其黑色的身体上有粉色的横向条纹及白色斑点，非常醒目，易于辨识。人们经常看到它们在岩石上爬行以觅食被囊类和甲壳类动物，但其实它们也擅长游泳。有时，它们会抬起头，露出一对瓣状触手。

纲 被杆体纲

断裂扁形虫

Pseudoceros dimidiatus

长度 可达8cm

深度 无记录

生境 珊瑚礁

分布 印度洋和太平洋西部的热带海域

大多数扁形虫身上独特的颜色图案在同种个体间或多或少会相同，然而，断裂扁形虫的个体身上图案差异极大。它们的身体都为黑色，边缘都为橘色，但是黄色或白色的侧纹、斑马纹、或宽或窄的纵向纹的宽度和排布则各异。其对比强烈的体色对捕食者起到警告作用，提醒它们自己并非可口的食物。与其他扁形虫一样，断裂扁形虫的头部有很多感光细胞和化学敏感细胞，能帮助其觅食和避险。

纲 被杆体纲

仿效假角扁形虫

Pseudoceros imitatus

长度 可达2cm

深度 无记录

生境 珊瑚礁

分布 新几内亚与澳大利亚北部附近海域，实际分布可能更加广泛

大多数多肠目扁形虫的表皮都比较光滑，仿效假角扁形虫则不同，其表皮并不平滑，覆盖有许多小疱。这种外表是对突丘叶海蛞蝓的表皮的模仿，并且连颜色与图案也几乎与之一致。海蛞蝓能分泌有毒化学物质来阻止潜在捕食者的侵袭，仿效假角扁形虫对不可口的海蛞蝓的外表与触感的模仿能起到保护自身的作用。

惟妙惟肖

仿效假角扁形虫的灰色身体上的灰白色小疱嵌在黑色网格中。

模仿对象

在印度洋—太平洋海域5—40m深的礁石处，突丘叶海蛞蝓是最常见、分布最广的海蛞蝓物种之一。

纲 被杆体纲

黄色乳突扁形虫

Thysanozoon nigropapillosum

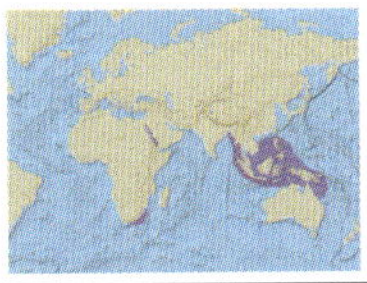

长度 可达8cm

深度 1—30m

生境 珊瑚礁坡

分布 印度洋和太平洋西部的热带海域

黄色乳突扁形虫的身体极薄，镶着白边的卷曲边缘非常醒目。上表面覆盖有乳状短突起，每个突起的末端为黄色，其余部分为黑色，这令其看上去像是布满了黄色斑点。与大多数生活在热带礁石上的扁形虫一样，这种扁形虫的生活情况也鲜为人知，但已知其与被囊类群落关系密切，被认为以之及其他动物群落为食。据观察，其擅长游泳，能有节奏地使其宽阔的身体作波浪状运动。目前，人们对这种扁形虫和生活在热带礁石上的其他扁形虫的认识，大多都是以潜水爱好者和摄影者的观察为基础的。在红海的珊瑚礁上，人们发现了一个与其相似的物种（*Thysanozoon flavomaculatum*）。

纲 被杆体纲

巨叶扁形虫

Kaburakia excelsa

长度 可达10cm

深度 潮间带

生境 海岸岩石底下

分布 太平洋东北部的温带海域

这种椭圆形的大扁形虫在北美洲太平洋海岸的岩石、石块、灌木丛周围爬行。它们的颜色从红棕色到棕褐色不等，带有深色斑点。当其完全伸展开时，可透过其皮肤清楚地看到消化系统脉络。其进食方式与大多数多肠目扁形虫一样，即通过外翻咽部来吞噬猎物。大多数生活在这一地区的潮间带的扁形虫都仅有2cm长，因此这种扁形虫尤易辨识。其一般出现在浮坞和贻贝床上。

纲 绦虫纲

阔节裂头绦虫

Diphyllobothrium latum

长度 可达10m

深度 取决于寄主

生境 寄生性

分布 可能世界范围内都有分布，取决于寄主的种类

一些扁形虫（包括绦虫）已高度适应寄生生活。阔节裂头绦虫的生命史较复杂。其受精卵被小型淡水甲壳类猎食后，幼虫在甲壳类体内孵化。淡水鱼、生活在河口的鱼类和迁徙的海洋鱼类（如鲑鱼）捕食已受感染的甲壳类或其他鱼而被感染。成虫寄生在吃鱼的哺乳动物体内，吃了生鱼肉的人也可能被感染。其他绦虫物种的成虫则寄生在海洋鱼类的肠里。

纽虫

域	真核生物域
界	动物界
门	纽形动物门
纲	2
种	1358

纽虫也被称为“纽形动物”。尽管许多纽虫都很小，并不起眼，但有的至少长达50m。纽虫通常略为扁平，但最长的则为圆柱形，通常被称为“带虫”。大多数纽虫生活在海底岩石下、灌木丛中或沉积物中，有些则营寄生生活。其中一些物种生活在软体动物与蟹类的壳内。

警告图案

一些纽虫身上有鲜亮的图案，能警告捕食者它们有毒。颜色单调的物种仅在晚上外出捕食。

解剖结构

纽虫有长而不分节的身体，体壁肌肉发达，能通过肌肉收缩来缩短虫身的长度。与扁形虫不同，纽虫有血管和完整的肠（具口和肛门）。通常情况下，纽虫的头与尾很难被区分，但大多数物种的头部都有许多眼点。纽虫最突出的特点是具有被称为“吻”的强有力的管状结构，位于肠上部一个鞘内。在静水压力作用下，吻可从口或单独的开口刺出，以捕捉猎物。有些品种的纽虫的吻上长有尖刺。

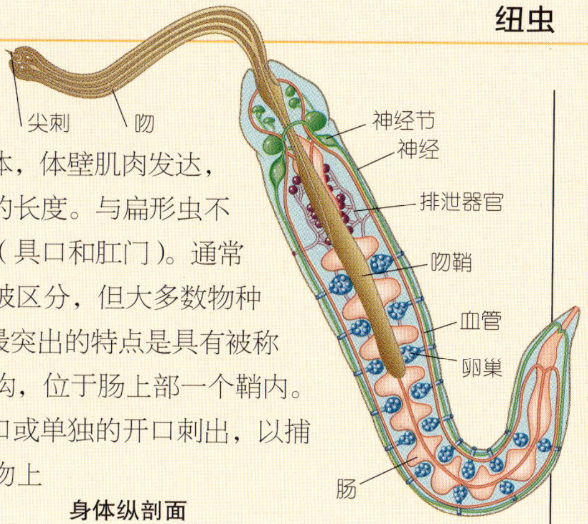

身体纵剖面

纽虫没有体腔或鳃，它通过一个简单的循环系统将氧气输送到身体的各个部分。

繁殖

大多数海洋纽虫雌雄异体，其数量众多的简单性腺产生卵子或精子。卵子或精子通过体侧的细孔排入海中。有些物种会将自身及其他成虫一起包裹在黏液网中，在里面使卵子受精。有些品种的纽虫的受精卵直接发育成幼虫，而其他的纽虫的受精卵则会先孵化成各种各样的幼体。纽虫纤长而脆弱的身体很容易折断，但它们有再生的本领。有些物种甚至利用这一再生本领进行无性生殖，其身体断裂成数部分，每一部分都会长出新的头和尾。

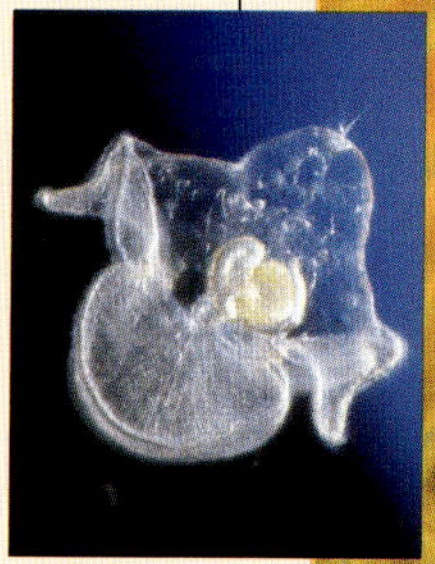

游动的幼体

有些纽虫由浮游幼体——帽状幼体发育而来。帽状幼体能够通过拍打毛发状结构——纤毛来游动。

纲 无刺纲

球衫纽虫

Tubulanus annulatus

长度 可达75cm

深度 0—40m

生境 砾石、石块和沉积物

分布 大西洋北部和太平洋北部的冷水海域及温带海域

球衫纽虫是颜色最夺目的纽虫之一，身体图案由纵向的白线和等距分布的白圈组成。在岸边较低处的石块底的脏乱堆积物中可以找到它们，退潮后也可看到它们出来觅食。通常情况下，它们栖息在海岸之下几乎所有类型的海床上（包括泥质、沙质及贝壳砾石）。为了伪装自己，它们分泌黏液形成管状物以藏身，管状物外覆盖着周围的沉积物。

纲 无刺纲

靴带虫

Lineus longissimus

长度 可达55m

深度 潮间带

生境 沉积物与石块

分布 大西洋东北部的温带海域

靴带虫惊人的长度弥补了其褐色的单调体色的不足。其直径仅为数毫米，但长度至少达10m，是世界上已知最长的动物之一。在海岸上，其看起来就像巨砾下泥泞沉积物上绕成一团的绳结。与所有的无刺纲蠕虫一样，其口位于脑后。靴带虫很难抓取，因为其一旦被抓住就分泌大量的黏液。

纲 有刺纲

斑日本纽虫

Nipponnemertes pulcher

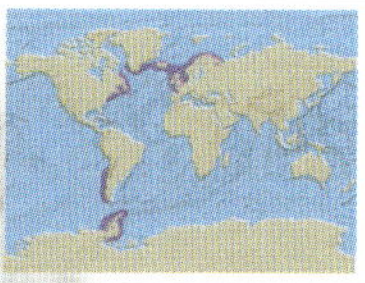

长度 可达9cm

深度 0—570m

生境 粗粒沉积物

分布 北冰洋、大西洋、太平洋及围绕南极洲的海洋的冷水及温带

斑日本纽虫属于有刺纲，此纲的蠕虫的口位于脑前。这种虫的身体粗短，宽度不超过5mm，从头部到尾部逐渐变得尖细。体色从粉色到橘色或深红色不等，底面的颜色较浅。它们有独特的盾形头部，边缘有许多眼点，眼点的数量随着年龄的增长而增加。通常，当科学家从其生活的粗粒沉积物中将其挖出时，人们才看到它，不过，有时也可在海岸较低处的石块底下找到它。其具体分布尚不完全清楚。

环节蠕虫

域	真核生物域
界	动物界
门	环节动物门
纲	2
种	15,000

环节蠕虫包括两个为人所熟知的类群——主要生活在陆地和淡水的蚯蚓和水蛭。而在海洋中，生活着环节蠕虫的第三个类群——环节虫或多毛类，它们数量庞大，种类繁多，包括掘穴沙蠋、独立生存的食肉沙蚕和管栖蠕虫。所有的环节蠕虫都有一个主要共同点——长而柔软的身体被分成一连串几乎完全一样的相连的体节。

刚毛

火刺虫体节两侧有长而尖的刚毛。一旦受到攻击，刚毛会折断，能对攻击者的皮肤造成严重刺激。

解剖结构

环节蠕虫的每个身体环节被称为“体节”，除头部和尾部外，所有体节实际上都极其相似，难以区别。每个体节两侧有扁平的疣状物（疣足）突出，并有几丁质的刚毛起到辅助作用。它们通过疣足进行移动，并伸出一簇簇刚毛协助抓握。在其体内，各个体节之间由隔膜隔开，体节内充满体液。肠、神经索和大血管贯穿全身。

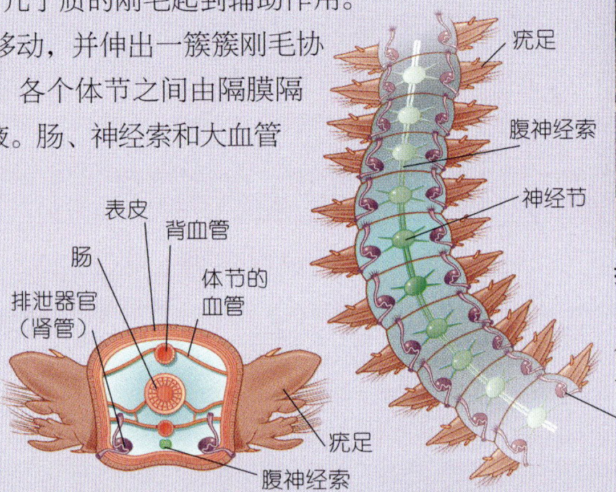

身体横剖面

大部分体节都容纳着器官，包括排泄器官和生殖器官，以及主血管和神经索的支脉。

捕食者的下颚

这种博比特虫的吻能从口中向外翻出捕捉猎物，其末端有锋利的下颚。

繁殖

大多数多毛类蠕虫为雌雄异体，能将卵子与精子排到水中受精。产卵期通常是季节性的，特别是在中纬度海域。很多物种的受精卵发育成形似小陀螺的幼体（担轮幼虫），通过挥动环绕其身体的毛发似的纤毛来推动自身移动，在浮游生物中漂浮及游动。最终，幼体身体变长，并在成年时形成体节。有些物种的幼体则成熟后才从受精卵中孵出。许多多毛类蠕虫性成熟后会改变外形，变得类似漂浮的卵子囊和精子囊。作为有性节，它们成群聚集，破裂以排放卵子与精子，随后死亡。

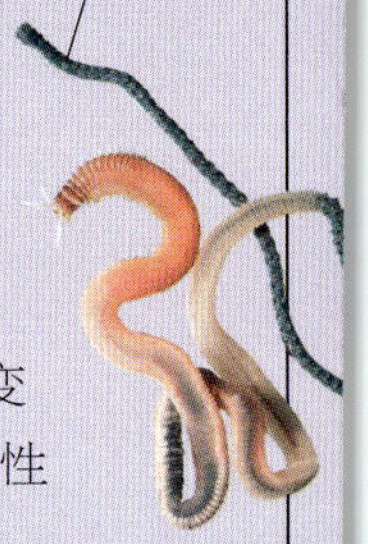

准备破裂

矶沙蚕包含着卵子或精子的有性节与前段分离，然后破裂。

纲 多毛纲

沙蠋

Arenicola marina

长度	可达20cm
深度	海滨及稍低处
生境	泥质砂层

分布 大西洋东北部、地中海和波罗的海西部的温带海滨

西欧的海滩上最常见的就是一团团较为齐整的盘卷着的沙，那是沙蠋排出体外的未被消化的沙子。沙蠋本身并不常见，因为它总是躲藏在沙滩表面下自己的U形管鞘里。管鞘的入口在沙滩表面呈现为一个很浅的碟形凹陷。虫体可能为粉色、红色、棕色、黑色或绿色。其身体的前6个体节较厚且有刚毛，之后的13个体节有红色的羽状鳃。其身体的后1/3段较薄，没有鳃或刚毛。

沙蠋吞食沙子，吸取其中的有机物质，然后将废物排出体外。这些肉质蠕虫是许多涉禽喜欢的食物，并且经常被渔人用作诱饵。沙蠋在海滨中层富含有机物的沉积物中数量最多。

纲 多毛纲

巧言虫

Eulalia viridis

长度	可达15cm
深度	海滨及浅滩
生境	岩石区的石块下和裂缝中

分布 大西洋东北部的温带沿海海域

尽管经常可见这种漂亮的绿色虫子在岩石上爬行，其实它们也善于游动。其别名“叶须虫”源自其叶状的大附肢（疣足），疣足长在体节的两侧，辅助游动。头的两边各有2对结实的触须，顶端有1条长触须，前部有4条指向前方的短触须。巧言虫借助这些触须和2只简单的黑色眼猎食。其喜食动物尸体，特别是贻贝与藤壶，但也捕食活物。然而，巧言虫不像国王沙蚕（详见第275页）那样有下颚可以抓住大的猎物。其吻周围会粘住腐肉与碎屑，然后再将之扫入口中。

春季，巧言虫在海滨和浅海中产下大量凝胶状的绿色卵团，黏附在海藻和岩石上。

纲 多毛纲

鳞沙蚕

Aphrodita aculeata

长度	可达20cm
深度	浅海到中度深处
生境	沙，泥质砂层

分布 大西洋东北部与地中海的温带沿海海域

鳞沙蚕的体节结构只有当其被翻转时才能看到，因为其背部长有一层厚厚的毛，遮蔽了体节。其身体两侧有许多坚硬的黑色刚毛，每侧还有一条美丽的彩虹般的毛带，由绿色、蓝色或黄色的毛组成。若被其刚毛刺伤皮肤，会导致严重的过敏反应。它死后被冲上岸时看起来就像是湿漉漉的老鼠，其俗名“海鼠”便因此而来。

纲 多毛纲

国王沙蚕

Alitta virens

长度 可达50cm

深度 海滨和浅海

生境 泥质砂层

分布 大西洋东北部和西北部的温带沿海水域

这种大型蠕虫有强有力的下颚，人若被它咬到会感到痛。其下颚从可外翻的吻中伸出，既可将食物拖拽入口中，也可自卫。栖息在由黏液加固的沙洞中，待潮水涌入后才外出觅食。十分擅长游泳，游动时身体呈S形摆动。渔民收集其当作鱼饵。

呈现为3个同心环的刺冠

每个体节上有像手指一样的鳃

纲 多毛纲

帚毛虫

Sabellaria alveolata

长度 可达4cm

深度 海滨和浅海

生境 岩砂混合区

分布 大西洋东北部和地中海地区的潮间带

尽管帚毛虫很小，但是其建造的栖管可覆盖数米长的岩石，形成厚度可达50cm的圆丘。这种虫子彼此建造的栖管之间距离很近，于是管的开口使其聚居处看起来有如蜂窝。它们的头部长有刺冠，口周围长有许多羽状进食触手，用来捕捉浮游生物。身体末端为细小的管状尾，没有附肢。

蠕虫礁

帚毛虫把海浪搅起的沙粒粘连起来以建造自己的栖管。其会分泌黏液用于黏合，并用其口周围的裂瓣来塑造栖管。只要沙粒供应充足，随着新的帚毛虫在浮游生物上建立自己的栖管，礁石就会扩大，并向侧面和上方增长。这些礁石结构为很多其他物种提供了栖身之处。

活礁石

礁石能存活多年，只要新的幼虫在这里安顿并生长，取代被波浪损坏的区域和已经死亡的蠕虫。

纲 多毛纲

大羽毛管虫

Sabellastarte magnifica

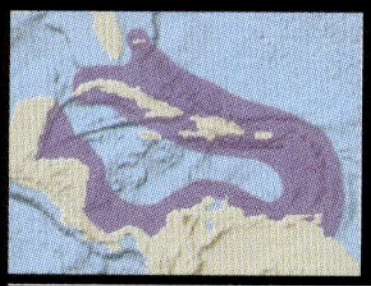

长度 可达15cm

深度 1—20m

生境 珊瑚礁

分布 大西洋西部和加勒比海的浅海水域

大羽毛管虫通常只有其漂亮的羽状触手能被看到。其由体节组成的身体藏在灵活的软栖管内，而其建造栖管时，会将之塞入岩石下、珊瑚裂隙内或沙子中。其触手通常有棕色和白色的带状纹，并形成两个涡轮状。一般情况下，其将触手伸展开以过滤浮游生物，一旦有轻微的振动或扰动，如水肺潜水员的呼气，便立马将触手收回到安全的栖管中。

纲 多毛纲

大旋鳃虫

Spirobranchus giganteus

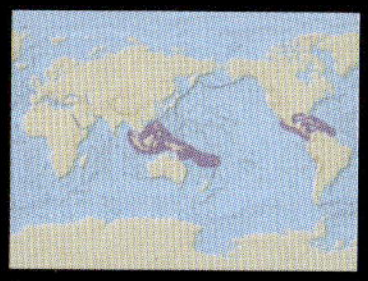

长度 可达3cm

深度 0—30m或更深

生境 活珊瑚岬

分布 热带浅礁海域

大旋鳃虫色彩多样，点缀着许多热带海域的大型珊瑚岬。其栖息在隐匿于珊瑚中的钙质管内，从珊瑚表面伸出整齐的、呈双螺旋状的觅食触手。一旦受到侵扰，其转瞬便缩回管中。为了加强安全性，其还有能堵住管口的厣板。

纲 多毛纲

庞贝蠕虫

Alvinella pompejana

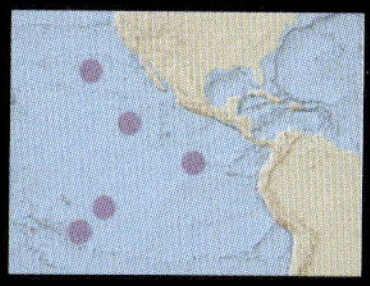

长度 可达10cm

深度 2000—3000m

生境 深海热泉喷口

分布 太平洋东部

这种奇特的蠕虫栖息在深海热泉喷口外壁的薄管块中。其栖管接近喷口，温度高达350℃的热水从地球内部经喷口喷出。栖管内的温度可达80℃。庞贝蠕虫的头部有一簇大的鳃，口被触手所环绕。其每个体节两侧都长有附肢（疣足）。其尾部的疣足有许多毛发似的赘生物，携带有大量的化学合成细菌。细菌产生的养分被蠕虫吸收，蠕虫同时也取食一部分细菌。

软体动物

域	真核生物域
界	动物界
门	软体动物门
纲	8
种	73,683

在最成功的海洋动物中，软体动物物种丰富，体形多样，因而得以在几乎所有海洋区域（从海底到浪溅区）生存。软体动物包括牡蛎、海蛞蝓和章鱼。大部分物种都有壳，反应迟钝或行动缓慢，有些没有眼。其他则非常机敏，有复杂的神经系统和大眼睛，是敏捷的捕食者。其中，像蛤蜊这样的滤食性软体动物对于海岸生态系统至关重要，因为它们为其他生物提供食物，并净化水质。从商业角度来看，许多软体动物因提供食物、珍珠及贝壳而具有重要价值。

解剖结构

大部分软体动物都有头、柔软的身躯和肌肉质的足。足由身体下表面形成，帮助移动。软体动物具有流体静力骨骼——其身体不是由硬质骨骼，而是由内部液压所支撑。所有的软体动物都有外套膜——一个能覆盖身体上部的身体层，有的会分泌物质以形成壳。双壳类（蛤蜊及其近缘类群）的壳分为两半，由铰合部连接，退潮后或遇到危险时，强有力的韧带会将两半壳紧紧合上。除了双壳类之外，软体动物长有形似锉刀的口器（齿舌），这是软体动物所独有的。头足类（章鱼、鱿鱼和墨鱼）有喙状的下颚及触手，但没有壳，而大多数腹足类（蛞蝓和螺）则有单个的壳。螺类的这个壳通常为螺旋状，其他（如帽贝）则可能为锥状。

礁栖大型生物

生活在热带海域的库氏砗磲是最大的双壳类，体长可达1m以上，体重达220kg以上。

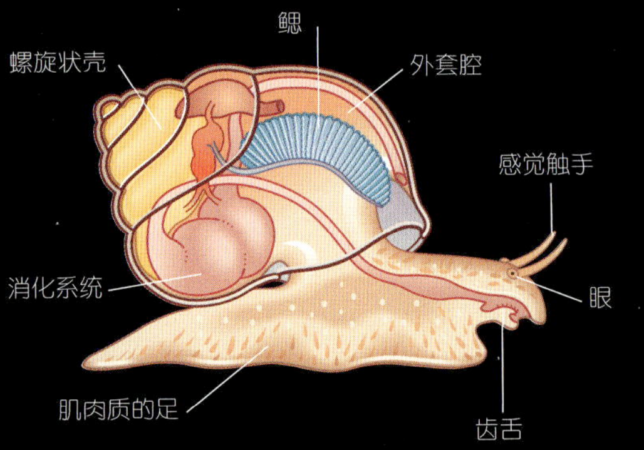

螺旋状螺壳

腹足类的解剖结构

腹足类（蛞蝓和螺）的体平面（最左图）通常为一个头、较大的足和一个螺旋状的壳（左图）。有壳的腹足类能将身体所有柔软部分缩进壳中以起到保护作用，或在退潮后保持湿润。

双壳类的解剖结构

双壳类身体的柔软部分位于分为两半的壳（右图）中，其虹管和肌肉质的足能从壳中伸出。闭壳肌（最右体平面图）控制着壳的开合。

双壳类的壳

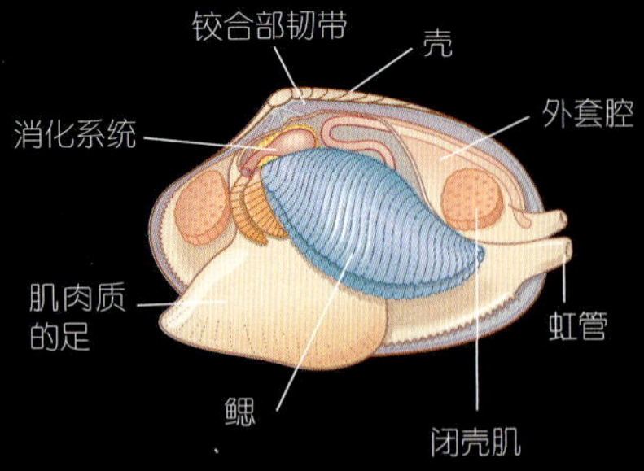

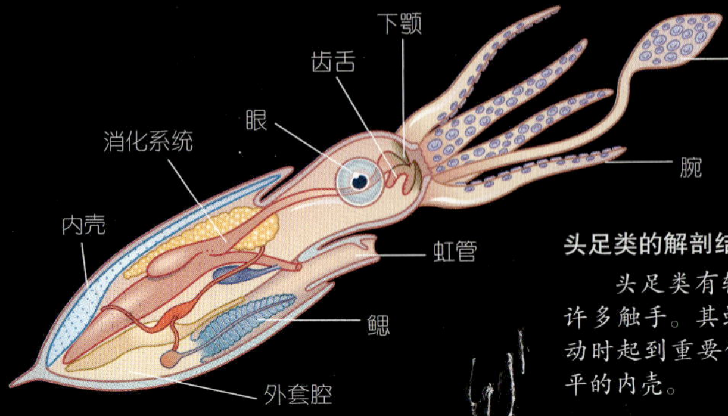

头足类的解剖结构

头足类有较大的眼，眼前方有许多触手。其虹管在呼吸及快速移动时起到重要作用。有些物种有扁平的内壳。

感官

许多软体动物都有发达的触觉、嗅觉、味觉和视觉。神经系统由数个成对的神经组织束（神经节）构成，其中有些控制着足，并解析光强度等感觉信息。光感受器的种类不一，既有沿着外套膜边缘或在双壳类虹管上分布的简单的眼（单眼），也有头足类复杂的成像眼。头足类还能迅速变换体色。

墨鱼皮肤中的色素细胞帮助其变换体色

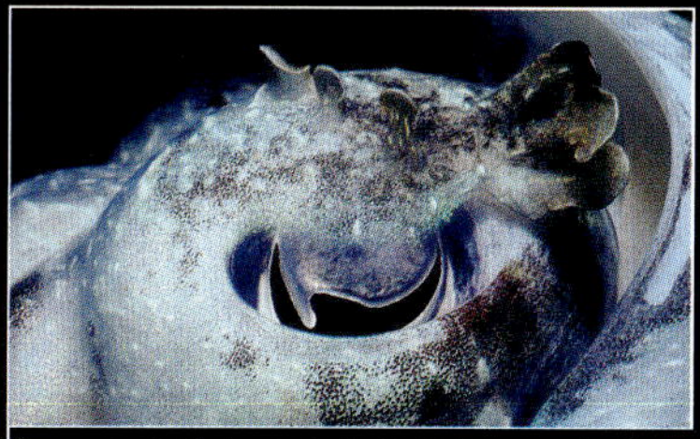

① 巨型墨鱼的体色变换归因于色素细胞。当每个细胞中的色素被限制在一小块区域内时，墨鱼为灰白色。

② 当墨鱼经过一个深色的背景时，体内的色素就会散开，充满整个色素细胞，墨鱼的体色就会变暗。

软体动物之美

这只裸鳃类正展现着其精美绝伦的警告色。裸鳃类是成千上万的海洋腹足类（蛞蝓和螺）中无壳生物的代表。

人类影响

牡蛎嫁接

一粒沙或其他刺激物进入牡蛎壳内后，牡蛎就会分泌珍珠质来包裹这些颗粒，日渐形成珍珠。如今，很多珍珠是人工培育的：将壳打开到仅可将刺激物放入外套腔的程度。

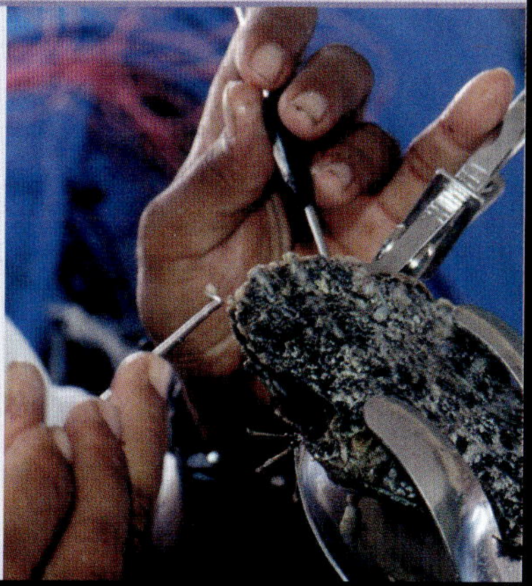

培植牡蛎

要想得到最圆润的人工珍珠，需将一小颗珍珠粒连同一块来自其他软体动物的外套膜组织一起植入牡蛎体内。

移动

软体动物的移动方式多样。大多数腹足类用其有黏液润滑的足滑行，但翼足目软体动物是个例外，其经过进化的足有像鳍一样的延伸体，可辅助游泳。有些双壳类，如扇贝，也会游泳，通过拍打其两扇壳不甚平稳地移动。其他双壳类则先用足试探，然后通过肌肉作用将自身往下拖。头足类则是游泳健将，它们中有些在体侧长有鳍，可在海中遨游，它们还能通过用虹管喷射水流来迅速加速。

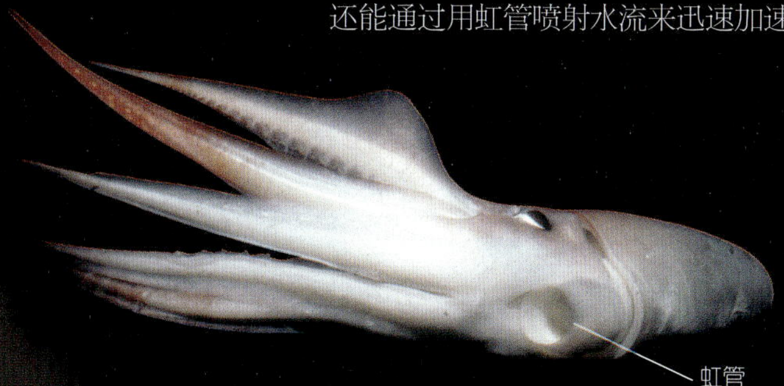

减少阻力

向后游动减少了触手带来的阻力。这只洪堡鱿鱼用于喷射推进的虹管清晰可见。

黏液的辅助作用

这只海螺的肉质足通过肌肉收缩来进行移动。它所分泌的一种润滑黏液能助其越过粗糙的表面。

呼吸

大多数软体动物通过位于外套腔的鳃（栉鳃）从水中获取氧分。这个纤巧的结构有延展的毛细管网和较大的表面积，便于气体交换。长期潜在水中的物种可以通过栉鳃不断地吸水。生活在潮间带的物种会短时间暴露在空气中，所以必须保持其鳃的湿润。退潮后，为保持湿润，双壳类闭合其壳，一些腹足类则用一扇“门”（厣板）封闭壳口。肺螺类没有栉鳃，而是在外套腔中形成了一个简单的肺，它们大部分是陆栖的，但其中那些栖息在海滨的物种能在被水浸没后通过皮肤吸取氧气。大部分软体动物血中的呼吸色素是一种称为“血蓝蛋白”的含铜化合物，因而它们的血是蓝色的，但血蓝蛋白并不像血红蛋白那样能高效地获取氧分。

色彩标记

裸鳃类（海蛞蝓）在身体后部长有羽毛状的外鳃。右图这个物种的鳃的亮橙色是其警戒色的一部分。

觅食

与其解剖结构一样，软体动物的觅食方式也是多样的。定栖的软体动物，比如许多双壳类（包括蛤蜊和牡蛎），通过其外套膜延伸而成的管状物（虹管）制造水流。它们用覆有黏液的鳃过滤水流中的食物，挑选出大小合适的颗粒，由有刚毛的皮瓣（触须）将之送入口中。海蛞蝓、石鳖和许多海螺都用锉刀般的齿舌啃食长在坚硬表面上的海藻。齿舌有像牙齿一样的结构，被称为“小齿”，其中许多借由铁沉积得以强化，变得更为耐用。更大型的软体动物以甲壳类、蠕虫、鱼类及其他软体动物为食，它们或借助嗅觉定位捕猎，或靠视觉捕食（例如章鱼等一些头足类）。头足类用其带有吸盘的腕捕猎，并用鹦鹉喙般的喙碾碎及肢解猎物。有些鱿鱼甚至成群觅食，从礁石上结队游过以寻找猎物。

物种特有的小齿

某种软体动物齿舌上的小齿往往为此物种所特有。这张电子显微照片显示了腹足类的小裂缝螺所特有的齿舌。

觅食轨迹

覆盖于帽贝觅食区的藻类和细菌会迅速再生，因此帽贝可在同一区域不断觅食，而其齿舌则会在岩石表面磨出一道道痕迹（如上图所示）。

胚胎发育

澳大利亚巨型墨鱼的受精卵须花4个月的时间发育成成体的“缩小版”。

繁殖

许多软体动物的繁殖都仅是将精子或卵子（配子）释放到水中。受精在体外进行，子代无须亲代照顾。个体可能为单一性别或雌雄同体（兼有雌雄生殖器官）。雌雄同体者在不同的时间可以扮演雄性或雌性的任一性别角色，也可以同时产生卵子和精子，尽管卵子只能异体受精（如裸鳃类）。一些物种会随着年龄增长而改变性别，如指甲履螺，而牡蛎则可以在繁殖季节多次改变性别。在头足类中，雄性会向雌性求偶，受精在体内完成，一些物种的受精卵由雌性保护，直至孵化。

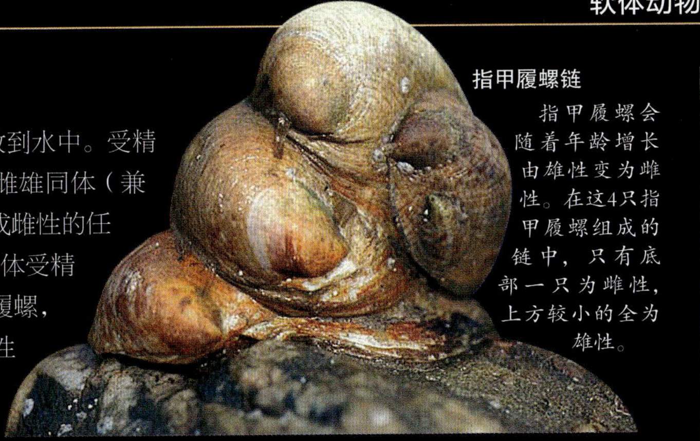

指甲履螺链

指甲履螺会随着年龄增长由雄性变为雌性。在这4只指甲履螺组成的链中，只有底部一只为雌性，上方较小的全为雄性。

人类影响

对牡蛎的需求

长期以来，人们捕捞牡蛎作为食物。牡蛎较高的市场价值和人们对其需求的增长，导致了对野生种群的过度捕捞。在北海，欧洲平牡蛎已从其以往生活的许多地方消失，如今大多数牡蛎都是商业养殖的产物。

缓慢的恢复期

欧洲平牡蛎（右图）相对长寿，很少进行繁殖，因此经历过度捕捞后需很长时间才能恢复。

生命周期

大多数软体动物的受精卵要么漂浮在水中，要么成群沉积，固着在海底。大多数种类的受精卵会孵化成无壳幼虫，生活在浮游生物中。这种幼虫具有用于游泳的毛发状纤毛环带，因而被称为“多纤毛担轮幼虫”。腹足类、双壳类和掘足类的担轮幼虫会发育成面盘幼虫，后者有更大的纤毛环带，有时还具有成体特征——外套膜或发育不完全的壳，抑或两者兼有。当幼虫接近成熟时，它们会从水面沉下来，并最终到达海底，长成成体。只有那些沉降到适合环境中的个体才能生存下来，并达到性成熟期。头足类的受精卵则会孵化成活跃的捕食者，有些像小型的成体，其他的则生活在浮游生物中，其形态和行为都与成体极为不同。

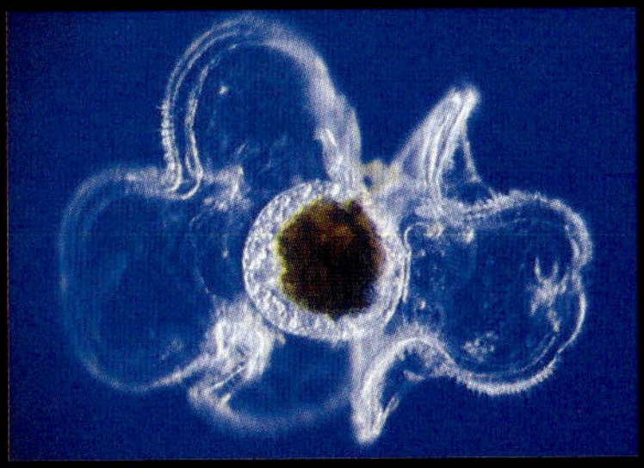

浮游幼虫

笠螺的面盘幼虫的纤毛环带肉眼可见。上图的幼虫正在拍动其用于移动和觅食的微小的毛发状纤毛。

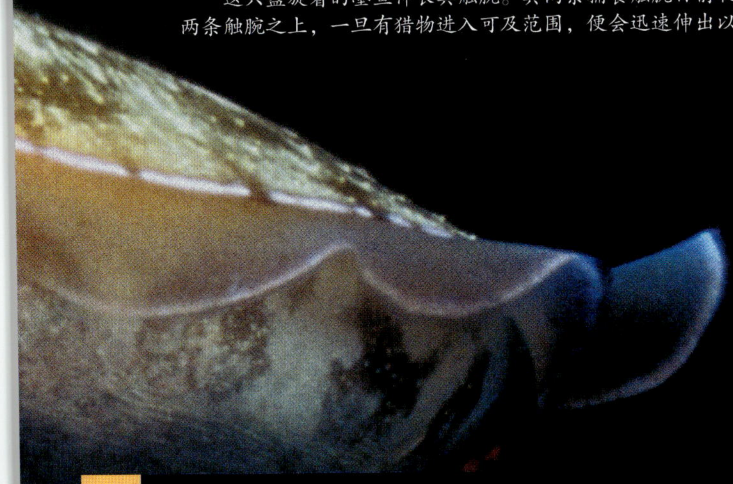

准备就绪，等待猎物

这只盘旋着的墨鱼伸长其触腕。其两条捕食触腕目前收缩在下方的两条触腕之上，一旦有猎物进入可及范围，便会迅速伸出以抓取。

固定卵囊群

这只雌性莱氏拟乌贼会生产多达400个卵囊，共包含约2500颗卵子。它正将卵囊固定在一个固体基质上。

软体动物的分类

软体动物门是第二大动物门，包含73,000多个种，依据其多样性可分为8个纲。大多数物种生活在海洋中，也有淡水物种和陆栖物种。

尾腔类

尾腔纲

131种

这些是生活在深海沉积物中的无壳蠕虫状海洋生物，角质外层覆有刺。

无板类

无板纲

273种

这些是另一类无壳蠕虫状海洋生物，生活在海床底下或表面。其中一些没有齿舌。

单板类

单板纲

约30种

这些深海软体动物无眼，但有齿舌和圆锥状壳，该类的化石比现存物种多。

掘足类

掘足纲

571种

这些动物具有长圆锥形的壳，两端开口。头和足从较宽一端伸出，埋在松软的沉积物中。

双壳类

双壳纲

9209种

双壳类（蛤蜊及其近缘类群）的壳分两半，由铰合部连接，无齿舌。大多数为定栖的海洋物种。虹管制造经过壳的水流，有助其进食和呼吸。通常为雌雄异体。

腹足类

腹足纲

61,682种

这些分布在海洋、淡水和陆地的软体动物以蛞蝓和螺最为人所熟知。它们有螺旋状的壳和较大的肌肉质的足。其身体扭转180度，外套腔位于头上方。许多物种能缩入壳内，雌雄同体常见。

头足类

头足纲

816种

鱿鱼、章鱼和墨鱼都是头足类，它们移动迅速而机灵，有复杂的神经系统和大眼。有内壳或无壳，头被腕环绕，有些物种腕上有吸盘。中央的口有鹦鹉喙状的喙和齿舌。雌雄异体。

多板类

多板纲

970种

多板类有重复的结构——其背面有一系列壳板（通常为8块），由外套膜的延展部分包裹。底面为足。

纲 双壳纲

紫贻贝

Mytilus edulis

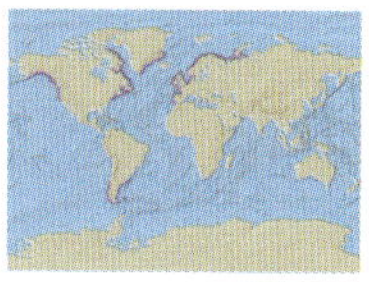

长度 10—15cm

生境 潮间带、海岸和河口

分布 大西洋北部和东南部，太平洋东北部和西南部

这种可食用的黑壳双壳类动物也叫“蓝贻贝”。其依靠纤维（足丝）大量附着在各种基质上。这些异常强韧的足丝可使其不被冲走，并且足丝的强度在秋季会增加，也许是为了应对风暴。紫贻贝打开壳时，水被吸入，流经鳃（栉鳃），从而将氧吸入组织并滤获食物颗粒。

紫贻贝是高效的滤食性动物，每天能处理水量为45—70L，几乎能消化其所捕获的一切食物。其为雌雄异体，因而会在海床上成群聚集，以确保卵子受精。受精卵孵化后，浮游幼虫随洋流漂散。几个月后，幼虫下沉，附着并变态发育成小贻贝，之后可将足丝收回，移动到更好的生活地点。

纲 双壳纲

欧洲大扇贝

Pecten maximus

宽度 可达17cm

生境 5—150m深的沙质海床，一般位于10m深处

分布 大西洋东北部

欧洲大扇贝也被称为“扇贝王”，通常会将部分身体埋在沙里。其是少数能在水中快速移动的双壳类，采用喷射推进的方式。它闭合两片壳时，将水从靠近铰合部的外套腔中推出，而向前移动时，则首先张开壳——依靠这样连续地“吞”水，便能不甚平稳地移动。这是其逃脱天敌的有效策略。如今，人们养殖这种可食用的双壳类，以满足不断增长的需求。

纲 双壳纲

黑蝶珠母贝

Pinctada margaritifera

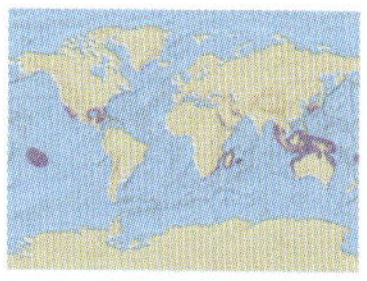

长度 直径可达30cm

生境 潮间带和潮下带的硬基质，如珊瑚礁

分布 墨西哥湾，印度洋西部和东部，太平洋西部

黑蝶珠母贝孵化后为雄性，两三年之后转变为雌性。雌性生产数百万颗卵子，在体外和雄性的精子随机受精，然后孵化为自由游动的幼虫。幼虫在一个月间经历各幼年阶段，最终沉到海底，变态发育成固着的成体形态。这一物种很出名，也很抢手，因为它有时会产出珍贵的黑珍珠。

纲 双壳纲

美国海菊蛤

Spondylus americanus

长度 可达11cm

生境 140m深的岩石

分布 美国东南部海岸，巴哈马群岛，墨西哥湾，加勒比海

美国海菊蛤的壳多刺，可防御天敌。图中这只蛤被一只红色壳状海绵覆盖，海绵为它提供了伪装。这一物种的不同寻常之处在于其连接两片壳的铰合部为球窝式，而非更常见于其他许多双壳类的齿状咬合式。其会直接将自身黏附到岩石上，不必依靠足丝附着。

纲 双壳纲

船蛆

Teredo navalis

长度 60cm

生境 高盐度海域和河口的木头中的孔穴

分布 北美洲、中美洲、南美洲以及欧洲的沿岸海域

尽管外观像蠕虫，但船蛆其实是蛤蜊的一种，其身体因适应穴居生活而变得细长。其壳位于头端，非常小，成脊状。通过摇摆头部，其便能利用这种壳钻入木中。其处于壳外的身体受其分泌的为孔穴衬里的钙质管保护。其会对码头墩等木质结构造成无法挽回的破坏，这在过去导致许多沉船事故发生。其孔穴的入口往往只有针头大小，但孔穴本身可能超过1cm宽，所以其为患的程度往往被低估，最终发现时为时已晚。

船蛆在其生命周期中会从雄性变为雌性，而雌性会生产许多卵子，孵化出自由游动的幼虫。幼虫发育成熟，并在合适的木头上定栖后，会迅速变态发育为成体形态，并开始钻孔。

纲 双壳纲

海笋

Pholas dactylus

长度 横截面可达15cm

生境 海滨较低处至潮下带浅海水域

分布 英国的南部和东部海岸以及塞文河河口，法国西海岸，地中海

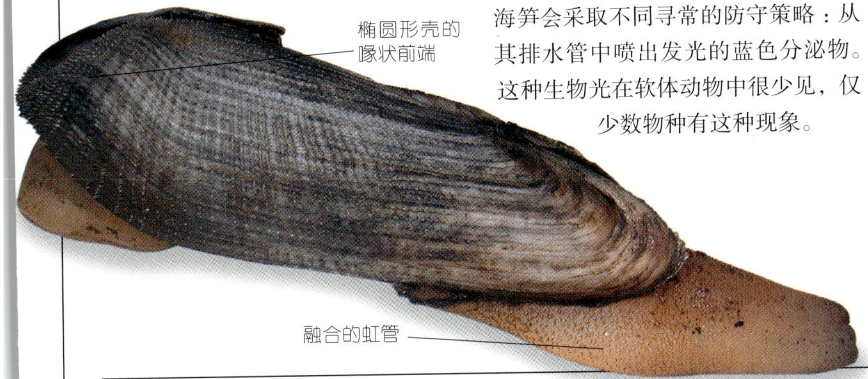

海笋壳的前端为突出的喙状，覆有齿状的突出物。这一特性有助其在相对较软的基质（如泥、白垩岩、泥炭和页岩）中凿洞。与船蛆（详见第280页）一样，海笋依靠自己的洞穴来躲避猎食者，因为其壳并没有包裹全身，其两根融合的虹管（用于觅食、呼吸和排泄的管）从壳后伸出。其椭圆形的壳较脆弱，壳表有同心肋和呈辐射状的线纹。一旦受到侵扰，海笋会采取不同寻常的防守策略：从其排水管中喷出发光的蓝色分泌物。这种生物光在软体动物中很少见，仅少数物种有这种现象。

纲 双壳纲

鸟尾蛤

Cerastoderma edule

长度 可达5cm

生境 中低海岸，沙与泥表面之下5cm处

分布 巴伦支海，北大西洋东部（从挪威到塞内加尔），西非海岸

这种可食用的双壳类具有带棱纹的硬壳，密集地分布在沙与泥下，从水中滤食浮游生物等有机物。其是重要的商业物种，同时也是蛎鹬等涉禽的重要食物来源。

纲 双壳纲

大西洋刀蛏

Ensis directus

长度 16cm

生境 沙质及泥质海岸和浅海

分布 北美洲的大西洋海岸，被引入到北海

其名源于其外形如刮胡刀般的壳。它们栖息在泥质或柔软沙质海岸表面之下的垂直的深穴中。原产于北美洲的东北海岸。人们认为，1978年，当一艘船在德国的汉堡港外清空其压载舱时，将大西洋刀蛏的自由游动的幼虫引入到了北海。随后，它们沿着大陆海岸散布开来。在一些地方，它们影响了多毛类动物的数量，但并不被视为有害物种。

纲 双壳纲

库氏砗磲

Tridacna gigas

长度 可达1.5m

生境 20m深处的礁石、礁坪和浅潟湖

分布 从中国南海至澳大利亚北海岸及从斐济至尼科巴群岛的印度洋—太平洋热带海域

库氏砗磲是软体动物中最大、最重的。与其他双壳类一样，其通过边缘有小触手的入水管（虹管）滤食水中的细小食物颗粒。然而，与其他双壳类不同，其大部分的养分是由虫黄藻（生活在其组织内的单细胞藻）提供的——这种关系也见于珊瑚虫身上。虫黄藻获得了稳定安全的生活环境，反过来，它们又为库氏砗磲提供了必要的养分，即光合作用的碳基产物。事实上，库氏砗磲十分依赖虫黄藻，若离开虫黄藻便无法生存。

其成体不移动，外套膜仅有的开口为入水管和排水管（虹管）的开口。尽管其两扇壳的边缘彼此吻合，但较大的个体不能将壳完全闭合，色彩明亮的外套膜及虹管总是暴露在外。

许多库氏砗磲的外套膜上几乎不间断地布满紫色和蓝色的斑点，还有一些的颜色则偏绿或偏金黄，因此它们看起来色彩艳丽。同时，所有的库氏砗磲的外套膜上都有一些清晰的斑点，阳光可通过这些斑点映入外套腔内。它们体外受精，受精卵孵化成自由游动的幼虫，最终沉到海床上发育为成体。其排水管将水排出体外，并在产卵期排放精子或卵子。

产卵

库氏砗磲的繁殖由化学信号激发，以便它们一起向水中排放精子与卵子。它们起初都为雄性，之后变为雌雄同体，但在产卵期，每个个体只排放精子或卵子，以免自体受精。一个大的库氏砗磲成体可在20分钟内排出5000万颗卵子。

库氏砗磲

库氏砗磲在光合微生物（虫黄藻）的帮助下成长，体形巨大。虫黄藻生活在其艳丽的外套膜的组织内，将自己生产的糖分与库氏砗磲共享。人们大量捕捞库氏砗磲，以获取其肉和壳，导致其数量稀少，与其有关的国际贸易被限制。

纲 腹足纲

欧洲帽贝

Patella vulgata

直径 6cm

生境 从海滨高处的岩石到潮下带

分布 从北极圈至葡萄牙的大西洋东北部沿岸

欧洲帽贝常见于高潮线与低潮线之间的岩石上，极为适应海滨生活。圆锥形的壳使其免受猎食者与自然力的侵害。与生活在高潮线区域的帽贝相比，生活在低潮线区域的经常受海浪拍打，因而其壳更小、更扁，而前者的壳则更宽、更高，以便退潮后能较好地保住水分。低潮时，其利用单足的收缩缓慢地移动，移动距离可达60cm。其用齿舌啃食岩石上的藻类，齿舌如锉刀，有借由铁沉积得以强化的小齿。

肌肉质的足

从欧洲帽贝的底部观察到的肌肉质的足。不管海浪多大，它都能依靠足牢固地附着在岩石上。

回家

帽贝会在岩石上其落脚点处渐渐地磨出一道“疤痕”，这有助于其附着及保住水分。其留下的黏液痕迹会引导其返回落脚点。

纲 腹足纲

马蹄钟螺

Tectus niloticus

长度 16cm

生境 潮间带及潮下带浅水区，7m深处的礁坪

分布 印度洋东部，大西洋西部及南部

螺旋状的圆锥壳使其易与大部分其他腹足纲动物区分开来。其在礁坪和珊瑚碎片上缓慢移动，以藻类为食。人们为获取其肉和壳，大肆捕捞（尤其是在菲律宾），导致其数量减少。不过，其被成功地引入印度洋—太平洋海域的其他地方，如法属波利尼西亚和库克群岛，得益于此，其在一些原产地的数量开始恢复。

纲 腹足纲

红鲍

Haliotis rufescens

长度 15—20cm

生境 低潮线至水下30m深处之间区域的岩石

分布 从美国俄勒冈州南部至墨西哥下加利福尼亚半岛的太平洋东部海岸

红鲍是鲍鱼中最大的一种，其名字来源于其呈椭圆形的厚厚的砖红色硬壳。壳上有3—5个排成弧形的清晰可见的孔，水从这些孔中流过，其便可进行呼吸。当其体形增大时，这些孔会被堵上，新孔会取而代之。其最主要的捕食者是海獭和人类。

纲 腹足纲

梳骨螺

Murex pecten

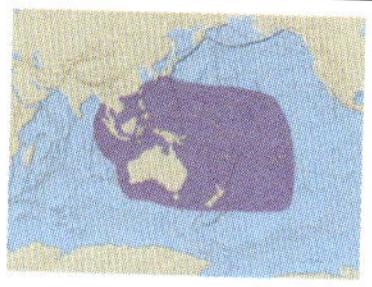

长度 10—15cm

生境 热带温暖水域的200m深处

分布 印度洋东部和太平洋西部

这种热带食肉螺具有非常独特而美丽的壳。沿其纵向的脊长有一排排细长的刺，直至其狭窄而细长的棒状虹管处。这些刺的具体作用尚不清楚，可能有保护作用，或可防止螺体陷入其生活的松软基质中。其身体细长，呈圆柱状，能将笨重的壳抬到沉积物之上以便移动并搜寻食物。

躲避视线

梳骨螺有时用其肌肉质的足拨动沙子，将自己埋在海床表层之下。不过，其会把入水管（虹管）的开口露在沙子外面，以便将水吸进外套腔中获取氧气，并通过“尝”水得知猎物的出现。

半埋在沙中

从图中可见这只螺的刺从沙中伸出。图片右侧的虹管也清晰可见。

纲 腹足纲

斑马蜒螺

Puperita pupa

长度 可达1cm

生境 多岩潮池

分布 加勒比海、巴哈马群岛和佛罗里达州

浑圆、光滑、具有黑白条纹的小壳是这种螺最大的特点，但在佛罗里达州生活的螺的壳有时会有杂色或黑色斑点。这种腹足类动物白天最为活跃，取食硅藻和蓝细菌等微生物，不过一旦它们变得太热或暴露在低潮中，就会聚集到一起，缩入壳中，变得不活跃。这可能是一种防止水分过多流失的机制。

不同于其他腹足类，斑马蜒螺雌雄异体，体内受精。雄性通过生殖器将精子输送到雌性体内特殊的存储器官内。之后，雌性产下许多白色的小卵，这些卵随后孵化成浮游幼虫。

纲 腹足纲

狗岩螺

Nucella lapillus

长度 可达6cm

生境 多岩石海岸的中低部

分布 大西洋西北部和东北部

狗岩螺是岩石海岸最为常见的腹足类之一，有尖端突出的厚重的螺旋状壳。壳的具体形状取决于其经受波浪作用的程度，壳的颜色则取决于其食物。狗岩螺是贪婪的捕猎者，主要捕食藤壶和贻贝。一旦锁定猎物，它们就用齿舌在猎物的壳上钻一个洞，然后吸食其肉。

纲 腹足纲

黑星宝螺

Cypraea tigris

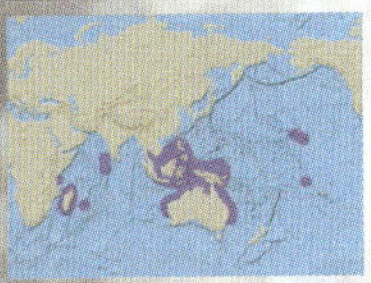

长度 可达15cm

生境 低潮线至30m深处的珊瑚礁及礁坪

分布 印度洋，太平洋西部

作为较大的宝螺物种之一，黑星宝螺的穹顶壳光滑而有光泽，壳口狭长，壳的表面混杂着黑色、褐色、淡黄色和橙色。其外套膜（身体的外封闭层）可以伸展并将部分外壳包住。这些延伸部分有许多突起（或乳突），其确切功能尚未清楚，也许可以增加表面积以吸收氧气或提供某种形式的伪装。

黑星宝螺是夜行性动物，白天藏在珊瑚礁的缝隙中，晚上出来觅食藻类。雌雄异体，体内受精。雌性会表现出亲代抚育的一些特性：用其肉质的足覆在卵囊上，直至幼虫孵化。幼虫随后营浮游生活，直至成年。

纲 腹足纲

袖扣海兔螺

Cyphoma gibbosum

长度 3—4cm

生境 约15m深处的珊瑚礁

分布 大西洋西部（从北卡罗来纳州至巴西）、墨西哥湾、加勒比海

袖扣海兔螺外套膜的两片肉质延展部分具有豹纹斑，并通常会几乎遮蔽其黄白色的壳。若受到威胁，其会将身体的所有柔软部分都缩入壳内加以保护，于是其独特的伪装色便迅速消失了。这种螺几乎只吃柳珊瑚——加勒比海珊瑚群落的主要品种。虽然这些珊瑚可以释放化学物质以抵御捕食者，但袖扣海兔螺显然能够使这些活性化合物降解，从而猎食而不会遭受任何伤害。雌性在交配后，会剥去珊瑚的部分较软的分枝，再将卵囊产到珊瑚上。每个卵囊内只有一个受精卵，随后会孵化成自由游动的浮游幼虫。

纲 腹足纲

大法螺

Charonia tritonis

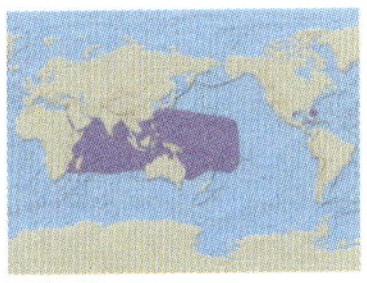

长度 可达40cm

生境 珊瑚礁，多数在潮下带

分布 印度洋，太平洋西部和中部

属腹足类的大法螺是极少数吃棘冠海星的动物之一。其是贪婪的捕食者，也是珊瑚礁的破坏者。作为主动攻击的猎手，大法螺一旦察觉到猎物（如软体动物和海星）的踪迹，便紧追不舍。其用肉质的单足将猎物按倒，同时用锯齿形的舌状齿舌刺穿猎物的保护层，把麻醉唾液注入猎物体内，然后将被制服的猎物吃掉。

纲 腹足纲

玉黍螺

Littorina littorea

长度 可达3cm

生境 岩质海岸的高海岸带至潮下带，泥滩，河口

分布 欧洲西北部的沿海水域，引入到北美洲

玉黍螺的外壳为黑色或暗灰色，呈尖顶圆锥状，触角略扁平，并在幼年时具有醒目的黑色带纹。雌雄异体，体内受精。雌性在大潮时将卵囊直接产入水中，内里包含2—3个受精卵。从受精卵孵化而出的自由游动的浮游幼虫，在经历了6周的漂浮生活后，营底栖生活并变态发育为成体形态，之后还需2—3年才能完全成熟。它们主要以海藻为食，将其从岩石上锉下并进食。它们在19世纪被偶然引入到北美洲，由于其选择性地取食快速生长的藻类，对一些岩石海岸的生态造成了很大影响。

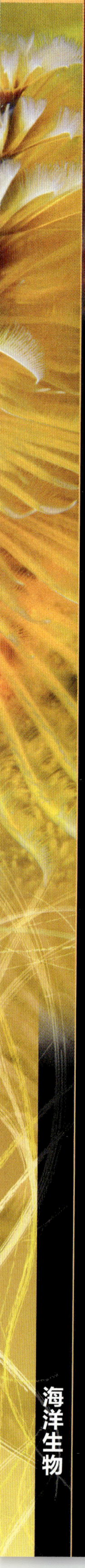

纲 腹足纲

线红纹螺

Bullina lineata

长度 2.5cm

生境 20m深处的沙和礁石，主要位于潮间带及有限范围内的潮下带

分布 印度洋和太平洋西部的热带和亚热带海域

线红纹螺的淡白色螺旋状壳的表面具有独特的粉红色线图案，这令其可以被识别。其柔软的身体纤弱且呈半透明状，边缘有蓝色荧光，这一形态令人联想到血红六鳃海蛞蝓（详见第287页），后者是其近亲，已不具有壳。如果受到威胁，线红纹螺会迅速缩回壳中，同时把吃下的食物吐出，这或许是一种干扰捕食者的防御机制。线红纹螺是贪婪的捕食者，以定栖的多毛纲蠕虫为食。这种软体动物雌雄同体，产特征明显的螺旋状白色卵块。

纲 腹足纲

三齿驼蝶螺

Cavolinia tridentata

长度 1cm

生境 100—2000m深处，随洋流漂浮

分布 全世界的温暖海域

驼蝶螺俗称“海蝴蝶”。三齿驼蝶螺的球形壳很小且几乎透明，后部有3个明显的突起。壳上还有2条裂缝，外套膜可通过裂缝大面积展开。这些淡褐色的“翅膀”长有纤毛，能制造微弱的水流并辅助漂浮。不同于其他有壳的软体动物，驼蝶螺能生活在开阔水域中。与其他驼蝶螺一样，三齿驼蝶螺可制造比其自身大得多的黏液网，以捕获浮游生物（如硅藻和其他物种的幼体）。其不时地将黏液网连同困在其中的食物吃掉，然后再制造新网。在驼蝶螺的一生中，它们会先从雄性变为雌雄同体，再变为雌性。

纲目 腹足纲

斑点海兔

Aplysia punctata

长度 可达20cm

生境 浅海

分布 大西洋东北部和地中海的部分区域

斑点海兔是海蛞蝓的一种，其触角令人想到野兔的耳朵。其内壳长约4cm，只有通过外套膜的背部开口才可见。受到干扰时，其会释放紫色或白色的液体。尚未清楚这一反应是否为一种防御机制。

纲 腹足纲

黑美叶海蛞蝓

Cyerce nigricans

长度 可达4cm

生境 礁石

分布 印度洋西部，太平洋西部和中部

这种色彩斑斓的海蛞蝓是食草动物，以藻类为食。其无须伪装或保护壳，因其有两种绝佳的御敌之策。其一，利用进食的藻类所含的物质，从遍布全身的微小腺体分泌难闻的黏液；其二，其身体覆有瓣状赘疣——露鳃，露鳃的上表面有斑点和条纹，下表面也有斑点。当受到捕食者攻击时，其可以像蜥蜴断尾一样自断露鳃。这种弃掉某些身体部位来分散捕食者注意力以求生的本领称为“自截”。

露鳃也用于呼吸，其较大的表面积有利于实现有效的气体交换。黑美叶海蛞蝓的头部有2对感觉器——口周围的口部触角，以及更靠后的嗅觉器官（嗅角）。这些感觉器伸缩自如，并随其成长进一步细分，可辅助觅食和求偶。关于黑美叶海蛞蝓究竟是一种独立的物种，抑或只是与之相似的虎皮美叶海蛞蝓的颜色变种，目前尚无定论。

纲 腹足纲

陆氏多彩海蛞蝓

Chromodoris lochi

长度 4cm

生境 礁石

分布 太平洋西部和中部的热带及亚热带海域

陆氏多彩海蛞蝓凭借自身鲜艳的警告色和难闻的气味御敌，因而可以暴露在外觅食，而不必躲藏在缝隙中。其不会游泳，依靠肉质足在生活的礁石上滑行，并像陆生蛞蝓一样留下黏液痕迹。多彩海蛞蝓属的不同物种可根据背上的黑线图案以及鳃和嗅角（头端的一对嗅觉器官）的素色来加以区分。

上图的两只陆氏多彩海蛞蝓可能即将交配。要交配，它们就必须背向对方，使彼此的交配口对接。由于其为雌雄同体，两者都会产生精子，并在交配过程中相互交换，双方随后都产受精卵。

纲 腹足纲

管鞭海蛞蝓

Hermissenda crassicornis

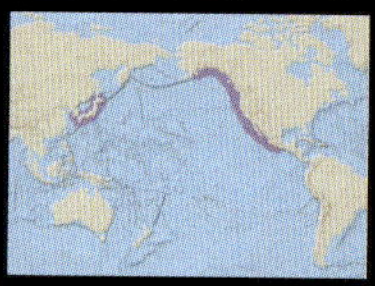

长度 可达8cm

生境 泥滩、岩质海岸

分布 太平洋西北部和东北部

这种海蛞蝓威慑捕食者的方式很不寻常。它们将所进食的生物体的刺细胞分离开来，存储在自身的瓣状触手（或露鳃）的橙红色尖端。任何触碰到覆盖于其背部的露鳃的生物都会被刺。尽管看似不大可能，可管鞭海蛞蝓确实被科学家们广泛应用于记忆实验中。其能凭借灵敏的嗅觉，在迷宫四周找到食物所在，还能“学会”对简单刺激做出反应。

纲 腹足纲

血红六鳃海蛞蝓（西班牙舞娘）

Hexabranchus sanguineus

长度 可达60cm

生境 海岸和礁石的浅水区

分布 印度洋的部分热带海域，太平洋西部

血红六鳃海蛞蝓是最大的裸鳃类动物，因其游泳时，扁平的身体呈波浪式起伏，让人想起弗拉门戈舞者，因此俗称“西班牙舞娘”。其成体鲜艳夺目，颜色多样，通常呈不同程度的红色、粉色或橙色，有时还混有白色或黄色。其休息、爬行或进食时，外套膜的侧边叠放在背部，从而展示出颜色不那么绚丽的下部。一旦受侵扰，其便游动逃离，露出明亮的色彩，可能以此唬吓潜在的捕食者。其自身则是专业的捕食者，只以海绵为食，尤其是壳状海绵，并通过进食海绵而在自身皮肤中积聚某些味道不佳的化合物，作为另一种御敌手段。其具有用于呼吸的外鳃，鳃上有广泛的分枝，通过独特的囊与体壁相连，不能缩回。与所有裸鳃类一样，其为雌雄同体，异体交配。

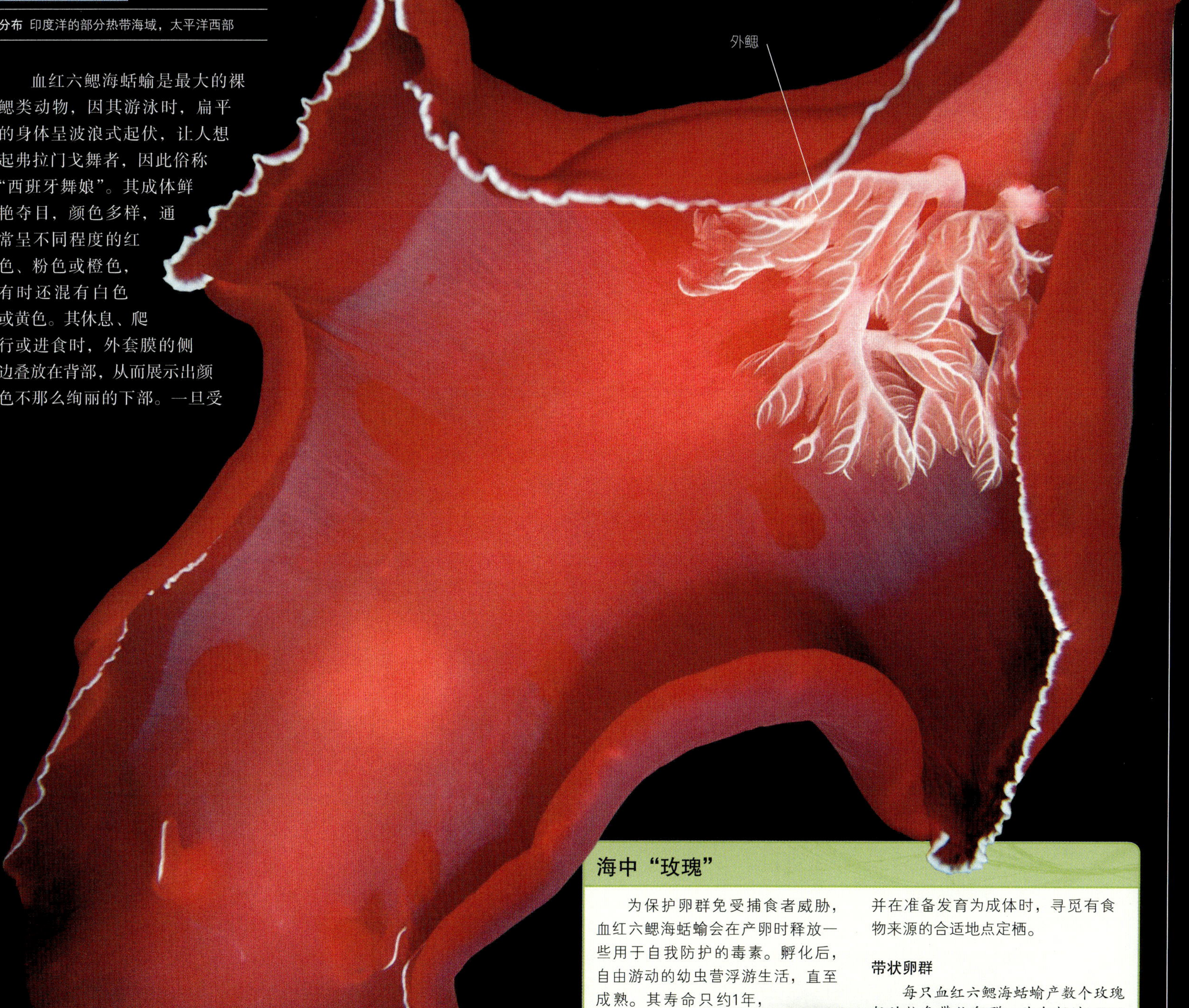

海中“玫瑰”

为保护卵群免受捕食者威胁，血红六鳃海蛞蝓会在产卵时释放一些用于自我防护的毒素。孵化后，自由游动的幼虫营浮游生活，直至成熟。其寿命只约1年，因此幼虫生长迅速，并在准备发育为成体时，寻觅有食物来源的合适地点定栖。

带状卵群

每只血红六鳃海蛞蝓产数个玫瑰般的粉色带状卵群，共含超过100万颗卵。每个卵群直径约为4cm。

海洋生物

纲 头足纲

珍珠鹦鹉螺

Nautilus pompilius

宽度 壳宽可达20cm

生境 热带开阔海域500m深处

分布 印度—西太平洋，澳大利亚至新喀里多尼亚

鹦鹉螺属和异鹦鹉螺属存活至今的5个物种，都属于4亿年前至6500万年前数量一度庞大的有壳头足类。由于它们与其菊石祖先相差无几，所以通常有“活化石”之称。它们的壳能保护其免遭猎杀，而困在内部腔室中的气体则为其提供浮力。其头部从壳内伸出，并有多达90条没有吸盘的触手，用于捕食虾和其他甲壳类；头上还有一对构造简单的眼，无晶状体，其工作原理类似于针孔照相机。鹦鹉螺采用喷射推进的方式移动——将水吸入外套腔内，然后通过管状的虹管将水用力喷出，只要移动虹管的方向，就可以推动自身向前进，或后退，或向旁移动。不同于大多数其他头足类，鹦鹉螺成熟晚，大约需要10年时间，而且每年只产约12颗卵。

纲 头足纲

胖烟灰蛸

Grimpoteuthis plena

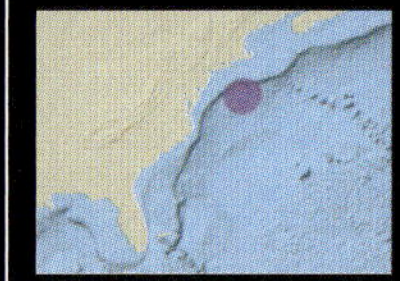

长度 可达20cm

生境 深海中，可达2000m

分布 大西洋西北部

人们对胖烟灰蛸知之甚少，因为只有少数记录在案。其俗称“小飞象章鱼”来源于眼睛上方一对不同寻常的、从外套膜延伸而出的耳状肉鳍。其有适应深水生活的柔软躯体。8条腕之间通过腕间膜相连，腕间膜几乎至腕顶端。其食物包括蠕虫和螺。

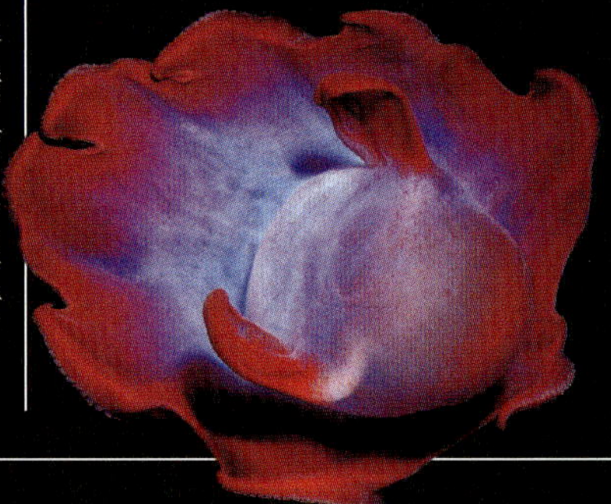

纲 头足纲

小蓝圈章鱼

Hapalochlaena maculosa

长度 10—20cm

生境 浅海，岩池

分布 太平洋西部热带海域和印度洋（蓝圈章鱼属的全部物种）

最危险的头足类动物是小蓝圈章鱼，其带有剧毒的唾液足以杀死一个人。捕捉猎物时，其要么将唾液释放到水中，等待毒性生效，要么抓咬猎物，直接将毒素注入猎物体内。当受到侵扰时，其身体上覆有的众多蓝圈会发出蓝光。

纲 头足纲

北太平洋巨型章鱼

Enteroctopus dofleini

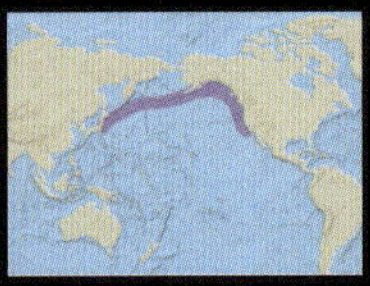

长度 可达4.5m

生境 9—750m深的海底

分布 太平洋西北部和东北部的温带海域

北太平洋巨型章鱼不仅是最大的，也是最聪明的无脊椎动物之一。它们具有一些解决问题的能力，例如，其可以通过反复试错，找到走出迷宫的路径，并在一段较长时间内记住这一路径。其拥有大型的、具有色觉的复杂眼睛以及敏感的吸盘，可以仅凭触摸区分物体。它们能通过收缩或扩张色素细胞里的色素区，迅速改变体色，因此不论处在何种环境，其都能将自己伪装起来。它们还用体色来传达情绪，被激怒时变红；感受到压力时，则显得苍白。大多数的头足类缺乏亲代抚育，但雌性的北太平洋巨型章鱼会捍卫其卵长达8个月之久，直至孵化。在此期间，它们不进食，通过虹管吸水使卵保持洁净通气。

防御机制

受到威胁时，北太平洋巨型章鱼会通过虹管喷出一团紫色墨汁，同时用喷射推进的方式迅速后退。留下潜在的捕食者被困在紫色墨团中不知所措，迷失了方向。章鱼能连续多次快速地重复这一过程。

快速逃跑

图中这只章鱼正在迅速后撤，并喷出墨汁作为防御，这一喷射也有力地将其往后推。

纲 头足纲

澳大利亚巨型乌贼

Sepia apama

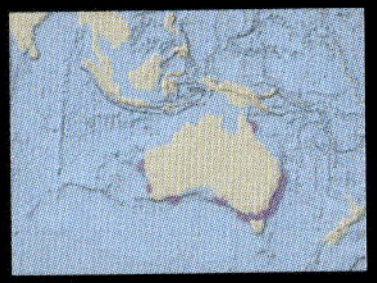

长度 可达1.5m

生境 礁石上的浅水区

分布 澳大利亚沿海水域

澳大利亚巨型乌贼是约100种乌贼中最大的。与所有乌贼一样，其身体扁平，具有内壳（即乌贼骨，因常被用来喂虎皮鹦鹉而为人所熟知）。这种乌贼的寿命可长达3年，繁殖时大量聚集。雄性的求偶表演煞费苦心，包括一边在水中盘旋，一边快速变换多彩的体色（如图中这只雄性所展示那样）。雌性接受后，雄性将精荚送入其口部下方的囊中。精荚随后破裂，释放精子，令雌性的200颗（甚至更多）高尔夫球大小的卵子受精。雌性将受精卵产在坚硬的基质上，数月后，幼体孵化，就像是成年体的微缩版。

纲 头足纲

欧洲鱿鱼

Loligo vulgaris

长度 可达30cm

生境 20—250m深处

分布 大西洋东部和地中海

圆筒状的躯体和小小的棒状内骨骼是所有鱿鱼品种的共同特点。此外，它们还有较之体形而言显得非常大的眼睛。数世纪以来，欧洲鱿鱼一直是有重要商业价值的近海物种，大概也是头足类中最为人所熟知的。其游速快，积极捕猎甲壳类和小鱼等。一旦抓住猎物，便将之递到嘴里，用其有力的喙状嘴肢解猎物。

纲 头足纲

玻璃鱿鱼

Teuthowenia pellucida

长度 1.4—3.8cm

生境 中层海域

分布 南部温带的同纬度海域

与许多软体动物一样，玻璃鱿鱼的幼体营浮游生活，随着成熟而下降到更深、更暗的海域中。其腕端和眼部有发光的器官（发光器），可帮助其寻找配偶。人们认为，性成熟的雌性还会产生化学诱剂（信息素）。

纲 头足纲

吸血鬼鱿鱼

Vampyroteuthis infernalis

长度 可达38cm

生境 500—1500m深的缺氧海水

分布 全球热带和温带海域

这是唯一一种终生生活在深海缺氧水域中的鱿鱼。与许多生活在深海的动物一样，吸血鬼鱿鱼会发光，其腕端和鳍的基部有发光器。受到威胁时，其会发出闪烁的光，在水中翻腾，最后喷出闪着蓝色亮光的黏液。等这些黏液的光亮变暗时，其早已趁机消失。其天敌包括深潜的鲸鱼。

纲 多板纲

条纹石鳖

Tonicella lineata

长度 3.5cm

生境 潮间带和潮下带，多见于岩石表面

分布 太平洋东北部和西北部的温带海域

石鳖是软体动物，其壳由8块拱起的重叠的骨板组成。条纹石鳖的壳上有一系列曲折的蓝线或红线，其因而得名。壳体通常是粉红色的，有利于其在啃食岩石表面的粉红色珊瑚藻时进行伪装。外套膜环绕着壳向外延展，从而形成一条异常光滑的、皮质的“腰带”，有助于将其8块壳板聚拢。其用较大的肉质足在岩石间移动，并在静止不动时，像帽贝一样用足固着于岩石表面。退潮时，其保持静止以防失水。头部很小，无眼。雌雄异体，通过释放配子到水中进行繁殖。

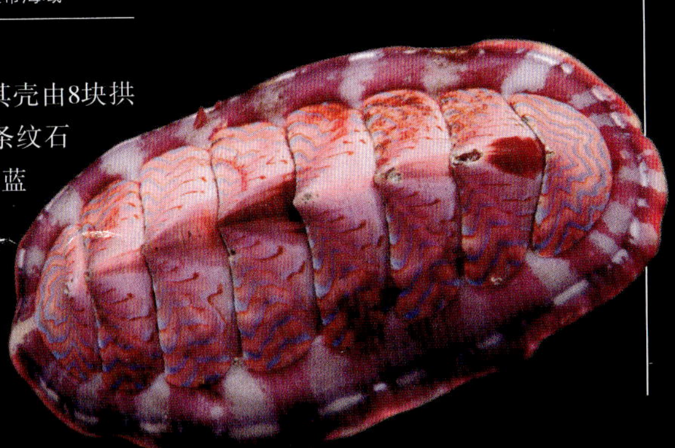

海洋生物

节肢动物

域	真核生物域
界	动物界
门	节肢动物门
亚门	4
种	约125万

节肢动物是世界上最具多样性的动物，其中，昆虫是迄今为止发现的数量最多的一类。然而，大多数海洋节肢动物是甲壳类，例如螃蟹、虾和藤壶。甲壳类（包括成体和幼虫）构成了海洋浮游生物的大部分——这一生物群落由微小的浮游生物组成，支撑着所有的海洋食物链。与陆地上的节肢动物一样，所有海洋节肢动物都有外骨骼、分节的躯体和分节的附肢，这使其中一些物种（如椰子蟹）能营水陆两栖生活。很少有昆虫完全生活在海洋中，不过有些物种栖息在海滨和海岸上。

附肢

斑点清洁虾具有用于行走的分节附肢。其头部有另外两对演变为感觉触须的分节附肢。

海滨昆虫

跳虫是真正的昆虫的无翅近缘类群。其海洋品种可见于海滨的上部，受到侵扰时会跳跃到空中。

解剖结构

尽管节肢动物各物种之间看起来可能迥然不同，但是它们都具有含碳酸钙沉淀物的外骨骼，这样的骨骼或轻薄柔韧，或刚硬坚实。它们的躯体分节，并具有分节附肢。分节附肢的数量多变，一些可用于步行和游泳，另一些则演变成螯和触须，或用于进食。其关节处附有肌肉，便于运动。大部分的体腔是中空的，这一空间被称为“血腔”，包含内脏和一种液体——血淋巴——等同于脊椎动物的血液，通过开放式循环系统由心脏泵送到全身。大多数海洋节肢动物用鳃呼吸，具有发达的感觉器官。

与蜘蛛相同的特征

尽管鲎也被称为“蟹”（马蹄蟹），并具有较接式甲壳，但它其实是蜘蛛、扁虱和螨的近缘类群。与它们一样，鲎具有刺式口器。

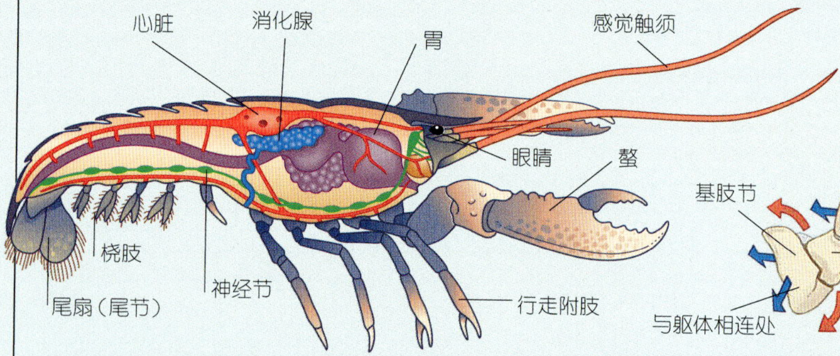

节肢动物的解剖结构

龙虾有保护性的甲壳覆盖着头胸部、大螯和发达的行走附肢。其血腔内是内脏。

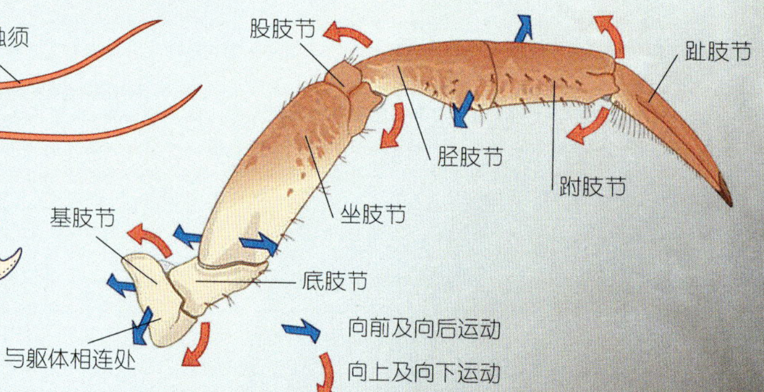

节肢动物的肢

行走附肢（如螃蟹的后肢）由一些坚硬的部分组成，这些部分之间通过可活动的关节相连。这些关节可在不同的平面上活动，使节肢动物能自如地运动。

用于滤食的肢

高潮时，藤壶从其“壳”中伸出羽状的长蔓足，捕食水中的浮游生物和腐质。

沙中觅食

退潮时，沙泡蟹会出来滤食沙中的有机物质。

进食

甲壳类动物的进食方式各异。许多蟹是食腐动物，以尸体及腐烂的有机物为食。因此，它们对促进营养物质循环起到至关重要的作用。其他一些则是捕食性动物，有强壮的螯，能够击打（如蝉形齿指虾蛄）或夹压（如龙虾）猎物，然后将其撕开并进食。许多小型浮游甲壳类（如桡足动物）是滤食性动物，能有效地利用各类附肢（包括长触须）来制造水流，从而将食物颗粒送至口中。附着在岩石上的藤壶无法移动，它们以相似的方式进食，用蔓足收集浮游生物。还有一些甲壳类是寄生动物（一些等足类、桡足类和蟹奴属的藤壶类），从寄主那里获得所需的营养物质。海岸线地带是昆虫（如海藻扁蝇）的理想栖息地，它们在腐烂的海藻上释放酶类，然后摄食所生成的消化物质。在更靠近内陆的沙丘中，植被增多，因此蜘蛛和以花粉、花蜜为食的昆虫开始出现。

硬的骨骼和有节的肢

这些微小的瓷蟹体宽不到2.5cm，为滤食性动物。它们具有节肢动物的典型特征，例如具有覆盖其分节躯体的坚硬的外骨骼以及有节的肢。

生长

甲壳类动物的生长只能通过褪掉外骨骼，并取而代之以更大的新的外骨骼来完成。褪掉外骨骼的过程称为“蜕壳”，受荷尔蒙控制，并在其成年阶段反复发生。外骨骼由其下方的细胞层形成。蜕壳开始之前，外骨骼与这层细胞分离，二者之间的空隙被蜕皮液充满。蜕皮液中的酶使外骨骼软化，并最终令其在最薄弱处（通常为背部）开裂。新的外骨骼是柔软的，呈褶皱状，需要展开并随后硬化。海洋节肢动物在蜕壳后会快速吸收水分，以便展开其新的躯体覆盖层。它们可能隐藏数小时或数天，因为在其外骨骼硬化之前，它们较容易被捕猎。

人类影响

磷虾数量下降

南极磷虾只有6cm长，却是数量最多的甲壳类节肢动物。近数十年来，受到海水升温及海冰融化的影响，围绕南极洲海洋生活的磷虾数量有所下降。因为南极磷虾以海藻为食，而这些海藻生长在海冰下方及内里。南极磷虾还在冰下寻求庇护，躲避捕食者。此外，人类为食用或喂饲动物而过度捕捞它们，从而构成了巨大威胁，可能会破坏南极食物网（详见第295页）。

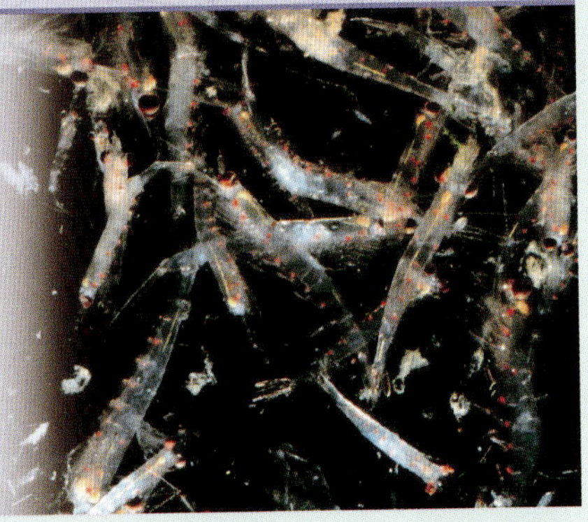

蜕壳顺序

图示为油彩蜡膜虾的蜕壳过程。首先，外骨骼在胯节后方开裂，虾得以将头部拔出。随着裂口扩大，躯体的其他部分也迅速从外骨骼中挣脱。整个过程仅需数分钟，之后它会休息数秒。

新的外骨骼是柔软的，这样才能贴紧躯体，容纳在先前的更小的外骨骼之内。新的外骨骼会扩展，以适应虾长大了的躯体。整个新的外骨骼的硬化约需2天。

❶ 原来的外骨骼在油彩蜡膜虾的头部后方沿背部开裂。虾将原来的外骨骼往身后摆脱。

❷ 可以看到虾的躯体更多地露出来。它正奋力从原来的外骨骼中挣脱。

❸ 蜕壳完成。虾正在休息，原来的外骨骼被抛弃在一旁。

寄生

一些节肢动物同其他物种关系密切。这条鱼成了一种与木虱为近亲的等足类动物的寄主，它的每只眼下方各寄生有一只。这两只等足类以鱼的组织液为食，令鱼儿受损。

生活方式

所有的海洋节肢动物一生中至少有部分时间营自由生活。有些物种（如螃蟹）的浮游幼虫最终沉到海底，营底栖生活，并发育为成体。除繁殖季节求偶繁殖外，螃蟹及其近缘类群一般独自生活，并会捍卫自己的领地。其他一些物种（如磷虾和桡足类）则集群而居，每天上下巡游数百米捕食（详见第221页）。成年藤壶营固着生活，通常群集在生存条件最理想的岩质海岸。深海节肢动物并不为人所熟知，其中许多具有红或黑的保护色，以使自己不易被发现，而磷虾等则有发光器，可以发出生物光。有些节肢动物同其他物种关系密切。有时双方都从这种关系中获益（互利共生），有时只有一方获益（偏利共生），也有一方获益另一方受损的情况（寄生）。

偏利共生

这只螃蟹凭借海鞘获得伪装。在这段偏利共生的关系中，螃蟹获益，而海鞘既不获益亦不受损。

海蜘蛛

作为一个种群，海蜘蛛是许多存有争议的生物的典型代表。随着越来越多的信息被掌握，其归类也在变动。按照目前的认知，它与蜘蛛、鲎同被归入螯肢亚门，而它则被划为海蜘蛛纲。然而，继续深入的研究表明，它可能是节肢动物中完全独立的一个种群。

具有欺骗性的外表

海蜘蛛因其与陆地蜘蛛相似的形态而得名，然而，其与蜘蛛的确切关系尚不清楚。

繁殖与生命周期

大多数甲壳类雌雄异体，通常为体内受精，卵必须产在海水中。一些雌性会储存精子，并在排出卵子时让精子流经卵子。有些则将卵子随身携带并加以保护，而且不断向卵子输送水流以维护它们的健康。孵化后，幼虫营浮游生活，并在成年之前经历数个不同阶段。藤壶雌雄同体，但在一个阶段中只呈现为一种性别。雄性有可伸缩的较长的性器官，会与其可触及范围内的所有雌性交配。鲎则为体外受精。雄性与雌性配对后，雌性将卵产在沙中，雄性对卵进行授精，之后双方都对受精卵置之不理。

母蟹和幼虫

一只天鹅绒蟹（上图）将卵携带在身体下方，直至孵化。刚孵化的幼蟹进入浮游幼虫阶段（蚤状幼虫，左图）。在其进入大眼幼体阶段之前，幼虫会蜕壳4—7次。在发育为成体之前，幼体还会再一次蜕壳。

节肢动物的分类

节肢动物被分为4个亚门——甲壳亚门、螯肢亚门、六足亚门和多足亚门。这些亚门都含有海洋物种，但非海洋物种的多足亚门（唇足类和多足类，下面没有描述）除外。

甲壳类

甲壳亚门

61,710种

甲壳类是海洋中主要的节肢动物群，包括为人所熟知的螃蟹、龙虾、小虾、对虾、藤壶，以及较小的桡足类、等足类和磷虾。大多数甲壳类具有2对触须和3个身体部分，即头部、胸部（通常长成一体，称为"头胸部"）和腹部。头部和胸部通常有骨盾（或甲壳）保护。成对的附肢较为多样，有的具有感觉功能，有的适合用于行走或游泳，有的则是一对大螯。

螯肢类

螯肢亚门

71,004种

蜘蛛、蝎子、扁虱、螨、鲎和海蜘蛛都属于这一类。一些种类的蜘蛛生活在潮间带，而一些种类的扁虱和螨在海洋生境中营自由生活或寄生生活。

鲎（属肢口纲）是纯粹的海洋生物。它具有5对步足，其躯体由两部分构成，即前体和末体。前体包含大部分的身体器官，末体则有大部分的肌肉组织和用于呼吸的书鳃。鲎在螯肢类中独具特色之处是其保护躯体的铰接式甲壳和长长的尾状尾节，若其背腹意外翻转时，可用尾节翻身。

海蜘蛛（属海蜘蛛纲）全都是海洋动物。其形态似蜘蛛，大多数的腿长都小于2.5cm。其中许多物种具有一对独特的附肢（携卵足），悬垂于头上。雄性用它们来清洁、求偶，也借助它们将卵转移到雄性的携卵足上，卵随后一直放在雄性那里直到孵化。海蜘蛛常见于潮间带，但由于它们体形微小，不易被发现。

六足类

六足亚门

111万种

截至目前，所发现的六足类中最大的群体是昆虫，昆虫也是所有动物群体中规模最大的。昆虫包括甲虫、苍蝇、蚂蚁和蜜蜂。大多数昆虫有复眼和3个明显的身体部分——头部、长有3对用于行走的附肢的胸部以及腹部。其中许多物种也长有翅膀。

许多昆虫生活在沿海地区，但只有少数生活在海滨上。只有一类昆虫是纯粹的海洋生物——海黾属的昆虫，一种"蝽"（半翅目）。在40种沿海物种中，只有5种一生都在海洋上度过。不过，它们需要在固体物上产卵，如漂浮的羽毛或焦油块。

亚门 螯肢亚门

巨海蛛

Colossendeis australis

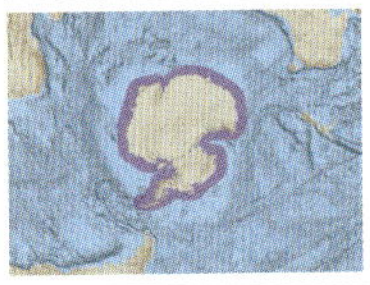

长度	25cm（腿长）
重量	尚无记录
生境	底栖
分布	南极大陆架和大陆坡

大多数海蜘蛛的腿长小于2.5cm，巨海蛛的腿长却能达到约25cm。其具有较大的吻，用于吸取食物，但其躯体较小，性器官和部分消化系统位于腿端。在节肢动物中，海蜘蛛的独特之处在于它们中某些物种有亲代抚育的习性，雄性具有一对携卵足，会将卵随身携带，直到它们孵化。

亚门 甲壳亚门

诺氏三角溞

Evadne nordmanni

长度	1mm
重量	尚无记录
生境	开阔海域（至2000m深处）
分布	全球的温带海域及寒冷水域

大多数水蚤生活于淡水中，但诺氏三角溞和其他数个品种则在海洋中营浮游生活。其以微小的细菌、原生生物和有机碎屑为食，并被较大的浮游动物捕食。其有一只明显的眼睛和由触须演变而来的羽状游泳附肢。雌性可孵育未受精的卵，孵化出更多的雌性。它们也进行有性生殖。

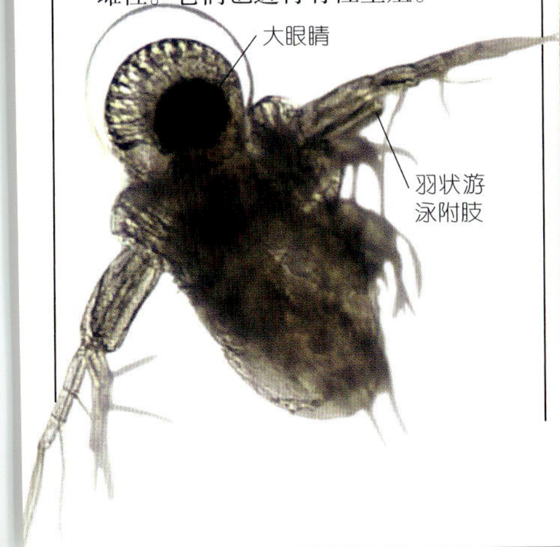

亚门 螯肢亚门

美洲鲎

Limulus polyphemus

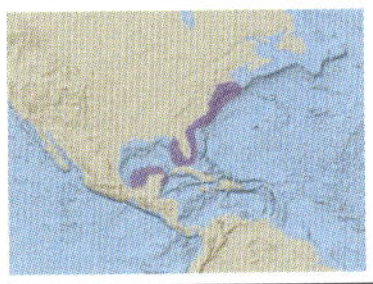

长度	可达60cm
重量	可达5kg
生境	沙质或淤泥质港湾至30m深的水域
分布	大西洋西部和墨西哥湾沿岸（从缅因州南部到尤卡坦半岛）

鲎，也被称为“马蹄蟹”，实际上与蜘蛛的亲缘关系比与螃蟹更近。其主要在夜间活动，几乎取食其所发现的任何东西，包括小蠕虫、双壳类和藻类。其马蹄形的绿褐色外壳（或甲壳）起到保护作用，成体的天敌很少。其有6对胸部附肢：第一对（称为“螯肢”）用于攫取食物，其他5对用于行走及撕抓食物。其还有5对扁平的腹部附肢，用于游泳和在海底移动，并带有用于吸收氧气的页状的书鳃。其长且坚硬的尾节用于操控方向和翻身，以铰接的方式与躯体相连，作用类似杠杆。

美洲鲎的繁殖周期与春季的大潮密切相关，成体在大潮时大量聚集在沙滩进行繁殖。雌性可在高潮线附近产下8万枚卵，这为鸟类和其他海洋生物提供了重要的食物来源。卵大多是在满月或新月之时被分批产下的。它们会孵化成所谓的无尾“三叶幼虫”，因为这些幼虫看起来有点像三叶虫。幼虫在涨潮时被海水带到海滨，它们在那里四处游动，也会钻入泥沙中以求安全。数天后，它们蜕皮，成为幼体。

人类影响

医疗研究

一旦美洲鲎受伤，它的一些血细胞会形成凝块，从而杀死有害的阴性菌。为了使这一特性能造福人类，在夏季，人们从北美洲大西洋沿岸的浅海中捕获美洲鲎。然后，研究人员从每只鲎中抽取约20%的血液。他们从中提取一种蛋白质，用于检测将会与血液接触的药品和医疗器械的细菌污染情况。这样提取血液有时对鲎来说是致命的，但是大多数鲎在返回海洋后会得到恢复。

亚门 甲壳亚门

拟长腹剑水蚤

Oithona similis

长度 0.5—2.5mm

生境 表层海域（至150m深处）

分布 大西洋，地中海，围绕南极洲的海洋，印度洋南部和太平洋南部

桡足类在浮游动物中占很大比例，而且是物种最丰富、分布最广泛的类别之一。拟长腹剑水蚤有1只位于中部的眼，可感光。其微小的椭圆形躯体朝着细长的尾部逐渐变细。它们大多数有6个体节和6对游泳附肢。其特化的口器可将微小的食物颗粒从水中滤出。凡在腹部携带卵囊的皆为雌性。

作为浮游动物的一部分，此属的桡足类是海洋食物链的重要组成部分。它们以海洋藻类和细菌为食，反过来又是一种重要的蛋白质来源，是许多海洋动物的食物。每天晚上，它们从水下约150m深处迁徙到海洋表层水域中觅食。许多海洋生物每天都进行这样的旅行，这是地球上最大规模的动物迁徙之一。

亚门 甲壳亚门

灰蓝太平洋鹅颈藤壶

Pollicipes polymerus

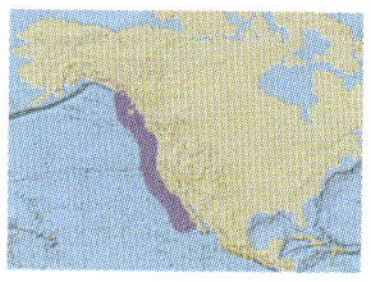

长度 可达8cm

生境 多岩石海岸的潮间带

分布 北美洲太平洋沿岸（从加拿大至墨西哥的下加利福尼亚半岛）

这种动物的名字源于其似鹅的颈和头的形态。它们在受大浪拍打的岩岸裂缝中形成了密集的群落。它们每一个都凭借一条柔韧的茎（柄）将自身牢牢地附着在岩石上，柄还包含性腺。这其实是它们的“头”端。一旦附着在物体上，它们便会在其柄的末端分泌一系列灰白的骨板，最终围绕其羽状的触手形成一个外壳，触手能滤出水中的食物微粒。其触手方向背对大海，因此，当潮水从岩岸裂缝呈漏斗状流返海中时，它们便可从中滤食腐质颗粒。它们约在5岁时达性成熟，寿命可长达20年。其在幼虫阶段营自由生活，但移动及生存都要依靠海流。群落易受石油污染的影响，只能缓慢地恢复。

亚门 甲壳亚门

大西洋藤壶

Semibalanus balanoides

长度 直径可达1.5cm

生境 多岩石海岸的潮间带

分布 大西洋西北部和东北部，北美洲的太平洋沿岸

与所有的成年藤壶一样，大西洋藤壶的成体一旦将自身固着在一个地方，就会一直待在那里。其幼虫营自由生活，在经历数个幼虫阶段后，蜕变为不同的外形，能察觉到其他大西洋藤壶以及适合的固着点的所在。一旦幼虫用其触手上的腺体所产生的黏合剂将自身固着在一块岩石上，其便会再次蜕皮。其会分泌形成6块灰色的钙质板，形成保护锥，看起来有点像一座微型的火山。其位于锥顶的4块较小的可移动骨板打开后，大西洋藤壶便可觅食。涨潮时，其挥动触手，在水中滤食。退潮后，其闭合骨板，以防止变干。大西洋藤壶雌雄同体，个体同时具有雄性和雌性的性器官，但它们繁殖时或为雄性或为雌性。它们并不将卵子和精子释放到水中，而是用可伸长的阴茎将精子送到能接纳精子的邻近的同胞体内。

名人

查尔斯·达尔文

英国博物学家查尔斯·达尔文（1809—1882）在其著作《物种起源》（1859）中提出革命性的进化论之前，花了8年时间研究藤壶。他意识到自己关于进化的观点将会对当时的科学和宗教思维造成冲击，因此推迟了写作，转而撰写了关于藤壶的分类和生态学的4部专著。这项工作为他赢得了由英国皇家学会于1853年颁发的皇家奖章，确认了其作为一名生物学家的名誉。

亚门 甲壳亚门

大型介形虫

Gigantocypris muelleri

长度 1.4—1.8cm

生境 中层水域至深海的浮游生物中

分布 大西洋，围绕南极洲的海洋，印度洋西部

与所有的介形虫一样，大型介形虫有包裹躯体的甲壳，7对附肢几乎隐匿不见。其镜般的大眼的抛物面反射器能把光聚焦到中央的一块平板上。作为浮游动物，其通常栖息在水下200m处，这比许多其他浮游动物要深，并以上层水域落下的腐质为食。图为携带着胚胎的一只较大的雌性，胚胎透过甲壳清晰可见。

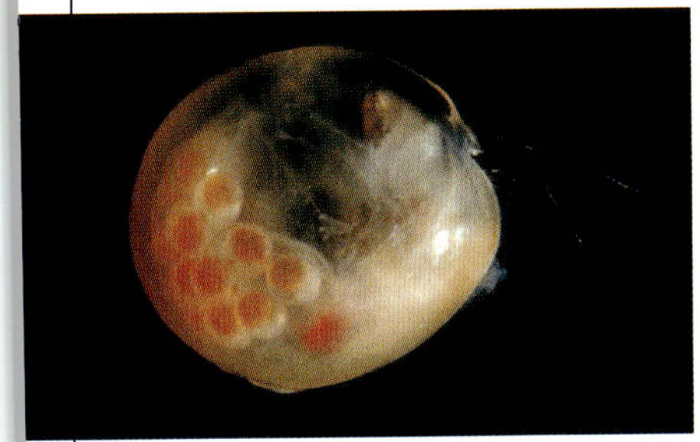

亚门 甲壳亚门

蝉形齿指虾蛄

Odontodactylus scyallarus

长度 可达15cm

生境 珊瑚礁附近的温暖水域，水底多沙、砾石或贝壳

分布 印度洋，太平洋

色彩鲜艳的蝉形齿指虾蛄是口足类动物。与口足类的其他物种一样，其是贪婪的捕食者。其大而灵活的复眼具备复杂的立体彩色视觉，甚至可以看见紫外线。这种视觉能力被应用在捕食中，像螳螂一样，其会静待毫无警惕的猎物进入捕食范围，然后用其有力的球棒状的第二对颚足以极快的速度（约120km/h）和力度（可达其体重的100倍）击打猎物。之所以能产生这样强的力量，是因为其第二对颚足具有独特的鞍状屈戌关节，能起到弹簧般的作用。蝉形齿指虾蛄能击碎腹足类和蟹类的外壳，并擒住比自己体形大的猎物。其会挖U形洞穴或者栖于岩石或珊瑚的缝隙中。幼虫在孵化后数周营浮游生活，之后下潜到海底建造自己的居所。

亚门 甲壳亚门

海蟑螂

Ligia oceanica

长度 可达3cm

生境 有岩石地层的海岸

分布 欧洲西北部的大西洋沿岸

海蟑螂是栖息在海滨的等足类（等足类也包括木虱），常见于石头底下和岩石缝隙中。其栖于浪溅区，能够较长时间地浸泡在咸水中。其头部有一对发达的复眼和很长的触须，与身体的分隔不明显；其体扁平，体长为体宽的2倍，末端有2个叉形突出，称为“尾足”。成年的海蟑螂在最后一次蜕皮前具有6对步足，蜕皮之后则有7对。除非受到侵扰，否则海蟑螂一般不在白天出没，夜间才从藏身之处出来觅食腐质和腐烂的海藻。海蟑螂约在2岁时性成熟，通常一生只繁殖一次。

亚门 甲壳亚门

杜氏钩虾

Orchestia gammarellus

长度 2—10mm

生境 沙质海岸的浪溅区

分布 加拿大东北部和欧洲西北部的大西洋沿岸

被称为“端足类”（如杜氏钩虾）的甲壳动物大量栖息在任何有腐烂海藻的海岸浪溅区。杜氏钩虾的生命周期大约为12个月，雌性通常只产一窝卵，并将卵一直放在育卵袋里，1—3周后卵就会孵化。此后大约再过1周，母亲便会蜕皮，此时幼虫便离开育卵袋。杜氏钩虾也被俗称为“沙蚤”，因为两者的跳跃方式类似，并具有相似的侧扁体形。

亚门 甲壳亚门

南极磷虾

Euphausia superba

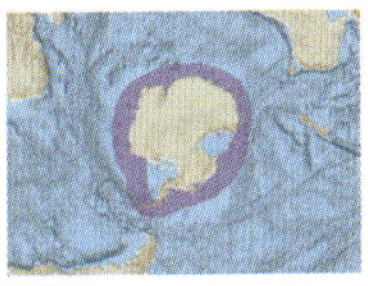

长度 可达5cm

生境 浮游

分布 围绕南极洲的海洋

磷虾栖息于各大洋，是一类看起来像对虾并生活在开阔海域的浮游甲壳动物。数量庞大的南极磷虾生活在围绕南极洲的亚南极水域，成为食物链的一个重要环节，大量地被须鲸、海豹和各种鱼类吃掉。磷虾在夜间上升到表层海域取食浮游植物、藻类和硅藻；而在白天，为了安全起见，它们会下潜到较深的水域中。南极磷虾的羽状外表源于其鳃，不同寻常之处是鳃在胸甲之外。鳃的丝状结构令气体交换的表面积得以增加。南极磷虾还具有较大的发光器，人们认为它们借助发光聚集在一起。它们在春季产卵，其间雌性可产数窝卵，卵的数目多达8000枚。

亚门 甲壳亚门

深海红刺虾

Acanthephyra pelagica

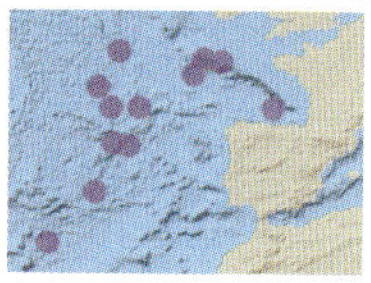

长度 尚无记录

生境 深层水域

分布 大西洋

深海光线微弱，红色看起来如同黑色，因此潜在的掠食者看不到深海红刺虾。这种虾的外壳（或外骨骼）坚硬，比浅层水域的甲壳类的壳更薄，也更灵活，这有助于防止其沉到海洋深处。其肉富含油脂，这进一步增加了浮力。其用前端的3对颚足捕食小型桡足类，用其余的5对步足移动，依靠位于足端的鳃来呼吸。

亚门 甲壳亚门

锯齿长臂虾

Palaemon serratus

长度 可达11cm

生境 岩池，浅海，河口的下部

分布 大西洋东部（从丹麦至毛里塔尼亚），地中海，黑海

锯齿长臂虾的身体呈半透明状，体内器官可见，体表有较暗的环带和棕红色斑点。和很多其他种类的对虾一样，其外壳在两只柄状眼间向前端延伸，形成坚硬且略微上翘的突出部分，被称为“额角”。这一独特的结构使其能与同属的其他品种的虾区分开来。额角末端上扬，在最前端一分为二，并在此处的上、下表面长有多个齿状突出物。

其额角两侧各长有一条很长的触须，可以感知附近的威胁，并探测食物。其5对足中，后面3对为步足，前端2对呈钳状，用于进食。其位于腹部的一系列较小的肢，被称为“游泳肢”，用于游动。通过弹拂尾巴，其能突然地向后移动。雌性产卵约4000枚，并抱卵至孵化。幼体在成熟前营浮游生活。

人类影响

对虾养殖

世界上几乎所有养殖的对虾都来自发展中国家，如泰国、中国、巴西、孟加拉国和厄瓜多尔。这些国家实行集约化养殖以满足需求。目前，砍伐红树林来建造养虾池的做法不再被提倡。

共享资源

洪都拉斯的渔民在捕捞野生虾，他们与虾农共享这片潟湖。

亚门 甲壳亚门

紫斑海葵虾

Periclimenes brevicarpalis

长度 2.5cm

生境 浅水珊瑚礁

分布 印度洋，太平洋西部

紫斑海葵虾栖息在海葵的触手之间，可免遭天敌的袭击。其很少远离海葵，以取食海葵身上的残渣为生。这对于海葵来说是有益的，因为虾能清除海葵吃剩的食物颗粒和所产生的废物。如果远离海葵，虾就失去保护。这是一种共生关系。紫斑海葵虾和锯齿长臂虾（见上）同属一个科（长臂虾科），所以两者有几个共同点，其中包括一对用来感知危险和探测食物的长长的感觉触须，以及额角（即从两眼之间向前端延伸的壳的突出部分）。紫斑海葵虾几乎完全透明，身上有一些紫色和白色的斑点。

亚门 甲壳亚门

眼斑龙虾

Panulirus argus

长度 60cm

生境 珊瑚礁和岩石区

分布 大西洋西部，墨西哥湾，加勒比海

眼斑龙虾是会进行迁徙的夜行性动物，导航技能极佳，能根据地球磁场确定自己的位置，然后像信鸽一样按照特定的路线前进。眼斑龙虾喜欢温暖的水域，因此它们在夏季待在浅海，在冬季则成一列纵队穿越海床爬行到更深的水域中。其没有欧洲龙虾（见右）的大螯，但是甲壳表面覆盖着尖刺，能够很好地保护自身免遭大多数捕食者的袭击。

亚门 甲壳亚门

欧洲龙虾

Homarus gammarus

长度 可达1m，通常为60cm

生境 多岩石海岸

分布 大西洋东部，北海，地中海

欧洲龙虾一生都是棕色或淡蓝色的，只有被烹饪后才会变成我们熟悉的红色。单个个体可重达5kg。其长有一对大小不一的大螯：较小的螯边缘较锐利，用于切割猎物；而较大的螯则用于击碎猎物。其栖息在海床上的孔穴和缝隙中。欧洲龙虾由于成熟缓慢，又具有重要的商业价值，因此正面临被过度捕捞的危险。

亚门 甲壳亚门

斑点真寄居蟹

Dardanus megistos

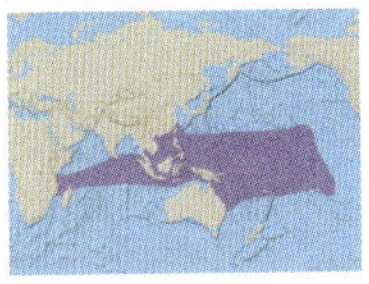

宽度（腿跨度） 可达30cm

生境 近滨热带珊瑚礁

分布 印度洋和太平洋

与其他寄居蟹一样，这种蟹用腹足类的外壳来保护自身柔软的腹部。当其体形增大后，原有的壳容纳不下，其会寻找另一个更大的空壳，或者将较弱的对手从壳中驱逐出来。其从旧壳换入新壳时，不对称的柔软腹部暴露在捕食者面前，最易受到攻击。全世界约有1150种寄居蟹，斑点真寄居蟹栖息在浅海的热带珊瑚礁上，但有些品种栖息在海岸地带。这种蟹是食腐动物，而非捕猎者，其拖着身体在海底寻找动物有机残留物质和海藻，并用灵巧的口器撕开残骸。其近亲——小足真寄居蟹让带刺的海葵附着在其外壳上，以令自身免遭天敌侵袭。

亚门 甲壳亚门

拉氏岩瓷蟹

Petrolisthes lamarckii

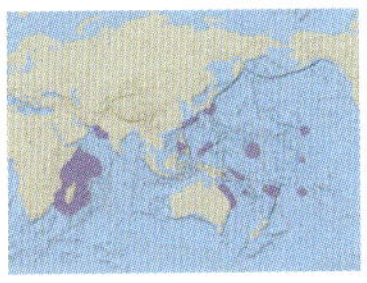

宽度（壳） 可达2cm

生境 岩滩和海岸线的潮池

分布 印度洋，澳大利亚的太平洋沿岸，太平洋西部

拉氏岩瓷蟹的身体扁平而浑圆，这使其能很容易地滑入细小的岩石缝隙中躲藏。不过，假如被捕食者堵住或被卡在岩石下，其可自断一足以逃脱，而新的足会随着时间的推移长出。其腹部折叠在身体下方，在游泳时伸展开来，起到桨一样的作用。

亚门 甲壳亚门

椰子蟹

Birgus latro

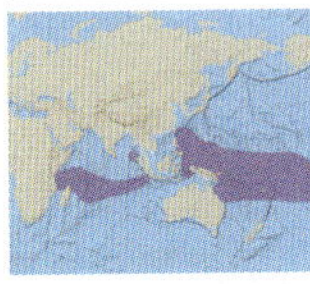

长度 横向可达60cm

生境 岩石裂缝和多沙的洞穴

分布 印度洋和太平洋的热带海域

椰子蟹，又称“强盗蟹”，是世界上最大的陆生节肢动物。与其近亲——其他寄居蟹一样，其幼年时也生活在软体动物的外壳里，待长大且甲壳硬化后才脱离软体动物的壳。其生活在海岛上和近海水湾中，主要以水果和坚果为食，也食腐肉，还能击碎椰壳，食用椰子肉，但很少这样做。成年椰子蟹在陆上生活并交配，但雌性会将卵产在水中。

亚门 甲壳亚门

结节盒蟹

Cyclozodion angustum

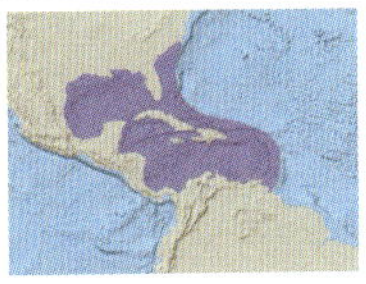

长度 尚无记录

生境 近海（15—200m深处）

分布 大西洋西部，墨西哥湾，加勒比海

结节盒蟹以前被当作馒头蟹的一种。这是一种真正的蟹，其较小的腹部藏在身下，长有4对足。这种蟹从眼后方起呈辐射状长有一列结节，并贯穿淡黄外壳（或甲壳）的上表面，由此可以识别。

亚门 甲壳亚门

甘式巨螯蟹

Macrocheira kaempferi

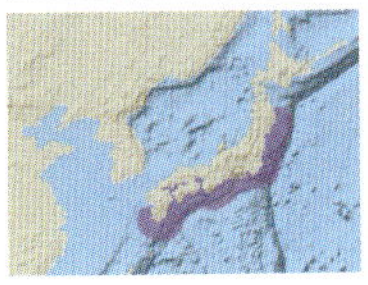

宽度（壳） 可达37cm

生境 深海热泉和洞穴（50—300m深处）

分布 日本附近的太平洋海域

甘式巨螯蟹不仅是全世界最大的蟹（足的跨度可达4m，体重达16—20kg），也可能是寿命最长的蟹（估计可活100年之久）。其栖息在日本附近冰冷的深海中，用蜘蛛腿般的足缓慢地在海底移动，寻觅食物。

拉氏岩瓷蟹

拉氏岩瓷蟹凭其扁平的身体爬入捕食者够不到的地方。图中的海葵的触手为这只拉氏岩瓷蟹在印度洋北部的安达曼海提供了一个安全且永久的家。蟹的口器呈扇形张开，以捕获浮游生物，然后扫入口中。

亚门 甲壳亚门

长喙大足蟹

Macropodia rostrata

长度 可达2.5cm

生境 低岸，通常不超过50m

分布 大西洋东北部（从挪威南部至摩洛哥），地中海

长喙大足蟹又被称为“伪装蟹”，因为其会用海藻和海绵碎片来进行伪装；身上覆有钩状刚毛，能钩住伪装物，这令其能与其所栖息的海藻混为一体。这种蟹长有三角形的甲壳，甲壳在两眼之间向前端延伸，形成一个八齿突出部分，被称为“额角”。其蜘蛛腿般的足的长度至少是其身长的2倍；足能用于游泳，尽管不甚有效。其以小型贝类、藻类、小型蠕虫和腐质为食，在大西洋海岸一年四季均可繁殖，但在地中海则只在3—9月繁殖。雄性用其第一对腹足将精子转移给雌性。雌性抱卵，直至受精卵孵化；幼虫营浮游生活。

亚门 甲壳亚门

红斑瓢蟹

Carpilius maculatus

长度 约9cm

生境 海岸线至10m深的水域的近海珊瑚礁

分布 印度洋，太平洋西部

红斑瓢蟹显眼的色彩非常独特。在平滑的浅褐色甲壳上有大的红斑点：每只眼后方各有2个，中部横列有3个，后端还有2或4个。双眼之间的甲壳有4个小的圆形突起，这也是此物种的特征。其是夜行性动物，行动缓慢，用不对称的螯捕食珊瑚、螺等小型海洋生物。

亚门 甲壳亚门

普通黄道蟹

Cancer pagurus

长度 可达16cm

生境 潮间带至100m深的水域，岩池和近海的泥泞沙滩

分布 大西洋东北部和北海；被引入到地中海的部分区域

普通黄道蟹的椭圆形甲壳的前端和两侧呈贝壳边状或馅饼皮边状。巨大的螯钳尖端呈黑色；较小的个体身体呈紫褐色，较大的呈红褐色。它们在不同活动范围内的不同时间交配，雌性抱卵6—9个月，直至受精卵孵化。这种蟹被看作高档海产而被大量捕捞。

亚门 甲壳亚门

豆蟹

Pinnotheres pisum

长度 雄性8mm；雌性14mm

生境 潮间带至150m深的水域

分布 大西洋东部（从欧洲西北部至西非），地中海

豆蟹很小，通常约为一颗豌豆大小，常见于紫贻贝的壳中。豆蟹在其宿主的外套腔内可免遭捕食者侵袭；水流经紫贻贝的鳃时，水中的浮游生物会困在其中，豆蟹便以之为食。目前尚不清楚这种寄生关系是否对紫贻贝有害。雌性豆蟹比雄性大很多，其甲壳几近半透明，透过甲壳可见粉红色的生殖器官。雄性的土黄色甲壳较硬，可在繁殖季（4—10月）给它们提供保护。在繁殖季，雄性离开宿主安全的壳，四处游动，寻找可交配的雌性。在商业性捕捞贝类的区域，豆蟹被视为敌害。

亚门 甲壳亚门

普通滨蟹

Carcinus maenas

长度 可达6cm

生境 潮间带至60m深的水域，所有的基底；河口

分布 大西洋东北部（从挪威至西非）；在其他地方为引入种

普通滨蟹能经受多样的盐浓度和温度，因此可栖息于盐沼、河口以及沿海岸线地带。甲壳为深绿色，在眼后方的壳边处有5个明显的锯齿状突起。其是投机取巧的捕猎者，贪婪地捕食多种动物，包括双壳类软体动物、多毛类、水母和小型甲壳类。其被引入后，可能会对本地的海洋生物造成威胁。例如，在美国西海岸，其对贝类产业造成相当大的影响。

亚门 甲壳亚门

远海梭子蟹

Portunus pelagicus

长度 可达7cm

生境 潮间带多沙或泥泞的海床至55m深的水域

分布 印度洋和太平洋沿岸海域，地中海东部

不同于大多数蟹类，远海梭子蟹是优秀的游泳者，用第四对扁平的桨状足在水中推动自身前进。这种蟹只有雄性为蓝色，雌性则呈暗绿褐色。雄性区别于雌性之处还在于：雄性具有很长的螯足，其长度是甲壳宽度的2倍以上。螯足上长有锋利的齿，用于钩住小鱼和其他食物。

感受到威胁时，其通常会将自己埋在沙里。若这样仍未能解除威胁，才会摆出威胁姿态——将螯足向两侧伸展，尽可能让自己的体形看起来较大。因苏伊士运河的开通，这种蟹的自然分布区域已经扩展到地中海东部的小部分地区。其在澳大利亚是广受欢迎的海产。

亚门 甲壳亚门

丘沙蟹

Ocypode saratan

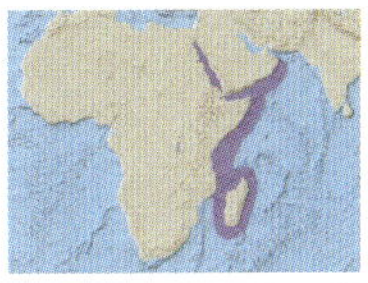

长度 约3.5cm

生境 沙质海岸水位线以上的深洞穴

分布 印度洋西部的沿海水域，红海

丘沙蟹移动迅速，白天在凉爽的洞穴中休息，黄昏时分才外出捕食。其会吃自己捕获的任何食物（包括其他螃蟹），也吃那些被最后一波潮汐带上岸的食物。在交配季节，雄性会捍卫自己的洞穴，但它们之间很少打斗，通过挥舞螯足便可以解决任何纠纷。它们的洞穴可离海100多米远，深度达1m多。

亚门 甲壳亚门

凹指招潮蟹

Uca vocans

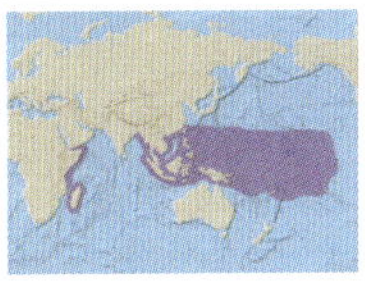

长度 约2.5cm

生境 泥滩或沙地近水区

分布 印度洋，太平洋西部

与近亲丘沙蟹（见本页右上方）一样，雄性凹指招潮蟹也会通过挥舞大螯（“招潮”动作）的方式来震慑对手。雄性非常容易辨认，因为它们的其中一螯比另一螯大得多。这只较大的螯占一只成年雄蟹体重的一半以上，既用于吸引潜在配偶，也用于抵御雄性对手。通过观察招潮蟹独特的“招潮”动作，可以帮助辨别不同的物种。

凹指招潮蟹白天非常活跃。除了挖掘一条深达30cm的洞穴，它们还会挖许多逃生孔穴，以便遇到威胁时撤退。在涨潮时，它们将自己封闭在洞穴中，洞内仅存少量空气。这仅存的空气对于其生存至关重要，因为尽管它们有鳃，却只能从空气中而非水中获取氧气。

觅偶交配，捍卫领地

每个品种的招潮蟹挥舞大螯的方式稍有不同。如果这种方式还不能阻止另一雄性对手，那么两只蟹可能会“掰手腕”以解决争端。通常较弱的个体会在自身遭受损伤之前撤退。

左撇子还是右撇子?

小图中的两只蟹都是右撇子，但有些雄性左边的螯更大（见下方大图）。

恢复平衡

红蟹一到达岸边便朝海洋爬去。在经历了从高原森林而来的艰难跋涉后，它们急需到海中补充流失的水分和盐分。

红蟹迁徙

红蟹（圣诞岛红蟹）每年都从圣诞岛（印度尼西亚西南部）的森林迁徙到海中产卵，场面非常壮观，是自然界的奇观之一。直到最近，每年进行迁徙的红蟹数量约达1.2亿只，它们其余时间栖息在海拔高度约360m的被森林覆盖的高原上。红蟹主要以草为食，从森林地面搜集落叶、果和花作为食物，但若有机会也吃其他蟹和鸟的尸体。它们在湿度很高（超过70%）的时候会减少活动，并在干燥时节撤入洞穴中，以防止水分流失。与海洋中的同类一样，红蟹具有用于呼吸的鳃，但这个物种的鳃腔内衬有组织，起到相当于肺的功能，能最大限度地交换气体。

圣诞岛红蟹的数量明显下降，主要是由于长足捷蚁在20世纪30年代被意外引入。人们认为，自20世纪90年代中期开始，约2000万只红蟹被长足捷蚁杀死：当长足捷蚁受到红蟹干扰时，作为一种防御机制，它们会向红蟹喷蚁酸。岛上磷矿开采的增加也带来不利的影响，对森林的砍伐剥夺了红蟹的栖息地。

迁徙过程

圣诞岛的雨季通常在11月初开始，这标志着红蟹开始长达3个月的迁徙旅程。首先开始迁徙的是雄蟹，随后是雌蟹。它们需要花1周左右的时间到达岸边。在海水中浸泡过后，雄蟹激烈竞争，抢挖洞穴——人们认为洞穴用于红蟹的交配。而后雄蟹返回内陆，留下雌蟹在洞穴中抱卵。大约2周后，雌蟹在下弦月出现时爬出洞穴，将卵产入大海。

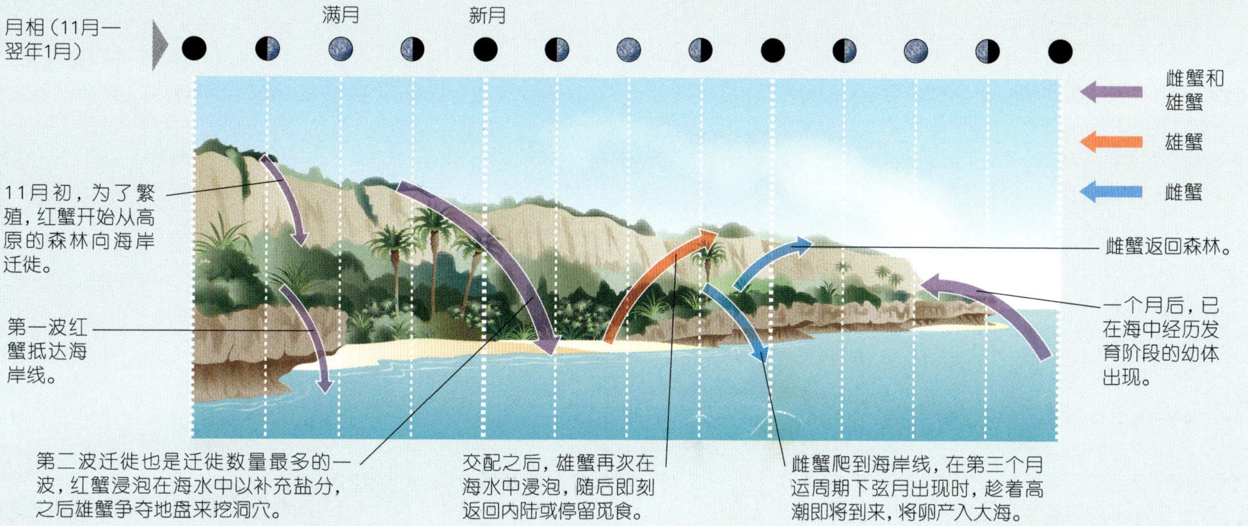

迁徙阶段

跨越陆地的旅途

人为的障碍　尽管到岸边的距离只有500m左右，但红蟹须越过一系列障碍才能抵达，包括公路和滚烫的铁轨。以前，每年约有100万只红蟹在途中死亡，不过这对它们的数量影响不大。如今，人们采取了各种措施（如封闭道路、建造混凝土地下通道）为红蟹的旅途提供一些安全保障，但它们仍然面临在途中缺水而死的风险。

产卵

产卵　抱卵12—13天后，雌蟹离开洞穴，聚集在岸边，准备将自己的约10万枚卵直接产入大海。在晚上高潮即将到来时，它们抬起螯，猛烈晃动身体，将卵从育卵袋中抖入大海。在悬崖上的雌蟹大概距离水面8m。

从海洋到陆地

大眼幼体　红蟹的受精卵一接触水就孵化。幼虫在海中生活30天，在经历数个成长阶段之后长成像虾般的大眼幼体，返回浅水区。3—5天后，它们蜕变为幼蟹，从海上返回陆地生活。

亚门 六足亚门

海蠹

Petrobius maritimus

长度 1cm

生境 浪溅区的多岩石海岸

分布 除爱尔兰岛之外的不列颠群岛

海蠹的腹部尖端有3根长丝伸出。浅褐色鳞片将其长长的身体很好地伪装起来。其头顶有长触须和复眼，栖息在岩石裂缝中，以腐质为食。身体下方的刺能助其抓住岩石表面，从而在岩石周围快速移动。当受到干扰时，其能凭借腹部弹离岩石，在空中跃过一小段距离。

亚门 六足亚门

岩石弹尾虫

Anurida maritima

长度 可达3mm

生境 多岩石海岸潮间带的上部

分布 不列颠群岛沿岸

退潮时，成百上千的岩石弹尾虫在海滩上四处寻找食物，它们会在涨潮前1小时返回岩石裂缝中寻求庇护。它们大量挤在缝隙中，以免涨潮时被海水浸泡。它们还在岩缝中蜕皮和产卵，这样可以免受海水浸泡及捕食者的侵袭。

岩石弹尾虫呈蓝灰色，其分节的身体尾部更宽。3对附肢用于移动，可使其成群地蹚过平静的潮水潭表面而不下沉（其不会游泳）。弹尾虫的名字源于其跳跃器官——弹器。弹器的作用就像弹簧，当受到威胁时，能将虫向上推。然而，岩石弹尾虫与其他弹尾虫不一样，它并不具备此特征。

亚门 六足亚门

沙丘螺壁蜂

Osmia aurulenta

长度 1cm

生境 沙丘系统

分布 大西洋东北部沿岸，北海，波罗的海，地中海

沙丘螺壁蜂对于沙丘植物的授粉起着重要作用。其结实的躯体呈黑褐色，覆盖有浓密的金红色毛，这些毛而后会渐渐变为灰色。与蜜蜂将采集的花粉挂在后腿上不同，沙丘螺壁蜂将花粉挂在腹部的毛刷上。雄性在每年4—7月出现，比雌性出现的时间稍早，并寻找一个有螺壳的领地。然后，它们会在植物的茎部留下气味标记（信息素）来吸引路过的雌性。雌性与其选择的伴侣交配后，会调整螺壳的方向，使壳口朝向最隐蔽处，然后将卵产在其中。

亚门 六足亚门

潮间带隐翅虫

Bledius spectabilis

长度 可达2cm

生境 潮间带多沙或泥泞的海滨

分布 不列颠群岛沿岸和欧洲北部

潮间带隐翅虫栖息在潮间带，这并不寻常，而其也因此得名。这种细小的节肢动物的身体长而光滑，呈黑色。其短小的红褐色鞘翅可保护后翅，但灵活的腹部大部分外露。可移动的腹部使其能挤进狭窄的缝隙，并可将后翅叠藏在鞘翅下。

大多数隐翅虫或白天活跃（昼行性），或夜间活跃（夜行性），但潮间带隐翅虫的生活则依潮汐而定。其在沙里挖掘一个葡萄酒瓶状的垂直洞穴，用于栖居的洞直径达5mm，涨潮时便退入洞中。洞穴入口很窄（直径约为2mm），因此洞内的气压可阻止海水进入。雌性在洞穴内的侧室产卵，而且守卫其后代，直至它们孵化并成熟到可以离洞挖建自己的洞穴。

亚门 六足亚门

北太平洋海黾

Halobates sericeus

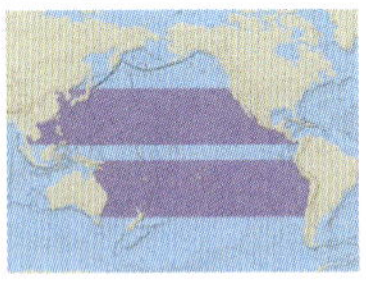

长度 雌性：5mm

生境 海洋表面

分布 北纬5°—40°及南纬5°—40°的太平洋海域

这一属的物种是昆虫中唯一真正海生的。北太平洋海黾一生都生活在热带和亚热带海洋表面，这些地方的冬季气温甚少低于20℃。由于研究这些昆虫很困难，人们对它们知之甚少。雌性的体形比雄性大。交配后，雌性在海面的漂浮物（如一块浮木）上产下10—20枚淡黄色的椭圆形卵。受精卵化成蛹，之后经过5个阶段的蜕皮长为成虫。

因为这种昆虫从不潜到海面之下，所以其只能吃小的生物体，如漂浮的鱼卵、浮游动物和水母尸体。进食时先在食物表面释放酶，然后用其经过演进的口器吸食预消化的物质。

亚门 六足亚门

海藻扁蝇

Coelopa frigida

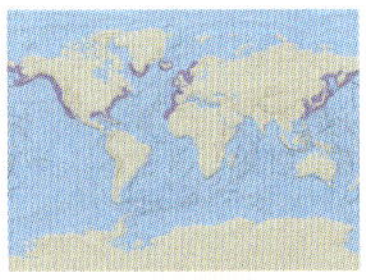

长度 3—10mm

生境 有腐烂海藻的温带海滨

分布 大西洋北部沿岸，太平洋北部沿岸

海藻扁蝇是海藻蝇中分布最广的，几乎多出现在有腐烂海藻的所有海岸线上。其身体扁平，有光泽，呈黑色，略带灰色；棕黄色的腿上长有刚毛。两对翅膀中只有前翅具功能性，后翅则进化为细小的棒状平衡器，可在飞行时起到平衡作用。其能爬过多层黏滑海藻而不会陷入其中，如果被浸泡在海水中，其只需浮到海面便可飞离。它们的幼虫也同样具有防水的特性。雌性会被腐烂海藻的气味强烈吸引，并寻找温暖之处将卵产在其中。幼虫孵化后便以其周围的海藻为食。经过3次蜕皮后，幼虫化蛹，成虫破蛹而出，并在产卵后约11天完成整个生命周期。海藻扁蝇是包括黑背鸥和鹬类在内的数种沿海鸟类的重要食物来源。

苔藓虫

域 真核生物域
界 动物界
门 苔藓虫门
种 6085

这些群居动物在海床上营固着生活，尽管数量众多，但往往被人忽视。组成群落的个体的长度通常小于1mm，但群落长度可超过1m。苔藓虫也被称为“外肛苔藓虫”或“藻苔虫”，后者指它们经常包住石头和海藻的表面。苔藓虫的其他群落形式有：珊瑚状、分枝植物般的丛状、肉质叶状。大多数物种为海生，但也有一些生活在淡水中。

附着在海藻上

苔藓虫经常生活在有强洋流的海域，例如图中附着在海藻上的这个坚硬的物种。

解剖结构

苔藓虫群落由被称为“个虫”的个体组成，个虫数量从数个到数百万个不等。每个个虫都被包在一个盒状体壁内，体壁由碳酸钙或者凝胶状或角状物质构成，并通过一个小孔与其他个虫相连。个虫将其圆形或马蹄形的结构（触手冠）伸到开口之外捕食。触手冠顶部被触手所环绕，触手上覆盖有挥动着的纤毛，可捕获浮游生物。大多数物种会将受精卵存储在特化的个虫内，这些个虫有育卵腔，幼虫在里面成长。

席状群落

这种壳状苔藓虫的长方形个虫连成单层，所形成的席状群落覆盖在海藻上。

生境

苔藓虫体态多变，从海滨到深海，从北极海域到热带珊瑚礁，几乎在所有生境中都能找到它们。其群落常牢牢附着在暗礁、海草、海藻、红树林的根和死去的贝类上，但有些壳状的物种甚至能搭“顺风车”——附着在活着的甲壳类和软体动物的壳上。一些不寻常的物种甚至不需要一个表面作为支撑，能够生活在沙中：这些苔藓虫群落可以通过其特化个虫的长突起作划船般的协调运动，从而缓慢地在沙子表面移动或在沙中穿行。

苔藓虫群落源于单个幼虫，这一幼虫首先固着在海床上，成为个虫，之后更多的个虫通过出芽生殖的方式加入群落。在出芽生殖中，新的个虫从体壁的侧方长出。大多数幼虫生命短暂，生活在其亲代附近。

受到攻击的苔藓虫

海蛞蝓经常捕食壳状苔藓虫，打破个虫的体壁，将其吃掉。

目 栉口目

凝胶状苔藓虫

Alcyonidium diaphanum

大小（高度） 可达30cm

深度 0—200m

生境 石头、多贝类的沙

分布 大西洋东北部的温带海域

这种苔藓虫群落坚固而强韧，呈不规则的浅裂状或指状，以一个小的壳状底部附着在基质上。触摸其会引起过敏性皮炎，而北海的渔民拖网作业时会经过其在水下生长繁茂的区域，因此他们常会受其影响。

目 唇口目

叶状藻苔虫

Flustra foliacea

大小（高度） 可达20cm

深度 0—100m

生境 石头、贝壳和岩石

分布 大西洋东北部的温带和北极水域

其常被误认作棕色藻。群落源于一个窄底部——一块扁平的扇形薄片，并最终常形成密集的团块且覆盖海床，像一堆褐色小莴苣。其会呈干燥团块状散落在海岸线上，通过放大镜可观察到群落中的长圆形个体。

目 唇口目

粉红花边孔苔虫

Iodictyum phoeniceum

大小（宽度） 可达20cm

深度 15—40m

生境 多石的珊瑚礁

分布 澳大利亚周边的温带和热带海域

粉红花边孔苔虫群落摸上去硬而脆，因为其个虫的体壁由钙质物加固。其群落形态就像卷边的薯片及带有小孔的花边。即使群落死亡并变干，其美丽的颜色（暗粉色到紫色）依然不减。这一物种较喜欢生活在有洋流的区域，其孔可以帮助减少水的冲击力。与之类似的物种在整个印度洋—太平洋地区的珊瑚礁上也有发现。

棘皮动物

域	真核生物域
界	动物界
门	棘皮动物门
纲	5
种	约7278

这类完全为海生的无脊椎动物的名称（棘皮动物）源自希腊文的“棘皮”。棘皮动物包括海星、海胆、蛇尾、海羽星和海参。它们的身体呈辐射对称，因此大多数呈星形、盘形或球形，并且皮肤下都具有碳酸钙骨板。其体内具有一系列独特的充满水的管道系统，被称为“水管系”，这使它们可以移动、捕食并呼吸。它们通常为底栖生物，栖息在珊瑚礁、海滨和海床上。

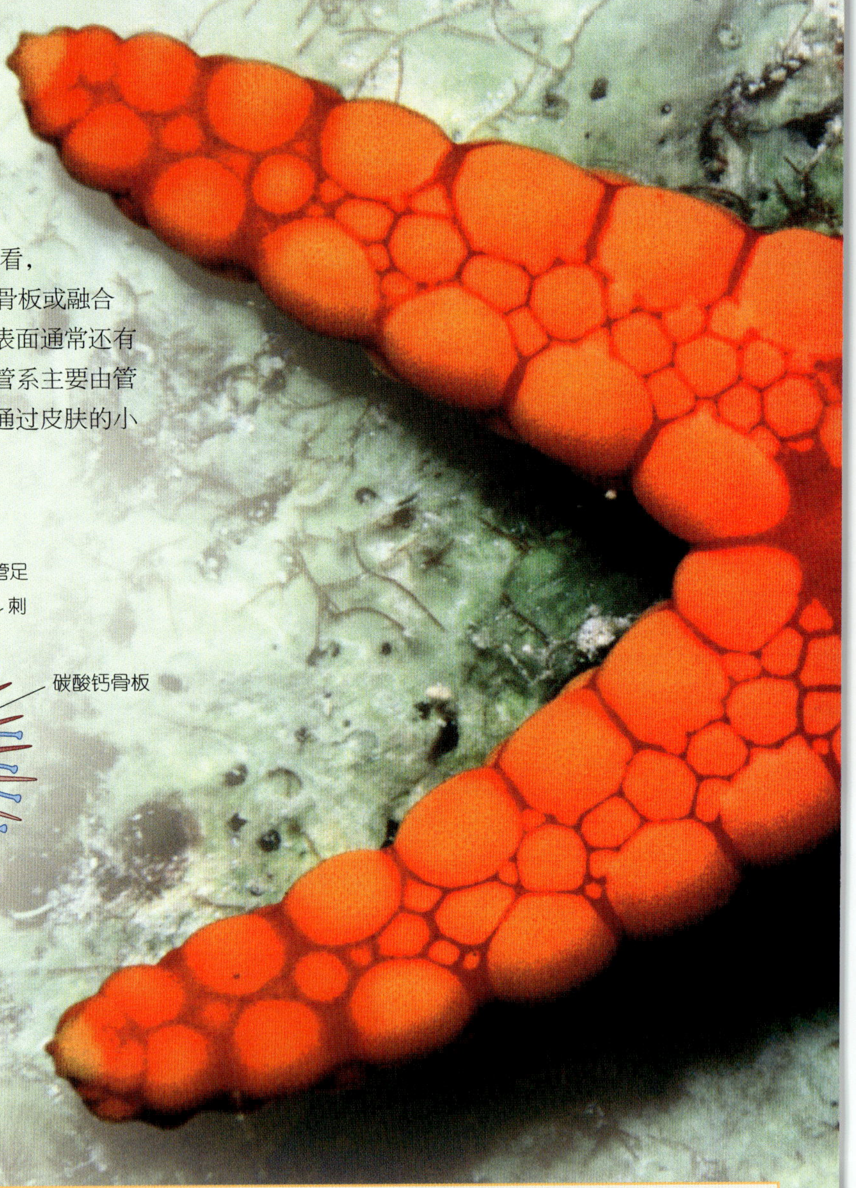

辐射对称

这只热带海星具有棘皮动物典型的五放辐射对称结构。其腕有坚硬的骨板保护，鲜艳的色彩则警告捕食者其有毒。

解剖结构

棘皮动物的身体形态基于五放辐射对称，对称方式与花瓣的类似。这在海星、蛇尾和海胆的壳体现得尤为明显。海胆的形态就像是将海星的腕相互连接起来，从而形成球状。而海参则像是拉长了的海胆，从其体端看，可见五放辐射对称形态。棘皮动物的骨骼由坚硬的碳酸钙骨板组成，这些骨板或融合在一起形成坚硬的壳（如海胆），或彼此分离（如海星）。棘皮动物的身体表面通常还有刺或突起伸出。海参的骨骼极小，是一系列独立的小骨板。棘皮动物的水管系主要由管道和贮水囊系统组成，除此之外，还包括触手（触手通过皮肤的小孔向外延伸，形成成百上千条微小的管足）。

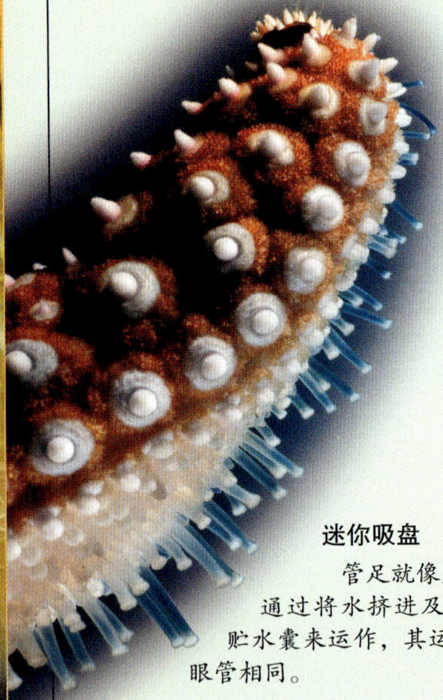

迷你吸盘

管足就像是液压吸盘，通过将水挤进及挤出微小的贮水囊来运作，其运作原理与滴眼管相同。

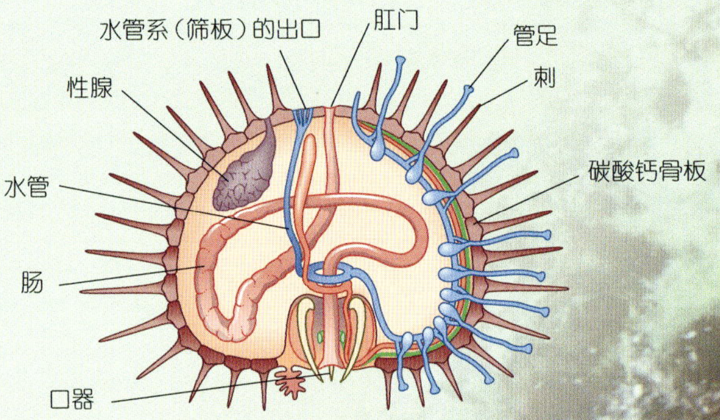

海胆的体平面

海胆的壳内是一个充满液体的腔，容纳着器官。口位于口面中央，肛门位于反口面顶端。

棘皮动物的分类

棘皮动物根据其形状、骨骼以及口、肛门和筛板的位置可分为5个纲。科学界曾一度为新发现的海菊花设立第6个纲——同心纲，但此纲的两个盘形物种其实都是一类较为奇特的海星，因此现已被视为海星纲的成员。

海羽星、海百合

海百合纲

约638种

这些动物的身体呈碟状，有5条羽状腕延伸而出，腕反复分支，用作滤食附肢。口和肛门朝上。海百合通过一条有节的茎附着在海床上，但海羽星在幼年期已不附着，成年后营自由生活。

海星

海星纲

约1851种

这些动物主要在海床觅食，其身体为星形，从中央体盘伸出5条或以上的粗壮的腕。在腕的下侧有众多成排的管足和1条步带沟，可将食物传递到位于口面中央的口中。肛门和筛板则位于反口面。其骨骼是一层嵌在体壁中的骨板（听小骨）。

蛇尾、筐蛇尾

蛇尾纲

约2074种

这些棘皮动物具有盘状的身体和5条灵活的窄腕。筐蛇尾的腕分枝多而细。这些动物的骨骼是一系列重叠的骨板。口在口面，兼作肛门。

海胆、海钱

海胆纲

约999种

这些动物的体形从盘状（海钱）到球状（海胆）不等，有5处双列管足。其骨板彼此相连，形成坚硬的壳，带有可移动的刺。

海参

海参纲

约1716种

这些棘皮动物的身体呈香肠状，有5处双列管足，其中围绕着口的那些已进化为捕食触手。其骨骼由形状多样的小骨板组成。

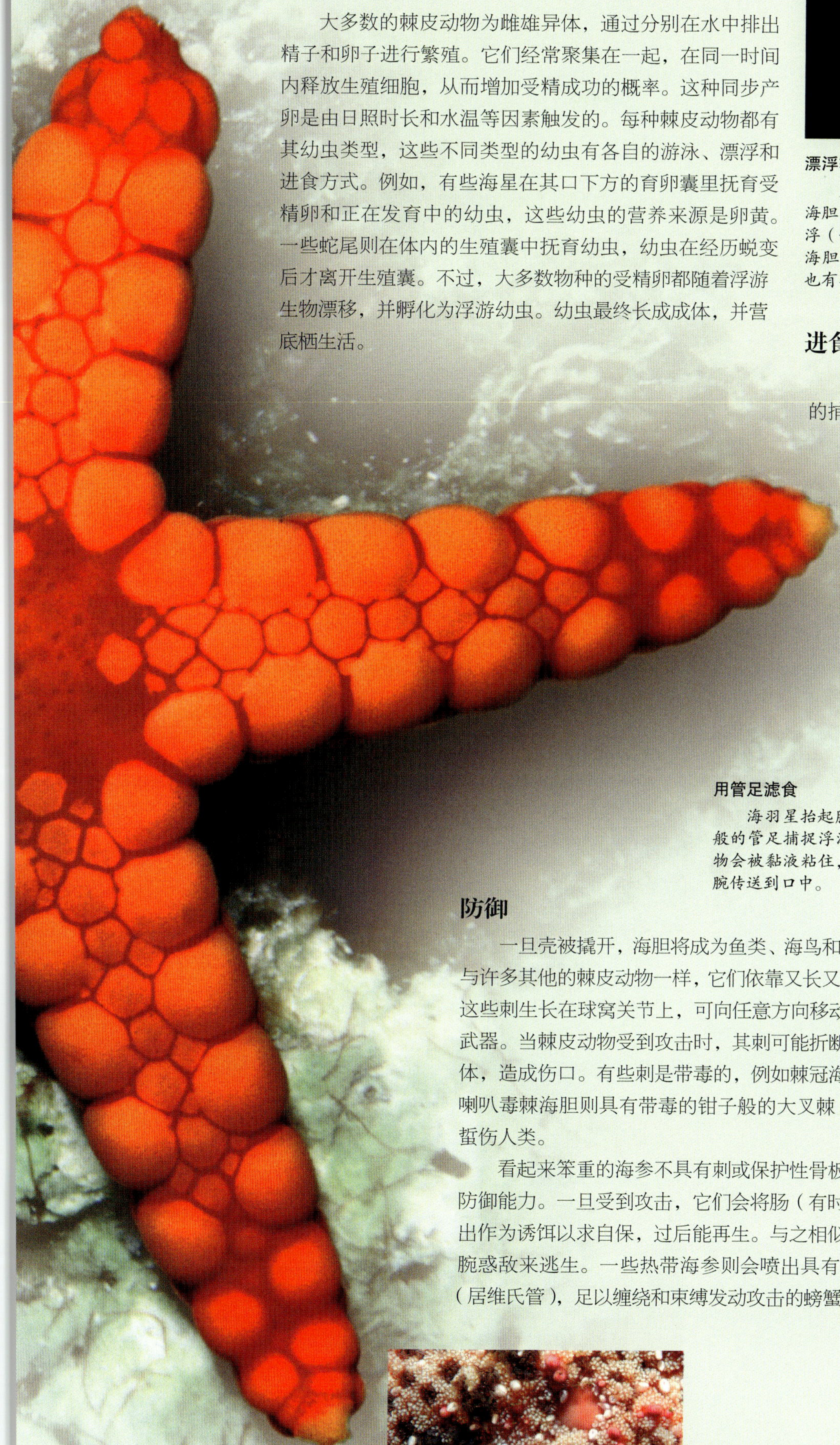

繁殖

大多数的棘皮动物为雌雄异体，通过分别在水中排出精子和卵子进行繁殖。它们经常聚集在一起，在同一时间内释放生殖细胞，从而增加受精成功的概率。这种同步产卵是由日照时长和水温等因素触发的。每种棘皮动物都有其幼虫类型，这些不同类型的幼虫有各自的游泳、漂浮和进食方式。例如，有些海星在其口下方的育卵囊里抚育受精卵和正在发育中的幼虫，这些幼虫的营养来源是卵黄。一些蛇尾则在体内的生殖囊中抚育幼虫，幼虫在经历蜕变后才离开生殖囊。不过，大多数物种的受精卵都随着浮游生物漂移，并孵化为浮游幼虫。幼虫最终长成成体，并营底栖生活。

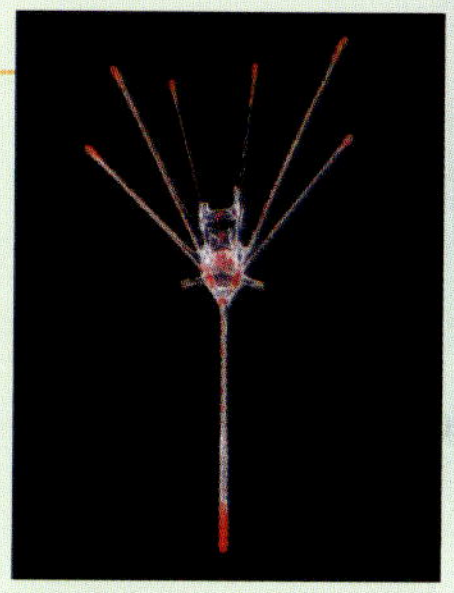

漂浮辅助

成对的长臂能帮助海胆幼虫随浮游生物漂浮（如图中这只马铃薯海胆幼虫）。蛇尾幼虫也有类似的形态。

排出精子和卵子

海参翘起尾部产卵，以确保其卵子能漂走，遇上其他个体排出的精子。

进食

棘皮动物中既有温顺的食草动物和滤食性动物，也有贪婪的捕猎者。海星中的食肉物种能将胃伸出并包裹猎物，在体外消化猎物。相反，大多数海胆则是食草动物，它们用电钻夹头般的牙齿刮食岩石表面的食物。这些齿与肌肉及骨板一起构成一个复杂而强有力的进食器官，被称为“亚里士多德提灯”。海参扮演着“海底清洁工”的重要角色，吸食有机碎屑和泥浆。

用管足滤食

海羽星抬起腕，用手指般的管足捕捉浮游生物。食物会被黏液粘住，然后顺着腕传送到口中。

防御

一旦壳被撬开，海胆将成为鱼类、海鸟和海獭的美食。因此，与许多其他的棘皮动物一样，它们依靠又长又尖的刺来保护自己。这些刺生长在球窝关节上，可向任意方向移动，成为令人生畏的武器。当棘皮动物受到攻击时，其刺可能折断并插入捕食者的身体，造成伤口。有些刺是带毒的，例如棘冠海星的刺。火海胆和喇叭毒棘海胆则具有带毒的钳子般的大叉棘（详见下文），足以蜇伤人类。

看起来笨重的海参不具有刺或保护性骨板，但它们并非毫无防御能力。一旦受到攻击，它们会将肠（有时还有其他内脏）喷出作为诱饵以求自保，过后能再生。与之相似，蛇尾可以通过断腕惑敌来逃生。一些热带海参则会喷出具有黏性的白色线状物（居维氏管），足以缠绕和束缚发动攻击的螃蟹。

叉棘

缓慢移动的海胆和海星可能成为浮游幼虫的栖身之处，因而变得体形过大。它们通过演变为小钳子的刺——叉棘来保护自己，用以捕捉并消灭幼虫。

人类影响

争夺牡蛎

在欧洲海域，波罗的海海星贪婪地捕食牡蛎和贻贝。因此，以前，渔民在疏浚贝类养殖场抓到海星时，常会将它割开，作为碎片丢弃。然而，事实证明，这一策略是无效的，因为海星不仅能重新生出腕，而且只要失去的腕具有部分中央体盘，这条腕就能够完全再生一个身体。

腕再生

这只波罗的海海星正在再生自己失去的两条腕。有时候，通过再生，它们会多长出一条乃至更多的腕。

纲 海星纲

七臂海星

Luidia ciliaris

直径 可达60cm

深度 0—400m

生境 沉积物、砾石和岩石

分布 大西洋东北部的温带海域，地中海

大多数海星有5条腕，但是这种大型海星有7条腕，有些个体甚至有8条腕。其身体和腕具有柔软的质感，颜色从砖红到橙棕色都有。每条腕的边缘都有明显的刺带，这些白色的硬刺伸向各个方向，海星就借助这些刺带把自己埋进沉积物中，伺机捕捉猎物。其有长长的管足，因而可以非常迅速地在岩石和砾石上移动捕食。这种海星是贪婪的捕食者，主要捕食其他棘皮动物，包括穴居海胆、海参和蛇尾。

在英国南部地区，其在夏季繁殖，但在地中海地区，其繁殖期为11月至翌年1月。

纲 海星纲

面包海星

Culcita novaeguineae

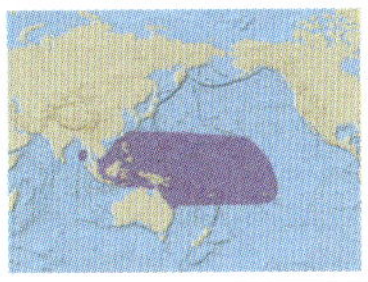

直径 可达30cm

深度 0—30m

生境 珊瑚礁

分布 安达曼海，太平洋西部的热带海域

面包海星看起来更像是无刺的海胆而非海星，其名字源自其丰满的浑圆身体。其腕非常短，以至与身体融合在一起，只能看到其尖端。幼年海星的外形比成年海星更扁平，并呈清晰的五角星形，腕明显。它们躲藏在石块下逃避天敌，而成年海星的身体较坚硬，在开阔水域中相对安全。

面包海星的体色多样，从主要的红色到绿色、褐色均有。其口面的5条辐射状步带沟是其腕的代表，沟内布满管足。如果身体被掀翻了，其可以伸出一侧的管足固定在海床上，然后通过拉伸将自己正过来。其主要以腐质和固着的无脊椎动物为食，包括活珊瑚。其他两个与之相似的物种见于印度洋—太平洋热带海域，但面包海星是最常见、分布最广的物种。

留宿的客人

面包海星的表面为一种与海星建立共生关系的小虾——海星虾提供了栖息处。这种虾不会伤害宿主，也出现在其他海星上。其通常躲藏在海星的下方，体色与其宿主的颜色一致。

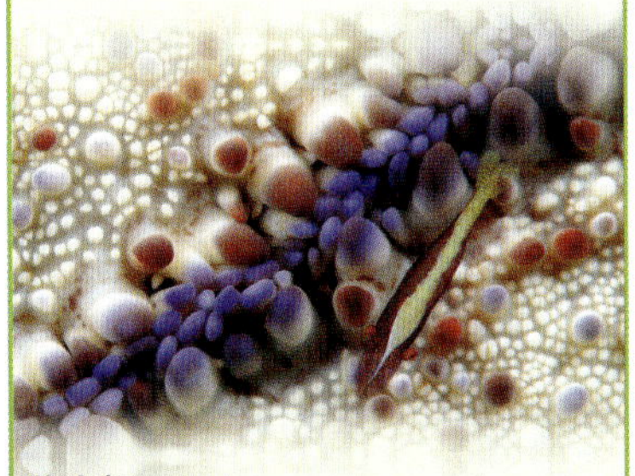

共生虾

这只海星虾栖息在面包海星的口面，但有时也会冒险到反口面觅食。

纲 海星纲

马赛克海星

Iconaster longimanus

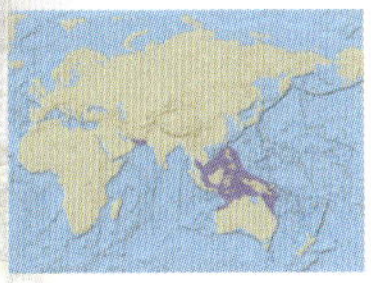

直径 可达12cm

深度 30—85m

生境 深海中的珊瑚礁和斜坡

分布 印度洋和太平洋西部的热带海域

这个物种身上的图案引人注目，其有细长的腕和扁平的体盘。其腕和体盘边缘都长有一排骨板加以保护，触感坚硬。这些骨板颜色或浅或深，由之所形成的图案各有不同，因此有利于研究者据此识别、跟踪和监控个体。研究数据表明，这种海星的生长非常缓慢，最大个体的寿命可能和人类一样。虽然它们通常生活在较深的黑暗水域，但在新加坡周边海域，它们一般生活在5—20m深处，这可能是因为此处的水较为混浊，光线较弱。雌性产较大的橙色卵，受精卵随后孵化为细小的橙色幼虫；卵内含有威慑捕食者的化学物质。

纲 海星纲

鹅掌海星

Anseropoda placenta

直径 可达20cm

深度 10—500m

生境 砾石、沙、泥

分布 大西洋东北部的温带海域及温暖水域，地中海

鹅掌海星的名字源自其扁平的网状体盘，这个体盘将其5条短腕连接在一起，大体呈五边形。体盘中央有一个暗红色斑，显眼的红线从那里沿腕呈放射状延伸而出。其口面为黄色。这种海星沿着海底缓慢滑行，寻找小型甲壳类、软体动物和其他棘皮动物作为食物。

纲 海星纲

墨西哥海星

Plectaster decanus

直径 可达16cm

深度 10—180m

生境 岩石珊瑚礁

分布 澳大利亚南部的温带海域

这种海星异乎寻常的明亮颜色是一个警告信号——其含有毒化学物质。触碰这种海星会导致肢体麻木，因此不要捡拾它。其身体柔软，红色的上表面布满马赛克状的黄色脊状突起。其主要以海绵为食，这可能是其毒素的来源。雌性产卵后会将受精卵携带在口面直至孵化。

纲 海星纲

棘冠海星

Acanthaster planci

直径 可达50cm

深度 1—20m

生境 珊瑚礁

分布 印度洋和太平洋的热带海域

这种较大的海星破坏力强，其数量爆发性增长时会像瘟疫一样，杀死澳大利亚大堡礁和印度洋—太平洋区域的珊瑚礁的大片珊瑚。关于这一现象是自然事件，抑或是过度捕捞其天敌（如大法螺，详见第285页）所导致的后果，科学界尚有争论。珊瑚流失似乎会刺激这一现象的发生。最近对大堡礁的研究表明，这种情况的爆发有时是由来自陆地的丰富养分引起的。棘冠海星具有近20条腕和令人生畏的长刺，故而鲜有天敌。其刺有微毒，如果徒手捡拾这种海星，可能会造成伤痛。棘冠海星可将胃从口中翻出，包裹珊瑚并消化其活体组织。被其掠食过的区域只剩下纯白色的珊瑚骨骼。在受欢迎的潜水旅游区域，人们尝试通过给棘冠海星注射毒素或者用手移除的方式来杀死它们，然而收效甚微。最新的注射实验通过促进细菌繁殖来触发免疫反应，这可能会奏效。

腕缠绕在黑珊瑚的分枝上

纲 蛇尾纲

星蛇尾

Astrobrachion adhaerens

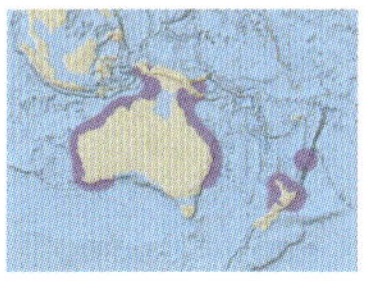

直径 可达30cm

深度 15—180m

生境 黑珊瑚

分布 澳大利亚和太平洋西南部的热带和温带海域

星蛇尾是具有灵活的长腕的一类蛇尾。白天，它们将腕紧紧缠绕在其栖息的深海黑珊瑚的分枝上。晚上，它们松开腕四处移动，以其宿主的珊瑚虫活体为食。高1—2m的黑珊瑚丛可容纳约40只星蛇尾。

纲 蛇尾纲

脆蛇尾

Ophiothrix fragilis

直径 可达12cm

深度 0—150m

生境 岩石，粗糙的砾质地面

分布 大西洋东部的温带海域和温暖水域

这种大型蛇尾物种密集成群，可在有强烈潮流的海域覆盖数平方千米的海床。据记载，其密度可达每平方米栖息2000只。每只脆蛇尾都向上伸出1或2条腕，以捕食潮流中的浮游生物，而余下的腕则与其周围的蛇尾紧紧缠在一起，防止自己被潮流冲走。它们的体色差异很大，从红色、黄色、橙色到褐色、灰色不等，其腕上通常有深浅交替的环纹。其脆弱的腕上覆盖着长而凌乱的刺，而其直径仅约2cm的小体盘上则布满短刺。它们在潮间带通常不会成群出现，而是单独躲藏在石头裂缝中或底下。

纲 海胆纲

沙钱

Echinodiscus auritus

直径 可达11cm

深度 0—50m

生境 干净的沙

分布 印度洋、红海和太平洋西部的热带海域和温暖水域

为了适应在沙中穴居的生活，沙钱这种海胆的外形演变为极其扁平的形态。其壳的表面覆盖着极细的刺；骨板的图案通常可透过皮肤看到；口在身体底面。在其壳后端边缘处有2个缺刻，一般认为，水流穿过缺刻时能帮助沙钱下沉，以免被冲走。

纲 海胆纲

喇叭毒棘海胆

Toxopneustes pileolus

直径 可达15cm

深度 0—90m

生境 沙、碎石和岩礁

分布 印度洋、太平洋中部和西部的热带海域

这一物种有剧毒，曾经造成罕见的死亡。它们具有不显眼的短刺，刺间伸出花朵般的附属物（叉棘）。这有助其保持表面清洁，但会刺痛触及它们的动物。叉棘还会钩住贝壳碎片、碎石和海藻，从而使海胆免受阳光的照射。尽管少有天敌，喇叭毒棘海胆仍会将自己部分地埋在沙砾中。

纲 海胆纲

长刺海胆

Diadema savignyi

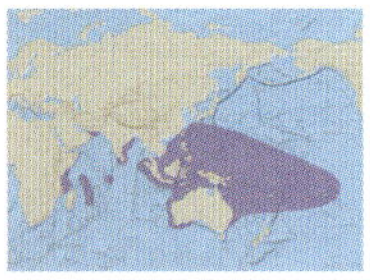

直径 可达23cm

深度 0—70m

生境 珊瑚和岩礁

分布 印度洋和太平洋西部的热带海域

许多在珊瑚礁潜水的潜水员都学会躲避这种海胆，因其身上竖起的尖锐的长刺能轻易地穿过潜水服刺伤他们。这些刺有微毒且易断，可能会滞留在伤口内。当有潜水员或捕食者接近时，长刺海胆用力挥动这些刺。只有少数身体较硬的鱼类（如褐拟鳞鲀）能成功地攻击并进食这种多刺的海胆。这种海胆的刺上通常有条纹，而另一种常见于印度洋—太平洋区域的类似物种——刺冠海胆则长有黑刺。

纲 海胆纲

食用正海胆

Echinus esculentus

直径 可达16cm

深度 0—50m

生境 多岩石区域

分布 大西洋东北部的温带海域

这种球状的大海胆浑身长满短刺，看起来像是一只胖刺猬。其通常为粉红色，表面有一对对呈辐射状的较深色线条，从中伸出数量众多的管足。这些海胆是重要的食草动物，其在水下所起的作用如同兔子在陆上所起的作用一样，其取食过的岩石表面只剩下较硬的粉红色壳状海藻。正如其名所示，其卵可以食用。

纲 海胆纲

紫海胆

Strongylocentrotus purpuratus

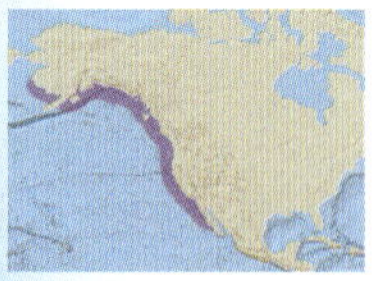

直径 可达10cm

深度 0—40m

生境 岩礁

分布 北美洲的温带沿海（从阿拉斯加至墨西哥）

这种小海胆造成了北美海岸大面积巨型褐藻林的消亡。与大多数海胆一样，其会将海藻和固着动物刮落并进食，而巨藻是其最喜欢的食物。这种海胆的栖息密度可达每平方米数百只，其能咬烂褐藻的固着器，使藻体漂走。其数量增长通常受海獭和美丽突额隆头鱼等大型鱼类的限制。过去，当海獭被猎杀后，海胆的数量便会在某些地区爆发性增长。

纲 海胆纲

马铃薯海胆

Echninocardium cordatum

长度	可达9cm
深度	0—200m
生境	沙和泥沙

分布 大西洋东北部的温带海域

大多数海胆栖息在多岩石区域，但马铃薯海胆（心形海胆）则在沙中挖洞居住。与一般的海胆不同，其有一个独特的前端，刺薄而平。其底部特殊的勺形刺能助其挖掘洞穴，而其背上的长刺则能将水引流到其栖息的洞穴，以便用于呼吸。因其壳干燥后看起来像马铃薯，故得名。

纲 海百合纲

美丽新海百合

Neocrinus decorus

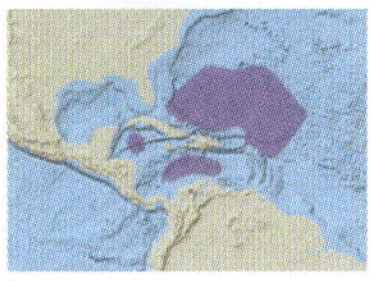

高度	可达60cm
深度	150—1200m
生境	深海沉积物

分布 大西洋西部的热带海域

海百合是海羽星的有柄的近缘类群，通常在经历了浮游幼虫阶段后，便固着在某处成长。然而，尽管美丽新海百合和其他类似的海百合不能像浅海中的海羽星那样游动，却曾被拍摄到其利用自己的腕在海床上拖动自身移动的景象。要做到这一点，它们似乎要折断其柄末端，然后用柄上灵活的手指状的附属物，将自身重新附着在基质中。通过这种方式，它们可以逃避海胆的捕食。其柄由圆盘状的骨片（听小骨）组成，整条看起来像是简单的脊椎动物的脊柱。海百合展开其众多羽状腕从水流中捕食浮游生物，食物颗粒通过腕传送到口中。

发现

化石证据

如今，海百合的种类相对较少，仅存的也全栖息于深水中，但它们在古代海洋中曾繁盛一时。像右图中这样完整的海百合化石很罕见，但从柄上掉落的听小骨则经常见于石灰岩中。

纲 海百合纲

本氏海齿花

Oxycomanthus bennetti

直径	可达15cm
深度	10—50m
生境	珊瑚礁

分布 太平洋西部的热带海域

本氏海齿花通常为人所见的是其在水中向上伸出觅食的众多羽状腕。温带海域的大多数海羽星只有10条腕，与之相比，本氏海齿花却有成百条腕。这些腕都连接到一个小小的圆盘状身体上，口位于身体的上表面，被这些腕所围绕。其通过众多铰接式的指状附属物（蔓足）紧紧抓住珊瑚。其较喜欢处于较高的位置，暴露在食物丰富的洋流中，日夜都十分活跃。与所有的海羽星一样，本氏海齿花幼年时也通过一根柄附着在海床上——在这一阶段，其看上去非常像小海百合。成年后，其挣脱附着在海床上的柄，营自由生活。

纲 海百合纲

西番莲海羽星

Ptilometra australis

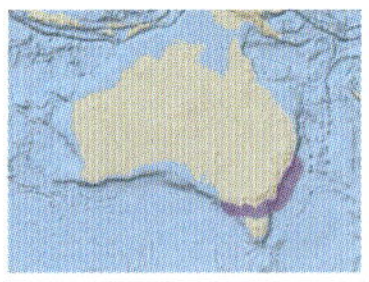

直径	可达12cm
深度	至少60m
生境	岩礁，碎石

分布 澳大利亚南部温带海域特有种

这种粗壮的海羽星有18—20条腕，腕上长有硬的长侧枝（羽枝）；其腕长度不一，俯视时呈花朵状。当渔民拖网作业时，它们会紧紧粘在网上从而被大量捞起。它们常见于礁石中，也见于较浅的掩蔽海湾和河口。与大多数海羽星一样，它们是滤食性动物，附着在岩石、海绵和海扇的顶端，展开腕捕捉浮游生物和漂浮的腐质。它们日夜都保持平展的姿态，但与其他海羽星一样，当受到侵扰或者休息时，它们会卷缩其腕。其体色通常为酒红色。

纲 海参纲

梅花参

Thelenota ananas

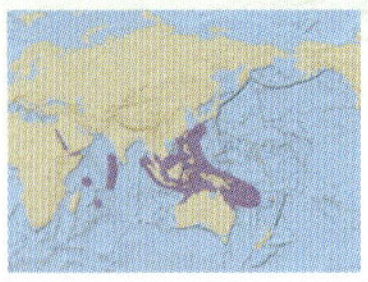

长度 可达70cm

深度 5—30m

生境 珊瑚礁多沙区域

分布 印度洋和太平洋西部的热带海域

这种庞大的海参在海床缓慢爬动时，看起来就像是移动的壁炉前的地毯。其身上布满星形的大乳突（肉刺），这令其在潜在的天敌面前显得不那么可口。然而，这样的外表并没有吓到人类：梅花参在亚洲东部被认为是人间美味，售价很高。过度捕捞使其成了濒危物种。梅花参较大的个体的体重可达5kg。传统上，人们于落潮时在珊瑚礁中搜寻它们，或者通过屏气潜水来捕捉它们。其天敌还包括多种鱼类和甲壳类。其平坦的腹面布满橙色的管足，用来在海床上爬行并觅食腐质。产卵时，梅花参聚集在一起并抬起身体，从头端附近的小孔排出卵子或精子。

纲 海参纲

格氏白尼参

Bohadschia graffei

长度 可达30cm

深度 5—50m

生境 珊瑚礁

分布 印度洋、红海和太平洋西部的热带海域

这种海参的幼年形态看起来与其成年形态完全不同（如图所示）。幼年时，其白色身体上长有黑色线纹和黄色乳突，酷似叶海蛞蝓属的物种：这些海蛞蝓对于鱼类来说并非美味，所以这种拟态可以有效地保护幼小的海参。格氏白尼参借助黑色的大触手（实为已经演进的管足）将泥沙铲入口中；沉积物中的有机物质被消化，而剩下的物质则通过肠道排出，排泄物看起来就像一串香肠。在其常出现的地区，很多表层沉积物每年会多次被以这样的方式吸走并清理。

纲 海参纲

红腹海参

Holothuria edulis

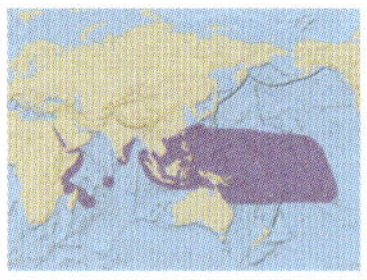

长度 可达35cm

深度 5—30m

生境 沙、石和珊瑚礁

分布 印度洋和太平洋的热带海域

这种海参可食用，尽管并不像其他品种（例如梅花参，见上）那么好吃。其柔软的身体上布满疣，背部为黑色，腹面为桃红色到米黄色。与许多其他大型海参一样，其有时是隐鱼（潜鱼科物种）的宿主，这类小鱼在其体腔内栖居。

纲 海参纲

海苹果

Pseudocolochirus violaceus

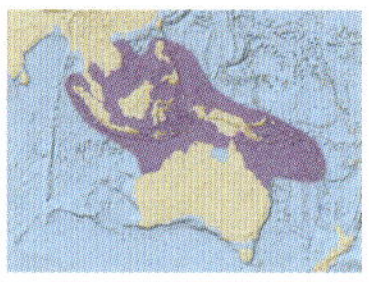

长度 可达10cm

深度 0—30m

生境 岩石和礁石

分布 印度洋—太平洋地区的热带海域

海苹果是所有海参中色彩最丰富的品种之一，被广泛搜集用于海洋水族馆。其身体呈红色和紫色，触手为黄色。其所属的伪翼手参属的各物种间往往难以区分，因此分布图所示范围可能包括数个物种。海苹果用管足附着在岩石上，将带有分枝的触手展开以捕获有机颗粒。其不时将触手往口中送，吃掉所捕获的食物。

纲 海参纲

深海海参

Laetmogone violacea

长度 尚无记录

深度 至少2500m

生境 松软的沉积物

分布 大西洋、印度洋和太平洋的寒冷深海

在全球的深海中，海参是占主导地位的底栖群落之一。深海海参是在柔软泥泞的海底爬行并以腐质为食的众多物种之一。其短钉般的“腿”有助于防止其陷入泥中。被其摄取后无法消化的泥，会以粪便的形式排出体外，并可能被其他海参食用。与许多深海动物一样，其几乎无色，但通体发出生物光，目前尚不清楚这些光有何具体作用。当捕食者靠近时，一些深海海星会发光将其吓跑。深海海参身上的光可能起到类似的作用。

底栖的小门类

域 真核生物域
界 动物界
门 10
种 众多

很多彼此之间迥然不同的无脊椎动物在海洋生态系统中扮演着重要角色，但因为非常细小或其栖息地难以被探究而鲜少被看见。与所有动物一样，它们被以“门”进行划分，每个门代表一种明显不同的体平面。这些底栖的小门类物种大多栖息在海床沉积物中，并因外形和穴居的生活方式而被笼统地称为“蠕虫”。然而，线虫或蛔虫数量巨大（已有描述的物种有28,000种，总数大约成百万），栖息在各种不同的环境中（包括海床）。以下仅挑选10个底栖的门加以展现。

沙粒中的动物

一个被统称为“小型底栖生物”的小型动物群落，栖息在海滩沙粒之间的表层水膜以及浅海中。它们的大小从0.05mm到1mm不等，所以只能通过显微镜来观察。它们中很多具有复杂而漂亮的外形。几乎每一个海洋无脊椎动物门都有栖息在此生境中的代表性物种，有些门，如缓步动物门（水熊）和腹毛动物门，几乎到处都有分布。多样的小型底栖动物是健康环境的有力证据，因为这些微小的生物体是许多海洋食物链的基础。

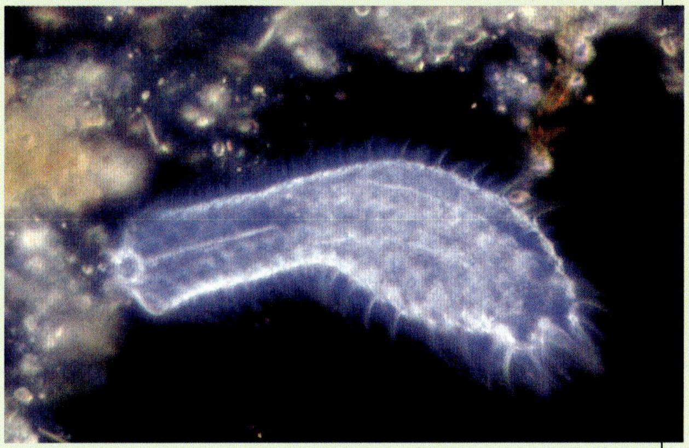

沙中群落

许多无脊椎动物生存在海滩沙粒之间有水的细小空间中。这张显微照片中蠕虫般的腹毛动物（腹毛动物门）是在这种生境中被发现的物种之一。

取食器官

雌性螠虫（螠虫动物门）用勺状的吻扫食有机物质和沉积物，图中可见从洞穴中伸出的吻。

吞咽泥沙

海滨和海底沉积物的稠度和结构，很大程度上取决于栖息在那里的众多蠕虫状生物。数以百万计的这类穴居动物不断地将沉积物混合和再造，这一过程被称为“生物扰动”。沙蠋（详见第274页）吃沙的习性为人所熟知，它们将沙中不能食用的物质以盘堆的形式排放在沙滩上。而许多不那么为人所熟悉的种群（包括星虫、囊舌虫和动吻动物）也发挥着同样重要的作用。有机物质随着潮流被冲上海岸后，或者因这些动物的移动而迅速融入沉积物中，或者随表层海泥被它们吃掉并处理。

新的门类

到目前为止，科学家只描述了一小部分海洋物种。新的物种不断被发现，大多属于海绵和软珊瑚等传统上一直被忽视的类群。偶尔，某种新发现的物种与其他所有已知的物种之间具有根本的差异，于是会被归类为一个新的门。这些令人兴奋的发现大多来自难以接近的区域（例如深海积泥），而且动物体形通常都很小。但在20世纪70年代，科学家在深海热泉周围发现了丰富的生物（详见第188—189页），其中有与众不同的巨型管虫。

马蹄虫

这些固着的蠕虫（帚虫动物门）栖息在埋入沙或泥里的小管中，或者附着在海底岩石上（如图所示）。进食时，它们伸出马蹄状的触手冠。

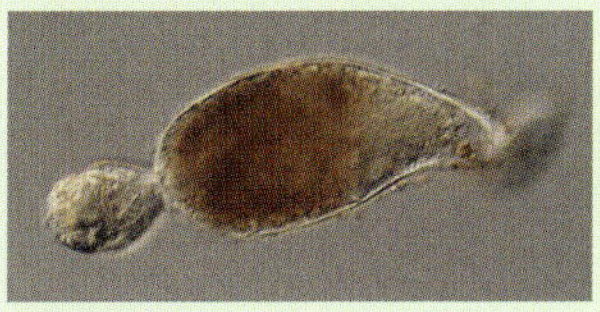

新物种

美国共生虫（上图）栖于美洲螯龙虾（左图）的口器中。其于2006年首次被发现，是新门类（环口动物门，详见第316页）中的第二个物种。

门 帚虫动物门

马蹄虫

Phoronis hippocrepia

长度 可达10cm

深度 0—50m

生境 岩石和空壳子

分布 大西洋和太平洋东北部及西部的沿海浅水区

马蹄虫很容易被忽视，但有时它们那狭窄的膜状栖管覆盖了很大面积的岩石。虫体藏在栖管内，栖管则包裹着岩石表面，或者钻入贝壳、石灰岩中，只有管的顶部显露出来。其蠕虫般的身体的尾端较厚，将虫体固定在栖管中。马蹄虫将身体隐藏在栖管中，伸展其进食端的精巧的纤毛触手以捕捉微小的浮游动物。其进食端被称为“触手冠”，此门的所有成员都具有这一结构。马蹄虫在其触手冠内孵育卵块，幼虫不断被释放到水中营浮游生活。

门 线形动物门

线虫

Dolicholaimus marioni

长度 可达5mm

深度 潮间带

生境 岩池的藻类间

分布 大西洋东北部沿岸

线虫的头部和尾部很难区分，因为其细长的身体两端都是尖的。其身体横截面为圆形，有纵向的肌肉，无横向的肌肉。这导致其身体在移动过程中呈C型或S型。线虫是生活在海洋中的物种，但也大量出现在土壤和淡水中。

门 螠虫动物门

绿叉螠

Bonellia viridis

长度 可达15cm

深度 1—100m

生境 泥泞的岩石

分布 大西洋东北部的温带沿海海域，地中海

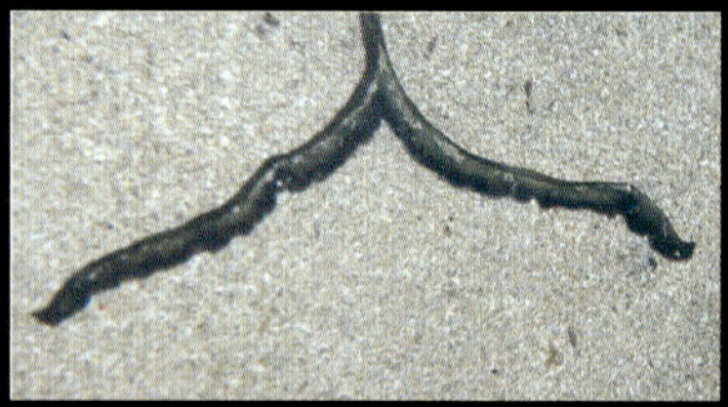

雌性绿叉螠有橡皮筋似的吻，可伸出到至少1m之外觅食，而其绿色的梨形躯干则隐藏在岩石之间，以躲避天敌。其叉状的吻尖通常是虫体所能被观察到的部位。其吻借助黏液搜集食物颗粒，并在毛发状纤毛的鞭打式摆动下，将食物沿吻递送到口中。雄性体形微小，寄生在雌性体内，其唯一的功能就是使雌性的卵子受精。

门 半索动物门

囊舌虫

Glossobalanus sarniensis

大小 尚无记录

深度 浅海

生境 柔软的沉积物

分布 大西洋东北部的温带沿海海域

这种蠕虫般的动物的身体柔软而黏滑，可分为3个部分。其前端是尖尖的吻，通过管状的领部与瘦长的躯体分隔。其生活在U形洞穴中，用黏液捕捉小生物，也食沉积物。雌雄异体，既可进行无性生殖（断裂生殖或出芽生殖），也可进行有性生殖。一些生物学家将其与羽鳃类的杆壁虫（见下）同归入半索动物门。其是无脊椎动物，却不同寻常地具有脊椎动物的一些特点（包括背部的神经索）。

门 星虫动物门

戈芬星虫

Golfingia vulgaris

长度 可达20cm

深度 0—2000m

生境 泥沙和砾石

分布 大西洋东北部和地中海东部；也可能分布在印度洋—太平洋区域和围绕南极洲的海洋

戈芬星虫的外形像一个半充气的圆柱形气球。其身体粗壮，前端长而细的部分可完全伸出或完全缩入体内，此部分的末端是口器，周围环绕着呈冠状的短触手。其栖息在沉积物中，并在掘穴的同时进食沉积物，消化其中的有机物质。

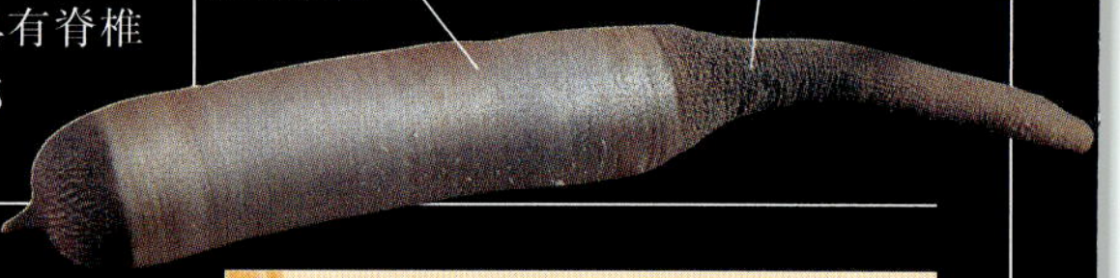

门 半索动物门

杆壁虫

Rhabdopleura compacta

长度 可达5mm

深度 尚无记录

生境 附着于固着动物

分布 北半球的冷水海域

与囊舌虫一样（上方，左），杆壁虫栖息在细栖管内，身体可分为吻、领部和躯干。它们还从领部区域伸出一双腕，腕上覆盖着触手。许多个体的栖管通过软组织连接在一起，于躯干处汇集，从而形成群落。

门 鳃曳动物门

鳃曳虫

Priapulus caudatus

长度 可达10cm

深度 尚无记录

生境 埋藏在沉积物中

分布 大西洋北部和北冰洋的寒冷水域

鳃曳虫的身体粗壮，圆柱形的身体可分为头端的短圆筒状吻、一个较长的躯干和尾部，尾部包括连在一根空心柄上的许多小囊泡。吻能缩回到躯干中。位于吻端的口的边缘有刺，能帮助鳃曳虫捕捉其他小型海洋蠕虫。

门 鳃曳动物门

动吻虫

Echinoderes aquilonius

长度 不足1mm

深度 浅水区域

生境 泥质沉积物

分布 大西洋西北部

动吻虫的外形像微型的虫蛹，身体外观看似分节。体表覆盖着铰接式的厚角质层，每一个体节都长有尖刺。尾部末端长有一大束较长的刺，头部区域长有数环刺。口器位于一个圆锥形结构的尾端。其可将整个头部区域缩入体内以自保，随后还可用特化的角质板来关闭顶孔。头部的刺能帮助其在沉积物中穿行，并以有机碎屑、细菌、原生生物和硅藻为食。这类虫有100—150种，全都是海洋生物。其为雌雄异体，但雌雄形态相似。受精卵孵化为营自由生活的幼虫，之后经历数次蜕皮，发育为成虫。

门 腕足动物门

舌形贝

Glottidia albida

高度 2cm

深度 0—450m

生境 潮下带沉积物

分布 太平洋东北部的沿海海域（从加利福尼亚至墨西哥）

舌形贝看上去就像是有怪异长尾的小蛤蜊。事实上，“尾”是柄（肉茎），从其壳瓣之间伸出。

舌形贝与蛤相似，都长有两片壳，但二者其实并无很近的亲缘关系。许多腕足类用其肉茎附着在岩石上（见下方的灯贝），但舌形贝则栖息在沙和泥的洞穴中。其肉茎的长度是壳长度的2—3倍，可在柔软的沉积物中掘洞。当要滤食浮游生物时，其移动到洞穴顶部，并用特殊的肌肉将壳打开；而且其可以用肉茎将自己拉入洞穴中，迅速消失。与之形态相似的腕足类化石出现在5亿年前的岩石中。

门 腕足动物门

灯贝

Terebratulina septentrionalis

长度 可达3cm

深度 0—1200m

生境 岩石和石头

分布 大西洋北部的温带海域和寒冷水域

灯贝很容易被误认为是小的双壳类软体动物，因为两者都具有由两片可开合的瓣组成的壳，并且都附着在海床上。然而，灯贝的外壳非常轻薄，两片壳大小不一致，较小的壳嵌入较大的壳内。其壳覆盖于背部和腹部表面，而双壳类软体动物的外壳则覆盖在身体的左右两侧。

大多数灯贝通过肉茎将梨形的壳附着在坚硬的物体表面，肉茎从其腹部的壳的一个洞中伸出。其将壳瓣微微张开，让水流带着浮游生物流入。其觅食构造——触手冠占据了大部分的壳体内空间，触手冠包括2个侧叶和1个覆盖着长纤毛触手的中央卷叶。纤毛的挥动可制造水流。灯贝在世界各地均有分布，但在寒冷水域尤其丰富。在大西洋东北部，其主要分布于深海水域，但在北美洲东海岸，则通常出现在浅海水域。其与另一种穿孔贝（*Terebratulina retusa*）十分相似。

海洋生物

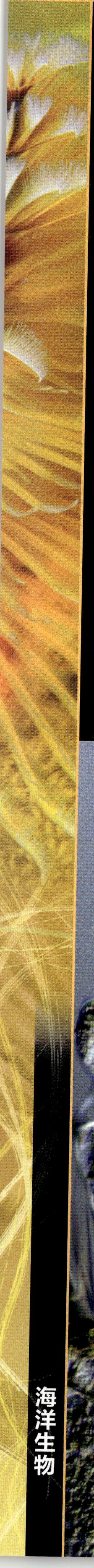

门 缓步动物门

假生水熊

Pseudobiotus magalonyx

长度 可达1mm

深度 浅水水域

生境 泥质沉积物

分布 大西洋西北部

虽然这种水熊本身很微小，但已是水熊中最大的一种，可在北欧河口上段的潮汐滩涂取样发现。下方照片中的雌性水熊在其已蜕下的表皮中产卵并随身携带，像背着行囊似的。这是缓步动物中少数几种进行交配的动物之一。雄性抓住雌性，通过雌性已蜕下的表皮的泄殖腔孔将精子排入。

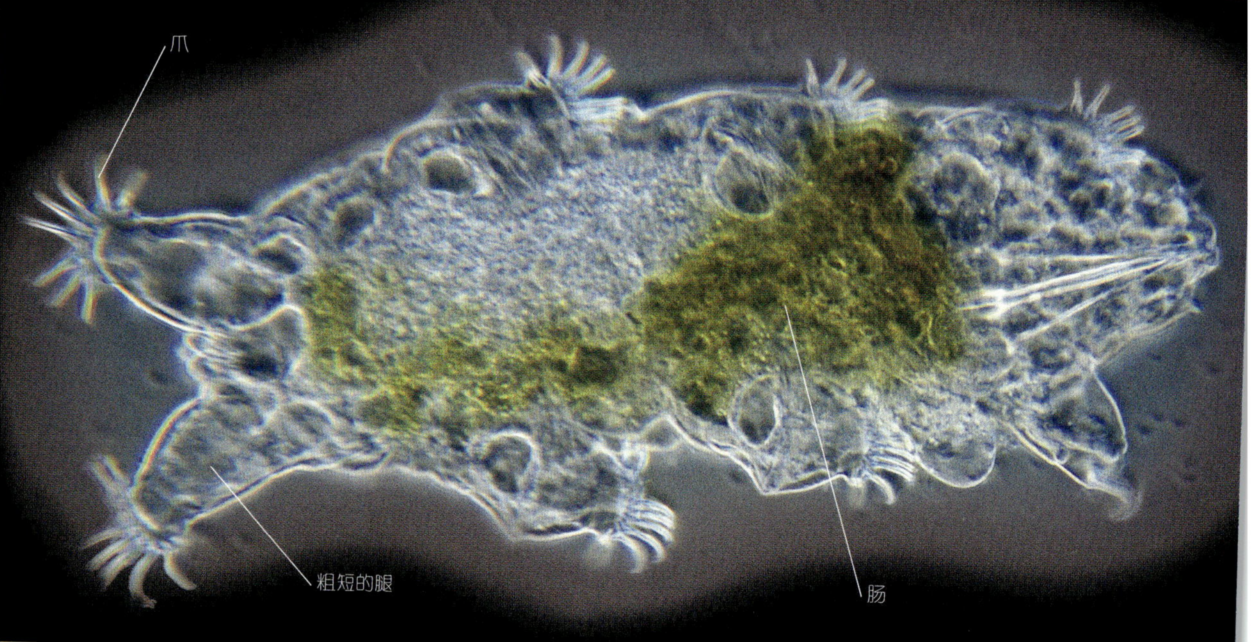

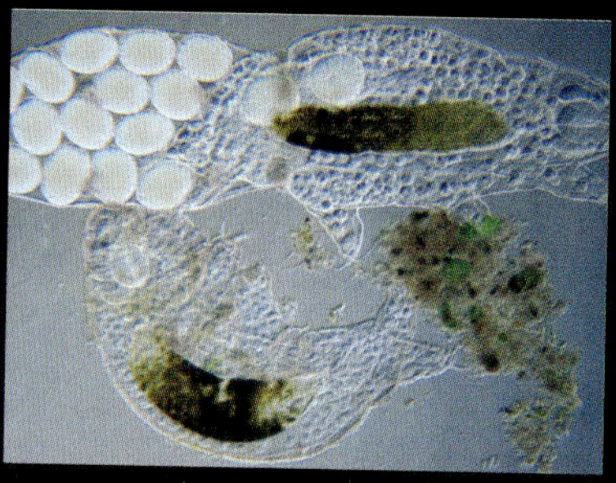

门 缓步动物门

端爪水熊

Echiniscoides sigismundi

长度 不足1mm

深度 尚无记录

生境 海沙

分布 全球范围内

与其他约25种海洋物种中的大多数一样，这种水熊栖息在海洋沉积物的沙粒之间。其他大约400种水熊则栖息在淡水中，特别是在喜湿植物苔藓周围薄薄的水中。水熊有丰满的短躯干，头部特征不明显，但在一端有眼点和感觉器官。其有4对短而粗的腿，每条腿的末端是一丛小爪子，其靠这些爪缓慢地移动。其皮肤相对较厚，可防止身体被沙粒磨损。雌雄异体，但雄性较少，有时卵不受精也能发育。节肢动物被认为是与其亲缘关系最近的动物。水熊生命力非常顽强，其陆生物种能抵御干燥和寒冷。

门 环口动物门

实球共生虫

Symbion pandora

长度 0.3mm

深度 尚无记录

生境 挪威海螯虾的口器

分布 北海

这一物种由两位丹麦生物学家于1995年首次发现。当时，其附着在从北海捕捞上来的挪威海螯虾的口器上，他们一定是近距离观察才发现了它。每个个体有一个浑圆的躯体，并通过短茎和吸盘附着在基质上。它们通过布满纤毛的口漏斗进食，通过口旁边的肛门排泄。摄食期性别不分雌雄，生殖周期复杂，既涉及有性生殖，也涉及无性生殖，产自由游动的幼虫。

实球共生虫是环口动物门的第一个代表。2006年，科学家发现此门的第二个物种——美国共生虫，其跟实球共生虫相似地栖于美洲螯龙虾上。分子研究表明，这两个物种可能都与苔藓虫（详见第305页）及内肛动物有亲缘关系。只要仔细搜索，很有可能不久就能发现此门的其他物种。

门 腹毛动物门

腹毛类

Turbanella species

长度 不足1mm

深度 尚无记录

生境 氧化沉积物

分布 尚无记录

腹毛类分布在淡水和海洋中，但其中一个属（*Turbanella*）的物种栖息在海底沉积物的沙粒之间。此属的物种虽然看起来像纤毛原生动物，却是真正的多细胞动物，具有口、肠、肾脏细胞和一些其他结构。它们具有数个黏性管，这个结构能分泌黏性物质，助其附着在基质上。通过用身体前部和后部的黏性管进行附着和分离，其能像水蛭一样移动；又或者用纤毛滑移，觅食细菌和原生生物。

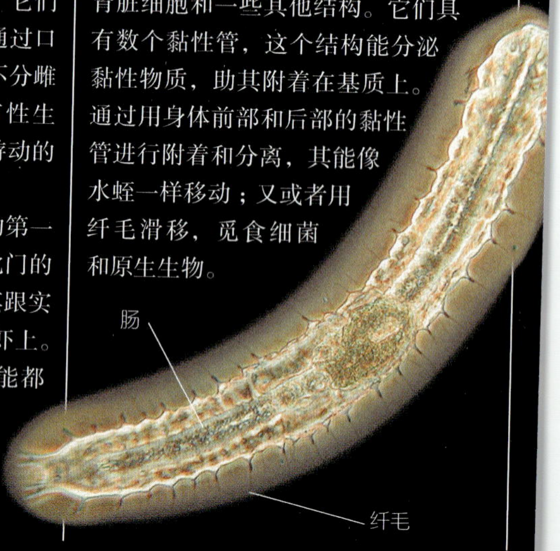

浮游动物的门类

域 真核生物域
界 动物界
门 栉水母动物门
毛颚动物门
轮虫动物门
种 2332

在众多主要的无脊椎动物类群（门）中，只有少数全由浮游动物组成。根据其解剖结构，浮游动物被归入不同的门。它们全都具有生态重要性，因为其群落支撑着所有的海洋食物链。这里介绍3个较小的门（栉水母动物门、毛颚动物门、轮虫动物门）。

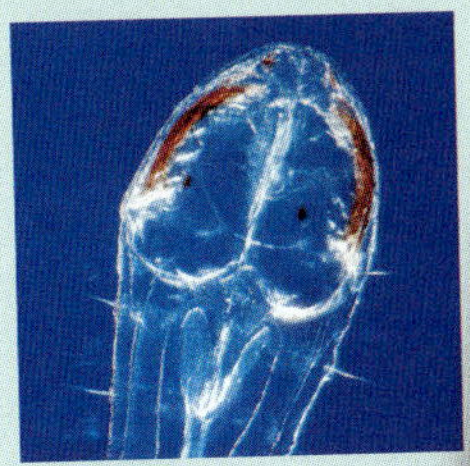

钩住猎物
这种箭虫圆形的口部两侧长有用于抓握猎物的褐色钩子。

闪闪发光的纤毛
栉水母（侧腕水母）长有8列纵排的纤毛带，闪烁着荧光。其通过拍击纤毛游动。

捕食者

肉食性浮游动物捕捉猎物的方式多样。栉水母是贪婪的捕食者，有的用触手上的特殊细胞（黏细胞）释放黏性分泌物来捕捉猎物，其他的则借助突然张开口所形成的负压来吸获猎物。其中一属（*Haeckelia*）的物种甚至循环利用其捕获的刺胞动物身上的刺细胞。箭虫靠振动传感器侦测猎物，并用可活动的钩子将其抓获，然后从口附近的气孔释放神经毒素，麻痹猎物。

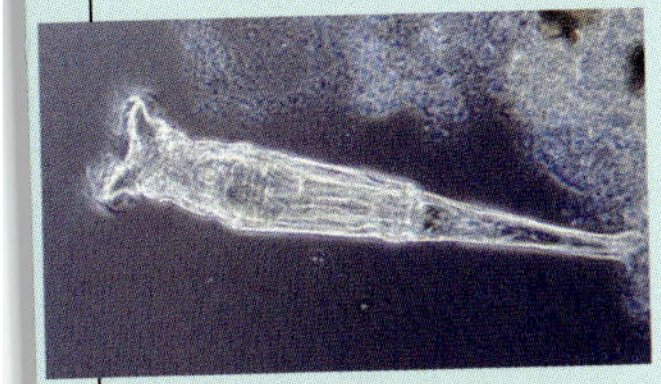

轮虫的摄食方式
轮虫靠长有纤毛的头冠来移动及滤食。图中可清晰看见左侧的头冠。

草食者

有些浮游动物是草食性的，食浮游植物或滤食。有的浮游轮虫以悬浮在水中的有机颗粒为食。其头冠围绕着口腔，头冠上的纤毛使水顺着食物沟流向口部。在那里，食物微粒经筛选后，返回咽部，被像颌一般的口器磨碎，然后进入胃部。轮虫的口器是独一无二的。

门 栉水母动物门

蠕行栉水母

Coeloplana astericola

直径 1cm
深度 尚无记录
生境 栖息于吕宋棘海星身上
分布 太平洋西部的热带海域

大多数栉水母营浮游生活，而蠕行栉水母却营底栖生活。其外形并非常见的圆形，而呈扁平状，就像是被压扁了的小球。口器长在底面中央，而平衡器（所有栉水母都具有的平衡器官）则位于反口面，与口器相对。其无须游动，因而没有纤毛带，像扁形虫一样通过收缩肌肉来移动。其栖息于橘色的吕宋棘海星身上，体色和花斑与宿主相配，因此在白天静静躺着时几乎不显眼。在夜间，其伸出两条长长的捕食触手诱捕浮游动物。

门 栉水母动物门

爱神带水母

Cestum veneris

长度 可达2m
深度 靠近海面
生境 开阔海域
分布 大西洋北部、地中海和太平洋西部的热带及亚热带海域

这种动物不同寻常的名字源于其透明的、苍紫罗兰色的缎带状躯体。8排梳状纤毛带排列在其身体两侧。它们的2条主要触手较短，身体下沿还长有众多短触手。当准备逃跑时，其通过身体的起伏波动可以快速游动。通常情况下，其通过拍击梳状纤毛来缓慢游动。

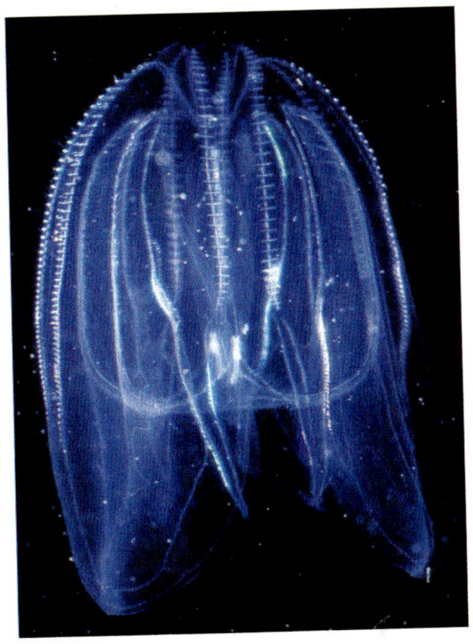

门 栉水母动物门

梳状栉水母

Mnemiopsis leidyi

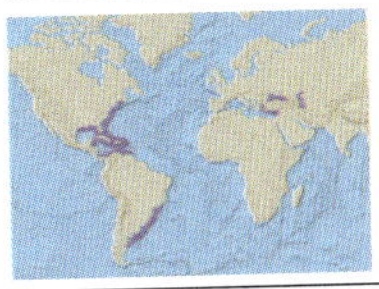

长度 可达7cm
深度 0—30m
生境 开阔海域
分布 大西洋西部的温带及亚热带海域，地中海，黑海

梳状栉水母呈略微扁平的梨形，其口器的两侧各长有2片圆形垂瓣，用于包裹较大的猎物。除了长有2条主要的捕食触手外，其围绕着口器的食物沟内还长有很多次级的小触手。长触手上长有黏细胞，能分泌黏性物质来诱捕猎物。

梳状栉水母原生于大西洋西部。20世纪80年代，其因排放船舶压舱水而被意外引入黑海，从此在邻近的海域蔓延开来，包括地中海东部的部分海域。在黑海，由于水体条件理想，加之缺乏天敌，其数量快速增长。这对商业捕鱼产生了非常严重的影响，因为其捕食浮游动物并吃鱼苗。

域	真核生物域
界	动物界
门	脊索动物门
亚门	被囊动物亚门 头索动物亚门
纲	5
种	3056

被囊动物及文昌鱼

被囊动物袋状的长身躯常常附着在海床上；文昌鱼形似小而僵的蠕虫，栖息在沉积物之中。尽管它们外形简单，却并非与世界上其他无脊椎动物同属一类，反而与脊椎动物（例如鱼类及哺乳动物）同属一类。这是因为在无脊椎动物中，被囊动物及文昌鱼独一无二地具有体内骨骼棒状结构（脊索）。最为人所知的被囊动物是海鞘，有些海鞘会形成群落，而文昌鱼则是独居动物。

生活方式

海鞘附着在坚硬的表面，如岩石、礁石、沉船的表面。它们时刻过滤着海水，通过一根虹管（入水管）吸入富含食物的海水，再通过另一根虹管（出水管）排出废水。大多数海鞘栖息在海岸浅水区，那里有大量浮游生物，不过也有一些物种栖息在深海。在掩蔽的狭长海湾，海鞘可覆盖数百平方米的海床。有些被囊动物，包括樽海鞘与火体虫，与浮游生物一起随洋流漂移，时常形成庞大的群体。文昌鱼有肌肉发达的灵活躯干，是健壮的游泳能手，但是它们通常埋藏在沉积物中，只露出头部。

底栖的海鞘

海鞘有时与刺胞动物及海绵成群聚集生长，色彩缤纷。

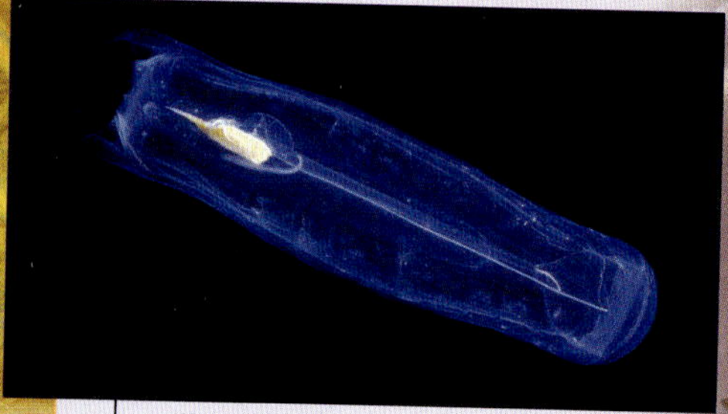

游动的海鞘

漂浮的樽海鞘以喷射推进的方式游动，从一端吸入水，再从另一端将水喷出。

解剖结构

当被囊动物的幼虫长为成体时，它们不再具有起支撑作用的脊索，而文昌鱼在成年后仍保留脊索。被囊动物的身体覆盖着由纤维素构成的较为坚硬的保护袋（被囊），被囊通过根状突起附着在海床上。其体内较大的筛状结构被称为“咽”，连接着口器与肠。咽部的黏液层能困住流经其体内的海水中的浮游生物。文昌鱼也通过咽部过滤海水，并通过靠近肛门的小孔将水排出。其口器周围一圈刚毛（触须）可防止沙进入口中。

成年文昌鱼

文昌鱼肌肉发达的身体是扁平的，由坚硬的脊索支撑。

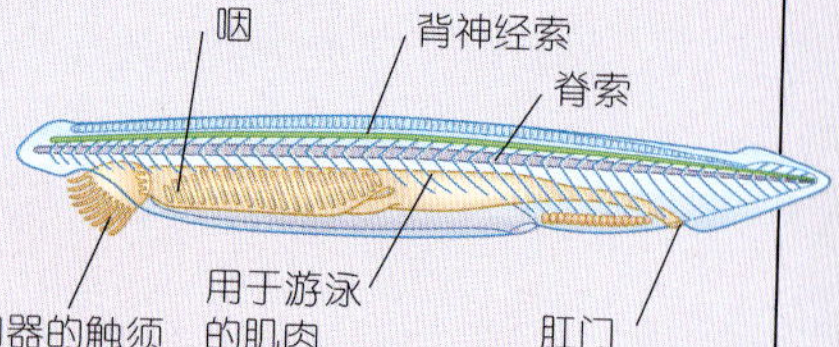

被囊动物的幼虫

被囊动物的蝌蚪状幼虫长为成体时，其神经索和脊索并入体内。

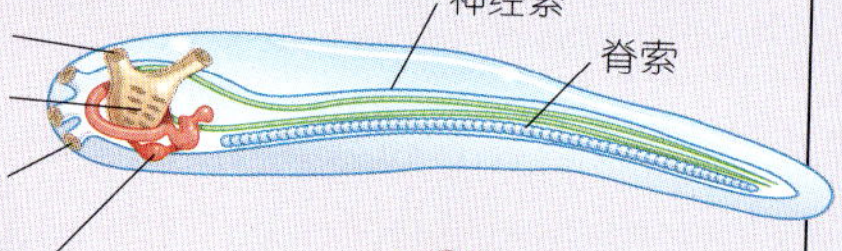

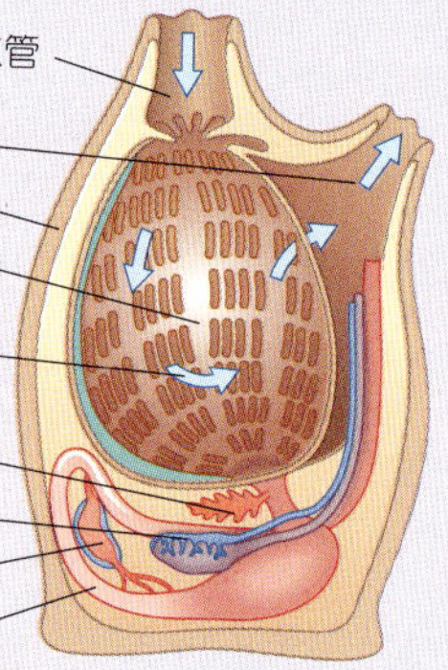

被囊动物的成体

被囊动物的大部分体内空间被巨大的咽部所占据。透过半透明物种的被囊，咽部清晰可见。

亚门 被囊动物亚门

玻璃海鞘

Ciona intestinalis

高度	可达15cm
深度	0—500m
生境	任何坚硬的基质

分布 大西洋、太平洋、印度洋和北冰洋，也可能分布在围绕南极洲的海洋

成年玻璃海鞘体内没有任何支撑结构，因此当它离开水后，看起来就像是一团果冻，被戳刺时会喷出一股水柱。玻璃海鞘是典型的独柄被囊动物，其体表覆盖着一层淡青黄色的凝胶状物质，被称为“被囊”，透过光滑并呈半透明状的被囊可见其内部结构。其长有2条边沿呈黄色的虹管：较大的为入水管，用于吸水；较小的为出水管，用于排水。入水孔处长有8个裂瓣，出水孔处长有6个裂瓣。玻璃海鞘十分常见，附着在各种岩石、礁石、海藻以及（尤其是）建筑物的表面。例如，石油平台的墩及防波堤上就经常有玻璃海鞘附着。

清洁

在掩蔽的狭长海湾及海港内，玻璃海鞘经常大面积覆盖在岩石及屏障表面。尽管体形较小，但其每小时可过滤数升海水，将浮游生物及其他有机颗粒滤出，剩下更为清澈的海水。

亚门 被囊动物亚门

群海鞘

Atrolium robustum

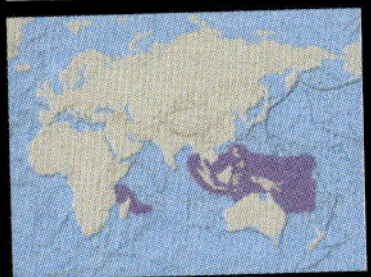

高度 可达3cm

深度 浅水水域

生境 珊瑚礁及岩石

分布 广泛分布于印度洋及太平洋西部的热带珊瑚礁海域

看起来像是独栖的海鞘，事实上生活在瓮状的群落内，整个群落共用一个出水管（排水孔）。群落外表布满小点，这些小点是组成整个群落的微小的个虫的入水孔。群落外表的绿色源于共生的蓝细菌——原绿藻。

亚门 被囊动物亚门

史氏菊海鞘

Botryllus schlosseri

宽度（群落） 可达15cm

深度 海滨及浅海

生境 岩石、石头、海藻

分布 北冰洋沿岸及大西洋北部的温带海域

史氏菊海鞘的个体只有2mm长，不能独自生活。它们聚集成星形群落，嵌在共用的凝胶状被囊上。每个星形群落中央有一个共用的出水孔，用于排放废水。其群落颜色多样，呈绿色、紫色、褐色或黄色的都有，个体的颜色与被囊对比鲜明。

亚门 被囊动物亚门

海郁金香

Pyura spinifera

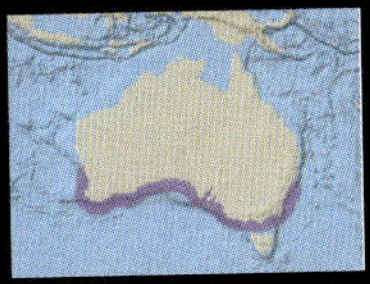

高度 可达30cm

深度 5—60m

生境 岩礁

分布 澳大利亚的温带海域

这种大海鞘的茎长而细，在海水中挺立。这意味着其较大的入水管处于较有利的位置，能吸入富含浮游生物的海水。其身体遍布赘疣，在自然状态下呈亮黄色。不过，它们大多都有壳状的共生海绵栖息其上，因而呈粉红色。天气恶劣时，它们经常被海水拍垮在海床上，但很快就会凭借其富有弹性的茎重新挺立。

亚门 被囊动物亚门

纽鳃樽

Pegea confoederata

长度 可达15cm

深度 靠近海面

生境 开阔海域

分布 全球范围内的温暖水域

纽鳃樽这种被囊动物看起来就像是漂浮的海鞘。它们通过喷射推进的方式游动，借助身体一端的虹管吸入海水，然后从身体另一端的虹管喷出。其透明的被囊较为松弛，由4块主要的肌肉围绕，这些肌肉形成了2条独特的环状肌肉带。多个个体往往连接成长达30cm的链，这是单个年轻个体进行无性生殖的结果。当幼体成熟后，长链便分离并散开。纽鳃樽也进行有性生殖：卵子被置于出水管的内管壁上，当精子从入水管进入，卵子受精孵化为幼虫后，幼虫便通过出水管被排出体外。

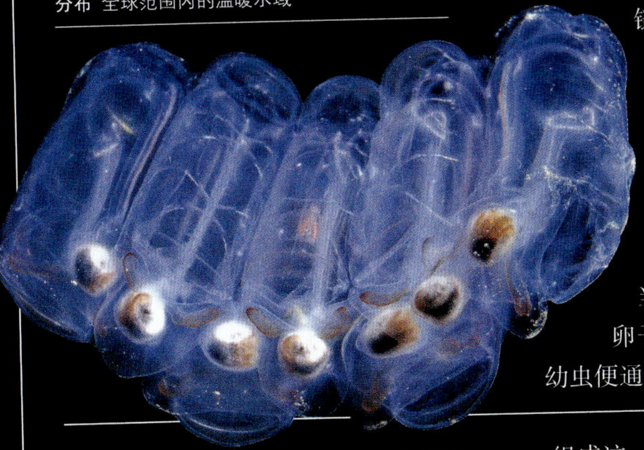

亚门 被囊动物亚门

巨型火体虫

Pyrostremma spinosum

长度 可达10m

深度 靠近海面

生境 开阔海域

分布 北纬40°与南纬40°之间的温暖水域

组成这一巨大的漂浮群落的被囊动物个体，仅长2cm，但看起来像巨型空心管的群落则大到可以容纳一个人。每个个体都嵌在“管壁”之中，一端从外部吸入富含营养物的海水，另一端则将废水和废物排出体外。其排水时产生的推动力可推动整个群落移动。如受到触碰，会发出一波荧光，沿整个群落闪过。

亚门 被囊动物亚门

住囊虫

Oikopleura labradoriensis

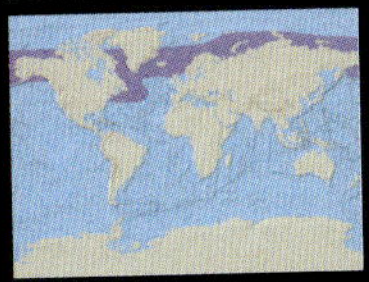

长度 约5mm

深度 靠近海面

生境 开阔海域

分布 大西洋北部、太平洋北部及北冰洋的寒冷水域

住囊虫形似小蝌蚪，裹在薄薄的黏液结构中。海水通过两个入口（被保护性的网格结构覆盖）进入这个结构，之后穿过细网（此时海水中的浮游生物会被黏液困住），最终通过小孔排出。住囊虫以布满浮游生物的黏液为食，并击打尾部以制造水流。

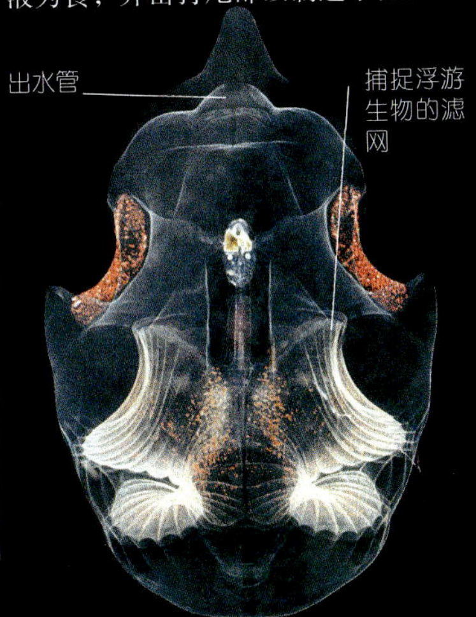

亚门 头索动物亚门

文昌鱼

Branchiostoma lanceolatum

长度 可达6cm

深度 海滨及浅海

生境 粗砂

分布 大西洋东北部沿岸温带海域，地中海

文昌鱼形似薄的、半透明的长叶片，很难在其生存的粗糙沉积物中被发现。其通常将身体半埋于沙中，仅将头端露在外面。透过其皮肤可见，身体两侧的肌肉块形成V字形肌节。其头部纤细的口笠被一圈触须围绕，这一构造有助于过滤掉大的沉积颗粒，而让较小的有机颗粒穿过，以便对这些物质进行消化。

无颌鱼

域 真核生物域
界 动物界
门 脊索动物门
纲 盲鳗纲
头甲鱼纲
种 125

无颌鱼来自一类古老的脊椎动物，这个类别包含了多个已灭绝的类群。如今，仅剩2个小类群仍有生存：七鳃鳗类和八目鳗类。它们被看作是现存的最原始的脊椎动物，尽管许多科学家并未将八目鳗类视为真正的脊椎动物。七鳃鳗类和八目鳗类看起来很相似——身体修长、口部无颌，但两者其实是沿着不同的进化线演变的。七鳃鳗类栖息在全球的沿岸温带海域，溯河洄游繁殖，不过也有一些品种留在淡水中生存；而八目鳗类则全是海洋物种。

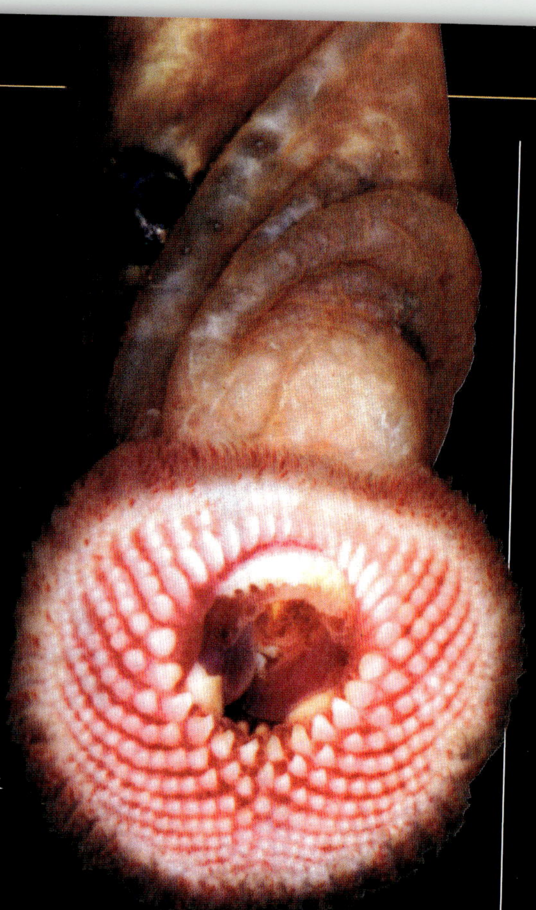

七鳃鳗类的口器

七鳃鳗类的口盘（吸盘）长满了角质齿，这些齿大致呈同心圆状排列。较大的齿围绕着中央的开口。

解剖结构

乍看起来，细长而黏滑无鳞的七鳃鳗类和八目鳗类很容易被误认为是鳗鱼。然而，它们没有骨架，只有一条灵活的棒状结构（脊索）沿着身体延伸。七鳃鳗类的口器位于圆形口盘的中央，长有锉刀状的小齿。八目鳗类的口器呈狭缝状，外部周围长满肉质触须，口器内是齿板。这两类的鳃均通过头部后方的小圆孔与外部相通，头顶有一个鼻孔。

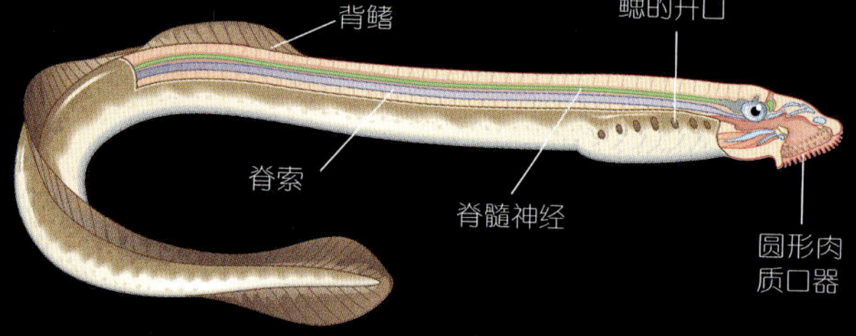

身体剖面图

七鳃鳗类（左图）及八目鳗类的身体由一条简单的脊索支撑，通过背部的一系列肌肉块伸缩。由于没有真正的脊椎骨，它们的身体非常灵活。它们长有尾巴和背鳍，但没有成对的鱼鳍。

八目鳗类

八目鳗类用口器周围的肉质触须辨别方向及探寻腐肉。它们的眼睛发育不全，并隐藏于皮肤之下，因此近乎盲。

繁殖

七鳃鳗类从海洋迁徙至河流中，溯河洄游产卵。雌鱼在砾石间产下数以千计的微小的白色卵，这些卵之后孵化成蠕虫状的幼虫，被称为"沙隐虫"。这些幼虫的马蹄形口中没有齿。它们在泥泞的洞中约生活3年，以碎屑为食，长成成体后游回大海。八目鳗类则在海床产下一些较大的卵，这些卵随后孵化成形似成年八目鳗的幼体。

八目鳗类的卵

八目鳗类的卵的两端长有锚状的钩子。产下的卵如同一串香肠一样连在一起。

进食

除了一些淡水物种外，七鳃鳗类为寄生性，其寄主为硬骨鱼和软骨鱼。它们吸附在寄主身上，用齿在鱼身上锉出孔，然后用齿和唇吸食寄主的肉、血和体液。有时，它们会导致寄主死于血液流失或组织损伤。相比之下，八目鳗类则大多是食腐动物，以死鱼、鲸尸以及活的无脊椎动物为食。它们能将身体扭转成结，从而借助杠杆作用来撕裂大块的肉。

鲨鱼寄主

体形大、行动缓慢的姥鲨常常是海生七鳃鳗类的寄生对象。这些七鳃鳗类饱腹之后就会脱离姥鲨的身体，其所导致的伤口随后可能会被感染。

纲 头甲鱼纲

海生七鳃鳗

Petromyzon marinus

长度 可达1.2m

重量 可达2.5kg

深度 1—650m

分布 大西洋北部的沿海温带海域及邻近河流

海生七鳃鳗由于体形长，呈圆柱体状，乍一看可能会被误认为是鳗鱼，需仔细辨别才能看出二者的差异。与鳗鱼不同，海生七鳃鳗没有颌。其身体向尾部逐渐变得扁平，长有2个背鳍。头部底下是圆形的口，口周缘为皱皮。口器内的齿呈众多同心圆状排列，这点有助于区分与之相似但体形较小的欧洲七鳃鳗（见右）。成年的海生七鳃鳗背部有暗斑，生活在海中，以死鱼、落网的鱼为食，也会攻击多种活鱼。其用口盘吸附在寄主身上，在其皮肤上锉出一个孔，然后吸吮肉和体液。海生七鳃鳗在河流中产卵，幼虫在淡水中生活约5年，成年后迁徙至海中。由于诱捕、人为投毒以及其河流生境的退化，这一物种现已变得稀有。

纲 头甲鱼纲

欧洲七鳃鳗

Lampetra fluviatilis

长度 可达50cm

重量 可达150g

深度 0—10m

分布 大西洋东北部的沿岸海域和河流，地中海西北部

欧洲七鳃鳗别名河七鳃鳗，因其成体从不远离海岸，常栖息于河口。与海生七鳃鳗（见左）相比，其体形较小，体色单一，数量较少，牙齿排列方式不同。在河流中孵化的幼体会迁移至河口，并在那里度过1年左右的时间，以鲱鱼和比目鱼为食。

纲 盲鳗纲

大西洋盲鳗

Myxine glutinosa

长度 可达80cm

重量 可达750g

深度 40—1200m

分布 大西洋北部的沿海及陆架海域（13℃以下），地中海西部

这种独特的鱼能将身体打成结，它们经常以此去掉身体上多余的黏液。其鳗鱼状的身体两侧布满特殊的分泌黏液的小孔，能在数分钟内产生一桶之多的黏液。这些黏液可以让它们轻易地逃避捕食者的攻击。与其他无颌鱼一样，大西洋盲鳗没有骨架，只有一根由细胞组成的灵活的支撑性棒状结构（脊索），这使它们能够灵活自如地运动。其狭缝状的无颌口部周围是肉质的触须。它们只有发育不全的眼。在其身体的1/3处是一对腹鳃的开口。

大西洋盲鳗大部分时间将身体埋藏在泥中，只露出头顶。它们主要以甲壳类为食，也吃鲸尸和鱼类尸体。一旦咬住尸体后，它们会在自身近尾处打成一个结，然后将结向前滑动，这样便能借助杠杆作用提供足够的力，从尸体上咬下一块肉。

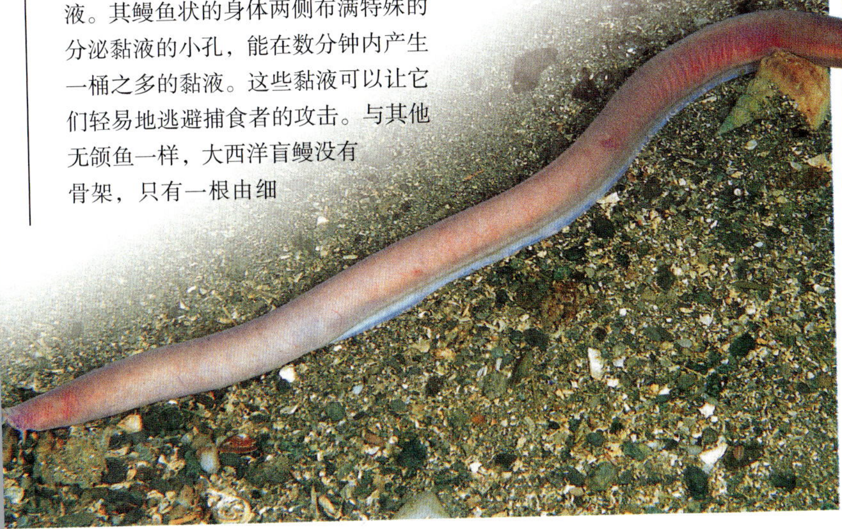

纲 盲鳗纲

太平洋黏盲鳗

Eptatretus stoutii

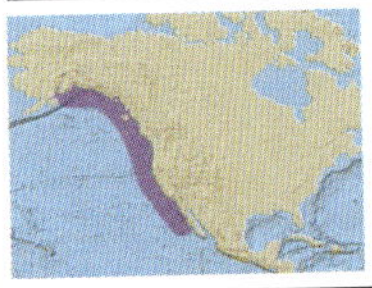

长度 可达50cm

重量 可达1.4kg

深度 20—650m

分布 太平洋东北部的沿海及陆架海域

太平洋黏盲鳗与大西洋盲鳗相似。其通常呈棕红色，有时会有蓝色或紫色的光泽。其没有真正的鱼鳍，只有一片背部的鳍褶延伸至尾部，这对其游动帮助甚微。其栖息在软泥中，主要以腐肉为食。沉网捕鱼对它的破坏极大。同时，它会从大型鱼类的口或肛门进入体内，然后咬食它们的内脏和肌肉。

纲 盲鳗纲

蒲氏黏盲鳗

Eptatretus burgeri

长度 可达60cm

重量 信息不足

深度 10—270m

分布 太平洋西北部的近海温带海域

与其他八目鳗类相比，蒲氏黏盲鳗栖息在相对较浅的海域中，因此又被称为“近海黏盲鳗”。其体形和外形与太平洋黏盲鳗相似，长有6个鳃孔，沿背部长有1条白线。其平常躲藏在近岸的淤泥中，繁殖时迁徙至深水区。与其他八目鳗类不同，其为季节性繁殖，通常认为是受其栖息的浅水区温度变化的影响而致。其粗糙的皮可用于制作皮革。

鲨鱼、魟鱼和银鲛

域	真核生物域
界	动物界
门	脊索动物门
纲	板鳃亚纲 全头亚纲
种	1285

由于具有相似的灵活骨骼，鲨鱼、魟鱼和银鲛通常被非正式地归类为软骨鱼。这一类别包括了世界上最高效的捕食者（例如大白鲨）和滤食者（例如蝠鲼）。其中一些具有对于鱼类来说不同寻常的特征，例如较大的脑部、胎生和温血。化石显示，软骨鱼的形态在数亿年的演变过程中并无太大变化。它们都有由软骨组成的骨架，必要时可被新齿替代的牙齿，以及覆盖在皮肤上的齿状鳞。

解剖结构

这一类别的所有鱼的内部骨骼均由灵活的软骨组成。其中一些鱼种的头骨和骨骼部分地含有矿物质，因而得到加固。其牙齿覆盖有坚硬的牙釉质，是令人生畏的武器。鲨鱼口腔内经常使用的牙齿后方长着几排平伏的齿，这些齿会慢慢向前移动，每8—15天就有单只牙齿被替代。软骨鱼的皮肤一般都极为粗糙。雌性鲨鱼皮肤通常极厚，因为交配的时候，雄性鲨鱼会用牙齿咬住雌性的皮肤。鲨鱼的皮肤上覆盖着微小的、朝向后方的齿状结构，被称为“盾鳞”，其手感像砂纸。魟鱼长有分散的小齿，其中一些长大后会形成刺。大多数银鲛没有小齿。与硬骨鱼（详见第336—339页）不同，软骨鱼没有充满空气的鱼鳔。不过，生活在开阔海域的鲨鱼通常长有充满油脂的很大的肝脏，这有助于增加它们的浮力。

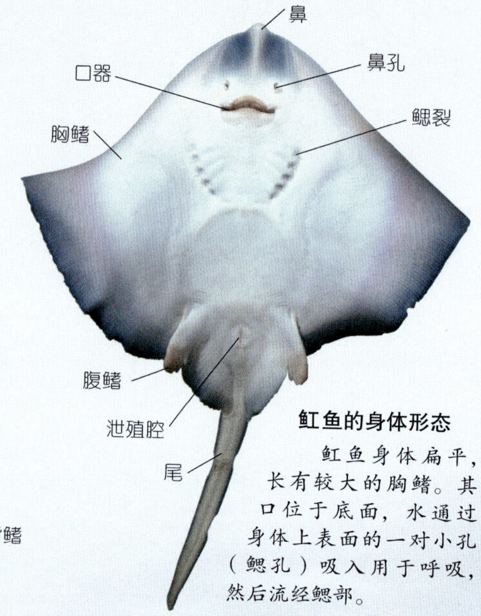

魟鱼的身体形态

魟鱼身体扁平，长有较大的胸鳍。其口位于底面，水通过身体上表面的一对小孔（鳃孔）吸入用于呼吸，然后流经鳃部。

鲨鱼的身体形态

典型的鲨鱼身体是光滑的，呈流线型。尾部通常不对称（歪尾），成对的腹鳍长在身体较远的后部。口部呈悬空状，每侧有5片鳃裂。

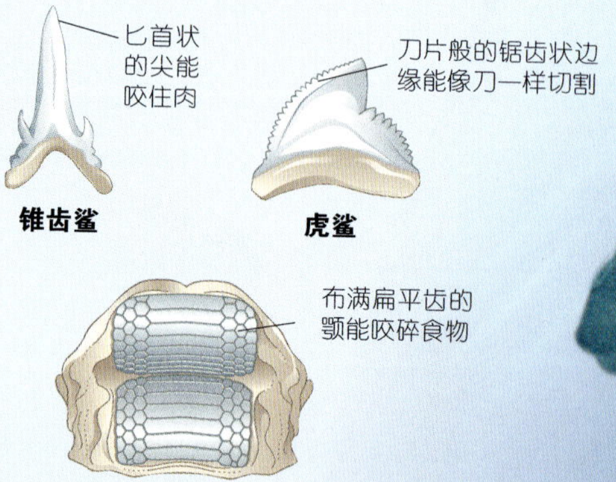

牙齿的适应性

鲨鱼牙齿的形状是为了方便它们进食。尖齿用来咬住猎物，锯齿状的齿用来切割猎物的肉。魟鱼和银鲛的牙齿则如同磨刀石一般，可以咬碎甲壳类和软体动物坚硬的壳。

人类影响

捕鲨

为了获得鱼肉、鱼鳍、鱼肝油和鱼皮，鲨鱼在全球范围内遭到人类的严重捕杀。鲨鱼繁殖的速度很慢，每1—2年才繁殖几条幼鲨，许多品种的鲨鱼要花10年甚至更久的时间才能达至性成熟。这样缓慢的繁殖率和生长率意味着，鲨鱼的种群并不能够承受严重的捕鲨压力，而且其数量需多年才能恢复。目前，世界上多数鲨鱼仍遭到大量捕杀，捕杀率已超过安全的生物极限。

鲨鱼鳍

每年成千上万的鲨鱼遭捕杀，以获取鳍（风干后做成鱼翅羹）。活着的鲨鱼被割掉鳍，然后被丢弃海中。

繁殖

所有的软骨鱼均采用体内受精。成年鱼在腹部长有被称为“鳍脚”的器官，是一种由腹鳍演化而来的棒状附肢。交配时，雄鱼会将单支或一对鳍脚插入雌鱼的泄殖腔（消化道和繁殖系统的共用开口），然后射精。尽管有时也有求偶仪式，但鲨鱼的交配方式一般比较粗暴。

银鲛、一些鲨鱼和一些魟鱼均产卵，即它们是卵生动物。卵受到皮质的单个卵囊的保护。数月后，幼鱼孵化而出。相比之下，大多数鲨鱼和魟鱼是胎生动物：在经历较长的妊娠期后，产下幼鱼。有些种类的鱼的卵一直留在雌鱼体内直到孵化，幼鱼在出生之前靠卵黄维持生命（无胎盘的卵黄囊胎生）。大约10%的鲨鱼的幼鱼是依附在胎盘状的结构中发育的，直接从母体汲取营养（有胎盘的胎生）。所有胎生的幼鱼均在母体内发育完全后才出生，出生后便能捕猎及进食。幼鱼出生后不久，母鱼便游走，幼鱼需自我保护。

猫鲨的卵

这些卵囊里有猫鲨的胚胎，大约在1年后孵化。它们通过卷须附着在海藻上。

柠檬鲨的出生

柠檬鲨迁徙至掩蔽的浅湾或潟湖产幼鱼。幼鱼出生时先露出尾部，然后游离母体。母鱼随后便离开繁殖地。

双髻鲨

双髻鲨宽阔的头部为其鼻部的额外电场感官提供了空间，并且赋予其开阔的视野，使其成为强大的猎食者。

软骨鱼的分类

鲨鱼和魟鱼同属板鳃亚纲，而银鲛（包括鼠鱼和兔鱼）被归为全头亚纲。鲨鱼包括9个目的物种，魟鱼包括4个目，银鲛只包括1个目——银鲛目。

银鲛
银鲛目

49种

银鲛身体长而松弛，无鳞。头部较大，长有管状感知结构。具有板状齿和1个鳃孔。长有2个背鳍，第一背鳍呈直立状并有毒刺。卵生。

皱鳃鲨和灰六鳃鲨
六鳃鲨目

6种

这些鲨鱼身体长而扁平，长有6或7对鳃裂及小鳃孔。近尾部有单个背鳍。皱鳃鲨的每颗齿具3个长齿尖，灰六鳃鲨的齿呈锯状。卵黄囊胎生。

睡鲨与角鲨
角鲨目

130种

这一大目较为多样，由6个科组成，包括棘鲛、角鲨、背角鲨、灯笼棘鲛、睡鲨、刺鲨和黑鲛。这些鱼均长有鳃孔、5对鳃裂和2个背鳍，无臀鳍。卵黄囊胎生。

棘鲨
棘鲨目

2种

棘鲨体形大，行动缓慢，栖于深水区，长有刺状盾鳞。卵黄囊胎生。

锯鲨
锯鲨目

8种

锯鲨体形小，身形修长，头部扁平，鼻呈锯齿状，长有触须。具有2个无刺的背鳍，无臀鳍。卵黄囊胎生。

扁鲨
扁鲨目

约20种

扁鲨身体扁平，似魟鱼。头部呈圆形，侧有鳃裂和鳃孔。长有较大的胸鳍和腹鳍、2个小背鳍，无臀鳍。卵黄囊胎生。

虎鲨
虎鲨目

9种

虎鲨体形小，底栖，长有尖锐的前部牙和臼齿状的后部牙。头部钝，呈斜坡状，鼻孔通过鼻口沟与口器相连。长有桨状的胸鳍、1个臀鳍和2个带刺的背鳍。卵生。

须鲨
须鲨目

42种

须鲨主要为底栖动物，包括狗鲛和铰口鲨。头部宽阔，呈扁平状，有触须，鼻孔通过一道深陷的鼻口沟与口相连。具有1个臀鳍和2个无刺背鳍。生殖方式多样。

鼠鲨
鼠鲨目

15种

鼠鲨体形大，包括白鲨、姥鲨和巨口鲨。身体为圆柱形，头部呈圆锥形。长有2个背鳍和1个臀鳍，尾鳍上半叶较长。大多能保持较高体温。卵黄囊胎生。

真鲨
真鲨目

至少291种

真鲨是最大、最多样的鲨鱼类群。它们体形多样，均长有2个无刺背鳍和1个臀鳍。生殖方式多样。

鳐和魟
鳐形目、鲼形目、锯鳐目、电鳐目

718种

鳐和魟大多底栖，身体呈扁平碟状，翼状的胸鳍与头部相连接，尾细长。生殖方式多为多胞胎生，也有一些为卵生。

捕猎感官

软骨鱼灵敏的感官有助于其搜寻猎物，即便猎物在远处或埋于沉积物中。当水流经其鼻孔中高度敏感的细胞膜时，掠食性的鲨鱼能嗅到或察觉到其中所含的微量血液。猫鲨用嗅觉来互相识别。所有软骨鱼都具有体孔系统（劳伦氏壶腹），这种结构使它们能够探测到其他动物发出的微弱的电场信号。大多数还具有侧线系统，与硬骨鱼的相似，其可以探测水流运动。软骨鱼的眼睛与哺乳动物相似，大多视觉敏锐。它们无眼睑，但有些鲨鱼具有透明的“瞬膜”，可在攻击猎物时保护其眼睛。

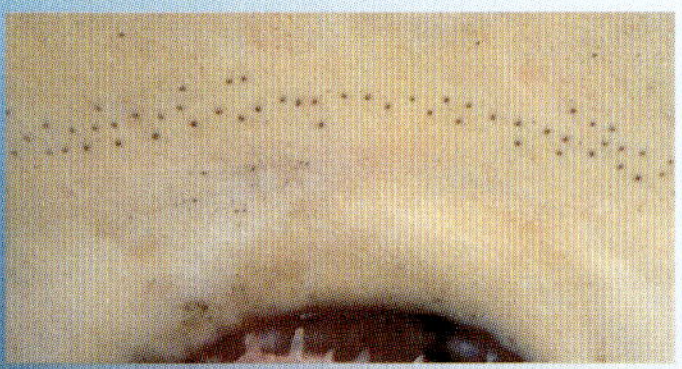

劳伦氏壶腹

鲨鱼鼻部的黑色点是一些微小的电场感官，可助其在完全黑暗的条件下找到猎物。

触须

铰口鲨在夜间捕食，能凭借感觉触须通过触觉和嗅觉找到埋藏的猎物。

海洋生物

目 银鲛目

米氏叶吻银鲛

Callorhinchus milii

长度 可达1.3m

重量 尚无记录

深度 至少230m

分布 太平洋西南部温带海域，澳大利亚南部沿岸海域，新西兰南岛东岸沿岸海域

米氏叶吻银鲛的俗称“象鱼”，这源于其最突出的特征——较长的肉质鼻。其用这一奇异的附肢在海床的淤泥中寻觅贝类。进食时，其用板状齿将贝类的壳咬碎。其头部布满纵横交错的管状感知结构。春季，它们来到近海，进入河口和海湾繁殖，产下由黄褐色的角质卵囊包裹的卵。它们是人类进行商业捕捞的对象。

繁殖性的“拥抱”

在水下交配是件较为困难的事，因此雄性的米氏叶吻银鲛头部长有可伸缩的刺状鳍脚，借助它可紧贴在雌鱼身上。雄鱼将腹部的鳍脚插入雌鱼泄殖腔后便射精。

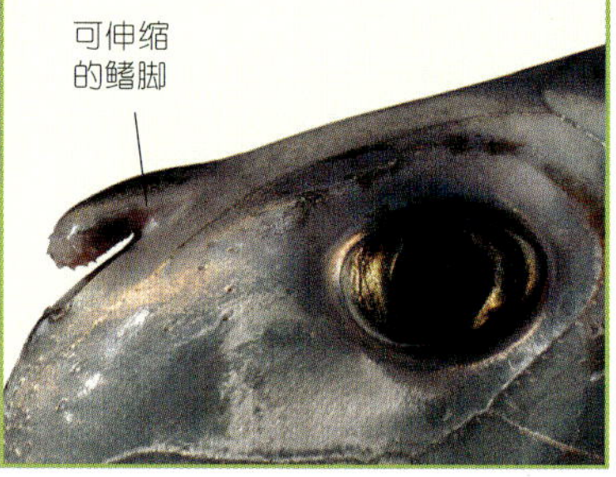

目 银鲛目

太平洋长吻银鲛

Rhinochimaera pacifica

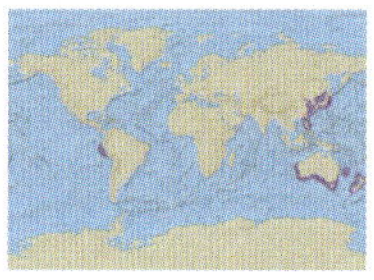

长度 约1.3m，另加尾长

重量 尚无记录

深度 330—1500m

分布 太平洋部分地区，印度洋东部

当科学家们首次将一条太平洋长吻银鲛从海洋深处打捞上岸时，他们对其超长的圆锥形吻部啧啧称奇。这种鱼的淡褐色长身躯向尾端逐渐变尖，因此其看上去两端均尖，外形奇异。其灵活的吻部呈苍白色，布满感觉孔和管状感知结构。

其生活在海洋的黑暗深处，细小的眼睛作用有限，靠吻部寻觅食物及感知周边物体。其吻部底下的喙状口中是一对对黑色的板状齿。其尾只有一片小的下半叶尾鳍，上半叶则是一排肉质结节。与其他银鲛一样，其主要靠胸鳍推动前进，这与大多数鱼类依靠尾部推动不同。科学家在大西洋发现了与其十分相似的另一种长吻银鲛。

目 银鲛目

科氏兔银鲛

Hydrolagus colliei

长度 可达1m

重量 尚无记录

深度 近海（至少至900m深处）

分布 太平洋东北部

科氏兔银鲛的拉丁学名意为“水兔”，也被称为“钝吻银鲛”。它与大西洋银鲛（见右）同属一科，二者形态相似，不过，与其近亲不同，科氏兔银鲛的身体底侧近尾部处无臀鳍。在黑暗背景中，其体表的白色斑点可为其提供伪装，就如同鹿身上的斑点可在森林中为它们提供伪装一样。科氏兔银鲛用其较大的胸鳍滑行于海床之上，寻觅猎物（主要为软体动物和甲壳类）。与其他银鲛一样，雌鱼产卵，每枚卵都包裹在蝌蚪状的保护性卵囊中。它们在夏季产卵，每次产两枚，产出的鱼卵落到海床上。

由于并不十分可口，人们并没有对其进行商业捕捞，尽管有时在捕捞其他鱼时会误捕它们。渔民也不喜欢这种鱼，因为它的尖背棘能造成严重的伤口，被它咬到也很痛。水肺潜水员在夜间潜水时经常遇到它们，其大大的眼睛在手电筒照射下发出绿色的光。

目 银鲛目

大西洋银鲛

Chimaera monstrosa

长度 可达1.5m

重量 可达2.5kg

深度 通常为300—400m

分布 大西洋东部，地中海

大西洋银鲛体表有棕色和白色的波浪形条纹，属银鲛科，这个科的成员都有圆形吻部、渐细的修长躯体和逐渐变为细长丝状的尾，因此它们也被称为“鼠鱼”。大西洋银鲛的第一背鳍前端有长尖刺，带毒，能造成严重损伤。与鲨鱼不同，但与所有银鲛一样，其第一背鳍可升高或降低。其第二背鳍较低而长，几乎触及尾鳍。其常成小群缓慢游动，主要以海底的无脊椎动物为食，用其成对的兔齿状齿进食。其在北海常被捕虾网误捕。

目 六鳃鲨目

皱鳃鲨

Chlamydoselachus anguineus

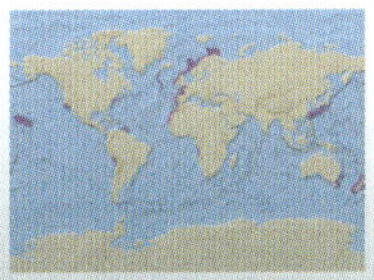

长度 可达2m

重量 尚无记录

深度 20—1500m

分布 全球范围内不连续分布

皱鳃鲨具有鳗鱼般的修长身体，头部扁平，与其他鲨鱼的外形差异较大。最明显的差异在于其口位于头部的前端，而非下部。此外，大多数现代鲨鱼有5对鳃裂，而其有6对，每对均有褶皱状边缘。其齿较小，同样比较特殊，每颗齿有3个尖角。

据观察，其游动时口部张开，露出显眼的白色齿，不免让人猜测其以此为诱饵诱捕猎物。皱鳃鲨生活在近海床的深水中，偶尔也会游到表层海域。其以深海鱼类和鱿鱼为食。雄性腹部有2只长鳍脚，用于交配时向雌性输送精子。皱鳃鲨为卵黄囊胎生，也就是说，受精卵在雌鱼体内孵化，之后雌鱼产下幼鱼。受精后2年内，雌鱼共可产下多达12条幼鱼。

渔民在深海拖网捕鱼时经常意外地捕获皱鳃鲨。由于它们不定期繁殖，数量极易受到影响，已被列为世界自然保护联盟（IUCN）红色名录的濒危物种。

目 六鳃鲨目

钝鼻六鳃鲨

Hexanchus griseus

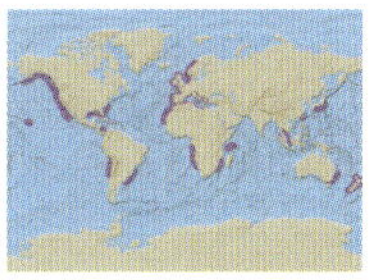

长度 可达5.5m

重量 可达600kg

深度 可达2500m

分布 全球热带及温带海域

潜水员有时会在夜间的浅海中发现这种体形巨大的深海鲨鱼，但其更多出没于多岩石的海山和大洋中脊处。其身体厚实有力，有1个背鳍，较大的口中排列着梳状齿，长有6对鳃裂。其鳍柔软灵活，不像大多数鲨鱼那样僵硬。其通常捕食鱼类、魟鱼、鱿鱼和底栖无脊椎动物。较大型的成年鲨有时也捕食海豹和鲸。

目 六鳃鲨目

尖吻七鳃鲨

Heptranchias perlo

长度 可达1.4m

重量 尚无记录

深度 可达1000m，通常27—720m

分布 除太平洋东北部外，全球热带及温带海域

正如其名，这种鲨有尖吻部，是有7对鳃裂的2种鲨鱼之一——这一鳃裂数目是现存鲨鱼品种中最多的。其生活在深海中，捕食鱿鱼、甲壳类和海底附近的鱼类。其与六鳃鲨（见上）一样长有梳状齿。幼鲨的单个背鳍尖端及尾上部有黑色斑，这种斑会随年龄增长而逐渐退化。其生殖属卵黄囊胎生，雌鲨一次产6—20条幼鲨。活体尖吻七鳃鲨鲜见，因此其捕食及繁殖习性鲜为人知。偶尔有机会捕捉到它时，其表现活跃而具攻击性。拖网捕鱼作业偶尔会误捕它们，这可能是其数量减少的原因。其已被列为IUCN红色名录的濒危物种。

目 角鲨目

白斑角鲨

Squalus acanthias

长度 可达1.5m

重量 可达9kg

深度 可达1460m，通常0—600m

分布 全球（除热带海域、太平洋北部和极地海域外）

鲨鱼通常不是群居动物，但白斑角鲨喜欢成千上万地聚为巨大群体，通常群体中每个个体的性别和体形都一致。其光滑的暗灰色身体上长有2个背鳍，每个背鳍前方有1根尖刺。体侧长有不规则的白色斑点（幼鲨尤其是），吻部尖，眼大，呈椭圆形。其曾极为常见，可能一度也是数量最为庞大的鲨鱼物种，但由于过度捕捞，现其在全球范围内的生存面临威胁。它们直到20岁才开始繁殖，寿命约为30年。其生长速度非常缓慢，幼鲨需在母体中生长2年。为避开寒冷的海水，一些白斑角鲨会进行季节性迁徙，游到上万千米外的海域去。

目 角鲨目

黑腹乌鲨

Etmopterus spinax

长度 可达45cm

重量 可达850g

深度 可达2500m，通常200—500m

分布 大西洋东部，地中海

当这种小型鲨鱼在黑暗中寻觅鱼类和鱿鱼时，其黑色腹部会被小而明亮的发光器照亮。其长有较大的眼和2个背鳍，每个背鳍前方有1根坚硬的沟槽式刺。有约29种鲨鱼与之相似，包括已知的体形最小的鲨鱼。

目 角鲨目

格陵兰鲨

Somniosus microcephalus

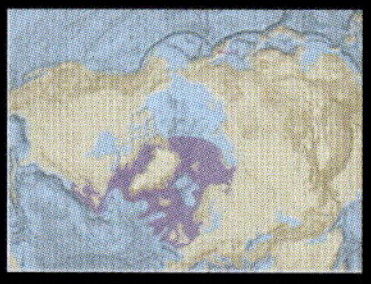

长度 可达6.4m

重量 可达775kg

深度 0—2650m

分布 大西洋北部及北极海域

格陵兰鲨行动缓慢，其圆柱形的身体较为笨重，通常为褐色或灰色。吻部短而圆。长有2个同等大小的背鳍。其捕食多种动物，包括鱼类、海鸟和海豹，此外也吃腐肉，通常为鲸尸和溺水而亡的动物（如驯鹿）的尸体。其经常在捕捉海豹时被布置在冰洞的渔线钩住而被人捕获，但其肉有毒，必须经多次煮沸后才能食用。

目 扁鲨目

加州扁鲨

Squatina californica

长度 可达1.8m

重量 可达27kg

深度 3—300m

分布 太平洋东部的大陆架

加州扁鲨看起来介于扁形的鲨鱼和魟鱼之间，大部分时间平静地躺在海床上。其背部呈沙黄色或灰色，布满深色斑点，并分散布有深色环纹，这为其提供了理想的伪装。虽然外表与魟鱼相似，但其头侧的鳃裂表明其为真正的鲨鱼，魟鱼的鳃裂则在身体底部。其眼后方长有较大的成对的鳃孔，通过鳃孔吸入海水，然后将海水泵送至鳃。它们会像眼镜蛇般抬起身子，伏击经过身边的大比目鱼、石首鱼等鱼类和其他底栖动物，还会猛咬激怒其的潜水员和渔民。夜间，其会在海床上摇着尾巴短距离游动。雌鲨在经历9—10个月的妊娠期后，产6—10条幼鲨。幼鲨至少到10岁才达至成熟，可活到35岁。加州扁鲨曾在加利福尼亚附近海域大量分布，但过度捕捞导致其数量在20世纪90年代下降。最终，刺网禁令的颁布终结了人类对加州扁鲨的捕捞。加州扁鲨已被列为IUCN红色名录的濒危物种。

目 角鲨目

巴西达摩鲨

Isistius brasiliensis

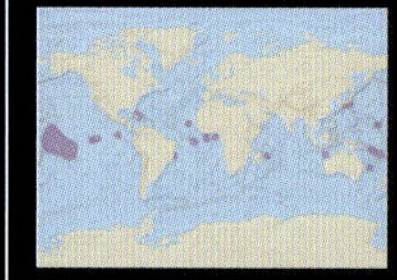

长度 约50cm

重量 尚无记录

深度 0—3500m

分布 大西洋，太平洋，印度洋南部

巴西达摩鲨令许多鲸和大型鱼类（包括其他鲨鱼）深受其苦。其体形较小，呈雪茄状，营寄生生活，从寄主身上撕咬肉为生。其首先用独特的灵活的厚唇贴附在寄主身上，然后扭转自己的身体，用剃刀般锋利的下颌齿咬下寄主身上的一块肉。其夜间活跃，用腹部发出的绿色荧光引诱寄主。其也以鱿鱼和甲壳类为食。

目 锯鲨目

长吻锯鲨

Pristiophorus cirratus

长度 可达1.5m

重量 尚无记录

深度 40—630m

分布 澳大利亚南部的温带及亚热带海域

与所有锯鲨一样，长吻锯鲨的扁平头部的前端向前延伸，形成一个长锯状的突出（吻突）。吻突边缘有数排大而尖的齿。吻突底部悬着2条感觉触须，触须上布有更敏感的感觉器官，因此长吻锯鲨可借助触须探察振动和电场。它们经常在海床上游弋，从猎物侧面用吻突进攻，捕食鱼类和甲壳类。

目 须鲨目

叶须鲨

Eucrossorhinus dasypogon

长度 至少1.3m

重量 尚无记录

深度 至少40m

分布 澳大利亚北部沿岸及巴布亚新几内亚沿岸的太平洋西南部海域

叶须鲨静止不动时，如同一块被海藻覆盖的岩石，这也正合其意。众多体形扁平的底栖鲨类都是伪装高手，叶须鲨便是其中一员。其扁平的体形和成对的宽鳍是适应海底生活的进化产物。其较灰暗的体色上布有由暗色窄线构成的漂亮网纹。其口器周围是一缕缕海藻状的皮瓣。白天，其在珊瑚礁的悬垂部分下方休息，难以被发现。夜间，它们攀上珊瑚礁，找到有利位置，伏击过往鱼类。当它突然跃起，用其巨大的颌及针状的齿咬向靠近它的鱼时，鱼儿往往劫数难逃。据报道，曾有潜水员因打扰它而被咬。岩礁遭到破坏以及过度捕捞导致其数量下降。

令人迷惑的相似性

叶须鲨的外形与鮟鱇（详见第351页）极为相似，后者是一种硬骨鱼，与前者并非近亲。它们都是精通于伏击猎物的高手。二者均具有扁平的体形、较宽的头部、由皮瓣加以伪装的阔口以及尖齿。二者生活方式相似，是趋同进化的典型例子。

目 虎鲨目

澳大利亚虎鲨

Heterodontus portusjacksoni

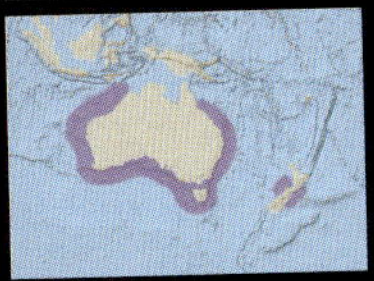

长度 可达1.7m

重量 尚无记录

深度 0—275m

分布 澳大利亚南部沿岸的温带海域，新西兰沿岸也可能有分布

这种体形较小的鲨鱼是虎鲨中的一员，这类鲨约有9种，均为行动缓慢的底栖鲨鱼。澳大利亚虎鲨长有2个背鳍（每个都有短刺）及成对的、较大的桨状鳍。其游泳能力较差，在夜间用鳍在海床上爬行以搜寻海胆。其用尖锐的前齿咬住海胆，并用宽阔的后齿将之咬碎。雌鲨产有螺旋状卵囊的卵，并将之嵌入岩石缝隙中。

目 须鲨目

豹纹鲨

Stegostoma fasciatum

长度 可达2.4m

重量 尚无记录

深度 0—63m

分布 印度洋，太平洋西南部

潜水员在珊瑚礁周围经常看见豹纹鲨。其修长的身体有脊状突起，皮肤上密布斑点，很容易辨认。幼鲨身体上有条纹，没有斑点和脊状突起。这种鲨大部分时间躺在礁石上，通常迎对水流。夜间，它们将灵活的身体挤进礁石裂缝或缝隙中，觅食软体动物、甲壳类和小型鱼类。

目 须鲨目

锈须鲛

Nebrius ferrugineus

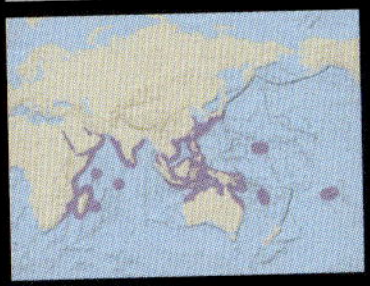

长度 可达3.2m

重量 尚无记录

深度 1—70m，通常5—30m

分布 印度洋，太平洋西部及西南部

锈须鲛性情温顺，营底栖生活。它们深受水下摄影师的喜爱，因为尽管其遭到侵扰时会反咬，还是可以近距离接触的。其白天安静地在珊瑚礁的洞穴和通道中休息，夜间出来捕食无脊椎动物。其口部两侧有一对长的感觉触须，可以帮助其感知猎物的存在，并用宽大的齿咬碎猎物。

目 须鲨目

鲸鲨

Rhincodon typus

长度 12—（可能）20m

重量 超过12t

深度 表层海域，冬季在深海

分布 全球热带和温带海域

鲸鲨姿态优雅，行动缓慢，是世界上体形最大的鱼。其体宽1.5m，口部巨大，足以吞下一个人，不过它们是滤食性动物，只以浮游生物和小型鱼类为食。为了获得其所需的大量食物，它们会将海水吸入口中，再泵送至鳃部排出，这样水中的食物颗粒就会被称为“鳃耙”的骨质突起截留，然后被吞食。其皮肤是所有动物中最厚的，可厚达10cm。沿其身体有纵向脊状突起，大尾形似镰刀。其背部的白斑图案因个体而异，因此科学家通过分析照片可识别不同个体。目前人类对其迁徙行为知之甚少，卫星定位系统追踪显示，一些鲸鲨迁徙时穿过整个大洋。受精卵在雌鲨体内孵化，之后雌鲨产下幼鲨。尽管许多国家已通过立法保护鲸鲨，但仍有人捕杀它们以获取肉和鳍（用于做鱼翅羹）。

浮游生物大餐

每年4月左右，鲸鲨会迁移到澳大利亚西北部宁格鲁礁的海域享用浮游生物大餐。可能受到满月的影响，此处的珊瑚在此期间会同时大量产卵，从而引致浮游生物数量激增。

目 鼠鲨目

巨口鲨

Megachasma pelagios

长度 至少5.5m

重量 尚无记录

深度 5—165m

分布 信息不足，可能为全球热带海域

1976年，一条巨口鲨被一艘船的锚泊设备缠住，这种体形巨大的鲨鱼才被人们发现。与鲸鲨和姥鲨一样，

巨口鲨是滤食性动物，以吞食大量的虾类为生，其可能用巨大的舌头来压扁这些入口的虾。夜间，其游到表层海域，人们认为其用口中的发光组织来诱捕虾类。

目 鼠鲨目

姥鲨

Cetorhinus maximus

长度 至少10m

重量 可达7t

深度 1200m

分布 全球冷温带至暖温带的沿岸海域

姥鲨是世界上体形第二大的鱼，在一些国家受到保护。夏季，其在表层海域张着嘴游动，滤食浮游生物。每小时流经其巨大鳃部的海水可多达15×10^5L，其鳃部几乎环绕其整个头部，肝脏与腹腔等长，充满油脂，可增加浮力。

目 鼠鲨目

沙虎鲨

Carcharias taurus

长度 可达3.2m

重量 可达160kg

深度 0—190m，通常15—25m

分布 除太平洋东部外，暖温带及热带沿岸海域

沙虎鲨，又名“戟齿砂鲛”，外表凶猛。其体形健壮，匕首状的齿向外突出，即便闭口时仍是如此。许多人在水族馆里见过这种鲨鱼，尽管其面目狰狞，被关起来后却颇为温顺。其吻部呈扁锥形，为淡褐色，身体常带有暗色斑点。其栖息于沿岸浅海，尤其是礁石上以及多沟壑的多岩石区域。尽管大部分时间生活在海床附近，它们也能通过在表层海域大口吞入空气，填满胃部，从而巡游于中层海域。

雌鲨有2个子宫，一次产2条幼鲨，每隔一年从一个子宫分娩一条幼鲨。每个子宫内有许多胚胎，最强大的胚胎会将其兄弟姐妹及未受精的卵全部杀死并吃掉，直至其出生。出于竞技和获取食物的目的，人们大量捕杀沙虎鲨。

目 鼠鲨目

大白鲨

Carcharodon carcharias

长度 约可达6m

重量 超过3.4t

深度 0—1300m

分布 除极地海域外，广泛分布于多数大洋

人类影响

鲨鱼袭击

大白鲨无缘无故地袭击人类的事件比其他鲨鱼要多。然而，人类并不是它们的天然猎物，许多这类袭击可以归因于它们错把潜水员当成海豹或海龟。当受到水中诱饵的刺激，它们会咬任何东西，甚至是潜水用的金属笼。

大白鲨是海洋中最为凶悍的捕食者之一，有“猎食机器”之称，从小型鱼类到金枪鱼、海洋哺乳动物（例如海豚、海豹、海狮）和鸟类（例如塘鹅、企鹅）全都在其食物范围之内。实际上，它们头脑聪明而且能够进行复杂的社交互动。

大白鲨体形健壮，从头至尾逐渐变细，尾呈新月形，这令其能够发动快速的突袭，其攻击的势能之大甚至能令其跃出水面。得益于其循环系统的演进，它们能使自身体温维持在高于周围海水的温度，因此即便在寒冷的水中也能保持高速游动。这就意味着其新陈代谢比其他鲨鱼更高效，因此其能游得更快、更持久。

海洋哺乳动物聚集的区域（例如南非沿岸海域）常会吸引大量大白鲨前往。卫星定位系统追踪显示，它们能进行长途迁徙。由于游钓、网捕以及商业捕捞中的误捕，其数量正在下降。

锯齿状边

令人恐惧的牙齿

这枚大白鲨齿长达7.5cm，像钢一样坚硬，并有剃刀般锋利的锯齿状边，能割断质地最硬的肉。

保护性体色

从上方看，大白鲨深色的背部与海床融为一体；从下方看，其白色的腹部隐入从上方投下的光线中。

目 鼠鲨目

剑吻鲨

Mitsukurina owstoni

长度 至少5.5m

重量 可达210kg

深度 300—1300m

分布 信息不足，通常认为是温带和热带海域

在深水鲨鱼中，剑吻鲨的外形颇为奇怪：身体为浅粉色，肌肉松弛，眼小，吻部长而扁平。这一奇特的突出吻部布满电感受器，可能用于探测黑暗的大洋深处的猎物。其吻部下方长有特化的颌，能够突然向前伸出并用长而尖的齿捕捉鱼类和章鱼。人们对剑吻鲨知之甚少，只了解母鲨产幼鲨，以及其死后体色会由粉色变为污褐色。人们正式捕获的剑吻鲨只有几十条，它因此被认为是稀有物种。关于它们的数据多是来自渔船捕获的剑吻鲨（这些渔船用延绳钓捕捉深水鱼）。从1亿多年前的岩石中，人们已发现了与剑吻鲨极为相似的物种的化石。

目 真鲨目

网纹猫鲨

Scyliorhinus retifer

长度 0.6m

重量 尚无记录

深度 75—750m

分布 大西洋北部和西部，加勒比海

网纹猫鲨身上有链环状图案，很容易辨认。其所属的猫鲨科是最大的鲨鱼的科，包括约160种猫鲨。其营底栖生活，以蠕虫、甲壳类和小型鱼类为食。深深的口鼻沟从其鼻孔一直延伸到口部，眼睛如猫眼一般。雌鲨每年产40—50枚卵，角质卵囊的每个角均有长卷须。空的卵囊会被冲上岸，被称为“美人鱼的钱包”。

大白鲨

大白鲨是世界上最令人生畏的猎食者之一，攻击猎物时迅速敏捷，尤其善于从下方发动袭击。有时其进攻的高速甚至会将其连同猎物一起带出水。之后，其往往后撤，待猎物疲惫后再返回将之杀死。

目 真鲨目

大青鲨

Prionace glauca

长度	可达4m
重量	可达200kg
深度	0—350m

分布 全球温带和热带海域

大青鲨是真正的远洋迁徙物种，会为觅食进行季节性的越洋迁徙。其身体呈优雅的流线型，吻长而尖，黑色眼睛的边缘为白色，独具特色。在长途迁徙中，它们利用翼状胸鳍在洋流上滑翔。途中，其经常深潜，可能是为了辨别磁场方向。追捕鱼类时，其速度可达70km/h。据悉，大青鲨曾袭击游泳者，并已造成一些人员伤亡事故。尽管其是最常见的鲨鱼品种之一，但由于所遭受的捕杀最多，其数量正在减少。

目 真鲨目

虎鲨

Galeocerdo cuvier

长度	可达5.5m
重量	可达800kg
深度	0—140m

分布 全球热带和暖温带海域

对人类而言，虎鲨的危险性仅次于大白鲨（详见第329—331页）。其体形庞大，头部巨大，口中的锯齿状齿呈独特的鸡冠形。虎鲨之所以如此危险，其中一个原因是其喜欢出没于沿岸海域，也见于河口及港口，因而常与人类相遇。其几乎无所不食，除了捕食体形较小的鲨鱼（包括幼年虎鲨）、其他鱼类、海洋哺乳动物、海龟和鸟类，还嗜食腐，人们曾在其胃中发现大量的各种垃圾。其为卵黄囊胎生，受精卵在雌鲨体内孵化后，雌鲨产下幼鲨。刚出生的虎鲨身上带有斑点，这些斑点在其幼年阶段会变成“虎纹”，在成年时消退。

目 真鲨目

路氏双髻鲨

Sphyrna lewini

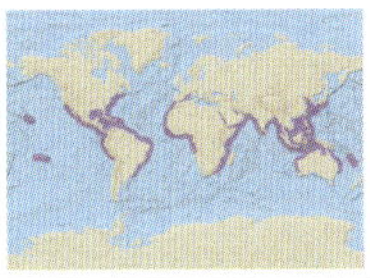

长度	可达4.3m
重量	可达150kg
深度	0—1000m

分布 全球热带和暖温带海域

与其他7种已知的双髻鲨一样，路氏双髻鲨的头部扁平，呈奇特的T形。其头部前端有3条凹槽，呈扇贝形。眼睛位于头部两侧。其在海床附近捕食时，会将头从一侧摆到另一侧，寻找鱼、其他鲨鱼、章鱼和甲壳类等猎物，并用头部的感觉窝探测藏在沉积物下的猎物的电场，比如魟鱼。其头部还能发挥翼的作用，产生抬升力，帮助其在追捕猎物时转向和拐弯。

路氏双髻鲨可能上百条集结成群活动。它们在浅海湾和河口处产幼鲨，在那里幼鲨的皮肤变暗以抵御阳光照射。

目 真鲨目

灰三齿鲨

Triaenodon obesus

长度	可达2m
重量	可达18kg
深度	通常为8—40m，最深记录为330m

分布 印度洋和太平洋的热带海域

灰三齿鲨是潜水者最常遇见的鲨鱼品种之一，它们白天常常成群地在珊瑚礁的洞穴和沟壑中休息。其第一背鳍顶端和尾部顶端为白色，与灰褐色的背部形成鲜明对比。它们在夜间出动，捕食藏在珊瑚之中的岩礁鱼类、章鱼、龙虾和螃蟹。它们有时成群捕猎，找到猎物后撞击珊瑚进行捕猎。

目 鳐形目

大西洋犁头鳐

Rhinobatos lentiginosus

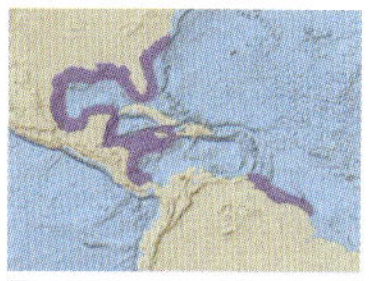

长度 可达75cm

重量 尚无记录

深度 0—30m

分布 墨西哥湾、加勒比海及大西洋西部的沿岸海域

大西洋犁头鳐体长，吻部呈三角形，胸鳍窄。其与鲨鱼一样用无椎骨的尾部游泳，而其他鳐类则只通过拍打胸鳍游泳。其两个背鳍较小，位于靠近尾巴尖端处。其灰褐色的身体布满白色小斑点，和沙质海床融为一体。在浅水中也能看到其用吻部探查沙子，寻觅软体动物和螃蟹。胎生，雌性产大约6条幼鳐。

目 鳐形目

灰鳐

Dipturus batis

长度 可达2.9m

重量 可达100kg

深度 100—1000m

分布 大西洋东部（从欧洲北部至非洲南部），地中海

灰鳐是欧洲鳐类中最大、最重的。由于过度捕捞，目前它们在其生活的大部分地区是稀有物种，在一些地区甚至已经灭绝。其吻部长而尖，翼前部边缘深深凹陷，使整体呈菱形。其身体沿着尾巴长有一排刺，不过与魟鱼的大长刺不同，这些刺无毒。

灰鳐有时也被称为"蓝鳐"，因为其底面呈蓝灰色。其擅长游泳，以中层海域的鱼类为食，也在海底捕食螃蟹、龙虾、底栖鱼类和其他鳐类。其卵的椭圆形卵囊可长达25cm。灰鳐在秋冬季产卵，产出的卵2—5个月后孵化。成年灰鳐喜欢较深的水域，而幼鳐则待在浅水中。

目 鳐形目

波纹鳐

Raja undulata

长度 可达1.2m

重量 可达7kg

深度 45—200m

分布 大西洋东部，地中海

波纹鳐是极具特色的一种北欧鳐，体表有与翼边平行的波浪形暗色长线，线的边缘镶有白色斑点。这华丽的外形使其成为水族馆青睐的物种，但在其自然生境中，这种图案的实际作用是令其与海床的砾石和沙子融为一体，波纹鳐在那里捕食比目鱼、螃蟹和其他底栖无脊椎动物。

人们尚未对美丽的波纹鳐展开充分的生物学研究，但已知在繁殖季，雄性在交配时用成对的鳍脚将精子输入雌性体内，雌性随后在泥滩或沙层中产卵，产卵数可多达15枚。每枚卵都包裹在红褐色的椭圆形卵囊中，卵囊可达9cm长，四角各有1个弧形的角。目前，一个卵囊识别项目正在收集更多有关波纹鳐及英国附近其他鳐类的分布和现状的信息。这个项目鼓励大众收集被冲上岸的空卵囊，将之复水后进行识别，并且每年都会对所发现的卵囊的数量和位置加以核校。

目 鳐形目

豹纹窄尾魟

Himantura uarnak

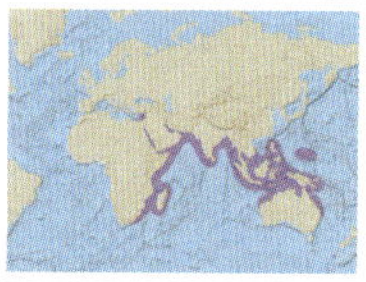

长度 约4.5m（包括尾）

重量 约120kg

深度 20—50m

分布 波斯湾、红海、印度洋和太平洋西部的沿岸海域

这种拥有美丽斑纹的魟鱼属于窄尾魟这一类，具有长而窄的灵活尾巴。其身体上表面密布褐色波浪形线，或为网状纹。其体盘（身体主体）长约1.5m，而尾巴的长度几近体盘的3倍。在其尾根部不远处有1根大刺，个别个体则长有2根大刺。其体盘近乎菱形，吻部呈宽三角形并有尖端。其主要出现在近岸的温暖水域，潜水者有时可看到其静静地躺在岩石间的沙地上。

目 锯鳐目

栉齿锯鳐

Pristis pectinata

长度 可达7.6m

重量 可达350kg

深度 0—10m

分布 大洋的亚热带海域

锯鳐体长，锯状吻部长而扁平，用于攻击鱼群及挖掘贝类和无脊椎动物。与其他鳐类一样，其鳃裂位于身体底面，而非两侧。雌鳐产仔，栉齿锯鳐的幼鳐长约60cm。为了避免对雌鳐造成伤害，幼鳐出生时其吻部的锯齿软且有鞘。

栉齿锯鳐生活在沿岸海域，但也会游进河口。其数量现已大幅下降，被列为IUCN红色名录的极度濒危物种。

目 鲼形目

美洲魟

Dasyatis americana

宽度（翼展） 2m

重量 可达135kg

深度 0—55m

分布 大西洋西部，墨西哥湾，加勒比海

魟鱼长长的尾部长有1根或以上匕首状毒刺，令人生畏。

美洲魟尾部中段有1根锯齿状刺，其下方有1块鳍褶，位于尾部底面。其厚厚的体盘背面为深灰色，底面为白色。其一天里的大部分时间都埋藏在较浅的潟湖底部沙层和近岸水域的沙层中。夜间，它们在沙层里掘洞，刨食双壳类软体动物、甲壳类和蠕虫。由于其眼睛位于头顶，它们看不到猎物，只能通过嗅觉和电感受器来探测猎物。其将自身埋藏在沙层中，只露出一对喷水孔（通过吸水来呼吸），看起来就像是沙中的一对小孔。人们常因无意中踩到它而被蜇；其尖刺足以造成严重创伤，毒液则会导致剧烈的疼痛。将伤口浸入热水中可减轻疼痛。

目 鲼形目

哈氏扁魟

Urolophus halleri

长度 58cm（包括尾）

重量 1.4kg

深度 0—90m

分布 太平洋东部

哈氏扁魟的体盘几乎是圆形的。它们和近亲“平魟”的尾比其他魟类短，且其尾末端为叶状鳍。其体色从浅褐色到深褐色不等，或为纯色，或带有深色斑点和网状纹。哈氏扁魟在夏季最为常见，此时它们会游至近岸河口及海湾中，捕食海藻间的无脊椎动物，并在温暖的浅水中晒太阳。每年6月左右，雌魟会抵达浅滩准备繁衍后代，早已在此等候的雄魟则沿海岸线游弋，寻找合适的配偶。据报道，已达至性成熟的雌魟会发出雄魟能感知的电场。大约在交配完3个月后，每只雌魟能产下约6条幼魟。幼魟在成熟前会待在近岸水域中，因为这里天敌较少。幼魟觅食时也不会游得太远，其活动范围是一块约$2.5km^2$的区域。

哈氏扁魟的天敌包括北象海豹和黑鲈鱼。鲨鱼等大型肉食性鱼类也很可能会捕食它们。被它蜇到会很疼，并会造成轻度创伤。

目 鲼形目

双吻前口蝠鲼

Manta birostris

宽度（翼展） 可达8m

重量 可达1.8t

深度 0—24m，通常接近水面

分布 全球热带海域表层，暖温带地区海域有时可见

潜水者经常将在双吻前口蝠鲼下方游泳的感受形容为“就像是被一个巨型飞碟超越了”。作为世界上最大的鳐类，其和最大的鲨鱼——鲸鲨一样只以浮游生物和小型鱼类为食。它们缓慢地上下拍打巨大的三角形翼游动，进食时一边游一边张着洞穴般的大口。其他鳐类的口位于底面，而其口则位于头部前方。其口两侧各长有1块长瓣（头角），可将浮游生物送进口中，其俗名“魔鬼鱼”即由此而来。尾短，呈棒状。

在珊瑚礁上，双吻前口蝠鲼往往占据制高点，这里的洋流可将浮游生物带给它们。鲫鱼常常吸附在这个庞然大物身上。尽管体形庞大，双吻前口蝠鲼仍能跃出水面，有时会在这样做时产仔。在一些景点，它们对潜水者十分友好，据称会和他们一起“跳舞”。

人类影响

魟鱼城

美洲魟对人类没有攻击性，只有被踩到或者感到被威胁时才会蜇人。它们的刺主要用于防御其天敌——鲨鱼。在加勒比海大开曼岛的“魟鱼城”景点，美洲魟已经习惯了人类的到访，并可以接受人工喂食。游客们可以在这些优雅的生物之间涉水而过、游泳和潜水。

目 鲼形目

蓝点魟

Taeniura lymma

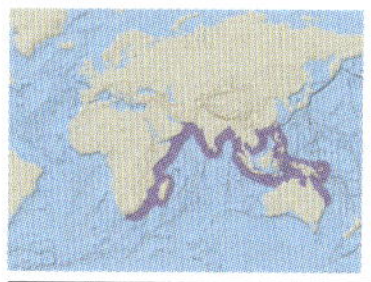

长度 可达2m（包括尾）

重量 可达30kg

深度 浅海（至约20m深处）

分布 印度洋，太平洋西部，红海

蓝点魟在白天很活跃，潜水者常常在珊瑚礁上看到这种颜色漂亮的鱼。其常藏伏在珊瑚礁下的沙地上，带有蓝色条纹的尾常伸出来，暴露其藏身之处。其绿褐色的体盘上布有鲜蓝色的大斑点。与其他魟类一样，蓝点魟尾巴上长有一根毒刺。涨潮时，它们成群游入浅水中，捕食软体动物、螃蟹、虾和蠕虫等无脊椎动物。

目 鲼形目

纳氏鹞鲼

Aetobatus narinari

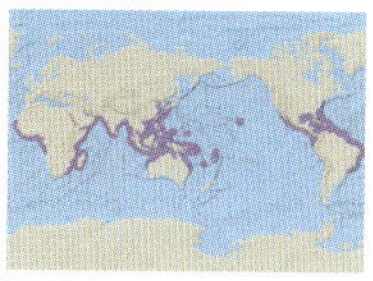

宽度（翼展） 可达3m

重量 可达230kg

深度 1—80m

分布 全球热带海域

纳氏鹞鲼一般单独行动，有时也会在开阔海域成群（至少100条）游动，成为有阳光照射的水面上蔚为壮观的景象。和其他大多数鳐类不同，它们是非常活跃的游泳者，其游泳活动大部分是在开阔海域进行，尽管其经常出现在近海。它们游泳时优雅地上下拍动其尖“翼”（巨大的胸鳍），仿佛在水里“飞翔”一般。其背面有漂亮的点状图案，除此之外，其另一个显著特征是头部——头端的吻部扁平，微微上翘，形似鸭喙。细长的鞭状尾根部长有一根毒刺。

纳氏鹞鲼非常敏捷，可旋转和拐弯以逃脱鲨鱼的追捕。有时会成小群跃出海面，颇为壮观。它们这么做的原因尚不明确，有可能是为了驱赶寄生虫。

目 电鳐目

地中海电鳐

Torpedo nobiliana

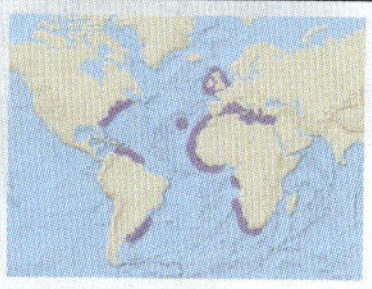

长度 近2m（包括尾）

重量 可达90kg

深度 至800m深处

分布 大西洋，地中海

电鳐用特殊器官制造电流，可放电击昏猎物或抵御天敌。地中海电鳐是最大的电鳐，能产生高达220V的电压，足以击昏一个人。其体盘为圆盘状，尾短而粗，末端为较大的桨状鳍，易于识别。其纯色背面为深褐色或黑色，底面为白色。其发电器官位于翼（或胸鳍）内，可以像电池一样储电。捕猎时，它用翼包住猎物，然后将其电昏。

硬骨鱼

域	真核生物域
界	动物界
门	脊索动物门
纲	辐鳍亚纲 肉鳍亚纲
目	48
种	31,290

不管是现存物种数量还是丰富程度，硬骨鱼都超过了其他脊椎动物。它们已经进化出各式各样的外形和大小，以适应各种水生生活方式以及从海岸到海洋最深处、从极地海洋到深海热泉的各类生境。它们体内有由硬骨组成的骨骼，尽管一些原始种群的骨骼有部分软骨。相比软骨鱼僵硬的鳍，由骨骼支撑的鳍更灵活，硬骨鱼得以更加精准地移动。约有1/3的硬骨鱼只生活在淡水中，其余的要么生活在海洋里，要么在淡水与海洋之间迁徙。

人类影响

鱼类养殖

很多重要野生硬骨鱼类正遭受不可持续的捕捞。对鳕鱼等难以大规模养殖的品种来说，通过水产养殖来减轻过度捕捞带来的压力并非易事。相反，大西洋鲑鱼几乎全部来自水产业。很多养殖鱼的饲料以其他野生鱼为原料。

鲑鱼养殖场

图为塔斯马尼亚一家鲑鱼养殖场，这在温带海域很常见。但养殖会有鱼虱问题（详见第346页），漏网之鱼也会造成野生基因库的稀释。

解剖结构

硬骨鱼和其他脊椎动物一样有头骨、脊柱和肋骨，但其骨骼还延伸出一系列柔软的辐状骨，位于鱼鳍之中。和鲨鱼不一样，硬骨鱼能够用成对的胸鳍和腹鳍游动、制动，甚至倒后移动。棘鳍鱼包括大部分硬骨鱼，其背鳍、臀鳍和腹鳍前端均有尖刺。硬骨鱼的鳃覆有鳃盖，鳃盖可张开以调节进入口中及流出鳃部的水流。大部分硬骨鱼的体表有柔软的鳞保护，为层层重叠的薄骨片。而一些原始硬骨鱼的体表则全副武装，布满厚厚的硬鳞，如鲟鱼。

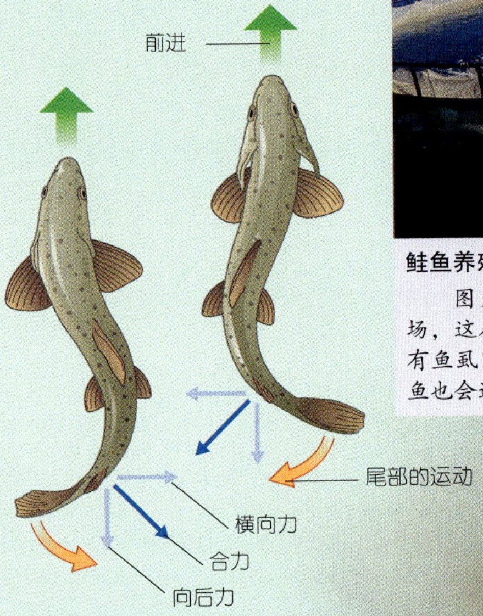

游泳

鱼从一侧向另一侧摆动尾巴时产生横向力和向后力，这两个力会形成一个45°的合力。左侧和右侧的两个45°合力最终形成径直向后的合力，从而推动鱼前进。

由硬骨组成的骨骼

柔软的辐状骨和坚硬的刺支撑着硬骨鱼的所有鳍，如图中鳕鱼的骨骼所示。鳍连接着从脊椎骨延伸出来的刺。鱼能精准地调节每个鳍的角度。

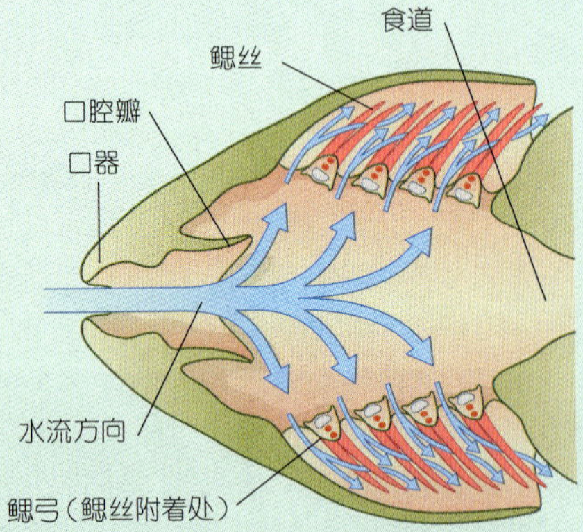

鱼鳃（俯视图）

水流经鳃丝时，氧气进入血液，二氧化碳排入水中，气体交换。鳃丝中的血液流动方向与外部水流方向相反，因此液体中的气体浓度也相反，加速了气体的交换。

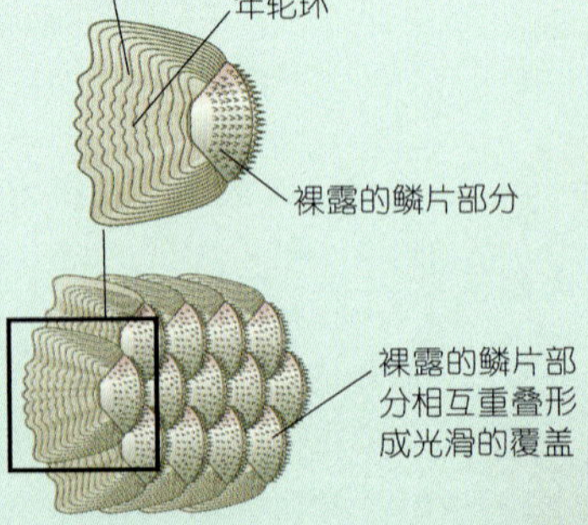

鱼鳞

硬骨鱼的年龄反映在鳞片上。冬季，鱼生长缓慢，鳞片上会形成一道深色圈，因此一道深色圈就意味着一岁的年龄。鳕鱼等温带海域的鱼尤其如此。

海洋生物

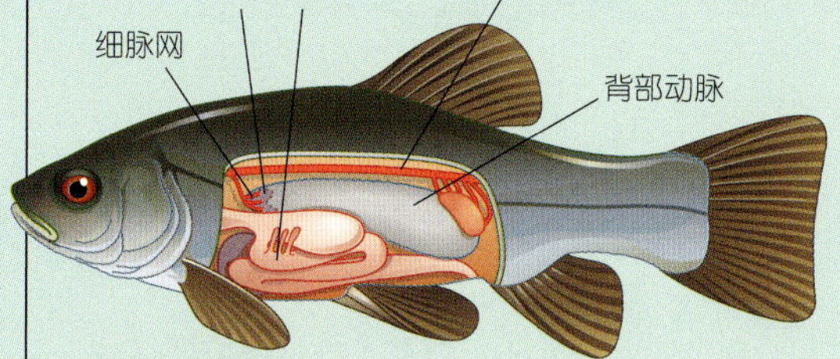

鱼鳔的功能

硬骨鱼通过将气体（通常是氧气）从气体腺输送到鳔内来调节浮力。气体腺中的血液（气体的来源）由毛细血管网（细脉网）提供。

浮力

大多数硬骨鱼都具有充满气体的鳔，使其得以调节浮力，可在中层水域停留而不沉底。这对生存在中层水域的鱼类尤为有用。许多底栖鱼类（如比目鱼）的鳔不发达，甚至没有鳔。为了应对游向或游离水面时所产生的压力变化，鱼会调节鳔里的气体总量，通常是通过腺体向鳔内注入气体。在一些原始鱼类（如鲱鱼）体内，鳔和肠相连，当鱼在水面吞咽空气时才能将鳔充满。

许多硬骨鱼可以用特殊的肌肉振动鳔，产生声音。软骨鱼不具有鳔，它们一定程度上靠充满油脂的较大肝脏和较轻的骨骼来获得浮力。不过，软骨鱼也依靠其较大的胸鳍和尾巴产生抬升力。硬骨鱼的鱼鳔使它们能不受这一点约束，其中许多物种的鳍已经进化为功能多样的附肢，用于求偶、觅食、攻击或防御。

多功能的鱼鳍

鳞鲀通过摆动第二背鳍与臀鳍游泳，并通过鱼鳔来保持浮力。其颜色鲜艳的鳍在与同类相互沟通（包括求偶）的过程中可起到视觉信号的作用。

灵活的附肢

躄鱼展示了硬骨鱼鱼鳍诸多功能中的一种。因为疣躄鱼不需要鳍来提供抬升力，其成对的鳍已进化为灵活的附肢，用以在海床上爬行。

感官

硬骨鱼通过视觉、听觉、触觉、味觉和嗅觉来感知。在光线良好的生境中，视觉尤为重要。珊瑚礁鱼类有很好的色觉，通过颜色和图案来识别、警告、伪装和求偶。而在光线微弱处，鱼眼中的色觉感受器不能良好地发挥作用。夜行性鱼类和生活在分界区（详见第170页）的鱼类都长有大而敏感的眼，但对不同颜色的辨识度很低。生活在黑暗区的鱼类通常只有较小的眼，但嗅觉敏锐并用信息素进行远距离沟通。声音在水下传播极佳（详见第37页），因此有些鱼用鳔发出强声。硬骨鱼能成群作为一个整体活动，这得益于其侧线系统，其他脊椎动物无与之对等的器官。侧线系统的器官排列在沿头部和体侧的沟管内，可以感知其他鱼导致的水流运动。而长在头部两侧的眼使鱼具有广阔的视野，同时有助于其在鱼群中准确定位。

信号色

在光线良好的珊瑚礁上，颜色是有效的交流信号。花斑连鳍䲗华美的外表可能是在警告捕食者它并不可口。

侧线

在许多硬骨鱼身上都能看到侧线系统，如图中的绿鳕体侧的白线就是侧线。侧线的形状是很有用的识别特征。

繁殖

大多数硬骨鱼性成熟后直接将卵子与精子排入海中，在海中完成受精。在随洋流漂流的过程中，受精卵发育，孵化出鱼苗。卵子和鱼苗的死亡率高，因此它们产卵量大——巨大的翻车鲀产卵量多达1亿枚。一旦鱼苗长成幼鱼，便通常聚集在掩蔽的河口和海湾的育幼地。与大多数海鱼相比，许多沿海底栖鱼类能够保护其后代，因此它们产卵量较少，卵个头较大，并且通常会将卵藏起来或者加以照顾直至孵化。有些鱼已发展出煞费苦心的看护方式，如口孵。

口孵

当雌性后颌鱼产下卵后，为确保卵的安全，雄性会将所有卵收集到自己口中。直到卵孵化，鱼苗游散后，雄性才会进食。

红纹隆头鱼的变性

❶ 像大多数隆头鱼一样，红纹隆头鱼的繁殖模式复杂，以变性为特点。大多数的卵会首先孵化为粉红色的雌鱼。

❷ 一些年长的雌鱼会发育出雄鱼那样的蓝色—橘色图案，并在大约7岁后变性成雄鱼。其他的则保持为雌性。

❸ 到下一个产卵期，变性成雄性的鱼发展出鲜艳的体色，并向其领地内的所有雌鱼求偶，使它们的卵受精（详见第361页）。

捕猎与保护

所有鱼类都必须进食，如果它们游至开阔海域寻找食物，可能会招致被捕食的危险。它们的最终目的是生存足够长的时间以顺利完成繁衍，由此将自己的基因传给下一代。硬骨鱼已发展出许多巧妙的捕食和防御本领。伪装是它们很有效的策略，无论捕食者抑或猎物都不会察觉伪装者的存在。鱼身的有色图案同样具有欺骗性，蝴蝶鱼利用其尾部的假眼图案诱导捕食者误将其尾部作为袭击目标。在珊瑚礁拥挤的环境中，许多小鱼长有刺以保护自身。鲀会竖起背棘，并将其位置固定，以防止大鱼将其吞食。开阔海域的表层没有藏身之处，许多小鱼成群生活以保安全。当鱼群移动及旋转时，捕食者很难挑选捕食目标。尽管鱼群很显眼，但对于每条鱼来说，集体活动要比独自游泳安全得多。

伪装

鲉的伪装策略是体色、外形和行为的综合应用。它擅长埋伏，一旦有小鱼游进其捕猎范围，它便以闪电般的速度发动袭击。

成群聚集

即使是肉食性鱼类也需要防范体形更大的捕食者，尤其是在幼鱼期。白天，梭子鱼的幼鱼成群聚集，而大部分成年鱼是独自捕食的。

影子猎手

斑点管口鱼经常像影子般跟随掠食性鱼类捕猎，因为体形较大的鱼常常会将适合它的猎物赶出来。图中这条斑点管口鱼选择了同与其体色相似的条纹石斑鱼一起捕猎。

硬骨鱼的分类

硬骨鱼由辐鳍鱼（辐鳍亚纲）和肉鳍鱼（肉鳍亚纲）组成，不仅包括肺鱼（淡水）和腔棘鱼，还是四足动物的进化源头（见“鱼类进化分支图”，第206页）。以下是这两个纲下的30个目。

腔棘鱼
腔棘目

2种
1科——仅有的海生肉鳍鱼。肉质叶状鳍，脊柱还未完全形成。

鲟鱼和匙吻鲟
鲟形目

28种
只有鲟科的鱼为海生。骨骼部分为硬骨，部分为软骨。鲟鱼尾不对称，口在腹面。

大海鲢和海鲢
海鲢目

9种
2科，大部分为海生。梭状，银色，1个背鳍，叉状尾。喉部有独特的骨骼（喉板）。鳔可用作肺。幼鱼透明。

北梭鱼
北梭鱼目

13种
1科，大部分为海生。似大海鲢，但较小，多骨，结构差异复杂。

海鳗，鳗鲡目

鳗鱼
鳗鲡目

908种
海鱼和淡水鱼，16科。身体细长，无鳞片及腹鳍，沿背、尾和腹部有一条长鳍。

叉齿鱼和囊咽鱼
囊咽鱼目

28种
4科，深海鱼，下颌大而松弛，无尾鳍、腹鳍、鳞、肋骨及鳔。

鲱鱼
鲱形目

399种
7科，大部分为海生。银色，腹部为龙骨状，叉状尾。鳀科和鲱科组成了两个最大的科。

虱目鱼
鼠鱚目

37种
4科，只有虱目鱼和鼠鱚为海生。腹鳍长在偏后方。

鲇鱼
鲇形目

3604种
在37个科中，只有2个为海生。体长，口周围长有多达4对触须。背鳍和胸鳍前长有尖刺，有些是有毒的。大部分有脂鳍。

胡瓜鱼
胡瓜鱼目

321种
13科，大部分为海鱼或溯河鱼。较小，体修长，是鲑鱼的近缘类群。

鲑鱼
鲑形目

219种
1科，海鱼、溯河鱼及淡水鱼均有。健壮的梭形鱼，口和眼均较大。背部有1个鳍和1个脂鳍。鳞片小而圆。腹部有腹鳍。

发光鱼、龙鱼和斧头鱼
巨口鱼目

426种
4个数量巨大的深海鱼科。大部分是身体修长的捕食者，有大齿和发光器官。是海洋鱼类的重要组成部分。

仙女鱼
仙女鱼目

263种
16科，全为海生。多种多样的纤细的沿海和深海鱼类。口大，长有许多小牙。腹部有腹鳍，背部有1个鳍和1个脂鳍，无鳍棘。

灯笼鱼
灯笼鱼目

252种
2个深海鱼科，分布广泛，数量巨大。体小而修长，眼大，口大。背部有1个鳍和1个脂鳍。有许多发光器官。每天垂直迁徙。

旗月鱼、鞭尾鱼和粗鳍鱼
月鱼目

25种
7科，全为海生。五颜六色，色彩艳丽，通常为生活于开阔水域的长着深红色鳍的大鱼。许多鱼背鳍上有长鳍棘。

鲱鱼，鲱形目

鳕鱼
鳕形目

610种
10科，大部分为海鱼和底栖鱼类。大多数都有2或3个无刺背鳍和1条下巴触须。长尾鳕科的鱼有细长的尾。

蟾鱼
蟾鱼目

83种
1科，大部分为海鱼、沿海和底栖鱼类。头扁宽，口宽，眼在顶部；2个背鳍，一个短而带刺，另一个长而柔软。

鼬鱼
鼬形目

531种
5科，大部分为海生。鳗鱼状，长背鳍和长臀鳍可与尾鳍相连。腹鳍薄。

鮟鱇，鮟鱇目

鮟鱇
鮟鱇目

358种
18科，全为海生。头部较大，呈扁形或圆形，嘴似巨穴，顶部有鳍刺作诱饵。在浅海为底栖类，在深海为浮游类。

喉盘鱼
喉盘鱼目

162种
1科，大部分为海生。体形较小，浅水底栖鱼类；腹鳍形成吸盘。眼睛位置较高；1个背鳍。

颌针鱼
颌针鱼目

266种
6科，海鱼和淡水鱼均有。大部分身体细长，颌似喙状向前延伸。飞鱼有较大的胸鳍和腹鳍。

银汉鱼
银汉鱼目

344种
10科，海鱼和淡水鱼均有。体形小，纤细的身体为银色；大部分有2个背鳍，通常成群活动。

金鳞鱼及其近缘类群
金眼鲷目

161种
7科，全为海生。体侧扁，眼大（深海类除外），背鳍前方为刺状，叉状尾，鳞片大。大部分是夜行性鱼类。

海鲂及其近缘类群
海鲂目

33种
6科，全为海生。体侧扁而薄；头大，有刺，下颌突出。长背鳍与长臀鳍前方均有刺。

刺鱼和海蛾鱼
刺鱼目

29种
5科，大部分为淡水鱼。身体瘦长而硬，体侧覆有骨板，背部有分开的刺。海蛾鱼体形奇异，体扁，胸鳍大。

尖嘴鱼和海马
海龙目

364种
5科，海鱼和淡水鱼均有。体长，覆有骨板。口小，位于管状吻末端。

鲉和鲬
鲉形目

1649种
36科，大部分为海生。主要为浅水底栖鱼类。头大并有刺，大多有刺状背鳍，通常有毒。棘突横跨面部。

鲈形鱼
鲈形目

11,061种
164科，海鱼和淡水鱼均有。是体形最大、最多样的一个目。大多数鱼的背鳍和臀鳍中既有硬刺也有软刺。腹鳍靠近胸鳍，有1根刺。分类时有变化。

大菱鲆，鲽形目

比目鱼
鲽形目

796种
11科，大部分为海生。躺于海床上。体形扁平，两眼均在身体朝上一侧。幼鱼身体对称，营浮游生活。

河豚和鲀
鲀形目

437种
10科，海鱼和淡水鱼均有。此目十分多样，从鳞鲀到翻车鲀均有。口小，只有少数大齿或齿板。鳞片常演变为鳞板、刺或盾板。

目 腔棘目

矛尾鱼

Latimeria chalumnae

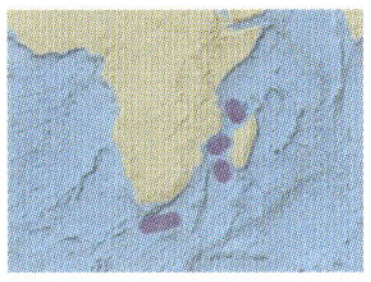

长度 可达2m

重量 可达95kg

深度 150—700m

分布 印度洋西部

矛尾鱼首次发现于1938年，因其长有奇怪的肉质肢状胸鳍，当时被昵称为“古老的四足动物”。唯一的另一个与其构造相同的原始类群是淡水肺鱼。人们认为，最早的四足陆地动物就是从类似于这样的鱼进化而来的。矛尾鱼的尾巴中段有片小叶，全身覆盖厚鳞片，这些鳞片由四层骨板和一种坚硬的矿物质构成，闪耀着蓝色荧光，带有白斑。矛尾鱼栖息在深海陡峭的岩礁中，到目前为止，人们仅在非洲南海岸、东海岸和马达加斯加的西海岸发现过它们。科学家通过小型潜水器研究这些鱼，发现它们晚上会回到洞穴里。外出觅食时，矛尾鱼随洋流漂浮或用鳍缓慢划动。盯准一条鱼或鱿鱼后，其用强有力的尾巴推动自身一冲而上抓住猎物。其已被列为IUCN红色名录的极危物种，与其有关的国际贸易是被禁止的。

发现

化石证据

人们曾认为矛尾鱼早在大约6500万年前就灭绝了。直到1938年，一条活的矛尾鱼被捕获，科学家将其与化石标本比对，从而确定了矛尾鱼活体的存在。这一发现等于找到了一个化石类群的活体样本。

矛尾鱼化石

矛尾鱼化石所显示的特征几乎与现存矛尾鱼一样，包括其独特的三叶尾。

目 腔棘目

印度尼西亚矛尾鱼

Latimeria menadoensis

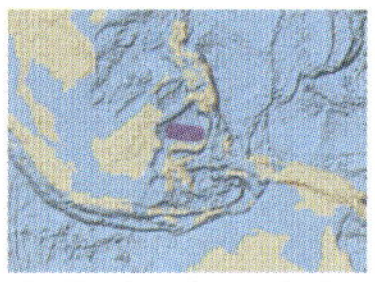

长度 可达1.4m

重量 可达90kg

深度 150—200m

分布 太平洋西部苏拉威西岛北部的苏拉威西海

1998年，人们发现印度尼西亚矛尾鱼，并认为其与在非洲海域发现的矛尾鱼（见左）为同一个物种。两者确实很像，但分子研究表明其为不同的种。两者的发现地相隔整个大洋，而它们的游速很慢，人们认为两者并不会混合。与矛尾鱼一样，印度尼西亚矛尾鱼也有相同的白斑和独特的金色斑点，不过其身体呈褐色而非蓝色。迄今为止，其生活史鲜为人知，但是由于身体构造与矛尾鱼相似，因此其习性也可能与之相同，并可能因捕捞而濒临灭绝。

目 鲟形目

欧洲鲟

Acipenser sturio

长度 3.5m

重量 可达400kg

深度 4—90m

分布 大西洋东北部沿岸海域，地中海，黑海

与大多数鲟鱼一样，欧洲鲟从海洋溯游至大河，在砾石区产卵。这种有史前外观的鱼类属于一个原始类群，这个类群的鱼的身体只有头骨和一些鳍是由骨头组成的。其余的骨骼主要是软骨。覆盖其身体的不是鳞片，而是5排独特的骨板，或者说是“鳞甲”。两对触须从其尖吻旁垂下，用于感知底栖无脊椎动物的存在。人们认为，欧洲鲟至少能存活60年。

人类影响

鱼子酱禁令

欧洲鲟曾经很常见，但过度捕捞、偷猎、河口阻塞与污染令许多河流变得不再适合其产卵，受此影响，其如今已极为罕见，被列为极危物种。现存合适它的产卵地很少。有关欧洲鲟及其相关产品（包括鱼子酱，即盐渍鱼子）的国际贸易已被禁止。

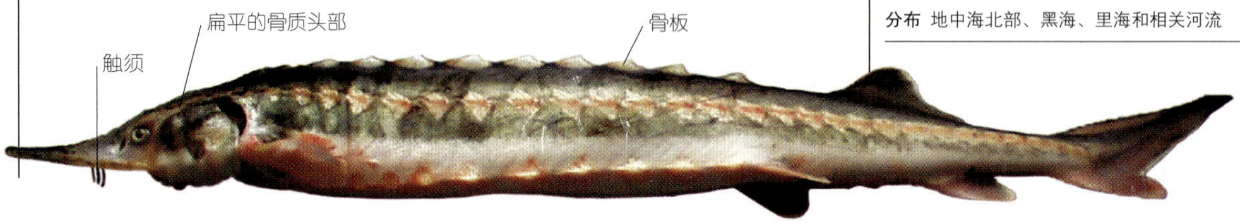

目 鲟形目

欧洲鳇

Huso huso

长度 5m

重量 可达2000kg

深度 70—180m

分布 地中海北部、黑海、里海和相关河流

欧洲鳇既是最大的鲟鱼，又是进入淡水的欧洲鱼类中最大的品种。与欧洲鲟（见左）相比，其更粗壮结实，吻部呈三角形，口宽。吻部底面垂下4条触须，几乎至口。与所有的鲟鱼一样，其尾不对称，呈鲨尾状，脊柱延伸至较大的上半叶中。其被誉为世界上最昂贵的鱼，用其鱼子所制的鱼子酱同样也是最珍贵的，较大的鱼体内有100—200kg鱼子。因受偷猎和产卵河流堤坝建设的影响，其现为濒危物种。

目 海鲢目

大西洋大海鲢

Megalops atlanticus

长度 可达2.5m

重量 可达160kg

深度 0—30m

分布 大西洋西部和东部的沿岸海域

大西洋大海鲢鳞片大，通体银色，看起来像是大型鲱鱼，但事实上，其是鳗鱼的近缘类群。口上翘，单个背鳍的底部延长如丝，不过这一点并不易观察到。其生活在近岸海域，经常进入河口、潟湖和河流。如果游到静水中，其会浮上水面吞咽空气，吞下的空气从食道进入鳔，鳔便起到肺的作用。其主要在开阔海域产卵。一条较大的雌鱼产卵量可多达1200万枚，但鱼苗和幼鱼的死亡率很高。其鱼苗细小透明，除叉状尾外，与鳗鱼鱼苗很像。鱼苗漂向近岸海域，进入河口的育幼地。在与海洋暂时隔断的潮水潭与湖泊中也曾发现其鱼苗。渔民了解其鱼群年年有规律地出没的地点，它们在那里捕食其他鱼群，如沙丁鱼、鳀鱼和鲻鱼。它们也会捕食一些底栖无脊椎动物，如螃蟹。在美国和加勒比海域，它们被视为极好的垂钓目标，其上钩后跳跃以期挣脱的场景颇为壮观。它们还是商业捕捞的目标，尽管刺多，却十分鲜美。其寿命可长达55年，经常被作为展品养在水族馆中。其较大的鳞片有时被用作装饰品。

目 海鲢目

海鲢

Elops saurus

长度 可达1m

重量 10kg

深度 0—50m

分布 大西洋西部和加勒比海的沿岸海域

海鲢的单个背鳍位于背部中间，尾分叉很深。人们可在近岸海域发现这种纤细的银蓝色鱼的鱼群，若受到船舶引擎噪音的惊吓，它们会在水面上跳跃。成鱼会游离海岸，到开阔海域产卵，其鱼苗与鳗鱼鱼苗很像，最终会漂返掩蔽的港湾和潟湖中。海鲢俗称“十磅鱼”，被视为较好的垂钓目标，其上钩后会跃出水面。它们也是商业捕捞的目标，但并不是优质的食用鱼，所以通常被用作鱼饵。

目 北梭鱼目

北梭鱼

Albula vulpes

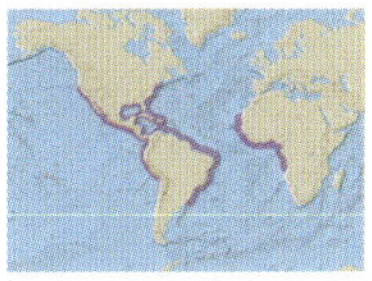

长度 可达1m

重量 10kg

深度 0—85m

分布 大西洋和太平洋东部的热带及亚热带沿岸海域

北梭鱼很多刺。银色的身体呈流线型，背上有暗点，单个背鳍，钝吻突出于口之上。太平洋的热带和亚热带海域都有北梭鱼，但目前尚不能确认这些鱼与在大西洋东部和西部发现的是否为不同的物种。尽管北梭鱼的味道并不鲜美，但它们是世界上最重要的垂钓鱼类之一。捕鱼者喜欢在海湾和河口的浅水区跟踪它们，因其常在那里的表层水域出没，游动时背鳍经常划破水面。

目 鳗鲡目

欧洲鳗鲡

Anguilla anguilla

长度 可达1.3m

重量 6.6kg

深度 0—700m

分布 大西洋东北部的温带海域，内陆淡水水域

欧洲鳗鲡一生中大部分时间生活在淡水中，在产卵季则游数千千米至海洋，跨过大西洋到马尾藻海产卵。其在深海产卵后即死亡，卵随后孵化，幼体为透明的柳叶状。在接下来大约1年时间内，幼体会随洋流漂返欧洲海岸。在海岸附近水域，幼体形态发生变化，成长为细小的透明状鳗鱼（鳗苗），之后逆流而上，从河流游至淡水水域中。由于受捕捞及河道堤坝建设的影响，欧洲鳗鲡的数量日渐稀少。

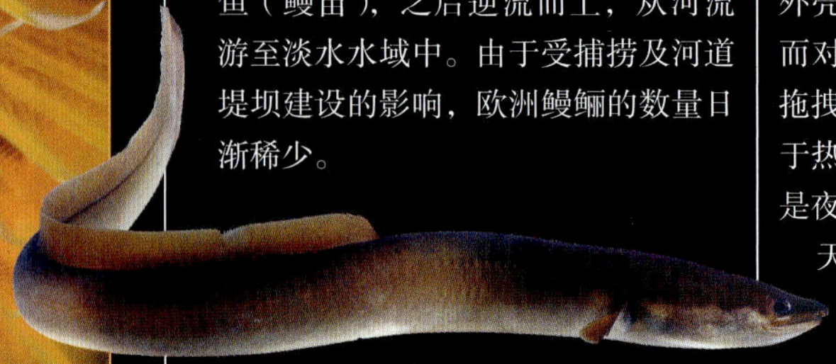

目 鳗鲡目

链蛇鳝

Echidna catenata

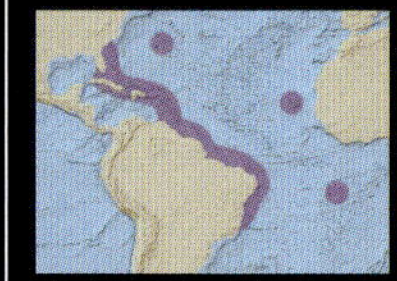

长度 可达1.7m

重量 尚无记录

深度 0—12m

分布 大西洋西部和中部的热带珊瑚礁

链蛇鳝离水后仍能存活一段时间，这在海鳗中为数不多。低潮时，它们能在潮湿的石头间觅食，每次觅食可持续30分钟。只要身体保持湿润，它们就能通过皮肤吸取氧气。其吻部短而钝，身上有显著的链状黄色斑纹，易于识别。其部分齿较宽，呈臼齿状，有助于其对付螃蟹等有坚硬外壳的猎物。其能将整只小蟹吞下，而对于个头较大的螃蟹则采取扭转、拖拽、甩打的方式来对付。它们栖息于热带海域的珊瑚礁上。大部分海鳗是夜行性动物，而链蛇鳝则通常在白天活动。

多技能的捕食者

大多数海鳗白天待在礁石洞里，只将头部探出，黄昏才外出捕食。它们依靠灵敏的嗅觉寻找在珊瑚和石头间休息的鱼类。链蛇鳝则通常在白天低潮时沿布满礁石、珊瑚的海岸捕食。其凭借敏锐的视觉搜寻缝隙和洞穴中的鱼类及甲壳类，当瞄准捕食对象时，会像蛇一样进行袭击。其他海鳗则偶尔会在白天袭击那些经过其穴居之处的猎物。

目 鳗鲡目

五彩鳗

Rhinomuraena quaesita

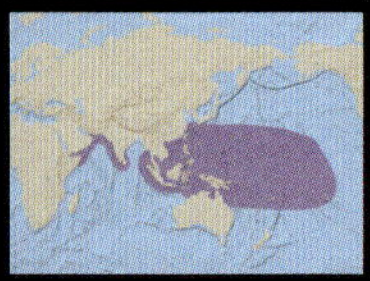

长度 可达1.3m

重量 尚无记录

深度 1—60m

分布 印度洋及太平洋的热带珊瑚礁

不同于其他大多数鳗鱼，五彩鳗一生中会多次更换体色并改变性别。幼年时其体色几近黑色，长有黄色背鳍。成年时，黑色变为亮蓝色，吻部及下颌则变为黄色。这是其雄性时期的体色。当成长至体长约达1.3m时，其体色会变为黄色，其也从雄性转变为可产卵的雌性。五彩鳗栖息于珊瑚礁上，大部分时间躲藏于缝隙中。其长有叶状的鼻瓣，可察觉水中的振动。

目 鳗鲡目

欧洲康吉鳗

Conger conger

长度 可达3m

重量 可达110kg

深度 0—500m

分布 大西洋东北部的温带海域，地中海

欧洲康吉鳗从沉船洞中探出其硕大的灰色头部——这一景象对于许多潜水员来说可谓司空见惯。它们白天藏匿于岩礁的洞穴、缝隙中，夜间才外出捕猎鱼类、甲壳类和墨鱼。其外形似蛇，身体强壮，皮肤光滑，无鳞，尾尖。其单个背鳍自头后一段距离起，沿背部一直至尾端，再延至腹部中段。

夏季，成年欧洲康吉鳗迁徙至地中海和大西洋深水海域产卵，产卵之后便死亡。雌性产卵量达300万—800万枚，之后这些卵孵化，幼体身体细长，并将缓慢地漂返近岸海域，在那里长成幼鳗。幼鳗经过5—15年达性成熟。

欧洲康吉鳗是优良的食用鱼，垂钓者大量捕捉它们，但有时其会连同鱼饵一起大力挣脱。

目 鳗鲡目

线鳗

Nemichthys scolopaceus

长度 可达1.3m

重量 尚无记录

深度 90—2000m

分布 全球温带和热带海域

线鳗身细长，栖于深海，其颌非常独特，状似鸟喙，尖端外翻，因此不能完全闭合。其大部分时间在中层海域漂流，捕食小型甲壳类。当雄性达至性成熟后，其颌缩短，全部齿脱落，前鼻孔扩大为管状。这种变化可能提升了其嗅觉的灵敏度，有助于其寻找成年的雌性。由于难以捕获，其生活方式鲜为人知。

目 鳗鲡目

哈氏异康吉鳗

Heteroconger hassi

长度 可达40cm

重量 尚无记录

深度 7—45m

分布 红海，印度洋及太平洋西部的热带海域

哈氏异康吉鳗的尾部埋在栖身的沙穴中，头部和上半身则立于海水中，它们一生大部分时间都以这样的姿态随海流优雅地摇摆身体。它们数百条地形成群落，看上去就像是花园里间隔均匀的植物在微风中摇摆。较之于其近缘类群欧洲康吉鳗，哈氏异康吉鳗的体形要纤细得多。其身体直径只有14mm，长有微小的胸鳍。其头部后方通常长有2个大的深色斑，全身则布满许多小斑点。其口上翘，正适合捕捉流经的水流中的微小浮游生物。哈氏异康吉鳗只在有海流经过但不受海浪冲击的沙质斜坡上形成群落。遇到险情时，它们便潜藏到沙穴中。其尾起到锚一样的作用，只露出细小的头部和眼睛。要拍摄它们并非易事，因为它们能觉察到水肺潜水员呼吸产生的气泡所引起的振动，一旦潜水员接近，它们便消失在沙下。

哈氏异康吉鳗甚至产卵时也待在沙穴中。相邻的雄鳗与雌鳗会互相接近，身体相互缠绕，然后释放精子和卵子。有时会出现哈氏异康吉鳗与大斑园鳗混群而栖的现象。

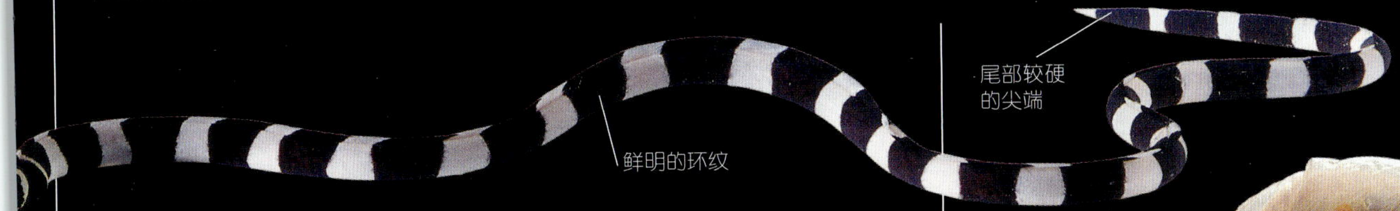

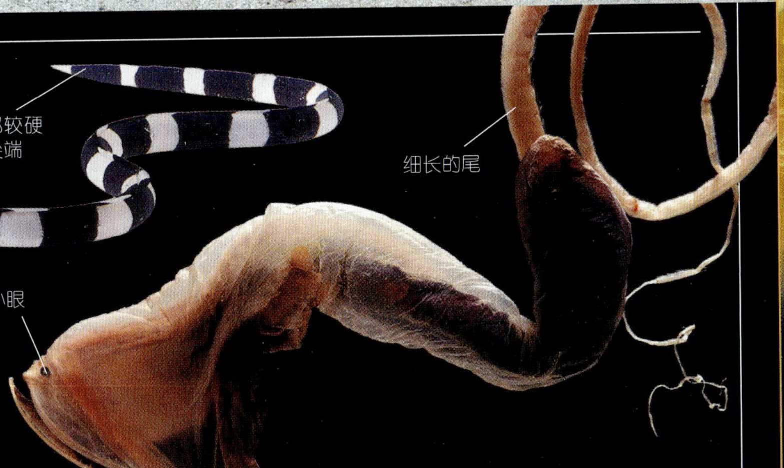

目 鳗鲡目

斑竹花蛇鳗

Myrichthys colubrinus

长度 可达97cm

重量 尚无记录

深度 浅海

分布 印度洋及太平洋西部的热带海域

由于巧妙地伪装成有毒的灰蓝扁尾海蛇的样子，斑竹花蛇鳗得以躲过大部分捕食者。它们也因此得以在珊瑚礁附近的沙坪和海草床上安全地觅食小型鱼类和甲壳类。多数斑竹花蛇鳗的身体上有宽阔的白色及黑色环纹，但某些区域的斑竹花蛇鳗身体上的白环与黑环之间有深色斑点。这种有颜色变异的个体也许最终会被认定为另一种物种。斑竹花蛇鳗头尖，一对大的管状鼻孔位于上颌，朝下。这种生理构造赋予其极为敏锐的嗅觉，使其能找到躲藏在沙子底下的猎物。

斑竹花蛇鳗胸鳍小，背鳍长，通过摆动其修长的身体游动。不捕猎时，其将自己藏于沙中，用尾部的较硬尖端在沙中掘穴，倒退入沙中。它们在夜间最为活跃，白天则通常藏于沙穴中，因此潜水员一般较难见到它们。

斑竹花蛇鳗属于庞大的蛇鳗科，此科包括约250种蛇和蠕鳗，大多穴居于沙泥之中。此科成员的幼体均扁而透明，呈柳叶状。

目 囊咽鱼目

拉文囊鳃鳗

Saccopharynx lavenbergi

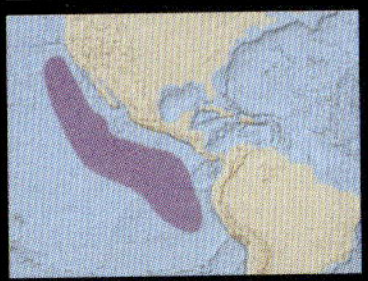

长度 可达1.5m

重量 尚无记录

深度 2000—3000m

分布 太平洋东部的深海水域（从加利福尼亚至秘鲁）

拉文囊鳃鳗以能够吞噬同自身体形相当的猎物而闻名。其头和眼都小，但颌巨大。其口和喉可大幅度扩张以吞咽猎物，牙齿可向后压。其胃部同样可以扩张以容纳大餐。其长尾呈鞭状，末端长有发光器，这种生理构造可能起到引诱的作用，但由于没有人在自然环境下观察过它们，这种说法仍有待证实。其浮游的卵会孵化出细长的幼体，与其栖于浅海的近缘类群的幼体相像。拉文囊鳃鳗可能在产卵后便死亡。

目 鲱形目

大西洋鲱

Clupea harengus

长度 可达45cm

重量 可达1kg

深度 0—200m

分布 大西洋北部，北海，波罗的海

直到20世纪中期，大西洋鲱一直是北海及北大西洋沿岸许多渔村社区的生活来源支柱。在英国东安格利亚海岸，人们称其为“银色宝贝”。至20世纪，捕鱼新技术的应用导致过度捕捞，其数量急剧下降。如今，其数量虽得到控制，但仍面临生存压力。

大西洋鲱以浮游生物为食，白天栖于深海，晚上游到表层水域。它们集群而居，根据其栖息地点的不同可分为不同地方种，在体形和习性上有所差异。每个地方种各有几处传统的产卵地。每条雌性可产卵达4万枚，这些鱼卵像厚垫子般铺在海床上。

目 鲱形目

秘鲁鳀

Engraulis ringens

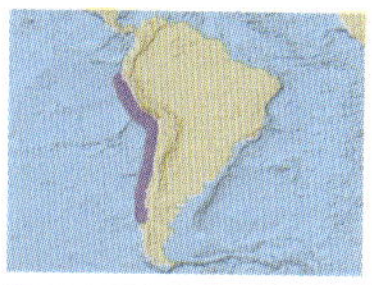

长度 可达20cm

重量 可达25g

深度 3—80m

分布 南美洲西海岸，太平洋东南部

秘鲁鳀体形纤细，身体为银色，是鲱鱼的近缘类群，其分布与每年的秘鲁寒流有关。这股寒冷的深海洋流在南美洲西海岸上升至表层海域，带来丰富的养料。随着海水中养料的增加，浮游生物大量繁殖，秘鲁鳀的庞大群落便以这些浮游生物为食。鱼群活动于距海岸80km范围内，许多当地人及鹈鹕等诸多鸟类都以其为生。

目 鲱形目

南美拟沙丁鱼

Sardinops sagax

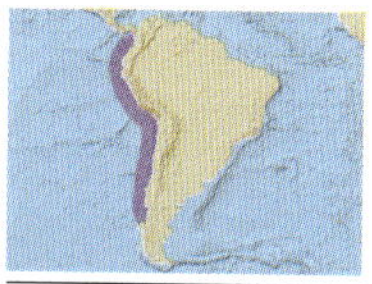

长度 可达40cm

重量 可达485g

深度 0—200m

分布 南美洲西海岸，太平洋东南部

人们曾发现南美拟沙丁鱼的庞大群落，由数百万条个体组成，但由于过度捕捞，其数量大幅下降。这种鱼

是重要的食用鱼，也用于生产鱼油及鱼粉。实际上它们与加州拟沙丁鱼可能为同一物种，而全球范围内的各种沙丁鱼都极为相似。这些中等体形的银色鱼背部呈青绿色，沿体侧长有一系列黑斑。

目 鲱形目

西鲱

Alosa alosa

长度 可达83cm

重量 可达4kg

深度 0—5m

分布 大西洋东北部和地中海的温带海域

西鲱呈银色，属鲱科，是为数不多的进入淡水的鱼种之一。每年4—5月，成年的西鲱迁徙至河流中产卵，逆流而上800km。在其活动范围内的某些地方，人们称之为“五月鲱”。其流线型的身体布满圆形大鳞，这些鳞在其腹部形成龙骨状。其只有1个背鳍。如今，在许多传统活动区域内，它们已变得极为罕见。

目 鼠鱚目

虱目鱼

Chanos chanos

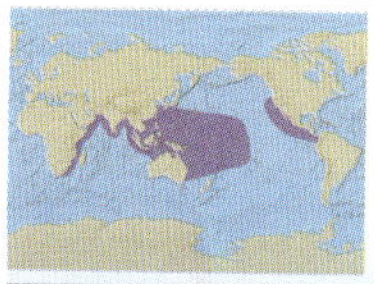

长度 可达1.8m

重量 可达14kg

深度 0—30m

分布 印度洋和太平洋的热带、亚热带海域

虱目鱼姿态优雅，流线型的身体呈银色，尾大，深分叉。它们是东南亚大部分地区重要的食用鱼，并被广泛养殖。其以浮游生物、软藻、蓝细菌和小型无脊椎动物为食，能够适应多种海水盐度，因而易于存养。成年虱目鱼在海中产卵，卵及幼体会漂至近岸海域。幼体游入河口及红树林中，那里的捕食者较少，成年后会返回海中。

目 鲇形目

海鲿

Bagre marinus

长度 可达70cm

重量 可达4.5kg

深度 至50m深处

分布 墨西哥湾，加勒比海，大西洋西部的亚热带海域

这种银色鲇鱼最为明显的特征就是那对非常长的口部触须，几乎可后延至胸鳍末端。其下颌底部还有一对短触须。其较大的背鳍及胸鳍各自的第一鳍条呈长而扁的丝状，这些鳍还带有有毒的锯齿状刺。受到威胁时，其会竖起背鳍，展开胸鳍，让这些鳍看上去如同游艇的风帆一般。

目 鲇形目

线纹鳗鲇

Plotosus lineatus

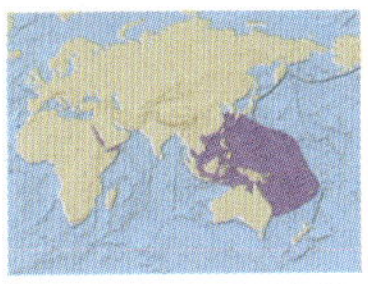

长度 可达32cm

重量 尚无记录

深度 1—60m

分布 红海，印度洋和太平洋的热带海域

这种长有鲜明的黑白相间条纹的鱼属鳗鲇科，幼年时会密集地聚在一起，形成球状的鱼群，潜水员在珊瑚礁上方经常能看到它们。成年后则独自生活，或成小群生活；由于其第一背鳍及每个胸鳍前方均长有有毒的锯齿状刺，它们能很好地自我保护。成年鱼的蜇刺对人类而言是危险的，极偶然的情况下甚至会致命。它们夜间捕食，用口周围的4对触须探寻藏在沙中的蠕虫、甲壳类和软体动物。白天，它们躲藏于岩石当中。鳗鲇是珊瑚礁中唯一可见的鲇鱼。线纹鳗鲇还会冒险地沿开阔海岸游入河口，它们在夏季产卵。雄性在浅海的多岩石区域建巢，守护鱼卵大约10天。鱼苗营浮游生活。

目 胡瓜鱼目

欧洲胡瓜鱼

Osmerus eperlanus

长度 45cm

重量 尚无记录

深度 至50m深处

分布 大西洋东北部的温带海域，波罗的海

同鲑鱼和鳟鱼一样，欧洲胡瓜鱼背部长有1个背鳍和1个小脂鳍。其因身体散发出黄瓜般的强烈气味而得名。成年欧洲胡瓜鱼成群游动于近岸海域，捕食小型甲壳类和鱼类。它们迁徙到河流中，逆流而上产卵，幼鱼多见于掩蔽的河口，例如英格兰东南部的沃什湾（详见第128页）。

目 胡瓜鱼目

后肛鱼

Opisthoproctus soleatus

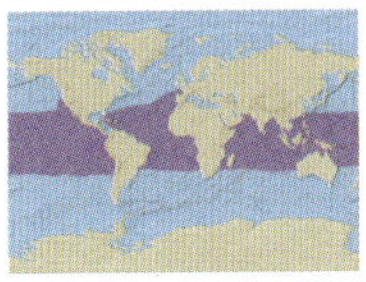

长度 可达10cm

重量 尚无记录

深度 300—800m

分布 全球热带及亚热带海域

许多生活在分界区（详见第170页）的鱼类，包括后肛鱼，都长有大大的眼睛，以便充分利用微弱的光线。后肛鱼的眼睛不仅大，而且呈管状，朝上。这种生理结构可能使其能从下方跟踪其他鱼类。眼睛朝上方看，其便可能分辨猎物的身影或者察觉那些腹面有发光斑块的鱼类。

目 胡瓜鱼目

毛鳞鱼

Mallotus villosus

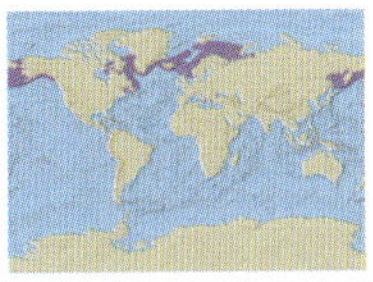

长度 可达25cm

重量 可达52g

深度 0—300m

分布 太平洋北部，大西洋北部，北冰洋

毛鳞鱼体形小，银色，是鲑鱼的近缘类群，常在冷水海域及北极海域形成巨大鱼群，是海鸟和海洋哺乳动物的一种重要食物来源。一些海鸟群落的成功繁殖与毛鳞鱼的繁盛息息相关，而后者又取决于环境因素以及渔业资源的开发。毛鳞鱼也是因纽特人的主要食物来源。其体形纤细，背部呈橄榄绿并会逐渐淡化为体侧的银白色。鱼群游动时，每条鱼都张开口，用已经演变的鳃过滤浮游生物。除了这种主要食物外，它们也捕食蠕虫和小型鱼类。春季，鱼群游向近岸海域。雄鱼首先到达目的地，然后静候雌鱼的到来。雄鱼的体侧会长出一圈特殊的鳞片，以此触蹭雌鱼，刺激雌鱼于沙中产卵。

与潮汐相关的繁殖

毛鳞鱼卵是许多无脊椎动物和鱼类的美味大餐。为了保护鱼卵，大批成年毛鳞鱼在涨潮时游至极浅的海域，在仅位于潮线之下的沙滩上产卵。每条雌鱼产卵量约为6万枚，鱼卵微红，带黏性，埋藏于沙中。约15天后，卵孵化，鱼苗被涌来的海潮从沙中冲出，然后随退潮的海水返回海中。

目 鲑形目

大西洋鲑

Salmo salar

长度 可达1.5m

重量 可达46kg

深度 多在表层海域

分布 大西洋北部的温带海域和寒冷水域以及毗连的河流

大多数海鱼在淡水中会很快死去，而大西洋鲑却能自如来往于河流和海洋之间。具有这种能力的鱼类被称为“溯河鱼”。它们生性善于长距离游泳，身体强健，体呈流线型，尾大。在其洄游产卵过程中，它们需要逆强流而上，跃上瀑布，最后到达产卵地。产卵之前，它们在北大西洋游弋数年，以其他鱼类为食。它们被视为极好的垂钓目标，然而野生大西洋鲑的数量越来越少。

人类影响

鲑鱼养殖

饲养大西洋鲑的海上养殖场常见于苏格兰的海湾和挪威的峡湾。来自淡水孵化场的鱼苗会被转移到海水养殖场的沉网中。关于鲑鱼养殖的环境顾虑主要是鱼虱问题，鱼虱可从养殖场传播开来，感染野生鱼类。此外，用于治疗养殖鱼疾病的化学药品也令人担忧。

目 鲑形目

银鲑

Oncorhynchus kisutch

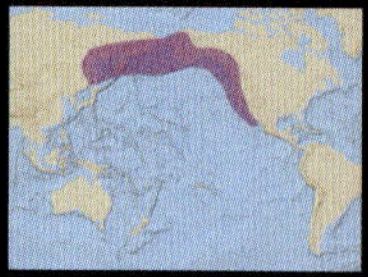

长度 可达1m

重量 可达15kg

深度 0—250m

分布 太平洋北部的温带海域和寒冷水域以及毗连的河流

同大多数其他鲑鱼一样，身体呈流线型的银鲑是视觉敏锐而行动迅捷的捕食者。对垂钓者而言，它的这些特点充满挑战趣味。准备繁殖时，银鲑从海洋返回其出生的河流。溯河洄游时，其身体两侧变为鲜红色，头部和背部则变为绿色。到达河流源头的浅水区后，雌鱼在河床的砾石中挖掘一个巢（产卵区），产下带有黏性的卵，然后雄鱼对这些卵授精。产卵后，成年银鲑便死亡，其尸体成为觅食的熊和其他动物的美餐。

目 鲑形目

北极红点鲑

Salvelinus alpinus

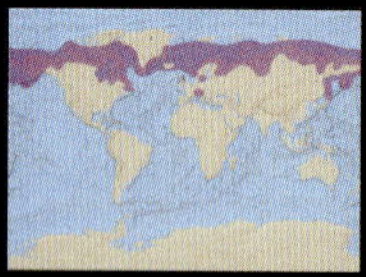

长度 可达1m

重量 可达15kg

深度 0—70m

分布 北冰洋以及北方的淡水河流湖泊

北极红点鲑适宜生存在寒冷、氧气充足的水域，无法适应温暖或受污染的水域。这种鱼有2种生理小种：一种为迁徙型，栖于海中，返回河中产卵；另一种为内陆湖型。迁徙型可长至至少1m长，被视为极好的垂钓目标。在最后一个冰期之后不久，其活动范围曾向南扩大许多，但目前仅限于北极水域。现存于山地湖泊的北极红点鲑就是那段时期的遗留鱼种。

目 巨口鱼目

斯隆氏蝰蛇鱼

Chauliodus sloani

长度 可达35cm

重量 可达30g

深度 475—1800m

分布 全球热带及温带海域

深水鱼是所有鱼中最为奇特的鱼类之一，斯隆氏蝰蛇鱼也不例外。其体形纤细，身体一端是硕大的头，长有巨大的倒钩型齿，另一端则是较小的叉状尾。沿其身体两侧和腹部长有一排排发光器，将其照得如同夜空中飞行的飞机。白天，其待在深海中；晚上，其向上游到猎物丰富的水域捕食。其头部后方的单个背鳍长有很长的第一鳍条，可以拱悬于头部之上，也许有助引诱猎物到其可及的范围内。其全年均可产卵，是9种蝰蛇鱼（全部栖于深海）中的一种。

目 巨口鱼目

穴口奇棘鱼

Idiacanthus antrostomus

长度 可达38cm

重量 可达55g

深度 200—1000m

分布 太平洋东部的热带及温带深海

穴口奇棘鱼常出没于深海，其黑色身体似蛇一般，沿腹部长有发光器。其张开口时，会露出一口锋利的长齿。其下颌的触须尖端为发光器，能够摆动以引诱猎物到其猎食可及的范围内。

穴口奇棘鱼体内也呈黑色，其黑色的胃能遮蔽被吞食的猎物所发出的光。雄性体形只为雌性的1/4。其近缘类群奇棘鱼的幼鱼形态与成鱼相似，但眼柄极长。眼柄会随着鱼的成长逐渐缩回去，最终眼睛会位于眼眶中。

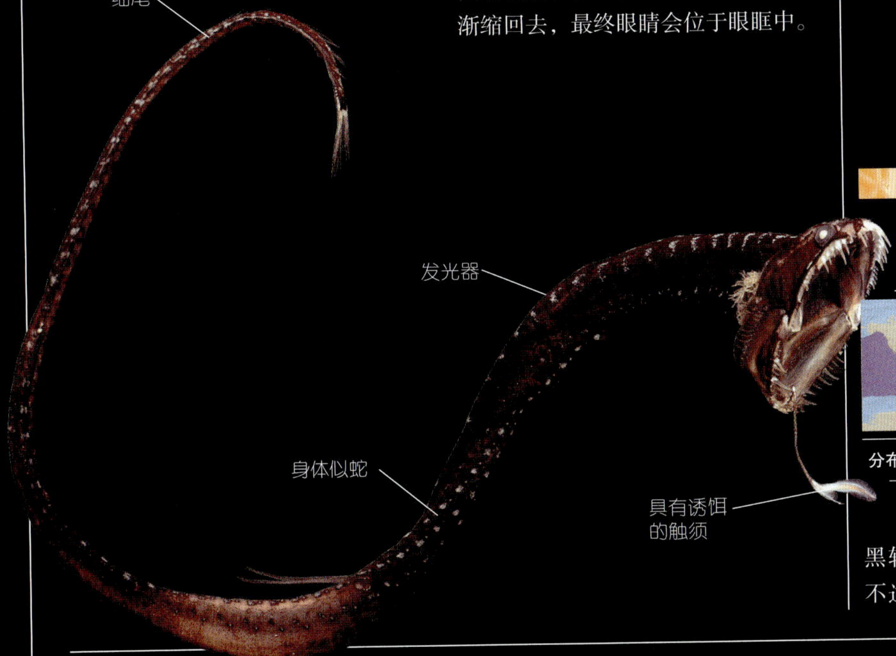

目 巨口鱼目

黑软颌鱼

Malacosteus niger

长度 可达24cm

重量 尚无记录

深度 1000—4000m

分布 全球热带和温带深海水域

同许多其他深海鱼类一样，黑软颌鱼呈黑色，体形较小，口大。不过其有自己的特色——口器无底，取而代之的是一条连接鳃笼和下颌的带状肌，可收缩使口器闭合，其名也由此而来。这种构造也许可使口器张得更大，袭击速度更快。它们还擅长发光。每只眼睛下方均有2个大的发光器，一个可发常见的蓝绿色生物荧光，另一个则发红光。天然的红光照射不到深海，因此大多数深海动物看不到此类光。深海中的红色动物可反射此类红色生物荧光，比如虾，但虾却不知道自己已被照亮。

目 巨口鱼目

棘银斧鱼

Argyropelecus aculeatus

长度 可达8cm

重量 尚无记录

深度 100—600m

分布 全球热带及温带海域

棘银斧鱼善于躲避捕食者，其银色的外表和发出的生物光令其可隐藏于水下下行光中。其身体很薄，因此不易从正面被看到。其生活在中等深度的海域，眼睛大而突出，可充分利用微弱的光线。傍晚，其向上游至100—300m深处捕食小型浮游动物。

目 仙女鱼目

短头深海狗母鱼

Bathypterois grallator

长度 可达37cm

重量 尚无记录

深度 875—3500m

分布 大西洋、太平洋和印度洋的深海水域

短头深海狗母鱼所栖息的深海海床主要由大量软泥构成。因此，为免自身躺在海床上埋伏捕猎时陷入软泥中，其腹鳍和尾鳍的鳍条延长形成三脚架状，以支撑身体。它们迎着水流而立，等待小型甲壳类漂至其可及范围，然后张开大口将其捕食。其眼很小，人们认为其通过感知水中轻微的振动来觉察猎物。

目 仙女鱼目

杂斑狗母鱼

Synodus variegatus

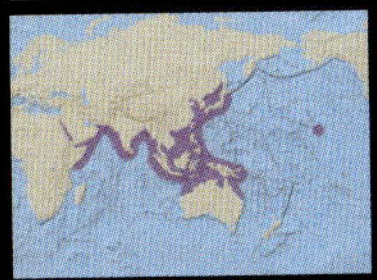

长度 20—40cm

重量 尚无记录

深度 5—90m

分布 红海、印度洋和太平洋西部的热带礁石

杂斑狗母鱼通常以其长腹鳍作支撑栖息在岩石和珊瑚顶上。借助如此有利的位置，其使能密切注视过往的鱼群，然后突然冲出，用一口尖齿从中捉获一条鱼。其口大，可吞下较大的鱼（如图所示）。其身上褐色和红色的杂斑给其提供了伪装，使其可躲避较大的捕食者。其也可将自身埋藏在大片沙中，只露出头和眼。这种鱼对自己的伪装信心十足，在潜水员离其只有数厘米时仍一动不动，之后才突然逃离，再游到别处停栖。在礁石捕鱼的渔民会捕捉它们来食用。

目 灯笼鱼目

斑点灯笼鱼

Myctophum punctatum

长度 可达11cm

重量 尚无记录

深度 0—1000m

分布 大西洋北部和地中海的深海水域

斑点灯笼鱼是世界各大洋中已发现的250多种灯笼鱼的一种。灯笼鱼样貌平平，身体呈梭状，眼大。尽管如此，它们却可通过体侧和腹部的一排发光器发出无与伦比的光。有些品种的灯笼鱼的雄性和雌性的发光器模式不同，这有助于它们在黑暗的海洋深处找到彼此。此外，不同品种的发光器模式也不同。

在大西洋北部经常能见到大群的斑点灯笼鱼。它们和其他灯笼鱼是较大型鱼类、海鸟及海洋哺乳动物的重要食物来源。白天，它们栖息在250—750m的深海水域，但晚上会向上游至约100m深处（甚至海面）来捕食浮游的甲壳类和鱼苗。

目 月鱼目

月鱼

Lampris guttatus

长度 可达2m

重量 50—275kg

深度 100—400m

分布 全球热带、亚热带和温带海域

月鱼在世界各地的海洋里穿梭。其体形犹如巨大的椭圆形餐盘，红鳍，通体呈钢青绿色，布有银色斑点，色彩斑斓。尽管它们没有齿，却是高效的捕食者，捕捉鱿鱼和小鱼。大多数鱼依靠尾巴来游泳，而它们则靠拍打长而窄的翼状胸鳍来游泳。

月鱼通常约重50kg，尽管据报道，曾有样本重达270kg。它们在春季将卵产在中层海域，卵在21天后孵化。月鱼在夏威夷群岛和美国本土西海岸是价格不菲的食用鱼，可用延绳钓来钓，也可用刺网来捕。

目 月鱼目

皇带鱼

Regalecus glesne

长度 可达11m

重量 可达270kg

深度 0—1000m

分布 全球热带、亚热带和温带海域

皇带鱼体长可达11m，是目前科学界已知的最长的硬骨鱼，而且被认为是众多海蛇传说的源头。其头部短，呈淡蓝色，长有由红色长鳍条构成的冠，这令其外形更显奇特。头冠之后的鲜红色背鳍沿其身体延伸，银色的身体上有黑色的条纹和斑点。其名字来源于腹鳍，其一对腹鳍是两条长鳍条，末端膨大，如桨叶般。在开阔海域，皇带鱼随洋流漂流，以其他鱼类和鱿鱼为食，超长的身体保护其免遭大多数捕食者的袭击。尽管它们生活在全球热带和温带海域，人们却难以捕捉或看到活体，因此对其习性知之甚少。

目 鳕形目

大眼鳕

Trisopterus luscus

长度 可达46cm

重量 可达2.5kg

深度 3—100m

分布 大西洋东北部和地中海西部的温带海域

潜水员经常在礁石及沉船周围看到成群带条纹的大眼鳕。这些通常为幼鱼或到近岸海域来产卵的成鱼。年长的大鱼身上的条纹通常已褪去，体色较暗。大眼鳕的身体比其同属鳕科的大多数近缘类群的更深阔。长颏须和长腹鳍能助其察觉甲壳类、软体动物和蠕虫的存在，进而捕食。

目 鳕形目

大西洋鳕鱼

Gadus morhua

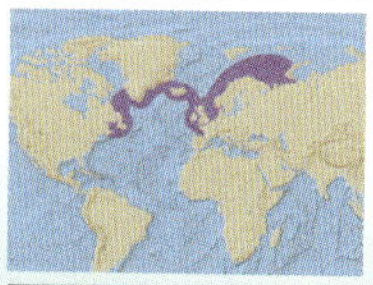

长度 可达2m

重量 可达90kg

深度 0—600m

分布 大西洋北部的温带海域和寒冷水域

大西洋鳕鱼体格强健有力，头大，上颌突出，长有1条长颏须。其鳞片小而长，体色由微红（幼鱼尤为如此）渐变为带斑点的褐色，且有1条明显的白色侧线。大西洋鳕鱼为群居鱼，栖于大陆架上方水域，通常在平坦泥沙区域之上30—80m深处水域觅食。成年鱼迁徙至特定的繁殖地产卵，繁殖季通常为早春，每条雌性在水中产数百万枚卵。这种鱼至少能活25年，成年鱼重逾90kg，但如今捕鱼技术先进，大多数鱼还没长到此年龄及重量就已被捕获。现今，超过15kg的大西洋鳕鱼都很罕见。不过大西洋鳕鱼及其近亲太平洋鳕鱼仍是当今世界最为重要的经济鱼类之一。

鳍和鳞片

大西洋鳕鱼有3个背鳍和2个臀鳍。其小鳞片有年轮环，可以数出鱼的年龄。

人类影响

过度捕捞

大西洋鳕鱼的数量曾一度被认为是无穷无尽的，但如今在其大多数分布区，其数量已大幅减少。其种群分散且只在深度约为200m的特定水域产卵。20世纪90年代初，加拿大的大西洋鳕鱼资源面临枯竭，因此当局实施禁渔，但20多年后其数量才开始回升。在北海，对大西洋鳕鱼资源的管理使其免遭枯竭，如今数量正缓慢回升。

觅食

大西洋鳕鱼在中层海域和海床上觅食。它们吃群集的鱼，如鲱鱼，也吃甲壳类、蠕虫和软体动物。

目 鳕形目

地中海三须鳕

Gaidropsarus mediterraneus

长度 可达50cm

重量 可达1kg

深度 0—450m

分布 大西洋东北部和地中海的温带海域

地中海三须鳕形似鳗鱼，有2个背鳍。第一背鳍是一条短鳍条带，不断地波动。它们在岩石间的潮水潭里用口部触须觅食。它们大多数呈深褐色，但也有一些颜色较浅。

目 鳕形目

单鳍鳕

Brosme brosme

长度 可达1.2m

重量 12—30kg

深度 20—1000m

分布 大西洋北部的温带海域和寒冷水域

单鳍鳕体格强壮，常藏在近海深水区的岩石和卵石之间，在那觅食甲壳类和软体动物。其长有厚唇、1条长颏须、1条长背鳍和1条长臀鳍，鳍边均呈白色。其在夏季产200万—300万枚卵，卵在表层水域漂浮并孵化，成鱼寿命可达20年。人们用拖网和鱼线对其进行商业捕捞（尤其在挪威附近海域），垂钓者也捕捉它们。

目 鳕形目

粗鳞突吻鳕

Coryphaenoides acrolepis

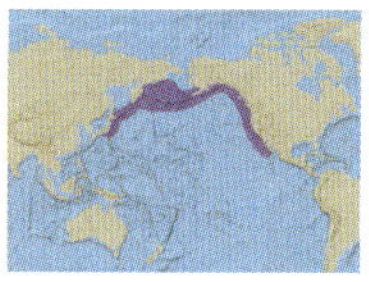

长度 可达1m

重量 可达3kg

深度 300—3700m

分布 太平洋北部的温带深海水域

长尾鳕生活在大陆架附近海域，每个大洋里都数量众多，约有300个种，粗鳞突吻鳕就是其中一种。长尾鳕头很大，眼大，吻部尖，尾长且有鳞，因此也被称为“鼠尾鳕”。粗鳞突吻鳕呈深褐色，长有1个高背鳍。另一个低鳍则沿背部一直延伸至尾。

这种鱼大部分时间都在海床附近觅食，但有时会游到中层海域，捕食鱿鱼、对虾和小鱼。

目 鼬形目

针潜鱼

Carapus acus

长度 可达21cm

重量 尚无记录

深度 至100m深处

分布 地中海；大西洋东部的亚热带海域偶有发现

成年针潜鱼的栖息处非同一般，它栖于海参的体腔内。为了方便出入宿主体内，其外形似鳗鱼，无腹鳍及鳞片。其通体为银白色，身上有淡红色斑点。晚上，其从海参的肛门游出来捕食无脊椎动物，之后返回海参体腔内，返回时尾先进入海参体内。不过，针潜鱼也可能吃掉其宿主的生殖腺和其他器官。

目 蟾鱼目

毒棘豹蟾鱼

Opsanus tau

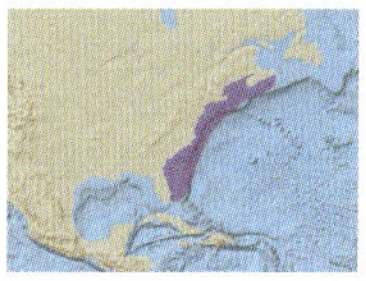

长度 可达43cm

重量 可达2.2kg

深度 尚无记录

分布 大西洋西北部的温带和亚热带海域

毒棘豹蟾鱼头扁，口宽，似蟾蜍的口，唇厚，这让很多人觉得其外形丑陋。其下颌周围长有流苏状物，眼突出，长有2个背鳍，第一背鳍有刺。它们栖于岩石和碎石下，其外形和颜色能为其提供伪装。其生命力顽强，可在漂满垃圾的脏水中生存，因此经常见于码头下。其也被饲养供实验使用，还可养在水族箱中，而且是非常受欢迎的垂钓目标。

用声音求偶

在美国东海岸，每年4月—10月，住在船上的人晚上有时会被吵闹的咕噜声扰得无法入眠，而罪魁祸首正是雄性毒棘豹蟾鱼。

那种令人厌烦的咕噜声是它们发出的求偶声，意在吸引雌性将卵产在其掘于岩石下方的巢中。雄性通过特殊的肌肉振动鳔壁，从而发出声音。鳔壁的作用就如同鼓面。雄性会守护卵，大约4周后卵孵化。

目 鼬形目

泰氏斑点鼬鳚

Chilara taylori

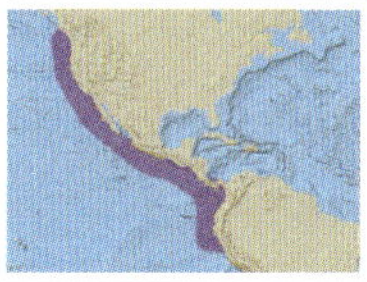

长度 可达37cm

重量 尚无记录

深度 0—280m

分布 太平洋东部的温带及亚热带海域

泰氏斑点鼬鳚是海狮、鸬鹚和其他潜鸟喜爱的食物，因此其最活跃的时间是夜晚和阴天。其外形似鳗鱼，一旦受到威胁，便迅速滑入碎石中，或将自身埋藏在泥沙中（尾先入）。与真正的鳗鱼不同，其长有鳞片和腹鳍。腹鳍简化为一条分叉的鳍条，在头部下方向前远远伸出。其在开阔海域产卵，鱼苗在水面附近活动。鱼苗长成幼鱼后，会在较长一段时间内营浮游生活，之后才栖于海底。

泰氏斑点鼬鳚生活在浅水区，而其近亲之一——斯克里鼬鳚曾被发现于8000多米深的深渊区（详见第182页），是迄今发现鱼类所能抵达的最深深度。

海洋生物

目 鮟鱇目

乔氏茎角鮟鱇

Caulophryne jordani

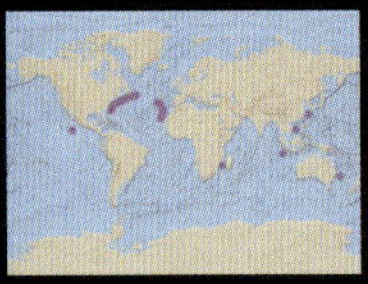

长度 雌性可达20cm；雄性尚无记录，但体形小

重量 尚无记录

深度 100—1500m

分布 全球深海水域

鮟鱇这类鱼包括了海洋中一些外形最为奇异的品种，乔氏茎角鮟鱇无疑就是其中一种。其口大，眼小，背鳍和臀鳍都很大，并有很长的突出的鳍条。其身上还布有触毛，使其看上去更显蓬乱。与大多数鮟鱇一样，其头顶长有可摇动的拟饵体，是由背鳍的第一根鳍条形成的。由于仅少数样本曾被捕获，人们对其生活史知之甚少。不过，其他深海鮟鱇均用此拟饵体吸引猎物进入可及范围，然后张口制造突然而强有力的内向吸入流，转眼间便能将猎物吞掉。深海中的猎物不多，栖于此的鮟鱇通常长有特别大的口及可扩展的胃，能吞下体形跟自己相当甚至比自己更大的猎物。乔氏茎角鮟鱇属长鳍角鮟鱇科。此科的雄性均体形小且不长拟饵体，成年后寄生在雌性身上。乔氏茎角鮟鱇通常很难甄别，因捕获的样本数量极少，通常在被网捕捉时会受损，并且在被带到海面时也会因压强改变而受损。

目 鮟鱇目

圆点蝙蝠鱼

Ogcocephalus radiatus

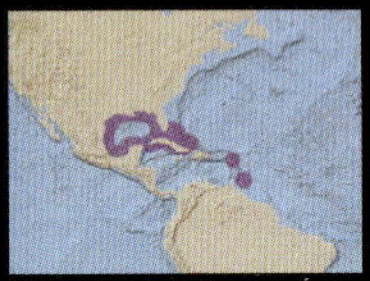

长度 可达38cm

重量 尚无记录

深度 0—70m

分布 大西洋西部及墨西哥湾的亚热带海域

圆点蝙蝠鱼属棘茄鱼科，这一科的鱼是鮟鱇中外形最为独特的。它们用成对的胸鳍和腹鳍支撑身体在海床上行走，搜寻蠕虫、甲壳类和其他鱼类。尽管圆点蝙蝠鱼长有拟饵体，但很短，有证据表明，其拟饵体可分泌气味以吸引潜在猎物。其皮肤坚硬而多刺，可保护其免受捕食者袭击，但其行动迟缓，可被潜水者轻易拾起。

目 鮟鱇目

韦氏蟾鮟鱇

Bufoceratias wedli

长度 雌性可达25cm；雄性尚无记录

重量 尚无记录

深度 300—1750m

分布 墨西哥湾，加勒比海，大西洋

这种深色鮟鱇栖于深海，体小而圆，鳍很别致，其头顶一个长杆状物末端为可发光的拟饵体，被称为“吻触手”。其头上所长的另一个小得多的杆状物则常常难以察觉。其骨骼松脆，肌肉较小，体重相对较轻，可以更轻松地漂浮。它们不必游来游去，只需将猎物吸引至可捕捉的范围便可。科学家曾借助潜水调查船的设备将雌性韦氏蟾鮟鱇毫发无损地吸进一个容器内，而后给其拍了照。迄今为止，还未发现雄性韦氏蟾鮟鱇，雄性很可能体形小且营自由生活。

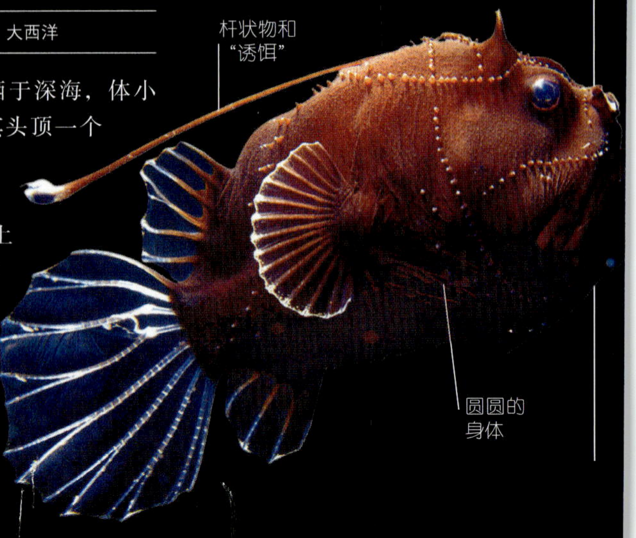

目 鮟鱇目

恩氏单棘躄鱼

Chaunax endeavouri

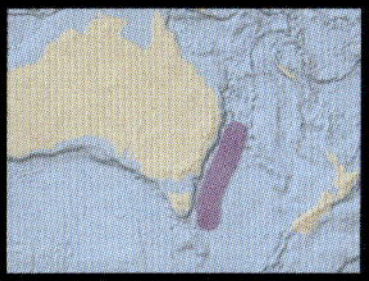

长度 可达22cm

重量 尚无记录

深度 50—300m

分布 太平洋西南部的温带海域、澳大利亚东海岸附近

这种鱼也被称为“科芬鱼”，外形似粉色气球，周身覆盖小刺，身体

可膨胀变大。它们属单棘躄鱼科，身体大而松弛，皮肤松软。与其他鮟鱇一样，其长有拟饵体，但很小，且可藏于吻部凹陷处。人们对其生活史知之甚少，不过其大部分时间都静静地躺在海底的泥层上。其通常出没于大陆架和大陆坡的深水区域，但人们在50m深的浅水处也曾发现其踪影。

目 鮟鱇目

裸躄鱼

Histrio histrio

长度 可达20cm

重量 尚无记录

深度 约0—11m

分布 全球热带和亚热带海域；太平洋东部尚无记录

这种不寻常的鱼属躄鱼科，生活在马尾藻的漂浮藻体上。其像腿一般的胸鳍善于抓握，可抓住海藻簇，沿

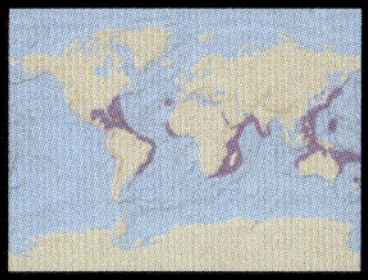

藻体爬行。其皮肤上长有流苏状突起，体色斑驳，颜色多样，可为其提供伪装，将小鱼、小虾引诱至其可及的范围。受到威胁时，其会爬到藻体顶部。其有时会连同藻体一起被冲上岸。

目 鮟鱇目

鮟鱇

Lophius piscatorius

长度 可达2m

重量 可达57kg

深度 20—1000m

分布 从大西洋东北部往南至非洲西部，地中海，黑海

鮟鱇的头部像蔫了的扁平的足球，边缘长有海藻状的皮瓣，为其提供伪装。其宽而扁的身体向尾端逐渐变窄，深色大理石般的皮肤呈褐绿色，这有助于其与海底的沉积物融为一体。它们耐心地躺在海底，摇动背鳍上的肉质拟饵体引诱鱼进入自己的势力范围，然后将其吸进口中。较大的鮟鱇甚至会跃起以捕捉潜鸟。其胸鳍发达，有臂状的根部，且有尖锐的“肘部”，使其可在海床上爬行。鮟鱇属的鱼又被称为“鹅鱼”或“钓鱼蛙”。鮟鱇是商业捕捞的目标，出售时被叫作“安康鱼”。

目 鮟鱇目

约氏黑角鮟鱇

Melanocetus johnsonii

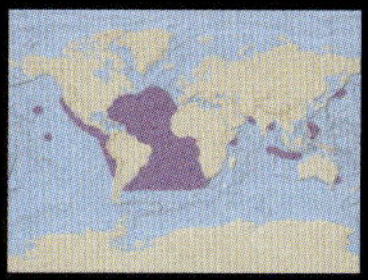

长度 雌性18cm；雄性3cm

重量 尚无记录

深度 至2000m深处

分布 大西洋、太平洋和印度洋的深海水域

这种深海鮟鱇也被称为“黑魔鬼鱼”“驼背鮟鱇”。雌性头硕大，颌大且长有很长的匕首状齿，用于捕捉可能比其自身还大的猎物。其胃可伸展，皮肤松弛，因而能撑下庞大的猎物。虽然雌性并非完全看不见东西，但其眼很小，可能只有当其用发光的拟饵体诱使猎物进入其可及范围后才见得到猎物。相比之下，雄鱼极小，靠敏锐的嗅觉来寻找配偶。雄鱼没齿，靠其吻部的特殊钩状物将自己吊在雌鱼身上。雌鱼产卵后，雄鱼授精，之后便离开雌鱼，但雄鱼离开后究竟能活多久却尚未可知。幼鱼无论雌雄均生活在表层海域，以小型浮游动物为食。

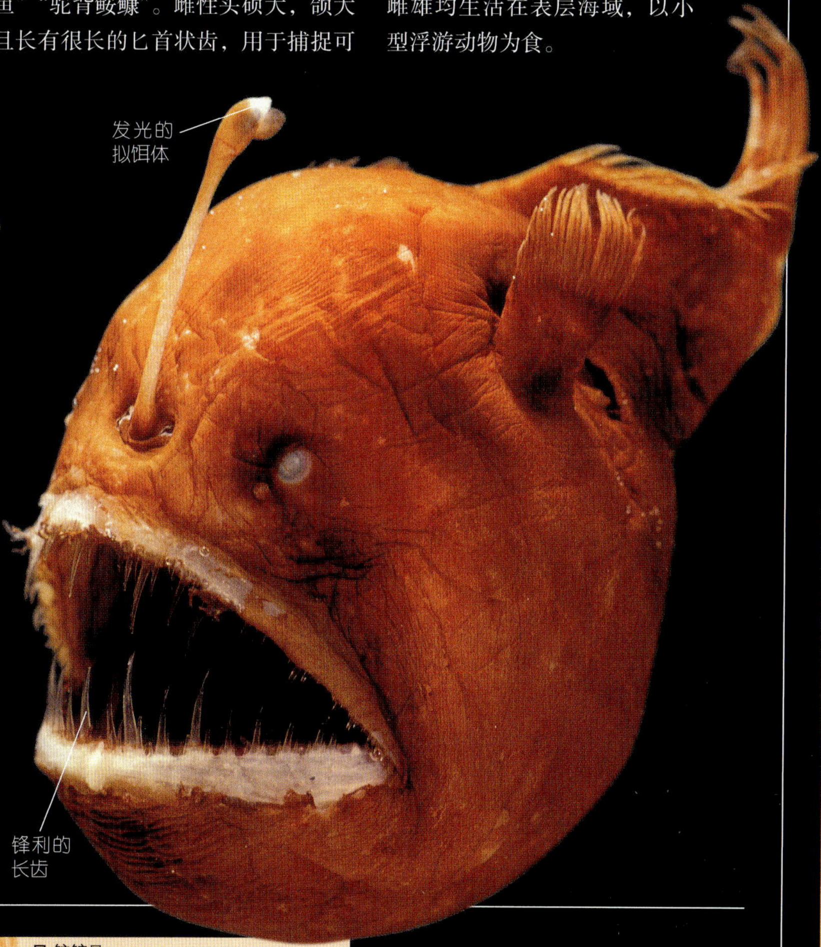

目 鮟鱇目

独树须鱼

Haplophryne mollis

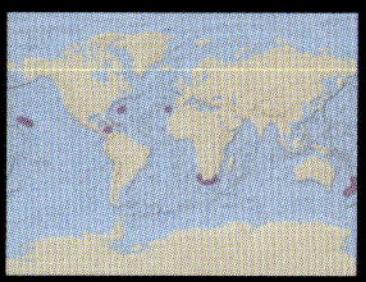

长度 雌性8cm；雄性2cm

重量 尚无记录

深度 200—2000m

分布 全球热带和亚热带深海水域

这种深海鮟鱇不同寻常，其皮肤没有色素。成年雌性身体几近圆形，牙齿很小且数量众多，眼睛上方和口腔后部长有刺，还长有一个很小的拟饵体，由吻部的一小块皮瓣构成。与其他许多深海鮟鱇一样，雄性独树须鱼一生中个头都很小，其生存的唯一目的就是凭借出色的嗅觉寻到雌鱼，然后用特殊的钩状物吊在雌鱼身上。在深海中寻觅配偶并不容易，雌鱼让雄鱼贴附在自己身上，便可确保让产下的卵受精。雄鱼咬进雌鱼的皮肤里，最终成为雌鱼的寄生物，其血液供应与雌鱼融为一体，通过雌鱼获得养分。人们曾发现一条雌鱼身上附着多达3条雄鱼。

目 喉盘鱼目

紫色叉鼻喉盘鱼

Lepadogaster purpurea

长度 7cm

重量 尚无记录

深度 0—2m

分布 大西洋东北部、地中海及黑海的温带海域

强劲海浪不会对这种鱼造成威胁，因为它们能依靠腹鳍所形成的强有力的吸盘吸附于岩石上。其身体贴近地面，头扁平，呈三角形，吻部长，似鸭喙，这令其能轻松地穿梭于岩石间。其只有数厘米长，因而很难被发现，但如果扒开潮水潭里的岩石和海藻，便可见到它们。这种鱼体色多样，但头部后方总是有两个蓝色斑点，斑点周围饰有褐色、红色或黑色，并且眼前长有一条小触须。每逢春夏两季，雌性会在岸边的岩石下方产成团的金黄色卵。亲鱼会一直守护这些卵直至其孵化。

目 颌针鱼目

异尾须唇飞鱼

Cheilopogon heterurus

长度 可达40cm

重量 尚无记录

深度 表层海域

分布 全球热带和暖温带海域

异尾须唇飞鱼又被称为“地中海飞鱼”，以硕大的翼状胸鳍和腹鳍为其鲜明特征。倘若捕猎者（如金枪鱼）从其下方袭击，其便会快速地摆动其有力的叉尾，并在最后时刻展开翼状鳍，从而跃出水面逃脱危险。即使在半空中，其仍能持续摆动尾巴，在空中“飞”100多米。这种鱼可以食用，但并非商业捕捞的目标。

目 颌针鱼目

鳄形圆颌针鱼

Tylosurus crocodiles

长度 可达1.5m

重量 可达6.5kg

深度 0—13m

分布 全球珊瑚礁上方的热带海域

鳄形圆颌针鱼外表呈银色，身形似针状，很难被发现。其经常活动于海面之下，捕食生活在珊瑚礁上方的其他鱼类。其吻部细长，呈矛状，可刺穿小型船只，曾因受惊吓而跃上空中，对人造成严重伤害。这种鱼虽然可以食用，但其肉为绿色，因而并不受欢迎。

目 颌针鱼目

大西洋竹刀鱼

Scomberesox saurus

长度 可达50cm

重量 尚无记录

深度 0—30m

分布 大西洋北部、西北部和东部，地中海

尽管不像其颌针鱼近亲那般瘦长，大西洋竹刀鱼也长有类似的窄长躯体和喙状的长吻部，并长有一口小齿。其背部呈清绿色，两侧呈亮银色。其长有1个背鳍和1个臀鳍，二者后方均有一系列小鳍。这种鱼喜大群聚集，会掠过海面追逐及捕捉小鱼和虾状的甲壳类。它们是商业捕捞的目标，人们通常在夜间用灯光诱捕它们。

目 金眼鲷目

赤鳃锯鳞鱼

Myripristis vittata

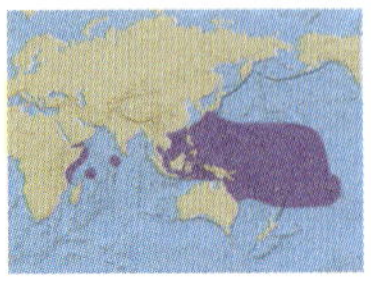

长度 可达25cm

重量 尚无记录

深度 3—80m

分布 印度洋和太平洋的热带海域

锯鳞鱼属的鱼为夜行性鱼类，生活在珊瑚礁中，白天成群躲藏在洞穴中以及陡峭的珊瑚礁的悬壁下方。赤鳃锯鳞鱼与其所属的金鳞鱼科的大部分成员一样为红色。其奇鳍具白色前缘。在深海，尤其是珊瑚礁深处，自然的红光无法穿透，鱼身的红色便呈黑色或灰色，为其提供了伪装。同其他夜行性鱼类一样，其眼睛很大，可助其在暗淡的月光下发现浮游动物并将其迅速吞食。其吻部短而钝，鳞片大，鱼尾深分叉。潜水员经观察发现，其鱼群中的某些鱼经常上下颠倒着随鱼群游动。

目 金眼鲷目

澳洲光颌松球鱼

Cleidopus gloriamaris

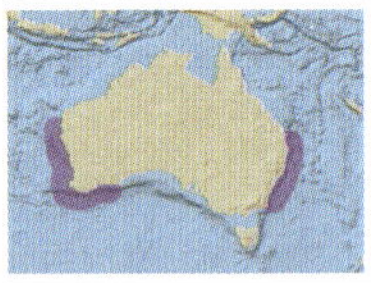

长度 可达22cm

重量 可达500g

深度 3—200m

分布 东印度洋的温带海域，太平洋西南部环澳大利亚的温带海域

澳洲光颌松球鱼全身覆有大且厚的鱼鳞，鳞片骨化并有刺。每片黄色的鳞都镶有黑边，看上去就像菠萝皮般。其生活在黑暗的洞穴中及岩礁的岩架下方。其下颌有一对发光器，当嘴巴闭合时发光器被上颌遮蔽。发光器在白天发橘色的光，晚上则发蓝绿色的光，能辅助其寻找甲壳类和小鱼等猎物。

目 金眼鲷目

灯眼鱼

Photoblepharon palpebratum

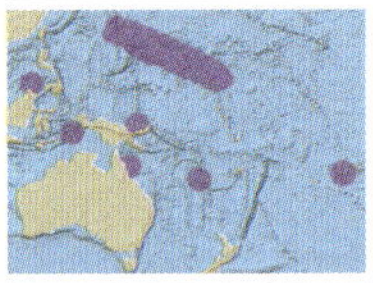

长度 12cm

重量 尚无记录

深度 7—25m

分布 太平洋西部和中部的热带海域

这种体形娇小的鱼最大的特点就是其两只眼下方的发光器。其蓝绿色的光可通过像眼睑一样的黑色膜状物进行启闭。它们夜间活跃，通常群体觅食并利用光作为彼此间的交流信号，震慑捕食者，以及寻找小型浮游动物为食。晚上，潜水者有时可在陡峭的礁石表面看见它们，但白天则鲜见，因为那时候它们通常都躲在洞穴之中栖息。

目 金眼鲷目

角高体金眼鲷

Anoplogaster cornuta

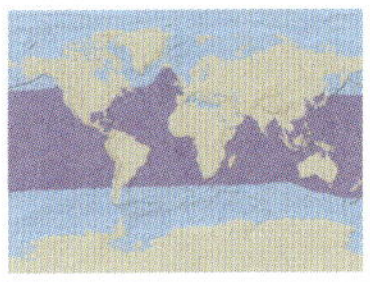

长度	15—18cm
重量	尚无记录
深度	500—5000m

分布 全球温带和热带深海水域

这些深海捕食者有军刀般的巨大牙齿，可紧紧咬住与之体形相当的鱼。这些牙齿并不适于撕裂和咀嚼猎物，因此它们会像蛇那样将猎物整个吞食。成鱼通体呈黑色或深褐色，并能在水下5000m深处生活，但它们更常出没于水下500—2000m深处。它们单独或成小群觅食其他鱼类。幼鱼与成鱼外形差异极大，因此在1955年之前一直被误归类为单独的另一个物种。幼鱼呈浅灰色，头部有长刺，生活在50m深的浅水区域，主要以甲壳类为食。

成年雌鱼将卵子直接排入大海，这些卵子会孵化为浮游幼虫。幼鱼长到8cm长的时候，外形才有如成鱼的样子。

目 金眼鲷目

大西洋胸棘鲷

Hoplostethus atlanticus

长度	50—75cm
重量	可达7kg
深度	900—1800m

分布 大西洋北部和南部，印度洋，太平洋西南部和东部

这是最长寿的鱼类之一，据记载，其个体可活至少149年。其呈明亮的砖红色，但在所生活的黑暗的水下世界里呈黑色，这有助于其躲避捕猎者。

这些身体深阔、多刺的鱼生活在崎岖海底的上方水域中，生活范围相对有限。远洋渔业现将其当作捕捞目标，但因生长缓慢，繁殖期晚，过度捕捞会威胁其生存。澳大利亚政府于2006年将其列为受威胁物种。

目 海鲂目

海鲂

Zeus faber

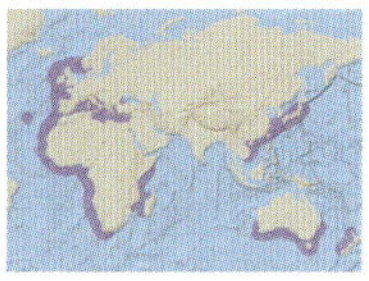

长度	可达90cm
重量	可达8kg
深度	5—400m

分布 大西洋东部，地中海，黑海，印度洋，太平洋西部和西南部

在众多鱼类中，海鲂的外形别具特色：身体圆而薄，嘴巴笨重，鳍高。它们是捕猎专家，能够迎头偷偷接近猎物。得益于其薄薄的身体，当其以这种姿势靠近猎物时，几乎不会被发现，可无限接近猎物。一旦猎物进入其攻击范围，它们使用可伸出的颌将其吞食。

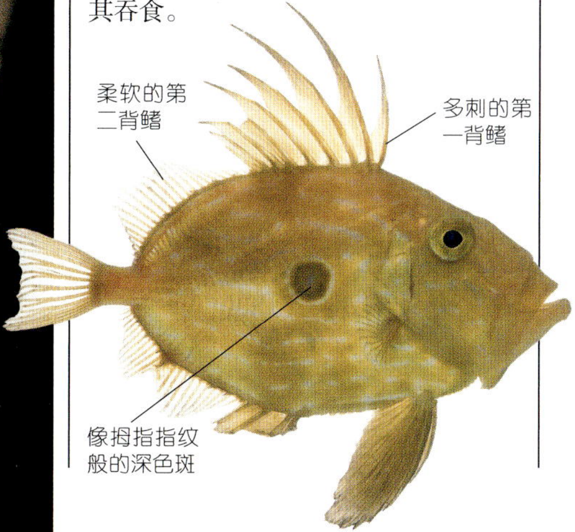

深海捕捞

乘小船出海用拖网捕鱼是种费力且危险的谋生方式。多年来，很多渔民因此葬身大海。

渔业

大海资源丰富，为我们提供了高品质的食物和很多有用的副产品，也养育了沿海渔村社区。长久以来，人们将鱼类视为永不枯竭的资源，但现代工业规模的捕捞手段严重破坏了这一资源。许多鱼群遭受影响，其中一些将无法恢复。全球海洋鱼类和贝类的捕捞量从1950年的167×10^5t稳步增长至1996年的877×10^5t，如鲲鱼的捕捞量，只在受厄尔尼诺现象（详见第68—69页）影响的年份稍有下降。但自1996年以来，捕捞量下降，徘徊在8×10^7t左右。

要维持可持续的渔获需面对很多问题。其中最根本的难题是对鱼群的保护。只要有捕捞者合法或非法地持续捕捞，其他捕捞者就会失去休渔护鱼的动力。公海的捕捞难以监管，而非法捕捞在一些地区十分猖獗。众所周知，移动的鱼群难以准确地被评估，而非法捕捞和交易以及不准确的报告则歪曲了捕捞数据。

很多大规模捕捞手段会造成滥捕，即误捕其他鱼类（丢弃）、无脊椎动物（丢弃）、海龟、鲸类和海鸟。带有逃生口的网可保护海龟，有醒目标识的延绳钓可防信天翁被钩住，这都是减少误捕的新方法。玉筋鱼和其他小鱼（银鱼）是海鹦等海鸟的重要食物，却被工业捕捞并加工成家畜饲料。不过并非所有的渔业都不可持续，如今消费者得到越来越多的指引，以支持管理得当的渔业和非破坏性捕捞方式。

传统渔业活动

传统渔业活动使用小规模的渔具，极少对鱼群构成威胁。鱼是人类重要的食物来源，特别是在发展中国家，鱼满足了人们对蛋白质总量80%的需求；渔业也是这些国家经济的重要组成部分。然而，这种本地化的传统渔业的渔获仅占全球总渔获量的10%。

高跷钓鱼 斯里兰卡和泰国的部分地区仍在采用这种捕鱼方式。渔民坐在浅水区的高竿上垂钓。

渔业与环境

损害和浪费

海底拖网作业 沿海床拖动的渔具会损害海洋生物并搅动沉积物，令附近的动物窒息，造成伤害。沉重的金属质扇贝耙造成的损害尤其大。

虾和副渔获物 每一次捕虾，重达虾获10倍的其他动物也被捞上来，并随后被丢弃。

对野生动物的危害

渔具 每年，成千上万的动物因被渔具缠住而白白丧生。这只被缠住的夏威夷僧海豹是稀有动物，全球总数不足1000只。

海龟 人们用延绳钓来钓金枪鱼，带有上千个鱼钩的渔线绵延数十千米，也会杀死海龟、鲨鱼和海鸟。

海水养殖

扇贝养殖 养殖扇贝是对环境友善的做法，可避免拖网作业对海床和其他物种产生的不利影响。

圈养金枪鱼 将野生金枪鱼置于笼中养殖的做法介于捕捞和养殖业法规之间，人们担心这种做法会令已遭过度捕捞的鱼群进一步枯竭。

目 海龙目

叶形海龙

Phycodurus eques

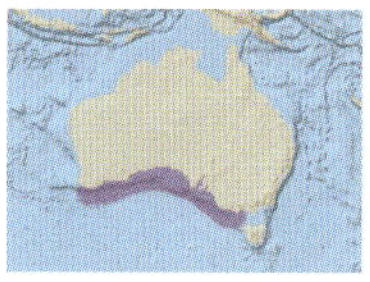

长度 35cm

重量 尚无记录

深度 4—30m

分布 印度洋东部，澳大利亚南部沿岸

叶形海龙也许是最不像鱼的一种鱼。其头部和身体上奇异的流苏状和褶边状物给其提供了奇特的伪装，足以欺骗天敌和猎物。甚至其身体和尾巴都是弯曲的，仿佛是海藻的茎一般。其与海马是近亲，具有与之类似但更长的管状吻部。这是一种有效的进食工具——其将吻部对准小虾后努力吸吮，就像人使用吸管一样。其生活在多岩石的、有海藻覆盖的珊瑚礁上以及海草床中。与海马不同，其不能用尾巴将目标盘住。其移动非常慢，模仿海藻的形态随波漂荡。与海马和尖嘴鱼一样，雌性叶形海龙在雄性尾部下方的育儿囊中产卵，由雄性携卵，直至卵孵化。

目 海龙目

斑点管口鱼

Aulostomus maculatus

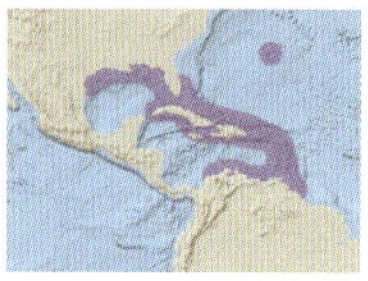

长度 可达1m

重量 尚无记录

深度 2—25m

分布 墨西哥湾，加勒比海以及大西洋西部的亚热带海域

斑点管口鱼看起来像块漂浮的木头，藏在海扇或其他珊瑚之中。其身体细长且直，张开口时，长吻部如同薄喇叭。斑点管口鱼通常呈褐色，但也有一些个体呈黄色。它们平躺埋伏，袭击游经的鱼群，也会跟随海鳗等捕食性鱼类，趁后者将鱼赶出隐藏处时偷食其捕猎成果。

目 海龙目

剃刀鱼

Solenostomus paradoxus

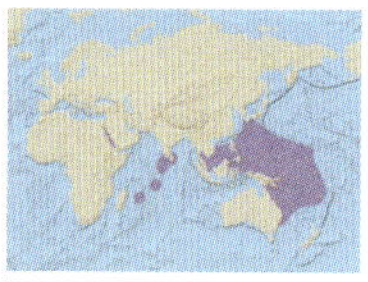

长度 12cm

重量 尚无记录

深度 尚无记录

分布 印度洋以及太平洋西部和西南部的热带珊瑚礁

剃刀鱼身形细长，两侧看上去像长了翼一般。事实上，这对“翼”是扩大了的腹鳍，已演化为育儿囊，雌鱼将卵置于其中直至孵化。这种不寻常的鱼身上的明亮颜色和图纹多种多样，以模仿其生境中的礁毛头星和黑珊瑚。其游动时通常头朝下，身体与周围的枝条并排竖立，从而进一步伪装自己。

目 海龙目

金海龙

Entelurus aequoreus

长度 可达60cm

重量 尚无记录

深度 10—100m

分布 大西洋东北部的温带海域

乍一看，金海龙容易被误当作小海蛇。其长长的身体光滑且圆润，逐渐变细为尖尾，有细小的尾鳍。然而，与所有的尖嘴鱼和海马一样，其头部突出，形成管状的吻部，用以吸食小型浮游甲壳类和鱼苗。其无鳞片，取而代之的是皮肤之下有包裹全身的分节骨板。

金海龙橙褐色的身体上长有淡蓝色环纹。其生活在海藻中，伪装得很好。夏季，雌鱼将数百枚卵产在雄鱼腹部的育儿囊中。卵在育儿囊中孵化，幼鱼长至约1cm长时（尚未完全长成）离开育儿囊。

目 海龙目

欧洲海马

Hippocampus hippocampus

长度 15cm

重量 尚无记录

深度 5—60m

分布 大西洋东北部以及地中海的温带和亚热带海域

在海马的世界里，雄性承担繁衍后代的任务。在一段精妙的求偶舞蹈之后，雌性将卵产在雄性腹部的育儿囊中。在孵出小海马之前，育儿囊一直处于闭合状态。欧洲海马的明显特征是长度不到其头部长度1/3的短吻。

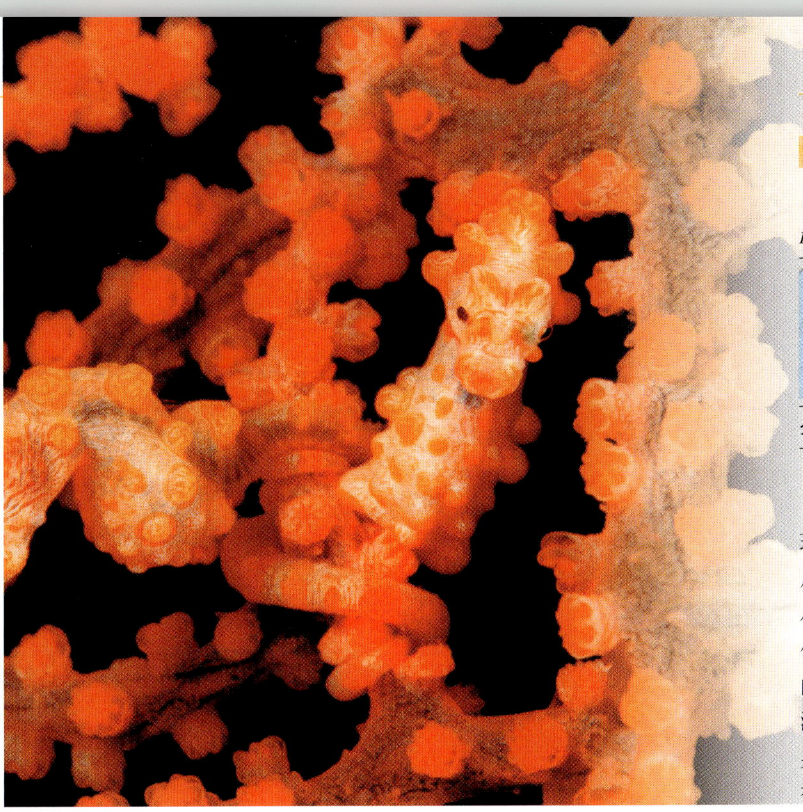

目 海龙目

巴氏豆丁海马

Hippocampus bargibanti

长度 2.5cm

重量 尚无记录

深度 15—50m

分布 太平洋西南部的热带海域

这种细小的海马生活在小尖柳珊瑚属的珊瑚中，在一次水族馆收集海扇的过程中首次被发现。其身体布满小结节，与其宿主的珊瑚虫个体极相似，因而很难被发现。其用适于抓握的尾巴紧抓住珊瑚，伸出身体吸食浮游动物。与其他海马一样，其坚硬的身躯由骨板组成，头部紧缩，就像是被辔头紧紧勒住的马头。

目 刺鱼目

三刺鱼

Gasterosteus aculeatus

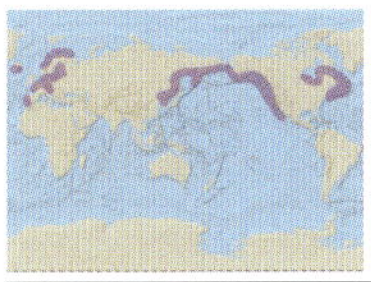

长度 11cm

重量 尚无记录

深度 0—100m

分布 大西洋北部和太平洋北部的温带海域

三刺鱼在淡水和海水中均可生存。其背部有3根尖刺，体侧长有一系列骨板。三刺鱼因其繁殖行为而出名——雄鱼用植物筑成隧道般的巢，以此引诱一条甚至更多的雌鱼进入巢中产卵。在受精卵的孵化过程中，雄鱼会将富含氧气的水扇向卵上方。

目 海龙目

刀片鱼

Aeoliscus strigatus

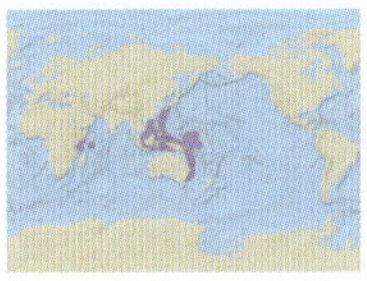

长度 15cm

重量 尚无记录

深度 1—20m

分布 印度洋和太平洋西部的热带珊瑚礁

有些岩礁鱼类习惯上下颠倒着游动，而刀片鱼则成群以垂直的姿态同步游动，其长长的管状吻部朝下。这些奇特的鱼身上覆盖着透明的骨板，沿腹部形成锋利的脊，如同剃刀的刀锋一般，其尾部呈针尖状。当其躲在海胆和枝状珊瑚中时，其身上的暗色条纹可为其提供伪装。

目 鲉形目

玫瑰毒鲉

Synanceia verrucosa

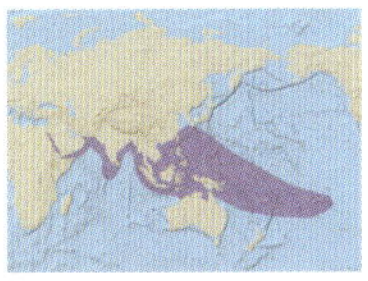

长度 可达40cm

重量 可达2.5kg

深度 1—30m

分布 印度洋和太平洋西部的热带海域

玫瑰毒鲉是世界上毒性最强的鱼，其毒刺足以杀死一个人。其背鳍上的每根尖刺根部都有一个毒腺，并有一根槽状导管从毒腺直达刺尖。其静静地躺在石头或浅水区的沉积物上，体色与周围环境融为一体，极易被踩到。通过伪装，其能伏击游经附近的鱼，以闪电般的速度将之吸进洞穴一样的口中。

目 鲉形目

蓑鲉

Pterois volitans

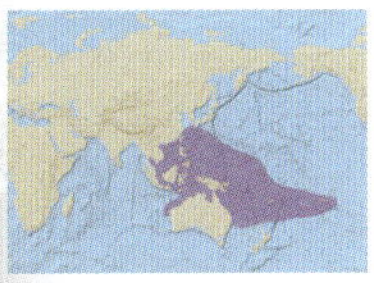

长度 可达38cm

重量 尚无记录

深度 2—55m

分布 印度洋东部和太平洋西部的热带海域

尽管蓑鲉可造成令人痛苦的蜇伤，但对人类来说，其通常并不危险。其带有红色条纹的绚丽体色对潜水员及捕猎者都起到警告作用。其也称“狮子鱼”，夜间捕食，用翼状的胸鳍将鱼、虾、蟹等猎物困在珊瑚礁之间。

目 鲉形目

牛首杜父鱼

Taurulus bubalis

长度 可达25cm

重量 尚无记录

深度 0—100m

分布 大西洋东北部和地中海西部的温带海域

杜父鱼体形小，生活在冷水中，是鲉鱼和玫瑰毒鲉（见上）的近缘类群。与它们一样，底栖的杜父鱼身体粗壮，头宽，口大，鳍多刺。牛首杜父鱼的每侧脸颊上还有一根长且尖的刺。但其所有的刺都是无毒的。这种小鱼可见于潮水潭，但由于其体色与环境融为一体，难以被发现。冬季，雌鱼把成团的卵产在岩石中，由雄性看护，直至5—12周后卵孵化。

目 鲉形目

普氏鲉

Scorpaena plumieri

长度 可达45cm

重量 可达1.5kg

深度 1—60m

分布 大西洋西部，大西洋东部的阿森松岛及圣赫勒拿岛周边海域

普氏鲉身体色彩斑驳，头部覆有海藻般的皮瓣，当其静静地在海底休息时几乎难以被觉察。然而，一旦受到侵扰，其会张开宽大的胸鳍，展示引人注目的带白点的黑斑。通常情况下，闪现这些“假眼”足以吓走潜在的捕猎者，若这种方法不奏效，其还能用背鳍上的毒刺防卫。

目 鲉形目

红体绿鳍鱼

Chelidonichthys cuculus

长度 可达50cm

重量 尚无记录

深度 15—400m

分布 大西洋东北部和地中海的温带海域

红体绿鳍鱼可说是“能走会说”的鱼。其胸鳍的前三根鳍条演变成分开的指状厚触须，布有感觉器官。其用这些触须在海底“行走”并探寻虾蟹。其较大的头部由骨板保护，还长有刺和2个分开的背鳍。

这种鱼有时形成鱼群，边游边发出短而急促的咕噜声。它们以特殊的肌肉振动鱼鳔来发声，以便与附近的其他同伴保持联系。它们在春夏季产卵，卵和幼体均漂浮在水面附近。成鱼可活至少20年。尽管人们也对之进行商业捕捞，但其并非主要目标。

目 鲉形目

圆鳍鱼

Cyclopterus lumpus

长度 可达60cm

重量 可达9.5kg

深度 2—400m

分布 大西洋北部的温带海域和寒冷水域

成年圆鳍鱼的外形略显奇怪，第一背鳍过度生长，覆有块状厚皮。其大而圆的身上还有其他骨块不规则地成排突出。腹鳍则在腹部形成强有力的圆盘状吸盘，其可靠吸盘吸附在岸边受海浪拍击的岩石上产卵。雄鱼守护卵，使之不受蟹类攻击，并为之扇水，使之获得充足的氧气。其卵被作为鱼子酱的替代品销售。

目 鲈形目

多锯鲈

Polyprion americanus

长度 可达2m

重量 可达100kg

深度 40—600m

分布 大西洋，地中海，印度洋，太平洋

多锯鲈的幼鱼喜生活在失事船只残骸附近，因而这种鱼又被称为“海难鱼”。这是一种体形结实的大型鱼，有尖尖的头部和突出的下颌。其还长有1个多刺的背鳍和横跨鳃盖的骨嵴。成鱼生活在海底附近，常躲藏在沉船和洞穴中。幼鱼则更喜欢表层水域，人们常常能借助通气管潜泳来接近它们，大概是因为它们误将游泳者当作漂浮的船只残骸。幼鱼长大后便不再如此四处游动，转而到海底附近生活。成鱼肉质鲜美，人们用延绳钓来捕捉它们。

目 鲈形目

燕尾鲈

Pseudanthias squamipinnis

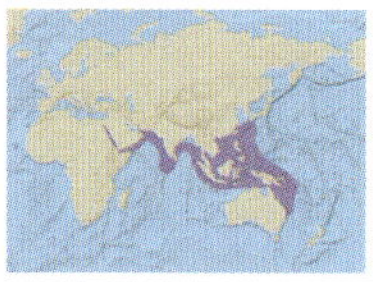

长度 可达15cm

重量 尚无记录

深度 0—55m

分布 红海，印度洋和太平洋西部的热带海域

燕尾鲈生活在珊瑚出露处附近。雄鱼体形较大，颜色更艳丽，背鳍前部长有一根长丝。它们会捍卫自己的多个雌性配偶。长得较大的雌性会变性为雄性。

目 鲈形目

黑斑石斑鱼

Epinephelus tukula

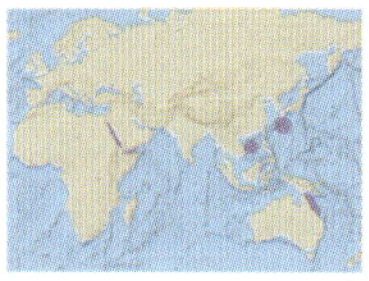

长度 可达2m

重量 可达110kg

深度 10—150m

分布 红海、亚丁湾和太平洋西部的热带海域

石斑鱼是珊瑚礁上重要的大型捕食者。它们捕食病弱鱼类，有助于维持珊瑚礁的健康。它们也吃蟹类和眼斑龙虾。黑斑石斑鱼栖息于较深的礁石水道及海山附近。其头大，身体沉重，长有1条多刺的长背鳍。其身上布有不规则的深色斑，从眼部开始呈放射状布有深色条纹。它们具有地盘意识，在某些地区由潜水员人工喂养。然而，曾有一位潜水员在遭一条大型黑斑石斑鱼撞击胸部后溺亡。由于体形大，用鱼叉捕鱼的渔民可较轻易地将其捕获。

目 鲈形目

四线笛鲷

Lutjanus kasmira

长度 可达40cm

重量 尚无记录

深度 3—265m

分布 红海、印度洋和太平洋的热带珊瑚礁

白天，潜水者常常可在珊瑚和岩石出露处看到大群四线笛鲷。其流线型的身体使其能快速游动。它们在夜晚分散开来，捕食小鱼和底栖甲壳类动物。它们长有亮黄色的单个长背鳍，其他鳍也是亮黄色的。四线笛鲷和其他许多类似品种是重要的经济鱼类。由于颜色美丽，它们颇受观赏鱼爱好者青睐。

目 鲈形目

大眼赤刀鱼

Cepola macrophthalma

长度 可达80cm

重量 尚无记录

深度 15—400m

分布 大西洋东北部的温带和亚热带海域，地中海

20世纪70年代，潜水员在英国西海岸的兰迪岛的浅海中发现了一群大眼赤刀鱼，在此之前，人们对这种奇怪的鱼几乎一无所知。这种鱼外形像鳗鱼，但侧扁，一条金黄色长鳍沿躯体上下两侧延伸。成年雄鱼的鳍边缘呈亮蓝色。它们栖息在深深的泥穴里，仅探出身捕食经过其身边的箭虫和其他浮游生物，与热带的哈氏异康吉鳗（详见第343页）的捕食方式相似。有时其也会游离自己的洞穴。除了单个洞穴之外，其也有包含成千上万个体的群落。其洞穴有时跟穴居蟹的洞穴相连，这可能是有意的联合。

目 鲈形目

黄天竺鲷

Apogon aureus

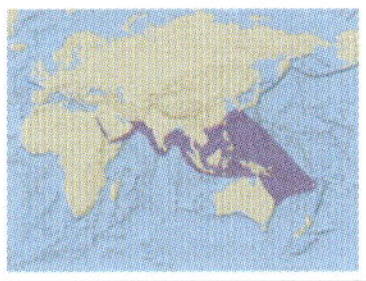

长度 可达15cm

重量 尚无记录

深度 1—40m

分布 红海，印度洋和太平洋西部的热带海域

天竺鲷是小型夜行性礁鱼。黄天竺鲷白天躲藏在珊瑚下和缝隙中，夜晚出来捕食浮游生物。其尾基部有一道独特的黑色环纹，两条蓝白色线纹从吻部延伸至眼部。天竺鲷约有350个种，与其他的品种一样，黄天竺鲷有2个分开的背鳍。雄鱼在生殖季不进食，雌鱼产卵后，雄鱼将其置于自己的口中，保护它们直至孵化。

目 鲈形目

厚唇石鲈

Plectorhinchus chaetodonoides

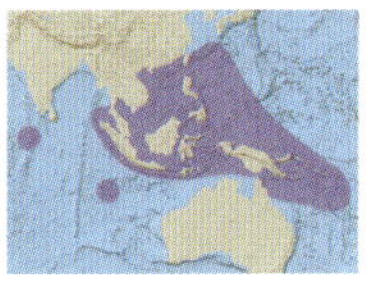

长度 可达72cm

重量 可达7kg

深度 1—30m

分布 印度洋和太平洋西部的热带海域

黄昏时分，人们常可看到小群厚唇石鲈聚集在大型珊瑚岬周围，等待裂唇鱼（详见第361页）来清理它们身上的寄生虫。这些身体深阔的鱼长有棕黑色的小斑点，得益于此，当其在光影变幻的珊瑚礁中穿梭时，其轮廓显得不甚清晰。其能用厚唇挖出沙中的无脊椎动物，因而得名。

幼鱼的伪装

厚唇石鲈幼鱼身上的图案和成鱼迥然不同。它们身体呈棕色，有镶黑边的白斑。幼鱼以横向波浪状起伏的姿态游动，模仿与其颜色相似的一种有毒的扁形虫，以避开捕食者。其身上的色彩同时也警告捕食者其口味不佳。

目 鲈形目

黄色蝴蝶鱼

Chaetodon semilarvatus

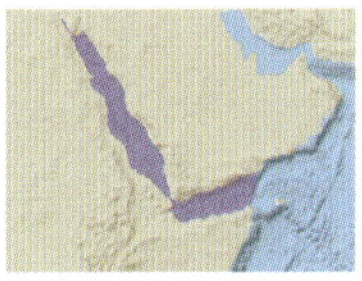

长度 可达23cm

重量 尚无记录

深度 3—20m

分布 红海和亚丁湾的珊瑚礁

蝴蝶鱼可反映珊瑚礁的健康状态。若这些颜色艳丽的圆盘形鱼数量众多，种类丰富，表明珊瑚生长繁盛。黄色蝴蝶鱼通常成对出现，躲在风信子鹿角珊瑚下方。其蓝色眼斑将眼睛掩藏，可迷惑捕猎者。

目 鲈形目

额斑刺蝶鱼

Holacanthus ciliaris

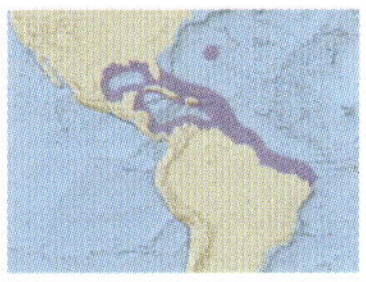

长度 可达45cm

重量 可达1.5kg

深度 1—70m

分布 墨西哥湾，加勒比海，大西洋西部的亚热带海域

这种蓝黄色鱼是色彩斑斓的加勒比海岩礁鱼类的一种，体形苗条，轻松地穿梭于珊瑚和海扇之中。其主要依靠细小的口器和刷子般的齿啃食海绵为生。与其他刺蝶鱼一样，其鳃盖角长有一根尖刺。幼鱼呈棕黄色，并有蓝色弯纹，食其他鱼身上的寄生虫。

目 鲈形目

六带鲹

Caranx sexfasciatus

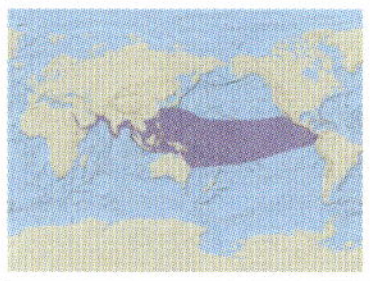

长度 可达1.2m

重量 可达18kg

深度 1—100m

分布 印度洋和太平洋的热带海域

白天，成群的六带鲹懒懒地呈螺旋状盘旋在珊瑚礁水道中及陡峭礁坡旁，然而到晚上，这些快速的捕猎者分散开来，在礁石上搜刮猎物。这种银色鱼的较快游速得益于其身体构造。其长有由骨板（鳞甲）加固的窄尾基以及1个分叉的尾鳍。其第一背鳍向下折，呈沟槽状，增进了鱼体的流线型，胸鳍窄且弯。

鲹有许多不同的品种，彼此之间难以区分。六带鲹的眼睛相对较大，第二背鳍尖端通常为白色。这种鱼很美味，在东南亚的市场随处可见。幼鱼生活在近岸海域，并有可能进入河口和河流。

目 鲈形目

舟鰤

Naucrates ductor

长度 可达70cm

重量 尚无记录

深度 0—30m

分布 全球热带、亚热带和温带海域

虽然舟鰤是肉食性的鲹科（见左）的一员，但它们靠食腐及清理寄生虫为生，居无定所，与大型海生硬骨鱼、鲨鱼、魟鱼及海龟共游。其苗条的身体呈银色至淡蓝色，有6或7道醒目的粗黑环纹，这有助于宿主识别并接受它。当宿主捕杀猎物后，舟鰤飞快地吃掉残渣碎肉，并清除宿主身上的寄生虫。幼鱼和水母关系紧密。

目 鲈形目

䲟鱼

Echeneis naucrates

长度 可达1m

重量 可达2.3kg

深度 20—50m

分布 全球热带、亚热带和温带海域

䲟鱼的鲜明特征是其头顶强有力的吸盘，其靠吸盘牢牢吸附在其他鱼的身上。其以宿主的食物残渣和寄生虫为食，也吃小鱼。通常吸附在鲨鱼或其他大型鱼类、鲸和海龟身上，也会在珊瑚礁上方自由游动。其身体细长，尾呈扇形。

目 鲈形目

鲯鳅

Coryphaena hippurus

长度 可达2.1m

重量 可达40kg

深度 0—85m

分布 全球热带、亚热带和温带海域

体色绚烂的鲯鳅跃出水面时颇为壮观。其背部和体侧是金属般的蓝绿色，逐渐过渡为腹面的黄白色。其是一种游速极快的海鱼，游动的动力源自分叉的长尾，单个细长的背鳍则提供了稳定性。其是非常有市场价值的鱼类品种。

目 鲈形目

眼斑双锯鱼

Amphiprion ocellaris

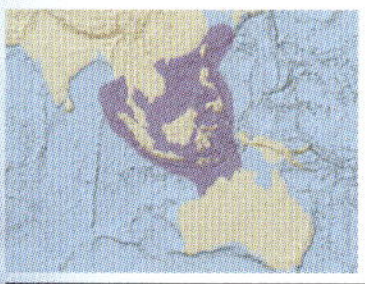

长度 可达11cm

重量 尚无记录

深度 1—15m

分布 印度洋东部和太平洋西部的热带海域

眼斑双锯鱼最令人惊讶之处是其栖息处——大型带刺海葵丛中。这种体色为橙、白二色的小鱼一生都与自己所选择的海葵（3个品种之一）相伴。夜晚，其睡在海葵圆盘体上的触手基部之中。其不会被海葵蜇刺或吃掉，因为海葵不会觉察其存在：鱼的身体被一种特殊的黏液所覆盖，海葵不会将其当作食物。一株海葵通常可容纳一条大的雌鱼、其体形较小的雄性伙伴以及几条幼鱼。

若雌鱼死亡，雄鱼便变性为雌鱼，然后最大的幼鱼接替成年雄鱼的角色。眼斑双锯鱼和海葵双锯鱼都是极受欢迎的观赏鱼，在某些地区，它们的数量因过度捕捞而减少。

目 鲈形目

岩豆娘鱼

Abudefduf saxatilis

长度 可达23cm

重量 可达200g

深度 1—15m

分布 大西洋的热带和亚热带海域

这种小鱼常见于大西洋的大部分珊瑚礁上。其是雀鲷科中最常见的成员之一，常成大群捕食浮游动物，聚集于礁石上方觅食小动物及鱼卵。在旅游区，这种鱼被潜水员和船只所吸引，并会吃掉他们给的几乎任何食物。雄鱼负责准备栖息处，并守护雌鱼产下的卵。人们在印度—太平洋地区的珊瑚礁上发现了一种与其相似的物种——条纹豆娘鱼。

目 鲈形目

红纹隆头鱼

Labrus mixtus

长度 可达40cm

重量 尚无记录

深度 2—200m

分布 大西洋东北部和地中海的温带和亚热带海域

红纹隆头鱼是北欧海域中色彩最鲜艳的鱼类之一。较大的成年雄性（如图）体色呈美丽的蓝色和橙色，雌性则呈粉色，且沿背部长有黑白相间的斑块。一些雌鱼在7—13岁时变换颜色和性别，成为功能健全的雄鱼。这种雄鱼被视为次级雄鱼，它们与雌鱼配对产卵。雄鱼会掘一个巢，并以精妙的游泳表演吸引雌鱼。更为复杂的是，人们发现还有少数鱼出生时即为雄鱼却拥有雌鱼的颜色。这种雄鱼被视为初级雄鱼，人们对其在繁殖过程中所扮演的角色尚未完全确定。

目 鲈形目

裂唇鱼

Labroides dimidiatus

长度 14cm

重量 尚无记录

深度 1—40m

分布 印度洋和太平洋西南部的热带珊瑚礁

裂唇鱼一生都在为其他的鱼、海龟，甚至（偶尔是）潜水员清洁打扮。这种小鱼呈银蓝色，有黑色条纹从吻部延伸至尾部。“客户”可通过其条纹认出它，因而不会吃掉它。一群裂唇鱼中通常包括一条成年雄鱼和多条雌性配偶。若雄鱼死亡，最大的雌鱼会转变为雄鱼，并接替其角色，在数天内便成为功能健全的雄鱼。

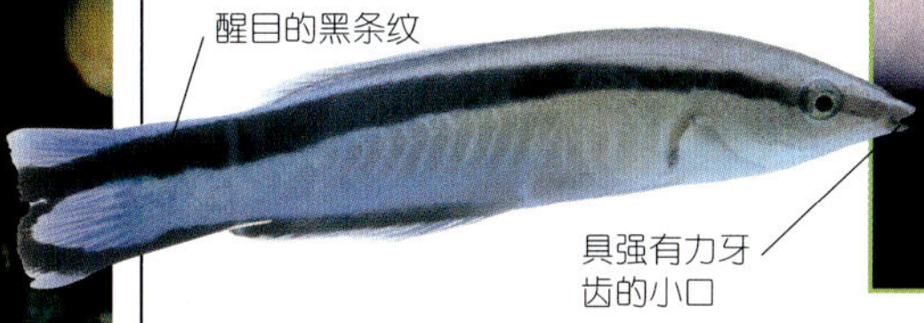

互利互惠

皮肤寄生虫令鱼感到困扰，严重感染更会令鱼变得虚弱。在珊瑚礁上，大群的鱼排队等候在彼此都知道的“清洁站”处（例如突出的珊瑚岬），展开鳍并张开口，让栖息在那里的裂唇鱼吃掉它们身上的寄生虫和坏死的组织，而裂唇鱼则因而得以饱餐一顿。

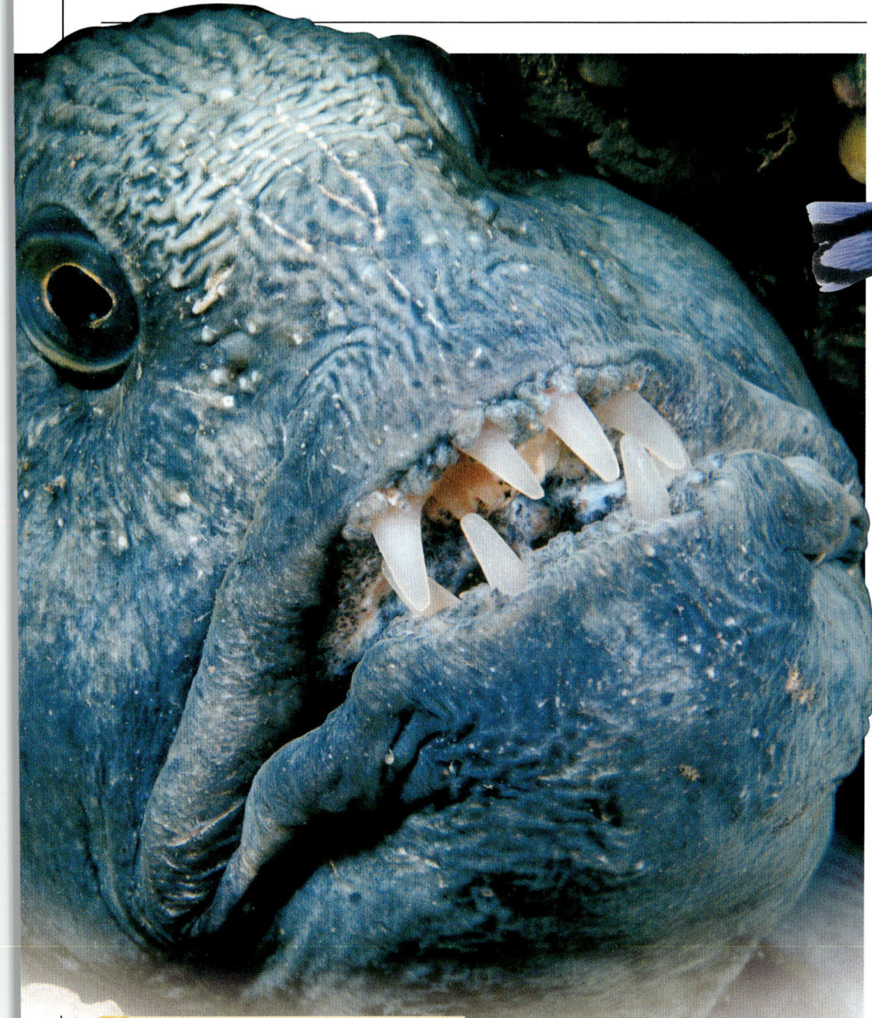

目 鲈形目

狼鳚

Anarhichas lupus

长度 可达1.5m

重量 可达24kg

深度 1—500m

分布 大西洋北部和北冰洋

这种大型鱼长相可怕，通常见于深海的岩礁上。然而，在不列颠群岛的北部海域，潜水员常能在浅水中看到它们。除非受到刺激，否则它们不会攻击潜水员。狼鳚体长，头大，口中前排为坚固的犬齿，两侧为臼齿，可咬碎贻贝、蟹类和海胆等有硬壳的无脊椎动物。其磨损了的牙齿每年都会更换一次，皮肤如皮革般坚韧，有皱褶，通常呈浅灰色，体侧有深色竖纹延伸。

它们在冬季产卵。雌鱼在礁石和海草间产下呈圆团状的成千上万的淡黄色卵，雄鱼守护这些卵直至孵化。尽管其外表不惹人喜爱，但狼鳚肉质鲜美，是钓鱼者的目标。有时它们也会被拖网捕捞。

目 鲈形目

隆头鹦嘴鱼

Bolbometopon muricatum

长度 可达1.3m

重量 可达46kg

深度 1—30m

分布 红海、印度洋和太平洋西南部的热带珊瑚礁

隆头鹦嘴鱼可谓名副其实，因为其不仅体色亮丽，而且牙齿融合在一起，形成了鹦鹉般的喙。其体形比其大多数近缘类群都大，头部有一个巨大的冠状隆起，身体呈绿色，鳞片大，长有单个长背鳍。这种破坏力极强的鱼靠啃食活珊瑚为生，常用头部将珊瑚撞碎。然而，积极的一面是，其饱餐后排泄的珊瑚砂有助于巩固礁石及形成沙滩。

目 鲈形目

短腹头带冰鱼

Chaenocephalus aceratus

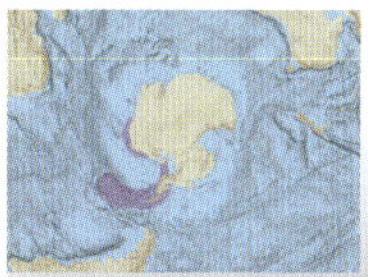

长度 可达72cm

重量 可达3.5kg

深度 5—770m

分布 南极洲北部附近的极地海域

南极洲附近的寒冷海域的水温可降至约-2℃。在这个温度下，大多数鱼的血液都会被冻住。短腹头带冰鱼的血液中含有天然的防冻剂，可助其在这种环境中生存。其没有红细胞，所以呈幽灵般的白色。这使其血液更加稀释，以便能在寒冷的温度下畅通地流动。其行动迟缓，捕食小鱼和磷虾，并且基本不需要氧气。

六带鲹

这些六带鲹正成群地在太平洋西部的所罗门群岛附近浅海中游弋。白天，它们通常缓缓游动，但到晚上，鱼群散开，各自捕猎。它们游动迅速，觅食鱼类和甲壳类。

目 鲈形目

褐竖口䲢

Kathetostoma laeve

长度 可达75cm

重量 尚无记录

深度 0—60m，可能可达150m

分布 澳大利亚南部沿岸温带海域

褐竖口䲢看起来就像是斗牛犬与海豹的杂交后代，通常潜藏于贝壳沙中。其硕大的头部呈方形，眼睛长在头顶，口朝上倾斜。即便当其几乎完全埋藏在沙中时，这种生理构造也使其能呼吸和观察，也许这正是其名字的由来。带有白边的大胸鳍能助其从沙中跃出，吞食游经的鱼类和甲壳类。其在夜间尤其难被发现，因此潜水员会因不经意打扰到它而偶尔被咬。垂钓者若钓到它需小心应对，因为其每片鳃盖后方都长有一条坚硬的毒刺，被蜇到会很痛苦。

目 鲈形目

大龙䲢

Trachinus draco

长度 可达50cm

重量 可达2kg

深度 1—150m

分布 大西洋东北部和地中海的温带海域

大龙䲢是欧洲海域少数有毒鱼类之一。其体长，眼大，长有2个背鳍，第一背鳍有毒刺。白天，其潜伏在沙中，只露出眼和鳍尖。在浅水区踩到它会造成创伤，很痛。

目 鲈形目

鳞柄玉筋鱼

Ammodytes tobianus

长度 可达20cm

重量 尚无记录

深度 0—30m

分布 大西洋东北部及波罗的海的温带海域

银光闪闪的鳞柄玉筋鱼群常见于北欧沙质浅海湾中。这些银色小鱼身体细长，颌尖，长有单个长背鳍。它们成大群在海床上方水域游弋，捕食浮游的甲壳类、小鱼和蠕虫。遇到威胁时，它们就潜入沙中隐藏起来。冬季，它们大部分时间都潜藏在沙中。它们是鳕鱼、鲱鱼、鲭鱼等较大型鱼类和海鸟（尤其是北极海鹦）的十分重要的食物。当其数量减少时，当地海鹦群落的雏鸟数量随之下降。在一些地区，人们过度捕捞它们以加工制成鱼粉，导致海鸟数量下降（详见第399页）。

目 鲈形目

浅红副鳚

Parablennius gattorugine

长度 可达30cm

重量 尚无记录

深度 1—30m

分布 大西洋东北部的温带和亚热带海域，地中海

浅红副鳚长相滑稽——唇厚，眼鼓，头部有一对簇状触须。与鳚科其他鱼类一样，其身体修长，长有单个长背鳍和栓状腹鳍，腹鳍可支撑其身体。其天性好奇，会躲藏在安全的岩石缝隙中凝视靠近它的潜水员。

目 鲈形目

花斑连鳍䲗

Synchiropus splendidus

长度 可达6cm

重量 尚无记录

深度 1—18m

分布 太平洋西南部的热带海域

这种鱼身体呈黄色和橙色，并有鲜明的绿色和蓝色斑纹，是最色彩缤纷的岩礁鱼类之一。其皮肤上覆有味道不佳的黏液，艳丽的体色警告捕食者远离它。它们成小群生活在近海被淤泥覆盖的海床上的珊瑚与碎石中。它们属鼠䲗科，此科的大多数鱼类的体色都与环境吻合。花斑连鳍䲗是一种很受欢迎的观赏鱼，但极难喂养。

目 鲈形目

金色虾虎

Cryptocentrus cinctus

长度 可达8cm

重量 尚无记录

深度 1—15m

分布 印度洋东北部及太平洋西南部的热带海域

金色虾虎与鼓虾属的枪虾共同栖息于沙质洞穴中。枪虾长有强壮的螯，可用来挖掘并修缮洞穴，而金色虾虎视觉敏锐，可在洞穴入口扮演放哨的角色。金色虾虎鼓起的眼睛长在头部较高的位置，它还长有厚唇和2个背鳍。其身体通常为黄色，并有暗淡的环纹，但也有个体呈灰白色。其生活在浅潟湖和海湾的沙质区域。

目 鲈形目

丝尾鼻鱼

Naso vlamingii

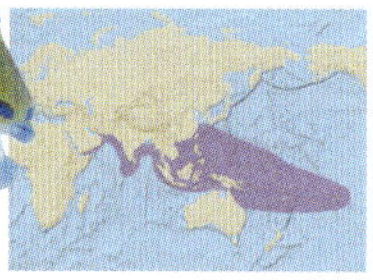

长度 可达60cm

重量 尚无记录

深度 1—50m

分布 印度洋及太平洋西南部的热带海域

鼻鱼属的许多物种的前额都有角状突起，因而又被称为“独角鱼”，然而丝尾鼻鱼的吻部为浑圆的球茎状。其尾基部长有2对骨板，像尖刀一样向两侧伸出，能够重创潜在的捕猎者。这些锋利的骨板是刺尾鱼科成员的特征，丝尾鼻鱼也属此科。

丝尾鼻鱼的躯干通常为深色，上有蓝色条纹，但能迅速变为银灰色。这种情况通常发生在裂唇鱼（详见第361页）给其清洁时。其喜欢陡峭的礁坡，在那里其可以在开阔海域捕食浮游动物。

大魣群

大魣成鱼通常单独行动，而幼鱼为得到保护，通常成大群在掩蔽的区域游动。

目 鲈形目

大魣

Sphyraena barracuda

长度 可达2m

重量 可达50kg

深度 0—100m

分布 全球热带和亚热带海域

魣是快速移动的捕食者，其齿如针，被误认为是凶残的鱼类。大魣体长，呈流线型，第二背鳍位于近尾处。这样的构造，加之强有力的大尾，使其可以偷偷靠近猎物，而后突然加速发动袭击。在人们经常潜水的地点，体形较大的大魣并不介意潜水者靠近。极少数情况下，单独行动的大魣会攻击潜水者，那是因为它错把人的手或闪亮的手表当作银色的鱼。魣体内会积聚其食物所含的毒素，人即使少量食用也会导致雪卡毒素中毒。

大魣的头骨

大魣头骨扁平而长，具有大且有力的颌和刀般的齿。

目 鲈形目

大西洋鲭鱼

Scomber scombrus

长度 可达60cm

重量 可达3.5kg

深度 0—200m

分布 大西洋北部的温带海域，地中海，黑海

大西洋鲭鱼是天生的快速泳者——其有鱼雷状的流线型躯体、小背鳍、紧贴的鳃盖和光滑的小鳞片。夏季，大群大西洋鲭鱼在近海贪婪地捕食小鱼，并用鳃滤食浮游生物。每年3—6月，它们在惯常的产卵区产卵，数天后，漂浮的卵孵化。冬季，它们游向深海，几乎不再进食。大西洋北部有几个各自独立的大西洋鲭鱼群，是商业捕捞的目标。

目 鲈形目

北方蓝鳍金枪鱼

Thunnus thynnus

长度 可达4.5m

重量 可达680kg

深度 0—3000m

分布 大西洋北部和中部，地中海

北方蓝鳍金枪鱼是世界上最具商业价值的鱼类之一，被严重过度捕捞。与鲭鱼一样，其身形适于高速游泳，是游得最快的硬骨鱼之一，其游速至少可达70km/h。其胸鳍、腹鳍与第一背鳍可嵌藏于体槽内，从而使其鱼雷状的身体更具流线型。为支撑持续的远距离游动，其长有大量红肌，这些红肌富含脂肪并能储存氧气。其他相似的蓝鳍金枪鱼见于太平洋和大西洋南部。

目 鲈形目

大西洋旗鱼

Istiophorus albicans

长度 可达3.2m

重量 可达60kg

深度 0—200m

分布 大西洋的温带和热带海域，地中海

与剑鱼一样，大西洋旗鱼的上颌延长为长矛状。当其穿过鱼群时，便用上颌攻击鱼，将它们击昏并致残。其长有用于炫耀的巨大帆状背鳍，但当快速游动时背鳍可折叠收拢。在太平洋有与之相似的旗鱼出现，可能为同一物种。

海洋生物

目 鲽形目

欧洲鲽

Pleuronectes platessa

长度 可达1m

重量 可达7kg

深度 0—200m

分布 北冰洋，大西洋东北部，地中海，黑海

欧洲鲽是欧洲渔业中最为重要的经济比目鱼类。但过度捕捞致使如今捕获的鱼更小、更年幼。其是一种典型的椭圆形比目鱼，扁而薄的身体的边缘有长鳍延伸。比目鱼的双眼位于身体的同一侧，或都在右侧，或都在左侧。鲽鱼的双眼都在身体右侧，其身体左侧躺在海床上。朝上的右侧呈褐色，有橙色或红色的斑点。

鲽鱼白天埋藏在沙中，夜晚外出捕食贝类和甲壳类。其用咽中特殊的牙齿（咽头齿）将猎物嚼碎。年幼的鲽鱼一发现贝类从沙中露出的呼吸虹管，便会娴熟地将之掐断。

目 鲽形目

欧鳎

Solea solea

长度 可达70cm

重量 可达3kg

深度 0—150m

分布 大西洋东北部、波罗的海、地中海和黑海的温带海域

欧鳎善于伪装，可巧妙地改变体色，以便与其所处的海床融为一体。其身体基本的灰褐色可变浅或加深，表面的深色斑纹也可变化。鳎吻部圆，口呈半圆形，头部有短丝状体，看上去就像没刮胡子似的。与其他比目鱼一样，欧鳎细小的幼鱼在海面附近营浮游生活，之后经历变态发育。其位于身体左侧的眼会逐渐绕过头部，移到右侧，与原来位于右侧的眼排在一起，身体也开始变得扁平。当长到约一个月大时，其便到海床上栖息，身体左侧朝下平躺。朝下的一面的皮肤仍为白色，而朝上的一面则变为有色的。欧鳎能活将近30年，但其是珍贵的食用鱼，大多数只长到几岁就被捕获了。

目 鲀形目

绿拟鳞鲀

Balistoides viridescens

长度 可达75cm

重量 尚无记录

深度 1—50m

分布 红海、印度洋和太平洋西南部的热带珊瑚礁

绿拟鳞鲀又被称为“胡须扳机鲀”，因其唇上部有一道暗线纹。其门牙大而有力，第一背鳍处有粗棘刺。较长的第一棘可被固定为竖立状态，较小的第二棘则犹如“扳机”——第二棘下压之后，第一棘才能放平。这使其得以钻进岩礁缝隙安全地休息，避开潜在的捕猎者。其以贝类和甲壳类为食，用强有力的口和齿将它们嚼碎。其甚至可以将海胆翻过来，从海胆较脆弱的底部（这里棘刺较短）开始咬食。

给予保护的亲代

在繁殖季，绿拟鳞鲀会在珊瑚碎石中有沙填埋的地方，用口作为喷水器来“挖”（清理）出一个巢。雌鱼将卵产在巢中，然后一方或双方留在附近看护。它们通常很机警，如果潜水员太靠近其巢，亲鱼会发起攻击，若被它咬伤严重，需接受医疗救治。

目 鲀形目

拟态革鲀

Aluterus scriptus

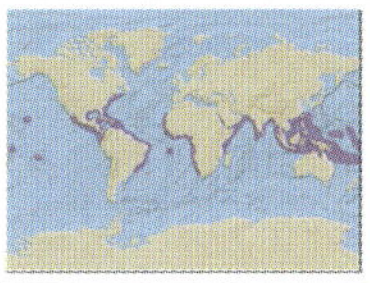

长度 可达1.1m

重量 可达2.5kg

深度 2—120m

分布 大西洋、太平洋和印度洋的热带和亚热带海域

这种岩礁鱼身体上有漂亮的不规则蓝色纹，犹如小孩的涂鸦。革鲀和鳞鲀（见左下）是近亲，但比后者更扁，并且除拟态革鲀外，其他品种通常比鳞鲀小。拟态革鲀眼睛上方背部长有一大一小两个棘刺。其借助这些棘刺挤进岩石缝隙中以保安全。

目 鲀形目

米点箱鲀

Ostracion meleagris

长度 可达25cm

重量 尚无记录

深度 1—30m

分布 印度洋和南太平洋的热带珊瑚礁，可能延伸至墨西哥

所有箱鲀的身体都无鳞片覆盖，取而代之的是皮肤下融合的骨板所形成的坚硬箱体。这意味着它们无法弯曲身体，只能通过拍打胸鳍来游动。其较大的尾能提供一些推动力，并帮助其控制方向，就像船舵一样。雄性米点箱鲀比雌性更艳丽，其褐色身体上有明亮斑点。其皮肤能分泌有毒的黏液，以抵御捕猎者。

目 鲀形目

星斑叉鼻鲀

Arothron stellatus

长度 可达1.2m

重量 尚无记录

深度 3—60m

分布 印度洋及太平洋南部的热带珊瑚礁

与其他大多数河豚相比，星斑叉鼻鲀体形相对较大。其黑点密布的皮肤被小棘覆盖。遇到威胁时，其会吞咽海水，使身体膨胀变得更大。夜间，其寻觅珊瑚礁中长有硬壳的无脊椎动物为食，并靠强有力的颌里融合的喙状齿将之压碎。

人类影响

河豚

河豚分泌河豚毒素，这是一种致命的毒素，毒性比氰化物还强，目前还没有解毒剂。尽管如此，这些鱼在日本仍被作为美味食用。其毒素储藏在皮肤和某些内脏之中，只有经过专门培训的持有执照的厨师才被允许用河豚做菜。东方鲀属的河豚被认为是最美味的食材。每年都会有一些人因食用河豚而死亡，为安全起见，日本天皇被明令禁止食用这一美味佳肴。

目 鲀形目

密斑刺鲀

Diodon hystrix

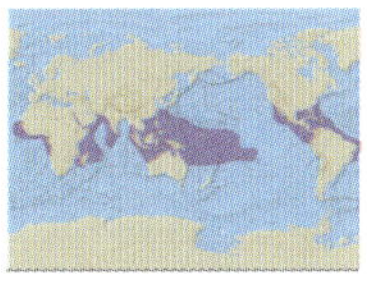

长度 可达90cm

重量 可达3kg

深度 2—50m

分布 大西洋、太平洋及印度洋的热带与亚热带海域

密斑刺鲀受到惊吓时，会大量吸入海水，直到身体鼓胀为刺球状。在这种情况下，很少有猎食者有足够大的体形或勇气去吞食它。猎食者离开后，其体形缩小，恢复至原样，长刺平伏在身体上。白天，其躲藏在洞穴和珊瑚礁缝隙中，夜间出来捕食长有硬壳的无脊椎动物，例如腹足类。

目 鲀形目

翻车鲀

Mola mola

长度 可达4m

重量 可达2300kg

深度 0—480m

分布 全球热带、亚热带及温带海域

翻车鲀是世界上最重的硬骨鱼，身形为独特的圆盘状。其没有尾鳍，取而代之的是一个由背鳍和臀鳍的鳍条延展形成的舵状结构（舵鳍），通过左右拍打较深阔的背鳍和臀鳍来游动。其俗名为“太阳鱼”，因为其喜欢侧翻平躺着随表层洋流漂浮。其也会将背鳍伸出水面，直立游动。其无鳞片，皮厚而有弹性。与其近缘类群密斑刺鲀（见左下）一样，其上下颌里各长有一个融合的齿板，但其主要以软体水母、其他缓慢游行的无脊椎动物和鱼类为食。雌性翻车鲀是硬骨鱼中产卵最多的，可在开阔海域产下多达1亿枚卵。单独行动的翻车鲀能用咽头齿发出摩擦声，这也许能帮助它与潜在配偶取得联系。

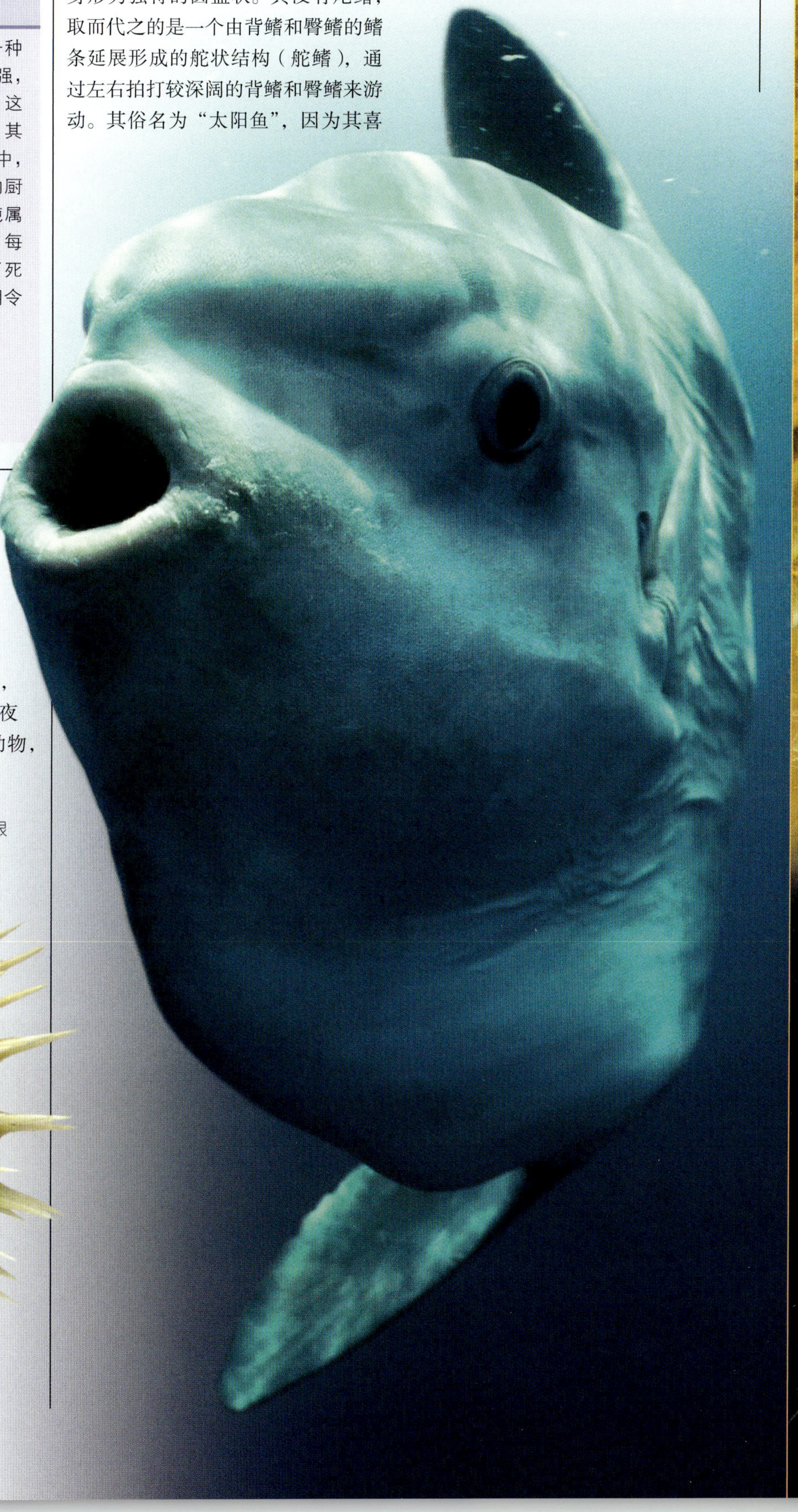

爬行动物

域	真核生物域
界	动物界
门	脊索动物门
纲	爬行纲
目	4
种	7700

在侏罗纪，即约1.4亿年前，爬行动物是海洋中体形最大的动物。之后，其优势地位被哺乳动物取代，只剩下少数爬行动物是完全的海洋生物。其中，海龟分布范围最广，海蛇种类最多。除棱皮龟外，几乎所有爬行动物都只生活在暖水区域，并以沿海和珊瑚礁处的物种数量为最多。

解剖结构

海洋爬行动物具有在海洋中生存的适应性。海龟长有低悬的流线型壳（甲壳），以及像翅膀一样可上下拍打的宽大的扁平前肢。海蜥蜴和鳄鱼的尾巴可在游泳时提供主要动力，大多数海蛇的尾部则为扁平状，可起到船桨一样的作用。不同于陆生蛇类，真海蛇不具有增大的腹部鳞片，因为它们不需要在陆地爬行时所需的良好的抓地力。所有的爬行动物都呼吸空气，海生物种长有瓣膜或皮瓣，可在潜水时防止海水进入鼻孔。鳄鱼的咽喉顶部也长有瓣膜，这一构造令其可在水下张开口而不致肺部进水。海洋爬行动物都需要排出多余的盐分。海蛇和鳄鱼通过口部的盐腺排出盐分，而海龟则通过流泪排出盐分。海鬣蜥的鼻部也长有盐腺。

流线型的壳

玳瑁长有尖端渐细的甲壳，壳上有显眼的鳞，或称为“盾片”。与大多数陆龟不同，它不能将头和腿缩回壳内。

替换牙齿

湾鳄的牙齿经常脱落并再生。它一生可换掉40多副齿。

生境

大多数海洋爬行动物都生活在沿岸地带，或返回那里繁殖。只有真海蛇（海蛇科）是完全的海洋物种。它们一生都在开阔海域中度过。海蛇还是下潜最深的潜水者代表，它们能够潜入水下100m处捕食。除了棱皮龟，大多数海洋爬行动物都依靠外界环境温度来保持自身活跃度，因此，它们的生活区域仅限于热带与亚热带海域。其他地域分布也呈现明显的差异化。海蛇尤为如此：在印度洋—太平洋地区的某些区域，人们发现了多达25种海蛇，但在大西洋无一发现。

全世界的海蛇

尽管海蛇在印度洋—太平洋地区品种多样，在大西洋却并无生存。非洲南部海域的寒冷海水阻挡了其向西扩展。

礁蛇

一条灰蓝扁尾海蛇在珊瑚礁中搜寻猎物。礁石是扁尾海蛇的主要栖息地，它们通常生活在浅水区。

食物及进食

大多数海洋爬行动物是肉食性动物。海蛇大多以鱼类为食，但其中一些专以鱼卵为食。海蛇的毒液主要用于捕食，而非自我防御，它先将猎物咬死，再将其整个吞食。绿海龟成年后以海草为食，而其他海龟则终生食肉。海鬣蜥是唯一一种完全为草食性的海洋爬行动物。幼年海鬣蜥以接近水线处的海藻为食，成年海鬣蜥则以生长在暗礁上的海藻为食。爬行动物是冷血动物（变温动物），所以它们所消耗的能量比哺乳动物或鸟类的少，这就意味着它们所需的食物更少，并且两次进食之间的间隔时间可更长。例如，海蛇一个月只需进食一两次便可存活。

人类影响

过度捕捞

除海蛇外，人们长期捕捞其他的海洋爬行动物，以获取其肉、皮或壳。海龟还面临被渔网误捕的风险，所有7种海龟的数量均已急剧下降。海龟如今受国际立法保护。

非法纪念品

尽管海龟标本（图摄于秘鲁某海滩）极有可能被海关人员没收，但当地人仍将之出售给游客。

以海藻为食

与大多数蜥蜴相比，海鬣蜥的头部更钝，这样便于其撕咬礁石上的海藻。其尖爪起到锚一样的作用。

海洋生物

繁殖

真海蛇是唯一在海中繁殖的爬行动物。在长达11个月的妊娠期后，它们产下幼仔（胎生），其妊娠期比大多数陆生动物的都长。而其他海洋爬行动物（包括扁尾海蛇和海龟）都在陆上产卵。它们中大多数在偏远的海滩和岛屿上繁殖，成体有时会大量同时到达目的地。其卵依靠温暖的外界温度孵化；对于鳄鱼和海龟而言，巢穴温度决定了新生命的雌雄比例。一旦卵孵化成功，幼体生长迅速，但死亡率也高。亲代抚育在海洋爬行动物中是很少见的，但雌性鳄鱼是个例外，它们会保卫自己的巢穴并把破壳而出的幼仔带到水里。

沙中的巢穴

一只雌性棱皮龟挖好巢后产卵。海龟的卵接近球形，革质的卵壳较为软韧，幼体孵出时会将卵壳撕破。

爬行动物的分类

现存爬行动物中有3个目包含海洋物种。第四个目仅包括喙头类（陆生）。海蛇是海洋爬行动物的主要组成部分。瘰鳞蛇和水龟等其他爬行动物则生活在淡水中，很少进入海洋。

海龟和乌龟

龟鳖目

约300种

海龟有7种。典型的海龟（6种）有坚硬的甲壳。被单独归类的棱皮龟则长有革质甲。

蛇和蜥蜴

有鳞目

7400种

生活在咸水的蛇约有70种。真海蛇属海蛇亚科，在海洋中度过一生，而扁尾海蛇（属眼镜蛇科）则在陆上繁殖。海上的蜥蜴全是半陆生动物，只有海鬣蜥完全在近岸海域觅食。

鳄鱼和短吻鳄

鳄目

23种

只有美洲鳄和湾鳄在淡水和海水中都能生存。鳄目动物通常在水面捕食，在海中很少潜到数米以下处。

适应海洋生活

海洋爬行动物的代谢速率低，因此它们能够在水下待较长时间。这条年轻的湾鳄在新几内亚附近的海床上潜伏着。

目 龟鳖目

绿海龟

Chelonia mydas

长度 0.8—1m

重量 65—130kg

生境 开阔海域，珊瑚礁，海岸

分布 全球热带及温带海域

绿海龟的身体有优雅的图纹，呈高效的流线型。其是热带及亚热带海域最常见的龟种，经常出没于鳗草床中和珊瑚礁上。其体色从绿色到深褐色不等，但其鳞及壳板（盾片）相接处颜色较浅，令其呈现独特的格形图案。与其他的海龟一样，其前鳍状肢又长又宽，可如翅膀一般上下拍动，为其提供游泳的动力，相比之下，短得多的后鳍状肢则起到稳定作用。幼年绿海龟是肉食性的，以软体动物和其他小动物为食；成年绿海龟则主要以鳗草和海藻为食，因此就在海岸附近活动。

绿海龟在偏僻的海滩繁殖，一旦认准了自己的筑巢地，便义无反顾。为抵达筑巢地，有些绿海龟会跋涉1000多千米到达偏远的岛屿，而那些岛屿的宽度可能只有数千米。它们在浅滩上交配，之后雌性在天黑后爬上岸挖巢产卵。其会产下多达200枚卵，并将这些卵埋入沙下约75cm深处。6—8周后，卵孵化。所有的幼龟几乎同时破壳而出，然后急促地爬向大海寻求庇护。

数世纪以来，绿海龟一直被人类捕捉并食用，因此其数量已大幅下降。如今已采取的保育措施包括对其筑巢地进行保护，以便提高幼龟成功到达海洋的概率。

幼年的生活

幼龟破壳后依旧被埋在沙中，它们会用前鳍状肢朝着沙土表面挖掘，到达表面后便冲向海洋，以免成为鸟、螃蟹、蛇和蚂蚁等守候在那里的捕食者的美餐。关于绿海龟的幼年生活，人类所知不多，因为很少在野外观察到它们，但可以肯定的是它们要面对海洋里的众多捕食者。它们基本上以每年增重5kg以上的速度生长。

目 龟鳖目

玳瑁

Eretmochelys imbricata

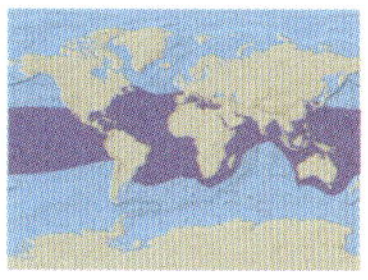

长度 0.8—1m

重量 45—75kg

生境 珊瑚礁和海岸浅滩

分布 全球热带和暖温带海域

玳瑁长有明显的呈喙状的吻部，其背甲中部有龙骨状突起，后部边缘处的壳板（盾片）较尖。其生活在温暖水域，以海绵、软体动物及其他固着动物为食，很少远离浅滩和珊瑚礁。与其他品种的海龟相比，玳瑁极少迁徙，它们会在整个热带地区低密度地繁殖，不会聚集到特定的沙滩上。其在陆上的步法独特，与其他海龟同时移动前鳍状肢的步法不同，它们会同时移动自己处于对角方向的两只鳍状肢，这也是它们游泳时的动作。

玳瑁是玳瑁壳（即分离的、经打磨的盾片）的主要来源。尽管玳瑁已被列为IUCN红色名录的极度濒危物种，其幼龟仍经常被猎杀，然后被填充制成“古玩”出售，这一做法在东南亚尤为盛行。人们饲养玳瑁的尝试至今未获成功。

目 龟鳖目

蠵龟

Caretta caretta

长度 0.7—1m

重量 75—160kg

生境 开阔海域，珊瑚礁，海岸

分布 全球热带和暖温带海域

蠵龟是仅次于棱皮龟（详见第371页）的第二大海龟。其头部钝，颌有力，甲壳呈较高的穹顶状。其主要捕食身体坚硬的动物，如螃蟹、龙虾和蛤蜊。蠵龟历经30年才达至性成熟，每隔一年才繁殖一次。

目 龟鳖目

棱皮龟

Dermochelys coriacea

长度 1.3—1.8m

重量 可达900kg

生境 开阔海域

分布 全球热带、亚热带及温带海域

棱皮龟是世界上最大的海龟。其甲壳为革质，无坚硬的壳板，呈尖端细的梨形。其头部不能伸缩。在所有的海龟中，棱皮龟与众不同之处在于其鳍状肢上无爪。其一生大部分时间都在开阔海域中度过，只在繁殖时才返回海岸。其以水母和其他浮游动物为食，食物来源多在靠近海面处，不过其也能潜到水下1000m处。其主要在热带地区的沙滩陡坡上繁殖，每个繁殖季可产9窝蛋。

棱皮龟能使自身体温保持高于周围环境的温度，这在爬行动物中是极不寻常的，而这部分地归功于其皮肤之下起到隔热作用的厚脂肪层。这令其活动范围能比其他海龟的广阔，最北可至冰岛，最南几乎至合恩角。棱皮龟能游很长的距离：人们曾在南美洲海岸给一只棱皮龟做了标记，后来在大西洋对岸发现了它，两地相隔6800km。

喉中的棘刺

棱皮龟的喉中有许多倒刺，可以防止水母在被其完全吞咽之前逃脱。这些濒危的海龟经常会将被丢弃的塑料袋错当成水母而误食丧命。

困住水母的陷阱

棱皮龟喉中的角质皮刺可长达1cm多。在棱皮龟一生中，这些刺会周期性更换。

目 龟鳖目

大西洋丽龟

Lepidochelys kempi

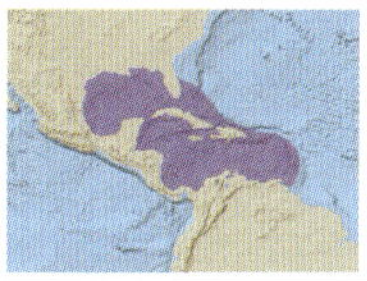

长度 50—90cm

重量 25—40kg

生境 珊瑚礁，海岸

分布 加勒比海，墨西哥湾，最北偶尔至美国新英格兰

大西洋丽龟也被称为“肯普氏丽龟”，是最小的海龟，因其不同寻常的繁衍行为而令自身的生存遭受极大威胁。与大部分海龟不同，大西洋丽龟白天产卵，雌龟会在群体大规模筑巢期间同时从海中爬出。这些巢穴一度散布于大西洋丽龟的整个分布范围内，但由于它们在白天如此密集地产卵，很容易成为拾蛋的人和自然天敌的目标。如今，大量的大西洋丽龟都在墨西哥的某一处沙滩上繁衍，在那里其巢穴得到保护。这些海龟也经常被捕虾网误捕，但安装了海龟排除装置（TEDs）的网有助于减少这种威胁。群体大规模筑巢数周后，成千上万的幼龟破壳而出，开始它们危险的旅程，从沙滩进入相对安全的海中。

成年龟是在海底捕食的食肉动物，主要以螃蟹为食。它们的甲壳尤其宽，其小巧的身躯使其成为敏捷的游泳者。甲壳随着年龄增长而改变颜色：1岁的小龟通常几近黑色，而成年龟则呈浅橄榄灰色。其近亲太平洋丽龟遍布整个热带地区，由于分布更为广泛，其生存所遭受的威胁比大西洋丽龟小得多。

目 龟鳖目

平背龟

Natator depressus

长度 1—1.2m

重量 可达85kg

生境 海岸，浅滩

分布 澳大利亚北部及东北部，新几内亚，阿拉弗拉海

平背龟的甲壳仅微微隆起，其名即由此而来，分布范围比其他海龟更为有限。它们栖于澳大利亚北部与新几内亚之间的浅海中，分布范围沿大堡礁向南延伸。成年平背龟以肉食为主，捕食鱼类及底栖动物，如软体动物和海鞘。

尽管分布范围有限，但成年平背龟能游过1000km以上的距离，到达其筑巢的沙滩。雌龟每次繁殖平均要挖3处巢穴，产约150枚卵。幼龟以海面的浮游动物为食。它们待在大陆架上方的浅海中，并不像其他品种的幼龟那样分散于深海中。

玳瑁

玳瑁的吻部尖锐有力，形如猛禽的喙。图中这只玳瑁摄于红海南部一片珊瑚礁上方，它正衔着一片软珊瑚。实际上它的颌非常有力，足以撕开硬珊瑚。它的每个鳍状肢上长有2爪。

目 有鳞目

灰蓝扁尾海蛇

Laticauda colubrina

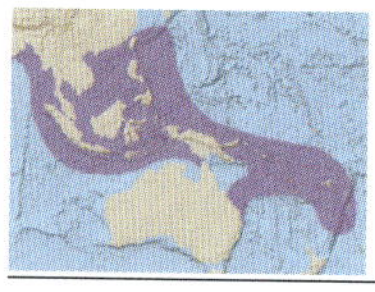

长度	1—3m
重量	可达5kg
生境	珊瑚礁，红树林沼泽，河口

分布 印度洋东部及太平洋南部

灰蓝扁尾海蛇是分布最广的扁尾海蛇，与3个近亲一样，其在陆地而非海洋产卵。其身体为淡蓝色，布有醒目的深蓝色环纹，唇部呈黄色，十分独特。其在浅海中捕食鱼类，尽管毒液毒性很强，但它对人的攻击性较低，因此对人的威胁很小。即使被人触摸到，它也很少咬人。

与其他许多种海蛇不同，灰蓝扁尾海蛇有较大的腹鳞，能为其爬行提供较大的抓地力，因此其能在陆地上行动自如。在繁殖季，大量灰蓝扁尾海蛇上岸交配，其产卵量可达每窝20枚。幼蛇破壳后便爬向浅滩，然后沿海岸分散开来，游进大海。

目 有鳞目

长吻海蛇

Pelamis platurus

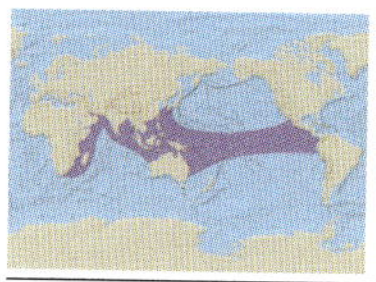

长度	1—1.5m
重量	可达1.5kg
生境	开阔海域

分布 印度洋和太平洋的热带及亚热带海域

长吻海蛇身上有黑黄相间的粗条纹，毒液的毒性比眼镜蛇的更强。其是世界上分布范围最广的蛇，也是为数不多的生活在开阔海域表层的蛇。其醒目的体色是其含剧毒的警示，能保护其免受捕食者袭击。其捕食那些试图躲在其影子里的小鱼，能够自如地前进后退，用颌咬住猎物。尽管其毒牙小，其毒液偶尔也会致人死亡。

在海上，它们有时成千上万地聚集在一起游弋；风暴过后，它们可能会被冲上岸，远离其平常的活动范围。然而，由于被寒流阻挡，它们无法到大西洋生存。长吻海蛇每次繁殖可产多达6条幼蛇。

目 有鳞目

钩鼻海蛇

Enhydrina schistosa

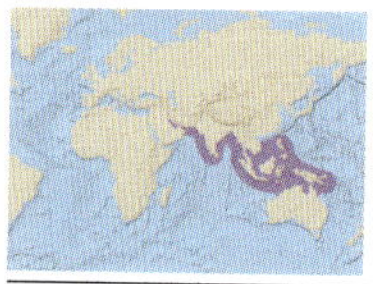

长度	1—1.5m
重量	可达2kg
生境	近岸浅水区

分布 印度洋及太平洋西部（从波斯湾到澳大利亚北部）

钩鼻海蛇分布范围广，以攻击性强而闻名，很容易被激怒，被海蛇咬死的案例的罪魁祸首十之八九都是它。其浅灰色的身上有模糊的蓝灰色环纹，头部尖，身体修长，尾部呈桨状。其毒牙长度不足4mm，但颌可以张得很大，以容纳体形较大的猎物。其主要以鲇鱼和对虾为食，凭嗅觉和触觉在近岸海域、红树林沼泽、河口和河流的混浊的浅水底部搜寻猎物。与其他食鱼的蛇一样，其在猎物停止挣扎后才会松开猎物，并从猎物头部开始吞食。

钩鼻海蛇一次可产多达30条幼蛇，但由于死亡率高，只有一小部分幼蛇能够存活，并长至成熟。尽管有毒，它们也会被近海鱼类和河口的鳄鱼等天敌捕食。

人类影响

致命的毒液

钩鼻海蛇发动袭击时所释放的毒液，足以使50人丧命，约为最毒的陆生蛇（如眼镜王蛇和南棘蛇）的2倍。大多数人是在浑水中行走或捕鱼时被咬的，不过目前尚无每年致死人数的确切记录。尽管如此，其致命的毒液也不能令其免遭拖网捕捞明虾的影响。拖网作业对许多海蛇都构成威胁，但钩鼻海蛇所受的影响尤其大，因其生活在浅水中，并且以明虾为食。

目 有鳞目

环纹龟头海蛇

Emydocephalus annulatus

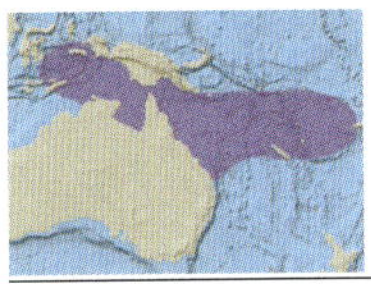

长度 60—120cm

重量 可达1.5kg

生境 珊瑚礁及珊瑚沙洲

分布 印度洋及太平洋（从澳大利亚北部至斐济）

这种蛇以颜色多样及捕食鱼卵的特殊习性而著称。最常见的体色是纯蓝灰色，可见于其整个分布范围内。生活在大堡礁部分地区的环纹龟头海蛇长有明显的环纹，而那些生活在珊瑚海最东部的孤礁上的体色为罕见的深色或黑色。这种蛇在活珊瑚中缓慢移动，有条不紊地寻找粘在珊瑚枝上或直接产在沙洲上的卵块。找到卵块后，它会用上颌处一块刀片般的大鳞片把卵刮下。大多数情况下，亲鱼不会守护鱼卵，因此它可以畅通无阻地进食。但有些物种，如雀鲷，则会拼命保护鱼卵，努力驱赶它。

环纹龟头海蛇的繁殖习性鲜为人知，人们只知道雌性环纹龟头海蛇产幼蛇。与其生活方式一致，其毒牙很小（长度不足1mm），也极少尝试去咬噬。其毒液是海蛇中毒性最弱者之一，遇到捕食者时，它们不会反击，而是躲进珊瑚礁的缝隙中。

目 有鳞目

叶鳞剑尾海蛇

Aipysurus foliosquama

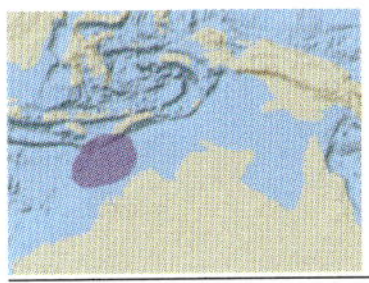

长度 可达60cm

重量 可达0.5kg

生境 珊瑚礁及珊瑚沙洲

分布 帝汶海（阿什莫尔礁和海伯尼亚礁）

叶鳞剑尾海蛇以鱼为食，是分布范围最小的海蛇之一，其生活范围仅限于距澳大利亚西北海岸300km左右的一片偏远的珊瑚礁上。其身上有对比明显的环纹，名字源于背部鳞片的特殊形状。其生活在浅水中，极少潜至水深超过10m处。虽然有毒，但其几乎没有攻击性。雌蛇体形比雄蛇大，胎生。

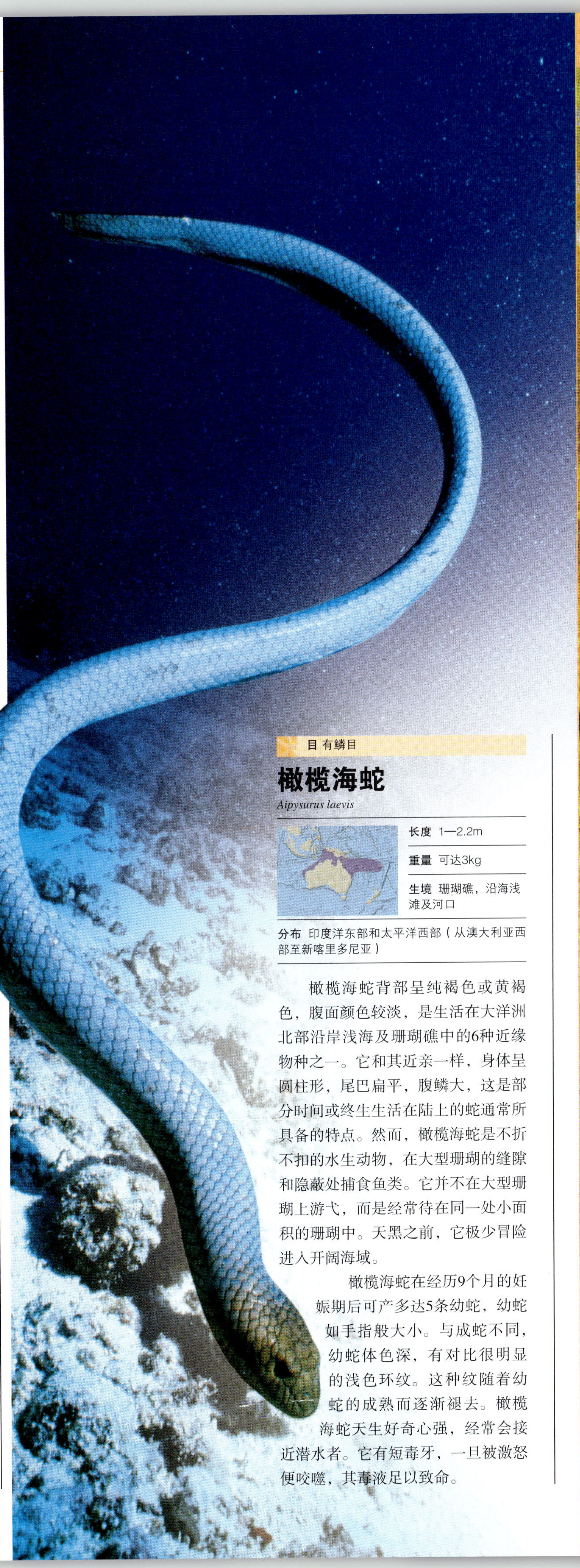

目 有鳞目

橄榄海蛇

Aipysurus laevis

长度 1—2.2m

重量 可达3kg

生境 珊瑚礁，沿海浅滩及河口

分布 印度洋东部和太平洋西部（从澳大利亚西部至新喀里多尼亚）

橄榄海蛇背部呈纯褐色或黄褐色，腹面颜色较淡，是生活在大洋洲北部沿岸浅海及珊瑚礁中的6种近缘物种之一。它和其近亲一样，身体呈圆柱形，尾巴扁平，腹鳞大，这是部分时间或终生生活在陆上的蛇通常所具备的特点。然而，橄榄海蛇是不折不扣的水生动物，在大型珊瑚的缝隙和隐蔽处捕食鱼类。它并不在大型珊瑚上游弋，而是经常待在同一处小面积的珊瑚中。天黑之前，它极少冒险进入开阔海域。

橄榄海蛇在经历9个月的妊娠期后可产多达5条幼蛇，幼蛇如手指般大小。与成蛇不同，幼蛇体色深，有对比很明显的浅色环纹。这种纹随着幼蛇的成熟而逐渐褪去。橄榄海蛇天生好奇心强，经常会接近潜水者。它有短毒牙，一旦被激怒便咬噬，其毒液足以致命。

抓握的能力

一只成年海鬣蜥盘踞在沙滩上，其宽足和长爪一览无遗。得益于这样的身体构造，它能够在撕咬海藻时牢牢抓住水下的岩石。

目 有鳞目

海鬣蜥

Amblyrhynchus cristatus

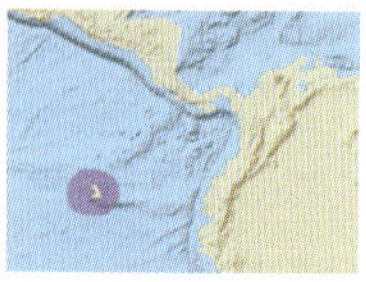

长度 可达1.5m，但通常短些

重量 雌性500g；雄性1.5kg，有些个体更重

生境 多岩石海岸

分布 科隆群岛

海鬣蜥的分布范围局限于科隆群岛，这种具有原始外貌的爬行动物是唯一一种成年后在海中觅食的蜥蜴。生活在不同岛屿上的海鬣蜥的大小和体重有所差异。其头钝，颌强健有力，沿头部、颈部和背部延伸长有刺冠。其用有力的爪在岩石间攀爬，靠尾巴在游泳时提供动力。其以海藻等藻类为食。海鬣蜥的幼体在水面之上觅食，而成体则可潜至10m深处觅食，并且能屏息一个多小时。白天，它们觅食，并晒太阳以提高体温。

在繁殖季，为争夺配偶，雄性会投身于漫长的头部碰撞角逐中。雌性可在沙中产多达6枚卵。经过3个月的孵化期后，幼体破壳而出。海鬣蜥有很多天敌，包括鲨鱼和猛禽，还受到老鼠和狗等外来物种的严重威胁。

食草动物海鬣蜥的侧面

与食肉蜥蜴不同，海鬣蜥的颌钝而有力。其通过鼻旁的盐腺将从食物中摄取的多余盐分排出。

抵御严寒

科隆群岛虽位于赤道，却被沿南美洲西海岸向北流动的秘鲁寒流所包围。作为爬行动物，海鬣蜥自身无法产生热量，因而需要特殊的适应性以便在这种环境下生存。潜水时，其心率下降一半，以保存能量，使身体核心温度保持在高于周围水温的水平。夜间，它们常常挤在一起取暖。

享受日光浴

上岸后，海鬣蜥伸展四肢趴在不受海浪拍打的岩石上，通过皮肤吸取太阳的热量。

目 有鳞目

圆鼻巨蜥

Varanus salvator

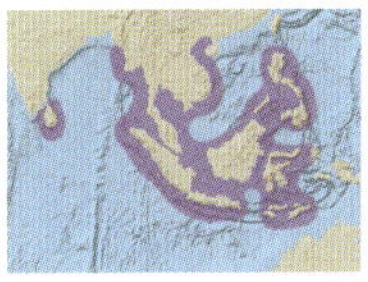

长度 可达2.7m

重量 15—35kg

生境 低洼海岸、河口及河流

分布 印度洋及太平洋西部（从斯里兰卡到菲律宾和印度尼西亚）

圆鼻巨蜥是善于投机取巧的食肉动物，食物种类繁多，还是经常潜入海水的最大的蜥蜴之一。其颈部长，四肢强壮，尾巴扁平，游泳时来回摆动尾巴。不论潜入浅水还是在岸上追捕，其以捉到的猎物为食。与其他巨蜥一样，其也食腐肉。在一些地方，其经常出没于沿海村庄的外围，吃被丢弃的动物残骸。圆鼻巨蜥为卵生，由雌蜥蜴将卵产在洞穴的尽头。

目 有鳞目

红树巨蜥

Varanus indicus

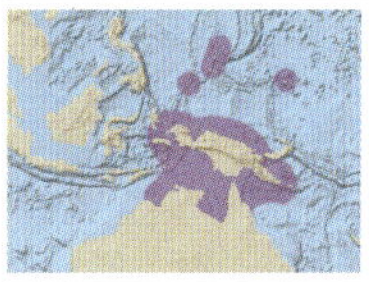

长度 可达1.2m

重量 可达10kg

生境 红树林沼泽、海岸森林、河口及河流

分布 太平洋西部（从密克罗尼西亚到澳大利亚北部）

红树巨蜥体形和圆鼻巨蜥（见左）相似，习性也与之类似，但极少游离海岸太远。与其他巨蜥一样，其颈部长而灵活，四肢强健有力，长有爪。尾横向扁平，长度是躯干的2倍。其不仅是游泳健将，也是攀爬能手，在陆地上、浅水中、树林里都能捕猎。其主要以鱼类为食，也吃各种各样的其他食物，包括螃蟹、鸟类、其他蜥蜴，甚至鱼饵。借助人类的活动，其活动范围得到扩大。过去，人们将其作为食物来源引入太平洋西部，而近来，其又被引入太平洋部分岛屿，用以控制老鼠数量。红树巨蜥每次繁殖可产多达12枚卵。与大多数蜥蜴一样，其幼体在孵化和生长的过程中缺乏亲代的保护。

远洋泳者

湾鳄是游泳健将。人们曾经在距离海岸至少1000km的地方见过湾鳄。

目 鳄目

湾鳄

Crocodylus porosus

长度 可达7m

重量 可达1t

生境 开阔海域、河流、河口及海岸

分布 印度洋及太平洋（从印度南部到新几内亚和澳大利亚）

湾鳄又叫"河口鳄"或"马来鳄"。这种可怕的食肉动物是世界上最大的爬行动物，也是为数不多的经常远游出海的鳄类之一。关于其强大的力量和凶残的天性的说法流传已久，人们认为每年有1000多人因其丧生。其颌强健有力，口中的牙齿可长达13cm。其皮肤十分坚硬，覆盖着厚鳞。背部的鳞片得到由皮内成骨形成的骨板的加强，尾部则有两排竖立的骨板（鳞甲）。其潜水时会闭上鼻孔，但不能阻止水从口而入。不过，其喉子的入口处有一层瓣膜，只在吞咽食物时才打开。

湾鳄通过进入水中降低体温，通过晒太阳提高体温。与其他大型鳄鱼一样，其捕猎时悄无声息，潜伏在岸边，藏在水下，只露出眼睛和鼻子。当有动物进入攻击范围时，其凭爆发力冲出水面，咬住猎物，将之拖到水下直至猎物溺水而亡。鳄鱼不能咀嚼，会将猎物撕成碎片，把鳞片、皮肤甚至骨头通通消化。它们的猎物包括鸟类、鱼类、龟类和各种哺乳动物，例如野猪、猴子、马和水牛。雌性湾鳄可在水边的土堆中产卵，多达90枚，等幼鳄破壳后再把它们衔到水里。湾鳄在其活动范围的许多地方都遭到捕杀，这使体形较大的湾鳄比以前更加罕见。

骨质盔甲

湾鳄受到沿着背部平行排列的骨质突起的保护。

目 鳄目

美洲鳄

Crocodylus acutus

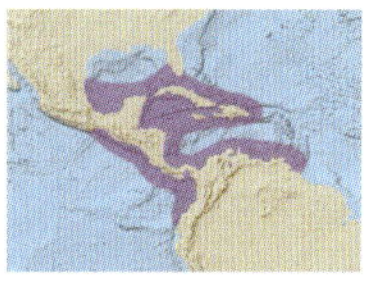

长度 可达5m

重量 180—450kg

生境 河口、开阔海域、海岸及潟湖

分布 加勒比海、大西洋毗邻地区及中美洲和南美洲的太平洋沿岸

在美洲现有的4种鳄鱼中，只有美洲鳄成年后同时适应淡水和海洋生活。完全成熟的美洲鳄呈黄褐色，吻端窄，背宽，强有力的尾巴尖端细。其皮内成骨比其他鳄鱼小。幼年美洲鳄以鱼类和小型陆栖动物为食，而成年鳄则常捕食海龟，用颌将龟壳破开。雌鳄每次繁殖约产40枚卵，并将卵埋在沙里。与其他鳄鱼一样，美洲鳄的生存因人类猎杀（获取鳄鱼皮）以及海岸开发而受到威胁。它们的大本营在中美洲，也有几百条生活在其活动范围北部的美国佛罗里达州。

鸟类

域	真核生物域
界	动物界
门	脊索动物门
纲	鸟纲
目	29
种	9500

适应了海上生活的鸟类在海面上空、开阔海域上层或海岸线上活动。以海岸（海滨）为据点的鸟类极少远离陆地，有些只在一年中的某些时候来到海岸。其他的则是远洋性海鸟，经常在海上连续逗留数月之久，只在繁殖时才返回陆地。与陆栖鸟类不同，许多远洋性海鸟繁殖时大量聚集在岛屿和悬崖上，一旦繁殖季结束便飞离。

普通海鸦潜水

普通海鸦在冰冷的海水中快速穿梭捕鱼时，其翅膀起到水翼的作用。普通海鸦属海雀科，常见于北方海域。

解剖结构

严格来说，世界上并没有典型的海鸟，尽管远洋性海鸟具有诸多为适应海上生活而进化的构造，包括蹼足、高度防水的羽毛以及排出多余盐分的腺体。大多数陆生鸟类的骨骼都是中空的，充满气体（有助于减轻重量），而企鹅等潜水鸟类的骨骼则密度更大，充气空间减小。

一些俯冲型潜水鸟类，包括鲣鸟和鹈鹕，皮肤下长有气囊，能够缓冲其撞入水中时所受到的冲击，也有助于其捕获猎物后浮出水面。与这些海洋物种相比，在海岸线生活的鸟类很少进化出适应海中或近海生活的构造，但与其他鸟类一样，它们进化出形态各异的喙来处理不同的食物。

飞翔的潜水者

北鲣鸟身体呈流线型，是俯冲型潜水鸟类的典型身形。其鼻孔开口在喙里，可防止其撞入水中时水流入鼻孔。

喙的适应性进化

除了水禽，大部分栖息于海上和海岸的鸟都是食肉动物，它们的喙为适应不同种类的猎物而经历了进化。鹈鹕的喙和喉囊像勺子一样，而信天翁的钩状喙能抓牢滑溜溜的猎物，如水母。海雕用利爪捕猎，之后用喙将猎物撕成碎片。杓鹬可用长喙探寻躲藏在淤泥中的猎物。

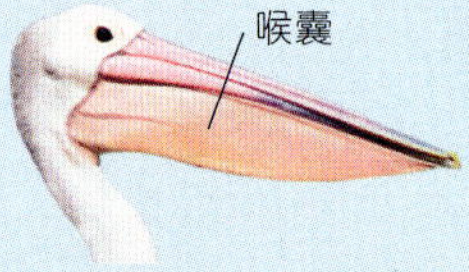

鹈鹕

信天翁

海雕

杓鹬

生境

从赤道到两极，全世界的海洋和海岸线上都有鸟类生存。其中只有不到200个物种是真正的远洋性海鸟，即它们往返于海洋与陆地之间。远洋性海鸟包括翼展可达3.5m的信天翁和比它小得多的物种，例如海鸥和燕鸥。它们虽然以海洋动物为食，但大部分时间都在空中度过。例如，乌燕鸥几乎不在水面上停留，而且其生命的头5年可能完全是在飞翔中度过的。然而，开阔海域中的食物十分分散，这正是大部分海鸟都栖息在离陆地较近的地方的原因。

大多数潜水鸟类在大陆架上方的浅海觅食，而岩石海岸和泥滩则是涉禽和海鸥的主要栖息地。河口是滨海鸟类的重要栖息地。河口的淤泥中常藏有大量的蠕虫和软体动物，退潮时较易捕捉。在热带，红树林沼泽也因为同样的原因吸引了鸟类。同时，树林本身则增加了砝码，因为鸟类得以在其中筑巢和栖息。

沿海涉禽

从岩石海岸到泥滩，蛎鹬在各种海岸生境中觅食。图中这些鸟正在等待退潮，准备觅食。

远洋漫游者

为寻找良好的觅食地，黑眉信天翁会飞越很长的距离。其食物包括甲壳类、鱼类、鱿鱼和腐肉。

觅食方式

海鸟进化出了多种觅食方式。其中最为壮观的当数鲣鸟和褐鹈鹕等俯冲型潜水鸟类——它们可从30m高空处俯冲入水捕食鱼群。潜水海鸟也包括从水面下潜捕食的鸟类，如鸬鹚和企鹅。帝企鹅通常潜至150m深处，但其潜水深度可以超过265m，是潜得最深的鸟类。

许多海鸟在飞行中捕食，比如信天翁和海燕，它们啄食海面的动物或食物残渣。靠抢食为生的鸟也同样是在飞行中获取食物，如军舰鸟，它们通过侵扰其他飞行中的鸟使之放弃叼在口中的食物，然后夺为己有。滨鸟经常在浅滩或沿潮汐线觅食，而剪嘴鸥则贴着水面滑翔，在飞行中将下喙插入水中觅食——这项奇特的技能只能在海面风平浪静时施展。

最大觅食深度

俯冲型潜水鸟类（如褐鹈鹕，左上）的潜水深度少有超过几米的。潜得更深的潜水鸟类，如企鹅，用翅膀或足推动自身前进，通常能在水下逗留好几分钟。

拂晓觅食

一只剪嘴鸥用喙划过水面，在泻湖平静的水面上觅食。

人类影响

海鸟面临威胁

渔业与海运的发展势不可当，这给许多滨鸟和海鸟带来了巨大影响。海鸟通常受到直接伤害——被网缠住或受到石油泄漏的污染。它们还会受到间接伤害——渔业发展会令其食物数量减少。全球变暖则带来另一个威胁：海洋温度的变化可引致其赖以为食的鱼群发生重大变化。

附带损害

这只鸬鹚被渔网缠住了，它只是每天成千上万只因此而被淹死的鸟之一。潜水海鸟很难看清水下的塑料网，经常会被缠住。

扩散和迁徙

海鸟一生可飞越遥远的距离。有些海鸟（如北鲣鸟）的个体分散在广阔的海域中，繁殖时才返回地理位置孤立的聚居地。北鲣鸟的这种扩散本能在幼鸟身上体现得最为强烈：幼鸟要经过4年才达至性成熟，在这期间，其扩散本能会慢慢减弱。在那之后，成鸟在春夏之际聚集到聚居地，并等到雏鸟离巢后才再度四散开来。

许多其他鸟类（如灰瓣蹼鹬）则在夏季栖息地和冬季栖息地之间进行迁徙。人们能在其迁徙途中看到它们。在接下来的物种简介中，分布图所示为一个物种所出现的所有地点，即其夏季栖息地、冬季栖息地以及迁徙所经地区。

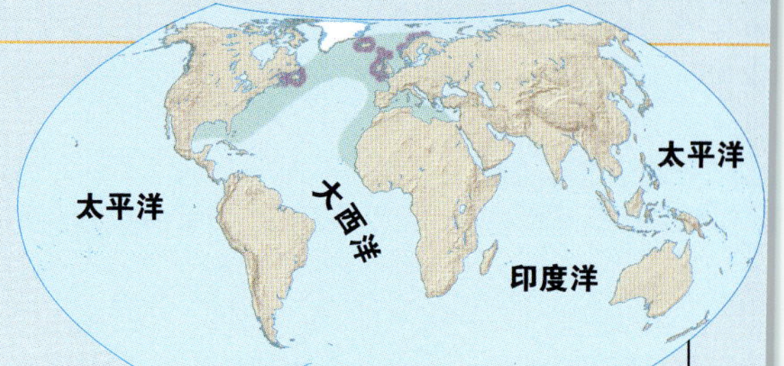

北鲣鸟

典型的扩散型物种。其筑巢的聚居地散布在大西洋北部。在非繁殖期可向南扩散至热带地区（通常为大陆架上方海域）。

夏季分布
冬季分布

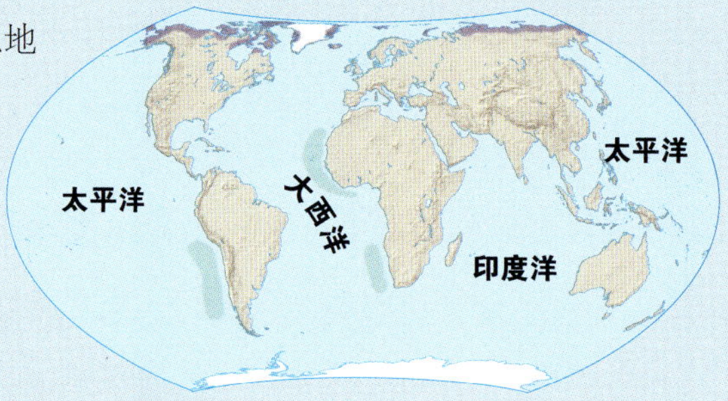

灰瓣蹼鹬

这种候鸟在高纬度北极地区筑巢，在太平洋东南部和大西洋东部越冬。其广泛的迁徙路线网意味着在世界许多地方都能见到它。

夏季分布
冬季分布

混群

南美鸬鹚、鲣鸟和褐鹈鹕在秘鲁海岸附近的荒岛上密集群聚，此处鱼类资源丰富。

繁殖

所有的海鸟成年后都在陆上繁衍。有些物种的个体各自筑巢，但许多物种都会形成大型群落，因为安全的筑巢地通常稀少且彼此之间相隔甚远。悬崖和岛屿是最佳选择，这些地方能最大限度地保护海鸟，使其不受食肉的哺乳动物的侵害。管鼻鹱和海雀在洞穴或坠落的岩石中筑巢，但大部分海鸟露天产卵，很少或几乎不用筑巢材料。与陆生鸟类相比，海鸟的单次产卵量少。鸬鹚通常产卵3或4枚，但许多其他海鸟，如信天翁和海鹦，每年只产卵1枚。这些鸟通常寿命较长，但低繁殖率令其易受诸如石油泄漏或气候变化等环境问题的伤害。

树栖鸟

军舰鸟与其他海鸟不同——其在灌木丛或树上筑巢。

海鸟的分类

全世界的鸟有27—29目，其中只有2目完全是海鸟（包括企鹅、信天翁和海燕）。另有8目包括陆生物种、沿海物种和海洋物种。

水禽
雁形目

177种

包括鸭、鹅和天鹅的大部分物种。生活在淡水或其附近，通常迁徙到海岸越冬。其中一些是真正的海鸟，生活在沿岸海域。

王企鹅

企鹅
企鹅目

18种

这些纯粹的海鸟已不会飞。多数出没于围绕南极洲的海洋，活动范围延向北方寒流区，最北至科隆群岛。

潜鸟
潜鸟目

5种

这些羽毛光滑的食鱼鸟从水面下潜，划动两足以推动自身前进。主要分布在北方高纬度地区。在内陆淡水旁繁殖，但通常在海上越冬。

信天翁和海燕
鹱形目

142种

这些是真正的海鸟，分布于各个海洋，只在繁殖时才返回陆地。其外鼻孔嗅觉灵敏。大部分能连续飞行多日，在海面觅食。

䴙䴘
䴙䴘目

23种

这些食鱼鸟有瓣蹼足，长在身体较靠后的位置。大部分䴙䴘生活在淡水中，但有些在繁殖期后会迁徙到沿岸海域。

鹭及其近缘类群
鹳形目

119种

这些长腿鸟通常在浅水或沼泽栖息地捕食。大部分生活在内陆，但有些生活在海岸、珊瑚礁及红树林沼泽中。晚上多成群歇息。

鹈鹕及其近缘类群
鹈形目

65种

这个大型的海鸟类群包括鹈鹕、鸬鹚、鹲、军舰鸟和鲣鸟。全部是食鱼鸟，通过从空中俯冲入水或从海面潜入水下的方式捕鱼。可见于世界各地，生活在沿海或海上，通常集群觅食。有些物种，尤其是鸬鹚，经常出没于淡水栖息地。

猛禽
隼形目

333种

这些食肉鸟类具有钩状喙和尖爪，适于抓捕猎物。总体来讲，猛禽大多为陆生，但有一些物种擅长抓鱼，常可见于沿海地区。它们极少冒险飞到远洋。

黑背鸥

涉禽、鸥和海雀
鸻形目

385种

这个目种类丰富，包括沿海和海洋物种，其中许多会进行长途迁徙。它们的食物多样，觅食方式从俯冲型潜水到沿海岸线食腐不等。许多为群居性，集群觅食和筑巢。

翠鸟及其近缘类群
佛法僧目

230种

主要为森林鸟类和淡水鸟类，尽管有些物种沿海岸和近岸海域觅食。虽然它们会游泳，但从空中俯冲入水并抓获猎物后便直接飞离。

目 雁形目

黑雁

Branta bernicla

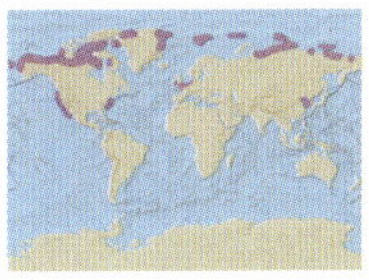

长度 55—66cm

重量 1.3—1.6kg

生境 河口，苔原，沿海草地

分布 北极地区（繁殖期）；北美洲，欧洲西北部，中国，日本（非繁殖期）

黑雁体格结实，身体为灰色，头部与颈部均为黑色。其在北极地区繁殖，在温带沿海地区越冬——许多野禽都有这一习性。喜食鳗草——一种长在浅海的海生植物，但冬季时也会在沿海区域觅食。其在低洼的沿海苔原群聚筑巢，产卵量可达5枚，每年只孵1窝卵。与生活在北极地区的其他许多鸟一样，其数量波动巨大。若夏天天气暖和，大部分幼雁能存活，但若天气异常寒冷，则仅有少量幼鸟能活到夏末迁徙之时。

目 雁形目

欧绒鸭

Somateria mollissima

长度 50—71cm

重量 1.2—2.8kg

生境 沿岸浅海，河口

分布 北冰洋，大西洋北部，太平洋北部

欧绒鸭体格健壮，常见于北极海岸。其潜入水中捕捉软体动物和螃蟹，用有力的喙啄开硬壳。雌鸟有斑驳的褐色羽，雄鸟（见下图）则主要为黑白两色，胸部呈粉色，颈部为绿色。它们群聚繁殖，在靠近海的地方筑巢。繁殖季后，它们迁到其活动范围的南部较为温暖的地方越冬。

人类影响

鸭绒

为了给卵和雏鸟保暖，雌鸟会从胸脯上拔下绒羽，铺在巢里。鸭绒是极佳的隔热体，长久以来被用作衣服与被褥的填充物。尽管合成纤维被发明出来后，鸭绒的需求量减少，但在冰岛，人们仍一直收集鸭绒。

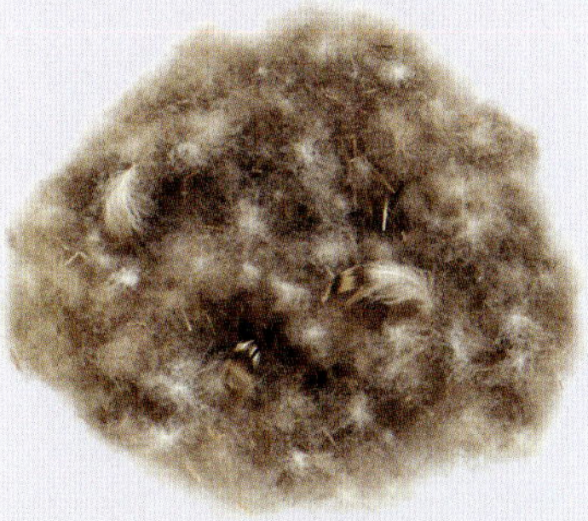

欧绒鸭的绒毛

目 雁形目

灰船鸭

Tachyeres pteneres

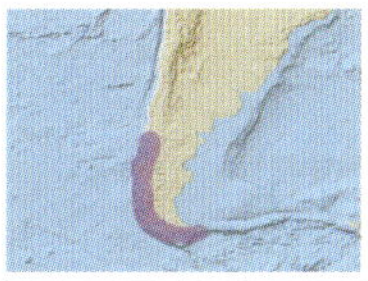

长度 61—76cm

重量 4.0—4.5kg

生境 岩石海岸，沿岸水域

分布 南美洲南部

灰船鸭体格健壮，与其2个近亲物种一样来自南美洲，这3个种都丧失了飞行能力。与其他短翅船鸭一样，灰船鸭有斑驳的灰色羽、黄色腿及坚硬的橘黄色喙。其以贻贝、螃蟹和其他小动物为食，在海藻床中潜水觅食。若受惊吓，其会扑腾着翅膀划过水面，就像划动船桨一样。

目 雁形目

翘鼻麻鸭

Tadorna tadorna

长度 58—67cm

重量 0.85—1.45kg

生境 海岸，河口，盐湖

分布 欧洲，非洲北部，亚洲

翘鼻麻鸭生活在泥质海岸，体色鲜亮，喙为橙红色，引人注目。它们通常成对出现，在泥里找寻退潮时暴露出来的小动物为食。它们在洞中筑巢，每年可养育多达9只雏鸟。繁殖季后，它们会聚集到一起换羽，数量多达10万只。

目 雁形目

红胸秋沙鸭

Mergus serrator

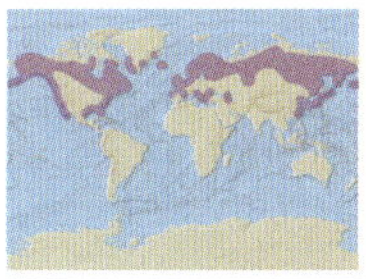

长度 52—58cm

重量 1—1.25kg

生境 海岸，河口，湖泊，河流

分布 北极地区和亚北极地区（繁殖期）；温带沿海地区（非繁殖期）

红胸秋沙鸭是分布最广的齿喙鸭之一——喙窄，边缘呈锯齿状。它们潜水捕鱼，经过演变的独特的喙尤其适合抓住滑溜溜的猎物。与其他齿喙鸭一样，其身体修长，颈长，腿为橙红色。雄鸟（见右图）头部具绿色金属光泽，长有蓬松的羽冠；雌鸟头部呈铁锈色，冠部不如雄鸟的耀眼。它们在靠近淡水处繁殖，在不那么容易结冰的海岸越冬。雌鸟在浓密的灌丛或树洞中筑巢，将鸭绒铺在巢里。其产卵量可达11枚，每年只孵1窝卵。在其活动范围内的一些地方，人们为保护鱼类而猎杀它们，但实际上并无证据证明它们会对鱼类的生存构成威胁。

目 企鹅目

王企鹅

Aptenodytes patagonicus

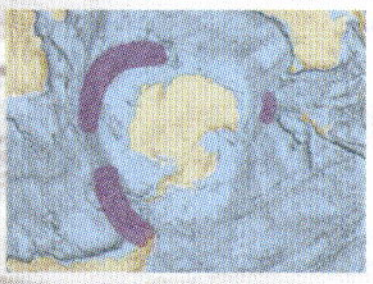

高度 85—95cm

重量 12—14kg

生境 岩石海岸，开阔海域

分布 围绕南极洲的海洋，包括马尔维纳斯群岛（英称福克兰群岛）在内的亚南极群岛

这是在南极洲以外的海岸上发现的最大的企鹅。与其近亲帝企鹅一样，其有蓝黑色的身体，白色胸脯，头部有显眼的橘黄色斑。雌雄外形看起来相同，雌鸟每次只产卵1枚，双方共同承担孵卵职责。它们不筑巢，而是将卵放置在宽大的蹼状足上孵化，其下腹部垂下的袋状皮褶可覆盖卵，为之保暖。它们靠浓密的短毛和一层厚脂肪来抵御严寒。王企鹅以鱼类和鱿鱼为食，会潜至200多米深处捕食。人们曾为获取其脂肪、油脂和毛而对其展开商业捕杀，但如今它们得到了全面的保护。

独特的繁殖周期

王企鹅的繁殖周期与其他海鸟的都不同。其繁殖周期始于11月，即南半球的夏初，雌鸟产下第一枚卵。55天后，幼鸟破壳而出，然后与其父母一起生活11个月。一旦幼鸟独立，雌鸟必须在再次产卵之前完成换羽，而此时已是秋末。因此，王企鹅的繁殖周期为18个月，与公历年的周期不一致。

王企鹅的幼鸟

目 企鹅目

帝企鹅

Aptenodytes forsteri

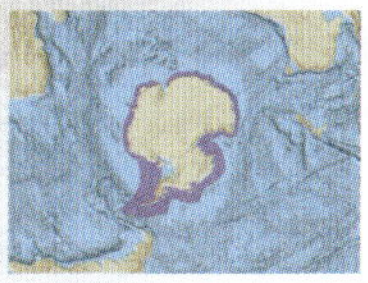

高度 110—115cm

重量 35—40kg

生境 海冰，岩石海岸，开阔海域

分布 围绕南极洲的海洋，南极洲

帝企鹅是世界上最大的企鹅，也是唯一于南半球冬季时在南极洲繁殖的物种。其外形及斑纹与王企鹅相似，但其体重可达王企鹅的2倍有余。其极少到达南极水域以外，一般在破碎的海冰之间觅食，可潜至530m深处。其能在水下待20分钟，觅食时可游1000km。它们在冰面上以分散群落繁殖。成年雌鸟在初冬时产卵1枚，并将之交给雄鸟。极夜期间，雌鸟在海中捕食，雄鸟则相互挤在一起，把卵放置在足上，用下腹部垂下的袋状皮褶覆盖卵，为之保暖。孵化期大约持续2个月。到孵化期结束时，雄鸟的体重大约减轻一半。小企鹅孵出后，雌鸟返回接替雄鸟，雄鸟转而到海中觅食。

目 企鹅目

帽带企鹅

Pygoscelis antarctica

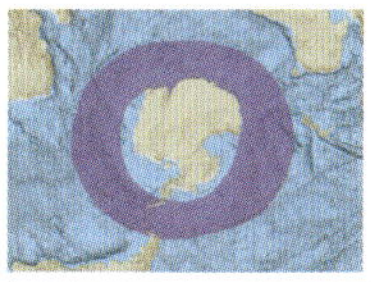

高度 71—76cm

重量 3—4.5kg

生境 岩石海岸，开阔海域

分布 围绕南极洲的海洋，南极半岛，亚南极群岛

帽带企鹅下巴处有一道黑色条纹，容易辨认，是数量最多的企鹅品种之一。雌雄外形看起来相同，有蓝黑色的身体、白色的腹面、笔直的黑色喙。它们一年当中大部分时间生活在海上，在极地冰以北的开阔海域觅食。快速游泳时，它们常跃出水面，这样既可以呼吸，又能给身体裹上一层气泡，减少与水的摩擦。

11月，帽带企鹅返回其繁殖地——南极洲的无冰海岸以及南极洲周围海洋上的岛屿。它们会用小石头堆成浅口杯状的巢。帽带企鹅比其他企鹅更具攻击性，尤其是在繁殖期。它们从邻居处偷取石块，并驱赶那些想在其巢附近筑巢的较大的企鹅。雌鸟每年产卵2枚。到2月或3月（即南半球秋初时），幼鸟的羽毛已长丰满，开始下海。帽带企鹅几乎只以磷虾为食，与南极洲以磷虾为食的海豹的情况一样。目前其数量的增长也许与食磷虾的须鲸的数量下降有关。

目 企鹅目

马可罗尼企鹅

Eudyptes chrysolophus

高度 70cm

重量 4.2kg

生境 岩石海岸，开阔海域

分布 围绕南极洲的海洋，南极半岛，亚南极群岛，南美洲南部

人们经常可以看到马可罗尼企鹅和与其相似的跳岩企鹅在一起。然而，马可罗尼企鹅体形明显较大，并且双眼上方有独特的火焰黄色冠毛，相连于前额处。在更往南的地方也有其踪迹，它们在南极半岛无冰的海岸上繁殖。其繁殖群落非常嘈杂，成百万对挤在一起，相互只隔着一点点空隙。雌鸟每年产卵2枚，雌雄都参与孵化。其繁殖率低，通常只有1只雏鸟能存活。

目 企鹅目

小蓝企鹅

Eudyptula minor

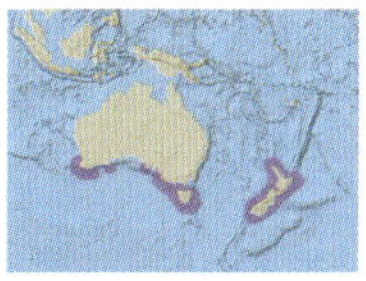

高度 40—45cm

重量 1kg

生境 多石且泥泞的海岸，开阔海域

分布 澳大利亚南部，新西兰，塔斯曼海，围绕南极洲的海洋

小蓝企鹅是最小的企鹅，也是唯一一种白天在近岸海域活动，夜幕降临后才到陆地上栖息的企鹅。其腹面为白色，头部和背部为灰蓝色，身上没有突出的斑纹。白天，人们常看见它们成小群在近海海面休息，不时潜入水中捕鱼。捕鱼时，它们先包围小鱼，将其赶到一起形成密集的鱼群，之后穿梭其中将鱼猛然抓获。与其他企鹅不同，小蓝企鹅快速前进时不会跃出水面。它们常筑巢于洞穴中或坠落的岩石间，也会在防浪堤间或房子和棚屋下方筑巢。每只雌鸟一窝产卵2枚，一年可抚育2窝雏。

夜幕降临意味着安全

在小蓝企鹅的某些活动区域，如靠近墨尔本的菲利普岛，人们在夜幕降临时会看到它们成千上万地爬上岸。这种习性尽管并未能使其避开狐狸、家犬等外来哺乳动物的袭击，但已使其远离大多数捕食者的威胁。

目 企鹅目

麦哲伦企鹅

Spheniscus magellanicus

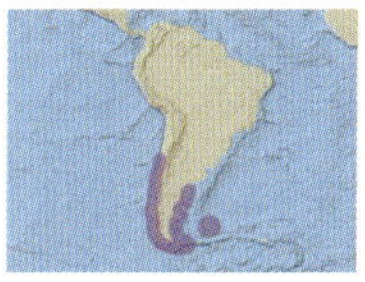

高度 71cm

重量 5.5kg

生境 岩石海岸，开阔海域

分布 南美洲南部，马尔维纳斯群岛（英称福克兰群岛），大西洋南部和太平洋南部

麦哲伦企鹅是体色为黑白两色的2种南美企鹅之一，可通过其胸前的两道黑带轻易识别（见下图）。其在南极洲周围向北流的寒冷海水中捕食成群的小鱼，比如沙丁鱼。与其近亲洪堡企鹅一样，其将巢筑在洞穴中，每年可抚育2只雏鸟。

目 企鹅目

斑嘴环企鹅

Spheniscus demersus

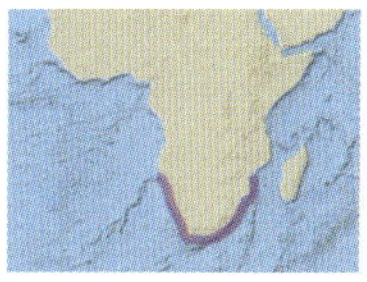

高度 60—70cm

重量 5kg

生境 岩石海岸，开阔海域

分布 非洲南部沿海，大西洋南部沿海，印度洋南部沿海

斑嘴环企鹅又叫“非洲企鹅”，是在非洲繁衍的唯一一种企鹅。其外形与南美洲的麦哲伦企鹅非常相似（见左），但胸前只有一道黑带。其以沙丁鱼、鳀鱼等小鱼为食。其叫声似驴，因而又名“驴企鹅”，繁殖期时，甚至在岸上都能听见其叫声。其在洞穴中筑巢，农民以往为收集其粪便作为肥料而毁坏了许多筑巢区。如今，其数量锐减，并面临的两个主要威胁：一是人类对鱼类的过度捕捞使其食物资源减少，另一则是石油泄漏。此外，它们还要与海狗争夺繁殖地。

帝企鹅

帝企鹅称得上是世界上最坚强的动物之一，既能经受住陆地上的暴风雪，又可在围绕南极洲的冰冷海水中深潜。尽管出水和入水时易受袭击，但其在水中迅速而敏捷，常可在速度和灵活性上胜过捕猎它们的豹形海豹。

目 鹱形目

黑脚信天翁

Phoebastria nigripes

长度 68—74cm

重量 3—3.5kg

生境 开阔海域，环礁，孤岛

分布 太平洋北部、约翰斯顿岛和马绍尔群岛

夏季，人们常可在北美洲的西海岸附近海域看到这种深色海鸟。其是太平洋北部的3种信天翁之一，与另两种的区别在于其翼下是深色的。其喜食腐，常跟随拖网渔船和捕虾船捡食船员丢弃的肉屑及内脏。它们在太平洋中部和西部的岛屿群聚繁殖。与其他信天翁一样，它们也有求偶展示行为。所有信天翁都为一夫一妻制，每年秋天都与同一配偶繁育后代。

人类影响

延绳钓

黑脚信天翁经常成为延绳钓的受害者。延绳钓的长钓线上有数千带饵的钩，吞下饵食的信天翁会被钩住。据统计，每年因延绳钓而丧生的各种海鸟的数目至少达30万只。

溺亡的受害者

信天翁通常会将食物整个吞食，因此延绳钓的钩会留在其胃中，致使其被拖入水下而溺亡。

目 潜鸟目

普通潜鸟

Gavia immer

长度 70—90cm

重量 3—4.5kg

生境 淡水湖（繁殖期），海岸

分布 北美洲北部，格陵兰岛，冰岛，欧洲，太平洋北部，大西洋北部

这种引人注目的鸟最出名之处当数其令人难忘的叫声——在夏季繁殖期，其叫声回响在淡水湖上。冬季，它们则常出现于沿海水域，此时其黑白两色的繁殖羽已变为不那么显眼的棕黑色和灰色。与其他潜鸟一样，其身体呈流线型，翅膀小，蹼足位于身体靠后的位置，这使其在陆地活动时较为笨拙。而在水上，它们就要优雅得多。浮于水面时，喙总是富有特色地向上倾斜。主要以鱼为食，可潜到75m以下捕鱼。

夏季，普通潜鸟通常成对栖息，并进行引人注目的求偶展示。繁殖期结束时，它们迁徙到掩蔽的海岸，那里没那么容易结冰。在北美洲，数百只成群的普通潜鸟常在向南迁徙前聚集在五大湖，之后便迁徙到远至佛罗里达州海岸的南方。在欧洲，它们散布于大西洋沿岸越冬，最南至葡萄牙。

目 鹱形目

短尾信天翁

Phoebastria albatrus

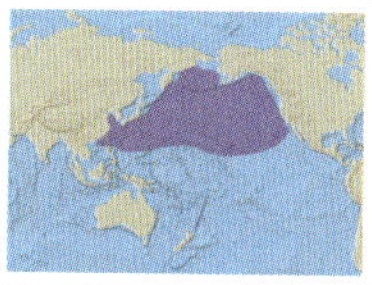

长度 84—94cm

重量 3—5kg

生境 偏远的岛屿（繁殖期）；开阔海域

分布 太平洋北部，鸟岛，钓鱼岛及其附属岛屿

20世纪初，这种栖息于太平洋北部的鸟因人类对其羽毛的需求而几近灭绝。到1950年，仅约20只存活。得益于保育措施，其数量目前维持在近2000只，它们都在活动范围最西端的偏远岛屿上繁殖。成鸟几乎全白，有黑色飞羽，喙为粉色，头部为金黄色。

目 鹱形目

灰背信天翁

Phoebetria palpebrata

长度 79—98cm

重量 2.5—4.5kg

生境 偏远的岛屿（繁殖期）；开阔海域

分布 围绕南极洲的海洋，大西洋南部及印度洋南部的孤岛

灰背信天翁与其近亲乌信天翁是长有黑褐色羽毛的两种南方信天翁，其他的南方信天翁均为黑白两色。乌信天翁全身呈黑褐色，而灰背信天翁的颈部和背部则呈浅灰色，这也是其名字的由来。灰背信天翁空中滑翔姿势优美，以鱼、鱿鱼和甲壳类为食。其好奇心强，常追随船只。在海上越冬后，它们在8月，即南半球春初时，返回繁殖地。雌鸟在夏初产卵1枚，雏鸟破壳而出后，历经4个月便可独立生活，这比较大型信天翁的成长时间要快得多。

目 鹱形目

漂泊信天翁

Diomedea exulans

长度 1.1—1.35m

重量 8—11.5kg

生境 偏远的岛屿（繁殖期）；开阔海域

分布 围绕南极洲的海洋，大西洋南部，印度洋南部，太平洋南部

这种传奇般的海鸟的翼展是鸟类中最大的，曾有3.5m的纪录。其活动范围局限在受风吹袭的围绕南极洲的海洋上，主要以鱿鱼为食，从海面捕食猎物。其每次可在空中待上数周，经常跟随船只，展开其坚硬的翅膀在海浪上空翱翔。漂泊信天翁需要11年才达至性成熟，其间逐渐褪掉雏羽，除翅膀的尖端和后缘为黑色外，其他部分均变为白色。它们在偏远的岛屿上筑巢，通常每隔一年繁殖一次。

孵化期长

漂泊信天翁用泥巴、草和苔藓筑起土堆似的大巢。它们每次只产卵1枚，孵化期最长，需要75—82天。幼鸟在巢中待9个月，其间由父母共同抚育。若遇上尤其恶劣的天气，幼鸟可能会单独待在巢中，连续数天得不到照料。

目 鹱形目

黑眉信天翁

Thalassarche melanophrys

长度 83—93cm

重量 3—5kg

生境 偏远的岛屿（繁殖期）；开阔海域

分布 围绕南极洲的海洋，大西洋南部，印度洋南部，太平洋南部

黑眉信天翁是信天翁中数量最多、分布最广的。从南极洲到南回归线，甚至再往北都有其踪影。其翼、背部和尾部为灰黑色，每只眼睛上方都有明显的黑色眉毛。它们以鱼、鱿鱼、章鱼和甲壳类为食，经常跟随船只，当船员丢废弃物时，它们便大量聚集在船只周围。它们在偏远的岛上繁殖，幼鸟至少要经过5年才达至性成熟。它们是定期飞越赤道的少数南方信天翁之一，在不列颠群岛曾有个别目击记录，这里是其所至最北处。

目 鹱形目

巨鹱

Macronectes giganteus

长度 86—99cm

重量 5kg

生境 海岸，开阔海域；筑巢于不冻海岸

分布 南半球（从南极洲往北远至热带地区）

这种大型海鸟既是食腐者又是捕猎者，常见于企鹅群落边缘或海豹、鲸的尸体旁。其用强有力的喙撕裂腐肉或杀死幼鸟。大多数成鸟头部灰白，背部为深灰褐色，但也有一些鸟的身体几乎为纯白色，并零星散布有黑斑。

目 鹱形目

暴雪鹱

Fulmarus glacialis

长度 45—51cm

重量 700—900g

生境 岩石海岸，开阔海域

分布 太平洋北部，大西洋北部，北冰洋的不冻海域

暴雪鹱经常被误认为是鸥，但它与其他鹱一样，具有独特的管状鼻孔。其遍布北方海域，人们常见其展开坚硬的翅膀在悬崖上方飞翔。其足较弱，因而在陆地上显得行动笨拙，眼睛色深且有独特的眉峰。生活在大西洋的大部分暴雪鹱体白，上翼为蓝灰色，但太平洋的许多暴雪鹱的身体颜色都较深。暴雪鹱吃海面及附近的小动物，并聚集成大群在渔船周围食腐。它们在外露的悬崖上繁殖，每只雌鸟每次产卵1枚，卵直接置于岩石上。孵化期为52天，几乎是与其体形相似的鸥的2倍时长。尽管繁殖率低，近年来其数量和活动范围均有所增长。相对于其体形来说，其相当长寿，曾有超过50年寿命的纪录。

目 鹱形目

雪鹱

Pagodroma nivea

长度 30—35cm

重量 250—450g

生境 多岩石及冰封的海岸

分布 南极洲，亚南极群岛，围绕南极洲的海洋

雪鹱外形优美典雅，是世界上繁殖地最南边的鸟类之一。其通体为白色，在南极洲及附近的无冰悬崖上筑巢，其繁殖地距南极点约1100km。其从海面上获取食物，极少远离极地冰川。人们常可看到成群的雪鹱栖息在冰山上。

目 鹱形目

白额圆尾鹱

Pterodroma hypoleuca

长度 30cm

重量 225g

生境 海岛（繁殖期）；开阔海域

分布 太平洋西北部

世界上有20多种圆尾鹱属的海鸟，大都分布在热带和亚热带区域，在海上很难将它们区别开来。生活在太平洋西北部的白额圆尾鹱就是其中一种典型，它们在夏威夷以西的分散岛屿上筑巢。其喙小且短，略呈钩状，翼端尖。它们翱翔在浪尖上，飞行迅速敏捷，以小型浮游动物为食，常常落在海面上捕食。它们在洞穴中筑巢，但在陆地上行走却较困难。为减少被捕食者袭击的风险，它们通常在晚上返回陆地，将食物反哺给其唯一的雏鸟。雌雄双方共同肩负孵化任务，孵化期约为49天。在偏远的岛上，鹱的群落易被外来捕食者（例如鼠和猫）毁坏，白额圆尾鹱就深受其害。

目 鹱形目

仙锯鹱

Pachyptila turtur

长度 25—28cm

重量 150—225g

生境 岛屿（繁殖期）；开阔海域

分布 围绕南极洲的海洋及其毗邻海域

仙锯鹱体形小，身体灰白，上翼为蓝灰色，有明显的M形黑色带纹。它们聚群而居，在晚上捕食，用喙筛食海水中的浮游动物。它们在偏远的岛屿繁殖，在洞穴中或坠落的岩石间的深窟窿中产下仅有的1枚卵（每次）。

目 鹱形目

大鹱

Puffinus gravis

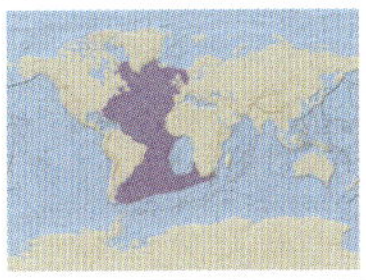

长度 46—53cm

重量 800—900kg

生境 海岛（繁殖期）；开阔海域

分布 大西洋，塞拉利昂以南的非洲西海岸邻近海域除外

这种海鸟栖于海上，其迁徙范围很广，在一年中会飞越大西洋的大部分区域。它们在大西洋最南部一些世界上最为偏远的岛屿上繁殖，比如特里斯坦—达库尼亚群岛的南丁格尔岛上就栖息着大约400万只大鹱。大鹱的翅膀尖且上表面为深褐色，其腹部颜色则要浅得多，因此当其斜着飞行时，看上去一会儿黑一会儿白。有时在海上会听到其叫声，但更多是在繁殖期时，洞穴中会传来它们嘈杂的哀号尖叫。人们认为这些叫声可帮助夜归的鸟找到其配偶。

目 鹱形目

黄蹼洋海燕

Oceanites oceanicus

长度 15—19cm

重量 30—40g

生境 海岸，岛屿（繁殖期）；开阔海域

分布 全球，太平洋北部和大西洋极北端除外

黄蹼洋海燕比麻雀大不了多少，被认为是世界上数量最多的远洋海鸟。其繁殖群落广泛分布，总数未知，或许已超2000万只。在海上很难将它与其近亲区别开来，但其除尾基部有一道白色带外，全身羽毛均为黑褐色。其捕食时极少停留在水面，而是一边扇动翅膀，用足拍打水面，一边啄食浮游动物。倘若食物丰富，它们会突然大量出现，捕食之后立即消失。其繁殖地向南远达南极洲。它们用喙和足挖穴。当南方的夏季即将结束时，它们便向北迁徙。

目 鹱形目

短尾鹱

Puffinus tenuirostris

长度 41—43cm

重量 500—700g

生境 开阔海域，沿海岛屿

分布 太平洋北部，太平洋西南部（澳大利亚南部海岸附近）

短尾鹱在陆地上行动笨拙，却是不知疲倦的飞行者，每年迁徙时会绕过太平洋北部的大部分海域。与其他剪水鹱一样，它们经常成群地在离海面只有数厘米高处快速飞行，一旦发现猎物便随时停下来捕食。但与其他剪水鹱相比，其喙更窄，通体呈深烟褐色。它们在广阔的岛屿上聚集筑巢，每对亲鸟只抚育一只幼鸟。幼鸟的食物富含油脂，到其离巢时体重已超过其父母。数世纪以来，人们猎杀其幼鸟以获取油脂和肉。这一猎杀行为至今不绝，尽管捕杀数量已被严格加以控制。

迁徙

短尾鹱独特的迁徙路线呈“8”字形，总长达33,500km，可以充分利用盛行风的力量。它们在11—12月产卵，在次年4—5月向北飞行，在8月到达白令海。之后，它们沿北美洲西海岸往南飞，最终返回其繁殖聚居地。

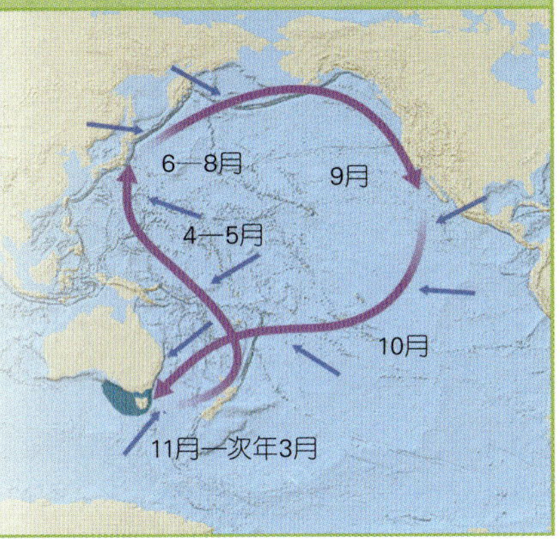

目 鹱形目

白腰叉尾海燕

Oceanodroma leucorhoa

长度 19—22cm

重量 40—50g

生境 海岸，岛屿（繁殖期）；开阔海域

分布 太平洋北部，大西洋北部，北美洲沿岸及阿留申群岛

白腰叉尾海燕在海上很安静，但其在巢内或附近时，会发出高亢的咕噜声，时不时夹杂着尖锐的鸣叫。与黄蹼洋海燕（见上）不同，它们在北半球繁殖。夏末，它们向南迁徙，飞越太平洋北部以及大西洋的大部分海域。其体形小，呈棕黑色，尾深分叉，飞行迅速，当其在海面上搜寻食物时，会经常改变飞行方向。其以浮游动物和小鱼为食，捕食时用足拍打水面，有时会停在水面上休息。它们群聚繁殖，每只雌鸟只产卵1枚，亲鸟晚上带着食物回巢喂雏。在北极附近，有些白腰叉尾海燕会将筑巢时间推迟到8月，以避开北极夏季的极昼，因为在极昼期间它们更易遭捕食者袭击。

目 鹱形目

鹈燕

Pelecanoides urinatrix

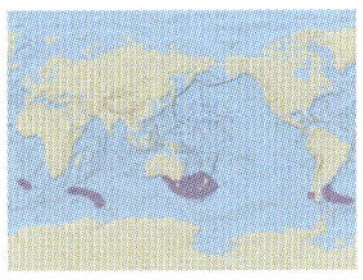

长度 20—25cm

重量 110—130g

生境 海岸，岛屿（繁殖期）；开阔海域

分布 围绕南极洲的海洋及其毗邻海域和岛屿

鹈燕体形粗短，翅膀尖，足淡蓝色，生活在南半球，酷似生活在北半球的小海雀（详见第399页）。尽管其与后者毫不相干，却同样善于低空快速飞行，捕食技巧也相似。与其他海燕一边飞行一边捕食不同，鹈燕潜入水中捕食，用翅膀游泳。其经常径直穿过海浪，扇着翅膀迅速地从另一端冒出。其在洞穴中筑巢，夜幕降临后返回巢里。在围绕南极洲的海洋中还有另外三种与其外形相似的海燕。

目 鹳形目

苍鹭

Ardea cinerea

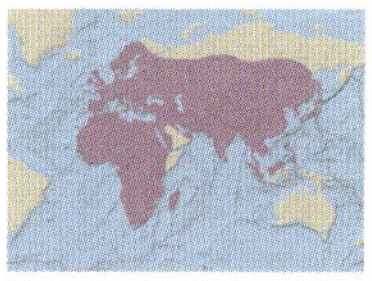

长度 90—100cm

重量 1.6—2kg

生境 河口，潟湖，海岸

分布 欧洲，亚洲大陆（极北地区除外），日本，印度尼西亚，非洲，马达加斯加

苍鹭一般在淡水区活动，但也常见于海边，尤其是冬季湖泊和池塘都已冰封的区域。其体形高大，背为灰色，经常保持不动，耐心等待鱼或其他动物进入其可及范围，之后用匕首般的喙猛戳猎物，将其捕获。在海岸上，受限于捕食方式，其只能在多岩石的低洼海岸的浅水区追随着落潮捕食。苍鹭飞翔时缓慢地扇动翅膀，将头缩在肩膀里，腿向后伸。它们在树上（尤其是近水的内陆的树上）筑巢。

目 鹳形目

白鹭

Egretta garzetta

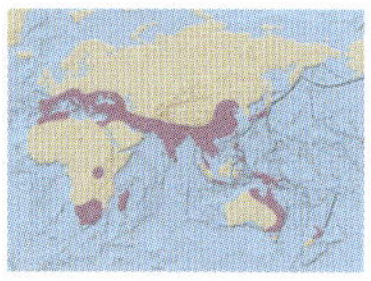

长度 56—65cm

重量 300—450g

生境 泥质海岸，红树林沼泽

分布 欧洲南部，非洲，亚洲南部，东南亚，大洋洲

白鹭通体纯白，腿和喙为黑色，脸部裸露的皮肤为鲜黄色，通常单独或成小群在海岸的浅水区静静涉水而过。这样其便会惊扰鱼类及其他生活在海岸线上的动物，然后捕食之。在繁殖季，雌鸟和雄鸟都会在头部和背部长出长饰羽。它们在树上筑巢，巢是用树枝搭建的，并不十分牢固。

目 鹳形目

岩鹭

Egretta sacra

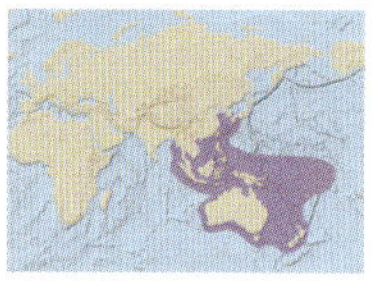

长度 60—70cm

重量 400—750g

生境 海岸湿地和淡水湿地

分布 大洋洲，太平洋诸岛，太平洋西海岸（东南亚至日本）

这种生活在海岸线的体格壮实的鹭有两种不同色型，二者看起来就像是不同的物种。一种色型为纯白，有淡黄色的喙和灰黄色的腿。另一种色型的喙和腿的颜色与前者相似，但羽毛为深灰色。这两种色型的分布不尽相同。在太平洋热带海域的一些岛屿上，白色型占主导地位，但在新西兰，绝大多数岩鹭为深灰色型。岩鹭单独或成小群觅食小鱼、螃蟹和软体动物。觅食时，其头部与身体几乎保持水平，常半展开翅膀遮蔽水面。与其他的鹭不同，岩鹭通常在地面上筑巢，其巢多筑于坠落的岩石间、海岸洞穴中或低矮的树木上。

目 鹈形目

红嘴热带鸟

Phaethon aethereus

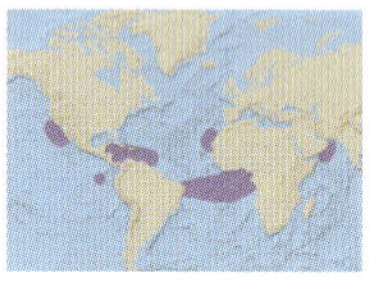

长度 可达50cm（不包括尾）

重量 600—800g

生境 海岸，岛屿（繁殖期）；开阔海域

分布 太平洋东部，加勒比海，大西洋热带海域，印度洋东北部

作为3种热带鸟中体形最大的，这种优雅的海鸟一生大部分时间都飞翔在离陆地数百千米的开阔海域上。其远看像鸽子，但飞翔时，两条尾部飘带在身后飘动，极为独特。其靠俯冲潜水捕食，觅食时在海面上空盘旋，一旦发现猎物，便半收拢翅膀俯冲入水中捕猎。尽管具有较好的浮力，但其很少游泳。与其他的热带鸟一样，其在偏远的海岸和海岛上筑巢，极少离开热带海域。

目 鹈形目

小军舰鸟

Fregata minor

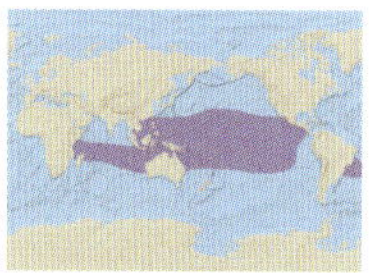

长度 86—100cm

重量 1.4—1.8kg

生境 海岸，岛屿（繁殖期）；开阔海域

分布 印度洋和太平洋的热带海域，零星分布于大西洋热带海域

军舰鸟具有超长的翅膀和细长的身体，是无可匹敌的滑翔好手。军舰鸟的5个物种都有光滑的黑色羽毛、强有力的钩状喙和小蹼足。雄鸟有鲜红色的喉囊，在求偶展示时会膨胀起来。尽管小军舰鸟的体重不如体形较大的海鸥，但其翼展可达2.3m，仅仅振动几下翅膀就足以在空中滑翔数小时。其在空中观察其他海鸟捕食，并追赶逼迫它们放弃所捕获的猎物，然后抢来吃掉。此外，其也会自己捕食，从海面攫取猎物。小军舰鸟通常用细枝筑巢于沿海灌木丛中。

目 鹈形目

褐鹈鹕

Pelecanus occidentalis

长度 1.2—1.6m

重量 3.5—4.5kg

生境 沿海水域，河口及岛屿

分布 南北美洲的太平洋沿岸和大西洋沿岸，科隆群岛

褐鹈鹕常见于近海和海港，是俯冲入水捕鱼的海鸟中最重的。它们常成群捕鱼，掠过海浪升空，然后向后收起翅膀，撞入水中，溅起壮观的水花。其喉囊在水下向外张开，兜住鱼，然后于水面吞食。

目 鹈形目

北鲣鸟

Morus bassanus

长度 87—100cm

重量 2.8—3.2kg

生境 开阔海域，岩石海岸，近海岛屿

分布 北大西洋东西两岸

这种鸟身体呈高度流线型，全身白色，翼尖为黑色，是北大西洋最引人注目的俯冲型潜水鸟。其以独特的扑翼滑翔方式徜徉于海面之上，可从海面上30m的高空俯冲入水攻击鱼群。它们拥挤地聚集在岩石岛屿或悬崖顶部繁殖，一只雌鸟每年只产卵1枚。幼鸟需要5年才达至性成熟，并在此期间逐渐褪去褐色的羽毛。在返回其出生地进行繁殖前，它们游荡在远洋上。

目 鹈形目

褐鲣鸟

Sula leucogaster

长度 64—76cm

重量 0.7—1.5kg

生境 沿岸水域，岩石海岸，岛屿

分布 除太平洋东南部以外的全球热带海域

褐鲣鸟是出色的潜水者，是鲣鸟属（*Sula*）的6种鸟中分布最广泛的，存在明显的颜色差异。大部分除腹面为白色外，身体呈褐色。然而，生活在太平洋东部的褐鲣鸟头部为白色，喙为灰色，而非典型的亮黄色。它们生活方式相同，都从海面上30m的高空俯冲入水捕食鱼和鱿鱼。它们还会低空掠过海面，捕捉跃出水面的飞鱼。它们常飞绕于船舶前方，捕捉被船首涡流惊扰的鱼儿。它们喜欢在近岸捕鱼，栖息在浮标或海岸树木上。尽管其在空中敏捷灵活，但在起飞和落地时较笨拙。

俯冲入水

鲣鸟都适应了俯冲入水捕食的生活方式：眼睛朝向前方，头部和喙呈流线型，鼻孔无外部开口。在入水的瞬间，其翅膀贴着身体向后收，冲击力被皮下气囊吸收。

从空中袭击

这一系列照片展示了在俯冲入水之前翅膀收起的过程。

目 鹈形目

蓝脚鲣鸟

Sula nebouxii

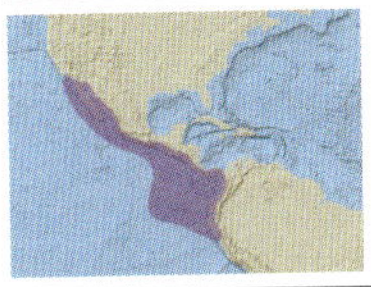

长度 76—84cm

重量 1.5—2kg

生境 沿岸水域，岩石海岸，岛屿

分布 中美洲太平洋沿岸，科隆群岛

蓝脚鲣鸟是鲣鸟属（*Sula*）的6种鸟中的一种，这6种鸟都是俯冲型潜水鸟，与北鲣鸟是近亲，具有色彩鲜艳的蹼足。蓝脚鲣鸟除腹面为白色外，身体呈褐色。幼鸟的脚为灰褐色，成鸟的脚则为宝石蓝色。它们群体觅食，发现鱼群后会几乎同时俯冲入水。其体形比北鲣鸟小，因此它们能在近岸捕鱼，有时甚至潜入不足1m深的水中。它们成小群在沿海岛屿上筑巢，将卵产在地面上。

目 鹈形目

南美鸬鹚

Phalacrocorax bougainvillii

长度 74—78cm

重量 1.75—2.25kg

生境 沙漠海岸，岛屿，近岸水域

分布 秘鲁及智利北部的太平洋沿岸

南美鸬鹚全身为黑白两色，每只眼睛周围都有显眼的红色斑。它们形成庞大的群落，沿阿塔卡马沙漠（地球上最干旱的区域）的海岸筑巢。其以秘鲁寒流寒冷海水中盛产的秘鲁鳀为食。与其他鸬鹚一样，其在水下捕鱼，收起翅膀，以脚划水推动自身前进。其浮在水面上时，不时把头埋进水中寻找食物。上千年来，它们都在相同的近海岛屿上筑巢，其粪便累积成厚厚的干燥的鸟粪层。在受厄尔尼诺现象影响的年份，海洋温度上升，食物短缺，这迫使它们到更远的地方觅食，通常向北远至巴拿马。

人类影响

鸟粪贸易

在人工合成化肥发明之前，富氮鸟粪是一种极具价值的商品。成千上万吨鸟粪从南美洲沿岸出口到北半球。鸟粪也曾用于制造爆炸物。

开采鸟粪层

在秘鲁南部海岸的一个岛上，工人们正用镐和锨开挖紧实的鸟粪层。

目 鹈形目

普通鸬鹚

Phalacrocorax carbo

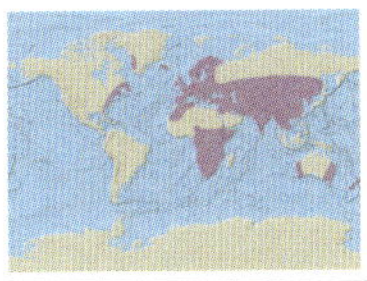

长度 80—101cm

重量 2—2.5kg

生境 海岸，近岸水域，河流，湖泊

分布 北美洲东北部，欧洲，非洲，亚洲，大洋洲

普通鸬鹚在淡水和咸水中都能生存，广泛分布于世界各地，从格陵兰岛到大洋洲都有其踪迹。从远处看，其羽毛为乌黑色，但近观则呈绿色金属光泽，并具有白斑，具体情况因地方种的不同而有差异。与其许多近亲一样，其潜入水中捕鱼，羽毛仅部分防水。进食后，其会张开翅膀休息，将之晾干。它们具有很强的直线飞行能力，其飞翔由稳定的振翅和短暂的滑翔构成。常成小群掠过海面或内陆河面。它们在岩架上和树丛中筑巢，用海藻、零碎物或细枝筑成一个平台，雌鸟产3或4枚青白色的卵。它们有时会被垂钓者所困扰，尤其是在钓鳟鱼的区域，但仍保有非常高的孵化成功率。

成年普通鸬鹚翅膀上的羽毛为黑色

尾巴短，呈现楔状

目 隼形目

白腹海雕

Haliaeetus leucogaster

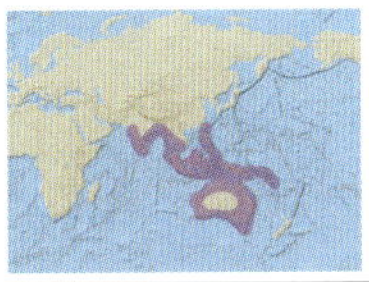

长度 70—90cm

重量 2.5—4.2kg

生境 近岸水域，河流，湖泊，水库

分布 南亚及东南亚，新几内亚，澳大利亚

这种黑白两色的雕翱翔在水面上时，翼展可达2m，两翼呈浅V形，令人印象深刻。其食物广泛，包括鱼类、水禽、海龟和海蛇。其通常在水面捕食猎物，很少进入水中。其也食腐，还会逼迫小型海鸟放弃所捕获的猎物，夺为己有。其在近水处繁殖，在较高的树上筑大巢。

目 隼形目

栗鸢

Haliastur indus

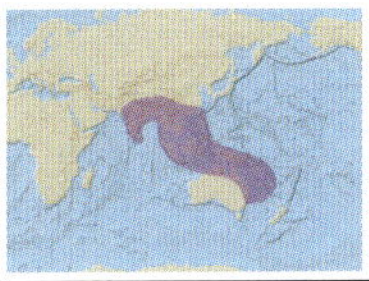

长度 43—51cm

重量 400—700g

生境 海滩，河口以及河流

分布 南亚及东南亚，澳大利亚北部，太平洋西部岛屿

栗鸢在其部分活动区域是常见的食腐者，也是高效的捕猎者。其会在距离水面数米的高度交错飞翔，一旦发现目标便直扑水面，捕鱼或捡拾残骸。其也在海滩和泥滩上觅食，常在沿海城镇的郊外出没。成鸟的羽毛为深栗色，头部和胸部为显眼的白色。其繁殖季因所处的地理位置不同而异，但它们通常都筑巢于红树林中，用海藻和枝条搭造平台状的巢。雌鸟和雄鸟共同抚育1或2只幼鸟。

目 隼形目

鹗

Pandion haliaetus

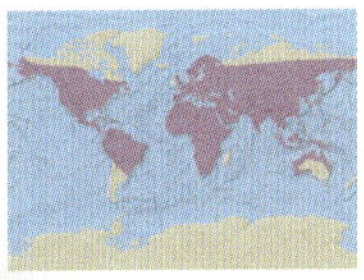

长度 50—65cm

重量 1.2—2kg

生境 海岸，礁石，潟湖，河流，湖泊

分布 全球（极地地区、南美洲南部和新西兰除外）

这种食鱼鹰是猛禽中分布最广泛的一种，主要在北半球繁殖，迁徙到南方越冬。鹗身形轻便，有显眼的深色眼纹以及狭长而略成角度的翼，据此较易将其与其他海岸猛禽区别开来。其完全以鱼为食，可从水面上50m的高空俯冲入水（脚先入水）。其翼强壮，腿部肌肉发达，趾上有长的钩状爪，脚底有刺，因而可牢牢抓住滑溜溜的猎物。众所周知，其可抓起与自身体重相当的猎物。它们在高大树木的顶端筑巢，每年仅孵1窝卵（2—3只雏）。在20世纪，由于受到农药（特别是滴滴涕）污染的严重影响，其数量下降。如今其数量已得到恢复，在一些地区，例如英国北部，它们在经历多年的停滞后，繁殖率已恢复。

从空中进攻

鹗高高地飞在水面之上寻找食物。一旦发现鱼，其在盘旋几秒后，便半收起翅膀，迅速俯冲入水。其高速撞向水面，有时部分身体也没入水中，用一只脚抓住猎物，然后艰难地爬升，返回空中。飞起来之后，其会在飞回栖息地或巢穴之前将羽毛上的水抖干。

目 鸻形目

白鞘嘴鸥

Chionis alba

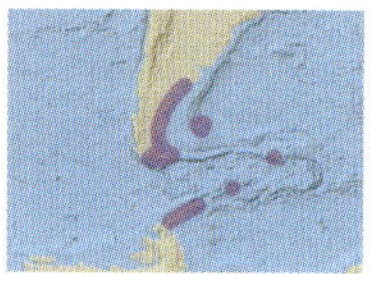

长度 34—41cm

重量 450—775g

生境 岩石海岸，近岸水域，海冰

分布 南极半岛，亚南极地区的岛屿，南美洲南部，马尔维纳斯群岛（英称福克兰群岛）

白鞘嘴鸥是唯一在南极洲海岸繁殖的无蹼足的鸟。其矮壮，腿短，外形很像鸡雏，尤其是遇到危险逃跑时。其几乎完全以肉食为生，会沿着海岸线搜寻腐肉，或者在企鹅群落附近游荡，伺机偷食企鹅蛋或成年企鹅的食物。

目 鸻形目

蛎鹬

Haematopus ostralegus

长度 40—48cm

重量 400—800g

生境 多岩石的海滨，潮湿的内陆栖息地

分布 冰岛，欧洲，亚洲北部和东部（繁殖期）；欧洲南部，非洲，亚洲南部（非繁殖期）

蛎鹬有亮橙色的喙，叫声响亮，是欧洲海滨最引人注目的涉禽之一。它们多成小群活动，以贻贝、帽贝和其他软体动物为食，用喙将壳敲碎或撬开。它们常沿潮汐线飞行，寻找良好的觅食地，大声呼叫同类。它们在海岸的卵石和砾石中产卵2—4枚，卵壳的花纹具伪装性。蛎鹬是蛎鹬科的11个物种之一。这11个物种的外形都基本相同，都有颜色亮丽的喙，但有一些种的羽毛全黑。

目 鸻形目

黑翅长脚鹬

Himantopus himantopus

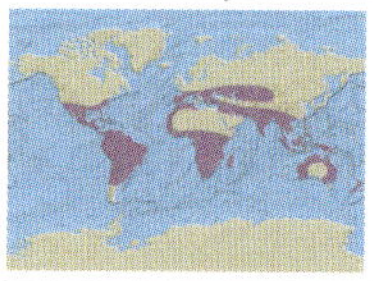

长度 35—40cm

重量 150—200g

生境 海岸浅水区，盐沼，湿地

分布 全球（除亚洲极北区及东北部）；只在夏季才出现于其活动范围的北部

黑翅长脚鹬飞行时，其长长的双腿拖在尾巴后方。按地域分布不同，其可分为不同的地方种，均在范围广泛的湿地中繁殖。其在平静的淡水或咸水中觅食，蹚过浅滩，用喙掠过水捕捉小动物或在水面啄食。

目 鸻形目

反嘴鹬

Recurvirostra avosetta

长度 42—45cm

重量 225—400g

生境 海岸浅水区，盐沼，湿地

分布 欧洲，亚洲温带地区（繁殖期）；欧洲西部，非洲，亚洲南部及东南部（非繁殖期）

反嘴鹬有上翘的长喙，容易辨认。这种优雅的涉禽在沿岸和内陆的浅水区觅食。反嘴鹬属共有4个物种，它们的外形及大小均相似，其中反嘴鹬是目前分布最广泛的，也是在欧洲、非洲和亚洲均有分布的唯一一个物种。反嘴鹬将喙伸入水中，左右来回扫动觅食。其喙的尖端触觉高度敏感，所以即使在河口和潟湖的浑水中也能捕食。其善于游泳，有时会像钻水鸭一样扎入水中倒立觅食。反嘴鹬群聚筑巢，在泥滩上挖杯状凹坑，一窝产4枚卵。尽管它们看起来很优雅，但是一旦自己的巢受到了威胁，它们便变得具攻击性。亲鸟会低下头驱赶入侵者，能赶走鹅和鸭等比其更肥壮的鸟。

目 鸻形目

灰斑鸻

Pluvialis squatarola

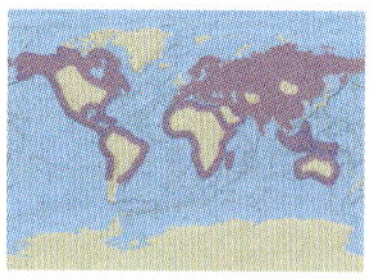

长度 26—28cm

重量 170—240g

生境 北极苔原，海岸，河口

分布 北极地区（繁殖期）；全球温带及热带海岸（非繁殖期）

灰斑鸻作长途迁徙，是世界上分布最广泛的涉禽之一，可见于除南极洲以外的各大洲海岸。其繁殖羽仅见于北极苔原的雄鸟身上——腹面和脸部呈黑色，但至南下越冬时，雌雄双方都呈带斑点的灰色。其夏季以昆虫为食，冬季以海洋蠕虫和甲壳类为食。

目 鸻形目

翻石鹬

Arenaria interpres

长度 21—25cm

重量 80—110g

生境 岩石或沙质海岸，沿海低地

分布 北极沿海地区（繁殖区期）；全球温带及热带海岸（非繁殖期）

翻石鹬可见于全世界的海岸上，以独特的方式觅食——它们沿着潮汐线快速行走，熟练地用喙拨开石头。如此一来，杜氏钩虾及其他小动物便暴露出来，翻石鹬继而捕食。与许多涉禽一样，翻石鹬在极北地区休憩，但捕食习惯使其只能栖息于沿海地区。繁殖期过后，它们南迁至除南极洲以外的各大洲海岸。

目 鸻形目

中杓鹬

Numenius phaeopus

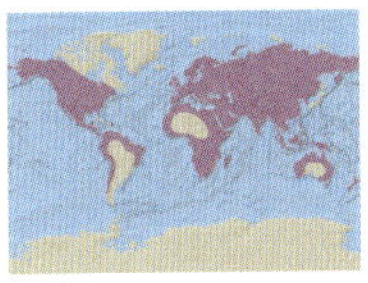

长度 40—46cm

重量 270—450g

生境 北极苔原，海岸，礁石，湿地

分布 欧洲北部，北极地区（繁殖期）；全球温带及热带海岸（非繁殖期）

中杓鹬用其向下弯曲的长喙插入湿泥中探觅食物，或者从岩石缝隙间取食。杓鹬属有8个彼此相似的物种，都有斑驳的褐色羽毛，尖尖的翅膀，可达20cm长的喙。中杓鹬的喙虽只为这一长度的一半，却是十分精准的工具，顶端布满敏感的神经末梢，使其能感知埋藏的食物。中杓鹬的迁徙性较强，在内陆极北地区的大部分布满沼泽的开阔区域筑巢。每年的繁殖期，雄鸟在高空中歌唱，之后展开翅膀缓缓降到地面。繁殖期过后，它们沿海岸线南迁，远达南美洲的最南端以及新西兰。

目 鸻形目

灰瓣蹼鹬

Phalaropus fulicarius

长度 20—22cm

重量 50—75g

生境 沿海苔原沼泽地带，浮游生物丰富的开阔海域

分布 北极海岸（繁殖期）；大西洋南部及南太平洋东部（非繁殖期）

灰瓣蹼鹬又被称为“红瓣蹼鹬”，在繁殖期，这种短喙涉禽的雌雄两性所扮演的角色颠倒。与大多数鸟类不同，雌鸟（下图）的繁殖羽比雄鸟的明艳。交配产卵后，雌鸟不负责孵卵及育雏。相比于其他涉禽，其为严格意义上的水鸟，大部分时间都漂浮于海面。它们在靠近海岸处繁殖，迁徙到南方后通常在远离海岸的海上越冬。

目 鸻形目

滨鹬

Calidris alpinus

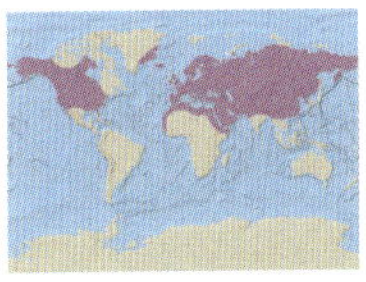

长度 16—22cm

重量 40—50g

生境 海岸，沼泽，苔原

分布 北极，亚北极（繁殖期）；北半球温带及热带海岸（非繁殖期）

冬季，成千上万的滨鹬盘旋在沿岸觅食地上空，这种场面令人叹为观止。与滨鹬相似的鸟有二十几种，它们在全世界的海岸觅食。滨鹬体格健壮，翅膀窄，尾渐尖细，黑色的喙细长而尖。其毛色多样，但繁殖期的雄鸟腹面通常有黑色斑，换羽时黑色斑逐渐淡去。它们主要以生活在海滨滩面之下的小型甲壳类和软体动物为食。觅食时，它们通常靠近水边，轮番啄淤泥或沙砾，然后快速奔向前方。它们在北极和亚北极地区繁殖，在一系列生境（从高沼地到苔原）中筑巢，这些地方通常较靠近内陆。雌雄双方均负责孵卵及育雏。繁殖过后，它们集群迁往较为温暖的海岸地带，不过极少进入南半球。滨鹬属的其他成员中有许多群居鸟类，例如红腹滨鹬和三趾滨鹬，大多在北至北冰洋一带繁殖。

冬季鸟群

越冬涉禽形成了海岸上一些最大的鸟群。集群让捕食者无法轻易靠近，并且有助于幼鸟跟随成鸟找到良好的觅食地。有些涉禽（例如紫滨鹬和翻石鹬）经常混群。

空中调动

越冬的滨鹬群表现出杰出的协调能力，成千上万只鸟几乎同时改变飞行方向。

目 鸻形目

燕尾鸥

Creagrus furcatus

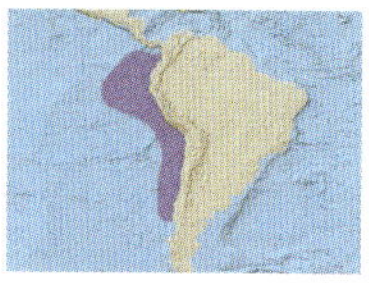

长度 55—60cm

重量 600—900g

生境 海岸，近岸水域，开阔海域

分布 科隆群岛及马尔佩洛岛（繁殖期）；南美洲太平洋海岸

这种南美海鸥的尾深分叉，易于辨别。其与众不同，在夜间觅食鱿鱼和鱼类，通过大眼发现猎物。其眼被明显的红色眼圈所围绕，并呈一定角度朝向前方，这使其拥有双目并用的广阔视野。燕尾鸥在岛屿上筑巢，非繁殖期时散布于远洋。

目 鸻形目

大黑背鸥

Larus marinus

长度 71—79cm

重量 1.2—2.1kg

生境 岩石海岸，岛屿；冬季在内陆

分布 大西洋北部，在北至斯瓦尔巴群岛一带繁殖

大黑背鸥是世界上最大的鸥类之一，翼展可达1.7m。其体格健壮，翅膀上表面呈黑色，喙强有力，食腐，同时也是高效的捕猎者。它们经常捕食其他海鸟及其雏鸟，还会攻击体形大如兔子的哺乳动物。其独自或集群繁殖，在悬崖峭壁或开阔地带筑巢。

目 鸻形目

银鸥

Larus argentatus

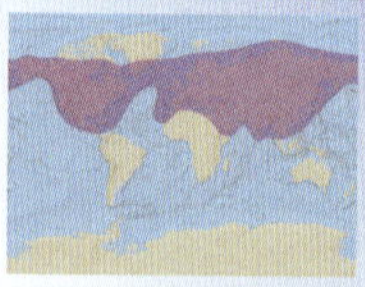

长度 56—66cm

重量 750g—1.25kg

生境 海岸，水库，城市地区

分布 北半球

银鸥性情喧闹果断，时刻都在寻找食物，是北半球分布最广泛的鸥鸟。其背部及翼上呈灰色，翼尖为黑色，黄色的喙大且近尖端处有显眼的红色斑点。幼鸟身体为斑驳的褐色，需要经过3年羽毛才能长丰满。它们常成群活动，适应性强，以其所发现的任何可食用的东西为食。它们极少冒险飞到远洋，其活动范围向内陆延伸了较长一段距离，故经常和人类打交道——跟随拖拉机捕食被从泥中犁出的蚯蚓，或者在垃圾堆上空喧闹地绕圈。它们在地上及屋顶上筑巢，一般产卵3枚。如果其巢受到侵扰，它们会变得极具攻击性。

食腐

无论在陆地还是在海上，腐肉都是银鸥食物的很大一个组成部分。城市扩张及捕鱼业的发展产生了大量的可食用废物，银鸥从中得益。不过它们到内陆垃圾场中捡拾废物的行为，可能会造成一些问题。

从船上抛下的食物

大量的银鸥正跟随在海岸边作业的渔船。不同于远洋鸟，它们通常在夜间返回陆地。

目 鸻形目

笑鸥

Larus atricilla

长度 38—43cm

重量 300—500g

生境 海岸，近岸水域

分布 北美洲，加勒比海，中美洲（繁殖期）；南美洲北部（非繁殖期）

笑鸥极少游荡于内陆深处，夏季，它们广泛分布于北美洲海岸。主要以食腐为生，经常跟随渡船和渔船。笑鸥生性胆大而自信，在海滩的野餐者常能看到它们在争抢食物时将体形比自己大的鸥挤到一边去。它们在海岸集大群筑巢。与许多头部呈深色的鸥一样，在非繁殖期，其头部的黑色毛会褪去从而令头部变成苍白色。

目 鸻形目

三趾鸥

Rissa tridactyla

长度 39—46cm

重量 300—500g

生境 岩石海岸，近岸水域，开阔海域

分布 北半球；繁殖期往北至斯瓦尔巴群岛和格陵兰岛

三趾鸥因其响亮的三音节尖叫声而得名，这种叫声回响在北半球海岸的其巢居地附近。三趾鸥是中等体形的灰背鸥，在狭窄的岩石壁上繁殖，其余时间则活动于远洋。其主要以小型鱼类为食，经常跟随渔船活动。然而，不同于多数鸥类，它们极少在陆地食腐。三趾鸥已经进化出在裸露岩石上进行繁殖的能力。较之于其他鸥类，其爪更长，它们还利用海藻和淤泥构筑形如杯状的鸟巢，以保护鸟卵。雌雄双方均参与卵的孵化并哺育幼鸟。当数百对三趾鸥群聚筑巢时，成鸟起识别作用的叫声显得震耳欲聋。繁殖后，它们便沿海岸分散开来，往南可迁徙至西非热带海域。它们遵循一夫一妻制，雌雄双方别离8个月后，会在同一巢居地再次相会。

目 鸻形目

象牙鸥

Pagophila eburnea

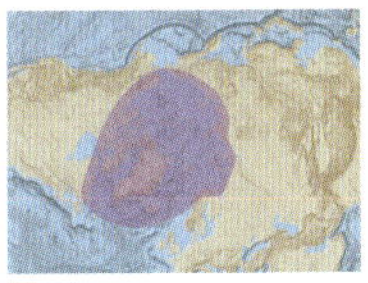

长度 40—46cm

重量 450—600g

生境 海岸，开阔海域，海冰

分布 北冰洋，大西洋北部；在其活动范围的南部越冬

象牙鸥通体白色，喙尖端为黄色，眼与足为黑色，其繁殖地在鸟类中是最靠北的。其飞行起来轻快飘逸，行走时步履如鸽，活动于开阔海域和海冰上，几乎整个北冰洋都有其踪迹。其主要以食腐为生，一有海豹或鲸的尸体出现，便会立即被吸引过去。目前，其数量正急剧下降，原因尚不清楚。

目 鸻形目

白顶玄鸥

Anous stolidus

长度 40—45cm

重量 200—250g

生境 开阔海域，近海，海岛

分布 全球热带海域；终年出现于一些岛上

这种热带鸥身体呈深色，经常到远洋觅食。玄鸥属有3个物种，其中数它体形最大，分布最广。其头部为灰白色，身体其余部分均为棕黑色，翅膀细长，喙长而尖，墨黑色的腿短。其主要以鱼和鱿鱼为食。捕食方式跟燕鸥相同——盘旋后俯冲入水。整个热带地区的岛屿上都可见其巢——用细枝和海藻在树上或地上筑就。

目 鸻形目

里海燕鸥

Sterna caspia

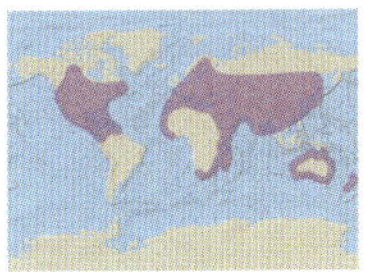

长度 48—59cm

重量 550—750g

生境 海岸，湖泊，水库，砂石场

分布 北美洲，欧亚大陆，非洲，澳大利亚（繁殖期）；南美洲北部，东南亚（非繁殖期）

与其名不符，这种大型的黑冠燕鸥在全球均有分布。其背部为灰色，大喙为深红色，头顶呈黑色，繁殖季颜色尤深。它们在浅水区俯冲入水捕食，群聚筑巢，将卵直接产在卵石或泥中。

目 鸻形目

白燕鸥

Gygis alba

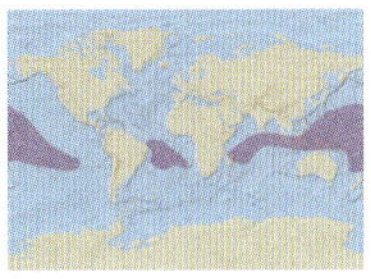

长度 28—33cm

重量 100—125g

生境 开阔海域，近海，海岛

分布 全球热带海域

白燕鸥又叫“白玄鸥”，体形玲珑，姿态优雅，在整个热带海域活动，有紧随船舶飞行的习惯。其身材纤细，体轻，长有黑色的眼睛和笔直的黑色喙，是羽毛全白的唯一一种燕鸥。其大部分时间在水面上数米高处飞翔，偶尔潜入水中捕捉小鱼和鱿鱼。不同于大多数燕鸥，其繁殖时不喜群聚，在散落分布的岛屿上筑巢。其一次只产卵1枚，卵产于岩架上或斜坡的浅洞中。雌雄双方轮流孵卵，孵化期长达5周，这段时间对于如此大小的卵来说是超乎寻常的长。破壳而出的雏鸟具有强有力的足和爪，能够抓牢筑巢地。

目 鸻形目

印加燕鸥

Larosterna inca

长度 40—42cm

重量 175—225g

生境 海岸和近岸水域

分布 从厄瓜多尔到智利中部的南美洲太平洋海岸

这种南美燕鸥长有白色的胡须状羽毛，容易辨认。其在秘鲁寒流富含养分的海水中觅食，低飞至海面捕捉小型鱼类。其常跟随海狮和鲸，趁鱼群试图躲避这些大型捕食者时进行捕食。其在岩石或废弃的洞穴中筑巢。

海洋生物

目 鸻形目

黑剪嘴鸥

Rynchops niger

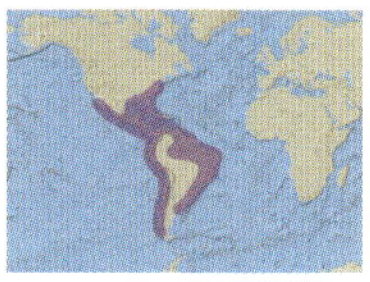

长度 40—50cm

重量 250—400g

生境 河口，潟湖，湖泊，海岸

分布 北美洲、中美洲和南美洲的太平洋及大西洋沿岸，最北至马萨诸塞州

剪嘴鸥的身形与燕鸥相仿，长有特色鲜明而又与众不同的喙。其下喙比上喙至少长1/3，侧面扁平，形如剪刀刀刃。捕食时，剪嘴鸥沿平静水面低空掠过，下喙劈开水面。一旦下喙触碰到食物，它便立即将喙合上，迅速将猎物吞入口中。剪嘴鸥共有3种，它们的身体均为上半部深色，腹面白色。作为其中之一种，黑剪嘴鸥与其近亲一样，通常在黎明和黄昏时分捕食，如若月色明亮，它们也会在晚上捕食。这种海鸟成小群而居，它们在海滩和沙嘴筑巢，在地上无铺垫的窝中产卵。黑剪嘴鸥在其活动范围的最北部和最南部之间迁徙。

目 鸻形目

短尾贼鸥

Stercorarius parasiticus

长度 46—65cm

重量 400—600g

生境 海岸，苔原，高沼地，开阔海域

分布 北半球水域（繁殖期）；南半球（非繁殖期）

短尾贼鸥翅膀细长，飞行速度很快，在空中极为灵活——这是其获取食物的一大法宝。它们有几种色型，彼此的差异在于褐色和灰色的比例不同。不过所有的短尾贼鸥都有延长的尾羽，在尾中部形成较尖的末端。其捕食鱼类，但更喜偷窃其他鸟类的食物。其会猛扑向从海上归来的海鸥和燕鸥，高速追逐它们，并咬它们的尾羽。这些鸟常因此吐出口中的食物，短尾贼鸥随后灵巧地从半空中截获食物。短尾贼鸥也会捕猎小型陆地动物，偷猎其他鸟巢中的卵和雏鸟。它们在陆地上筑巢，在海上越冬。

目 鸻形目

大贼鸥

Stercorarius skua

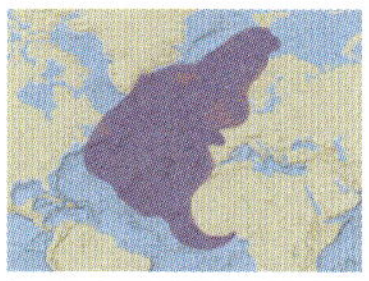

长度 51—66cm

重量 1.2—1.6kg

生境 海岸，近岸水域，开阔海域

分布 大西洋北部（繁殖期）；向南散布至赤道地区（非繁殖期）

大贼鸥体格健壮，翅膀短而宽，看起来就像特别矮胖的海鸥。长有斑驳的深褐色羽毛，颜色随着其成熟而略微变化。它们是贪得无厌的捕食者，以鱼类、小型哺乳类动物和其他鸟类为食，也会侵袭其他鸟的鸟巢，偷猎卵和雏鸟。其在空中通常缓慢而笨拙，但捕猎时变得迅速而敏捷，会追逐体形大如北鲣鸟的鸟类，逼迫它们吐出食物，然后自己享用。其在地上筑巢，其余时间都在海上度过。

目 鸻形目

普通海鸦

Uria aalge

长度 39—42cm

重量 850—1100g

生境 近岸水域，岩石海岸，开阔海域

分布 大西洋北部，太平洋北部

普通海鸦身体呈棕黑和亮白两种颜色，较为显眼，一年当中大部分时间生活在海上。它们从海面潜入水中捕鱼，用双翼游泳。春天，它们会在狭窄的岩石壁架上群集，每只雌鸟直接在岩石上产下1枚卵。当幼鸟长大后，雄鸟护送其进入海洋。

卵的适应性

普通海鸦的卵一端十分尖削，若被触碰，它会原地滚圈，这一适应性使其不易从雌鸟产卵的狭窄的岩石壁架上跌落。这些卵的颜色差异很大，卵表面不规则的深色斑点和复杂的纹理也许可帮助其父母将其识别出来。

目 鸻形目

北极海鹦

Fratercula arctica

长度 28—30cm

重量 400g

生境 近岸水域，岩石海岸，开阔海域

分布 大西洋北部，繁殖期往北至格陵兰岛和斯瓦尔巴群岛

北极海鹦喙部独特，足为亮红色，有红黑两色的眼斑，是大西洋北部颜色最艳丽的海鸟。与海雀科其他成员一样，其以捕食水中的鱼类为生，用强有力的短翅膀游泳。其飞行速度快，快速扇动翅膀，掠过水面，带着食物返巢。北极海鹦在崖顶大量群聚繁殖，在海岸草地挖洞。雌雄双方轮流孵化独有的1枚卵，之后共同哺育雏鸟。大多数海鸟反刍育雏，北极海鹦却不这样，它们衔着小鱼返巢，可同时衔6条，按鱼头鱼尾交错的顺序排列。亲鸟会连续喂哺约6周，之后便弃下幼鸟，飞回大海。在几天没有进食之后，幼鸟爬出鸟巢，在天黑后飞向大海。北极海鹦在秋季分散于远海，此时其喙褪去了夏季时夺目的亮色。

人类影响

争食

近年来北极海鹦的数量急剧下降，尤其是在大西洋东部。这可能跟玉筋鱼的捕捞量增长有关，北极海鹦主要以玉筋鱼为食，尤其是在繁殖期。人们用玉筋鱼制造肥料和动物饲料，以及生产食用油。

不公平的共享

一艘渔船拖起捕获的玉筋鱼。这些手指状的鱼是一些鱼和海鸟的重要食物。

目 鸻形目

小海雀

Aethia pusilla

长度 15cm

重量 85g

生境 近岸水域，岩石海岸，开阔海域

分布 太平洋北部，主要在阿留申群岛和白令海的岛屿繁殖

这种小鸟可能是海雀科中数量最多的，海雀科还包括海鸦和海鹦。其体形小而丰满，背部为灰色，喙粗短，喙尖呈红色。其在阿拉斯加海岸大量聚集筑巢，有些群落有100多万个体。它们集群觅食，成大群漂浮在海面上。其善于潜水，常对猎物穷追不舍，主要以浮游动物为食。

目 鸻形目

凤头海雀

Aethia cristatella

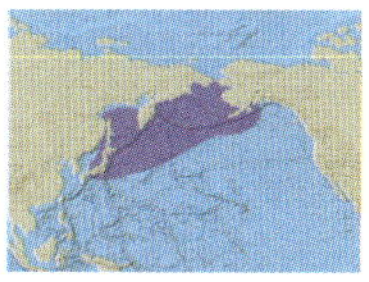

长度 24—27cm

重量 250g

生境 近岸水域，岩石海岸，开阔海域

分布 太平洋北部，主要在阿留申群岛和白令海的岛屿繁殖

太平洋北部的海雀物种数量比任何其他地方的都要多。凤头海雀就是其中的典型例子。它们身体结实，羽毛为灰黑色，羽状冠从前额弯曲至橘红色的喙部。与其他海雀一样，它们快速拍翼，呼呼作响地集群低飞觅食，鸟群如此密集，看起来如同在水面盘旋的大群昆虫一样。它们在岛屿岸边的坠落的岩石中繁殖，群落中的个体成千上万。其求偶时精力充沛而吵闹，将头部往后甩，发出响亮的咕噜声和喇叭声似的声响。繁殖季过后，它们便分散到大海中，向南至日本一带越冬。

目 佛法僧目

斑鱼狗

Ceryle rudis

长度 25cm

重量 90g

生境 海岸，潟湖，河口，河流，沼泽

分布 非洲，中东，亚洲南部

斑鱼狗身体斑纹鲜明，为黑白两色，是翠鸟中唯一一种经常在近海捕鱼者。许多翠鸟栖于枝木上，静候猎物，而斑鱼狗则高速飞行于水面上空，头部朝下观察水中动向。一旦察觉到猎物，其便在猎物所在地点盘旋，然后俯冲而下捕猎。它们能在飞行中进食，这也是其演化出的另一独特的适应性。雌雄鸟外观相像，但雄鸟有两条胸带，雌鸟只有一条（且常在中段断开）。雌雄鸟成对筑巢于沙质岸的洞中，前一年的幼鸟常常帮助它们为雏鸟收集食物。成鸟会发出尖厉的叫声，其高速飞过时可听见。

目 佛法僧目

白领翡翠

Todirhamphus chloris

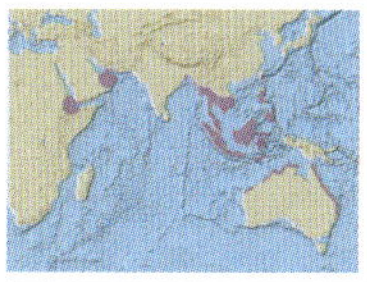

长度 28cm

重量 120g

生境 森林，海岸，海滩，红树林沼泽，河口

分布 红海，波斯湾，东南亚，大洋洲

白领翡翠又被称为“红树林翠鸟”，栖息在各种生境中，但在澳大利亚仅分布于海岸。其身体上部呈蓝绿色，腹部和颈部呈白色，眼部有黑色条纹，喙尖。它们在海岸捕食螃蟹和鱼类，与其他翠鸟（斑鱼狗除外，见上）一样，吞食猎物前，会将之在枝木上甩打至晕死。其常在红树林的树洞中筑巢，雌鸟产3或4枚卵。其仅在夏季到达活动范围的最南部。

哺乳动物

域	真核生物域
界	动物界
门	脊索动物门
纲	哺乳纲
目	27
种	约5500

世界上只有一小部分哺乳动物生活在海洋中，但总的来说，它们展现了一系列不同寻常的外形、大小和生活方式。它们中包括鲸目动物（鲸和海豚）、海牛目动物（海牛和儒艮）以及食肉动物，特别是鳍足类食肉动物（海豹、海狮、海象）。与陆生哺乳动物一样，所有的海洋哺乳动物均呼吸空气，而且为胎生（无论是在海里还是在岸上）。许多物种是迁徙性物种，具有出色的方向感。

解剖结构和生理机能

海洋哺乳动物不仅在解剖结构上，而且在生理机能上都对海洋生活有诸多适应性，对其身体运作起到调节作用。鲸目动物和海牛目动物后肢退化，已无可见痕迹，它们改而用尾鳍或尾片上下打水推动自身前进。海狗和海狮用前肢游泳，而海豹科动物则用后肢游泳，能将后肢像一双手般合起来。尽管需要呼吸空气，许多海洋哺乳动物都善于潜水。其中一些动物，比如象海豹，可以到达水下1000多米深处，并在水下停留2小时。潜水时，它们的心率降低，血流量改变，以使重要的器官得到足够的氧气，直至再次浮出水面。潜水前，它们往往呼气而非吸气，这可助其预防减压病。

潜水的哺乳动物

当斑海豹潜水时，其心率降至每分钟10次以下。血液从其肌肉和消化系统流向心脏和大脑。

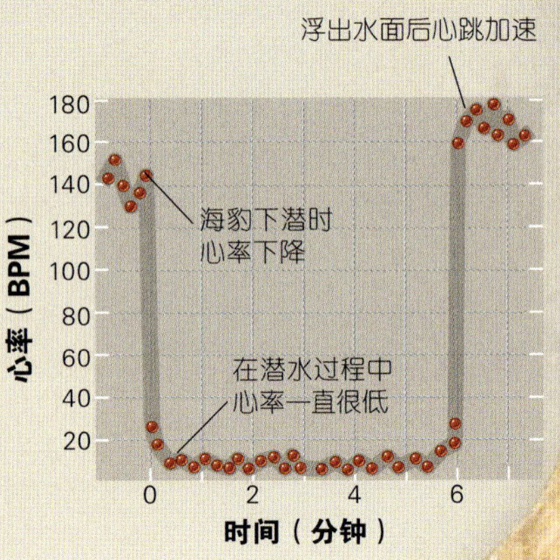

尾鳍和尾片

座头鲸的鳍肢有骨，能像翼般拍打。其尾片（或尾鳍）由坚韧的组织构成，无骨。

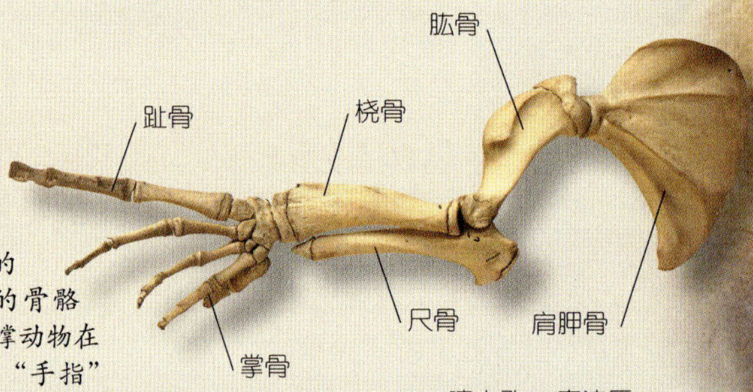

相同的结构

海狮的前肢和人的手臂有着相同的骨骼结构。"臂"的骨骼短且强健，帮助支撑动物在陆上的体重。长的"手指"骨则构成了前鳍状肢的鳍。

保温的海兽脂

与空气相比，海水更能吸收动物身体的热量。为了保温，许多极地物种，如海象在皮肤下有一层厚的保温脂肪，被称为"海兽脂"。

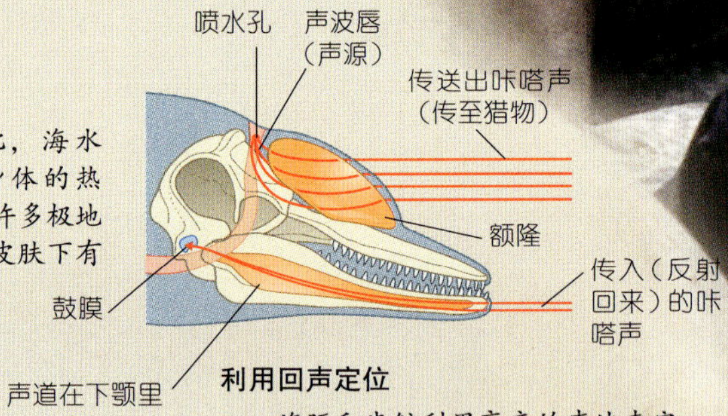

利用回声定位

海豚和齿鲸利用高音的声波来定位猎物。其前额有一个装满油脂的器官——额隆，人们认为它起到声透镜般的作用，能汇聚发出去的声音。

食物多样

企鹅只是豹形海豹的食物之一。尽管以凶残出名，但豹形海豹的食物中至少有一半是磷虾，其靠颊齿来滤食。

进食

除海牛和儒艮是食草动物外，大多数海洋哺乳动物都只食肉。它们许多都在开阔海域利用视力或回声定位追捕猎物。有一些海豹则有两手准备：它们既独自捕猎，也滤食大量的浮游动物，其复杂的颊齿咬合后可形成一道滤网。这种有效的进食方式在须鲸身上达到极致，它们穿过鱼群或磷虾群，经常一次性吞食100kg食物。并非所有的海洋哺乳动物都追捕移动的猎物。海獭潜水收集蛤蚌、贻贝和海胆，而海象和灰鲸则吸食海床沉积物中的软体动物。

繁殖

海洋哺乳动物通常每次繁殖只产一只幼体。鲸目动物、海牛目动物及海獭都在水中生产，但其他的海洋哺乳动物都必须返回陆上生产。遵循一雄多雌制的物种（如海狗和象海豹）中，存在竞争的雄性会进行凶猛的打斗以获取对配偶的控制权。交配后，大部分雌性海洋哺乳动物独自抚育幼体。就体形来说，海豹科动物成长得最快，有些在5天内就能断奶。相反，小海豚需要哺乳20多个月，其母子纽带可持续6年。

海獭幼崽

小海獭趴在它妈妈胸前，随她一起漂流在平静的水面上。幼崽至少有5个月的时间要依赖其母亲。

人类影响

威胁与保护

历史上，海洋哺乳动物一直被人类大量猎杀，以获取肉、油脂及毛皮，这导致一些物种濒临灭绝。鲸和海豹是主要的捕猎目标。1986年，国际捕鲸委员会通过了禁止商业捕鲸的公约。尽管存在异议，这一禁令依然生效。海豹则继续被捕猎或剔拣，以控制种群，但其中的稀有物种已受到国际协议的保护。

鲸齿上的雕刻

骨雕术，或在鲸齿和海象长牙上雕刻的手艺在17—18世纪的捕鲸者中十分流行。鲸骨雕刻仍出现在允许小规模捕鲸的地区。

群落繁殖

许多海豹和海狮，如图中这些南海狮，在繁殖期非常善于交际，会在海滩形成大型群落交配产崽。

海洋哺乳动物的分类

哺乳动物中的鲸目和海牛目的成员全是海洋动物。海豹和海狮也是水生动物，但与食肉目的其他成员一样，它们在陆上生产。其他一些食肉动物在海里进食，但其中只有海獭是完全的海洋动物。

食肉动物

食肉目

249种

大部分食肉动物是陆生的，但有一些在海中度过其部分生命时光。北极熊生活在陆地、海冰及海水中。有7种獭经常进入海中，但只有海獭一生都在近海度过。最完全水生的食肉动物中有34种是鳍足类，直至最近它们才被划分为鳍足目，并被分为3个科。一个科包含了海狮和海狗，它们有外耳，靠前肢推动自身，在陆上则用4个鳍状肢移动。另一个科由真正的海豹组成，它们无外耳，靠后肢推动自身，在陆上无法灵活活动。最后一个科的成员是海象，它们长有多皱的皮肤和长獠牙。

鲸目动物

鲸目

85种

鲸目动物可分为2个亚目。13种须鲸无牙齿，靠纤维质（鲸须）滤食。72种齿鲸是捕猎者。鲸目动物在海中生产，一旦在陆上搁浅便无法动弹。

海牛目动物

海牛目

4种

海牛目动物主要生活在热带地区。这些具有桶形身体的食草动物生活在海水和淡水中。它们包括儒艮和3种海牛，比如下图的北美海牛。它们行动缓慢，皮厚，具有宽大的口鼻部、桨状前鳍肢和宽大扁平的尾。

目 食肉目

北极熊

Ursus maritimus

长度 可达2.5m

重量 雌性可达300kg；雄性可达800kg

生境 北极苔原，浮冰，开阔海域

分布 北极极地附近，向南远至纽芬兰岛及普里比洛夫群岛

北极的标志——北极熊是肉食性哺乳动物，有非凡的持久力、适应力和力量。其身体呈流线型，头部自然过渡至强有力的长脖。其大掌可达30多厘米宽，底面有毛，既能提供抓地力又能保持体温。其听力和嗅觉敏锐：能听到1m或以上厚度的冰层之下的猎物动静，并能闻到5km外的腐臭。其一年中的大部分时间都在海上度过，在浮冰上漫步，游过开阔海域。其自身浮力极佳，能游数小时，尽管它们主要在冰上捕猎。

北极熊的主要猎物是海豹，它们常守在海豹的通气孔旁捕捉在那露头换气的海豹。它们也捕食海鸟和鱼，爱吃搁浅的鲸尸。在夏季，它们中许多生活在陆上，食物范围广泛，从驯鹿到浆果都吃。雌熊在冬季生产，在雪中挖的洞里哺乳幼崽。数世纪以来，北极地区的土著居民一直猎杀北极熊，但它们的数量并未因此而减少。然而，全球变暖导致北极海冰减少，这会严重降低其获得食物的概率。

目 食肉目

海獭

Enhydra lutris

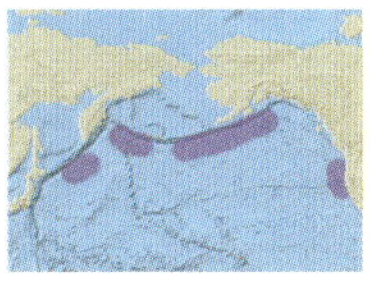

长度 0.7—1.6m（包括尾）

重量 15—45kg

生境 沿岩石海岸的近岸海域

分布 太平洋北部（从日本到阿拉斯加及加利福尼亚）

与其他的獭不同，海獭能够在海洋里度过一生。其头部钝，身体粗壮，后肢有蹼，前肢小且具利爪。其用锋利的爪来收集食物及搬起大石。它们背部朝下漂浮在水面上，并在胸上放块石头，将之当砧板使用，以敲碎猎物。其以软体动物、海胆和螃蟹为食。海獭能潜至水下40m深处，但极少冒险游到离岸1km外的地方。

安全的睡眠

海獭通常在由巨藻构成的“床”上睡觉，利用海藻防止自己在睡觉时漂远。其毛发在所有哺乳动物中最为密集。毛发将其紧紧包裹起来，能防止渗水，确保皮肤不被沾湿。对海獭来说，这是最重要的适应性，因为它们在冷水中生活，并且无能够保温的脂肪。

目 食肉目

秘鲁水獭

Lontra felina

长度 可达95cm（包括尾）

重量 4—6kg

生境 裸露的岩石海岸

分布 从秘鲁到合恩角的南美洲太平洋海岸

这些身体柔软的捕食者生活在世界上暴风雨最频发的海岸线上，特别是在其活动范围的最南端。其近亲主要生活在淡水中，但其基本上都在海中生活。与典型的水獭一样，其有褐黄色的短毛，四肢上都有蹼趾，并且有敏感的胡须，能帮助其寻找猎物。其沿岩石海岸在秘鲁寒流食物丰富的海水中捕鱼。它们不挖洞，栖息在高潮线以上的海蚀洞中。

人类为获取皮毛，长期猎杀秘鲁水獭。据统计，目前其数量只有1000只。它们已经受到保护，不过，若要保证其能长期存活，对其栖息地的保护也同等重要。

目 食肉目

欧亚水獭

Lutra lutra

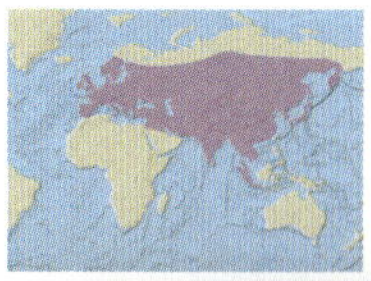

长度 90—110cm（包括尾）

重量 7—10kg

生境 河流，湖泊，河口，岩石海岸

分布 欧亚大陆的温带及热带地区，南至印度尼西亚

欧亚水獭一度广泛分布于欧洲和亚洲，但已深受环境污染、栖息地变化及猎杀（以获取皮毛）的影响。其有流线型的身体，短且密的毛，4只爪具蹼。它们在水下十分敏捷，能自如地旋转换向来捕鱼。在陆地上，欧亚水獭主要在夜间活动，白天则躲在巢穴或林丘中。而那些在海岸边生活的欧亚水獭则常常白天也出来活动。

目 食肉目

南极海狗

Arctocephalus gazella

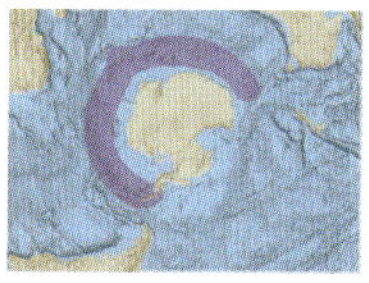

长度 1.5—2m

重量 50—160kg

生境 岩石海岸，极地水域的开阔海域

分布 围绕南极洲的海洋

南极海狗的活动范围是所有海狗中最靠南的，这个极地物种以南极洲附近冰冷海水中的鱼、鱿鱼和磷虾为食。其在海上越冬，春季上岸。雄性的体重是雌性的3倍以上，有壮观的鬃毛和厚实的脖子。其在南乔治亚岛、凯尔盖朗群岛等岛上繁殖，数量不断增长。这可能是捕鲸业的副作用——减少了动物之间对磷虾的竞争。

目 食肉目

北海狗

Callorhinus ursinus

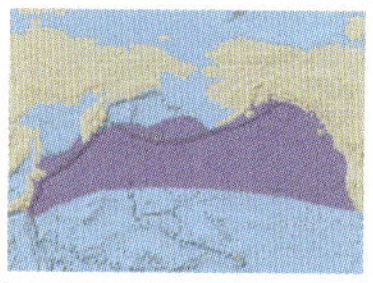

长度 1.4—2.1m

重量 50—270kg

生境 冷水区域的海岸和海洋

分布 太平洋北部，白令海

世界上9种海狗中的大多数都生活在南半球，只有北海狗大量生存在北方。与其他海狗一样，其长有外耳、厚厚的深色皮毛和长长的前鳍状肢，靠前肢游泳及在陆地上移动。雄性的体重可达雌性的5倍，雌雄两性的口鼻部都短，有塌鼻的特征。其眼睛大，在夜间也能看得清楚，而其猎物在夜间较靠近水面，因此其多在夜间捕食。其主要以鱼为食，也捕食鱿鱼和海鸟。繁殖后，其迁徙到太平洋中。大多数北海狗在白令海的岛屿上进行繁殖。从18世纪中叶起，它们遭到大规模商业性猎杀，如今则受到控制猎杀的保护。

目 食肉目

南美海狗

Arctocephalus australis

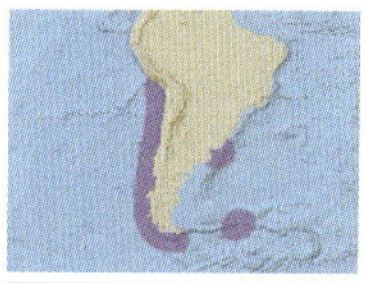

长度 1.4—1.9m

重量 60—200kg

生境 冷水区域的海岸和海洋

分布 南美洲南部的太平洋海岸和大西洋海岸，马尔维纳斯群岛（英称福克兰群岛）

南美海狗曾在整个南美洲南部沿海都有分布，如今它们在沿海岛屿上繁殖，以避开人类的干扰。其呈黑灰色，雌性的腹面颜色稍浅。其在陆地上行动敏捷，靠鳍状肢攀爬陡峭的岩石。雄性的体重可达雌性的3倍。它们主要在夜间捕食鱼类、鱿鱼、龙虾和螃蟹，而其自身则是鲨鱼和虎鲸的捕猎对象。

目 食肉目

加州海狮

Zalophus californianus

长度 2—2.5m

重量 110—400kg

生境 岩石海岸和开阔海域

分布 美国的太平洋海岸，科隆群岛

加州海狮以其在海洋水族馆中滑稽的杂技表演而闻名，其在野外也同样敏捷。其光滑的身体被短毛所覆盖，颜色从雄性的棕黑色到雌性和幼年海狮的浅褐色不等；成年雄性的体重可达雌性的3倍以上，并且头部呈凸形的骨头隆起明显。它们以鱼和鱿鱼为食。

目 食肉目

海象

Odobenus rosmarus

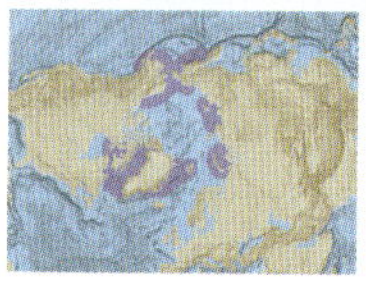

长度 3.1—3.5m

重量 1250—1700kg

生境 海岸和开阔海域浅水区

分布 北冰洋，白令海，哈得孙湾

在鳍足类中，海象的体形为第二大，仅次于象海豹，獠牙使其易于被辨识。其皮肤与其他哺乳动物都不同，具有深褶皱和皱纹，毛发稀少。其颜色变化较大：幼年海象颜色很深，而年龄大的海象有时呈斑驳的粉色。其皮肤下是一层厚脂肪（海兽脂），可以保暖。海象以贝类为食，可到50m深的海床沉积物中觅食。它们主要靠胡须般的刚毛通过触觉寻找食物。人们曾一度认为，它们用獠牙挖掘食物，如今已知，它们是靠用嘴喷水来从沉积物中清理出贝类的。之后，它们会将贝类的柔软部分与壳分离。目前尚未清楚它们是如何做到的，不过人们推测它们的进食技巧可能偏向于吸食，而非将贝类打碎，因为在其通气孔周围常能发现完整的贝壳。

雌性的妊娠期为15个月，产1只幼崽，每隔一年繁殖一次。海象是高度群居动物，这使它们容易遭到猎人猎杀。土著居民为获取肉和皮而猎杀它们，这种做法至少延续了15,000年。

澳大利亚海狮

澳大利亚海狮在大澳大利亚湾的冷水中觅食。它们以鱿鱼、章鱼和鱼类为食。与其他海狮一样，它们用前鳍状肢游泳。在陆地上，其后鳍状肢可以朝向前方，使其能以四肢移动，速度能像人跑步一样快。

目 食肉目

普通海豹

Phoca vitulina

长度 1.4—1.9m

重量 55—170kg

生境 近岸水域，河口，河流

分布 太平洋北部和大西洋北部，南至下加利福尼亚半岛

普通海豹也被称为“港海豹”。在所有海豹中，其分布最广泛，身上的斑纹也最多样。它们身体的底色从浅灰色到褐色不等，上布深色的斑点和圈，有时沿背部有一条黑色条纹。其光滑的头部呈球形，口鼻部像狗一样。它们主要以鱼类为食，常在近岸的浅水区捕猎。其潜水时长可达5分钟，但极少潜入深水。其大部分时间待在岩滩和沙洲上，雌性在这些地方生产。与其他一些海豹的幼崽不同，其幼崽在出生前便褪去柔软的胎毛，一出生便具有成年海豹的暗色外表。尽管幼崽几乎一出生就能游泳，它们通常还是会用前鳍状肢攀在母亲的背上。大约4周后，幼崽断奶。名副其实，普通海豹的数量大，但在北海，它们受到污染以及20世纪80年代末爆发的高度传染性病毒性疾病的不良影响。

目 食肉目

竖琴海豹

Pagophilus groenlandicus

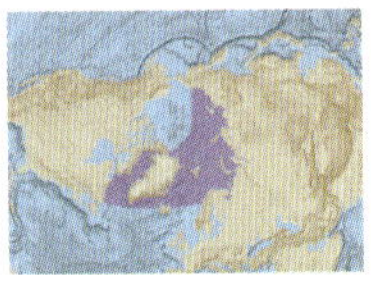

长度 1.7—1.9m

重量 120—140kg

生境 极地水域

分布 大西洋北部及北冰洋毗邻地区，向东延至西伯利亚

竖琴海豹是极北地区常见的海豹品种之一，其出生时长有格外浓密的白色长绒毛，能为躺于海冰上的幼崽提供伪装。成年竖琴海豹呈银灰色，并缀有斑驳的深色斑纹，这些斑纹随其年龄的增长而日渐明显。它们主要以鱼虾为食，生活在北冰洋浮冰的南部边缘地带，换毛时就躺在浮冰上休息。初春时节，每只成年雌性产育1只幼崽，12天后幼崽断奶。此后，幼崽逐渐褪去白色的绒毛，并开始在海中生活。数十年来，其幼崽一直是备受争议的猎杀对象，人们取其皮用于毛皮贸易。尽管环保人士为此多方呼吁，但每年仍有超过25万只幼崽被宰杀。此外，竖琴海豹也被鲨鱼、北极熊和虎鲸所猎杀。

目 食肉目

环斑海豹

Pusa hispida

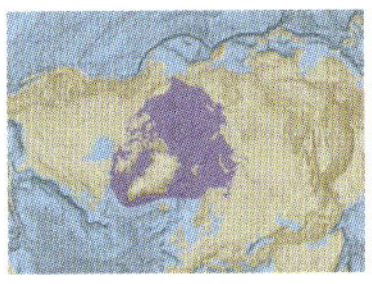

长度 1.3—1.5m

重量 45—95kg

生境 海冰附近的极地水域

分布 北冰洋，太平洋北部，大西洋北部，波罗的海，鄂霍次克海

环斑海豹因身上醒目的圈纹而得名。它们可见于整个北极地区，在海冰附近的开阔水域及冰下活动（在冰中挖通气孔）。其潜水时长可超1小时，以鱼类和浮游动物为食。雌性在冰上生产，在雪中挖洞。它们是北极熊最喜欢的猎物，后者会到其洞中或趁其露出海面换气时猎杀它们。

目 食肉目

灰海豹

Halichoerus grypus

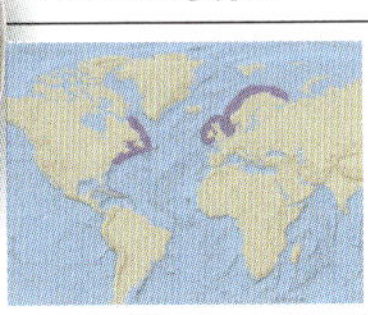

长度 1.8—2.3m

重量 250—400kg

生境 岩石海岸，近海岛屿

分布 不连续分布于大西洋西北部、冰岛、不列颠群岛及波罗的海

灰海豹长有独特的凸形口鼻部，这让它看起来有点像长着鹰钩鼻。成年灰海豹的体色各异：通常雄性全身呈灰色，腹面有淡色斑，而雌性体色较浅，上布大理石纹状的深色斑。雄性体重是雌性的2—3倍，在海豹科中，鲜有物种有如此巨大的雌雄体重差异。灰海豹通常以鱼为食，不捕鱼时，它们要么在岩石上休息，要么呈垂直瓶状立在水中睡觉——身体直立于水中，鼻孔仅高于水面。它们在岸上繁殖，拖着身躯到达海滩或更深入内陆的草地。其幼崽长有白色皮毛，在岸上生活2—3个月后才涉足海洋。

目 食肉目

地中海僧海豹

Monachus monachus

长度 2.5—2.7m

重量 250—300kg

生境 暖水地区的岩石海岸

分布 非洲北部的大西洋海岸，地中海

僧海豹属的两个物种都处于濒危状态。其中较大的物种——地中海僧海豹已被列为IUCN红色名录的极度濒危物种。其皮毛由深褐色到驼色不等。雌性的体形比雄性的大，幼崽出生时具有黑色皮毛，这在海豹中是不同寻常的。这种海豹曾很常见，但数世纪以来的猎杀和侵害令其数量只剩数百只。它们大多数生活在地中海，但最大的群落生活在摩洛哥的大西洋沿岸。其现存近亲是稀有的夏威夷僧海豹。

目 食肉目

北象海豹

Mirounga angustirostris

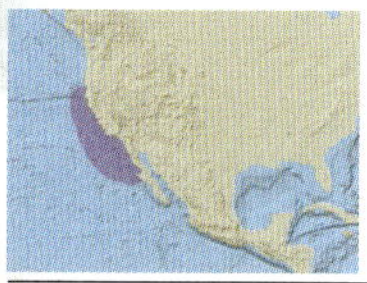

长度 3—5m

重量 900—2700kg

生境 岩石海岸附近深水海域中的岛屿

分布 北美洲太平洋海岸（从圣弗朗西斯科至下加利福尼亚半岛）

雄性象海豹是鳍足类中体形最大的，与之相比，雌性象海豹显得细小。象海豹的两个物种生活于不同的半球。它们外形相似并有类似的生活史。北象海豹身体呈灰色或褐色，无明显斑纹。雄性有强健的巨脖、强有力的颚和形似缩短了的象鼻的可膨胀的鼻。雌雄均具有一层保温的海兽脂和坚硬的皮，无下层绒毛。它们善于潜水：有追踪显示，北象海豹可潜至超过1.6km深处。它们以鱿鱼和深海鱼类为食，尽管目前尚未清楚它们是怎样寻找猎物的。

好斗的雄性象海豹

象海豹之间存在胜者为王的繁殖体系，因此雄性对手会为获得交配权而打斗。开始打斗时，两个对手面对面，抬起上身，大声咆哮，鼻子膨胀起来。然后，它们用牙咬对方，通常会造成深深的伤口。获胜的雄性可在繁殖季与数十只雌象海豹交配，而屡战屡败的雄象海豹则失去交配的权利。

目 食肉目

威德尔海豹

Leptonychotes weddellii

长度 2.5—2.9m

重量 400—600kg

生境 海冰周围的极地水域

分布 围绕南极洲的海洋，向北延伸至南乔治亚岛

威德尔海豹分布于整个南极洲沿海地区，是世界上生活在最南端的海洋哺乳动物。按照身体比例来说，其头部显得小。其长有短而浓密的乌青色毛，体侧有浅色条纹。其主要以鱼为食，可潜至600m深处，并可在水底逗留1小时。威德尔海豹非常适应冰冷的海水生活，相对于裸露的地面来说，它们更喜欢在冰上晒太阳。它们还在冰上繁殖，而其越冬的关键在于保持其在冰上的通气孔不闭合。当冰层较薄时，它们便开始用锋利的犬齿凿出通气孔，之后随着冰层增厚，它们持续工作，以保持通气孔的畅通，通气孔的深度可达2m。

目 食肉目

食蟹海豹

Lobodon carcinophagus

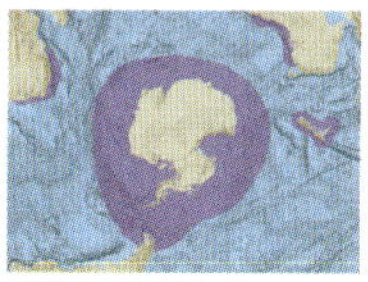

长度 2—2.4m

重量 200—300kg

生境 海冰周围的极地水域

分布 围绕南极洲的海洋及南极辐合带以北的毗邻地区

虽名为食蟹海豹，其却只食磷虾和其他浮游动物。其用奇特的臼齿过滤海水，臼齿有细长的尖头，看起来像一排短粗的手指。当其下颌闭上后，这些臼齿尖头就像滤网一样，过滤海水并留下食物。其身体修长，有浅褐或深褐色的皮毛和深色鳍状肢。它们靠近浮冰生活并在冰上繁殖，在陆地上异常敏捷。人们曾在离海岸50多千米的南极洲的干谷发现其干尸。其总数量估计为1000万—2000万只，这比其他种类海豹的总量还多。

目 食肉目

豹形海豹

Hydrurga leptonyx

长度 2.5—3.2m

重量 200—450kg

生境 极地水域，岩石海岸

分布 围绕南极洲的海洋及南极辐合带以北的毗邻地区

豹形海豹有长长的口鼻部和骤然变短的脖子，这令这种孤独的猎食者看起来与在南极洲附近发现的其他海豹非常不同。与大部分的海豹不同，它用前鳍状肢推动自身，而非后鳍状肢，这一特点与海狗和海狮相同。其身体呈黑色或深灰色，腹面呈银色，并长有深色斑点。其颚格外有力，口可张得非常大，口中有长长的门齿、犬齿以及复杂的颊齿，颊齿可过滤海水并留下食物。其食物中约一半是磷虾，其余的是其单独猎获的体形较大的动物。例如，它非常擅长在企鹅入水时捕捉它们，会把企鹅抛向空中将其皮毛撕裂。它还捕食鱿鱼、鱼类和其他海豹。雌性每年产1只幼崽，4周后幼崽断奶。

目 鲸目

北大西洋露脊鲸

Eubalaena glacialis

长度 13—17m

重量 30—80t

生境 温带及副极地海域

分布 大西洋西北部，少数残存于大西洋东北部和太平洋

作为最早被商业捕捉的鲸类之一，北大西洋露脊鲸如今是最濒危的物种之一，总量只有约500条。其身体呈深乌青色，腹部缀有白色斑纹，口呈深拱形，下颌形似巨大的勺子。其头部有坚硬的灰白色皮质区（胼胝），科学家以之识别不同个体。与其他须鲸一样，其用从上颌悬垂下来的刷状鲸须从海水中过滤出食物。其在高纬度地区觅食，迁徙到较温暖的海域繁殖。生活在南半球的南露脊鲸是与之几近相同的物种。与生活在北半球的伙伴不同，南露脊鲸的数量逐步增长，据估计目前约有5000条。

人类影响

捕鲸

商业捕鲸活动的捕捉对象涉及多种鲸类，北大西洋露脊鲸是最先深受其影响的鲸类之一。下方照片中的鲸被巴斯克捕鲸者猎获，他们于16世纪将捕鲸活动扩大到加拿大。自18世纪80年代以来，抹香鲸成为美国捕鲸者在太平洋的猎杀对象。以蓝鲸等为目标的现代捕鲸活动在20世纪迅速发展，并使用捕鲸船和带炸药的鱼叉进行捕杀。

鲸鱼加工场

在南极洲附近的海岸上，一条被拖上岸的鲸正被剥取鲸脂和肉。

目 鲸目

弓头鲸

Balaena mysticetus

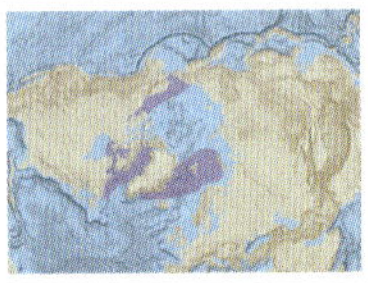

长度 14—18m

重量 50—60t

生境 极地及副极地海域

分布 北冰洋、白令海及大西洋北部和太平洋北部的毗邻地区

弓头鲸因下颌呈弓形而得名，其鲸须板是鲸类中最长的，可达4.5m。身体呈灰黑色，下巴呈苍白色，按照身体比例来说，头部巨大。其体内巨厚的鲸脂，可在接近零度的海水中为其保暖。其能自水下撞破30多厘米厚的冰层，维持呼吸孔的通畅。

目 鲸目

灰鲸

Eschrichtius robustus

长度 12—15m

重量 15—35t

生境 温带及副极地沿海水域

分布 太平洋北部，白令海，北冰洋

与其他须鲸不同，灰鲸在海底觅食，滤食沉积物中的动物。其身体呈灰色并缀有白色斑块，头部稍窄，淡黄色的鲸须板可达40cm长。其身体通常布满藤壶和鲸虱。尽管灰鲸靠近海岸生活，却会进行超长距离的迁徙。在北美洲的西海岸，大量灰鲸在白令海和墨西哥的下加利福尼亚半岛之间迁徙，全程长达20,000km。不幸的是，其喜靠近海岸的习性令其易被捕鲸者捕获。到20世纪中叶，灰鲸几乎被掠捕殆尽，幸亏立法保护使其数量得以恢复。

目 鲸目

座头鲸

Megaptera novaeangliae

长度 12—15m

重量 25—30t

生境 从副极地到热带的开阔海域

分布 全球（南北两极除外）

座头鲸活泼的天性使其成为观鲸者的最爱。其身体呈蓝黑色，长有深锯齿状尾鳍（尾片）和极长的翼状鳍状肢。其尾鳍和鳍状肢常分布有白色斑块，这些图案像指纹一样独一无二，可用于识别个体。与大多数的须鲸不同，它们通常从猎物下方向上发动袭击。为使鱼群和虾群聚集起来，它们通常围绕鱼虾盘旋并呼气。这种“气泡网”式的捕猎需要几条座头鲸组成团队合作完成。座头鲸在食物丰富的冷水海域度夏，并在冬季迁徙至纬度较低的海域繁殖。它们通常在近海岸处觅食。尽管座头鲸已受保护，然而，目前其数量已降至捕鲸活动兴起前总数量的约1/5。

目 鲸目

小鳁鲸

Balaenoptera acutorostrata

长度 7—10m

重量 5—10t

生境 开阔海域及沿海水域

分布 全球（南北两极除外）

小鳁鲸是鳁鲸科中体形最小的，鳁鲸是指长有可伸展的喉腹折的须鲸。小鳁鲸还是鲸中数量最多的，其全球数量多达100万条。与比其大很多的近亲蓝鲸一样，其身体呈鱼雷状，单个尾鳍长在靠近身体后方处，朝向尾部。其背部呈灰色或褐色，腹面呈苍白色，长有短而尖的鳍状肢，鳍状肢上或有白色带纹。

小鳁鲸单独或成小群生活。它们天性好奇，经常接近船只。它们以小鱼和浮游动物为食，与其他鳁鲸一样，主要在冷水海域进食，繁殖季时食量大减，此时它们迁徙至热带海域。尽管国际捕鲸委员会的大多数成员国都遵守限捕令，小鳁鲸仍是须鲸中唯一被商业捕捉的物种。

鲸歌

与其他鲸一样，成年雄性座头鲸通过声音进行交流。它们所发出的声音序列是所有动物中最长、最复杂的，每首“歌”可持续30分钟。其歌声可被数千米之外的其他座头鲸听到。每一个区域内的座头鲸群体都拥有它们自己的“歌”，这种“歌”只在繁殖季才被吟唱。鲸并无声带，它们通过振动体内的空气进行吟唱，但具体做法却尚未清楚。

座头鲸

按照身体比例来说，与其他须鲸一样，座头鲸长有巨大的颌部和长长的头部。其长有稀疏排列的喉腹折，上颌和下颌都有瘤状突起。尽管体形很大，其却是精力充沛的游泳好手，经常跃出水面，场面非常壮观。

目 鲸目

蓝鲸

Balaenoptera musculus

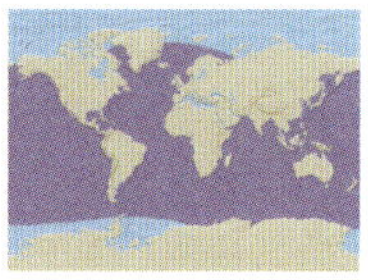

长度 24—27m

重量 可达120t

生境 开阔海域

分布 全球热带、温带、副极地海域（永久性海冰覆盖的地区除外）

蓝鲸是鳁鲸的一种，可能是有史以来体形最大的动物。其心脏像小汽车一般大，叫声达180分贝，比喷气式飞机起飞时发出的声音还响。在经过数十年的捕鲸活动后，这种动物的未来安危未卜。尽管蓝鲸不再遭捕杀，却仍处于极度濒危状态。

蓝鲸长有扁平的头部，尖尖的口鼻部，以及有褶的、可伸展的喉咙。其身体向巨大的尾鳍（尾片）逐渐变细。蓝鲸背部蓝灰混杂，腹面从白到黄不等。它们滤食水中的小动物，主要是磷虾和其他小型甲壳类。它们的鲸须板一天能收集超过3000kg的食物。雌性每2—3年产1头幼崽。

鲸须

须鲸没有牙齿，但长有柔韧的条状鲸须，或称鲸骨，从上颌悬下来。进食时，鲸吞进一大口海水，通过鲸须过滤。海水排出后，小动物被困在口中，随后被吞食。

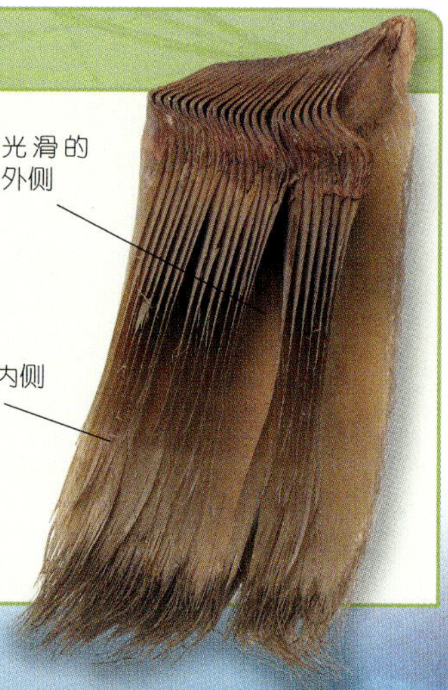

鲸须条

鲸须条由角质构成，就像人的指甲。每根鲸须条的内侧分成上百条平行排列的纤维。

目 鲸目

抹香鲸

Physeter macrocephalus

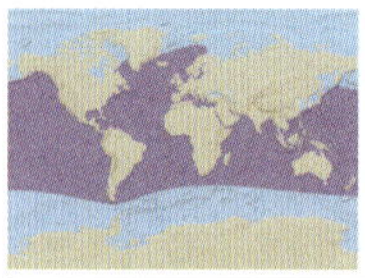

长度 可达20m

重量 可达50t

生境 深海，尤其是接近大陆架边缘处

分布 全球（南北两极除外）

抹香鲸是最大的齿鲸，也是最大的捕猎单个猎物的掠食者。其巨大的头部呈方形，即使光线微弱，人们也不会把它认错。成年雄性通常比雌性长4m，重1倍。其皮肤有折皱，背鳍与尾之间有结节性突起。它会潜到3000多米深处捕食大型鱿鱼。其头内含有丰富的蜡质油，被称为“鲸蜡”，人们认为可起到调节浮力的作用。鲸蜡还能帮助它汇聚用以探寻猎物的高音声束。

目 鲸目

柯氏喙鲸

Ziphius cavirostris

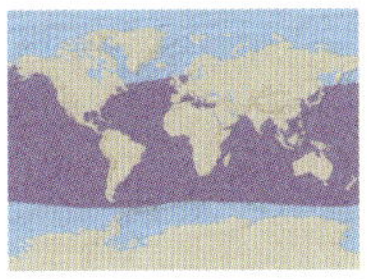

长度 5.5—7m

重量 可达3t

生境 深海

分布 全球热带、亚热带和温带海域（纬度较高地区除外）

世界上至少有20种喙鲸，但人类对其大多数知之甚少。柯氏喙鲸可能是分布最广泛的品种之一，因为许多地方都发现了搁浅的柯氏喙鲸。与其近缘类群一样，其身体近乎圆柱形，身体后方长有1个小背鳍，鳍状肢相对其体形来说较短。其颌部短且呈鸟喙状，喙形稍上翘。雌性没有牙齿，但雄性下颌尖端长有2颗钉状齿，口闭合时牙齿向外突出。柯氏喙鲸体色由灰、深褐到黄色不等，并缀有颜色较暗的涡状纹。

柯氏喙鲸生活在深海，可潜水超过半个小时。人们对其摄食行为知之甚少，只知道其捕食鱿鱼和鱼类。其从不是商业捕捉的目标，但偶尔会被渔网意外捕获，随着深海拖网作业的扩展，这种意外发生得越来越频繁。

目 鲸目

北瓶鼻鲸

Hyperoodon ampullatus

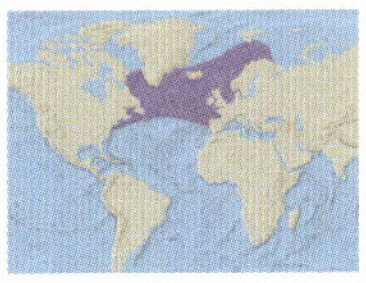

长度 8.5—10m

重量 可达7.5t

生境 深海

分布 北冰洋，大西洋北部的温带和副极地海域

北瓶鼻鲸是体形最大的喙鲸之一，身体呈灰色，前额为球状，有时前额比颌部突出。雄性下颌尖端长有2—4颗齿，雌性极少有牙齿。其尾鳍（尾片）大而有力，前鳍状肢异常小，位置靠前，长于头部后方。它们尤其善于潜水，能在水下停留2个多小时。与其他喙鲸不同，北瓶鼻鲸多年来一直遭受商业捕捉，但在栖息地，它的数量仍然较多。

目 鲸目

一角鲸

Monodon monoceros

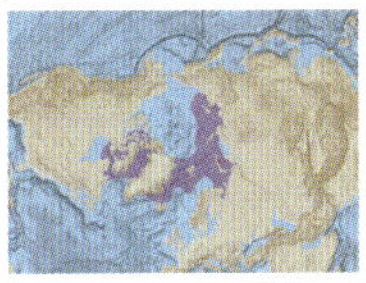

长度 4—5m

重量 可达1.5t

生境 极地水域及海冰中的开阔水道

分布 北冰洋，北至斯瓦尔巴群岛和法兰士约瑟夫地群岛

雄性一角鲸有像独角兽的角一般的长牙，可达3m长，一眼就能辨认出来。这根经过高度演变的长牙从其上唇伸出，带有螺旋形的槽。除这一显著特征外，雄性和雌性外形相似，都有圆柱状的长身躯、圆圆的头部以及极短的喙状颌。其背部长有灰色斑纹，腹部呈灰色或白色。其长牙的功能尚不清楚，可能在繁殖季用于仪式性战斗，或者可为其导航（其上布有神经）。

大规模的鲸群

在繁殖季，白鲸聚集成群，数量可多达上千头。每个鲸群根据年龄和性别分组，怀孕和育幼的雌鲸与幼鲸紧密靠在一起。白鲸通过声音进行交流，但它们也能做出面部表情，这是其在鲸类中独有的特征。它们通常成群捕食。

目 鲸目

白鲸

Delphinapterus leucas

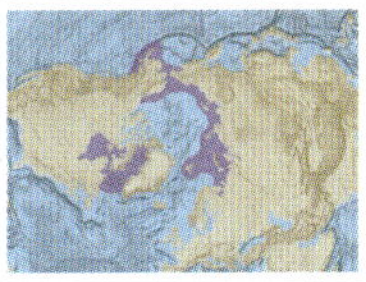

长度 4—5m

重量 可达1.5t

生境 沿海水域，有时出现在河流中

分布 北冰洋，白令海，鄂霍次克海，哈得孙湾，圣劳伦斯湾

白鲸身体呈独特的黄白色，容易辨识。尽管其没有长牙，但整体身形与其近亲一角鲸（见左）相似。其体色随年龄的增长而变化：新生鲸为深灰色，需要经过10年，伴随着性成熟，体色才会变为成年鲸的颜色。白鲸游动缓慢，以各种鱼和其他动物为食。夏季，它们通常生活在近岸海域，并有可能进入大型河流的下游。它们善于交际和发声，能发出各种声音，如颤音、咔嗒声。白天，人们乘坐木帆船时能轻易地透过船体听到这些声音，白鲸因而赢得了“海洋中的金丝雀”的美名。

白鲸曾在整个北极地区大量生存，但经过数世纪的捕杀，现仅存于现有栖息地中。如今，它们仍遭到猎杀，尽管捕杀规模变小。此外，它们还面临来自污染和航运的日益严峻的威胁。

目 鲸目

中华白海豚

Sousa chinensis

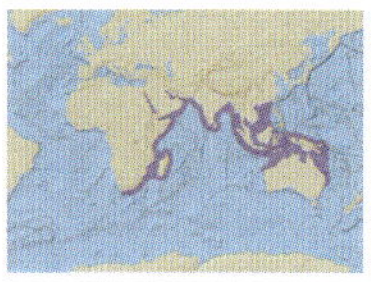

长度 2—2.8m

重量 可达200kg

生境 沿海水域，潟湖，河口

分布 红海，波斯湾，印度洋，太平洋西南部

这种在温暖水域中生活的海豚的背鳍下有显眼的隆起。其通常单独或成对出现，体色多样，有些呈蓝灰色，有些则几乎为纯白色，尤其是当其年龄增长时。其以鱼、章鱼和鱿鱼为食，极少远离海岸。在非洲的大西洋海岸附近，生活着一种与其相似的物种，这两个物种呼吸时都不跃出水面，而是滚动身体。

目 鲸目

宽吻海豚

Tursiops truncatus

长度 2—4m

重量 可达650kg

生境 沿海水域，开阔海域

分布 全球温带和热带地区

人们在海洋水族馆经常可以看到宽吻海豚，它们是一种爱嬉戏、好奇心强的哺乳动物，在野外喜欢和人类进行互动。其体色从灰蓝色到浅灰色不等，腹面呈苍白色。其喙部突出，背鳍略呈钩状，上下颌有25对钉状齿。

这些海豚善于交际，经常数十条成群游动。与其他海豚一样，它们通过回声定位来捕猎，也通过一系列复杂的声音（例如口哨声、咔嗒声、吱吱声）进行交流。它们经常追随船舶的涡流游动，也常与游泳者嬉戏。雌性每2—3年产1条幼豚。

目 鲸目

长吻原海豚

Stenella longirostris

长度 1.3—2.1m

重量 可达75kg

生境 开阔海域

分布 全球热带和亚热带海域

长吻原海豚体态优雅，充满活力，杂技表演性强，习惯跃出海面后以体轴为中心旋转数次（可达7次）后再入水，因而又被称为“飞旋海豚”。其体形比其他许多海豚都小，体色呈暗灰色，腹面呈白色（白色范围多变，从局部一小块，到从头部几乎延至尾部的整块区域不等）。其颌有64对齿，以鱼类为食，经常游到远洋中。雌性产1条幼豚，哺乳期可长达2年。

它们善于交际，成群游动，成员数量从少于50到数千不等，并且常与其他品种的豚一起游动。它们及其近亲通常成大群游动于黄鳍金枪鱼群上方，每年都有数千条因被围网缠住而溺亡，这些为捕金枪鱼而设的网会误捕其他海洋生物。

目 鲸目

短吻真海豚

Delphinus delphis

长度 1.7—2.4m

重量 可达110kg

生境 沿海水域，开阔海域

分布 全球温带、亚热带和热带海域

短吻真海豚身上有复杂的彩色条纹图案，从古罗马时期起一直是艺术家创作的灵感来源。其图案尤为多样。近几年，人们才将其和与之相似的长吻真海豚区分开来，后者的分布范围更窄。短吻真海豚常成大群出现，充满活力，杂技表演性强，其游速在鲸目动物中是最快的之一，可达40km/h。

它们常到远洋觅食，捕猎鱿鱼和小鱼。成年雌性每2—3年繁殖一次。这种海豚是最常见的鲸目动物之一，全球数量估计约为700万条。然而，与其他海豚一样，其生存也受到渔业扩张和故意捕杀的威胁。

目 鲸目

灰海豚

Grampus griseus

长度 3—4.3m

重量 可达500kg

生境 深海

分布 全球热带和暖温带海域

这种大型海豚通常呈深蓝色，头部呈方形，与尖头海豚差异较大。靠近观察的话，能看到其皮肤上常有伤疤，年长的海豚尤其如此。这些伤疤主要是因和竞争对手打斗而留下的，不过有些则是因捕猎鱿鱼而留下的，鱿鱼是其主要食物。进食时，其能潜水长达半小时。相比于其他海豚，灰海豚不那么善于交际，不过其常跟随船只游动。

目 鲸目

虎鲸

Orcinus orca

长度 5.5—9m

重量 可达9t

生境 开阔海域，有破碎海冰的地带

分布 全球热带、温带和极地海域

虎鲸（或逆戟鲸）的身体呈明显的黑白两色，尽管名为“鲸”，其却是海豚科中最大、最显眼的成员。除了身上显眼的图案之外，其最抢眼的特点要数巨大的背鳍，年长雄性的背鳍高可达1.8m。它有桨状的大鳍状肢，巨大的身体呈桶状，并向流线型的颌部逐渐变细，颌部里互相咬合的牙齿可长达5cm。其是最大的捕食温血动物的掠食者，食物包括鱼类、鱿鱼、鸟类、海豹和其他鲸。其捕猎策略丰富多变：会故意顶翻浮冰，将海豹逼入海中，甚至会冲上海滩捕捉躺在海岸线附近的海豹。虎鲸非常聪明，通过声音交流，善于交际，会组成稳定的群落，而这些群落会发展出自己独有的文化特征。尽管它们在捕捉猎物时十分凶猛，然而，人工驯养的虎鲸易于驯服，目前也尚未发生过其在野外攻击人类的事件。

群落和“部族”

一般来说，一个虎鲸群落包括20个成员，它们群居生活，共同照顾幼鲸。同地域的不同群落会形成一个“部族”，即一个地区性群体。据认为，“部族”有其独特的“方言”，世代传承。

迁徙中

雌性座头鲸通常每2—3年繁殖一次。母鲸极力保护幼鲸，哺乳期为10—11个月。

鲸类迁徙

许多陆地哺乳动物长途跋涉寻找觅食区，但跟一些鲸类每年的大型迁徙的距离相比，就小巫见大巫了。例如，座头鲸在肥沃的冷水觅食区度夏（见下），以磷虾、浮游动物和鱼为食。随着冬天来临，食物供给减少，它们便向赤道迁徙。在那里，它们可获得的食物很少，会禁食几个月。然而，这些掩蔽的温暖水域提供了合适的环境，让其繁殖并开始养育后代。

鲸类迁徙十分复杂，近几年，得益于卫星跟踪技术的出现，人们才终于能够追踪个体并发现动物迁徙路线。一些鲸类（如弓头鲸和一角鲸）的迁徙距离有限，留在北极海域，随着海冰的季节性变化而移动。其他鲸类的迁徙路线则长得多，而同一种鲸的不同群体的迁徙路线也不尽相同，在这方面，座头鲸就是一个很好的例子。虎鲸的迁徙模式则是混合型的。"常驻型"的群体一年当中甚少移动，而其他群体的迁徙距离可达数千千米。

目前尚未清楚鲸类在这些长途迁徙中如何确定方向。尽管其原理尚不清晰，但人们在一些鲸目动物（包括座头鲸）的大脑周围组织中发现了磁铁矿（一种氧化铁）。人们认为，这能帮助鲸类感知地球磁场的渐变，从而确定方向。

座头鲸迁徙

北半球的座头鲸在太平洋北部和大西洋北部的觅食区度夏。冬季，它们向南迁徙至更为温暖的海域进行繁殖。南半球的座头鲸在南极洲附近海域觅食，迁徙至澳大利亚、太平洋岛屿或南美洲附近的温暖海域进行繁殖。印度洋北部的座头鲸则可能全年常驻在那里。

主要的迁徙　　可能的迁徙

主要觅食区（夏季）　　主要繁殖地（冬季）

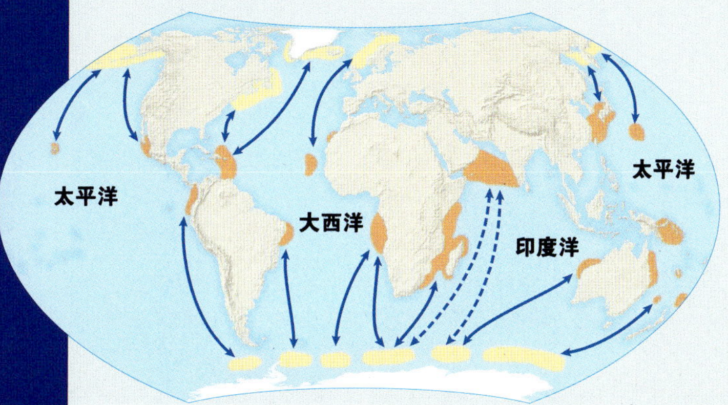

鲸的行为

觅食

阿拉斯加觅食区　座头鲸的进食方式是吞进大量海水，滤食其中的磷虾和其他大型浮游动物。然而，在阿拉斯加，它们在夏季聚集于海岸附近，捕食鱼群。

"气泡网"式捕猎　一群座头鲸在一群鱼周围缓慢游动，呼出气泡，形成"气泡网"。随后，一头鲸从气泡漩涡中突然跃起，兜上满满一口鱼。

迁徙

孤独的蓝鲸　尽管蓝鲸也进行长距离迁徙，但相比于其他迁徙的鲸，它们游离海岸的距离更远，而且没有固定的繁殖地，因此其迁徙情况较少为人所知。

侦察性跳跃　许多鲸，比如这条灰鲸，会进行侦察性跳跃，即从水中垂直跃起，头部露出水面。它们这样做也许是在迁徙途中查看地标。

繁殖

在温暖水域中的展示　每年的6月—12月，大约有3700头南露脊鲸聚集在南非开普半岛以东的海湾沿岸。雌性在这里产1头幼鲸，之后马上再行交配。这一地区成了世界上最佳的陆地赏鲸点，能提供绝佳鲸类活动景观，比如这一鲸跃。

赏鲸

亲密接触　赏鲸是一项不断发展的产业，其价值超过年均10亿美元，有1100多万人参与。这些游客正在墨西哥加利福尼亚半岛附近水域观察一头灰鲸，这里是其夏季繁殖地。

目 鲸目

长肢领航鲸

Globicephala melas

长度 3.5—7m

重量 可达3.5t

生境 沿岸冷水海域，开阔海域

分布 全球温带和副极地海域（太平洋北部除外）

领航鲸有2种，主要通过鳍状肢的长度来区分——在海里很难辨识。长肢领航鲸主要生活在冷水地区。其身体光滑乌黑，喉部和胸前有锚形灰色斑块。其长有圆圆的头和短颌。雄性的长背鳍呈钩状。其鳍状肢长在身体前1/5处，有明显向后的弯曲处，或者称“肘”。其主要食物为深海鱿鱼和章鱼。长肢领航鲸是高度群居动物，群体成员可达上百条，并经常与其他鲸类生活在一起。它们很容易在沿岸浅海迷失方向，经常出现大量搁浅的情况。数世纪以来，捕鲸者利用其群居习性，把它们赶到浅滩大肆杀戮。在一些地区，比如法罗群岛，领航鲸如今仍遭到捕杀。

搁浅

领航鲸经常在海滩上搁浅。如果一条领航鲸搁浅，其他成员也会相继跟随，结果出现大量鲸搁浅的情况。解释这种现象的理论涉及影响鲸的导航系统的因素，比如地球磁场的短暂异常、航船雷达、鲸的疾病以及风暴。

目 鲸目

港湾鼠海豚

Phocoena phocoena

长度 1.4—2m

重量 可达65kg

生境 沿海水域，河流潮汐区

分布 北半球的寒温带和副极地海域

港湾鼠海豚是北半球最常见的鲸目动物之一。从名字可以看出，其极少游进深海，更喜欢沿海浅水区，有时游入河流中。其身体短，形如桶状，鳍状肢小，背鳍钝。整体呈深灰色，腹面苍白。与大多数海豚不同，其口鼻部钝，颌中有21—28对铲形齿。港湾鼠海豚一般独自生活，或者有时成对或成小群生活，以鱼类和贝类为食。

雌性的妊娠期可达11个月，产1条幼豚。以鲸目动物的标准而言，幼豚较小，仅重6kg。过去，港湾鼠海豚经常被捕杀，以获取肉和油。如今，渔网对它们构成了更大的威胁，因为体形较小，它们容易意外地被困。

目 海牛目

西非海牛

Trichechus senegalensis

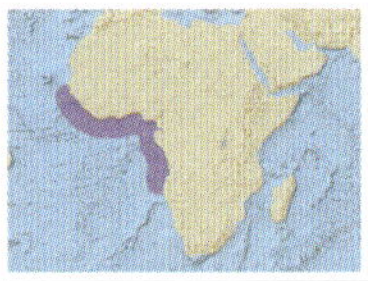

长度 3—4m

重量 可达 500kg

生境 红树林沼泽，潟湖，内陆水道，河口

分布 非洲西部（从塞内加尔到安哥拉）

西非海牛是现存3种海牛的其中一种。这种温驯的食草动物主要生活在淡水中，但也在非洲西海岸的红树林沼泽觅食。其桶状身体覆盖有粗糙的灰色皮肤，前鳍状肢长有细小的指甲。与其他的海牛目动物一样，其无后肢，用勺状尾游泳，缓慢地上下拍打尾巴在浅水区游弋。

其用肥厚的唇取食长在水面附近的植物。海牛缺少像牛和羚羊等陆生食草动物所拥有的结构复杂的胃，大多数的消化都在肠中进行，肠可长达45m。西非海牛群居生活，每群成员数可达6头，产下的幼崽约长1m。由于生育率低，它们很容易受环境变化和狩猎（以获取其肉和皮）的影响。

目 海牛目

美洲海牛

Trichechus manatus

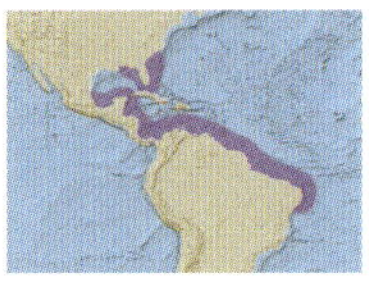

长度 3.7—4.6m

重量 可达1600kg

生境 沿海水域，内陆水道

分布 大西洋西部（从美国东南部到南美洲东北部），加勒比海

这是已知的体形最大的海牛，也是被研究得最彻底的，这得益于其分布情况——分布区域向北延至佛罗里达州。与西非海牛不同，其经常游到沿海水域，不过会避开冬季温度低于20℃的地区。其皮肤呈灰色，但上表皮通常有海藻覆盖，令其略微呈现绿色。其眼睛和耳朵都小，视力和听觉不敏锐，不过可移动的唇上覆有敏感的刚毛，凭此在深达4m的水下寻找植物。其每天需要消耗的食物重量大概为其体重的1/4。尽管其食物以植物为主，但有时也吃鱼以获取蛋白质。

海牛和儒艮（见下）体形似飞艇，这部分地由其消化食物时所产生的大量气体造成。为了弥补这一点，其骨骼密度异常高，以保持中性浮力。美洲海牛通常群居生活，成员可达20头。食物充足时，成员数量可能上升至100多头。

人类影响

碰撞的危险

过去，人们捕捉美洲海牛以获取肉、皮和油，这些油有时用于灯盏照明。如今，它们面临的主要威胁是污染以及与船只的相撞。佛罗里达地区的水面交通繁忙，许多海牛身上都有因与船只碰撞而留下的伤疤。

螺旋桨造成的创伤

这头海牛背上的平行伤疤是由螺旋桨造成的。幸运的是，伤得不太深，不会致命。

目 海牛目

儒艮

Dugong dugon

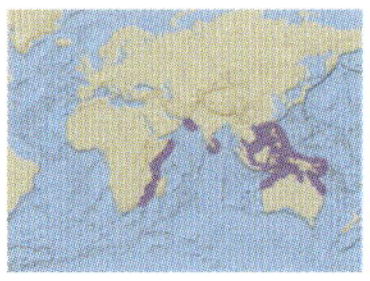

长度 2.5—4m

重量 250—900kg

生境 沿海浅水区，潟湖，河口

分布 印度洋和太平洋西部（从东非到南太平洋岛屿）

与海牛不同，儒艮基本是海洋动物，在温暖的浅海中啃食海草床。其身体和海牛相似，呈飞艇状，但其尾呈新月形，头部宽，巨大的上唇呈U形。它们靠前鳍状肢稳定身体，将吻部插入沉积物中，一路啃食埋在海床中的根茎。儒艮以分散的群体形式觅食，成员数量可超过100头。

儒艮的主要天敌是鲨鱼，不过在许多地方，捕猎对其所构成的威胁更大。在地中海，儒艮已经灭绝，它们可能在那里一直存活至古罗马时期，而在印度洋的许多地方，其生存也受到威胁。然而，在澳大利亚的海岸线附近，其繁衍良好，那里的儒艮数量占全世界儒艮总数的一半以上。

斯特拉大海牛

斯特拉大海牛是儒艮的近亲，曾生活在白令海的冰冷海水中，以褐藻和其他海藻为食。因遭受猎杀，其于1768年灭绝，距德国博物学家乔治·斯特拉（1709—1746）首次记载这一物种仅27年。

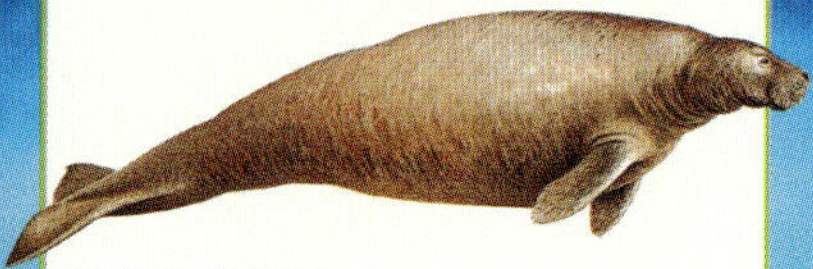

艺术的想象画

斯特拉大海牛重达10t，可能是当时仅次于鲸的第二大海洋哺乳动物。

海洋地貌示意图集

世界的海洋

海洋覆盖了地球表面71%的面积，包含地球总水量的97%。海盆的地形很大程度上揭示了地球的历史以及至今仍在塑造世界的地质作用力。

北冰洋、大西洋、印度洋、太平洋及围绕南极洲的海洋将世界上的主要大陆隔开。此外，地球上还有众多边缘海、海湾和海峡。大陆周围是浅海大陆架，从海岸延伸至深海海盆。海盆中既有地球表面最平坦的部分——深海平原，也有落差最大之处——从世界最大的火山群顶峰至海沟。大洋中脊是地球上最长的山脉，沿主要构造板块的边缘环绕地球。

本章的地理示意图基于目前所知的最详尽的地球海床地形知识绘制，结合了卫星高度计的最新测量结果和100多年来的船载水文勘察成果，力求尽可能清晰地反映海床的形状。

构造板块

地球表面分为7个大的主要板块以及至少15个次要板块。板块的边界在海床地形中最为明显——大洋中脊、海沟和断裂带分别代表离散边界、会聚边界和转换边界。有些板块既包括陆地，也包括海洋，而最大的太平洋板块则全是海洋地壳。

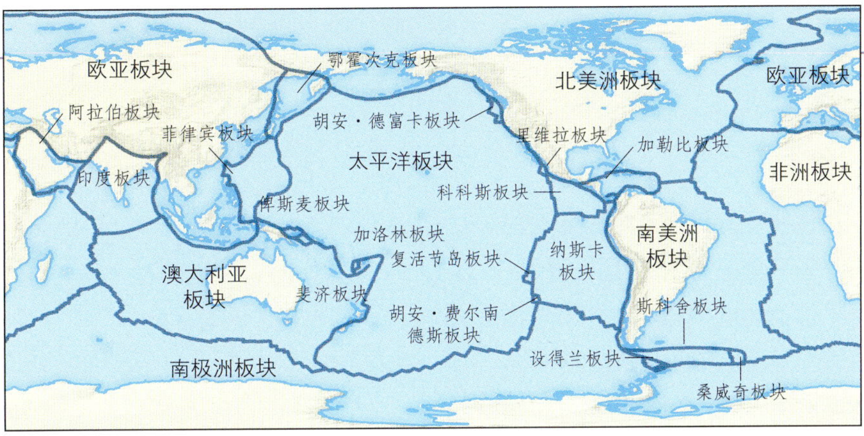

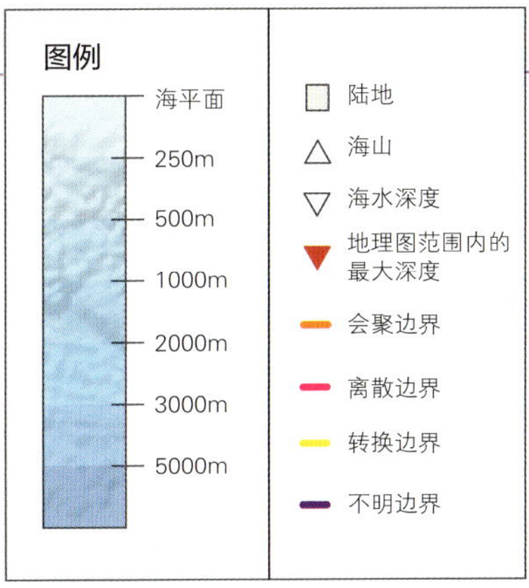

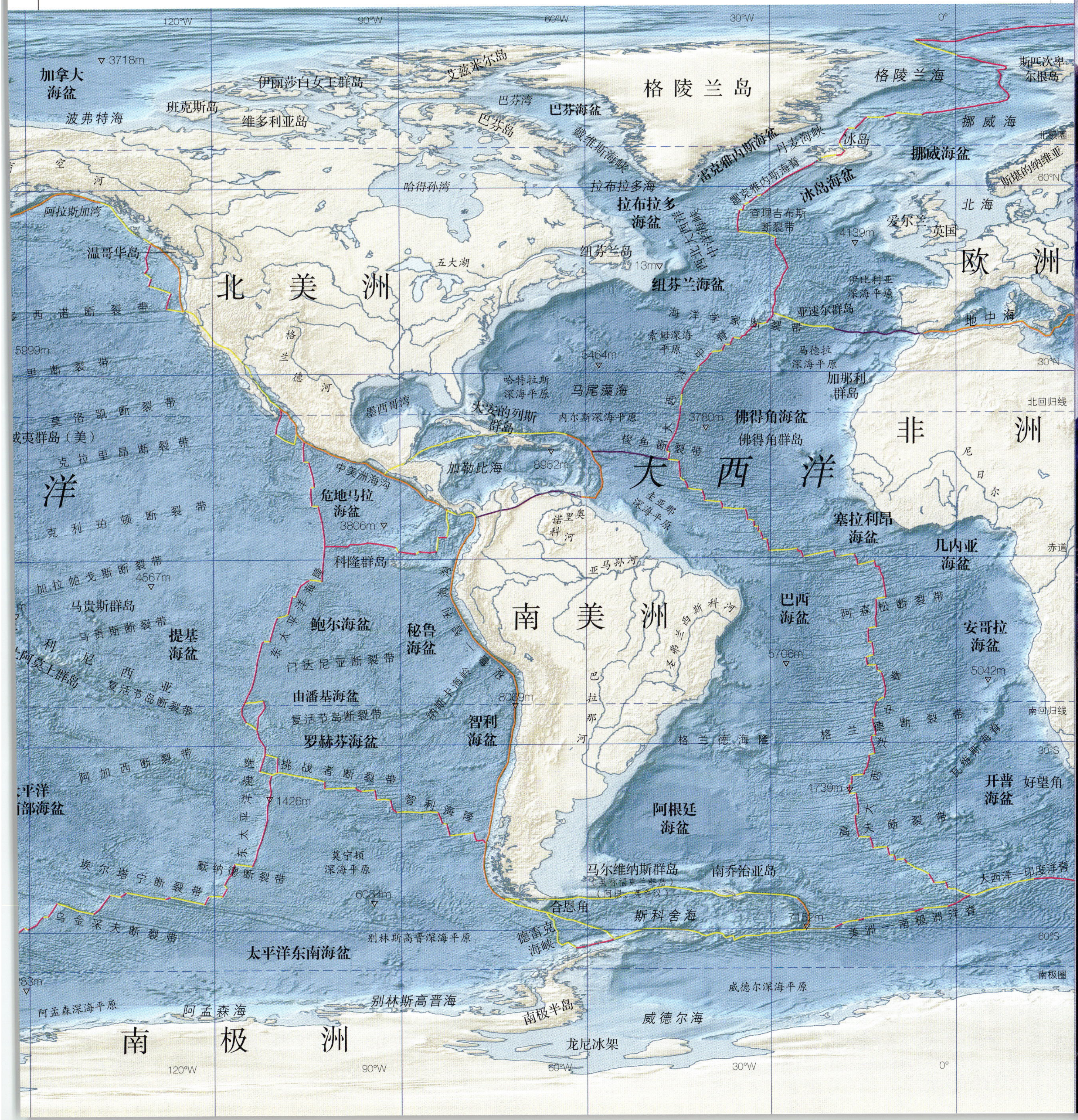

北冰洋

北冰洋是面积最小的大洋，几乎被亚洲、欧洲、格陵兰岛和北美洲包围。冬季，北冰洋几乎完全被浮冰覆盖；夏季，浮冰的面积减半。对大西洋和太平洋之间贸易路线的探索推动了18、19世纪对北极地区的探索。1909年，罗伯特·皮尔里带领一支美国探险队利用雪橇犬和雪橇到达北极点，这是人类第一次踏足此地。

北极海冰

夏季，覆盖北冰洋的海冰面积不到$45\times10^5km^2$；而到冬季，其面积扩大到$15\times10^6km^2$。

海洋环流

大量淡水从西伯利亚地区的主要河流（鄂毕河、叶尼塞河和勒拿河）涌入北冰洋，加上冻结和融化的海冰，北冰洋的表层海水相对较淡。北极环极边界流从楚科奇海流到格陵兰海，加拿大海盆上方因而形成顺时针环流。处于一定深度的温暖的咸水从大西洋流入北冰洋，而冰冷的非常咸的底层海水则从北冰洋流入大西洋。在北冰洋的水体交换中，与北大西洋之间的交换占80%，与太平洋之间的则占20%。从北冰洋流出的水约有2%以冰山（从格陵兰冰盖脱落）的形态存在。自1979年起，北极海冰的面积以每10年缩小13%左右的速度锐减，于2012年9月以$363\times10^4km^2$的面积创历史新低。全球变暖可能导致这里的海冰在21世纪末消失。

破冰船

破冰船有加固的船首和动力十足的发动机，是穿越北冰洋海冰的行程中必不可少的工具。

洋底

北冰洋洋底主要由两处海盆构成，二者之间被陡峭的罗蒙诺索夫海岭分隔。位于北美洲一侧的是加拿大海盆和马卡罗夫海盆，它们之间被阿尔法海岭分隔。位于欧亚大陆一侧的是弗拉姆海盆和南森海盆，它们之间被加科尔洋脊（大西洋中脊的延伸）分隔。北极海盆的历史相对较短，约于3600万年前开始扩张，将北美洲和欧洲隔开，并连接北冰洋和大西洋。北冰洋在亚洲一侧的大陆架异常广阔，有几处地方的浅海从海岸向海延伸1600多千米，而北美洲一侧的浅海通常只延伸50—125km。

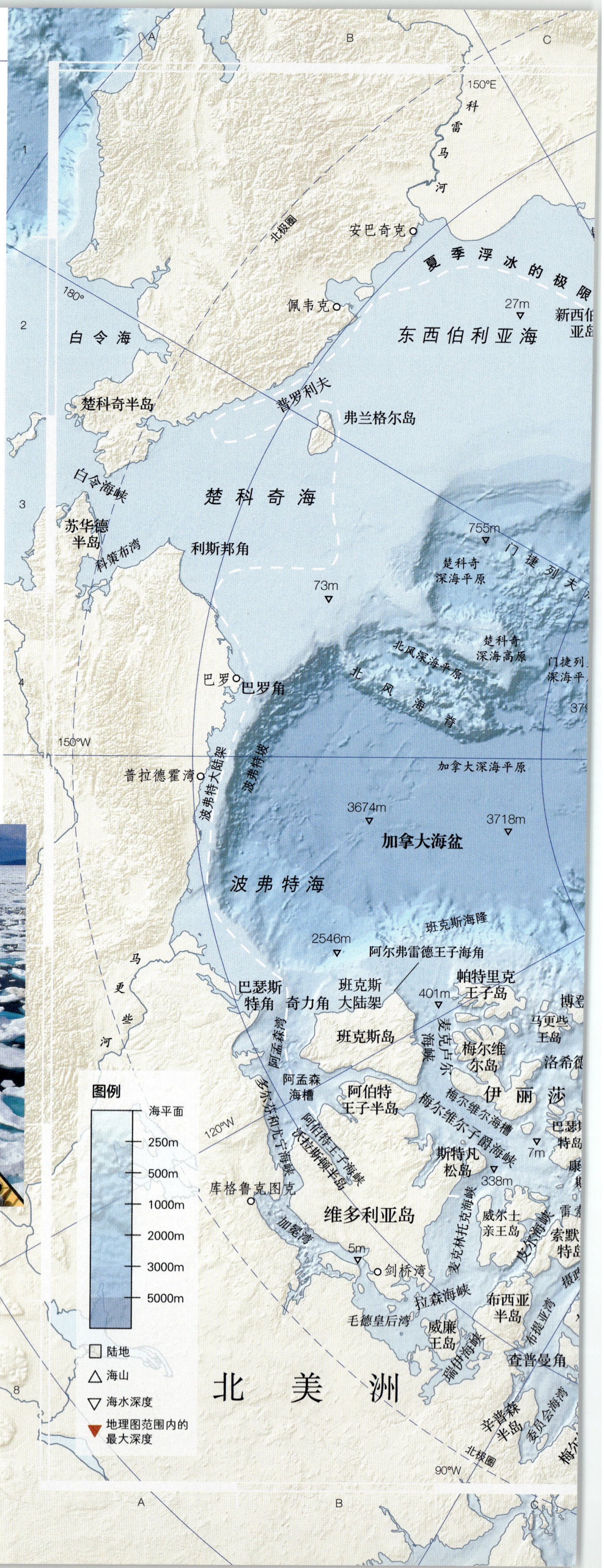

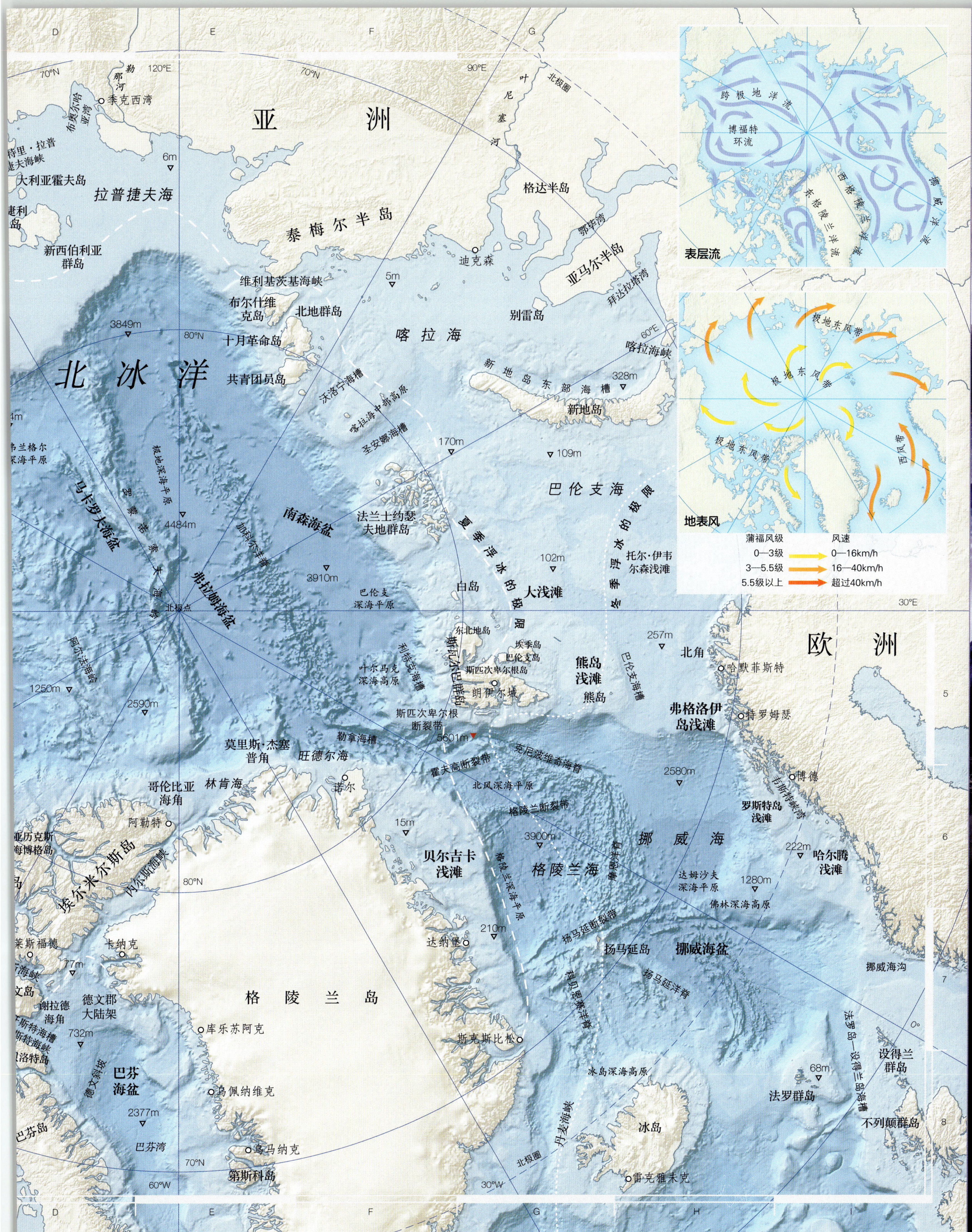
亚 洲
欧 洲
北 冰 洋
拉普捷夫海
泰梅尔半岛
喀 拉 海
巴 伦 支 海
挪 威 海
格 陵 兰 海
格 陵 兰 岛
新地岛
法兰士约瑟夫地群岛
北地群岛
十月革命岛
共青团员岛
布尔什维克岛
维利基茨基海峡
新西伯利亚群岛
格达半岛
亚马尔半岛
迪克森
别雷岛
喀拉海峡
南森海盆
弗拉姆海盆
马卡罗夫海盆
北极点
斯瓦尔巴群岛
斯匹次卑尔根
朗伊尔城
熊岛
熊岛浅滩
大浅滩
白岛
北角
哈默菲斯特
特罗姆瑟
博德
弗格洛伊岛浅滩
罗斯特岛浅滩
哈尔腾浅滩
挪威海盆
扬马延岛
挪威海沟
法罗群岛
设得兰群岛
不列颠群岛
冰岛
雷克雅未克
丹麦海峡
冰岛深海高原
斯克斯比松
达纳堡
贝尔吉卡浅滩
诺尔
旺德尔海
林肯海
莫里斯·杰塞普角
哥伦比亚角
阿勒特
埃尔斯米尔岛
卡纳克
库乐苏阿克
乌佩纳维克
乌马纳克
第斯科岛
巴芬海盆
巴芬湾
德文郡大陆架
3849m
4484m
3910m
5601m
2590m
1250m
2580m
3900m
1280m
2377m
732m
328m
170m
109m
102m
257m
222m
210m
68m
15m
6m
5m
表层流
跨极地洋流
博福特环流
东格陵兰洋流
西格陵兰洋流
挪威洋流
地表风
极地东风带
西风带
蒲福风级
风速
0—3级
0—16km/h
3—5.5级
16—40km/h
5.5级以上
超过40km/h
海洋地貌示意图集

西北航道

连接大西洋和太平洋的西北航道穿越北冰洋，是一条难以航行的路线。它包含许多岛屿之间的狭长海峡，即使在夏季，海面也常常结冰。近年来，海冰面积的缩小使其变得稍适于航行，2007年和2012年曾出现无冰状态。2013年9月，商业货轮首次成功通过西北航道。

北冰洋 E2

巴芬湾

面积 689 × 10³km²

最大深度 2100m

流入 北极海盆，拉布拉多海，西格陵兰冰川

巴芬湾位于格陵兰岛和巴芬岛之间，是大西洋最北的延伸部分。其表面每年冬季都结冰，但来自拉布拉多海的温暖海水流经其东岸，使邻近的格陵兰岛部分沿岸不结冰。而沿其西岸向南流返的拉布拉多寒流则常携冰山进入北大西洋。人们长期在此捕杀海豹。直到20世纪80年代，每年仍有大量海豹被猎杀，不过，对海洋哺乳动物的商业捕杀如今已受限制。

冰川与海相接

发现

探索西北航道

17世纪，人们付出了诸多努力来探索从大西洋到远东地区的西北航道，但由于海冰终年存在，岛屿众多，并没能发现可行的路线。19世纪，随着英国皇家海军远征，人们对西北航道重新产生了兴趣。1820年，一支探险队从巴芬湾出发，行至梅尔维尔岛时因遇冰而停止。1848年，一支129人的探险队在威廉王岛附近失踪。1854年，英国探险家罗伯特·麦克卢尔从波弗特海航行至巴芬湾，但途中部分路段只能步行。最终，挪威探险家罗尔德·阿蒙森于1906年驾船从兰开斯特海峡出发，驶出白令海峡。

北冰洋 A1

波弗特海

面积 476 × 10³km²

最大深度 4680m

流入 楚科奇海，北极海盆，马更些河，科尔维尔河

波弗特海位于加拿大北极群岛以西。1968年，阿拉斯加海岸附近发现石油，马更些三角洲附近也产石油。人们修建人工岛以免采油井遭浮冰破坏。梅尔维尔岛附近发现了天然气。

石油勘探

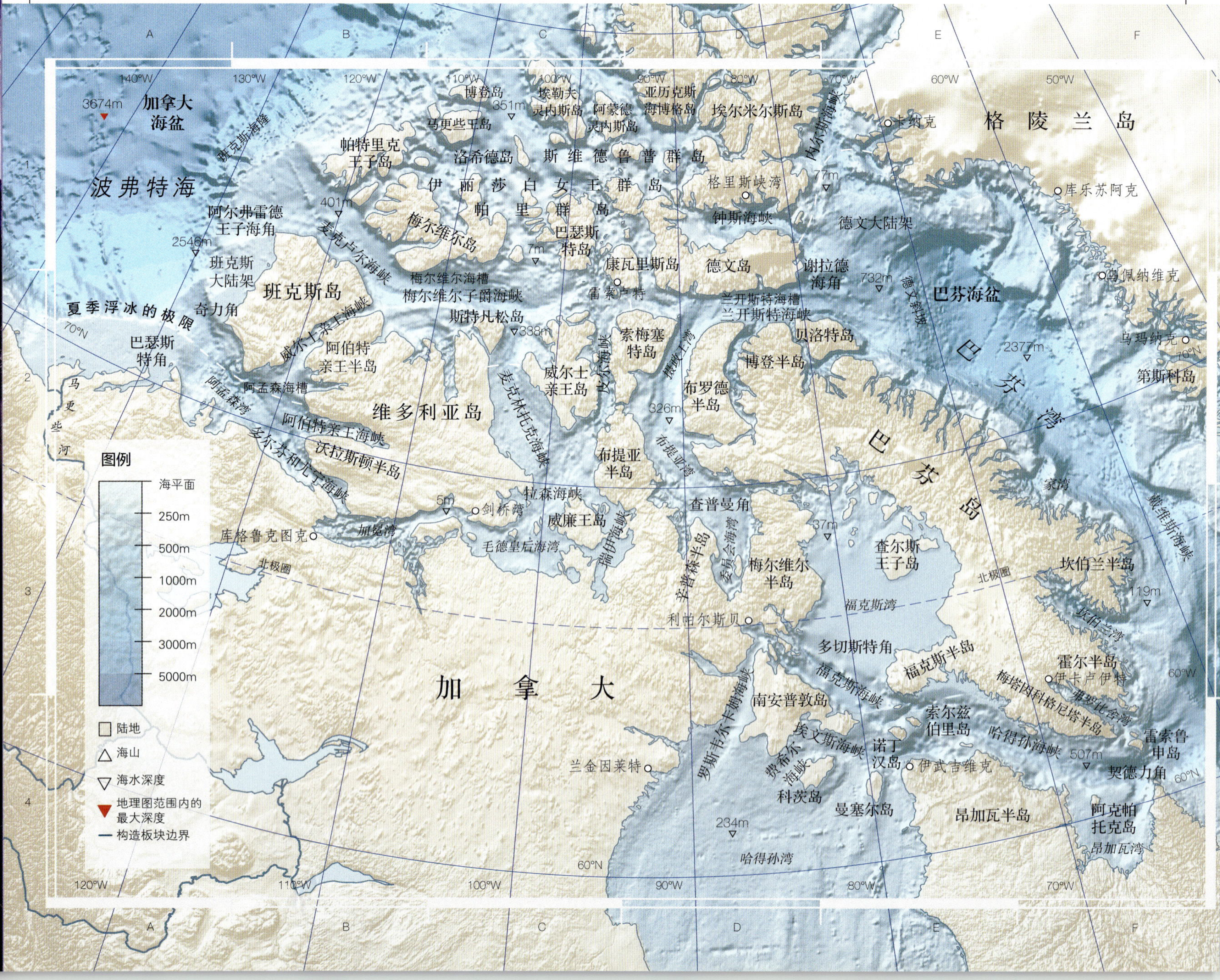

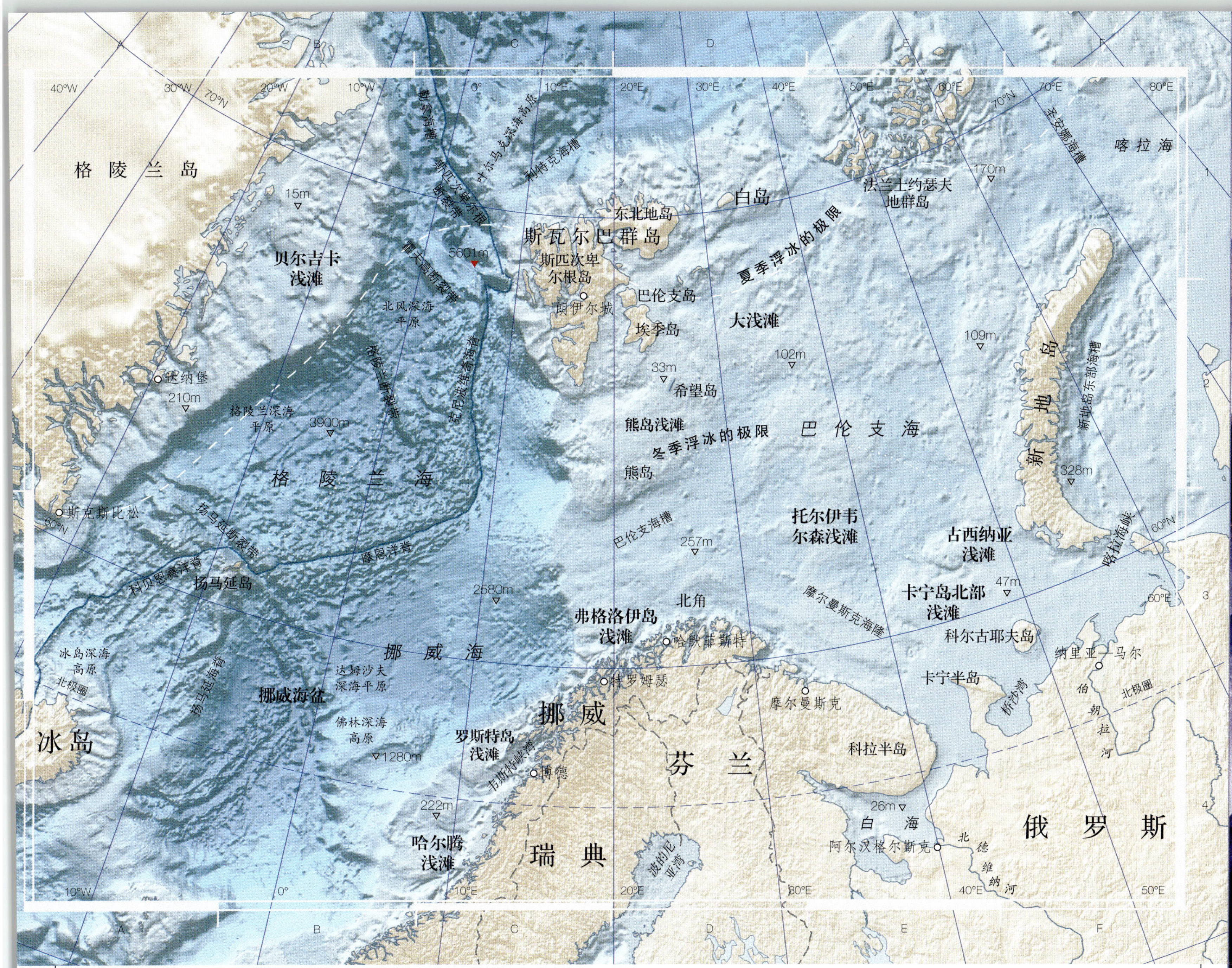

巴伦支海

巴伦支海和格陵兰海位于北冰洋与大西洋的分界处。北冰洋主要与北大西洋进行水体交换，这一交换发生在格陵兰海北部的弗拉姆海峡。

北冰洋 E2

巴伦支海

面积 14×10^5km²

最大深度 600m

流入 挪威海，北极海盆

巴伦支海相对较浅，位于欧洲以北、斯瓦尔巴群岛和法兰士约瑟夫地群岛以南。东部的新地岛是乌拉尔山脉的延伸，后者是欧洲和亚洲的地理分界线。大陆沿岸和海岛周围的大片区域是不足200m深的大陆架。北大西洋暖流从巴伦支海的西南方流入，使其大部分海域夏季不结冰。俄罗斯摩尔曼斯克港甚至在冬季都不结冰。这里汇合了温暖的、含盐量稍高的大西洋海水，寒冷的、含盐量稍低的北冰洋海水以及温暖的、含盐量适中的沿岸海水，因此生物生产力极高。冰川融化产生的淡水，在冰的边缘形成了稳定的表层水，春季时浮游植物便从那里开始大量繁殖。浮游植物构成了食物链的基础，支撑着繁荣的渔业，其中鳕鱼是最重要的渔获。冷战期间，苏联的北方舰队规模庞大。如今，其中许多军舰和潜艇都被废弃在科拉半岛的沿岸军港里，人们担心它们可能会对海洋环境造成破坏，特别是废弃潜艇的核反应堆所产生的污染。

北冰洋 B2

格陵兰海

面积 12×10^5km²

最大深度 4800m

流入 北极海盆，挪威海

格陵兰海位于格陵兰岛、斯瓦尔巴群岛和扬马延岛之间，是北冰洋中形成海冰的主要海域。东格陵兰寒流带着表层海水和海冰，沿格陵兰岛东岸南下，而扬马延洋流则将部分表层海水带到东部。于是，这两股洋流之间的一片开阔海域不受二者影响，在冬季不断有新的海冰形成。奥顿冰舌从主要冰缘线向东延展，溶解的盐被留在新冰之下的寒冷海水中。随着密度的增加，这些高含盐量的海水沉到海底，积聚后溢出格陵兰岛和扬马延岛之间的洋脊，向南流去。这种沉降流在全球海洋的热盐环流（详见第60—61页）中扮演着重要的角色。

饼状冰

饼状冰形成于粗糙海面——圆盘形的黏稠状冰互相碰撞，从而形成隆起的边缘。

大西洋

大西洋将欧洲和北非的“旧世界”与美洲的“新世界”分隔开。葡萄牙人是海洋探险的先驱，巴尔托洛梅乌·迪亚士早在1488年便到达非洲最南端，但1492年，克里斯托弗·哥伦布率领的西班牙探险队成为第一批横渡大西洋到达西印度群岛的人。

百慕大群岛，大西洋海浪汹涌

海洋环流

北大西洋表层洋流受顺时针环流控制。强劲的墨西哥湾暖流从加勒比海带来温暖的、含盐量稍高的海水，随后继续流向东北，成为北大西洋暖流，使西欧的气候比同纬度地区的更温和。然后，其中一些海水向北流入北冰洋，但大部分向南流返，成为加那利寒流。最后，温暖的海水向西流返，融入北赤道暖流和圭亚那暖流。而南大西洋环流则呈逆时针流向，其南部边界是南极绕极流。本格拉寒流沿非洲西岸向北流动，而在西边，巴西暖流相当微弱地从赤道向南流动。

潮汐能

大西洋的高潮差令许多地方能利用潮汐能。右图是英国德文郡的潮汐发电设施。

洋底

大西洋中脊高耸于大西洋洋底，将大陆板块分成了东西两部分。在一些地方，洋脊甚至钻出海面，其中最有名的当属冰岛。横断层在洋脊的东西两个侧面绵延数百千米，直至被深海平原的海洋沉积物掩埋。大西洋中的这些平坦区域非常狭窄，主要是宽阔洋脊和大陆隆之间的深海边缘地带。大西洋的沉积边缘有丰富的矿藏，包括北海、墨西哥湾、委内瑞拉沿海和西非的石油和天然气。大西洋只有两个深海沟——波多黎各海沟和南桑威奇海沟。

冰山冲蚀

这张图展示了因受漂浮冰山的凸起部分冲蚀而成的海沟——这在格陵兰岛周围的浅海中较为常见。

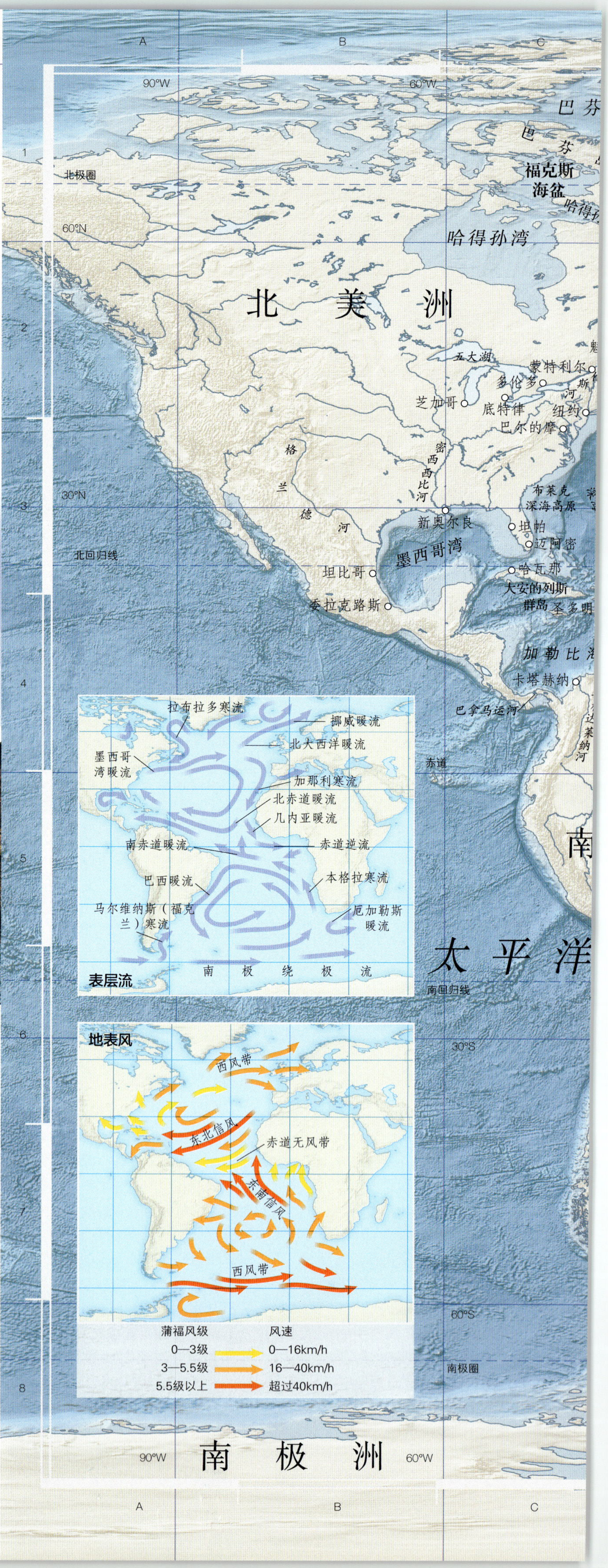

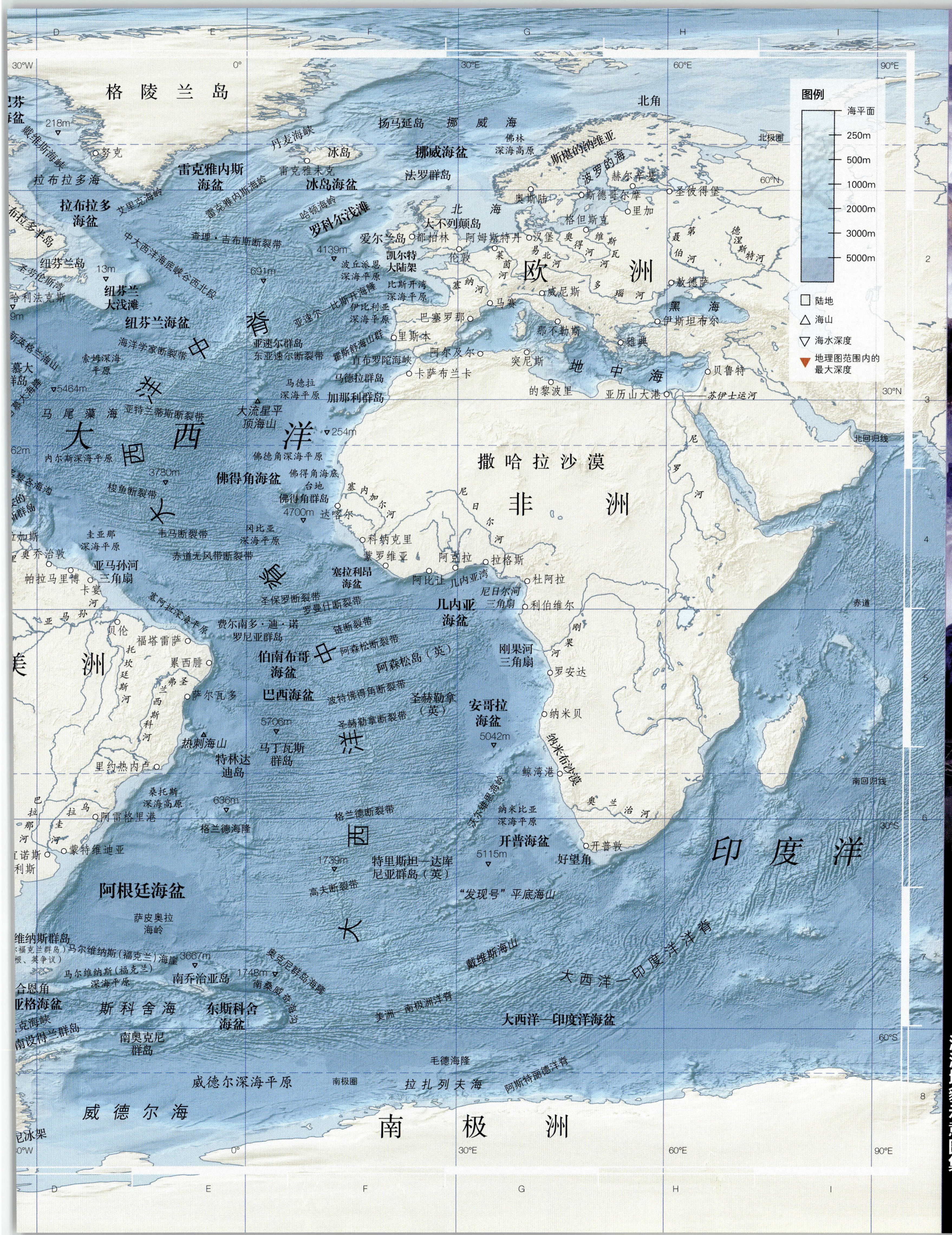
格陵兰岛
丹麦海峡
冰岛
雷克雅未克
冰岛海盆
雷克雅内斯海盆
拉布拉多海
拉布拉多海盆
纽芬兰岛
纽芬兰海盆
纽芬兰大浅滩
罗科尔浅滩
查理·吉布斯断裂带
中大西洋海底峡谷北段
扬马延岛
挪威海
挪威海盆
法罗群岛
北角
斯堪的纳维亚
波罗的海
赫尔辛基
圣彼得堡
奥斯陆
斯德哥尔摩
哥本哈根
里加
北海
大不列颠岛
爱尔兰岛
都柏林
伦敦
阿姆斯特丹
汉堡
格但斯克
凯尔特大陆架
波丘派恩深海平原
比斯开湾
伊比利亚深海平原
巴塞罗那
马赛
罗马
那不勒斯
威尼斯
维也纳
敖德萨
黑海
伊斯坦布尔
雅典
欧洲
里斯本
阿尔及尔
突尼斯
卡萨布兰卡
直布罗陀海峡
亚速尔群岛
东亚速尔断裂带
马德拉群岛
加那利群岛
马德拉深海平原
的黎波里
地中海
亚历山大港
苏伊士运河
贝鲁特
撒哈拉沙漠
非洲
尼日尔河
尼罗河
北回归线
大西洋中脊
大西洋
马尾藻海
大流星平顶海山
佛得角深海平原
佛得角海盆
佛得角海台
佛得角群岛
冈比亚深海平原
韦马断裂带
赤道无风带断裂带
达喀尔
科纳克里
蒙罗维亚
阿比让
阿克拉
拉格斯
杜阿拉
利伯维尔
几内亚湾
尼日尔河三角扇
几内亚海盆
塞拉利昂海盆
圣保罗断裂带
罗曼什断裂带
链断裂带
阿森松断裂带
阿森松岛（英）
费尔南多·迪·诺罗尼亚群岛
伯南布哥海盆
巴西海盆
圣赫勒拿（英）
圣赫勒拿断裂带
刚果河三角扇
罗安达
安哥拉海盆
纳米贝
纳米布沙漠
鲸湾港
亚马孙河三角扇
福塔雷萨
累西腓
萨尔瓦多
巴西
里约热内卢
特林达迪群岛
马丁瓦斯群岛
格兰德海隆
格兰德断裂带
沃尔维斯海岭
纳米比亚深海平原
开普海盆
开普敦
好望角
特里斯坦—达库尼亚群岛（英）
高夫断裂带
“发现号”平底海山
阿根廷海盆
萨皮奥拉海岭
马尔维纳斯群岛
南乔治亚岛
斯科舍海
东斯科舍海盆
南桑威奇海沟
南奥克尼群岛
南设得兰群岛
戴维斯海山
美洲—南极洲洋脊
大西洋—印度洋洋脊
大西洋—印度洋海盆
印度洋
毛德海隆
威德尔深海平原
威德尔海
拉扎列夫海
阿斯特丽德洋脊
南极圈
南极洲
赤道
南回归线
北极圈
图例
海平面
250m
500m
1000m
2000m
3000m
5000m
陆地
海山
海水深度
地理图范围内的最大深度
30°W
0°
30°E
60°E
90°E
30°N
60°N
30°S
60°S

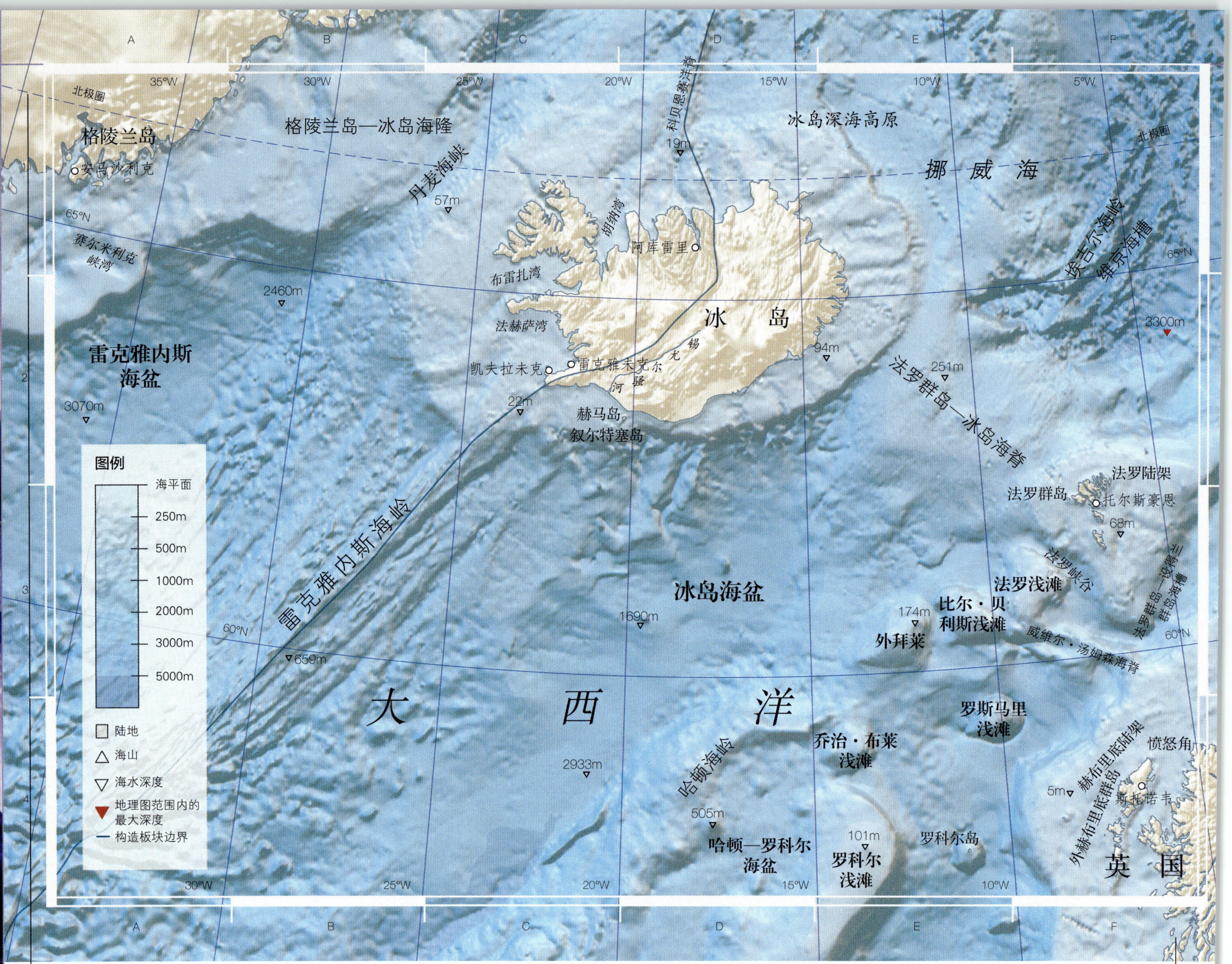

冰岛

冰岛跨立在大西洋中脊上，是世界上少有的可以在新形成的海洋地壳上行走的地方之一。这是洋底扩张之处，在约3600万年前将大西洋与北冰洋连接。其周边地区是两大洋进行水热交换的地方。

大西洋 B1

丹麦海峡

长度 480km

最小宽度 290km

在东格陵兰寒流的推动下，大部分从北冰洋流出的海水通过丹麦海峡流入北大西洋。这股寒流把从格陵兰冰盖东侧崩塌脱落的冰山带往南方，而北大西洋暖流则从岛屿的东侧（冰岛与法罗群岛之间）向东北方流去。在深海，冰冷且密度高的北极底层水在冰岛西北方积聚，直至溢出格陵兰岛—冰岛海隆，倾泻2000m而下，进入大西洋主要的海盆中。

这是密度大的海水在世界上最深海域中循环的全球之旅的开始，即“全球海洋传送带”（详见第61页）的深海部分的开始。

冬季，海冰沿格陵兰岛海岸积聚。有时，寒风从格陵兰冰盖向东吹，将海冰吹离海岸。当寒风吹过无掩蔽的表层海水时，更多的海冰会随之形成，最终形成从格陵兰海穿过丹麦海峡向南延伸的冰舌。

大西洋 B3

雷克雅内斯海岭

长度 1500km

洋底以上的高度 2000m

扩张速率 1.8cm/y

雷克雅内斯海岭是大西洋中脊的一部分，在冰岛西南方突出海面。它非常清晰地展示了当洋底在离散板块边界扩张时，中部裂谷两侧所形成的平行海脊和峡谷。在这里，北美洲板块和欧亚板块正以每年1—2cm的速度彼此分离。在远离海岭的地方，平行特征不那么明显，因为较老的地壳会被雷克雅内斯海盆和冰岛海盆的沉积物所覆盖。

在中部裂谷开始形成之前，格陵兰岛与大不列颠岛几乎紧挨着，彼此间由陆桥连接。赫布里底群岛、法罗群岛、罗科尔浅滩，以及冰岛海盆以东的其他浅滩，均由中部裂谷早期阶段的玄武岩流凝固而成。

叙尔特塞岛

1963年，大西洋中脊西侧的一座火山在冰岛附近海域突出海面，从而形成了叙尔特塞岛。

北大西洋西部

在北大西洋西部，温暖的、快速流动的墨西哥湾暖流离开美洲海岸，继续向东北方向流去，成为北大西洋暖流。拉布拉多寒流则沿海岸将冷水往南带，最南到达缅因湾。

大西洋 C2

圣劳伦斯湾

面积 155 × 10^3km²

最大深度 2300m

流入 大西洋，圣劳伦斯河

圣劳伦斯湾位于圣劳伦斯河河口与纽芬兰岛及布雷顿角岛之间。位于两岛之间的圣劳伦斯海槽，是在最后一个冰河时期被劳伦冰盖冲蚀而成的。沿着圣劳伦斯海槽，河流挟带而来的沉积物从大陆架边缘被带至圣劳伦斯河深海扇。圣劳伦斯河是北美洲东岸注入大西洋的最大的淡水来源，其河口是同类中最大的。1959年开通的圣劳伦斯河深水航道，为通往五大湖的海运提供了重要通道。

圣劳伦斯湾的海冰

大西洋 B3

缅因湾

面积 90,700km²

最大深度 377m

流入 大西洋，圣约翰河，佩诺布斯科特河

与北美洲东岸的许多大陆架一样，在最后一个冰河时期，缅因湾位于海平面上。在6000年前，乔治斯浅滩是岛屿，如今则位于湾底之上100m处。科德角、南塔克特岛和玛莎葡萄园岛是冰川退去、海平面上升所遗留下来的一系列冰碛中的最高点。

巧合的是，墨西哥湾暖流离海岸不远，南塔克特岛海滩外的海水温度要比科德角外的高数度。

在缅因湾以北，芬迪湾向内陆延伸了200多千米。芬迪湾就像漏斗一样，在其北端形成高达13m的潮差，这是世界上的最高潮差。

大西洋 E2

纽芬兰大浅滩

面积 28 × 10^4km²

平均深度 100m

大浅滩是大陆架上的一大块区域，从纽芬兰岛向海延伸500km。这一区域因浓密的海雾闻名，由来自南方的温暖潮湿空气遇上拉布拉多寒流后冷凝而成。拉布拉多寒流会将冰山带到这一区域，威胁海运安全——著名的1912年“泰坦尼克号”沉船事件就发生在大浅滩以南。

尽管人们从未在此直接观察到浊流，但在1929年感受过其威力。当时，一次地震引发了巨大的泥沙流（海底滑坡）。泥沙流顺着大浅滩的大陆坡流下，摧毁了长达800km的海底通讯电缆。从爆发的那一刻起，其速度估算为40—55km/h。

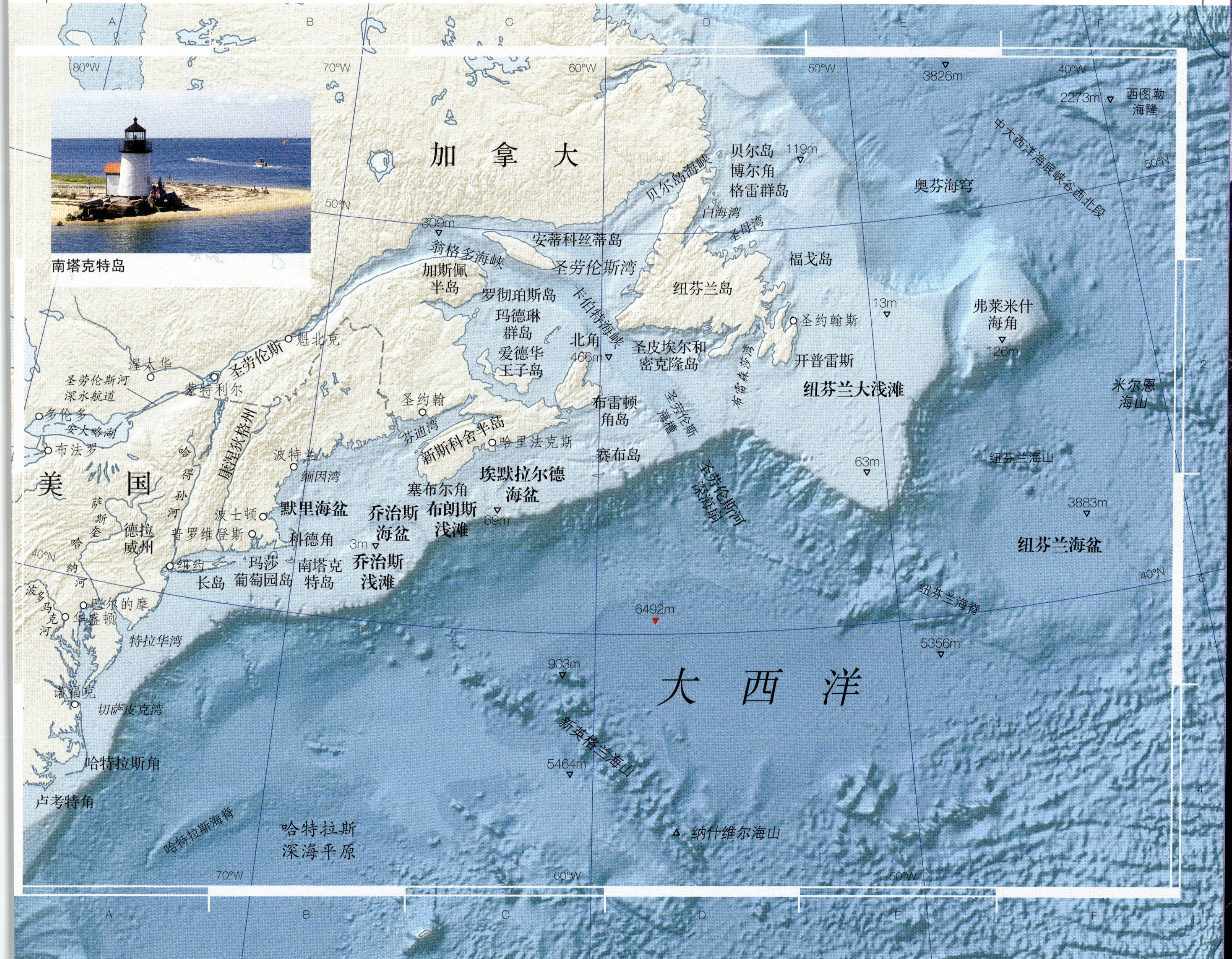

北海和波罗的海

许多浅海分布在欧洲西北海岸的大陆架上，其中最大的当属北海。北大西洋暖流将温暖的海水带到这一区域，因此相邻的沿海地区气候比较温和。

大西洋 D1

挪威海

面积 14×10⁵km²

最大深度 3970m

流入 北大西洋中部，挪威多处峡湾

挪威海位于挪威与冰岛之间，法罗群岛—冰岛海脊将其与北大西洋的主体分开。尽管位于高纬度地区，挪威海也不会结冰，因为温暖的、盐度稍高的北大西洋暖流自西南方从苏格兰和冰岛之间穿流而来，又继续流向巴伦支海（详见第427页），成为挪威—大西洋流。这一相对温暖的海水，令挪威的卑尔根港成为欧洲最湿润的地方，一年中至少有275天为雨天。

吕瑟峡湾的布道石

众多峡湾切入挪威的大西洋海岸，这些位于海平面以下的深谷是在冰河时期受冰川冲蚀而成的。

大西洋 G5

波罗的海

面积 386×10³km²

最大深度 449m

流入 维斯瓦河，奥得河，西德维纳河

波罗的海较浅，实际上是几乎没有潮汐的封闭的内陆海。它并没有受到大西洋暖流的影响，其北部分支——波的尼亚湾和芬兰湾在冬季会结冰。大量河水的注入令其盐度较低——它是世界上最大的半咸水水域。它通过丹麦的海峡（3条海峡将波罗的海与卡特加特海峡连接起来）、卡特加特湾和斯卡格拉克海峡流入其唯一的出口——北海。其底层有少量高密度咸水注入，将海底与表层水隔开，形成一个无氧的死水区。其流出量不大，易受河流污染及沿岸大型聚居地的影响。尽管其有通向北海的天然水路，但通过基尔运河抵达北海的路线更短、更有保护。

横跨厄勒海峡

长16km的厄勒海峡大桥连接着丹麦首都哥本哈根与瑞典的马尔默。

大西洋 D6

北海

面积 57×10⁴km²

最大深度 700m

流入 北大西洋，易北河，威悉河，埃姆斯河，莱茵河，斯凯尔特河，泰晤士河，亨伯河

大西洋海水从设得兰群岛和奥克尼群岛之间流入北海，沿苏格兰及英格兰的海岸向南流。温暖的大西洋海水还从英吉利海峡流入北海，沿荷兰海岸向东流，形成逆时针环流。北海海底最大的沙洲包括多格浅滩、日德兰浅滩和大费希尔浅滩，是最后一个冰河时期冰盖南缘的终碛，当时，海底因海平面较低而出露。位于挪威海槽以西的一条海槽被埋在厚厚的沉积物下，其中蕴藏石油和天然气。

北海的钻井平台

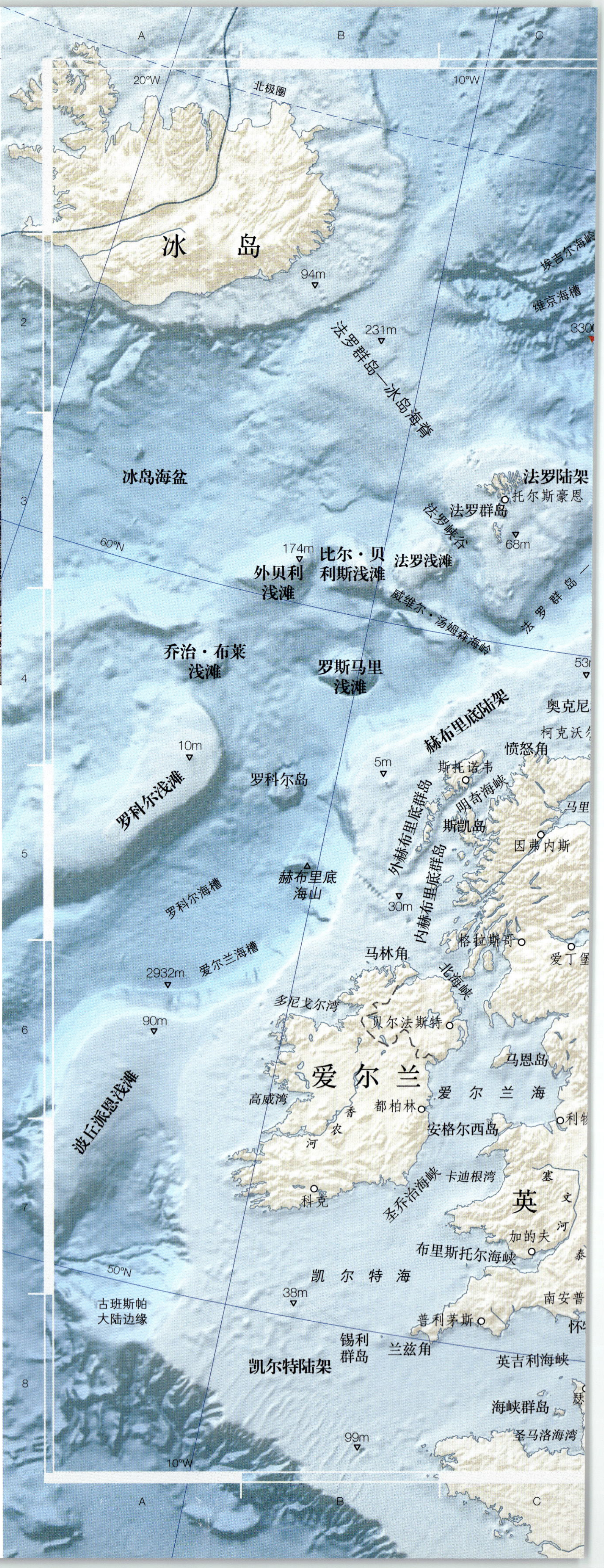

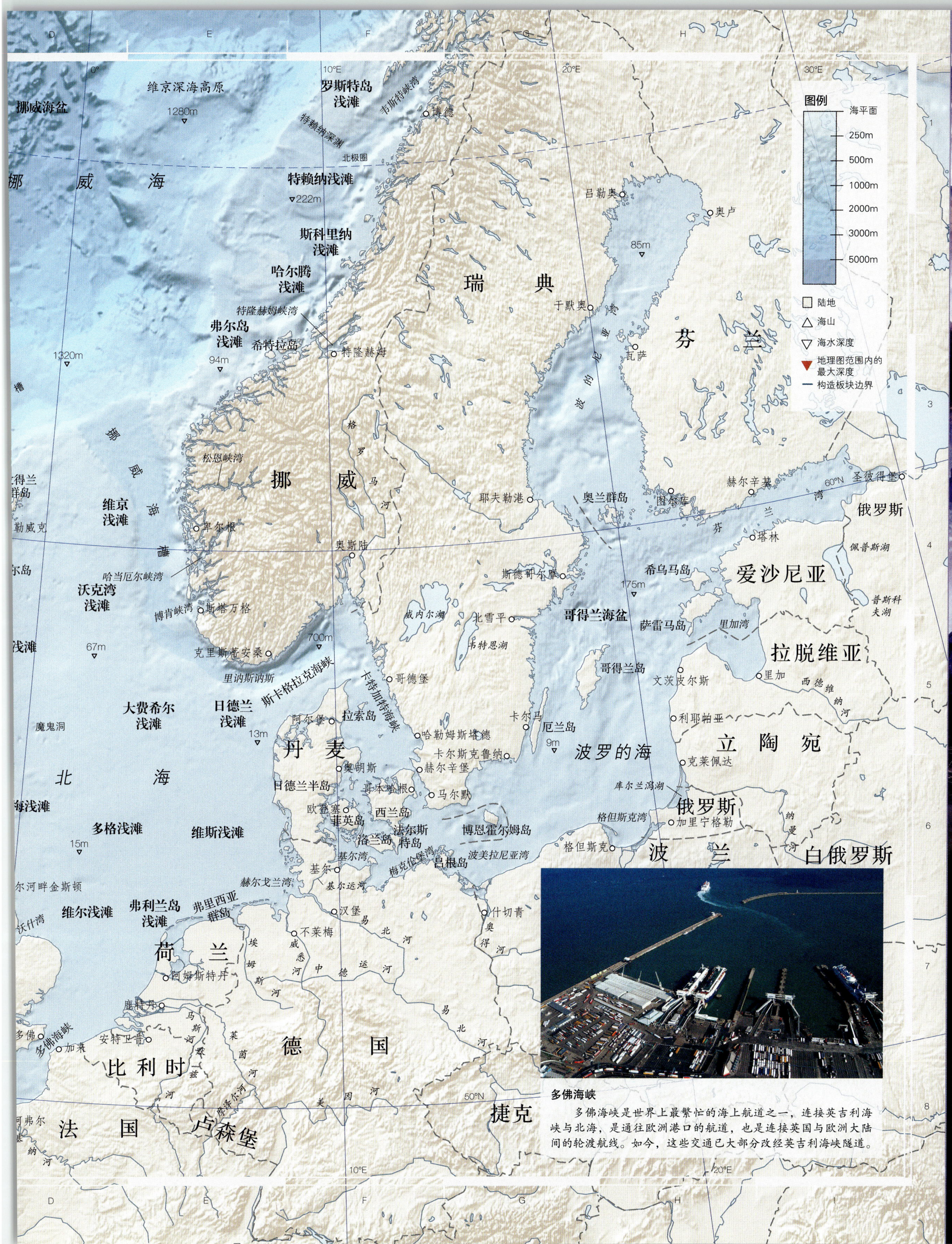

多佛海峡

多佛海峡是世界上最繁忙的海上航道之一，连接英吉利海峡与北海，是通往欧洲港口的航道，也是连接英国与欧洲大陆间的轮渡航线。如今，这些交通已大部分改经英吉利海峡隧道。

米德尔格伦登风电场

这一风电场位于丹麦哥本哈根以东2km处。20座涡轮机优雅地排成一道弧线，每座能发电2MW。

波罗的海的风电场

石油储量下降、燃料供给不足的威胁以及气候变化的风险，迫使人们越来越关注不会产生温室气体的替代能源。继水力发电后，风力发电成为最先进的可再生能源的电力来源。在陆地上建风电场较容易，但很多人不愿意让涡轮机建在自家附近。尽管在海边建风电场的建设和维护成本都更大，但较少引起争议。海边风力通常更大，且没有山或树木导致湍流产生，因此海边涡轮机比陆地涡轮机更高效。

世界上第一个商业海上风电场建于波罗的海（见下），在其附近的卡特加特海峡，英国、德国、丹麦、荷兰、比利时的北海领海，以及中国沿海，也有已建或在建的大型风电场。此外，地中海以及爱尔兰、日本、挪威和西班牙沿岸也有风电场，韩国也正在计划建设一个大型的风电场。美国和加拿大同样有很多项目建议在太平洋海岸、东海岸及五大湖建风电场。

风电场无须燃烧化石燃料，能减少温室气体排放，但其综合效益需要一定的时间才能显现。建一个海上涡轮机的基座需1000t混凝土，而制造混凝土是产生温室气体的一大源头。

波罗的海和卡特加特海峡的风电场

波罗的海和卡特加特海峡沿岸国家在发展海上风能利用上扮演了重要角色。世界上第一个商业海上风电场位于丹麦渔港温德比附近，于1991年启用。波罗的海和卡特加特海峡的平均深度较浅，因而成为建设风电场的理想地点。这一地区的首个风电场建在水深不足10m处。

● 已建风电场　● 在建风电场

海上风电场

在建

巨大的涡轮机刀片　风力发电涡轮机刀片在船坞边组装好，之后用驳船运到塔架处。电动机转子的直径可达95m。

基座　涡轮机的混凝土基座放置在干燥的码头上。它们之后会被牵引浮到浅海地点，再沉入海中。

配电

变电站　海上涡轮机所发的电必须输向陆地。这个变电站集中了位于丹麦南部的纳斯特海上风电场的72个涡轮机所发的电，将电压从33×10^3V升至132×10^3V，通过48km长的海底电缆输送到陆地。

波罗的海最大的风电场

Rodsand 2海上风电场　丹麦的Rodsand 2海上风电场于2010年完工，耗资4.5亿欧元，是波罗的海最大的风电场，也是世界十二大海上风电场之一。它与海岸的平均距离为9km，有90个涡轮机，排列形成5道弧线。其峰容量为207MW，每年减少二氧化碳排放量约7×10^5t。

伤亡

白尾海雕　尽管风力发电可减少气候变化，从而给野生动物带来潜在的巨大益处，但涡轮机有时会对鸟类造成伤害。2006年初，人们在挪威的一个海上风电场发现了4只白尾海雕的尸体。

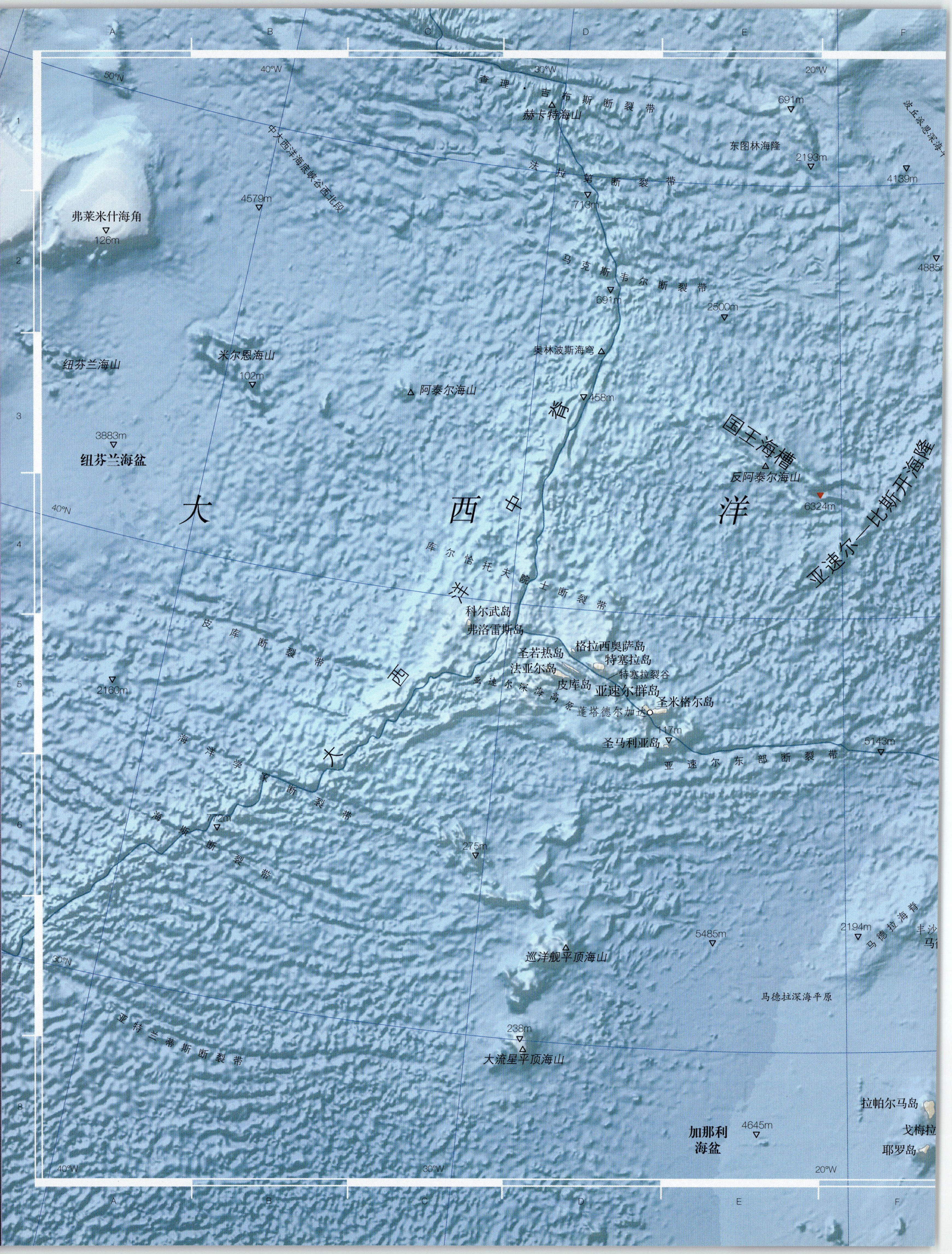

大西洋
大西洋中脊
查理·吉布斯断裂带
赫卡特海山
691m
东图林海隆
2193m
4139m
中大西洋海底峡谷西北段
法拉第断裂带
713m
4579m
弗莱米什海角
126m
马克斯韦尔断裂带
691m
2500m
奥林波斯海穹
米尔恩海山
102m
纽芬兰海山
阿泰尔海山
458m
3883m
纽芬兰海盆
国王海槽
反阿泰尔海山
6324m
亚速尔—比斯开海隆
库尔恰托夫断裂带
科尔武岛
弗洛雷斯岛
格拉西奥萨岛
特塞拉岛
圣若热岛
法亚尔岛
特塞拉裂谷
皮库岛
亚速尔群岛
亚速尔深海高原
圣米格尔岛
蓬塔德尔加达
2160m
117m
圣马利亚岛
5143m
亚速尔东部断裂带
皮库断裂带
海洋学家断裂带
772m
海斯断裂带
275m
2194m
马德拉海脊
5485m
巡洋舰平顶海山
马德拉深海平原
238m
大流星平顶海山
亚特兰蒂斯断裂带
拉帕尔马岛
戈梅拉
耶罗岛
加那利海盆
4645m
50°N
40°N
30°N
40°W
30°W
20°W

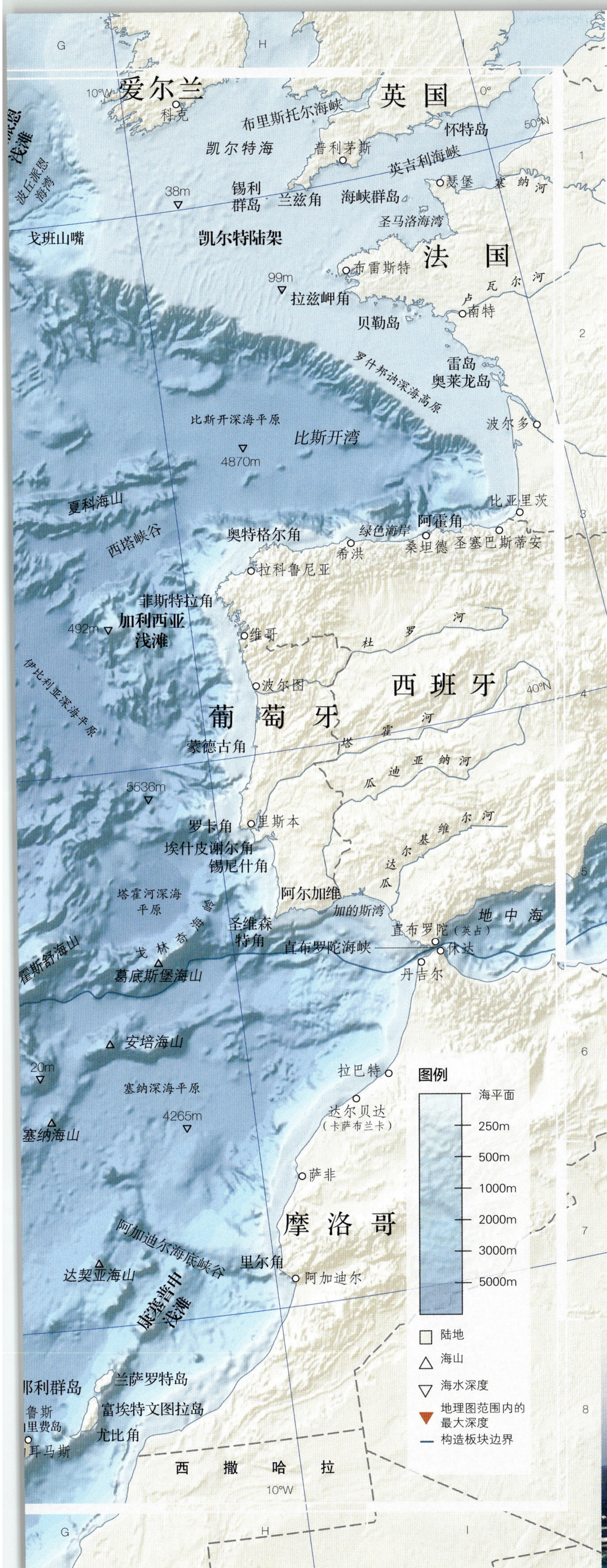

北大西洋东部

北大西洋东部因其侵袭欧洲西海岸的冬季风暴而闻名。这些风暴的能量来源于墨西哥湾暖流，后者的温暖海水向东北方向流去，成为北大西洋暖流。北大西洋环流将其中一部分海水沿非洲海岸推向南方，成为加那利寒流。

大西洋 I3

比斯开湾

面积 223 × 10³km²

最大深度 4735m

流入 卢瓦尔河，多尔多涅河，加龙河，阿杜尔河

比斯开湾位于布列塔尼半岛的布雷斯特与西班牙北海岸之间。其北半部较浅，位于大陆架上方，并在陡峭的边缘下降到比斯开湾深海平原——一个部分开放的小海盆。跨越比斯开湾航行的船舶会遭遇恶劣的海况，因为大西洋巨浪撞上骤然变浅的海区后其能量会变得强大。湾内有一股微弱的逆时针表层流。夏科海山、亚速尔—比斯开海隆和国王海槽展现了一个不活跃的地壳断层，洋底曾在此分离。

比斯开湾的灯塔

拉兹岬角的老灯塔指引船只避开布列塔尼半岛比斯开湾中的礁石。

大西洋 D5

亚速尔群岛

类型 火山岛

面积 2300km²

岛屿数量 9

大西洋中脊是北大西洋东部最显著的洋底特征，有中部海槽及许多转换断层。在其东侧，亚速尔群岛跨卧于欧亚板块、非洲板块和北美洲板块的连接处。此群岛从广阔的亚速尔深海高原（此区域的海洋地壳较厚）上隆起。尽管这些岛屿的本质是火山岛，但其中最古老的岛屿也含有大量的石灰岩和黏土沉积物。深海高原底下有一个地幔热区（详见第49页），令此深海高原在特塞拉裂谷处缓慢分裂，该裂谷连接着亚速尔东部断裂带与大西洋中脊。1957年，亚速尔群岛最后一次火山喷发，当时卡佩里霍斯火山的爆发在法亚尔岛海岸附近形成一个火山渣岛（由被称为“火山渣”的岩浆岩构成的岛屿）。

大西洋 G8

加那利群岛

类型 火山岛

面积 7400km²

岛屿数量 7

加那利群岛的名称“Canary”并非源于英语的“金丝雀”（Canary），而是源于拉丁语的“狗”（Canaria）。这些岛屿都是火山岛，位于一个幔热区上方。特内里费岛上的泰德峰是世界上第三大火山，海拔3700多米，从洋底算起高约7000m。其最近一次爆发发生于1909年。其斜坡不稳定，且有证据表明曾发生巨大的山体滑坡。另一个风险是，火山运动或轻微地震会导致拉帕尔马岛的一部分陷入海中，从而引发巨大的海啸。此状况所导致的洪灾将会威胁北大西洋沿岸地带（包括北美洲人口密集的地区）。2011年，耶罗岛（群岛中最年轻且最靠西南的岛屿）附近的海底火山在40年内首次爆发。

特内里费岛

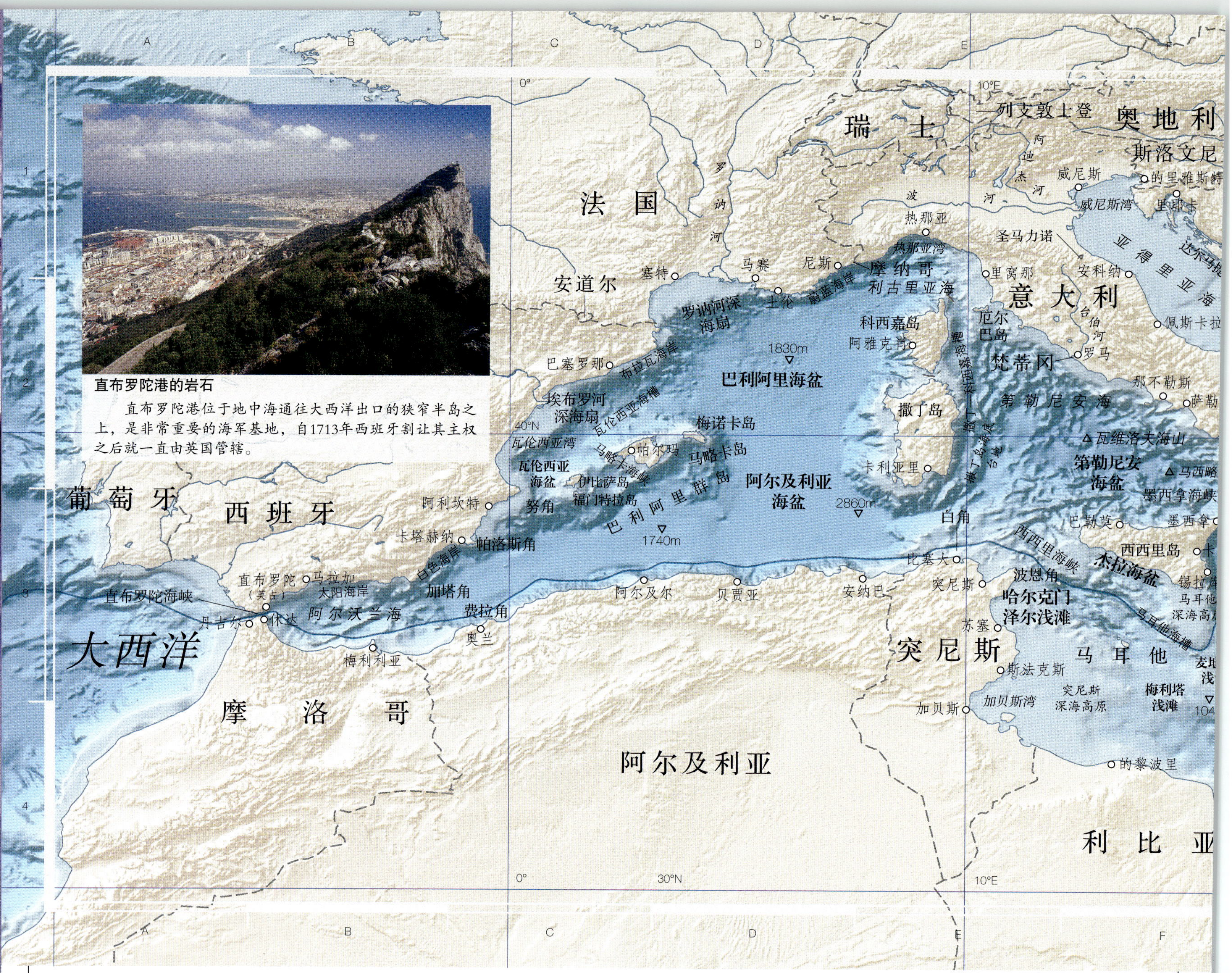

直布罗陀港的岩石

直布罗陀港位于地中海通往大西洋出口的狭窄半岛之上，是非常重要的海军基地，自1713年西班牙割让其主权之后就一直由英国管辖。

地中海和黑海

地中海是个几乎封闭的海，蒸发量和盐度均高，潮差很小，海床复杂。毗邻的黑海是随着非洲大陆和欧洲大陆会集而闭合的特提斯洋最后的残余。

大西洋 D2

地中海西部

面积 85×10⁴km²

最大深度 3600m

流入 大西洋，埃布罗河，罗讷河

整个地中海的蒸发量是其从雨水和河流获得的总水量的3倍多。这一损耗通过经由直布罗陀海峡流入地中海的大西洋表层水得以弥补。这股水流沿非洲北海岸向东流，导致地中海西部形成逆时针环流。在深水区有强大的咸水暗流流出。阿尔及利亚海盆和巴利阿里海盆的海床平坦，覆盖有较厚的沉积物。相反，第勒尼安海的海床有很多海山和海脊。在第勒尼安海的东部边缘，非洲板块俯冲到欧亚板块下方，此处有一连串的活火山（包括埃特纳火山、斯特龙博利火山和维苏威火山）。向东流的表层水经西西里海峡继续流入地中海东部。而位于西西里岛和意大利大陆之间的较为狭窄的墨西拿海峡则因其漩涡而出名，这些强劲的漩涡可能是希腊神话中的海怪卡律布狄斯创作的灵感来源。

大西洋 H3

地中海东部

面积 165×10⁴km²

最大深度 5095m

流入 黑海，阿迪杰河，尼罗河，波河

地中海的东西两部分由西西里岛、马耳他和突尼斯深海高原分隔。来自地中海西部的水继续沿非洲海岸向东流，导致地中海东部、爱奥尼亚海、爱琴海和亚得里亚海之间形成逆时针环流。向东流的表层水经蒸发后盐度升高，被冬季风冷却后开始沉降，之后向西流，经直布罗陀海峡流出地中海，此时已是其进入地中海后约150年。地中海东部海床以地中海海脊为主，这是非洲板块和欧亚板块汇聚后相互挤压的结果。此处的沉积物可追溯至7000万年前，比地中海西部的（2500万年前）更古老。亚得里亚海是地中海东部较浅的分支。最后一个冰河时期末，海平面上升，平行于亚得里亚海东岸的山谷被淹没，达尔马提亚群岛海岸线上的岛屿形成。

威尼斯潟湖

威尼斯建在亚得里亚海一个潟湖的浅水区上。威尼斯商人通过控制丝绸之路的通路而致富。

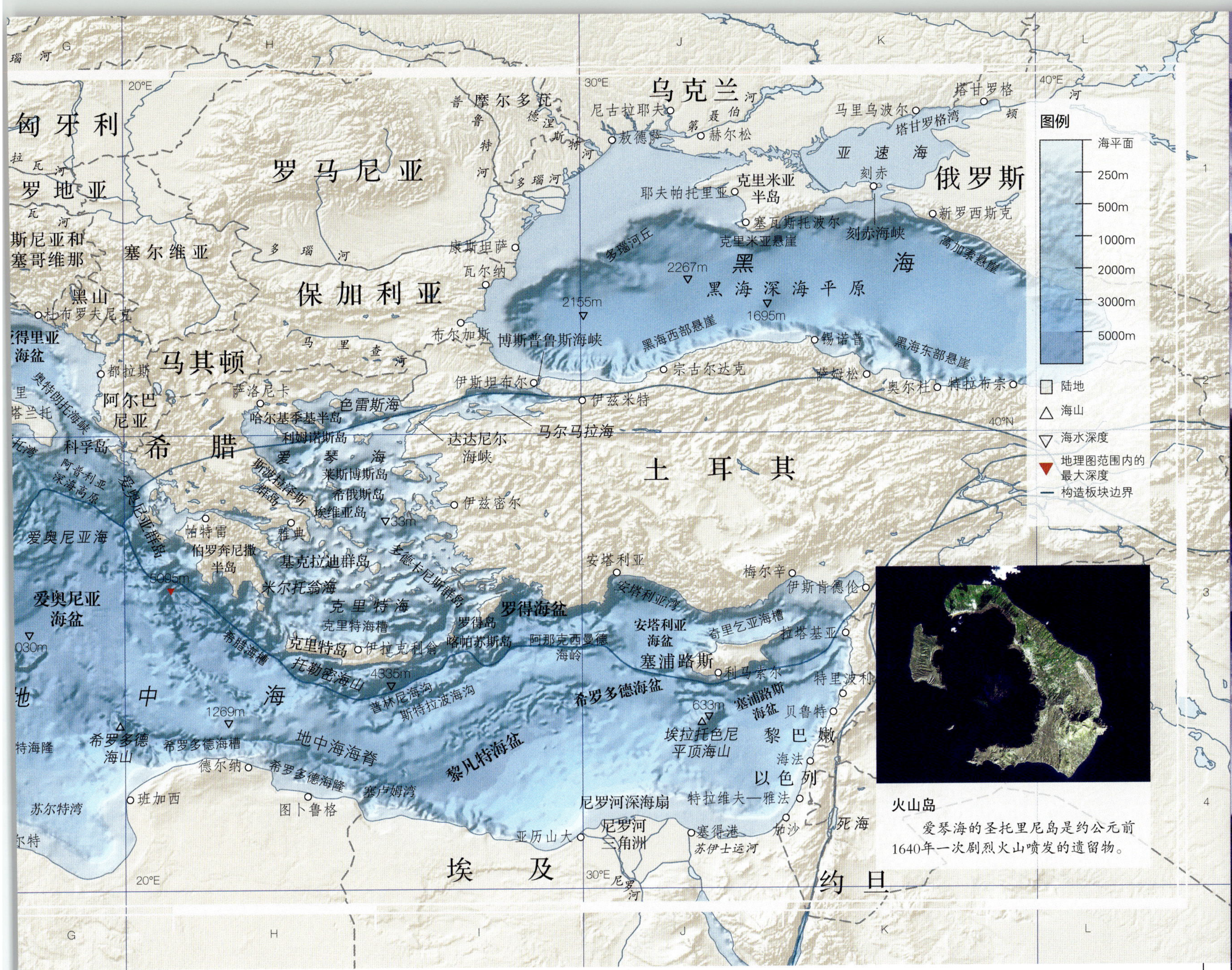

火山岛

爱琴海的圣托里尼岛是约公元前1640年一次剧烈火山喷发的遗留物。

大西洋 H2

爱琴海

面积 214 × 10^3km²

最大深度 3294m

流入 黑海，地中海

爱琴海有1000多个岛屿，是地中海大部分寒冷且盐度高的深层水的源头。但在1990年前，这个源头属于亚得里亚海。气候变化令爱琴海的冬季愈加寒冷。由于小型的爱琴海板块及其东部的安那托利亚板块夹在会合的非洲板块和欧亚板块之间，这一区域地质构造复杂。其地壳厚度等同于大陆地壳的厚度，但经延展后变薄，尤其是在克里特海槽处，因此其大部分现已位于海平面之下。希腊海槽和普林尼海沟正是非洲板块俯冲到爱琴海板块下方之处。爱琴海火山弧经南部的基克拉迪群岛由希腊一直延伸至土耳其。这些火山是休眠火山或死火山，但在150—170km的深度仍有地震发生。基克拉迪群岛南部的圣托里尼岛便是约公元前1640年一次剧烈火山喷发的遗留物。

此次火山喷发是近1万年来最大的一次，或许这正是克里特岛的米诺斯文明陨落的原因。在火山弧后方，基克拉迪群岛的主体坐落在深海高原的顶部。爱琴海最北部的转换断层展现了其与欧亚板块的碰撞，这片区域易发生强烈的浅层地震。

斯基亚索斯岛

爱琴海的岛屿大多由变质岩和火山岩构成，因此其岸多陡峭悬崖和海岬，且常呈现浪蚀特征。

大西洋 J2

黑海

面积 422 × 10^3km²

最大深度 2200m

流入 地中海，亚速海，多瑙河，德涅斯特河，第聂伯河，克孜勒河

黑海是封闭的内陆海，通过达达尼尔海峡、马尔马拉海和博斯普鲁斯海峡与地中海相连。其与地中海的水体交换微不足道，表层水的盐度约为地中海东部的一半。由于一些注入黑海的河流上建有大坝，流入量减少，先前黑海经由博斯普鲁斯海峡流入爱琴海的一小股水流如今流向逆转。

尽管黑海表层水相对较淡，但在其100—150m深处，水体盐度高且周转时间很长。腐烂的有机物消耗掉这片水域中所有的氧气，黑海因此成为世界上最大的无氧咸水体系——其深水区基本上没有生命存在。黑海的海盆是古特提斯洋北岸孤立的残余。黑海的南部较深，但不如地中海，其底层地壳比大多数海洋地壳厚。

黑海航运业

博斯普鲁斯海峡，是向国际航线开放的最窄的海峡，连接着黑海和马尔马拉海。

黑海的北部——亚速海和敖德萨湾处于较浅的大陆架上。多瑙河是欧洲最长的河流，多瑙河三角洲从黑海西岸开始延伸，河水挟带着沉积物流过大陆架边缘，从而形成厚厚的锥状沉积。

墨西哥湾和加勒比海

加勒比海和墨西哥湾形成了半封闭式的大西洋北部延伸部分。淡水流入量少，蒸发率高，令这里的表层水盐度高。此区域易发生风暴和火山活动。

大西洋 B3

墨西哥湾

面积 16×10⁵km²

最大深度 5203m

流入 加勒比海，密西西比河，格兰德河，阿巴拉契科拉河

墨西哥湾几乎被北美洲的陆地环绕。其中央深海盆以北及以南均为宽广的大陆架，蕴藏着丰富的石油资源。此处水循环弱，海水升温后盐度增大。其从河流和加勒比海得到水源补充，此处盐度高的温暖海水是墨西哥湾暖流的源头，经佛罗里达海峡向东流出。此海峡位于两处石灰岩高原之间——北部是高于海平面的佛罗里达半岛，南部是水下高原顶部的低洼岛屿（巴哈马群岛）。从夏末至秋，墨西哥湾沿岸受到强烈飓风的影响。

大西洋 E6

加勒比海

面积 275×10⁴km²

最大深度 7685m

流入 大西洋，马格达莱纳河

加勒比海是热带水体，其南、西、北、东分别是南美洲、中美洲、大安的列斯群岛和小安的列斯群岛。安的列斯群岛的大部分及大陆海岸的某些部分的边缘是珊瑚礁及被称为"岩礁"（或"礁岛"）的低洼小岛。

加勒比板块曾是太平洋洋底的一部分，至今仍在北美洲板块和南美洲板块之间缓慢地向东移动。其与位于其东方的大西洋板块之间被俯冲带隔开，由此形成小安的列斯群岛的火山岛弧。

由东向西流的表层流贯穿整个加勒比海：圭亚那暖流的水从加勒比海东部各小岛之间流入，最终经西北部的尤卡坦海峡流入墨西哥湾。

蒙特塞拉特岛的苏弗里耶尔火山

人类影响

巴拿马运河

1914年开始通航的巴拿马运河连接大西洋和太平洋，使在两洋之间穿梭的船只可以避免绕道合恩角的长途航行。其建设是迄今为止最困难的工程之一，耗费了10年时间，其间夺走了很多人的生命。每年约有14,000艘船通过巴拿马运河。

1913年在建中的巴拿马运河闸门

大西洋 H2

马尾藻海

面积 52×10⁵km²

最大深度 7000m

流入 无

马尾藻海是百慕大东南方的一大片海域。它被洋流环绕：西部及北部有墨西哥湾暖流，东部较远处有加那利寒流，南部有北赤道暖流。被这些洋流包围的这一区域的海水呈顺时针方向缓慢旋转，通常很平静。

大片的黄褐色马尾藻属海藻漂浮在这一区域的海面上，为小型甲壳类和鱼类（包括淡水鳗）群落提供了庇护地和食物。成年淡水鳗每年迁徙至此交配并产卵，幼体随墨西哥湾暖流返回北美洲和欧洲的河流。大西洋这一区域的深水从北往南流。

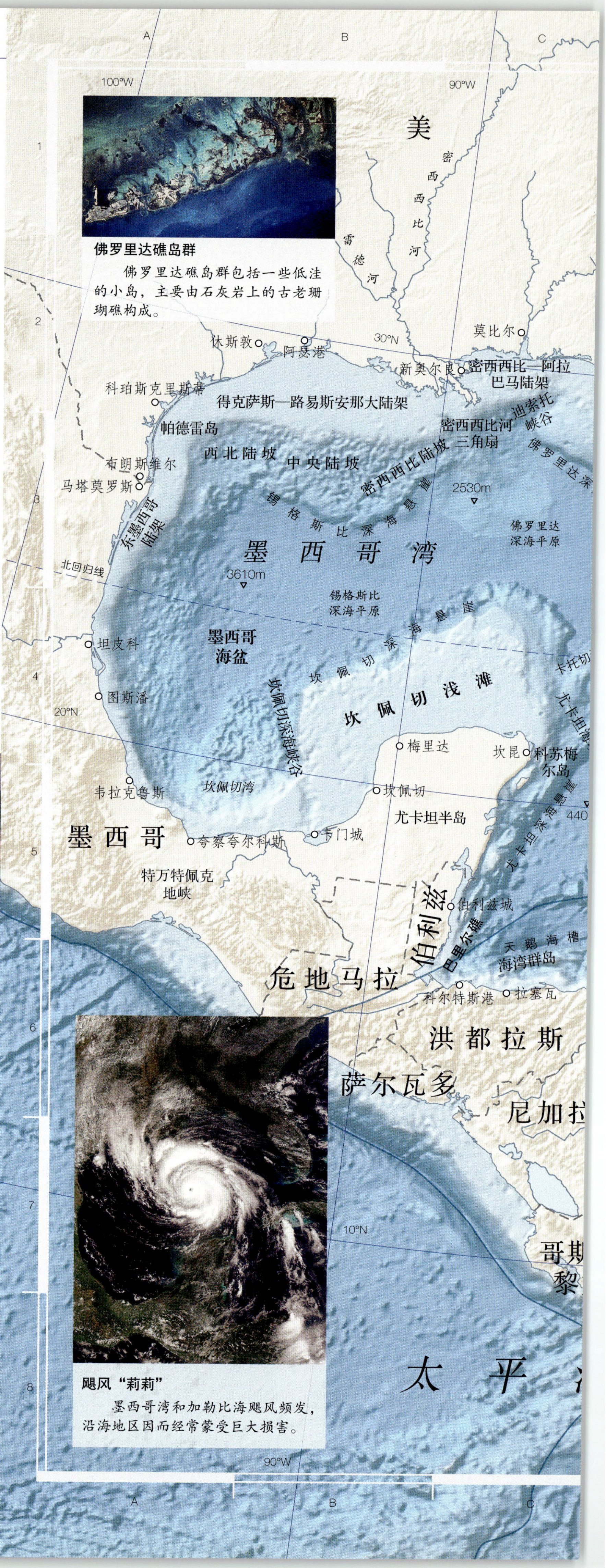

佛罗里达礁岛群

佛罗里达礁岛群包括一些低洼的小岛，主要由石灰岩上的古老珊瑚礁构成。

飓风"莉莉"

墨西哥湾和加勒比海飓风频发，沿海地区因而经常蒙受巨大损害。

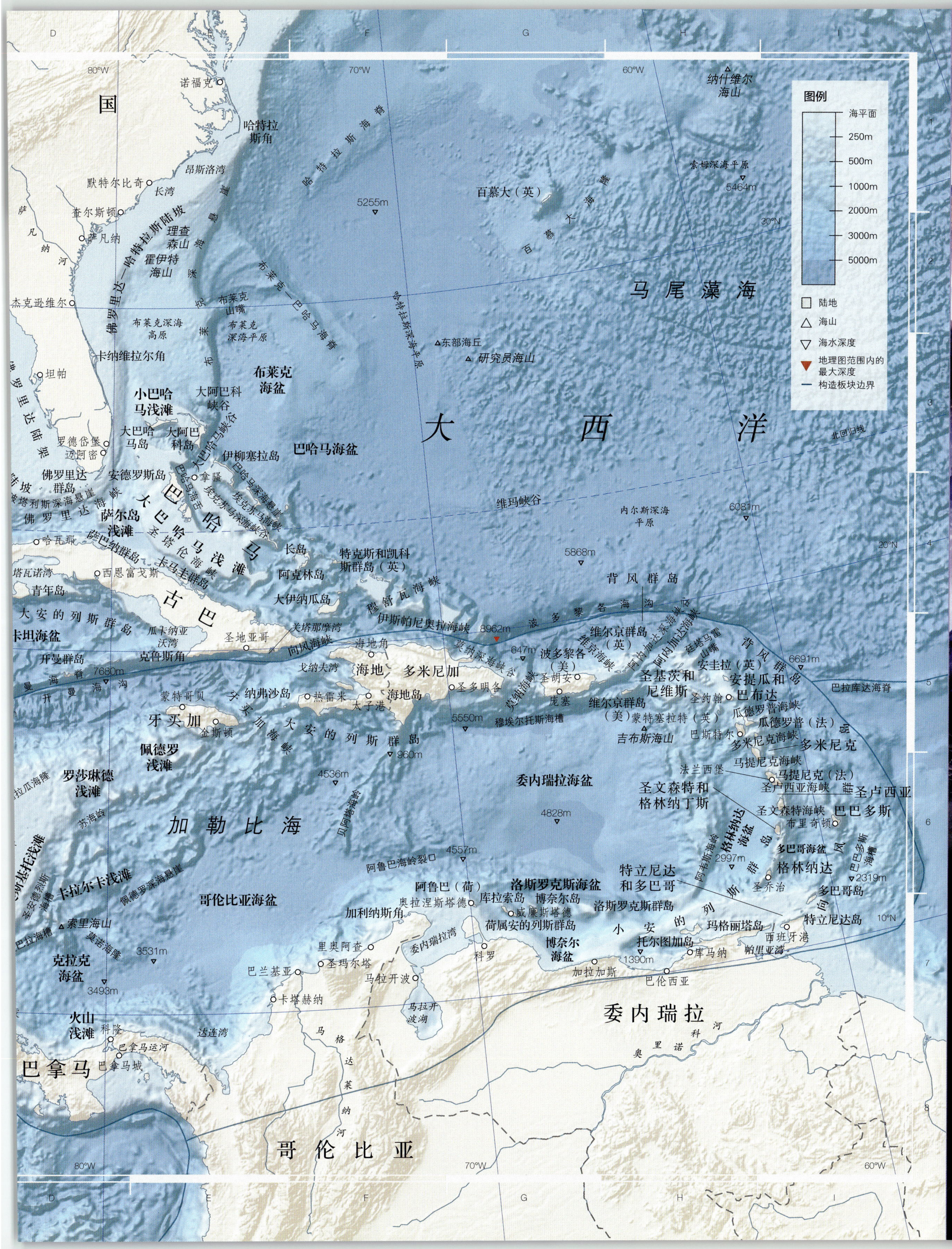
图例
海平面
250m
500m
1000m
2000m
3000m
5000m
陆地
海山
海水深度
地理图范围内的最大深度
构造板块边界
大西洋
马尾藻海
加勒比海
百慕大（英）
诺福克
哈特拉斯角
昂斯洛湾
默特尔比奇
长湾
查尔斯顿
萨凡纳
杰克逊维尔
坦帕
卡纳维拉尔角
布莱克海盆
巴哈马海盆
小巴哈马浅滩
大巴哈马浅滩
大巴哈马岛
伊柳塞拉岛
安德罗斯岛
拿骚
长岛
阿克林岛
大伊纳瓜岛
特克斯和凯科斯群岛（英）
哈瓦那
西恩富戈斯
青年岛
古巴
开曼群岛
开曼海沟
牙买加
金斯顿
蒙特哥贝
海地
太子港
多米尼加
圣多明各
向风海峡
波多黎各（美）
圣胡安
维尔京群岛（英）
维尔京群岛（美）
安圭拉（英）
安提瓜和巴布达
圣基茨和尼维斯
蒙特塞拉特（英）
瓜德罗普（法）
多米尼克
马提尼克（法）
圣卢西亚
圣文森特和格林纳丁斯
巴巴多斯
格林纳达
特立尼达和多巴哥
西班牙港
委内瑞拉海盆
哥伦比亚海盆
阿鲁巴（荷）
库拉索岛
博奈尔岛
荷属安的列斯群岛
洛斯罗克斯海盆
加拉加斯
巴伦西亚
马拉开波
马拉开波湖
委内瑞拉湾
巴兰基亚
卡塔赫纳
巴拿马
巴拿马城
委内瑞拉
哥伦比亚
奥里诺科河
马格达莱纳河
佩德罗浅滩
罗莎琳德浅滩
火山浅滩
克拉克海盆
大安的列斯群岛
小安的列斯群岛
背风群岛
向风群岛
维玛峡谷
内尔斯深海平原
索姆深海平原
纳什维尔海山
东部海丘
研究员海山
哈特拉斯海脊
布莱克－巴哈马海脊
北回归线
8962m
5255m
5464m
5868m
6081m
6691m
7680m
5550m
4536m
4828m
4557m
3531m
3493m
2997m
2319m
1390m
960m
647m
80°W
70°W
60°W
30°N
20°N
10°N

海洋地貌示意图集

大西洋中部

大西洋中脊是世界上最长的山脉，也是大西洋中部主要的洋底特征。其两侧是两个平坦的深海盆地——安哥拉海盆和巴西海盆。主要的大西洋环流在大西洋中部相遇。加那利寒流和本格拉寒流在赤道附近相遇后向西流，但被强大的向东流的表层洋流——赤道逆流，以及更为强大的位于100m深处的赤道潜流隔开。加那利寒流沿北非海岸向南流，成为北赤道暖流。而在南部，本格拉寒流沿非洲海岸向北流，成为南赤道暖流并远离海岸。当南赤道暖流抵达南美洲后，便分成圭亚那暖流和相对较弱的巴西暖流。

枕状熔岩

在大西洋中脊，渗流而出的岩浆遇到冷海水后迅速冷却，形成枕状熔岩。

阿森松岛

突出海面的阿森松岛位于大西洋中脊西侧，有44个火山口。

大西洋 G3

大西洋中脊

长度 10,000km

洋底之上的平均高度 3000m

扩张速率 2—5cm/y

大西洋中脊将整个大西洋纵向分成一系列裂缝和断裂带。在大西洋中部，大陆架相对较浅，容易看出大洋两边海岸在何处曾相连。尽管阿森松岛和圣赫勒拿岛的火山突起于海面上，但大西洋中脊大部分位于海平面以下1500—3000m处。海床离中心越远则越深越古老，并由于被沉积物覆盖而越显平整。安哥拉海盆和巴西海盆分别位于东侧和西侧，均平坦。大西洋中脊有许多处被东西向的转换断层所代替，非洲板块和南美洲板块在这些地方擦身而过。这些断裂带从中脊向外延展一段较远的距离，当同一板块的不同部分以不同速度移动时，此处的断裂带便成为活跃断层。

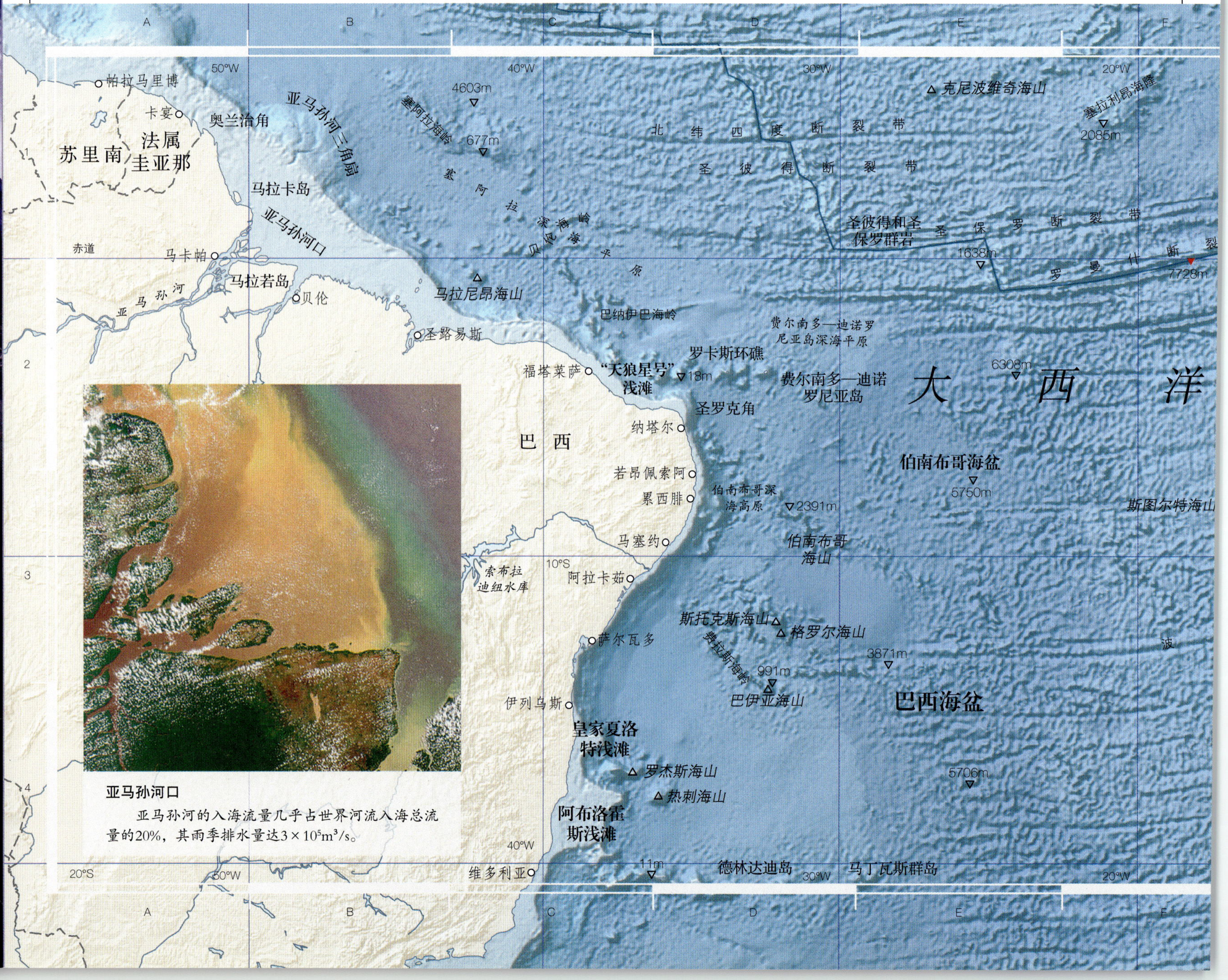

亚马孙河口

亚马孙河的入海流量几乎占世界河流入海总流量的20%，其雨季排水量达$3\times10^5m^3/s$。

大西洋 I1

几内亚湾

面积 14×10⁵km²

最大深度 5204m

流入 大西洋，尼日尔河，沃尔特河

大西洋北部的加那利寒流的一部分继续沿非洲海岸流入几内亚湾，成为向东流的几内亚暖流。尼日尔河是几内亚湾主要的淡水来源，其三角扇宽广，可达4km厚。而大西洋南部更大的淡水来源则是几内亚湾以南的刚果河。尼日尔河三角洲及三角扇的沉积物中含有丰富的油气储备，尼日利亚是非洲最大的石油生产国。刚果河三角扇及加蓬沿岸大陆架中的油气储备则较少，如今人们在几内亚湾的深水区进行石油勘探。1.8亿年前，大西洋的海盆开始扩张，其海洋地壳中出现了3道裂缝，形成了三联点构造。其中两道裂缝继续向南及向西开裂，形成了如今的大西洋南部。东北部的第三道裂缝的活动则很快便停止了。在停止扩展处形成了一系列死火山，包括几内亚湾的安诺本岛、圣多美岛、普林西比岛以及比奥科岛，在内陆还有喀麦隆火山（活火山）。圣多美岛的海拔高度为2020m。

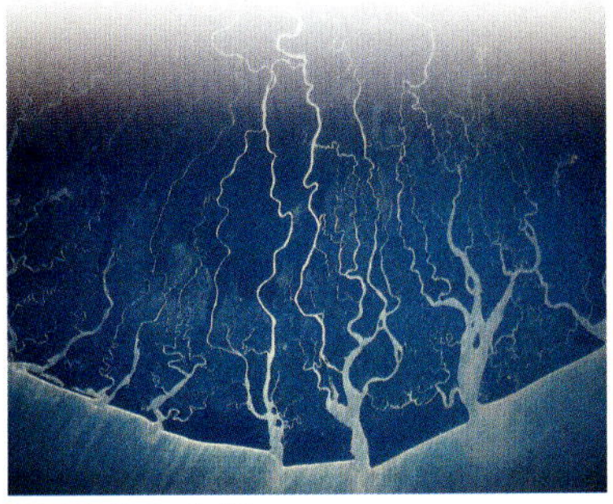

尼日尔河三角洲

这张照片展示了尼日尔河三角洲的海岸线及被带离海岸的沉积物。

大西洋 K4

骷髅海岸

类型 次生海岸

长度 500km

本格拉寒流紧贴着非洲南部的西海岸流动，支配着当地的气候。尽管盛行风来自海洋，但寒冷海水上方的空气湿度不高，而毗邻的海岸是沙漠。来自陆地的暖空气与来自海洋的冷空气在此相遇，常形成浓雾。这对航行来说很危险，臭名昭著的骷髅海岸沿岸的众多沉船残骸便是明证。即使没有雾，任何因引擎故障而失去动力的船只都会在海风和洋流的推动下漂向海岸，而此处离最近的港口仍很远。很多在此经历海难而幸存的船员别无选择，只能试图艰难徒步走出纳米布沙漠。人们在纳米比亚的沿海打捞钻石，因为本格拉寒流将北部奥兰治河的沉积物沿着海岸挟带而来，其中包括大量从南非内陆冲刷而来的宝石级钻石。丰富的渔业资源是本格拉寒流带来的另一意外收获，寒流使营养丰富的海水形成上升流。

船舶残骸

尽管骷髅海岸上确有人的骨骸，但最常见的仍是被锈蚀的船舶残骸。

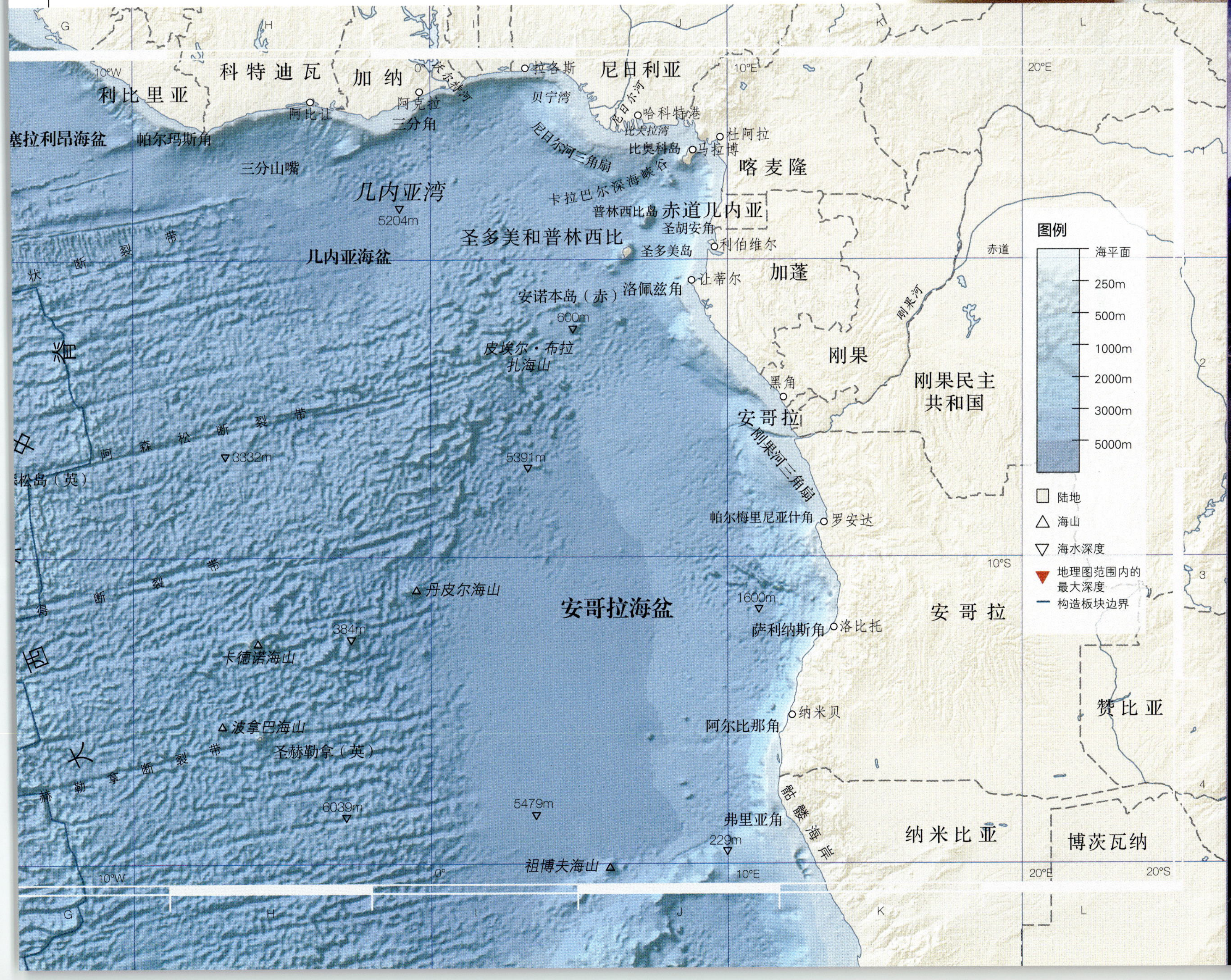

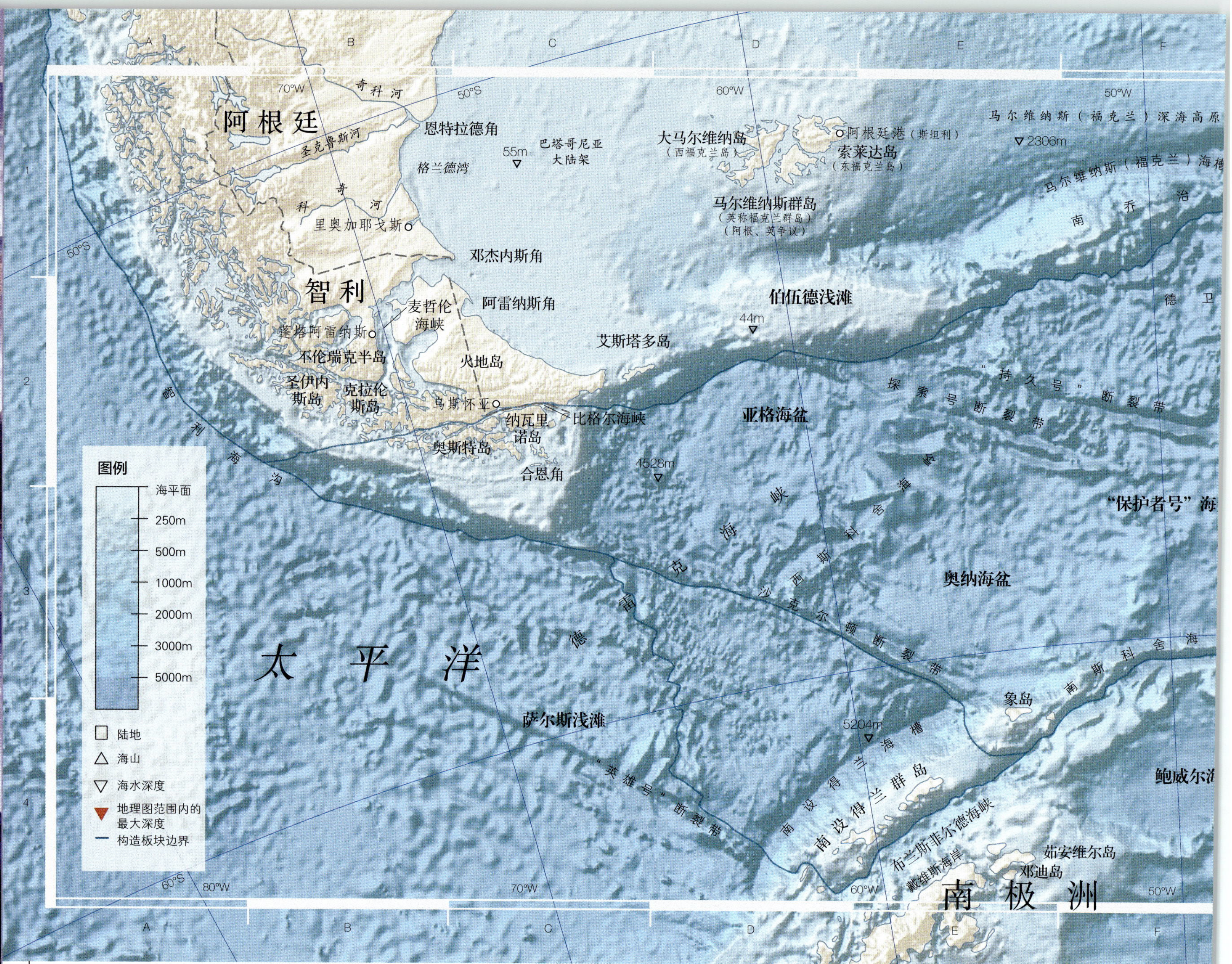

斯科舍海

寒冷的斯科舍海及与其毗邻的副极地海域位于大西洋南部和围绕南极洲的海洋之间。冬季，可在此地区海岸线周围发现海冰，而从南极冰盖崩塌的冰山则在此长年可见。

大西洋 G2

斯科舍海

面积 9×10^5km²

最大深度 5576m

流入 围绕南极洲的海洋

斯科舍海北部至火地岛和南乔治亚岛，南部至南设得兰群岛和南奥克尼群岛，东部至南桑威奇群岛。

南极绕极流经由德雷克海峡从太平洋流入大西洋，横贯斯科舍海。其中一部分沿南美洲东海岸转而向北流，成为马尔维纳斯（福克兰）寒流，并在马尔维纳斯群岛（英称福克兰群岛）以北与巴西暖流相遇，使营养丰富的海水上涌，造就了这里丰富的渔业资源。相对于南美洲板块和南极洲板块而言，斯科舍板块正向东移动。大约1亿年前，南美洲板块开始与南极洲板块分离，为太平洋洋流流入年轻的大西洋南部盆地和印度洋盆地开辟了通道，这是南极洲绝热的起始。

跳岩企鹅

大西洋 B2和C2

麦哲伦海峡

长度 530km

最小宽度 4km

葡萄牙探险家斐迪南·麦哲伦是首位从大西洋航行至太平洋的欧洲人，他所取道的南美大陆与火地岛之间的海峡以他的名字命名。尽管该路线包含一些对航行而言十分危险的狭窄航道，但能避免绕道围绕南极洲的凶险的海洋。在1616年合恩角周围开放的远洋航线得到证实之前，这一直是大西洋—太平洋海上贸易的首选路线。

途经火地群岛的另一条安全路线是取道比格尔海峡。此海峡以搭载英国自然学家查尔斯·达尔文的科考船命名，达尔文于1831—1836年乘这艘船进行科学考察之旅。合恩角是南美洲的最南端，位于霍恩岛，此岛是火地岛以南的赫米特群岛的其中一座。合恩角是主要大洋之间的通道中最靠南的，发现于1616年，并被一位商业航海家命名，以纪念荷兰合恩镇对他的资助。不过，如今大部分大西洋—太平洋商业运输都取道巴拿马运河。

合恩角

合恩角的恶劣天气人所共知。成功绕过合恩角是很多船员的最大志向。

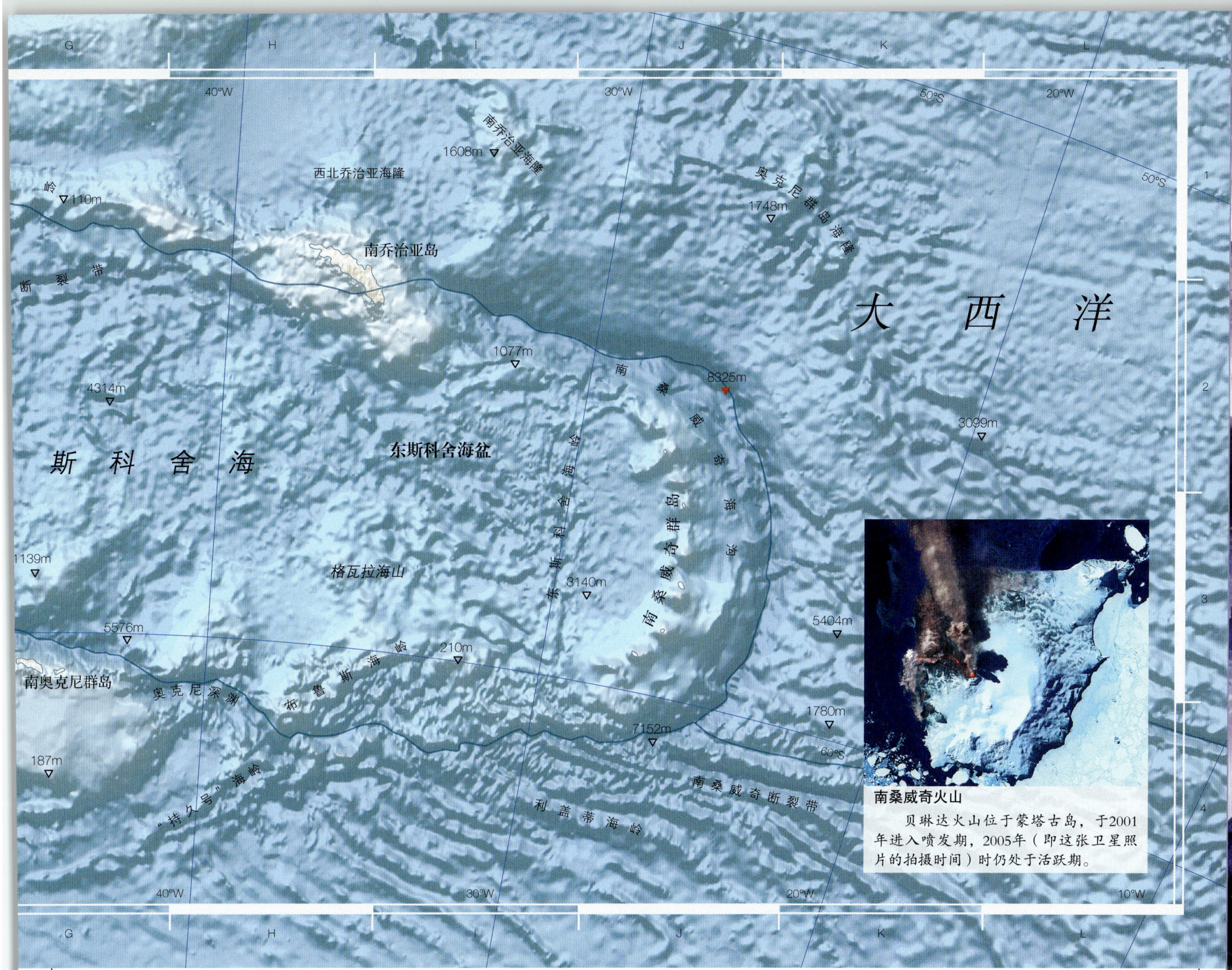

南桑威奇火山

贝琳达火山位于蒙塔古岛，于2001年进入喷发期，2005年（即这张卫星照片的拍摄时间）时仍处于活跃期。

大西洋 J2

南桑威奇海沟

长度 965km

最大深度 8325m

闭合速率 7cm/y

尽管詹姆斯·库克在1775年就发现了南桑威奇群岛，但直至1818年，海豹猎人登陆，此处才有人到访，而且他们没有在此定居，因此这里一直无人居住。其火山海拔高达1000m，群岛则主要由玄武熔岩构成并被冰川覆盖。群岛以北是"保护者号"暗沙——一座上升至海面下30m处的海底火山。

南桑威奇群岛是斯科舍海东部边界的标志，南桑威奇海沟则更靠东一些。二者都是斯科舍板块与南大西洋板块相遇的板块构造演化过程中所形成的。斯科舍板块分裂，并在东斯科舍海岭处扩展，在其东端形成了新板块，即南桑威奇微型板块。从地质学的角度而言，这块漂浮的板块是年轻的，约有800万年的历史。它每年向东移动约7cm，与南大西洋板块汇聚，导致比其古老的南大西洋板块在俯冲带沉入其下方。南桑威奇海沟和南桑威奇群岛的火山岛弧（或斯科舍岛弧）是这一俯冲带的标志。

海冰

海冰堆积在南设得兰群岛的别林斯高晋岛沿岸，此岛以发现它的19世纪俄罗斯探险者的名字命名。

大西洋 F3

南乔治亚海岭

长度 2500km

洋底之上的高度 3000m

相对移动速率 0.7cm/y

南乔治亚海岭是斯科舍板块北部边缘的标志，这一转换边界（详见第48页）经火地群岛向东延伸，南大西洋板块在其以北。另一条类似的转换边界的标志是南斯科舍海岭，南极洲板块在其以南。在南美洲板块向西移动的过程中，大陆地壳的碎片（例如柏伍德浅滩和南乔治亚岛）似乎被落下了。

1775年，詹姆斯·库克命名南乔治亚岛，但可能早在1675年它就已被发现。19世纪，它成为海豹猎人的基地；20世纪，其更为掩蔽的北岸建有7个捕鲸站。1965年，最后一个捕鲸站关闭。南乔治亚海岭以北是马尔维纳斯（福克兰）深海高原，海洋地壳偏厚且处于中等深度，南美洲东海岸则是广阔的大陆架——巴塔哥尼亚大陆架。马尔维纳斯群岛（英称福克兰群岛）是冈瓦那大陆分解（详见第44页）及南大西洋随后出现的过程中遗留的大陆碎片。

被遗弃的捕鲸站

锈迹斑斑的旧捕鲸船停在格瑞特威肯港，这里在1904—1965年是南乔治亚岛上的捕鲸站。

印度洋

印度洋是世界上第三大洋，位于非洲和大洋洲之间。横跨印度洋北部的航海路线的开辟者是来自波斯湾的商人以及中国航海家郑和（于1405—1433年到此远航）。葡萄牙探险家瓦斯科·达·伽马是第一个环游非洲的欧洲人，他于1498年到达印度。

马六甲海峡的日出

海洋环流

印度洋南部由逆时针方向流动的南印度洋环流支配。这推动了南赤道暖流，而后者则助长了阿古拉斯洋流。因印度次大陆及每年风向逆转（季风气候的特征），赤道以北的环流较为复杂。每年11月至次年4月，印度高压推动阿拉伯海的表层水远离印度，形成北赤道暖流和赤道逆流。夏季，印度低压产生西南风，西南季风洋流取代了北赤道暖流，而索马里洋流则沿东非海岸向东北方奔流。

高跷钓鱼

为免吓跑鱼，斯里兰卡的一些渔民坐在木桩上垂钓。

洋底

印度洋洋底由西南印度洋中脊、中印度洋中脊和东南印度洋中脊支配，它们的连接处形成三联点构造。当非洲大陆与南极洲大陆及澳大利亚大陆分离时，印度洋开始形成；3600万年前，印度次大陆与亚洲大陆相撞，印度洋便形成了目前的形状。两处长长的地理特征——东经九十度海岭和查戈斯—拉克代夫深海高原记录了印度次大陆向北的快速移动。印度洋只有一条大海沟，即爪哇—巽他海沟，澳大利亚板块和印度板块在此俯冲到欧亚板块下方。印度板块和澳大利亚板块如今似乎是各自独立移动的，但它们的边界位置是不确定的。

印度洋海域

透过肯尼亚沿海清澈的水可见岩石浅滩、珊瑚和沙洲。

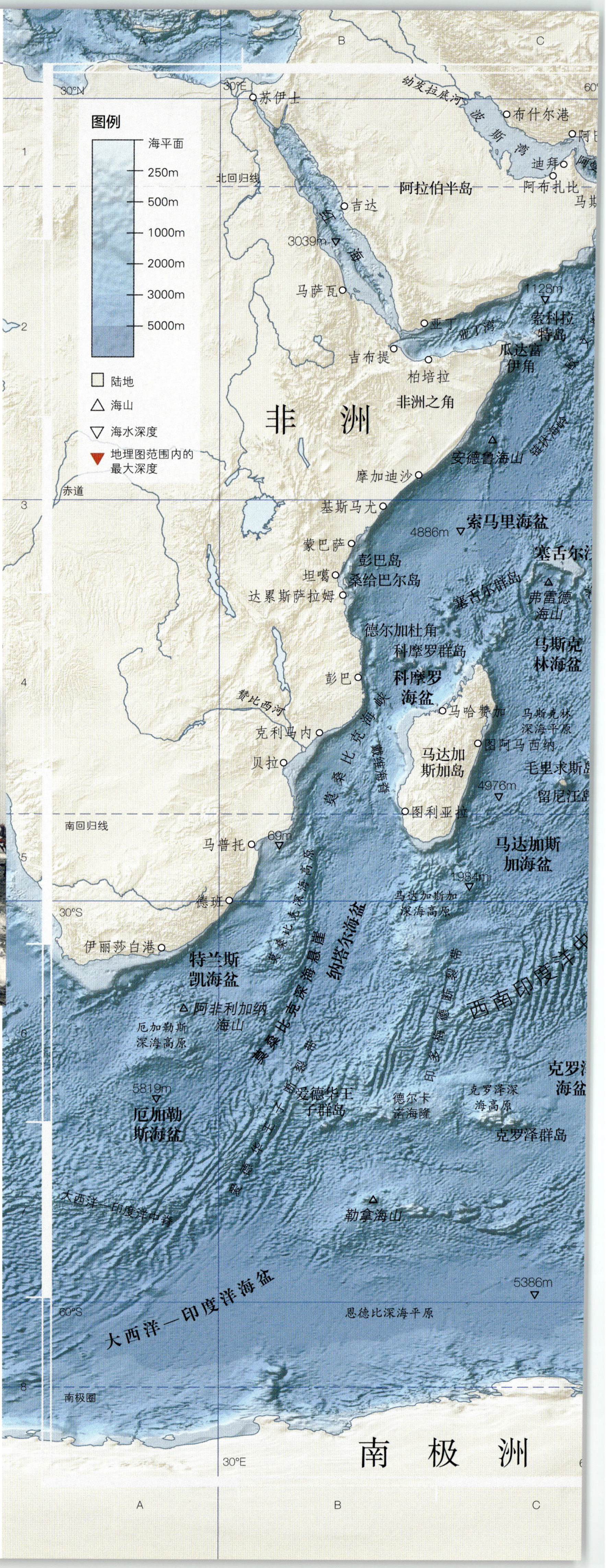

冬季表层流
索马里暖流
北赤道暖流
赤道逆流
南赤道暖流
厄加勒斯暖流
南极绕极流
夏季表层流
索马里寒流
西南季风洋流
南赤道暖流
厄加勒斯暖流
南极绕极流
夏季地表风
西南季风
东南信风
西风带
蒲福风级
风速
0—3级
0—16km/h
3—5.5级
16—40km/h
5.5级以上
超过40km/h
亚洲
印度河
卡拉奇
讷尔默达河
孟买
果阿
芒格洛尔
科钦
恒河
雅鲁藏布江
布拉马普特拉河
加尔各答
吉大港
戈达瓦里河
克里希纳河
金奈
本地治里
斯里兰卡岛
科伦坡
恒河深海扇
孟加拉湾
2429m
安达曼群岛
安达曼海
安达曼海盆
尼科巴群岛
普吉
马六甲海峡
马来半岛
新加坡
苏门答腊岛
爪哇岛
爪哇海沟
帝汶岛
拉克代夫群岛
马尔代夫群岛
查戈斯群岛
中印度洋海盆
科科斯海盆
斯里兰卡深海平原
3462m
4481m
4646m
5614m
4464m
北澳大利亚海盆
沃顿海盆
5678m
加斯科因深海平原
布鲁姆
黑德兰港
居维叶海盆
卡那封
巴达维亚海山
珀斯海盆
珀斯
大洋洲
南回归线
30°S
奥古斯塔港
墨累河
阿德莱德
大澳大利亚湾
5852m
墨尔本
巴斯海峡
塔斯马尼亚岛
霍巴特
南澳大利亚海盆
南澳大利亚深海平原
印度洋
4020m
3616m
阿姆斯特丹岛
圣保罗岛
4980m
东南印度洋中脊
凯尔盖朗群岛
赫德岛和麦克唐纳群岛
4285m
5386m
184m
4684m
南印度洋海盆
班扎雷海山
南极圈
南极洲
普里兹湾
90°E
120°E
30°N
60°S
D
E
F
G
H
I

红海和阿拉伯海

季风造就了印度洋东北部环流方向每年2次的独特反转。千百年来，航海家利用这一特点开辟了这个地区的贸易航线。如今，石油和苏伊士运河赋予这个地区重要的战略意义。

印度洋 B4

红海

面积 45×10⁴km²

最大深度 3040m

流入 阿拉伯海

红海作为初始海洋，从阿拉伯板块脱离非洲板块起开始形成，距今至少2500万年。其中部海槽两侧是相对较浅的大陆架，温暖的水域中有许多珊瑚岸礁。自1869年起，长160km的苏伊士运河连通了红海与地中海。

苏伊士运河

印度洋 D2

波斯湾

面积 241×10³km²

最大深度 110m

流入 底格里斯河，幼发拉底河，卡鲁恩河

波斯湾（也称“海湾”）是一片温暖的半封闭式海域，深度大多小于100m。它通过霍尔木兹海峡和阿曼湾与阿拉伯海相连。由于北部及东部有富含养分的水从陆地流入，其浅海海水混合均匀，相较于红海，生产力更高。这里的珊瑚已经适应了非常温暖的水温（可达33℃）。

阿拉伯板块从红海裂谷扩展，正向东北方移动并滑入欧亚板块下方，因此波斯湾东北部的海域更深。这一构造地壳活动令2.8亿年前的沉积物折叠并抬升，从而形成石油构造圈闭，积累在海湾及其周边陆地底下。如今石油在此区经济中起主导作用。

印度洋 G5

阿拉伯海

面积 39×10⁵km²

最大深度 4481m

流入 印度河，讷尔默达河

阿拉伯海位于阿拉伯半岛和印度之间，其底部为阿拉伯海盆。印度板块的这一海洋部分的西界是欧文断裂带，南界是卡尔斯伯格海岭，这也是印度和非洲分离之处。

阿拉伯海以西是亚丁湾，它是红海裂谷的前驱，有发展完善的扩张脊。在阿拉伯海的北部海岸，莫克兰俯冲带内发生的地震有时会引发泥火山的爆发。2013年，一座新岛便因此而突然出现在巴基斯坦的瓜达尔镇附近海域。此类地理特征通常会在数月内消失。

印度洋 I8

马尔代夫

类型 珊瑚环礁群岛

面积 298km²

岛屿数量 1192

马尔代夫位于查戈斯—拉克代夫深海高原中段。拉克代夫群岛及许多被淹没的浅滩是海脊的北端。马尔代夫有超过1000座岛屿，构成27组环礁，由珊瑚和沙洲组成。最高的岛屿海拔不足3m。这里的温暖气候、浅潟湖和清爽海风令马尔代夫成为田园诗般的度假胜地。尽管旅游业在马尔代夫的经济中扮演着越来越重要的角色，但岛民仍主要靠打鱼为生。

马尔代夫的岛屿

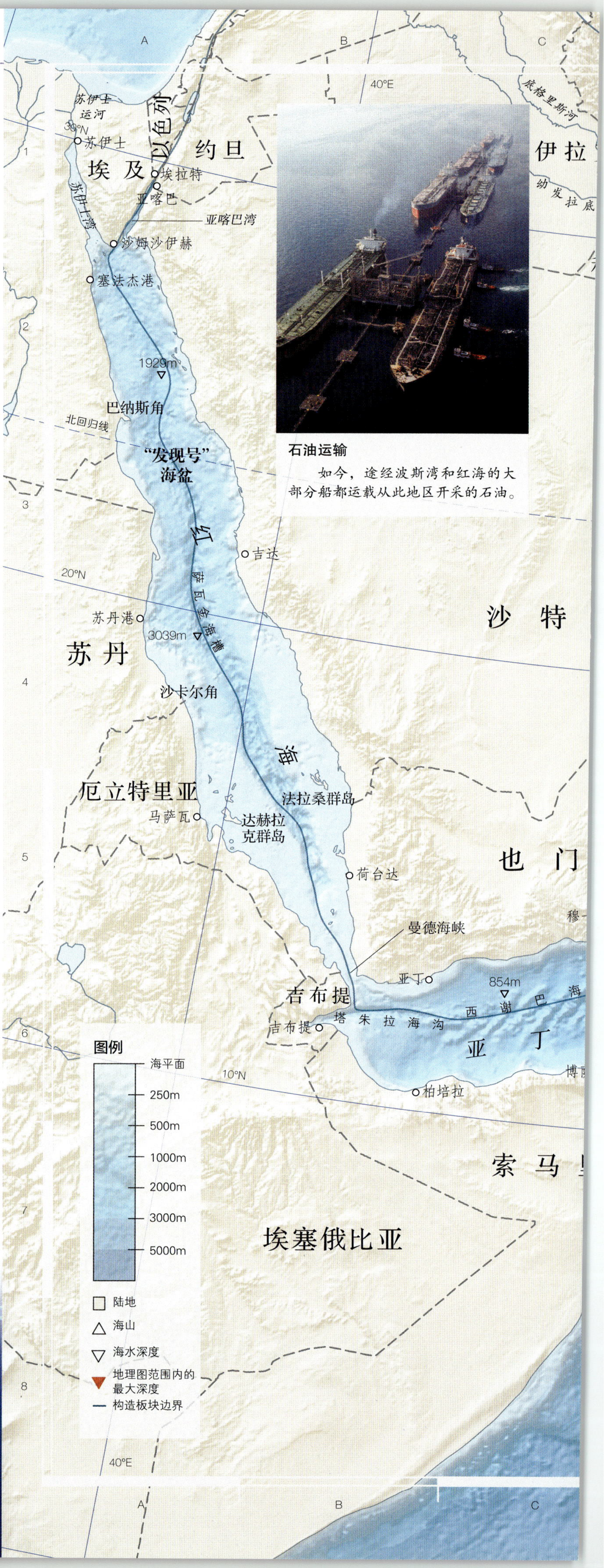

石油运输

如今，途经波斯湾和红海的大部分船舶都运载从此地区开采的石油。

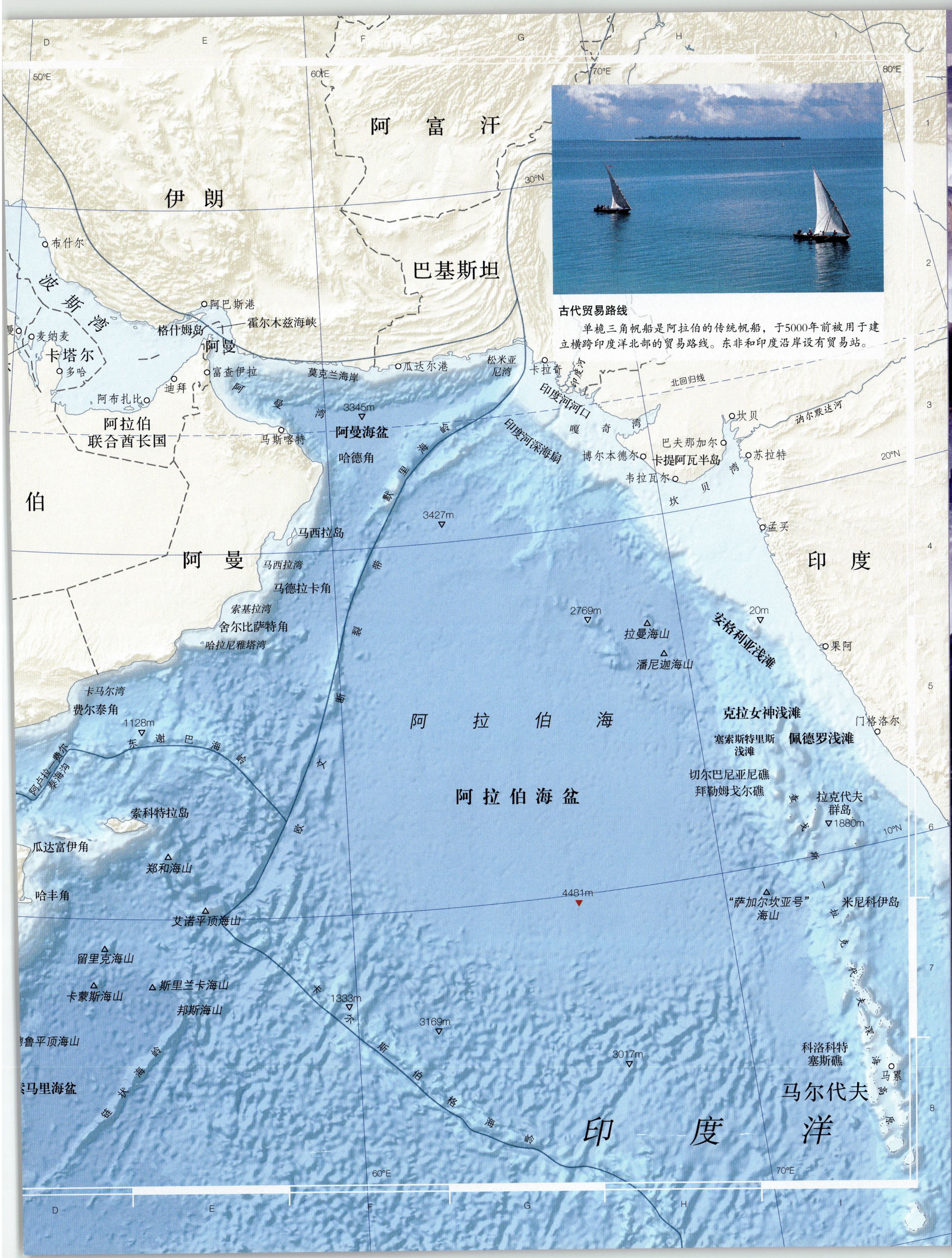

古代贸易路线

单桅三角帆船是阿拉伯的传统帆船，于5000年前被用于建立横跨印度洋北部的贸易路线。东非和印度沿岸设有贸易站。

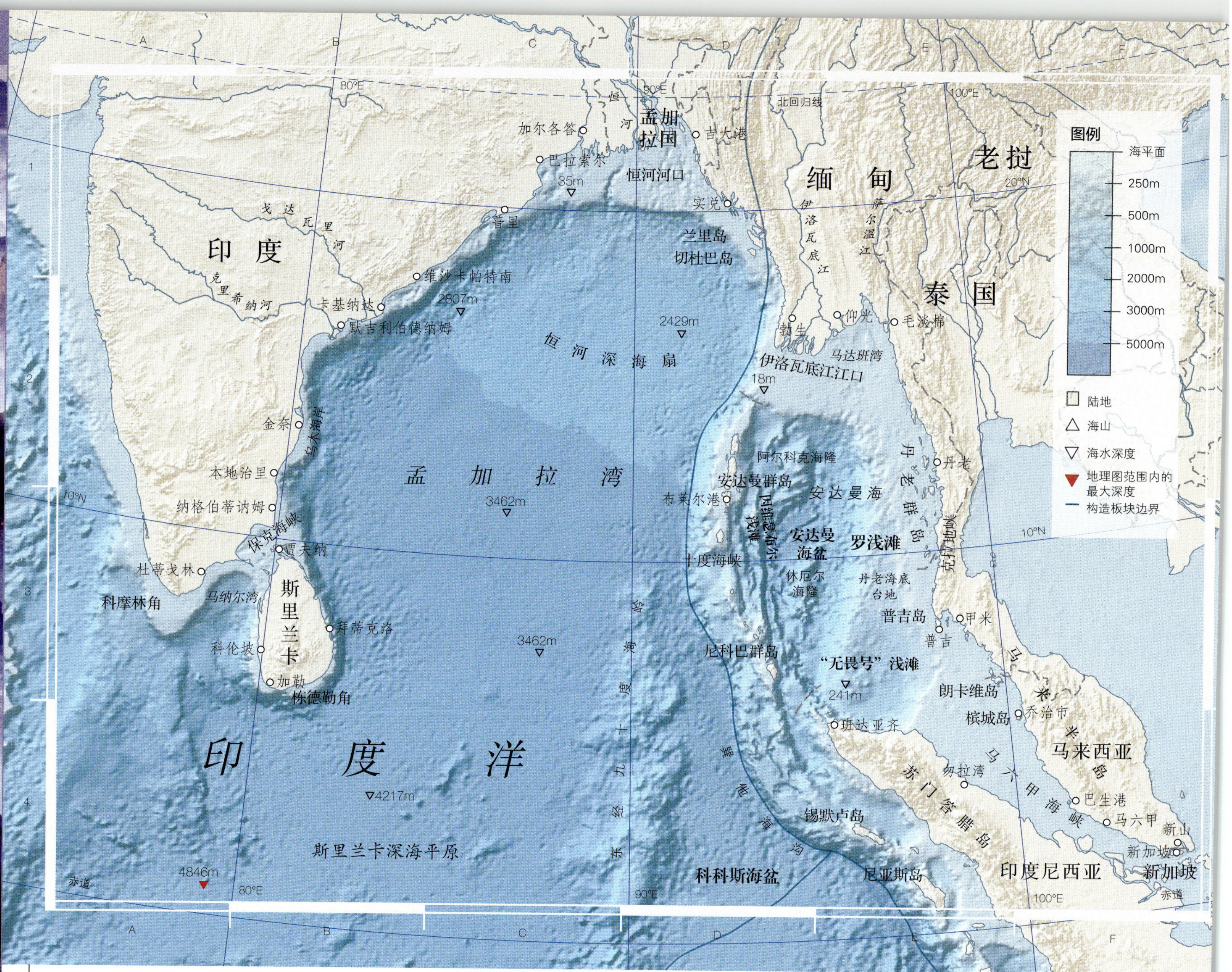

孟加拉湾

印度洋的东北角是三面被陆地包围的海域。这片热带海区受季风气候支配，并在6—11月受到气旋的影响。

印度洋 C2

孟加拉湾

面积 29×10⁵km²

最大深度 4695m

流入 恒河，布拉马普特拉河，默哈讷迪河，戈达瓦里河，克里希纳河，高韦里河，伊洛瓦底江

西北季风盛行时，孟加拉湾的环流呈顺时针方向流动，主洋域的洋流向西流。西南季风盛行时，其流动方向则相反。孟加拉湾北半部洋底为恒河深海扇，厚厚的沉积锥从横跨深海平原的大陆隆延展开来。其积聚速度是世界上最快的，源于喜马拉雅山的沉积物经布拉马普特拉河和恒河而来。

印度洋 F4

马六甲海峡

长度 963km

最小宽度 15km

马六甲海峡（通过中国南海）将印度洋与太平洋相连，每天大约有140艘船舶通过。世界上1/4的石油从波斯湾经此运往中国、日本等市场。20世纪90年代，这里繁忙的航运引来了海盗大肆袭击，自2005年加强海军巡逻起，袭击事件有所减少。2012年，全球发生了297起海盗袭击事件（少于2011年的439起）。非洲东岸及西岸海域是如今海盗最猖獗的地区。

印度洋 E3

安达曼海

面积 798×10³km²

最大深度 3777m

流入 孟加拉湾，马六甲海峡，伊洛瓦底江，萨尔温江

安达曼海位于安达曼群岛、苏门答腊岛和马来半岛之间。在其东部和北部有广阔的大陆架，人们淘洗那里的沉积物以获取锡石。阿尔科克海隆和休厄尔海隆被一片较深的洋底隔开，这个区域有一个扩张中心，在过去的300万—400万年一直促使缅甸微型板块与巽他微型板块分离，安达曼海由此形成。安达曼海的东半部位于巽他板块上，包括苏门答腊岛的大部分和马来半岛。西半部则位于缅甸板块上，包括安达曼群岛和尼科巴群岛。巽他海沟是缅甸板块与印度板块的相接处，印度板块在此滑入较年轻的缅甸板块下方，这个俯冲区的南部是2004年印度洋海啸的起源地。

哈夫洛克岛

哈夫洛克岛属于安达曼群岛，其东海岸长有红树林。这些火山岛也被珊瑚礁所环绕。

爪哇海沟

在东印度洋，西南季风盛行时，南赤道暖流自东向西流动，但东北季风盛行时，它转而向南流，被向东流的赤道逆流所代替。此区域包括印度洋中最深处——爪哇海沟，那是澳大利亚板块和欧亚板块相遇之处。

印度洋 D2

爪哇海沟

长度 2600km

最大深度 7125m

闭合速率 6cm/y

爪哇海沟为巽他海沟的延续，是澳大利亚板块的海洋部分俯冲至欧亚大陆板块下方之处。其后方形成了一连串的火山，沿苏门答腊岛、爪哇岛和小巽他群岛列成一列。澳大利亚板块以每年6cm的速度向北移动。爪哇海沟以南及以西的印度洋洋底也展现了北向排列的地壳特征。“调查者号”海岭和东经九十度海岭之间有一系列南北走向的断裂，其因澳大利亚板块和印度板块移动速率不同而造成。东经九十度海岭是最长的水下山脉，长达5000km。印度板块开始快速向北移动及印度洋形成之际，它便随之形成。它是凯尔盖朗热区上大量喷出的火山物质的代表，并随着印度和南极洲之间的洋底扩张而北移。

印度洋 F2

帝汶海

面积 $61\times10^4km^2$

最大深度 3300m

流入 印度洋，阿拉弗拉海

帝汶海是中印度洋的东部边界。西南季风盛行时，太平洋的海水从阿拉弗拉海（详见第473页）流入帝汶海，并汇入南赤道暖流。东北季风盛行时，则反向流动。澳大利亚原住民可能从东南亚越过一座座岛，横跨帝汶海到达此地。帝汶海大部分区域海水较浅，但其北部边缘是较深的帝汶海槽。人们认为帝汶海底部的大陆架沉积物中含有丰富的石油和天然气储藏，澳大利亚与东帝汶之间就开采权存有争议。每年1—3月，此处温暖的热带浅水成为孕育热带风暴和气旋的温床。这些风暴向西南移动进入印度洋，有时也会转向内陆，袭击澳大利亚西海岸。在帝汶海靠近澳大利亚的沿海水域有渔场和虾场。

东帝汶渔民

东帝汶渔民采用传统的岸上捕鱼方式。图为渔民在帝力附近的阿雷亚布兰卡海滩上拖网捕鱼。

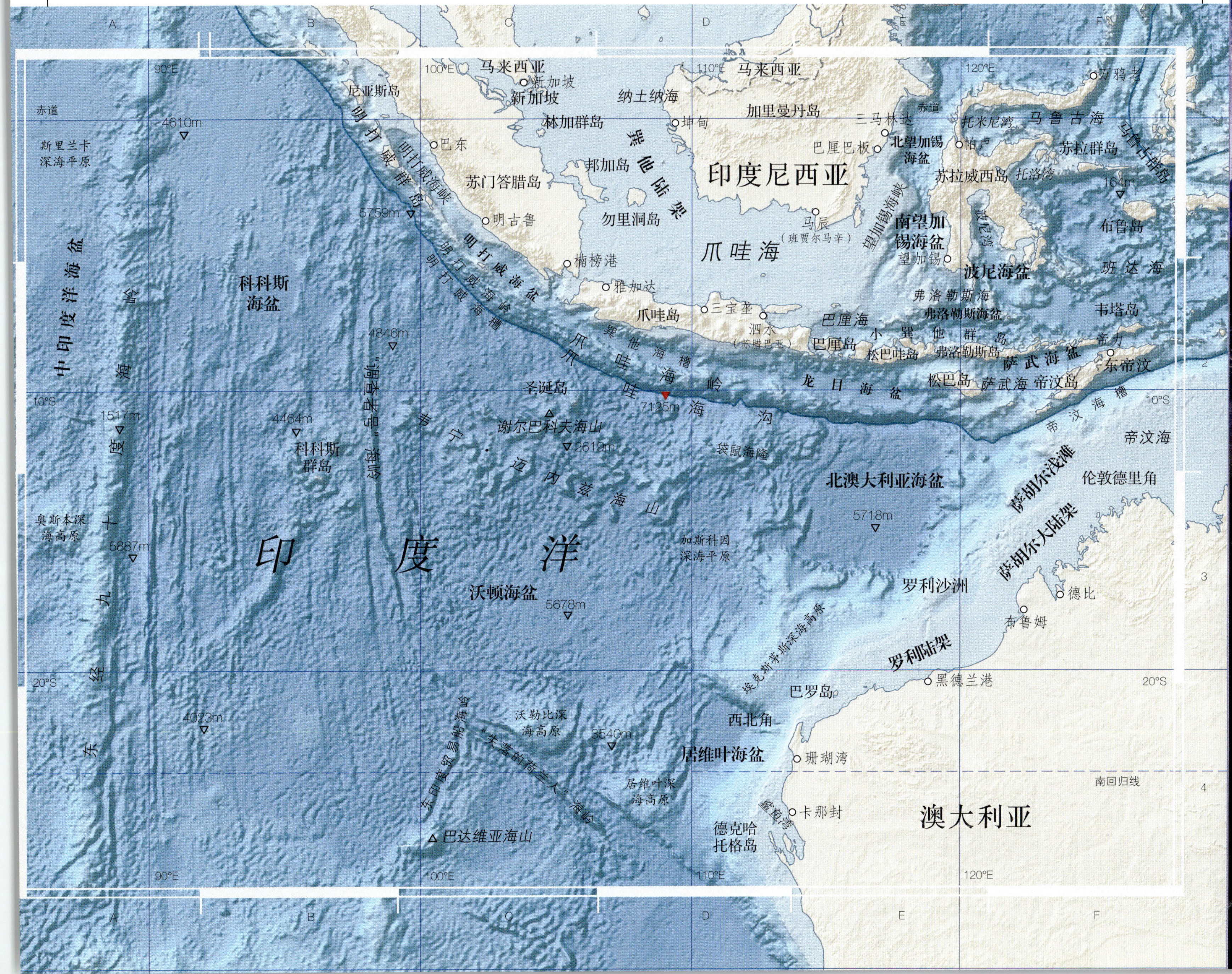

恒河三角洲

恒河和其他河流在孟加拉国海岸和印度东北部沿岸流入孟加拉湾，从而在此处形成世界上最大的三角洲。这幅卫星图像显示了三角洲的一部分，深绿色区域为红树林（孙德尔本斯），淡绿色区域为耕地。

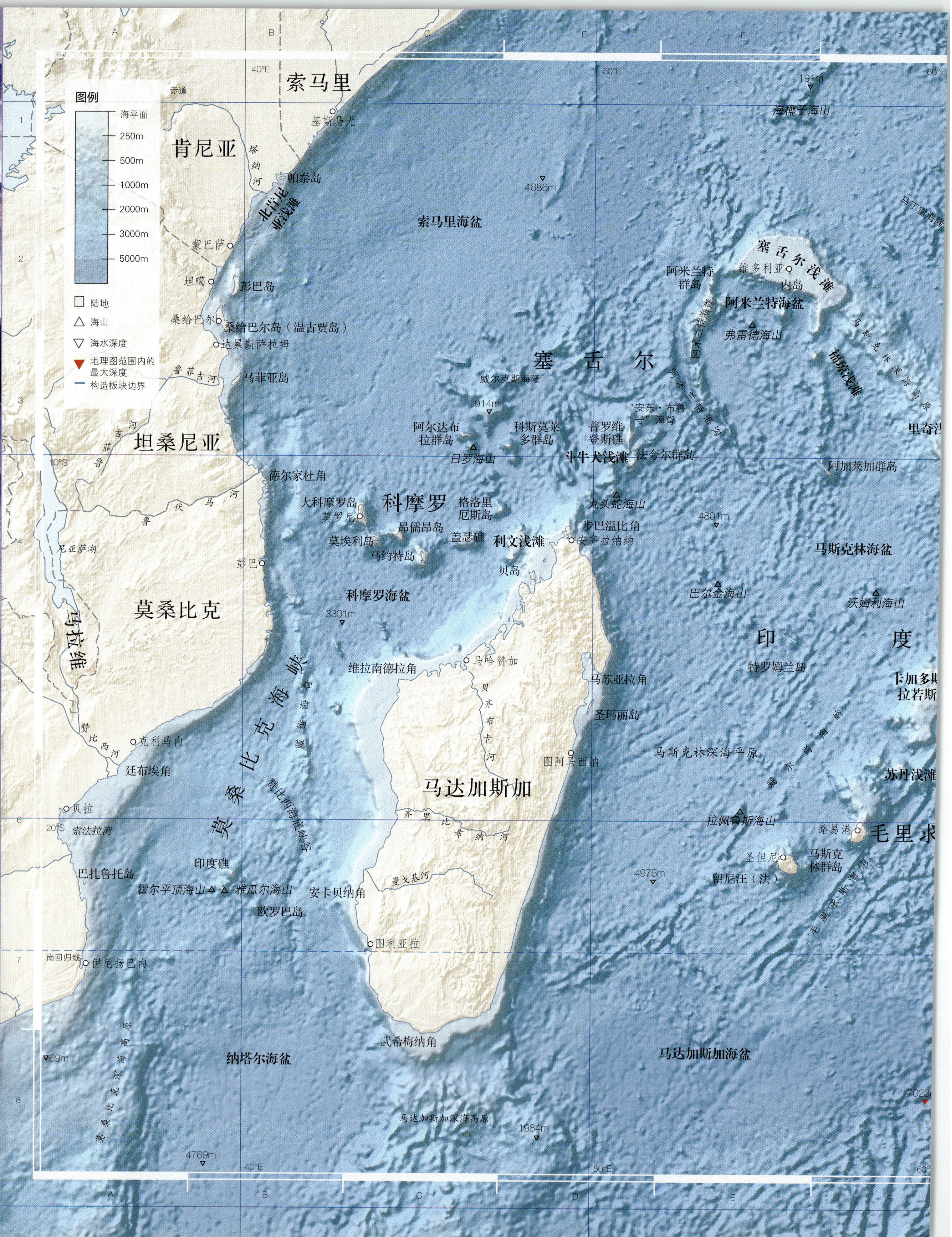

图例
海平面
250m
500m
1000m
2000m
3000m
5000m
陆地
海山
海水深度
地理图范围内的最大深度
构造板块边界
索马里
肯尼亚
坦桑尼亚
莫桑比克
马拉维
马达加斯加
科摩罗
塞舌尔
印度
毛里求
赤道
40°E
50°E
10°S
20°S
南回归线
基斯马尤
塔纳河
帕泰岛
北肯尼亚浅滩
蒙巴萨
坦噶
彭巴岛
桑给巴尔
桑给巴尔岛（温古贾岛）
达累斯萨拉姆
鲁菲吉河
马菲亚岛
鲁伏马河
德尔家杜角
大科摩罗岛
莫罗尼
莫埃利岛
马约特岛
昂儒昂岛
格洛里厄斯岛
盎瑟礁
利文浅滩
贝岛
彭巴
尼亚萨湖
赞比西河
克利马内
廷布埃角
贝拉
索法拉湾
巴扎鲁托岛
印度礁
霍尔平顶海山
雅瓜尔海山
欧罗巴岛
伊尼扬巴内
莫桑比克海峡
赞比西海底峡谷
戴维海岭
科摩罗海盆
3301m
维拉南德拉角
马哈赞加
贝齐布卡河
安卡贝纳角
齐里比希纳河
曼戈基河
图利亚拉
武希梅纳角
纳塔尔海盆
马达加斯加海盆
马达加斯加深海高原
莫桑比克深海平原
4769m
1984m
索马里海盆
4886m
阿米兰特群岛
维多利亚
内岛
塞舌尔浅滩
阿米兰特海盆
弗雷德海山
阿米兰特海槽
威尔克斯海隆
阿尔达布拉群岛
科斯莫莱多群岛
普罗维登斯礁
914m
日罗海山
斗牛犬浅滩
法夸尔群岛
"安东·布鲁号"海脊
九头蛇海山
步巴温比角
安齐拉纳纳
4801m
巴尔金海山
马斯克林海盆
沃姆利海山
阿加莱加群岛
特罗姆兰岛
马苏亚拉角
圣玛丽岛
图阿马西纳
马斯克林深海平原
拉佩鲁斯海山
路易港
圣但尼
马斯克林群岛
留尼汪（法）
4976m
海椰子海山
191m
里奇
卡加多斯-拉若斯
苏丹浅滩

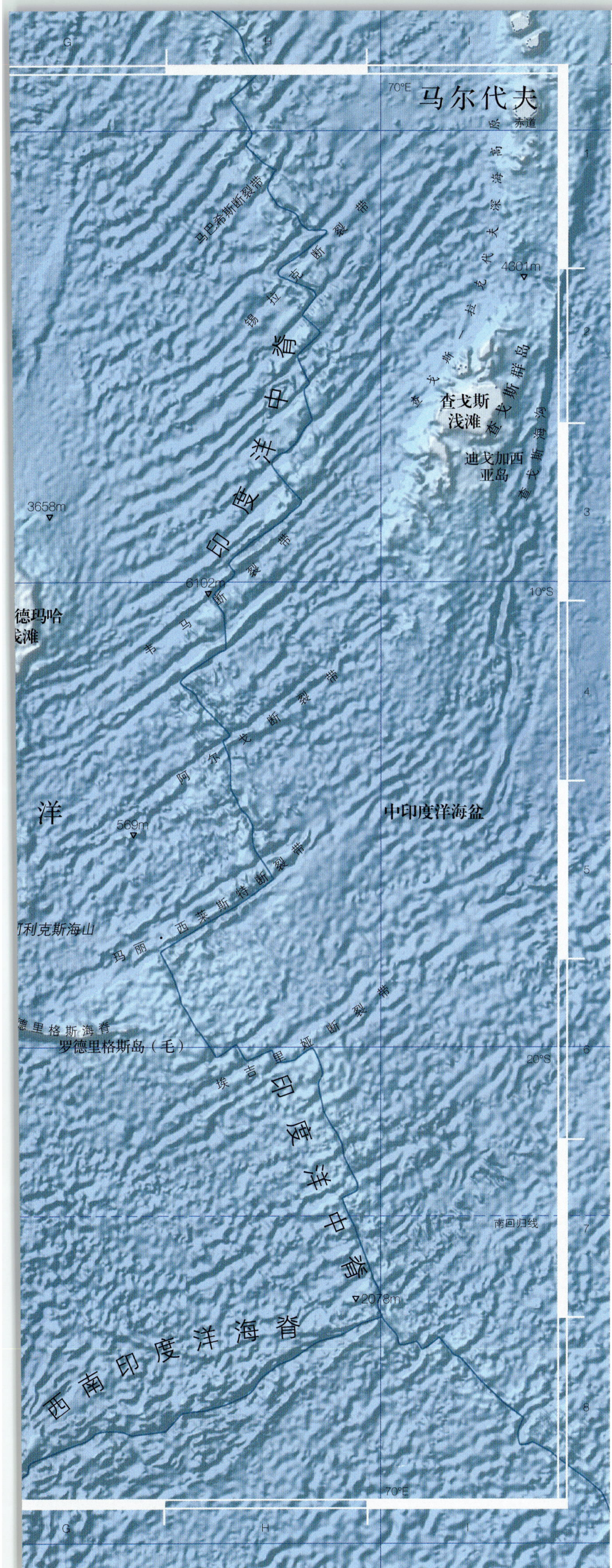

塞舌尔和马达加斯加

东印度洋洋底保留着1.5亿年前冈瓦那大陆分解的痕迹。温暖的印度洋水域成了多种海洋生物的理想生存环境。

印度洋 D3

塞舌尔

火山岛属性 大陆性岛

面积 455km²

岛屿数量 115

塞舌尔群岛的主要岛屿（内岛）由花岗岩构成，位于塞舌尔浅滩顶部，海拔900m。西南方其他岛屿（外岛）则是位于海山顶部的珊瑚岛（环礁）。塞舌尔浅滩是马斯克林深海高原的最北端，这一深海高原一直延伸至南部的留尼汪。大约6500万年前，如今的印度洋中脊开始扩张，这块大陆碎片从印度板块脱离。

塞舌尔的花岗岩巨砾

印度洋 B5

莫桑比克海峡

面积 1×10⁶km²

最大深度 110m

流入 赞比西河，卢里奥河

莫桑比克海峡将马达加斯加与非洲大陆分隔。这里是古老的矛尾鱼的栖息地，它们在莫桑比克海峡两岸以及科摩罗附近均有分布。科摩罗附近有逆时针环流，而莫桑比克海峡主要部分的水流由逆时针涡流所支配。温暖的阿古拉斯洋流起源于纳塔尔海盆，从南赤道暖流获得补充。

印度洋 H3

印度洋中脊

长度 3400km

洋底之上的平均高度 1500m

扩张速率 3cm/y

印度洋中脊的扩张（显现为一系列转换断裂带）令印度板块与非洲板块彼此远离。6500万年前，留尼汪热区从印度大陆板块底喷出大量玄武岩，形成德干地盾（高原），引发断裂。另一扩张脊更古老，位于马斯克林海盆与马斯克林深海平原之间的海底，是印度洋与非洲分隔的起始。

印度洋 F6

毛里求斯与留尼汪

类型 火山岛

面积 4550km²

岛屿数量 2

马斯克林群岛、毛里求斯群岛及留尼汪岛，是马斯克林深海高原上最大且最年轻的岛，洋底之上的高度达6500m。与马斯克林深海高原东北方更古老的浅滩以及东侧的罗德里格斯海脊一样，它们的本源都是火山，形成于地幔深处的热区上方。德干地盾处的喷发（见上文）发生后，随着印度板块往北移动，留尼汪热区继续穿越地壳，在洋底留下火山结构的痕迹，包括位于印度洋中脊另一侧的拉克代夫群岛、马尔代夫群岛和查戈斯浅滩。留尼汪岛的主峰富尔奈斯火山是世界上最活跃的火山之一。

裙礁

毛里求斯火山岛北岸泻湖的裙礁。

太平洋

太平洋是地球上最大的大洋，其面积为大西洋的2倍，覆盖超过1/3的地球表面。16世纪，欧洲人抵达这里，在那之前，许多太平洋岛屿是密克罗尼西亚人和波利尼西亚人的领地。1521年，葡萄牙航海家斐迪南·麦哲伦横渡太平洋，逝世后，其船员继续航行，最终完成了世界上首次环球航行。

位于南太平洋的波拉波拉岛

海洋环流

太平洋与北冰洋相隔绝，与围绕南极洲的海洋之间则有水体交换。北赤道暖流是世界上最长的自东向西推进的洋流，横贯大洋的距离达14,500km。北太平洋西部边界流是向北流的日本暖流，其续流将温暖的海水带返太平洋西部。南太平洋的逆时针环流则由南赤道暖流、东澳大利亚暖流、南极绕极流和秘鲁寒流组成。在秘鲁寒流偏离海岸的地方有一股强劲的上升流，但每隔一段时间就会消失，这部分地归因于厄尔尼诺南方涛动现象（详见第68—69页）。

波涛汹涌的海

太平洋北部是风暴的摇篮。图为正在白令海的暴风雨中劈波斩浪的一艘船的船首。

大洋盆地

自大西洋和印度洋形成以来，太平洋盆地一直在萎缩。与其他大洋相比，太平洋有更多俯冲带，这些地带的海洋地壳受到侵蚀，常发生剧烈的火山爆发，在太平洋沿岸形成环太平洋火山带（详见第184页）。在太平洋西部，火山岛链星罗棋布，并在太平洋板块与欧亚板块及面积较小的海洋板块相遇之处形成深海沟。相比之下，太平洋东部的洋底要平坦得多，海床自北美洲和东太平洋海隆向远洋微微倾斜。太平洋中部的岛链和海山都源自地幔热区的间歇喷发。

东太平洋海隆

枕状熔岩形成于所有大洋中脊处，构成海洋地壳的顶层。

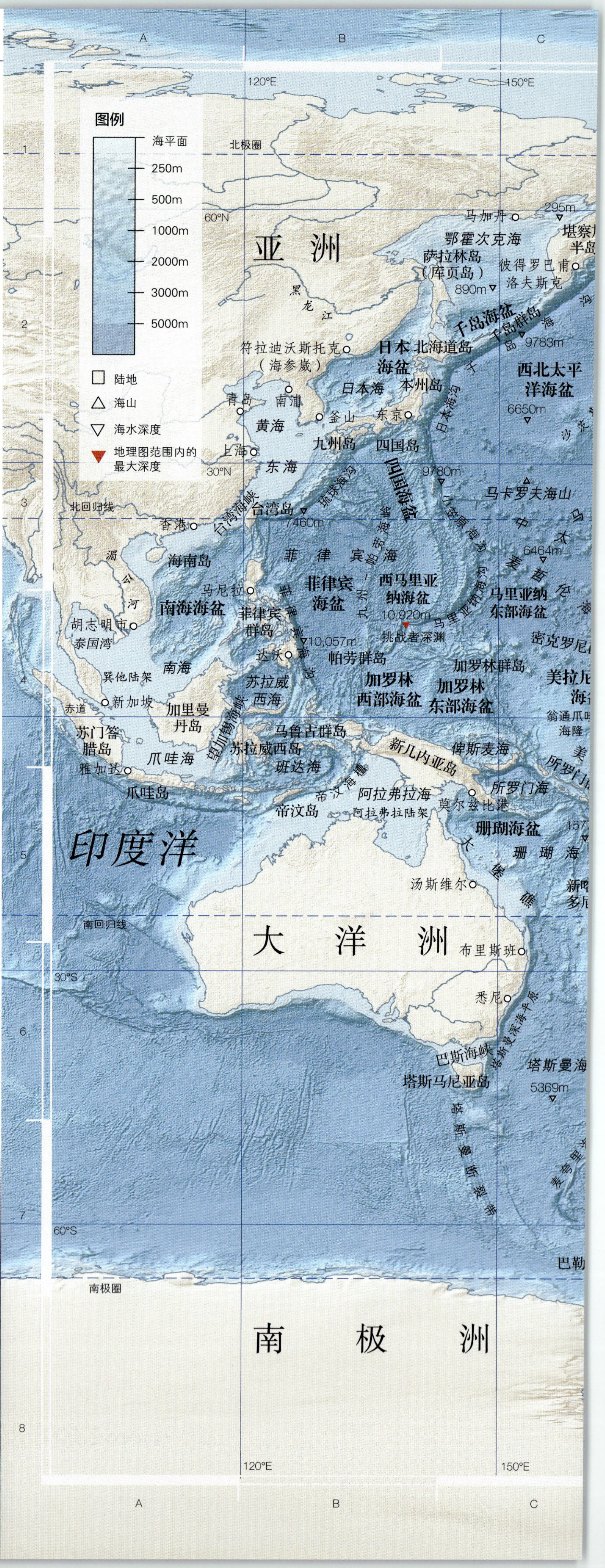

北冰洋
白令海峡
阿纳德尔湾
育空河
安克雷奇
阿留申海盆
白令海
布里斯托尔湾
科迪亚克岛
阿拉斯加湾
阿拉斯加深海平原
阿留申群岛
阿留申海沟
吉尔伯特海山群
夏洛特皇后群岛
温哥华岛
温哥华
西雅图
卡斯凯迪亚海盆
哥伦比亚河
科罗拉多河
哈里斯海山
塔夫茨深海平原
"勘测者号"断裂带
门多西诺断裂带
圣弗朗西斯科（旧金山）
洛杉矶
默里断裂带
无月海山
皇帝海山群
中途岛
夏威夷群岛（美）
火奴鲁鲁（檀香山）
夏威夷岛
莫洛凯断裂带
克拉里昂断裂带
加利福尼亚湾
墨西哥海沟
北回归线
巴亚尔塔港
中美洲海沟
数学家海山群
危地马拉海盆
东太平洋海隆
科隆海岭
赤道
科隆群岛
中太平洋海盆
莱恩群岛
克利珀顿断裂带
平洋
菲尼克斯群岛
加拉帕戈斯断裂带
加勒戈海隆
鲍尔海盆
马克萨斯群岛
北库克群岛
马尼希基高原
萨摩亚群岛
萨摩亚海盆
彭林海盆
塔希提岛
社会群岛
土阿莫土断裂带
提基海盆
门达尼亚断裂带
秘鲁海盆
利马
南美洲
南库克群岛
汤加群岛
汤加海沟
斐济岛
南斐济海盆
皮特凯恩岛
复活节岛
复活节岛断裂带
萨拉－戈麦斯海岭
纳斯卡海岭
尤潘基海盆
智利海盆
南回归线
瓦尔帕莱索
罗赫芬海盆
阿加西断裂带
挑战者断裂带
新西兰群岛
北岛
惠灵顿
查塔姆海岭
查塔姆群岛
西南太平洋海盆
智利海隆
瓜福断裂带
默纳德断裂带
莫宁顿深海平原
保伦斯平顶海山
坎贝尔岛
埃尔塔宁断裂带
乌多采夫断裂带
阿雷纳斯
合恩角
德雷克海峡
东南太平洋海盆
别林斯高晋深海平原
太平洋－南极洲海岭
南极圈
别林斯高晋海
南极半岛
阿蒙森深海平原
阿蒙森海
罗斯海
罗斯冰架
南极洲
千岛寒流
日本暖流
阿拉斯加暖流
加利福尼亚寒流
北赤道暖流
赤道逆流
南赤道暖流
东澳大利亚暖流
秘鲁寒流
南极绕极流
表层流
西风带
东北信风
东南信风
东南季风
东北季风
赤道无风带
地表风
蒲福风级
风速
0—3级
0—16km/h
3—5.5级
16—40km/h
5.5级以上
超过40km/h

海洋地貌示意图集

白令海和阿拉斯加湾

寒冷而又多风暴的北太平洋副极地海域十分多产，渔业资源丰富。从地质上来说，这一区域主要为俯冲带，火山和地震是这里一直存在的危险。

太平洋

阿留申海沟

长度 3200km

最大深度 8100m

闭合速率 8cm/y

阿留申群岛是白令海的南部边界，阿留申海沟就位于其挨着太平洋的一侧，此海沟是太平洋板块俯冲到北美洲板块下方之处。正是这一俯冲带导致了火山岛弧的形成，此火山岛弧是环太平洋火山带的最北部。阿留申海沟一直向东延伸，成了海洋地壳和大陆地壳之间的接触过渡带。20世纪最大的火山爆发要数1912年阿拉斯加半岛的卡特迈火山爆发。此带还会发生强烈的地震，例如1964年的一次地震摧毁了安雷奇的部分地区。

阿留申群岛的海狮

太平洋 D3

白令海

面积 23×10^5km²

最大深度 6102m

流入 太平洋，育空河，阿纳德尔河

1741年，俄国海军中的一名丹麦领航员在白令海域进行探索，白令海即以他的名字命名。白令海位于亚洲大陆和北美洲之间，南部以阿留申群岛为界，北部通过狭窄的白令海峡与北冰洋相连。北冰洋的寒冷洋流通过白令海峡向南流，汇入逆时针方向的环流中。白令海的主要淡水来源是育空河，河水所挟带的沉积物在河口处形成广阔的三角洲。白令海是世界上渔业资源最丰富的海域之一，阿拉斯加的渔获（鱼和贝类）约占美国渔获总量的一半。斑海豹和灰鲸也在这里觅食。白令海的西南部是较深的海盆，而其西北部广阔的大陆架水域则较浅。在最后一个冰河时期，这里的大部分区域形成陆桥，当时的海平面比现在低120m。这一路线在很长时期内不结冰，一些物种（包括人类）因而得以首度从亚洲经由陆路迁徙至北美洲。

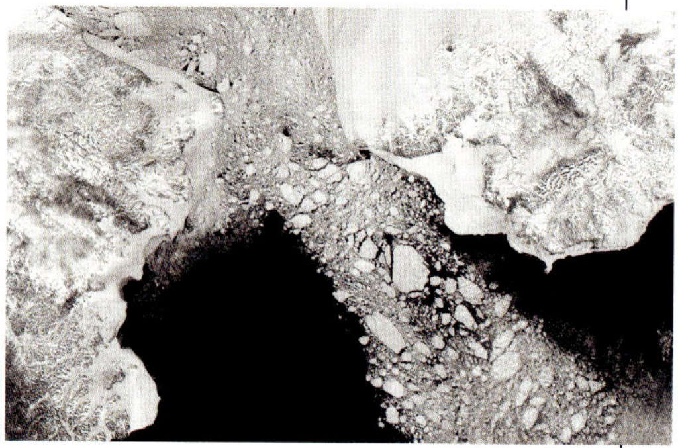

白令海峡

这幅卫星图像显示了从楚科奇海经白令海峡向南流的海冰。

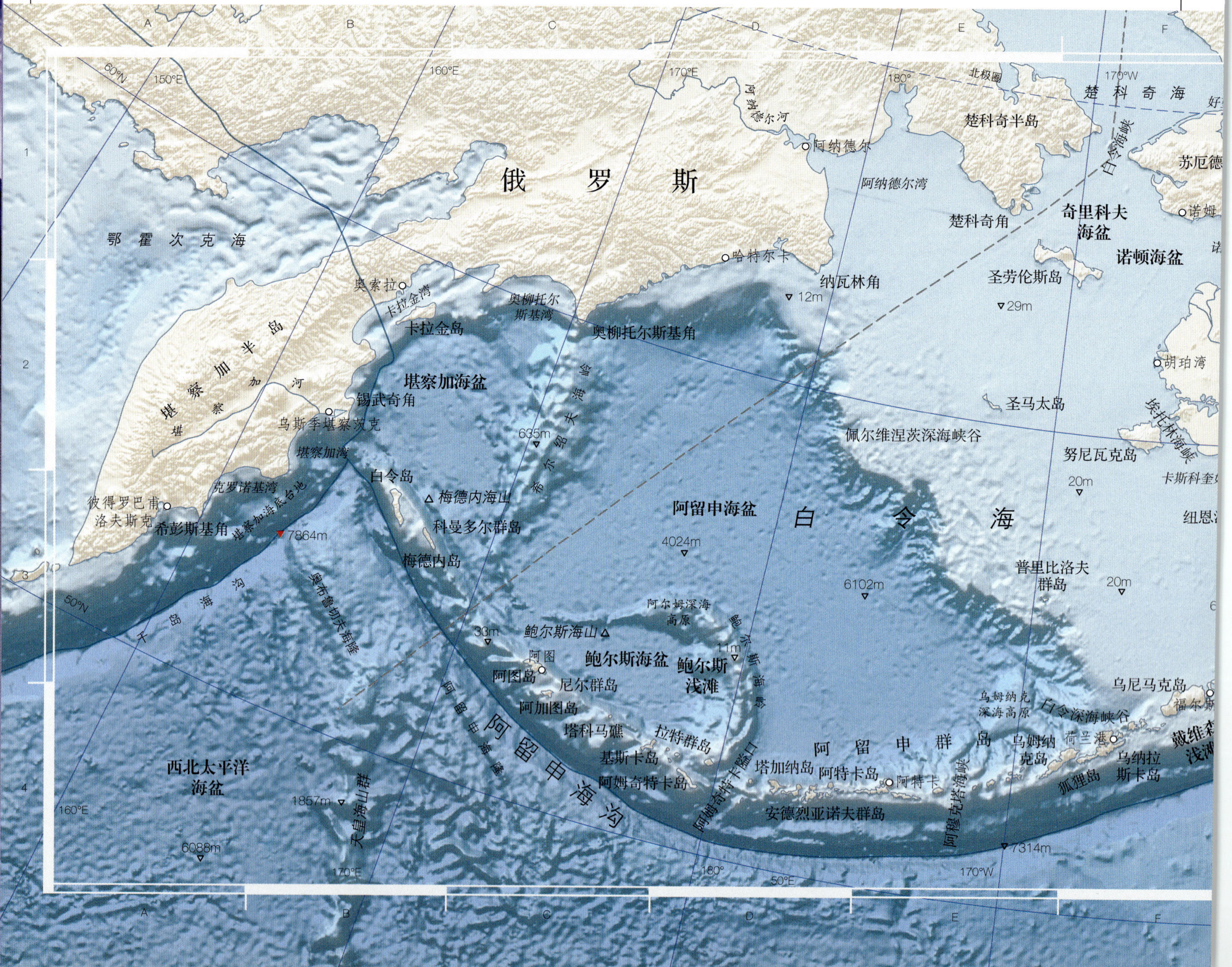

太平洋 I3

阿拉斯加湾

面积 15×10⁵km²

最大深度 5000m

流入 苏西特纳河，库伯河以及来自许多冰川的冰山

逆时针方向的副极地环流流经太平洋北部，进入阿拉斯加湾，日本暖流的续流的温暖海水也汇入其中。在跨越大洋的过程中，表层水冷却下来，并且其盐度因沉降作用而变低。许多袭击加拿大西海岸的风暴都起源于阿拉斯加湾。阿拉斯加洋流和阿留申洋流沿阿拉斯加海岸及阿留申群岛南部向西回流，从而完成整个环流过程。阿拉斯加湾水域富含营养，是多种鱼的觅食区。太平洋鲑在返回其出生地（亚洲和北美洲的河流）产卵之前，要在海中度过长达5年的时间，其间大部分时间生活在阿拉斯加湾及其邻近海域。阿拉斯加湾的海床有海山分布，主要有两大海山群——帕顿－吉尔伯特海山群和科迪亚克海山群，都远离阿拉斯加半岛。它们都源于科布热区，此热区位于温哥华岛以西的胡安·德富卡板块的扩张中心下。这些海山在3000多万年前形成于热区上方，并随着海床的扩张被带至西北方。1977年起，人们通过阿拉斯加南岸的港口运输石油。1989年，“埃克森·瓦尔德兹号”油轮触礁，泄漏原油大约1.14×10^{8}L，威廉王子湾遭受了严重的海洋环境灾难。

阿拉斯加的峡湾

亚历山大群岛的山谷和峡湾是最后一个冰河时期冰川广泛侵蚀的结果。

太平洋 L4

卡斯凯迪亚海盆

面积 17×10⁴km²

最大深度 2930m

流入 太平洋，哥伦比亚河，弗雷泽河

卡斯凯迪亚海盆是法拉隆板块（最初的东太平洋板块）的残余，后者已几乎完全俯冲至北美洲板块下方。俄勒冈州和华盛顿州的喀斯喀特山脉的火山（包括圣海伦火山）是这一俯冲作用的产物。1982年，圣海伦火山的灾难性爆发致57人死亡，它现在仍有活动迹象。地震及其引发的海啸也是安全隐患，尽管最近一次大地震已是1700年的事。这里的海洋地壳分为3个小板块。探险家板块在北，戈尔达板块在南。最大的是胡安·德富卡板块，以1592年为西班牙在此进行探索的一位希腊船长的名字命名。

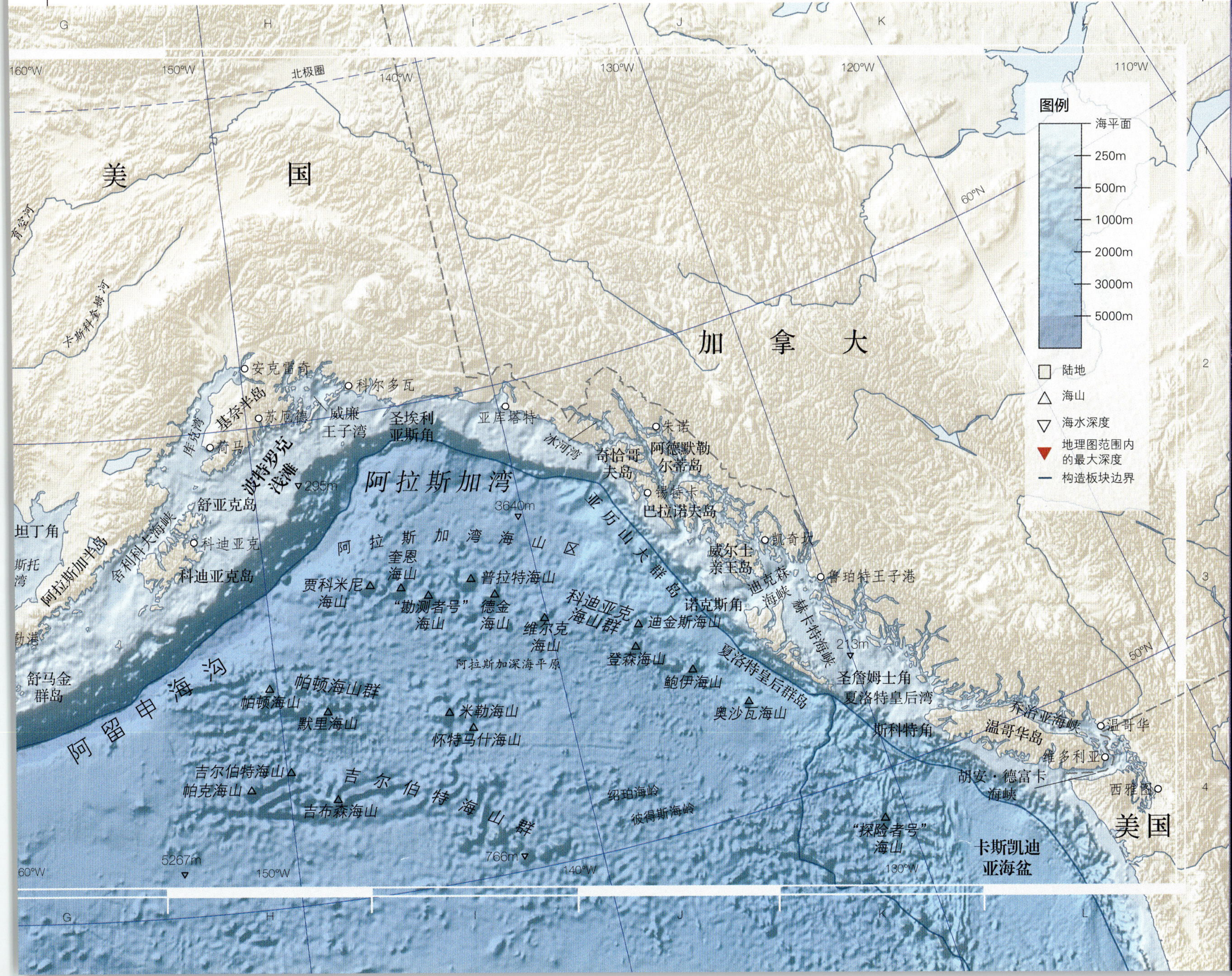

太平洋西北部

与东北部的白令海一样，太平洋西北部因太平洋板块边缘的俯冲作用而成形。火山爆发、地震及海啸对人类构成了巨大威胁，尤其是在人口稠密的日本列岛。

太平洋 E4

鄂霍次克海

面积 16×10⁵km²

最大深度 3372m

流入 日本海，黑龙江，乌第河，鄂霍塔河，品仁纳河

鄂霍次克海是亚北极陆架海，属西北太平洋的一个分支。其北部被亚洲大陆围绕，东部以千岛群岛为界，南部通过狭窄的海峡与日本海相连。冬季，这片海域的航行因海冰的存在而受限，而船体表面结冰也会对航行构成威胁。这片海域的南部因终年存在的海雾而闻名。鄂霍次克海资源丰富，俄罗斯远东地区的渔获近70%都来自这里。许多濒危的海洋生物也栖息于此，包括千岛普通海豹和灰鲸。鄂霍次克板块包含堪察加半岛的大陆地壳、火山带、萨哈林岛（库页岛）和北海道岛。鄂霍次克海大部分区域的海床较浅，但千岛海盆较深，这里的海洋地壳因被拉伸而变薄。

危险的海冰

11月至次年6月，海冰对海运构成威胁，海冰的位置取决于风和洋流。

人类影响

石油勘探

1996年，人们掀起到萨哈林岛（库页岛）开采储量丰富的石油和天然气的高潮。如今，这一地区已成为俄罗斯最大的外资集聚地，石油生产正向鄂霍次克海扩展。如此短时间内的大量工程建设，使人们担心其对野外环境所造成的影响，包括鄂霍次克海的海洋生物所遭受的干扰。

供给线

这段部分已完工的输油管最终会将萨哈林岛（库页岛）的近海油田与俄罗斯大陆相连。

太平洋 F5和E8

千岛海沟和日本海沟

长度 3850km

最大深度 8100m

闭合速率 8cm/y

千岛海沟的俯冲作用导致火山沿堪察加半岛和千岛火山弧形成。千岛群岛在北海道岛和堪察加半岛之间形成一条几乎完整的海脊，太平洋与鄂霍次克海之间只有2道深水海峡。阿特拉索夫岛是千岛群岛中海拔最高的岛。本州岛和北海道岛则代表更为成熟的岛弧，这里增厚了的地壳是日本海沟长时间的俯冲作用以及多个岛弧会合的结果。由于地质构造活动频繁，此地地震多发。1923年，一场8级地震使东京和横滨10万多人丧生。2011年，日本东北部发生了一场9级大地震，震中位于日本海沟下30km处，距离海岸70km。这次地震将海床推高6—8m，引发了海啸，海浪高达40m（详见第462—463页）。

千岛群岛

火山岩浆库的崩塌或爆发会形成巨大的火山口，图中岛屿积水的中心便是例子。

太平洋 C7

日本海

面积 978×10³km²

最大深度 3743m

流入 华东，图们江，石狩川，信浓川，阿贺野川，最上川，天盐川

日本海的环流呈逆时针方向，温暖的海水从中国东海经朝鲜海峡进入这一海域。在朝鲜海峡附近及日本海北部有资源丰富的渔场。鱿鱼是日韩两国渔民共同的捕捉对象，他们在夜间用强光将鱿鱼群吸引到海水表面来捕捞。日本海东侧的大陆架比西侧的稍宽，朝鲜和韩国海岸的大陆架尤其狭窄。这里主要有3个海盆——东部的大和海盆、北部的日本海盆和西南部的对马海盆。它们之间是大和海脊，它可能是导致这片海域产生的扩张中心的残余。这块地质复杂的区域被鄂霍次克板块和欧亚板块的相接处一分为二。1983年，在本州岛北部附近海床发生了一场7.7级地震，引发了极具破坏力的海啸，海浪到达海岸时高达14m，在日本和韩国造成107人死亡。

太平洋 G6

西北太平洋海盆

面积 63×10⁵km²

最大深度 6650m

流入 白令海，菲律宾海

千岛寒流（又称为“亲潮”，因其日文名称意为“母亲之流”）将寒冷的海水从白令海沿西北太平洋海盆西侧往南输送，形成亚北极环流的西部一支。其与日本暖流在日本附近汇合，并在这里形成一处渔业资源丰富的海域。

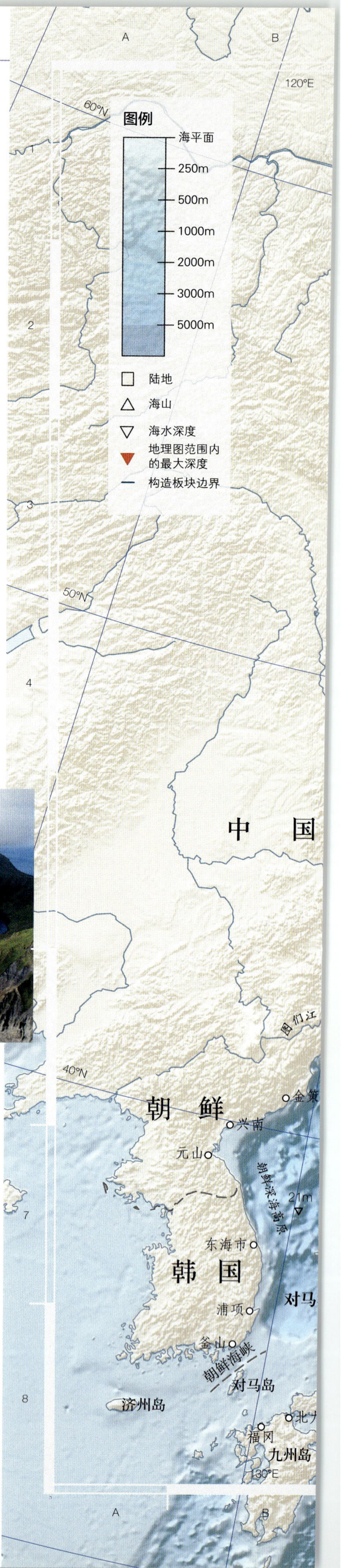

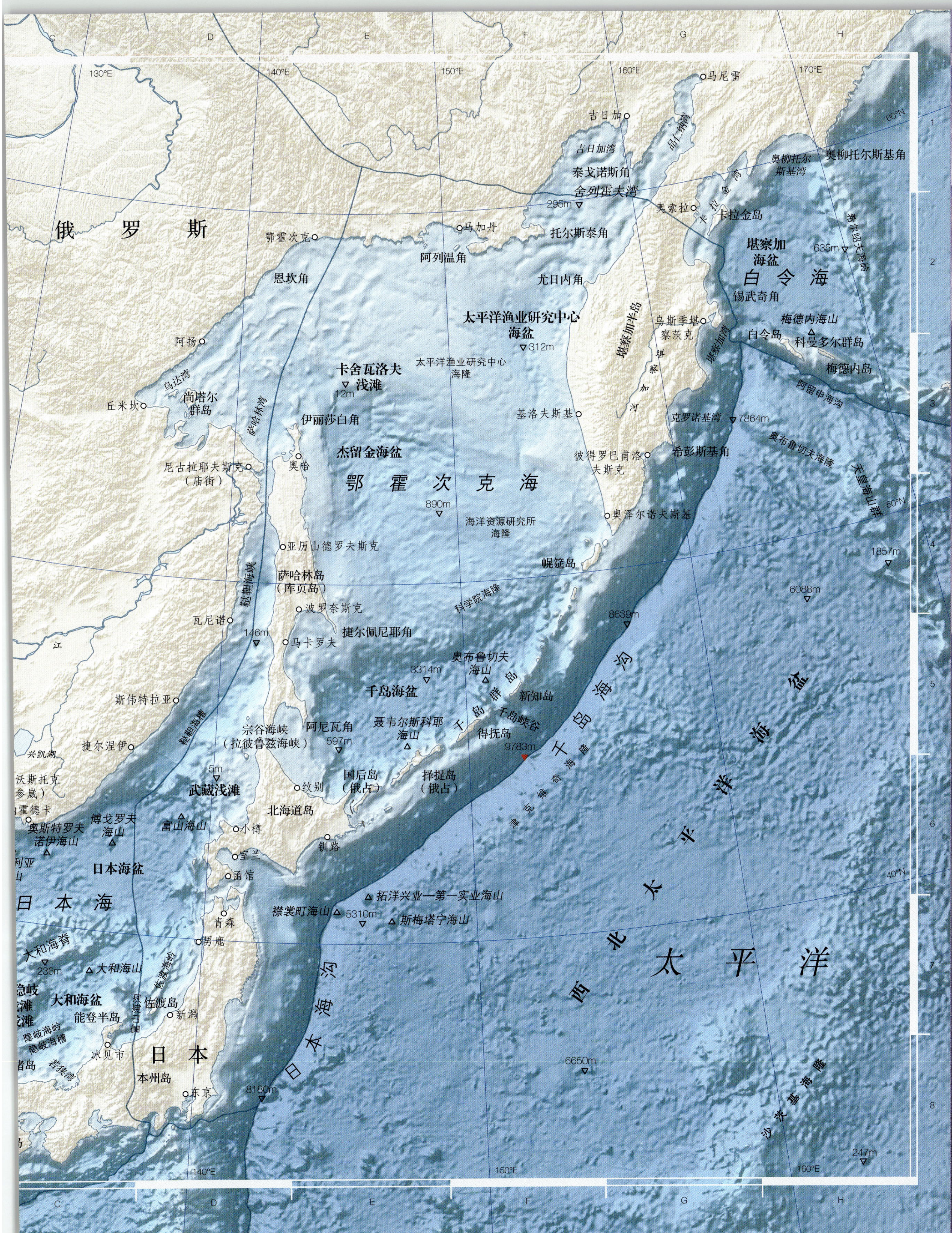
俄 罗 斯
鄂霍次克
马加丹
阿列温角
托尔斯泰角
吉日加
吉日加湾
泰戈诺斯角
舍列霍夫湾
295m
马尼雷
品仁纳湾
奥索拉
卡拉金湾
卡拉金岛
奥柳托尔斯基湾
奥柳托尔斯基角
堪察加海盆
635m
白 令 海
锡武奇角
乌斯季堪察茨克
堪察加海峡
梅德内海山
白令岛
科曼多尔群岛
梅德内岛
阿留申海沟
恩坎角
尤日内角
太平洋渔业研究中心海盆
312m
太平洋渔业研究中心海隆
堪察加半岛
卡舍瓦洛夫浅滩
12m
阿扬
乌达湾
尚塔尔群岛
丘米坎
萨哈林湾
伊丽莎白角
基洛夫斯基
克罗诺基湾
7864m
奥布鲁切夫海隆
杰留金海盆
奥哈
彼得罗巴甫洛夫斯克
希彭斯基角
尼古拉耶夫斯克（庙街）
鄂 霍 次 克 海
890m
海洋资源研究所海隆
奥泽尔诺夫斯基
天皇海山群
亚历山德罗夫斯克
幌筵岛
1857m
萨哈林岛（库页岛）
鞑靼海峡
科学院海隆
6088m
瓦尼诺
波罗奈斯克
捷尔佩尼耶角
8639m
146m
马卡罗夫
奥布鲁切夫海山
3314m
千岛海盆
新知岛
千岛群岛
斯韦特拉亚
千岛峡谷
千 岛 海 沟
宗谷海峡（拉彼鲁兹海峡）
阿尼瓦角
聂韦尔斯科耶海山
得抚岛
西 北 太 平 洋 海 盆
捷尔涅伊
597m
9783m
兴凯湖
5m
国后岛（俄占）
择捉岛（俄占）
沃斯托克参崴
武藏浅滩
纹别
北海道岛
霍德卡
奥斯特罗夫诺伊海山
博戈罗夫海山
富山海山
小樽
钏路
日本海盆
室兰
函馆
拓洋兴业一第一实业海山
日 本 海
襟裳町海山
5310m
斯梅塔宁海山
青森
男鹿
大和海背
236m
大和海山
大和海盆
佐渡岛
日 本 海 沟
西 北 太 平 洋
能登半岛
新潟
日 本
冰见市
本州岛
6650m
东京
8180m
沙茨基海隆
247m
130°E
140°E
150°E
160°E
170°E
60°N
50°N
40°N

海啸袭击日本

2011年3月11日，海啸巨浪涌上岸，吞没本州岛宫城县名取市沿岸的房屋。

日本东北部海啸

2011年3月11日，一场海底地震及所引发的海啸袭击了日本东北部地区（日本最大的岛屿本州岛的东北部），这是日本有史以来最为严重的灾难之一，也是损失最惨重的自然灾难。至2014年1月，报道称这场灾难造成15,883人死亡，2640人失踪，经济损失估计达2350亿美元。此外，福岛核电站在这场灾难中发生坍塌、爆炸以及泄漏，对环境产生了严重的影响。

这场海啸的诱因是距本州岛约70km的海床下突然沿断层发生断裂，从而导致大地震的发生。一部分海床突然被抬升6—8m，从而引发强大海啸。海啸的巨浪抵岸后，席卷城镇，横扫田野、道路、机场，摧毁房舍、车辆和船舶。海水退去后，地面满目疮痍。

数日之内，成千上万的建筑被毁，十几万人被疏散。在福岛核电站，备用电源和安全壳系统遭到破坏，3座反应堆过热，发生气体爆炸。随后，有害的辐射性物质从核电站泄漏到大气、海洋及核电站周边地面。

海浪高度地理示意图

下方地理示意图显示了日本受影响的沿海所记录到的最大海浪高度。在某处，海浪高度短时间内便达到38.9m，不过多数受灾严重的地区所遭遇的都是高3—12m的浪。海浪越过防海啸墙，深入内陆达10km。在一个多小时内，近560km²的区域被淹。海啸还越过太平洋，在数千千米以外造成重大灾害。

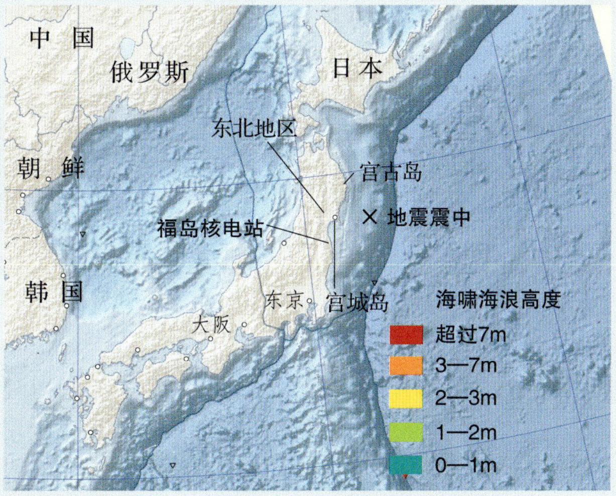

海啸前后

前奏

地震袭击本州岛　这场9级地震发生在当地时间14：45左右，对日本东北部及东京周边一些区域的道路、建筑造成严重破坏。

海啸波出现　几分钟内，大规模的海啸波出现，无情地涌向日本东北部海岸。媒体对此进行了报道及拍摄。

警报失效　日本沿海地区会在海啸即将来临时拉响警报，并设有指示牌引导人们撤到避难所。然而，这次海浪太大，警报所起的作用不大。

海浪侵袭海岸

海啸巨浪　在地震爆发后10—50分钟内，大量的海水涌入海港，横扫陆地。

漂浮物　建筑物及室内物品被毁坏或浮起，聚集成漂浮的“岛”，许多还燃起烈焰。

营救行动

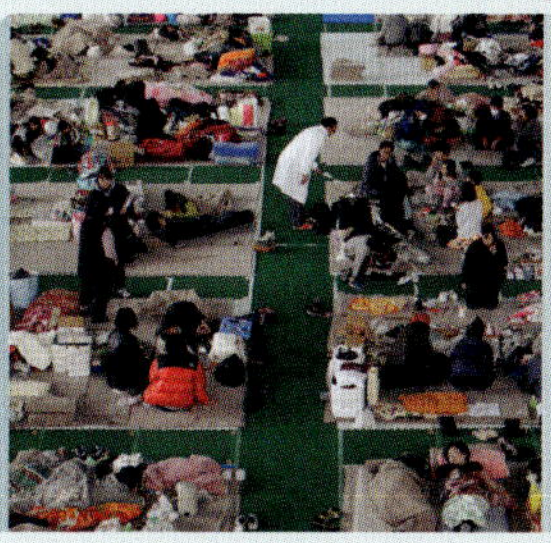

避难所　营救行动开始后，受灾者被安顿在由体育馆充当的临时避难所中，但是向受灾者提供食物、水及药品的困难较大，日本政府面临巨大挑战。

余波

被毁坏的核电站　在福岛核电站，海啸令推动核心冷却系统运作的泵停止工作。这导致爆炸及放射性物质的泄漏，直到2014年，人们仍在处理这些泄漏物质。

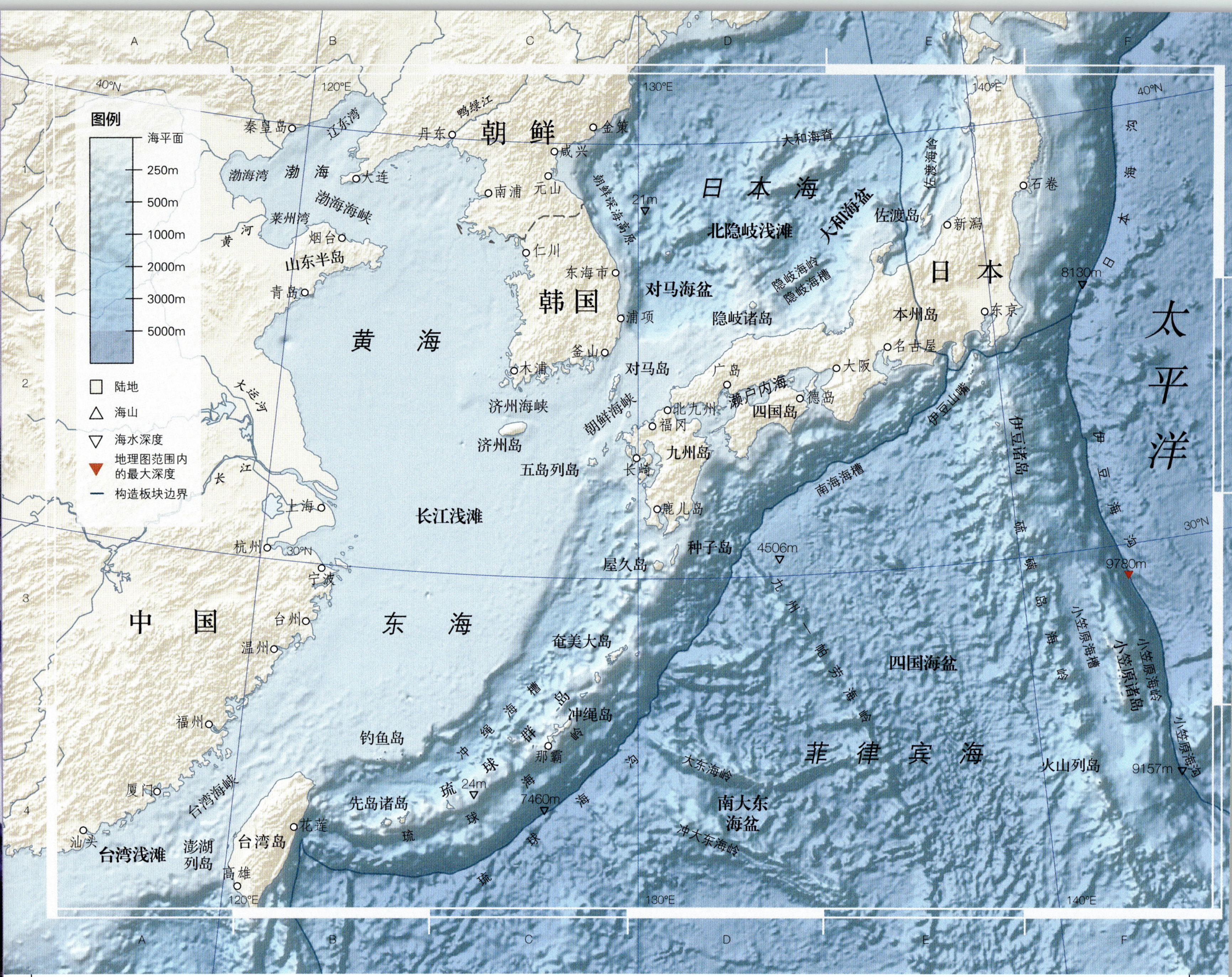

东海

中国北方沿海宽广的大陆架上方为浅海。温暖的海水自南方流入此区域，汇入太平洋的西部边界流——日本暖流，这使日本沿海的珊瑚群落得以生存，它们的栖息地是所有珊瑚中最靠北的。这片区域容易受到来自西南方的气旋的影响。

太平洋 B3

东海

面积	751×10^3km²
最大深度	2717m
流入	南海，菲律宾海，长江

东海海水温暖，较浅，是生产力巨大的陆架海，位于中国大陆和琉球群岛之间。它通过台湾海峡与南海相连，通过朝鲜海峡与日本海相连。在春夏两季，温暖的对马暖流通过朝鲜海峡向北流，而在冬季则会被北风所抑制。这片海域在夏季偶尔受到台风侵袭（详见第70—71页）。东海底部的大陆架从海岸延伸出去很长一段距离，这部分地归因于亚洲最长的河流——长江的沉积物的堆积。从长江入海口上溯1600km的江段可供远洋船舶航行，中国的主要的海港城市之一的上海就位于长江口。渔业是这个地区的重要经济来源，东海还是南海、日本和太平洋北部之间的航线。同时，东海海底有天然气资源，中国从2003年开始开发利用。

太平洋 B2

黄海及渤海

面积	53×10^4km²
最大深度	103m
流入	黄河，长江，辽河，滦河，鸭绿江，汉江

黄海及渤海是东海向北的延伸，北部封闭，位于中国海岸和朝鲜半岛之间。最大的流入河——黄河所挟带的泥沙令这里的海水呈现黄色。朝韩沿岸的潮差是世界上最大潮差之一。这强大的潮汐搅起了原本已沉淀在海底的沉积物，也令海水呈现黄色。渤海最北的海湾周边地区是中国最工业化的区域之一；大连是中国有名的港口城市。

太平洋 C4

琉球海沟

长度	1398km
最大深度	7460m
闭合速率	6—8cm/y

菲律宾的大洋板块与欧亚板块在日本南部相碰撞，形成以琉球海沟和南海海槽为标志的俯冲带。海沟的西北部形成火山岛弧。本州岛和北海道岛是成熟的岛弧，已发展为相当大的陆地，与它们相比，琉球群岛则是相对年轻的岛弧。琉球群岛包括美国大型海军基地所在地——冲绳岛。

琉球群岛

琉球群岛的气候为亚热带气候，许多岛屿都被珊瑚礁所环绕。

南海

南海是排在世界各大洋之后的最大水体，其多产的水域提供了世界渔获总量的8%以上。海水从爪哇海经巽他海峡流入这片热带海洋，并缓缓北流，经台湾海峡流出。夏末，南海北部会受到台风的猛烈袭击。

太平洋 C2

南海

面积 $37 \times 10^5 km^2$

最大深度 5016m

流入 珠江，红河，塔金河，湄公河

南海中央的深海海盆大部分被广阔的大陆架所环绕。北部湾、北卫滩、加里曼丹岛附近以及横跨巽他陆架处都分布有石油和天然气田。南海是世界上第二繁忙的航道，全世界至少有25%的原油经此运输。浅滩和珊瑚礁点缀着南海海盆，这里有200多个小岛，包括西沙群岛、中沙群岛、南沙群岛。中国政府在此设立三沙市进行管辖。南沙群岛有矿产，据估计，其海底还有大量石油储备。夏末，台风从太平洋袭来。2013年11月，登陆的风暴中最强大的台风“海燕”袭击了菲律宾，风速超过300km/h，形成5m高的风暴潮（详见第72—73页）。在数天后抵达越南时，“海燕”已减弱为热带风暴。

太平洋 A2

泰国湾

面积 $32 \times 10^4 km^2$

最大深度 80m

流入 南海，昭披耶河

泰国湾是南海中半封闭式的海湾，位于马来半岛和中南半岛之间。这里蕴藏着海上天然气资源和石油资源。其较浅的海域很大程度上依赖于淡水河流的补充，特别是昭披耶河。河水的输入降低了表层海水的盐度，从南海主要区域流入的海水只进入泰国湾水深超过50m的深水区。珊瑚礁在温暖的水域中长势良好，基于优良的潜水资源（例如苏梅岛），这里的旅游业发展势头猛烈。在最后一个冰河时期，苏梅岛以南的巽他陆架是将加里曼丹岛、苏门答腊岛、爪哇岛与亚洲大陆相连接的陆桥。

太平洋 D3

苏禄海

面积 $26 \times 10^4 km^2$

最大深度 5600m

流入 苏拉威西海

苏禄海是热带深海，被岛屿环绕。受季风影响，洋流夏季从南方而来，冬季自北方南流。在苏禄海及苏拉威西海，小规模渔业是主要的经济活动，渔获有对虾、海龟和珍珠贝。

在苏禄海采珠

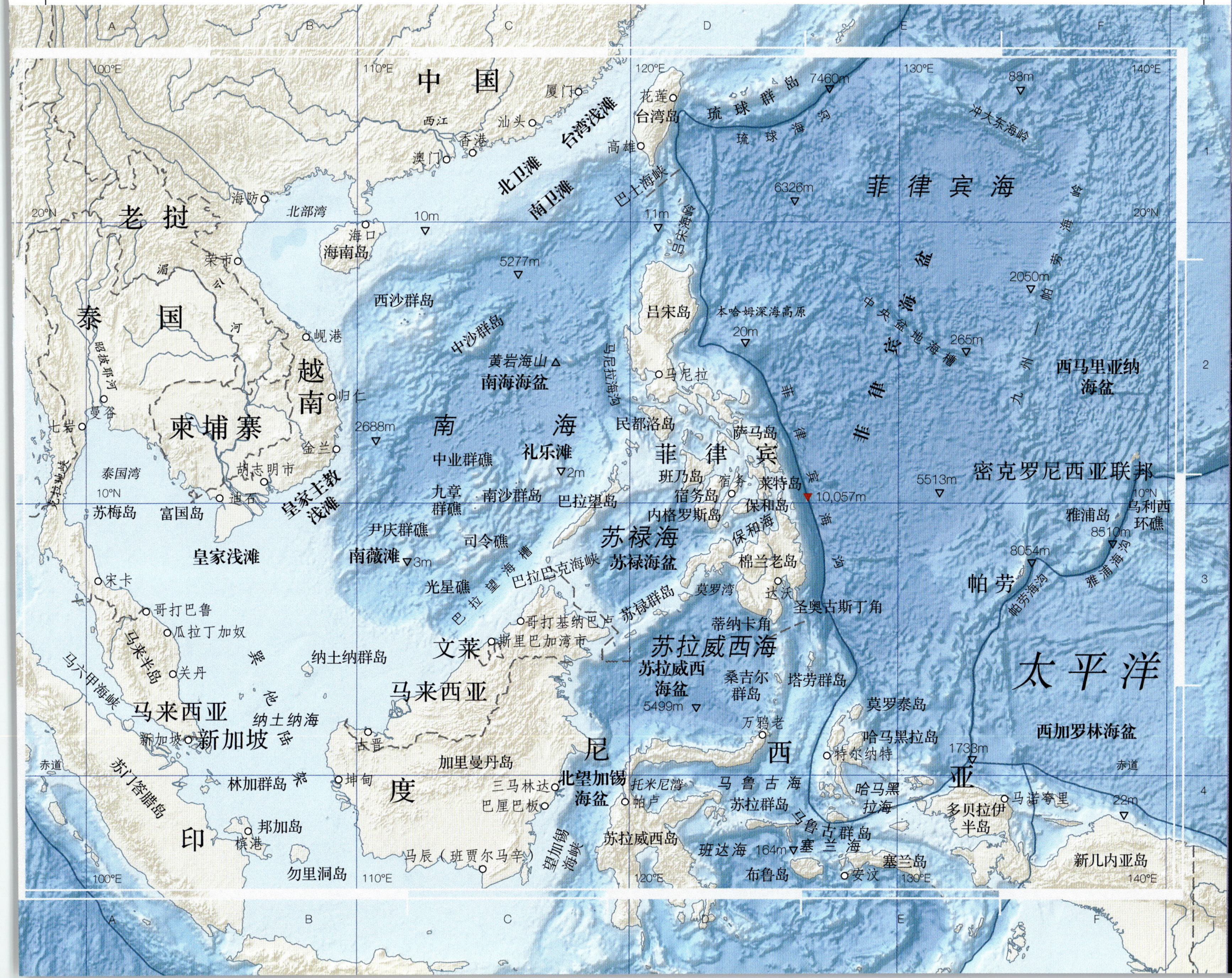

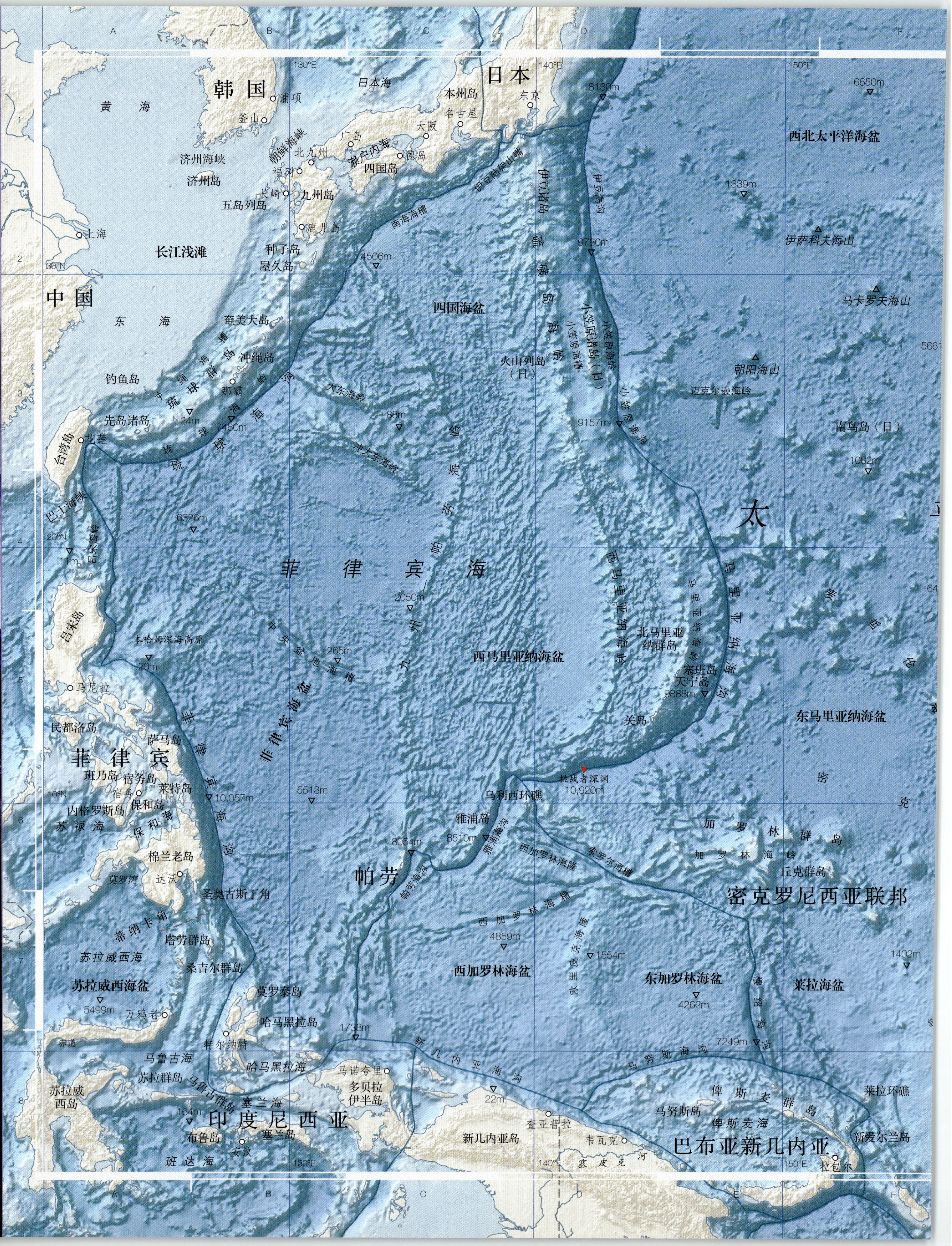

韩国
黄海
浦项
釜山
济州海峡
济州岛
朝鲜海峡
日本
日本海
本州岛
名古屋
东京
大阪
广岛
北九州
濑户内海
四国岛
福冈
长崎
九州岛
五岛列岛
鹿儿岛
上海
长江浅滩
种子岛
屋久岛
中国
东海
奄美大岛
冲绳岛
那霸
钓鱼岛
先岛诸岛
台湾岛
花莲
南海海槽
伊豆诸岛
伊豆海沟
四国海盆
小笠原诸岛（日）
火山列岛（日）
西北太平洋海盆
伊萨科夫海山
马卡罗夫海山
朝阳海山
迈克尔逊海岭
南鸟岛（日）
太
巴士海峡
菲律宾海
西马里亚纳海盆
北马里亚纳群岛
塞班岛
天宁岛
关岛
马里亚纳海沟
东马里亚纳海盆
挑战者深渊
10,920m
乌利西环礁
雅浦岛
帕劳
帕劳海沟
雅浦海沟
西加罗林海盆
东加罗林海盆
加罗林群岛
加罗林海岭
丘克群岛
密克罗尼西亚联邦
莱拉海盆
吕宋岛
马尼拉
民都洛岛
萨马岛
菲律宾
班乃岛
宿务岛
莱特岛
内格罗斯岛
保和岛
苏禄海
棉兰老岛
达沃
圣奥古斯丁角
菲律宾海沟
菲律宾海盆
本哈姆深海高原
苏拉威西海
苏拉威西海盆
塔劳群岛
桑吉尔群岛
莫罗泰岛
哈马黑拉岛
哈马黑拉海
万鸦老
马鲁古海
苏拉群岛
苏拉威西岛
塞兰海
布鲁岛
塞兰岛
安汶
班达海
印度尼西亚
马诺夸里
多贝拉伊半岛
新几内亚海沟
新几内亚岛
查亚普拉
韦瓦克
塞皮克河
巴布亚新几内亚
马努斯岛
俾斯麦群岛
俾斯麦海
新爱尔兰岛
莱拉环礁
马努斯海沟
拉包尔

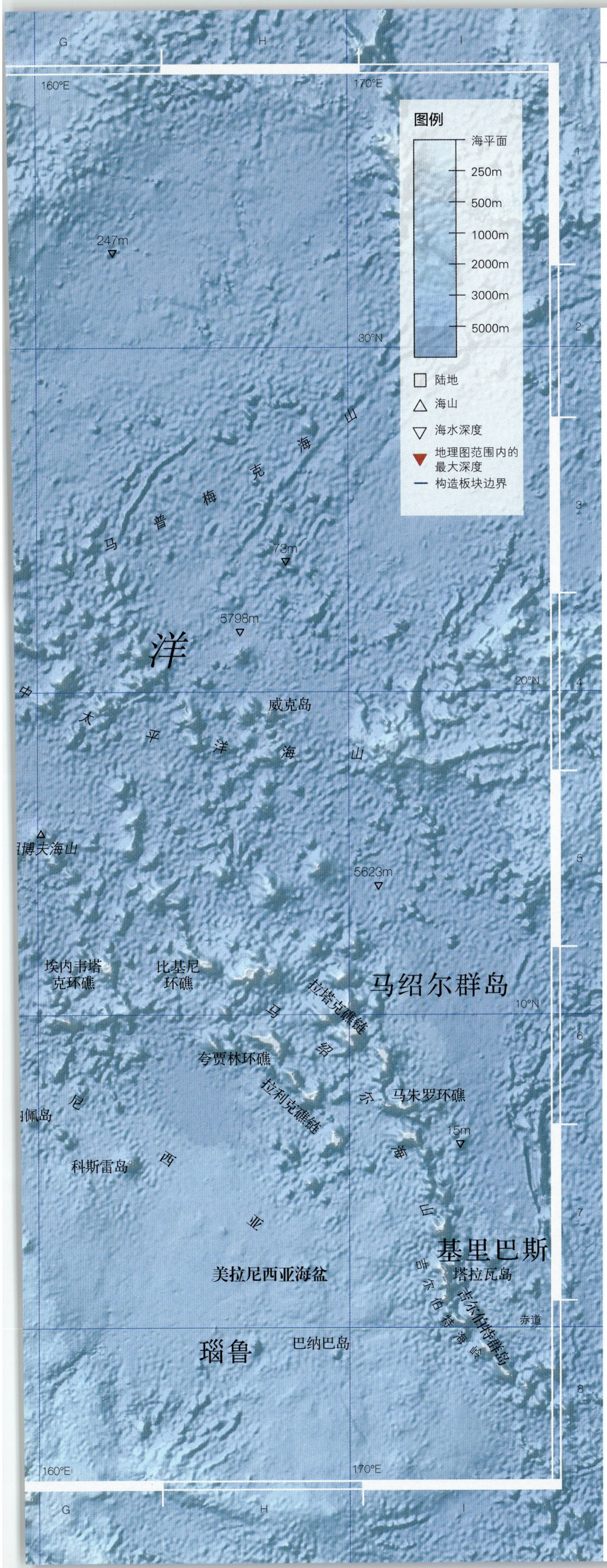

密克罗尼西亚群岛

密克罗尼西亚群岛是位于赤道以北的西太平洋的一块区域。其最西边为加罗林群岛和马里亚纳群岛，最东边为瑙鲁、马绍尔群岛和基里巴斯群岛（或吉尔伯特群岛）。

太平洋 B4

菲律宾海

面积 5×10⁶km²

最大深度 10,540m

流入 太平洋，南海

菲律宾海东边为马里亚纳群岛，西边为菲律宾，北边为日本，南边为帕劳。北赤道暖流经过这里，继续向北流，成为日本暖流。这里的海水在夏季变得十分温暖，是台风的孕育地。菲律宾海位于菲律宾板块上方，这一大洋板块在菲律宾海沟和琉球海沟处俯冲。菲律宾板块被九州—帕劳海岭分隔为2个主要海盆，西侧的菲律宾海盆最深、最古老，东侧是西马里亚纳海盆。九州—帕劳海岭以及硫磺岛海岭和西马里亚纳海岭，都是与古俯冲带相关的岛弧的残余。

台风造成的破坏

太平洋 E5

马里亚纳海沟

长度 2542km

最大深度 10,920m

闭合速率 4cm/y

菲律宾板块的东部边缘为北马里亚纳群岛的火山岛弧。其东侧是马里亚纳海沟，太平洋板块在此俯冲到菲律宾板块下方。其中的挑战者深渊深达10,920m，是已知的海洋最深处，其名源自1951年测量其深度的一艘英国考察船。1960年，人类首次借助“的里雅斯特号”潜水器对其进行勘探；1995—1998年及2009年，人们使用遥控水下航行器进行了探测；2012年，电影导演詹姆斯·卡梅隆乘坐单人潜水器“深海挑战者号”进行了探测。

马里亚纳群岛

马里亚纳群岛的南部岛屿是被珊瑚礁所环绕的石灰岩平台。

太平洋 I6

马绍尔群岛

类型 珊瑚环礁岛

面积 180km²

岛屿数量 34

散布于西太平洋洋底的海山大多远离板块边界。它们通常呈东南或西北走向排成一列，这与太平洋板块的运动方向一致。在热区处，地幔不时突破海洋地壳，形成火山，此处的海山也因此而成。有时海山突出于海平面之上，形成岛屿，而在马绍尔群岛，珊瑚环礁形成于板块远离热区、火山岛沉降之后。20世纪四五十年代，偏僻的埃内韦塔克环礁和比基尼环礁被选为美国核弹测试地点。一些船只在测试中沉没，不过人们认为其残骸并不会威胁到休闲潜水活动。

花园鳗

这些花园鳗是生活在马绍尔群岛的朗格拉普环礁底部的海洋生物之一。

中途岛和夏威夷群岛

在北太平洋中部，海洋环流呈顺时针方向；在北部，日本暖流的续流向东流，到了东部后转向南流，最终在夏威夷群岛以南作为北赤道暖流流返。这里的洋底以海山链（大多为西北—东南走向）和断裂带（大致为东西走向）为主。

太平洋 B1

天皇海山群

类型 海底火山链

长度 2000km

海山数量 17

天皇海山群从夏威夷群岛的西北部延伸2000多千米至北部的阿留申海沟，是夏威夷—天皇海山链最古老的部分，有超过4000万年的历史，越往北，历史越久远，深度越大。单座海山以不同天皇的称号命名。

太平洋 C3

中途岛

类型 珊瑚环礁岛

面积 6.2km²

岛屿数量 4

这一珊瑚环礁由4座岛屿组成，大致位于北美洲至亚洲的半途上。多年来，其因地理位置独特而被用于不同目的：先是通信电缆联结站，后是飞艇中途站，战时是海军和空军的重要基地，如今则是野生动物保护区。

太平洋 E3

夏威夷群岛

类型 火山岛

面积 16,600km²

岛屿数量 19

夏威夷群岛是一条火山链，东端是较大的活火山岛，西端是较古老的海山和环礁。其是天皇海山链的延伸，是太平洋板块先向北移，后向西—西北方向移动的过程中海床下同一个热区的产物。板块运动方向的这一变化大约发生于4000万年前，致使天皇海山链与夏威夷火山链的排列并不相同。

夏威夷的莫纳罗亚山是世界上最大的盾状火山。它从海床的山基升起大约17,000m，比珠穆朗玛峰高得多。其重量导致下方的海洋地壳下陷，从而形成了其以北的夏威夷海槽及以东的主岛。夏威夷群岛周边水域为热带海域，其水温适合珊瑚礁的发育。此区域的盛行风为东北信风，这使东北岸更为潮湿，绿色植被更多。

夏威夷的火山熔岩

从基拉韦厄火山喷出的玄武质熔岩流在夏威夷卡拉帕纳进入太平洋。

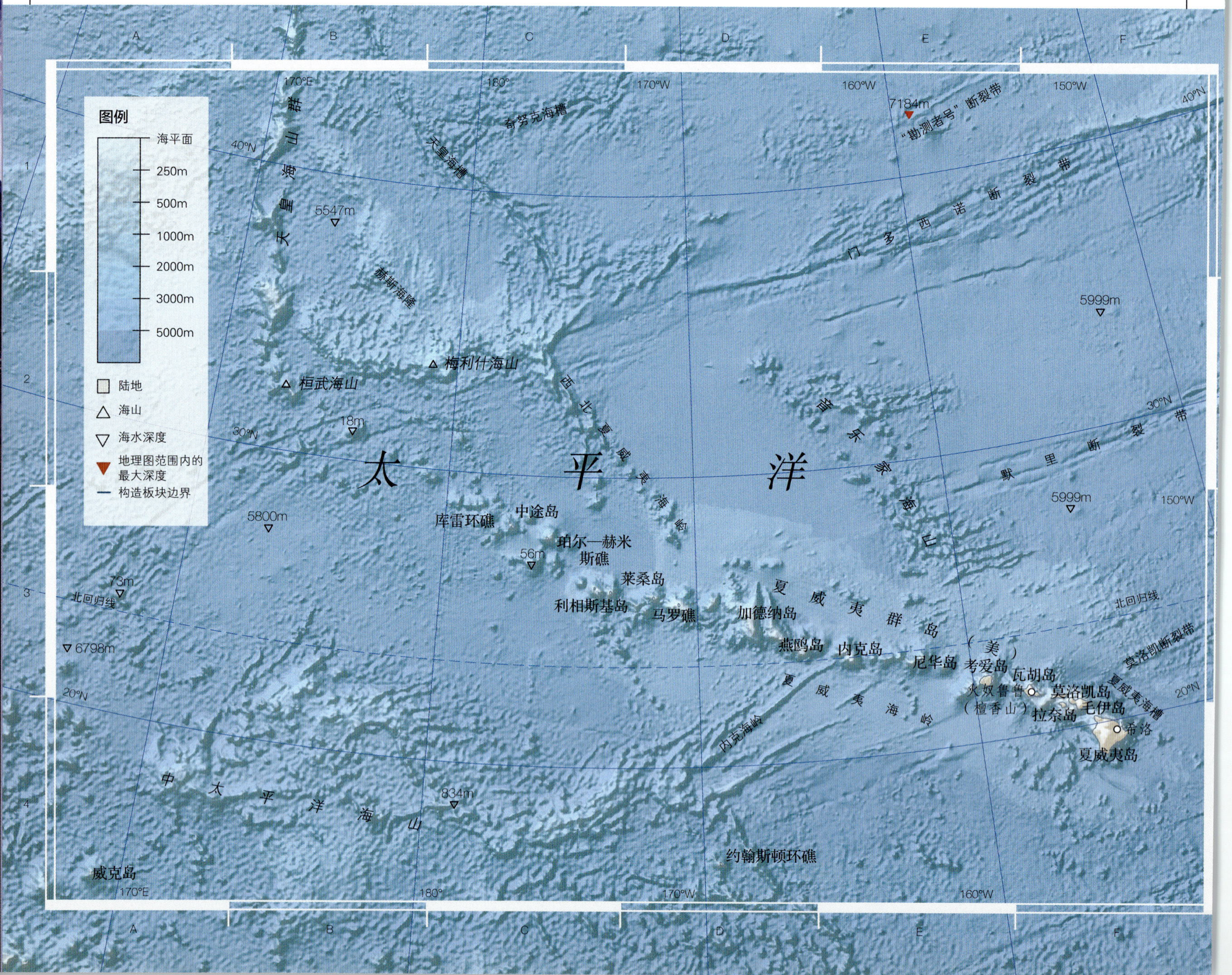

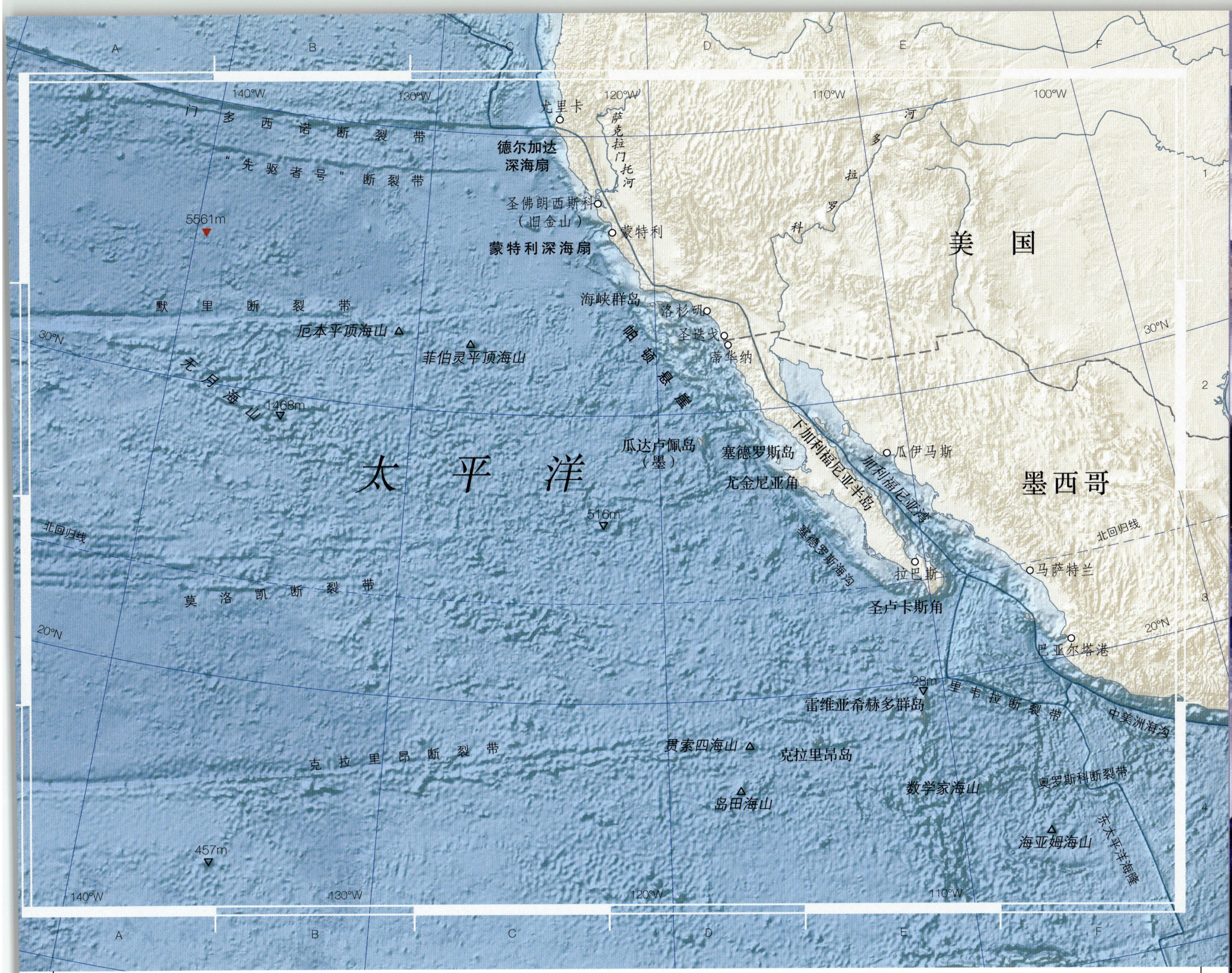

加利福尼亚湾

加利福尼亚寒流在北太平洋东部向南流，形成北太平洋环流的东段，并在北回归线以南作为北赤道暖流向西流返。而在加州海岸，还有一股寒冷的近岸流向北流去。太平洋东部的海床从北美大陆缓缓地向远洋倾斜，分布有极长的断裂带。

太平洋 C1

圣弗朗西斯科湾

面积 4160km²

最大深度 600m

流入 圣华金河，萨克拉门托河

此湾及相关水体造就了世界上最大的天然港。除圣弗朗西斯科外，奥克兰、里士满、斯托克顿、萨克拉门托和圣巴勃罗湾也有主要港口。此湾为河口，有大面积的盐沼，庇护着很多濒危物种。这里因海雾而闻名。

金门大桥

太平洋 C1

蒙特利湾

面积 1600km²

最大深度 3250m

流入 太平洋

蒙特利湾是世界上最多样化的海洋生态系统之一，有多种鱼、无脊椎动物、海鸟和哺乳动物（包括海獭、斑海豹、海象、宽吻海豚和海龟）。这里的鱼类加工业也很出名，于20世纪早期在罐头厂街发展起来。这里有世界上最长的海底峡谷之一——蒙特利海底峡谷，深达3000多米，在近海中绵延100km。峡谷北边的一座泥火山是烃类冷渗泉（详见第188—189页）的源头，这些冷渗泉支撑着以硫化合物代谢（而非太阳能）为基础的生态系统。类似的深海群落在大洋中脊的深海热泉也有发现。

太平洋 E2

加利福尼亚湾

面积 16 × 10⁴km²

最大深度 3050m

流入 富埃尔特河，索诺拉河，亚基河，科罗拉多河

加利福尼亚湾最初被西班牙探险家命名为“科提兹海”，此名在当地沿用至今。它是北美洲板块和太平洋板块的边界标志。下加利福尼亚半岛位于太平洋板块，以每年5cm的速度向西北方移动，逐渐离开墨西哥。在半岛北部的圣安德烈亚斯断层沿线，大地震频发。湾内的水体支撑着丰富的生态系统和健康的商业渔业。除了本地物种，还有座头鲸、蝠鲼和棱皮龟等迁徙物种。灰鲸的迁徙路程是哺乳动物中最长的，在返回8000km外的白令海之前，它们每年都在下加利福尼亚半岛的繁殖地逗留数周。

绿沙海滩

夏威夷岛上的帕帕科立沙滩（或译“马哈娜沙滩”）是世界上为数不多的由绿色沙子组成的海滩之一。这种独特的色调源于橄榄石，此矿物来自部分地包围着海滩的火山渣锥上那些受到侵蚀的岩石。

美拉尼西亚

“美拉尼西亚”源于希腊语的“黑人群岛”。此区域包括澳大利亚以北的岛屿，从西部的苏拉威西岛和新几内亚岛至东部的斐济和萨摩亚。其周围为热带海洋，温暖的水体得到向西流的南赤道暖流的补充。此地区地质条件复杂，一些区域火山活动频繁。

太平洋 F2

所罗门海

面积 72×10⁴km²

最大深度 8940m

流入 太平洋，珊瑚海

所罗门海位于所罗门群岛和新几内亚岛之间，其以北是新不列颠岛，以南是路易西亚德群岛。此区域地质条件复杂，是夹在向北移动的澳大利亚板块和向西移动的太平洋板块之间的封闭海盆的残余。此处海底似乎由一或两块很小的海洋构造板块（微型板块）构成。所罗门海微型板块自波克灵顿海槽的区域扩展开来，以顺时针方向旋转，俯冲向北方及（可能）西南方。在新乔治亚群岛附近，由于扩张脊处有俯冲作用发生，火山活动尤其强烈：2002年，卡瓦奇海底火山喷发，其喷发物冲破海面。在海的另一边，构造板块的隆起导致新几内亚的休恩半岛被抬升，在距海岸一段距离的内陆发现了被抬升的珊瑚台地。

拉包尔火山

1994年，新不列颠岛的拉包尔火山突然爆发，迫使拉包尔疏散民众。

太平洋 F1

俾斯麦海

面积 32×10⁴km²

最大深度 2800m

流入 太平洋，所罗门海

巴布亚新几内亚北岸的俾斯麦海被火山岛围绕，其中最大的是新不列颠岛。海底的俾斯麦微型板块夹在向北移动的澳大利亚板块和向西移动的太平洋板块及加罗林板块之间。俾斯麦海北部群岛的岛屿因加罗林板块及太平洋板块的俯冲作用而形成。两者的俯冲作用以北部的马努斯海沟为标志。南部的火山目前比较活跃，这源自所罗门海微型板块在新不列颠海沟的俯冲作用。东部是翁通爪哇海隆。这一海底高原是世界上最大的岩浆岩分布区之一，由溢流玄武岩构成，有的岩石可追溯到1.2亿年前。

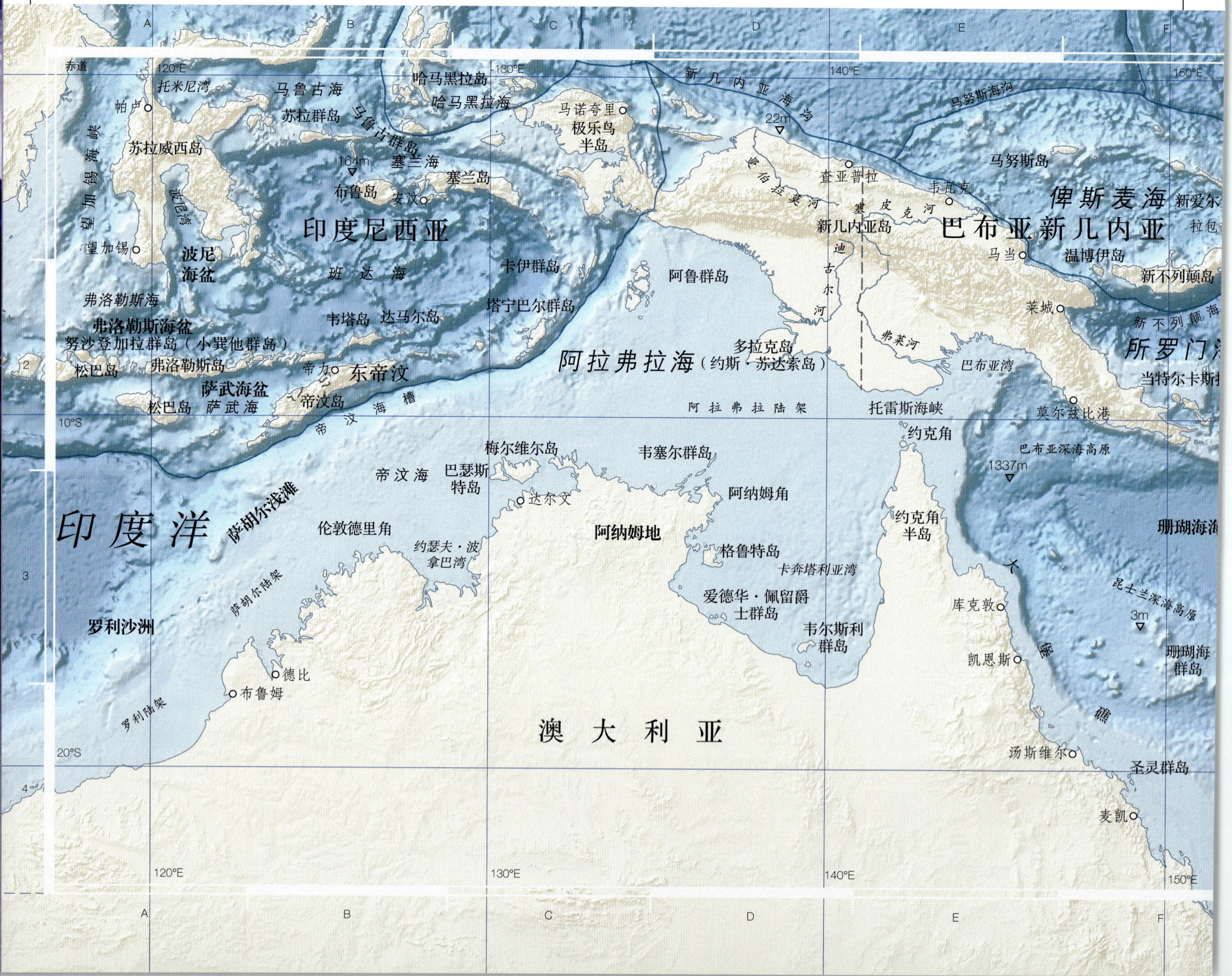

太平洋 C2

阿拉弗拉海

面积 65×10⁴km²

最大深度 80m

流入 珊瑚海，帝汶海，班达海

阿拉弗拉海位于较浅的大陆架上方，标志着太平洋与印度洋的分界。在印度夏季风盛行时，南赤道暖流推动海水向西流入印度洋；在印度的冬季，赤道逆流盛行，海水向东流入太平洋。

阿拉弗拉海的日落

大堡礁

大堡礁是世界上最大的珊瑚礁结构，绵延2000多千米。

太平洋 G3

珊瑚海

面积 48×10⁵km²

最大深度 9165m

流入 中太平洋西部，弗莱河，普拉里河，基科里河

这片热带海域因其大部分海岸沿岸的珊瑚礁而得名。珊瑚海西侧的大堡礁（详见第161页）延伸至澳大利亚大陆架的边缘。来自太平洋的温暖海水在珊瑚海中微弱地环流，然后经托雷斯海峡向西流出，或作为东澳大利亚暖流向南流去。在珊瑚海的东侧与北侧，澳大利亚板块的海洋板块部分产生俯冲作用，从而形成了深深的海沟。火山作用催生了所罗门群岛和瓦努阿图岛链。这些岛屿的火山爆发可产生浮石——一种因内部含有气泡而可以在水中漂浮的火山岩。不时有成堆浮石被冲到珊瑚海的西海岸。

太平洋 K3

斐济深海高原

面积 80,000km²

平均深度 小于250m

斐济深海高原是斐济板块最厚的部分。最初，斐济群岛是沿瓦努阿图和所罗门群岛延伸的火山岛弧的一部分。太平洋板块的运动方向发生改变时，这些岛屿随之向东移，促使新的海洋地壳在北斐济海盆形成。其以南的猎人海岭是促成这一向东移动的转换断层的标志，而以北的“维塔兹号”海沟则是形成岛屿的俯冲带的标志，尽管此海沟如今并不活跃。随着时间的推移，大量的石灰岩陆台在原始的火山岛周围积聚，它们因年轻的北斐济海盆的扩张而被抬升、产生断层和褶皱。由于斐济的数百个岛屿周围都有珊瑚礁，陆台如今仍在增长。

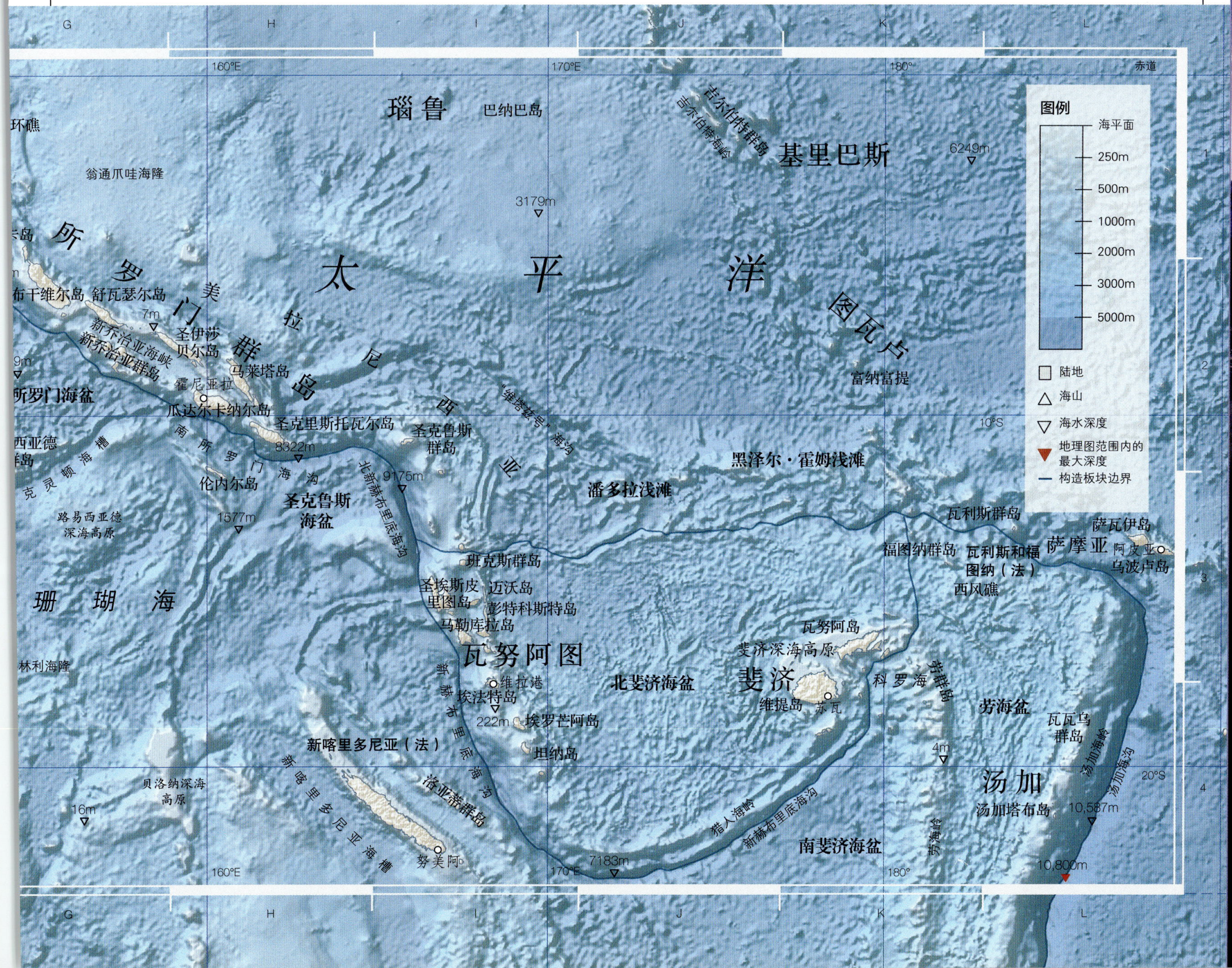

近距离相遇

在穆罕默德保护区，一只玳瑁游经一群水肺潜水员身旁。该保护区位于埃及沙姆沙伊赫受欢迎的红海潜水度假区附近。

潜水旅游

1943年，法国潜水员雅克·库斯托与爱米尔·加尼安发明了水肺（自给式水下呼吸器），这一创举使潜水从仅限军人、科学家及少数特权者从事的活动变为大众可参与的活动，令更多的民众可以领略水下世界的奇观。尽管存在一定的风险（潜水仍被很多保险公司归类为极限运动），但现已有大量的培训机构和课程辅助潜水学员安全地从事这一活动。随着潜水可行性的提高，人们对海洋环境的兴趣日益增长，潜水活动在那些既有旅游市场又有适宜进行水肺潜水的地区蓬勃发展起来。据估计，仅在美国，活跃的潜水者人数便达100万—300万。

就潜水体验而言，现代的潜水者面临眼花缭乱的选择。最简单的潜水形式是参加某个度假区开设的潜水课程，这些课程会提供所需的设备及训练，并由教练带领潜水者在当地景点周围潜水参观。更专业的潜水形式是选择专门的潜水假期，由专业的潜水员探寻一处独特的场地进行潜水景观探险。有些潜水爱好者则借助船只去更偏远的地点探索海底世界。对于那些最热衷的潜水者来说，他们可能会加入某个专业的潜水探险组织，通过此组织到偏远的地方从事保育或考察工作，时间长达数周甚至数月。

潜水员必须遵守的准则

绝大多数的现代潜水活动和旅游部门都恪守一套严格的指导准则，以令过多潜水活动对珊瑚礁的影响最小化。潜水员必须遵守的准则包括以下几点：禁止触碰珊瑚；保持浮力调节，从而避免与珊瑚礁的意外接触；禁止收集贝壳、珊瑚及其他纪念物；禁止触碰、骚扰或喂养任何海洋动物；与大型海洋动物（例如鲸）保持一定距离。

安全第一

一位潜水教练教新手在失去氧气面罩后该如何应对。潜水者在水下靠手势沟通。

潜水活动

潜水地点

残骸　并不只是具有生命的世界才吸引潜水者。在海洋中的某些地方，比如图中加勒比海的某处，海床上布满了沉船残骸。探索这些残骸就如同回到过去的时光中游历一般。

礁石　珊瑚礁向人类展示了地球上一些最壮观的景色。健康的珊瑚礁是各种野生生物的栖息地，包括很多色彩艳丽的鱼类，如这些游弋于夏威夷一处珊瑚礁上的月斑蝴蝶鱼。

利弊

生态旅游　一些热衷于保育工作的潜水者在假期期间协助科学家研究珊瑚礁。

地方经济　主要潜水地点的当地居民可以通过提供潜水服务获益。但若某个地点过于受欢迎的话，巨大数量的游客就会对珊瑚礁造成严重破坏。

与野生动物互动

喂鲨鱼　喂饲处于食物链顶端的掠食者，比如这条加勒比礁鲨，是个复杂的问题。尽管这样的活动会改变鲨鱼的习性，却在很多地方越来越受欢迎，这间接导致当地有关人员要对鲨鱼进行保护。

不良行为　一个在红海中潜水的男孩触碰了一只刺鲀，引起它膨胀。触摸海洋野生动物有可能对动物和潜水者本身都产生伤害，这种行为在潜水员必须遵守的准则中是被禁止的。

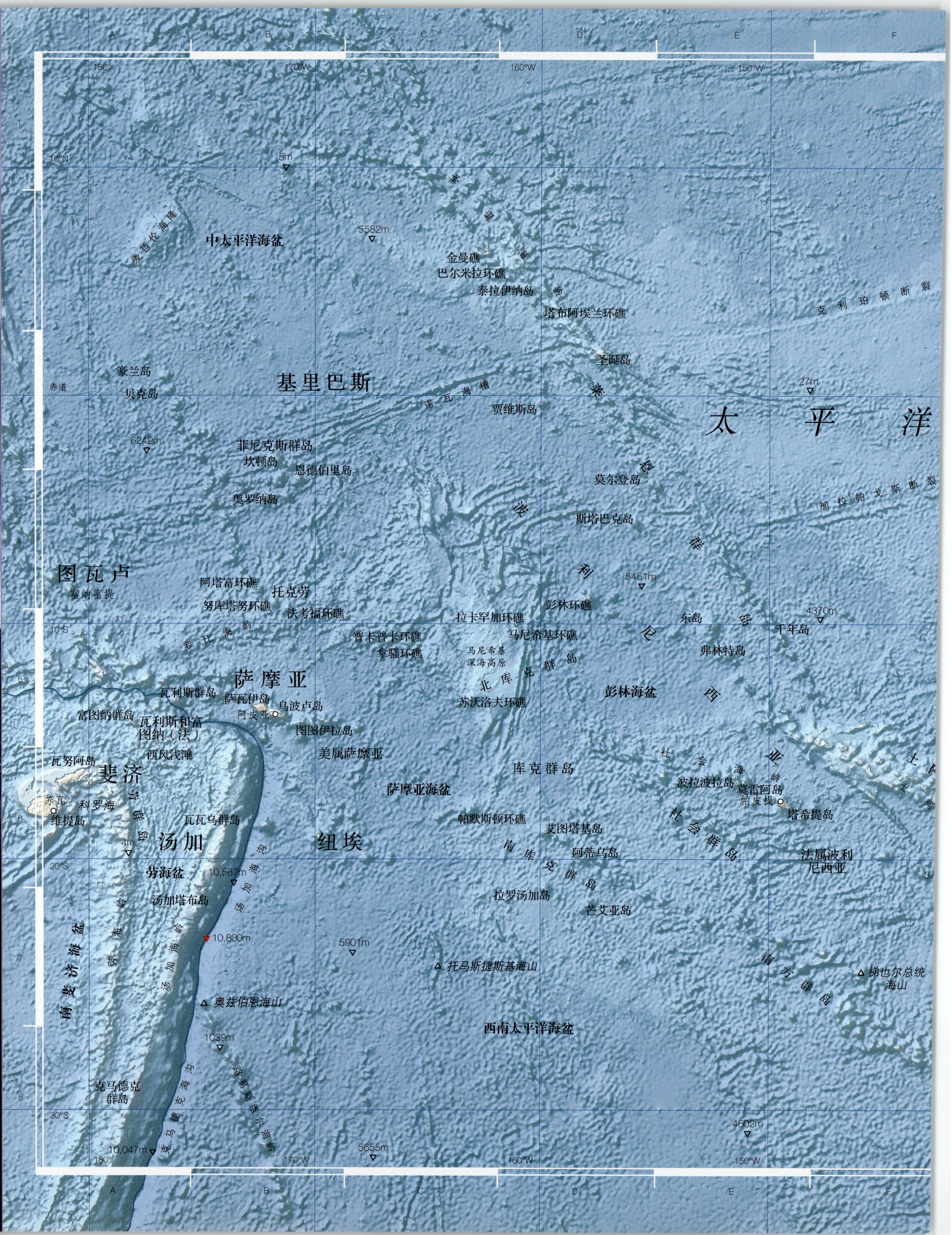
中太平洋海盆
麦哲伦海隆
金曼礁
巴尔米拉环礁
泰拉伊纳岛
塔布阿埃兰环礁
圣诞岛
克利珀顿断裂
豪兰岛
贝克岛
赤道
基里巴斯
诺瓦海槽
贾维斯岛
太平洋
菲尼克斯群岛
坎顿岛
恩德伯里岛
奥罗纳岛
莫尔登岛
斯塔巴克岛
加拉帕戈斯断裂
图瓦卢
富纳富提
阿塔富环礁
努库塔努环礁
托克劳
法考福环礁
普卡普卡环礁
拿骚环礁
拉卡罕加环礁
马尼希基环礁
马尼希基深海高原
彭林环礁
东岛
千年岛
弗林特岛
北库克群岛
彭林海盆
萨摩亚
瓦利斯群岛
萨瓦伊岛
乌波卢岛
阿皮亚
富图纳群岛
瓦利斯和富图纳（法）
图图伊拉岛
美属萨摩亚
西风浅滩
瓦努阿岛
斐济
苏瓦
维提岛
科罗海
汤加
瓦瓦乌群岛
纽埃
萨摩亚海盆
帕默斯顿环礁
库克群岛
艾图塔基岛
阿蒂乌岛
南库克群岛
拉罗汤加岛
芒艾亚岛
社会群岛
波拉波拉岛
莫雷阿岛
帕皮提
塔希提岛
法属波利尼西亚
劳海盆
汤加塔布岛
汤加海沟
10,800m
10,587m
南斐济海盆
托马斯捷斯基海山
奥兹伯恩海山
西南太平洋海盆
南方群岛
梯也尔总统海山
克马德克群岛
克马德克海沟
路易斯维尔海岭
10,047m
5582m
6249m
5451m
4370m
5901m
5655m
4602m
27m
5m
4m
1039m
180°
170°W
160°W
150°W
10°N
10°S
20°S
30°S

海洋地貌示意图集

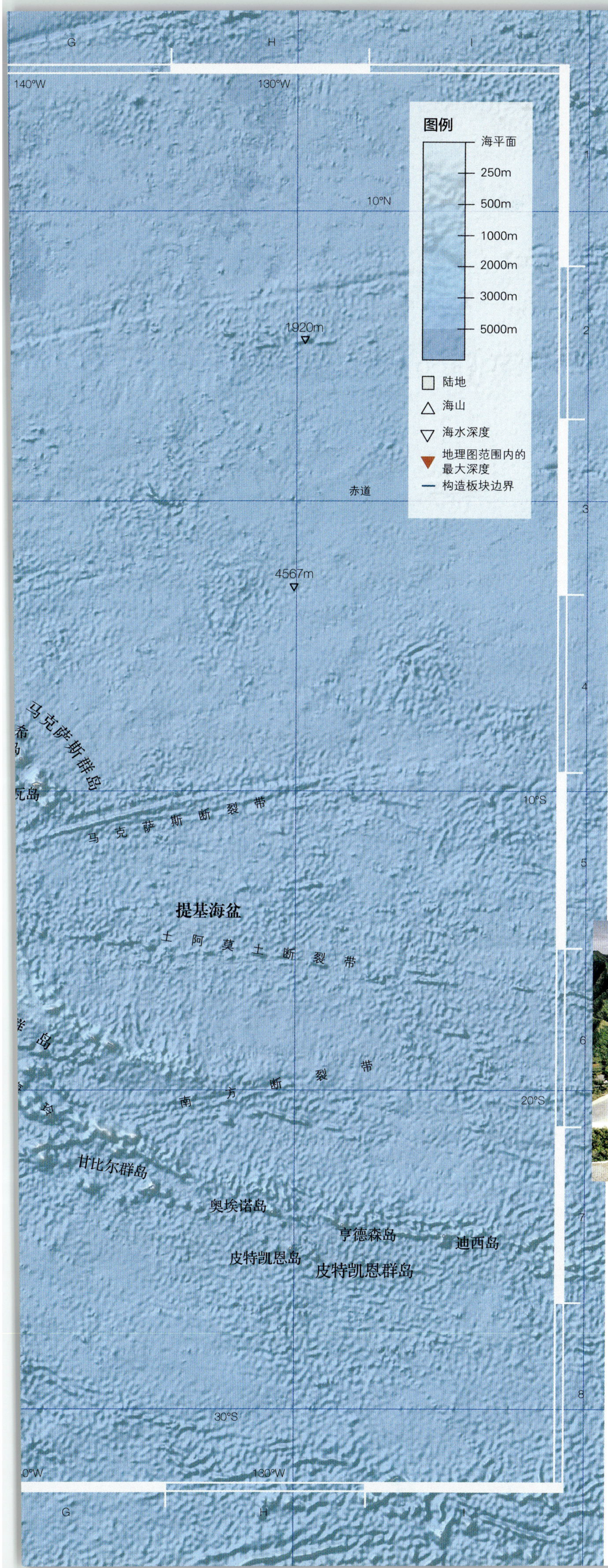

波利尼西亚

西南太平洋的洋底散布着岛群和海山，并被主要的断裂带分割。其最深处位于汤加海沟，太平洋板块在这里俯冲到澳大利亚板块下方。逆时针方向的南太平洋环流控制着这片区域的洋流，赤道南北两侧是向东流的赤道逆流。

太平洋 G4

马克萨斯群岛

类型 火山岛

面积 1270km²

岛屿数量 15

从起源来看，马克萨斯群岛是火山岛，位于地幔热区上方，山高岭峻。强劲的南赤道暖流自东而至，撞上群岛，使这里形成侵蚀型海岸，悬崖峭壁间散布有海蚀洞。仅少数掩蔽的海湾中有珊瑚礁。此群岛是地球上所有群岛中距离大陆最远的。尽管如此，其在1946年还是遭受了阿拉斯加大地震的影响，被地震引发的海啸侵袭，当时某些地方的海浪高达12m。

侵蚀型火山海岸线

太平洋 D5

库克群岛

类型 火山岛

面积 240km²

岛屿数量 15

库克群岛分为两部分：北部为低洼的珊瑚环礁，大多从马尼希基深海高原升起；南部主要为较高的火山岛。其最大的岛屿——拉罗汤加岛从洋底升起4500m，海拔652m。约公元前300年，东部美拉尼西亚的原住民途经斐济、汤加和萨摩亚迁居至此。他们擅长海洋探险。当时，欧洲水手还依赖于通过观测陆地来定位的方法，而波利尼西亚人已善于使用多种航海辅助手段，包括观测星象，熟知洋流、风向、海浪形态及鸟类的飞行。1773年，詹姆斯·库克船长成为首位发现此群岛的欧洲人。19世纪，俄罗斯水手为纪念他而以其名字为群岛命名。

拉罗汤加岛

与南库克群岛的大多数岛屿一样，拉罗汤加岛的裙礁从岸边向海延展数百米，为一个浅潟湖和沿岸平原提供了保护。

太平洋 F6

土阿莫土群岛

类型 珊瑚环礁岛

面积 885km²

岛屿数量 78

土阿莫土群岛是世界上最长的珊瑚环礁链，绵延2000多千米。公元700年，波利尼西亚人定居于此。1521年，斐迪南·麦哲伦成为首位为这里绘制地图的欧洲人。此处因稀有的黑珍珠而闻名。此群岛是法属波利尼西亚的一部分，1966—1996年，穆鲁罗瓦岛和方阿陶法岛被定为法国核弹测试地点，共进行了约200次核测试。火山岛沉降后，剩下的裙礁成为环礁。群岛从土阿莫土海岭升起，后者是6300万—4000万年前由火山物质堆积而成的海底高原。这座海岭东南端的甘比尔群岛较年轻，其火山峰仍处于海平面之上。

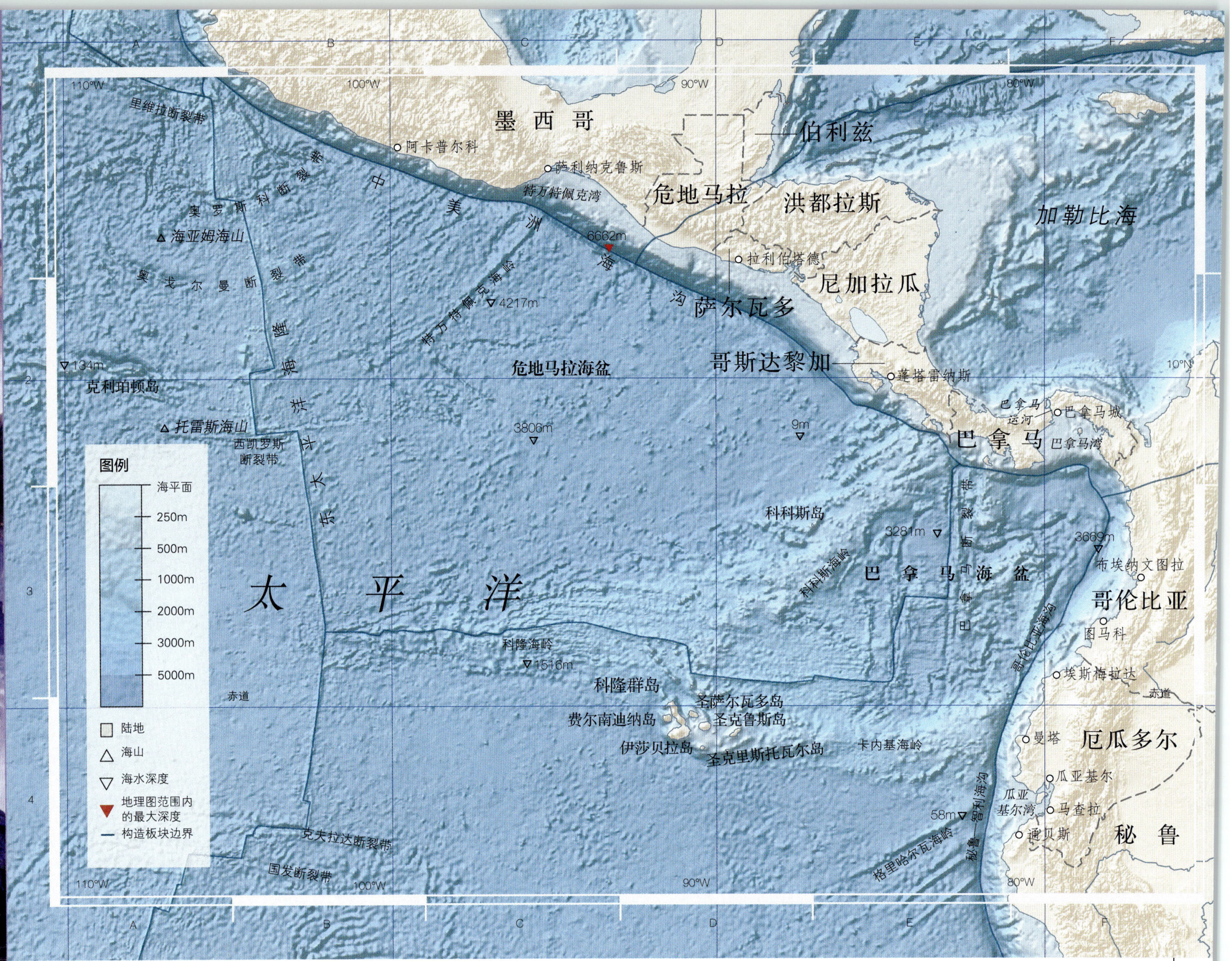

科隆群岛

赤道逆流自西向东流入东太平洋的赤道区域，汇入危地马拉海盆上方的逆时针走向的小环流中。从南方而来的秘鲁寒流注入南赤道暖流，穿过太平洋向西流去。这一区域位于科科斯板块和纳斯卡板块之上，这两个板块都是原东太平洋板块的残余。

太平洋 B2

东太平洋海隆

长度 9000km

洋底之上的高度 1000m

扩张速率 11—15cm/y

这是世界上扩张速度最快的大洋中脊，它宽阔、平缓，甚少转换偏移。人们在此首次发现深海热泉，又称“黑烟囱”（详见第188—189页）。管虫、蛤蜊、虾及蟹等的群落靠热泉喷出的化学物质生存。

太平洋 C1

中美洲海沟

长度 2750km

最大深度 6662m

闭合速率 9cm/y

在中美洲海沟处，科科斯板块俯冲到北美洲板块和加勒比板块下方。一条火山链沿中美洲西海岸形成，位于海沟后方的俯冲带南部的火山活动最为活跃。此地区的地震是由板块运动引起的。

太平洋 D3

科隆群岛

类型 火山岛

面积 7850km²

岛屿数量 19

1570年，科隆群岛首次出现在由佛兰德制图师亚伯拉罕·奥特柳斯和杰拉杜斯·麦卡托绘制的地图上。科隆群岛又名“加拉帕戈斯群岛”，这一名字源于古西班牙语的“乌龟”一词，因为早期的游客发现岛上有巨龟。岛上的很多物种（包括海鬣蜥）都经历了独特的进化，以适应当地环境。这里的海鬣蜥是唯一一种在海里觅食的鬣蜥，可潜入15m深的海中觅食海藻。得益于秘鲁寒流，加拉帕戈斯企鹅可在赤道附近存活。科隆群岛是地幔热区上方火山喷发的产物。这一地幔热区还令科科斯板块与纳斯卡板块在科隆海岭处分离。科隆群岛所在的纳斯卡板块向东移动，因此群岛中最古老的岛屿位于东部。这些岛屿已沉寂了数百万年，但较年轻的岛屿中有些仍是活火山。其以东的卡内基海岭也是由科隆热区所喷发的物质形成的。

科隆群岛的海鬣蜥

得益于对科隆群岛独特的动物（包括海鬣蜥）所进行的研究，英国自然科学家查尔斯·达尔文系统地阐述了其进化论。

复活节岛

在南太平洋的东部，秘鲁寒流沿南美洲海岸向北流，形成南太平洋环流的东段，并在赤道地区转向西流，汇入南赤道暖流。在有些年份，这一洋流减弱，导致温暖的海水在东部海域积聚，扰乱了太平洋很大一片海域的天气模式。

太平洋 F2

秘鲁—智利海沟

长度 5900km

最大深度 8069m

闭合速率 7.8cm/y

秘鲁—智利海沟（又称“阿塔卡马海沟”）是世界上最长的海沟，标志着纳斯卡板块与南美洲板块相遇之处。纳斯卡板块是密度较大的海洋地壳，俯冲到浮力较大的南美洲大陆板块下方。在这一汇聚作用下，南美洲的地壳变形并增厚，从而形成安第斯山脉。俯冲板块周围岩石的融化导致了火山活动，安第斯山脉的很多高峰都是火山。在20世纪，沿秘鲁—智利海沟发生的地震引发了9次大型海啸，造成2000多人死亡。在大多数年份，信风将表层海水带离海岸，造成富含养分的深层海水在秘鲁海岸处上涌，令这片海域尤为多产，渔获量大，其中以鳀鱼和沙丁鱼为主。然而，受厄尔尼诺现象（详见第68—69页）影响时，风向逆转，渔获量骤降。

太平洋 B3

复活节岛

类型 火山岛

面积 164km²

岛屿数量 1

复活节岛靠近东太平洋海隆，后者以西为太平洋板块，以东为纳斯卡板块。此岛是复活节断裂带的最高点，这条断裂带由一系列海岭和海沟组成，是一个转换断层的体现，此断层自东部的秘鲁—智利海沟绵延5900km至西部的土阿莫土群岛（详见第477页），横跨南太平洋。1722年，一帮荷兰水手于复活节当天到此，并以复活节命名此岛。早在此前1000年，波利尼西亚人已在岛上定居，他们如今称之为“拉帕努伊岛”。此岛因巨石雕像（摩艾）而闻名。岛上的900尊雕像中，约有一半是采石场中的未完成品——似乎在第一批欧洲探险者到来的一个世纪前，岛民突然不再雕刻石像。人们认为，当时岛上的森林和土壤损耗殆尽，岛民对资源的激烈争夺令社会瓦解。

摩艾

复活节岛神秘的摩艾是用质地较软的火山岩雕刻而成，这些火山岩采自拉诺·拉拉库采石场。

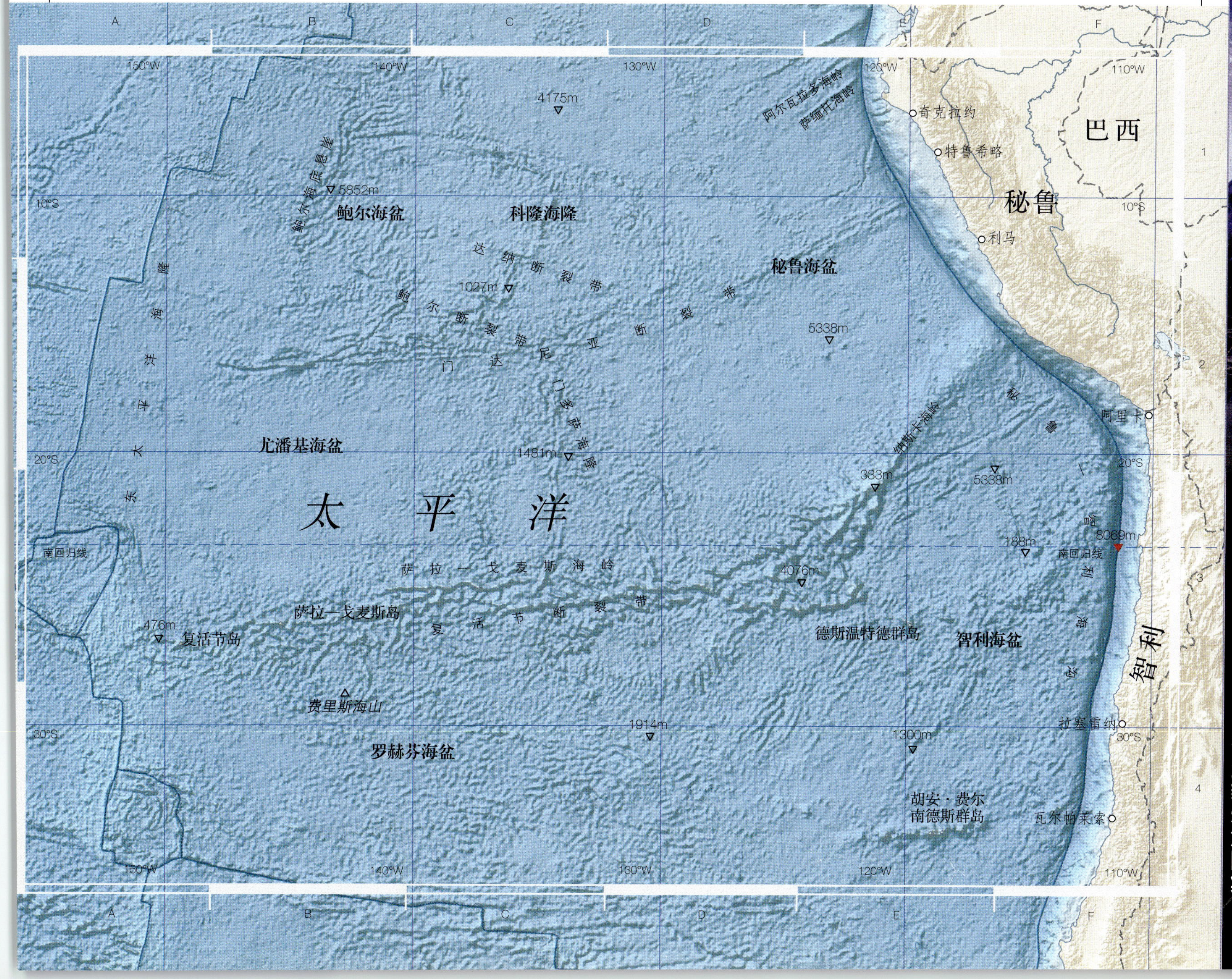

澳大利亚东南部和新西兰

从东方而来的洋流到达澳大利亚东北部后汇入东澳大利亚暖流，接着沿澳大利亚海岸向南流，然后在新西兰北部转向东流。在新西兰南部，南极绕极流自西向东推进。新西兰位于太平洋板块和澳大利亚板块的交界处。

太平洋 G4

克马德克—汤加海沟

长度 2500km

深度 10,800m

闭合速率 15—24cm/y

克马德克—汤加海沟位于新西兰的北岛与汤加的岛屿之间。太平洋板块与澳大利亚板块在这一俯冲带汇聚。此海沟北端曾测到24cm/y的闭合速率，是目前所记录的板块运动最快速度。更古老的太平洋板块正俯冲到浮力较大、较年轻的澳大利亚板块下方。汤加海岭和更古老的劳海岭形成了火山弧。快速的板块移动导致澳大利亚板块的扩张，以及位于两条海岭之间的弧后盆地——劳海盆的形成。洪阿哈阿帕伊岛南端的新陆地是这一岛链的最新部分，其在数次海底火山喷发后，于2009年显现。汤加的36个岛屿与斐济、萨摩亚一起成为波利尼西亚航海文化的摇篮，至12世纪，此文化已扩展到整个南太平洋地区。

太平洋 B6

巴斯海峡

长度 400km

最小宽度 100km

巴斯海峡将塔斯马尼亚岛和澳大利亚隔开，位于较浅（约50m深）的大陆架上方。来自南极海洋的强风和强洋流作用于这片浅水区，令此水域常出现惊涛骇浪。19世纪，在未有灯塔指引之前，成百上千的船只在这里失事。20世纪60年代和90年代，人们在其东部海床发现了天然气田。

菲利普岛

太平洋 C5

塔斯曼海

面积 23 × 10⁵km²

最大深度 5945m

流入 围绕南极洲的海洋，珊瑚海

这片温暖的海域由荷兰探险家阿贝尔·塔斯曼于1642年发现，当时他正在寻找“未知的南方大陆”。这趟航行使他成为第一个到达塔斯马尼亚岛、新西兰、汤加和斐济的欧洲人。塔斯曼海北部为亚热带气候，南部受亚南极冰冷海水的影响，气候温和。

太平洋 H3

西南太平洋海盆

面积 23 × 10⁶km²

最大深度 5655m

流入 太平洋，围绕南极洲的海洋

这一海盆位于新西兰和克马德克—汤加海沟以东。东部以东太平洋海隆（详见第478页）为界，南部以太平洋—南极海隆为界，北部以波利尼西亚岛链为界。其底部大部分为深海平原，路易斯维尔海岭是唯一突出的海山链。北部和南部的锰矿储量丰富。

豪勋爵岛

得益于东澳大利亚暖流的温暖海水，豪勋爵岛的珊瑚礁是最靠南边的。

太平洋 E5

新西兰

类型 微大陆岛群

面积 268,680km²

岛屿数量 2座主岛（700座小岛）

8000万年前，新西兰与澳大利亚大陆及南极大陆分离，如今，它位于太平洋板块和澳大利亚板块的交界处。阿尔卑斯横断层横跨南岛700km。在250km宽的区域内，地壳压缩及变形使南阿尔卑斯山抬升（海拔高度达4000m）。板块边界向北延伸为希库朗伊海沟（这一典型的俯冲带导致了北岛的火山活动），向南延伸为麦夸里海岭（这里的浅俯冲带抬升了澳大利亚板块）。2010—2012年，一大波地震袭击了南岛，其中2011年的最大一次地震造成185人死亡，并摧毁了克赖斯特彻奇的一座古老教堂。新西兰的主岛是一片宽广的大陆地壳区域的最高点，这片区域包括坎贝尔深海高原（世界上最大的水下大陆地壳）、挑战者深海高原和查塔姆海隆。

坎贝尔岛

从起源来看，新西兰亚南极群岛中最靠南的坎贝尔岛主要为火山岛。

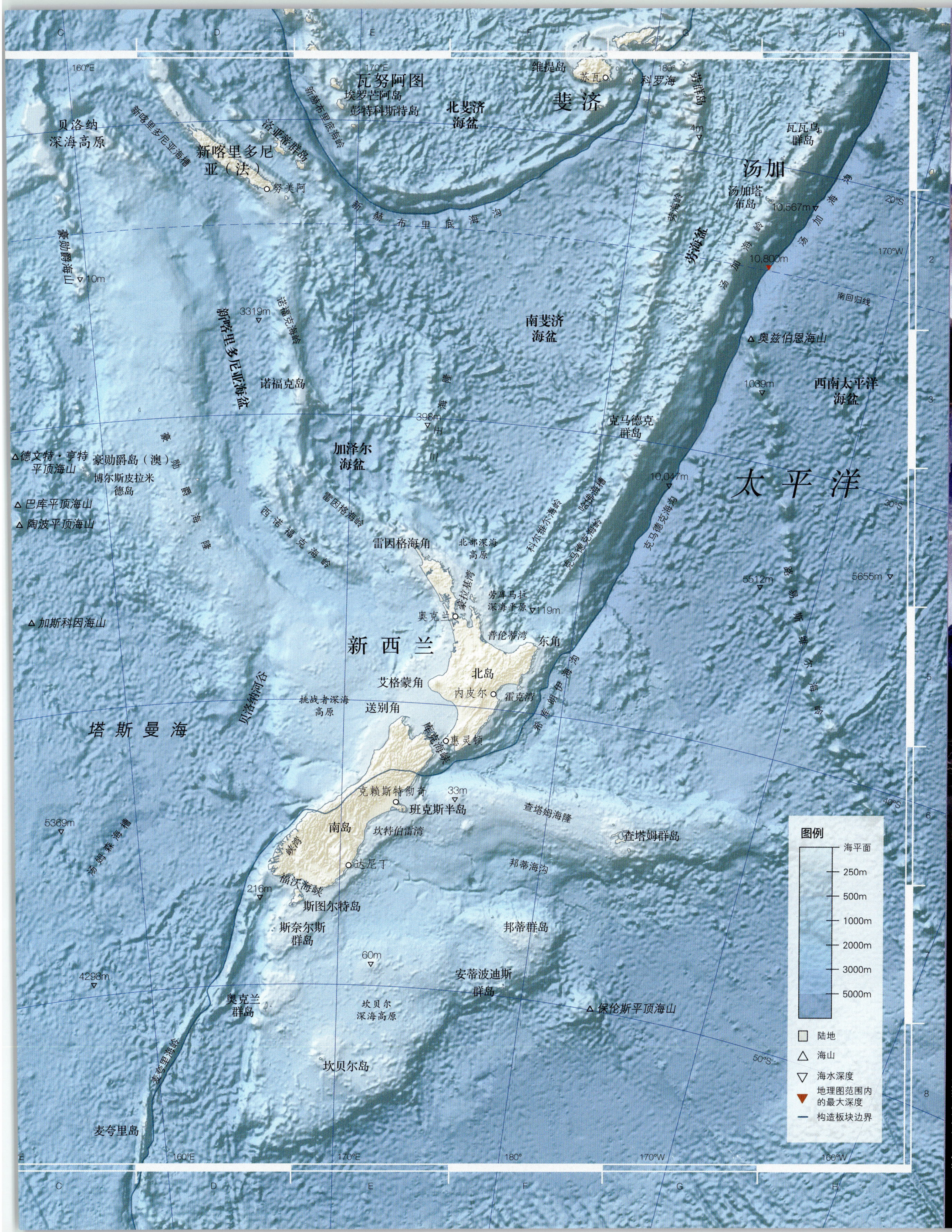

瓦努阿图
埃罗芒阿岛
彭特科斯特岛
北斐济海盆
斐济
维提岛
苏瓦
科罗海
汤加
瓦瓦乌群岛
汤加塔布岛
10,567m
10,800m
汤加海沟
南回归线
奥兹伯恩海山
西南太平洋海盆
南斐济海盆
克马德克群岛
10,047m
克马德克海沟
太平洋
贝洛纳深海高原
新喀里多尼亚（法）
努美阿
新赫布里底海沟
新喀里多尼亚海槽
新喀里多尼亚海盆
诺福克海岭
诺福克岛
3319m
加泽尔海盆
德文特·亨特平顶海山
豪勋爵岛（澳）
博尔斯皮拉米德岛
巴库平顶海山
陶波平顶海山
加斯科因海山
西诺福克海岭
豪勋爵海隆
雷因格海岭
雷因格海角
北部深海高原
奥克兰
劳库马拉深海平原
119m
普伦蒂湾
东角
新西兰
北岛
艾格蒙角
内皮尔
霍克湾
挑战者深海高原
送别角
惠灵顿
库克海峡
希库朗伊海沟
塔斯曼海
贝洛纳河谷
克赖斯特彻奇
33m
班克斯半岛
查塔姆海隆
南岛
坎特伯雷湾
查塔姆群岛
达尼丁
邦蒂海沟
5369m
塔斯曼海槽
216m
福沃海峡
斯图尔特岛
斯奈尔斯群岛
邦蒂群岛
60m
4298m
安蒂波迪斯群岛
奥克兰群岛
坎贝尔深海高原
保伦斯平顶海山
坎贝尔岛
麦夸里岛
麦夸里海岭
5612m
5655m
1069m
10m
398m
160°E
170°E
180°
170°W
160°W
20°S
30°S
40°S
50°S
图例
海平面
250m
500m
1000m
2000m
3000m
5000m
陆地
海山
海水深度
地理图范围内的最大深度
构造板块边界

围绕南极洲的海洋

整个南极洲都被海洋包围着，这片海域连接了印度洋、大西洋和太平洋。直到1820年，南极洲海岸才被人发现；直到20世纪，人们才对其进行了彻底的探索。一般认为，围绕南极洲的海洋位于南纬60°以南，但是从物理角度来说，以南极绕极流的范围来对之加以界定更好。

威德尔海豹在冰下潜泳

海洋环流

向东流的南极绕极流是世界上最强的洋流。其流经的深度可达3000m，每秒挟带$135\times10^3m^3$的水穿过德雷克海峡。其将来自赤道的热量转移，从而将南极洲隔热，促使南极洲的厚冰盖形成。寒流在印度洋、大西洋和太平洋的东部都有向北流的分支。南极绕极流（又称“西风漂流”）由盛行的西风推动，它的吹袭不受任何大陆的阻挡。围绕南极洲的海洋是世界上风速最高的地方：往南航行的船只首先会遇到“咆哮40度”，接着是“狂暴50度”，之后是“尖叫60度”。

海冰和冰山

南极洲周边的大部分海面终年可见漂浮着的平顶冰山和海冰。

洋底

围绕南极洲的海洋的独特之处在于其没有由大陆块明确界定边界的海盆：其环绕南极点，跨越了360个经度。在南极洲板块边缘的大陆架与海岭之间有一系列较深的海盆。厚达2.5km的南极冰盖的重量使地壳受挤压，导致这里的大陆架比其他大陆的更窄、更深。附近的扩张脊促进了冈瓦那大陆的分解，分解过程以1.65亿年前非洲大陆的北移为起点。凯尔盖朗深海高原是一片较厚的海洋地壳，位于围绕南极洲的海洋与印度洋之间。其是世界上最大的海底高原之一，由约9700万年前喷出的溢流玄武岩构成。

冰瀑

淡的冰川融水遇到冰冷的海水后会再次结冰，而海水因含有盐分，不会结冰。

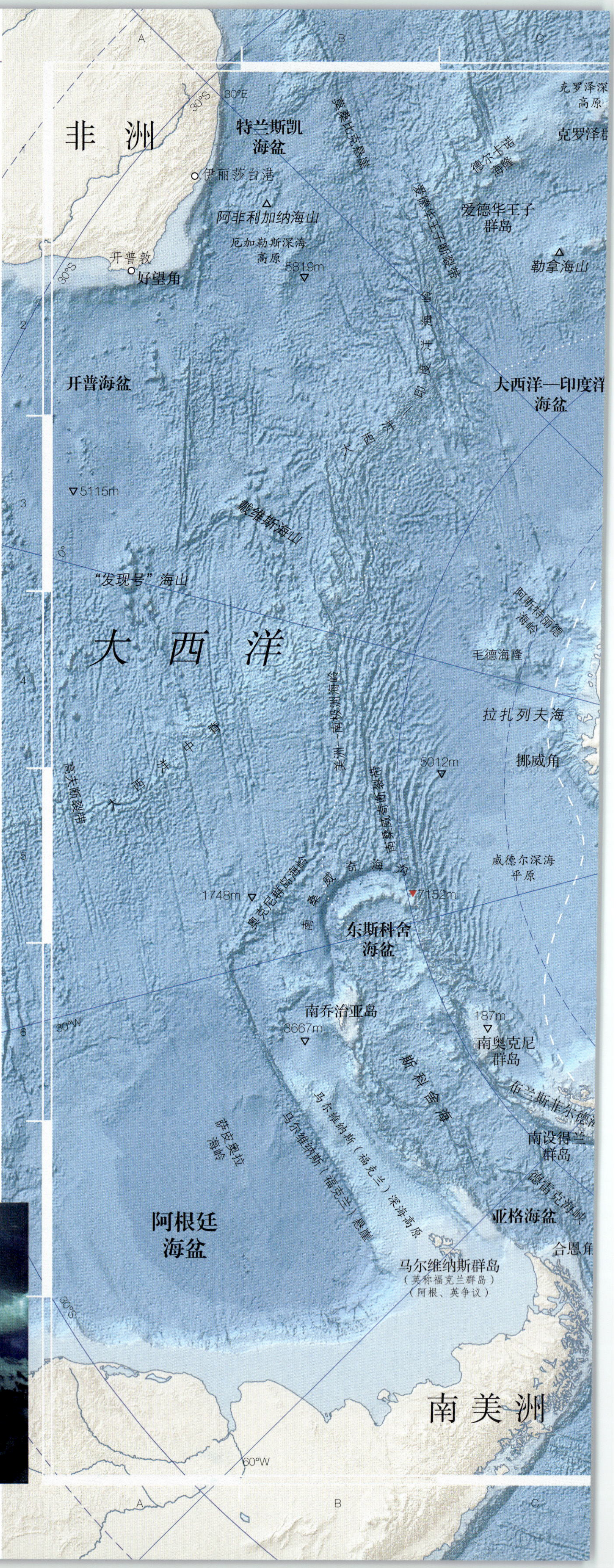

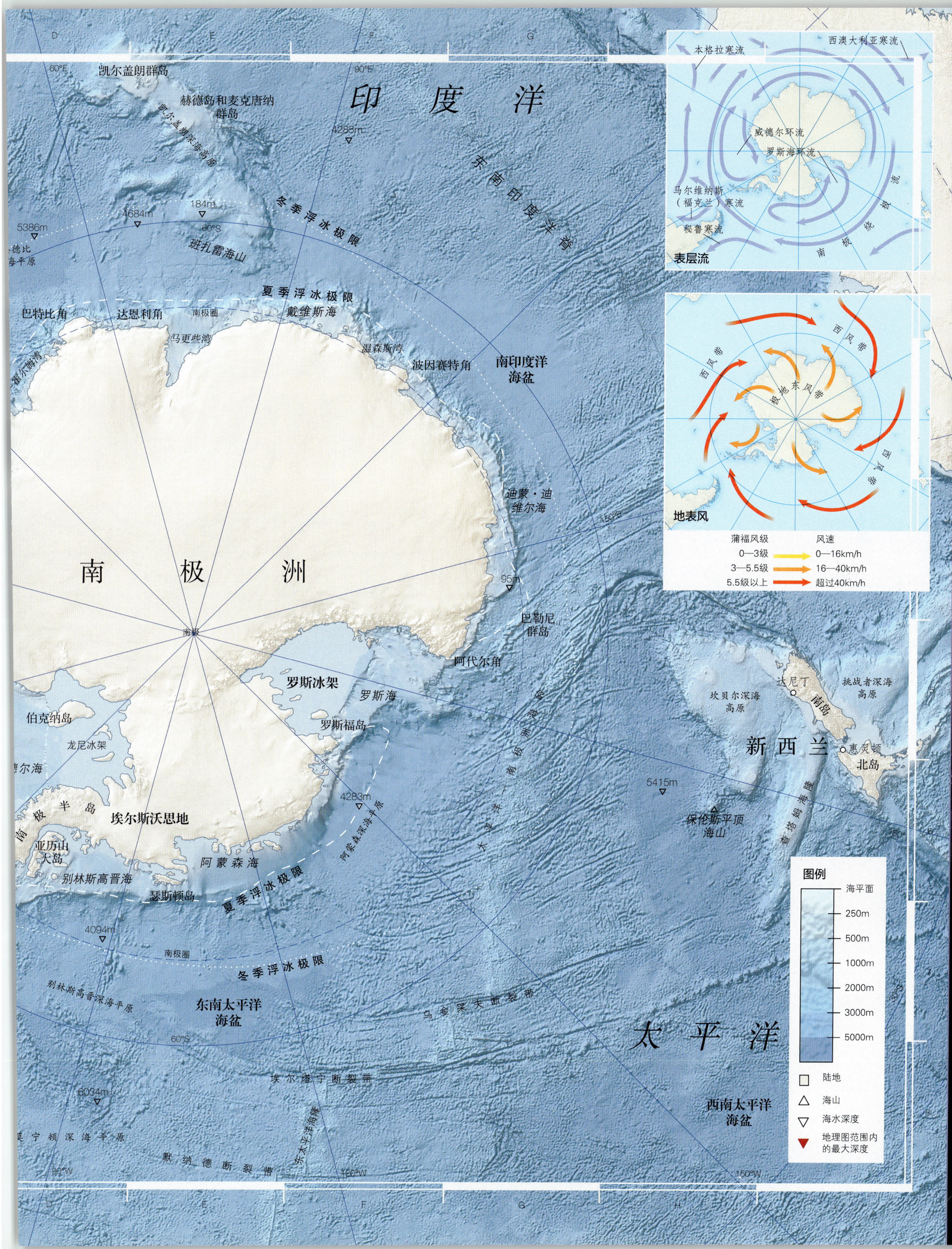
印 度 洋
凯尔盖朗群岛
赫德岛和麦克唐纳群岛
凯尔盖朗海台
4283m
东南印度洋脊
冬季浮冰极限
4684m
184m
5386m
60°S
班扎雷海山
夏季浮冰极限
戴维斯海
巴特比角
达恩利角
南极圈
马更些湾
温森斯湾
波因赛特角
南印度洋海盆
迪蒙·迪维尔海
95m
巴勒尼群岛
阿代尔角
南 极 洲
南极
罗斯冰架
罗斯海
罗斯福岛
伯克纳岛
龙尼冰架
威德尔海
南极半岛
埃尔斯沃思地
亚历山大岛
别林斯高晋海
阿蒙森海
琴斯顿岛
夏季浮冰极限
4283m
阿蒙森深海平原
太平洋-南极洋脊
4094m
南极圈
冬季浮冰极限
别林斯高晋深海平原
东南太平洋海盆
60°S
乌舍深大断裂带
埃尔塔宁断裂带
6034m
默纳德断裂带
东太平洋海隆
太 平 洋
西南太平洋海盆
5415m
保伦斯平顶海山
克马德克海沟
坎贝尔深海高原
达尼丁
南岛
挑战者深海高原
新 西 兰
惠灵顿
北岛
90°E
90°W
150°W
180°
150°E
表层流
本格拉寒流
西澳大利亚寒流
威德尔环流
罗斯海环流
马尔维纳斯（福克兰）寒流
秘鲁寒流
南极绕极流
地表风
西风带
极地东风带
蒲福风级
风速
0—3级
0—16km/h
3—5.5级
16—40km/h
5.5级以上
超过40km/h
图例
海平面
250m
500m
1000m
2000m
3000m
5000m
陆地
海山
海水深度
地理图范围内的最大深度

南极半岛

南极半岛自南极洲向北朝南美洲延伸，将威德尔海与别林斯高晋海隔开。在其北端，一连串岛屿将南极洲板块的边缘突显出来。

围绕南极洲的海洋 D2

威德尔海

面积 28×10⁵km²

最大深度 5012m

流入 围绕南极洲的海洋，菲尔希纳—龙尼冰架，拉森冰架

年幼的威德尔海豹

威德尔海以英国海豹猎人詹姆斯·威德尔的名字命名，他于1832年抵达南纬74°34′处。此海大部分被浮冰覆盖，夏季亦如此，是寒冷的南极底层水近七成水的来源。顺时针环流将浮冰往西带，再沿南极半岛北上，然后随南极绕极流向东流。南极洲大陆架在此最宽，浅滩从菲尔希纳—龙尼冰架下向远海延展。

围绕南极洲的海洋 C3和D4

菲尔希纳—龙尼冰架

面积 43×10⁴km²

最大厚度 900m

流入 南极冰盖

1912年，德国探险家威廉·菲尔希纳首次发现菲尔希纳冰架。它位于伯克纳岛以东，此岛以西是龙尼冰架。1947年，美国海军上将芬恩·龙尼从空中画下了龙尼冰架的平面图。这两个冰架一起构成了全世界面积第二大的漂浮冰架，其体积则是全世界最大的。被冰覆盖的伯克纳岛的基岩实际上位于海平面以下。尽管得到大陆冰冠的冰川补充，且以向陆端为基础，但菲尔希纳—龙尼冰架大部分是漂浮在威德尔海上的。冰架厚达900m，其下方海床深度达1400m。

围绕南极洲的海洋 A1

别林斯高晋海

面积 6×10⁵km²

最大深度 4094m

流入 围绕南极洲的海洋，乔治六世冰架

此海以俄国海军军官费边·冯·别林斯高晋的名字命名，他于1820年成为首个见到南极洲海岸的人。这里盛产磷虾（海洋食物链的基础）。

罗瑟拉站

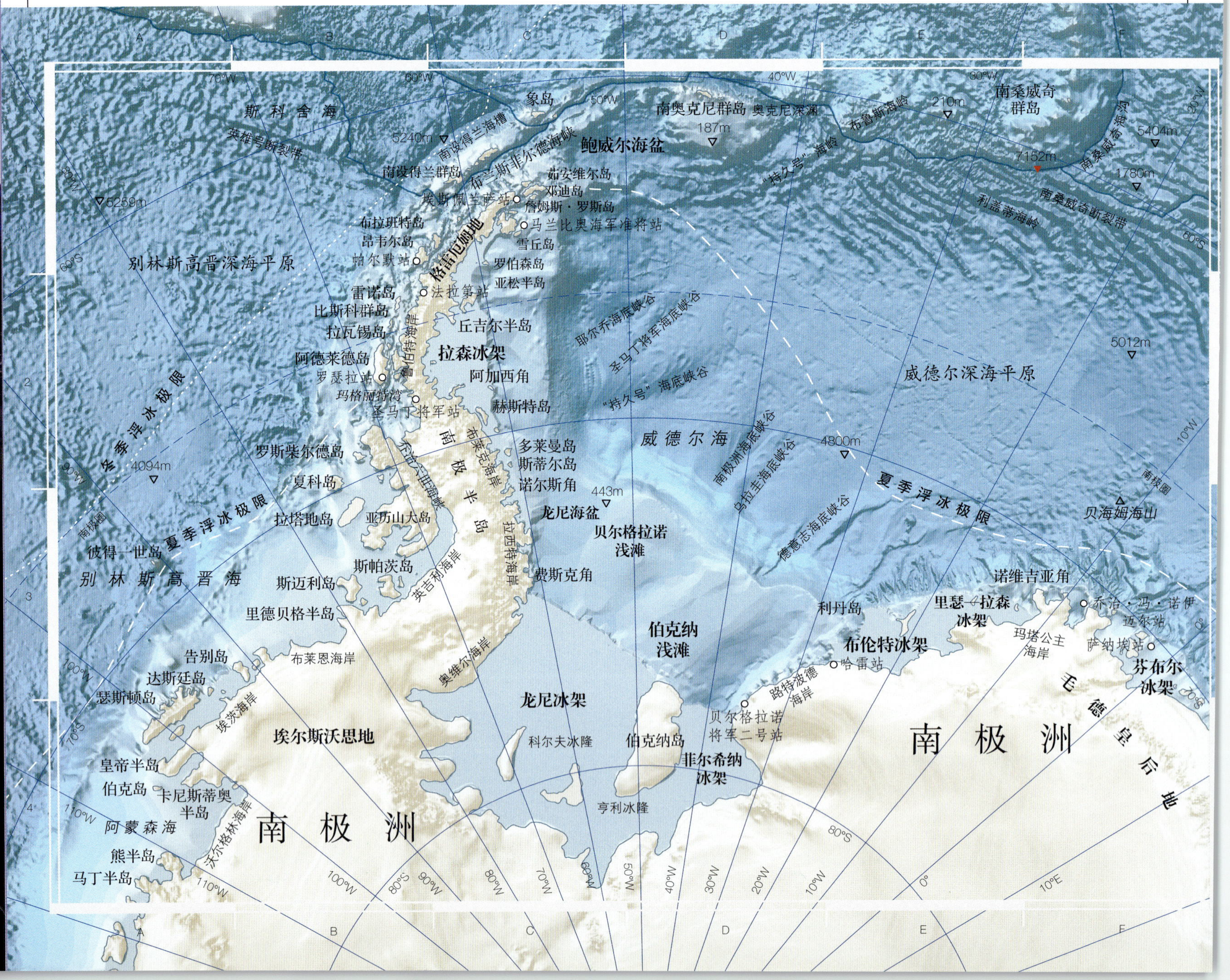

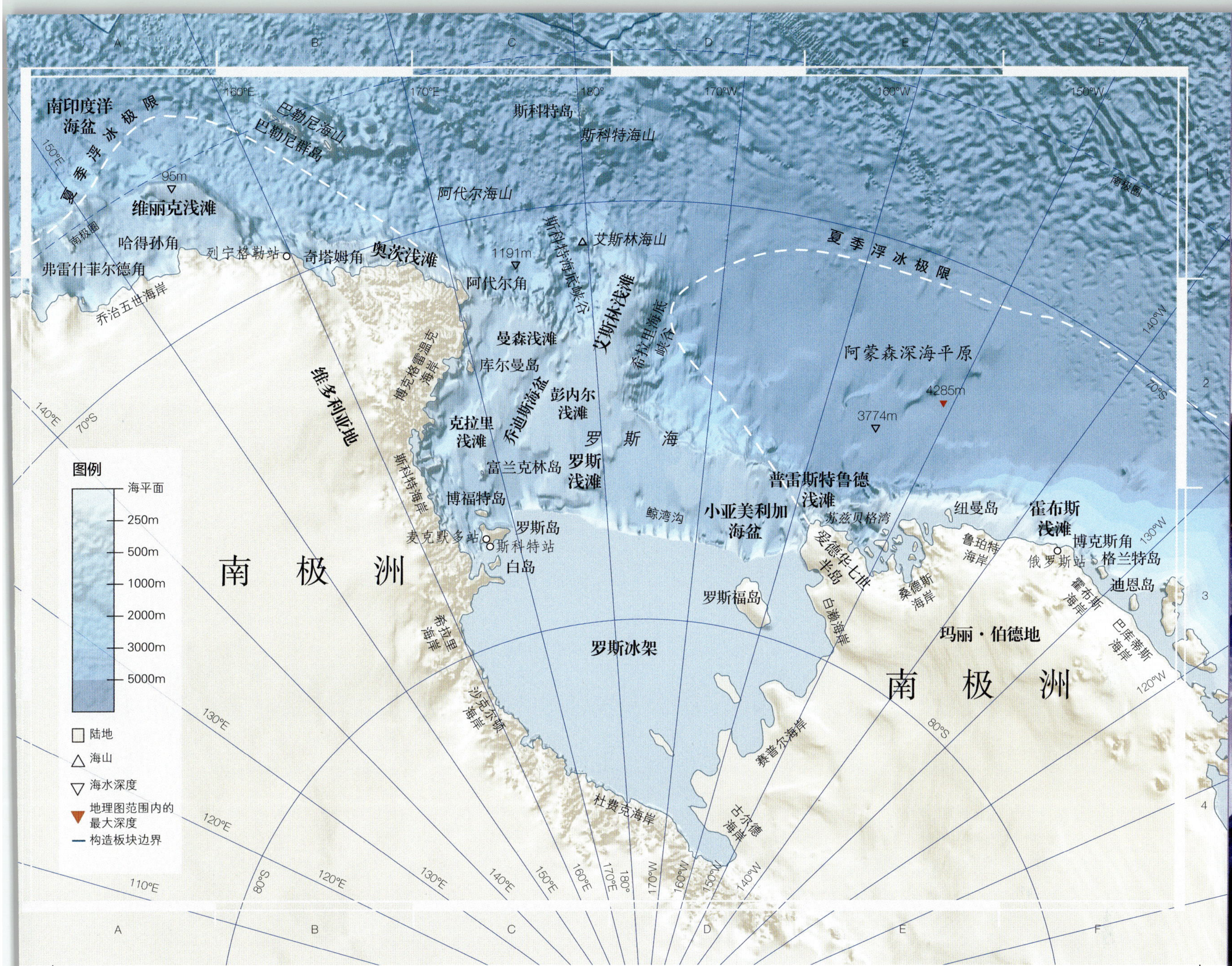

罗斯海

罗斯海是一大型海湾，位于玛丽·伯德地与维多利亚地之间。此处有顺时针环流：向西流的沿岸流沿维多利亚地的海岸转而向北流，最后汇入向东流的南极绕极流。

围绕南极洲的海洋 D2

罗斯海

面积 96×10⁴km²

最大深度 2500m

流入 围绕南极洲的海洋，罗斯冰架

罗斯海以英国海军军官詹姆斯·克拉克·罗斯的名字命名，他于1841年绘制了此处的地图。罗斯岛上的埃里伯斯火山和特罗尔山便是以此次探险中其所指挥的两艘船的名字来命名的。罗斯岛上有南极洲最大的科考站——美国的麦克默多站。夏季，罗斯海大部分不结冰，与威德尔海相比，取道此处更易抵达南极点。

破冰船

图为在罗斯海浮冰中的一艘俄罗斯破冰船，远处是横贯南极山脉。

围绕南极洲的海洋 C3

罗斯冰架

面积 487×10³km²

最大厚度 800m

流入 南极冰架

罗斯海的南半部分被世界上最大的漂浮冰架——罗斯冰架所覆盖，罗斯冰架从南极洲海岸向外延伸450km。1911年，挪威探险家罗尔德·阿蒙森通过穿越罗斯冰架成功抵达南极点。冰架的厚度从前沿冰崖的250m增至内陆的800m。冰架的大部分体积位于水下，前沿冰崖的海拔高度为20—30m。冰架以每年900m的速度被推向海洋，推动力来自落在南极冰盖高原上被压实的雪的累积重量。人们认为，南极洲的冰架前沿冰山的脱落以及冰架底部的融化，可以与冰冠上雪的积聚产生平衡作用。

发现

冰架海

冰芯钻取、地震测深和使用探冰雷达这些手段都已被用于从漂浮冰架表面测量冰架厚度。如今，自主式水下航行器（AUV）被用于探测冰下的“洞穴海”，能收集到关于海床深度、冰厚度、海洋温度、水压和盐度的更详细的信息。

冰下的海床

冰架残余

尽管拉森B冰架大部分已于2002年崩塌，但仍有部分残存（图片左侧）。这一残余部分有深裂缝，容易进一步崩裂。

冰架崩塌

冰架是南极冰盖在海上的延伸。不断积累的雪的重量会将冰架持续地推离陆地。在海上延展的冰架的前沿最终会脱落，形成平顶冰山。这样的前进及脱落是自然循环的一部分，但在南极半岛，由于在过去50年间区域气候变暖（上升了2.8℃），一些小型冰架发生了毁灭性的崩塌。例如，在2008年，威尔金斯冰架的面积减少了约500km²。

尽管浮冰的消失不会对全球海平面造成影响，但大陆冰盖若失去其邻近冰架所提供的“缓冲区”，似乎便会变得不稳定。2002年，拉森B冰架崩塌，科学家经过测量发现，其附近冰川的流速比之前快2—8倍。目前尚不清楚更大的龙尼冰架和罗斯冰架对南极冰盖西部是否起着同样的减速作用。如果区域气候持续变暖，导致南极冰盖西部最终崩塌，全球海平面将上升5m多，这将对全球人口密集的沿海地区构成威胁。

拉森冰架的崩塌

拉森冰架占据着南极半岛的东海岸。1995年，其北部——拉森A在一场风暴中分裂成很多小部分。2002年，其中心区域——拉森B的大部分在数周内以同样方式崩解。目前，冰架的最大部分——拉森C似乎是稳定的，尽管其在1986年失去了很大一部分。

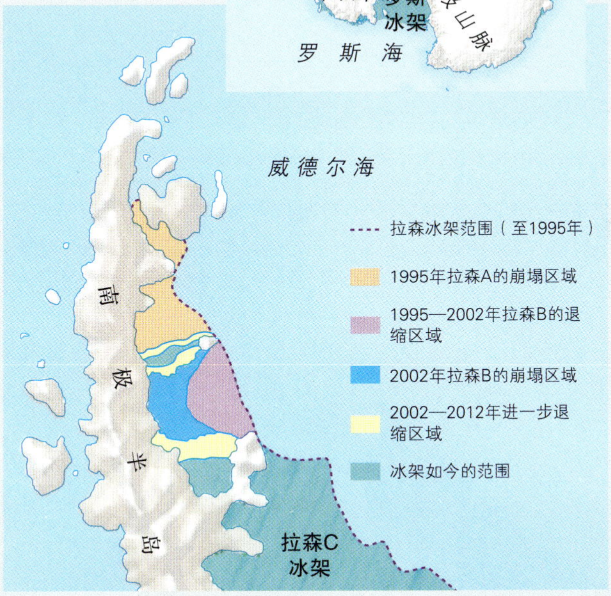

正在退缩的冰架

开裂

融水池　夏季，冰架融水汇聚在冰架表面低洼处（包括裂隙和低陷处）。冰架底面的冰也会融化。

拉森A的裂缝　融水的额外重量会增加裂隙底部的压力，使裂隙变得更深、更宽。

消失的冰架

拉森B崩塌　摄于2002年1月31日的一张卫星图像（上图）显示，在拉森B冰架崩塌前，冰架表面有广阔的融水池。下图则显示了2002年3月7日拉森B崩塌时的情形。冰架分裂成很多小块及一些较大的冰块，这些碎块很快便散入威德尔海中。人们推测，有可能就是融水使表层裂隙不断加深，最终完全穿过拉森B厚达220m的冰层，令冰架彻底断裂而崩解。

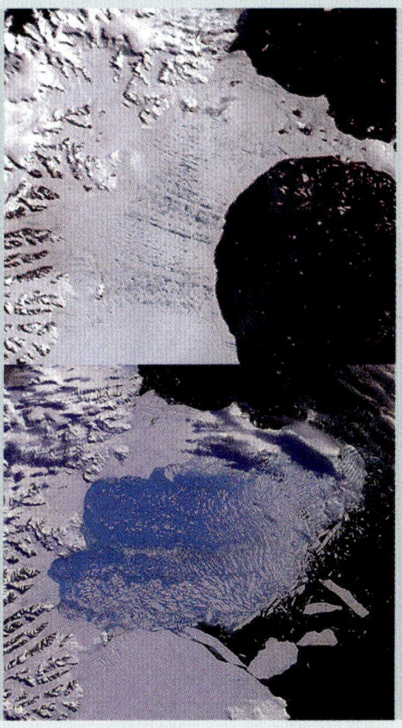

巨型冰山

B-15冰山　这是有史以来最大的冰山之一，长300km，宽40km，高60m，于2000年3月从罗斯冰架脱落。它在罗斯海上漂流了好几年，妨碍了船舶航行和企鹅迁徙。它最终分解为很多小块，其中一些在2006年11月漂到离新西兰不远的海域上。

词汇表

A

abyssal 深海的 指超过2000m的海洋深度。“深海平原”是指在水深4000—6000m处，形成大部分海洋盆地基底的平缓平原。“深渊区”指水深2000m处与深海平原之间的海床和开放海域。参见“bathyal”“hadal”。

air mass 气团 指具有相对均一温度和气压的大量空气体，在地球表面特定区域形成。其特性源自该特定表面区域，并使其与周围气团区分开来。“热带海洋气团”和“极地大陆气团”即实例。

albedo 反照率 指外来辐射被表面反射的程度。冰具有很高的反照率，能够反射掉大部分到达它的太阳辐射。

algae 藻类 指能够进行光合作用的简单的植物以及类植物原生生物，范围涵盖海藻类（大型藻类）到微型浮游生物（微藻类）。有些类型的藻，例如绿色微藻和绿色海藻，通常被归类为植物。红藻和褐藻同样是藻类，但是通常被单独分类。参见“cyanobacteria”“photosynthesis”“protists”“seaweed”。

amphipods 端足类 一类常见的小型虾状甲壳动物，两侧扁平，主要生活在海底，以碎屑（腐质）为食。

anadromous 溯河产卵的 溯河产卵的鱼类：指生命中大部分时间生活在海里,但需要在河流中繁殖的鱼，比如鲑鱼。参见“catadromous”。

anaerobic 厌氧 指在无氧环境中发生的过程，也指能够在无氧环境中生存的生物。参见“anoxic”。

anemones 海葵 一类附着在表面，通过有蜇刺的触手捕捉过往猎物的独居性刺胞动物。参见“cnidarians”“coral”“polyp”。

annelids 环节动物 参见“segmented worms”。

anoxic 缺氧的 缺氧的生境：指没有氧气提供给生物的生态环境。

Antarctic Circle 南极圈 南半球的一条纬度线，在该线以南区域，一年中至少有一天24小时均为白天及至少有一天24小时均为黑夜。

anticyclone 反气旋 空气在大气环境中的一种流通模式，其中央为高压；通常与稳定的天气相联系。参见“cyclone”。

archaea 古生菌 指一类微小的单细胞生物。和细菌一样，它们没有细胞核，但是被单独分类。它们通常生活在极端环境中，比如深海热泉。参见“bacteria”。

Arctic Circle 北极圈 北半球的一条纬度线，在该线以北区域，一年中至少有一天24小时均为白天及至少有一天24小时均为黑夜。

arthropods 节肢动物 无脊椎动物的一个主要群体（门），具有分节的附肢和坚硬的外骨骼。包括甲壳类（蟹类、虾类和其他相关生物）、昆虫类、蛛类。参见“crustaceans”“exoskeleton”。

asexual reproduction 无性繁殖 一种不涉及两个个体基因结合（性）的繁殖方式。可以指身体的分裂或分段、新个体的萌芽，或特化结构的形成，如孢子。

atoll 环礁 一类低洼的环状岛屿，或一系列弧形岛屿，可形成浅的潟湖边缘。这一结构是由沉没的火山顶部不断堆积的珊瑚形成。参见“lagoon”。

authigenic 自生的 自生的沉积物：由海洋自身生成（特别是通过化学过程），而非从别处输送而来。参见“sediment”。

autotroph 自养生物 一种生物，例如植物，可以自己制造养料而无须食用或摄入由其他生物生产的食物。参见“photosynthesis”“primary producer”。

B

backshore 后滨 位于高潮水位平均线以上的部分海岸，只在出现最大的潮汐和风暴期间受海洋影响。参见“foreshore”。

backwash 回流 指一个海浪在沙滩上破碎之后返回海里的水流。

bacteria 细菌 在所有生态系统中大量存在的微观单细胞生物。它们的细胞比动植物的细胞小许多，并且没有细胞核。参见“archaea”“cyanobacteria”“protists”。

baleen 鲸须 一些鲸类口中的角质板，用来滤食，例如将磷虾从水中滤出。

bank 浅滩 被深海围绕的一块浅水海域。这种区域通常为渔业生产基地。

bar 沙洲 指与海岸线平行的狭长的近岸沉积物。沙洲可能始终被海水浸没，也可能在低潮时显露出来。始终暴露在空气中的沙洲被称为“堰洲岛”。贯穿湾口并与海岸相接的沙洲被称为“湾口沙洲”。参见“barrier island”“spit”。

barbel 触须 敏感的肉质突出物，通常在一些鱼类的吻部周围可以看到成对的触须。

barnacles 藤壶 一种特化的甲壳动物。成体附着在岩石和其他物体表面营生。其受坚硬似壳的体板保护，通过高度演变的附肢滤食。参见“crustaceans”“filter feeding”。

barrage 堤坝 横跨河口或水湾的人造工程，用以防止巨浪造成洪水泛滥。

barrier island 堰洲岛 永久暴露在空气中的由沙子或卵石组成的沙洲，与海岸线平行。堤堰洲滩是一种类似的结构，但是其一端或两端可与陆地相接。

barrier reef 堡礁 与海岸线平行，但有一定距离的一段珊瑚礁。

basalt 玄武岩 一种常见的火山岩；原本是凝固的岩浆。海床的岩石主要为玄武岩，从大洋中脊处扩展开来。

basin 海盆 参见“ocean basin”。

bathyal 半深海的 指海中200—2000m之间的深度。“半深海带”是指在此深度范围内的海床和水层。参见“abyssal”。

beach face 滩面 指沙滩上陡峭的倾斜部分，在后滨阶地下方。参见“berm”。

benthos 底栖生物 生活在海床表面或海床中的生物体（海底生物）。

berm 后滨阶地 指满潮过后海滩上留下的沉积物所构成的隆起的脊。也称“滩脊”。

biodiversity 生物多样性 指生物体的多样性或

丰富度；由物种数量或种内差异度等因素决定。

biogenic **生物源的** 指由生物体活动所形成的。

bioluminescence **生物发光** 指由活体生物所产生的光。

biomass **生物量** 指活体生物在给定区域的总质量或总重量。

biome **生物群落区** 任何大范围的动物和植物群丛，尤其指依赖于特定气候条件的群体。红树林沼泽和深海平原都是海洋生物群落区。

bioturbation **生物扰动作用** 指海底沉积物的扰动和混合，通常通过穴居动物实现。

bivalves **双壳类** 指其外壳由两瓣大小相等的外壳铰合而成的软体动物，如蛤蜊、贻贝和牡蛎。大部分双壳类行动缓慢或从不移动，为滤食性动物。参见“filter feeding”“molluscs”。

black smoker **海底黑烟囱** 指一种深海热泉，从中喷出的热水呈黑色且混有黑色矿物。

bloom **水华** 指浮游生物的迅速繁殖，常常使水体浑浊并呈绿色；通常是水中营养物质大量增加所导致。参见“phytoplankton”。

blue-green algae **蓝绿藻** 参见“cyanobacteria”。

bony fish **硬骨鱼** 一个大群体，包括除无颌鱼、鲨鱼和其他软骨鱼之外的所有鱼种。参见“cartilaginous fish”。

bore **涌波** 参见“tidal bore”。

brackish **半咸水的** 比淡水咸，但是比典型的海水含盐少。

breaker zone **破浪带** 海滩或海岸线上的一片区域，是海浪破碎的地带。

breakwater **防浪堤** 在海中建造的人造屏障，通常位于海港附近，用以防御海浪和波涛汹涌的海面。

brittlestars **蛇尾类** 指拥有细窄、分节且灵活的四肢的棘皮动物；与海星是近亲。参见“echinoderms”“starfish”。

bryozoans **苔藓虫** 滤食性群居动物，附着生活在海藻藻体等物体表面，呈平坦的块状或似植物的卷曲状。有时被称为“苔藓动物”。

bycatch **副渔获物** 在捕捞业中，捕捞到的非目标性种类的部分。

C

calcareous **石灰质的** 指含有或由碳酸钙组成的。

calcium carbonate **碳酸钙** 指化学物质$CaCO_3$。它是珊瑚骨架、软体动物外壳、石灰岩和白垩岩的主要组成成分。

calve **崩解** 使冰山脱落到海中。参见“iceberg”。

carapace **背甲** 海龟的上层壳；其他一些动物（如螃蟹）的保护性外部覆盖层。

carbon cycle **碳循环** 指环境中碳的循环。在循环中，碳存在于生物体的体内、大气和海洋的二氧化碳中、化石燃料中以及石灰石等岩石中。

cartilaginous fish **软骨鱼** 指像鲨鱼、魟鱼和银鲛一类的鱼类，其骨架由软骨而非骨骼构成。参见“bony fish”。

catadromous **下海繁殖的** 下海繁殖的鱼类：指生命中大部分时间生活在淡水里，但是迁移到海洋中繁殖的鱼，比如鳗鱼。参见“anadromous”。

cephalopods **头足类** 一种游泳型软体动物，包括鱿鱼、墨鱼、章鱼和鹦鹉螺。它们有很大的大脑并展示出复杂的行为。参见“molluscs”。

chemosynthesis **化学合成作用** 指一些生物利用自然产生的化学物质（如硫化氢）中的能量来为自身制造养料的过程。参见“photosynthesis”“autotroph”“primary producer”。

chlorophyll **叶绿素** 植物和海藻中的绿色素，使它们可以利用太阳的能量为自身制造养料。参见“photosynthesis”。

chromatophore **色素细胞** 一种表皮细胞，其细胞中的色素位置可以改变，从而令动物能改变自身颜色。变色的速度可能比较快（如头足类），也可能比较慢（如甲壳类和一些鱼类）。

cilia **纤毛** 指存在于一些细胞表面的像毛发一样的微小拍打结构。小型生物体利用其来帮助自身移动或形成水流。

cloaca **泄殖腔** 许多脊椎动物（如鱼类和鸟类）以及一些无脊椎动物的消化系统、泌尿系统和生殖系统的共同开口。

cnidarians **刺胞动物** 无脊椎动物的一个主要群体（门），具有简单的身体构造，其身体上唯一的开口（嘴）周围有触手。刺胞动物包括珊瑚、海葵、水母，通常集群生活。它们的两种典型身体形态为水螅体和水母体。在某些刺胞动物的生命周期中，这两种形态都会出现。参见“colonial”“coral”“medusa”“nematocyst”“polyp”。

coast **海岸** 参见“concordant coast”“depositional coast”“discordant coast”“drowned coast”“emergent coast”“erosional coast”“primary coast”“secondary coast”。

cold seep **冷渗泉** 指海底油料或其他含能量化学物质的自然渗出，通常支持高密度海洋生物的生命活动。

colonial **集群的** 集群的动物：行群体生活。一个群体可以由分别独立的个体组成（比如海绵虾的情况），或者由通过活组织联结的个体组成（比如珊瑚和苔藓虫等许多海洋无脊椎动物的情况）。个体可能在其中扮演特定的不同角色，如摄食、繁殖和防卫，此时群体整体作为独立的动物个体来行动。参见“bryozoans”“cnidarians”“zooid”。

comb jellies **栉水母** 参见“ctenophores”。

commensal **共栖的** 指与其他物种的某一生物体紧密生活在一起，既不起到帮助作用也不形成破坏。例如，共享洞穴。参见“mutualism”“symbiosis”。

concordant coast **纵式海岸** 指海岸的山丘和峡谷大致与海岸平行，导致形成笔直的海岸线或者与海岸线平行的多岩石岛群。参见“discordant coast”。

continental crust **大陆地壳** 指地球的地壳中形成大陆及大陆边缘的物质。大陆地壳比海洋地壳轻且厚。

continental margin **大陆边缘** 指低于海平面的大陆界限，包括大陆架和大陆坡。

continental rise **大陆隆** 指海盆边缘平缓倾斜的海床，邻接大陆坡的底部。

continental shelf **大陆架** 指位于大部分大陆边缘的平缓倾斜的海床，由大陆地壳组成，平均深度约为130m。

continental slope **大陆坡** 指大陆架向海边缘的倾斜海床。大陆坡以相对陡峭的斜角向下连接大陆隆。

convection **对流** 指某种流体的环流，比如空气、水或热岩。其产生的原因是流体中受热的部分因密度相对较小而上升，并在冷却之后下沉。

copepods 桡足类 小型游泳型甲壳动物，通常其长度小于2mm，是浮游动物的重要组成部分。其中也有许多寄生种类和穴居种类。参见“zooplankton”。

coral 珊瑚 指多种固定生活在海洋底部的刺胞动物，它们会分泌骨骼用于支撑，并通常集群生活。真正的珊瑚在其身体外部形成坚硬的碳酸钙骨骼，最终形成珊瑚礁。其他珊瑚群包括海扇。参见“cnidarians”“seafans”“zooxanthellae”。

coral bleaching 珊瑚白化 是一种珊瑚动物失去其微小的共生藻（虫黄藻）的现象，通常由环境压力导致。白化的珊瑚不久后会死去。参见“zooxanthellae”。

coral reef 珊瑚礁 一种在热带浅海水域由数代珊瑚动物构造而成的似岩石的碳酸钙结构，通常呈脊状。参见“barrier reef”“fringing reef”。

coralline 类珊瑚虫 像珊瑚一样；主要适用于在岩石或珊瑚礁中形成坚硬钙质壳的红藻。

Coriolis effect 科里奥利效应 一种因地球自转而产生的现象，即风和洋流在靠近或远离赤道时，在北半球向右偏转，在南半球向左偏转。该效应也有助于解释盛行风的风向以及环流的存在。

crabs 蟹类 参见“crustaceans”。

crinoids 海百合 有柄棘皮动物，用其腕部的分支滤食。其中一些没有柄的种类又叫“海羽星”。参见“echinoderms”。

crustaceans 甲壳动物 是海洋里节肢动物中最丰富多样的一类，包括蟹、龙虾、虾、藤壶、磷虾、桡足类、等足类以及端足类。它们分节的附肢依据种类的不同而多样分化成螯、腿、游泳器官或滤食器官。参见“arthropod”。

ctenophores 栉水母类 捕食浮游生物的透明的似水母动物。它们通过拍打排列在体侧的一种似毛发结构——栉板来游动。

current 流 指水的任何持续水平流动。参见“drift”“surface current”“thermohaline circulation”“turbidity current”“western boundary current”。

cusp 滩角 指任何通过两条凹线在一点相遇所围成的形状。波浪作用经常在海滩上形成滩角状的沙脊。

cyanobacteria 蓝细菌 一类微小的单细胞生物，可以像植物一样进行光合作用。它们被分类为细菌，因为它们有与细菌相似的结构。也称“蓝绿藻”（blue-green algae），尽管它们与其他藻类并无紧密关联。参见“photosynthesis”。

cyclone 气旋 ①也称“低气压”，指大气中一种中央压力低的空气循环模式。气旋通常在热带以外的海洋上形成，并与潮湿多风的气候相关。②参见“tropical cyclone”。

D

dark zone 黑暗区 指位于水深1000—4000m处的海床及水体，处于分界区和深渊区之间。事实上，没有光能够穿透这一水深。参见“abyssal”“twilight zone”。

delta 三角洲 通常指在河口处通过河流作用导致物质沉积而形成的扇形结构沉积物。

demersal 底栖的 底栖的鱼：主要生活在海底附近。

deposit feeding 沉积物摄食 从泥浆和其他沉积物中挑出食物颗粒进食。参见“filter feeding”。

depositional coast 沉积岸 指向海蔓延的海岸，由被河流或海流带来的砂石和其他沉积物的沉积作用导致。参见“emergent coast”“erosional coast”。

detritus 腐质 指死去生物的碎片和其他有机废料，通常与一些沉积物混杂或悬浮在海流中。“腐生生物”指以腐质为食的生物。

diatoms 硅藻类 指类似植物的原生生物，属于藻类，并且是浮游生物中的主要初级生产者。它们是单细胞生物，但是通常成链状或集群生长。硅藻类在自身周围分泌形成错综复杂的硅质外壳。参见“algae”“primary producer”“protists”。

dimorphism 二态性 参见“sexual dimorphism”。

dinoflagellates 鞭毛藻类 指一类长有两条鞭毛的原生生物。它们为常见的海洋浮游生物。部分种类似动物（以其他生物为食），而另一些则似植物（进行光合作用）并因此属于藻类的一部分。参见“algae”“flagellum”“protists”。

discordant coast 横式海岸 指海岸的山丘和峡谷大致与海岸成直角，导致形成具有海岬和海湾的参差不齐的海岸线。参见“concordant coast”。

doldrums 赤道无风带 指靠近赤道的风很弱的区域。

dorsal 背侧的 指动物的背面或上表面。参见“ventral”。

drift 漂流 指表层水在广阔范围内的缓慢流动，例如，北大西洋暖流。

drowned coast 沉溺岸 指相对于之前水平线而言，其岸面有所下沉或海平面有所上升的海岸。它呈现溺湾或峡湾的一些特性。参见“emergent coast”“fiord”“ria”。

dune 沙丘 指沙砾因海岸附近和沙漠中的风力作用而形成的丘状或脊状结构。海岸沙丘通常形成于海滩后部的低洼地上。

E

echinoderms 棘皮动物 海洋无脊椎动物的一个主要群体（门），包括海星、蛇尾类、海胆、海百合、海参和海菊花。棘皮动物的身体排布结构像轮胎的辐条（所谓的“辐射对称”）。它们皮肤下有白垩质的保护板，并使用一种独特的水力“管足”系统来移动、捕食或两者皆为。

echolocation 回声定位 指通过发射高频声音并解析其回声从而对周围事物进行定位和识别的方法。海豚、蝙蝠和其他一些动物会应用这种手段。

echo-sounding 回声探测 利用声音仪器来测量物体或海底深度。也被用作“回声定位”的同义词。参见“sonar”。

eddy 涡流 指液体以任何尺度及速度进行的圆周运动。直径超过100km的中尺度涡旋是大洋环流的重要结构单元。在潮汐流和漩涡中，涡流是指比漩涡稍慢的圆周运动。参见“gyre”“vortex”“whirlpool”。

Ekman effect 埃克曼效应 指一种趋势，即风或海流导致其上方或下方的空气或水向不同于风或海流初始方向的方向移动。该效应是因地球自转而产生的。在大洋表面，该效应的最终结果通常是：盛行风导致与风向成90度角的海流的产生。参见“Coriolis effect”。

El Niño 厄尔尼诺现象 指一种现象，即太平洋东部南美洲沿岸的海水每4—7年就变得比平常更加温暖。与其相反的现象，即太平洋东部海水变得异乎寻常地冷，被称为“拉尼娜现象”。“厄尔尼诺”这个词也被用作简化名称来指代一种更大规模的现象，即“厄尔尼诺南方涛动现象”。参见“ENSO”。

emergent coast 上升岸 指相对于之前的水平线而言，其岸面有所上升或海平面有所下降的海岸。参见“drowned coast”“isostasy”。

ENSO **厄尔尼诺南方涛动现象（缩写）** 指一种全球范围的地球气候模式及洋流的变化，包括厄尔尼诺现象，与太平洋东部温暖的表层水的位置变化相关联。

erosional coast **侵蚀岸** 指被海洋作用冲蚀的海岸。多岩石海岸大部分为侵蚀岸，但一些低洼沙质海岸也为侵蚀岸。参见“depositional coast”。

estuary **河口** 指大型河流的河口处。当用作更广义用法时，此词包括任何当海水遇到淡水并被稀释的海湾或峡湾。

eustatic **海平面升降的** 海平面升降的变化：同步发生于全球范围，例如，可以是冰盖融化的结果。参见“isostasy”。

eutrophication **富营养化** 指通过添加植物营养素，例如硝酸盐和磷酸盐，而导致水生生态系统的改变。通常由人类造成，可以大幅改变一个生态系统的特性，例如导致藻类大量繁殖。参见“bloom”。

exoskeleton **外骨骼** 指动物身体外部的骨骼，通常起到保护屏障的作用。甲壳动物和昆虫等节肢动物都有外骨骼。参见“arthropods”。

F

fast ice **固定冰** 指形成连续覆盖层的海冰。参见“sea-ice”“pack ice”。

fathom **英寻** 测量海深的传统单位，1英寻=1.83m。

fault **断层** 指地壳断裂处，该处岩石相对于彼此进行了垂直或水平移动。

feather stars **海羽星** 参见“crinoids”。

Ferrel cell **费雷尔环流圈** 指温带区域空气的大规模循环，即空气在南北纬60°上升，在高纬度向南流动，在南北纬30°下沉，并在西风带（偏西风）北返。参见“Hadley cell”。

fertilization **受精作用** 指雄性和雌性生殖细胞（例如动物的精子和卵细胞）的结合，是通过有性繁殖创造新生命的第一步。一些海洋动物将卵子和精子释放到海水中使其随机相遇（体外受精），而其他一些动物则由雄性将精子直接转移到雌性体内（体内受精）。

fetch **风浪区** 指风吹过开阔海域并产生海浪的距离。更大的风浪区将导致更大的涌浪。参见“swell wave”。

filter feeding **滤食性摄食** 指通过从环境中收集和分离食物颗粒进食。当食物颗粒在水中悬浮时，也称“悬浮物摄食”（suspension feeding）。参见“deposit feeding”。

fiord **峡湾** 指狭窄、两侧岸壁陡峭、深度大的海湾，曾经被冰川占据。峡湾与开阔海域相接的岩床稍浅。参见“ria”。

flagellum **鞭毛** 指灵活的微观毛发状结构；一些单细胞生物靠它推进，而海绵动物则靠它形成水流。比纤毛长。参见“cilia”“sponges”。

flatworms **扁形虫** 无脊椎动物的一个主要群体（门），通常有结构简单的扁平身体。这一群体中营自由生活的种类是肉食性的，另外还有许多营寄生生活的种类，包括绦虫。

fluke **尾鳍** 形成鲸鱼、海豚和儒艮尾巴的尾片。

foraminiferans **有孔虫类** 一类原生生物，其所具有的中空的白垩质骨骼是一些深海沉积物的重要组成部分。它们类似于动物（以其他生物为食），包括浮游和底栖两种类型。参见“protists”。

forced wave **强制波** 指由海中暴风产生的水波。相较于涌浪，强制波更高且波长更短。参见“swell wave”。

foreshore **前滨** 指海岸线的一部分，位于平均高潮位和平均低潮位之间。参见“tides”。

frazil ice **片冰** 指冰的一种存在形式，由在海面漂浮或靠近海面的微小冰晶组成。它是海冰形成的第一阶段。参见“sea-ice”。

fringing reef **裙礁** 指近海珊瑚礁，没有潟湖或水道的介入。参见“barrier reef”。

front **锋面** 指特性不同的两团空气或水交界处的垂直或倾斜区域。

G

gabion **石笼** 装满石头的铁丝笼，被用作人为保护海岸线不受冲蚀。

gastropods **腹足类** 指一类软体动物，包括蜗牛、蛞蝓和翼足类（海蝴蝶）。参见“molluscs”。

gill rakers **鳃耙** 指一些鱼类的鳃内突出物，能帮助其过滤进入口中的颗粒。

glacier **冰川** 指沿山坡缓慢下移的狭长压缩冰体。移动到海洋的冰川导致冰山形成。

grease ice **油脂状冰** 海冰的一个形成阶段，即水内冰晶体凝结成糊状构造。参见“frazil ice”“sea-ice”。

greenhouse gas **温室效应气体** 指阻碍地球散发热量，从而导致地球表面升温（温室效应）的气体（如水蒸气、二氧化碳或甲烷）。一些温室气体的释放是自然发生的，其他的则是由人类活动引起。

groyne **丁坝** 指沿滩入海的人为建造的屏障，从而阻挡沿岸物质流所带来的物质。参见“longshore drift”。

guyot **平顶海山** 指顶部平缓的海山。参见“seamount”。

gyre **环流** 指海洋表层海流的大规模循环，大部分横跨整个大洋。参见“eddy”。

H

hadal **超深渊的** 指海沟内深度超过6000m的海洋最深处区域；其深度超过深渊区。参见“abyssal”。

Hadley cell **哈得来环流圈** 指温暖区域空气的大规模循环，即温暖空气在赤道附近上升，流动到中纬度，冷却后下沉，形成信风回到赤道的过程。

halocline **盐跃层** 指不同盐度水体间的分界，在此处盐度急剧改变。参见“pycnocline”“thermocline”。

headland **海岬** 指海岸线上的海角，通常很高，多岩石并受到海岸冲蚀的强烈作用。参见“erosional coast”。

heat capacity **热容** 指特定物质升至特定温度所需吸收的热能。水的热容很高，因此可储存热量。

hermaphrodite **雌雄同体** 指具备雄性和雌性特质的动物体。同时具有两种性别的动物被称作“同时存在的雌雄同体”。其他动物则是一开始为雄性，后来变为雌性，或经历相反的过程。有些物种能够反复转换性别。

holdfast **固着器** 指帮助海藻固定在岩石上，但并不像根一样吸收营养的似根状结构。

holoplankton **终生浮游生物** 指终生作为浮游生

物生活的浮游的生物体。参见“meroplankton”“plankton”。

holothurians 海参 指一种身体柔软、外形为香肠状的棘皮动物，主要以吞食泥沙和腐质为生。乍一看它们的辐射对称特征并不明显。参见“echinoderms”。

hot spot 热区 指地球上有大规模岩浆上涌的局部区域。当海洋地壳移动到热区时，可能会在几百万年间形成像夏威夷群岛那样的一整排火山岛。

hurricane 飓风 ①即热带气旋，特指发生在大西洋的类型。参见“tropical cyclone”。②指风速超过116km/h的风。

hydrocarbon 碳氢化合物 指只由碳原子和氢原子组成的任何化学化合物。

hydroids 水螅虫 指附着在岩石或海藻上的小型分支群居水螅体刺胞动物。每个水螅体都有其专门的职能，如供给、繁殖、（有时也）防卫。参见“cnidarians”“polyp”。

hydrothermal vent 深海热泉 指海底火山活跃区的裂隙，过热的、含化学物质的水从中涌出。通过化学合成细菌和古生菌的活动，化学燃料中的能量为丰富的生物群落提供了养料。参见“chemosynthesis”。

I

ice age 冰河时代 指相较于现今，地球温度更低且冰覆盖面积更广的任一时期。“冰川期”则指过去200万年间一系列前述时期；上一个冰川期约终结于1万年前。

iceberg 冰山 指从与海相接的冰川或冰盖上崩解的一大块冰。参见“calve”。

ice cap 冰冠 指与冰盖相似但面积相对较小的大量永久冰。

ice lead 冰间水道 指海冰之间的开放水域通道。

ice rafting 冰筏作用 指将多岩石碎片转移到海洋中并冻结入冰山。当冰山融化后，此类物质便沉淀为沉积物。

ice sheet 冰盖 指大量覆盖陆地的永久冰，例如南极冰盖。

ice shelf 冰架 指冰盖进入海洋的延展部。冰架近陆的一端固定在海底，而远离海岸的一端则浮在水上。

igneous rock 岩浆岩 指任何源于冷却岩浆的岩石，例如玄武岩和花岗岩。

intermediate coast 中间岸 指特性介于原生海岸和次生海岸之间的海岸。参见“primary coast”“secondary coast”。

internal wave 内波 指发生在同一液体的不同两层分界上的（而非液体表面的）水波。例如，发生在海水两层之间界限上的水波。

intertropical convergence zone 热带辐合区 指靠近赤道且南北信风会合的空气区域。

invertebrate 无脊椎动物 泛指从扁形虫到蜘蛛的任何没有脊柱的动物。在总共大约30个主要群体（门）的动物中，有29个是由无脊椎动物组成的。

irradiance 辐照度 落在某一指定区域的辐射量。

island arc 岛弧 指列岛，通常包括活火山，是由两大地壳构造板块的海洋地壳相碰撞而产生的。其中一块板块俯冲到另一块下方，在岛弧一侧产生一道深沟。参见“subduction”“ocean trench”。

isopods 等足类 指一类甲壳动物，通常身体扁平。该群体主要为海生动物，但也包括陆生的潮虫。

isostasy 地壳均衡 指一种平衡状态，尤其适用于大陆地壳中相对较轻质的岩石，它们被看作像冰山一样漂浮在海底和地幔的较重的岩石之上。“地壳均衡回弹”则指一种趋势，即原先被冰覆盖的陆地缓慢上升到其均衡水平，通常会产生上升岸。参见“continental crust”“emergent coast”。

IUCN 世界自然保护联盟（缩写） 该组织开展与自然保护相关的活动，包括针对濒危物种的现状收集和发布信息。

J

jawless fish 无颌鱼类 包括两大原始鱼类——七鳃鳗和盲鳗，是在鱼类进化出下颌之前鱼类进化线上的一个分支。

jellyfish 水母 指通常漂浮在浮游动物群之中并用有蜇刺的触手捕猎的刺胞动物。真正水母的形态是水母体。有些具有相似形态的（如僧帽水母）其实并不是真正的水母，而是管水母。参见“cnidarians”“medusa”“siphonophores”。

K

katabatic wind 下降风 指从冰盖、冰川或寒冷山谷向下吹的风，通常出现在夜间。

krill 磷虾 会游泳、类似于虾的甲壳动物，通常身长可达2—6cm，是浮游动物的一大组成部分，且是围绕南极洲的海洋中食物链的重要一环。

L

La Niña 拉尼娜现象 参见“El Niño”。

lagoon 潟湖 指大片沿岸水体，几乎被岬角或其他障碍将其与海隔开；也可指环礁内的浅水区。

larva 幼虫 指动物的早期阶段，尤其指该动物当下结构与其成年阶段结构完全不同的时期。许多海洋动物（如海星）的幼虫是像浮游动物一样生活的。参见“metamorphosis”。

latent heat 潜热 指当一物质的状态改变时，例如从气态变为液态，其所吸收或释放的热量。水蒸气冷凝时释放的热量是飓风的主要能量来源。

latitude 纬度 即以地球上某点相对于赤道平面以北或以南的夹角角度来描述其在地球上的位置。低纬度更靠近赤道，而高纬度则更靠近两极。

levee 堤 指在一些河流周围自然形成的抬升的河岸，或河流或河口附近的人造堤坝。

littoral 海滨 指高潮位和低潮位之间的海岸区。

longitude 经度 即以地球上某点相对于一条叫作“本初子午线”的基准线以东或以西的夹角角度来描述其在地球上的位置。本初子午线经过两极环绕地球，并穿过英国伦敦的格林尼治。

longshore drift 沿岸物质流 指因海浪以一定斜角在海岸线上破碎而导致沉积物沿岸移动的过程。

M

magma 岩浆 指从地球深处涌上来的熔化岩石。

mangrove 红树林 指任何生长在热带泥滩的多种多样的树丛。它们适应了这种生存环境，将自己的根和树干下部浸没在咸水中。

mangrove swamp 红树林沼泽 指由生长在泥

质潮滩和河口的红树林所形成的森林状生态系统。红树林沼泽只出现在热带和亚热带区域。

mantle **地幔** 指所有处于地球的地壳和地心之间的岩石。地幔延伸至约2900km深处。

medusa **水母体** 刺胞动物的两种主要形态之一。水母体外形呈宽广的碟状，通常自由浮动且会游泳。水母便是水母体的一个例子。参见“cnidarians”“polyp”。

meroplankton **阶段性浮游生物** 指该动物的幼虫时期为浮游动物，但成虫状态不是浮游性的，例如蟹类。

metamorphosis **变态** 指动物的形态从幼年（幼虫）态到完全不同的成年态的转变过程。在海洋无脊椎动物中很常见，例如海星的幼虫是浮游生物，而成年海星则生活在海底。

mid-ocean ridge **大洋中脊** 指被浸没的沿深海海底任何部分延伸的海底山系，是发生海底扩张的位置标志。也称“扩张脊”（spreading ridge）。参见“sea-floor spreading”。

mimicry **拟态** 指某一物种的动物通过进化令自身形态看起来与另一种不相关物种相似的现象。

mixed layer **混合层** 指受风和洋流影响而保持混合状态的海洋上层，因此其温度和化学特性都始终大致均等。

molluscs **软体动物** 指无脊椎动物的一个主要群体（门），包括腹足类（蜗牛和蛞蝓）、双壳类（蛤及其相关物种）以及头足类（章鱼、鱿鱼、墨鱼和鹦鹉螺）。软体动物均身体柔软且通常有硬壳，尽管其中一些亚群已经在进化过程中失去了外壳。

mucus **黏液** 指有黏性的或黏液质的物质，是动物出于保护、捕猎、帮助移动或其他目的而分泌的。

mutualism **互利共栖** 指两个共同获利的不同物种之间的一种密切关系。

N

nanoplankton **微型浮游生物** 指直径为0.002—0.2mm的浮游生物。它们并没有超微型浮游生物那么小。参见“picoplankton”“plankton”。

neap tide **小潮** 指最短循环期大约为2周的潮汐，是由于太阳产生的引力在一定程度上抵消了来自月亮的影响而导致的。参见“spring tide”“tides”。

nearshore **近滨** 指正常状态下受海浪和潮汐影响的海岸区域。它包括前滨和远处一些基底很浅因而会被波浪作用搅起的区域。参见“foreshore”。

nekton **自游生物** 指在开阔海域能够有力地游动从而不受海浪摆布的动物。自游生物包括鱿鱼、成鱼和海洋哺乳动物。参见“plankton”。

nematocyst **刺丝囊** 指水母或其他刺胞动物的刺细胞内的盘管结构，可以迅速伸出并通过针刺状尖端注射毒液。参见“cnidarians”。

nudibranchs **裸鳃类** 参见“sea slugs”。

O

ocean basin **海洋盆地** 指低洼的海洋地壳区域，通常包含一片（或部分）深海，且通常被陆地或浅海所围绕。

oceanic crust **海洋地壳** 指地球地壳的一种类型，通常形成深海海床。主要由玄武岩组成，比大陆地壳更薄、更重、密度更大。

ocean trench **海沟** 指海底狭长的低洼区域。海沟是海洋中最深的部分。参见“subduction”。

ooze **软泥** 指深海海底富含大量浮游生物骨骼（如有孔虫或放射虫的骨骼）的沉积物。

overfall **溢流** 指当浪潮流向与风向相反时所产生的一大片汹涛水面。

ovoviviparous **卵胎生的** 指卵留在母体内发育成幼体后才产出母体。

P

pack ice **浮冰** 指连绵的海冰被风暴或海浪打碎后所形成的浮冰嵌合体。参见“fast ice”“sea-ice”。

pancake ice **饼状冰** 即小片冰体组成海冰的形成阶段中的冰体，此时的小片冰体扁平，其边缘则因相互碰撞而形成卷曲。

pectoral fin **胸鳍** 指大部分鱼类和海洋哺乳动物前面一对鳍的任意一只，主要用于转向，但有时也用作推进。参见“pelvic fin”。

pelagic **远洋的** 指生活在开阔海域的水体中或与之相关联，与海岸或海底没有直接接触。参见“demersal”。

pelvic fin **腹鳍** 指大部分鱼类身上比胸鳍位置稍靠后的一对鳍的任意一只。参见“pectoral fin”。

perennial **多年生的** 多年生的植物：指至少存活3年的植物。

pheromone **外激素** 指一种由动物产生的，用作与其他同物种个体进行交流的气味，例如用于吸引异性。

photic zone **透光区** 参见“sunlit zone”。

photophore **发光器官** 能产生光的器官。

photosynthesis **光合作用** 指绿色植物、藻类和蓝细菌凭借阳光的能量，利用二氧化碳和水制造含能食物分子的过程。参见“chemosynthesis”“chlorophyll”。

phylum **门** 指动物界分类中最高级的阶元。每个门的物种有其独特的基本体平面。软体动物、节肢动物和棘皮动物都是实例。

phytoplankton **浮游植物** 指通过光合作用制造自己所需食物的浮游生物，如微藻和蓝细菌。

picoplankton **超微型浮游生物** 指最小型的浮游生物，通常为细菌，直径为0.0002—0.002mm。参见“nanoplankton”。

plankton **浮游生物** 指生活在开阔水域的海洋或淡水生物，因无法有力地游动，只能随着水流而漂流。尽管这类生物以小型生命体为主，但一些稍大的生物（如水母）也是浮游生物。参见“nanoplankton”“nekton”“phytoplankton”“zooplankton”。

plate boundary **板块边界** 指两块构造板块之间的边界。板块之间可以是汇聚型的（破坏性边界）、离散型的（建设性边界）或转换型的（保守边界或走向滑移边界）。参见“transform fault”。

plate tectonics **板块构造（理论）** 指与地球构造板块的相对移动有关的现象，包括大陆漂移、海底扩张、地震和造山；也指解释这些现象的理论。

polychaetes **多毛类** 指广泛存在于海洋中的环节动物的一个大的子群，通常身体下侧有刚毛（“polychaete”即“许多刚毛”）。其中有些物种可以自由移动，而其他的物种则将自己固定在管或洞穴内以滤食为生。参见“segmented worm”“tube worm”。

polynya **冰间湖** 指原本被冰覆盖的海上的一

片开阔水域，尤其出现在北极。

polyp **水螅体** 刺胞动物的两种主要形态之一。海葵或珊瑚动物均为水螅体。水螅体通常呈管状，且其底部附着于某一表面。参见"cnidarians""medusa"。

prevailing wind **盛行风** 指倾向于从某一特定方向吹来的风。参见"trade winds""westerlies"。

primary coast **原生海岸** 指其特质尚未因海洋侵蚀、动物（如珊瑚）活动或人类干涉而显著改变的海岸。参见"secondary coast"。

primary producer **初级生产者** 通常简称为"生产者"。指利用太阳或自然产生的无机化学物质的能量来制造食物的生物。参见"autotroph""chemosynthesis""photosynthesis"。

productivity **生产率** 指生物通过生长繁殖所产生生活物质的比率。参见"primary producer"。

prokaryotes **原核生物** 指像细菌和古生菌这样的生物，与动物、植物和原生生物的细胞相比，其细胞更小且结构更简单。原核生物的细胞没有细胞核。参见"archaea""bacteria"。

protein **蛋白质** 指由被称为"氨基酸"的小分子所合成的大分子。蛋白质所包含的范围从可以促进体内细胞化学反应的酶到角蛋白（角蛋白是组成头发、角和指甲的硬质蛋白）这样的结构物质均有涵盖。

protists **原生生物** 指一大类通常不相关的微观生物，传统上被分类为单独的一个界。它包括大部分单细胞类型，无论是像动物的（以前称"原生动物"），抑或是像植物的（其中许多被命名为"藻"）。有些专家将更大型的藻（海藻）也归类其中。原生生物的细胞含有细胞核，像动物和植物的细胞一样，但和细菌的细胞不同。

pteropods **翼足类** 指会游泳的、浮游的腹足类软体动物，也称"海蝴蝶"（sea butterflies）。它们像蜗牛一样的祖先所具有的爬行足已经进化为如今肌肉发达的"翅膀"以推动它们前进。参见"gastropod""plankton"。

pycnocline **密度跃层** 指海水中密度急剧改变的界限区域。通常源于温度和盐度水平的综合作用，因为这两者都会影响密度。参见"thermocline"。

R

radiation **辐射** 指高能粒子或高能波的发射。电磁辐射指电磁波的发射，电磁波从长波到短波依次是无线电波、微波、红外（热）线、可见光、紫外线、X射线和伽马射线。波长较短的电磁辐射能量较高。

radiolarians **放射虫类** 指一类单细胞捕食性生物，主要为浮游生物，通常有纤细的多孔球状骨骼。放射虫的残骸是海洋沉积物的重要组成部分。

reclamation **围填海** 指人为地将之前的近岸海域或湿地区域转变为干燥地。

reef **礁** 参见"coral reef"。

refraction **折射** 指波通过不同介质时方向发生改变。比如，光波从空气进入水中会发生折射。海浪在到达浅海区时也会发生折射。

respiration **呼吸（作用）** ①呼吸。②也称"细胞呼吸"，是细胞内的生化过程，通常通过将食物分子与氧气结合来达到分解食物分子，从而为生物提供能量的目的。参见"anaerobic"。

revetment **护岸** 一种间隔排列的木料或混凝土梁的倾斜结构，用以保护海滩或低矮悬崖，使其不受冲蚀。

ria **溺河** 指蜿蜒的入海口，是河谷被淹没而形成的。现在的大部分溺河都是上一个冰河时代末期海平面上升时形成的。和峡湾不同，溺河从未被冰川占据。

ribbon worms **纽虫** 指身体狭窄且不分节的海洋蠕虫这一主要群体（门），也称"吻虫"。部分纽虫可长达50m。

rip current **离岸流** 指挟带被海浪推向岸的海水流向海洋的水流。参见"tide rip"。

rip-rap **抛石** 指刻意堆积在海岸线以防止冲蚀的大圆石。

S

salinity **盐度** 指含盐程度。

salps **樽海鞘** 一种有纤弱圆筒形躯体的滤食性浮游被囊动物。参见"tunicates"。

salt marsh **盐沼** 指形成于掩蔽的、平坦的泥泞海岸线的一种生态系统，在此处潮滩被耐盐陆生植物占领。参见"tidal flat"。

sand dune **沙丘** 参见"dune"。

scute **盾板** 指形成海龟壳外层的任何角质板；也用于指代一些鱼类和其他动物的类似保护结构。

sea arch **海穹** 指多岩石的海岸线上的自然拱，通常由分别位于海岬两侧的两个海蚀洞受侵蚀相融形成。

sea butterflies **海蝴蝶** 参见"pteropods"。

sea cave **海蚀洞** 指悬崖脚受海浪作用形成的洞穴。

sea cucumbers **海参** 参见"holothurians"。

sea fans **海扇** 指扇状珊瑚，通常属于柳珊瑚类或角珊瑚类。尽管通常见于珊瑚礁，但它们并非造礁生物。参见"coral"。

sea pens **海笔** 指一类身体柔软的集群刺胞动物。每个集群都像一个独立个体，并由一个大型穴居水螅体将集群固定在海底泥里，而较小的水螅体则具有捕食和生殖功能。参见"cnidarians""polyps"。

sea slugs **海蛞蝓** 指无壳海洋腹足类，通常体色鲜艳且背部有簇生鳃（栉鳃）。海蛞蝓为肉食性，与蛞蝓并非近亲。参见"gastropods"。

sea stack **海蚀柱** 指多岩石的海岸线上离开海岸的独立岩石柱，其周围陆地已被冲蚀。

sea urchins **海胆** 一类棘皮动物，通常有称作"介壳"的坚硬外壳、球状的身躯、长刺以及朝下的口。大部分个体啃食生长在坚硬表面的藻类，尽管心形海胆和沙钱是穴居动物。参见"echinoderms"。

sea-floor spreading **海底扩张** 指熔岩在大洋中脊处上涌，导致任一侧海底随后发生扩张，从而形成新的海洋地壳。参见"plate tectonics"。

seagrasses **海草** 指能够在沿海岸线的沙质浅海床上（尤其是在温暖海域）生长扎根的多种植物。尽管不是真正的草，它们却是真正的开花植物，而海藻则不然，它们只是藻类。

sea-ice **海冰** 指形成于海面的冰，与冰架和冰山不同，后两者起源于陆地。有些海冰只在冬天形成，而有些则为半永久式。海冰的形成和发展分几个阶段。参见"frazil ice""grease ice""pack ice""pancake ice"。

seamount **海山** 指海底的山，通常为死火山。

sea spiders **海蜘蛛** 指一类有八足的捕食性海洋节肢动物。对于"海蜘蛛是否为陆地蜘蛛的近亲”这点，目前并无定论。

sea squirts **海鞘** 参见“tunicates”。

seaweed **海藻** 指三大主要的大型藻类群体中的任意成员。海藻可以通过光合作用为自己制造食物，但它们没有根。它们的分类也存有争议，但绿藻似乎多被认为与植物有关，而红藻和褐藻则被认为可能代表两个不相关的进化分支。参见“algae”。

secondary coast **次生海岸** 指其特质已因海洋侵蚀、动物（如珊瑚）活动或人类干涉（或全部三者）而显著改变的海岸。参见“primary coast”。

sedentary **定栖的** 定栖的动物（如蠕虫）：习惯性停留在同一位置。参见“sessile”。

sediment **沉积物** 指从水中沉淀出来的固态颗粒的积累，也指被其他介质（例如风）留下的沉淀物。

sedimentary rock **沉积岩** 指源自于沉积物，之后变得紧实且坚硬的任何岩石，例如砂岩。

segmented worms **环节蠕虫** 指蠕虫的一个主要群体（门），也称“环节动物”（annelids），其身体由重复单元（节片）组成，每个单元均有重复的器官（例如肾）。该门包括蚯蚓和许多海洋物种，大部分属于叫作“多毛类”的亚群。参见“phylum”“polychaetes”“worm”。

sessile **固着的** 固着动物：永久附着在一个表面上，并且无柄，无法四处移动。参见“sedentary”。

sexual dimorphism **雌雄异形** 指某一物种的雄性和雌性外表不同的情况，例如，颜色、形状或体形不同。

shrimp **虾** 指通常会游泳的多种小型甲壳动物。真正的虾是蟹以及龙虾的近亲。

siphon **虹吸管** 软体动物的虹吸管：指身体的肉质管状延伸，帮助含氧海水流动到鳃，或有时帮助输送食物颗粒从而进行过滤。头足类使用它们的虹吸管进行喷射推进。参见“cephalopods”。

siphonophores **管水母类** 指漂浮型、捕食性集群刺胞动物，例如僧帽水母。集群的成员各有特定分工，但共同行动，因此整个集群像一个独立动物个体来行动。参见“cnidarians”“colonial”“polyp”“zooid”。

sonar **声呐** 指一种回声探测的方法，通常被广泛用作“回声定位”的同义词。参见“echolocation”“echo-sounding”。

Southern Oscillation **南方涛动** 参见“ENSO”。

spit **岬角** 指沙质或扁砾质或两者皆具的半岛，由沿岸物质流导致，通常形成于海岸线方向发生改变之处。参见“bar”“barrier island”“longshore drift”“tombolo”。

sponges **海绵动物** 指海洋动物的一大群体（门），其结构非常简单，通过制造水流让水穿过全身，从而将小颗粒从水中过滤出来作为食物。它们没有肌肉或神经细胞，有时候并不具有对称性。

spore **孢子** ①指由非开花植物、菌类和一些原生生物产生（通常数目很大）的微小结构，从中可长出新的个体。孢子比种子小得多，通常为无性繁殖的产物，有时是复杂的生活史的一部分。②指一些细菌的无活性的抗性形态，可以帮助它们在不适宜的环境中生存。参见“asexual reproduction”。

spreading ridge **扩张脊** 参见“mid-ocean ridge”。

spring tide **大潮** 指一个大约为2周的周期内的最高潮和最低潮。此时太阳和月亮所处位置令它们的重力效应相加达到最强，从而导致大潮的形成。参见“tides”“neap tide”。

squid **鱿鱼** 参见“cephalopod”。

stack **石柱** 参见“sea stack”。

standing wave **驻波** 指停留在同一位置而并不向前移动的波浪，多见于急潮流中。

starfish **海星** 指一类棘皮动物，有至少5条腕（身体部分的延伸），下侧既是口也是肛门。它们将猎物整个吞咽下去，能吞下相对于其自身大小而言非常大的猎物。参见“echinoderms”。

storm beach **风暴海滩** 指海滩上沉积物的最高的脊，通常由最高的大潮和风暴共同作用形成。参见“berm”“spring tide”。

storm surge **风暴潮** 指由暴风将海水带向海岸线而导致的海平面迅速上升。它可以导致灾难性的沿海洪灾，尤其是如果与大潮的最高潮同时发生的话。

subantarctic **亚南极的** 指南极圈以北紧挨南极圈的纬度区。

subarctic **亚北极的** 指北极圈以南紧挨北极圈的纬度区。

subduction **俯冲作用** 指当两板块碰撞时，属于某一构造板块的海洋地壳被迫俯冲到另一板块下方。此类俯冲带位于海沟处。

sublittoral **潮下带** 指位于低潮线以下的海岸海洋环境。

submersible **潜水器** 指可在水下操作的船。一些潜水器的设计使其能够承受巨大压力从而可以用于深海探测。

sunlit zone **日照区** 指海水最上层，该处有充足光源射入使光合作用得以进行，也称“透光区”（photic zone）。其范围为从水面到水下200m处。参见“dark zone”“twilight zone”。

surf zone **碎浪带** 指海浪破碎并形成泡沫和湍急水体的海岸区域。

surface current **表层洋流** 指在海洋表面流动的任何流，例如墨西哥湾暖流。表层洋流主要由盛行风带来的摩擦力产生。参见“current”“thermohaline circulation”。

surface tension **表面张力** 指水面的水分子之间的吸引力，它令水面形成一层薄膜，可以抵抗小挠度的影响，一些昆虫因而能在水面行走。

suspension feeding **悬浮物摄食** 参见“filter feeding”。

swash **上冲流** 指海浪破碎后湍急的水体向海岸的移动。“冲流带”指经常出现上冲流的海岸区域。

swell waves **涌浪** 指有规律的平稳移动的波浪，发生于开阔海域，尤其是当它远离最初导致其产生的风或风暴时。参见“fetch”。

swim bladder **鳔** 指许多鱼类的充气的器官，用于控制浮力，有时也用作发声等其他目的。

symbiosis **共生** 指两物种之间的紧密依存关系，尤其是指双方均受益的情况。参见“mutualism”“commensalism”。

T

tablemount **平顶海山** 参见“guyot”。

tabular **平坦的** 平坦的冰山：非常宽广且顶部平坦。

tectonic plate **构造板块** 指任何大型硬断面，在此处地球的地壳和最上层地幔分离。构造板块的相对移动是板块构造学说的主体。非洲板块和太平洋板块都是实例。参见“plate tectonics”。

terrigenous **陆源的** 陆源的海洋沉积物：指源于陆地（如被河流挟带至海洋）。

thermocline **温跃层** 指海洋中特定深度或空中特定高度的区域，在此处平均温度急剧改变。参见“pycnocline”。

thermohaline circulation **热盐环流** 指因不同水团的盐度和温度不同而被驱动的海水循环，其驱动力并非来自风。热盐环流是大部分深海洋流和表层洋流的产生原因。参见“surface current”。

tidal bore **涌潮** 指海潮涌入河口等狭窄水道后产生的单独大型波浪。

tidal bulge or trough **潮涨或潮沟** 参见“tides”。

tidal current **潮汐流** 参见“tides”。

tidal flat **潮滩** 指高潮时被覆盖的平缓的泥泞区域，是河口等掩蔽区域所特有的。

tidal race **急潮流** 指由潮汐生成的水流穿过狭窄水道所形成的强流。

tide rip **激潮** 指不同潮汐流的汇集导致湍流的延伸。

tides **潮汐** 指太阳和月亮对地球海洋的万有引力作用结合地球自转作用而导致的海平面涨落。在开阔海域，每个周期为12小时的潮汐可令水面发生一次小型可测的垂直上升（潮涨）和下降（潮沟）。潮汐效应在近岸处更加明显，并导致水流的水平移动（潮汐流）和垂直移动。

tombolo **连岛坝** 指连接岛屿和陆地或另一岛屿的岬角。参见“spit”。

trade winds **信风** 指在热带和亚热带纬度地区从东边吹向赤道的盛行风。

transform fault **转换断层** 指任一侧的岩石发生了水平位移的断层。许多转换断层都与大洋中脊成直角。参见“plate tectonics”。

trench **沟** 参见“ocean trench”。

tropical **热带的** 指与地球的一个温暖区域相关的，该区域位于赤道和南北回归线（南北回归线分别位于南纬23.5°和北纬23.5°）之间。此词有时也被广泛用于形容这一区域的典型现象，即便该现象实际发生在热带以南或以北。

tropical cyclone **热带气旋** 指温暖纬度区域的大规模循环天气系统，它在世界各地有不同名称，例如“飓风”和“台风”。它生成强烈的风和暴雨，其能量来源于在温暖海域上升之后冷凝的水蒸气。能量相对较小的称为“热带风暴”。参见“cyclone”“hurricane”“latent heat”“typhoon”。

tsunami **海啸** 指间或巨型的波浪，通常由地震产生水体位移导致，能够摧毁距其源头数千甚至上万千米的海岸线。有时也被不准确地称为“潮汐波”。

tube worms **管虫** 指固着生活在管穴中并受其保护的蠕虫，其管穴是自身分泌的或是用沙粒等物质建造的。管虫包括许多环节蠕虫以及生活在深海热泉附近的大型蠕虫。参见“polychaetes”。

tunicates **被囊动物** 指一类主要以滤食为主的海洋无脊椎动物，是脊椎动物的近亲。包括独居和群居物种。它们中既有不移动的附着生活的物种（海鞘），也有可漂流的浮游生物。参见“salps”。

turbidity current **浊流** 指类似于水下雪崩或塌方的现象，即充满沉积物的水体沿斜坡下滑。

twilight zone **分界区** 指在水深200—1000m处的水体和海床。部分光可以透过该区，但不足以支持光合作用。

typhoon **台风** 参见“tropical cyclone”。

U

upwelling **上升流** 指深海水体朝水面方向的运动。有些上升流会使更深海层的营养物再循环，从而增加海水肥沃度。

V

ventral **腹侧的** 指动物的下表面或腹部。参见“dorsal”。

vertical migration **垂直迁移** 指开阔海域的许多浮游动物、鱼类和鱿鱼的一种行为，即在夜间上移到靠近海面的区域，在白天潜入更深海域，这样做可能是为躲避天敌。

vertical transport **垂直运移** 指海水的任何大规模垂直流动。

vortex **涡旋** 指液体中快速旋转的涡流；有时也用作“漩涡”的同义词。参见“eddy”“whirlpool”。

W

water column **水体** 指在海面和海底之间一定容量的水体。

wave **波** 指一种转移能量的运动或扰动。在水波跨越海洋传递的过程中，除了当浪经过时上下波动外，水的移动并不明显。波的最高点是波峰，最低点是波谷。当波浪在海岸破碎时（碎浪），水的运动变得更加复杂和激烈。

westerlies **西风带** 指从西边吹来的盛行风。西风是温带区域最常见的风。

western boundary current **西边界流** 指相对狭窄且移动迅速的表层洋流，形成于海盆的西侧边界，通常属于环流的一部分。墨西哥湾暖流就是实例。也存在深海西边界流。参见“gyre”。

whirlpool **漩涡** 指形成于海面的强烈涡流或涡旋，通常因两个独立的潮汐流相遇而产生。参见“eddy”“vortex”。

white smoker **海底白烟囱** 指一种深海热泉，所涌出的热水呈白色，因为浅色矿物颗粒悬浮其中。

worm **蠕虫** 指身体细长灵活，无腿和外壳，通常不游泳的无脊椎动物。参见“flatworms”“ribbon worms”“segmented worms”“tube worms”。

Z

zoea **蚤状幼体** 指某些甲壳动物的浮游幼虫阶段，例如蟹类。它们的结构与成年形态不同，有长刺。

zooid **个虫** 指相互关联动物的群体中的一个个体，例如苔藓虫。此词不适用于集群珊瑚动物，该动物为水螅体。参见“polyp”。

zooplankton **浮游动物** 指属于浮游生物的任何动物或类动物原生生物。参见“plankton”。

zooxanthellae **虫黄藻** 指生活在许多珊瑚的组织之中的共生微藻。参见“symbiosis”。

笔画索引

五画

六画

七画

八画

九画

十画

十一画

十二画

十三画

十四画

十五画

十六画

十七画

十八画

十九画以上

拉丁名索引

致谢

Dorling Kindersley would like to thank several people for their help in the preparation of this book. At the American Museum of Natural History, Udayan Chattopadhyay was unfailingly helpful and John Sparks provided many valuable comments on the text and images. Georgina Garner and Erin Richards worked on early versions of the contents list. Frances Dipper and Robert Dinwiddie drew up the original lists of species and physical features described in the catalogue sections. Additional design work was done by Janis Utton and Pankaj Sharma. Tamlyn Calitz and Amy Walters provided editorial assistance, and Klara Kayser contributed design assistance. Neil Fletcher did additional picture research for the Birds section.

For the revised edition, Dorling Kindersley would like to thank: Sneha Sunder Benjamin and Sonam Mathur for editorial assistance; Duncan Turner, Hector Gonzalez, Sanjay Chauhan, Vansh Kohli, Kanika Mittal, and Divya P.R. for design assistance; Liz Moore for picture research; and Will Lach, Alex Navissi, and Mark Siddall at the American Museum of Natural History.

PICTURE CREDITS

Dorling Kindersley would like to thank the following for their help in supplying images: Romaine Werblow in the DK Picture Library; All at SeaPics.com; All at FLPA; Jonathan Hamston at OSF; Teresa Riley at Getty Images; All at Alamy Images.

KEY:
(a-above; b-below/bottom; c-centre; f-far; l-left; r-right; t-top)

SIDEBAR IMAGES
Corbis: David Keaton (*Atlas of the Oceans*); Jeffrey L. Rotman (*Ocean Environments*). **Getty Images:** National Geographic/Raul Touzon (*Ocean Life*); Photonica/Anna Grossman (*Introduction*).

1 Getty Images: Taxi/Peter Scoones. **2–3 Getty Images:** Stone/Warren Bolster. **4 Corbis:** (tc); Lawson Wood (bc). **4–5 Getty Images:** National Geographic/Brian Skerry. **5 Getty Images:** Image Bank/Mike Kelly (tc). **NASA:** Jacques Descloitres, MODIS Rapid Response Team, NASA/GSFC (cra). **6–7 FLPA:** Minden Pictures/Norbert Wu (*Background*). **8–9 FLPA:** Minden Pictures/Chris Newbert, **Carrie Vonderhaar**. **10–11 Getty Images:** Michele Westmorland. **12–13 Oceanwide Images:** Gary Bell. **14–15 Getty Images:** Caroline Warren. **16–17 David Hall (www.seaphotos.com)**. **18–19 Marine Wildlife:** Paul Kay. **20 Getty Images:** Iconica/John W. Banagan. **21 FLPA:** Minden Pictures/Frans Lanting. **22–23 Getty Images:** Visuals Unlimited, Inc. / Reinhard Dirscherl. **24–25 Corbis:** NASA. **26–27 Corbis**. **28–29 Getty Images:** Taxi/Jason Childs. **30 Alamy Images:** Pictor International/ImageState (bc). **DK Images:** Frank Greenaway (bl). **30–31 Alamy Images:** Hawkeye (c). **31 Alamy Images:** Bryan & Cherry Alexander Photography (br). **DK Images:** (fbl); Brian Cosgrove (bc); Zena Holloway (bl). **NASA:** GSFC/MODIS Rapid Response Team, Jacques Descloitres (tl); Liam Gumley, MODIS Atmosphere Team, University of Wisconsin-Madison Cooperative Institute for Meteorological Satellite Studies (ca).
32 Alamy Images: David Wall (br). **Science & Society Picture Library:** Science Museum, London (bl). **33 Alamy Images:** PHOTOTAKE Inc./Carolina Biological Supply Company (bc); Stephen Frink Collection/James D. Watt (ca); Visual&Written SL/Kike Calvo (cra). **NASA:** Provided by the SeaWiFS Project, Goddard Space Flight Center, and ORBIMAGE (br). **34 NASA:** MODIS Instrument Team, NASA Goddard Space Flight Center, (c); The U.S.-French TOPEX/Poseidon mission is managed by JPL for NASA's Earth Science Enterprise, Washington, D.C. JPL is a division of the California Institute of Technology in Pasadena (tr). **NASA's Earth Observatory:** Jesse Allen, using JASON-2 data provided courtesy of Akiko Hayashi (NASA/JPL) (tr). **35 Alamy Images:** Roger Cracknell (cl); Chris A Crumley (tr). **DK Images:** Frank Greenaway/Courtesy of the University Marine Biological Station, Millport, Scotland (crb). **SeaPics.com:** Bob Cranston (ca). **36 Alamy Images:** Brandon Cole Marine Photography (cla); Reinhard Dirscherl (cb). **Dive Gallery/Jeffrey Jeffords (www.divegallery.com):** (bc). **Image Quest Marine:** Y. Kito (bl). **36–37 Alamy Images:** Visual&Written SL/Takaji Ochi (c). **37 AguaSonic Acoustics:** Mark Fischer (crb). **Alamy Images:** Sue Cunningham Photographic (cra); James Davis Photography (cr); Dinodia Images/Ashvin Mehta (tr). **Science Photo Library:** (cb). **38–39 Corbis:** Brenda Tharp. **42 Alamy Images:** Danita Delimont (c). **Corbis:** Raymond Gehman (bc). **DK Images:** Harry Taylor (cra). **43 NASA:** JPL (br). **Science Photo Library:** Bill Bachman (tr).
45 Corbis: Bettmann (tc); David Lawrence (cra).
46 Alamy Images: Norman Price (tr). **Planetary Visions** (bl). **46–47 Alamy Images:** Nordicphotos/Sigurgeir Sigurjonsson (b). **47 Planetary Visions** (tr).
48 DK Images: Colin Keates/Courtesy of the Natural History Museum, London (tr). **49 Alamy Images:** Douglas Peebles Photography (br). **Woods Hole Oceanographic Institution:** Jayne Doucette (tr).
50–51 Getty Images: AFP/Lothar Slabon. **52–53 Corbis:** Image by Digital image © 1996 CORBIS; Original image courtesy of NASA. **NASA:** Jesse Allen, Earth Observatory. Image interpretation provided by Dave Santek and Jeff Key, University of Wisconsin-Madison. **54 ESA:** Eumetsat (cr).
55 Alamy Images: Kos Picture Source (t). **DK Images:** Peter Wilson (bl). **56 Action Images:** Reuters/Carlo Borlenghi. **57 Alamy Images:** Kos Picture Source (br). **Corbis:** Emmanuelle Thiercelin (cr). **Getty Images:** AFP/Marcel Mochet (tr); Clive Mason (cra). **Rex Features:** RAAF-AUSTRAL/Corbis Sygma (crb). **Clipper Round the World Yacht Race:** Clipper Ventures Plc (cr). **58–59 NASA:** Image courtesy the SeaWiFS Project, NASA/Goddard Space Flight Center, and ORBIMAGE (c). **59 Alamy Images:** Chris Linder (br). **Corbis:** Bettmann (tr). **NASA:** (cr); Image processed by Robert Simmon based on data from the SeaWiFS project and the Goddard DAAC (c). **60 SeaPics.com:** Doug Perrine (bl). **61 S.M.R.U.:** Simon Moss (bl). Courtesy of **Andreas M. Thurnherr:** (br).
62 Getty Images: Nordic Photos/Kristjan Fridriksson. **63 Alamy Images:** Bryan & Cherry Alexander Photography (tr); Apex News and Pictures Agency/Tim Cuff (br). **Corbis:** Lowell Georgia (crb). **FLPA:** Minden Pictures/Flip Nicklen (c). **64 Alamy Images:** Danita Delimont (bl). **65 Corbis:** Bettmann (cla); Sygma/Gyori Antoine (bl). **Getty Images:** Photographer's Choice/Kerrick James (tr). **NASA:** Image courtesy Jacques Descloitres, MODIS Land Rapid Response Team at NASA GSFC (clb). **NOAA:** Michael Van Woert, NOAA NESDIS, ORA (br). **NASA:** LANCE/EOSDIS MODIS Rapid Response Team at NASA GSFC (clb). TopFoto.co.uk: RIA Novosti / Sergey Mamontov (bl). **66 Alamy Images:** Aflo Foto Agency (tr); Boating Images Photo Library/Keith Pritchard (cra); Michael J. Kronmal (br); Tribaleye Images/J Marshall (bl). **Corbis:** Image by Digital image © 1996 CORBIS; Original image courtesy of NASA (clb). **67 Alamy Images:** Mark Lewis (b); PHOTOTAKE Inc./Dennis Kunkel (tc). **Getty Images:** Photographer's Choice/Malcolm Fife (tr). Courtesy of **US Navy:** Photo courtesy of Ian R. MacDonald, Texas A&M Univ. Corpus Christi (cla). **68 Alamy Images:** Bill Brooks (cb); Images&Stories (br). Courtesy of **Chris Baisan, University of Arizona:** (bl). **NASA:** JPL (cl). **NASA:** JPL Ocean Surface Topography Team (cl, clb). **69 Corbis:** Jonathan Blair (ca); **EPA**/Josue Fernandez (b). **NOAA:** Lieutenant Mark Boland, NOAA Corps (cla). **Corbis:** National Geographic Society / Robb Kendrick (c). **Reuters:** Reuters Photographer (b).
70 NASA: Image by Jesse Allen, NASA Earth Observatory; data provided by the MODIS Land Rapid Response Team, NASA GSFC (cl); Jacques Descloitres, MODIS Land Rapid Response Team, NASA/GSFC (cr); Jeff Schmaltz, MODIS Rapid Response Team, NASA/GSFC (c). **NOAA:** Aircraft Operations Center (br). **NASA:** Jeff Schmaltz, LANCE MODIS Rapid Response Team at NASA GSFC (cl); Lance Modis Rapid Response Team (c). NASA's Earth Observatory: Jesse Allen (cr).
71 Corbis: EPA/Alejandro Ernesto (bl). **OSF/photolibrary:** Warren Faidley (t). **SeaPics.com:** Doug Perrine (cr). **Still Pictures:** Michel Gunther (br).
72–73 Corbis: Reuters/Erik De Castro.
73 Corbis: Bryan Denton (crb); Demotix/Herman Lumanog (cra/Typhoon); EPA/Dennis M. Sabangan (cra/Typhoon Haiyan aftermath, cr, br); Reuters/ Erik De Castro (fcrb, crb/Food Drop). **NASA:** NASA Goddard MODIS Rapid Response Team (cb/Haiyan 8th Nov, cb/Haiyan 11th Nov). **Planetary Visions Limited:** (cra/Eye of the Storm). **74–75 Getty Images:** Lonely Planet Images/Karl Lehmann.
76 Alamy Images: David Gregs (cr); ImagePix (bc). **iStockphoto.com:** Dan Brandenburg (cra). **NOAA:** Captain Andy Chase (bl). **OSF/photolibrary:** Pacific Stock (crb). **77 Alamy Images:** Michael Diggin (clb). **Getty Images:** Taxi/Helena Vallis (t). **iStockphoto.com:** Paul Topp (crb). **78 Alamy Images:** Mooch Images (clb). **78–79 Getty Images:** Robert Harding World Imagery/Lee Frost (b). **80 Alamy Images:** Mary Evans Picture Library (br); Ian Simpson (bl). **Don Dunbar (www.easternmaineimages.com):** (tl) (c). **81 Alamy Images:** Malcolm Fife (cb); Peter L. Hardy (bc). **Still Pictures:** Markus Dlouhy (tr). **www.uwphoto.no:** Erling Svensen (cl). **82 Alamy Images:** Shaughn F. Clements (b); phototramp.com/Maciej Tomczak (cr).
83 Corbis: Dave Bartruff (l); Christie's Images (br).
84–85 Corbis: Lawson Wood. **86–87 Getty Images:** Photonica/Photolibrary.com. **88 Corbis:** Yann Arthus-Bertrand (br). **NASA:** (clb). **89 Corbis:** Michael Busselle (bc); Lloyd Cluff (t); Ecoscene/John Wilkinson (clb). **DK Images:** Colin Keates/Courtesy of the Natural History Museum, London (crb).
90 Rex Features: Sipa Press (SIPA). **91 Alamy Images:** Louise Murray (br). **Corbis:** Matthieu Paley (c); Sygma/Kapoor Baldev (crb). **Still Pictures:** Bryan Lynas (tc); Mark Lynas (tr) (cr). **92 Alamy Images:** Michael Howell (b). **Corbis:** Yann Arthus-Bertrand (cra); Jack Fields (c); Frans Lanting (tr).
93 Alamy Images: FLPA (clb); geogphotos (fcla). **Corbis:** Jim Sugar (bc). **iStockphoto.com:** Andrew Dorey (ca); Gregor Erdmann (cla). **94 Alamy Images:** Jack Stephens (cl). **Rob Havemeyer Acadia National Park ME:** (tr). **94–95 Steven Russell (www.pbase.com/nodfather):** (b).
95 Alamy Images: Eric Nathan (cr). **Corbis:** Kevin Fleming (tc). **DK Images:** Jon Spaull (tr).
96 Alamy Images: Atmosphere Picture Library/Bob Croxford (tr). **Corbis:** Ric Ergenbright (bl). **DK Images:** Rough Guides/Ian Aitken (crb). **www.undiscoveredscotland.co.uk:** (cla). **97 Alamy Images:** Sean Burke (t); CuboImages srl/Marco Casiraghi (bl). **NASA:** Johnson Space Center - Earth Sciences and Image Analysis (br). **98 Corbis:** Peter Johnson (c); Richard T. Nowitz (br). **Wombat Pitts:** (cra). **99 Alamy Images:** Simon Reddy (cr). **Getty Images:** Robert Harding World Imagery/Neil Emmerson (b). Mark Kitching: (cl). **NASA:** Image courtesy Jacques Descloitres, MODIS Land Rapid Response Team at NASA GSFC (tr). **100–101 Corbis:** Digital image © 1996 CORBIS; Original image courtesy of NASA. **Andy Biggs. 102 Alamy Images:** Danita Delimont (bc). **Corbis:** Bettmann (br). **Still Pictures:** Christoph Papsch (t). **Dr Sandy Tudhope, Institute of Geology and Geophysics, Edinburgh University:** (bl). **103 Alamy Images:** Danita Delimont (b). **Getty Images:** Stone/James Randklev (cl). **Marco Nero:** (cr). **104 WaterLand Neeltje Jans:** RWS MD afd. Multimedia. **105 Alamy Images:** Florida Images (cr); geogphotos (cra); Rodger Tamblyn (tc). **Corbis:** Lowell Georgia (bl). **Natural Visions:** Heather Angel (c). **NOAA:** NOAA Restoration Center, Chris Doley (cb). **Sky Pictures luchtfotografie (www.skypictures.nl):** (br). **106 Alamy Images:** Patrick Mallette (cl). **Getty Images:** Altrendo/altrendo nature (tr); Lonely Planet Images/Bethune Carmichael (clb). **106–107 Corbis:** Martin Harvey (b). **107 Alamy Images:** Guillen Photography (cra); Wildscape (c). **DK Images:** Shaen Adey (tr); James Stevenson (tl). **108 Alamy Images:** Danita Delimont (tc); Peter Lewis (b). Paul Yung: (cr). **109 Alamy Images:** Atmosphere Picture Library/Bob Croxford (bl); imagebroker/Harald Theissen (cla). **Corbis:** Jason Hawkes (r). **DK Images:** Geoff Dann (br). **110 Alamy Images:** Mark Boulton (tl). **Corbis:** Tony Arruza (bl); Yann Arthus-Bertrand (cr). **111 Alamy Images:** Simon Reddy (tc); Laurie Wilson (b). **Corbis:** (cr). **112 Alamy Images:** Ian Dagnall (tr); Danita Delimont (bc). **Corbis:** Douglas Peebles (br). **DK Images:** Lloyd Park (cl). **113 Alamy Images:** Jon Arnold Images (crb). **Corbis:** Neil Rabinowitz (bl). **Getty Images:** National Geographic/Skip Brown (t). **iStockphoto.com:** Judi Ashlock (tr). **114 Corbis:** Post-Houserstock/Dave G. Houser (cl). **114–115 Alamy Images:** Jon Arnold Images/Doug Pearson (c). **115 Alamy Images:** Tim Graham (ca). **Corbis:** (bc). **DK Images:** Dave King (tr). **OSF/photolibrary:** Richard Herrmann (cra). **116 Getty Images:** Stone/Paul Souders (bl); Stone/Tom Bean (cr). **US Geological Survey:** (bc).
116–117 Still Pictures: Guy Boily (t). **117 Corbis:** Dale C. Spartas (bl). **NASA:** Jacques Descloitres, MODIS Rapid Response Team, NASA/GSFC (br). **118 Corbis:** Reuters/Sergio Moraes (cr). **NASA:** Jacques Descloitres, MODIS Land Rapid Response Team, NASA/GSFC (b). **Still Pictures:** Jacques Jangoux (t). **119 Alamy Images:** JL Images (tr). **Corbis:** Sygma/Annebicque Bernard (bc). Courtesy of **Clive Griffin (www.pbase.com/clivegriffin):** (clb). **Still Pictures:** Christiane Eisler (cla). **120 Alamy Images:** Jack Sullivan (cr). Pierre-Yves Lagrée, LMM CNRS Université Paris VI: (t). **NASA:** Earth Sciences and Image Analysis Laboratory at Johnson Space Center (b). **121 Alamy Images:** Karsten Wrobel (tr). **Corbis:** (clb); Yann Arthus-Bertrand (cla). **DK Images:** Rob Reichenfeld (crb). **122 Alamy Images:** Eddie Gerald (b). **Corbis:** Carl & Ann Purcell (cr). **NASA:** Provided by the SeaWiFS Project, NASA/Goddard Space Flight Center, and ORBIMAGE (tl); Imaginechina (bl). **123 Alamy Images:** Tibor Bognar (cl). **Corbis:** Peter Guttman (br); Galen Rowell (b); Michael S. Yamashita (tr). **124 Alamy Images:** Florida Images (crb); Renee Morris (bc). **FLPA:** Skylight (cl). **125 Corbis:** James L. Amos (bc);
Carol Havens (t). **DK Images:** Mike Linley (cr). **Getty Images:** Photographer's Choice/Cameron Davidson (bl). **Natural Visions:** Heather Angel (br). **126 Alamy Images:** Jon Sparks (t). **Corbis:** Rob Howard (bl). **Still Pictures:** Cal Vornberger (cr).
127 Alamy Images: David Poole (br); J. Schwanke (tr). **Corbis:** Annie Griffiths Belt (cla); Reuters/Darren Staples (crb). **128 Alamy Images:** Mark Boulton (cb); Rod Edwards (ca); Robert Harding Picture Library Ltd (br). **129 Corbis:** Natalie Fobes (b); Steve Kaufman (br). **Nial Moores/Birds Korea (www.birdskorea.org):** (tc); Mr. Jeon Shi-Jin (cla). **130 Alamy Images:** David Hosking (br). **Getty Images:** National Geographic/Tim Laman (tr). **SeaPics.com:** Jeremy Stafford-Deitsch (bc). **130–131 Oceanwide Images:** Bob Halstead (c). **131 Alamy Images:** Danita Delimont (cra); Reinhard Dirscherl (tr). **Corbis:** Michael S. Yamashita (br). SeaPics.com: D.R. Schrichte (ca). **132 DK Images:** Rough Guides/Demetrio Carrasco (br); Peter Wilson (ca). **132–133 SeaPics.com:** Masa Ushioda (t).
133 Alamy Images: Mireille Vautier (clb). **Corbis:** Stephen Frink (br). **US Geological Survey:** (cra). **134 Alamy Images:** Tim Graham (bc). **Corbis:** (crb); Yann Arthus-Bertrand (ca). **135 Corbis:** Arne Hodalic (cl). **Getty Images:** National Geographic/Timothy Laman (tr). **SeaPics.com:** Jeremy Stafford-Dietsch (bc). **Still Pictures:** Alan Watson (br).
136–137 naturepl.com: Jurgen Freund. **138–139 naturepl.com:** Aflo. **Alamy Images:** WaterFrame. **140 Alamy Images:** Aqua Image (cla). **DK Images:** Frank Greenaway/Courtesy of the Natural History Museum, London (crb). **iStockphoto.com:** Ingvald Kaldhussæter (cra). **Sue Scott:** (bl). **SeaPics.com:** Mark Conlin (c). **141 British Marine Aggregate Producers Association (www.bmapa.org):** (br). **Getty Images:** Image Bank/Astromujoff (t). **OSF/photolibrary:** Michael Brooke (bc). **142 DK Images:** Frank Greenaway/Courtesy of the Weymouth Sea Life Centre (bc); Jerry Young (cr). **Sue Scott:** (cl). **SeaPics.com:** Mark Conlin (bl). **142–143 David Hall (www.seaphotos.com):** (c). **143 Image Quest Marine:** Jim Greenfield (crb). **Marine Wildlife:** Paul Kay (tr). **NOAA:** Dr. James P. McVey, NOAA Sea Grant Program (bc). **Sue Scott:** (c).
144 DK Images: Frank Greenaway (ca). **Sue Scott:** (cl) (bl) (br). **144–145 Getty Images:** National Geographic/Bill Curtsinger (t). **145 Alamy Images:** Guillen Photography (bl). **Sue Scott:** (crb) (cra). **146 Alamy Images:** Fabrice Bettex (bc); Gavin Parsons (cr). **DK Images:** Tim Ridley (tl). **Marine Wildlife:** Paul Kay (cla). **Sue Scott:** (clb). **147 Corbis:** Ralph A. Clevenger (b). **OSF/photolibrary:** Tobias Bernhard (tc). **Sue Scott:** (cla) (cra). **148 Corbis:** (tl). **Sue Scott:** (cra) (bl). **SeaPics.com:** Doug Perrine (cb). **149 Alamy Images:** Mark Lewis (b); PNR Photography (crb). **Dr. Alberto V. Borges/Chemical Oceanography Unit from the University of Liège, Belgium:** (tr). **150 Alamy Images:** Ross Armstrong (tr); Joel Day (clb); Andre Seale (cla). **Sue Scott:** (bc). **US Fish and Wildlife Service National Image Library:** Chris Dau (br). **151 SeaPics.com:** Phillip Colla. **152 Alamy Images:** Danita Delimont (c); Nick Hanna (cl). **Corbis:** Yann Arthus-Bertrand (cr). **152–153 OSF/photolibrary:** Pacific Stock (c). **153 Dive Gallery/Jeffrey Jeffords (www.divegallery.com):** (tc). **JM Roberts, Scottish Association for Marine Science:** (crb). **SeaPics.com:** Clay Bryce (br); James D. Watt (cra). **154 Alamy Images:** Michael Patrick O'Neill (bl); Sylvia Cordaiy Photo Library Ltd (tc). **DK Images:** Jerry Young (clb). **155 Alamy Images:** Stephen Frink Collection (cra); Karen & Ian Stewart (c). **Dive Gallery/Jeffrey Jeffords (www.divegallery.com):** (br). **SeaPics.com:** Andrew J. Martinez (tl); James D. Watt (bl). **156 Alamy Images:** Stephen Frink Collection (bl). **Corbis:** Stephen Frink (c); Lawson Wood (tc). **157 Corbis:** Bob Krist (b). **SeaPics.com:** Rodger Klein (tr). **158 Alamy Images:** Nick Hanna (tr); Martin Harvey (bl); Zute Lightfoot (br). **159 Alamy Images:** Steve Allen Travel Photography (tr); Slick Shoots (cr). **Corbis:** Cordaiy Photo Library Ltd/

John Parker (cla). **SeaPics.com:** Marc Bernardi (b). **160 Alamy Images:** Aqua Image (cla). **SeaPics.com:** James D. Watt (b). **Still Pictures:** Lynn Funkhouser (cra). **161 Alamy Images:** Robert Harding Picture Library Ltd (crb); Andre Seale (clb). **Corbis:** Reuters/Handout (cra). Brian McMorrow: (tr). **SeaPics.com:** James D. Watt (br). **162–163 Oceanwide Images:** Gary Bell. **164 DK Images:** Frank Greenaway (clb). **NASA:** Image and animations provided by the SeaWiFS Project and the NASA GSFC Scientific Visualization Studio (cra). **Sue Scott:** (tl) (bc) (br). **165 Alamy Images:** Jeremy Inglis (br); Andre Seale (bl). **Image Quest Marine:** Scott Tuason (t). **166–167 Getty Images:** Stone/Kim Westerskov. **168 Science Photo Library:** Alexis Rosenfeld (bc). **169 DeepSeaPhotography.Com:** Kim Westerskov (tc). **Image Quest Marine:** Peter Parks (br). **Science Photo Library:** Susumu Nishinaga (cb). **SeaPics.com:** Ingrid Visser (c). **170 OSF/photolibrary:** (cla); Howard Hall (b). **SeaPics.com:** Peter Parks/iq3-d (tc). **171 ExploreTheAbyss.Com:** Peter Batson (cr) (clb) (bl) (br). **Image Quest Marine:** Peter Herring (tr). **NOAA:** Archival Photography by Steve Nicklas, NOS, NGS (c). **OSF/photolibrary:** Pacific Stock (tc). **172 Getty Images:** National Geographic/Paul Nicklen. **173 Alamy Images:** epa european pressphoto agency b.v. (br). **DeepFlight:** (cra/Deepflight Super Falcon). **NOAA:** (cr, crb). **www.uboatworx.com:** David Pearlman (fcra). **174 Science Photo Library:** (tr). **175 DeepSeaPhotography.Com:** Kim Westerskov (br). **NOAA:** Image Courtesy of the Deep Atlantic Stepping Stones Science Party, IFE , URI-IAO, and NOAA (bc); Office of Ocean Exploration (cb). **Science Photo Library:** Dr Ken MacDonald (t). **SeaPics.com:** Mark Conlin (bl). **176 NOAA:** Commander John Bortniak, NOAA Corps (bl); Fisheries Collection (br). **Dr. P. J. Ramsay/African Coelacanth EcoSystem Programme:** (cl). **177 Alamy Images:** Ron Scott (br). **ExploreTheAbyss.Com:** Peter Batson (bc). **NASA:** Image provided by the USGS EROS Data Center Satellite Systems Branch (tr). **NOAA:** OAR/National Undersea Research Program (NURP); University of Connecticut (ca); Ocean Explorer (cb). **178 www.uwphoto.no:** Erling Svensen. **179 ExploreTheAbyss.Com:** Peter Batson (cra). **FLPA:** D. P. Wilson (c). **Jason Hall-Spencer/Marine Conservation Society:** (crb). **JM Roberts, Scottish Association for Marine Science:** (bc); AWI & Ifremer 2003 (tc) (br). **180 Alamy Images:** Travelpix (clb). **NASA:** Jacques Descloitres, MODIS Rapid Response Team, NASA/GSFC (br). **NOAA:** National Geophysical Data Center (cla). **SeaPics.com:** David Wrobel (bl). **181 Alamy Images:** Phototake Inc./Dennis Kunkel (bc). **Image Quest Marine:** Peter Parks (t). **Science Photo Library:** Steve Gschmeissner (cb). **SeaPics.com:** D.R. Schrichte (br). **182 Alamy Images:** Blickwinkel (clb). **ExploreTheAbyss.Com:** Peter Batson (cla). **SeaPics.com:** Doug Perrine (bl). **Craig Smith & Mike Degruy:** (br). **182–183 NOAA:** OAR/National Undersea Research Program (NURP) (c). **183 naturepl.com:** David Shale (bl). **Naval Historical Foundation, Washington, D.C.:** (br). **Science Photo Library:** US Geological Survey (tr). **184 Alamy Images:** Fabrice Bettex (tr). **Corbis:** The Oregonian/Doug Beghtel (bl). **184–185 Corbis:** Yann Arthus-Bertrand (b). **185 Alamy Images:** David Tipling (c). **Corbis:** Cordaiy Photo Library Ltd/John Farmar (ca); Ralph White (tl). **Planetary Visions:** Lamont-Doherty Earth Observatory (br). **186 Planetary Visions. 187 European Space Agency:** Denmann Production (clb). **NASA:** Canadian Space Agency/National Snow and Ice Data Centre (crb); GSFC (tr) (ca) (cra); JPL (c); JPL-Caltech (cb). **Science Photo Library:** David Vaughan (br). **University College London:** (cb). **188** Image courtesy of **Karen L. Von Damm. Image obtained from the DSV Alvin, with funding provided by the U.S. National Science Foundation:** (tr). **Science Photo Library:** Southampton Oceanography Centre/B. Murton (bl). **188–189 Woods Hole Oceanographic Instititution:** (c). **189 ExploreTheAbyss.Com:** Peter Batson (tc) (c) (br). **Richard T. Lutz:** (cr). **NOAA:** Ocean Explorer (bl). **190–191 FLPA:** Minden Pictures/Norbert Wu. **192 Bridgeman Art Library:** Royal Geographical Society, London, UK (tr). **Corbis:** Ecoscene/Graham Neden (cb). **193 Alamy Images:** Rosemary Calvert (b); John Digby (tl). **SeaPics.com:** Franco Banfi (tr). **194 Alamy Images:** Blickwinkel (br); Eric Ghost (fbr); K-Photos (tc). **M.A. Felton:** (bc). **NOAA:** Michael Van Woert, NOAA NESDIS, ORA (crb). **194–195 Getty Images:** Photographer's Choice/Siegfried Layda (c). **195 Alamy Images:** Giles Angel (crb); Nordicphotos/Kristjan Fridriksson (tr). **196 Corbis:** Sygma. **Science Photo Library:** NOAA. **197 Corbis:** Bettmann (ca) (cra); Hulton-Deutsch Collection (tr); Ralph White (crb) (cb) (br). **Henning Pfeifer:** (clb). **Rex Features:** ITV (ITV/TPC) (c). **Science Photo Library:** NOAA. **198 Alamy Images:** Bryan & Cherry Alexander Photography (fbl) (br). **NOAA:** Michael Van Woert, NOAA NESDIS, ORA (bl). Courtesy of **Don Perovich:** (fbr). **198–199 Bryan and Cherry Alexander Photography:** (t). **199 Corbis:** Bettmann (cra). **DK Images:** Harry Taylor (crb). **NOAA:** Michael Van Woert, NOAA NESDIS, ORA (bc) (br). **SeaPics.com:** John KB Ford/Ursus (c). **200 NASA:** Jacques Descloitres, MODIS Land Rapid Response Team, NASA/GSFC (cl). **200–201 Alamy Images:** Brandon Cole Marine Photography (b). **201 Alamy Images:** Popperfoto (br). **Corbis:** Paul A. Souders (tc). **SeaPics.com:** Bryan & Cherry Alexander (c); iq3-d/Peter Parks (cra). **202–203 Getty Images:** Image Bank/Mike Kelly. **204–205 DeepSeaPhotography.Com:** Kim Westerskov. **206 Alamy Images:** Bruce Coleman/Tom Brakefield (cl/*Kingdom*); Norma Jospeh (c); Visual&Written SL/Kike Calvo (cl/*Genus*). **Corbis:** Brandon D. Cole (b/*Hagfish*). **DK Images:** (cl/*Domain*); Martin Camm (cl/*Phyllum*) (cl/*Order*) (cl/*Family*) (cl/*Species*); Geoff Dann (b/*Lamprey*) (b/*Ray-Finned Fish*); Frank Greenaway (b/*Cartilaginous Fish*); David Peart (cl/*Class*). **SeaPics.com:** Mark V. Erdmann (b/*Lobe-Finned Fish*). **207 DK Images:** (*Fungi*); Neil Fletcher (*Plants*); Dave King (*Red Seaweeds*); Jane Miller (*Animals*); Karl Shone (*Brown Seaweeds*). **SeaPics.com:** iq3-d/Peter Parks (*Protists*). **208 DK Images:** (*Echinoderms*); Frank Greenaway (*Molluscs*); Dave King (*Arthropods*). **209 DK Images:** Jerry Young (*Chordates*). **210 FLPA:** Minden Pictures/Chris Newbert. **211 Conservation International:** Robert Thacker (ca); Jeffrey T. Williams/Smithsonian Institution (c). **FLPA:** Minden Pictures/Norbert Wu (crb). **Dr J. Frederick Grassle, Rutgers University:** (br). **Sue Scott:** (tr) (cra). **SeaPics.com:** Phillip Colla (cb). **212 Still Pictures:** Steven Kazlowski (crb). **213 iStockphoto.com:** Dan Schmitt (cla). **SeaPics.com:** Doug Perrine (b). **Still Pictures:** Bob Evans (tc). **214 DeepSea-Photography.Com:** Kim Westerskov (clb). **FLPA:** D. P. Wilson (cla). **OSF/photolibrary:** Mark Jones (br). **Sue Scott:** (cra) (cr) (bc). **215 M. Boyer/edge-of-reef.com:** (bc). **OSF/photolibrary:** Richard Herrmann (t). **SeaPics.com:** Masa Ushioda (br). **216 iStockphoto.com:** Dan Schmitt (bl). **Sue Scott:** (tr) (cl) (ca). **216–217 SeaPics.com:** Espen Rekdal (b). **217 Dive Gallery/Jeffrey Jeffords (www.divegallery.com):** (br). **Marine Wildlife:** Paul Kay (ca) (cr). **Sue Scott:** (tr). **218 FLPA:** Linda Lewis (cra). **Still Pictures:** Secret Sea Visions (br); Gunter Ziesler (bl). **218–219 FLPA:** Minden Pictures/Norbert Wu (c). **219 Alamy Images:** Danita Delimont (bl). **220 Alamy Images:** SCPhotos/Tom & Pat Leeson (bl); Bruce Coleman/Patrice Ricard (fbr). **iStockphoto.com:** Steffen Foerster (cl). **SeaPics.com:** Mark Conlin (cra) (clb); Chris Huss (fbl) (br). **221 Getty Images:** National Geographic/Brian J. Skerry (t). **OSF/photolibrary:** Doug Allan (bl). **222 Alamy Images:** Brandon Cole Marine Photography (bc). **FLPA:** Minden Pictures/Norbert Wu (c). **223 ExploreTheAbyss.Com:** Peter Batson (ca) (bl). **Charles G. Messing/Nova Southeastern University, Florida:** (br). **NOAA:** OAR/National Undersea Research Program (NURP); Univ. of Hawaii (cra). **OSF/photolibrary:** Norbert Wu (cla). **224 DK Images:** (bl). **Image Quest Marine:** (c); Y. Kito (br). **224–225 ExploreTheAbyss.Com:** Peter Batson (t). **225 ExploreTheAbyss.Com:** Peter Batson (cl). **OSF/photolibrary:** (br). **SeaPics.com:** iq3d/Peter Parks (cr). **226 DK Images:** Colin Keates (bl/*above*) (bl). **Science Photo Library:** Ria Novosti (cra); Sinclair Stammers (cl). **226–227 FLPA:** Minden Pictures/Fred Bavendam (b). **227 The Academy of Natural Sciences:** Ted Daeschler (cl). **DK Images:** Colin Keates (cla) (tr) (cra); Harry Taylor/Courtesy of the Royal Museum of Scotland, Edinburgh (c). **SeaPics.com:** Doug Perrine (tl). **228 Alamy Images:** Natural Visions/Heather Angel (tc). **Bridgeman Art Library:** Private Collection (cra). **DK Images:** Harry Taylor/Courtesy of the Hunterian Museum (University of Glasgow) (c); Harry Taylor/Courtesy of the Natural History Museum, London (bc). **OSF/photolibrary:** Karen Gowlett-Holmes (br). **Science Photo Library:** David Parker (clb). **229 Alamy Images:** David Fleetham (tc); Stephen Frink Collection/James D. Watt (cra). **DK Images:** (c/*Terrestrial Mammal*) (c/*Jawless Fish*); Bedrock Studios (c/*Armoured Fish*) (c/*Turtle*); Robin Carter (c/*Placodont*); Neil Fletcher (c/*Penguin*); Giuliano Fornari (c/*Ichthyosaurus*) (c/*Plesiosaur*); Jon Hughes (c/*Whale*); Colin Keates (bl) (c/*Cambrian*) (c/*Ediaçaran*) (c/*Ammonite*); Harry Taylor/Courtesy of the Natural History Museum, London (c/*Shark*); Harry Taylor/Courtesy of the Royal Museum of Scotland, Edinburgh (c/*Lobe-Finned*). **Getty Images:** Science Faction/G. Brad Lewis (br). **230–231 Getty Images:** Taxi/Gary Bell. **232 MicroScope/Woods Hole:** D. J. Patterson (cb). **NOAA:** OAR/National Undersea Research Program (NURP); Lousiana Univ. Marine Consortium (cr). **Oceanwide Images:** Gary Bell (b). **OSF/photolibrary:** Phototake Inc/Dennis Kunkel (ca). **University of Illinois at Urbana-Champaign:** (cra). **233 DK Images:** M.I. Walker (tc). **Image Quest Marine:** Peter Parks (cl). **Oceanwide Images:** Rudie Kuiter (bc). **Still Pictures:** Tom E. Adams (cr). **Laura K. Sycuro, Fred Hutchinson Cancer Research Center, Seattle:** (bl). **234-235 Science Photo Library:** Mint Images/Frans Lanting (c). **238 Algaebase.org:** M.D. Guiry (cr) (br); John Huisman (cl). **Sue Scott:** (tl). **239 Alamy Images:** Bob Gibbons (t). **Algaebase.org:** M.D. Guiry (bl). **Natural Visions:** Heather Angel (br). **Sue Scott:** (cr). **240–241 Corbis:** Ralph A. Clevenger. **SuperStock:** National Geographic/Mauricio Handler. **242 Sue Scott:** (cra). **242–243 Image Quest Marine:** Roger Steene (c). **243 Rob Houston:** (bc). **Sue Scott:** (tc) (cr). **244 naturepl.com:** Sue Daly (cr). **246 Algaebase.org:** Ignacio Bárbara (cra); Coastal Imageworks/Colin Bates (bc); M.D. Guiry (tr). **Sue Scott:** (cl) (cr) (br). **247 Alamy Images:** Olivier Digoit (cra); Sami Sarkis (br); Kevin Schafer (tl). **Algaebase.org:** John Huisman (clb). **SeaPics.com:** Andrew J. Martinez (crb). **248 Natural Visions:** Heather Angel (cra) (bc). **Charles J. OKelly:** (tc). **Science Photo Library:** Alexis Rosenfeld (c). **249 Natural Visions:** Heather Angel (cl). **Jonathan Sleath:** (bl) (crb); Dr David Holyoak (cra). **250 Alamy Images:** Andrew Woodley (cl). **Sue Scott:** (bl) (cr) (br). **SeaPics.com:** Jeremy Stafford-Deitsch (ca). **251 Alamy Images:** Nature Picture Library/Jose B. Ruiz (cl); Wildscape/Jason Smalley (cr). **Sue Scott:** (cla) (b). **252 Alamy Images:** Roger Eritja (tr); Marilyn Shenton (tl). **OSF/photolibrary:** Kathie Atkinson (br). **Sue Scott:** (bl). **US Geological Survey:** Forest & Kim Starr (cl). **253 Corbis:** FLPA/Peter Reynolds (tc). **DK Images:** Richard Watson (bl). **FLPA:** Minden Pictures/Tui De Roy (tl). **OSF/photolibrary:** (br). **254 Getty Images:** Lonely Planet Images/Grant Dixon (r). **MicroScope/Woods Hole:** David Patterson, Linda Amaral Zettler, Mike Peglar and Tom Nerad (fcl). **Natural Visions:** Heather Angel (bc). **OSF/photolibrary:** Phototake Inc. (cl). **255 MicroScope/Woods Hole:** David Patterson & Aimlee Laderman (br). **Einar Timdal/University of Oslo:** (cl) (tr) (cb) (bl). **256 Alamy Images:** Brandon Cole Marine Photography (cl); Robert Fried (cla). **FLPA:** Minden Pictures/Fred Bavendam (bc). **Andy Murch/Elasmodiver.com:** (br). **OSF/photolibrary:** (clb). **SeaPics.com:** Mark Conlin (crb); Doug Perrine (tr). **257 Alamy Images:** Dave and Sigrun Tollerton (cla). **FLPA:** Minden Pictures/Birgitte Wilms (b). **SeaPics.com:** Phillip Colla (tc). **258 Alamy Images:** Andre Seale (cr). **Dr. Frances Dipper:** (fcl) (cl) (br). **Natural Resources Canda:** The Sponge Reef Project (clb). **259 Alamy Images:** Wolfgang Pölzer (bl). **Dr. Frances Dipper:** (tr) (ca) (cb). **Keith Hiscock:** (tl). **Prof. Dr. Joachim Reitner/Universität Göttingen:** (br). **Dreamstime.com:** Nanisub (c). **260 Alamy Images:** Tribaleye Images/J. Marshall (ca). **OSF/photolibrary:** Pacific Stock/David Fleetham (bl). **SeaPics.com:** Mark Conlin (c); Doug Perrine (cla). **260–261 Getty Images:** National Geographic/Paul Nicklen (b). **261 Dr. Frances Dipper:** (bc). **DK Images:** Frank Greenaway (cla). **OSF/photolibrary:** (cr). **SeaPics.com:** David Wrobel (ca). **262 Alamy Images:** Reinhard Dirscherl (crb). **Dr. Frances Dipper:** (cb). **Sue Scott:** (bl). **SeaPics.com:** iq3-d/Chris Parks (t); David Wrobel (bc). **263 Richard L. Lord. 264 Marine Wildlife:** Paul Kay (br). **SeaPics.com:** Jeremy Stafford-Deitsch (cl); Steven Wolper (bc). **Still Pictures:** Kelvin Aitken (ca). **265 Alamy Images:** Andre Seale (clb). **Dr. Frances Dipper:** (br). **NOAA:** Mr. Mohammed Al Momany, Aqaba, Jordan (t). **SeaPics.com:** Doug Perrine (bc). **266 Alamy Images:** Michael Patrick O'Neill (cr) (bl); Wolfgang Pölzer (tc). **Sue Scott:** (c) (crb). **267 Sue Scott:** (cl) (tc) (c) (br). **SeaPics.com:** Franco Banfi (cr). **268 Alamy Images:** Aqua Image (cl). **OSF/photolibrary:** Tobias Bernhard (b). **SeaPics.com:** Masa Ushioda (cra). **Dr. Charlie Veron/Australian Institute of Marine Science:** Photo by Mary Stafford-Smith (c). **269 Alamy Images:** Mark Morgan (cl). **Dr. Frances Dipper:** (crb). **Marine Wildlife:** Paul Kay (clb). **SeaPics.com:** Doug Perrine (tr). **NOAA:** Lophelia II 2012 Expedition, NOAA-OER/BOEM (br). **270 Alamy Images:** Nature Picture Library/Jose B. Ruiz (cb). **Dr. Frances Dipper:** (ca). **Sue Scott:** (t). **SeaPics.com:** Doug Perrine (cr). **271 Alamy Images:** FLPA (c). **M. Boyer/edge-of-reef.com:** (cr) (bl). **OSF/photolibrary:** Tobias Bernhard (tr). **Sue Scott:** (br). **272 M. Boyer/edge-of-reef.com:** (cl) (cla) (bl). Courtesy of **John J. Holleman:** (crb). **Michael D. Miller:** (tr) (cr). **273 Image Quest Marine:** Peter Parks (cr); Roger Steene (cl). **Marine Wildlife:** Paul Kay (bl). **Kåre Telnes/Seawater.no:** (br). **274 Corbis:** Lawson Wood (tr). **Keith Hiscock:** (cb). **Image Quest Marine:** Roger Steene (ca). **Marine Wildlife:** Paul Kay (crb). **SeaPics.com:** Larry Madrigal (cra). **275 Dive Gallery/Jeffrey Jeffords (www.divegallery.com):** (c). **DK Images:** Steve Gorton (cla). **ExploreTheAbyss.Com:** Peter Batson (br). **Dr. Dieter Fiege:** (tc) (cra). **Image Quest Marine:** Jim Greenfield (bl). **276 DK Images:** Matthew Ward (c) (clb). **SeaPics.com:** Clay Bryce (ca). **276–277 Getty Images:** Image Bank/Mike Severns (c). **277 Alamy Images:** Robert Harding Picture Library Ltd/Sylvain Grandadam (tr). **Dive Gallery/Jeffrey Jeffords (www.divegallery.com):** (cr) (br). **DK Images:** Andreas Von Einsiedel (cra). **OSF/photolibrary:** Karen Gowlett-Holmes (ca). **SeaPics.com:** Doc White (c). **278 Alamy Images:** Daniel L. Geiger/SNAP (tc); Wildscape/Jason Smalley (tr). **SeaPics.com:** Mark Strickland (b). **279 Alamy Images:** Nature Picture Library/Jose B. Ruiz (ca). **Keith Hiscock:** (tr). **Image Quest Marine:** Peter Parks (cra); Scott Tuason (cr). **SeaPics.com:** John C. Lewis (tl). **Alamy Images:** age fotostock (cla). **280 Marine Wildlife:** Paul Kay (t). **SeaPics.com:** Marilyn & Maris Kazmers (bc); Espen Rekdal (cl). **281 DK Images:** Andreas von Einsiedel (ca). **FLPA:** Minden Pictures/AUSCA/D. Parer & E. Parer-Cook (crb). **Jon Moore/Coastal Assessment Liaison & Monitoring, Pembroke:** (tl). **SeaPics.com:** D. R. Schrichte (b). **282–283 Getty Images:** Taxi/Pete Atkinson. **284 Alamy Images:** Natural Visions/Heather Angel (cl). **DK Images:** Dave King (tc); Frank Greenaway/Courtesy of the Natural History Museum, London (bc). **FLPA:** Minden Pictures/Norbert Wu (cra). **Image Quest Marine:** Roger Steene (crb) (br). **Alamy Images:** Juniors Bildarchiv GmbH (bc). **285 Alamy Images:** Liquid-Light Underwater Photography (br). **Oceanwide Images:** Gary Bell (t). **SeaPics.com:** James D. Watt (clb). **286 Alamy Images:** Carol Buchanan (tl). **Dive Gallery/Jeffrey Jeffords (www.divegallery.com):** (c). **Marine Wildlife:** Lucy Kay (cra). **NOAA:** National Estuarine Research Reserve Collection (br). **287 Alamy Images:** Andre Seale (br). **FLPA:** Minden Pictures/Norbert Wu (t). **288 Corbis:** Jeffrey L. Rotman (b). **Image Quest Marine:** Peter Batson (cr). **Oceanwide Images:** Gary Bell (cra). **SeaPics.com:** Doug Perrine (tl); Jeff Rotman (crb). **289 Alamy Images:** f1 online (bl). **Image Quest Marine:** Peter Batson (bc). **Oceanwide Images:** Gary Bell (t). **SeaPics.com:** Marc Chamberlain (br). **290 Alamy Images:** Daniel L. Geiger/SNAP (cla). **DK Images:** Colin Keates/Courtesy of the Natural History Museum, London (cra). **NHPA:** Ken Griffiths (bl). **OSF/photolibrary:** Barrie Watts (clb). **SeaPics.com:** Espen Rekdal (tr). **291 Dive Gallery/Jeffrey Jeffords (www.divegallery.com):** (b). **Image Quest Marine:** Jez Tryner (cla) (ca) (cra). **NOAA:** Jamie Hall (tr). **292 DK Images:** Frank Greenaway/Courtesy of the Natural History Museum, London (cra). **Image Quest Marine:** Roger Steene (tl). **naturepl.com:** Christophe Courteau (cl). **NOAA:** Dr. Bradley Stevens (crb). **Still Pictures:** Fred Bavendam (tr). **293 FLPA:** Minden Pictures/Fred Bavendam (r). **NOAA:** Hopcroft (bl). **SeaPics.com:** Franco Banfi (cl). **294 Photo Biopix.dk:** (bl). **iStockphoto.com:** Ian Campbell (br). **SeaPics.com:** Marli Wakeling (tr). **295 Dive Gallery/Jeffrey Jeffords (www.divegallery.com):** (cr). **Ifremer (www.ifremer.fr):** A. Le Magueresse (clb). **Natural Visions:** Heather Angel (cl). **Still Pictures:** Everson (br). **296 Dive Gallery/Jeffrey Jeffords (www.divegallery.com):** (b). **DK Images:** Frank Greenaway (cr). **OSF/photolibrary:** (cl). **Still Pictures:** Lynda Richardson (tr). **297 DK Images:** Jane Burton (c); Andreas von Einsiedel (bc); Dave King (cra). **Image Quest Marine:** Masa Ushioda (crb). **David Kusner:** (tc). **OSF/photolibrary:** Green Cape Pty Ltd (bl). **298–299 Steve Smithson. 300 DK Images:** Jane Burton (bl). **Marine Wildlife:** Paul Kay (cl) (br). **SeaPics.com:** Masa Ushioda (cr). **301 Alamy Images:** Maximilian Weinzierl (tr). **DK Images:** Kim Taylor & Jane Burton (cr). **Oceanwide Images:** Gary Bell (tl). **SeaPics.com:** David B. Fleetham (b). **302 naturepl.com:** Jurgen Freund. **303 Corbis:** Roger Garwood & Trish Ainslie (tr). **SeaPics.com:** Ralf Kiefner (c) (crb). **304 Laurent Dabouineau/University U.C.O. Bretagne Nord, France:** (cl). **FLPA:** Foto Natura/Jef Meul (ca). **Nature Portfolio (www.natureportfolio.co.uk):** Bob Ford (br). **305 Alamy Images:** SNAP/Daniel L. Geiger (cl). **Karen Gowlett-Holmes:** (crb). **Marine Wildlife:** Lucy Kay (cra). **Sue Scott:** (bl) (bc). **Kåre Telnes/Seawater.no:** (tr). **306 SeaPics.com:** Phillip Colla (cl). **306–307 Getty Images:** Lonely Planet Images/Michael Aw (c). **307 Alamy Images:** David Fleetham (tr). **Corbis:** FLPA/Douglas P. Wilson (tc). **Sue Scott:** (br). **SeaPics.com:** Marli Wakeling (bl). **Still Pictures:** P. Danna (cr). **308 Alamy Images:** David Fleetham (clb). **M. Boyer/edge-of-reef.com:** (tr). **Marine Wildlife:** Paul Kay (crb). **Oceanwide Images:** Gary Bell (br). **Sue Scott:** (cla). **SeaPics.com:** D.R. Schrichte (bl). **309 Dive Gallery/Jeffrey Jeffords (www.divegallery.com):** (t). **OSF/photolibrary:** Tobias Bernhard (bl). **Sue Scott:** (br). **310 M. Boyer/edge-of-reef.com:** (tr) (cl). **Marine Wildlife:** Paul Kay (cr). **SeaPics.com:** David Wrobel (bl). **311 Dr. Frances Dipper:** (bl). **DK Images:** Frank Greenaway (cl); Colin Keates (cr). **Richard Ling:** (crb). **Charles G. Messing/Nova Southeastern University, Florida:** (tr). **312 Alamy Images:** F. Jack Jackson (clb). **Australian Institute of Marine Science:** (t). **Dr. Jacob Dafni:** Dr. A. Diamant (bc). **Image Quest Marine:** Peter Herring (br); Roger Steene (cra). **Corbis:** Visuals Unlimited / David Wrobel (br). **313 Alamy Images:** Lawrence Stepanowicz (cra). **ExploreTheAbyss.Com:** Peter Batson (br). **OSF/photolibrary:** Stephen Foote (bl). **SeaPics.com:** Andrew J. Martinez (cl). **Peter Funch, University of Aarhus:** (crb). **Science Photo Library:** Andrew J. Martinez (br). **314 Corbis:** Lawson Wood (clb). **FLPA:** D. P. Wilson (c). **www.uwphoto.no:** Erling Svensen (tl) (cra) (br). **315 ExploreTheAbyss.Com:** Peter Batson (ca). **NOAA:** OAR/National Undersea Research Program (NURP); College of William & Mary (tr). **SeaPics.com:** Scott Leslie (b). **Getty Images:** Visuals Unlimited / Richard Herrmann (tr). **316 FLPA:** Foto Natura/Jan Van Arkel (t). **Peter Funch, University of Aarhus:** (bl). **M. Antonio Todaro, University of Modena e Reggio Emilia:** (br). **FLPA:** Minden/FN/Jan Van Arkel (cla). **317 Alamy Images:** David Fleetham (br). **M. Boyer/edge-of-reef.com: (c). **ExploreTheAbyss.Com:** Peter Batson (tr). **Image Quest Marine:** Peter Parks (tc). **Lyubomir Klissurov:** (bl). **Still Pictures:** Roland Birke (cla). **318 M. Boyer/edge-of-reef.com:** (c). **ExploreTheAbyss. Com:** Peter Batson (cl). **Sue Scott:** (bc). **SeaPics.com:** Espen Rekdal (br). **319 M. Boyer/edge-of-reef.com:** (cla). **Dr. Frances Dipper:** (cra). **Photo by Per R. Flood © Bathybiologica.no:** (bc). **Natural Visions:** Heather Angel (br). **Sue Scott:** (ca). **SeaPics.com:** David Wrobel (clb). **320 Corbis:** Brandon D. Cole (crb). **ExploreTheAbyss.Com:** Peter Batson (tr) (bl). **SeaPics.com:** Jonathan Bird (br). **321 Corbis:** Brandon D. Cole (crb). **OSF/photolibrary:** (tr); Zig Leszczynski (cla). **www.uwphoto.no:** Erling Svensen (bl). **322 Alamy Images:** Brandon Cole Marine Photography (cra). **DK Images:** Frank Greenaway (cl); James Stevenson (ca). **322–323 Corbis:** Denis Scott (b). **323 DK Images:** Frank Greenaway (br); Dave King (tc). **SeaPics.com:** Doug Perrine (cl) (bc). **324 Janna Nichols:** (clb). **SeaPics.com:** Doug Perrine (tl) (ca). **www.uwphoto.no:** Erling Svensen (br). **325 Andy Murch/Elasmodiver.com:** (cra). **OSF/ photolibrary:** Paul Kay (bl). **Still Pictures:** Kelvin Aitken (cla) (crb). **326 Alamy Images:** Stephen Frink Collection/Marty Snyderman (br). **OSF/photolibrary:** Gerard Soury (bl). **SeaPics.com:** Saul Gonor (cra); Espen Rekdal (cla). **327 Alan Chow:** (bc). **Dr. Frances Dipper:** (br). **DK Images:** Frank Greenaway (bl). **Andy Murch/Elasmodiver.com:** (t). **328 Andy Murch/Elasmodiver.com:** (t) (br) (bc). **naturepl. com:** Bruce Rasner/Jeff Rotman (cl). **329 Alamy Images:** Jeff Rotman (cla). **DK Images:** Harry Taylor/ Courtesy of the Natural History Museum, London (cl). **John A. Scarlett:** (tr). **SeaPics.com:** Scott Michael (br); David Shen (clb). **330–331 Steve Bloom Images**. **OceanwideImages.com:** C & M Fallows. **332 OSF/photolibrary:** Pacific Stock (br). **Powder River Photography/Todd Mintz:** (cl). **SeaPics.com:** Richard Herrmann (tl). **333 Alamy Images:** David Fleetham (br); Michael Patrick O'Neill (tl). **DK Images:** Frank Greenaway (bc). **naturepl. com:** Jeff Rotman (cr). **SeaPics.com:** Doug Perrine (crb). **334 Andy Murch/Elasmodiver.com:** (br). **SeaPics.com:** Randy Morse (cl). **334–335 Marine Wildlife:** Alexander Mustard (t). **335 Alamy Images:** M. Timothy O'Keefe (c). **Image Quest Marine:** Carlos Villoch (br). **SeaPics.com:** Doug Perrine (clb); Tim Rock (br). **336 Alamy Images:** WorldFoto (cra). **DK Images:** Colin Keates/Courtesy of the Natural History Museum, London (clb). **336–337 Alamy Images:** Reinhard Dirscherl (c). **337 Alamy Images:** Mark Boulton (br). **Dive Gallery/Jeffrey Jeffords (www.divegallery.com):** (cb). **OSF/photolibrary:** David Fleetham (tr). **338 Alamy Images:** Reinhard Dirscherl (bl); Stephen Frink Collection (cl); Images&Stories (tr). **DK Images:** Frank Greenaway (cla). **Naoko Kouchi:** (cla/*Background*). **SeaPics.com:** Doug Perrine (br). **339 Alamy Images:** Blickwinkel (bc). **FLPA:** Minden Pictures/Fred Bavendam (cl). **OSF/photolibrary:** Dr. F. Ehrenstrom & L. Beyer (ca) (crb). **340 DK Images:** Steve Gorton (clb); Colin Keates/Courtesy of the Natural History Museum, London (tc). **Getty Images:** Taxi/Peter Scoones (cl). **Image Quest Marine:** Masa Ushioda (crb). **SeaPics. com:** Mark V. Erdmann (cr). **Andreas Svensson/ Norwegian University of Science and Technology:** (bl). **341 Marine Wildlife:** Alexander Mustard (t). **Robert A. Patzner, University of Salzburg, Austria:** (br). **342 Ardea:** Pat Morris (cb). **Rick J. Coleman:** (bl). **DK Images:** (cla). **Marine Wildlife:** Alexander Mustard (tr). **Dr. Volker Neumann:** (br). **343 DK Images:** (clb). **FLPA:** Minden Pictures/Norbert Wu (crb). **Marine Wildlife:** Alexander Mustard (t). **344 Corbis:** Paul A. Souders (bl). **OSF/photolibrary:** Sue Scott (tl). **SeaPics.com:** Mark Conlin (c); Jeff Jaskolski (br). **345 Alamy Images:** FLPA/S. Jonasson (bl); Andre Seale (tl). **SeaPics.com:** Shedd Aquar/Ceisel (cr). **346 Alamy Images:** Wolfgang Pölzer (b). **Getty Images:** National Geographic/Paul Nicklen (t). **347 FLPA:** Minden Pictures/Norbert Wu (cla). **Getty Images:** National Geographic/Wolcott Henry (bc). **Image Quest Marine:** Peter Herring (tr). **OSF/ photolibrary:** Paulo De Oliveira (bl). **348 DK Images:** Frank Greenaway (cr). **Keith Hiscock:** (cra). **OSF/ photolibrary:** Doug Allan (b). **SeaPics.com:** Hideyuki Utsunomiya (ca). **349 Peter Ajtai:** (clb). **SeaPics. com:** Marilyn & Maris Kazmers (br). **www.uwphoto. no:** Erling Svensen (cla) (tc). **350 Image Quest Marine:** Peter Herring (t); Justin Marshall (br). **SeaPics.com:** James D. Watt (clb). **351 FLPA:** Minden Pictures/Norbert Wu (cr). **marinethemes.com:** Kelvin Aitken (tc). **Natural Visions:** Peter David (clb). **OSF/photolibrary:** Neil Bromhall (br); Rodger Jackman (ca). **FLPA:** Biosphoto/Bruno Guenard (clb). **352 Dr. Frances Dipper:** (clb). **FLPA:** D. P. Wilson (cla). **Oceanwide Images:** Gary Bell (bc); Rudie Kuiter (crb). **OSF/photolibrary:** Richard Herrmann (tr). **Alamy Images:** WaterFrame (ca). **353 DK Images:** Dave King (br). **FLPA:** Minden Pictures/ Norbert Wu (l). **New Zealand Seafood Industry Council Ltd:** (cr). **354 Magnum Photos:** Harry Gruyaert . **355 Alamy Images:** Charles Bowman (bl); Jeff Rotman (crb). **FLPA:** Minden Pictures/Norbert Wu (ca). **naturepl.com:** Michael Pitts (cr). **OSF/ photolibrary:** Sue Scott (cb). **Sue Scott:** (cra). **SeaPics.com:** Richard Herrmann (br). **356 Dive Gallery/Jeffrey Jeffords (www.divegallery.com):** (br). **NHPA:** A.N.T. Photo Library (t). **Robert A. Patzner, University of Salzburg, Austria:** (cb). **357 Alamy Images:** Papilio/Steve Jones (crb); Wolfgang Pölzer (tl). **Dive Gallery/Jeffrey Jeffords (www. divegallery.com):** (cl) (bl). **358 Alamy Images:** Blickwinkel (cr); Reinhard Dirscherl (b). **Marine Wildlife:** Paul Kay (cla). **SeaPics.com:** Doug Perrine (cl). **359 Dr. Frances Dipper:** (bc). **DK Images:** Jerry Young (tr). **OSF/photolibrary:** David Fleetham (tl); Pacific Stock (crb). **Robert A. Patzner, University of Salzburg, Austria:** (clb). **SeaPics.com:** V&W/Hal Beral (cra). **360 Dr. Frances Dipper:** (cla) (br). **Dive Gallery/Jeffrey Jeffords (www.divegallery.com):** (cb). **DK Images:** Frank Greenaway (cra). **SeaPics. com:** Masa Ushioda (bl). **361 DK Images:** Jerry Young (c). **Marine Wildlife:** Paul Kay (tc). **OSF/photo library:** Doug Allan (br). **SeaPics.com:** Jonathan Bird (cl); Jeremy Stafford-Deitsch (cra). **362–363 FLPA:** Minden Pictures/Chris Newbert. **364 Alamy Images:** Blickwinkel (br); Wolfgang Pölzer (ca) (bl). **DK Images:** Jane Burton (cb). **SeaPics.com:** Doug Perrine (cla). **365 Alamy Images:** Reinhard Dirscherl (tl). **DK Images:** Geoff Dann (clb); Colin Keates/ Courtesy of the Natural History Museum, London (cr). **OSF/photolibrary:** Richard Herrmann (bc); Pacific Stock (cb). **366 Alamy Images:** Reinhard Dirscherl (tc); Sami Sarkis (c). **Dive Gallery/Jeffrey Jeffords (www.divegallery.com):** (crb). **Marine Wildlife:** Alexander Mustard (cra). **SeaPics.com:** Doug Perrine (bl). **367 DK Images:** Dave King (bl). **OSF/photolibrary:** Richard Herrmann (br). **SeaPics. com:** Jez Tryner (tl). **368 Corbis:** Staffan Widstrand (cra). **DK Images:** Dave King (ca). **FLPA:** Minden Pictures/J. H. Editorial/Cyril Ruoso (cl); Minden Pictures/Tui De Roy (crb). **Oceanwide Images:** Gary Bell (bc). **369 Getty Images:** Image Bank/Tobias Bernhard (b). **OSF/photolibrary:** Olivier Grunewald (cla). **370 Getty Images:** Image Bank/Pete Atkinson (t). Brook Mathews, Sydney: (br). **Ilan Ben Tov, Israel:** (bl). **371 FLPA:** Peter Reynolds (cra); S. A. Team/Foto Natura (tc). **Getty Images:** National Geographic/Bill Curtsinger (bl). **SeaPics.com:** Doug Perrine (br). **372–373 Harald Slauschek/ UnderwaterVisions.net**. **374 Dick Bartlett:** (cra). **naturepl.com:** Constantinos Petrinos (l). **Queensland Museum, Australia (www.Qmuseum. qld.gov.au):** (br). **375 Getty Images:** Taxi/Gary Bell (r). **SeaPics.com:** Gary Bell (cla); Steve Drogin (clb). **376 Alamy Images:** Pep Roig (t). **Kraig Haver Photography:** (bl). **Still Pictures:** Michael Fairchild (br). **377 FLPA:** Minden Pictures/Mike Parry (c). **Adam Slavický:** (bl). **Scott Solar/Amazon Reptile Center:** (tl). **Dr. Adam P. Summers:** (br). **Frank Bambang Yuwono:** (tr). **378 DK Images:** Ken Findlay (clb/*Albatross*); Chris Gomersall (clb/*Curlew*); Frank Greenaway/Courtesy of The National Birds of Prey Centre, Gloucestershire (clb/*Sea Eagle*); Rob Reichenfeld (clb/*Pelican*). **iStockphoto.com:** Hans F. Meier (ca). **OSF/photolibrary:** Survival Anglia (crb). **Still Pictures:** Woodfall Wild Images/Everson (bc). **379 Alamy Images:** PhotoStockFile/Paul Wayne Wilson (bc). **OSF/photolibrary:** Doug Allan (t). **SeaPics.com:** Richard Herrmann (br). **380 Alamy Images:** Petr Svarc (cla); WorldFoto (cra). **DK Images:** (crb); Frank Greenaway (bl). **381 Alamy Images:** Malcolm Schuyl (br); David Tipling (bl). **DK Images:** Steve Gorton (clb); Dave King (cr). **Neil Fletcher:** Tomi Muukonen (cla). **Dr. Paul Hofmann:** (c). **382 Alamy Images:** Bryan & Cherry Alexander Photography (l). **DK Images:** Neil Fletcher (br). **383 Alamy Images:** Kim Westerskov (bl). **Neil Fletcher:** Barry Hughes (cra). **OSF/photolibrary:** Konrad Wothe (clb). **SeaPics.com:** Hiroya Minakuchi (ca); Kevin Schafer (bc). **384–385 FLPA:** Fritz Polking. **Getty Images:** National Geographic/ Paul Nicklen. **386 Alamy Images:** INFOCUS Photos/Malie Rich-Griffith (bc). **naturepl.com:** Peter Reese (cr). **OSF/ photolibrary:** Daniel Cox (tr) (tl). **387 Alamy Images:** ImageState/Pete Oxford (bl). **Neil Fletcher:** Hanne & Jens Eriksen (tr). **388 Alamy Images:** George McCallum Photography (ca); INFOCUS Photos/Malie Rich-Griffith (cb). **Neil Fletcher:** Hanne & Jens Eriksen (bl); Jonathan Grey (cla); Just Birds (br). **389 Alamy Images:** Nature Photographers Ltd/Paul Sterry (crb). **Neil Fletcher:** George Reszeter (t). **SeaPics.com:** Doug Perrine (clb). **390 Alamy Images:** Barry Bland (tr); Chris Mercer (cl). **DK Images:** Kim Taylor (fcl). **Neil Fletcher:** Just Birds (clb). **SeaPics. com:** Robert Shallenberger (br). **391 Alamy Images:** Robert E. Barber (cr); f1 online/Pölzer (bc). **Neil Fletcher:** Joe Fuhrman (tl); Mike Read (tr). **SeaPics. com:** Phillip Colla (br). **392 Alamy Images:** Blickwinkel (b). **FLPA:** Minden Pictures/Tui De Roy (ca) (tr). **393 Alamy Images:** WoodyStock/Ingo Schulz (cra). **Neil Fletcher:** Ian Montgomery (tc); Mike Read (cla). **Still Pictures:** Fritz Polking (br). **394 Alamy Images:** Mike Lane (bl); PhotoStockFile/Paul Wayne Wilson (br). **DK Images:** Cyril Laubscher (cr); Frank Greenaway/Courtesy of the Natural History Museum, London (ca). **Neil Fletcher:** Barry Hughes (cla). **395 Alamy Images:** Bryan & Cherry Alexander Photography (cr); R. & M. Thomas (b). **SeaPics.com:** Richard Herrmann (tl). **Still Pictures:** Steve Kaufman (cb); Tom Vezo (tr). **396 Alamy Images:** George McCallum Photography (br); The Photolibrary Wales (bl). **Neil Fletcher:** Just Birds (cl). **SeaPics.com:** Scott Leslie (tr). **397 Alamy Images:** Robert E. Barber (cb); Scott Camazine (tl). **DK Images:** Cyril Laubscher (br). **Neil Fletcher:** Joe Fuhrman (bl); George Reszeter (cra). **398 Alamy Images:** Blickwinkel (br). **DK Images:** Harry Taylor/Courtesy of the Natural History Museum, London (bc). **Neil Fletcher:** Dudley Edmonson (cra); Barry Hughes (tc). **Getty Images:** Image Bank/Roine Magnusson (c). **399 Alamy Images:** Kevin Schafer (bl). **DK Images:** Irv Beckman (crb). **OSF/photolibrary:** David Tipling (t). **Still Pictures:** Mark Edwards (cra). **400 Alamy Images:** Brandon Cole Marine Photography (cl). **DK Images:** Philip Dowell (cr). **Marine Wildlife:** Doug Allan (bl). **Still Pictures:** Steven Kazlowski (clb). **400–401 OSF/ photolibrary:** Mark Jones (c). **401 Alamy Images:** Steven J. Kazlowski (ca). **DK Images:** James Stevenson & Tina Chambers/Courtesy of the National Maritime Museum, London (crb). **OSF/ photolibrary:** Pacific Stock (br). **402 DK Images:** Jerry Young (tl). **FLPA:** Foto Natura/Wil Meinderts (br). **Howard Hall Productions:** (bl). **Still Pictures:** Norbert Wu (cb). **403 FLPA:** Minden Pictures/Tui De Roy (bc). **Getty Images:** Image Bank/Joseph Van Os (tr). **Brian Lockett (www.air-and-space.com):** (bl). **Marine Wildlife:** Paul Kay (cla). **NOAA:** Captain Budd Christman, NOAA Corps (crb). **404–405 Getty Images:** National Geographic / David Doubilet. **406–407 Steve Smithson**. **408 Ardea:** Francois Gohier (tr). **Corbis:** The Mariners' Museum (cl). **FLPA:** Minden Pictures/Flip Nicklin (bl). **SeaPics.com:** Howard Hall (bc). **409 Alamy Images:** Brandon Cole Marine Photography (t); Stephen Frink Collection/ James D. Watt (b). **410–411 Marine Wildlife:** Sue Flood. **412 DK Images:** Frank Greenaway (tr). **naturepl.com:** Doc White (ca). **SeaPics.com:** Doug Perrine (b). **413 Alamy Images:** Andre Seale (cla). **FLPA:** Minden Pictures/Flip Nicklin (crb). **Getty Images:** National Geographic/Brian Skerry (tr). **SeaPics.com:** John K. B. Ford/Ursus (bl). **414 FLPA:** Minden Pictures/Flip Nicklin (tr). **SeaPics.com:** Thomas Jefferson (cl); Robert L. Pitman (br). **Getty Images:** Gerard Soury (bc). **415 Alamy Images:** Stock Connection Blue/Tom Brakefield. **416 Marine Wildlife:** Sue Flood. **417 FLPA:** Minden Pictures/ Michio Hoshino (ca); Minden Pictures/Flip Nicklin (cra); Minden Pictures/Norbert Wu (bc). **naturepl. com:** Todd Pusser (crb). **Mike Scott:** (cb). **SeaPics. com:** Phillip Colla (c). **418 FLPA:** Minden Pictures/Flip Nicklin (t). **Image Quest Marine:** Masa Ushioda (br). **SeaPics.com:** Florian Graner (cl). **419 DK Images:** Peter Visscher (crb). **FLPA:** Minden Pictures/Chris Newbert (tr). **Getty Images:** Photographer's Choice/ Pete Atkinson (b). **Still Pictures:** Douglas Faulkner (ca). **420–421 NASA:** Jacques Descloitres, MODIS Rapid Response Team, NASA/GSFC. **424 Alamy Images:** Bryan & Cherry Alexander Photography (cla); LOOK Die Bildagentur der Fotografen GmbH (cb). **426 Alamy Images:** Jack Stephens (cla). **Corbis:** Lowell Georgia (cra). **427 Alamy Images:** Nordicphotos/Kristjan Fridriksson (br). **428 Alamy Images:** Greenshoots Communications (c); David Sanger Photography (cla). **Corbis:** Ralph White (bl). **430 Alamy Images:** FLPA (br). **431 DK Images:** David Lyons (cl). **NASA:** Jacques Descloitres, MODIS Land Rapid Response Team, NASA/GSFC (ca). **432 Alamy Images:** Ace Stock Ltd (bc); allOver photography (clb). **DK Images:** Linda Whitwam (ca). **433 Alamy Images:** Nick Hanna (br). **434 Mads Eskesen. 435 Alamy Images:** Mike Lane (br). **Mads Eskesen:** (tr) (cra). **Horns Rev Havmøllepark (www.hornsrev.dk):** Medvind Fotografi/Bent Sørensen (bc). **Nysted Havmøllepark (www.nystedhavmoellepark.dk):** (crb). **Photos: E.ON:** (crb/Rodsand). **437 Alamy Images:** Wild Places Photography/Chris Howes (br). **Corbis:** Sygma/Bernard Annebicque (cr). **438 DK Images:** Christopher & Sally Gable (tl); John Heseltine (br). **439 Alamy Images:** Vehbi Koca (crb); Rob Rayworth (bl). **NASA:** Image courtesy NASA/ GSFC/MITI/ERSDAC/JAROS, and U.S./Japan ASTER Science Team (c). **440 Corbis:** (tr) (bl); Sygma/ Harford Chloe (cb). **NASA:** Jacques Descloitres, MODIS Land Rapid Response Team, NASA/GSFC (br). **442 Corbis:** Cordaiy Photo Library Ltd/John Farmar (tr). **NASA:** GSFC/JPL, MISR Team (bl). **Science Photo Library:** Southampton Oceanography Centre/B. Murton (cla). **443 Alamy Images:** Wild Places Photography/Chris Howes (cra). **Corbis:** (ca). **444 FLPA:** Colin Monteath (br). **iStockphoto.com:** Patrick Roherty (bc). **445 Alamy Images:** Bryan & Cherry Alexander Photography (bl). **NASA:** Jesse Allen, NASA Earth Observatory and the HIGP Thermal Alerts Team (cr). **NOAA:** Lieutenant Philip Hall, NOAA Corps (br). **446 Corbis:** Yann Arthus-Bertrand (bl); Reuters/Supri (cla). **Still Pictures:** Friedrich Stark (c). **448 Alamy Images:** Blickwinkel (bc); Tor Eigeland (tr). **Corbis:** Jonathan Blair (cl). **449 Alamy Images:** Images of Africa Photobank/Peter Williams (tr). **450 Alamy Images:** Neil McAllister (br). **451 Alamy Images:** Julio Etchart (cra). **452–453 Photoshot:** Planet Observe. **455 iStockphoto.com:** Wesley Drake (cra). **OSF/photolibrary:** Michael Brooke (br). **456 Alamy Images:** Danita Delimont (cla). **Corbis:** Ralph White (bc). **NOAA:** Commander Richard Behn, NOAA Corps (cl). **458 NASA:** George Riggs, NASA GSFC (cra). **US Fish and Wildlife Service National Image Library:** Alaska Maritime National Wildlife Refuge/Kevin Bell (cla). **459 Corbis:** Neil Rabinowitz (tc). **460 Alamy Images:** FocusRussia (cra); Iain Masterton (cl). **Corbis:** Michael S. Yamashita (crb). **462–463 Corbis:** Nippon News/Aflo/Newspaper/Mainichi/ Mainichi. **463 Kevin Jaako:** www. jaako.com (cra/Signboard). Reuters: Yomiuri Yomiuri (cra). **464 Alamy Images:** Chris Willson (br). **465 Still Pictures:** Henning Christoph (cra). **467 Alamy Images:** Andre Seale (br). **Corbis:** Douglas Faulkner (cr); Reuters/Alex De La Rosa (tr). **468 Still Pictures:** Richard J. Wainscoat (cra). **469 Alamy Images:** Dennis Hallinan (bc). **470–471 Getty Images:** Tom Benedict. **472 OSF/ photolibrary:** Tammy Peluso (tr). **473 iStockphoto. com:** Angela Bell (cla). **SeaPics.com:** Gary Bell (tc). **474 Getty Images:** AFP/Tarik Tinazay. **475 Alamy Images:** Nick Hanna (bl); Images&Stories (cra). **Corbis:** Stephen Frink (br); Jeffrey L. Rotman (bc); Lawson Wood (crb). Getty Images: Image Bank/Zac Macaulay (tr). **OSF/photolibrary:** David Fleetham (ca). **477 Alamy Images:** Danita Delimont (cra); INTERFOTO Pressebildagentur (cb). **478 OSF/ photolibrary:** Mike Hill (br). **479 iStockphoto.com:** Michal Wozniak (tr). **480 Alamy Images:** LOOK Die Bildagentur der Fotografen GmbH (cl); Bruce Percy (br). **Corbis:** Paul A. Souders (cra). **482 Alamy Images:** Bryan & Cherry Alexander (cl). **Still Pictures:** Norbert Wu (cla) (bc). **484 Corbis:** Eye Ubiquitous/C. M. Leask (cra). **NOAA:** Commander John Bortniak, NOAA Corps (cla). **485 Alamy Images:** Blickwinkel (bl); Kim Westerskov (br). **486 Ardea:** Edwin Mickleburgh. **Dreamstime.com:** Staphy. Back Endpapers: **Getty Images:** David Doubilet **487 Alamy Images:** Graphic Science (tr); Steve Morgan (ca). **NASA:** MODIS Land Science Team (cra); Jacques Descloitres, MODIS Land Science Team (br); NASA/ GSFC/LaRC/JPL, MISR Team (crb). JACKET IMAGES: *Front:* **Dreamstime.com:** Digitalbalance; *Back:* **Dreamstime.com:** Digitalbalance; *Spine:* **Dreamstime.com:** Digitalbalance.

Data for the bathymetric maps in the Atlas of the Oceans chapter provided by Planetary Visions based on ETOPO2 global relief data, SRTM30 land elevation data, and the Generalised Bathymetric Chart of the Ocean. ETOPO2 published by the U.S. Department of Commerce, National Oceanic and Atmospheric Administration, National Geophysical Data Center, 2001. SRTM30 published by NASA and the National Geospatial Intelligence Agency, 2005, distributed by the U.S. Geological Survey. GEBCO One Minute Grid reproduced from the GEBCO Digital Atlas published by the British Oceanographic Data Centre on behalf of the Intergovernmental Oceanographic Commission of UNESCO and the International Hydrographic Organisation, 2003.